Prof. Dr.-Ing. Joachim Grube

Lebensraum Dorf

Methoden, Inhalte und Ergebnisse der Dorferneuerung

unter Mitarbeit von
Dipl.-Ing. (FH) Nikolai Müller

Bauwerk

Bibliografische Information Der Deutschen Bibliothek
Die Deutsche Bibliothek verzeichnet diese Publikation in der Deutschen Nationalbibliografie; detaillierte bibliografische Daten sind im Internet über http://dnb.ddb.de abrufbar

Grube, Joachim
Lebensraum Dorf

1. Aufl. Berlin: Bauwerk, 2006

ISBN 3-89932-146-4

Druck und Bindung:
Druckservice Viener

Dr. Joachim Grube, geb. 1936 in Königsberg/Pr., studierte von 1956 – 1964 an der Technischen Universität Braunschweig.
1965 – 1972 war er wissenschaftlicher Assistent und Mitarbeiter am Lehrstuhl für „Landwirtschaftliche Baukunde" unter Prof. Dr.-Ing. Erich Kulke (✝), mit dem er bis 1975 eine Büropartnerschaft betrieb. 1972 wurde die Promotion über „Dörfliche Kulturbauten" abgeschlossen und die Lehrtätigkeit am Fachbereich Architektur der Fachhochschule Hannover in Nienburg/Weser aufgenommen.
Schwerpunkte seiner Lehrtätigkeit waren bis 2001 die Stadt-, Dorf- und Altbausanierung sowie die Siedlungssoziologie. Der Praxisbezug wurde mit wechselnden Partnern und Mitarbeitern an hoch- und siedlungsbaulichen Projekten in verschiedenen ländlichen Regionen Norddeutschlands in einem eigenen Planungsbüro ausgebaut.
Zahlreiche Wettbewerbserfolge, Stadt- und Dorfsanierungen sowie Neu- und Umbauvorhaben geben hiervon Zeugnis (u. a. Holzbaupreis, Anerkennungspreis des BDA, u. a.).
Die Ergebnisse aus der forschenden und wissenschaftlichen Arbeit von Joachim Grube sind durch zahlreiche Veröffentlichungen, Gutachten und Vortragsveranstaltungen dokumentiert.
Der Autor ist Mitglied der Niedersächsischen Akademie Ländlicher Raum (ALR), des Niedersächsischen Heimatbundes (NHB) und der Arbeitsgemeinschaft Landtechnik und Bauwesen in Niedersachsen (ALB).

Mitarbeit:
Dipl.-Ing. (FH) Nikolai Müller

Anmerkungen:
Sämtliche in diesem Buch abgedruckten Pläne, Grundrisse und Fotos stammen aus dem Planungsbüro Prof. Dr.-Ing. Joachim Grube.

Die Pläne sind, soweit möglich, genordet und mit Maßstab versehen.

Die statistischen Werte und Daten entstammen den Ergebnissen der Fragebogenaktionen und den Angaben der Ämter, Behörden und Gemeinden.
Datenstand: 2003 – 2005

Umschlagentwurf: Joachim Grube

VORWORT

Zu Recht kann die Frage gestellt werden, warum in einer historischen Situation, in der überregionale, ja weltweite Probleme mit wachsenden Kapitalabhängigkeiten und mit gegenläufigen demografischen Entwicklungen in den armen und reichen Ländern, ausgerechnet dem Thema „DORF" noch eine Untersuchung gewidmet sein soll.
In der Tat scheint es – belegt durch das auffallende Desinteresse von Fachverlagen, Institutionen, Fachbehörden und betroffenen Kommunen an der Förderung und Veröffentlichung der vorliegenden Untersuchungsergebnisse – dass das Thema „Dorf" offensichtlich noch niemals so weit aus dem öffentlichen Bewusstsein ausgegrenzt war wie im Augenblick.
Dieser offensichtliche Verdrängungsprozess des Lebensraumes Dorf aus dem Bewusstsein von Bürgern und Entscheidungsträgern hat natürlich seine Ursachen und seine Geschichte, die untrennbar mit der Entwicklungsgeschichte der Urbanisierung und technologischen Gesamtentwicklung in und außerhalb Europas verbunden ist.

Bereits vor annähernd 40 Jahren wurden in ersten Anthologien und umfassenden Zustandsberichten über das Dorf die sich ankündigenden tief greifenden Veränderungen seines Lebensraumes dargestellt, mit den bekannten Merkmalen wie:

- Schrumpfungsprozesse in der Landwirtschaft und der zugehörigen Handwerksbetriebe,
- Stagnation und Rückgang der Bevölkerungsentwicklung, auch als Folge des Auszugs jüngerer Familien und Arbeitskräfte aus den Dörfern,
- verstärkte Baulandausweisungen in den ländlichen Regionen als Versuch, die genannten Tendenzen zu verhindern, zumindest einzuschränken,
- erste Schließungen ländlicher Gaststätten und Versorgungseinrichtungen,
- Verlust der Selbständigkeit von zwei Dritteln dörflicher Gemeinden im Zuge der Gemeindereform (1972 – 78),
- Schulreform mit Auflösung der dorfprägenden „Zwergschulen" und Ausbau von Mittelpunktschulen,
- Auflösung ortseigener Pfarrstellen,
- Rückzug von Zweigstellen der Sparkassen, Genossenschaften und des Landwarenhandels aus den Dörfern,
- Gebäudeleerstände, Verfall teilgenutzter Haupt- und Nebengebäude,
- Rückzug der Bahn aus der Fläche, Auflösung von Bahntrassen, Leerstand von Bahnhofsgebäuden und
- gleichzeitige Zunahme der Verkehrsdichte durch LKW´s und PKW´s im ländlichen Raum, insbesondere im Bereich überregionaler Erschließungsstraßen,
- wachsende Kostenprobleme der technischen Infrastrukturver- und -entsorgung,
- Verlust an dörflichen Arbeitsplätzen mit der Folge wachsender Pendlerströme vom Land in die Ballungsräume u. Ä.

Der Katalog angekündigter und überwiegend eingetretener negativer Folgen und Wirkungen auf die ländlichen Regionen und ihre Dörfer ist damit noch nicht vollständig.
Die drohenden Gefährdungen sind natürlich im politischen und gesellschaftlichen Raum nicht unentdeckt geblieben. Vor 30 Jahren, nicht zuletzt ausgelöst durch das Europäische Denkmalschutzjahr 1975, wurde bundesweit der Versuch einer Gegensteuerung gegen die aufgezeigten negativen Tendenzen in Form von Dorferneuerungsprogrammen und -richtlinien des Bundes und der Länder eingeleitet. Inzwischen ist annähernd die Hälfte der west- und seit 1990 auch der ostdeutschen Dörfer in vergleichbare Erneuerungsprogramme einbezogen worden.

1978 stellte Gero von Schönfeld (Lit. 101) die Frage, ob das Dorf noch eine eigene Siedlungskategorie sei, und ob es ausreiche, sich bei der Klärung dieser Frage „allein auf die bauliche Struktur zu stützen oder ob nicht eine bestimmte Nutzungsstruktur und eine nach Sitte, Kultur, Verhaltensregeln und Wertordnung besondere Sozialstruktur in die zukünftige Beantwortung einbezogen werden müsste".
Auch mit diesem Hinweis wurde erstmals ein „ganzheitlicher Planungsansatz" in die Dorferneuerung eingeführt.
Seit 1971 bis heute wurden parallel zur Dorferneuerung über das neu eingebrachte „Städtebauförderungsgesetz" (StBauFG) Stadtsanierungsmaßnahmen in Westdeutschland annähernd flächendeckend durchgeführt, zu denen im Beginn testweise auch mehrere dörfliche Siedlungen gehörten.

In Niedersachsen und Sachsen-Anhalt gibt es weit über 5.000 Dörfer, Weiler und ländliche Streusiedlungen, in denen jeweils über ein Drittel der Menschen wohnen, zum Teil auch noch arbeiten und ihre Freizeit verbringen. Mit den dazugehörigen ländlichen Regionen bilden diese Dörfer das Rückgrat unserer annähernd tausendjährigen Kulturlandschaft.
Flussläufe, Wälder, Straßen und Wege und besonders die unsere Landschaft gliedernden Flurformen, die seit ihrer Gründung mit den Dörfern eine untrennbare Einheit bilden, bedürfen als unsere existenzielle Basis des Schutzes und der öffentlichen Betreuung.
Seit der Sesshaftwerdung und dem Beginn des Ackerbaus waren Dörfer als unbefestigte Standorte der Urproduktion vielerlei Gefahren von außen ausgesetzt. Die Dörfer wurden jedoch überwiegend aus eigener Kraft und mit dem Überlebenswillen der urbäuerlichen Bewohnerschaft nach Zerstörungen und nach den Wirkungen höherer Gewalt meistens neu wieder aufgebaut.
Seit den Nachwirkungen der 1. Industriellen Revolution, jedoch spätestens nach den Folgen des weltweiten Strukturwandels in der Landwirtschaft nach 1960 mit ihren sozialen, ökonomischen und ökologischen Auswirkungen auf die ländlichen Regionen, waren die Dörfer und Gemeinden aus eigener Kraft allein nicht mehr in der Lage, den Erosionsdruck aufzufangen.

Seit 1984, also seit über 20 Jahren wurden in Niedersachsen annähernd 1.900, in Sachsen-Anhalt sogar über 2.400 Dörfer in das jeweils landeseigene Dorferneuerungsprogramm aufgenommen, von denen über 1.200 in Niedersachsen, d. h. mehr als drei Viertel der geförderten Dörfer bereits wieder aus dem Programm herausgenommen wurden. Deren Weiterentwicklung war im Normalfall von keinem neuen Kontroll- oder Förderinstrument mehr begleitet.
Die Frage nach dem Sinn dieser Nachuntersuchung wird daher mit dem Versuch einer Erfolgskontrolle über die Aus- und Nachwirkungen der Dorferneuerungsplanung und -förderung an 40 ausgewählten Fallbeispielen über zwei Zeitphasen vom Beginn der Dorferneuerung bis zum Abschluss und von diesem Zeitpunkt an bis heute beantwortet.
Ein weiterer Grund für diese Veröffentlichung ist durchaus persönlicher Natur. Da als Fallstudien nur Dörfer in die Untersuchung einbezogen wurden, die vom Verfasser im eigenen Büro teilweise über Jahrzehnte betreut wurden, bestand an deren Entwicklung verständlicherweise immer schon ein besonderes Interesse.
Darüber hinaus werden 20 Jahre nach der Startphase der Dorferneuerungsförderung in Niedersachsen und 10 Jahre nach Abschluss einer 1994 im Auftrage des damaligen

Niedersächsischen Ministers für Ernährung, Landwirtschaft und Forsten vom Verfasser durchgeführten Untersuchung (Lit. 44), auch deren Teilergebnisse vergleichsweise herangezogen.

Aus den zunehmenden Einflüssen der Globalisierung und des internationalen „Marktes“, auch auf die Entwicklung der ländlichen Regionen folgt, dass sich selbst während der etwa 2,5-jährigen Bearbeitungsphase dieser Untersuchung in einzelnen Dörfern gravierende wirtschaftliche Veränderungen ereignet haben, die soweit als möglich in diese Darstellung aufgenommen wurden.

Letztlich wird mit dieser Nachuntersuchung den zahlreichen Mitarbeitern, den Partnern, den befreundeten Bauherren und Auftraggebern sowie Leitern und Mitarbeitern in den zuständigen Dienststellen und Behörden und nicht zuletzt den Bürgermeistern, Gemeindedirektoren und Leitern von Arbeitskreisen in der Dorferneuerungsphase der Dank für eine langjährige und – wie die ausgewerteten Ergebnisse zeigen – alles in allem auch erfolgreiche Zusammenarbeit abgestattet.

Da es bei der großen Anzahl von wichtigen begleitenden Personen nicht möglich ist, diese vollständig aufzuführen, sei der besondere Dank stellvertretend einigen Personen und Institutionen gegenüber ausgesprochen, die den Fortgang der Arbeiten in besonderer Weise unterstützt haben.

Dabei ist es mir ein besonderes Anliegen, den Kollegen, Freunden und Wegbegleitern zu danken, denen die Zukunftssicherung der ländlichen Regionen ebenfalls über die Jahrzehnte dauernde Arbeit zu einer Lebensaufgabe geworden ist. In jedem Jahr trifft sich der Freundeskreis der ehemaligen Assistenten und Mitarbeiter am damaligen Lehrstuhl für das landwirtschaftliche Bauen der TU Braunschweig unter der ehemaligen Leitung von Prof. Dr. Ing. Erich Kulke (✝) zum Gedankenaustausch. Neben dem Autor gehören diesem Kreis Prof. Dr. Manfred Paulsen, Prof. Dr. Rudolf Morgenstern, Prof. Dr. Carl-Ingwer Johannsen, Dipl.-Ing. Emil Mack, Dipl.-Ing. Jürgen Weinhold, Dipl.-Ing. Karl-Heinz Klebe und Dipl.-Ing. Klaus Reimpell an. Mein besonderer Dank gilt auch Prof. Dr. Ing. Reinhard Guldager, dem Nachfolger von Prof. Dr. Kulke für die langjährige Förderung der eigenen Arbeiten.
Beide Lehrer legten im kontinuierlichen Gedankenaustausch mit ihren Kollegen Prof. Landzettel (✝, Hannover), Prof. Schoch (✝, Stuttgart) und Prof. Gebhard (München) und ihren damaligen Assistenten die theoretischen Grundlagen für die spätere bundesweite Dorferneuerungsarbeit.

Darüber hinaus gilt mein Dank den Kollegen und Partnern in der Bürotätigkeit: Dipl.-Ing. Reinhard Herich, Dipl.-Ing. Ralf-Michael Grossmann, Dipl.-Ing. Jörg Knaak, Dipl.-Ing. Martin Burek, Dipl.-Geogr. Bruno Günkel sowie den Partnerbüros Dipl.-Ing. Wolf Thürnau, Dipl.-Ing. Wolfgang Heuer und Dipl.-Ing. Helmut von Lange.

Zu den Wegbegleitern, dem ich mich durch die gemeinsame Freude am Malen und Zeichnen verbunden weiß, und dessen radiästhetische Messungsergebnisse in manche siedlungs- und hochbauliche Aufgabenstellung aus der Bürotätigkeit eingebunden werden konnten, gehört Prof. Dipl.-Ing. Eike Hensch aus Nienburg/Weser.

Ohne das Engagement und die kontinuierliche Unterstützung der Bürgermeister, Arbeitskreisvorsitzenden und Gemeindedirektoren wäre die Umsetzung der Dorferneuerungsziele nicht möglich geworden.

Zu den langjährigen Begleitern aus dem kommunalen Bereich gehören: Elly und Willi Brakel sowie Karin Wode, Elbingerode; Günter Lamprecht, Abbenrode; Günter Deking, Rudi Niemann und Ralf Bodermann, Estorf; Min.-Rat i. R. Horst Rakow, Schnega; Eira und Fritz Schlamann, Varrel; Arnim Tiemann und Günther Dahm, Kirchdorf; Dr. Sebastian Sabarth, Rohrsen; Günter Schulze, Radbruch; Christine Krumow, Großjena; Barbara Brand, Reinstedt; Walter Lehmann, Watzum; Cord-Brün Voige, Häuslingen und Detlef Meyer, Haßbergen.

Als Vertretern der Niedersächsischen Akademie Ländlicher Raum, die sich über ein Jahrzehnt mit zunehmender Wirkung den Problemen des Ländlichen Raumes widmet, sei für die ideelle Unterstützung stellvertretend Min.-Dirig. Klaus Wendeling, Prof. Dr. Heinar Henckel, Prof. Dr. Jörg Knieling, Bernhard Schierenbeck und Frau Dipl.-Ing. Luise Fauerbach-Geiken Dank gesagt.
Auch die langjährige Zusammenarbeit mit der Fachgruppe „Denkmalpflege“ des Niedersächsischen Heimatbundes war der Problemlösung von siedlungs- und hochbaulichen Gestaltungsfragen im Ländlichen Raum Niedersachsens sehr förderlich.

Stellvertretend für die Arbeit der begleitenden Fachbehörden, den Ämtern für Landentwicklung (ehemals Agrarstruktur) und der Landwirtschaftskammer Hannover (Zweigstellen Nienburg, Sulingen und Northeim), spreche ich Dipl.-Ing. Klaus-Dieter Karweik, GLL Verden; Helmut Weiß und Klaus Rinne, GLL Sulingen; Hermann Ernst und Heinz-Jürgen Fittger, GLL Northeim; Rudolf Knust, AfL Braunschweig und Dr. Wilhelm-Wolfgang Arneke, Northeim meinen Dank aus. Mein Dank gilt auch den zuständigen Mitarbeiterinnen und Mitarbeitern in den Gemeindeverwaltungen und den ehrenamtlich tätigen Bürgern der jeweiligen Arbeitskreise Dorferneuerung für die Zusammenarbeit.

Für die freundliche Bereitstellung von aktuellen Daten und Fakten danke ich den zuständigen Mitarbeitern der Landesämter für Statistik in Niedersachsen und Sachsen-Anhalt, den Landesämtern für Denkmalschutz in Niedersachsen und Sachsen-Anhalt, dem Katasteramt sowie dem Straßenbauamt in Nienburg und Herrn Kämmerer Horst Behlen, Kirchdorf.
Ein besonderer Dank gilt Herrn Steffen Breyer vom niedersächsischen Ministerium für den ländlichen Raum, Ernährung, Landwirtschaft und Verbraucherschutz in Hannover für die Bereitstellung wichtiger Informationen und die kritische Durchsicht einzelner Kapitel.

Als einziger Sponsor fand sich die VGH-Stiftung bereit, das vorliegende Projekt finanziell zu unterstützen. Hierfür und für die kontinuierliche Begleitung, Betreuung und Geduld durch die Herren Michael Heinrich Schormann, Hannover und Regionaldirektor Frank Roemer, Nienburg spreche ich beiden meinen besonderen Dank aus.
Letztlich gilt mein Dank den vielen Mitarbeiterinnen und Mitarbeitern von Dorferneuerungs- und Bauvorhaben im Büro, die namentlich im Anhang aufgeführt sind.

Herrn Dipl.-Ing. Nikolai Müller und Frau Dipl.-Ing. Christine Heidemeier schulde ich abschließend Dank für die Mitarbeit bei der Fertigstellung der vorliegenden Untersuchung, Herrn Gerd-Hinrik Weusmann, Nienburg für die Durchsicht des Manuskriptes.

Dieser Bericht stammt aus der Feder eines in der Lehre, Forschung und Praxis tätigen Planers, der als Architekt in seiner Arbeit den Schwerpunkt normalerweise auf die besonderen räumlichen, ästhetischen und materiellen Aufgaben seines Themas legt. Daraus mögen sich für manchen Leser durchaus Irritationen ergeben.

Nienburg, im Mai 2006

Der folgende Text ist jedoch von dem Bemühen gekennzeichnet, neben der Vermittlung spezifischer Informationen für zukünftige Ortsplaner und Regionalmanager in ländlichen Regionen besonders den Interessenlagen der hauptverantwortlich und ehrenamtlich in der Dorferneuerung tätigen Bürger und Institutionen gerecht zu werden.

Joachim Grube

INHALTSVERZEICHNIS

Vorwort ... 5

1 Einführung ... 10

2 Methodik der Planung und Nachuntersuchung ... 13
2.1 Einführung ... 13
2.2 Durchführung der Fragebogenaktionen ... 13
2.3 Erfahrungsbericht „Bürgerbefragungen“/ Auszüge aus den Kommentaren der Befrager ... 14
2.4 Auswertung der Fragebogenaktionen ... 15
2.5 Erfolgskontrollen/Evaluierung ... 15
2.6 „Dorfranking“ ... 15
2.7 Zusammenfassung/Folgerungen ... 15
2.8 Biografische Profile der 40 Fallstudiendörfer ... 18

3 Phasen der Dorferneuerung ... 36
3.1 Die Antragsphase ... 36
3.2 Die Planungsphase ... 36
3.2.1 Der Dorferneuerungsplan ... 38
3.2.2 Der Inhalt des Dorferneuerungsplans ... 37
3.2.3 Planerprofil und -ausbildung ... 44
3.2.4 Die Evaluierung der Dorferneuerungspläne ... 44
3.2.6 Fortschreibung von Dorferneuerungsplanungen 45
3.3 Die Durchführungs-, Beratungs- und Betreuungsphase ... 48
3.4 Fallstudienanalyse ... 50
3.4.1 Kommunale Befragung ... 50
3.4.2 Bürgerbefragung ... 50
3.4.3 Ämterbefragung ... 50
3.4.4 Expertenbefragung ... 51
3.5 Zusammenfassung/Folgerungen ... 51

4 Entwicklung der Förderrichtlinien/ Aufbauprogramme und Organisationsstrukturen ... 53
4.1 Einführung ... 53
4.2 Änderung der Gemeinschaftsaufgabe Agrarstruktur ... 54
4.3 Entwicklungsgeschichte relevanter dörflicher Förderprogramme ... 55
4.4 Ergänzende EU-Förderprogramme und -richtlinien ... 56
4.5 Zusammenfassung/Folgerungen ... 58
4.6 Neuorganisation der niedersächsischen Agrarverwaltung ... 59

5 Finanzierung der Dorferneuerung / Fördermittel und Investitionskosten ... 60
5.1 Einführung ... 60
5.2 Fallstudienanalyse ... 60

6 Landschafts- und Siedlungsformen, Haus- und Hofstrukturen ... 64
6.1 Einführung ... 64
6.2 Niedersächsische Landschafts-, Flur-, Siedlungs- und Hofformen ... 64
6.2.1 Landschafts- und Siedlungsformen ... 64
6.2.2 Haus- und Hofformen ... 68
6.3 Siedlungs-, Haus- und Hofformen in Sachsen-Anhalt 71
6.3.1 Siedlungsformen ... 71
6.3.2 Haus- und Hofformen ... 72
6.4 Der Einfluss der NSDAP auf die Hof- und Dorfentwicklungen (1932 – 1945) ... 74

7 Landwirtschaft ... 75
7.1 Einführung ... 75
7.2 Fallstudienanalyse ... 78
7.2.1 Kommunale Befragung ... 78
7.2.2 Bürger- und Expertenbefragung ... 78
7.2.3 Ämterbefragung ... 79
7.2.4 Entwicklung der landwirtschaftlichen Betriebe in den untersuchten Dorfregionen ... 80
7.3 Folgerungen ... 89
7.4 Exkurs: „Die zukünftige Bedeutung der Landwirtschaft“ ... 92
7.5 Experteninterview mit einer Landwirtin ... 92
7.6 Experteninterview mit einem Vertreter der Agrarbehörde ... 93

8 Außerlandwirtschaftliche Arbeitsplätze/ Handwerk und Gewerbe im Dorf ... 94
8.1 Einführung ... 94
8.2 Fallstudienanalysen ... 95
8.3 Neue Gewerbegebiete am Dorfrand ... 96
8.4 Zusammenfassung/Folgerungen ... 96

9 Dorftourismus ... 99
9.1 Einführung ... 99
9.2 Fallstudienanalyse ... 100
9.2.1 Kommunale Befragung ... 100
9.2.2 Bürgerbefragung ... 101
9.3 Voraussetzungen für einen erfolgreichen Dorftourismus ... 102
9.4 Zusammenfassung/Folgerungen ... 107

10 Landschaftsplanung/Dorfökologie/ Grünflächen im Dorf ... 108
10.1 Einführung ... 108
10.2 Dorfökologie/Natur- und Landschaftsschutz ... 108
10.2.1 Fauna ... 109
10.2.2 Flora ... 110
10.2.3 Öffentliches Grün ... 110
10.2.4 Privates Grün ... 111
10.2.5 Wasserflächen ... 111
10.3 Der Fachbeitrag „Landschafts- und Grünordnungsplanung“ im Dorferneuerungsplan.. 112
10.4 Fallstudienanalyse ... 114
10.4.1 Kommunale Befragung ... 114
10.4.2 Bürgerbefragung ... 114
10.4.3 Ämterbefragung ... 114
10.4.4 Öffentliche und private Grüngestaltungsmaßnahmen in den Fallstudiendörfern ... 115
10.5 Zusammenfassung/Folgerungen ... 118

11 Verkehrsgestaltung ... 119
11.1 Einführung ... 119
11.2 Überregionale Erschließungsstraßen ... 119
11.3 Öffentlicher Personennahverkehr (ÖPNV) ... 122
11.3.1 Ländliche Bahnangebote ... 122
11.3.2 Exkurs: „Bahnnetze im ländlichen Raum“.. 123
11.3.3 Busverbindungen im ländlichen Raum ... 125
11.4 Fußgänger- und Fahrradverkehr ... 126
11.5 Innerörtliche Straßen und Wege ... 126
11.6 Fallstudienanalyse ... 131
11.6.1 Kommunale Befragung ... 131
11.6.2 Bürgerbefragung ... 131
11.6.3 Ämterbefragung ... 131
11.7 Zusammenfassung/Folgerungen ... 132

12 Grundversorgungs- und Dienstleistungseinrichtungen ... 133
12.1 Einführung ... 133
12.2 Technische Infrastrukturversorgung ... 133
12.3 Grundversorgung und handwerkliche Dienste ... 134
12.4 Mobile Versorgung durch rollende Dienste ... 141
12.5 Soziokulturelle Dienstleistungen ... 142
12.6 Fallstudienanalyse ... 152
12.6.1 Kommunale Befragung ... 152
12.6.2 Bürgerbefragung ... 152
12.7 Neue Dorfmärkte – Alternativen zum Nachbarschaftsladen ... 153

13 Siedlungs- und hochbauliche Gestaltungsziele ... 155
13.1 Einführung ... 155
13.1.1 Siedlungsbauliche Gestaltmerkmale ... 155
13.1.2 Hochbauliche Gestaltmerkmale ... 159
13.2 Gestaltungssatzungen oder -empfehlungen ... 160
13.3 Exkurs: „Neues Bauen im Dorf" ... 171
13.4 Fallstudienanalyse ... 171
13.4.1 Kommunale Befragung ... 172
13.4.2 Bürgerbefragung ... 172
13.4.3 Ämterbefragung ... 172
13.5 Zusammenfassung/Folgerungen ... 172

14 Umnutzung/Modernisierung/Denkmalschutz ... 174
14. 1 Einführung ... 174
14. 2 Standorte von Altbauten nach BGB ... 174
14. 3 Altgebäudearten im dörflichen Umfeld ... 174
14. 4 Wertermittlungsverfahren/Restwertbestimmung .. 174
14. 5 Fördertatbestände und Finanzierung ... 175
14. 6 Gestalterische, funktionale und konstruktive Anforderungen ... 175
14. 7 Aspekte von Denkmalschutz und Denkmalpflege ... 176
14. 8 Versicherungsrechtliche und bautechnische Fragen ... 177
14. 9 Fallstudienanalyse ... 178
14.10 Zusammenfassung/Folgerungen ... 180

15 Dorfmitten und -plätze ... 186
15.1 Einführung ... 186
15.2 Fallstudienanalyse ... 190
15.3 Zusammenfassung/Folgerungen ... 191

16 Neue Wohnbaugebiete im Dorf ... 192
16.1 Einführung ... 192
16.2 Fallstudienanalyse ... 193
16.2.1 Kommunale Befragung ... 193
16.2.2 Bürger- und Ämterbefragung ... 194
16.2.3 Allgemeine Beobachtungen ... 198
16.3 Zusammenfassung/Folgerungen ... 198

17 Altersspezifische Wohnformen im Dorf ... 204
17.1 Einführung ... 204
17.2 Fallstudienanalyse ... 204
17.3 Folgerungen/Konsequenzen ... 206

18 Soziales Umfeld Dorf – Bürgerbeteiligung/ Vereinswesen/Kommunikationsformen/ Nachbarschaftshilfe/Integration ... 207
18.1 Einführung ... 207
18.1.1 Neue soziale Gruppen ... 207
18.1.2 Bürgerbeteiligung in der Dorferneuerung ... 207
18.2 Fallstudienanalyse ... 209
18.2.1 Kommunale Befragung ... 209
18.2.2 Bürgerbefragung und Befragung der Ämter für Landentwicklung ... 209
18.3 Zusammenfassung/Folgerungen ... 213

19 Bevölkerungsentwicklung ... 214
19.1 Einführung ... 214
19.2 Fallstudienanalyse Niedersachsen ... 216
19.2.1 Bevölkerungsentwicklung ... 216
19.2.2 Altersaufbau und -entwicklung ... 217
19.3 Fallstudienanalyse Sachsen-Anhalt ... 218
19.4 Haushaltsgrößen ... 218
19.5 Sonstige Fallstudienergebnisse ... 220
19.6 Zusammenfassung/Folgerungen ... 220

20 Alternative Energien ... 222
20.1 Einführung ... 222
20.1.1 Windenergienutzung ... 222
20.1.2 Biogas-, Biomasseanlagen ... 223
20.1.3 Solar- und Photovoltaikanlagen ... 223
20.2 Fallstudienanalyse ... 224
20.2.1 Kommunale Befragung ... 224
20.2.2 Bürger- und Expertenbefragung ... 225
20.3 Zusammenfassung/Folgerungen ... 225

21 Erfolgskontrolle Dorferneuerung – Zielerfüllung ... 227
21.1 Einführung ... 227
21.2 Erfolgskontrolle der Fallstudiendörfer ... 228
21.2.1 1. Stufe: Die Problemdichte vor der Dorferneuerung ... 229
21.2.2 2. Stufe: „Soll-Ist-Vergleich", Erfolge der Dorferneuerung ... 229
21.2.3 3. Stufe: „Dorfentwicklung" seit Abschluss der Dorferneuerungsphase ... 233
21.2.4 Gesamtergebnisauswertung ... 234
21.2.5 Quantitativer Maßnahmenvergleich in der Dorferneuerungsphase ... 238
21.2.6 Befragungsaktionen und Ergebnisvergleich 241

22 Ranking – Lebensqualitäten in den Fallstudiendörfern ... 243
22.1 Die Ermittlung der Lebensqualität ... 243
22.2 Vergleichende Zukunftsbewertungen ... 246

23 Zusammenfassung/Folgerungen/Konsequenzen ... 249
23.1 Einführung ... 249
23.2 Folgerungen und Konsequenzen ... 249
23.3 Ergebnisauswertung der Fragebogenuntersuchung 249
23.4 Methodische und finanzielle Hilfen in der Planungs- und Durchführungsphase ... 255
23.5 Evaluierung und Ranking ... 256
23.6 Fördermittel ... 257
23.7 Zukünftige Dorfentwicklungsphasen ... 258

24 Sonderbeitrag: 10 Jahre Dorferneuerung in Sachsen-Anhalt (Rakow) ... 263

Farbbildseiten ... 269

Anhang I – Textbezug ... 300
– Fragebögen der Untersuchung ... 300
– Anforderungsprofil zur Stellungnahme des Planers/Betreuers im Rahmen der Dorferneuerung ... 305
– Anforderungsprofil zur Darstellung der Landwirtschaft im Dorferneuerungsplan ... 305
– Bewertungsbögen: Siedlungs-, hochbaulicher und ökologischer Problemdichtevergleich ... 306
– Beispielrechnung ... 314
– Bewertungsbogen: Ranking ... 316

Anhang II – Allgemeines ... 321
– Literaturliste ... 322
– Stichwortverzeichnis ... 326
– Ortsregister ... 335
– Abbildungsverzeichnis ... 337
– Mitarbeiter ... 340
– ZILE-Richtlinie ... 341

1 EINFÜHRUNG

Diese Untersuchung ist weder aus einer reinen Auftragsarbeit hervorgegangen noch erhebt sie den Anspruch auf eine umfassende wissenschaftliche Aufarbeitung des Themas. Darüber hinaus sind die gemachten Aussagen keiner politischen noch ideologischen thematischen Ausrichtung gegenüber verpflichtet.
Eher schon kann der Text als planerischer und siedlungs-soziologischer Werkbericht im Sinne einer kritischen Befindlichkeitsanalyse ausgewählter ländlicher Regionen verstanden werden.
Daneben sollen im Rahmen einer ganzheitlichen, alle Aspekte dörflicher Lebenswirklichkeit einbeziehenden Studie fachliche Informationen und Berufserfahrungen an interessierte Leser, Bürger und Kollegen weitergegeben werden.
Wenn damit auch der eigene Anspruch an eine möglichst vollständige Betrachtung von Einflüssen und Auswirkungen auf die dörflichen Siedlungsentwicklungen verbunden ist, muss doch wegen der Begrenztheit von Zeit und Mitteln darauf hingewiesen werden, dass der Anspruch an ein Lehrbuch nicht vollständig erfüllbar war.

Der Verfasser war persönlich in zahlreichen Arbeitskreisen, Beratungsterminen und Gesprächen mit dörflichen Entscheidungsträgern und Dorfbewohnern intensiv in die Arbeiten vor Ort eingebunden – in einigen Dörfern sogar weit über 20 Jahre (in Elbingerode und Estorf über 25 Jahre).
Da versteht es sich von selbst, dass sich über den fachlichen Rahmen hinaus auch zahlreiche bleibende menschliche Kontakte, sogar Freundschaften entwickelt haben. Aber nicht die Wiedergabe dieser sehr persönlichen Erfahrungen aus dem Umgang mit Kommunal-, Behörden-, Bürger- und Planungsvertretern, deren Aufarbeitung alleine schon ein interessantes Spiegelbild dörflicher Wirklichkeit vermitteln könnte, ist das Ziel dieser Arbeit, sondern der Versuch, aus einer möglichst umfassenden Bestandsaufnahme heraus ein Bild der aktuellen und eine Vorstellung von der zukünftigen Situation der Dörfer beziehungsweise der zugehörigen Dorfregionen abzuleiten.

Nachdem vor etwa 100 Jahren noch mehr als zwei Drittel der Bevölkerung direkt oder indirekt der bäuerlichen Landwirtschaft und dem dörflichen Handwerk verbunden waren, ist heute mit ca. 3 % der Beschäftigten ein verschwindend geringer Teil der Berufstätigen in der dorfgebundenen Urproduktion tätig.
Die Folgen dieses Aderlasses sind natürlich nicht nur visuell, strukturell und funktionell, sondern auch sinnlich bis in die veränderten Dorfgerüche hinein in jedem ländlichen Ort spürbar.

Schwerpunkte dieser Nachuntersuchung sollte daher auch der Versuch sein, auf gezielte Fragen nach den siedlungsbaulichen und gesellschaftlichen Folgen des landwirtschaftlichen Strukturwandels in den Dörfern eine Antwort zu finden:

- Wie kann eine weitere, drohende Zersiedlung bei gleichzeitig wachsendem Leerstand der Hofstellen verhindert werden?
- Welche gestalterischen Alternativen gibt es zur aktuellen üblichen Bauleitplanung?
- Welche Möglichkeiten der Sicherung von Landwirtschaft und landwirtschaftlicher Produktion innerhalb der Ortslagen sind in Zukunft noch möglich?
- Welche alternativen, dorfspezifischen Arbeitsplätze und Aktivitäten sind vorstellbar und realisierbar?

Neben der Eignungsprüfung der vorhandenen Rechts- und Förderinstrumente zur Durchsetzung von konkreten materiellen oder sozialen Zielen einer zukünftigen Dorfentwicklung, soll die Frage nach dem möglichen Einfluss eines veränderten gesellschaftlichen Bewusstseins auf die zukünftigen Aufgaben der Sicherung und Erneuerung des kulturellen Erbes unserer ländlichen Räume einen Schwerpunkt der Untersuchung bilden.

Die durchgeführten umfangreichen Fragebogenaktionen unter den Kommunen, unter den Bürgern und Betroffenen, unter „Dorfexperten“ und den betreuenden ehemaligen Ämtern für Agrarstruktur sowie Ämtern für Landwirtschaft und Flurneuordnung sollen dabei helfen, Ursache/Wirkungs-zusammenhänge zu verstehen und Abhängigkeiten in den Entwicklungen sichtbar zu machen, um daraus eine Basis für eine angemessene zukünftige Vorgehensweise ableiten zu können.
Neben dem sich beschleunigenden Auflösungsprozess der bäuerlichen und handwerklichen Unternehmen im Dorf sind auch die demografische Entwicklung, die zunehmende Mobilität, der kontinuierliche Landschaftsverbrauch und eine Konsumentenhaltung, die sich nur noch partiell gegen die genannten negativen Einflüsse und Entwicklungen stemmt, unübersehbar. Als Beispiel kann die fast widerstandslose Hinnahme der Bürger gegen einen schleichenden Austausch gewachsener, kleinerer Dienstleistungsbetriebe für die tägliche Versorgung im Dorf durch benachbarte Kaufhäuser genannt werden.

Was vermag Planung mit ganzheitlichem Ansatz gegen die genannten marktkonformen Entwicklungen noch zu leisten?
Welche Bedeutung kommt dem unübersichtlicher werdenden Planungsrecht zu? Inwieweit können auch in ländlichen Regionen Eingrenzungen für sich ausbreitende private Kapitalmärkte gezogen werden?
Welche Bedeutung kommt der in den Schulen und im Elternhaus vertretenen Bildungsvermittlung zu?
Welche Bedeutung messen die Bewohner selbst der Pflege, Sicherung und angemessenen Entwicklung ihrer ländlichen Kultur noch bei?
Auch auf diese Fragen soll versucht werden, im Rahmen dieser begrenzten Nachuntersuchung Antworten zu finden, oder gar Alternativen aufzuzeigen, die wieder Mut machen, neue Inhalte mit den alten Strukturen zu verbinden, um so Kontinuität oder eben „Nachhaltigkeit“ zu sichern.

Wesentliche Ursache für die Unvollständigkeit des Untersuchungsmaterials sind nicht zuletzt die eingeschränkten Mittel für diese Nachuntersuchung. Weder standen Fördermittel des Landes noch anderer Sponsoren außerhalb der VGH-Stiftung Niedersachsen zur Verfügung.
So konnten bestimmte Fragestellungen, wie die Erfassung der betroffenen landwirtschaftlichen Betriebseinkommen und der allgemeinen Bevölkerungs- und Wirtschaftsentwicklung, eine differenzierte Analyse der Fördermittelverteilung oder eine detaillierte Überprüfung umgesetzter Maßnahmen vor Ort mit Überprüfung der Einhaltung vorgegebener Gestaltungs-empfehlungen bzw. -auflagen nur ansatzweise vertieft werden.
Unabhängig davon wurden – wie bereits erwähnt – die Ergebnisse einer vor 10 Jahren abgeschlossenen ersten landesweiten Nachuntersuchung an über 100 Fallstudien der Dorferneuerung in Niedersachsen anlässlich des 10-jährigen Bestehens der DE-Richtlinien vergleichsweise einbezogen.

Trotz aller Globalisierungstendenzen findet das Leben für einen Großteil der Bevölkerung weiter auf der regionalen bzw. lokalen Siedlungs- und Kulturebene unserer Dörfer statt.
Diese weisen – geschichtlich bedingt – sehr differenzierte und spezifische Formen und landschaftsräumliche Hintergründe auf. Von den 16 geschichtlich oder landschaftlich geprägten Natur- bzw. Landschaftsregionen in den beiden Ländern Niedersachsen und Sachsen-Anhalt werden alleine 11 durch diese Untersuchung berührt.
Die in Jahrhunderten durch unterschiedliche geschichtliche, geographische, ökonomische Randbedingungen geprägten ländlichen Siedlungen haben trotz des produktionsbedingten Strukturwandels ihre Wesensmerkmale nicht gänzlich eingebüßt. Verloren gegangen sind zwar teilweise die produktionsbedingten Bezüge von Siedlungsform und Flur, von Verkehrs- und Freiflächen im Dorf, von Verhaltensformen und Wertsetzungen, die sich nun einmal aus den Bedingungen der bäuerlichen und der späteren handwerklichen Tätigkeiten entwickelt hatten. Geblieben sind neben den Gebäudehüllen Restbestände von bestimmten dorftypischen Formen einer sozialen Bindung mit mehr verbindlicher Kommunikation zwischen den Schichten und Altersgruppen, als vergleichsweise in den Mittel- und Oberzentren. Auch im Ritual der beibehaltenen jahreszeitlichen Feiern und Feste sowie in Formen einer gewissen, traditionell geprägten sozialen Kontrolle, spiegelt sich noch die Vergangenheit der Dörfer.

Die mehr oder weniger von Neubaugebieten umgebenen historischen Ortskerne drohen sich jedoch zum reinen „historischen Beleg" und zur inhaltslosen Hülle zu entwickeln. Die von den städtischen Zuwanderern und von den in anderen Berufen tätigen örtlichen Nachfahren der Bauern und Handwerker geschätzten Vorteile heutiger Dorflagen gegenüber den Ballungszentren, wie preiswertes Bauland, Landschaftsbezug und menschliche Nähe haben in Verbindung mit der garantierten Mobilität durch das eigene Fahrzeug und den grenzenlosen Medienzugang zwar verhindert, dass die Dörfer in Niedersachsen zu Wüstungen wurden. Allerdings kann nicht ausgeschlossen werden, dass die ein oder andere dörfliche Siedlung, vor allem in Ostdeutschland, aufgrund des demografischen Wandels und der fehlenden Arbeitsplatzangebote ein solches Schicksal in den nächsten 20 Jahren noch erleiden wird.
Der historische Dorfbegriff, gebunden an die bäuerlichen, später auch handwerklichen Produktionsbedingungen, an den untrennbaren Zusammenhang von Flur und bebauter Siedlung kann verständlicherweise nicht mehr für Orte verwandt werden, in denen die Anzahl der bäuerlichen Betriebe um bis zu 90 % und mehr in den vergangenen 50 Jahren geschrumpft ist.

So sind aus der Mehrzahl der Dörfer „Ländliche Siedlungen" mit unterschiedlichen Anteilen von Bewohnern und Betrieben im gewerblichen und Dienstleistungsbereich geworden. Sie sind zwar „dorftypologisch" zuordenbar, jedoch mit einem abnehmenden, prozentualen Anteil von Dörfern, die die Bezeichnung „Agrarort" im strengen historischen Sinne noch verdienen.

Bereits 1967 konnte unter Teilnahme des damaligen Niedersächsischen Ministers für Ernährung, Landwirtschaft und Forsten Bruns, im Foyer der Aula der TU Braunschweig die erste landesweite Ausstellung zum Thema „Dorferneuerung" (Lehrstuhl Prof. Dr. E. Kulke) eröffnet werden. Mit der Veröffentlichung „Abbenrode" (Lit. 67) wurde 1974 auch der erste umfassende Landesbericht einer Dorfsanierung – 10 Jahre vor dem offiziellen Dorferneuerungsprogramm des Landes – in der damaligen Bundesrepublik vorgelegt.

Die Lehrstühle „Landwirtschaftliches Bauen" und „Ländliches Siedlungswesen" der Universitätsstandorte Braunschweig und Hannover bieten seit 1965 und die Fachhochschule Hannover bot über den Fachbereich Architektur in Nienburg seit 1972 bis 2002 vielen Architekturstudenten und Diplomanden das erforderliche Grundwissen über die Ländlichen Regionen, ihre Dörfer, Haus- und Hofformen – und damit so manchem jungen Architekten die Basis für eine eigenständige Büroexistenz als Ortsplaner im Ländlichen Raum.
Mit der Auflösung des Ausbildungsstandortes in Nienburg und mit dem Wandel der Lehrangebote in den Universitätsstandorten Braunschweig und Hannover droht nun auch diese Kontinuität abzubrechen.
Das ist auch aus gesamtgesellschaftlicher Sicht bedauernswert, weil die generalisierenden Ausbildungsziele zum Architekten optimal mit dem ganzheitlichen Planungsauftrag der Dorferneuerung übereinstimmen.

In dieser Untersuchung wurden 32 größere und kleinere Dörfer Niedersachsens – gelegen zwischen der Elbe und dem Südharz in überwiegend strukturschwachen Regionen des Landes, die sämtlich vor 12-15 Jahren in das Dorferneuerungsprogramm des Landes aufgenommen und im Schnitt 3-5 Jahre danach wieder entlassen wurden, auf die Nachwirkungen dieser Dorferneuerung bis heute hin überprüft.
Einbezogen sind wegen der damit gebotenen Vergleichsmöglichkeiten unter zum Teil ähnlichen, zum Teil gänzlich unterschiedlichen Randbedingungen auch acht Dorferneuerungsmaßnamen aus Sachsen-Anhalt.
Hierbei handelt es sich nur nicht um eine Evaluation der ökonomischen Wirksamkeit investierter, öffentlicher und privater Mittel, sondern auch um den Versuch, entsprechend dem ganzheitlichen Planungsansatz, der heute der Mehrzahl der Dorferneuerungsvorhaben unterstellt werden kann, den Auswirkungen der Investitionen in sozialer, kultureller, materieller, ökologischer und organisatorischer Hinsicht nachzugehen.

Die Untersuchung bietet somit neben einem interessanten Nord-Süd-Profil strukturschwacher Regionen in Niedersachsen einen aufschlussreichen Vergleich mit regionalspezifischen Dorfregionen Sachsen-Anhalts, die erst seit 1992 – 94, also 10 Jahre zeitversetzt in ein neu begründetes, jedoch stark an den Erfahrungen Niedersachsens orientiertes Landesförderprogramm von Sachsen-Anhalt aufgenommen wurden.

Die in der vorliegenden Untersuchung bewusst gewählte sektorale Betrachtung der Teilaspekte, -probleme und -ziele in der Dorfentwicklung bietet die Möglichkeit, die gegenseitigen Abhängigkeiten und Verflechtungen besser kenntlich zu machen, um maßnahmenbezogen darauf reagieren zu können. Einige Teilaspekte werden dabei in ihrer Bedeutung und möglichen Auswirkung auf die dörfliche Zukunft intensiver behandelt, einige Aussagen werden auch durch entsprechende methodische Ansätze untermauert.

So wird die Frage nach aktuellen Richtwerten für die Ausstattung mit dörflichen Versorgungs- und Dienstleitungseinrichtungen neu gestellt. Es werden Kriterien für die Bewertung der touristischen Eignung von Dörfern eingeführt und methodische Hilfen für Standortfindungen über die Nutzwertanalyse angesprochen.

Der Begriff der „siedlungsgenetischen Bauleitplanung" wird als Metapher für eine zu fordernde neue Qualität dörflicher Bauleitpraxis ebenfalls eingeführt.

Die Erläuterung von Verfahren zur Restwertbestimmung dörflicher Altbausubstanz soll dem Bauherrn die Motivation und den Einstieg in die Umnutzung oder Modernisierung leer gefallener Bauten erleichtern.

Die aktuellen Fragen und Forderungen nach einer angemessenen kommunalen Verkehrs- und Energiepolitik, nach wegweisenden Reaktionen auf die dringenden demografischen Probleme, nach notwendigen landwirtschaftlichen Produktions- und Vermarktungsalternativen, nach dorfgerechten und zugleich modernen Formen eines neuen „Regionalen Bauens" oder nach Wegen für eine ehrenamtlich organisierte und inhaltlich neu strukturierte Kultur- und Sozialarbeit im dörflichen Umfeld sind ebenfalls Gegenstand dieser Nachuntersuchung.
Nicht zuletzt gilt in der zusammenfassenden Evaluierung von Nachwirkungen der Dorferneuerung auch das Interesse der Bestimmbarkeit von aktueller Lebensqualität in unseren Dörfern.
So dürfte der Versuch einer Einstufung dörflicher Lebensqualität am Beispiel von 40 Fallstudien in dieser Form in der umfangreichen Dorfliteratur bisher einmalig sein.
Der besonderen Problematik der Dorferneuerung und -entwicklung in den neuen Bundesländern widmet sich der Beitrag eines ausgewiesenen Kenners und Wegbereiters der ländlichen Regionen in Sachsen-Anhalt, Min.-Rat i. R. Horst Rakow.

Das Dorf als gesellschaftlicher, überschaubarer Mikrokosmos ist auch formal mehrfach zum Muster und zur Vorlage für zahlreiche europäische, klein strukturierte neue Siedlungen in der Nähe von Ballungszentren und Metropolen (Großbritannien, Niederlande) oder in einzelnen ländlichen Regionen (Schweiz, Niederlande) geworden.

Bereits vor annähernd 30 Jahren wurde in der Anthologie „Landleben" (Lit. 13) festgestellt, dass das Landleben das Bewusstsein von qualitativ anderen Produktions- und Lebensformen festhält. „Diese liefern eine Utopie, die die Ahnung des anderen festhält, nämlich Humanisierung der Natur, Naturalisierung des Menschen und Versöhnung von Stadt und Land."

Ob das „Dorf" eine Art individueller und alternativer Gegenentwurf gegen die Zwänge einer wachsenden Globalisierung und damit verbundener, raumunabhängiger Hypermobilität werden kann, bleibt abzuwarten.
Allerdings sind Entwicklungsvorhersagen unter den gegebenen wirtschaftlichen und förderrechtlichen Bedingungen für ländliche Regionen viel schwieriger als in früheren Phasen. Hier sei nur an die in Brüssel neu festgesetzten Förderrahmenbedingungen für die Landwirtschaft und für die Ländlichen Räume (ZILE, siehe Anhang) erinnert, deren Auswirkungen noch keineswegs abschätzbar sind – besonders im Hinblick auf die für den Aufbau der osteuropäischen EU-Mitgliedsländer zu setzenden Prioritäten und abzuzweigenden Förderkontingente.

Zahlreiche Alternativen für eine zukünftige Nutzung der vom Exodus der Landwirtschaft betroffenen Dörfer werden auch in dieser Untersuchung sichtbar.
Letztlich sind unsere Dörfer auch der Lebensraum, in dem nicht nur Kindern und Jugendlichen Flora und Fauna begleitend näher gebracht werden können, sondern in dem die ältere Generation vermehrt stressfreie Rückzugsmöglichkeiten für ein Leben nach der Arbeitszeit – verbracht in Ballungsräumen oder ländlichen Regionen – suchen und finden kann.

Zum Schluss seien noch Hinweise zur Lesbarkeit und zum Verständnis der behandelten Einzelthemen gegeben.
Die Mehrzahl der Kapitel, die jeweils einem eigenständigen Aspekt dörflicher sozialer oder baulicher Lebenswirklichkeit gewidmet sind, gliedert sich in folgende vier Teile:

- Einführung in das Thema
- Vertiefende Darstellung auf der Ebene der Untersuchungsdörfer
- Ergebnisse der Fragebogenaktionen („Fallstudienanalyse")
- Zusammenfassung und Folgerungen.

Am Ende der Arbeit werden die gewonnenen Teilergebnisse für ein themenbezogenes Schlussszenario nochmals zusammenfassend dargestellt.

2 METHODIK DER PLANUNG UND NACHUNTERSUCHUNG

2.1 Einführung

Bevor der methodische Untersuchungsansatz im Folgenden vorgestellt wird, sei nochmals auf das Ziel dieser Nachuntersuchung verwiesen. Sinn und Zweck der vielschichtigen Analysen ist es, dem Komplexer gewordenen Lebensraum Dorf durch eine differenzierte und bewusst sektorale Betrachtung der Einzelaspekte gerecht zu werden, um die zahlreichen Verflechtungen, Abhängigkeiten und Einflussgrößen schließlich in eine zusammenfassende Gesamtbetrachtung zu überführen.

Dem dient auch der abschließende Versuch, die aktuelle Lebensqualität in den Untersuchungsdörfern messbar und im Rahmen eines Rankings nachvollziehbar zu machen. Dabei wird deutlich, dass die durch Dorferneuerungsmaßnahmen ausgelösten Teilerfolge zwar wichtige, aber keineswegs die einzigen wirksamen Einflussfaktoren auf die Dorfentwicklung sind.
Die folgenden Teilschritte wurden in der Nachuntersuchung vollzogen:

1) Erarbeitung biografischer Profile der 40 Fallstudiendörfer mit inhaltlicher und geografischer Zuordnung (siehe ab Seite 20).

2) Vorbereitende Auswertung der vorhandenen Unterlagen, wie

- Dorferneuerungspläne bzw. -berichte
- Objektkarteien
- Foto-/ Dia-/ Materialsammlungen
- Beratungsprotokolle, Schriftverkehre, Einzelprojekte
- Presseberichte und sonstige Dokumentationen von Einzelvorhaben, u. a.

3) Entwicklung von acht Fragebögen mit folgenden Frageschwerpunkten (siehe Anhang):

3.1) I. Kommunaler Fragebogen:
Ortskenn- bzw. Strukturdaten, Steueraufkommen, Organisation, Erfolge und Entwicklungsziele der Dorferneuerung, Gesamtbewertung, aktuelle Bedeutung des Dorferneuerungsplanes.

3.2) II. Kommunaler Fragebogen:
Situationsbewertung und kommunale Entwicklungsziele zu folgenden Teilaspekten einer ganzheitlichen Dorferneuerung: Verkehr, Landwirtschaft, Arbeitsplätze, Grün- und Freiflächen, Ortsmittengestaltung, soziokulturelle Infrastruktur, Bauleitplanung, Altbausanierung/Umnutzung, Gestaltung, Freizeit und sanfter Tourismus, Integration sozialer Gruppen, Bürgerbeteiligung und alternative Energien.

3.3) 1. Bürgerbefragung: „Befragung zur Dorferneuerung“
Haushaltskenndaten, Kenntnisstand und Teilnahmeintensität am Dorferneuerungsprozess, vermutete Auswirkungen der Dorferneuerung, Vorschläge zur zukünftigen Dorfentwicklung, Bewertung der umgesetzten Dorferneuerungsvorhaben, Bewertung der dörflichen Zukunftschancen.

3.4) 2. Bürgerbefragung als „Soziologische Strukturanalyse“ mit folgenden Schwerpunkten:
Haushaltskenndaten, Wohn- und Einkaufsverhalten, Integration von Zuwanderern, altersspezifische Angebote, Bewohnerkonflikte, Ehrenamt, Vereinsmitgliedschaften, soziokulturelle Eigenaktivitäten, Mitarbeit bei überörtlichen Kontakten und Partnerschaften, Verbesserungsvorschläge zum dörflichen Gemeinschaftsleben.

3.5) Befragung der zuständigen Ämter für Landentwicklung (AfL) in Niedersachsen bzw. Ämter für Landwirtschaft und Flurneuordnung in Sachsen-Anhalt (ALF): insgesamt betreute, abgeschlossene, in der Planungsphase befindliche und erwartete Dorferneuerungsvorhaben im Amt, durchschnittlicher Förderrahmen, Erfolge der Dorferneuerung im „Vorher-Nachher-Vergleich“, Bewertung der Zusammenarbeit mit Beteiligten und Betroffenen. Verbesserungsvorschläge und erwartete nachhaltige Auswirkungen der Dorferneuerung.

3.6) Befragung der Außenstellen der ehemaligen Landwirtschaftskammer Hannover (heute GLL) in Northeim, Sulingen und Nienburg zur Situation der Landwirtschaft in den Dorfregionen „Südharz“, „Nienburger Wesermarsch“ und „Geest-/ Moorregion“. Gefragt wurde nach strukturellen Daten zu den vorhandenen Betrieben, nach zukunftsträchtigen Erwerbszweigen, nach der Hofnachfolge und nach der Zukunftsbewertung.

3.7) Expertenbefragung I „Innovative Maßnahmen“:
Ausgewählte Vertreter aus den Gemeinden wurden gebeten, innovative Projekte im Produktions-, im Freizeit- und Kultur-, im Wohn- oder im Energiebereich zu bewerten.

3.8) Experteninterview II:
Ausgewählten Mitgliedern der Dorfgemeinschaften wurden Fragen vorgelegt zur Bewertung der Dorferneuerungsphasen und -erfolge, den dörflichen Entwicklungsmöglichkeiten, zur Situation der Landwirtschaft, der soziokulturellen Infrastruktur, der demografischen Entwicklung, der Lebensqualität und der Dringlichkeit von Maßnahmen bzw. Lösungsansätzen, um die Lebensqualität weiterhin zu verbessern.

2.2 Durchführung der Fragebogenaktionen

Die Durchführung der Fragebogenaktionen erfolgte sowohl auf dem postalischen Weg (3.1, 3.2, 3.5, 3.6, 3.7) als auch vor Ort (3.3, 3.4, 3.8) mit Mitarbeitern des Büros und Studierenden der höheren Semester des Fachbereichs Architektur der Fachhochschule Hannover im Rahmen von Unterrichtsveranstaltungen im Fach „Siedlungssoziologie“ in den Jahren 2003 und 2004.

Die unterschiedlichen Reaktionen der Befragten, die erlebten Formen von ausgeübter oder vorenthaltener Gastfreundschaft bzw. Akzeptanz den Befragern gegenüber können einen ersten Einblick in die aktuelle dörfliche Gesellschaftsrealität bieten. Ohne diese Eindrücke jedoch überzubewerten, seien sie als Konzentrat studentischer Erfahrungen und teilweise erstmaliger Konfrontation mit ländlicher Lebenswirklichkeit hier auszugsweise wiedergegeben (siehe Abschnitt 2.3).

In der Untersuchung wurden neben den für die Dörfer zuständigen einbezogenen Kommunen und Ämtern zur Hauptsache die betroffenen Bürger selbst befragt. Da sie in den Dörfern leben, sich am Dorfleben mehr oder weniger beteiligen,

sind nicht nur ihre Urteile, sondern auch ihre Änderungswünsche von Interesse. Die zu befragenden Haushalte wurden nach dem Zufallsprinzip, d. h. durch die Befrager individuell vor Ort nach ihrer Verfügbarkeit und Bereitschaft ausgewählt. Dabei wurden in der ersten „Bürgerbefragung zur Dorferneuerung“ (FB 3.3) schwerpunktmäßig der Dorfkern, in der zweiten Befragung der „Soziologischen Strukturanalyse“ (FB 3.4) sowohl der Dorfkern als auch die Neubaugebiete aufgesucht.
Da unterschiedliche Fragergruppen die einzelnen Orte zu jeweils zwei verschiedenen Frageansätzen aufgesucht haben, konnten auch unterschiedliche Eindrücke von den Dörfern vermittelt werden.

Die zuständigen Ämter für Landentwicklung (AfL) sowie die Ämter für Landwirtschaft und Flurneuordnung (ALF) und die Kommunen wurden direkt angeschrieben und um ihre Antworten bzw. Stellungnahme zu den offenen Fragestellungen gebeten. Gleiches gilt auch für die Experteninterviews, die ebenfalls in Form eines Fragebogens gegenüber ausgewählten, im Dorferneuerungsprozess besonders engagierten Bürgern vorgenommen wurden.

2.3 Erfahrungsbericht „Bürgerbefragungen“/ Auszüge aus den Kommentaren der Befrager

Im Dorfkern wohnen noch schwerpunktmäßig die Familien der alteingesessenen Landwirte, Handwerker u. a., während sich in den Neubaugebieten vermehrt ortsfremde Personen angesiedelt haben. Die Verbundenheit mit ihrem Dorf als ihrem Heimatort mit seinen Besonderheiten ist bei den Alteingesessenen verständlicherweise intensiver als bei den Zugezogenen. Eine wirkliche Integration hat bei letzteren offensichtlich noch nicht stattgefunden. Teilweise entstand sogar der Eindruck, dass sie sich selbst nicht besonders darum bemühen und sich eher der Dorfbevölkerung und den -bräuchen gegenüber verschließen. Diese unterschiedlichen Einstellungen spiegelten sich auch in der Akzeptanz den Befragern gegenüber wider.

Die Bürgerbefragungen zeigten deutlich unterschiedliche Reaktionen der Angesprochenen, teilweise ortsteil- sogar straßenbezogen. Im Ortskern und in den historischen Ortslagen war die Akzeptanz der Befragten, gerade auch zum Thema Dorferneuerung im Allgemeinen, deutlich höher als in Neubaugebieten.
Selbst Bewohner in neuen „Baulückenhäusern“ im Ortskern haben die Fragebogenaktionen weniger akzeptiert, als alteingesessene Bürgerinnen und Bürger.
Ganz allgemein war ein gewisses Misstrauen vor allem in Neubaugebieten den Befragern gegenüber spürbar, was in einigen Fällen sogar eine Durchführung der Befragung verhinderte.

Wurde die Befragung zugelassen, ergaben sich jedoch oft sehr interessante Gespräche auch über die fixierten Fragestellungen hinaus, wodurch über die mitgeteilten persönlichen Erlebnisse der Befragten gewisse Zusammenhänge besser verständlich wurden. Solche Gespräche konnten dann länger als im Durchschnitt 15-30 Minuten dauern.

Die in fast allen Dorfregionen nachweisbare Erfahrung einer größeren Akzeptanz den Befragern gegenüber im gewachsenen Ortskern als in den Neubaugebieten zeigte sich auch in der größeren Motivation der Ortskernbewohner, „etwas im Dorf zu bewegen“ (Ehrenamt), am Ortsgeschehen bei Festen u. Ä. teilzunehmen und die Integration neuer Bewohner in die Dorfgemeinschaft zu unterstützen.

Interessant war eine gewisse Verweigerungshaltung zugezogener jüngerer Bewohner, die sich bereits durch den gewählten persönlichen Baustil in den Neubaugebieten „abschotten“ und den direkten Kontakt eher meiden (besonders auffällig in den Dörfern des Südharzes).
So waren es auch eher Jugendliche, die nicht an der Befragung zur Dorferneuerung (FB 3.3) teilnehmen wollten.
Entweder war ihnen die Dorferneuerung nicht bekannt oder sie hatten prinzipiell kein Interesse, sich solchen Fragen zu stellen.
Dagegen wurde die Soziologische Strukturanalyse (FB 3.4) auch von jüngeren Altersgruppen angenommen, da sich hier die Möglichkeit bot, eigene Wünsche nach Jugendangeboten oder -einrichtungen u. Ä. zu äußern bzw. Verbesserungsvorschläge einzubringen.
Die Befragung machte auch deutlich, dass die Geschichte des gewachsenen historischen Dorfes, welches ja durch die Dorferneuerung erhaltend gestaltet werden soll, für die Mehrzahl junger Bewohner weniger wichtig ist, als ein Angebot an Spaß- und Freizeiteinrichtungen im dörflichen Umfeld!

Ausnahmen bestätigen allerdings die Regel. So zeigten sich auch ältere Bewohner in einigen Dörfern weniger an den Fragebogenaktionen interessiert, weil sie „einfach mit dieser Sache nichts zu tun haben wollten“, da sie bereits zu alt seien, um etwas zu bewegen oder weil sie lieber ihre eigenen Ideen ohne gestalterische Einschränkungen umsetzen wollten oder weil keine Fördermittel genehmigt worden seien.
So zeigten sich über die Soziologische Analyse bereits „dörfliche Konfliktfelder“, bevor in der Aktion die Fragen gestellt und beantwortet werden konnten. Nachwirkungen einer gewissen dörflichen „sozialen Kontrolle“ führten dazu, dass „belastende Aussagen“ Nachbarn gegenüber prinzipiell vermieden wurden.

Der hohe Anteil von Berufspendlern in den Dörfern war unabhängig von den skizzierten Erfahrungen einer der wesentlichen Gründe für vergebliche Besuche in den Vor- und Nachmittagsstunden.
Das Gespräch „auf der Straße“ oder „über den Gartenzaun“ war vielfach effektiver als an den Haustüren oder in der Wohnung selbst, da hier die Atmosphäre als ungebunden empfunden wurde. Besonders bei gutem Wetter, wenn viele Dorfbewohner in ihren Gärten arbeiteten, ließ man sich gerne durch eine kurze Befragung ablenken.

Kaum einer der Angesprochenen reagierte aggressiv auf die Fragen. Im Fall einer Ablehnung wurde man allerdings gar nicht erst eingeladen, das Haus oder Grundstück zu betreten.

Ein weiterer Zusammenhang wurde im Vergleich der Befragungsergebnisse deutlich: Bewohner von Dörfern, die intensiv durch Dorferneuerungsmaßnahmen verbessert bzw. gestaltet wurden, zeigen deutlich mehr Interesse an der Fragebogenaktionen – so im Vergleich der Südharzdörfer Gittelde und Dorste. Die durchgeführten Maßnahmen haben eben offensichtlich zu einer stärkeren Identifikation der Bürger mit ihrem Dorf geführt.

Diese Erfahrungen konnten sowohl in Niedersachsen, als auch in Sachsen-Anhalt gemacht werden. Allerdings war bei den Befragungen in den Dörfern Sachsen-Anhalts ein größeres Misstrauen gegenüber den Befragern unübersehbar, was vermutlich auf die Nachwirkungen der Erfahrungen aus der eigenen Vergangenheit zurückzuführen sein dürfte.
Positive persönliche Erlebnisse sind ebenfalls im Gedächtnis geblieben. So wurden manchmal Getränke oder gar ein Essen angeboten, wenn man zur Mittagszeit die Wohnung aufsuchte.

Einzelne Bewohner nahmen sich auch die Zeit, um Zeitungsartikel oder Ortschroniken hervorzusuchen.
So erhielt man Hinweise und Empfehlungen zu weiteren Adressaten, die „bestimmt jede Menge zu berichten hätten".
Diese Tatsachen bestätigen durchaus das Vorhandensein von Nachwirkungen früherer Dorfgemeinschaften, in denen jeder jeden kannte und man sich gegenseitig genau einzuschätzen vermochte.
Diese gebotene Gastfreundschaft war in den Ortskernen der Südharzdörfer besonders ausgeprägt.

Als Beispiel für ortsbezogene Besonderheiten sei auf die Dörfer Wagenfeld und Varrel hingewiesen.
Besonders im vielschichtig strukturierten Grundzentrum Wagenfeld, das infolge des Zusammenschlusses mehrerer Ortsteile als soziostrukturell inhomogener Ort bezeichnet werden muss, spiegeln sich sowohl in den Ortsteilen als auch bei den Altersgruppen extreme Mentalitäts- und Meinungsunterschiede wider.

Auf deutliche Ablehnung trafen die Befrager auch in einigen Straßenzügen Varrels („Trickdiebe" und „Abzocker"), während sich in nächster Nachbarschaft Gastfreundschaft und großes Interesse zeigten.

Trotz vielfacher Zustimmung wurde seitens einiger befragter Bürger der Nutzen solcher Aktionen auch wieder in Frage gestellt. Man vermutete, dass die Sammlung von Daten wieder „in der Ecke verschwinden" oder seitens der Behörden nicht weiter ausgewertet würden.

Diese Untersuchung möchte jedoch dazu beitragen, dass bei einem sinnvollen, objektiven und zuverlässigen Umgang mit dem ermittelten Datenmaterial auch gültige und zukunftsweisende Aussagen abgeleitet werden können.
Insgesamt wurden im Rahmen dieser Fragebogenaktionen in Niedersachsen 1.149 Dorfbewohner in 32 Dörfern und in Sachsen-Anhalt 146 Bürger in 8 Dörfern – in der Summe demnach 1.295 Bürger befragt.

2.4 Auswertung der Fragebogenaktionen

Die Mehrzahl der Fragen erfolgte in „geschlossener" Form, d. h. mit der Vorgabe von Antwortmöglichkeiten, was eine quantitative Auswertung in absoluten und prozentualen Werten ermöglichte.
Die unterschiedlichen Antworten der „offenen" Fragestellungen wurden nach ihrer Häufigkeit geordnet und aufgelistet.
Das gesamte erfragte, alle relevanten Aspekte der Dorferneuerung mehr oder weniger erfassende Daten- und Faktenmaterial wurde für die jeweiligen behandelten Teilaspekte so aufgeschlüsselt, dass es in den einzelnen Kapiteln der Untersuchung zur Darstellung gebracht werden konnte.

Darüber hinaus wurde versucht, Ursache/ Wirkungszusammenhänge durch altersspezifische (Verbesserungswünsche), geschlechtsspezifische (Wohlbefinden) oder gruppenspezifische (Ehrenamt) Fragezusammenhänge aufzudecken.
Es zeigte sich jedoch, dass Diskrepanzen in den Bewertungen, Wünschen und Vorschlägen zwischen den Altersgruppen oder Geschlechtern nur dann auftraten, wenn ganz spezifische Zusammenhänge abgefragt wurden (z. B. werden Jugendeinrichtungen verständlicherweise am meisten von Jugendlichen unter 21 Jahren gewünscht).

2.5 Erfolgskontrollen/Evaluierung

Da die Evaluierung der Dorferneuerungsmaßnahmen auf ihren Zielerreichungsgrad und auf ihre Effizienz und damit auf ihre zu erwartenden Auswirkungen hin ein Schwerpunktziel dieser Nachuntersuchung bildet, ist dem Thema ein eigenes Kapitel gewidmet, in dem auch auf die besondere Methodik näher eingegangen wird (siehe Kapitel 21).
Inhaltlich abgehandelt werden dort Zielerreichungs- und Effektivitätsgrade ausgeführter Dorferneuerungsmaßnahmen unter Einbeziehung von Teilzielen, die nicht direkt im Rahmen der Dorferneuerung gefördert, jedoch durch diese ausgelöst wurden.
Die eigentliche, über eine reine „Zielerfüllung" hinausgehende „Effektivität" durchgeführter Maßnahmen ergibt sich jedoch erst durch Gewichtung der unterschiedlichen öffentlichen und privaten investiven Bereiche.
Gemessen werden die „Erfolge" der Dorferneuerung am Abbaugrad der im Ausgangspunkt vorhandenen Problemdichte der jeweiligen Erneuerungsziele bzw. Dorferneuerungskonzepte.
Die Bewertung beschränkt sich daher in dieser Phase der Nachuntersuchung nur auf materielle, messbare und maßnahmenbezogene Teilaufgaben.
Das gilt auch für die Darstellung der durch die Fördermittel ausgelösten investiven Kosten (siehe Kapitel 5).

2.6 „Dorfranking" als Versuch einer Bestimmung der Lebensqualitäten in den Fallstudiendörfern

Obwohl die Dorferneuerungsplanung und -förderung einen wesentlichen Beitrag zur Erhöhung der Lebensqualität leisten können, wie einzelne Beispiele überzeugend belegen, reichen sie als hinreichende Bestimmungsgrößen für die vorhandene Lebensqualität alleine nicht aus.
Es sind vor allem die von außerhalb auf die Dörfer einwirkenden Rahmenbedingungen und Einflussfaktoren sowie immaterielle Werte kommunikativer Art, die in Verbindung mit den messbaren, materiellen Ausstattungsangeboten die Gesamtqualität eines Lebensraumes Dorf bestimmen.
So gehören auch das Arbeitsplatzangebot, Emissionen, überregionale Kontakte, Formen ehrenamtlicher Einbindung, die Integration von Neubewohnern und die noch ausgeübten Formen von Nachbarschaftshilfe dazu.
Da diese das soziale und soziologische Profil eine Dorfes kennzeichnenden Faktoren im Rahmen der II. Bürgerbefragung erfasst werden konnten, war es möglich in einem abschließenden Ranking der untersuchten Fallstudiendörfer mittels einbezogener materieller und immaterieller Wirkungsfaktoren sowie über entsprechende Gewichtungen die tatsächliche aktuelle Lebensqualität zu bestimmen.
Hierbei konnte nochmals der wichtige Beitrag der Dorferneuerung für die Lebensqualität bestätigt werden.

Die vergleichsweise intensiv geförderten und investitionsbereiteren Gemeinden nehmen auch im Ranking die oberen Plätze ein, obwohl der „Umsetzungsgrad von Dorferneuerungsmaßnahmen" im Kriterienblock mit max. 10 von 100 Punkten nur mit 10 % zum Ergebnis beitrug.
Dem Ergebnis des methodisch ermittelten „Dorfrankings" werden die spontanen Bewertungen durch die befragten Bürger, Experten und Gemeinden gegenübergestellt (siehe Kapitel 22).

2.7 Zusammenfassung / Folgerungen

Entscheidend für die Qualität der ermittelten Ergebnisse sind die Zuverlässigkeit der Erhebungen, die Vollständigkeit der Kriterien und die Angemessenheit der subjektiv bestimmten Gewichtungen.

Die Möglichkeiten methodischer Hilfestellungen zum Ziel der Optimierung von Planungsabläufen sind auch im ländlichen Raum mit den vorgestellten Alternativen keineswegs ausgeschöpft.
Insbesondere die Nutzwertanalyse hat sich als Methode für die Standortoptimierung öffentlicher Einrichtungen genauso bewährt, wie für die Auswahl geeigneter Förderprogramme im Rahmen von Leader+-Verfahren o. Ä. (siehe „Moorregion Diepholz“, Lit. 77).

Auch die Ex-Post-Projektbewertung mit einem Ansatz der Nutzwertanalyse, wie sie von Schulte/Bokermann (Lit. 10) für einen Nachbarschaftsladen durchgeführt wurde, führte offensichtlich zu einem positiven Ergebnis.

Auf methodische Möglichkeiten zur flächendeckenden, regionsübergreifenden Bestimmung der touristischen Potentiale in ländlichen Räumen wird im Kapitel 9 „Dorftourismus“ näher eingegangen.

Es bleibt zu hoffen, dass die Erfahrungen und Ergebnisse dieser Untersuchung in Zukunft Gemeinden verstärkt dazu motivieren, die genannten methodischen Hilfen und Möglichkeiten sowohl zur Optimierung als auch zur Evaluierung von Entscheidungen stärker als bisher in Anspruch zu nehmen.

Ablaufphasen der Untersuchung

Abb. 1: Ablaufphasen der Untersuchung

2.8 Biografische Profile der 40 Fallstudiendörfer

Um die 40 Fallstudien siedlungsgeographisch zuzuordnen, wurde der Begriff der "Dorfregion" gewählt. Die einzelnen Fallstudien liegen demnach in 13 verschiedenen Dorfregionen, die nach folgenden Kriterienpunkten ausgewählt wurden:

1) geologisch-geografisch vergleichbare Merkmale
2) siedlungs- und haustypologisch vergleichbare Merkmale
3) wirtschaftlich und bevölkerungsstrukturell vergleichbare Merkmale.

Im Folgenden werden die Dorfregionen mit ihren zugehörigen Fallstudiendörfern durch eine Umgebungskarte mit den zugehörigen Zentren (G = Grundzentrum, M = Mittelzentrum, O = Oberzentrum) sowie einer kurzen landschaftlich-geografischen Betrachtung vorgestellt. Danach folgen die Fallstudien mit kurzem Steckbrief und Ortsskizze.

DIE DORFREGIONEN IN NIEDERSACHSEN – VON DER GEEST BIS ZUM HARZ

NR.	DORFREGION	EINORDNUNG DER FALLSTUDIEN
1	Geest-/Moorregion	
	1A Kirchdorfer Moor-, Heide- und Geestgebiet	1 Holzhausen/Göthen 2 Kuppendorf/Heerde 3 Scharringhausen 4 Varrel 5 Wehrbleck
	1B Diepholzer Moor-/Geestniederung	6 Aschen 7 Wagenfeld
	1C Uchter Moorniederung	8 Bohnhorst 9 Woltringhausen
2	Nienburger Wesermarsch	10 Estorf 11 Haßbergen 12 Leeseringen 13 Lemke 14 Oyle 15 Wohlenhausen/Sudhalenbeck
3	Südharz	16 Dorste 17 Elbingerode 18 Gittelde 19 Hattorf am Harz 20 Schwiegershausen 21 Ührde 22 Wulften
4	Nördliche Elbtalauen	23 Radbruch
5	Wendland und Swinmark	24 Lübeln 25 Schnega
6	Aller-Leinetal	26 Eilte 27 Häuslingen
7	Süntel	28 Beber 29 Rohrsen
8	Braunschweiger Börde	30 Abbenrode 31 Jerxheim 32 Watzum

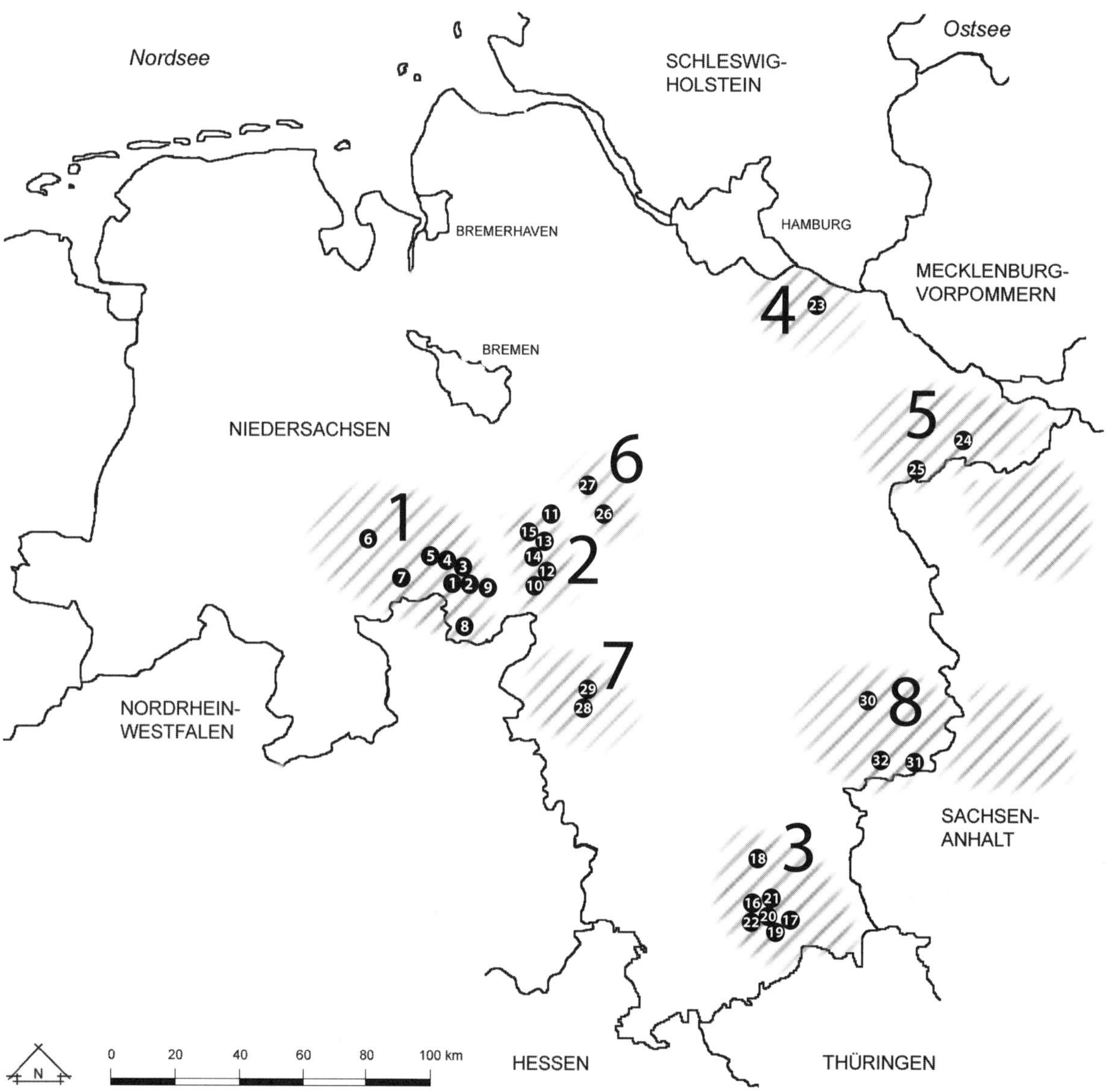

Abb. 2: Ausgewählte Fallstudien und Dorfregionen in Niedersachsen

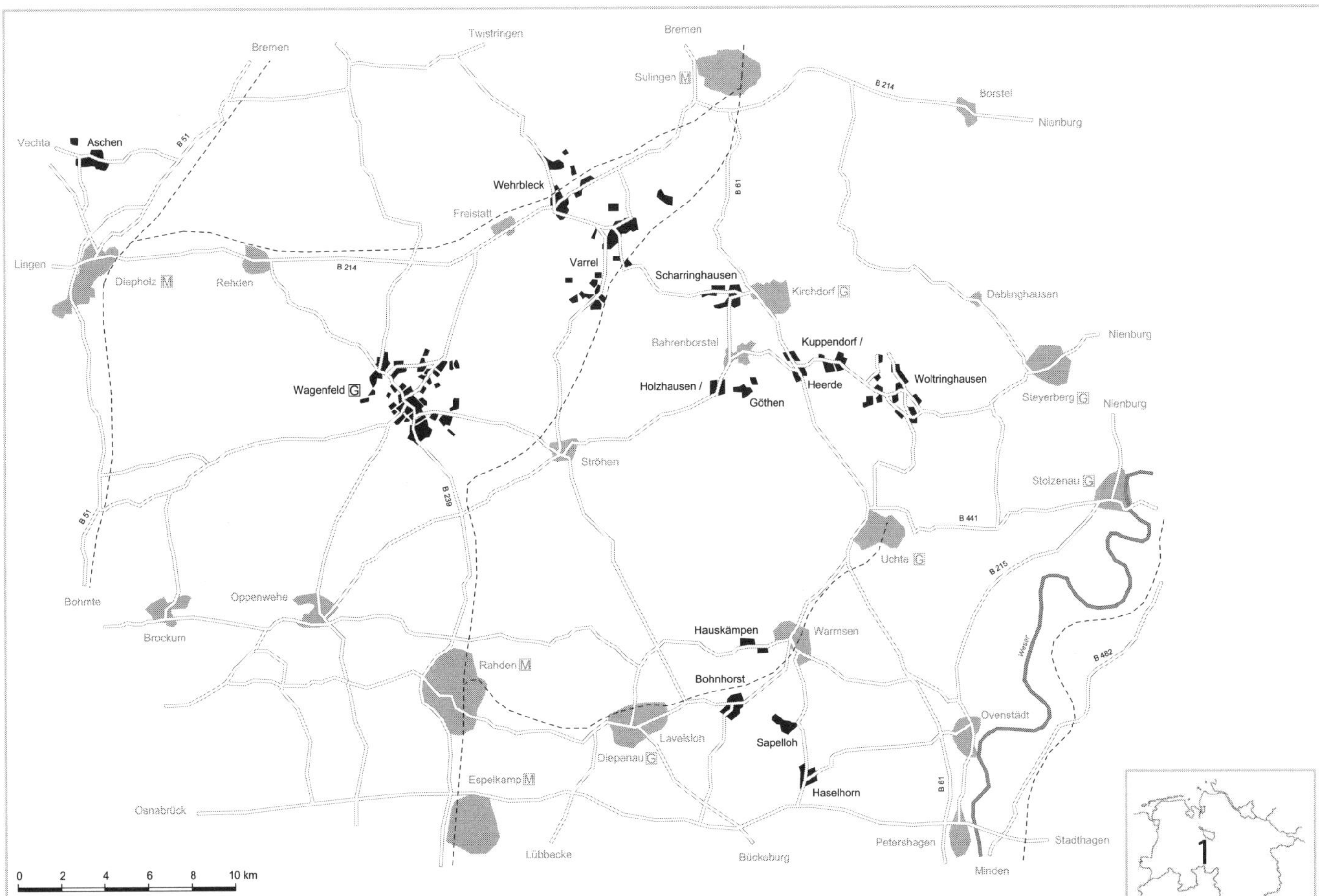

Dorfregion 1 GEEST-/MOORREGION

Niedersachsen

Flaches Land, kleine dörfliche Weilersiedlungen, Streulagen und Einzelhöfe, dazwischen Baumgruppen und Grüninseln. So könnte man auf den ersten Blick das große Gebiet zwischen den Flüssen Hunte und Weser beschreiben. Aber es gibt noch viele weitere Besonderheiten in den scheinbar endlosen Landschaften. So zum Beispiel Moor- und Heideflächen, die zum Radfahren und Wandern einladen sowie viele in Ziegel- und Fachwerkbauweise errichtete Niederdeutsche Gehöfte.

Die Geestregion ist die größte der gewählten Dorfregionen und umfasst neun Fallstudien in den zwei Landkreisen Diepholz und Nienburg, die über ein gutes Bundesstraßennetz erreichbar sind.

1A KIRCHDORFER MOOR-, HEIDE- UND GEESTGEBIET

HOLZHAUSEN/GÖTHEN

Gemeinde Bahrenborstel
Samtgemeinde Kirchdorf
Landkreis Diepholz

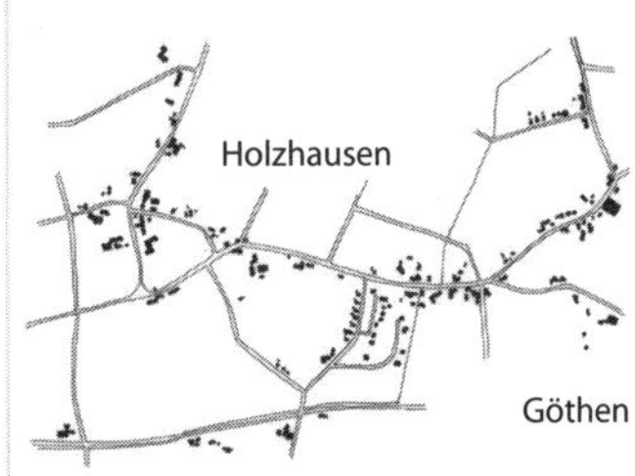

Grüner Kreuzungsbereich in Holzhausen

Einwohnerzahl: 422

Siedlungsstruktur:
lockeres Haufendorf

Laufzeit der Dorferneuerungsplanung: 1986 – 1987
Laufzeit der Durchführungsphase: 1986 – 1993

Siedlungsbaulicher Orientierungspunkt in Holzhausen ist ein Geestrücken mit Friedhof, Kapelle, Feuerwehrhaus und einem Dienstleistungsgebäude.
An einer Wegekreuzung finden sich eingeschnitzt diese Worte:
"Hier in Holthüsen,
wo de Welt noch in Ordnung is,
wo jeder jeden grüßt,
dor wüt wie leben, dor wüt wie woahn,
un jümmer tau een anner stoahn!"
In Holzhausen/Göthen wurden einige private Maßnahmen durchgeführt.

1A KIRCHDORFER MOOR -, HEIDE- UND GEESTGEBIET

KUPPENDORF/HEERDE

Gemeinde Kirchdorf
Samtgemeinde Kirchdorf
Landkreis Diepholz

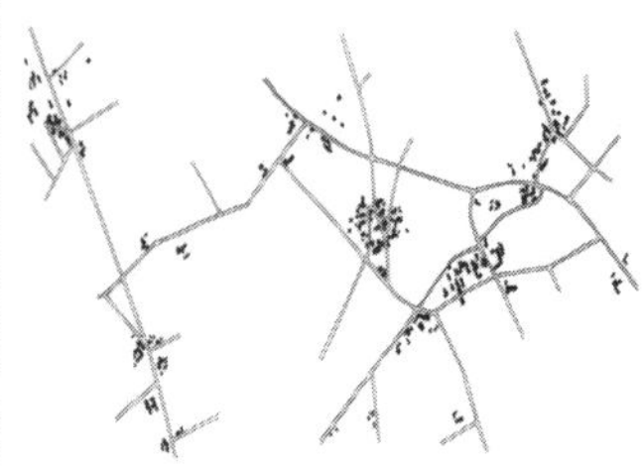

Heerde Kuppendorf

Die alten Fachwerkspeicher können den Grundstock für ein dörfliches Freilichtmuseum in Kuppendorf bilden.

Einwohnerzahl: 319

Siedlungsstruktur:
lockeres Haufendorf und Weiler

Laufzeit der Dorferneuerungsplanung: 1986 – 1987
Laufzeit der Durchführungsphase: 1988 – 1992

An keinem Standort der Samtgemeinde Kirchdorf sind die landschaftlichen Reize so ausgeprägt wie im nahen Umfeld des Haufendorfes Kuppendorf, das von waldreicher, topografisch gegliederter Heidelandschaft umgeben ist.
Die Kuppendorfer Heide wird gerne von Freizeitsportlern, Spaziergängern und Touristen aufgesucht.
Der Ort besitzt jedoch mit Restbeständen von Fachwerkstrukturen mehr Potentiale als bisher genutzt wurden.

Über die Dorferneuerung wurden zahlreiche private Maßnahmen gefördert sowie der Bau einer neuen Buswarte am Teich und die Sanierung des Feuerwehrgerätehauses.

Abb.: 214, 216

SCHARRINGHAUSEN

Gemeinde Kirchdorf
Samtgemeinde Kirchdorf
Landkreis Diepholz

Über die Dorferneuerung wurde eine grüne Dorfmitte in Scharringhausen geschaffen.

Einwohnerzahl: 526

Siedlungsstruktur:
lockeres Haufendorf

Laufzeit der Dorferneuerungsplanung: 1984 – 1986
Laufzeit der Durchführungsphase: 1985 – 1993

Scharringhausen ist Standort des größten deutschen Spargelanbauers und -vermarkters.
In der Saison wird das Dorf in großer Zahl von Liebhabern dieses Gemüses aufgesucht. Nachdem die Verarbeitungsanlagen des am Ortsrand liegenden Großbetriebes besichtigt sind, werden anschließend auf der zugehörigen überdachten Terrasse hauseigene Spargelgerichte verkostet.

Besondere ausgeführte Maßnahmen der Dorferneuerung sind der Neubau des Schützenvereinshauses und die Gestaltung des Dorfplatzes.
Zahlreiche leer stehende Fachwerkbauten wurden zu Wohnungen für Gastarbeiter ausgebaut.

Abb.: 212, 373, 439

VARREL

Gemeinde Varrel
Samtgemeinde Kirchdorf
Landkreis Diepholz

Varrel (das Kerndorf)

Der Dorfplatz von Varrel wurde während der Dorferneuerung mit einer neuen Buswarte und einem Pavillon ausgestattet.

Einwohnerzahl: 1.535 mit Ortsteilen Brümmerloh, Dörrieloh und Schäkeln

Siedlungsstruktur:
lockeres Haufendorf

Laufzeit der Dorferneuerungsplanung: 1985 – 1986
Laufzeit der Durchführungsphase: 1985 – 1993

Von den zwei im Zuge der Dorferneuerung geschaffenen Ortsmitten hat das als Kulturzentrum umgenutzte Küsterhaus am Kirchplatz durch seine vielfältigen Veranstaltungen (Konzerte, Lesungen, Ausstellungen u. a.) Anerkennung und Interesse über die Region Sulingen – Diepholz hinaus ausgelöst.

Mit Grund- und Hauptschule, Kindergarten und Kirche besitzt das Dorf eine gute soziokulturelle Grundausstattung.
Allerdings ist die Anzahl aufgegebener landwirtschaftlicher Hofstellen überdurchschnittlich hoch im Vergleich der Dörfer der Samtgemeinde Kirchdorf.

Abb.: 48, 49, 78, 116, 253, 284, 332 – 335, 424

WEHRBLECK

Gemeinde Wehrbleck
Samtgemeinde Kirchdorf
Landkreis Diepholz

Wehrbleck (das Kerndorf)

Blick auf die neugestaltete Platzsituation in Wehrbleck

Einwohnerzahl: 898 mit Ortsteilen Strange, Buchhorst, Nordholz und Nutteln

Siedlungsstruktur:
lockeres Haufendorf und Weiler

Laufzeit der Dorferneuerungsplanung: 1984 – 1986
Laufzeit der Durchführungsphase: 1985 – 1993
2001 erneute Aufnahme des Ortes in das Dorferneuerungsprogramm

Die reiche Geschichte des Haufendorfes Wehrbleck, das 1990 sein 700-jähriges Bestehen feiern konnte, und seiner Ortsteile Buchhorst, Nordholz, Nutteln und Strange ist in zahllosen Veröffentlichungen dokumentiert.
Ein im Rahmen der Dorferneuerung geschaffener Dorfplatz stellt die neue Ortsmitte der Gemeinde dar.

Der Ort ist im Jahre 2001 nochmals in das DE-Programm des Landes aufgenommen worden, im Wesentlichen um die Dorferneuerungsziele mit geplanten bauleitplanerischen Maßnahmen abzustimmen.

Abb.: 165, 406, 407

1B DIEPHOLZER MOOR-/GEESTNIEDERUNG

ASCHEN

Stadt Diepholz

Landkreis Diepholz

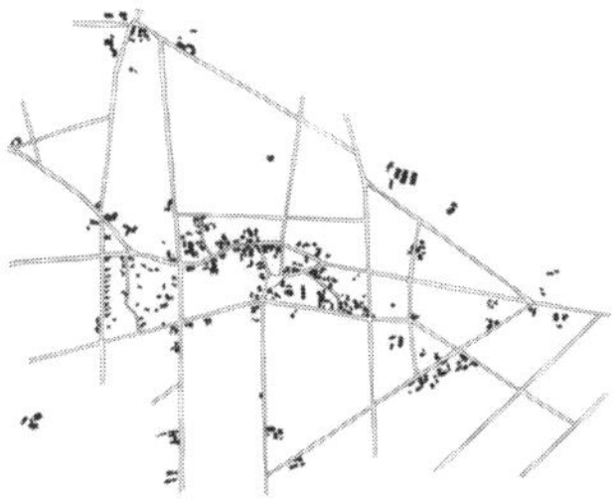

Dörfliches Freilichtmuseum in Aschen

Einwohnerzahl:1.184

Siedlungsstruktur:
lockeres Haufendorf

Laufzeit der Dorferneuerungsplanung: 1993 – 1995
Laufzeit der Durchführungsphase: seit 1995

Der Ortsteil Aschen liegt im nahen Einzugsbereich des Mittelzentrums Diepholz und besitzt gute Freizeit- und Ausbildungsangebote, großzügige Neubaugebiete und ein interessantes dörfliches Freilichtmuseum.

Besondere Erfolge der Dorferneuerung konnten im Bereich straßenbaulicher Maßnahmen sowie in der Erweiterung des Freilichtmuseums erzielt werden.

Abb.: 233

WAGENFELD

Gemeinde Wagenfeld
Samtgemeinde Wagenfeld
Landkreis Diepholz

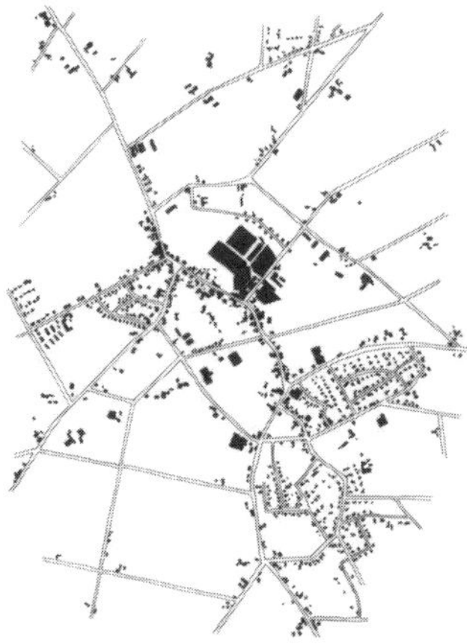

Wichtigstes Rückgrat Wagenfelds ist die Bundesstraße 239, die zugleich bedeutende Dienstleistungsachse ist.

Einwohnerzahl: 5.320

Siedlungsstruktur:
lockeres Haufendorf und Einzelhoflagen

Laufzeit der Dorferneuerungsplanung: 1987 – 1988
Laufzeit der Durchführungsphase: 1989 – 2003

Als Grundzentrum und belebter Dienstleistungsmarkt ist Wagenfeld besonders für die umgebenden zahlreichen landwirtschaftlichen Streulagen der wichtigste Anlaufpunkt.
Über die Grenzen der Region hinaus bekannt ist das in der Nähe gewonnene Mineralwasser der "Auburg-Quelle".
Im Rahmen der Dorferneuerng wurde die ehemalige Auburg zur Freiluftbühne umgestaltet. Sie bietet kulturinteressierten Besuchern ein abwechslungsreiches Programm. Daneben wurden vier neue Buswarten im Ortskern errichtet.
Die Grünanlage im "Collmoor" wurde aufgewertet.
Die den Ort querende B 239 beeinträchtigt weiterhin mit ihren Emissionen die dörfliche Lebensqualität.

Abb.: 84, 85, 230, 310, 438

1C UCHTER MOORNIEDERUNG

BOHNHORST

Gemeinde Warmsen
Samtgemeinde Uchte
Landkreis Nienburg (Weser)

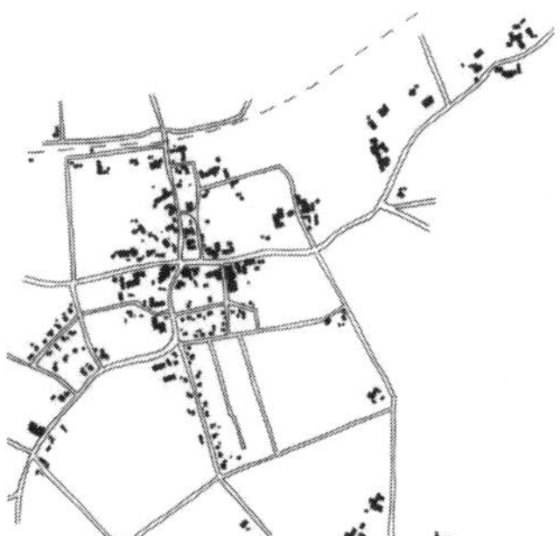

Bohnhorst
(das Kerndorf)

Ein umbauter Trafoturm bildet mit der alten Schule und dem Dorfplatz die Mitte von Bohnhorst.

Einwohnerzahl: 1.676 mit Ortsteilen Haselhorn, Hauskämpen und Sapelloh

Siedlungsstruktur:
lockeres Haufendorf,
Weiler und Streulagen

Laufzeit der Dorferneuerungsplanung: 1993 – 1994
Laufzeit der Durchführungsphase: 1994 – 2002

Das Dorf Bohnhorst gehört mit seinen Ortsteilen Sapelloh, Haselhorn und Hauskämpen zur Gemeinde Warmsen.
Neben dem neu gestalteten Dorfplatz an der alten Schule wurde ein stimmungsvoller Bahnhaltepunkt an der reaktivierten Museumseisenbahntrasse Uchte – Rahden geschaffen.

Auch im Rahmen der Dorferneuerung wurden die Erhaltung und Erweiterung des Trafoturms durch eine Buswarte sowie die Sanierung des Dorfteiches und Gestaltung des Spielplatzes in Haselhorn durchgeführt.

Abb.: 235, 282

WOLTRINGHAUSEN

Gemeinde Uchte
Samtgemeinde Uchte
Landkreis Nienburg (Weser)

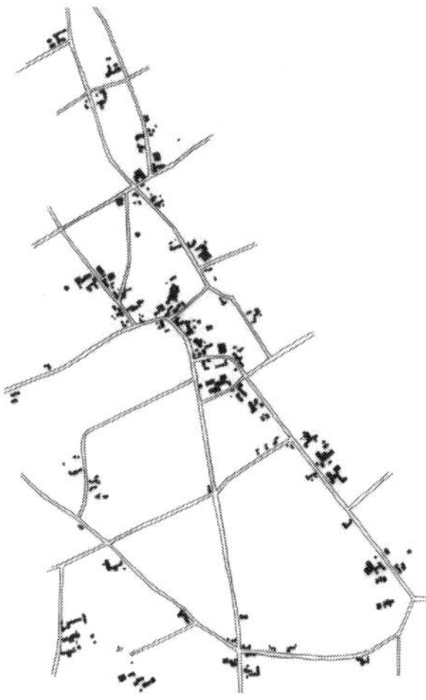

Bauernhöfe am Rand des Uchter Moores

Einwohnerzahl: 404

Siedlungsstruktur:
lockeres Haufendorf,
Weiler und Streulagen

Laufzeit der Dorferneuerungsplanung: 1991 – 1993
Laufzeit der Durchführungsphase: 1995 – 2000

In dem alten Bauerndorf sind die landwirtschaftlich geprägten Siedlungs-, Haus- und Hofstrukturen in besonderer Weise erhalten.

Der neue soziokulturelle Mittelpunkt ist das im Rahmen der Dorferneuerung geschaffene Mehrzweckgebäude mit Feuerwehrgeräteraum und Grillplatz am Sportplatz. Als wichtige öffentliche Dorferneuerungsmaßnahme hat sie wesentlich zur Stärkung der Dorfgemeinschaft beigetragen.

Abb.: 308

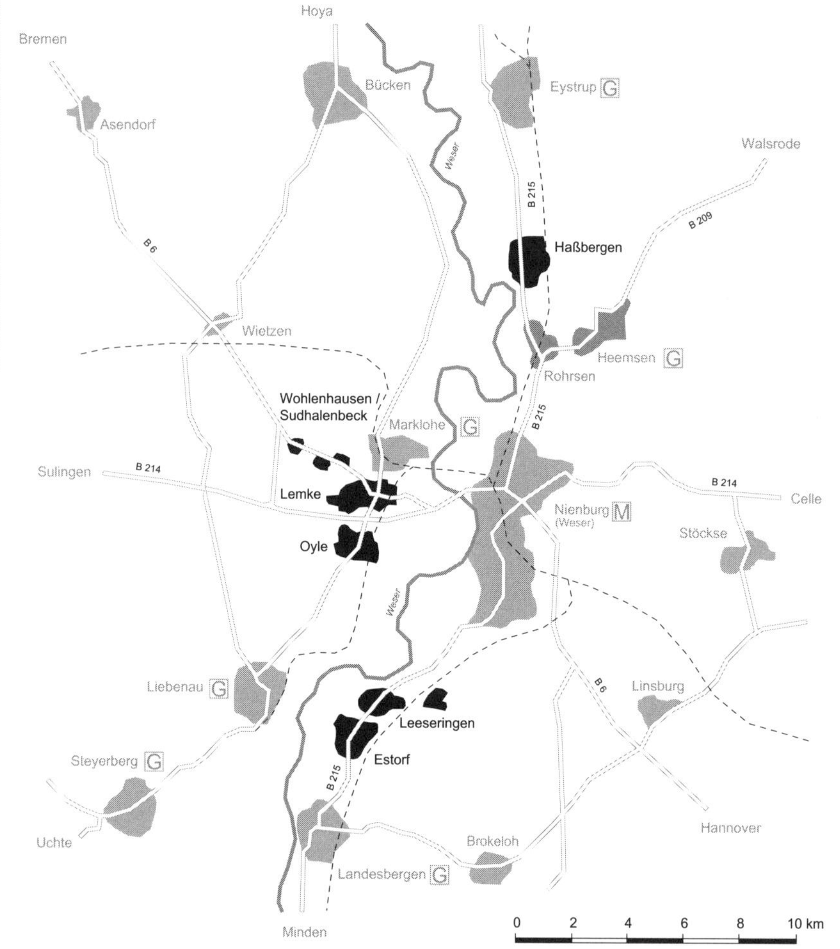

Die Dorfregion Wesermarsch in der Mittelweserregion rund um die Stadt Nienburg ist durch ganz unterschiedliche Landschaftsbereiche geprägt: Heide- und Sandböden im Norden und Osten, die fruchtbare Wesermarsch, die Hochebene der bewaldeten Geestkante im Westen und dem dahinterliegenden flachen Land der sich anschließenden Geest und Moorregionen.

Die lockeren Haufendörfer und Weiler dieser Region sind durch die Radroute des Weserradweges miteinander verbunden. Einige Dörfer bieten eigene geschichtliche oder naturbezogene Rundkurse und Übernachtungsangebote für die Radler.

Die Bundesstraßen B 6, B 214 und B 215 treffen sich im Mittelzentrum Nienburg und bilden damit die Haupterschließung der Dorfregion Wesermarsch.

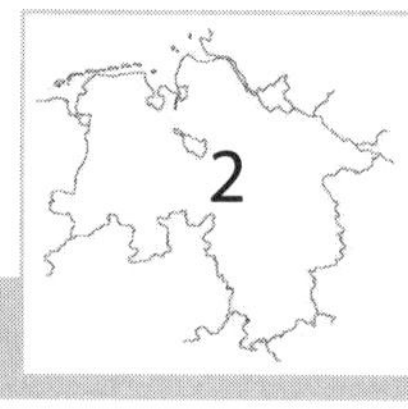

Dorfregion 2 NIENBURGER WESERMARSCH

Niedersachsen

LEESERINGEN

Gemeinde Estorf
Samtgemeinde Landesbergen
Landkreis Nienburg (Weser)

Historischer zweigeschossiger Speicher in Fachwerkbauweise vor der Umnutzung

Einwohnerzahl: 800

Siedlungsstruktur:
lockeres Haufendorf

Laufzeit der Dorferneuerungsplanung: 1984 – 1985
Laufzeit der Durchführungsphase: 1986 – 1992

Aufgrund der direkten Lage Leeseringens an der Weser ist nach Aufgabe der Fähre ein bedeutender Industriestandort mit Hafenanbindung entstanden (Glasrecycling).

Darüber hinaus besitzt das Dorf eine an einem Standort konzentrierte soziokulturelle Infrastrukturausstattung (Kindergarten, Dorfgemeinschaftshaus, Feuerwehr, Sportplatz und Schützenvereinshaus).

Abb.: 11, 62, 74, 79, 96, 225, 252, 313, 374

ESTORF

Gemeinde Estorf
Samtgemeinde Landesbergen
Landkreis Nienburg (Weser)

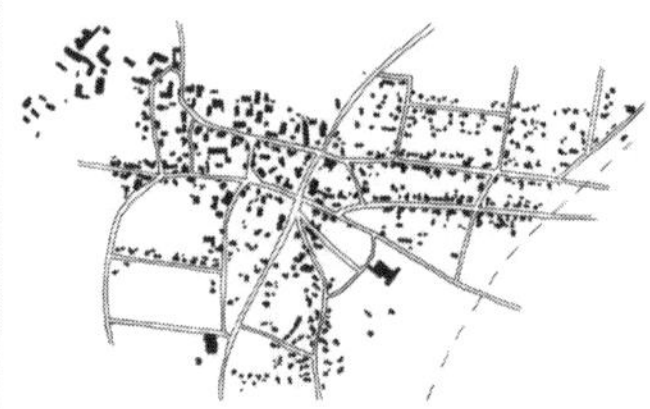

Die sanierten Straßen im historischen Ortskern Estorfs vermitteln dem Besucher eine dörfliche Atmosphäre.

Einwohnerzahl: 1.100

Siedlungsstruktur:
lockeres Haufendorf

Laufzeit der Dorferneuerungsplanung: 1981 – 1983
Laufzeit der Durchführungsphase: 1982 – 2001

Der über 950 Jahre alte Haufendorfkern des schönen Dorfes an der Weser war vor über 20 Jahren infolge des landwirtschaftlichen Strukturwandels vom Zerfall bedroht. Dank intensiver Erneuerungs- und Entwicklungsmaßnahmen im Rahmen des Niedersächsischen Dorferneuerungsprogramms konnte nicht nur der historische Ortskern erhalten, sondern auch ein ortszugehöriges Scheunenviertel zu einem kulturellen Erlebniszentrum ausgebaut werden.
Estorf gewann im Europäischen Dorfwettbewerb 1987/88 einen 2. Preis.
Zahlreiche Besuchergruppen aus dem In- und Ausland haben sich über den Erneuerungsprozess informiert.
1983 wurde das Dorf auf der "Grünen Woche" in Berlin vorgestellt.

Abb.: 20, 50, 66, 117, 123, 124, 150, 157, 158, 163, 168, 192, 209, 240 – 248, 264, 266, 285, 336-339, 349, 386 – 393, 402, 426, 432

HAßBERGEN

Gemeinde Haßbergen
Samtgemeinde Heemsen
Landkreis Nienburg (Weser)

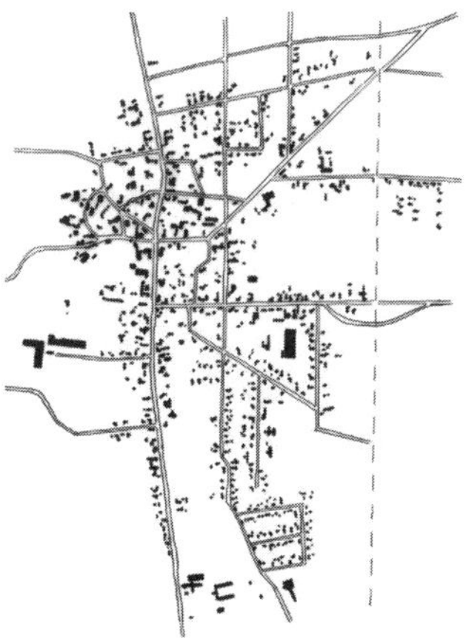

Die umgebaute Marienkapelle dient heute als überregional bekanntes Kulturzentrum.

Einwohnerzahl: 1.581

Siedlungsstruktur:
lockeres Haufendorf

Laufzeit der Dorferneuerungsplanung: 1994 – 1995
Laufzeit der Durchführungsphase: 1996 – 2006

Weit über die Region hinaus ist Haßbergen durch seinen vorzüglichen Spargel, der direkt an der Hauptstraße vermarktet wird, durch die Erfolge seiner Sportvereine und nicht zuletzt durch die kulturellen Veranstaltungen in der als Kulturzentrum ausgebauten Marienkapelle im alten Ortskern bekannt geworden.
Fast die gesamten Ortsstraßen sowie die den Ort querende Bundesstraße B 215, die zugleich die wichtige Dienstleistungsachse des Dorfes ist, wurden neu gestaltet, begrünt bzw. verkehrsberuhigt und haben damit erheblich zur Aufenthaltsqualität des Dorfes beigetragen. Der neu gestaltete Ortsmittelpunkt im Bereich der Kirchengemeinde gehört zu den weiteren wichigen Dorferneuerungsmaßnahmen. Haßbergen hat sich zu einem beliebten Wohnstandort mit einer überdurchschnittlichen Ausstattung an Dienstleistungseinrichtungen entwickelt.

Abb.: 51, 52, 115, 175, 212, 215, 217, 230, 231, 355, 356, 359, 368, 369, 371, 430, 431, 433

LEMKE

Gemeinde Marklohe
Samtgemeinde Marklohe
Landkreis Nienburg (Weser)

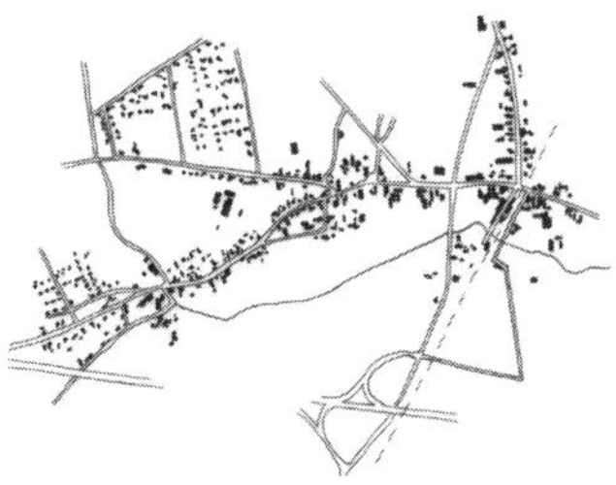

Die neu gestaltete Nienburger Straße führt in die Mitte des Dorfes Lemke

Einwohnerzahl: 1.546

Siedlungsstruktur:
lockeres Haufendorf und Straßendorf

Laufzeit der Dorferneuerungsplanung: 1984 – 1987
Laufzeit der Durchführungsphase: 1987 – 2003

Im Zuge des Flurbereinigungsverfahrens "Lemke-Oyle-Wohlenhausen", konnten nicht nur die neue Ortsumgehung und damit die Verkehrsentlastung der den Ort querenden Hauptstraße, sondern im Zuge der Wirtschaftswegeerneuerung auch ein attraktives Fahrradwegenetz in der Wesermarschregion geschaffen werden.

Lemke ist mit der zugehörigen Gemeinde Marklohe Standort mehrerer öffentlicher und privater Dienstleistungseinrichtungen (u. a. Rathaus, Kindergarten, Grundschule) und beliebter Wohnstandort in der Nähe des Mittelzentrums Nienburg.
Darüber hinaus besitzt der Ort attraktive Gewerbeflächen in der Nähe der Bahntrasse.

Abb.: 60, 418, 425

OYLE

Gemeinde Marklohe
Samtgemeinde Marklohe
Landkreis Nienburg (Weser)

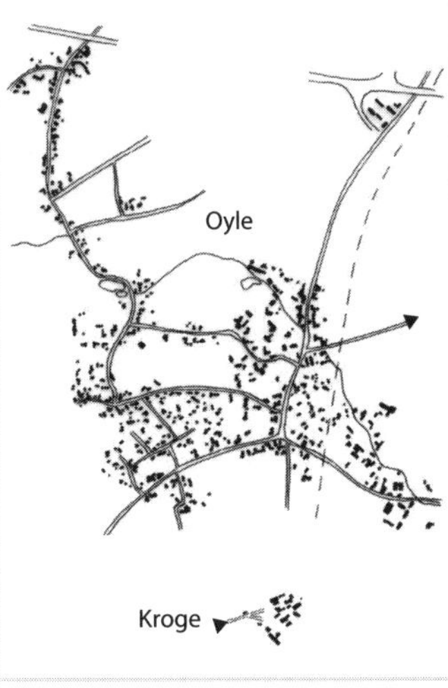

Sanierte Dorfstraße in Oyle

Einwohnerzahl: 861

Siedlungsstruktur:
lockeres Haufendorf

Laufzeit der Dorferneuerungsplanung: 1984 – 1987
Laufzeit der Durchführungsphase: 1987 – 2003

Das attraktive Haufendorf am Ostrand der hohen Geest ist durch ein reichhaltiges Rad-, Reiter- und Wanderwegenetz, das im Rahmen der parallel durchgeführten Flurbereinigungsmaßnahmen geschaffen werden konnte, zum beliebten Naherholungsziel für die Region Nienburg geworden.
Der im Rahmen der Dorferneuerung angelegte Wanderweg am renaturierten Oyler Mühlengraben bietet eine gute Verbindung aller Sehenswürdigkeiten des Dorfes wie Gutshof, Straußenfarm, Fischteiche und Wassermühle.
Touristischer Höhepunkt ist das Wald- und Wandergebiet der sogenannten "Oyler Schweiz" an der Geestkante, von der man einen wunderbaren Blick in die Wesermarsch genießen kann. Eine attraktiv gelegene Gaststätte am Waldrand rundet das überdurchschnittliche Freizeitangebot ab.

Abb.: 158, 234, 294, 295, 398, 399

WOHLENHAUSEN/ SUDHALENBECK

Gemeinde Marklohe
Samtgemeinde Marklohe
Landkreis Nienburg (Weser)

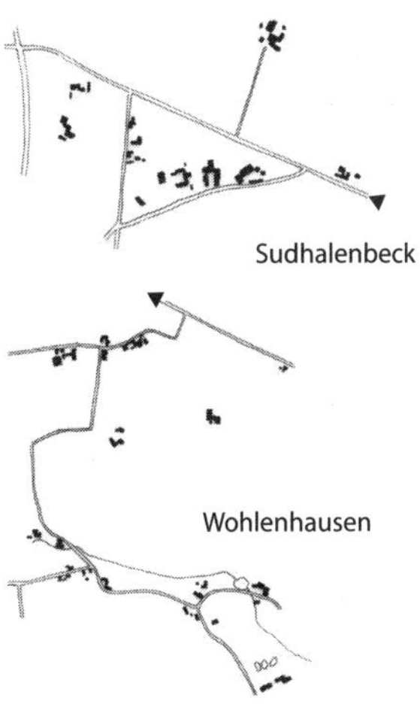

Soziokultur neben Natur – das kleine erweiterte Feuerwehrhaus in Wohlenhausen liegt direkt am Ortsrand.

Einwohnerzahl: 155

Siedlungsstruktur:
Weiler

Laufzeit der Dorferneuerungsplanung: 1984 – 1987
Laufzeit der Durchführungsphase: 1987 – 2003

Die im waldreichen, topografisch gegliederten Geestrand liegenden Weiler sind durch ein erlebnisreiches Wanderwegenetz (Wohlenhausen) an die Ortslagen der Gemeinde Marklohe angebunden.
Die Neugestaltung eines Platzes, der Umbau des Feuerwehrgerätehauses und die Verlegung eines Weges mit Verkehrberuhigung waren die wichtigsten Erfolge der Dorferneuerung.

Allerdings stören die neu errichteten Windkraftanlagen im Westen erheblich das Landschaftsbild der Geestkante.

Abb.: 75, 324, 438

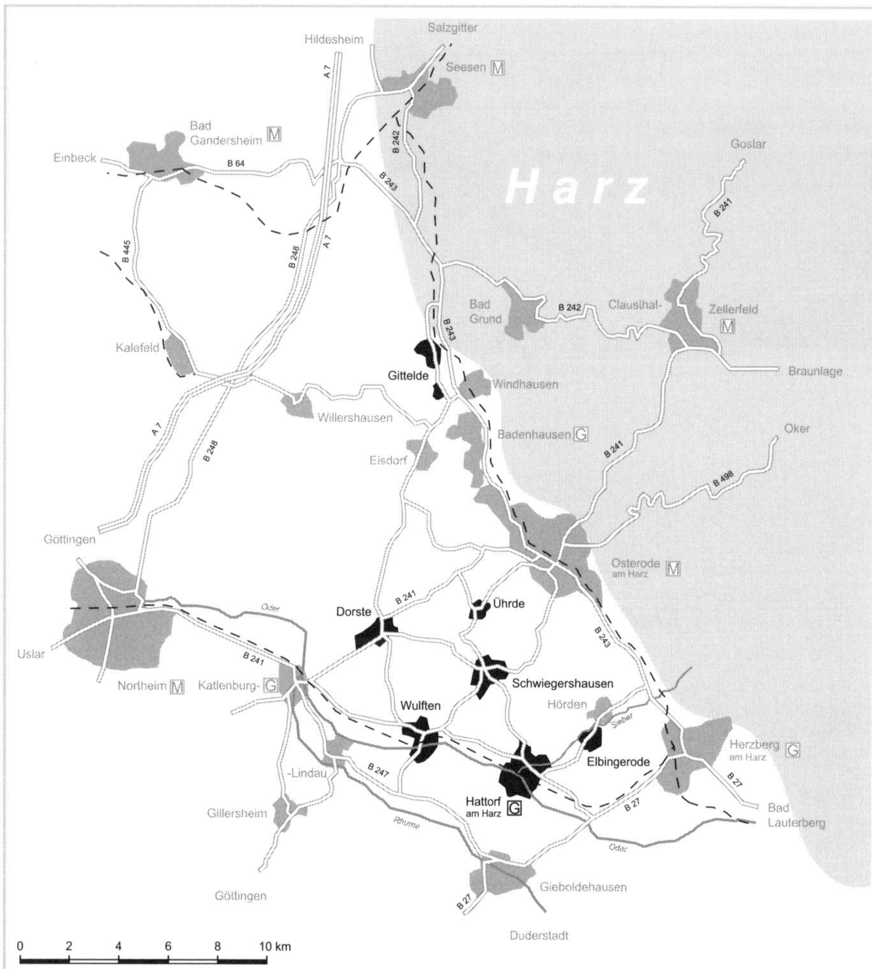

Die Dorfregion Südharz ist in ihrer geografischen Begrenzung weitgehend identisch mit dem Landkreis Osterode am Harz.

Das Jahrhunderte zum Fürstentum Grubenhagen gehörige Südwestharzer Vorland wird im Nordosten durch den Gebirgskörper des Harzes mit seiner kräftigen Randzertalung, im Süden durch die Rothenberge und im Westen durch die Buntsandsteinhöhen des Westerhöfer Berglandes begrenzt.

Wichtige Erschließungsrouten sind die Bundesstraßen B 243 und B27.

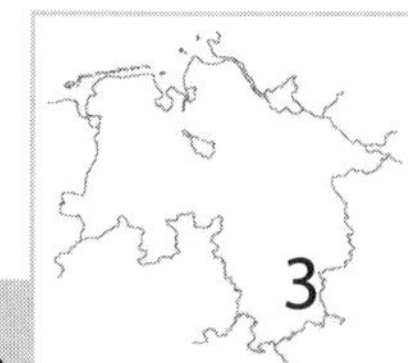

Dorfregion **3** SÜDHARZ

Niedersachsen

GITTELDE

Gemeinde Gittelde
Samtgemeinde Bad Grund
Landkreis Osterode am Harz

Die sanierte "Lange Straße" mit neuer Pflasterung und wieder gepflanzten Hausbäumen

Einwohnerzahl: 1.740

Siedlungsstruktur:
verdichteter Ortskern mit Kleinstadtcharakter (Flecken)

Laufzeit der Dorferneuerungsplanung: 1984 – 1991
Laufzeit der Durchführungsphase: 1986 – 1991

Der historisch bedeutende, über 1000-jährige Flecken besitzt zwei kirchliche Zentren an den gegenüberliegenden Ortsrändern, zwischen denen sich ein geschlossenes, traufenständiges Band zweigeschossiger Fachwerkbauten spannt.
Diese siedlungsbauliche Qualität konnte im Rahmen der Dorferneuerung gesichert und erlebbar gemacht werden.
Hauptarbeitgeber für die Dorfbewohner ist heute das am Südostrand gelegene FUBA- Werk, in dem die Mehrzahl der arbeitenden Bürger beschäftigt ist.
Gittelde gehört zu den am umfangreichsten sanierten Dörfern des Südharzes, dessen siedlungsräumliche Qualitäten allerdings noch einer entsprechenden touristischen Vermarktung bedürfen.
Zahlreiche gestaltete Platzraumfolgen verleihen dem Flecken die Qualitäten einer erhaltenen mittelalterlichen Kleinstadt.
Abb.: 9, 19, 33, 89, 102, 103, 122, 125, 129, 144, 191, 211, 292, 293, 351, 378, 381

DORSTE

Stadt Osterode am Harz

Landkreis Osterode am Harz

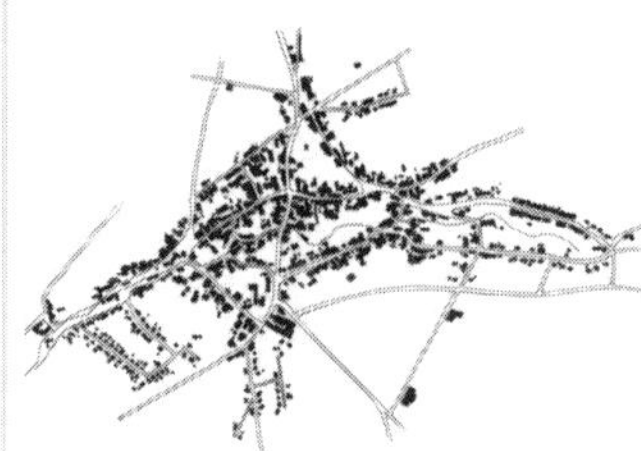

Blick auf Dorstes Kirche im Dorfzentrum

Einwohnerzahl: 1.644

Siedlungsstruktur:
hochverdichtetes Haufendorf

Laufzeit der Dorferneuerungsplanung: 1985 – 1986
Laufzeit der Durchführungsphase: 1985 – 1993

Eingebettet in die auslaufende Hügellandschaft des Südharzes bietet das kompakte Haufendorf Dorste dem Betrachter auch heute noch das Beispiel einer intelligenten Lokation bzw. Ortsgründung.
Die ortstrennende Wirkung der querenden Bundesstraße B 241 konnte allerdings auch im Rahmen der Dorferneuerung nicht beseitigt werden.
Der mit der Integration in die Stadt Osterode verbundene Verlust der kommunalen Selbständigkeit hatte deutliche Folgen für die Dorferneuerung. Aufgrund der nicht mehr verfügbaren Haushaltsmittel konnten kaum öffentliche Dorferneuerungsmaßnahmen durchgeführt werden (siehe auch Schwiegershausen).

Abb.: 207, 385

SCHWIEGERSHAUSEN

Stadt Osterode am Harz
Landkreis Osterode am Harz

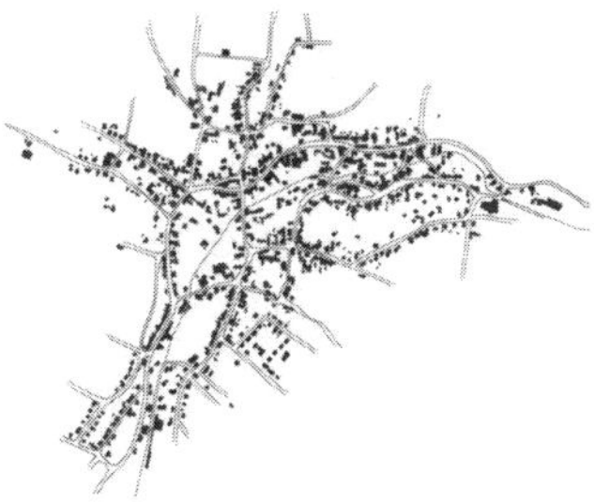

Blick auf die Kirche im Dorfzentrum von Schwiegershausen

Einwohnerzahl: 1.757

Siedlungsstruktur:
hochverdichtetes Haufendorf

Laufzeit der Dorferneuerungsplanung: 1985 – 1987
Laufzeit der Durchführungsphase: 1986 – 1992

Die Schutzlage der sich in der Tallage zwischen zwei Höhenzügen ausdehnenden Siedlung hat dem Dorf und seinen Bewohnern vor allem in Kriegszeiten genützt. Entlang der parallel zu den Höhenlinien verlaufenden Ortsstraßen finden sich noch zahlreiche, für die Region typischen Streckhöfe mit den charakteristischen auskragenden Schleppdächern.

Nach Eingemeindung in die Kreisstadt Osterode standen die für die Durchführung öffentlicher Dorferneuerungsmaßnahmen erforderlichen kommunalen Geldmittel nicht mehr zur Verfügung.

Abb.: 145, 147, 208, 423

ÜHRDE

Stadt Osterode am Harz
Landkreis Osterode am Harz

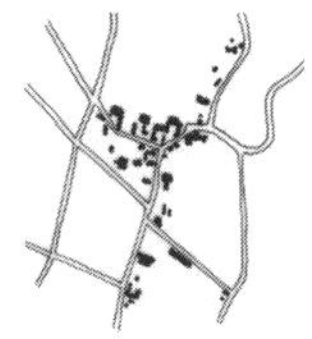

Historische Bausubstanz in Fachwerk ist prägend für das Erscheinungsbild des Dorfes.

Einwohnerzahl: 93

Siedlungsstruktur:
Drubbel/Weiler

Laufzeit der Dorferneuerungsplanung: 1992 – 1993
Laufzeit der Durchführungsphase: 1993 – 1999

Der zur Stadt Osterode gehörende Ortsteil und zugleich beliebte Naherholungsort liegt malerisch und geschützt in der Südharzer Hügellandschaft.

Neben einer sehenswerten denkmalgeschützen Kapelle und einer Gaststätte ist die teilweise denkmalgeschütze Fachwerkbausubstanz, die wesentlich im Rahmen der Dorferneuerung gesichert werden konnte, Hauptattraktion des kleinen "Stadtdorfes".

Zahlreiche Wanderwege führen von Ührde aus in die wald- und erlebnisreiche Harzer Vorlandschaft.

Abb.: 47, 141, 370, 382, 383

HATTORF AM HARZ

Gemeinde Hattorf am Harz
Samtgemeinde Hattorf am Harz
Landkreis Osterode am Harz

Die "Jüdenstraße" in Hattorf bestiche durch sanierte Fachwerkgebäude und einen angemessenen Straßenrückbau.

Einwohnerzahl: 4.510

Siedlungsstruktur:
hochverdichtetes Haufendorf

Laufzeit der Dorferneuerungsplanung: 1989 – 1991
Laufzeit der Durchführungsphase: 1993 – 1997

Begrenzt und zugleich gegliedert durch die im Ortskern sich kreuzenden Flüsse Sieber und Oder ist – ausgehend vom historischen Haufendorfkern im Norden – der Ort durch zahlreiche Baulandausweisungen auf ca. 4.500 Einwohner angewachsen. Hattorf ist damit das größte Dorf Niedersachsens und ein bedeutendes Grundzentrum in der Region, dessen Standortqualität für das Wohnen und für Gewerbeansiedlungen noch durch die wichtige Bahntrasse Northeim – Halle verstärkt wurde

Der Ort besitzt zugleich aufgrund seiner umfangreichen Infrastrukturausstattung und landschaftlichen Schönheiten günstige Entwicklungsmöglichkeiten für einen "sanften Tourismus".

Abb.: 73, 98, 104, 113, 167, 174, 288 – 291, 320 – 323

WULFTEN

Gemeinde Wulften
Samtgemeinde Hattorf am Harz
Landkreis Osterode am Harz

Im Rahmen der Dorferneuerung wurde der historische Dorfanger revitalisiert.

Einwohnerzahl: 2.073

Siedlungsstruktur:
hochverdichtetes Haufendorf

Laufzeit der Dorferneuerungsplanung: 1985 – 1987
Laufzeit der Durchführungsphase: 1986 – 1992

Die Bedeutung des über 1.100 Jahre alten kompakten Haufendorfes gründet sich auf die Lage an einem bedeutenden Handelweges zwischen Ost- und Westeuropa, der über die ortsnahe Oderfurt gequert wurde.
Der historische Angerplatz konnte im Rahmen der Dorferneuerung rückgebaut und neu gestaltet werden.
Der ehemals bedeutende Bahnhof sichert die Erreichbarkeit von Arbeits-, Ausbildungs- und Dienstleistungszentren der Region (Northeim, Herzberg, Osterode).

Die extrem verdichtete Ortskernlage ist stark geprägt durch die topografischen Höhenunterschiede der einzelnen Ortsteile. und ein kompliziertes innerörtliches Straßennetz.

Abb.: 54, 86, 88, 148, 151, 164, 228, 276, 277, 404, 405

ELBINGERODE

Gemeinde Elbingerode
Samtgemeinde Hattorf am Harz
Landkreis Osterode am Harz

Der Thieplatz an der alten Schule wurde in der 1. Phase der Dorferneuerung gestaltet; eine neue Linde wurde gepflanzt.

Einwohnerzahl: 485

Siedlungsstruktur:
hochverdichtetes Haufendorf

Das malerisch am Rande des Südharzes gelegene kleine Haufendorf hat sämtliche Phasen der Dorferneurung und -entwicklung (Flurbereinigung, Zukunftsinvestitionsprogramm, Dorferneuerung 1 und 2) durchlaufen und effektiv genutzt. Bezüglich der erreichten verkehrlichen, sozialen, siedlungs- und hochbaulichen Ziele gilt Elbingerode heute als eines der Modelldörfer in Niederachsen, speziell in der Südharzregion.
Der Schwerpunkt der Dorferneuerungsziele und -maßnahmen in der neuerlichen Durchführungsphase liegt im Bereich der privaten Modernisierungs- und Umbauaufgaben. Diese sind eine Folge der zwischenzeitlichen landwirtschaftlichen Betriebsaufgaben.
Gemeinsam mit den Modelldörfern Lübeln und Estorf wurde Elbingerode 1983 auf der "Grünen Woche" in Berlin vorgestellt.

Wie auch Gittelde, Ührde und Hattorf am Harz bieten sich in Elbingerode günstige Voraussetzungen für die Entwicklung eines "Dorftourismus".
Abb.: 17, 18, 76, 81, 112, 120, 160, 161, 170, 184, 229, 258, 270, 271, 280, 316 – 319, 350, 394, 395, 420 – 422, 429

Laufzeit der Dorferneuerungsplanung (1. Phase): 1977 – 1980
Laufzeit der Durchführungsphase (1. Phase): 1977 – 1985
Seit 2003 wieder aufgenommen in das Dorferneuerungsprogramm des Landes Niedersachsen (2. Phase, bis 2009).

Elbingerodes Silhouette am Thieplatz mit Kirche, Pfarrhaus und alter Schule

---

Dorfregion 4 NÖRDLICHE ELBTALAUEN

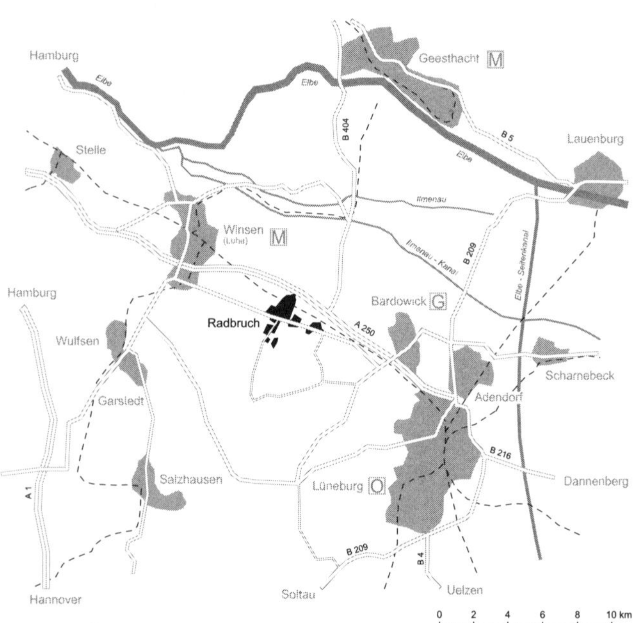

In der Elbtalaue süd-östlich der Metropole Hamburg finden sich noch typische reetgedeckte Fachwerkbauten.
Das nahe angrenzende Marschland des Alten Landes ist bekanntes Obstanbaugebiet Deutschlands.

Die gewählte Dorfregion Elbtalauen liegt am Nordrand des wirtschaftsstarken Landkreises Lüneburg.
Die A250 sowie weitere Bundesstraßen erschließen das Gebiet.

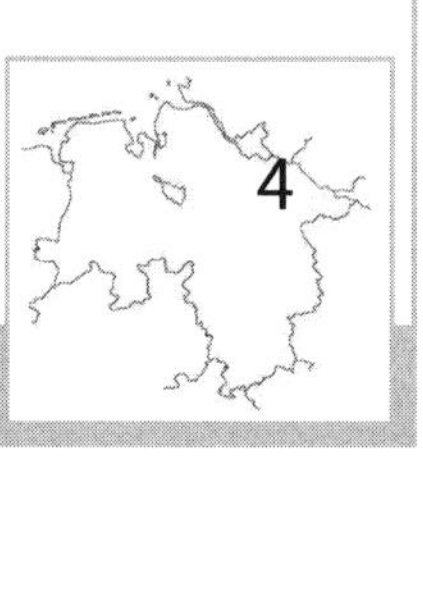

Niedersachsen

RADBRUCH

Gemeinde Radbruch
Samtgemeinde Bardowick
Landkreis Lüneburg

Neben den modernen Wohngebieten findet sich im alten Kern des Dorfes gut sanierte historische Bausubstanz.

Einwohnerzahl: 1.766

Siedlungsstruktur:
Reihendorf und Einzelhöfe

Laufzeit der Dorferneuerungsplanung: 1989 – 1990
Laufzeit der Durchführungsphase: 1989 – 1991

Durch den Bau der Radbruch tangierenden Bahntrasse Hamburg – Lüneburg hat sich das urprüngliche im Süden gelegene kleine Bauerndorf über die Ausweisung kompakter Wohnbaugebiete im Norden bis an die Bahngrenze hin ausgedehnt.
Obwohl Radbruch keine eigentliche Ortsmitte besitzt, finden sich eine Reihe wichtiger soziokultureller Dienstleistungseinrichtungen (Schule, Kindergarten) sowie ein kleiner Laden für den täglichen Bedarf in der Ortslage.
Die nachweisbaren Wachstumsimpulse für Radbruch sind eine Folge des zugehörigen strukturstarken Landkreises Lüneburg und der günstigen Bahnverbindung zwischen den beiden Oberzentren Hamburg und Lüneburg.

Abb.: 82, 255

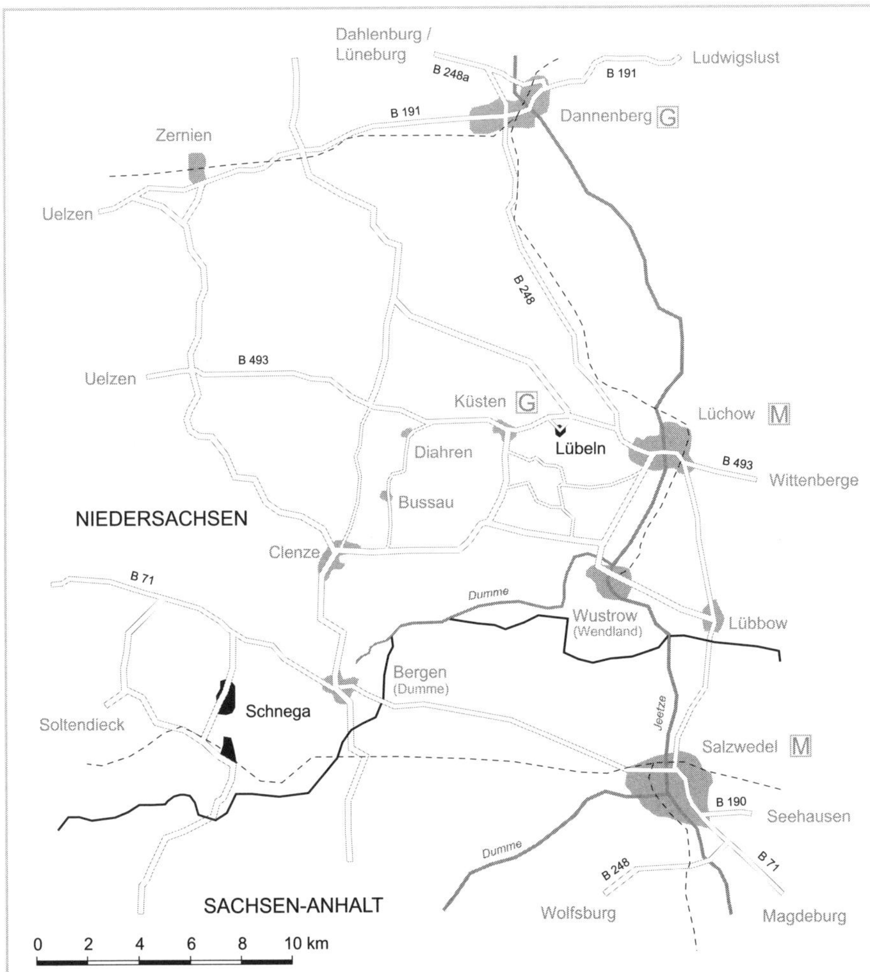

Der Kern des Wendlandes, das weitgehend identisch mit dem (noch bestehenden) Landkreis Lüchow-Dannenberg ist, wird im Norden durch die Elbmarschen, im Westen durch den Höhenzug des Hohen Drawehn und den Forst Göhrde, im Osten durch den Gartower Forst und den benachbarten Altmarkkreis Salzwedel und im Süden durch die Altmark und die Swinmark begrenzt.

Wie das eigentliche Wendland grenzt auch die Swinmark an die nord-südlich verlaufende Endmöräne des Hohen Drawehn, die wiederum den Ostrand der Lüneburger Heide bildet.

Die Sicherung der kulturell bedeutsamen Restbestände der slawischen Rundlingsdörfer ist wesentlich dem Engagement der Mitglieder des 1968 gegründeten "Rundlingsvereins" und dem Wirken von Prof. Dr. Kulke (✝) und seinen Mitarbeitern zu danken.

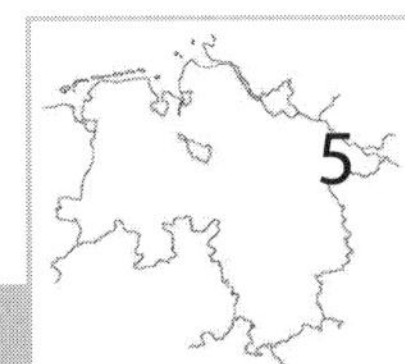

Dorfregion 5 WENDLAND UND SWINMARK

Niedersachsen

LÜBELN

Gemeinde Küsten
Samtgemeinde Küsten
Landkreis Lüchow-Dannenberg

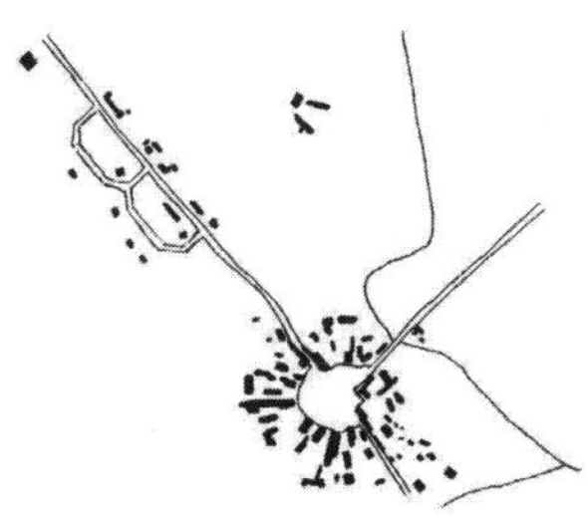

Der zentrale Platz des Rundlings ist von den für das Wendland typischen Niederdeutschen Hallenhäusern eingefasst.

Einwohnerzahl: 124

Siedlungsstruktur:
Rundlingsdorf

Laufzeit der Sanierungsplanung: 1971 – 1974
Laufzeit der Durchführungsphase: 1975 – 2001

Im Rahmen der Sicherungsbemühungen um die besterhaltenen Rundlingsdörfer des Wendlandes durch die Gründung des Rundlingsvereines e. V. 1968 wurde Lübeln bereits 1971 in das Städtebauförderungsprogramm der BRD aufgenommen.
Mit dem Ausbau des "Wendlandhofes" (Dorfgemeinschaftshaus, Werkstatt, Freilichtmuseum) wurde der Grundstein für die Sanierung und Entwicklung zum bedeutendsten touristischen Anlaufpunkt in der Region Lüchow-Dannenberg gelegt.
Gegenwärtig ist die Umnutzung des DGH zum Touristikcenter erfolgt, verbunden mit zwangsläufigen Einschränkungen für die Nutzung durch die Dorfbewohner.
Lübeln gehört zu den Modelldörfern für eine Rundlingssanierung und für den Ausbau eines dorfgemäßen Tourismus. Wie auch für die Sicherung und Entwicklung weiterer Rundlingsdörfer in der Region ist das vorliegende Ergebnis aufs Engste mit dem Wirken von Prof. Dr. Erich Kulke (✝) und seinen Assistenten am ehemaligen Lehrstuhl für das Landwirtschaftliche Bauen an der TU Braunschweig verbunden.
Abb.: 34, 67, 118, 236, 340 – 343

SCHNEGA

Gemeinde Schnega
Samtgemeinde Clenze
Landkreis Lüchow-Dannenberg

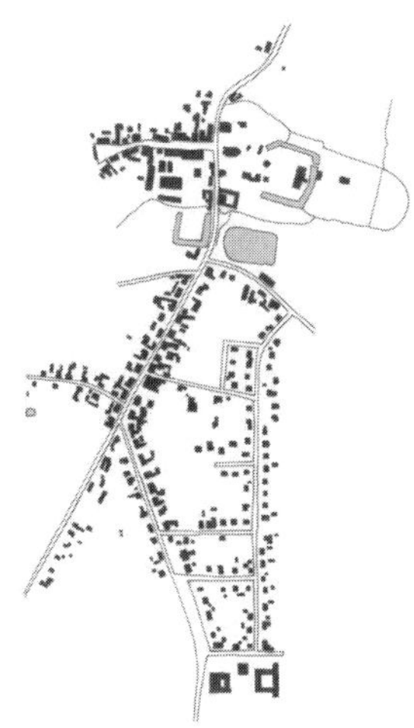

Blick auf den im Rahmen der Dorferneuerung neu gestalteten Marktplatz

Einwohnerzahl: 471

Siedlungsstruktur:
Gutsdorf

Laufzeit der Dorferneuerungsplanung: 1984 – 1985
Laufzeit der Durchführungsphase: 1985 – 1989

Im Rahmen der vorgestellten Untersuchungsdörfer nimmt Schnega mit seiner siedlungsbaulichen Kombination von Gutsanlage, Patronatskirche, Wassermühle, landwirtschaftlichen Betriebsgebäuden und Marktplatz eine Sonderstellung ein. Getrennt hiervon hat sich das Wohndorf mit einem Dörfergemeinschaftshaus als soziokulturellem Zentrum in Richtung des Bahnhofes Schnega entwickelt, der nach der Grenzöffnung an der erneuerten Bahnstrecke Uelzen – Salzwedel wieder eröffnet werden konnte.
Die historische Marktzone konnte baulich und betrieblich (5 Märkte pro Jahr) im Rahmen der Dorferneuerung gestaltet werden.
Die Zukunft des Dorfes wird von der vorgesehenen Neukonzeption des Landkreises zweifelsfrei mit beeinflusst.

Abb.: 162, 186, 237, 256, 269, 307, 408, 409

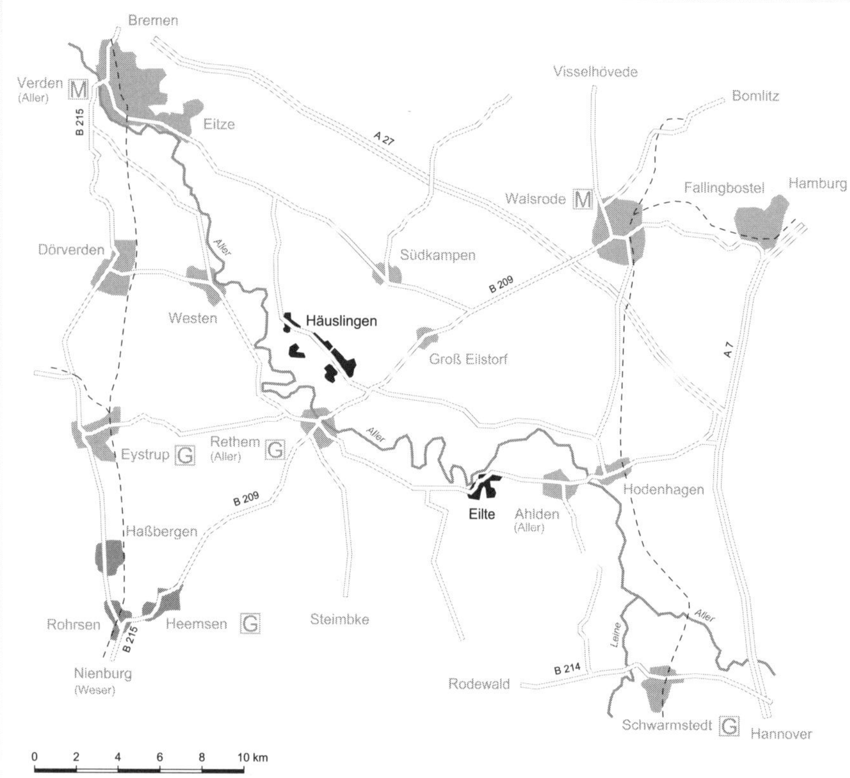

Das Aller-Leinetal – eine Region zwischen Schwarmstedt und Verden.
Ländlich gebliebene Dörfer mit ihren historischen, gut sanierten Fachwerkhallenhäusern und alten Eichen prägen die Ausläufer der Lüneburger Heide. Dazwischen wird die Region durch saftig grüne Wiesen der Flussauen von Aller und Leine durchzogen.

Ein sanfter Tourismus wird hier groß geschrieben.
Der Tourismusverband des Aller-Leinetals stellt zahlreiche Angebote in dieser Region vor und das Radwegenetz bietet eine abwechslungsreiche Route entlang der Flussläufe und Dörfer.

Die "überörtliche und agrarstrukturelle Entwicklungsplanung Aller-Leinetal" (kurz: ALT-Projekt) ist eine vom Amt für Landentwicklung Verden und den drei Samtgemeinden Ahlden, Rethem und Schwarmstedt 1995 ins Leben gerufene Entwicklungsstrategie mit dem Ziel, die Lebensbedingungen in den anliegenden Dörfern zu sichern und zu entwickeln.

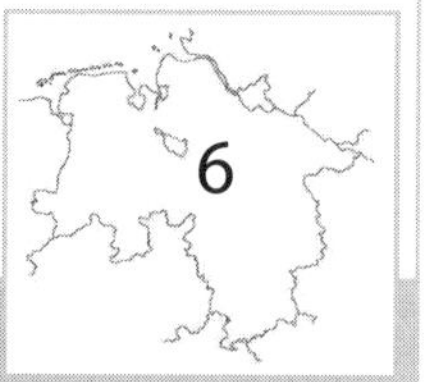

Dorfregion 6 ALLER-LEINETAL

Niedersachsen

EILTE

Gemeinde Ahlden (Aller)
Samtgemeinde Ahlden (Aller)
Landkreis Soltau-Fallingbostel

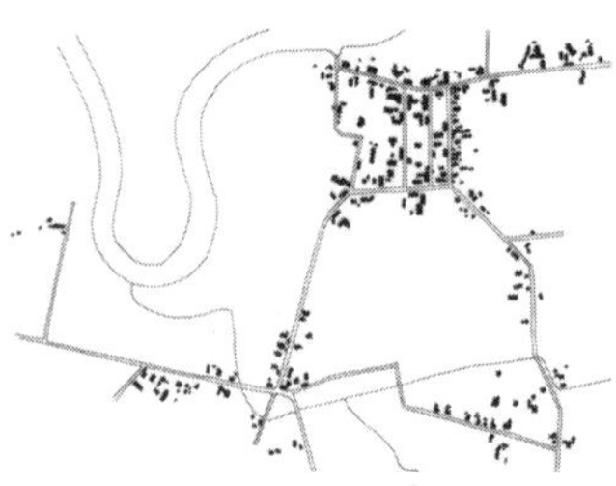

Blick in den historischen Straßenverlauf von Eilte

Einwohnerzahl: 345

Siedlungsstruktur:
lockeres Haufendorf

Laufzeit der Dorferneuerungsplanung: 1991 – 1994
Laufzeit der Durchführungsphase: 1994 – 1997

Eilte gehört zu den 12 Ortsteilen des regionalen Dorferneuerungsprojektes "Aller-Leinetal" zwischen Rethem und Schwarmstedt.
Im Rahmen der Dorferneuerung konnten bereits wichtige tourismusfördernde öffentliche Einzelmaßnahmen (Radwegestation, Fähranleger, innerörtliche Straßensanierung) neben zahlreichen Privatmaßnahmen durchgeführt werden.
Ein Biolandwirtschaftbetrieb ist mit seinem Vermarktungsangebot weit über die Region hinaus bekannt.
Die alte Bahntrasse im Süden des Dorfes wurde als Radweg ausgebaut.

Abb.: 213, 325, 362, 365, 372

HÄUSLINGEN

Gemeinde Häuslingen
Samtgemeinde Rethem (Aller)
Landkreis Soltau-Fallingbostel

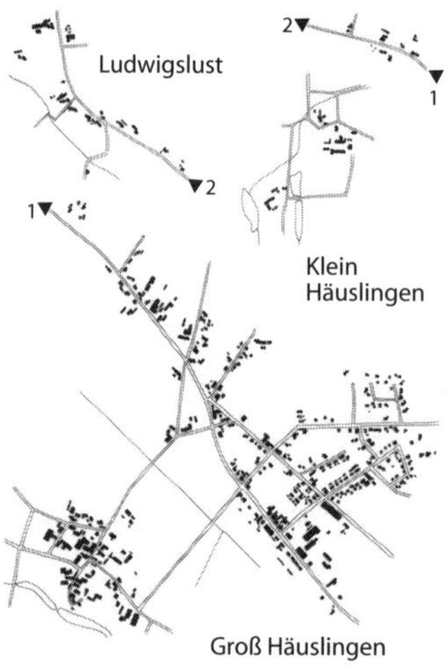

Der historische Schulbruch in Häuslingen wurde während der Dorferneuerung zur neuen grünen Ortsmitte.

Einwohnerzahl: 878

Siedlungsstruktur:
lockeres Haufendorf mit einzelnen Weilern

Laufzeit der Dorferneuerungsplanung: 1995 – 1997
Laufzeit der Durchführungsphase: 1997 – 2006

Auch Häuslingen ist Bestandteil des erwähnten Aller- Leinetal- Projektes, das inzwischen in eines der 17 niedersächsischen Leader+-Projekte aufgenommen wurde. Zur Zeit liegt ein Förderschwerpunkt in der Durchführung von Solar- und Voltaikmaßnahmen.
Das aus mehreren Ortsteilen bestehende Dorf in der Allerregion hat die Möglichkeiten seiner Erneuerung und Entwicklung auch im Rahmen von Dorferneuerungsmaßnahmen bisher intensiv genutzt. So wurden und werden unter anderem eine neue grüne Ortsmitte, ein Wanderwegenetz und neue Verkehrskreuzungspunkte geschaffen und zahlreiche private Sanierungsmaßnahmen durchgeführt. Ein wichtiger Beitrag für das soziokulturelle Leben im Dorf sind die Neubauten des Kindergartens mit Gemeinderaum und der neuen Friedhofskapelle, die beide durch die Dorferneuerung gefördert werden konnten.
Abb.: 149, 251, 304, 306, 326, 327, 366, 434

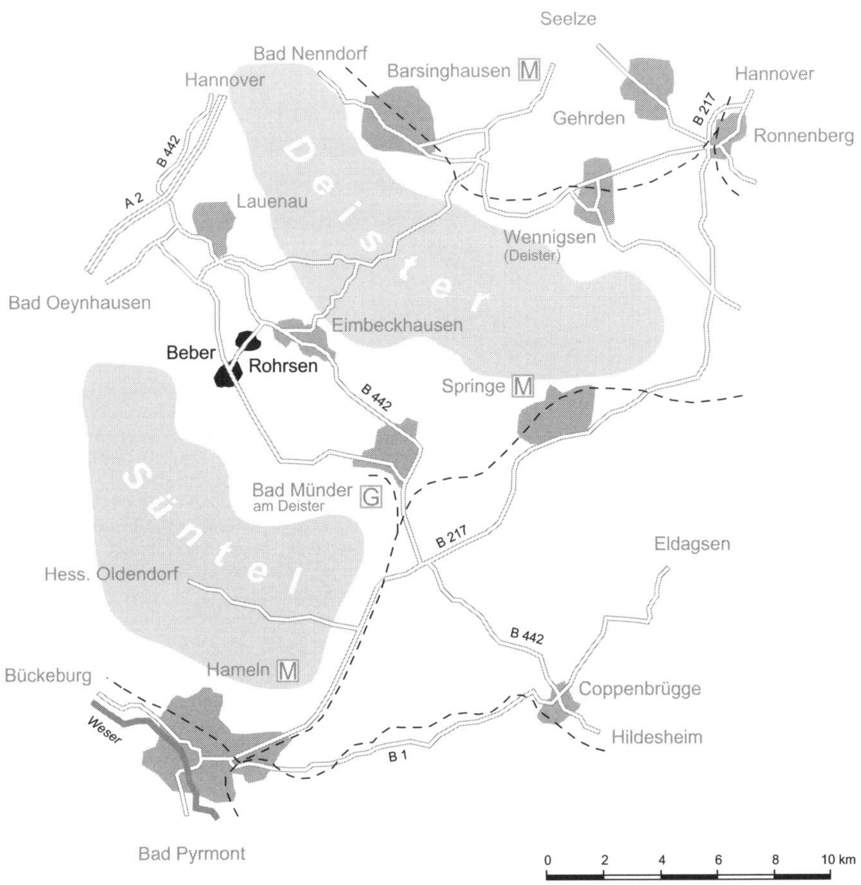

Die beiden untersuchten Dörfer Beber und Rohrsen liegen im Sünteltal zwischen den parallel von Südost nach Südwest verlaufenden Mittelgebirgszügen Deister und Süntel.

Während die Gemarkung von Beber direkt an den Ostrand des Landschaftsschutzgebietes Süntel (Weser-Berge) grenzt, liegt Rohrsen bereits in den Niederungen der Rodenberger Aue, der sog. "Rodenberger Mulde".
Die Höhendifferenz zwischen den Dörfern beträgt 35 Meter (Beber 150 m ü. NN, Rohrsen 115 m ü. NN).

Über K 73 und die B 442 ist die Region an die A 2 (Lauenau) angebunden.

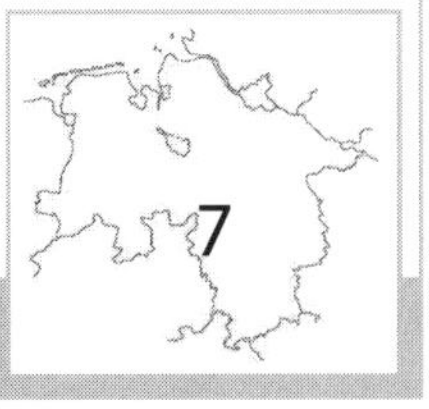

Dorfregion 7 SÜNTEL

Niedersachsen

BEBER

Stadt Bad Münder am Deister

Landkreis Hameln-Pyrmont

Bebers historische Mitte

Einwohnerzahl: 412

Siedlungsstruktur:
lockeres Haufendorf

Laufzeit der Dorferneuerungsplanung: 1985 – 1986
Laufzeit der Durchführungsphase: 1985 – 1993

Malerisch am Osthang des Süntelgebirges gelegen, weist der Ort eine parkartige Siedlungsmitte, bestehend aus kirchlichem Gemeindehaus, Pfarrhaus, ehem. Friedhof, Kinderspielplatz und Kirche auf.
Zu einem zweiten soziokulturellen Zentrum in Form einer Begegnungsstätte mit Kindergarten und Sportbereich hat sich der ehemalige Schulkomplex entwickelt.
Die Bemühungen der Dorferneuerung galten der Verkehrsgestaltung und der Umnutzung leer gefallener Industrie- und Landwirtschaftsgebäude im Ortskern.
Für den Bereich der Grundversorgung bestehen die für die Ortsgrößenklasse unter 500 Einwohner allgemein feststellbaren Defizite. Der letzte Laden hat vor einigen Jahren geschlossen.

Abb.: 7, 9, 281

ROHRSEN

Stadt Bad Münder am Deister

Landkreis Hameln-Pyrmont

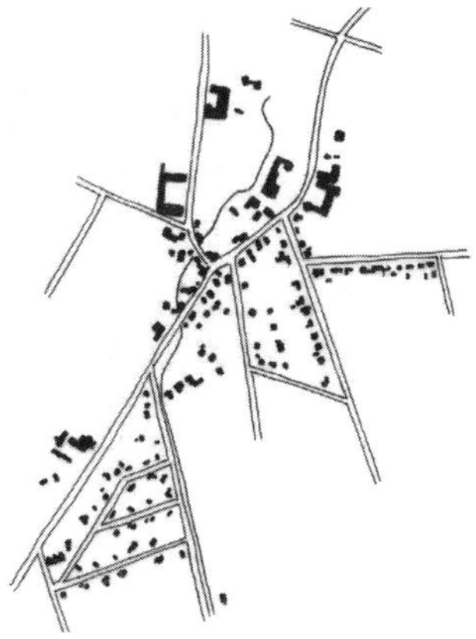

In Rohrsen wird der neu gestaltete Fußweg durch das Erdgeschoss eines privaten Nebengebäudes geführt.

Einwohnerzahl: 395

Siedlungsstruktur:
Weiler

Laufzeit der Dorferneuerungsplanung: 1985 – 1986
Laufzeit der Durchführungsphase: 1985 – 1993

Der Beber benachbarte Ortsteil Rohrsen der Stadt Bad Münder am Deister ist noch geprägt durch landwirtschaftliche Betriebe sowie durch eine Genossenschaftsanlage am östlichen Ortszugang.
Der beliebte Wohnort hat im Zuge der Dorferneuerung eine neue verkehrliche und grüne Ortsmitte mit Pavillon, Buswendeplatz und gestalteten Grünzonen erhalten.
Die bestehenden Versorgungsprobleme werden durch die Nähe des Nachbarortes Eimbeckhausen etwas gemildert.

Eine geplante Ortsumgehungstrasse im Süden Eimbeckhausens tangiert auch die Gemarkung Rohrsens.

Abb.: 71, 86, 226, 272, 273, 283, 436

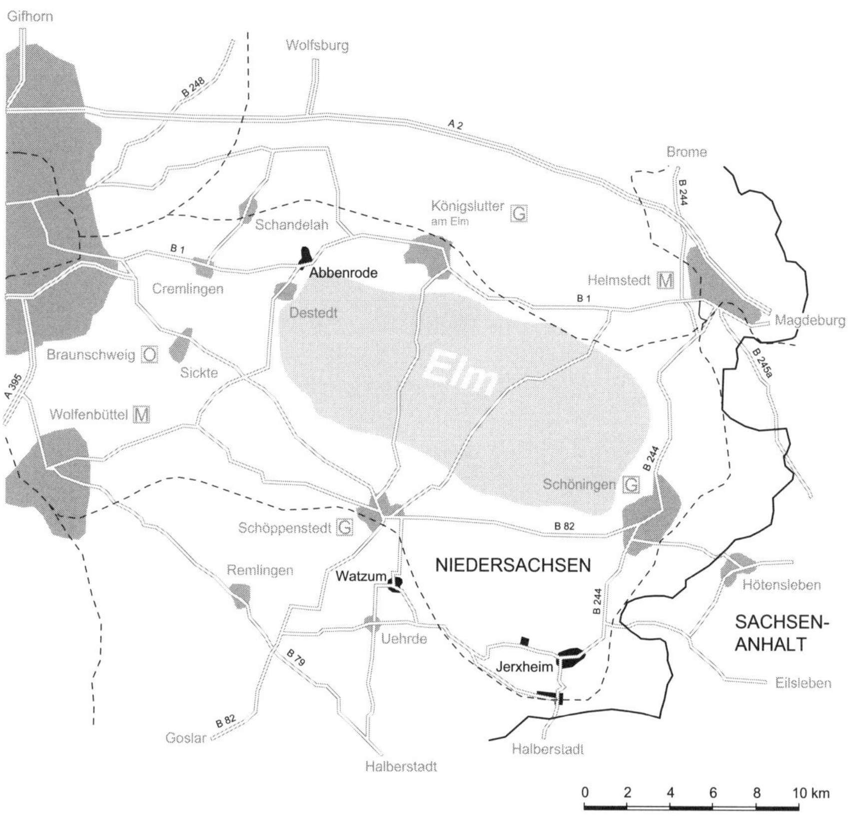

Während Abbenrode am Nordwestfuß des Elmgebirges auf der Grenze zwischen dem ostbraunschweigischen Hügel- und Flachland liegt, gehören Jerxheim und Watzum zum fruchtbaren Grenzraum zwischen der östlichen Braunschweiger und der westlichen Magdeburger Börde.

Die Erschließung Abbenrodes ist durch die B1 an das 15 km entferte Oberzentrum Braunschweigs optimal gesichert. Watzum und Jerxheim sind dagegen über die B82 und B244 an das Grundzentrum Schöningen im Süden des Elm-Höhenzuges angebunden.

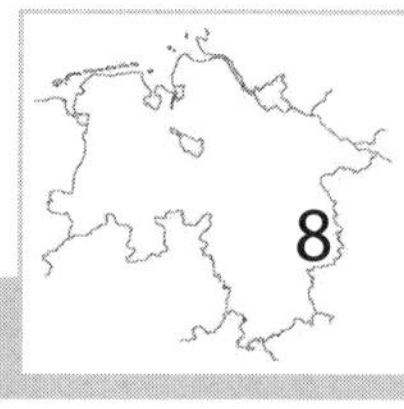

Dorfregion 8 BRAUNSCHWEIGER BÖRDE

Niedersachsen

JERXHEIM

Gemeinde Jerxheim
Samtgemeinde Heeseberg
Landkreis Helmstedt

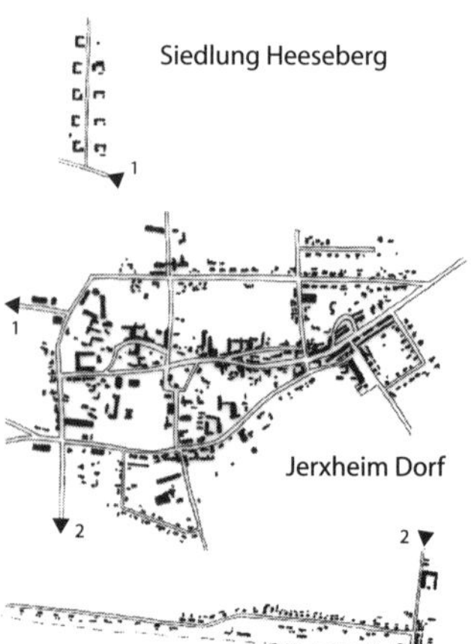

Neugestalteter Kreuzungsbereich an der Helmstedter Straße

Einwohnerzahl: 1.280

Siedlungsstruktur:
relativ verdichtetes Haufendorf

Laufzeit der Dorferneuerungsplanung: 1990 – 1991
Laufzeit der Durchführungsphase: 1994 – 2000

Das ehemals grenznahe Haufendorf in der Nähe des Grundzentrums Schöningen liegt am Südrand des Höhenzuges Elm. Der bewaldete Heeseberg mit dem Gasthaus lädt zum Wandern und Einkehren ein.
Im historischen Ortskern finden sich noch zahlreiche massive Mehrseithofanlagen mit beeindruckenden Natursteinmauern und Zugangstoren.
Jerxheims im Außenbereich liegender Bahnhof war ursprünglich von hoher Bedeutung; dessen Anlagen fallen heute jedoch leer.

Abb.: 90, 91, 97

WATZUM

Gemeinde Uehrde
Samtgemeinde Schöppenstedt
Landkreis Wolfenbüttel

Historische Mehrseithofanlage an der Hauptstraße in Watzum

Einwohnerzahl: 244

Siedlungsstruktur:
Gutsdorf

Laufzeit der Dorferneuerungsplanung: 1989 – 1990
Laufzeit der Durchführungsphase: 1991 – 1997

Der in der ostbraunschweigischen Hügellandschaft zwischen Asse und Elm gelegene Ort weist noch die typischen Merkmale eines Gutsdorfes auf mit Gutshof, Park, Friedhof, Patronatskirche und Kapelle im Ortszentrum.
Prägende weitere Merkmale sind die an der Hauptstraße aufgereihten Mehrseithof-anlagen mit relativ hohem Fachwerkbestand. Mehrere Anlagen stehen unter Denkmalschutz.

Ein Erfolg der Dorferneuerung ist die Gestaltung der Straßen um den Kirchenberg.

Abb.: 13, 154, 348

ABBENRODE

Gemeinde Cremlingen
Samtgemeinde Cremlingen
Landkreis Wolfenbüttel

Der Rodeweg von Abbenrode ist die historische Achse des Dorfes.

Einwohnerzahl: 535

Siedlungsstruktur:
relativ verdichtetes Haufendorf

Bundesweit stellt die mit Mitteln des Städtebauförderungsgesetzes durchgeführte Dorfsanierung in Abbenrode im Osten Braunschweigs einen Sonderfall dar. Nach der Aussiedlung von fünf landwirtschaftlichen Betrieben aus dem Ortskern wurde bereits 1965, d. h. vor 40 Jahren mit umfassenden, das Aufmaß jeder Hofstelle beinhaltenden, Bestandsanalysen begonnen. Nach dem offiziellen Beginn der Sanierungsarbeiten 1971 lag bereits 1974 der bundesweit erste Werkbericht einer Dorferneuerung vor. Erst nach 30 (!) Jahren wurde 2000 der Abschlussbericht der Gemeinde Cremlingen vorgelegt. Der Ortskern von Abbenrode ist unter Wahrung der besonderen landschaftlichen, siedlungs- und hochbaulichen Ortsmerkmale so behutsam und zugleich vollständig erneuert worden, dass es heute als eines der Modelldörfer Niedersachsens gelten darf.
2004 erhielt dieser Ort im bundesweiten Wettbewerb "Unser Dorf soll schöner werden – unser Dorf hat Zukunft" eine Bronzemedaille.

Abb. 53, 111, 314, 315

Laufzeit der Sanierungsplanung: 1966 – 1973
Laufzeit der Durchführungsphase: 1972 – 1997

Abbenrode am Elmrand – Der Rodeweg, Abbenrodes Dorfstraße, überwindet einen Höhenunterschied von 33 m.

oben: Blick nach Osten

unten: Blick nach Westen

DIE DORFREGIONEN IN SACHSEN-ANHALT – VON DER ALTMARK ZUM SAALE-UNSTRUTTAL

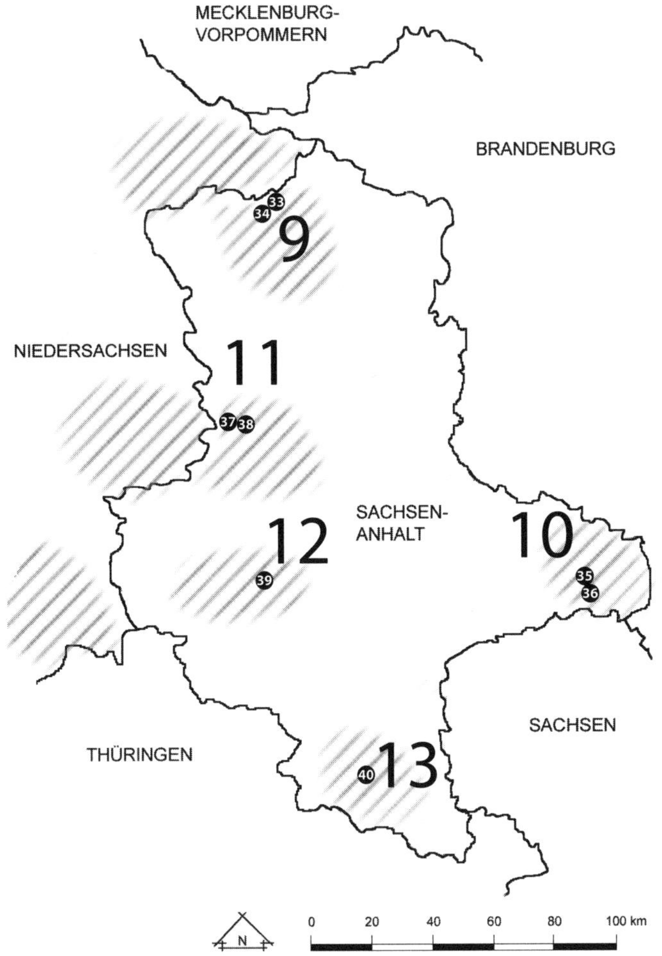

NR.	DORFREGION	EINORDNUNG DER FALLSTUDIEN
9	Altmark	33 Binde 34 Ritzleben
10	Östliche Elbtalauen	35 Axien 36 Gehmen
11	Magdeburger Börde	37 Eimersleben 38 Erxleben
12	Nordharz	39 Reinstedt
13	Saale-Unstrut	40 Großjena

Nähere Hinweise zur Landschafts- und Siedlungsentwicklung Sachsen-Anhalts sind dem 1995 erschienenen Werk der Autoren Grube/Rost "Dorferneuerung in Sachsen-Anhalt – Alternative Siedlungsentwicklung" zu entnehmen (Lit. 37).

Abb. 3: Ausgewählte Fallstudien und Dorfregionen in Sachsen-Anhalt

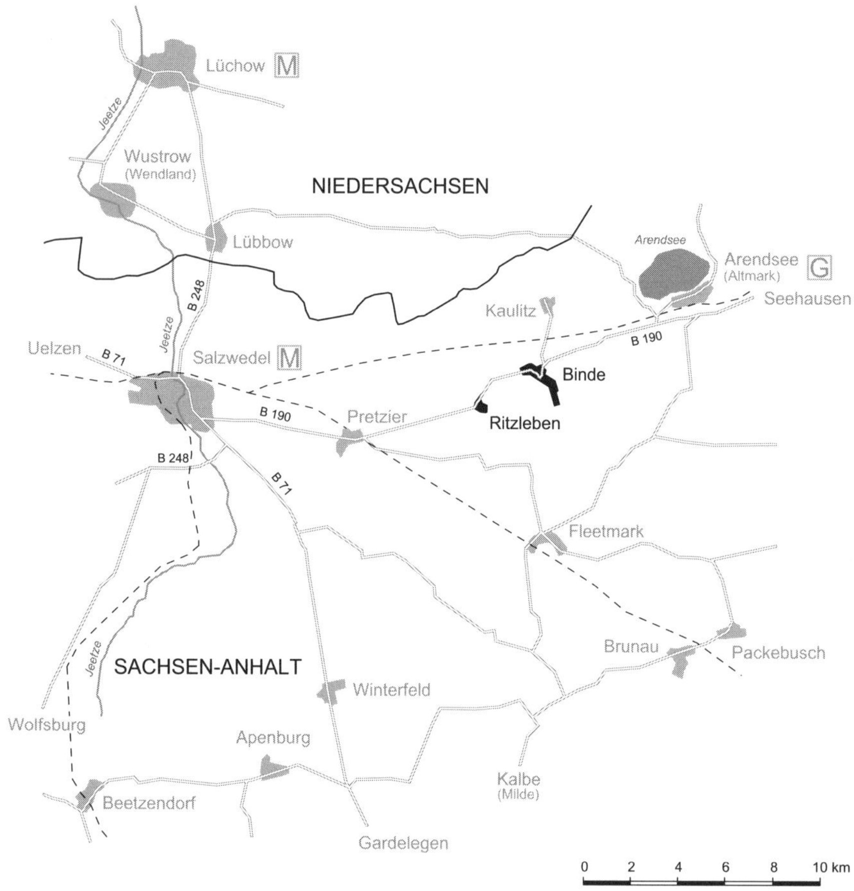

Die Fallstudiendörfer Binde und Ritzleben liegen im Altmarkkreis Salzwedel im Norden der Altmark und am Nordrand des Naturraumes Arendseer Platte zwischen Salzwedel und Arendsee.

Das Gebiet ist durch teils wellige, teils ebene Oberflächen von Grund- und Endmoränen der Warthevereisung geprägt mit Höhen von nur 23 bis 37 Metern üNN.
Der lehmige bis tonige Untergrund ist mehr oder weniger von sandigen Schichten überdeckt. Ein Drittel der Dorfregion sind von Wald bedeckt (Kiefern, Eichen, Birken, Erlen).

Die den Ort Binde querende B 190 von Salzwedel nach Arendsee bildet die Haupterschließung der Altmark mit Salzwedel als zentralem Mittelzentrum.
Salzwedel ist durch die wiederhergestellte Bahnverbindung zwischen Uelzen und Stendal an das überregionale Bahnnetz angeschlossen.

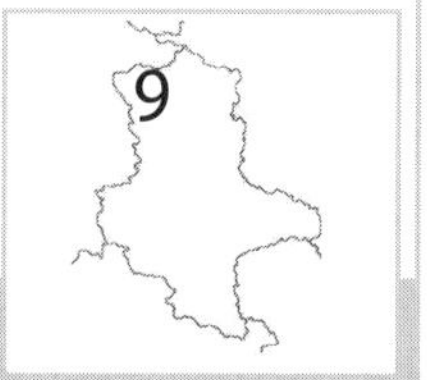

Dorfregion 9 ALTMARK

Sachsen-Anhalt

BINDE

Gemeinde Binde
Verwaltungsgemeinschaft Salzwedel-Land
Landkreis Altmarkkreis Salzwedel

Der westliche Angerbereich in Binde wurde durch die Dorferneuerung mit Fußwegen und neuen Grünflächen gestaltet.

Einwohnerzahl: 269

Siedlungsstruktur:
Angerdorf

Laufzeit der Dorferneuerungsplanung: 1992 – 1993
Laufzeit der Durchführungsphase: 1994 – 2000

Der zentrale Anger- und Straßenraum des kleinen Dorfes in der Altmark konnte mit Dorferneuerungsmitteln des Landes Sachsen-Anhalt in wesentlichen Teilen saniert werden. Die den Anger beidseitig einfassenden Mehrseithofanlagen bedürfen dagegen noch überwiegend einer Sanierung bzw. Umnutzung.
Auch die ehemalige LPG-Anlage in der Gemarkung des Dorfes steht bereits leer bzw. wird zur Zeit abgerissen.
Die Sanierung der massiven denkmalgeschützten Feldsteinkirche gehört zu den vordringlichen Aufgaben für die Zukunft.
Die zwischenzeitliche Aufgabe des 2 km entfernten Bahnhaltepunktes hat die Erreichbarkeit Bindes mit öffentlichen Verkehrmitteln erheblich eingeschränkt.

Abb.: 92, 222, 298, 299, 354, 437

RITZLEBEN

Gemeinde Binde
Verwaltungsgemeinschaft Salzwedel-Land
Landkreis Altmarkkreis Salzwedel

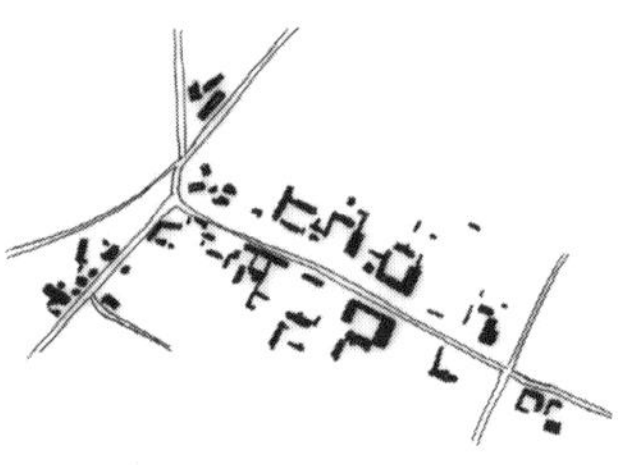

Der Dorfanger in Ritzleben ist noch durch alten Lindenbestand geprägt.

Einwohnerzahl: 76

Siedlungsstruktur:
Angerdorf

Laufzeit der Dorferneuerungsplanung: 1993 – 1994
Laufzeit der Durchführungsphase: 1994 – 2000

Der 3 km von Binde entfernte und zur Gemeinde gehörige Weiler in Form eines kleineren Angerdorfes weist neben dem Erhalt prägender Gestaltungsmerkmale (Mehrseithöfe, Toreinfahrten, Pflasterung des Angers, intensiver Baumbestand) bereits einen erheblichen Gebäudeleerstand auf.
Einige der Mehrseithoffassaden wurden jedoch bereits saniert bzw. wiederhergestellt. Weitere Erfolge der Dorferneuerung sind die Sanierung der Kirche und der Friedhofsmauer sowie die Gestaltung des Wendeplatzes mit Buswartehaus.

Abb.: 121, 219, 287

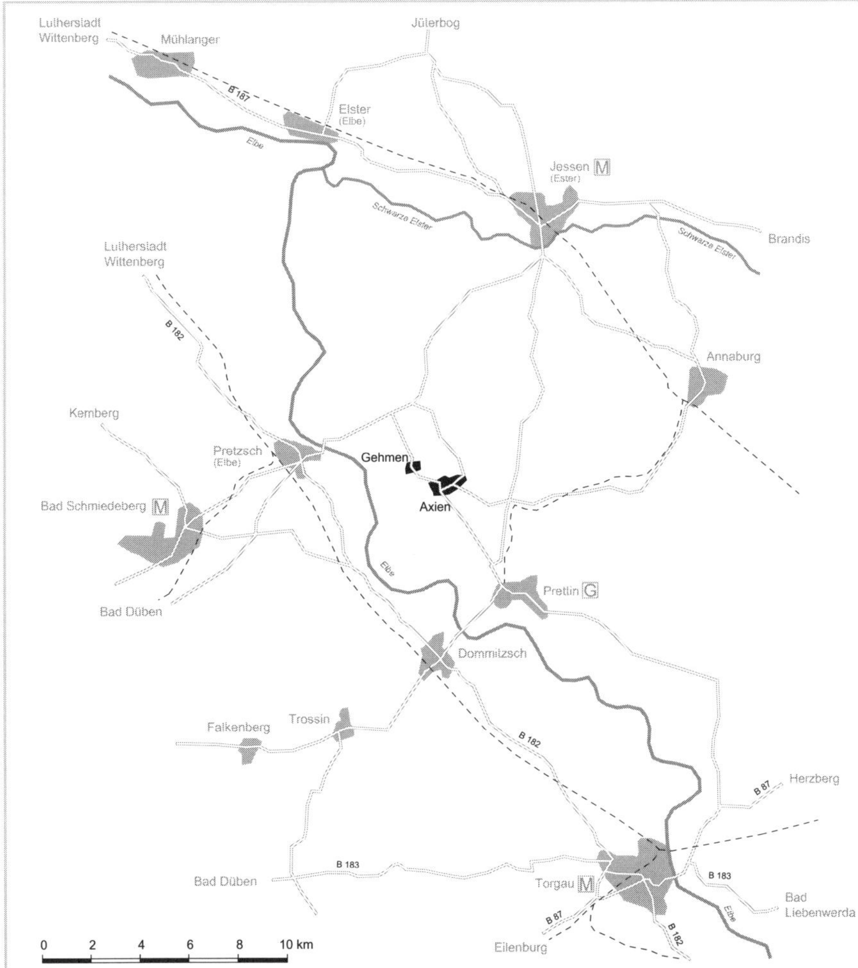

Die Dorfregion um Axien und Gehmen liegt im weitläufigen ebenen Landschaftsraum des Elbtals, das gegliedert ist in Aue und Niederterrasse. Das Gebiet ist mineralisch, feucht und neigt zu Trockenschäden im Sommer. Landwirtschaftlich bietet es optimale Vorrausetzung – für eine intensive Viehzucht.
Der Seegraben, ein ehemaliges Elbgerinne bildet die Zäsur zwischen der Niederterrasse mit Siedlungs-, Ackerbau- und Verkehrsaktivitäten und den Aue- bzw. Grünlandzonen.

Beide Dörfer sind lediglich durch Landstraßen II. Odnung mit den Zentren Jessen im Norden und Torgau im Süden verbunden.

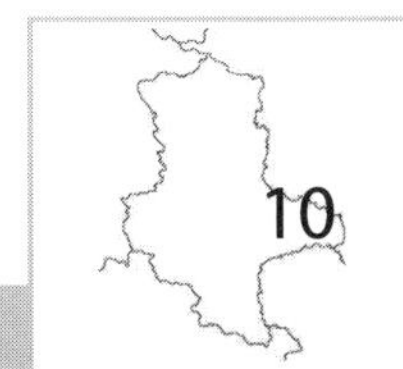

Dorfregion 10 ÖSTLICHE ELBTALAUEN

Sachsen-Anhalt

AXIEN

Gemeinde Axien

Landkreis Wittenberg

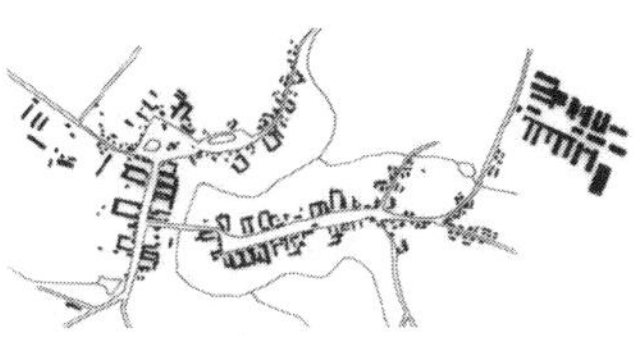

Der neu begrünte "Kähnitzscher Anger" in Axien

Einwohnerzahl: 518

Siedlungsstruktur: Angerdorf

Laufzeit der Dorferneuerungsplanung: 1993 – 1994
Laufzeit der Durchführungsphase: 1994 – 1998

Eine Sanierung mit Dorferneuerungsmitteln des eindrucksvollen, in seinen siedlungs- und hochbaulichen Strukturmerkmalen weitestgehend erhaltenen zweigeteilten Angerdorfes (Axien und Kähnitzsch), ist mit Dorferneuerungsmitteln bisher lediglich im Verkehrsraum erfolgt.

Zukünftige Aufgaben bleiben die Sicherung der Mehrseithofanlagen mit ihren originellen Taubenhäusern, die Reaktivierung der desolaten Sport- und Freizeitanlagen (Freibad) sowie die Schaffung von Einrichtungen für den täglichen Bedarf. Der fortgeführte ehemalige LPG-Betrieb am Nordostrand des Dorfes ist der wichtigste Arbeitgeber auf Ortsebene.

Abb.: 57, 80, 309, 375

GEHMEN

Gemeinde Axien

Landkreis Wittenberg

Die Dorfmitte von Gehmen

Einwohnerzahl: 100

Siedlungsstruktur: Angerdorf

Laufzeit der Dorferneuerungsplanung: 1993 – 1994
Laufzeit der Durchführungsphase: 1994 – 1998

Vergleichbar dem siedlungsbaulichen Zusammenhang von Binde und Ritzleben, ist auch Gehmen ein zur Gemeinde Axien gehörender Weiler in Form eines verkleinerten Angerdorfes, das ebenfalls auch Kirchstandort ist.
Notwendige Dorferneuerungsmaßnahmen wurden bisher nur in geringem Maße im öffentlichen und privaten Bereich umgesetzt, darunter die Sanierung der Kirche und die Gestaltung des Dorfplatzes mit einem Holzpavillon.

Abb.: 352

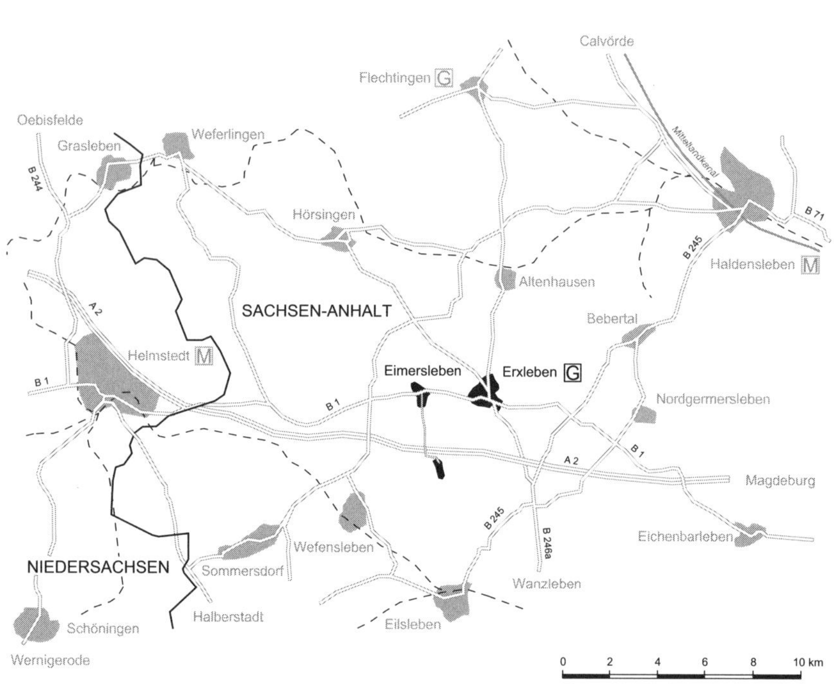

Die untersuchten Dörfer liegen am nordwestlichen Rand der Magdeburger Börde und an der die Städte Helmstedt und Magdeburg verbindenenden B1.
Die überwiegend landwirtschaftlich genutzten Flächen sind stark reliefartig gegliedert mit Siedlungshöhen zwischen 135 und 155 Metern ü. NN.
Ausgedehnte Forstflächen erstrecken sich im Norden und Nordwesten beider Dörfer.
Große, weithin sichtbare Pappelreihen trennen noch heute in einige Teilen die historischen Flurgrenzen voneinander.

Die im Süden der Gemarkungen verlaufende BAB 2 zwischen Hannover und Berlin ist über die Abfahrt Uhrsleben erreichbar.

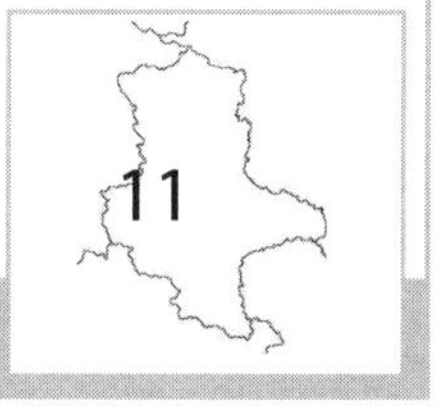

Dorfregion 11 MAGDEBURGER BÖRDE

Sachsen-Anhalt

EIMERSLEBEN

Gemeinde Eimersleben
Verwaltungsgemeinschaft Flechtingen
Landkreis Ohrekreis

Der zentrale, neu gestaltete Anger ist die Dorfmitte von Eimersleben.

Einwohnerzahl: 510

Siedlungsstruktur:
Angerdorf

Laufzeit der Dorferneuerungsplanung: 1993 – 1994
Laufzeit der Durchführungsphase: 1994 – 1997

Das beeindruckende Straßen-Angerdorf im westlichen Bördeland an der B 1 konnte über die bisher durchgeführten Dorferneuerungsmaßnahmen in seinem siedlungs- und hochbaulichen wertvollen Bestand gesichert werden.
Den Besucher erwarten heute nicht nur gestaltete Verkehrs- und Grünzonen und wieder hergestellte Toreinfahrten zu den Mehrseithofanlagen, sondern auch ein von einer Landwirtsfamilie aus Hannover betriebenes Hofcafé am südlichen Endpunkt des zentralen Angers.

Abb.: 72, 210, 221, 239, 286, 302, 303, 357, 416, 417

ERXLEBEN

Gemeinde Erxleben
Verwaltungsgemeinschaft Flechtingen
Landkreis Ohrekreis

Der Marktplatz des Dorfes Erxleben wurde komplett umgestaltet und dient heute wieder dem Zweck des Aufenthaltes und Marktes.

Einwohnerzahl: 1.391

Siedlungsstruktur:
relativ verdichtetes Haufendorf

Laufzeit der Dorferneuerungsplanung: 1993 – 1994
Laufzeit der Durchführungsphase: 1994 – 1997

Das ebenfalls an der B 1 gelegene Grundzentrum Erxleben weist eine Vielfalt von parallelen Nutzungen und siedlungsbaulichen Merkmalen auf:
ehemalige LPG-Anlage, neue Dienstleistungsachse (an der B 1), historische Mehrseithofanlagen, zentrale Doppelschlossanlage mit Park, Neubaugebiete (im Norden), neue überdimensionale Gewerbegebiete (im Osten) und ein benachbartes Schul- und Sportzentrum.
Der Versuch einer Ortsmittengestaltung mit neuer Brunnenanlage im Rahmen der Dorferneuerung traf nicht nur auf Akzeptanz bei der Bevölkerung.
Zukünftige Sanierungsaufgaben sollen im Rahmen von Städtebauförderungsmaßnahmen fortgeführt werden. Hierzu gehört insbesondere die vollständige Sicherung und funktionale sowie baugestalterische Entwicklung der Schlossanlage mit zugehörigem Park.
Abb.: 10, 22, 61, 93, 105, 220, 232, 263, 300, 301, 311, 410, 411

Dorfregion 12 NORDHARZ

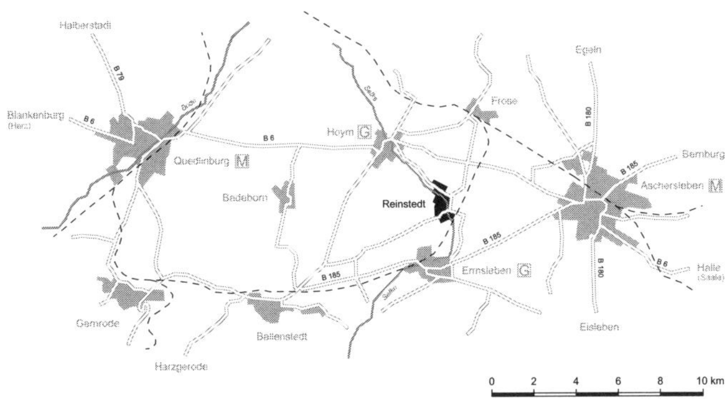

Die Dorfregion "Nordharz" um Reinstedt liegt im Einzugsbereich des Oberlaufes der Selke, die zum Gewässersystem der Elbe gehört und den Harz in nördlicher Richtung entwässert. Nach seiner Oberflächenform handelt es sich um Teile des nordwärts vorgelagerten Hügellandes des Harzes.

Extreme Trockenheit im Regenschatten des Harzes haben die Bodenentwicklung des mitteldeutschen Schwarzerdegebietes begünstigt, wodurch wiederum eine hochintensive Agrarwirtschaft außerhalb der Niederungen begründet wurde.

Die überregionale Erschließung erfolgt über die B6 zwischen Quedlinburg und Aschersleben sowie über die B185 zwischen Ballenstedt und Ermsleben.

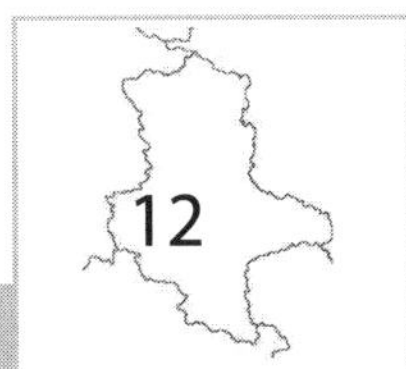

Sachsen-Anhalt

Dorfregion 13 SAALE-UNSTRUT

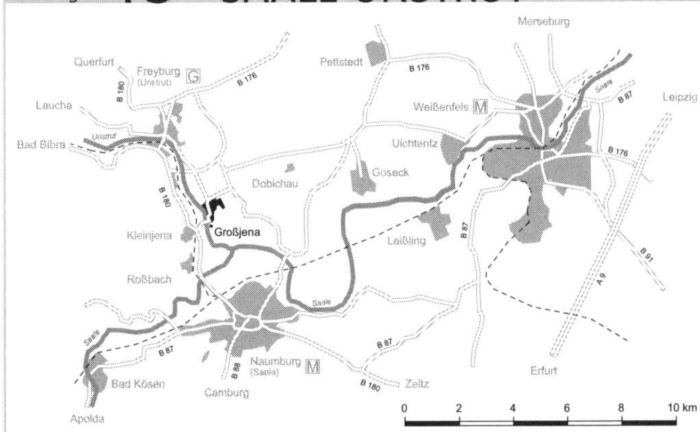

Das Saale-Unstruttal wird dank seines milden Klimas und seiner bergigen Landschaft gerne mit der Toscana verglichen.
Die kompakten Haufendörfer sind durch enge Gassen und dichte Mehrseithofanlagen geprägt.
In dieser Gegend wird schon seit Jahrhunderten erfolgreich Weinbau betrieben.

Kulturhistorisch wertvoll ist diese Gegend schon immer gewesen. Das belegen nicht nur die zahlreichen archäologischen Ausgrabungen in der näheren Umgebung, man denke an die berühmte Himmelsscheibe von Nebra.
Die zahlreichen Burgen des gleichnamigen Burgenlandkreises um die Städte Naumburg und Weißenfels, zeugen von einer wechselvollen Geschichte meherer Herrschergeschlechter.

Über die A 9 zwischen Leipzig und Erfurt sowie über die A 38 ist die Region an der Saale gut zu erreichen.

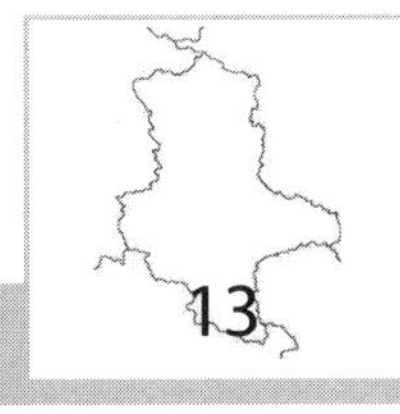

Sachsen-Anhalt

REINSTEDT

Stadt Falkenstein (Harz)

Landkreis Aschersleben-Staßfurt

Reinstedt bietet aufgrund seiner geographischen Lage im Harz auch günstige Voraussetzungen für Tourismus und Fremdenverkehr.

Einwohnerzahl: 1.276

Siedlungsstruktur:
kombiniertes Haufen- und Angerdorf

Laufzeit der Dorferneuerungsplanung: 1992 – 1996
Laufzeit der Durchführungsphase: 1996 – 2000

Das im Nordharz gelegene Anger-/ Haufendorf erreichte in der fünfjährigen Durchführungsphase der Dorferneuerung vor allem eine strukturelle Verbesserung durch Umsetzung privater Maßnahmen. Dennoch zeigen sich auch heute noch Probleme baulicher und denkmalpflegerischer Art sowie in der Demografie und in der Wirtschaft des Dorfes.
Neu gestaltet wurden ein Radweg an der Selke und die Selkebrücke am Kindergarten.

Wichtigste Voraussetzungen für eine effektive Kommunalarbeit und Siedlungsentwicklung sind die Schaffung von örtlichen Arbeitsplätzen und eine Wiederaufnahme in das Dorferneuerungsförderprogramm des Landes Sachsen-Anhalt. Vordringliche Maßnahmen sind die Gestaltung der Straßen und Plätze sowie die zentrale Abwasserbeseitigung.
Abb.: 6, 70, 77, 100, 119, 143, 169, 223, 224, 278, 279, 353, 358, 367, 378, 384, 439

GROẞJENA

Stadt Naumburg/Saale

Landkreis Burgenlandkreis

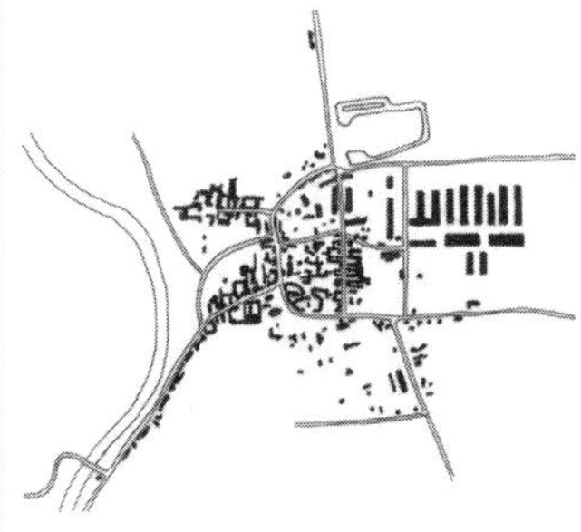

Der Dorfplatz an der Kirche von Großjena konnte im Rahmen der durchgeführten Dorferneuerungsmaßnahmen neu gestaltet werden.

Einwohnerzahl: 562

Siedlungsstruktur:
hochverdichtetes Haufendorf

Laufzeit der Dorferneuerungsplanung: 1992 – 1994
Laufzeit der Durchführungsphase: 1992 – 1996

Das annähernd 1.500 Jahre alte kompakte Haufendorf am Unstrutfluss ist geprägt durch die Vielfalt seiner Nutzungs-, Gestalt- und Landschaftselemente auf engstem Raum: Prägend sind die Weinbergterrassen aus Sandstein, eine Gutsanlage mit Gutspark, historische Kellergebäude, eine ehemalige LPG-Anlage am nordöstlichen Ortsrand sowie die Nähe zum wirtschaftlichen und kulturellen Mittelzentrum Naumburg. Die im Rahmen der Dorferneuerung durchgeführte Ortsmittengestaltung an der Kirche und die Sanierung des Gutshauses (mit inhaltlicher Neubestimmung) haben nicht unwesentlich zur Entwicklung des Dorfes beigetragen.
Allerdings bedürfen diese Maßnahmen dringend einer Fortsetzung, damit ein "nachhaltiges" Ergebnis die Folge der Bemühungen sein kann. Wesentliche öffentliche und private Maßnahmen bedürfen noch dringend der Durchführung, so die Sicherung und der Umbau des ehemaligen Orangeriegebäudes am Rande des Gutsparks.
Abb.: 56, 68, 166, 238, 296, 297, 376, 412 – 415, 428

3 PHASEN DER DORFERNEUERUNG

Der Dorferneuerungsprozess gliedert sich in drei Phasen:

- in die Akquisitions-, Vorbereitungs- und Antragsphase
- in die Planungsphase und
- in die Durchführungs-, Beratungs- und Betreuungsphase.

3.1 Die Antragsphase

Das Verfahren beginnt mit dem Antrag der jeweiligen Gemeinde des Dorfes auf Aufnahme in das Förderprogramm. Dieses wurde bisher zum Beginn eines jeden Jahres fortgeschrieben.
Bei der Aufnahmeentscheidung durch die zuständige Fachbehörde (bis 2004 die ehemaligen Bezirksregierungen, seit 2005 die Behörde für Geoinformationen, Landentwicklung und Liegenschaften – GLL) wurden im Allgemeinen folgende Kriterien herangezogen:
Agrarstrukturelle Situation, Einwohnerzahl, Arbeitsplätze, Infrastrukturausstattung, kommunale Finanzsituation, Bürgermotivation, Arbeitskapazität der Fachbehörden u. a. Nach der Beauftragung eines Ortsplaners durch die Gemeinde wurden die Bewohner dann zu einer ersten Bürgerversammlung eingeladen, auf der auch die Mitglieder eines repräsentativen Arbeitskreises gewählt wurden. Diese hatten bisher überwiegend nur den Planungsprozess begleitet.
In Zukunft sollen sie auch die Umsetzung der Dorferneuerungsplanung begleiten.

3.2 Die Planungsphase

3.2.1 Der Dorferneuerungsplan

Erst der genehmigte Dorferneuerungsplan ist seit über 20 Jahren die wichtigste Zuwendungsvoraussetzung für die Dorferneuerungsförderung in Niedersachsen.
Zugleich sind die Dorferneuerungsplanung und die Betreuung in der Durchführungsphase auch Fördergegenstände, d. h. der Dorferneuerungsplan und die Betreuung werden bis zu 50 % der zuwendungsfähigen Ausgaben, letztere jedoch je Dorf mit nicht mehr als 20.000 Euro gefördert.
Weitere Zuwendungsvoraussetzung für die Erarbeitung des Dorferneuerungsplans ist die Beauftragung entsprechend qualifizierter Planer außerhalb der Verwaltung durch die Gemeinde (DorfR).
Aus den ursprünglich in der Niedersächsischen Dorferneuerungsrichtlinie (DorfR), nunmehr in der seit Mai 2005 neuen Richtlinie über die Gewährung von Zuwendungen zur integrierten ländlichen Entwicklung (ZILE, siehe Anhang) aufgeführten detaillierten Planungsanforderungen, lässt sich bereits das Grundgerüst der Gliederung für eine Dorferneuerungsplanung ableiten. Deren Inhalte wurde jedoch in der Planungspraxis durchaus unterschiedlich gewichtet und interpretiert, wie die Auswertung von 100 Dorferneuerungs-plänen bereits vor 10 Jahren belegte (10 Jahre Dorferneuerung in Niedersachsen, Lit. 44).

Der Versuch einer formalen und inhaltlichen Ordnung der Planfassungen durch die zuständigen Ämter für Landentwicklung (AfL), wie er zuletzt vom AfL Göttingen vorgenommen wurde (08/2001), ist dann nur zu verständlich. Allerdings wäre dieser Forderungskatalog noch durch die für eine Entwicklungsplanung so wichtigen Strukturdaten (Haushalte, Altersaufbau, Wanderungen, Arbeitsplätze, Pendlerzahl und -ziele u. a.) zu ergänzen.

Die Schwierigkeit für den Ortsplaner bestand bisher darin, die im Anforderungskatalog der zuständigen Fachbehörden (AfL) formulierten Inhalte mit den vertraglichen Vereinbarungen gegenüber dem Auftraggeber, der Gemeinde, so abzustimmen, dass einerseits das Preis-Leistungs-Verhältnis für die Vertragspartner gewährleistet bleibt, andererseits mögliche Missverständnisse zwischen den beteiligten Personen und Institutionen ausgeschlossen werden können.
Letzteres war deshalb nicht immer einfach, weil die Mehrzahl der Vertragsmuster in der Beschreibung des Leistungsbildes für städtebauliche Leistungen an der „Honorarordnung für Architekten und Ingenieure" orientiert waren, die bekanntlich zwischen „Grundleistungen" und „Besonderen Leistungen" unterscheidet. Während in der Mehrzahl der Dorferneuerungs-pläne die Grundleistungen erfüllt wurden, da sie weitgehend identisch mit den Ansprüchen der DorfR sind, boten einzelne Sonderleistungen bezüglich ihrer Honorierung und Dringlichkeit in der Durchführungsphase immer wieder einmal Anlass zur Diskussion und unterschiedlichen Interpretationen.
In der üblicherweise zugrunde gelegten Honorarermittlung für Dorferneuerungsplanungen, die sich wiederum auf die HOAI bezieht (§ 36, Honorartafel für Leistungen bei Flächennutzungs-plänen), werden jedoch Grund- und Besondere Leistungen getrennt erfasst und in der Abrechnung unterschiedlich berücksichtigt.
Die eigentliche Planungsphase ist soweit formalisiert und aufeinander abgestimmt, dass nach der Einarbeitung der Vorschläge und Einwände der Träger öffentlicher Belange (TÖB´s) normalerweise ein einvernehmlicher Planungsablauf und -abschluss nach 1 bis 1,5 Jahren gesichert ist.
Diese Feststellung gilt auch für die einzubeziehenden planerischen Teilleistungen wie „Landwirtschaft" und „Landschaftsplanung/Dorfökologie" (seltener „Verkehr", „Gestaltung" oder „technische Infrastruktur"), die relativ selbständig von Planern oder Fachbehörden im Unterauftrag bearbeitet werden.
Strittiger dagegen bleiben häufig die im Untervertrag zu klärenden Honoraranteile für die Bearbeiter solcher Einzelbeiträge, da deren Leistungen und Anforderungen nicht immer mit den Spielräumen aus der Honorarermittlung in Einklang zu bringen waren.
Gewisse Unsicherheiten bezüglich des zeitlichen und finanziellen Planungsspielraums boten von Fall zu Fall auch der Umfang der notwendigen Sitzungen mit den Bürgervertretern im „Arbeitskreis Dorferneuerung", die Anzahl und die Reaktionen der zu beteiligenden „Träger öffentlicher Belange" oder sonstige repräsentative oder sachliche Pflichten und Aufgaben im Zusammenhang mit der planerischen Bearbeitung.
Der notwendigerweise ganzheitliche, sämtliche personellen, materiellen, ökonomischen und ökologischen Aspekte einbeziehende Planungsansatz erfordert nicht nur einen hohen Kenntnisstand der Auftragnehmer, sondern auch eine „Philosophie" dieses Planungsansatzes, der für die Bürger nachvollziehbar und daher an diese weitergegeben werden kann.
Im Büro des Autors wurde daher das zu erneuernde Dorf im Sinne eines kybernetischen Kreislaufmodells als ein zwar geschlossenes, aber mit benachbarten Orten und Regionen kommunizierendes System verstanden (siehe Abb. 4).

Die im System „Dorf" vorhandenen Ressourcen an Menschen, Tieren, Gärten, Hofstellen, Wohn- und Arbeitsstätten sowie sozialen und kulturellen Einrichtungen bilden eine Einheit, die von „Störgrößen", d. h. von negativen Einflüssen unterschiedlicher Art betroffen sein kann.

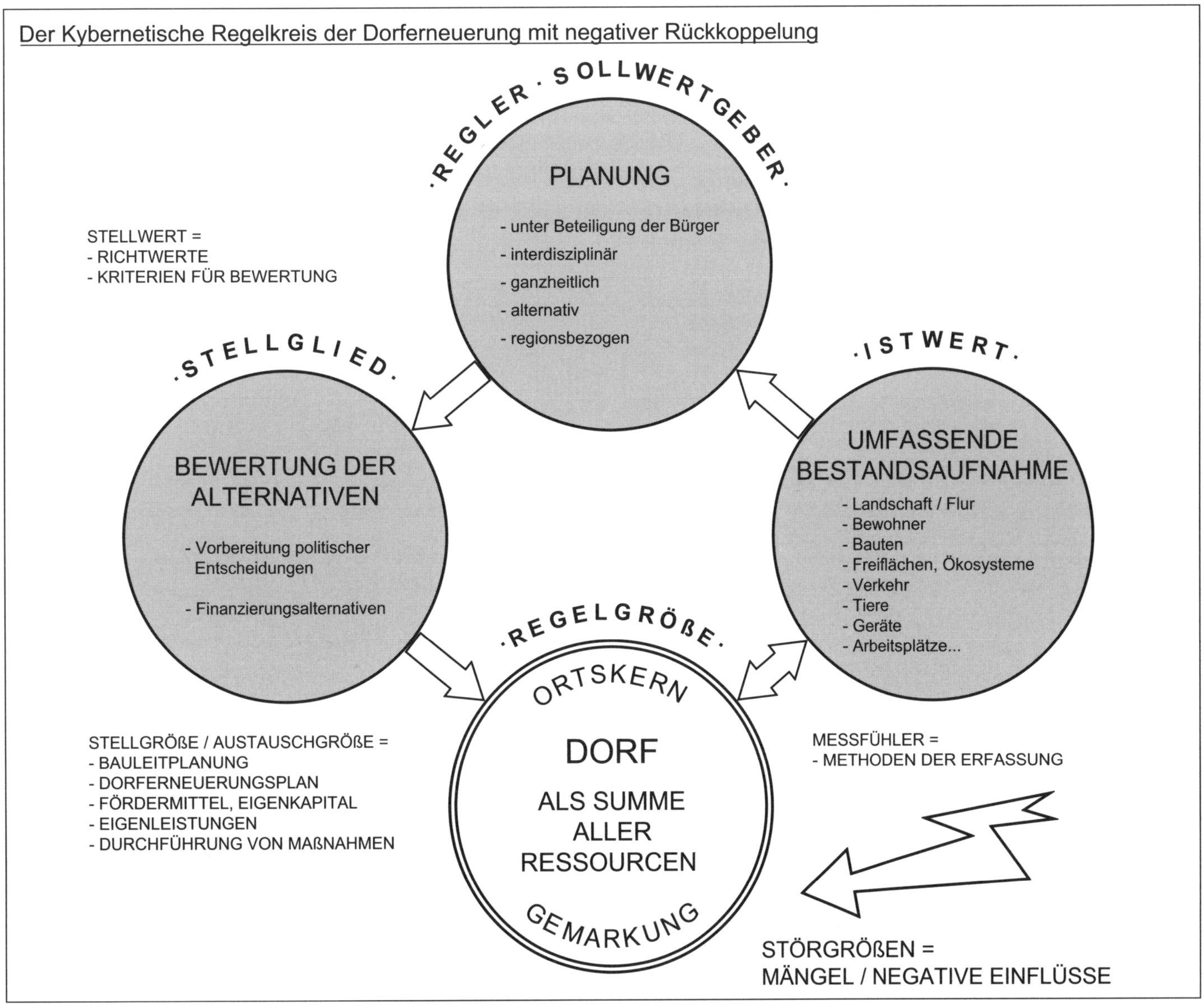

Abb. 4: Der Kybernetische Regelkreis der Dorferneuerung mit negativer Rückkoppelung

Auftragsziel kann es für den Ortsplaner demnach nur sein, die „negativen Störgrößen“ zu eliminieren, positive Einflüsse zu stabilisieren oder zu verstärken und durch sog. „negative Rückkoppelung“ das Gleichgewicht des gestörten Systems Dorf wiederherzustellen.

Sanierungsmaßnahmen und eine qualitätvolle Bauleitplanung können wichtige Instrumente und Bausteine zur Erreichung dieses Zieles sein. Entscheidend für die nachhaltige Wirkung bleibt jedoch das soziale und kommunikative Engagement der Bewohner für ihr Dorf und für ihre Region.
Denn wenn eine Gemeinde die „gestörten“ Verhältnisse, die ja Anlass zum Aufnahmeantrag in das Dorferneuerungsprogramm waren, beseitigen will, sollte sie folgende Zusammenhänge und notwendigen Abläufe beachten:

1) Von den Bewohnern sollte der allgemeine Wunsch nach spezifischen Erneuerungs- bzw. Entwicklungsmaßnahmen ausgehen (Bürgerakzeptanz bzw. -motivation).
2) Letztere sollten in Form von Varianten vorbereitet bzw. entwickelt werden.
3) Die sinnvollste Planungsvariante sollte über allgemein anerkannte Bewertungskriterien ausgewählt werden (Nutzwertanalyse o. Ä.).
4) Nach der Auswahl bzw. Bestimmung des oder der Ziele bzw. zu realisierenden Maßnahmen sind die personellen, institutionellen und finanziellen Bedingungen für ihre Verwirklichung durch die Gemeinde zu überprüfen und zu sichern.

3.2.2 Der Inhalt des Dorferneuerungsplanes

DIE PLANUNGSSCHRITTE

In der Skizze sind die wichtigsten Phasen der Dorferneuerungsplanung dargestellt.

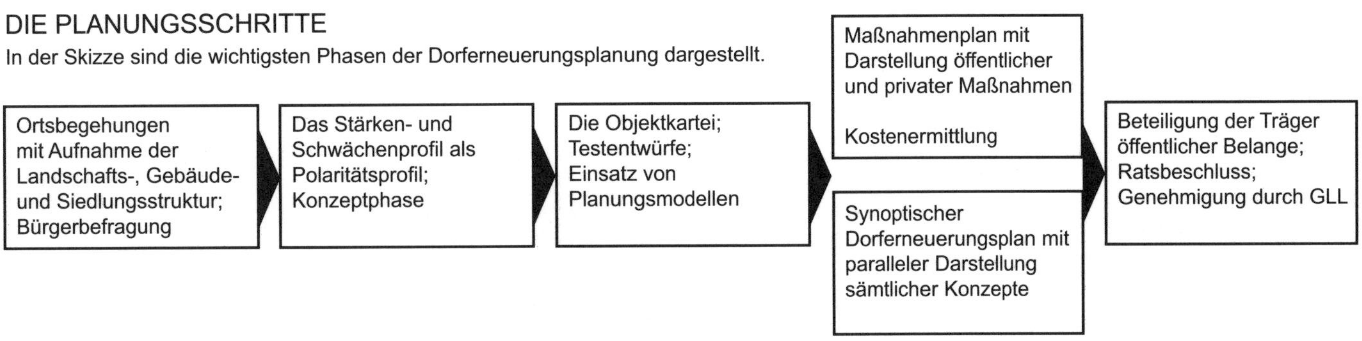

ORTSBEGEHUNGEN MIT AUFNAHME DER LANDSCHAFTS-, SIEDLUNGS- UND GEBÄUDESTRUKTUR

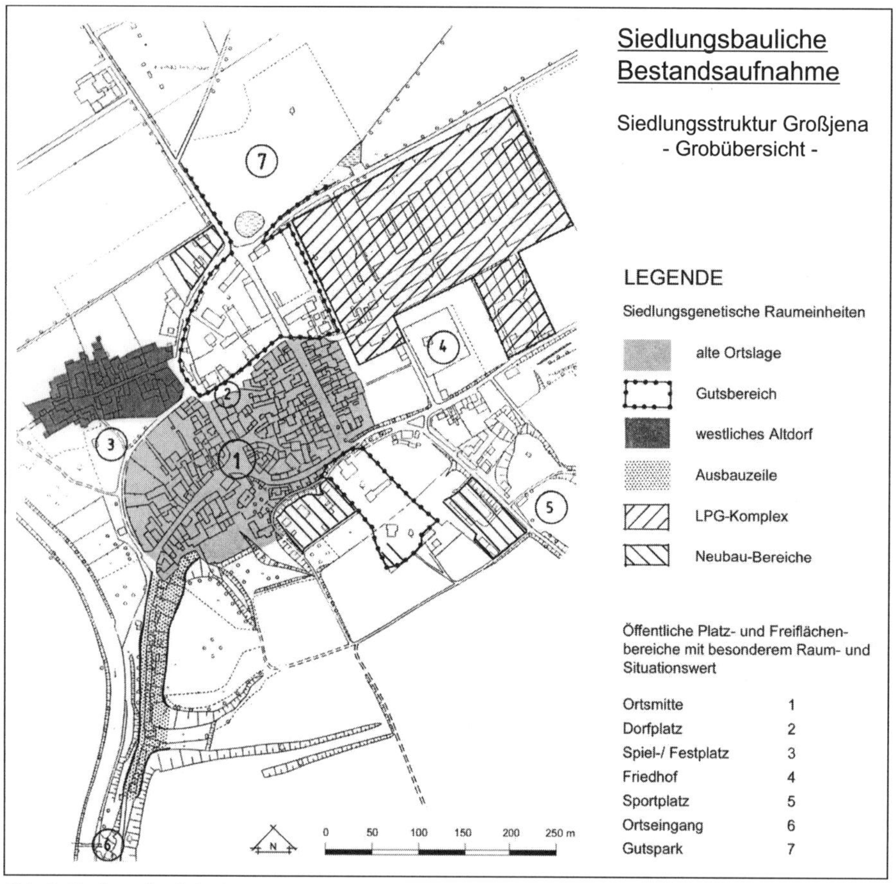

Abb. 5: Siedlungsbauliche Bestandsaufnahme Großjena

Abb. 6: Impressionen aus Reinstedt in Skizzenform

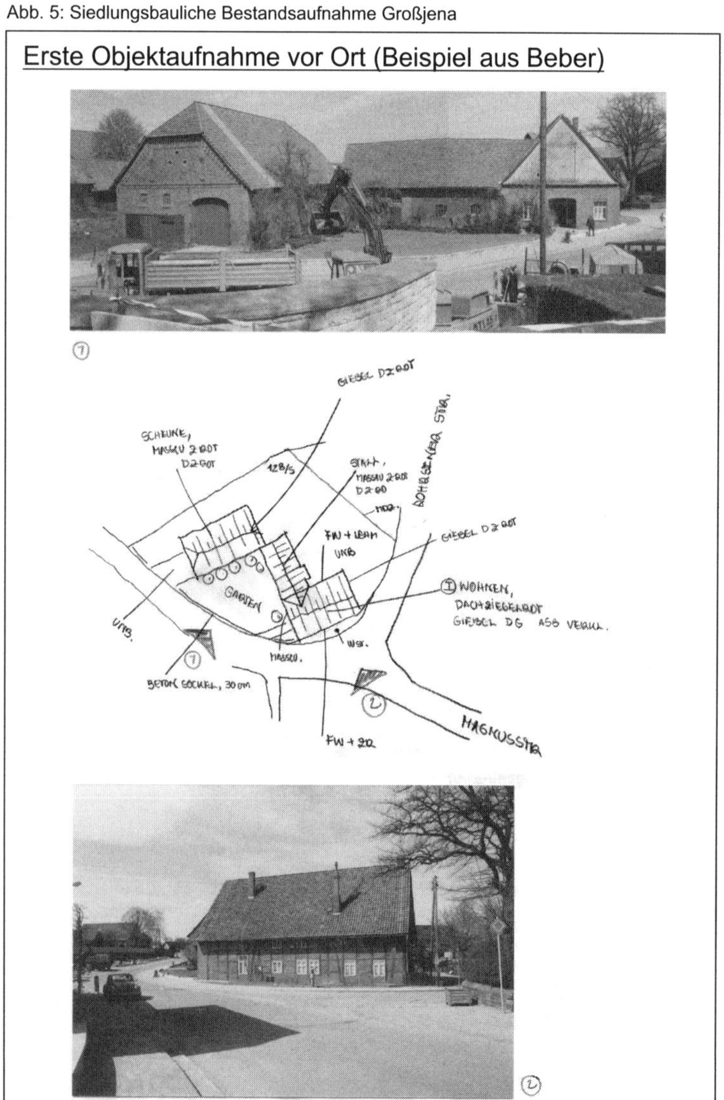

Abb. 7: Erste Objektaufnahme vor Ort (Beispiel aus Beber)

Abb. 8: Ortsbegehung in Gittelde während der Planungsphase

DAS STÄRKEN-SCHWÄCHEN-PROFIL ALS POLARITÄTSPROFIL

Nach Durchführung der umfassenden Bestandsaufnahme (siehe Anforderung des Kybernetischen Regelkreises), wird für die Ortslage ein Stärken-Schwächen-Profil erstellt. Dieses bildet eine wesentliche Grundlage für die Darstellung der geplanten Maßnahmen im Maßnahmenplan. Das Polaritätsprofil kann in grafischer Form oder als Text erarbeitet werden.

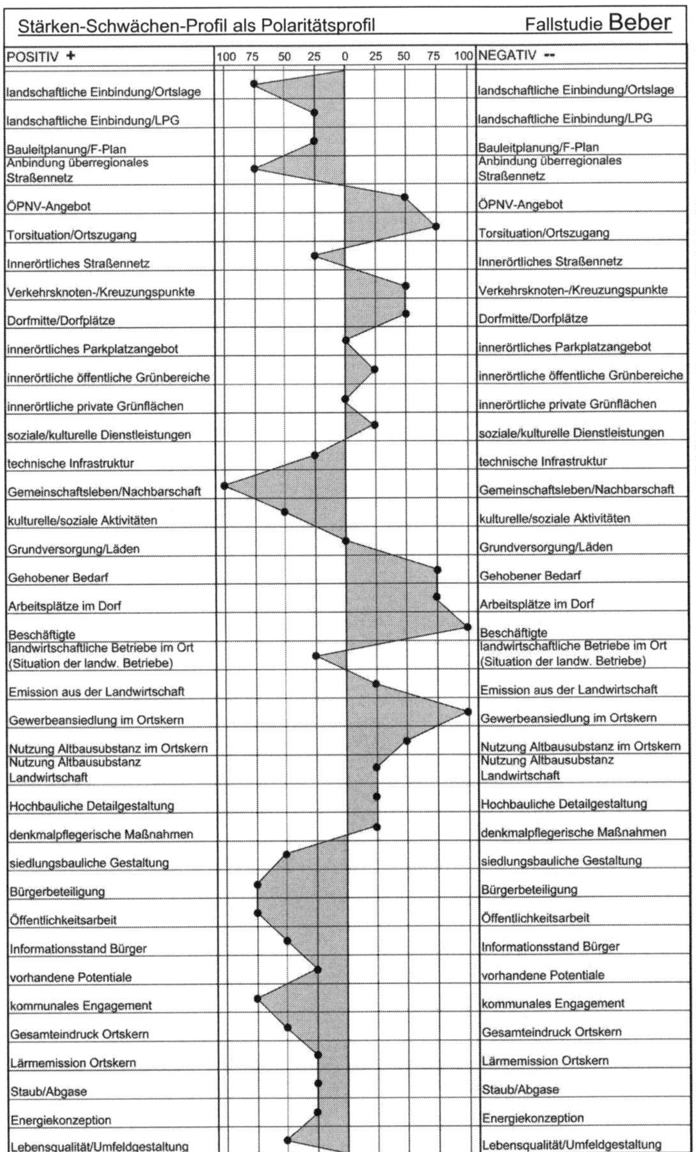

Stärken-Schwächen-Profil

STÄRKEN	SCHWÄCHEN
Reizvolle Lage am Süntelhang	Fehlende landschaftliche Einbindung in Teilbereichen
Günstige Lage an „Fremdenverkehrsstraße K 72"	Fehlendes Gästebettenangebot Fehlende Integration in ein übergeordnetes Wander-, Rad- und Reitwegnetz
Qualität des Siedlungsbildes	Gestalterische Mängel in Teilbereichen (Fassaden, Einfriedungen, Hofbefestigungen, Dächer)
Restqualität der Ortsmitte (Kirche, Kirchpark, ehem. Friedhof)	Siedlungsstrukturelle Mängel im verkehrlichen Bereich (Lärmemissionen an der K 72, gefährliche Kreuzungspunkte, Material- und Querschnittsmängel, Parkplätze)
Vorhandenes Angebot an Wohnbauland-adressen (Baulücken, Ausbaumöglichkeiten im Ortskern)	Unzureichendes Arbeitsplatzangebot im Ort
Günstige, entwicklungsfähige landwirtschaftliche Betriebs- und Produktionsstruktur im Allgemeinen	Baulich eingeschränkte Entwicklungsmöglichkeiten einzelner landwirtschaftlicher Betriebe
Relativ stabile Bevölkeruns- und Altersstruktur	Unzureichendes Dienstleistungs- und Freizeitangebot
Günstige Straßenverbindungen zum Grundzentrum Bad Münder, Mittelzentrum Hameln und Oberzentrum Hannover	Lärmemissionen an der K 72, gefährliche Kreuzungspunkte unzureichende Bedienung durch ÖPNV
Vorhandenes Engagement und Gemeinschaftsbewusstsein mit intensivem Vereinsleben Engagement der Mitglieder des Ortsrates und des Arbeitskreises "Dorferneuerung"	Fehlende Perspektiven und Aktivitäten im Sektor Fremdenverkehr („Ferien auf dem Bauernhof", Kurzwochenenderholung, Familienurlaub)

Abb. 9: Polaritätsprofil für Fallstudie Beber (Niedersachsen)

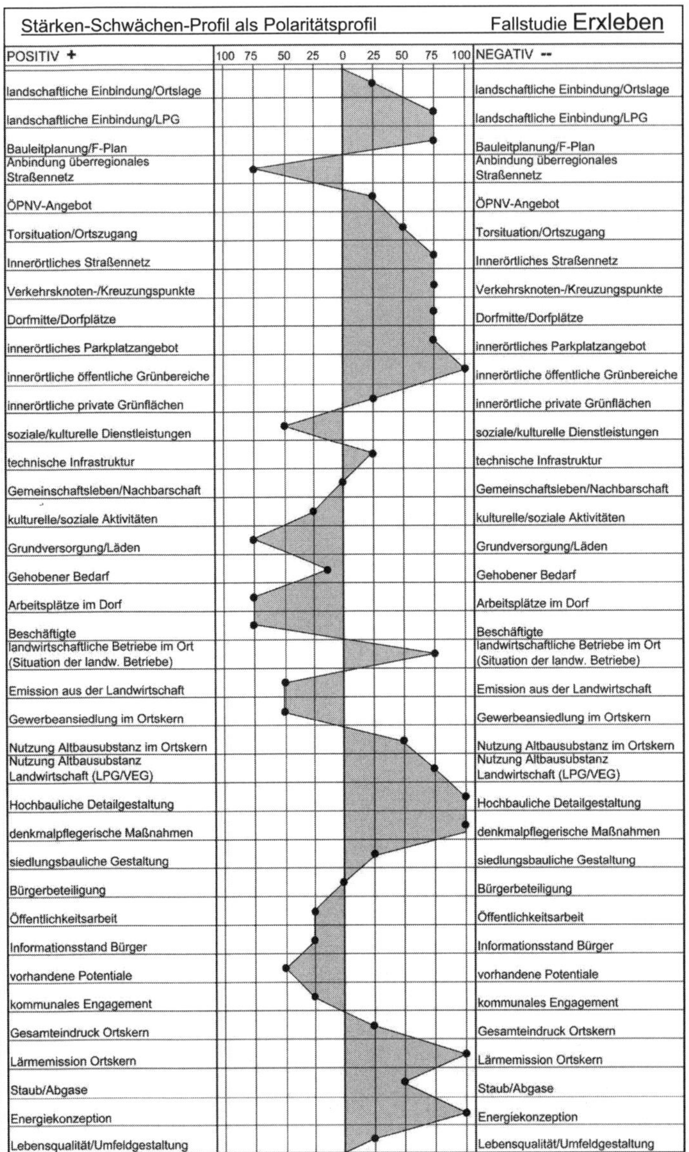

Stärken-Schwächen-Profil

STÄRKEN	SCHWÄCHEN
Verkehrsgünstige Lage an B1	Extrem störender Durchgangsverkehr (LKW)
Nähe zu den Mittel- und Oberzentren Helmstedt/Wolfsburg/Braunschweig	fehlende kommunale Entwicklungskonzeption Unbefriedigendes ÖPNV-Angebot
Dienstleistungsangebot eines Grundzentrums Wochenmarkt	fehlende zentrale Abwasserbeseitigung schlechte Erschließung des Gewerbegebietes
Umfangreiches Arbeitgeber- und Arbeitsplatzangebot im Ort	Umnutzungsmängel ehem. LPG-Substanz/Leerstand historischer Hofanlagen
Vorhandensein eines erschlossenen Gewerbegebietes	Fehlende Erweiterungsmöglichkeiten innerörtlicher landwirtschaftlicher Betriebe
Reste zweier Schlossanlagen mit zugehörigem Park	Extremer Reparaturstau an der Schlossanlage (aus Mitteln der DE nicht zu bewältigen) Fehlende Entwicklungskonzeption für die Schlossanlage Teilweise gestalterische Störungen
Reizvolle landschaftliche Umgebung	Standortmängel der landwirtschaftlichen Betriebe (ehem. LPG-Anlagen) Durch Ortslage verbautes Quellgebiet (Wasserschutzgebiet) Lage des Gewerbegebietes zum Ortsrand
Reizvoller Landschaftsrandbereich zwischen Börde und Geest	Fehlende Grünzusammenhänge (Park -> Sportplatz, Schule -> Landschaft)
Intakte Formen der Nachbarschaftshilfe	Problematische innerörtliche Standorte landwirtschaftlicher Betriebe (Schäferei)

Abb. 10: Polaritätsprofil für Fallstudie Erxleben (Sachsen-Anhalt)

DIE OBJEKTKARTEI

Die Objektkartei wird aus den vor Ort aufgenommenen hoch- und siedlungsbaulichen Gegebenheiten und Fotos erstellt. Während möglicher Beratungstermine in der Durchführungsphase kann auf diese Grundlage zurückgegriffen werden.

1

Dorferneuerung: Holzhausen Objekt: Nr. 15

Straße: Objektbezeichnung / Nutzung: HE Landwirt

Besitzer: [ ] vermietet [ ] verpachtet

Haushalte: [1] [7] Pers. / Haush. [1] Personen < 16 J. [2] Personen > 65 J.

Gebäudealter: [X] vor 1900 [ ] 1900 – 1945 [ ] nach 1945

Bauart / Farbe: A,B,C = Fachwerk / D+E = Klinker rot / F = Holz

Dacheindeckung / Farbe: A,B,C,F = Pfannen rot / E+D = rote Wellplatten

Gebäudenutzung: teilgenutzt [ ] leerstehend [ ]

	gut	geringe Mängel	spürbare Mängel	erhebliche Mängel
baulicher Zustand	E,D		F	A,B,C
Zustand Freiflächen / Hof			X	
Zustand Freiflächen Garten	X			
Einfriedung				

Gestaltungsmerkmale / städtebauliche Bewertung der Gebäude:

[X] ortsbildprägend [X] denkmalswert [X] erhaltenswert

[ ] ortsbildstörender Anbau [ ] störende Fassadengestaltung

Bedeutung im Ensemble

Sonstige Merkmale (Blickpunkt, Merkzeichen, Wegmarkierung, Torbildung)

Alte intakte Hofanlage

Bewertung Freiflächen:

[X] ortsbildprägend [ ] ortsbildstörend

[ ] gestalterische Mängel

Erforderliche Maßnahmen = 1; vom Besitzer geplante Maßnahmen = 2;

Dringlichkeit (kurz-, mittel-, langfristig) = 3; Kostenschätzung = 4

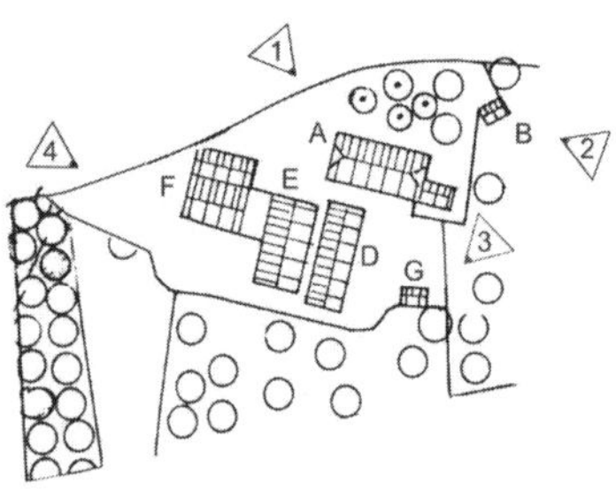

Lageplan mit Fotostandorten

	1	2	3	4
Sanierung / Modernisierung	A,B,C	A,B,C	K	
Abbau u. Lagerung u. Wiederaufbau				
Abriss und Beseitigung				
Fassadengestaltung	F		M	
Dacherneuerung				
Nutzungsänderung				
Fenstererneuerung				
Freiflächengestaltung				
Hofbefestigung	X			
Erneuerung Einfriedung	X			

2

4

3

- Gebäude A,B,C stehen unter Denkmalschutz.
- Wohnhaus sollte umfassend restauriert werden (Detailplanung erforderlich).
- Die beiden Speicher sollten ständig kontrolliert werden.
  Die Ausfachungen wenn möglich mit Lehm ersetzen, ansonsten Kalkputz. Kein Sichtmauerwerk.
  Bei Umnutzung als Wohnraum, Detailplanung für die äußere Gestaltung notwendig.

Beratungsgespräch (Thema)	Datum	Dauer	Planer
Grundlegende Sanierung		2 St.	

Abb. 11: Vorder- und Rückseite einer Objektkarteikarte (Auszug Objektkartei Holzhausen, Hofstelle)

METHODEN DER PLANUNG

Nutzwertanalyse am Beispiel einer Standortfindung

Kindergarten in Estorf-Leeseringen

ALLGEMEINE BEMERKUNGEN

Die Gemeinde Estorf plante für die Bewohner der Ortsteile Estorf und Leeseringen den Bau eines Kindergartens mit 2 (3) Gruppenräumen sowie den entsprechenden Nebenräumen.

Grundlage der Planung sind die "Heimrichtlinien" des Landes Niedersachsen nach dem aktuellsten Stand sowie die in den Dorferneuerungsplänen festgelegten Entwicklungsziele.

Es wurde davon ausgegangen, dass etwa 2/3 der Kinder aus Estorf und 1/3 aus Leeseringen den Kindergarten besuchen werden.

Der Bau war notwendig geworden, nachdem die bauliche Unterbringung der beiden vorhandenen Spielkreise, insbesondere in Estorf, den Anforderungen an erforderliche Erweiterung, Raumgrößen, Ausstattungsstandards und Freiflächen nicht mehr gerecht wurden.

Vor der eigentlichen hochbaulichen Entwurfsfindung erschien eine Standortanalyse unerlässlich, um Fehlinvestitionen zu vermeiden.

ALTERNATIVE STANDORTE FÜR DEN KINDERGARTEN

Nach mehreren Ortsbegehungen, Rücksprachen mit der Gemeindeverwaltung und Überprüfung sonstiger Planungsvorgaben kamen theoretisch 3 Standorte östlich der B 215 zwischen Leeseringen und Estorf infrage :

1) Bereich des Schul- und Sportzentrums Estorf;

2) Geplantes Grundstück des "Therapeutischen Reitvereines" an der Straße "Zum Finkenberg";

3) Grundstück und Gebäudesubstanz des Dorfgemeinschaftshauses Leeseringen.

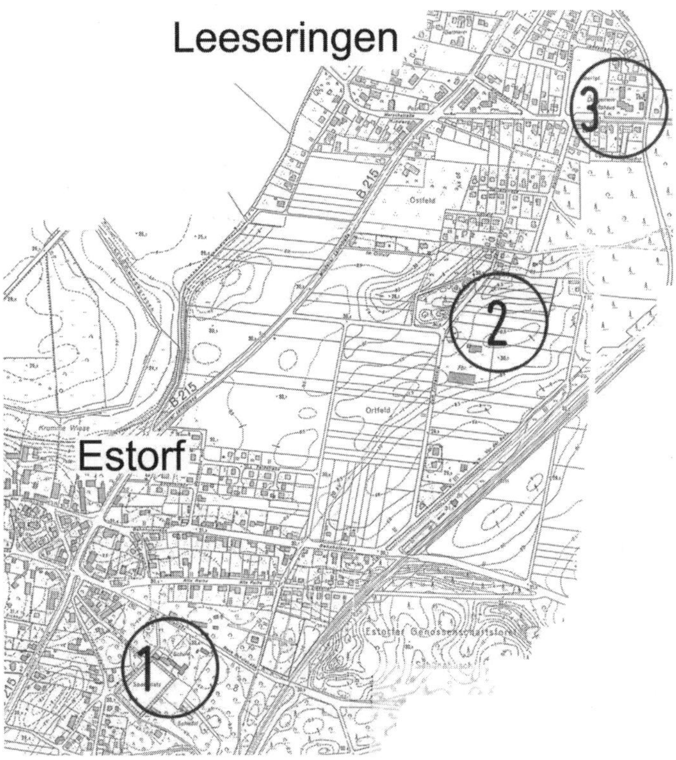

Lageplanausschnitt

STANDORTBEWERTUNG

Die Standortbewertung erfolgte auf der methodischen Grundlage der Nutzwertanalyse, wobei sämtliche relevanten Merkmale und Kriterien für eine Standortoptimierung Berücksichtigung fanden.

Der Vergleich über ein Grobbewertungsraster: + (Positiv) / o (Neutral) / - (Negativ) enthält noch keine Gewichtung der Kriterien.

Diese war als politische Willensbildung Sache des Rates bzw. des zuständigen Ausschusses.

BEWERTUNGS-KRITERIUM	STANDORT 1 SCHUL- SPORT-ZENTRUM ESTORF		STANDORT 2 THERAPEUT. REITEN LEESERINGEN		STANDORT 3 GEMEINSCHAFTSHAUS LEESERINGEN	
Verfügbarkeit / Besitz	Gem.-Besitz	+	Nicht im Gem.-Besitz	-	Gem.-Besitz	+
Grundstücks-größe	Kaum erweiterbar	o/-	Günstig	+	Ausreichend	+/o
Grundstücks-form	Geeignet	+	Geeignet	+	Durch vorhd. Bebauung beeinträchtigt	o/-
Grundstückser-schließungskst.	Keine	+	Gering	+/o	Keine	+
Behindernder Baumbestand	Teilweise	o	Frei	+	Frei	+
Imissionen	Keine	+	Kunststoff-fabrik im Sü	o/-	Keine	+
Erreichbarkeit PKW	Gegeben	+	Gegeben	+	Gegeben	+
Fußläufige Erreichbarkeit / Fahrrad	Problemlos	+	Aufwendig	o/-	Für Estorfer aufwendig	o
Nähe weiterer kommunikativer Einrichtungen	Vorhanden	+	Nicht vorhanden	-	Vorhanden	+
Baukosten / Nutzung vorhd. Substanz	Prakt. Neu-baukosten	-	Prakt. Neu-baukosten	-	Durch Anbau erhebl. Ein-sparungen	+
Städtebauliche Integration	Möglich / Nähe Scheu-nenviertel	o	Randlage	-	Vorhanden	+
F - Plan - Änderung erforderlich	Wahrscheinl.	o	In jedem Falle	-	Nur Ergänzung	+/o
Zielentsprechung Dorferneuerungsplan	Ja	+	Nein / Zer-siedlungs-ansatz	-	Ja	+
Kontrollfunktion Hausmeister-wohnung	Nicht er-forderl.	+	Dringend erforderl.	-	Bereits im DGH vorhd.	+
Nutzungsüber-lagerung / - Konflikt	Schule / HM - Wohng.	o	Nein	+	Feuerwehr-gerätehaus	o
Erreichbarkeit Bus	In der Nähe	o/+	Nicht vorhd.	-	In der Nähe	o/+
Entspricht Aus-bauzielen Land-kreis	Unbekannt	o	Ja	+	Unbekannt	o
AUSWERTUNG	10	+ o/+	7	+ o/+	13	+ o/+
	5	o	-	o	3	o
	2	o/- -	10	o/- -	1	o/- -
ERGEBNIS	2. Stelle		3. Stelle		1. Stelle	

Durch die Nutzwertanalyse konnte der Standort 3 als der Geeignete ermittelt werden. Der Kindergarten wurde an das Dorfgemeinschaftshaus angebaut. Die hier gezeigten Anlagen sind Auszüge aus dem Gutachten zur Standortfindung.

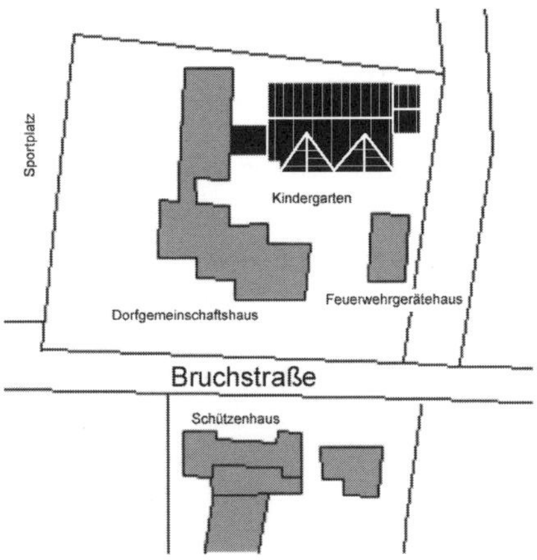

Konzentrierte soziokulturelle Einrichtungen in Leeseringen: Dorfgemeinschaftshaus, Kindergarten, Feuerwehrhaus, Sportplatz und Schützenhaus.

Rechts: der neue Kindergarten mit Verbindungsbau an das Dorfgemeinschaftshaus

Abb. 12: Nutzwertanalyse am Beispiel (Kindergarten Estorf-Leeseringen)

MAẞNAHMENPLAN MIT DARSTELLUNG ÖFFENTLICHER MAẞNAHMEN

Der hier gezeigte Maßnahmenplan Watzums steht als Beispiel für die Zusammenstellung der wichtigsten öffentlichen Maßnahmen, die in der Förderungsphase der Dorferneuerung durchgeführt werden sollen.
Die Einordnung der Maßnahmen sollte in einer Rangfolge nach Prioritäten vorgenommen werden.
Priorität I = besonders dringlich/sehr wichtig, II = dringlich/wichtig, III = wünschenswert.

Maßnahmenplan Watzum

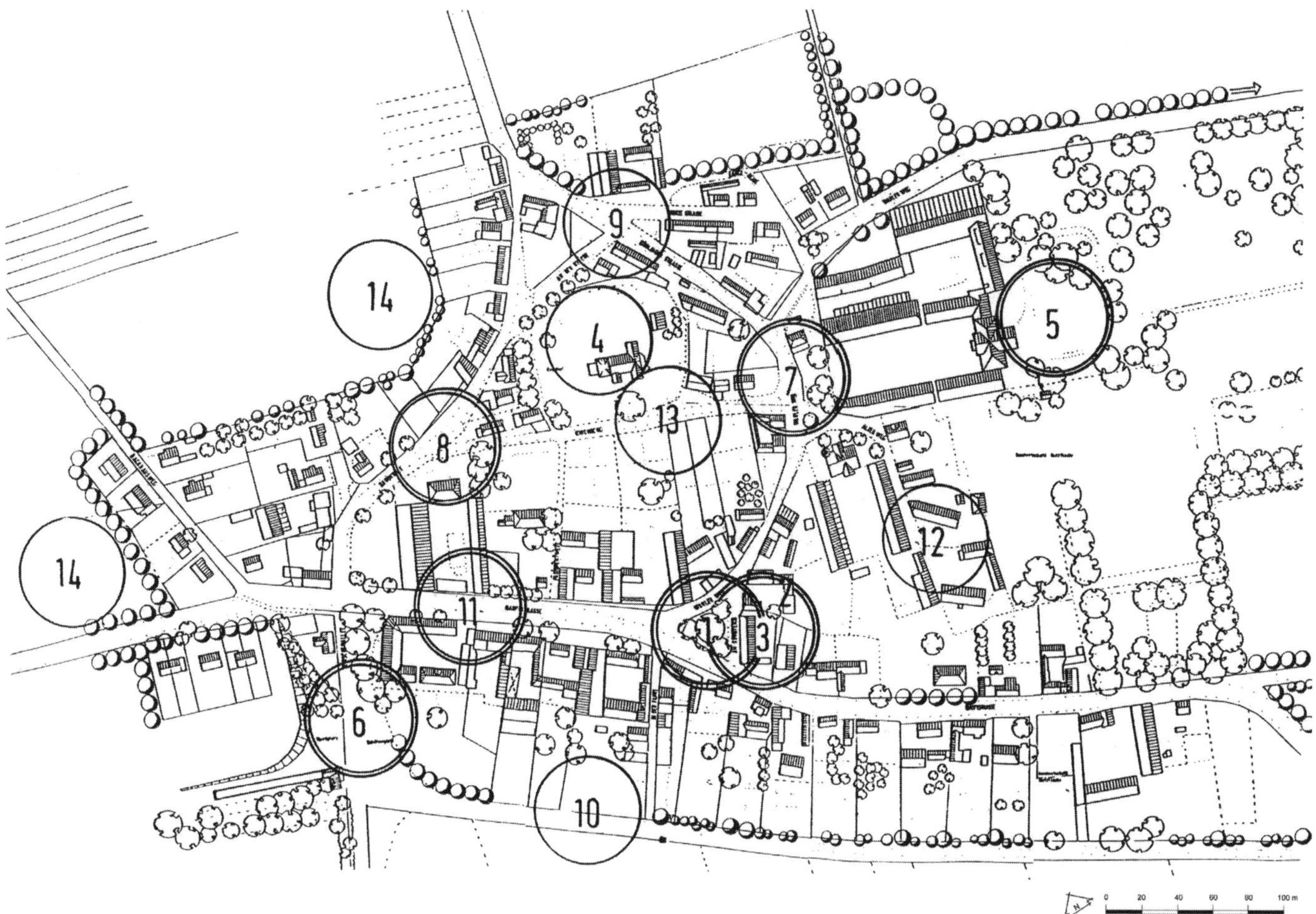

LEGENDE

MAẞNAHMEN

- bedeutend (Priorität II + III)
- besonders bedeutend (Priorität I)

SCHWERPUNKTBEREICHE DORFERNEUERUNGSMAẞNAHMEN

1) Gestaltung Ortsmitte / Dorfplatz
2) Modernisierung Dorfgemeinschaftshaus
3) Umnutzung nebenstehender Scheune
4) Gestaltung Kirchhof
5) Sicherung der Gutsanlage durch z. B. Landschafts-/ Freizeitpark, Löschteich
6) Gestaltung Schützenplatz / Spielplatz / Kirschenallee
7) Gestaltung Guts-Vorfeld / Warler Weg
8) Dorfgerechte Gestaltung "Sandkuhle"
9) Bereichsgestaltung (z. T. Rückbau) Küblinger Straße / An der Kirche / Kurze Straße / Lange Reihe
10) Einrichtung eines Fußweges am südlichen Ortsrand
11) Straßenraumbegrünung Hauptstraße
12) Dorfgerechte Gestaltung "Alter Weg"
13) Dorfgerechte Gestaltung "Kirchberg"
14) Ortseingrünung

DORFERNEUERUNG WATZUM

Abb. 13: Maßnahmenplan Watzum

SYNOPTISCHER DORFERNEUERUNGSPLAN

Der Dorferneuerungsplan fasst in synoptischer Darstellung die Konzepte für die Gestaltung, die Nutzungen, die öffentlichen und privaten Freiflächen und den Verkehr zusammen.

Aus Gründen der besseren Lesbarkeit werden zwei ausgewählte farbige Pläne in den Farbseiten dargestellt (siehe Abb. 207 + 208, Dorferneuerungspläne Estorf und Eimersleben) sowie der Dorferneuerunsgplan Elbingerode in der Fassung von 1977 (Abb. 16) und 2003 (Abb. 17) im Abschnitt 3.2.5.

Abb. 14: Dorferneuerungspläne der 40 untersuchten Fallstudiendörfer (Titelseiten)

Die Inhalte des Dorferneuerungsplanes unterliegen natürlich auch dem „Zeitgeist“ und der gesellschaftspolitischen Wertsetzung von Fragen und Themen. Die seit der Konferenz von Rio im Jahre 1992 aufgewertete Thematik der Umweltplanung hatte nicht nur die „Lokale Agenda 21“ zur Folge, sondern auch ein erheblich verstärktes Anforderungsprofil gegenüber dem dorfökologischen Fachbeitrag im Dorferneuerungsplan.
Mit umfassenden, die umgebende Flora und Fauna einbeziehenden Biotopkartierungen im Umkreis von 1 – 2 km um die Ortslage konnte so in den letzten Jahren praktisch bereits eine verwertbare Vorleistung des von den Gemeinden zu erarbeitenden Lokalen Agenda-Beitrages über den DE-Plan geleistet werden.
Dass die für diesen Planungsaufwand ermittelten Honorare jedoch meistens nicht die real entstandenen Kosten abdecken, darf nicht unerwähnt bleiben.
Der landwirtschaftliche Beitrag wurde dagegen nach der erfolgten Verlagerung der Fördertatbestände für die Landwirtschaft auf andere Förderrichtlinien außerhalb der Dorferneuerungsrichtlinien in der Mehrzahl der Planungsbeispiele reduziert. Eine ursprünglich geforderte umfassende „Sozioökonomische Strukturanalyse“ ist in der aktuellen Planungsleistung zu einem normalen Fachbeitrag zusammengeschmolzen.
Dagegen haben verkehrliche Belastungen in den Ortslagen, insbesondere durch die Zunahme des LKW-Durchgangsverkehrs (verstärkt nach der MAUT-Einführung!) eine erhöhte Bedeutung gegenüber dem Ausgangspunkt der Förderung vor 20 Jahren erhalten (siehe Kapitel 11).
Aus diesem Grunde erscheinen Fachbeiträge zur Minderung von Emissionsbelastungen aus Straßenlärm und -abgasen in sämtlichen Dörfern mit entsprechenden ortsquerenden überregionalen Bundes-, Landes- und Kreisstraßen in Zukunft erforderlich.
In einigen untersuchten Dörfern mussten geplante innerörtliche Investitionen so lange zurückgestellt werden, bis die Belastungen aus dem Durchgangsverkehr durch entsprechende Maßnahmen (siehe Abschnitt 11.2) reduziert und somit erhebliche Umfeldverbesserungen erreicht werden konnten.

Da in Zukunft die Notwendigkeit einer Dorferneuerung in der Regel erst in einem Integrierten Ländlichen Entwicklungskonzept (ILEK) erarbeitet und nachgewiesen und die endgültige Auswahl der Förderdörfer durch die sich neu formierende GLL vorgenommen werden soll, sind zurzeit nur Reflektionen über die bisherige Planungspraxis und deren Auswirkungen auf die Zeit nach der Dorferneuerungsförderung möglich.
Neben den veränderten organisatorischen Rahmenbedingungen nach der Verwaltungsreform 2005 sind auch inhaltliche Änderungen des Dorferneuerungsplanes zu erwarten.
Mit Schreiben vom Juli 2005 des niedersächsischen Ministeriums für den ländlichen Raum, Ernährung, Landwirtschaft und Verbraucherschutz, werden die Auswirkungen der neuen ZILE-Richtlinie auf die zukünftigen Dorferneuerungsverfahren bereits angedeutet. Dort heißt es:

„Die im ILEK skizzierten Grundlagen für die Dorferneuerung können durch eine so genannte Vorbereitungs- und Informationsphase (VIP) vor Erstellung des DE-Planes konkretisiert werden. Hierzu können Veranstaltungen der Dorfbevölkerung mit externen Experten zu allen im Dorf bedeutsamen Themenstellungen wie Natur und Ökologie, Landwirtschaft, Tourismus oder soziales Leben durchgeführt werden. Diese Veranstaltungen stellen einen Teil der DE-Planung dar und werden als Bestandteil des DE-Planes dokumentiert. Dadurch sollen die im DE-Plan zu behandelnden Themen, in der Regel Gestaltung, Ortsbildpflege, Ökologie, Gemeinwesen, Infrastruktur und Ökonomie sowie Landwirtschaft auf Bedürfnisse der Dorfbevölkerung abgestellt und auf die zentralen Inhalte beschränkt werden. Das gilt auch für die Dorfökologie. Eine Biotoptypenkartierung ist daher kein zwingender Bestandteil des Dorferneuerungsplans.
Zur Verbesserung der Lesbarkeit der DE-Pläne ist im größtmöglichen Umfang mit Verweisungen auf andere Planungen etc. oder der Darstellung als Anlage zum DE-Plan zu arbeiten.
Der DE-Plan ist nach der VIP in enger Zusammenarbeit mit einem aus der Bevölkerung gebildeten Arbeitskreis zu erstellen. Die GLL wirkt darauf hin, dass der Arbeitskreis auch die Umsetzung der DE-Planung intern begleitet.
Der DE-Plan beinhaltet eine Stärken-Schwächen-Analyse, ein Leitbild, die Leitziele und die dafür notwendigen, unterstützenden Projekte zur zukünftigen Entwicklung des Dorfes mit einer Prioritätensetzung.“

3.2.3 Planerprofil und -ausbildung

„Wie bei jeder komplexen Aufgabenstellung, werden für die Bewältigung umfassende Kenntnisse und eine besondere Befähigung zur koordinierenden, interdisziplinären Arbeit, ein ständiger Rollentausch bei wechselnden Interessengruppen, Führungsqualität und Entscheidungsfähigkeit, Gewissenhaftigkeit und Kompromissbereitschaft verlangt.“

So wurde das „Profil des ländlichen Ortsplaners“ bereits vor 20 Jahren im Rahmen einer historischen Betrachtung des Weges vom „Landbaumeister“ zum „Ortsplaner“ vom Verfasser skizziert (Lit. 30). Bestätigt werden kann bis heute die Priorität des „Generalisten“ vor dem „Spezialisten“.
Ein diesem Profil entsprechendes Lehrangebot, das der komplexen Aufgabenstellung der Dorferneuerungsplanung gerecht werden kann, muss daher nicht nur Fakten, Methoden und Instrumentarien vermitteln, sondern in die interdisziplinäre Arbeit einführen, gesellschaftliche, kommunalrechtliche, wirtschaftliche und ökologische Aspekte einbeziehen, das Projektstudium fördern und die Fähigkeiten sowohl zu analytischem, reflektierenden als auch zu kreativem Handeln verknüpfen.
Nicht nur für die Forschung ist darüber hinaus auch die Entwicklung einer nachvollziehbaren Erfolgskontrolle durchgeführter Projekte und Dorferneuerungsvorhaben, wie sie auch dieser Nachuntersuchung zugrunde liegt, (siehe Kapitel 21) ein wichtiges Aufgabenfeld. Desgleichen sollten die Methoden der Nutzwert- oder Kosten-Nutzen-Analysen an geplanten Vorhaben und Projekten intensiver als bisher auf ihre praktischen Einsatzmöglichkeiten hin erprobt werden.
Interessante Einsatzmöglichkeiten sind die Bewertung von Alternativen für bauliche Erweiterungen, Baulückenfüllungen oder sonstige gestalterische Aufgabenstellungen im Ortsbereich.
Ein jedermann zugängliches Lehrangebot zu Entwicklungsfragen der ländlichen Räume auch an Volkshochschulen und ländlichen Erwachsenenbildungszentren kann das Bewusstsein für die Thematik beim interessierten Laienpublikum weiterhin stärken.
Zurzeit bemühen sich folgende niedersächsische Institutionen besonders um die Behandlung ländlicher Themenkomplexe: die Akademie Ländlicher Raum (ALR), die Ländliche Erwachsenenbildung (LEB) und der Niedersächsische Heimatbund (NHB). Das neu gegründete niedersächsische Informations- und Kommunikationszentrum im historischen Amthof des Dorfes Eicklingen ist daher ausdrücklich zu begrüßen, da hier in Zukunft spezifische fachliche Defizite abgebaut und neue Kontakte geknüpft werden können.

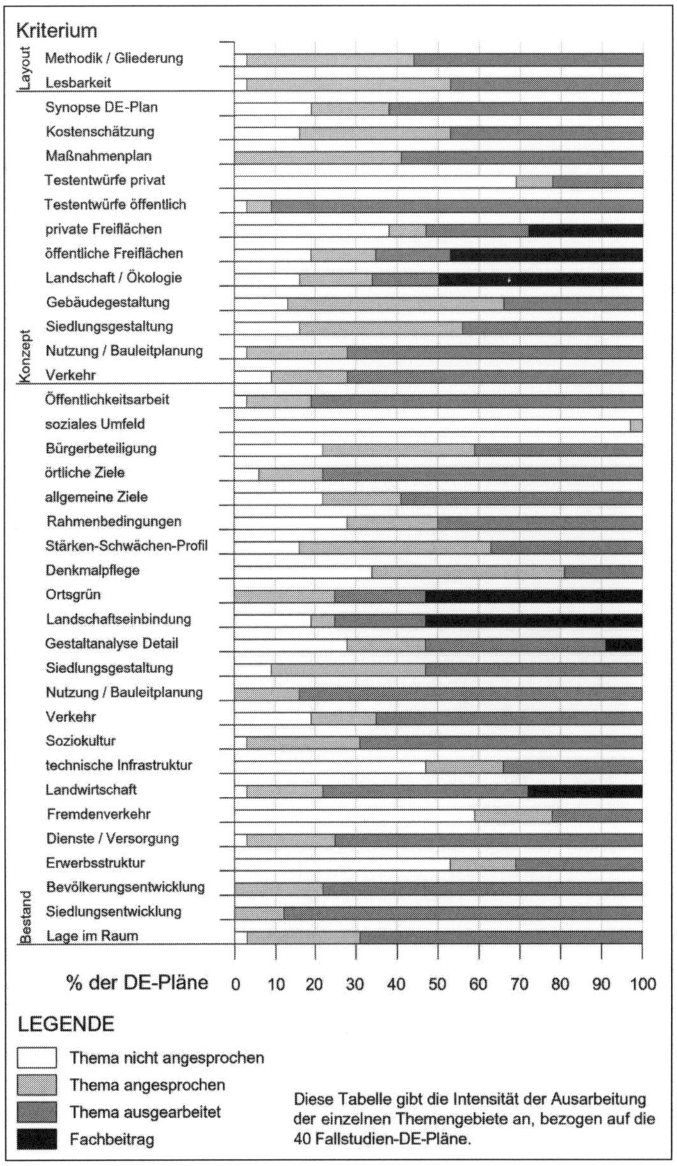

Abb. 15: Dorferneuerungsplananalyse der 40 Fallstudiendörfer

In der langjährigen Arbeit der Interessengemeinschaft Bauernhaus e. V. (IGB) steht bundesweit die sach- und fachgerechte Sicherung, Modernisierung und Rekonstruktion baulicher Details von historischen Haus- und Hofformen im Mittelpunkt. Die seit über 30 Jahren in 2-monatlichem Rhythmus erscheinende Veröffentlichung „Der Holznagel" ist zu einer wichtigen Informations- und Kommunikationsbörse für engagierte private Bauherren und so zu einer stützenden Institution für die Dorferneuerung geworden (Lit. 52).

Jungen Studierenden der Architektur in Niedersachsen wurden an der Technischen Universität Braunschweig sowie an der Universität Hannover und bis 2000 an der Fachhochschule Hannover am Fachbereich Bauwesen in Nienburg (Weser) das Grundwissen über ländliche Haus-, Hof- und Siedlungsformen als wesentliches Grundgerüst für eine spätere Büropraxis als Ortsplaner vermittelt.
In bewusst realitätsnahen Studien zur Dorferneuerung, zur Modernisierung und zur Umnutzung wurden im Rahmen von Diplomarbeiten, Semesterübungen und siedlungssoziologischen Untersuchungen in annähernd 40 Jahren Studierende an die Praxis herangeführt.
Mit der im Jahre 2003 anlässlich der 150-Jahrfeier der Fachbereiche Architektur und Bauingenieurwesen in Nienburg beschlossenen Auflösung der Fachbereiche, wird im Zentrum der ländlichen Regionen Niedersachsens zumindest diese Form der Wissensvermittlung im Jahr 2008 eingestellt. Der Fortbestand der den ländlichen Räumen gewidmeten Lehrstühle und Institutionen an den Universitäten in Braunschweig und in Hannover ist daher dringend zu wünschen.

Eine punktuelle Vermittlung von Aufgaben und Problemen ländlicher Räume wird außer den erwähnten Institutionen noch durch das Niedersächsische Landesamt für Denkmalpflege (LFD) und durch die Niedersächsische Architektenkammer (AKN) wahrgenommen.

Allerdings sind die siedlungs- und hochbaulichen Aufgaben in den ländlichen Regionen Niedersachsens im Fortbildungsangebot der Architektenkammer des Landes noch eher unterrepräsentiert. Das ist umso bedenklicher, als ortsbildstörende Neubaugebiete und beispielsweise ortsfremde Neubauten zu einem Gestaltungsproblem nicht nur in den Dörfern, sondern auch in den benachbarten Kreisstädten bzw. Mittelzentren geworden sind.

3.2.4 Die Evaluierung der Dorferneuerungspläne

Bereits anlässlich des 10-jährigen Bestehens der Dorferneuerungsförderung in Niedersachsen wurden die Konzepte aus 100 Dorferneuerungsplänen detailliert analysiert. Während bereits damals überwiegend umfassende Aussagen für die Untersuchungsaspekte „Verkehr", „Gebäude- und öffentliche Flächennutzungen" sowie „Gestaltung" festgestellt werden konnten, waren die Aspekte „private Freiflächen", „Landschaft und Dorfökologie", „technische Infrastruktur", „private Dienstleistungen" eher unterrepräsentiert.
Das durchgängige Fehlen von „Stärken-Schwächen-Profilen" für die Ortslagen und von synoptischen Maßnahmenplänen wurde damals bereits beklagt.

Die im Rahmen der vorliegenden Nachuntersuchung durchgeführte Analyse der Dorferneuerungspläne ist natürlich nicht frei von subjektiven Wertungen.
Gewisse Verlagerungen in der Schwerpunktsetzung der behandelten Themen sind jedoch feststellbar.
Während einzelne Defizite in der Behandlung des „sozialen Umfelds", der „privaten Testentwürfe", der „Erwerbssituation" und des „Fremdenverkehrs" ausgeglichen werden müssten, wurden die Aspekte „öffentliche Testentwürfe", „öffentliche Freiflächen", „Landschaftsplanung", „Ortsgrün" und „Dorfökologie", „Bauleitplanung", „Bürgerbeteiligung", „Landwirtschaft", „Bevölkerungs- und Siedlungsentwicklung" relativ intensiv abgehandelt (siehe Abb. 15).

Die Notwendigkeit einer Fortschreibung einzelner Dorferneuerungspläne ergibt sich allerdings weniger aus der ungleichgewichtigen Behandlung einzelner Aspekte, sondern vielmehr aus den veränderten Rahmenbedingungen und eingetretenen gesamtgesellschaftlichen Veränderungen gegenüber der Ausgangssituation der Planung.

3.2.5 Fortschreibung von Dorferneuerungsplanungen

Die allgemeine, prinzipielle „Lebensdauer" von vorbereitenden Bauleit-, kommunalen Entwicklungs- oder DE-Plänen beträgt erfahrungsgemäß 8 – 12 Jahre. Danach wären sämtliche DE-Pläne der Untersuchungsgemeinden bzw. Fallstudiendörfer fortschreibungsbedürftig.
Wie am Beispiel der Dörfer Estorf, Elbingerode und Abbenrode belegbar, kann jedoch bei einer von Beginn an intensiven Zusammenarbeit zwischen den Partnern (Gemeinde, Behörden, Bürgervertretern, Ortsplaner u. a.) und bei fortgesetzter Betreuung und Fortschreibung der Pläne, deren Lebensdauer

Abb. 16: Dorferneuerungsplan Elbingerode (1. Phase)

und damit Wirksamkeit in Einzelfällen über 20 Jahre betragen. Nach dem Urteil der betroffenen Untersuchungsgemeinden liegt für etwa die Hälfte der Fallstudiendörfer ein Fortschreibungsbedarf der Dorferneuerungspläne vor. Lediglich 29 % der DE-Pläne können in Niedersachsen weiterhin als Grundlage für die Durchführung vor allem geplanter öffentlicher Maßnahmen gelten.

Den höchsten Fortschreibungsbedarf weisen mit 63 % die Planfassungen in der Dorfregion Geest-/Moorregion auf. In den Fallstudiendörfern Sachsen-Anhalts müssten bereits annähernd zwei Drittel (63 %) der Pläne überarbeitet werden, obwohl der Genehmigungstermin der Pläne erst ca. 10 Jahre zurückliegt und die Planungsphasen in eine allgemeine „vorbereitende Planung“ und eine detaillierte „Aufbauplanung“ gegliedert sind.
Der Bedarf für eine Aktualisierung der DE-Pläne kann sich aus einzelnen oder mehreren der im Folgenden aufgeführten Gründe ergeben:

- veränderte regionalplanerische bzw. raumordnerische Rahmenbedingungen (wie beispielsweise der geplante verstärkte Kiesabbau in den Gemarkungen der Wesermarschdörfer zwischen Verden und Stolzenau!),
- demografische Veränderungen durch verstärkte Zu- oder Abwanderungen mit Einflüssen auf die Altersstruktur der verbleibenden Bewohner etc. (besonders in den Dörfern der neuen Bundesländer),
- Ausweisung von neuen Wohn-, Gewerbe- oder Industriegebieten über geänderte F-Planungen und daraus abgeleiteten neuen Bebauungsplänen,
- veränderte Verkehrsanbindung durch Umgehungsstraßen (Lemke, Oyle etc.) als Folge von umfassenden Flurbereinigungsmaßnahmen,
- veränderte oder erweiterte Fördermöglichkeiten für die Durchführung von landschaftsplanerischen, siedlungs- oder hochbaulichen Aufgaben (siehe Leader+-, PROLAND-, ETLR-, ZILE-Projekte),

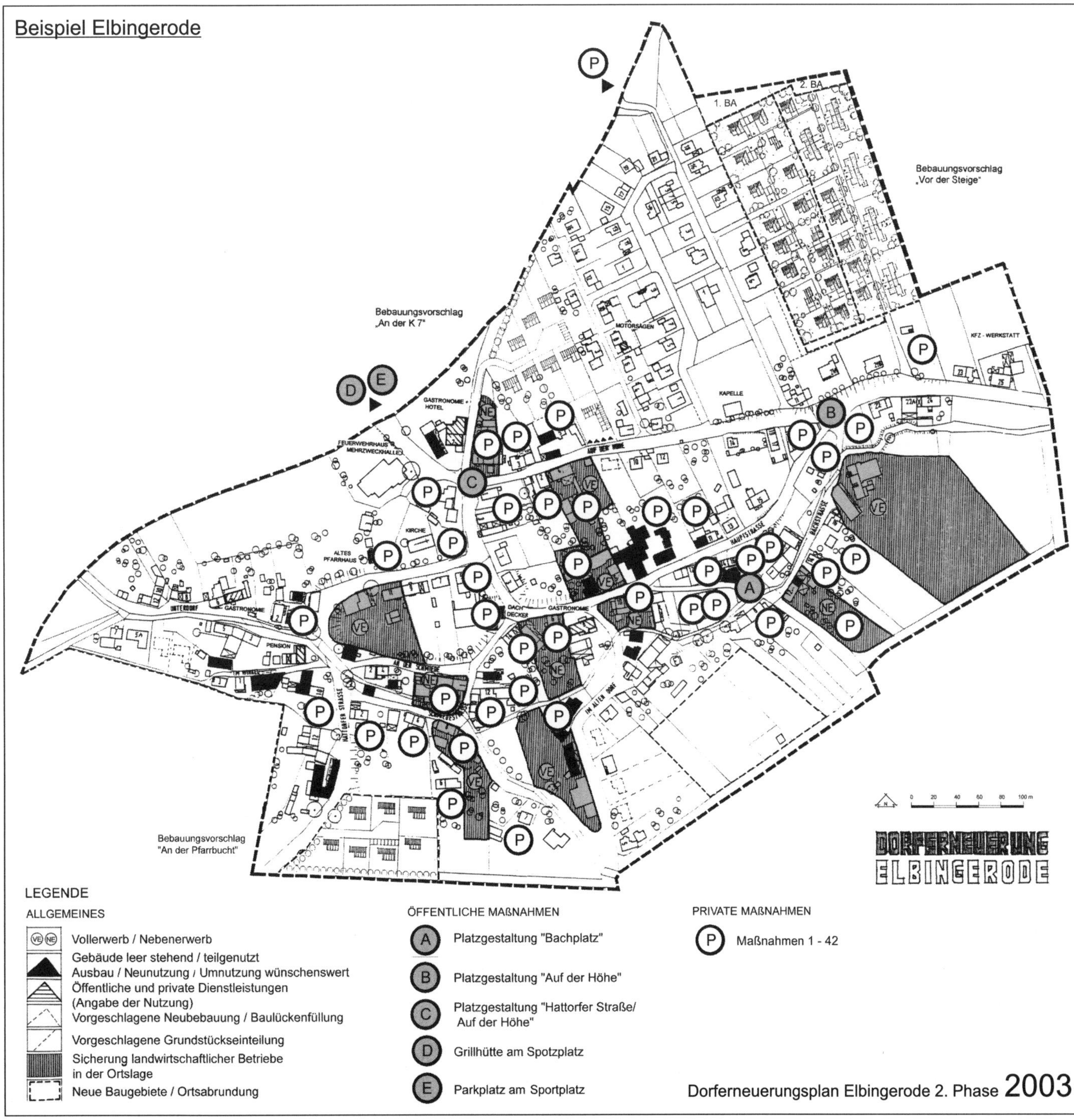

Abb. 17: Dorferneuerungsplan Elbingerode (2. Phase)

- Strukturwandel der Landwirtschaft mit Aufgabe weiterer VE- und NE-Betriebe in der Ortslage, Betriebszweigaussiedlungen (Elbingerode) oder der Zunahme von Leerständen,
- Veränderung der Ortstypologie (z. B. Entwicklung vom Wohn-Bauerndorf zur gewerblich oder touristisch ausgerichteten ländlichen Siedlung),
- Eingemeindung von Dörfern, die in den neuen Bundesländern nach 1994/95 ihre Selbständigkeit an sog. Verwaltungsgemeinschaften verloren,
- veränderte funktionale, städtebauliche oder fachplanerische Ziele (Verkehrsausbau, Flurbereinigung) oder Aufnahme in entsprechende Förderprogramme,
- Leerstand bäuerlicher, handwerklicher oder gewerblicher Gebäudekomplexe.

Der Aufwand für eine Aktualisierung der DE-Pläne erscheint allerdings nur dann gerechtfertigt, wenn der seinerzeit vom Rat der Gemeinde beschlossene Plan auch weiterhin als ganzheitliche, sämtliche Aspekte verbindende Planungsgrundlage im Sinne einer „kommunalen Entwicklungsplanung" bleiben soll.

Man kann durchaus eine volkswirtschaftliche Verpflichtung der Kommunen darin sehen, den mit erheblichem Aufwand und Sachverstand unter Einbeziehung von diversen Experten (landwirtschaftlicher Gutachter, Landschafts- und Verkehrsplaner etc.) erstellten Plan wegen seines ganzheitlichen Ansatzes, wegen des bürgernahen Entstehungsprozesses und wegen der Beteiligung öffentlicher Kontrollorgane (TÖB etc.) auch fortan als Grundlage wichtiger Einzelentscheidungen (Standortfragen von Bauleitplanungen u. a.) zu nutzen.

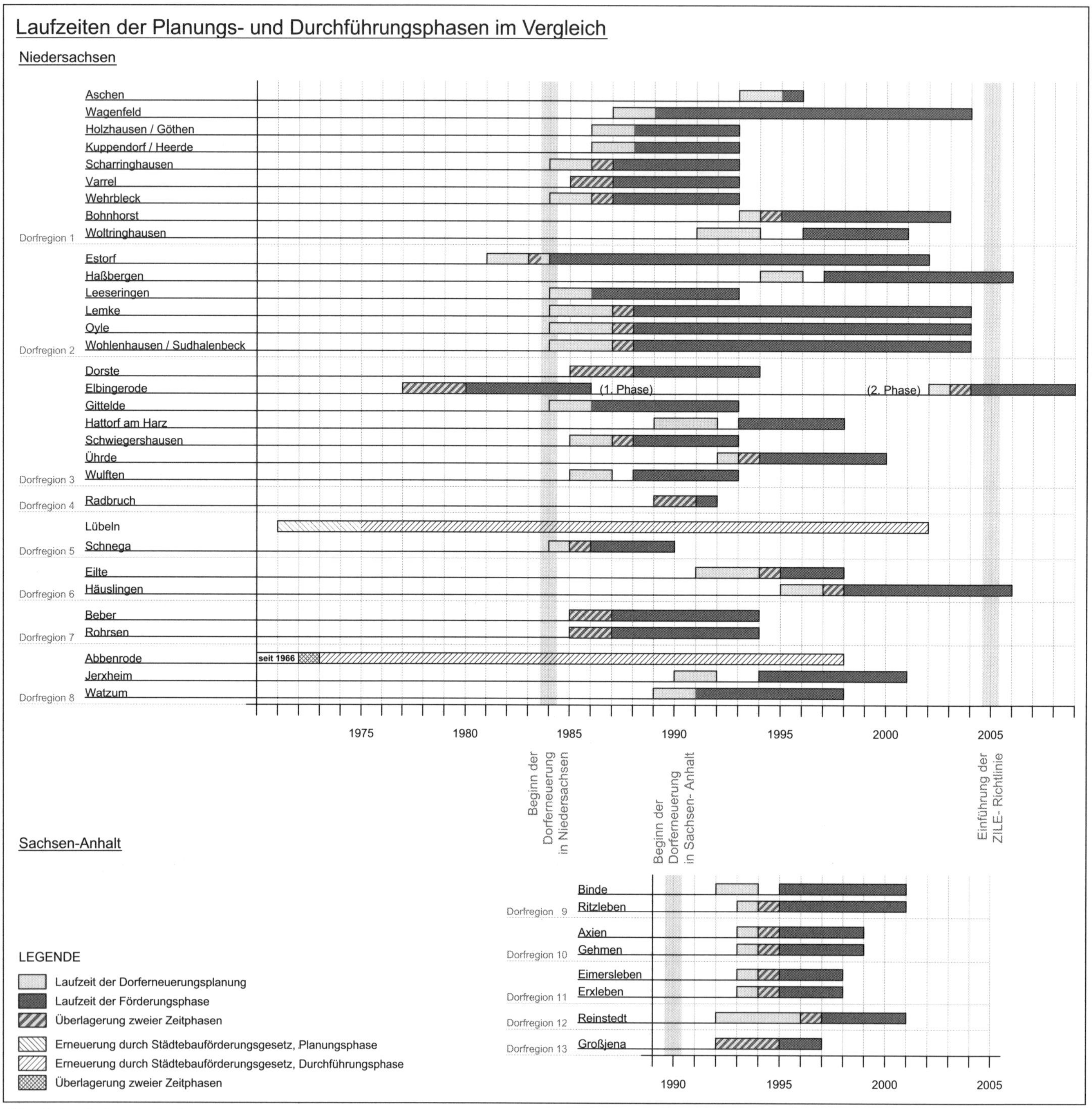

Abb. 18: Laufzeiten der Dorferneuerungen im Vergleich

3.3 Die Durchführungs-, Beratungs- und Betreuungsphase

Nach der Annahme der Planfassung durch die zuständigen Ämter und Fachbehörden (AfL, GLL) sowie nach Fördermittelzuordnung beginnt die üblicherweise auf 4 – 6 Jahre festgelegte Durchführungsphase der Dorferneuerung.

An die zentrale Stelle des Arbeitskreises Dorferneuerung, der entscheidend die Zielsetzung und die Einzelkonzepte des Dorferneuerungsplanes mitbestimmt hat, treten nunmehr die öffentlichen und privaten Bauherren, deren im Dorferneuerungsplan beschriebene und kostenmäßig erfasste Einzelmaßnahmen entsprechend der festgelegten Priorität realisiert werden sollen.

Der Ortsplaner begleitet üblicher- und sinnvollerweise diesen wichtigen 2. Schritt des Dorferneuerungsprozesses im Rahmen seines Betreuungsvertrages, in dem neben der Wahrnehmung von Aufgaben der Moderation und Motivation „die gestalterische, städtebauliche und landschaftspflegerische Betreuung“ in Form von für die Bürger kostenlosen Beratungen zu Fragen der Detailplanung, der Kostenüberprüfung und der Antragsstellung zugesichert wird. Neben dem Bauherrn selbst, neben der für die Genehmigung der Fördermittel zuständigen Behörde (AfL Niedersachsen, ALF Sachsen-Anhalt), neben dem Ortsplaner und dem von der Gemeinde eingesetzten Mitarbeiter der Verwaltung sind es die ländlichen Bank- und Sparkassen-zweigstellen sowie das regionale Bauhandwerk, die im Verbund Einfluss auf die Ergebnisse und damit die Qualität der durchzuführenden Maßnahmen nehmen.

Die Genehmigungs- und Denkmalschutzbehörden sowie weitere Planungsbüros greifen ebenfalls in die Durchführungsphase ein.

Der Ortsplaner behält praktisch als „Generalist“ und als Koordinator durch seine pflichtigen Stellungnahmen zu den geplanten Vorhaben bzw. Fördermittelanträgen die Fäden bei der Durchführung der mitverantworteten Planungsziele mehr oder weniger in der Hand.
Denn in der Zusammenarbeit gibt es für den privaten Bauherren und auch für die öffentlichen Träger immer wieder Möglichkeiten, sich dem verabredeten gemeinsamen Ziel der Dorfgestaltung durch eigenwillige Lösungen zu entziehen, was letztendlich nur durch Appelle oder effektiver durch entsprechende Satzungen verhindert werden kann.

Am Beispiel des vom AfL Verden entwickelten Anforderungsprofils für ortsplanerische Stellungnahmen im Rahmen der vom Planer wahrzunehmenden Betreuungs- und Beratungsleistungen können Umfang und Intensität dieser Leistungsphasen nachvollzogen werden (siehe Anhang).

Wie dem Kapitel „Evaluierung“ mit der Darstellung der erreichten Ergebnisse in der Umsetzungsphase zu entnehmen ist, gibt es unter den Fallstudien kein Dorferneuerungs- und Entwicklungsvorhaben, dessen Ziele vollständig umgesetzt werden konnten. Auf die Gründe hierfür wird an anderer Stelle eingegangen (siehe Abschnitt 3.4.1 und 23.4).
Die Durchführung der Beratungs- und Betreuungsleistungen in den untersuchten Dorfregionen füllen nicht nur bis zu einem Dutzend Ordner pro Dorf, sondern verlangen Geduld, „Fingerspitzengefühl“ und intensives Einfühlungsvermögen in die jeweilige subjektive Bauherrensituation – ohne das übergreifende Ziel einer angemessenen und im Dorferneuerungsplan formulierten gesamtgestalterischen Linie aus den Augen zu verlieren.

Abb. 19: Die Straße wird gestaltet - Ausführungsarbeiten an der Breiten Straße in Gittelde

Abb. 20: Richtfest des umgenutzten Dörphuses in Estorf

Die beigefügten Belege in Form eines Skizzenbeitrages und einer typischen Stellungnahme geben Einblick in die zu leistende Detailarbeit (siehe Abbildungen 21 und 22).

ANTRAGSTELLER:

MAßNAHME: Fassaden- und Dacherneuerung einer Doppelhaushälfte

STELLUNGNAHME

Betreff: Dorferneuerung H Ä U S L I N G E N
- Antrag vorz. Investitionsbeg. ☐
- Zuwendungsantrag x☒
- Bauantrag ☐
- Bauvoranfrage ☐
- Sonstiges ☐ Ablage ___ / XXX

1) Das o. g. Vorhaben liegt im engeren ☒x weiteren ☐ nicht ☐ Geltungsbereich der Dorferneuerungsplanung.
2) Das Vorhaben kann aufgrund der beigefügten Unterlagen beurteilt ☒x nicht beurteilt ☐ werden.
3) Folgende Unterlagen fehlen: ------
4) Die vorgesehene Maßnahme entspricht ☐ entspricht nicht ☐ entspricht bedingt ☒x den Zielen des Dorferneuerungsplanes.
5) Der vorgesehenen Maßnahme wird aus denkmalpflegerischer ☐ ortsgestalterischer x☒ betriebswirtschaftlicher ☐ verkehrlicher ☐ wasserbautechn. ☐ bautechn. ☒x sonstiger ☐ Sicht eine geringe ☐ mittlere ☐ hohe ☒x Bedeutung zugewiesen.
6) Empfehlungen / Auflagen / Hinweise:

Das Doppelhaus Hauptstraße 21/23
befindet sich bereits seit 1996 in der Beratung (siehe Anlage).

Es handelt sich um ein ortsbildprägendes Gebäude mit absolut symmetrischer Fassadengliederung.
Förderungswürdig können daher nur Maßnahmen sein, die den symmetrischen Aufbau der Fassaden- und Dachgestaltung berücksichtigen.
Während die (lt. beigefügter Ansichtszeichnung) vorgesehen vertikale Holzverschalung inclusive Zwerchgiebel den Zielen des Dorferneuerungsplanes entspricht, zerstört die geplante Gaubenlösung die vorhandene Symmetrie erheblich.
Auch in konstruktiver Hinsicht ist der geplante Anschluss der Schleppgauben an den Zwerchgiebel problematisch.

Aus diesen Gründen wird empfohlen, die Gauben entsprechend beigefügter Skizzen anzuordnen.
Sollte zurzeit nur der Antragsteller am Gaubenausbau interessiert sein, wäre doch langfristig eine Komplettierung im Sinne der skizzierten symmetrischen Lösung anzustreben.

Nienburg/W., den: 21.02.03 Gemeinde Häuslingen AfA Verden

Abb. 21: Stellungnahme Dach- und Fassadensanierung, Dorferneuerung Häuslingen

ANTRAGSTELLER:

MAßNAHME: Erneuerung der Fenster / Ladeneingang

STELLUNGNAHME

Betreff: Dorferneuerung ERXLEBEN
- Antrag vorz. Investitionsbeg. ☐
- Zuwendungsantrag ☒
- Bauantrag ☐
- Bauvoranfrage ☐
- Sonstiges ☐ Ablage ___ / ___

1) Das o. g. Vorhaben liegt im engeren ☒ weiteren ☐ nicht ☐ Geltungsbereich der Dorferneuerungsplanung.
2) Das Vorhaben kann aufgrund der beigefügten Unterlagen beurteilt ☒ nicht beurteilt ☐ werden.
3) Folgende Unterlagen fehlen: keine
4) Die vorgesehene Maßnahme entspricht ☒ entspricht nicht ☐ entspricht bedingt ☐ den Zielen des Dorferneuerungsplanes.
5) Der vorgesehenen Maßnahme wird aus denkmalpflegerischer ☐ ortsgestalterischer ☒ betriebswirtschaftlicher ☐ verkehrlicher ☐ wasserbautechn. ☐ bautechn. ☒ sonstiger ☐ Sicht eine geringe ☐ mittlere ☐ hohe ☒ Bedeutung zugewiesen.
6) ~~Empfehlungen~~ / Auflagen / Hinweise:

- Holzrolläden sind unter der Voraussetzung zulässig, dass die Rolladenkästen verdeckt (innen) eingebaut werden.

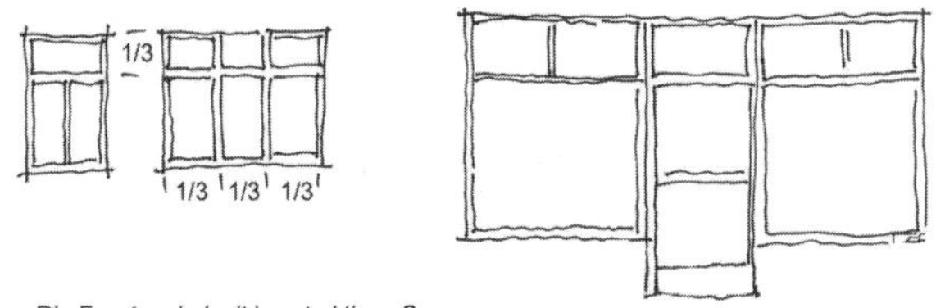

- Die Fenster sind mit konstruktiven Sprossen (durchgehend) zu versehen.

Nienburg/W., den: 01.10.1994 Gemeinde Erxleben ALF Magdeburg

Abb. 22: Stellungnahme für eine Fenstererneuerung in Erxleben

3.4 Fallstudienanalysen

In Form einzelner, unabhängiger Fragebogenaktionen wurden die Gemeinden, die Bürger, die zuständigen Fachbehörden (Ämter für Landentwicklung und Ämter für Landwirtschaft und Flurneuordnung) und sog. „Experten" (fach- und sachkundige Einzelpersonen) zur Planungs- und Durchführungsphase befragt.

3.4.1 Kommunale Befragung

Neben Fragen nach den Laufzeiten der jeweiligen Dorferneuerungsphasen, nach den in Anspruch genommenen Fördermitteln und ausgelösten Gesamtinvestitionen, nach der Zahl der realisierten öffentlichen und privaten Maßnahmen, nach den Gründen für nicht realisierte Maßnahmen wurden auch Fragen nach der Aktualität des Planes und seiner Bedeutung für einzelne Teilaspekte der Dorferneuerung gestellt.

Während die durchschnittliche Dauer der Planungsphase 1 – 2 Jahre (1,5 Jahre) betrug, ergab sich eine durchschnittliche Laufzeit für die Durchführungs- und Betreuungsphase von 6,5 (6,3) Jahren für die niedersächsischen Fallstudiendörfer.
Nach dem Grundsatz für eine mehrmalige Aufnahmemöglichkeit eines Dorfes in das Förderprogramm des Landes Sachsen-Anhalt sind die durchschnittlichen Erstförderungsphasen in den dortigen Fallstudiendörfern auf 3 bis maximal 4 Jahre begrenzt. Allerdings ist von keinem der 8 Fallstudiendörfer 5 – 8 Jahre nach der Herausnahme aus der Dorferneuerungsförderung bisher eine Wiederaufnahme in das Programm bekannt geworden.

Als Gründe für nicht realisierte öffentliche Maßnahmen werden von den Gemeinden überwiegend (50 %) „fehlende Haushaltsmittel", gefolgt von „unklaren Eigentumsfragen", „zu kurze Laufzeit", „fehlende Infrastruktur", „politische Gründe", „fehlender Bereitstellung von Fördermitteln", „gestalterische Auflagen" und „zwischenzeitlich eingestellter Bedarf" angegeben.
Für die privaten Bauherren sind nach Ansicht der Gemeinden „fehlendes Eigenkapital" (29 %) und „zu kurze Laufzeit" (26 %) die wichtigsten Gründe für nicht realisierte Maßnahmen, gefolgt (mit jeweils 10 %) „Projekte wurden ohne positiven Bescheid begonnen", „Besitz- und Lebensverhältnisse", „Gestaltungsauflagen" und „fehlende Beratung vor Ort" (6 %).

Aus der Sicht der Gemeinden ist der Dorferneuerungsplan in den niedersächsischen Gemeinden nur noch in einem Fall aktuell bzw. verbindlich (3 %).
„In wesentlichen Teilen" ist er dagegen noch für 31 % der Dörfer verbindliche Planungsgrundlage. Die Hälfte aller Gemeinden hält eine Aktualisierung für erforderlich, 16 % sehen hierfür jedoch keine Notwendigkeit, da die wesentlichen Maßnahmen entweder abgeschlossen wurden oder weil eine vollständige Neukonzeption des Planes für erforderlich gehalten wird.

In Sachsen-Anhalt ist das Ergebnis noch eindeutiger. In 71 % der untersuchten Fallstudien ist der Dorferneuerungsplan trotz der gegenüber Niedersachsen kürzeren Lebensdauer nur in Teilen noch Grundlage und müsste daher aktualisiert bzw. fortgeschrieben werden.

3.4.2 Bürgerbefragung

Erfragt wurden der Bekanntheitsgrad der Dorferneuerung und des Dorferneuerungsplanes und die damit verbundenen Gestaltungsauflagen und der Wunsch nach einer Wiederaufnahme (des Dorfes) in das Dorferneuerungsprogramm.

Etwa 80 % der befragten Bewohner in den untersuchten niedersächsischen und 99 % in den sachsen-anhaltinischen Dorfregionen war die Durchführung einer Dorferneuerung in ihrem Dorf bekannt.
Den Dorferneuerungsplan selbst kannten jedoch in beiden Bundesländern nur noch 36 % der Befragten, vom „Hörensagen" weitere 33 %. Besonders gering war der Bekanntheitsgrad in einigen Dörfern des Südharzes (Dorste) und des Süntels (Rohrsen).
Mit 46 % der Befragten in beiden Bundesländern war der Bekanntheitsgrad der Gestaltungsauflagen etwas höher.
Der Hälfte der Bewohner waren diese jedoch auch unbekannt. Als Gründe hierfür können neben dem fehlenden Interesse für bauliche Probleme außerhalb der eigenen Grundstücksgrenzen auch die fehlende kommunale Informationspflicht genannt werden.

Über die Hälfte der in den Dorfregionen beider Länder befragten Bürger wünschen die Wiederaufnahme ihres Dorfes in das Dorferneuerungsprogramm wegen der noch zu lösenden privaten (53 % bzw. 56 %) und wegen der zu erfüllenden öffentlichen Maßnahmen (44 % bzw. 69 %).

Die Fragen zum „Erfolg der Dorferneuerung" werden im Kapitel 21 „Erfolgskontrolle" beantwortet.

3.4.3 Ämterbefragung

Den in die Untersuchung einbezogenen sechs niedersächsischen Ämtern für Landentwicklung (AfL) sowie den fünf Ämtern für Landwirtschaft und Flurneuordnung (ALF) aus Sachsen-Anhalt sind folgende Hinweise zu entnehmen:

Insgesamt konnten durch die an dieser Untersuchung beteiligten niedersächsischen Ämter 893 Dörfer über die Dorferneuerung gefördert werden, weitere 187 in Zusammenhang mit Flurbereinigungsmaßnahmen.
In 559 Dörfern konnte die Dorferneuerung bereits abgeschlossen werden, wiederum in 138 weiteren in Verbindung mit einer Flurbereinigung.

Die erfragte Zusammenarbeit mit den Kommunen, Ortsplanerbüros, (damaligen) Bezirksregierungen und sonstigen Planern, konnte in drei Wertigkeiten angegeben werden. Als überwiegend positiv hat sich der Kontakt zu den Kommunen (50 % „optimal", 33 % „gut bis zufrieden stellend"), zu den Bezirksregierungen (33 % „optimal", und 66 % „gut bis zufrieden stellend"), sowie zu den sonstigen Planern (100 % „gut bis zufrieden stellend) herausgestellt.
Lediglich eine kritische Bewertung durch das AfL Göttingen bezog sich auf die Zusammenarbeit mit den Kommunen und den Ortsplanerbüros („eher unbefriedigend").

Von besonderem Interesse sind die von den niedersächsischen Ämtern für Landentwicklung eingebrachten Verbesserungsvorschläge für die Planungs-, Durchführungs- und Betreuungsphasen im Dorferneuerungsablauf.
Gefordert werden „eine bessere Einbindung der Beteiligten bereits bei der Antragstellung, frühzeitige Infoveranstaltungen für die Bevölkerung zur Vermeidung falscher Erwartungs-

haltungen, neue Vorbereitungsformen auf die DE-Planung sowie Transparenz der Ziele gegenüber der Bevölkerung“ von den Ämtern aus Göttingen, Hannover und Verden.

Für die Umsetzungs- bzw. Durchführungsphase wird – entsprechend der neuen ZILE-Richtlinie – eine rechtzeitige Antragstellung empfohlen, da eine Genehmigung für vorzeitigen Investitionsbeginn (ab 2004) nur noch eingeschränkt möglich ist. Darüber hinaus werden von den Ämtern eine verbesserte Planerbetreuung und die Beachtung der an das jeweilige Haushaltsjahr gebundenen Fördermittel (AfL Göttingen), eine Bauabnahme privater Maßnahmen durch die Gemeinde oder den Ortsplaner zur Entlastung des Amtes (AfL Hannover), eine Festschreibung der Planerbetreuung und frühzeitige Bereitstellung der Fördergelder an die Ämter (AfL Sulingen), sowie weniger Beeinflussung durch Gefälligkeitsgutachten, Vermeidung von planerischen Standardlösungen und eine Effizienzkontrolle nach Abschluss der Maßnahmen (AfL Verden) gefordert.

Stellvertretend für die Ämter in Sachsen-Anhalt fordert das ALF Halberstadt:

- die Wiederaufnahme von aus der Förderung herausgenommenen Dörfern;
- die Einbeziehung der „Arbeitskreise Dorferneuerung“ in das im Aufbau befindliche Regionalmanagement bei „Leader+-Verfahren“;
- keine Neuaufnahmen und -planungen in den nächsten 5 Jahren;
- Neuausrichtung der Dorferneuerung entsprechend dem GAK-Rahmenplan und
- mehr Sensibilität von Planern und Bauherren im Zuge der Maßnahmenumsetzung.

3.4.4 Expertenbefragung

Ergänzend zu den Kommunen, Institutionen und Bewohnern wurden Personen mit besonderer Ortskenntnis und intensiver Einbindung in die untersuchten Dorferneuerungsplanungen auch zu den einzelnen Phasen der Dorferneuerung befragt.

Das Planungskonzept wird zu 28 % als „optimal und immer noch aktuell“, von 50 % als „seinerzeit optimal aber überholungsbedürftig“ bezeichnet. Die Durchführungsphase war für 31 % der Experten „umfassend und optimal“, für 38 % diente sie nur „der Durchsetzung punktueller Maßnahmen“, und für 8 % hat sie „weder bedeutende öffentliche noch private Maßnahmen ausgelöst“.
Die Frage nach einer nochmaligen Aufnahme ihres Dorfes in das DE-Programm des Landes wurde von lediglich 8 % mit „zwingend erforderlich“, von 70 % der Experten mit „wünschenswert“ und von 10 % als „nicht mehr erforderlich“ beantwortet.

3.5 Zusammenfassung/Folgerungen

Die Fülle der angesprochenen Themen belegt die Notwendigkeit eines ganzheitlichen, sämtliche relevanten sachlichen, materiellen, personellen, ökologischen und ökonomischen Aspekte umfassenden Planungsverständnisses.
Andererseits sollte dem Sinn jeder Förderrichtlinie und der Erwartungshaltung der Bürger entsprechend jede Planungs- in eine Durchführungsphase einmünden können.
Die Planungsschritte müssen demnach auch umsetzungsorientiert aufeinander abgestimmt werden.

Die Beteiligung der Bürger ist im Allgemeinen hinreichend durch entsprechende Informationen und Ausstellungen sowie durch die Teilnahmemöglichkeit an den Arbeitskreissitzungen oder an anderen Bürgerversammlungen gesichert (siehe auch Kapitel 18).
Charakteristische Merkmale von Dorferneuerungsplanungen sollten daher auch in Zukunft sein:

- die Eignung für komplexe, ganzheitliche Problemlösungen;
- kurz-, mittel- und langfristig koordinierte Prozessplanungen;
- eine agrar-, sozial- und siedlungsstrukturelle Gestaltungs- und Ordnungsgrundsätze verbindende Planung;
- eine den Bürgerwünschen berücksichtigende offene und zugleich umsetzungsorientierte Planung.

Allerdings entspricht eine ausschließliche Konzentration der Planungsanforderungen auf den lokalen, örtlichen Rahmen nicht mehr den aktuellen Förderansprüchen, da das vorgeschaltete ILEK auf eine zugehörige Region ausgerichtet ist.
Die parallelen Förderprogramme der neuen ZILE-Förderrichtlinien unterstützen diese Tendenz zu gemeinde- und kreisübergreifenden Planungsräumen (Regionen).
In den bekannt gewordenen Leader+-Verfahren (Diepholzer Moorniederung u. a.) wird deutlich, dass weniger die problemspezifische Ausgangslage der einbezogenen Dörfer, als die der zugehörigen Region maßgebend ist.

Aus der Sicht der Bewohner ländlicher Räume und als Standort seiner siedlungs- und hochbaulichen Strukturen bleibt das Dorf bzw. die ländliche Siedlung jedoch auch in Zukunft der Ort, auf den sich der Focus der Planung, Förderung und Entwicklung ländlicher Räume ausrichten sollte.
Das in diese Untersuchung durch zwei Fallstudiendörfer (Eilte, Häuslingen) einbezogene sog. „Aller-Leinetal-Projekt“ verbindet bereits die örtliche und regionale Ebene in kongenialer Weise, da sämtliche begleitenden Dörfer durch Dorferneuerungsplanungen und daraus abgeleiteten Arbeitskreisen für spezifische Themen nachhaltig in den Planungs- und Durchführungsprozess eingebunden wurden.
Besonders durch die landschaftlich verbindenden Elemente des Aller-Flusslaufes mit den zugehörigen Flussmarschen und Geesträndern, an denen die Dörfer aufgereiht liegen, wird der Regionsbezug verstärkt. Gewachsene vergleichbare landschaftliche, historische und kulturelle Merkmale sowie ähnliche arbeitsmäßige und familiäre Strukturen schaffen die notwendige Identifikation für die hier lebenden Menschen mit ihrem Dorf und mit der Region, die sich zwischen den Zentren Verden, Rethem, Ahlden und Schwarmstedt am Allerfluss ausbreitet.
Das „Aller-Leinetal-Projekt hat daher verdientermaßen mehrere Würdigungen in der Fachliteratur erfahren.

Es bleiben andererseits Fragen,

- ob bei der Fülle neuer politischer Rahmenbedingungen und -ziele sowie neuer Fördertatbestände für die gewünschte flächendeckende Entwicklung ländlicher Räume zukünftige Planungen und Projekte immer nur über quantitative Kriterien möglicher Wertschöpfungen bestimmt werden können?
- ob bei überörtlichen Projekten (Leader+; Regionen aktiv, u. a.) die in den Regionen gebundenen Ortslagen in ihrer jeweiligen Unverwechselbarkeit und Bedeutung angemessen berücksichtigt wurden? und

- ob das bereits vorhandene und über Dorferneuerungsplanungen, agrarstrukturelle Vor- oder Entwicklungsplanungen, Regionale Raumordnungsprogramme u. Ä. gesammelte Datenmaterial nochmals in zeitaufwendigen Vorarbeiten für die neuen Untersuchungen mit vergleichbarem Aufwand auf- und eingearbeitet werden muss?

Zweifellos hilfreich ist die Einbindung von Planungsinstrumenten, die sich in der Praxis der Dorferneuerung bereits seit Jahrzehnten bewährt haben, wie „Stärken-Schwächen-Profile", synoptische Darstellung der Planungsziele und -konzepte in einem Plan oder die Nutzwertanalyse bzw. Kosten-Nutzen-Analyse als Methoden für die Standortoptimierung, für die Auswahl geeigneter Projekte oder für die Nachevaluierung bereits abgeschlossener Maßnahmen.

Eine offene Frage scheint dagegen die zukünftige Sicherung einer spezifischen Ausbildungsqualität für im ländlichen Raum tätige Regionalmanager sowie Orts- und Regionalplaner. Diese Qualität wurde bisher durch entsprechende Ausbildungsangebote für Landschafts-, Raum- und Ortsplaner im Hauptstudium einzelner Universitäten und Fachhochschulen mehr oder weniger garantiert.

Ob die zahlreichen angebotenen Aufbaustudiengänge u. a. für „Denkmalpflege", „Restaurator" o. Ä. dem Anspruch an die skizzierten Praxisaufgaben gerecht werden können, bleibt abzuwarten. Das Fehlen von kommunalen oder privaten Wettbewerbsausschreibungen für hoch- und siedlungsbauliche Erneuerungs- bzw. Entwicklungsvorhaben im ländlichen Raum ist jedenfalls aus mehreren Gründen zu beklagen, denn

- ein Optimierungsverfahren über vereinbarte Bewertungskriterien würde den Bauherren und der Gesellschaft die Möglichkeit der Auswahl unter zahlreichen Alternativen bieten;
- den für die Produktion von Alternativen ausgebildeten Planern würde ein sinnvolles neues Aufgabengebiet erschlossen;
- den kommunalen und privaten Bauherren blieben Kosten für Fehlplanungen und Nacharbeiten erspart;
- die Gestalt unserer ländlichen Neubaugebiete, Einzel- und Umbauvorhaben hätten eine andere, angemessenere Qualität, als wir sie erfahrungsgemäß heute vorfinden.

Bezüglich der Einzelbeiträge und ihrer Gewichtung im Dorferneuerungsplan ist insofern eine Verschiebung feststellbar, als – bedingt durch die ausgewachsenen Lärm- und Staubemissionsbelastungen an überregionalen Straßen – Verkehrsuntersuchungen in den Ortslagen mit entsprechenden Planungsvarianten obligatorisch sein sollten.
Auch wenn sozioökonomische „Strukturanalysen für die Landwirtschaft" nicht mehr zwingend erforderlich scheinen, dürfte auch in Zukunft dem Beitrag „Landwirtschaft" – vor allem in Verbindung mit dem Beitrag über „Dorfökologie – Landschaftsplanung und Grüngestaltung" ein besonderer Stellenwert zukommen. Vertiefende Beiträge zur „Dorfgestaltung" erscheinen dann sinnvoll, wenn keine „Gestaltungssatzung" als wirkungsvolleres Instrument eingesetzt werden soll. Die Zunahme ortsbildstörender Einzelmaßnahmen, die bekanntlich im normalen Genehmigungsverfahren selten zu verhindern sind, würde ohne die genannten Schritte die Umsetzung der Ziele des Dorferneuerungsplanes verhindern (Kapitel 13).

Ein Fortschreibungsbedarf von Dorferneuerungsplanungen nach einer Laufzeit von 10 – 12 Jahren konnte in etwa 30 – 50 % der Beispiele – je nach Grad der Änderungserfordernisse durch die Untersuchung bestätigt werden.
Am Beispiel der Fallstudien „Wehrbleck" und „Elbingerode", die eine Überarbeitung bzw. Neufassung ihrer Dorferneuerungspläne erfahren haben, können die durchaus unterschiedlichen Wege und Intensitätsstufen von „Planung" nachvollzogen werden (siehe Kapitel 3.2.5).

Von Interesse sind in diesem Zusammenhang die Ergebnisse einer zurzeit in der Planungsphase befindlichen Studie „Verbund – Dorferneuerung Artland", in der vier Dörfer mit nicht weniger als 500 Baudenkmalen nochmals in die Dorferneuerungsförderung aufgenommen wurden, um so den Problemen leer gefallener bäuerlicher Denkmale angemessen zu begegnen. Die den regionalen Bauhandwerkern im Rahmen des Projektes angebotenen Möglichkeiten einer Qualifizierung durch eine Sonderausbildung in Zusammenarbeit mit der Denkmalpflege und dem zuständigen Planungsbüro erscheinen als viel versprechender Ansatz.

Die vom Planerkollegen Joachim Desczyk in seinem Erfahrungsbericht im Rahmen eines Seminars der Architektenkammer Niedersachsen (Lit. 26) geäußerten Berufserfahrungen, wonach die persönlichen Ziele und Mentalitäten der dörflichen Entscheidungsträger häufig bestimmend für Umsetzungsintensität und -qualität sind, kann aus der eigenen Praxis nur bestätigt werden.
Dabei kann natürlich die Nichteinhaltung verabredeter Planungsziele zwischen Verwaltungs-, Rats- und Arbeitskreismitgliedern zu erheblichen Störungen im gegenseitigen Rollenverständnis und im Gesamtablauf einer DE-Planung führen.
Ein kontinuierlicher Informationsaustausch zwischen den Beteiligten im Planungs- und Durchführungsprozess bleibt daher die wichtigste Vorrausetzung für eine nachhaltige Dorferneuerungsarbeit.

4 ENTWICKLUNG DER FÖRDERRICHTLINIEN – AUFBAUPROGRAMME UND ORGANISATIONSSTRUKTUREN

4.1 Einführung

Eine wesentliche Voraussetzung für eine erfolgreiche Planungs- und Durchführungsphase in der Dorferneuerung war bisher und wird auch in Zukunft die Bereitstellung von Förder-mitteln in angemessener Höhe durch die öffentliche Hand sein.

Mit der neuen Richtlinie über die Gewährung von Zuwendungen zur integrierten ländlichen Entwicklung (ZILE) gemäß RdErl. des ML vom 02.05.2005 sind die bisher gültigen, mehrfach geänderten Fassungen der niedersächsischen Dorferneuerungsrichtlinie vom 28.09.1984, unter der die untersuchten Fallstudien beplant und gefördert wurden, neben weiteren Runderlassen gegenstandslos geworden.
„Die neuen Landesrichtlinien wurden erforderlich, weil der Planungsausschuss der Gemeinschaftsaufgabe Agrarstruktur und Küstenschutz (GAK) auf Initiative des BMVEL Änderungen in den Fördergrundsätzen vorgenommen hat“ (Binnewies, Lit. 87).

In Niedersachsen wurden bis zum 02.05.2005 zahlreiche Einzelförderprogramme für die Ländlichen Räume unterschieden, die nunmehr teilweise in PROLAND bzw. ZILE integriert sind.

Übersicht über aktuelle Förderprogramme und Initiativen zur Sicherung, Erneuerung und Entwicklung ländlicher Orte und Regionen	
Seit 2005 lösen **„Integrierte ländliche Entwicklungskonzepte“ (ILEK)** die frühere Agrarstrukturelle Entwicklungsplanung (AEP) ab	Integrierte ländliche Entwicklungskonzepte sollen als informelle agrarische Fachplanung Entscheidungshilfen für Entwicklungen und Investitionen liefern, eine integrierte Landentwicklung fördern und eine zügige Maßnahmenumsetzung vorbereiten.
Flurbereinigung Seit 2005 unter „Investive Maßnahmen“ Bestandteil der ZILE-Richtlinie	Verfahren nach dem Flurbereinigungsgesetz haben in Niedersachsen eine lange Tradition als Instrument zur Verbesserung der Lebens- und Arbeitsverhältnisse im ländlichen Raum. Entsprechend der sich stetig ändernden Rahmenbedingungen haben sich auch die verfolgten Ziele gewandelt.
Dorferneuerung/Regionale Dorfentwicklung Seit 2005 unter „Investive Maßnahmen“ Bestandteil der ZILE-Richtlinie	Die Förderung der Dorferneuerung durch das Ministerium für den Ländlichen Raum, Ernährung, Landwirtschaft und Verbraucherschutz ist fester Bestandteil niedersächsischer Politik zur Entwicklung der ländlichen Räume. Über 1.900 Dörfer sind im Dorferneuerungsprogramm allgemein oder im Rahmen der Flurbereinigung gefördert worden.
Entwicklung typischer Landschaften und der ländlichen Räume (ETLR-Richtlinie) Seit 2005 unter „Investive Maßnahmen“ Bestandteil der ZILE-Richtlinie	Entsprechend Art. 33 der Verordnung 1257/99 des Europäischen Ausrichtungs- und Garantiefonds für die Landwirtschaft verfolgt die niedersächsische Agrarpolitik das Ziel, ländliche Gebiete unter Einsatz von EU-Mitteln landesweit zu entwickeln. Es handelt sich um ein stark nachgefragtes Förderinstrument mit breitem Spektrum zur Erhaltung von Orts- und Landschaftsbildern, Handwerk und Tourismus.
Umnutzung land- und forstwirtschaftlicher Bausubstanz Seit 2005 unter „Investive Maßnahmen“ Bestandteil der ZILE-Richtlinie	In Niedersachsen gibt es land- und forstwirtschaftliche Bausubstanz, die für ihre ursprünglichen betrieblichen Zwecke nicht mehr oder nur noch begrenzt benötigt wird. Die Erhaltung dieser ortsbildprägenden Gebäude soll durch Umnutzungsmaßnahmen ermöglicht werden.
PROLAND – Förderprogramm der EU zur Entwicklung der Landwirtschaft und des ländlichen Raumes (1. Förderperiode 2000 – 2006, neue Förderperiode 2007 – 2013)	PROLAND leistet einen wirksamen Beitrag zur Stärkung des Agrar- und Forstsektors, zur Verbesserung der Attraktivität und Wettbewerbsfähigkeit der ländlichen Gebiete, zum Schutz der Umwelt und zur Sicherung des ländlichen Kulturerbes. In Niedersachsen gliedert es sich in die Förderschwerpunkte: Verbesserung der Produktionsstruktur, sektorübergreifende Maßnahmen zur ländlichen Entwicklung, Agrarumwelt- und Ausgleichsmaßnahmen.
Gemeinschaftsinitiative LEADER+ bzw. **„Regionen aktiv“** Eigene Schwerpunktachse in der EU-Verordnung VO 1257/99 mit Entscheidungsbefugnis für Lokale Gruppen (LAG´s) bei der Ausarbeitung und Umsetzung lokaler Entwicklungsstrategien.	LEADER+ setzt als moderner Baustein der europäischen Politik für die Entwicklung ländlichen Regionen auf partnerschaftlich entwickelte und innovative Konzepte in zurzeit 17 ausgesuchten niedersächsischen Regionen – ergänzt durch 3 „Regionen aktiv“.
Landes- und Bundeswettbewerb **„Unser Dorf hat Zukunft“**	Das Land Niedersachsen beteiligt sich am Bundeswettbewerb „Unser Dorf hat Zukunft“ mit dem Ziel, einen Beitrag zur nachhaltigen Dorfentwicklung zu leisten. Unter anderem konnte die Fallstudie „Abbenrode“ 2005 mit einer Bronzemedaille auf Bundesebene ausgezeichnet werden.
LOKALE AGENDA 21 (kein Förderprogramm für Einzelmaßnahmen!)	Umsetzung der Ziele der Weltklimakonferenz von Rio de Janeiro aus dem Jahr 1992/93 auf der lokalen Ebene mit den Schwerpunktthemen „Energie und Klimaschutz“/„Bauen und Wohnen“/„Natur und Landschaftsschutz“/ „Verkehr“/„Bürgerbeteiligung und Öffentlichkeitsarbeit“.

4.2 Änderung der Gemeinschaftsaufgabe Agrarstruktur

Mit den folgenden Textzitaten aus dem Niedersächsischen Ministerium für den ländlichen Raum, Ernährung, Landwirtschaft und Verbraucherschutz (Nds. MdlRELV) wird die aktuelle Fördersituation umrissen:

„Mit der Änderung der Fördergrundsätze der Gemeinschaftsaufgabe zur Verbesserung der Agrarstruktur (GAK) haben Bund und Länder neue Förderbedingungen geschaffen. Diese Vorgaben setzt das Land Niedersachsen mit einer einheitlichen Richtlinie über die Gewährung von Zuwendungen zur integrierten ländlichen Entwicklung (ZILE) um. Die am 07.06.2005 im Niedersächsischen Ministerialblatt veröffentlichte *ZILE-Richtlinie fasst die bisherigen Einzelförderrichtlinien aus den Bereichen Flurbereinigung, Dorferneuerung, Entwicklung typischer Landschaften (ETLR), Wegebau und Umnutzung zu einer einheitlichen Förderrichtlinie zusammen. Die Fördermöglichkeiten der einzelnen Richtlinien bleiben weitestgehend unverändert. Darüber hinaus bietet die Richtlinie Möglichkeiten zur Förderung der Erarbeitung integrierter ländlicher Entwicklungskonzepte (ILEK) und des Regionalmanagements. Durch die Erarbeitung integrierter ländlicher Entwicklungskonzepte können bisher isolierte Einzelmaßnahmen besser aufeinander abgestimmt und gezielt zur Entwicklung der ländlichen Regionen eingesetzt werden. Mit dem Regionalmanagement wird die zielgerichtete Umsetzung dieser in den Regionen erarbeiteten Strategie unterstützt.*

ILEK können mit max. 75 % und einer max. Fördersumme von 50.000 € unterstützt werden. Sie treten an die Stelle der bisherigen Agrarstrukturellen Entwicklungsplanung (AEP), die nicht mehr angeboten wird. Das ILEK dient als Vorplanung zur Einbindung, der in der jeweiligen Region vorgefundenen Handlungsfelder wie z.B. das einer nachhaltigen Land- und Forstwirtschaft in den Prozess zur Stärkung der regionalen Wirtschaft. Es ist großräumig angelegt und erreicht nicht die Tiefe der bisherigen AEP.

Die Förderung des Regionalmanagements, das außerhalb der öffentlichen Verwaltung angesiedelt werden muss, kann bis zu 70 % der Ausgaben betragen und ist auf max. 75.000 € jährlich für einen Zeitraum von höchstens 5 Jahren begrenzt. Regionen, in denen dieses Instrument angeboten wird, müssen in der Regel 50.000 Einwohner umfassen, in dünn besiedelten Räumen aber mindestens 30.000 Einwohner. Das Regionalmanagement soll ländliche Entwicklungsprozesse durch Information, Beratung und Aktivierung der Bevölkerung, durch Identifizieren und Erschließen regionaler Entwicklungspotentiale und der Umsetzung von geeigneten Projekten initiieren, organisieren und umsetzen helfen.

Darüber hinaus ist neu in die ZILE-Richtlinie die Fördermöglichkeit von Kooperationen von Land- und Forstwirten mit anderen Partnern im ländlichen Raum zur Einkommensdiversifizierung oder Schaffung neuer Beschäftigungsmöglichkeiten aufgenommen worden.
Die wesentliche Neuerung ist die Aufnahme der Förderung von regionalen Entwicklungskonzepten (REK) und des Regionalmanagements. Hiermit wird der Ansatz des Landes verdeutlicht, die Erfahrungen aus Leader II und Leader+ in Einklang mit den Vorgaben der EU künftig mehr in den Mittelpunkt einer Förderung des ländlichen Raumes zu stellen. Zwar werden auch künftig nach der ZILE-Richtlinien alle Projekte förderfähig sein, die auch bisher den jeweiligen Richtlinien entsprachen, jedoch werden künftig in dem schärfer werdenden Kampf um die Verteilung der Fördermittel diejenigen Projekte einen Vorteil haben, die im Rahmen regionaler Entwicklungsprozesse entstanden sind und eine regionale Ausstrahlung haben werden.
Es ist daher für die Umsetzung von Projekten künftig unbedingt anzuraten, sich über die einzelne Gemeinde regionsweit in einer Größenordnung von mindestens 30.000 Einwohnern zu organisieren und ein gemeinsames Entwicklungskonzept zu erarbeiten. Andere vorhandene Planungen, die im Rahmen von Leader+ oder „Region aktiv" erstellt worden sind, können an die Stelle treten. Anerkannt werden auch AEP's, die in den letzten Jahren erarbeitet worden sind. Die Regionen, in denen derartige Prozesse nicht stattfinden oder stattgefunden haben, können bei der Umsetzung von Projekten leicht ins Hintertreffen geraten." (Quelle: Steffen Breyer, Nds. MdlRELV)

Die in der Übersicht genannten Förderprogramme und Initiativen binden also auch in Zukunft direkt oder indirekt weiterhin das Dorf als Lebensraum für Menschen, Flora und Fauna, als Siedlungs- und Kulturraum, als Produktions-, Verkehrs-, Wirtschafts- und Ausgleichsraum und nicht zuletzt als Freizeit- und Erholungsraum mit ein.

In einem ergänzenden Förderungsrahmen, der über die GAK-Förderungsmöglichkeiten des ZILE hinausgeht, werden folgende als Förderungszwecke übergreifenden Ziele angegeben: xcv – xcv

- „die nachhaltige Entwicklung von ländlichen Gebieten;
- die Bewahrung und Entwicklung der Dörfer als Wohn-, Sozial- und Kulturraum und die Stärkung des innerörtlichen Gemeinschaftslebens;
- die Bewahrung und Entwicklung des typischen Landschaftsbildes".

Zusammenfassend seien nochmals die Gegenstände der zukünftigen Förderung benannt:

- die Erarbeitung „Integrierter ländlicher Entwicklungskonzepte (ILEK), die die frühere „Agrarstrukturelle Vor- bzw. Entwicklungsplanung" ablösen sollen;
- das Regionalmanagement zur Initiierung, Organisation und Umsetzungsbegleitung von ILEK´s;
- Investive Maßnahmen, zu denen als Untergruppen gehören:
  - die Neuordnung des ländlichen Grundbesitzes im Rahmen von Flurbereinigungsverfahren;
  - die Dorferneuerung;
  - die Kooperation in der Primärproduktion sowie die Umnutzung land- und forstwirtschaftlicher Bausubstanz;
  - Infrastrukturmaßnahmen, insbesondere zur Erschließung der landwirtschaftlichen oder touristischen Entwicklungspotentiale im Rahmen der Einkommensdiversifizierung land- und forstwirtschaftlicher Betriebe und
  - die Anlage von Schutzpflanzungen und vergleichbaren landschaftsverträglichen Anlagen im Zusammenhang mit der Land- und Forstwirtschaft.

Einzelne Förderbereiche der „soziokulturellen Infrastruktur", des „ländlichen Tourismus" oder von „Schutzpflanzungen" sind sowohl im Rahmen der Flurbereinigung als auch der Dorferneuerung möglich.

Karweik (Lit. 55) interpretiert die neue Gemeinschaftsaufgabe der Agrarstruktur so:

„Im Zeichen der Globalisierung und einhergehender Regionalisierung erfährt die kommunale Ebene künftig einen starken Bedeutungszuwachs. Städte und Landgemeinden mit ihren Dörfern und Menschen müssen sich darauf strategisch vorbereiten. Vor dem Hintergrund der aufkommenden Bürgergesellschaft werden jene Politik- und Maßnahmenbereiche wichtig, die auf intensive Bürgerbeteiligung und aktives Bürgerengagement setzen."

Nun hat die seit 1980/81 offizielle Dorferneuerung mit zurzeit über 1.900 alleine in Niederachsen durchgeführten Vorhaben bereits ihre eigene Geschichte, auf die auch Karweik eingeht, und in der „Bürgerbeteiligung", „Verbesserung der Lebensqualität" oder „soziokulturelle Verbesserungen" immer schon wichtige Anliegen waren, auch wenn sie phasenweise und regional unterschiedlich gewichtet wurden.

4.3 Entwicklungsgeschichte relevanter dörflicher Förderprogramme

Daher soll im folgenden kurzen Abriss auf die vor 1980 wirksamen wechselnden Einflussnahmen politischer und wirtschaftlicher Entscheidungsträger und Institutionen im Rahmen früherer Förderprogramme auf die Entwicklung der Dörfer und damit des ländlichen Raumes nach 1945 kurz eingegangen werden.
Zu Recht weist Henkel (Lit. 48) auf die Tatsache hin, dass nach 1950 tausende von Dörfern weder im Besitz befestigter Straßen, einer zentralen Abwasserbeseitigung, einer geordneten Stromversorgung, einer Straßenbeleuchtung noch sanitärer Ausstattung in den Haushaltungen waren. Über die aus der Reichsumlegungsverordnung von 1937 abgeleitete „Ortsregulierung" – seit 1953 auch „Dorfauflockerung", wurden im Rahmen von Flurbereinigungsmaßnahmen über das Flurbereinigungsgesetz in den Ortslagen auch Abbruch- und Flächensanierungsmaßnahmen realisiert. Erst mit der Novellierung des Flurbereinigungsgesetzes 1976 wurde die Dorferneuerung als selbständige Flurbereinigunsgaufgabe in § 37, Abs. 1, Satz 3 des FlurBG aufgenommen.

Auch mit Hilfe des Bundesbaugesetzes wurden seit 1960 zahlreiche technische Infrastrukturverbesserungen im verkehrlichen, sanitären und soziokulturellen Bereich der Dörfer rechtlich möglich, nachdem in den Bundesländern Hessen und Niedersachsen bereits seit 1951 und 1956 das Programm der „Dorfgemeinschaftshäuser" mit den die bäuerlichen Hausfrauen entlastenden, arbeitserleichternden Einrichtungen tausendfach realisiert werden konnten (siehe Grube, Lit. 40).
Aber auch der seit 1962 ausgeschriebene Wettbewerb „Unser Dorf soll schöner werden" (heute „Unser Dorf hat Zukunft") konnte noch keinen „ganzheitlichen, interdisziplinären" – mit einem Wort umfassenden Dorferneuerungsansatz vermitteln. Unter anderem war auch das Bewusstsein für die kulturellen und geschichtlichen Restwerte der dörflichen Siedlungsstrukturen in noch zu sehr durch die bis 1945 wirksame „Blut und Boden-Ideologie" des Dritten Reiches beeinflusst, als das zu dieser Zeit bereits eine politische Kehrtwendung zum Schutz und zur Pflege tradierter Werte erwartet werden konnte.
Erst mit dem Europäischen Denkmalschutzjahr 1975, in dem die nach dem Krieg durch Abbruch- und Flächensanierungsmaßnahmen zerstörten Kulturwerte aufgedeckt wurden, setzte ein allgemeiner Bewusstseinswandel ein, in dessen Folge nicht nur die Städte, sondern auch die über 24.000 dörflichen Siedlungen Westdeutschlands als kulturelles Erbe ins Bewusstsein rückten.
Das bereits 1971 verabschiedete Städtebauförderungsgesetz wurde nun endlich als „Erhaltungsgesetz" gewürdigt und nicht mehr als Rechtsinstrument zur flächendeckenden Beseitigung gewachsener Strukturen missverstanden. Als bundesweit erste nach diesem StBauFG eingeleitete, erhaltende Dorfsanierungsmaßnahme konnte „Abbenrode" 1974 dokumentiert werden (Kulke/Grube, Lit. 67). Auch das in diese Nachuntersuchung aufgenommene Dorf „Lübeln" im Wendland wurde aus Mangel eines zu dieser Zeit eigenständigen Dorferneuerungsprogramms seit 1971 nach dem StBauFG saniert.

Von größter Bedeutung für die erhaltende Sanierungspraxis waren neben dem StBauFG die seit 1975 novellierten, teilweise neuen Denkmalschutzgesetze und -behörden, die in der Frühphase noch mit dem entsprechend erforderlichen Personal und den notwendigen finanziellen Mitteln ausgestattet waren. Außerhalb des Flurbereinigungsgesetzes, in dem seit 1976 die „komplexe Aufgabe der Dorferneuerung als wesentlicher Bestandteil der Flurbereinigung" eingebunden war, konnte mit dem 1977/78 entwickelten Zukunftsinvestitionsprogramm (ZIP) des Bundes und der Länder zur Verbesserung der Agrarstruktur und des Küstenschutzes ein erstes, ganz den Dörfern gewidmetes Erneuerungskonzept an mehreren hundert Dörfern in Niederachsen erprobt werden. Zu den ersten aufgenommenen Dörfern Niedersachsens gehörte auch das Fallstudiendorf „Elbingerode".
Dieses Programm war als Konjunkturprogramm für die zum damaligen Zeitpunkt daniederliegende Bauwirtschaft gedacht. Der Fördersatz von 90 % wurde primär für die Verbesserung der technischen Infrastrukturausstattung (Verkehrsstraßen, Wasserläufe, Leitungsnetze, u. a.) eingesetzt. Mit dem Werkbericht „Dorferneuerung Elbingerode 1977 – 1983" konnte ein erster ganzheitlicher Dorferneuerungsplan vorgelegt werden, dessen Konzeption Eingang in die weitere Förderentwicklung gefunden hat.

Auf eine 1981 – 1983 mit 12 Dörfern in Niedersachsen eingeleitete Modellphase, zu der u. a. die nachuntersuchte Fallstudie „Estorf" im Landkreis Nienburg zählte, folgte dann 1984 die Verarbeitung bisheriger Erfahrungen in den niedersächsischen Richtlinien über die Gewährung von Zuwendungen zur Dorferneuerung – vereinfacht Dorferneuerungsrichtlinien (DorfR/GemAgrG, in der Fassung vom 28.09.1984), die – mehrfach geändert, zuletzt durch RdErl. d. ML vom 18.12.2001, bis zur Einführung der neuen vorgestellten „Richtlinie über die Gewährung von Zuwendungen zur integrierten Ländlichen Entwicklung (ZILE) 2005 Grundlage der Dorferneuerungspraxis in Niedersachsen war.

Die wichtigsten Erfahrungen aus dem Modellvorhaben waren:

- Dorferneuerung ist ohne Entwicklungs- und Maßnahmenplanung nicht möglich,
- Dorferneuerungsplanung erfordert eine frühzeitige und umfassende Einbeziehung der Bevölkerung.

Steffen Breyer (Nds. MdlRELV) führt zur weiteren Entwicklung der Dorferneuerungsförderung aus:

„Im Jahre 1989 kam eine weitere Fördermöglichkeit für die Dorferneuerung mit erweiterten Fördertatbeständen hinzu. Aus Mitteln der sog. Strukturhilfe waren nunmehr Maßnahmen ohne agrarstrukturellen Hintergrund, z. B. für Dorfgemeinschaftseinrichtungen oder ökologische Projekte förderfähig.
Bei diesen Mitteln handelte es sich um die sog. „Albrecht-

Millionen", die der Bund dem Land Niedersachsen zugebilligt hatte, um eine Klage wegen der Belastungen durch die Sozialhilfezahlungen abzuwenden. Bedingt durch die „Wende" wurde die Förderung mit Strukturhilfemitteln bereits im Jahr 1992 eingestellt. Um die Fördermöglichkeiten aufrecht zu erhalten, hat das Land im Jahr 1992 die Fördertatbestände aus der Strukturhilferichtlinie in ein Landesprogramm übernommen.

Aufgrund der angespannten finanziellen Lage im Lande Niedersachsen ist das Landesprogramm in den folgenden Jahren immer nur recht knapp – wenn überhaupt – mit Mitteln ausgestattet worden. In den sog. 5b- Zielgebieten der Europäischen Strukturfondsförderung bestand aber die Möglichkeit, aus der Landesrichtlinie mit EU-Mitteln zu fördern. Dies stellte für die ausgewählten Zielgebiete eine wesentliche Erweiterung des Fördervolumens und der Fördermöglichkeiten dar.

In demselben Jahr wurde die in Weser-Ems entwickelte Richtlinie über die Gewährung von Zuwendungen zur Entwicklung typischer Landschaften (ETL) veröffentlicht. Hier sollten der Dorferneuerung vergleichbare Maßnahmen durchgeführt werden können, ohne dass es – wie in der Dorferneuerung – einer umfangreichen Planung für die Umsetzung bedarf. Auch diese Förderung konnte nur innerhalb des Ziel 5b-Gebietes angeboten werden.

Mit der Durchführung von Ziel 5 b II wurden die o. g. Fördermöglichkeiten aus Ziel 5 b 1 ab dem Jahr 1996 für 10 Landkreise in Weser-Ems (außer Wesermarsch und Osnabrück) und sieben weitere in Niedersachsen angeboten. Diese Förderungsmöglichkeiten bestanden bis zum Ablauf des Ziel 5b2-Programms im Jahre 1999.

Eine wesentliche Veränderung erfuhr die Förderung von Dorferneuerung und ETL ab dem Jahre 2000. Die Europäische Union hatte die Zielgebietsförderung neu definiert. Das alte Ziel 5 b, aus dem die Förderung der Dorferneuerung und ETL bisher erfolgte, ging in das neue Ziel 2 ein. Die Förderung der Entwicklung des ländlichen Raumes erfolgte nunmehr als sog. „zweite Säule" aus dem Garantiefonds des EAGFL mit 10 % des Mittelansatzes der sog. „ersten Säule" (GAP-Ausgleichszahlungen an die Landwirte). Diese auf der Verordnung 1257/99 basierende Förderung hat das Land Niedersachsen durch das sog. „PROLAND-Programm" umgesetzt. Hier ist die Dorferneuerung und die um die Fördertatbestände Tourismus, Handwerk, Dienstleistungseinrichtungen sowie Maßnahmen zum Schutz und zur Erhaltung des ländlichen Erbes erweiterte ETLR-Richtlinie ein wesentlicher Bestandteil. Auch wenn die Abwicklung der Förderung aufgrund der hohen Verfahrensanforderungen durch die Kommission bedeutend schwieriger geworden ist, so ist aufgrund der Genehmigung von PROLAND die umfangreiche Förderung mit EU-Mitteln bis zum Jahr 2006 gesichert." (Quelle: Steffen Breyer, Nds. MdlRELV)

4.4 Ergänzende EU-Förderprogramme und -richtlinien

a) PROLAND

Steffen Breyer führt unter dem Stichwort „PROLAND – Neue Chancen für den ländlichen Raum" weiterhin aus:

„Unter dem Stichwort Agenda 2000 hat die Europäische Union (EU) nicht nur bei den flächen- und tierbezogenen Maßnahmen (siehe Agrarforum Agenda 2000 Flächenprämien vom 02.03.2000 und Agrarforum Tierprämien vom November 1999) im Rahmen der GAP wesentliche Veränderungen vorgenommen, sondern auch die sonstige Förderung aus ihren Fördertöpfen den sog. Strukturfonds völlig neu geordnet.
Die Förderung erfolgte in der Vergangenheit im Wesentlichen aus 3 Strukturfonds. EAGFL (Europäischer Ausgleichs- und Garantiefond Landwirtschaft), EFRE (Europäischer Fonds für regionale Entwicklung) und ESF (Europäischer Sozialfonds).

Mit diesen 3 Fonds sollten EU-weit 7 Ziele verfolgt werden. Allein in Niedersachsen gab es 6 Ziele. Die für den landwirtschaftlichen Bereich interessantesten Ziele waren

- *das Ziel 5a, Anpassung der Agrarstrukturen durch Förderung von Vermarktung- und Absatzeinrichtungen der Landwirtschaft, des Gartenbaues und der Fischerei*
- *sowie das Ziel 5b, Förderung der Entwicklung des ländlichen Raumes u. a. mit den Maßnahmen Dorferneuerung, Flurbereinigung, ländlicher Wegebau, der Entwicklung typischer Landschaften sowie einer Reihe von Forschungsvorhaben zu landwirtschaftlichen Fragestellungen.*

Mit diesen Maßnahmen wurde im Rahmen des Ziel 5b aber auch Wirtschaftsförderung wie z.B. Gewerbegebietserschließung, Förderung des Tourismus, Verbesserung der Abwasserqualität etc. aus dem EFRE sowie Qualifizierungs- und Weiterbildungsmaßnahmen aus dem ESF gefördert. Ein Ziel wurde somit häufig aus mehreren Fonds finanziert. Dies erforderte einen hohen Koordinierungsaufwand durch die Verwaltung und trug nicht gerade zur Übersichtlichkeit der einzelnen Zielförderungen bei. Dies erkannte auch die EU und hat die Zahl der Ziele auf 3 reduziert, nämlich:

- *Ziel 1: Entwicklung und strukturelle Anpassungen der Regionen mit Entwicklungsrückstand. Dazu gehören in Deutschland die 5 neuen Bundesländer.*
- *Ziel 2: Unterstützung der wirtschaftlichen und sozialen Umstellung der Gebiete mit Strukturproblemen (Verbindung der alten Ziel 2 und Ziel 5b EFRE-Förderung).*
- *Ziel 3: Unterstützung der Anpassung und Modernisierung der Bildungs-, Ausbildungs- und Beschäftigungspolitiken und Systeme. (Zusammenfassung der alten Ziel 3- und Ziel 4-Förderung).*

Völlig unabhängig davon erfolgt die Förderung der Entwicklung des ländlichen Raumes in den nicht Ziel 1-Gebieten vollständig aus dem EAGFL Abteilung Garantie. Hier ist die Förderung an keine Gebietskulisse gebunden, d.h. ganz Niedersachsen kann davon profitieren. Dies gilt in Weser-Ems auch z.B. für die Landkreise Wesermarsch und Osnabrück, die bei der bisherigen Ziel 5b-Förderung leer ausgegangen waren.

Um bei der Entwicklung des ländlichen Raumes und der Landwirtschaft möglichst hohe Synergieeffekte zu erzielen, hat die EU bestimmt, dass die alte Ziel 5a-Förderung (Verarbeitung und Vermarktung), die flankierenden Maßnahmen (in Niedersachsen bisher das Basisprogramm) und jetzt das NAU und die Landentwicklungsmaßnahmen des alten Ziel 5b-Programmes wie Dorferneuerung, Flurbereinigung und Wegebau in ein gemeinsames Programm zusammenzuführen sind und durch dazu passende Maßnahmen zu ergänzen sind.

Diese Vorgaben der EU hat Niedersachsen mit seinem PROLAND-Programm umgesetzt. Mit diesem Programm werden über einen Zeitraum von 2000 bis 2006 insgesamt 1,062 Milliarden DM EU-Mittel in Niedersachsen eingesetzt. Zusammen mit den Kofinanzierungsmitteln von Bund, Land und

Kommunen sowie den Privatmitteln wird insgesamt ein Investitionsvolumen von ca. 3 Milliarden DM ausgelöst. PROLAND gliedert sich in 3 Förderschwerpunkte:
1. Verbesserung der Produktionsstruktur
2. Sektorübergreifende Maßnahmen zur ländlichen Entwicklung und
3. Agrarumwelt- und Ausgleichsmaßnahmen sowie Maßnahmen zum Schutze der Umwelt in Zusammenhang mit der Land- und Forstwirtschaft, der Landschaftspflege und der Verbesserung des Tierschutzes." (Quelle: Steffen Breyer, Nds. MdlRELV)

b) Gemeinschaftsinitiative LEADER+ (Regionen aktiv)
Leader+ ist eine von vier Gemeinschaftsinitiativen der EU, die die sog. Haupt-(Mainstream-) programme, in Niedersachsen das PROLAND-Programm, ergänzen. In Niedersachsen wurden bisher 17 Fördergebiete ausgewählt für die im Zeitraum von 2000 – 2006 ca. 30 Mill. Euro aus EU-Mitteln bereitgestellt wurden.

Wichtigstes Ziel von Leader+ ist es, Strategien unter einer breiten Beteiligung der Öffentlichkeit (Bottom-up-Prinzip) für den ländlichen Raum zu entwickeln und in Kooperation mit möglichst vielen Beteiligten umzusetzen. Für die Planung und Durchführung werden sog. „Lokale Aktionsgruppen" gebildet (LAG´s, als kommunikative Netzwerke).
Zu den förderungsfähigen dorfrelevanten Bereichen gehören:

- Verbesserung der wirtschaftlichen Rahmenbedingungen – speziell im Bezug auf Schaffung neuer Arbeitsplätze, insbesondere auch für Frauen und Jugendliche;
- Wertsetzung des Natur- und Kulturerbes;
- Entwicklung organisatorischer, methodischer Strategien zur Lösung von Problemen, zur Entwicklung von regionalen Potentialen und zur Motivation der Bürger.

Wesentliche Voraussetzungen für die Aufnahme einer Region in das Förderprogramm sind:

- die Region sollte mehr als 50.000 Einwohner (in Ausnahmefällen mehr als 30.000 Einwohner) groß sein;
- ein regionales ländliches Entwicklungskonzept ist als Basis zu erarbeiten (ILEK);
- ein Regionalmanagement ist zur Initiierung, Organisation und Umsetzungsbegleitung personell zu besetzten bzw. vorzuhalten.

Eine nach Themenbereichen sortierte, bundesweite Übersicht der durch die lokalen Aktionsgruppen ausgelösten und vertieften Einzelthemen (Bildung, erneuerbare Energien, Kultur, Öffentlichkeitsarbeit, Produkte im Lebensmittelbereich (Vermarktungsstrategien), Soziales/Kommunikation, Tourismus, Umwelt und Natur und Unterstützung von Betrieben) verdeutlicht, dass über die Schwerpunkte „erneuerbare Energien" (Solaranlagen, keine Windkraftanlagen), „Kultur" (mit zahlreichen Umnutzungen landwirtschaftlicher Gebäude) und „Tourismus" (überwiegend Rad- und Wanderwegebau) das dörfliche Umfeld weniger im Siedlungs- als im Außenbereich tangiert wird – möglicherweise um Überschneidungen mit dem Aufgabenkomplex der Flurbereinigung und Dorferneuerung zu vermeiden.

Am Beispiel des Leader+-Verfahrens und zugehörigen Entwicklungskonzeptes „Diepholzer Moorniederung" (Lit. 77) wird der im „Stärken-Schwächen-Profil" kulminierende erforderliche Untersuchungsaufwand in einer 3 Landkreise, 13 Gemeinden und 68.500 Einwohner umfassenden Region deutlich.
Zwar werden dort als Entwicklungshemmnisse und „Schwächen" die „Verstädterung der Dörfer", „Zerfall dörflicher Strukturen" und „Zersiedlung der Landschaft" angesprochen, jedoch keine konkreten Verbesserungsvorschläge für dörfliche Strukturen im Untersuchungsbereich aufgezeigt; beispielsweise sind die in dieser Studie nachuntersuchten Dörfer der Region Kirchdorf kaum einbezogen worden.
Hier stellt sich die Frage, ob ein regionaler Planungsansatz auf bereits vorliegende Inhalte von Dorferneuerungsplanungen der zugehörigen Region und daraus abgeleitete Maßnahmenkataloge verzichten kann.
Eine zeitgleiche Integration von DE-Plänen ist in dem vergleichbaren Entwicklungskonzept „Aller-Leinetal-Projekt" gelungen, auf das an anderer Stelle bereits näher eingegangen wurde (siehe Abschnitt 3.4).
Beispielhaft an diesem Projekt ist auch die wirksame Doppelfunktion der begleitenden Planung, die übergreifend mehr als „Moderation" und auf der jeweiligen Ortsebene mehr als „Fachplanung" zum Einsatz kam. Auch in den neuen Förderrichtlinien (ZILE) wird ein starkes Votum für Techniken und Methoden des Projektmanagements, das die Ausgestaltung von Planungsabläufen und nicht das fertige Endprodukt in den Mittelpunkt eines neuen Planungsverständnisses rückt, erkennbar. Dabei dürfen jedoch die Planungsprobleme nicht vernachlässigt werden.

Mit Redaktionsschluss wurde der Zusammenschluss von 6 Samtgemeinden (Heemsen, Eystrup, Hoya, Steimbke, Bruchhausen-Vilsen und Thedinghausen) und drei zugehörigen Landkreisen (Nienburg, Verden und Diepholz) zu denen auch die Fallstudie Haßbergen gehört, zu einem ILEK-Projekt bekannt, das vom GLL in Sulingen betreut wird.
Gleichzeitig ist ein ILEK für den Landkreis Osterode/Harz geplant, dem die untersuchten Fallstudiendörfer der Region „Südharz" zugehören. Die Betreuung wird durch das GLL Northeim erfolgen.
Beide Projekte bestätigen die zukünftige Bedeutung des regionalen Förderansatzes gegenüber der historischen Einzel-Dorferneuerungsförderung.

c) Lokale Agenda 21
Einen ersten Erfahrungsbericht über die Umsetzung der Lokalen Agenda 21 in der Region Braunschweig in Niedersachsen legt U. Kegel, Lit. 56) vor.
Danach befanden sich im Jahr 2000 16 der 48 Kommunen im Großraum Braunschweig im Entwicklungsprozess einer Lokalen Agenda 21. Die Initiativen kamen aus der Kommunalpolitik und -verwaltung sowie aus vielerlei Organisationen.
Die Zuständigkeit war in der Regel in der Bau- und Umweltverwaltung angesiedelt. Die Schwerpunktthemen sind „Energie- und Klimaschutz", „Bauen und Wohnen", sowie „Natur- und Landschaft". Eingebunden werden die politischen Parteien, Bürgervertreter, Bildungseinrichtungen, Umweltverbände und die Medien.
Als Hemmnis bei der Initiierung der Lokalen Agenda 21 hat sich ein Mangel an Personal, an finanziellen Mitteln und an Interesse aus der Bevölkerung erwiesen. Die ländlichen Räume sind gegenüber den Städten eher zurückhaltend, was bei der Fülle der sonstigen vorgestellten Förderprogramme nicht überraschen kann.
Die aus den Themenfeldern abgeleiteten Projekte, z. B. ein Kreislaufwirtschaftsmodell für Wolfsburg oder ein Forschungszentrum für erneuerbare Energien in Dedelsdorf bei

Hankensbüttel unterscheiden sich inhaltlich kaum von den bekannt gewordenen Leader+-Projekten. Im Unterschied zu Leader+ sind jedoch keine Einzelmaßnahmen förderfähig. Projekte wie „flächensparendes Bauen" oder „umweltgerechte Mobilitätsbewältigung" tangieren andererseits auch den Ziel- und Förderrahmen der Dorferneuerung.
Obwohl das Zielsystem der Lokalen Agenda 21 ausdrücklich von Kegel bestätigt wird, ist sein Befund, „was die Breitenwirkung und Akzeptanz betrifft", doch ernüchternd. „Genau genommen ist die Agenda 21 eine Art weltweite Revolutionsideologie, da sie mehr Gerechtigkeit, mehr Partizipation und gegenseitige Rücksichtnahme erreichen will" (Kegel).
Aus den Erfahrungen des Autors wird wiederum bestätigt, dass alle Planungsziele immer auch auf ihre Verwirklichung hin angelegt sein müssen, damit sie von der betroffenen Bevölkerung in städtischen oder ländlichen Räumen vollinhaltlich mitgetragen werden.

4.5 Zusammenfassung/Folgerungen

Aus der Fülle der vorgestellten aktuellen Planungs- und Förderinstrumente für die ländlichen Räume wird deutlich, dass zumindest im Angebot kaum ein Fördertatbestand im Sinne einer ganzheitlichen Dorferneuerung unberücksichtigt geblieben ist.
In Verbindung mit den verfügbaren Rechtsinstrumenten der Planung sind auch sensible Ziele in der Gestaltung von Siedlungs- und Landschaftsstrukturen, entsprechend den formulierten Förderungszwecken dann in der Praxis umsetzbar, wenn die Einstellung der Bürger mit den Zielvorstellungen in den kommunalen Entscheidungsgremien übereinstimmt und wenn die Finanzierbarkeit der Maßnahmen gesichert ist.

Als besonders Erfolg versprechendes Beispiel für ein regionales Dorferneuerungskonzept hat sich das bereits zitierte „Aller-Leinetal-Projekt" erwiesen:
Wenn sowohl die identitätsstiftenden Merkmale der einzelnen Dörfer herausgearbeitet, gesichert und entwickelt sind als auch die verbindenden, übergreifenden Gestaltungsmöglichkeiten erkannt werden, bieten sich Chancen, die Region in Erinnerung zu bringen und darüber hinaus ihre Potentiale auch wirtschaftlich und synergetisch zu nutzen.

Die geschichtlich mit der Ausgangssituation des „Gründungsaktes", der „Location", verbundene Unverwechselbarkeit und Individualität jeder Dorfentwicklung bzw. Dorfgeschichte setzt allen eventuellen Bemühungen um Vereinnahmung dieser Identitäten eine Grenze.
Beispielhaft für erfolgreiche Zusammenschlüsse bei gleichzeitiger Wahrung individueller Merkmale sind im städtischen Bereich die Vermarktungsstrategien regional zusammengehöriger Fachwerkstädte (Fachwerkrouten in Deutschland). Die Chancen für einen „sanften Tourismus" über das Heranführen radelnder, wandernder, reitender, fahrender, mobiler Touristengruppen, die als „Kunden" die besuchten Regionen in umwelt- und sozialverträglicher Form in Anspruch nehmen, sind hier bereits intensiv genutzt worden.

Ein weiteres Motiv ist zweifellos das Interesse der Medien, über neue Netzwerke und Medienverbünde den Leistungsumfang der regionalen Handwerks- und Gewerbebetriebe zu sichern bzw. zu erhöhen und die Aufgeschlossenheit und letztlich Kaufbereitschaft der dörflichen, regionalen Kunden zu erhöhen bzw. die Motivation für die vielseitigen Möglichkeiten des Informationsaustausches auch in wirtschaftlicher Hinsicht zu nutzen.

Als besonders sinnvoll haben sich nach den vorliegenden Untersuchungen die Bemühungen um eine touristische Erschließung der flussläufig angebundenen Dörfer für den Rad-, Wander- und Wassersporttourismus erwiesen, obwohl – im Aller- und Leineverlauf (zwischen Verden – Rethem – Schwarmstedt – Neustadt) – noch einiges zu tun bleibt, um ein vergleichsweise wassernahes Erleben auf eigenen, straßenverkehrsunabhängigen Trassen, vergleichbar der Mehrzahl der Abschnitte des Weserradweges, zu erreichen (siehe auch Abschnitt 11.4).

Die Frage, ob es am Beispiel des „Aller-Leinetal-Projektes" darüber hinaus gelingen konnte, die Ansiedlungsbereitschaft bestimmter Gewerbe- bzw. Industriezweige durch Projekte der „Regionalen Dorfentwicklung" auszulösen, kann noch nicht abschließend beantwortet werden.

In den „Leader+"-Projekten („Diepholzer Moorniederung", „Flusslauf Hasetal" u. a.) kommt eine neue, eher strukturell und ökonomisch ausgerichtete Sprache zur Entwicklung der ländlichen Regionen zum Ausdruck, die einen Wandel hin zu mehr Steuerung und Verstärkung über Management und Organisation vorsieht.
In den genannten Beispielen überwiegt eine makrostrukturelle Betrachtung, die weniger die Mikrostandorte „Dorf" und „Hof" einbezieht und sich stärker dem „Regionsbegriff" zuwendet. Auffallend ist auch eine gewisse Verselbständigung der eingesetzten Mittel, die in ihrer (vorausgesagten) Leistungsfähigkeit den Zielen vorangestellt werden, wobei dann konsequenterweise im Zwischenbericht der BRD „Regionen aktiv – Land gestaltet Zukunft", Lit. 18), das Wort „Dorf" keine Erwähnung mehr findet!

Die ländlichen Räume, insbesondere die kleinstädtischen und dörflichen Strukturen und insbesondere die Landwirtschaft, die sich bisher dem „Zugriff der Einzelplanung" (Flurbereinigungsverfahren, Dorferneuerungen, Stadtsanierungsmaßnahmen, StBauFG) ausgesetzt sahen, sehen sich jetzt neuen Planungs-, Steuerungs- und Förderinstrumentarien gegenüber, die weniger das individuelle Projekt im Zusammenhang ganzheitlicher Betrachtung, als vielmehr den Raum mit seinen Ressourcen im Interesse von „Wertschöpfungsketten" im Auge haben.
Es geht offensichtlich auch um den verbleibenden Faktor „Boden" im Dreigestirn der Produktionsfaktoren „Kapital", „Arbeit" und „Boden", von denen sich letzterer noch überwiegend im Besitz der Bauern befindet und an dessen Verfügbarkeit (Windkraftanlagen) unter dem Stichwort der „Energieeinsparung" nicht nur ein offensichtliches Interesse einzelner Energiekonzerne besteht. Letztendlich geht es um den Verbraucher, der zwar in seiner grundgesetzlich zugesicherten Position als freier Bürger angesprochen wird, der aber auch im ländlichen Raum als Konsument, als Verbraucher und Erwerber fertiger Produkte gemeint ist.
Offizielles politisches Leitbild ist es nun offensichtlich, den Bürger vom reinen Verbraucher umzuerziehen zum „Bürger als Partner des Staates", der vermehrt Verantwortung für den öffentlichen und zwischenmenschlichen Bereich übernehmen soll.
In einem ausschließlich sozioökonomischen Ansatz, der auch den Tourismus und die landschaftspflegende Leistung des Landwirts nur als „Beiträge zur Wertschöpfung" versteht, sind Fragen zur ökologischen, sozialen und kulturellen Situation und Zukunft der Dörfer wohl eher von marginaler Bedeutung.

Damit stehen sich in Zukunft mit jeweils eigener Sprache und eigenen Zielen möglicherweise zwei Interessengruppen gegenüber, die beide getrennt eine jeweils andere Zukunft

der ländlichen Regionen verfolgen.
Die eine Gruppe, die sich dem Erhalt, der Kontinuität und der Sichtbarmachung von ökologischen, produktorientierten und ästhetischen Qualitäten im ländlichen Raum stärker verpflichtet weiß, was auch Verzicht auf Wachstum bedeuten kann, setzt sich aus einzelnen Bürgern, Ortsplanern, Denkmalpflegern und ehrenamtlich tätigen Heimatvereinen zusammen, und ist am kybernetischen Kreislaufmodell (siehe Abb. 4) orientiert. Eine zweite Gruppe aus möglichen Vertretern von Institutionen und politischen Gruppen scheint die Zukunft des ländlichen Raumes nur über Wachstum, Erweiterung des Lebensstandards, Industrialisierung und letztlich auch über die totale Verfügbarkeit des Produktionsfaktors Boden definieren zu wollen. Für diese Gruppe hat das Wachstumsmodell höchste Priorität.

Dazwischen stehen die Institutionen und Personen, die Entwicklung und Erhaltung zugleich wollen, jedoch möglicherweise ungewollt durch vermehrte Gesetze und Fördermittel die Störung oder sogar Auflösung der bestehenden Strukturen unterstützen.

Wo aber stehen die Landwirte und die Bewohner der ländlichen, der kleinstädtischen und der Ballungsräume selbst?
In dieser Untersuchung wurde versucht, zumindest die betroffenen Bürger einzelner Dorfregionen in einem westlichen und einem östlichen Bundesland zum Sprechen zu bringen – wohl wissend, dass auch die umfassendsten Experteninterviews und langjährigen Arbeitskontakte vor Ort immer nur ausschnittsweise Momentaufnahmen sein können, die daher auch die dörfliche Wirklichkeit nur unvollkommen abzubilden vermögen.

4.6 Neuorganisation der niedersächsischen Agrarverwaltung

Da sowohl die Auflösung der Bezirksregierungen als auch die Neuorganisation der Agrarstrukturverwaltung nicht unerhebliche Auswirkungen auf die Verfahrensabläufe haben werden, seien die wichtigsten organisatorischen Erneuerungen nochmals zusammengefasst.

- Die Agrarförderung ist seit dem 01.01.2005 von den Ämtern für Agrarstruktur (AfA´s) auf die Landwirtschaftskammern übergegangen.
- *Die Bereiche Flurneuordnung, Dorferneuerung, Entwicklung typischer Landschaften und ländlicher Räume sowie der Wegebau werden ab dem Jahr 2005 von den Behörden für Geoinformation, Landentwicklung und Liegenschaften (GLL) bearbeitet. Diese neuen Behörden bestehen aus den Vermessungs- und Katasterämtern (Geoinformation), den Fachbereichen 1 und 3 der Ämter für Agrarstruktur (Landentwicklung) und der Domänen- und Moorverwaltung (Liegenschaften).*
- *Die Förderprogramme, die bisher vom Amt für Agrarstruktur bearbeitet worden sind, werden künftig von dem Bereich Landentwicklung wahrgenommen werden. Damit ist die Kontinuität gewährleistet und der erforderliche Sachverstand zur Umsetzung der Förderprogramme bleibt erhalten.*
  (Quelle: Steffen Breyer, Nds. MdlRELV)

Zum Zwecke von mehr Präsenz im ländlichen Raum, mehr Kundennähe, mehr Transparenz und mehr Effizienz durch Konzentration und Stelleneinsparung wurden aus ehemals 38 nur 14 Behördenleitungen.

Moorverwaltung, Flurbereinigung, Dorferneuerung und sonstige Strukturmaßnahmen werden mit den Aufgaben der Vermessungs- und Katasterbehörden in den neuen Behörden für Geoinformation, Landentwicklung und Liegenschaften (GLL) wahrgenommen.

*„Den Ämtern für Landentwicklung obliegt neben der Erläuterung des umfangreichen Katalogs der Fördertatbestände und -voraussetzungen gegenüber Kommunen, Landkreisen, Bürgerinnen und Bürgern auch die Beherrschung des komplexen EU-Verwaltungs- und Kontrollsystems in der Durchführungsphase.
Damit ist der wesentliche Grund für die Bündelung der Zuständigkeiten für die integrierte ländliche Entwicklung in einer Fachbehörde benannt“* (Binnewies, Lit. 87).

5 FINANZIERUNG DER DORFERNEUERUNG/ FÖRDERMITTEL UND INVESTITIONSKOSTEN

5.1 Einführung

Im Gegensatz zur vollständigen Verfügbarkeit der Kostenangaben zur Dorferneuerung für die Untersuchung „10 Jahre Dorferneuerung in Niedersachsen 1984 – 94" (Lit. 44), war es 10 Jahre später nicht mehr möglich, die erforderlichen Daten zu erhalten. Entweder lagen die Vorhaben bereits zu lange zurück oder die personellen und betrieblichen Umstellungen in den Fachbehörden verhinderten den erwünschten Informationsaustausch. Die im Rahmen der Fragebogenaktionen von den Gemeinden bereitgestellten Investitions- und Fördersummen waren häufig zu pauschal und mussten in der Mehrzahl durch Rückfragen bei den Ämtern nachkorrigiert werden.
Aufgrund der benannten Schwierigkeiten war es im Rahmen der Untersuchung nicht mehr möglich:

- die früheren Investitionskosten und Zuschüsse nach Art und Anzahl der öffentlichen und privaten Maßnahmen detailliert aufzulisten;
- und die Förderquellen differenziert nach GAK-, Landes- und EU-Mitteln aufzuschlüsseln.

Vollständig darstellbar sind, sowohl für die Fallstudien aus Niedersachsen als auch für die aus Sachsen-Anhalt, nur die Gesamtinvestitions- und Förderausgaben, jeweils aufgeschlüsselt für den privaten und öffentlichen Bereich.
Auch eine ursprünglich beabsichtigte Gegenüberstellung der investierten kommunalen Haushaltsmittel mit den für investive öffentliche Dorferneuerungsmaßnahmen vorgesehenen Ausgaben, ließ sich wegen der Unvollständigkeit kommunaler Daten nicht realisieren.
Auf die seit 1984 erfolgten Änderungen im Haushalts- und Steuerrecht konnte ebenfalls nicht näher eingegangen werden.

Soweit es über die verfügbaren Daten möglich war, werden im Folgenden

- die Gesamtfördermittel pro Dorf
- die Fördermittel für private und öffentliche Maßnahmen
- die Gesamtinvestitionen und
- die getrennten Investitionskosten für private und öffentliche Maßnahmen einander gegenübergestellt und in Vergleich zu den zugehörigen Dorfregionen und den Ortsgrößenklassen gesetzt.

Das Datenmaterial stammt sowohl von den Gemeinden als auch von den Ämtern für Landentwicklung bzw. Flurneuordnung.

5.2 Fallstudienanalyse

a) Niedersachsen
Im Durchschnitt wurden über die zuständigen Ämter für Landentwicklung in Niedersachsen ca. 370.000,- Euro an Fördermitteln pro nachuntersuchtem Dorferneuerungsprojekt zur Verfügung gestellt.
Dieser Wert entspricht weitgehend dem von den an der Untersuchung beteiligten Ämtern errechneten Durchschnittsfördersummen zwischen 335.000,- und 420.000,- €.
Mit ca. 417.000,- € wurde über das Amt für Landentwicklung in Sulingen, zu dem allein 15 der untersuchten Fallstudiendörfer gehören, der höchste durchschnittliche Förderbeitrag geleistet.
In der Mehrzahl der vergleichbaren Projekte liegt der Anteil der für öffentliche Maßnahmen gezahlten Fördermittel weit unter dem Wert der privaten Fördermittel. Ausnahmsweise höher ist der öffentliche Fördermittelanteil nur in zwei der untersuchten Orten (Hattorf am Harz und Watzum).

Im Durchschnitt stehen 130.000,- € Fördermittel pro Dorf für öffentliche 193.000,- € Fördermitteln für private Maßnahmen gegenüber. Das entspricht einem Verhältnis von etwa 1 : 1,5. Die durchschnittlichen Gesamtinvestitionen betragen ca. 1 Mill. € und damit annähernd das 3fache der Fördersummen.

Während die durchschnittlichen privaten Investitionen in Niedersachsens Untersuchungsdörfern mit ca. 650.000,- € pro Dorf die öffentlichen mit ca. 348.000,- € pro Dorf um das 1,87fache übertreffen, verhält sich das Investitionsvolumen in den Fallstudien Sachsen-Anhalts umgekehrt (Verhältnis 1,3 : 1; siehe Absatz b)).

Durchschnittliche Kosten pro Untersuchungsdorf in Niedersachsen

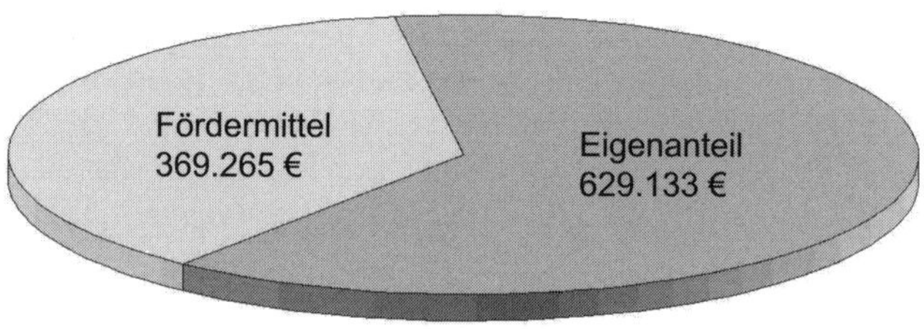

HINWEIS: Eine Unterscheidung in Fördermittel bzw. Investitionen für private und öffentliche Maßnahmen war aufgrund fehlender Angaben nicht möglich.

Abb. 23: Durchschnittliche Kosten pro Untersuchungsdorf in Niedersachsen

Von Interesse ist die Abhängigkeit der Förder- und der Investitionssummen von den Ortsgrößen.
Hier können die erwarteten Zusammenhänge bestätigt werden. Sowohl die Fördersummen als auch die Investitionssummen steigen mit der Einwohnerzahl.
Während die beanspruchten durchschnittlichen Fördermittel von ca. 160.000,- € pro Dorf in der Ortsgrößenklasse unter 200 Einwohnern, von ca. 272.000,- € (200 – 500 Einwohner) bis auf ca. 720.000,- € (über 2.500 EW.) ansteigen, nehmen die Gesamtinvestitionen in der gleichen Abfolge der Ortsgrößenklassen von ca. 605.000,- € (unter 200 EW.) über ca. 800.000,- € (200 – 500 EW.) bis auf ca. 1.750.000,- € (über 2.500 EW.) zu.

Lediglich in der Ortsgrößenklasse zwischen 1.500 und 2.000 Einwohnern (8 Fallstudien in Niedersachsen) fallen sowohl die Förder- als auch die Investitionssummen mit nur 415.000,- € bzw. ca. 896.000,- € aus der sonst ansteigenden Kurve heraus. Die Begründung hierfür dürfte in der Tatsache liegen, dass sich unter den untersuchten Dörfern dieser Ortsgrößenklasse drei Orte mit extrem wenigen öffentlichen und privaten investiven Maßnahmen befinden (Bohnhorst, Dorste, Schwiegershausen). Auch die privaten Investitionen steigen mit Ausnahme der Ortsgrößenklasse zwischen 200 und 500 Einwohnern mit der Einwohnerzahl von ca. 580.000,- € (unter 200 EW.) bis auf ca. 1.160.000,- € (über 2.500 EW.) an – allerdings nicht kontinuierlich.

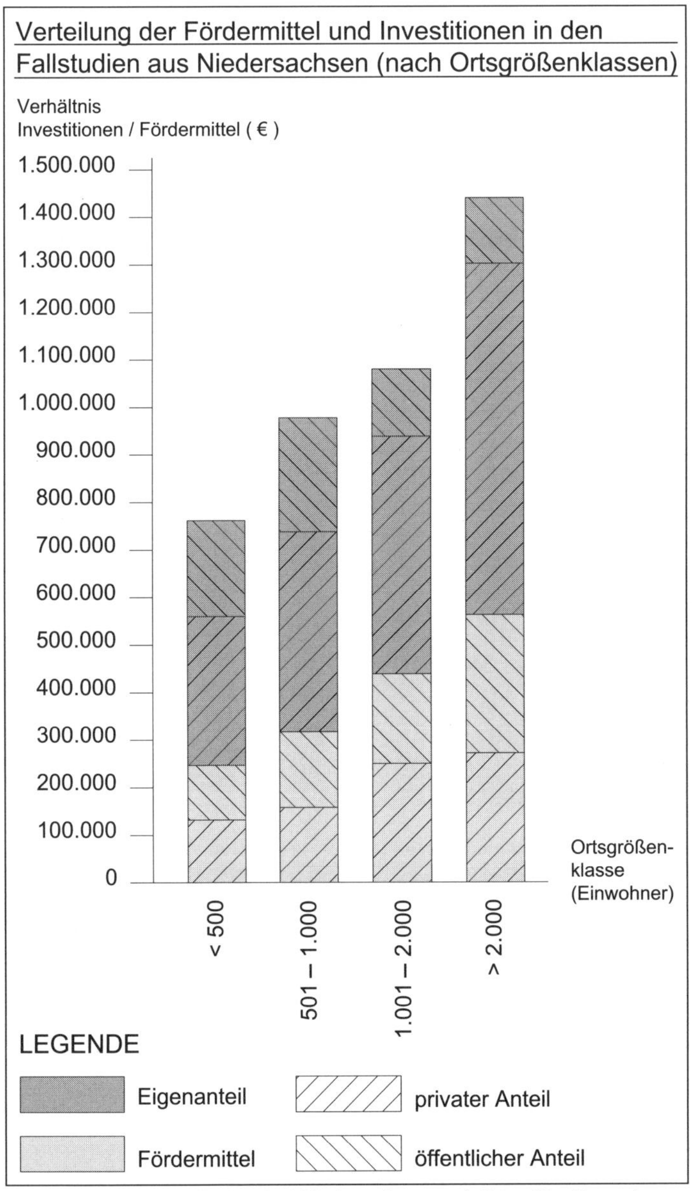

Abb. 24: Verteilung der Fördermittel (Niedersachsen, nach Ortsgrößenklassen)

Während der private investive Anteil in der Größenklasse von 500 – 1.000 Einwohner dem der Dörfer unter 200 Einwohnern entspricht, liegt er in der Größenklasse zwischen 200 und 500 Einwohnern mit ca. 407.000,- € noch unter dem Durchschnittswert der Orte unter 200 Einwohnern (ca. 580.000,- €).

Mit Ausnahme der für die Ermittlung der Durchschnittswerte aus den oben genannten Gründen nicht einbezogenen Dörfer der Größenklasse 1.500 – 2.000 Einwohner, (in der sich sowohl die bereits erwähnten drei Orte mit besonders geringen Investitionen als auch drei Fallstudien mir extrem hohen Anteilen an gewährten Fördermitteln befinden (Lemke 67 %, Haßbergen 73 %, Radbruch 88 %)), liegt das durchschnittliche Verhältnis von Fördermitteln zu Investitionen bei ca. 34 %, also bei 1 : 3.
Dieser Wert entspricht dem vor 10 Jahren ermittelten Durchschnittswert.

Zusätzlich ermittelt wurden auch die Relationen zwischen

- öffentlichen Fördermitteln und öffentlichen Investitionen;
- privaten Fördermitteln und privaten Investitionen;
- öffentlichen Fördermitteln und privaten Fördermitteln und
- öffentlichen Investitionen und privaten Investitionen.

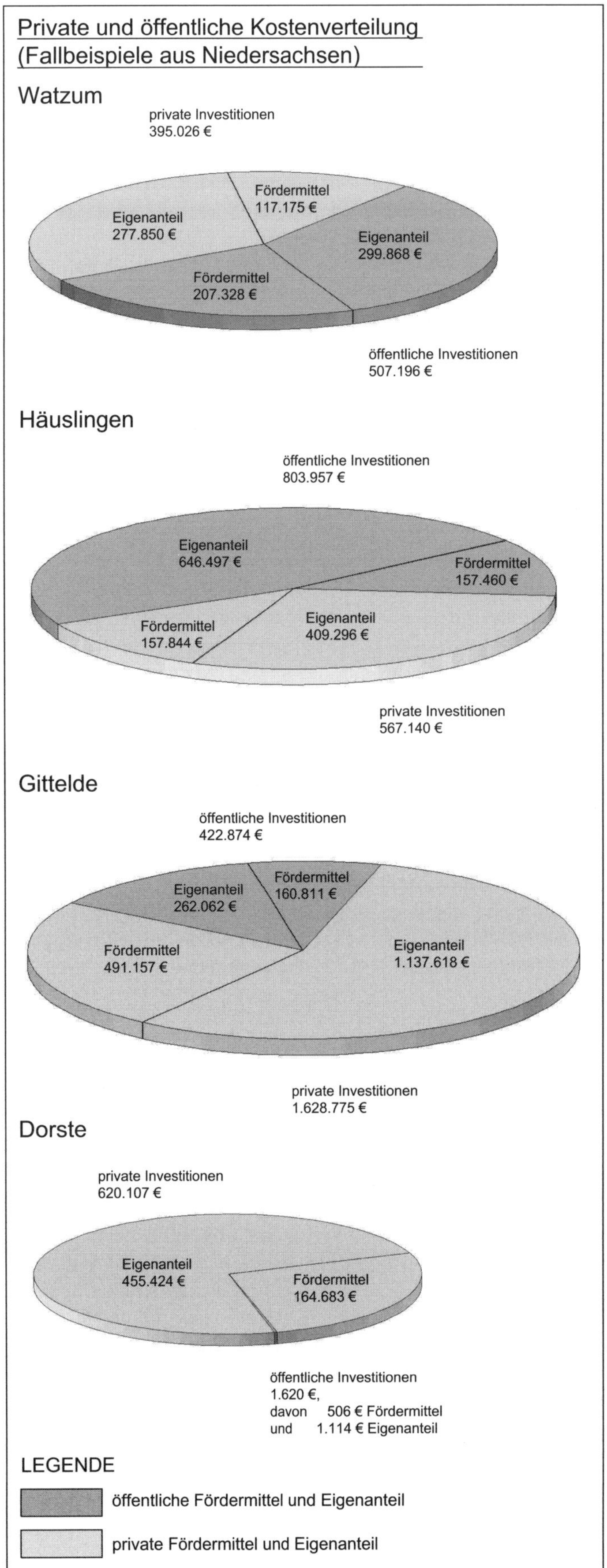

Watzum und Häuslingen zeigen ein eher ausgewogenes Verhältnis zwischen privaten und öffentlichen Kosten.
Die Zahlen Gitteldes hingegen belegen einen leichten Überschuss an privaten Kosten, was auf die Vielzahl privater Maßnahmen an fast jedem Gebäude des Kerndorfes hindeutet, die ausgeführt wurden.
In Dorste ist fast keinerlei öffentlicher Anteil am Gesamtkostenrahmen abzulesen.

Abb. 25: Private und öffentliche Kostenverteilung (Fallbeispiele Niedersachsen)

Erwartungsgemäß liegt nach den bisher dargestellten Ergebnissen in den Fallstudien Niedersachsens der Anteil öffentlicher Fördermittel an den öffentlichen Investitionen mit durchschnittlich 38 % noch über dem Verhältnis privater Fördermittel zu privaten Investitionen mit 30 %.
Extrem unterschiedlich ist hier die Verteilung der Fördermittel auf öffentliche und private Maßnahmen. Das prozentuale Verhältnis von öffentlichen zu privaten Fördermitteln reicht von 0,3 % (Dorste) bis zu 177 % (Watzum)!
Von 12 überprüften Fallstudien der Dorfregionen Südharz, Aller-Leinetal, Süntel und Braunschweiger Börde weist lediglich eine ein annähernd ausgewogenes Verhältnis von 1:1 auf (Häuslingen).

Entsprechend groß sind dann auch die Unterschiede beim Verhältnis öffentlicher zu privater Investitionen in den untersuchten Fallstudien. Hier liegt die Differenzbreite zwischen 0,26 % (Dorste) und 317,94 % (!) (Aschen).
Wenn auch eine direkte Abhängigkeit der erzielten Durchschnittswerte von der Ortsgrößenklasse nicht nachweisbar ist, lässt sich doch ein gewisser Trend erkennen.
Danach nimmt der prozentuale Anteil der öffentlichen Investitionen mit zunehmender Ortsgrößenklasse leicht zu. Ausnahmen bilden das Grundzentrum Hattorf am Harz (143 %) und die Fallstudien Lemke (125 %) und Aschen (318 %) in der Ortsgrößenklasse über 1.500 Einwohner.
In keinem der niedersächsischen Fallstudiendörfer konnte jedoch ein ausgewogenes Verhältnis der Investitionsbereiche mit etwa gleich hohen Anteilen investierter öffentlicher und privater Gelder festgestellt werden.

b) Sachsen-Anhalt
Aufgrund der unvollständigen Datenangaben ließen sich für die untersuchten Fallstudiendörfer Sachsen-Anhalts lediglich die durchschnittlichen Fördermittel und Gesamtinvestitionen sowie die Relationen zwischen öffentlichen und privaten Investitionen ermitteln.

Durchschnittlichen öffentlichen Investitionen von ca. 495.000,- € pro Dorf stehen private in Höhe von ca. 385.000,- € gegenüber. Das Verhältnis beträgt hier etwa 1,3 : 1.

Auch hier war eine direkte Abhängigkeit der Höhe der Fördermittel und Investitionen von den Ortsgrößenklassen erkennbar.
So nahmen die Fördermittel in den Ortsgrößenklassen unter 200 Einwohnern bis über 1.000 Einwohner von ca. 88.000,- € bis auf 750.000,- € pro Dorf zu, obwohl der höchste Förderanteil mit 809.000,- € auf die Einwohneranteile zwischen 200 und 500 fiel (aufgrund der intensiv erneuerten Dörfer Großjena und Eimersleben in dieser Größenklasse).
Die Gesamtinvestitionen entsprechen dem skizzierten Zusammenhang. Sie stiegen von 220.000,- € (unter 200 EW.) auf ca. 1.485.000,- € (Ortsgröße 200 – 500 EW.).

Entsprechend den höheren Fördersätzen im Dorferneuerungsprogramm Sachsen-Anhalts lag der Anteil der Fördermittel mit 51,42 % sogar über dem der Investitionen!

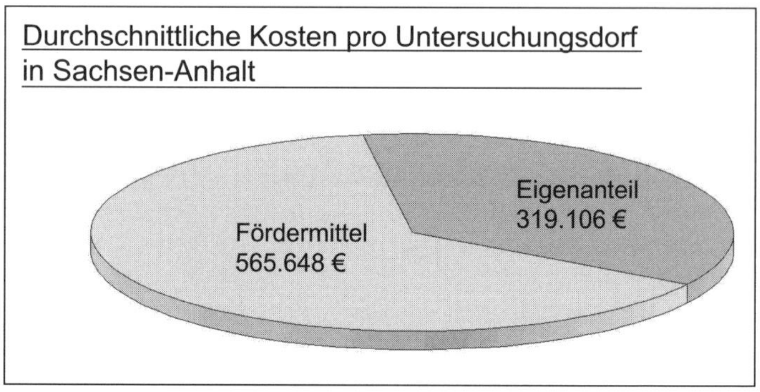

Abb. 26: Durchschnittliche Kosten pro Untersuchungsdorf in Sachsen-Anhalt

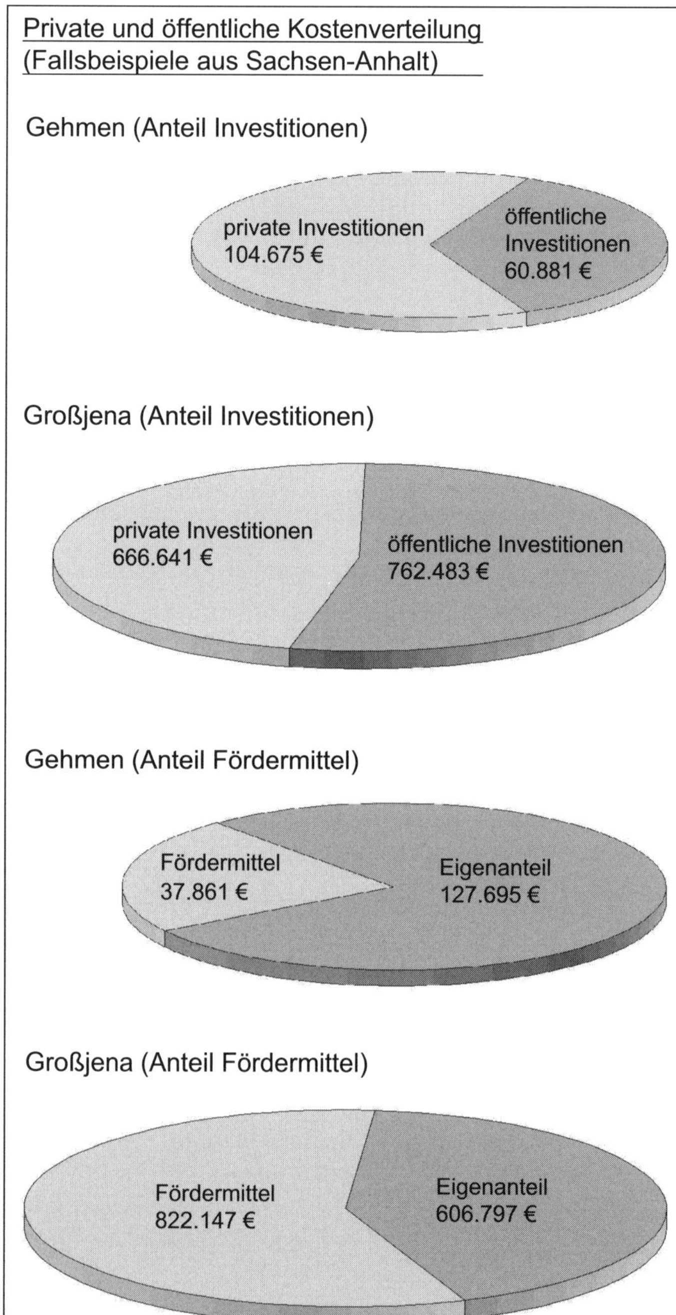

HINWEIS: Aufgrund der unvollständigen Angaben zur Aufteilung in öffentliche und private Maßnahmen, konnten lediglich die Gesamtinvestitionen sowie die Gesamtfördermittel verglichen werden.

Deutlich wird die unterschiedliche Verteilung der öffentlichen und privaten Investitionen der beiden dargestellten Dörfer. Während Gehmen wenige öffentliche Maßnahmen ausführen konnte (auch aufgrund der räumlichen Größe des Dorfes), wurden in Großjena vermehrt öffentliche Maßnahmen durchgeführt (z. B. Straßen- und Platzgestaltung).

Abb. 27: Private und öffentliche Kostenverteilung (Fallbeispiele Sachsen-Anhalt)

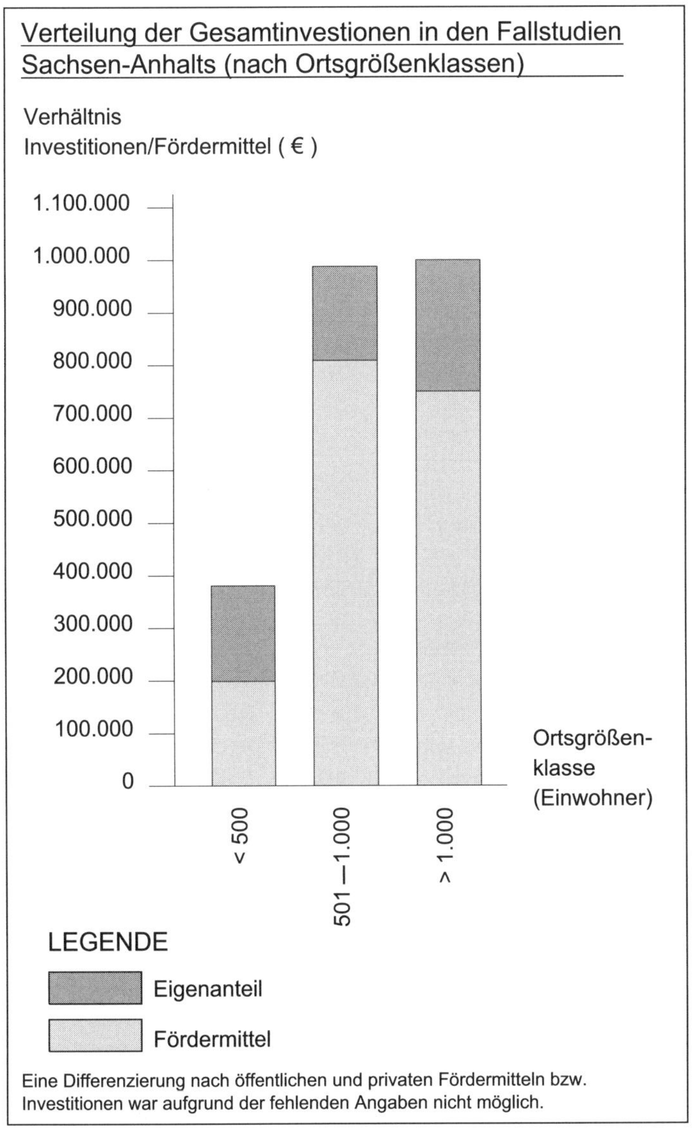

Abb. 28: Verhältnis der Fördermittel (Sachsen-Anhalt, nach Ortsgrößenklassen)

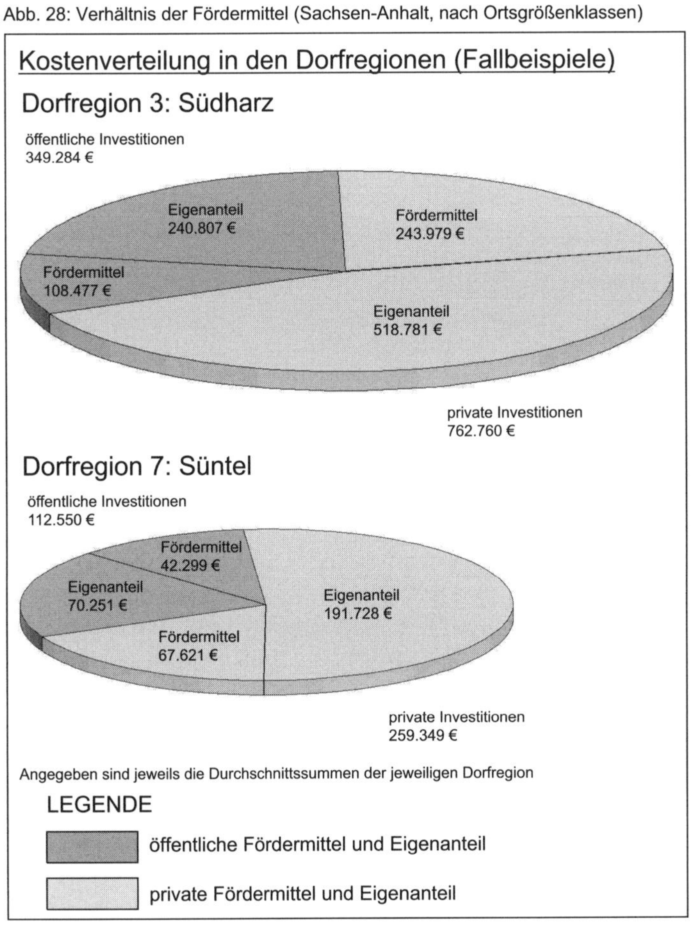

Abb. 29: Kostenverteilung in den Dorfregionen

c) Zusammenfassung

Zum Abschluss soll die Mittelverteilung und -höhe noch orts- und dorfregionsspezifisch betrachtet werden.
Wie bereits ausgeführt, beträgt die Fördermittelhöhe im Durchschnitt der untersuchten niedersächsischen Fallstudiendörfer ca. 370.000,- €, die Höhe der Gesamtinvestitionen dagegen ca. 1.000.000,- € pro Dorf.
Das entspricht der bereits erwähnten Relation von 1 : 3.
Die annähernd gleich hohen Investitionssummen der Dorfregionen sind allerdings durch erhebliche Unterschiede zwischen den jeweils zugehörigen Dörfern gekennzeichnet.
So differieren beispielsweise die Werte in der Region Nienburger Wesermarsch zwischen 10 : 1 (Estorf zu Leeseringen) und in der Dorfregion Südharz zwischen 4 : 1 (Hattorf zu Schwiegershausen).

Auffallend sind die Unterschiede zwischen den öffentlichen und den privaten Investitionen in den beiden benachbarten Dorfregionen von Nienburg (Wesermarsch) und Diepholz (Geest- Moorregion). Während das Verhältnis in der Dorfregion „Geest-Moorregion" 34 % zu 66 % beträgt, liegt es in der „Nienburger Wesermarsch" bei 71 % zu 29 %!
Ein ausgewogenes Verhältnis von etwa 1 : 1 liegt lediglich in der Dorfregion „Aller-Leinetal" vor. Die Unterschiede zwischen den Dörfern sind auch bei den Verhältniswerten öffentlicher zu privater Investitionen extrem hoch. Sie reichen beispielsweise in der Dorfregion Südharz von 0,26 % (Dorste) bis zu 203,72 % (Elbingerode) oder in der Nienburger Wesermarschregion von 7,50 % (Wohlenhausen) bis zu 136,36 % (Oyle).

Im Verhältnis der privaten Fördermittel zu den privaten Investitionen liegt der Durchschnittswert bei 29 %, der seltener überschritten (Lemke, Hattorf), jedoch mehrfach leicht unterschritten wird.

Eine vergleichende Kostenanalyse in den Fallstudiendörfern Sachsen-Anhalts ergibt eine durchschnittliche Förderhöhe pro Dorf von 566.000,- €, der eine durchschnittliche Investitionssumme von nur 885.000,- € gegenübersteht.
Dem entspricht ein vergleichsweise hoher Förderanteil von ca. 53 %. Dieser ist relativ gleichmäßig auf die untersuchten Dörfer und zugehörigen Dorfregionen verteilt.

Allerdings differieren auch in Sachsen-Anhalt die Anteile an öffentlichen und privaten Fördermitteln zwischen Ritzleben (13,53 %) und Axien (271 %) erheblich.
Lediglich Reinstedt weist mit je 600.000,- € ein ausgewogenes Verhältnis zwischen den beiden Förderbereichen auf.

Ein Vergleich der Ergebnisse der Erfolgskontrollen (Zielerreichungsgrad und Effektivität) sowie des abschließenden Rankings mit dem Investitions- und Fördervolumen in den Dörfern könnte den Eindruck erwecken, dass der Zusammenhang zwischen öffentlichen Investitionen und den ermittelten „Erfolgen" der Dorferneuerung eher gering wäre. Dem ist jedoch entgegenzuhalten, dass erst durch die in 20 Jahren geleisteten Förderungen in Niedersachsen die Grundlagen für eine mittel- und langfristige Erneuerung und Entwicklung der mehr oder weniger desolaten dörflichen Bauzustände gelegt werden mussten.

Die Dorfbewohner können daher nicht häufig genug an eine Ausgangssituation erinnert werden, in der die nicht rückzahlbaren öffentlichen Fördermittel für kommunale und private Bauherren erst die Basis für überlebensfähige ländliche Regionen und damit für lebenswerte Dörfer geschaffen haben.

6 LANDSCHAFTS- UND SIEDLUNGSFORMEN, HAUS- UND HOFSTRUKTUREN

6.1 Einführung

Sowohl materielle als auch geschichtliche Grundlage und zugleich gestalterisches Potential jeder Dorferneuerung sind die überlieferten Landschafts-, Siedlungs-, Flur-, Haus- und Hofformen, die zu der Feststellung berechtigen:

“Die Landschaft Niedersachsens wird unverwechselbar durch das vielfältige Erscheinungsbild der Dörfer geprägt.“

Von vergleichbarer Bedeutung wie das materielle Umfeld der bebauten Orts- und Streulagen mit der Angebotspalette an Formen, Freiflächen, Gebäuden, Einzelobjekten und Gerätschaften, sind die Feldfluren, Wasser- und Waldflächen sowie die überlieferten und erhaltenen Spuren der sozioökonomischen Entwicklungsstufen, einschließlich der in den Gebäude- und Hofgrößen festgeschriebenen gesellschaftlichen Hierarchien.

Die Formenvielfalt der bäuerlichen Siedlungen haben im Grunde folgende Hauptursachen:

- Landschaftliche, geographische, geologische, klimatische und topographische Bedingungen;
- Vorhandensein uralter, lebenswichtiger Handels- und Heerwege sowie lebenswichtige Wasserläufe;
- durch Bodenarten und -werte vorgegebene Produktionsbedingungen und
- das Erbrecht.

Im Rahmen dieser Untersuchung kann nur ein geraffter Überblick über die angesprochene Vielfalt der ländlichen Räume gegeben werden. Im Übrigen wird auf die umfassende Literatur zu diesem Themenkomplex hingewiesen (Lit. 9, 23, 29, 45, 46, 48, 53, 66).

6.2 Niedersächsische Landschafts-, Flur-, Siedlungs- und Hofformen

6.2.1 Landschafts- und Siedlungsformen

Niedersachsen wird gekennzeichnet durch fünf Großlandschaften mit 10 Naturräumen (siehe Abb. 30), die jeweils charakteristische erdgeschichtliche Veränderungen durchlaufen haben und eine große Vielfalt und ein großes Nutzungsspektrum aufweisen. Rund 90 % der Landesfläche Niedersachsens werden von Tieflandbereichen unter 200 m ü. NN eingenommen.

Zu den in die Untersuchung einbezogenen Landschafts- und Siedlungsräumen gehören:

1) Die eiszeitlich geprägten Geestbereiche mit ihrem vielfältigen, von Boden- und Grundwasserverhältnissen abhängigen Nutzungsmosaik aus Ackerflächen, Grünland und Kiefernforsten und die ehemals ausgedehnten, unter Einfluss des ozeanischen Klimas gewachsenen Moore (nährstoffarme, erst spät unter Kultur genommene Hochmoore und relativ nährstoffreiche, seit dem Mittelalter als Grünland genutzte Niedermoore).

Die Dörfer der Geest reihen sich vielfach, je nach den Bodenverhältnissen, oberhalb der Talauen am Rande der Niederterrasse auf („Auenorientierung“).
Das charakteristische Verbreitungsmuster der Wirtschaftsflächen mit den Grünlandflächen in der Talaue und den Feldern auf den anlehmigen Grundmoränenböden der Geestplatte und Erweiterungen in die ehemaligen Heidegebiete ist auch heute noch, trotz erheblichen Siedlungswachstums, in seiner überkommenen Grundstruktur nahezu unverändert erhalten geblieben.

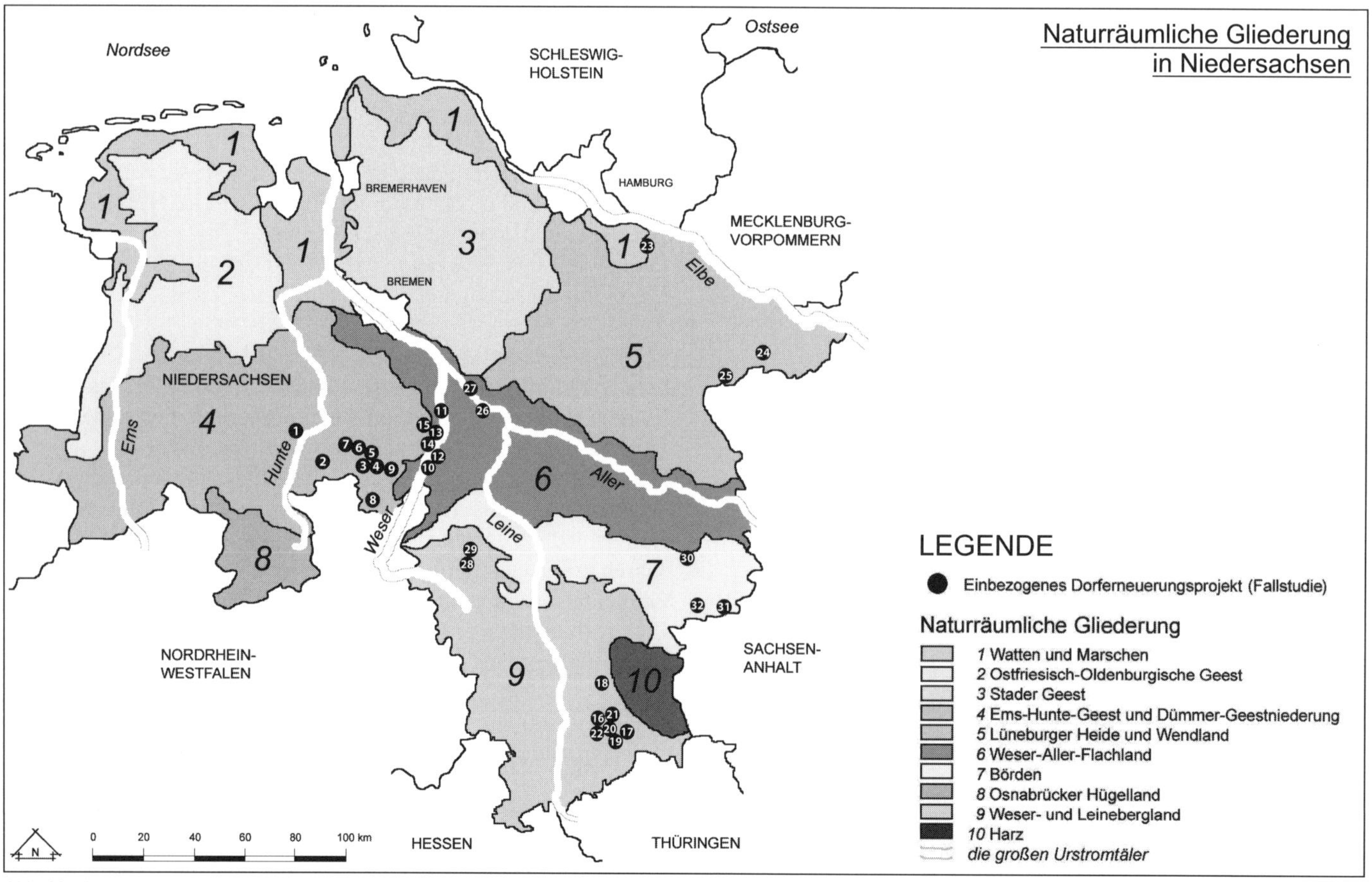

Abb. 30: Naturräumliche Gliederung in Niedersachsen

Zu den typischen Siedlungsformen zählen Reihensiedlungen, wie die Geestrandsiedlungen der Ostemarsch, Moorhufensiedlungen der Unterwesermarsch, aber auch Eschdörfer, Einzelhöfe und „Drubbel" (alte Weilerformen), aus denen sich lockere Haufendörfer entwickeln konnten.

Von besonderem geschichtlichen und städtebaulichen Wert sind die Restbestände der Rundlings- und Platzdörfer des Wendlandes und des Drawehn (Lübeln).

2) Die Lößbörden des Bergvorlandes (Calenberger Börde, Hildesheimer Börde, Braunschweiger Börde). Die hohe agrarische Tragfähigkeit der Lößbörden spiegelt sich wider im engmaschigen Siedlungsnetz mit seinen typischen Haufendörfern.

3) Das Berg- und Hügelland zeigt ein reiches geomorphologisches Formeninventar mit charakteristischen Siedlungsräumen und vielfältigen Siedlungsformen.
Hierzu zählen Hagenhufendörfer (Schaumburg-Lippe) und Varianten von Reihensiedlungen.

4) Der Harz weist eine große Vielfalt an Straßen-, Straßenanger- und Angerdörfern sowie größeren und kleineren, stark verdichteten Haufendorfsiedlungen am Südrand (Elbingerode, Schwiegershausen, Wulften und Hattorf (die größte Haufendorfsiedlung Niedersachsens)) auf.
Eine Besonderheit stellen, neben den bedeutsamen historischen Marktflecken (Gittelde; Pöhlde), die Bergmannsiedlungen des Südwestharzes dar, die als überwiegend der Topografie folgenden Reihensiedlungen entwickelt wurden.

Die Einflüsse des Erbrechts auf die Entwicklung der Dörfer, ihre Strukturen und Verdichtungsgrade war in den Realteilungsgebieten (Gebiet zwischen Cuxhaven und Bremerhaven sowie im gesamten südniedersächsischen Raum) besonders ausgeprägt und äußerte sich in der Teilung der Hofstellen, in der Kleinteiligkeit und strukturellen Vielfalt, in der Zersplitterung des landwirtschaftlichen Hof- und Flurbesitzes, mit der ausgeprägten Entwicklung von Kleinbetrieben und Nebenerwerbsbetrieben.

Vorherrschend ist in Niedersachsen jedoch die geschlossene Vererbung im „Anerbenrecht", die keine vergleichbaren Probleme wie die der Realteilung aufwirft.

Ohne die Kenntnis der Entstehung, Entwicklung und Ausformung der Flurformen, ihrer natürlichen oder durch Generationen von Bauern geschaffenen Abgrenzungen (Hecken, Wälle, Wirtschaftswege u. a.) ist kein ganzheitlicher Fachbeitrag „Landschaftspflege, Freiflächengestaltung, Ökologie" leistbar.

Die Streifen-, Gewann-, Hufen-, Esch-, Blockstreifen- und Blockfluren sind untrennbarer Bestandteil der niedersächsischen Reihen-, Rund- und Haufendörfer und müssen – trotz ihrer weitgehenden Überformung durch die moderne Landbewirtschaftung – erfasst, bewertet und in den Maßnahmenkatalog der Dorferneuerung integriert werden.

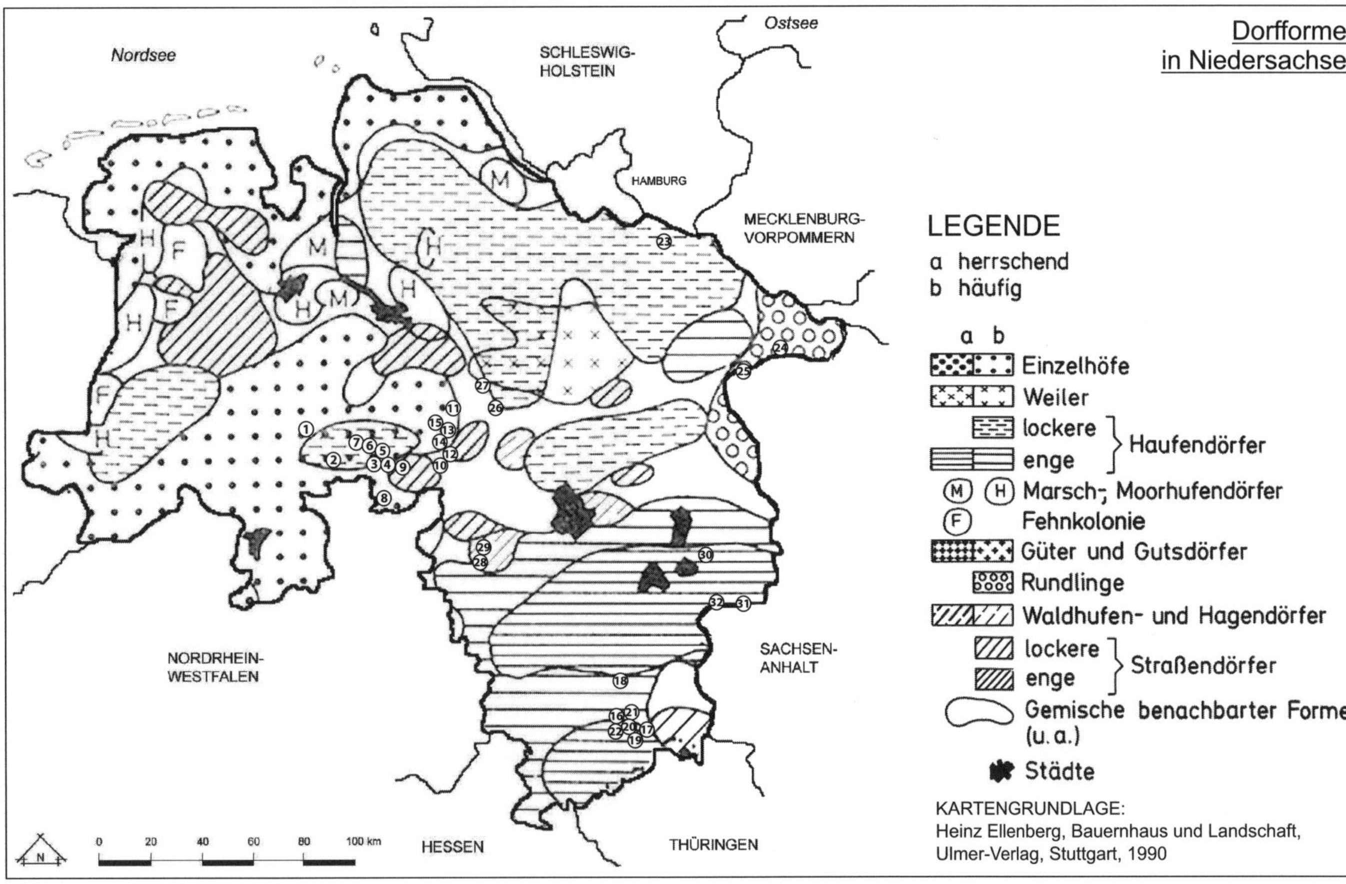

Abb. 31: Dorfformen in Niedersachsen

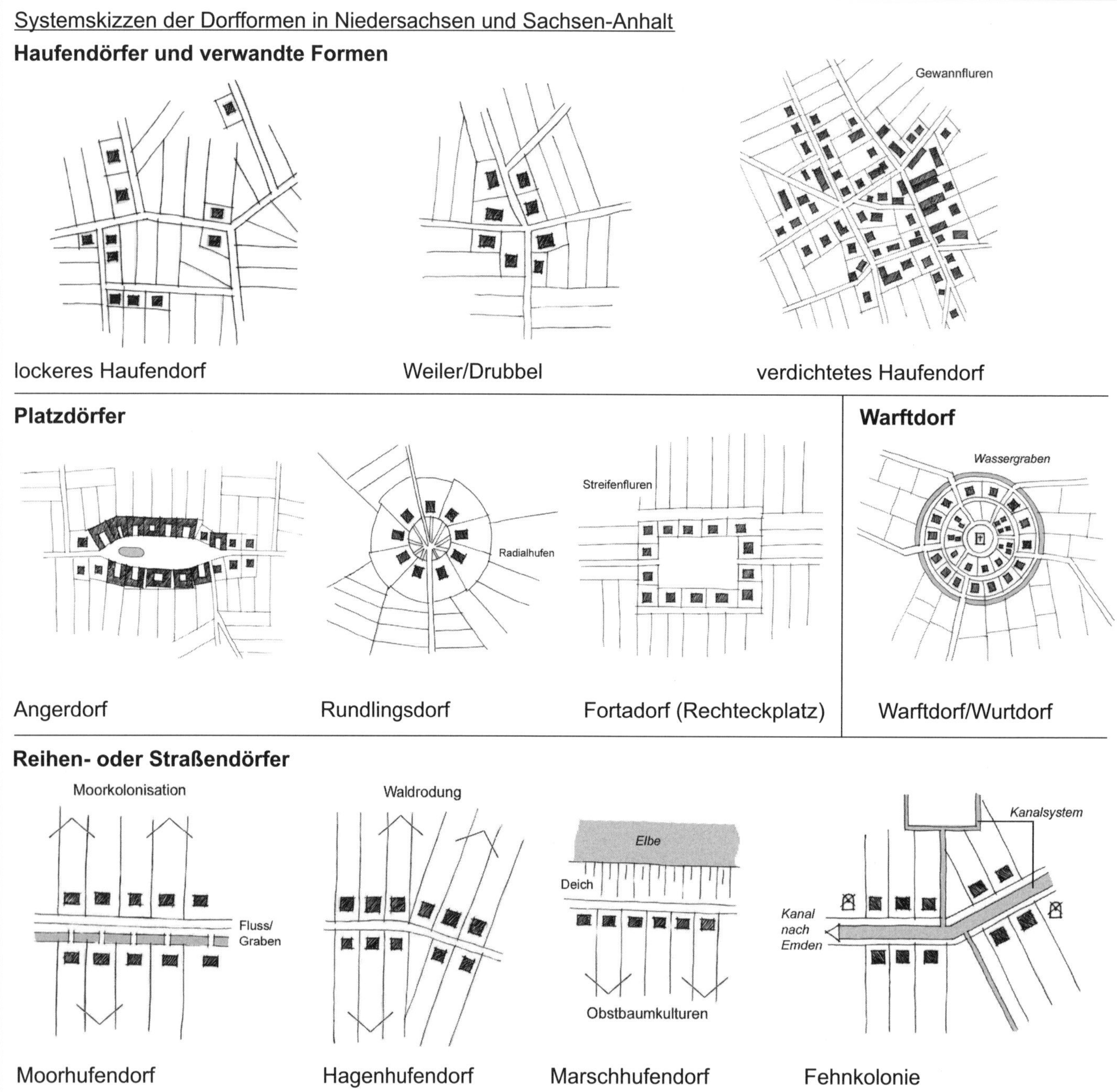

Sonderformen

Flecken: Flecken sind ehemals mit markt- oder stadtrechtlichen Funktionen ausgestattete Dörfer meist in der Form eines verdichteten Haufendorfes (Bsp. Gittelde).

Gutsdörfer: Sie werden durch einen zugehörigen Gutshof und dessen Gebäude, Dienste und Nebenanlagen geprägt (Bsp. Schnega).

Abb. 32: Dörfliche Siedlungsformen in der Übersicht

Abb. 33: Gittelde, ein Flecken am Südharzrand

Abb. 34: Das Rundlingsdorf Lübeln aus der Luft

Einordnung der niedersächsischen Fallstudien				
FALLSTUDIE	NATURRAUM	FLURFORM	SIEDLUNGSFORM	HAUSFORM
Dorfregion 1: Geest-/Moorregion				
1A: Kirchdorfer Moor-, Heide- und Geestgebiet				
Holzhausen/Göthen	Geestniederungen	Gewann- oder Streifenfluren 3-Felder-Wirtschaft	lockeres Haufendorf	Niederdeutsches Hallenhaus
Scharringhausen				
Varrel				
Kuppendorf/Heerde			lockeres Haufendorf und Weiler	
Wehrbleck				
1B: Diepholzer Moor-/Geestniederung				
Aschen	Geestniederungen	Gewann- oder Streifenfluren 3-Felder-Wirtschaft	lockeres Haufendorf	Niederdeutsches Hallenhaus
Wagenfeld			lockeres Haufendorf, Streulagen und Weiler	
1C: Uchter Moorniederung				
Bohnhorst	Geestniederungen	Gewann- oder Streifenfluren	lockeres Haufendorf, Streulagen und Weiler	Niederdeutsches Hallenhaus
Woltringhausen				
Dorfregion 2: Nienburger Wesermarsch				
Estorf	Weser-Aller-Flachland	Gewann- oder Streifenfluren 3-Felder-Wirtschaft	lockeres Haufendorf	Niederdeutsches Hallenhaus
Haßbergen				
Leeseringen				
Lemke				
Oyle				
Wohlenhausen/ Sudhalenbeck			Weiler	
Dorfregion 3: Südharz				
Dorste	Weser- und Leinebergland	Gewann- oder Streifenfluren 3-Felder-Wirtschaft	hoch verdichtetes Haufendorf	Mitteldeutsches Gehöft
Elbingerode				
Hattorf am Harz				
Schwiegershausen				
Wulften				
Gittelde			Flecken	Mitteldeutsches Gehöft, Bürgerhaus
Ührde			Weiler/Drubbel	Mitteldeutsches Gehöft
Dorfregion 4: Nördliche Elbtalauen				
Radbruch	Watten und Marschen	Blockfluren		Niederdeutsches Hallenhaus
Dorfregion 5: Wendland und Swinmark				
Lübeln	Lüneburger Heide und Wendland	Radialfluren	Rundlingsdorf	Niederdeutsches Hallenhaus
Schnega		Streifenfluren	Gutsdorf	
Dorfregion 6: Aller-Leinetal				
Eilte	Weser-Aller-Flachland	Gewann- oder Streifenfluren 3-Felder-Wirtschaft	lockeres Haufendorf	Niederdeutsches Hallenhaus
Häuslingen			lockeres Haufendorf Weiler und Straßensiedlung	
Dorfregion 7: Süntel				
Beber	Weser- und Leinebergland	Streifenfluren	verdichtetes Haufendorf	Niederdeutsches Hallenhaus, Mitteldeutsches Gehöft - Hausgrenze -
Rohrsen				
Dorfregion 8: Braunschweiger Börde				
Abbenrode	Börden	Gewann- oder Streifenfluren 3-Felder-Wirtschaft	verdichtetes Haufendorf	Mitteldeutsches Gehöft
Jerxheim				
Watzum			Gutsdorf	

Abb. 35: Einordnung der niedersächsischen Fallstudien

6.2.2 Haus- und Hofformen

Im Rahmen der vorliegenden Untersuchung sind die beiden folgenden Haus- und Hofformen relevant:

- das Niederdeutsche Fachhallenhaus mit seinen zahlreichen Nebengebäuden (Scheunen, Speichern, Backhäusern u. a.)
- das mitteldeutsche Gehöft in Form von Einseit- und Mehrseithofanlagen.

Beide Haus- und Hofformen werden sowohl in reiner Fachwerkbauart als auch in Mischformen mit Massivbauarten angetroffen. Die Grenzlinie zwischen dem nordöstlich noch über die Elbe hinaus anzutreffenden Niederdeutschen Hallenhaus und dem südlich davon anzutreffenden Mitteldeutschen Gehöft verläuft an einer Linie von Helmstedt über Hildesheim ins Münsterland. Südlich dieser Hausgrenze beginnt der Geltungsbereich der Hauslandschaft Ostfalens, mit den charakteristischen quer aufgeschlossenen, zweigeschossigen, längsorientierten „Streckhöfen", die sich im Laufe der Entwicklung und landschaftsgebunden zu den charakteristischen Zwei-, Drei- und Mehrseithofanlagen des „Mitteldeutschen Gehöftes" entwickelt haben.

Ohne auf die an anderer Stelle sowie in der Fachliteratur (Lit. 29) eingehend beschriebenen und dargestellten Merkmale der genannten Haus- und Hofformen in funktionaler, konstruktiver und formaler Hinsicht näher eingehen zu können, sei im Zusammenhang mit den Planungs-, Beratungs- und Betreuungsaufgaben im Rahmen der Dorferneuerungspraxis darauf hingewiesen, dass die sachgerechte Erfüllung der gestellten Aufgaben eine vollständige Kenntnis vom Konstruktions- und Raumgefüge und damit vom Wesen der alten Bauten voraussetzt.

Besondere Aufmerksamkeit beanspruchen neben den historischen Wohn- und Wirtschaftsgebäuden der Bauern sowie den frühen Dienstleistungseinrichtungen des Dorfes (Schulen, Spritzenhäuser, Dorfkirchen, Kapellen, Pfarrhäuser, Gaststätten, Wasser- und Windmühlen u. a.) vor allem die ehemaligen Lager- und Nebengebäude, wie Scheunen, Speicher und Remisen.
Aufgrund ihrer Häufigkeit, ihrer sehr unterschiedlichen Größenverhältnisse und der Art ihrer baulichen Zuordnung, sind diese Nebengebäude besonders ortsbildprägend. Sie bedürfen daher auch der besonders intensiven Pflege und des Schutzes, da ihre Ausführungsqualität meistens nicht mit der der Hauptgebäude vergleichbar ist.

Das Niederdeutsche Hallenhaus in seiner Bauweise — Schnitte und Grundriss in schematischer Form

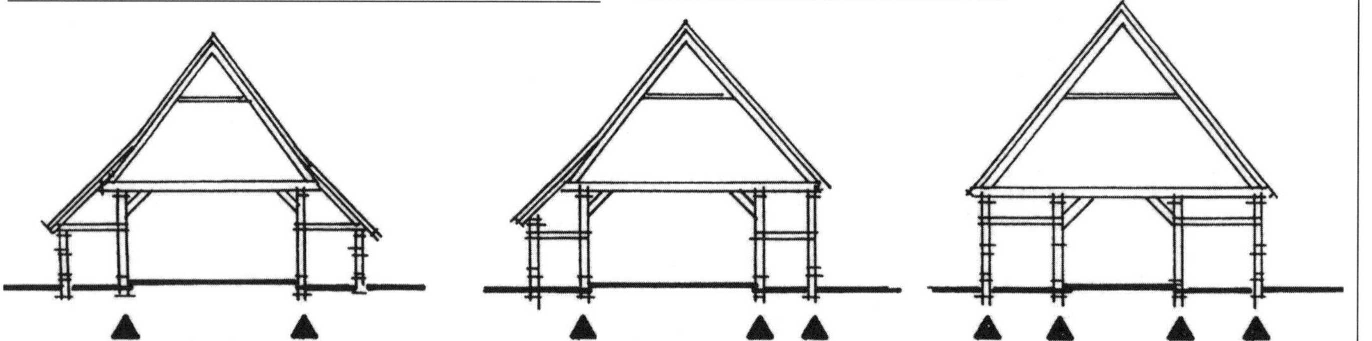

Zweiständerhaus — Dreiständerhaus — Vierständerhaus

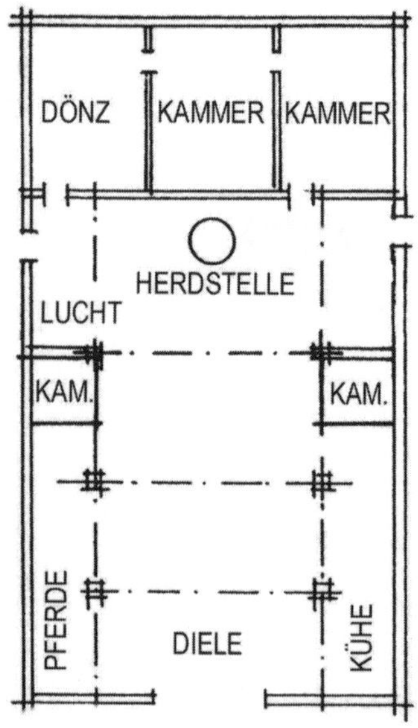

Grundriss

Typisches Zweiständerhaus in Estorf

Beispiel eines Zweiständerhauses, Wagenfeld (Geestbereich des Dümmers)

Dreiständerhaus, Lübelner Freilichtmuseum "Wendlandhof"

Bauernhaus im Wendland, Beispiel eines Vierständerhauses in Lübeln
In der Mitte befindet sich die charakteristische Grot-Dör, die kleinen Türen rechts und links führen in den Stallbereich (Futtergang).

Abb. 36: Hausformen (Teil 1, Niederdeutsches Hallenhaus)

Mitteldeutsches Gehöft – Streckhof und Mehrseithof

Schnitte und Grundrisse in schematischer Form

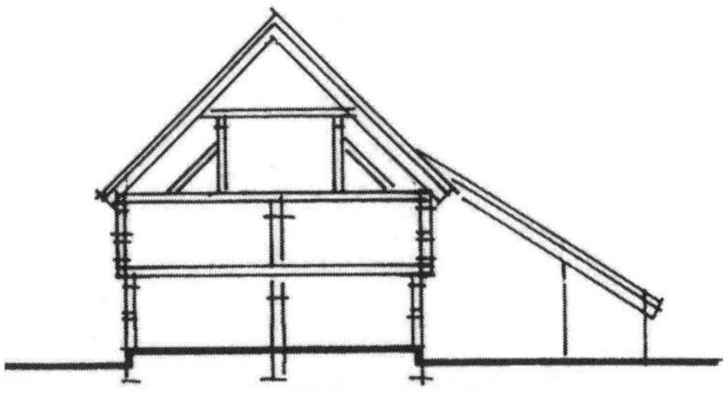

Streckhof, Schnitt

Schleppdächer sind charakteristisches Gsetaltungsmerkmal der Südharzgehöfte.
Unter den lang heruntergezogenen Dächern stand der Erntewagen; von dort wurde das Erntegut auf den Dachboden gebracht.

Vergleiche zu diesem Thema die Karte der "Schleppdächer in Schwiegershausen" (Abb. 145 auf Seite 169).

Streckhof in Dorste

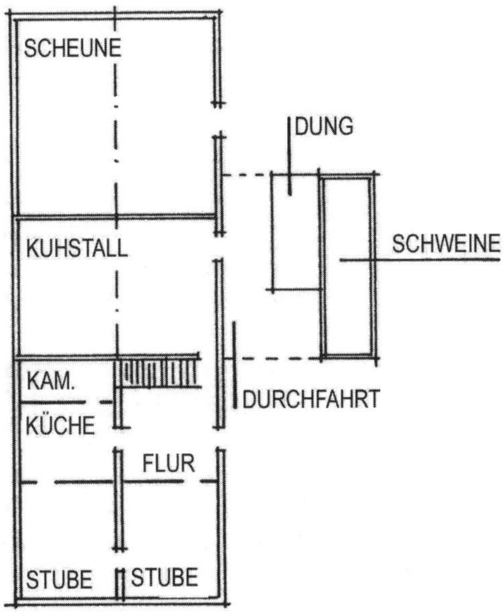

Streckhof, Grundriss

Streckhof in Ührde mit zwei langen Schleppdächern

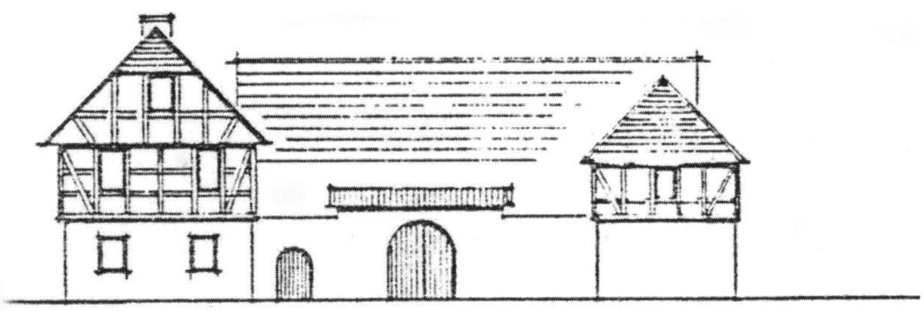

Ansicht eines Dreiseithofes (Straßenseite)

Mehrseithof (Vierseithof) in Jerxheim mit bemerkenswerter Oberlaube (rechte Hofseite)

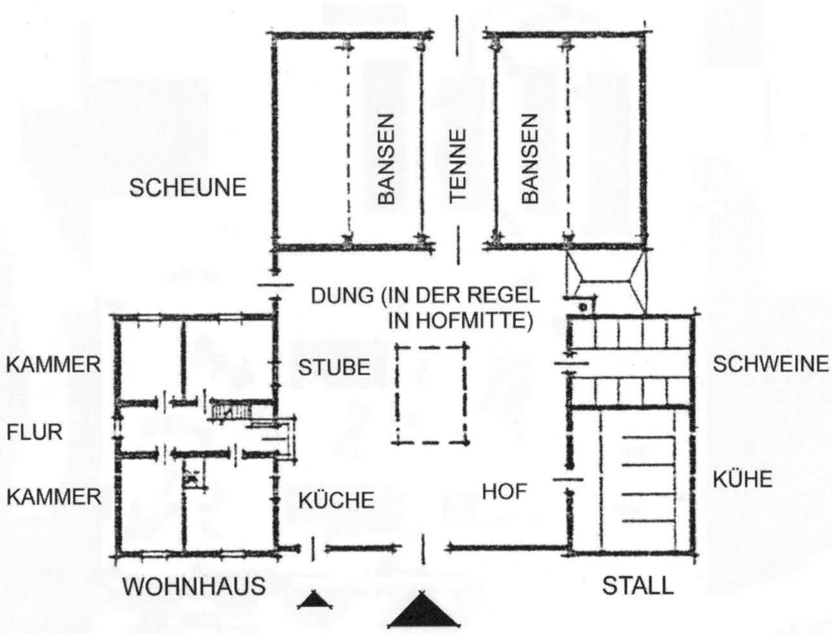

Grundriss Dreiseithof

Die geschlossene Wirkung der Mehrseithofanlage von außen

Kleiner Mehrseithof des Nordharzes in Reinstedt

Abb. 37: Hausformen (Teil 2, Mitteldeutsches Gehöft)

Landwirtschaftliche Nebengebäude

Schematische Form

Speicher

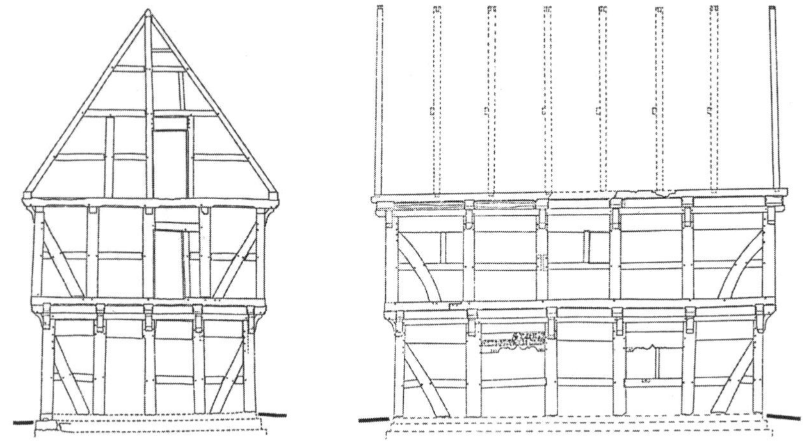

Speicher in Leeseringen
Der gezeigte Speicher soll zum Wohnen umgenutzt werden.

Speicher mit Auskragung, Fachwerk-Skelettbauweise der Ansichten (Beispiel Leeseringen)

Scheunen

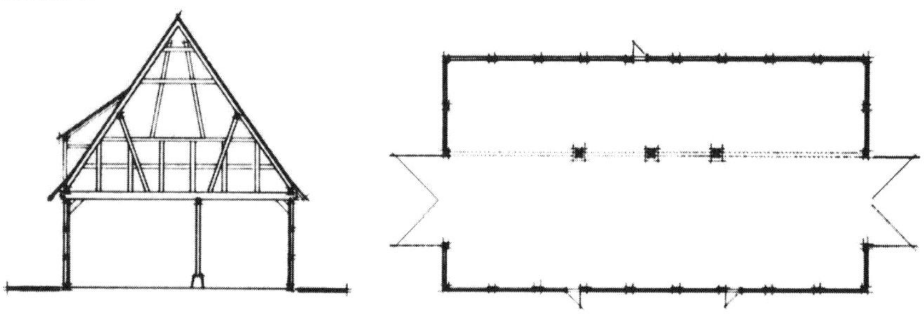

Längsdurchfahrtscheune (Beispiel Estorf), Schnitt und Grundriss

Beispiel einer Querdurchfahrtscheune in Estorf (vgl. Umnutzungsentwurf Seite 182)

Traufenständiges Bürgerhaus – eine besondere Hausform in Gittelde

Schematische Form

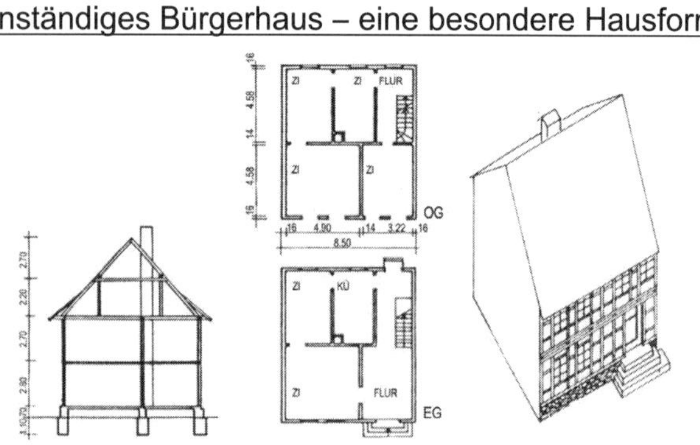

Einfache Baukörpergrundform

Die traufenständigen Bürgerhäuser ziehen sich als enges Band an den Straßen entlang.
Es finden sich sowohl die einfache als auch die ergänzte Grundform wieder.

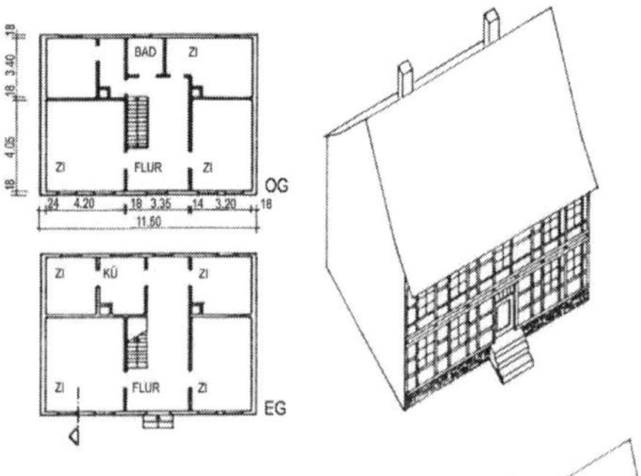

Ergänzte Grundform

Beispiel der erweiterten Grundform mit Hofdurchfahrt

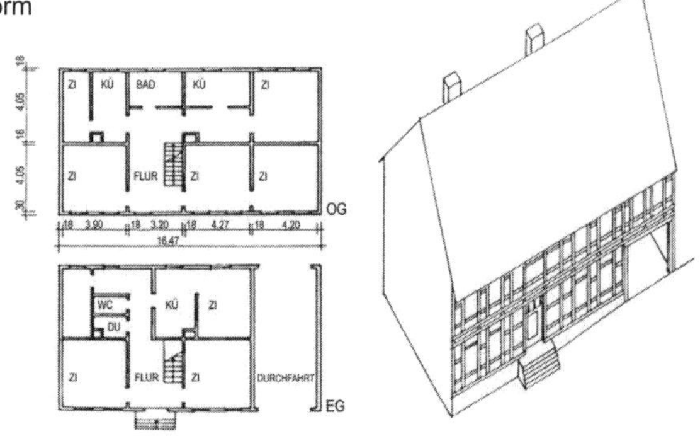

Erweiterte Grundform mit Hofdurchfahrt

Grundform der Entstehung dieses Haustyps ist das Oberharzer Bergmannshaus.
Gittelde war schon früh Bergbausiedlung, daher ist dieser Haustyp hier besonders häufig zu finden.

Abb. 38: Hausformen (Teil 3, Nebengebäude/Traufenständiges Bürgerhaus)

6.3 Siedlungs-, Haus- und Hofformen in Sachsen-Anhalt

6.3.1 Siedlungsformen

Die untersuchten Dörfer des Landes Sachsen-Anhalt sind im Wesentlichen durch drei Siedlungsformen geprägt:

- durch verdichtete Haufendörfer im Westen und Südwesten;
- durch Angerdörfer und
- durch dichte Straßendörfer im Norden und Osten des Landes.

Die engen Haufendörfer, an deren unregelmäßiges Straßennetz sich fast lückenlos Hof an Hof reiht, sind konzentriert auf das Altsiedelland im Südwesten, mit warmen Tieflagen, Lößböden, Schwarzerden oder anderen guten Ackerböden der Börderegionen. Haufendörfer vergrößerten sich durch Zuwanderung aus den wüst gefallenen Nachbarorten und durch Erbteilung (Realteilung). Die Folge war die Zwei- oder Mehrgeschossigkeit zumindest der Wohnteile der Hofgruppen. Zu den wichtigsten frühen Dienstleistungseinrichtungen gehörten neben der Kirche, dem Pfarrhaus und dem Wirtshaus: Schule, Waschhaus, Backhaus und der bzw. die Brunnenplätze (Fallstudiendörfer Großjena, Eimersleben, Erxleben).

Angerdörfer sind mehr oder weniger regelhafte Siedlungsformen der Ostkolonisation, die sich an die westlichen Gebiete der Haufendörfer anschließen.
Merkmale sind die gleichberechtigt an einem Anger oder aufgeweiteten Straßenraum liegenden Mehrseithofstellen mit häufiger Lage in einer Mulde oder einem Bachtal, um dem Vieh einen Tränkteich zu schaffen (Axien).
Der Anger diente ursprünglich als Viehsammelplatz.
Mit der Ablösung der Weiderechte im 19. Jahrhundert verlor er mehr und mehr an Bedeutung und wurde entweder zur gepflasterten Dorfstraße (in Mecklenburg) oder zum mit Laubbäumen bepflanzten Dorfplatz (Fallstudien Binde, Ritzleben, Axien, Gehmen). Straßendörfer gehören, wie die Angerdörfer, zu den jungen Siedlungen mit dem charakteristischen Unterschied der Aufreihung der Hofstellen an einem parallelen Straßenraum. Sie gehören, wie die noch selteneren Rundlingsdörfer, nicht zu den prägenden Siedlungsformen in Sachsen-Anhalt. Im Wesentlichen konzentriert sich das Vorkommen der Straßendörfer auf den Norden und Osten des Landes, wobei sich der Einzugsbereich mit dem der Angerdörfer überschneidet (Altmark; Elbetal; Landkreis Wittenberg).

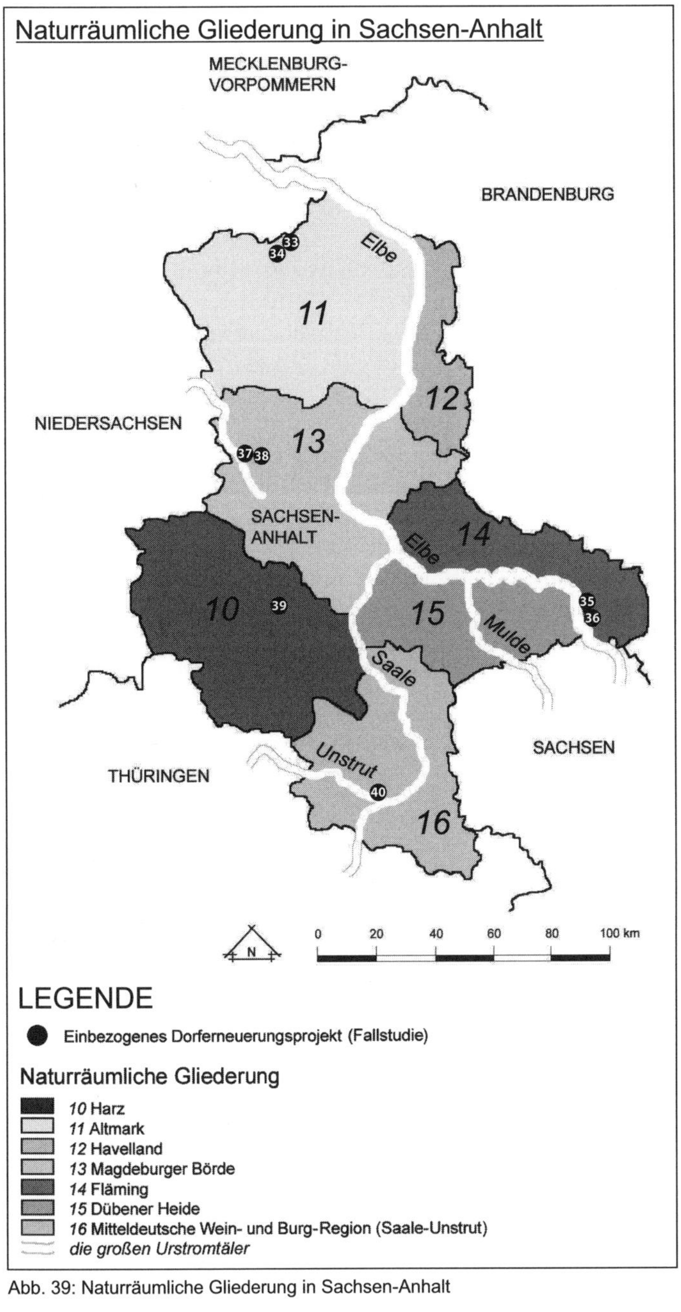

Abb. 39: Naturräumliche Gliederung in Sachsen-Anhalt

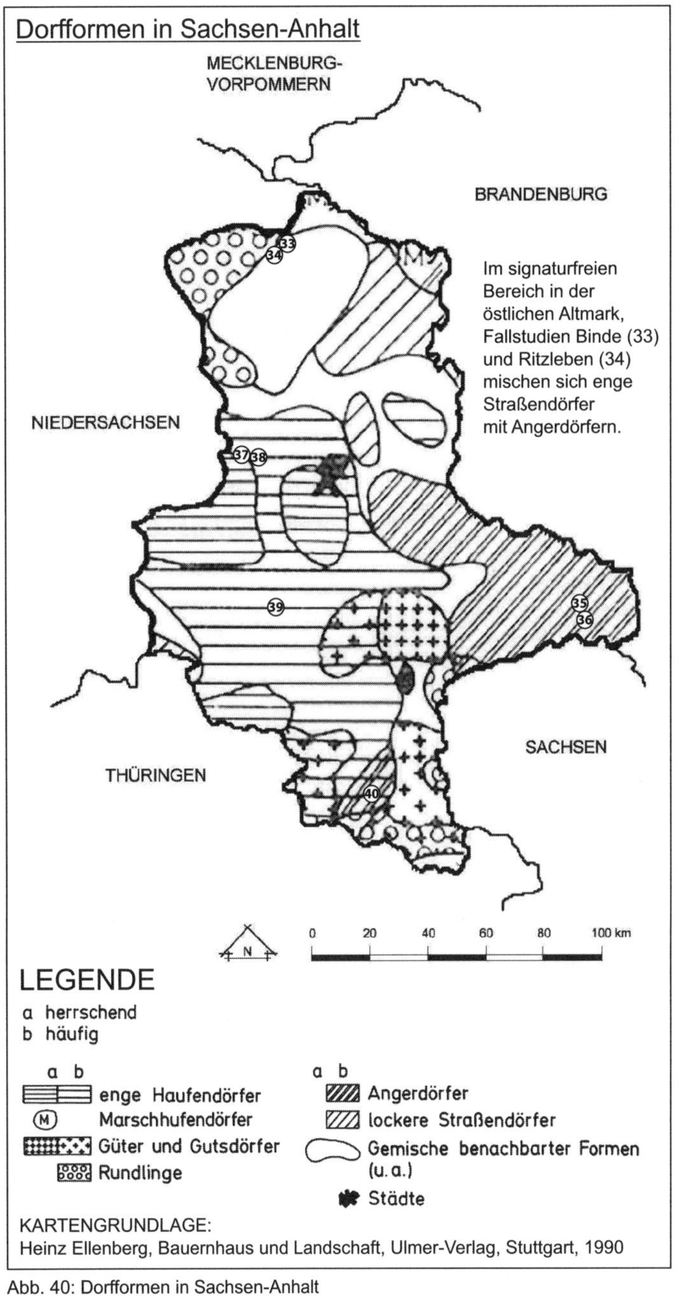

Abb. 40: Dorfformen in Sachsen-Anhalt

Einordnung der Fallstudien Sachsen-Anhalts

FALLSTUDIE	NATURRAUM	FLURFORM	SIEDLUNGSFORM	HAUSFORM
Dorfregion 9: Altmark				
Binde Ritzleben	Altmark	Blockfluren im Gemenge	Angerdorf	Mehrseithof (Vierseithof)
Dorfregion 10: Östliche Elbtalauen				
Axien Gehmen	Elbetal	Blockfluren im Gemenge	Angerdorf	Mehrseithof (mit Taubenturm)
Dorfregion 11: Magdeburger Börde				
Eimersleben Erxleben	Magdeburger Börde	Blockfluren im Gemenge	Angerdorf verdichtetes Haufendorf	Mehrseithof (mit Hoftor)
Dorfregion 12: Nordharz				
Reinstedt	Harz	Blockfluren im Gemenge	hoch verdichtetes Haufendorf und Angerdorf	Mehrseithof (mit Hoftor und Taubenturm), Mitteldeutsches Gehöft - Hausgrenze -
Dorfregion 13: Saale-Unstrut				
Großjena	Mitteldeutsche Wein- und Burgregion	Gewann- oder Streifenfluren	Gutsdorf	Mitteldeutsches Gehöft

Abb. 41: Einordnung der Fallstudien Sachsen-Anhalts

6.3.2 Haus- und Hofformen

Die ländlichen Regionen und Siedlungen des Landes Sachsen-Anhalt sind fast ausschließlich durch die Haus- und Hofformen der so genannten mitteldeutschen Mehrseithofanlage geprägt, die im Wesentlichen in zwei Varianten in den skizzierten Siedlungsformen anzutreffen ist:

1) Geräumige Vierseithofanlagen mit meist zweigeschossigen, geschlossenen Trauffronten, zurückliegendem Wohnhaus und relativ hohem Fachwerkanteil, die typisch für den Jungsiedelraum der Altmark mit seinen Straßenangerdörfern sind (Fallstudien Binde; Ritzleben) und

2) Drei- oder Vierseithofanlagen in den beschriebenen großen Haufendörfern der westlichen und südwestlichen Altsiedelländer, mit quer geteilten, traufseitig erschlossenen Gebäuden mit Kniestock, in gemischter Bauart (Erdgeschoss massiv – Obergeschoss Fachwerk), ausgestattet mit gering geneigten Pfettendachstühlen der späteren An- und Ergänzungsbauten (Stall- und Remisengebäude).

Sehr häufig – mit beeindruckenden Beispielen in der Fallstudie Eimersleben – sind die Höfe vom Straßenangerbereich durch massive Natursteintore bzw. Tordurchfahrten getrennt (Fallstudien Großjena, Eimersleben, Erxleben).
Eine Variante zu den jungen, teilweise erst 100 Jahre alten Mehrseithofanlagen der Altmark stellen die Zwei- oder Dreiseithofanlagen im Landkreis Wittenberg mit meist giebelständiger Stellung der zweigeschossigen Wohnhäuser und mit den annähernd quadratischen Innenhöfen und dem charakteristischen Taubenturm im Zentrum dar (Fallstudien Axien und Gehmen).

Die erhaltenen Haus- und Hofformen befinden sich in einem sehr unterschiedlichen baulichen Gesamtzustand.
Besonders modernisierungsbedürftig sind die Höfe in den an den Landesgrenzen liegenden Dörfern im Westen Sachsen-Anhalts (Fallstudien Binde und Eimersleben). Andererseits sind hier auch besondere Erfolge der Dorferneuerung in Form von durchgeführten Sanierungs- und Umnutzungsvorhaben feststellbar (Eimersleben).

Typische Hausformen in Sachsen-Anhalt – Mehrseithöfe

Ansichten und Grundrisse in schematischer Form

Höfe in der Magdeburger Börde

Mehrseithofanlage der Börde, Ansicht (Straßenseite)

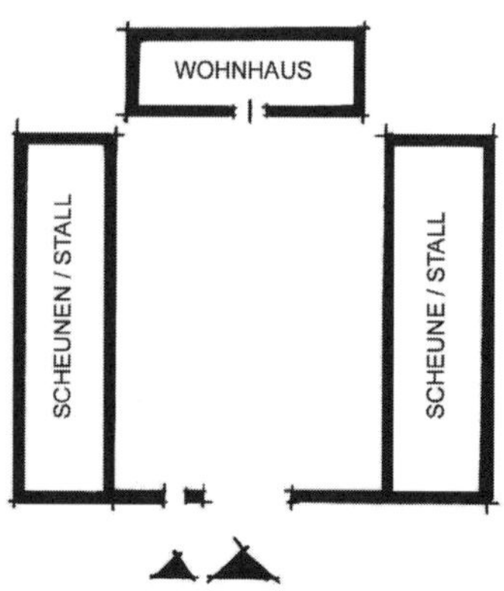

Grundriss

Mehrseithof in Eimersleben mit Hoftor und massiver Einfriedungsmauer

Die Wohnbauten können sowohl den Hof abschließen als auch an der Straße liegen (vgl. auch Hofform auf der nächsten Seite).

Abb. 42: Hausformen (Teil 4, Mehrseithöfe)

Typische Hausformen in Sachsen-Anhalt – Mehrseithöfe

Ansichten und Grundrisse in schematischer Form

Höfe im Elberaum

Mehrseithofanlage im Elbetal, Ansicht (Straßenseite)

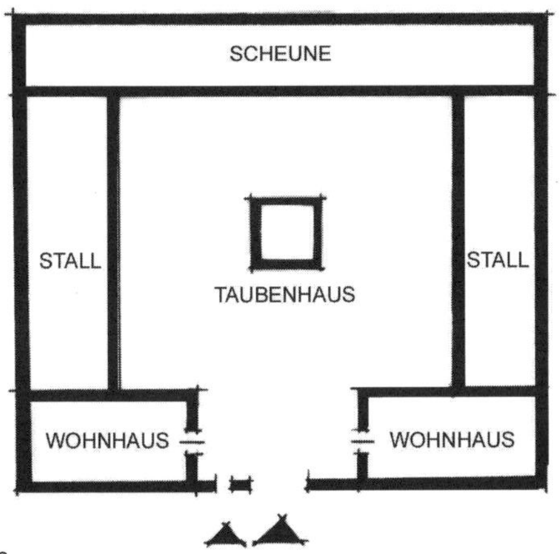

Grundriss

In den Fallstudien Axien und Gehmen ist diese Hofform vorherrschend.

Dabei können die Wohngebäude sowohl traufenständig als auch giebelständig zur Straße stehen.
Besonders gute Beispiele sind in den beiden Angerbereichen in Axien erhalten.

Mehrseithofanlage (Vierseithof) in Axien, Straßenansicht

Leider sind häufig einige Gebäudeteile der Gesamthofanlage wegen des Reparaturstaus schon beseitigt worden.

Innenhof eines Mehrseithofes mit denkmalgeschützem Taubenhaus

Altmarkhöfe

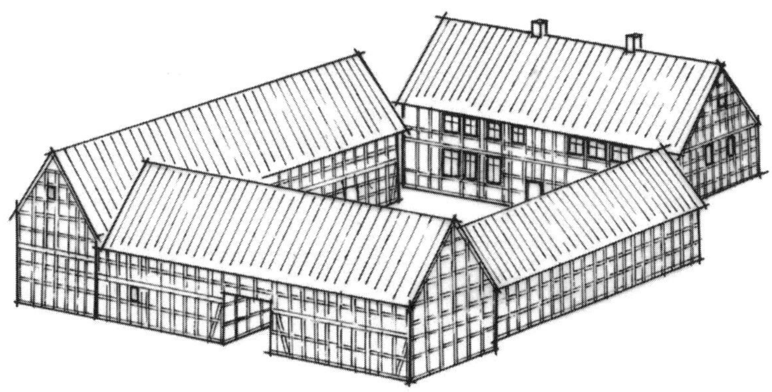

Typische Mehrseithofanlage der Altmark, Ansicht (Straßenseite)

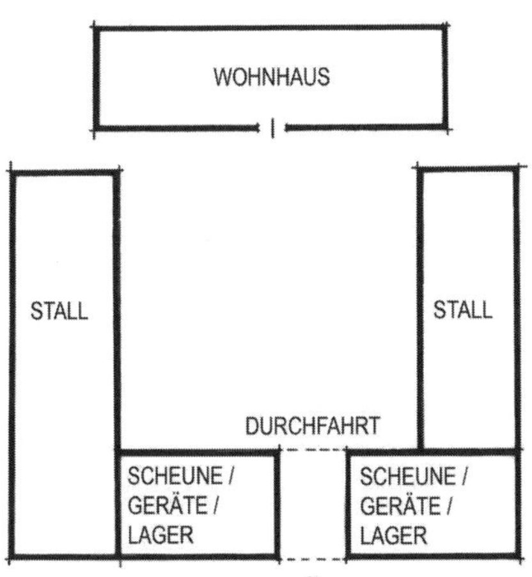

Grundriss

Mehrseithofanlage (Vierseithof) in Ritzleben, Straßenansicht

Blick in den Innenhof des selben Mehrseithofes

Abb. 43: Hausformen (Teil 5, Mehrseithöfe)

6.4 Der Einfluss der NSDAP auf die Hof- und Dorfentwicklungen (1932 – 1945)

Wohl selten in der annähernd 1.000-jährigen Geschichte so mancher Dörfer – insbesondere aus der untersuchten Dorfregion des „Südharzes“ – waren diese mit ihren Siedlungen und Hofstellen so dem Einfluss einer politischen Herrschaftsstruktur ausgesetzt, wie in den nur 12 Jahren des „Tausendjährigen Reiches“. Erst nach 60 Jahren begeben sich Dorfbürger, Laien und Wissenschaftler vermehrt auf die Spurensuche, um über Fragen an die Überlebenden dieser Zeitphase die Geschehnisse nachträglich zu verstehen.
Selbst nach 60 Jahren gibt es noch Tabu-Themen, werden einzelne Biografien von Dorfbewohnern ausgeklammert und Ortschroniken bewusst oder unbewusst unvollständig verfasst. Eine Darstellung des aktuellen „Lebensraumes Dorf“ ist daher ohne Anmerkungen zum Einfluss der NSDAP-Herrschaft insbesondere auf die Landwirts- und Landarbeiterfamilien unvollständig. In der verquasten Ideologie der Nationalsozialistischen Arbeiterpartei Deutschlands (NSDAP) wurden Rassenziele mit Raum- und Machtansprüchen verbunden. Arische Herkunfts- und Erbgesundheitsnachweise der Hofbesitzer waren für die Bauern die Vorrausetzung, um im Rahmen des „Reichserbhofgesetzes von 1933 „das Anrecht auf eine unteilbare, unveräußerliche und schuldenfreie Erbhofstelle mit mindestens 75 und maximal 125 ha landwirtschaftlicher Nutzfläche“ zu erlangen. Bereits bis 1937 gab es im Dt. Reich 700.000 Erbhöfe, die bis zu 65 % entschuldet wurden und die als „Blutquelle des deutschen Volkes“ ihre Produktionspflicht zu erfüllen hatten.

Auch der Wohnungsbau sollte über das „Reichsheimstättengesetz“ vom 24.11.1937 für arische Bevölkerungsgruppen in Form von Volkswohnungen, Kleinsiedlungen, Landarbeiterwohnungen, Eigenheimen und Reichsheimstätten angekurbelt werden, wobei die Ständehierarchie der Nationalsozialisten zu berücksichtigen war. Sie gliederte sich in die vier Volksgruppen der Ober- bzw. Entscheiderebene, des Bürgertums, des Bauerntums und der kleinen Leute, worunter auch Minderbemittelte sowie „ideologisch erziehungsbedürftige Bürgergruppen“ verstanden wurden. Die aus der Weimarer Republik übernommenen Defizite in wirtschaftlicher, wohn- und siedlungsbaulicher Hinsicht sollten in kürzester Zeit abgebaut werden.
Zur Ideologie der Nationalsozialisten gehörte die Ablehnung intellektueller und städtischer Lebensformen mit der Konsequenz einer Überbewertung bodenständiger ländlicher Lebensweisen, Rituale und Wohnkulturen, was scheinbar dem dörflichen Lebensraum Aufschwung und Entwicklung versprach, in der politischen Wirklichkeit jedoch zu Zwängen und Abhängigkeiten führte. Einerseits dienten Bauern als Urproduzenten dem Ziel wirtschaftlicher Unabhängigkeit für den vorbereiteten Kriegsfall, andererseits sollten hunderttausende jüngerer landwirtschaftlicher Familienbetriebe später als sog. „Wehrbauern“ in Osteuropa nach erfolgreicher kriegerischer Vereinnahmung als Kolonisatoren eingesetzt werden.

In gestalterischer Hinsicht wurde die traditionsgebundene Architektursprache der Weimarer Republik und damit auch eine spezifisch rückwärts gewandte Heimatschutzidee nahtlos übernommen. Gerhard Fehl und andere Autoren weisen in ihrer Untersuchung „Architektur und Städtebau der 30er-/ 40er-Jahre“ (Lit. 27) nach, dass sich die Nationalsozialisten einer vereinfachten stilisierten Zuordnung der Bauaufgaben bedienten: primitiv-klassizistische Formen (Speer u. a.) für repräsentative Bauaufgaben und ein Verschnitt von Form- und Gestaltelementen überlieferter bäuerlicher Haus- und Hofformen für die sog. „Blut- und Bodenarchitektur“ der ländlichen Bauaufgaben. Auch in einzelnen niedersächsischen Dorfregionen sind Zeugnisse dieser Baugesinnung (Lüneburger Heide, Region Vechta – Cloppenburg – Oldenburg u. a.) erhalten geblieben.
Selbst der Nachbau sog. germanischer Siedlungsformen, zu denen irrtümlicherweise auch die „Rundlingsdörfer“ gezählt wurden, war Bestandteil der ländlichen Bauprogramme. Am Ende wurde der Heimatschutzgedanke durch falsche Kopien und die Normierung der Details und Bauelemente verfehlt, da nicht die „Heimat“, sondern ein „Bild von Heimat“ das Ziel der Planerideologen war (Fehl). Besonders Baufibeln und andere Gestaltungsverordnungen belegen als „bürokratischer Nachklatsch“ die im Nationalsozialismus gescheiterte Heimatschutzbewegung.

Soweit das im Rahmen der Untersuchung möglich war, wurden auch die vorhandenen Ortschroniken der Fallstudiendörfer auf die Verarbeitung von Einflüssen des NSDAP-Regimes auf die Dörfer hin überprüft. Lediglich in zwei Chroniken aus Estorf und Radbruch fanden sich aufschlussreiche Hinweise.
Günther Deking widmet in seiner umfassenden, die Entwicklungsgeschichte eines deutschen Dorfes beispielhaft aufarbeitenden Studie über das Haufendorf Estorf im Landkreis Nienburg (Lit. 23) der Zeit des Dritten Reiches alleine 25 Seiten, in denen neben zahlreichen biografischen Hinweisen besonders auch die Rolle der Landwirtschaft behandelt wird. Lakonisch und in aller Kürze stellt Günter Schulze in seiner Chronik über das Dorf Radbruch (Lit. 102) im Kapitel „Die Zeit der Naziherrschaft von 1933 – 1945“ fest: „Das Dorf wurde – wie viele andere auch – vom System eingenommen. Die große Mehrheit verhielt sich durchaus systemkonform. Alle Institutionen des Dritten Reiches waren in Radbruch vertreten: SA, SS, Ortsbauernführer, NSDAP etc. Die NSDAP war immerhin so mitgliedsstark, dass Radbruch zum NSDAP-Stützpunkt wurde.“ So viel Offenheit und Ehrlichkeit in der Bewältigung der Nazivergangenheit ist den noch zu erarbeitenden oder zu überarbeitenden Chroniken der anderen Dörfer nur zu wünschen!
Eine besonders umfangreiche Aufgabe steht der Mehrzahl der Dörfer in den neuen Bundesländern noch bevor, da nicht nur die Phase der 12-jährigen Herrschaft der NSDAP, sondern noch anschließende 45 Jahre der SED-Diktatur berücksichtigt und aufgearbeitet sein wollen. Dabei gilt es auch, der Opfer der umfassenden Staatsicherheitskontrollen in den Familien und Arbeitsgruppen der Dörfer in angemessener Form zu gedenken und entstandene Risse in so manchen Biografien zumindest ansatzweise zu kitten. Zweifellos ist auch 15 Jahre nach der Wiedervereinigung dieser Prozess einer doppelten Aufarbeitung von diktatorisch geprägten dörflichen Vergangenheiten nicht annähernd geleistet, wovon sich der Autor in vielerlei Gesprächen und Kontakten während seiner Planungstätigkeit in Sachsen-Anhalt überzeugen konnte.
Kriegerdenkmale an ihren meist markanten Standorten und mit ihren häufig naturalistisch-realistischen plastischen Darstellungen können trotz der wichtigen Funktion als dreidimensionales Ortsgedächtnis die Aufgabe der Vergangenheitsbewältigung nur unterstützen, jedoch nicht vollständig leisten. Wichtig ist die gemeinschaftliche Problemaufarbeitung und -bewusstmachung bei gleichzeitiger Bereitschaft zu Toleranz und Verzeihen. Besonders für denn Lebensraum Dorf gilt: Keine Zukunft ohne angemessene Berücksichtigung der eigenen Vergangenheit und daraus ableitbarer Gestaltungsziele, die jedoch nicht kopiert werden dürfen, sondern im Sinne eines angemessenen Regionalismus neu interpretiert werden müssen.

7 LANDWIRTSCHAFT

7.1 Einführung

Die Zahl der landwirtschaftlichen Hofstellen über 1 ha LF hat sich seit 1949 in Niedersachsen von ca. 248.000 um ca. 76 % auf insgesamt ca. 60.000 im Jahr 2001 verringert. Alleine im Zeitraum von nur 14 Jahren (1987 – 2001), dem rückverfolgten Zeitraum der Fallstudiendörfer hat die Zahl der Betriebe um etwa 50 % bei etwa annähernd gleichen Anteilen von Haupt- und Nebenerwerbsbetrieben abgenommen. Dabei hat sich die Abnahmequote pro Jahr im Laufe der Jahre erheblich beschleunigt: betrug sie 1971 noch 2,2 % pro Jahr, ist sie seit 1987 auf annähernd 4 % angewachsen (1987 = 3,6 %).

Einen aktuellen Hinweis auf die Situation der Niedersächsischen Landwirtschaftsbetriebe bietet eine Pressenotiz des Landvolks vom 18.06.2003:

„Nur die Hälfte der niedersächsischen Bauern kann nach Angaben des Landvolks Niedersachsen überwiegend vom Ertrag des Hofes leben. Im Haupterwerb, wo der größere Teil der Einkünfte aus der Landwirtschaft stammt, wirtschafteten im Jahr 2001 laut einer Erhebung des Statistischen Bundesamtes 30.700 Bauern in Niedersachsen, das war ein Anteil von 54,4 Prozent. Dagegen verdienten 25.700 Bauern oder 45,6 Prozent den größeren Teil ihres Einkommens als Nebenerwerbs-landwirte außerhalb der Landwirtschaft. Dennoch ist das außerlandwirtschaftliche Einkommen offenbar kein Garant für den Bestand des Betriebes. Der Strukturwandel ist nämlich auch an den Nebenerwerbsbetrieben nicht vorüber gegangen, vielmehr wurde er hier sogar stärker wirksam als bei den Haupterwerbsbetrieben. Von 1999 bis 2001 sank die Zahl der Haupterwerbsbetriebe um ungefähr sieben Prozent von 33.000 auf 30.700, bei den Nebenerwerbsbetrieben fiel der Rückgang von 28.200 auf 25.700 mit fast neun Prozent deutlich größer aus. Im Vergleich mit den anderen Bundesländern hat der Haupterwerb in Niedersachsen eine stärkere Position.
Im Bundesdurchschnitt werden nämlich nur 42,1 Prozent der Betriebe im Haupterwerb bewirtschaftet, mit 57,9 Prozent dagegen mehr als die Hälfte im Nebenerwerb. Dafür sind die niedersächsischen Nebenerwerbsbetriebe mit 16,1 Hektar (ha) größer als im Bundesdurchschnitt (12,8 ha). Noch größer als in Niedersachsen ist der Anteil der Haupterwerbsbetriebe nur in Schleswig-Holstein mit 56,9 Prozent, am geringsten ist er in Thüringen mit 29,8 Prozent. Im Gegenzug hat nur Schleswig-Holstein mit 43,0 Prozent einen geringeren Anteil Nebenerwerbslandwirtschaft, während der Anteil in Thüringen sogar 70,2 Prozent erreicht.“ (Quelle: LPD 24/2003)

In der Bundesrepublik hat seit 1950 praktisch nur ein Fünftel der Höfe überlebt. Von den ca. 450.000 bundesweit noch existierenden Betrieben (Stand 2001) bearbeiten 50 % landwirtschaftliche Nutzflächen zwischen 2 – 20 ha, was beim derzeitigen Strukturwandel als Indiz für den weiteren Verlust auch dieser Hofstellen gelten muss.
Das Höfesterben in den ländlichen Räumen und Dörfern Westeuropas seit 50 Jahren ist ein fast lautloser, kaum von Widerständen aus der Gesellschaft, lediglich von Einsprüchen der landwirtschaftlichen Berufsvertretungen begleiteter Vorgang, dessen langfristige Folgen jedoch nicht abschätzbar sind, da von diesem Vorgang sämtliche Aspekte sozioökonomischer, siedlungsbaulicher und ökologischer Entwicklung in den ländlichen Räumen berührt bzw. sogar beeinflusst werden. Der Verlust der vor 1945 in der Landwirtschaft und im dörflichen Handwerk gebundenen Arbeitsplätze ist parallel zur Industriellen Revolution die Hauptursache für die heute beklagte hohe Arbeitslosigkeit. Denn noch vor etwa 120 Jahren waren direkt und indirekt über drei Viertel der Bevölkerung in der Land- und Forstwirtschaft sowie in den nachgeordneten handwerklichen und gewerblichen Diensten tätig. Von den da. 1,3 Millionen oder 3,6 % der erwerbstätigen Deutschen in der Landwirtschaft sind ca. 170.000 oder 13 % heute noch in Niedersachsen beschäftigt (Stand 2001).
Sowohl die Anzahl der Betriebe als auch die der Beschäftigten ist weiterhin rückgängig. Die existentielle Sicherung der verbliebenen Betriebe ist daher trotz der aufwendigen finanziellen EU-Stützungen bei kontinuierlichem Preisverfall der Rohprodukte und einer durchschnittlichen Ausgabequote für Lebensmittel von nur noch 11 % eines Haushalts keinesfalls mehr garantiert. Die aktuelle Arbeitslosensituation und -problematik ist, wie bereits ausgeführt, eine direkte Folge des Verlustes von Arbeitsplätzen in der Primär- und Sekundärproduktion, die offensichtlich durch kein noch so differenziertes und wachsendes Angebot aus dem Dienstleistungsbereich ausgeglichen werden kann. Die sozialen Konsequenzen aus dem kontinuierlichen Auflösungsprozess der landwirtschaftlichen Familienbetriebe waren und sind:

- die Auflösung der Bindekräfte zwischen den Mitgliedern der bäuerlichen Mehrgenerationen-Großfamilie (siehe auch Kapitel 17)
- Auflösung der überlieferten Wertewelt des bäuerlich geprägten Dorfes
- Störung des durch die früheren kleinbetrieblichen landwirtschaftlichen Arbeitsbedingungen gewährleisteten ökologischen Gleichgewichts und der Landschaftspflege
- Arbeitsplatz- und Kulturverluste durch Auflösung der zahlreichen nachgeordneten handwerklichen und gewerblichen Tätigkeitsfelder sowie durch Gebäude- und Siedlungsverfall.

Zweifellos sind an dieser Stelle Hinweise auf das in den Jahrzehnten gewachsene Leistungsvermögen landwirtschaftlicher Produktion angebracht, wonach 1950 noch ein Landwirt für die Ernährung von 10 Bürgern, 2002 für die von 120 Bürgern zuständig war. Auch die Bedeutung von Agrarchemie und Landtechnik für die skizzierten Leistungssteigerungen soll nicht geschmälert werden, obwohl gerade auch bedingt durch deren Einflüsse und Anforderungen neue ökologische, bauliche und verkehrliche Probleme in den Dörfern und ländlichen Regionen entstanden sind.

Die seit der Zeit der Dorfgründungen im Mittelalter in der Urproduktion tätigen Bauern haben nicht nur den dörflichen Lebensraum, sondern auch das Landschaftsbild durch kontinuierliche Eingriffe und Veränderungen geprägt. Als soziale Schicht waren sie zahlreichen Einflüssen, Ein- und Übergriffen, Störungen und Zerstörungen in ihren Einzelhöfen und auch ganzer Dörfer – z. B. durch Abbrand – ausgesetzt. Aber nach allen Zerstörungen, Krankheiten und Wüstungen, selbst denen des 30-jährigen Krieges, gab es meistens einen Neubeginn durch Wiederaufbau.
So war im Prinzip die Kontinuität von Urproduktion und Landschaftspflege, von Hofnachfolge und Warentausch im Bemühen um die Sicherung der sozialen und materiellen Basis der Höfe in der annähernd 1.000-jährigen deutschen Geschichte der Bauern und ihrer Dörfer gewährleistet.

Neu ist seit 60 Jahren der kontinuierliche, irreversible Verlust an Hofstellen und Landwirtsfamilien, die sowohl die Hofstelle selbst als auch das Dorf nur noch als inhaltlich entleerte, mit Dorferneuerungsmitteln gepflegte Hülle zurückzulassen drohen. Die von den Landwirtschaftsbehörden erbetene Kennzeichnung leer gefallener Hofstellen in den Ortsplänen als „zurzeit ruhend bzw. nicht bewirtschaftet“, kann beim fehlenden Ausbildungsstand und bei nur geringer Motivation der für die Landwirtschaft noch möglichen Nachfolger kaum verhindern, dass die Hofstellen, bevor sie letztlich aus der „Höferolle“ gestrichen werden müssen, bereits jetzt schon als normale Immobilie gehandelt und bewertet werden. Die zahlreichen, zurzeit noch verpachteten Hofstellen werden als Neben- oder Zuerwerbsbetriebe nicht mehr geführt, da die Verpachtung nicht als unternehmerische Tätigkeit gilt. Allerdings können sie in dieser Funktion in der „Höferolle“ verbleiben und damit eventuellen Erben für eine Neubewirtschaftung als Basis zur Verfügung stehen – eine unsichere bescheidene Option für eine bäuerliche Zukunft!

Das ursprüngliche Bemühen der politischen Entscheidungsträger auf Bundes- und Länderebene über die Dorferneuerungsförderung den Exodus der Landwirtschaft aufzuhalten, muss trotz aller Teilerfolge gerade auch in der Verbesserung der Randbedingungen für die Produktion als gescheitert angesehen werden.

Die in der Präambel der niedersächsischen Dorferneuerungsrichtlinie vom 28.09.1984 noch feststellbare Bedeutung der Landwirtschaft, wonach „die Förderung der Dorferneuerung nach diesen Richtlinien vorrangig auf die umfassende Verbesserung der Agrarstruktur, vor allem der Produktions- und Arbeitsbedingungen in der Land- und Forstwirtschaft sowie der Lebensverhältnisse der bäuerlichen Familien gerichtet ist“, wurde in der Richtlinien über die Gewährung von Zuwendungen zur integrierten ländlichen Entwicklung (ZILE) von 2005 (siehe Anhang) in einen neuen Zusammenhang gestellt.

Die Landwirtschaft steht seither gleichgewichtig neben anderen Zielen.

Unter Pkt. 1.1 (ZILE) wird der Zuwendungszweck erläutert:

„Zweck der Förderung ist es, zur Verbesserung der Agrarstruktur im Rahmen integrierter ländlicher Entwicklungsansätze unter Berücksichtigung der Ziele und Erfordernisse der Raumordnung und Landesplanung, der Belange des Natur- und Umweltschutzes sowie der Grundsätze der AGENDA 21 die ländlichen Räume im Sinne von Artikel 33 EAGFL-VO über die Förderung der ländlichen Entwicklung als Lebens-, Arbeits-, Erholungs- und Naturräume zu sichern und weiterzuentwickeln. Die Maßnahmen sollen zu einer positiven Entwicklung der Agrarstruktur und einer nachhaltigen Stärkung der Wirtschaftskraft beitragen.“

Maßnahmen zur Einkommensdiversifizierung, zur Schaffung zusätzlicher Beschäftigungsmöglichkeiten oder zur Umnutzung stehen nunmehr offensichtlich vor solchen Fördermaßnahmen, die die normale Produktion betreffen.

Das im Entwurf vorliegende „Agrarinvestitionsförderungsprogramm“ von 2003 bietet *„Zuwendungen für investive Maßnahmen in landwirtschaftlichen Unternehmen zur Unterstützung einer wettbewerbsfähigen, nachhaltigen, umweltschonenden, tiergerechten und multifunktionalen Landwirtschaft, die insbesondere zur Stabilisierung und Verbesserung der landwirtschaftlichen Einkommen sowie zur Verbesserung der Lebens-, Arbeits- und Produktionsbedingungen beitragen.“*

Aus Sicht des Bundesministeriums für Verbraucherschutz, Ernährung und Landwirtschaft wurde „2004 ein Meilenstein in der Agrarwende geschafft“, weil die Bundesregierung die im Juni 2003 auf EU-Ebene beschlossene Reform der Gemeinsamen Agrarpolitik (GAP) in nationales Recht umgesetzt hatte. Seitdem wird zwischen „zwei Säulen der Förderung“ unterschieden, wobei die Zahlungen in der ersten Säule einer Umwelt-, Tierschutz- und Lebensmittelsicherheit garantierenden landwirtschaftlichen Produktion und die zweite Fördersäule Maßnahmen im ländlichen Raum, u. a. der Dorferneuerung dienen.

„Langfristig sollen extensive und ökologisch nachhaltige Wirtschaftsweisen gestärkt und das bestehende Ungleichgewicht in der Förderung – wie etwa die Benachteiligung der Grünlandstandorte beseitigt und die regionale Verarbeitung und Vermarktung landwirtschaftlicher Produkte gestärkt werden.“

Dazu gehören auch die Förderung des ökologischen Landbaus, des Bereichs der nachwachsenden Rohstoffe und von Stallneubauten, die einer artgerechten Tierhaltung dienen. Inwieweit diese Ziele nach dem Regierungswechsel 2005/06 übernommen werden, bleibt abzuwarten.

Unter den genannten Förderbedingungen erscheinen die Zukunftsperspektiven für landwirtschaftliche „Neueinsteiger“ erheblich erweitert und verbessert. Allerdings ist wohl weniger eine zukünftige Standortbindung der Hofstellen an die Dörfer, als vielmehr eine unternehmerische standortungebundene Initiative gemeint, die in letzter Konsequenz zur Herauslösung der Hofstelle aus dem historischen Siedlungsverbund mit seinen verkehrlichen, gestalterischen und emissionsbedingten Auflagen führen kann oder sogar muss.

Somit haben die nach der Wende unter anderen Rechtsformen und mit einem Zehntel des ursprünglichen Mitarbeiterstabs arbeitenden ehemaligen Landwirtschaftlichen Produktionsgenossenschaften (LPG´s) im Rand- bzw. Außenbereich der ostdeutschen Dörfer überraschend Modellcharakter für die zukünftige Landwirtschaft in Niedersachsen bzw. Norddeutschland gewonnen.

Ein Betriebsgrößenvergleich mit dem Land Sachsen- Anhalt belegt, dass die Nachfolgebetriebe der ehemaligen LPG-Anlagen mit mehr als 1.000 ha etwa nur 6 % aller Betriebe ausmacht und ca. 50 % der insgesamt nur 4.590 Betriebe auch zur kritischen Bestandsgröße unter 50 ha gehören.

Die weiteren Auswirkungen der Landwirtschaftsentwicklung auf die Dorferneuerung bzw. -entwicklung in den neuen Bundesländern sind ausführlich am Beispiel von sechs Fallstudiendörfern Sachsen-Anhalts in der Veröffentlichung „Alternative Siedlungsentwicklung in Sachsen-Anhalt“ (Lit. 37) dargelegt worden.

Die Ergebnisse der Fragebogenaktion zum Thema Landwirtschaft in den genannten Fallstudienorten werden im folgenden Kapitel zur Darstellung gebracht.

Langfristige Chancen zur Sicherung der Standorte landwirtschaftlicher Betriebe in den historischen Dorflagen bieten sich letztlich nur über eine entsprechende Bauleitplanung, die in enger Zusammenarbeit mit der betreuenden landwirtschaftlichen Fachbehörde bzw. Zweigstelle der Landwirtschaftskammer erarbeitet werden sollte.

Zu solchen möglichen Hilfestellungen durch die Planung gehören u. a.:

- Voruntersuchungen, Werteermittlungen, Vermessungsarbeiten und Grundstücksvermarktungen im Rahmen des freiwilligen Landtauschs nach dem Flurbereinigungsgesetz;

- Planungsrechtliche Absicherung der überlebensfähigen und erweiterungswilligen Hofstellen in der Ortslage durch Ausweisung von MD-(Dorf-) Gebieten in der Bauleitplanung und durch Berechnung sowie Kartierung der Immissionsradien im Dorferneuerungsplan auf der Grundlage des „Immissionsschutzgesetztes“ und der „TA-Luft“ ;
- Einhaltung ausreichender Abstandsflächen von betriebsfremden Nutzungen wie Gewerbe- und Wohnbaugebieten;
- Verbesserung der Transportwege zwischen Hof- und Wirtschaftsflächen, Entschärfung von innerörtlichen Gefahrenpunkten an Straßenkreuzungen, Überprüfung der Wenderadien für landwirtschaftliche Großgeräte u. a. im Rahmen entsprechender Dorferneuerungsmaßnahmen;
- Pflanzungen und Einfriedungen zur Landschafts- und Hofeinbindung von Fahrsilos, Güllebehältern, Biogasanlagen, Festmistplatten o. Ä. sowie zur Verbesserung des Windschutzes im Rahmen entsprechender Dorferneuerungs- oder Flurbereinigungsmaßnahmen;
- Standortuntersuchungen und weitere Planungshilfen für landwirtschaftliche Gemeinschafts-, für Selbstvermarktungs- und spezifische touristische Anlagen;
- konkrete funktionale, konstruktive, gestalterische, denkmal- und baurechtliche, siedlungsbauliche und finanzielle Planungshilfen für die Umnutzung leer gefallener landwirtschaftlicher Haupt- und Nebengebäude für touristische, kulturelle, handwerkliche, landwirtschaftliche Zwecke oder für Wohnnutzung (siehe auch Kapitel 14).

Entscheidender als der umfassende, nur unvollständig zitierte Katalog der Planungshilfen und eventuellen Fördermöglichkeiten für das Überleben der landwirtschaftlichen Betriebe sind neben der Marktnachfrage folgende Aspekte:

- eine gesicherte Hofnachfolge (inklusive des erforderlichen umfassenden Ausbildungsnachweises des Hofnachfolgers zu allen Fragen von „Ackerbau und Viehzucht“, von Landschaftspflege und Ökologie, von Landtechnik und Agrarchemie, von Buchhaltung und Ökonomie, Management und Betriebswirtschaft);
- der geeignete Standort für die Spezialisierung und für die Vermarktung der Produkte sowie
- die behördliche Unterstützung für „Neueinsteiger“ außerhalb der klassischen Erbfolge.

Wegen der wachsenden Anzahl von interessierten ausgebildeten Hofnachfolgern ohne bäuerliche Herkunft seien diesem Aspekt einige Anmerkungen gewidmet.
In der ZEIT Nr. 77 (03.03.2005) wurde das Thema unter dem Titel „Start-up im Stall“ (Lit. 21) aufgegriffen. Berichtet wird von einem Projekt der Universität Kassel im Auftrage des Verbraucherschutzministeriums mit der Fragestellung, wie Existenzgründungen von zukünftigen Landwirten ohne eigene Herkunft von einem Bauernhof erleichtert werden können. „Jedes Jahr schließen etwa 15.000 Bauernfamilien ihren Hof. Gleichzeitig will gut die Hälfte der Landwirtschaftsstudenten einen eigenen Betrieb gründen. Nur ein Viertel sind jedoch Bauernkinder mit eigenem Hof.“
Multifunktionale Landwirtschaft heißt das Zauberwort. Eine andere Möglichkeit, die diskutiert wird, ist die Umwandlung des Betriebes in eine gemeinnützige Stiftung oder einen Verein. Das Problem seien die zuständigen Landwirtschaftskammern und Agrarverwaltungen, bei denen immer noch das Leitbild „Wachse oder weiche“ herrsche nach dem Prinzip „jeder der aufgibt, hilft dem Nachbarn, seinen Hof zu vergrößern und so fit für den Weltmarkt zu machen.“
Hoffnung macht dagegen eine neue Hofbörse im Rahmen der hessischen Agrarverwaltung, in der Bauern ohne Nachfolger und junge Bauern ohne Hof zusammengeführt werden sollen.

Am Beispiel zweier Fallstudiendörfer im Nordosten Niedersachsens, dem marktfernen Dorf Prezelle im Landkreis Lüchow-Dannenberg und dem Flecken Bardowick im Landkreis Lüneburg kann der Einfluss des Standortes verdeutlicht werden. Während aufgrund der Marktferne, der fehlenden Arbeitsplatzalternativen und Verkehrsanbindungen in Prezelle nur noch die „Gesundschrumpfung“ als Alternative für die Landwirtschaft mit der Folge drastischer Betriebsaufgaben geblieben ist, sind die Entwicklungsmöglichkeiten der Betriebe des durch Hauptbahn und Bundesstraße erschlossenen Fleckens Bardowick mit seiner Marktnähe zum Ballungsraum Hamburg und den günstigen Bedingungen für die Spezialisierung auf dem Gemüseanbau sehr viel günstiger einzuschätzen.

Potentielle Rückzugsgebiete der Landwirtschaft

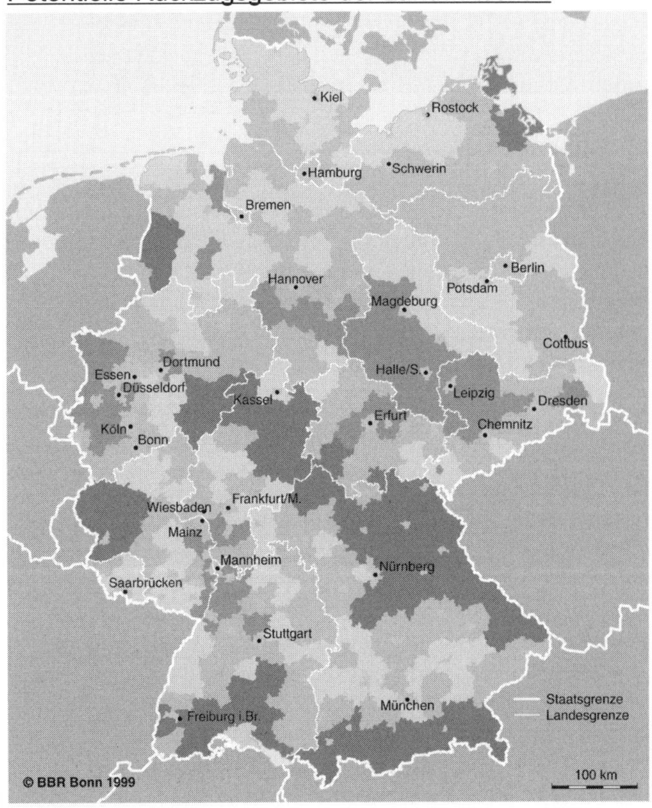

LEGENDE

Rückzugswahrscheinlichkeit der Landwirtschaft

- stark unterdurchschnittlich
- unterdurchschnittlich
- durchschnittlich
- überdurchschnittlich
- stark überdurchschnittlich

8 Indikatoren, standardisiert und gewichtet

- Kreisfreie Städte, Kernstädte

DATENBASIS: Laufende Raumbeobachtung des BBR — Kreise, Gebietsstand 1.1.1996

Indikator	Dimension	Stand	Tendenz	Gewichtung
Betriebe über 50 ha	Flächen >50h	1995	abnehmend	26
Bodenklimazahl	absolut	vor 1994	abnehmend	25
Siedlungsstrukturelle Kreistypen	absolut	1996	zunehmend	8
Erreichbarkeit mit PKW	in Minuten	1998	zunehmend	8
Gemüseanbaufläche je LF	in %	1995	abnehmend	8
Dauergrünland je LF	in %	1996	zunehmend	5
Großvieheinheiten	GVE/100ha	1996	abnehmend	15
Ziel 5b-Gebiete	ja/nein	1998	zunehmend bei nein	5

Da dem Modell entsprechend die Gewichtung der jeweiligen Parameter in allen Kreisen gleich ist, kann es vorkommen, dass etwaige Besonderheiten oder regionale Spezifika in Einzelfällen nicht bzw. nicht ausreichend berücksichtigt werden. Bitte beachten Sie außerdem, dass es sich um ältere Daten und Annahmen handelt.
Im Hinblick auf die Neuorientierung der Agrarpolitik und die EU-Osterweiterung können hier weitere oder anders zu gewichtende Parameter wirksam werden. Vermutlich würde sich das bisherige Bild dadurch jedoch nicht grundlegend ändern.

Die Karte zu den Rückzugsgebieten wurde in dem nunmehr mehrere Jahre zurückliegenden Artikel „Trends der Landschaftsentwicklung in der BRD“, IZR-Heft 5/6 1999 „Erhaltung und Entwicklung gewachsener Kulturlandschaften als Auftrag der Raumordnung“, BBR S. 291f. herausgegeben.

Abb. 44: Potentielle Rückzugsgebiete der Landwirtschaft

Spezifische, „harte" wirtschaftliche Standortnachteile wie Bodenpunkte, Klima, Geografie und Geologie u. a. lassen sich entweder nur durch Spezialisierung und Neubesetzung „weicher" Standortalternativen (sanfter Tourismus, Bauerncafés, Obstkulturen, Reiterhöfe, Selbstvermarktung u. a.) ausgleichen oder durch Betriebsvergrößerungen im Rahmen von neuen Betriebszusammenschlüssen oder Kooperationen – evtl. in Verbindung mit Betriebszweigaussiedlungen kompensieren, falls die dörflichen Hofreiten keine bauliche und betriebliche Entwicklung mehr zulassen.
Der Übersichtskarte der „Potentiellen Rückzugsgebiete der Landwirtschaft" (Stand 1996), in der die Rückzugswahrscheinlichkeit der Landwirtschaft auf der Grundlage von acht standardisierten und gewichteten Faktoren vorgenommen wurde, weist die strukturschwachen Untersuchungsräume dieser Fallstudienanalyse überwiegend als „überdurchschnittliche Rückzugsräume" aus (siehe Abb. 44).

Im Rahmen dieser Vorbemerkungen konnte die Komplexität des Themas „Landwirtschaft und Dorf" nur angedeutet werden. Die Ergebnisse der Befragungen zu den Rückwirkungen der Dorferneuerung auf die Zukunft der Landwirtschaft werden u. a. im folgenden Kapitel dargestellt, bevor abschließend Folgerungen und Konsequenzen für das weitere Handeln formuliert werden sollen, die sich u. a. auch aus den neuen Förderrichtlinien und Aufbauprogrammen ableiten lassen.

7.2 Fallstudienanalyse

Zu Themenkomplexen im Zusammenhang von Dorferneuerung und Landwirtschaft wurden die betroffenen Kommunen in den untersuchten Dorfregionen, die Bürger einschließlich ausgewählter „Experten" aus den Dörfern, die zuständigen Ämter für Landentwicklung (ehem. Agrarstruktur) und die Landwirtschaftskammern getrennt befragt.

7.2.1 Kommunale Befragungen

Die Frage nach einer möglichen Bedeutung der Dorferneuerungsplanung für die Sicherung und Entwicklung der landwirtschaftlichen Betriebe wurde lediglich von 16 % der niedersächsischen Untersuchungsgemeinden und von keiner der befragten Gemeinden Sachsen-Anhalts positiv beantwortet.
In einer zweiten Fragebogenaktion wurden weitere mögliche Zusammenhänge zwischen dörflicher und landwirtschaftlicher Entwicklung überprüft. Die Frage, ob der Rückzug der landwirtschaftlichen Betriebe Konsequenzen für das soziokulturelle Leben im Dorf ausgelöst habe, wurde lediglich von vier (13 %) niedersächsischen Gemeinden (Estorf, Schnega, Eilte, Häuslingen) und zwei Gemeinden Sachsen-Anhalts (Erxleben, Reinstedt) bejaht.
Dieses erschreckende Ergebnis entspricht dem über Jahrzehnte persönlich wahrgenommenen Prozess einer schicksalhaft gegenseitig hingenommenen Entfremdung zwischen den eingesessenen Familienbetrieben und den zugezogenen Dorfbewohnern. Als konkrete negative Auswirkungen wurden von den Gemeinden der verstärkte Fortzug jüngerer Bewohner, die zunehmende Arbeitslosigkeit sowie der Rückgang traditioneller Dorffeste und der Verlust der Nachbarschaftshilfe benannt. Die Frage, ob die Gemeinden eine dringende Notwendigkeit zur Aussiedlung landwirtschaftlicher Betriebszweige aus der Ortslage sähen, wurde von drei niedersächsischen (9 %), jedoch von keiner sachsen-anhaltinischen Gemeinde bejaht.
Letzteres Ergebnis überraschte jedoch kaum, da die Landwirtschaft Ostdeutschlands im Schwerpunkt weiterhin in den am Ortsrand liegenden ehemaligen LPG-Anlagen betrieben wird – mit genügend baulichen Erweiterungsmöglichkeiten bei günstiger Geruchsemissions- und Erschließungslage.

17 befragte niedersächsische und vier sachsen-anhaltinische Gemeinden äußerten sich grundsätzlich zu den Absatzmöglichkeiten der landwirtschaftlichen Produkte. Davon empfehlen 31 % der niedersächsischen und 57 % der sachsen-anhaltinische Gemeinden ihren Landwirten die Produkte vor Ort, und nochmals 28 % bzw. 29 % der Gemeinden diese auf dem benachbarten Stadtmarkt anzubieten. Besonders für die zur Samtgemeinde Kirchdorf gehörenden Fallstudien wird die Möglichkeit des Verkaufes in der Stadt herausgestellt (Markt in Sulingen).

Die erfragte kommunale Einschätzung der Entwicklungsmöglichkeiten der zur Gemeinde gehörenden landwirtschaftlichen Betriebe in den nächsten fünf Jahren konnte in drei Stufen erfolgen. Von einer „eher besseren" Entwicklung der Landwirtschaft gingen lediglich ein niedersächsischer Ortsteil (Stadtdorf Ührde, Stadt Osterode am Harz), von einer „gleich bleibenden" Entwicklung 47 % und von einer „schlechteren" mit 50 % die Mehrzahl der befragten Dörfer aus!
Vergleichbar negativ fallen die kommunalen Einschätzungen für die landwirtschaftlichen Betriebe in Sachsen-Anhalt mit 57 % „schlechter", 29 % „gleich bleibend" und mit nur 14 % (Eimersleben) für „eher besser" aus.
Eine abschließende Frage galt der kommunalen Einschätzung für die Chancen einer in der Zukunft verstärkt biologisch-ökologisch ausgerichteten Landwirtschaft – entweder in der Ortslage oder im Außenbereich. Acht niedersächsische Dörfer sehen „gute" (25 %), 20 (63 %) „mäßige" und lediglich zwei (6 %) sehen „schlechte" Möglichkeiten in der Ortslage, dagegen sehen 12 (38 %) „gute", 16 (50 %) „mäßige" und zwei (6 %) „schlechte" Entwicklungschancen außerhalb der Ortslage. Besonders aufgeschlossen für eine ökologisch ausgerichtete Landwirtschaft – sowohl innerhalb der Ortslage als auch im Außenbereich sind dabei die Dörfer der Dorfregion „Nienburger Wesermarsch" – zu 100 % werden hier „gute Chancen" gesehen.
Bedeutend negativer ist die vergleichbare Einschätzung der untersuchten Dorfregionen Sachsen-Anhalts (80 % „mäßig", 15 % „schlecht").

7.2.2 Bürger- und Expertenbefragung

Die an die Kommunen gerichtete Frage nach den Auswirkungen der Dorferneuerung auf die Sicherung der landwirtschaftlichen Betriebe wurde auch den Dorfbewohnern gestellt. Lediglich 9 % der Befragten in Niedersachsen erkannten hier positive Auswirkungen auf die Betriebe in der Ortslage und im Außenbereich. 20 % der Bürger sahen sogar „negative" Folgen. Der Rest beurteilte die Situation mit „gleich bleibend", ein Urteil, dass auch als Folge von Unwissenheit oder Gleichgültigkeit gegenüber der Situation der Landwirtschaft erklärbar sein mag.

Bei vergleichbaren Gesamtbewertungen durch die Bürger der Dörfer Sachsen-Anhalts fallen hier extreme Unterschiede zwischen den befragten Dorfregionen auf. Während die Bewohner der Region Elbtalauen Ost überwiegend positive Auswirkungen (63 %) sehen, spüren dies in der Nordharz- und in der Magdeburger Börderegion keine bzw. lediglich 3 % der Bürger. In der vergleichenden Gesamtdarstellung der von den Bewohnern und von den Kommunen vermuteten Auswirkungen der Dorferneuerung auf Teilaspekte dörflicher Wirklichkeit, steht sowohl in Niedersachsen als auch in Sachsen-Anhalt die

„Landwirtschaft“ an letzter Stelle (siehe Abb. 197).
Dieses Ergebnis deckt sich mit dem bereits vor 10 Jahren für Niedersachsen gefundenen Ergebnis (10 Jahre Dorferneuerung in Niedersachsen, Lit. 44).

Interessant ist das Urteil der befragten Experten, unter denen sich auch einzelne Landwirte befanden, zur aktuellen Lage der landwirtschaftlichen Betriebe in ihrem Dorf. 25 % beurteilten die Situation als „negativ“, 50 % als „ungewiss“ und nur 20 % als „optimal und stabil“. Als Gründe für die „negative“ und „ungewisse“ Beurteilung werden angegeben: Preisschwankungen, zunehmender Leerstand und fehlende Umbaualternativen, zu geringe Flurgrößen, zunehmende Industrialisierung der Landwirtschaft, fehlende Hofnachfolgesicherung, fehlende bauliche Erweiterungsmöglichkeiten in der Ortslage, Wegzug der jüngeren Bevölkerungsteile.

7.2.3 Ämterbefragungen (Ämter für Landentwicklung, Landwirtschaftskammern)

Die Ämter für Landentwicklung (ehem. Agrarstruktur) kommen bei ihrer Einschätzung der erwarteten nachhaltigen Auswirkungen der Dorferneuerung auf den Strukturwandel in der Landwirtschaft zu etwas günstigeren Ergebnissen:
So sehen die Mehrheit der Ämter (88 %) noch „in Teilen positive“, jedoch in keinem Amt „absolut positive“ Auswirkungen, in einem Fall (15 %) sogar „geringe bzw. keinerlei“ Einflüsse.

Noch näher am „Herz“ der landwirtschaftlichen Betriebe, an ihren wirtschaftlichen, rechtlichen, personellen und baulichen Problemen sind die Landwirtschaftskammern, die in Abstimmung mit dem Landvolk seit der Nachkriegszeit mit ihrem geschulten Fachpersonal eine intensive Betreuung der Betriebe garantieren.
Die für die drei größeren untersuchten niedersächsischen Dorfregionen zuständigen Kreisstellen der Landwirtschaftskammer Hannover (Diepholz, Nienburg, Osterode) wurden zu folgenden spezifischen Stichworten aus der Landwirtschaft befragt: Hofnachfolge, Folgen von Emissionen, touristische Beiträge, Biolandwirtschaft, Nischenlandwirtschaft, Übernahme besonderer landschaftspflegerischer Aufgaben, Einsatz erneuerbarer Energien, Arbeitsplätze, Gesamtbewertung und Zukunftsaufgaben.

<u>Hofnachfolge</u>
In den drei Dorfregionen ist die Hofnachfolge im Durchschnitt nur zu etwa 25 – 30 % gesichert, zu etwa 55 – 60 % ist sie „unsicher“ bzw. „nicht gesichert“. Während in den Dörfern der Geest-/Moorniederung 48 % der Betriebe als „gesichert“ und 32 % als „nicht gesichert“ gelten können, liegen für die Nienburger Wesermarschregion nur Vermutungen für die eher zu erwartende Betriebsaufgabe als für die Nachfolgesicherung vor. Danach werden etwa die Hälfte der zurzeit wirtschaftenden Voll- und Nebenerwerbsbetriebe in den nächsten Jahren aus unterschiedlichen Gründen aufgeben müssen.

Besonders beängstigend sind die Perspektiven für die Dörfer der Südharzregion. Lediglich in fünf (6,6 %) von 76 Betrieben ist die Hofnachfolge gesichert. In 52 % ist sie unsicher oder nicht gesichert. Aufgrund der relativ niedrigen Hektar- und Tierbesatzgrößen der zurzeit im Vollerwerb geführten Betriebe werden diese wohl überwiegend zu Nebenerwerbsbetrieben. Von den noch vorhandenen vier Vollerwerbs- und 13 Nebenerwerbsbetrieben in Schwiegershausen wird beispielsweise für die nächsten 6 – 8 Jahre die Aufgabe von drei Vollerwerbs- und acht Nebenerwerbsbetrieben erwartet. Besonders problematisch erscheint die Situation in Wulften, wo von acht Vollerwerbsbetrieben lediglich nur ein Betrieb für die Zukunft gerüstet und gesichert zu sein scheint. Die auch durch die Hanglagen begrenzten Betriebsflächen lassen praktisch keine für die Existenzsicherung erforderlichen Betriebserweiterungen zu.

<u>Emissionen</u>
Von insgesamt 76 Betrieben (29 VE; 47 NE) der Dorfregion Südharz werden 40 als emittierend (nach dem BImSchG) und davon alleine 13 aus Hattorf benannt. Aus den übrigen Dorfregionen wurden zwar keine emittierenden Betriebe angegeben. In die früheren Dorferneuerungsplanungen waren jedoch zahlreiche Hofstellen mit Emissionsradien eingetragen worden, deren Produktion bis heute aufrecht erhalten wurde (Varrel, Haßbergen, Scharringhausen u. a.). Dieses Ergebnis wurde durch die Ortsbegehungen bestätigt.

<u>Touristische Aktivitäten der Landwirtschaft (siehe auch Kapitel 9)</u>
Die touristischen Aktivitäten der landwirtschaftlichen Betriebe in den drei untersuchten Dorfregionen sind bisher eher zurückhaltend bis gering.
In der Nienburger Wesermarsch sind es drei Betriebe in Estorf und ein Betrieb in Oyle, die eine Kombination aus Übernachtungsangeboten und Reiten oder Radtourismus vorhalten. Je ein Hofcafé werden in Wehrbleck, Ritzleben und Eimersleben, zwei Reiterhöfe werden in Eimersleben und Reinstedt betrieben. Keinerlei touristische Angebote werden bisher von den Betrieben der Südharzregion unterbreitet. Zwei Hofstellen bieten den Gästen der Geest-/Moorniederung „Urlaub auf dem Bauernhof“ an.

<u>Biolandwirtschaft/Ökobetriebe</u>
Ausgesprochen gering ist noch die Anzahl der biologisch-ökologisch ausgerichteten Betriebe in den drei Dorfregionen. Während lediglich ein bis zwei Betriebe aus der Südharz-Region (Elbingerode) und ein Betrieb in der Nienburger Wesermarschregion (Haßbergen) benannt wurden, gibt es in den sieben Dörfern der Geest-/Moorregion keine eingetragenen Ökobetriebe, wenn einmal von zahlreichen „Spargelbauern“ in beiden Dorfregionen der Landkreise Diepholz und Nienburg abgesehen wird. Diese Betriebe sind jedoch eher der folgenden Gruppe zuzuordnen.

<u>Nischenproduktion/Selbstvermarktung</u>
Als Beispiele ergänzender betrieblicher Schwerpunkte werden aus der Dorfregion Geest-/Moorregion ein Katzenhotel (Aschen) sowie acht Betriebe mit Spargel- und Sondergemüseanbau mit Direktvermarktung und Selbstpflückaktionen benannt und in der Nienburger Wesermarsch eine Straußenfarm (Oyle), ein Heidschnucken- und Bienenhaltungsbetrieb sowie mehrere Selbstvermarktungsbetriebe für Spargel und Gemüse (Estorf, Haßbergen).
Hofläden wurden nach der Dorferneuerungsphase auch in der Südharzregion in einigen Dörfern eingerichtet (Ührde, Wulften, Gittelde).

<u>Landschaftspflegerische Aufgaben</u>
In der Region Südharz werden landschaftspflegerische Maßnahmen bisher nur von der Jägerschaft (Wulften) und der Feldflurgenossenschaft (Elbingerode) übernommen. In Oyle (Region Nienburger Wesermarsch) bietet ein landwirtschaftlicher Betrieb das Beschneiden von Bäumen und das Entfernen von Baumstümpfen an.

Erneuerbare Energien
In den Dorfregionen der Landkreise Diepholz und Nienburg finden sich drei Betreiber von Biogasanlagen sowie ca. 30 Windkraftanlagen.
Lediglich drei Windräder, drei Solaranlagen und eine Voltaikanlage wurden bisher in Elbingerode (Südharzregion) realisiert. Besonderes Augenmerk wird seit einigen Jahren auch auf den Rapsanbau als nachwachsenden Rohstoff für die Energieversorgung gelegt (Elbingerode, Schwiegershausen). Eine Ausnahme stellt die Gemeinde Häuslingen dar, die als „Impulsgemeinde für installierte Solaranlagen" Landesmeister in Niedersachsen geworden ist (siehe auch Abschnitt 20.2).

Arbeitsplätze/Gesamtbewertung/Zukunftsaufgaben
Die genannten Arbeitsplatzangaben unter Berücksichtigung der großen Anzahl von Saisonarbeitskräften in den Dorfregionen der Landkreise Diepholz und Nienburg (geschätzt zwischen 600 bis 1.000 in der Spargel- und Sonderkulturenernte pro Dorf) sind unvollständig.
Während die Zukunftsgestaltung der landwirtschaftlichen Betriebe in den Dörfern der Geest-/Moorregion von der Erfüllung einzelner Aufgaben abhängig gemacht wird (Übernahme von Brachflächen durch andere Betriebe, verstärkte Fördermittel für Sonderaufgaben, Förderung des Anbaus nachwachsender Rohstoffe), ist die Zukunftsbewertung der Betriebe in den Dörfern der Südharzregion durch den bereits vorgestellten begründeten Pessimismus geprägt.
Zu befürchten ist vor allem als Folge der ungesicherten Hofnachfolge eine starke Abnahme der VE-Betriebe in den Dörfern Schwiegershausen, Elbingerode und Wulften, wo von zurzeit insgesamt 36 Betrieben in den nächsten 10 Jahren eventuell nur 12 Voll- und Nebenerwerbsbetriebe „überleben" werden. Das entspräche einem Verlust von 66 %.
Zur Dorfregion der Nienburger Wesermarsch wurden keine diesbezüglichen Angaben gemacht.

7.2.4 Entwicklung der landwirtschaftlichen Betriebe in den untersuchten Dorfregionen

Betriebe in Niedersachsen
Die Aufgabe landwirtschaftlicher Betriebe in den untersuchten 32 niedersächsischen Dorflagen hat sich zwar in unterschiedlicher Intensität zwischen und innerhalb der untersuchten Dorfregionen vollzogen. In der Summe beträgt sie jedoch exakt 50 %, d. h., dass nach dem Abschluss der zu unterschiedlichen Zeiten durchgeführten Dorferneuerungsvorhaben bis heute die Hälfte der Betriebe aufgegeben wurden.

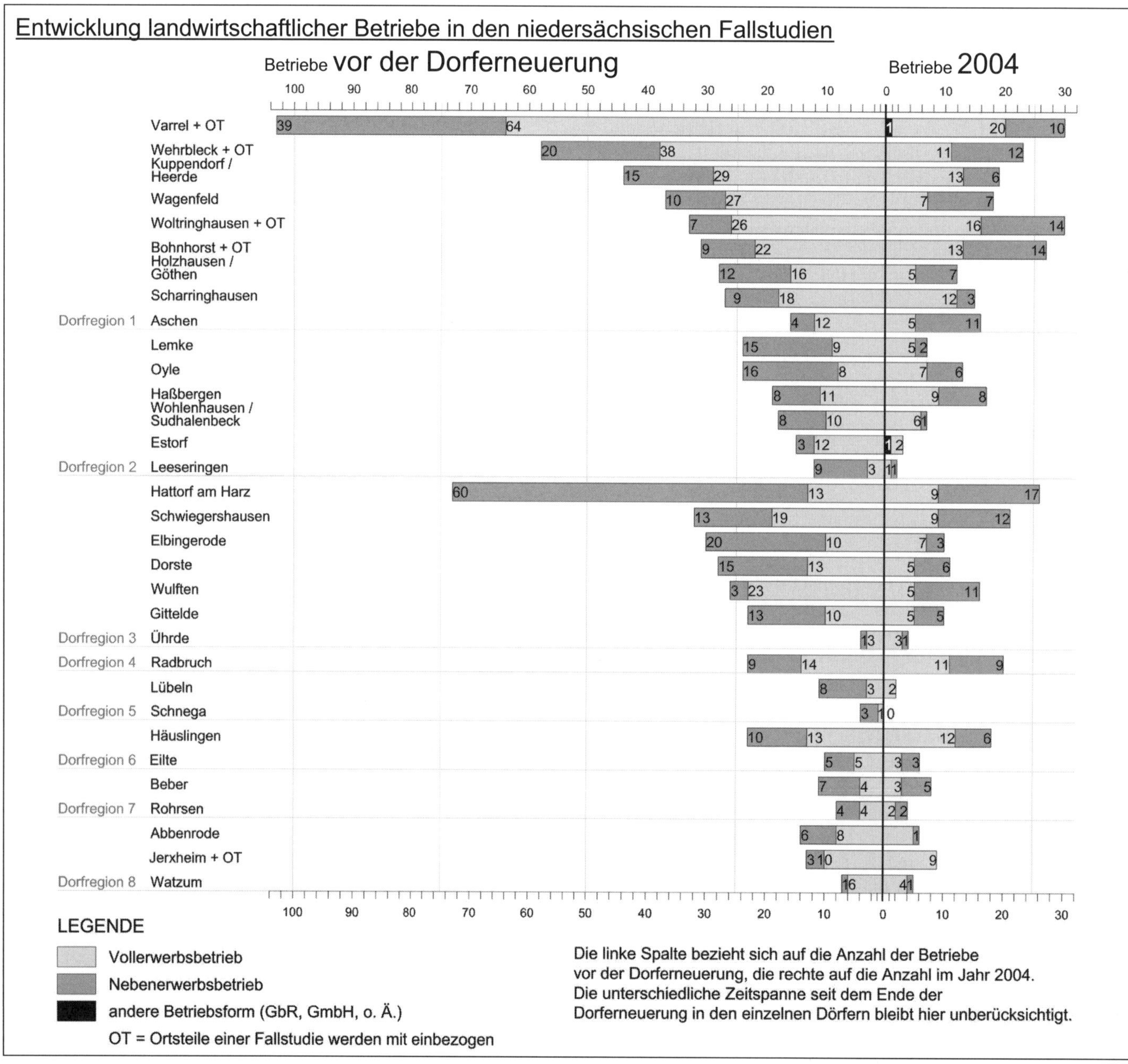

Abb. 45: Entwicklung landwirtschaftlicher Betriebe in den niedersächsischen Fallstudien

Lediglich in zwei oder 6 % der Dörfer (Aschen, Ührde) ist die Betriebszahl „unverändert" geblieben, in vier oder 13 % hat sie sich „geringfügig verändert" mit einer Abnahme unter 20 %, in acht oder 25 % der Orte ist die Abnahme mit 20 – 50 % „normal bis stark" und in 18 oder 56 % der Dörfer ist sie mit über 50 % „extrem stark".

Sämtliche untersuchten Dorfregionen sind von der Abnahme betroffen, besonders jedoch die Regionen Nienburger Wesermarsch, Südharz, Wendland und Braunschweiger Börde. Von über 75 % leer gefallener bzw. ruhender Hofstellen in den vergangenen 20 Jahren waren alleine die Dörfer Estorf, Leeseringen und Lemke im Landkreis Nienburg sowie Lübeln und Schnega im Landkreis Lüchow-Dannenberg betroffen. Infolge der großen Anzahl bereits über die Dorferneuerung durchgeführter Umbaumaßnahmen konnte zumindest der Verlust des dörflichen Siedlungsbildes bisher verhindert werden. Ein vergleichbar positiver Effekt ist dank der investierten Fördermittel in den Ortslagen von Estorf, Elbingerode und Abbenrode feststellbar.

Die anlässlich einer vor 10 Jahren durchgeführten Erfolgskontrolle niedersächsischer Dorferneuerungsvorhaben (10 Jahre Dorferneuerung in Niedersachsen, Lit. 41) gefundenen Ergebnisse bestätigen, dass sich der negative Strukturwandel seit 1994 in verstärkter Intensität fortgesetzt hat. Die durchschnittliche Abnahme der Betriebe betrug in der Zeit zwischen 1984 – 1994 in den damals untersuchten 25 Fallstudien 40 %.

Eine ergänzende, vergleichende Analyse der Betriebsaufgaben in den zugehörigen niedersächsischen Landkreisen im Zeitraum von 55 Jahren zwischen 1949 und 2004 zeigt Betriebsaufgaben zwischen 60 % (Diepholz) und 95 % (!) (Osterode). Im Durchschnitt hat damit seit 1949 nur jeder 5. Betrieb überlebt. Eine Standortkonzentration landwirtschaftlicher Betriebe ist in den untersuchten Landkreisen Niedersachsens Diepholz, Lüneburg und Nienburg nachweisbar. Die stärkste Abnahme ist in den hügeligen, topografisch gegliederten Landkreisen Hameln-Pyrmont, Wolfenbüttel und Osterode am Harz feststellbar.

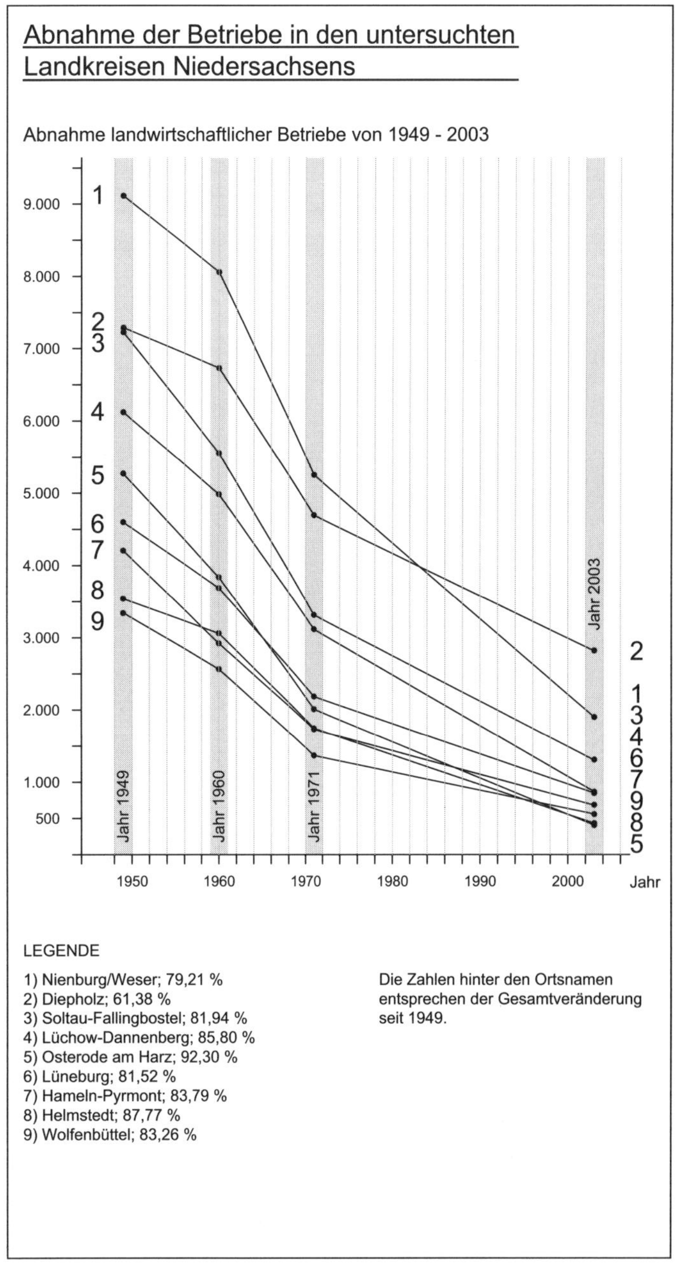

Abb. 46: Abnahme landwirtschaftlicher Betriebe in den untersuchten Landkreisen

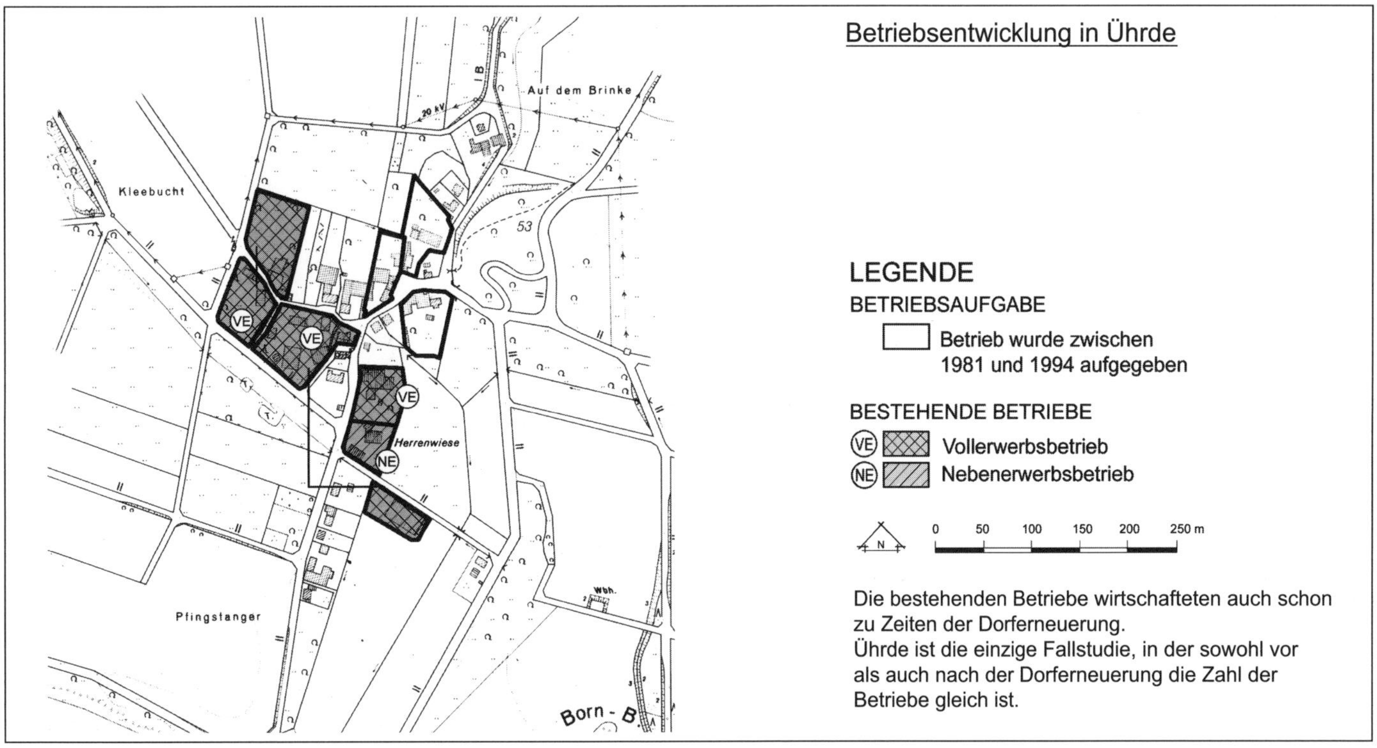

Abb. 47: Betriebsentwicklung in Ührde

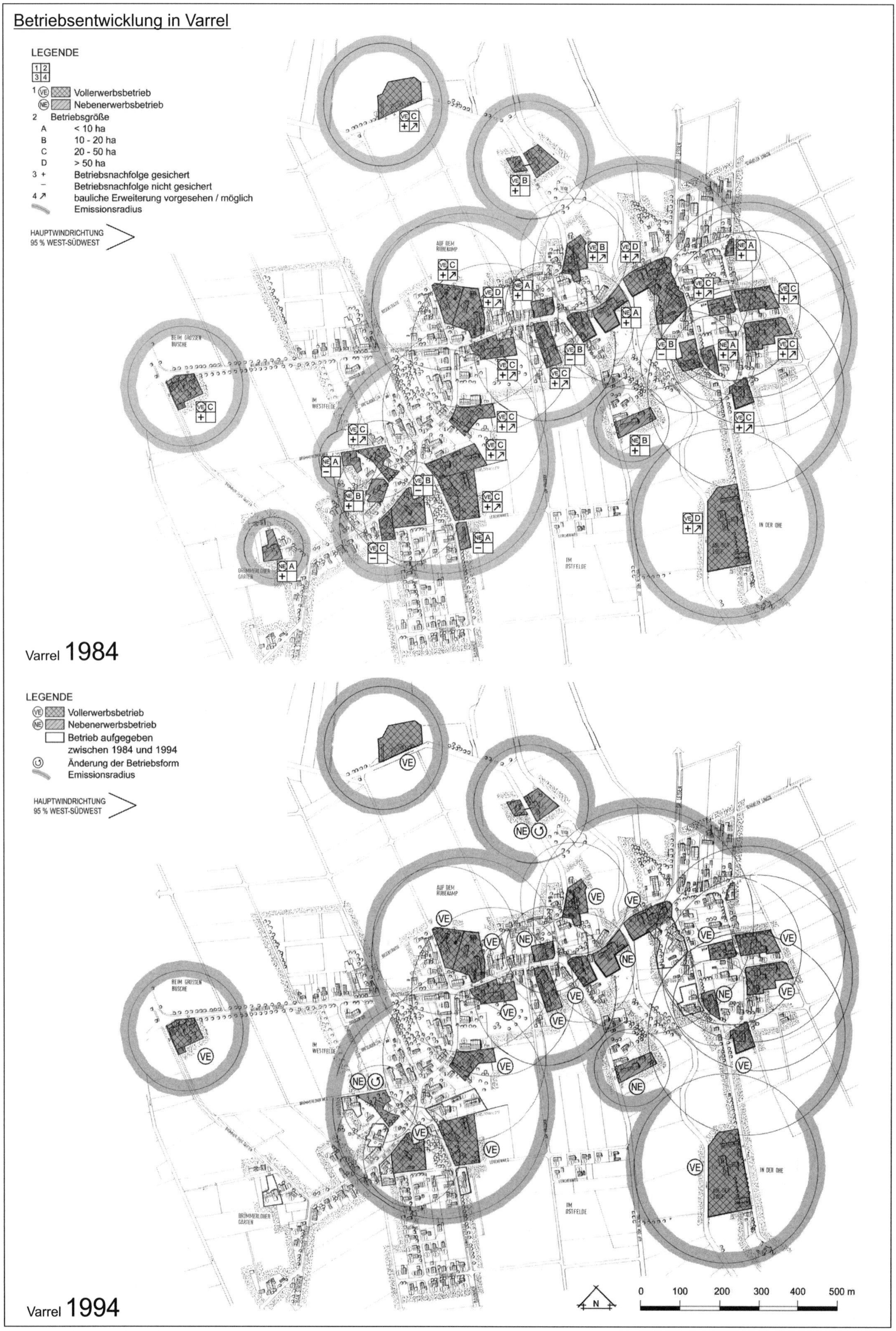

Abb. 48: Betriebsentwicklung in Varrel (Teil 1)

Betriebsentwicklung in Varrel

LEGENDE

- (VE) Vollerwerbsbetrieb
- (NE) Nebenerwerbsbetrieb
- Betrieb aufgegeben zwischen 1984 und 2004
- (GbR) GbR / Betriebsgesellschaft
- Änderung der Betriebsform
- Emissionsradius

HAUPTWINDRICHTUNG 95 % WEST-SÜDWEST

Varrels Ortskern ist besonders von der Aufgabe landwirtschaftlicher Betriebe betroffen.

Allein innerhalb der dargestellten Jahre 1984 - 2004 sind 60 % der Betriebe aufgegeben worden mit den bereits im Text geschilderten Folgen für die gewachsene Dorfstruktur.

Ähnlich sieht es auch in den zu Varrel gehörigen kleinen Weilern und Streulagen aus. Hier sind in manchen Ortsteilen teilweise keinerlei landwirtschaftliche Betriebe mehr zu finden.

Varrel 2004

Abb. 49: Betriebsentwicklung in Varrel (Teil 2)

Estorf im Jahr 1872

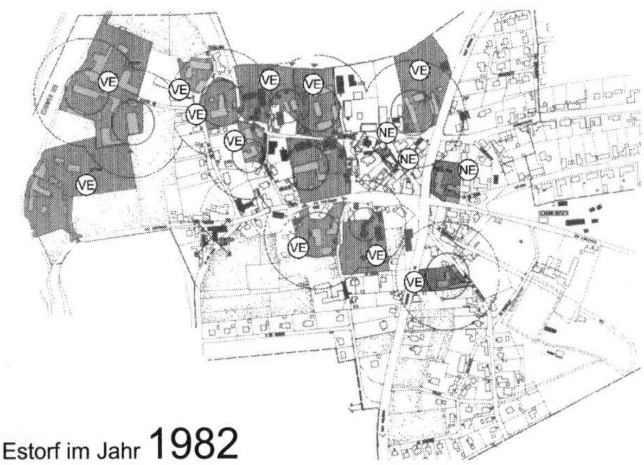

Estorf im Jahr 1982

LEGENDE

- Landwirtschaftliche Hofstelle (Karte 1872)
- (VE) Vollerwerbsbetrieb
- (NE) Nebenerwerbsbetrieb
- Betrieb aufgegeben zwischen 1982 und 2005
- (GbR) GbR (Betriebsgemeinschaft Estorf)
- Emissionsradius

Betriebsentwicklung in Estorf

Wie Varrel, war auch Estorf durch die große Zahl aufgebender Betriebe betroffen. Bereits 1981 stand fast der komplette Ortskern leer.

Vier ehemalige Gutsbetriebe und Vollmeierhöfe haben sich in den 1990er Jahren zur "Betriebsgemeinschaft Estorf GbR" zusammengeschlossen.

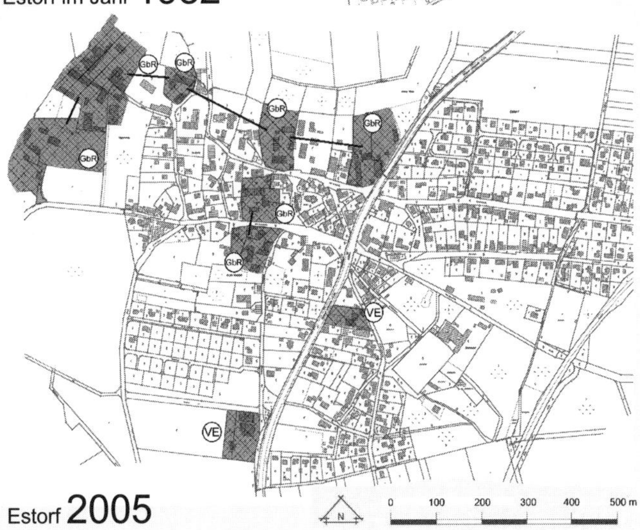

Estorf 2005

Abb. 50: Betriebsentwicklung in Estorf

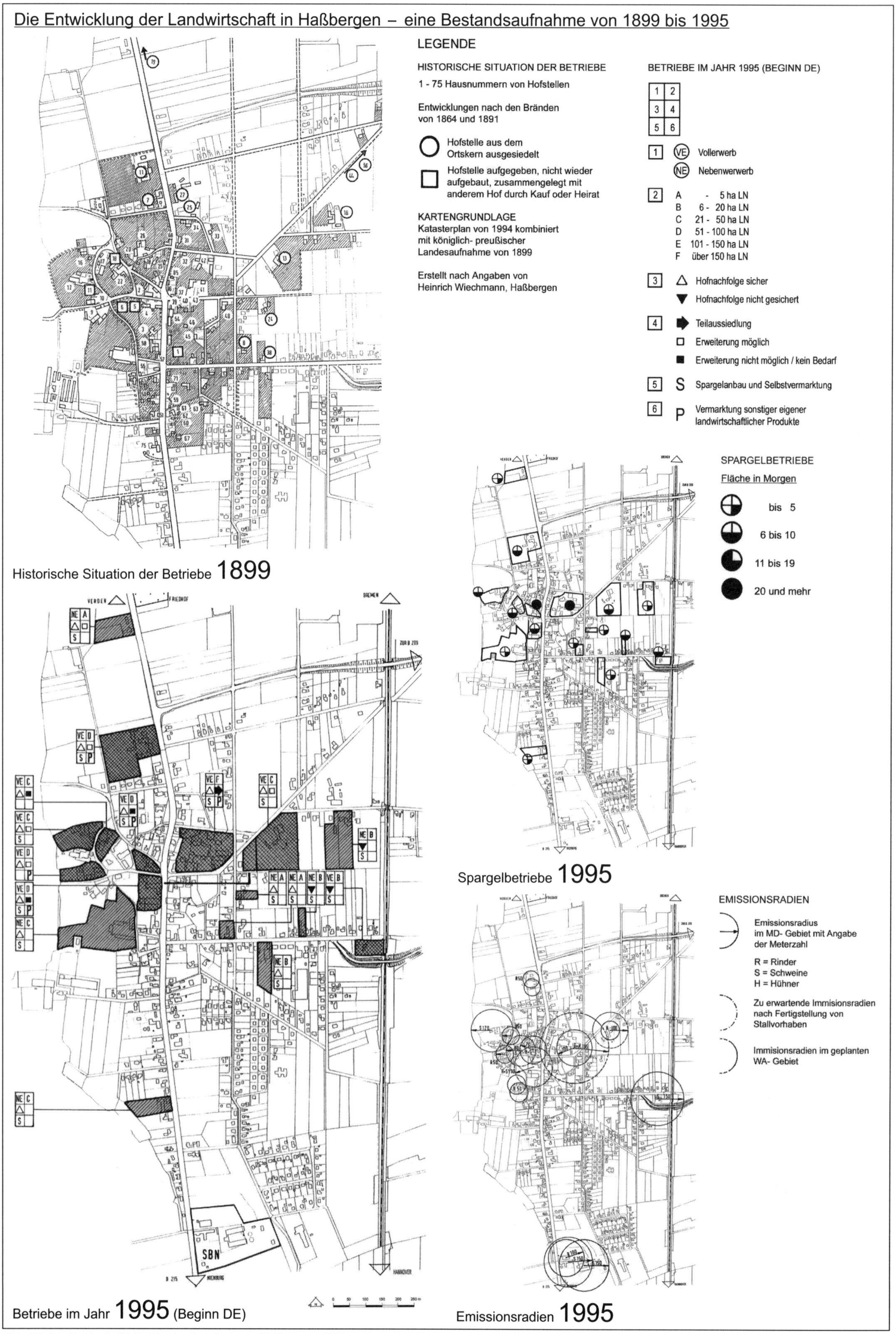

Abb. 51: Landwirtschaftliche Bestandsaufnahme, Haßbergen 1995

Die Entwicklung der Landwirtschaft in Haßbergen – eine Bestandsaufnahme von 2005

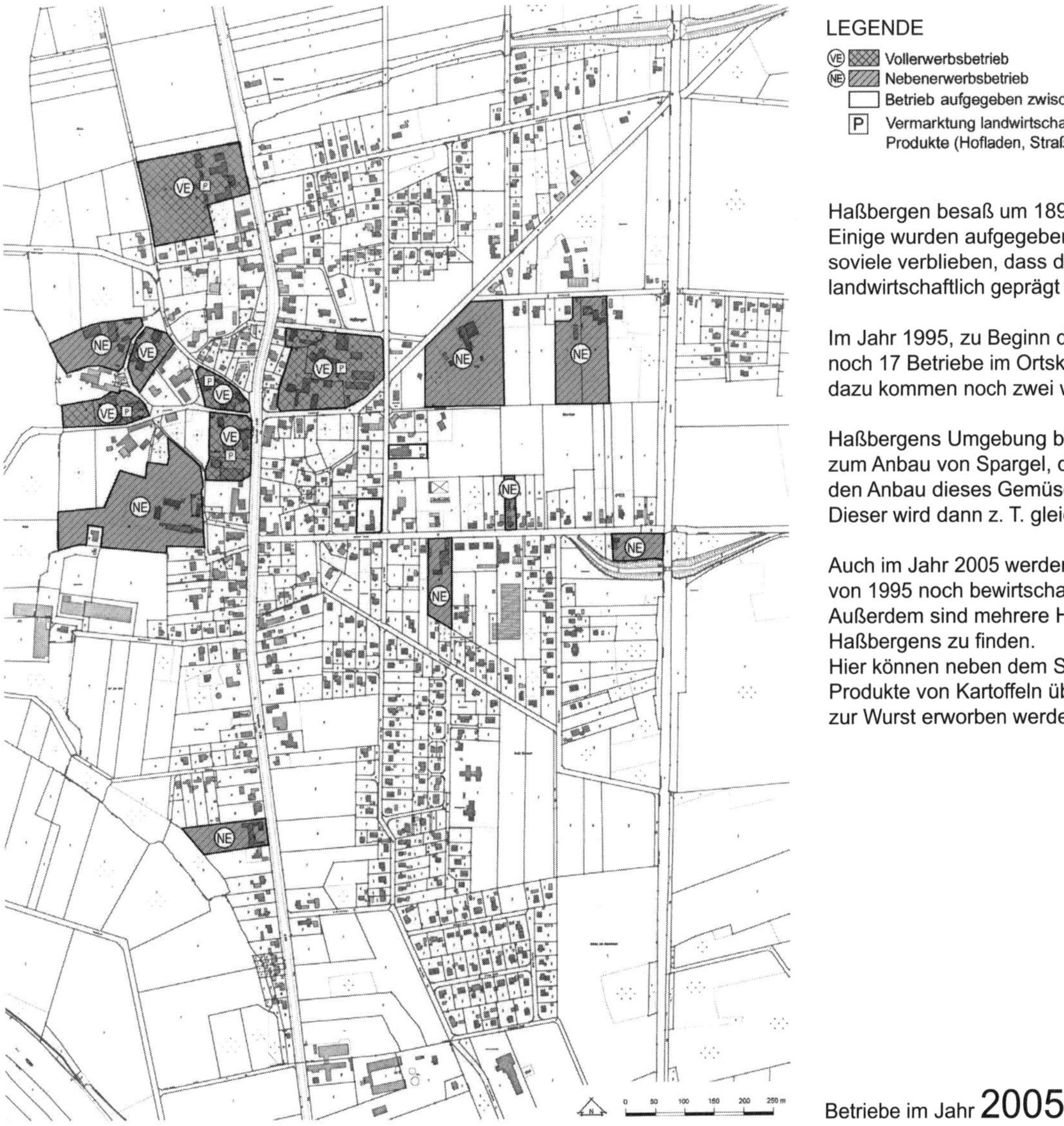

Haßbergen besaß um 1899 etwa 75 Hofstellen. Einige wurden aufgegeben, jedoch sind weiterhin soviele verblieben, dass das Dorf weiterhin landwirtschaftlich geprägt war.

Im Jahr 1995, zu Beginn der Dorferneuerung konnten noch 17 Betriebe im Ortskern kartiert werden, dazu kommen noch zwei weitere im Außenbereich.

Haßbergens Umgebung bietet ideale Voraussetzungen zum Anbau von Spargel, daher sind viele Betriebe auf den Anbau dieses Gemüses spezialisiert. Dieser wird dann z. T. gleich ab Hof verkauft.

Auch im Jahr 2005 werden (fast) alle Betriebe von 1995 noch bewirtschaftet. Außerdem sind mehrere Hofläden an der Hauptstraße Haßbergens zu finden. Hier können neben dem Spargel sämtliche erzeugten Produkte von Kartoffeln über Obst und Eier bis zur Wurst erworben werden.

Abb. 51: Landwirtschaftliche Bestandsaufnahme, Haßbergen 2005

Aussiedlung am Beispiel Abbenrode

Durch die Aufgabe fast aller örtlichen Betriebe, war das Dorf Abbenrode bereits 1965, d. h. vor 40 Jahren, von extremem Gebäudeleerstand und damit einem Zerfall des Ortskerns bedroht.

Aufgrund der fehlenden innerörtlichen Entwicklungsmöglichkeiten wurden in den 1970er Jahren 5 Betriebe ausgesiedelt. Gleichzeitig mussten für die leeren Hofstellen im Ortskern neue Nutzungen gefunden werden.

Eine intensive planerische Grundlagenarbeit, die Nähe des Oberzentrums Braunschweig und die Attraktivität des Ortskerns waren weitere Ursachen für die erfolgreiche Sanierung des Ortskerns von Abbenrode.

Die nebenstehende Karte zeigt sowohl die Betriebe in der Gemarkung Abbenrode, wie sie seit der Aussiedlung bestehen als auch die noch wirtschaftenden Betriebe Abbenrodes im Ortskern.

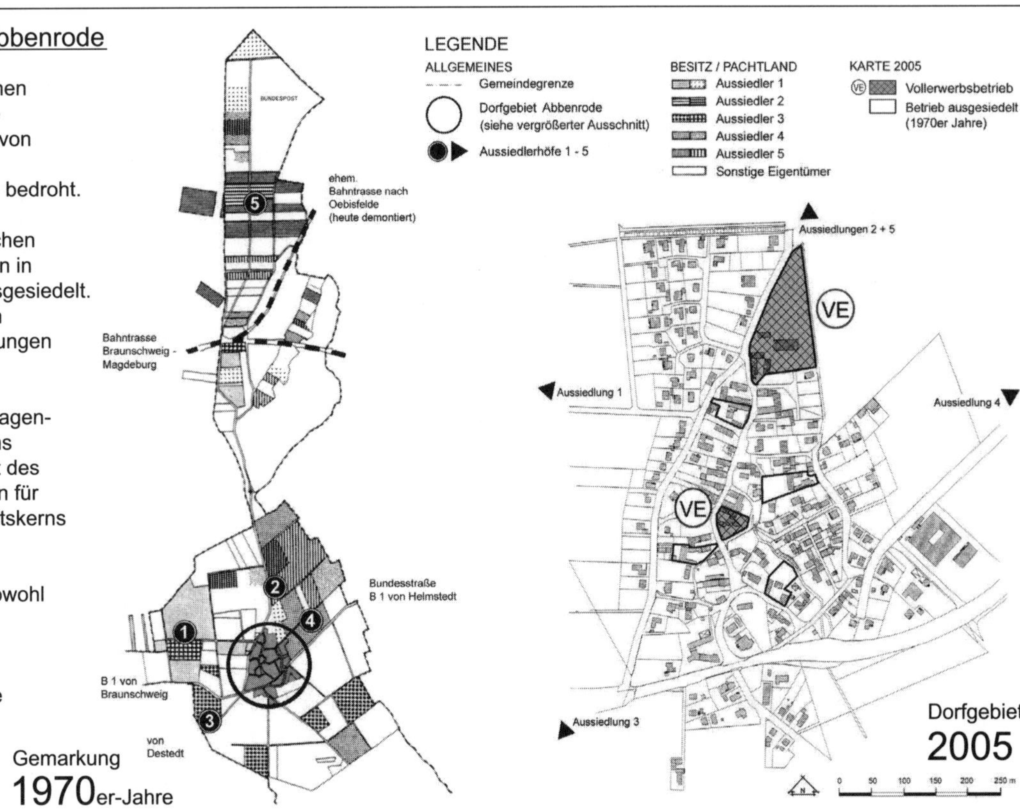

Abb. 52: Aussiedlungsbetriebe Abbenrode

Innerörtliche Betriebserweiterung durch Neubau bzw. Umbau landwirtschaftlicher Betriebsgebäude, Beispiel Wulften

Soweit die Größe der Hofgrundstücke es zuließ, wurden seltener in den Ortskernen der Fallstudiendörfer bauliche Erweiterungen bzw. Umwidmungen vorgenommen.

Im Falle des im Lageplan dargestellten Vollerwerbsbetriebes in Wulften wurde eine wegen der möglichen Geruchsemissionen nicht unproblematische Umwidmung eines neueren Rinderstalles in einen Schweinemaststall im Jahr 1985 durchgeführt.

Lageplan Wulften

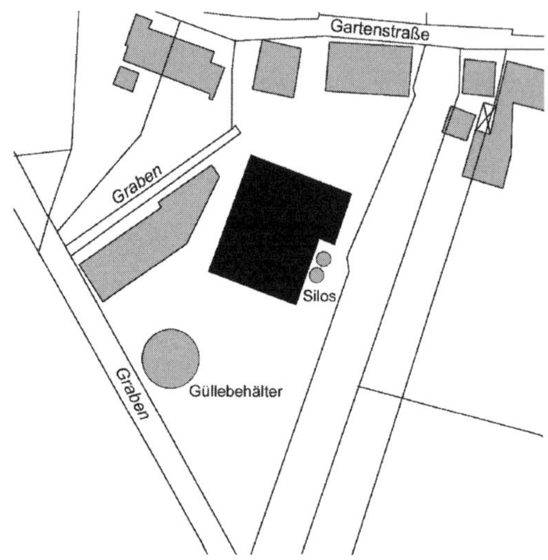

Lageplan des Betriebes

Den Anforderungen der TA-Luft entsprechende Lüftungsanlagen des im MD-(Dorf-) Gebiet liegenden Betriebes waren die Voraussetzungen für die Genehmigung der Maßnahme, die auch aus Mitteln der Dorferneuerung gefördert wurde.

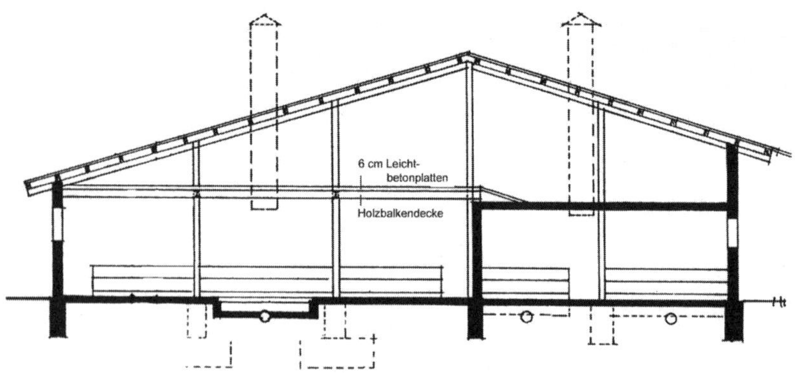

Schnitt

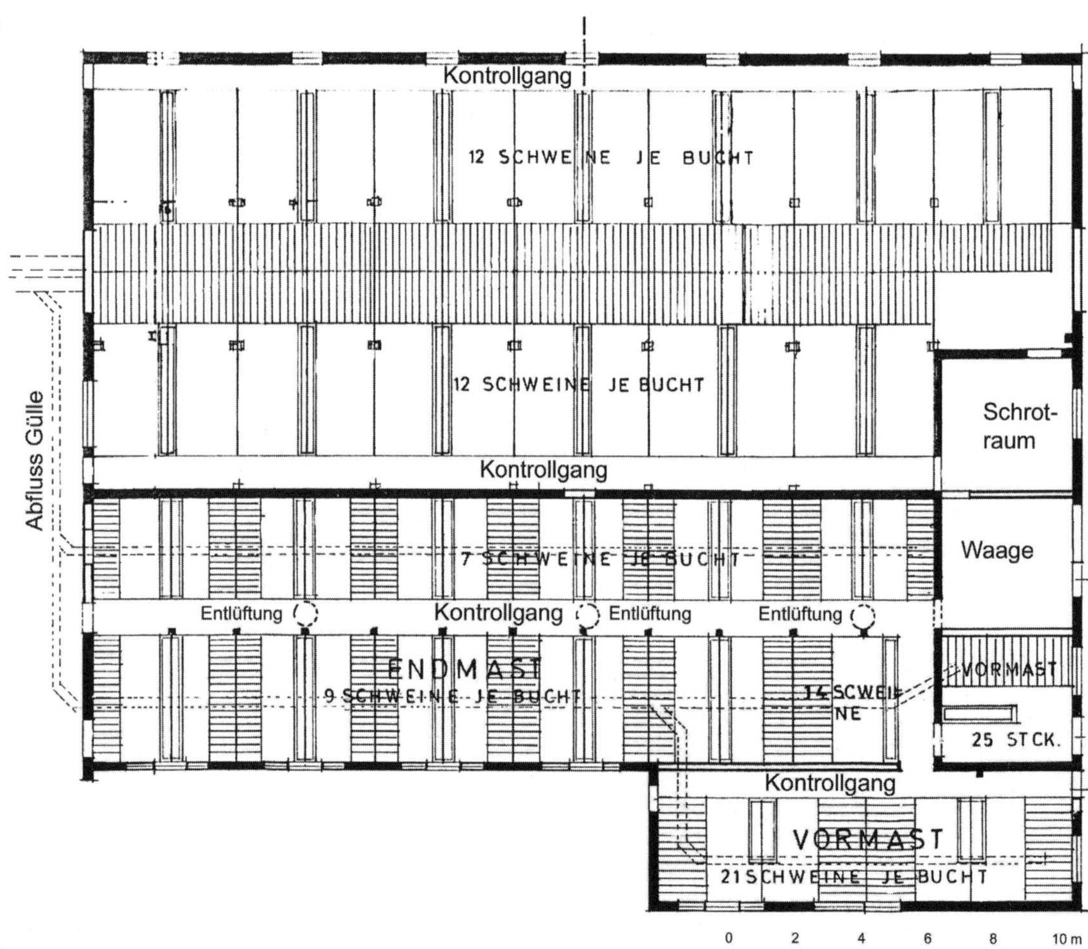

Grundriss

Abb. 54: Beispiel einer landwirtschaftlichen Betriebserweiterung

Betriebe in Sachsen-Anhalt
Da vergleichbare genauere Daten und Fakten zu aktuellen Betriebsaufgaben aus Sachsen-Anhalt nicht vorlagen, können lediglich die Konzentration landwirtschaftlicher Betriebe und Arbeitskräfte in den Landkreisen Salzwedel, Ohrekreis und Wittenberge (Börde, Elbmarschen) und die geringste Betriebsdichte in dem durch Hanglagen und Waldreichtum gekennzeichneten Landkreis Aschersleben-Stassfurt bestätigt werden. Sachsen-Anhalt liegt mit den übrigen neuen Bundesländern flächendeckend im sog. „Ziel 1-Fördergebiet" der EU (2000 – 2006).

Auf der Grundlage eigener Recherchen während der Planungsphase der DE und dieser Untersuchung lässt sich jedoch eine Entwicklung der Betriebe in den untersuchten Dörfern darstellen. Während die ehemaligen LPG-Anlagen nur noch in Axien und Reinstedt weiterhin von einer Nachfolgegesellschaft bewirtschaftet werden (Tierzucht), stehen vergleichbare Anlagen in anderen Fallstudien leer bzw. werden von Dienstleistungs-/Gewerbebetrieben teilgenutzt. Die seit der Dorferneuerung als Wiedereinrichter geführten VE- und NE-Familienbetriebe bestehen in fast allen Orten weiter, in drei Fallstudien kamen sogar weitere Betriebe dazu.

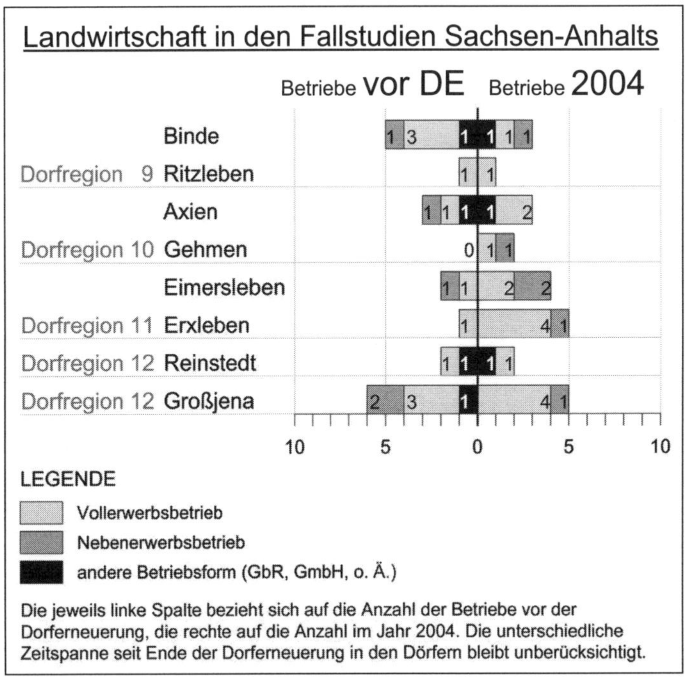

Abb. 55: Landwirtschaftliche Betriebe in den Fallstudien Sachsen-Anhalts

Betriebsentwicklung in Großjena

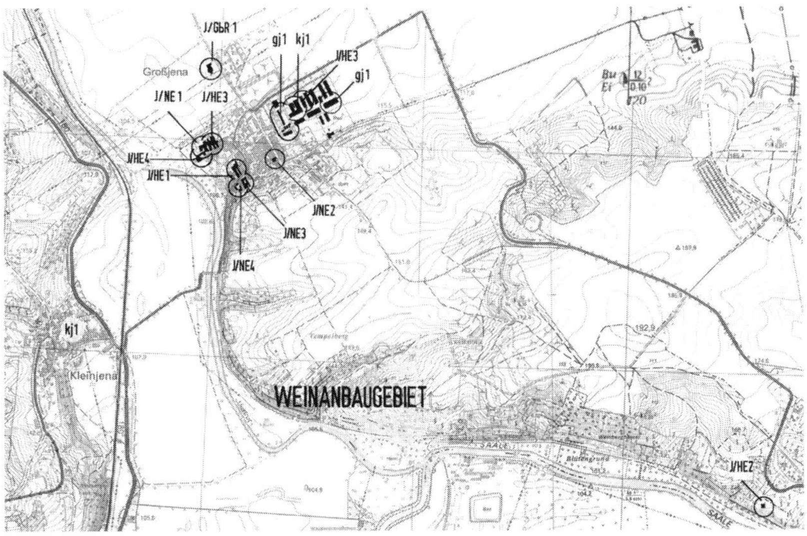

LEGENDE
HE Haupterwerb
NE Nebenerwerb
GbR Agrargesellschaft

kj Agrargesellschaft Kleinjena

Die Zahlen hinter den Betrieben geben die Zugehörigkeit an.

0 200 400 600 800 1000 m

Betriebe im Jahr 1994

Noch zurzeit der Dorferneuerung (1994) konnten die oben stehenden Betriebe in Großjena und der näheren Ortslage kartiert werden.
Die ehemalige LPG-Anlage wurde durch die Agrargesellschaft Kleinjena weiter betrieben.
Einige Hofstellen wurden als Familienbetriebe (Wiedereinrichter) wiederbelebt.

Etwa 10 Jahre später (2004) finden sich noch die auf der nebenstehenden Karte eingezeichneten landwirtschaftlichen Betriebe in Großjena.
Die LPG-Gebäude werden z. T. durch andere Unternehmen als Lager/Werkstatt o. Ä. genutzt oder stehen leer.

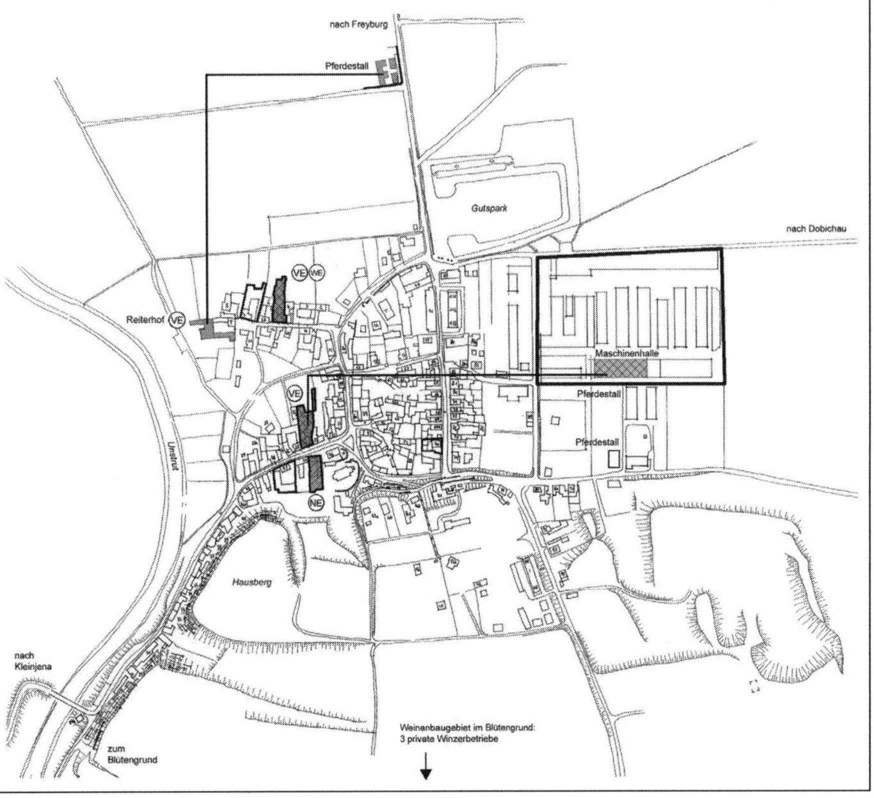

LEGENDE
VE Vollerwerbsbetrieb
NE Nebenerwerbsbetrieb
WE Wiedereinrichter nach 1994
Betrieb aufgegeben zwischen 1994 und 2004

0 50 100 150 200 250 m

Betriebe im Jahr 2004 (Ortslage)

Abb. 56: Betriebsentwicklung in Großjena

Beispiel eines landwirtschaftlichen Großbetriebes in Axien (ehemalige LPG-Anlage)

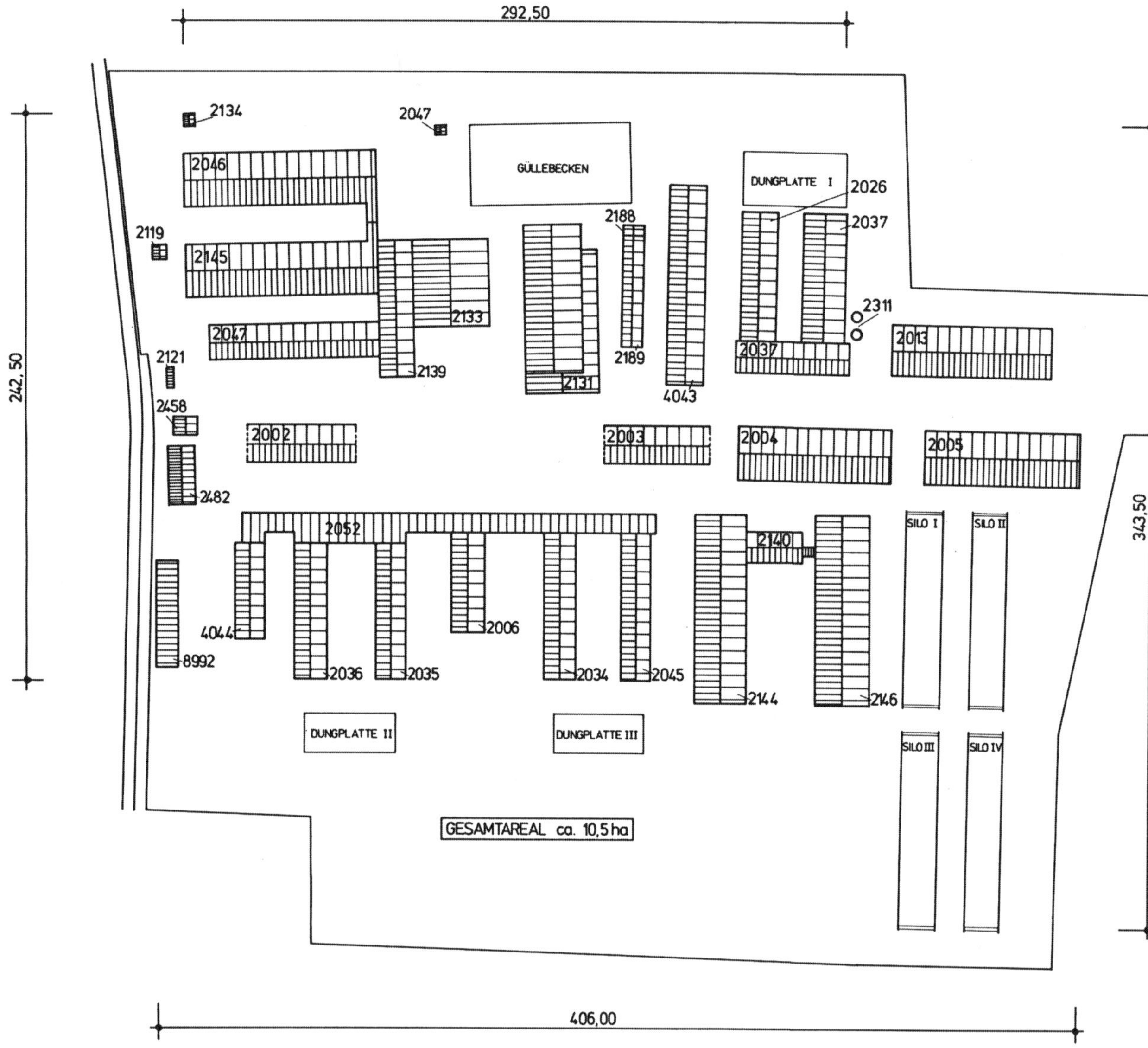

Grundriss Produktionsstätten ehemalige LPG-Anlage Axien

LEGENDE

Objekt	Inventar- Nr.
Bergescheune 3	1201 / 2004
Bergescheune 4	1201 / 2005
Getreidelagerhalle	1201 / 2013
Kälberstall	1203 / 2026
Kuhstall 3	1203 / 2034
Kuhstall 2	1203 / 2035
Kuhstall 1	1203 / 2036
Kälberstall 2	1203 / 2037
Kuhstall 4	1203 / 2045
Schweinemastanlage Stall III	1203 / 2046
Stall I einschl. Gülleanlage	1203 / 2047
Stall II	1203 / 2145
Futterhaus SMA	1203 / 2139
Rinderoffenställe	1203 / 2128
Zuckerrübenlagerhalle	1203 / 2133
200er MV-Stall	1203 / 2144
200er MV-Stall VI	1203 / 2146
Garagen Kombinat	1205 / 2189
Bergescheune I offen	1201 / 2002
Bergescheune II offen	1201 / 2003
Spreuscheune 5	1201 / 2006
Milchhaus Stall I - VI	1203 / 2052
Futterhaus am RO	1203 / 2062
Pumpenhaus SMA	1203 / 2119
Wiegehäuschen	1203 / 2121
Kadaverhalle	1203 / 2134
Milchhaus 400er MVA	1203 / 2140
Öllager	1205 / 2188
Kraftfuttersilo	1213 / 2311
Hydr. Schrankenanlage	1213 / 2458
KO-Kälberstall	1203 / 4044
Fahrzeugunterstand	1205 / 8992
Jungrinderstall	1203 / 4043
Sozialgebäude Axien	1296 / 2482
Futtermittelhalle (ABM)	1203 / 2131

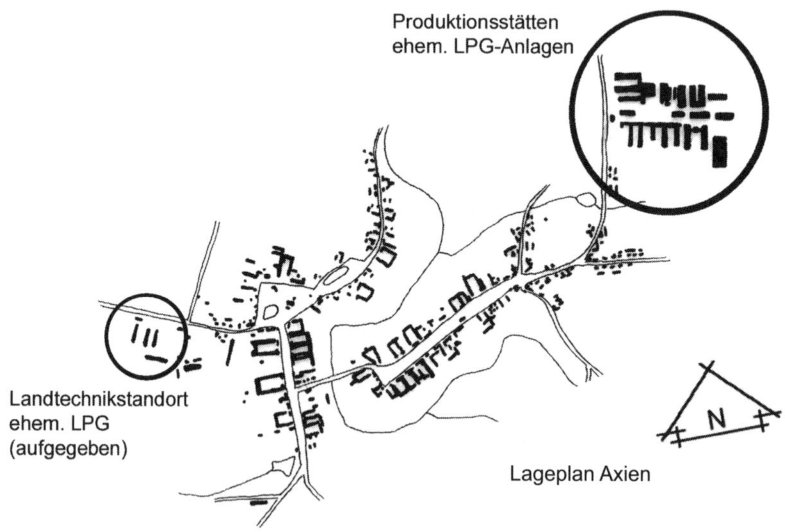

Nicht nur durch die Flächengröße und die Anzahl von Wirtschaftsgebäuden wird vergleichsweise zur Größe des historischen Dorfkerns die Bedeutung der ehemaligen LPG-Anlage in Axien sichtbar. Im Gegensatz zur weitergenutzten Produktionsstätte im Nordosten, stehen die zugehörigen Hallen der Landtechnik im Westen teilweise leer.

Abb. 57: Landwirtschaftlicher Großbetrieb in Axien

7.3 Folgerungen

„Bei der Umsetzung der ländlichen Entwicklungsförderung auf europäischer Ebene ab 2007 wird integrierten, ländlichen Entwicklungsansätzen künftig ein bedeutend größerer Stellenwert beigemessen. Dies kommt in dem seit Mitte des Jahres 2004 vorliegenden Verordnungsentwurf der Europäischen Kommission klar zum Ausdruck. In diesem Entwurf legt die Kommission die Grundzüge für die Förderung des ländlichen Raumes für den Zeitraum 2007 – 2013 fest. Diese Verordnung ist die vorgesehene Nachfolgereglung der VO 1257/99, welche die Grundlage für das niedersächsische Proland-Programm zur Entwicklung des ländlichen Raumes von 2000 bis 2006 ist.
Dazu hat die EU von dem Bereich der direkten Einkommens-übertragungen (1. Säule) den Bereich Ländliche Entwicklung (2. Säule) getrennt. Während für die 1. Säule nach wie vor die Vorgaben aus dem Bereich der Garantieförderung (neu: EGFL) gelten, ist für die 2. Säule der Europäische Landwirtschaftfonds für die Entwicklung des ländlichen Raumes (neu: ELER) vorgesehen.“ (Quelle: Steffen Breyer, Nds. MdlRELV)

Wichtige Elemente der seit 2005 umzusetzenden Reform sind:

- die Bindung der Direktzahlungen an Kriterien des Umwelt- und Tierschutzes sowie der Lebensmittel- und Futtermittelsicherheit (1. Säule der Agrarpolitik) und
- die Verwendung eines einbehaltenen Teils der Direktzahlungen für die Entwicklung des ländlichen Raumes als 2. Säule der neuen Agrarpolitik.

Die Unabhängigkeit von den an zahlreiche Auflagen gebundenen Direktzahlungen für die Landwirte sind es vor allem zwei Förderprogramme, die zusätzlich der Sicherung und der Entwicklung der Landwirtschaft und der ländlichen Räume dienen sollen:

- das Agrarinvestitionsförderungsprogramm (AFP) und
- das Nachfolgeprogramm von PROLAND (ab 2007) mit den bereits in Kraft getretenen Richtlinien über die Gewährung von Zuwendungen zur integrierten ländlichen Entwicklung (ZILE) vom 02.05.2005.

Der Verordnungsentwurf sieht die Förderung in drei sog. Achsen vor:

<u>Achse 1: Wettbewerbsfähigkeit von Land- und Forstwirtschaft</u>
Dazu gehören folgende Maßnahmen:
- Die sog. Stärkung der Humanressourcen durch Berufsbildung und Informationsmaßnahmen für Personen in der Landwirtschaft,
- die Förderung der Niederlassung von Junglandwirten,
- die Vorruhestandsregelung von Landwirten und landwirtschaftlichen Arbeitnehmern,
- die Inanspruchnahme von Beratungsdiensten und
- der Aufbau von Betriebsführungs-, Vertretungs- und Beratungsdiensten,
- die Umstrukturierung des sog. physischen Potentials durch Modernisierung landwirtschaftlicher Betriebe (AFP Folge-Programm),
- die Verbesserung des wirtschaftlichen Wertes der Wälder,
- die Verbesserung und Ausbau der mit der Landwirtschaft verbundenen Infrastruktur,
- die Erhöhung der Wertschöpfung der landwirtschaftlichen und forstwirtschaftlichen Primärerzeugung,
- die Verbesserung der landwirtschaftlichen Produktion landwirtschaftlicher Erzeugnisse durch Unterstützung der Landwirte bei der Anpassung an anspruchsvolle Normen,
- Unterstützung von Landwirten, die sich an Lebensmittelqualitätsregelungen beteiligen sowie
- die Unterstützung von Erzeugergemeinschaften.

<u>Achse 2: Umwelt- und Landmanagement</u>
hinsichtlich landwirtschaftlicher Nutzflächen:
- Förderung der nachhaltigen Bewirtschaftung landwirtschaftlicher Flächen in Berggebieten, in benachteiligten Gebieten, in Natura 2000-Gebieten
- durch Zahlungen von Agrar-, Umwelt- und Tierschutzmaßnahmen sowie
- Beihilfen für nicht produktive Investitionen,

in Bezug auf Forstflächen:
- Förderung der nachhaltigen Bewirtschaftung bewaldeter Flächen,
- Erstaufforstung,
- Zahlungen im Rahmen von Natura 2000, Wald-Umweltmaßnahmen etc.

<u>Achse 3: Diversifizierung der ländlichen Wirtschaft und Lebensqualität im ländlichen Raum</u>
Maßnahmen zur Diversifizierung der ländlichen Wirtschaft:
- Diversifizierung zu nicht landwirtschaftlichen Tätigkeiten,
- Unterstützung der Gründung und Entwicklung von Kleinstunternehmen,
- Förderung des Fremdenverkehrs sowie
- Berufsbildungsmaßnahmen für Wirtschaftsakteure.

Maßnahmen zur Verbesserung der Lebensqualität:
- Förderung von Dienstleistungseinrichtungen zur Grundversorgung,
- Dorferneuerung und -entwicklung,
- Schutz und Aufwertung des natürlichen Erbes und
- Maßnahmen zur sog. Kompetenzentwicklung und Animation im Hinblick auf die Ausarbeitung und Umsetzung von lokalen Entwicklungsstrategien.

Während die Zuwendungen des AFP „für investive Maßnahmen in landwirtschaftlichen Unternehmen zur Unterstützung einer wettbewerbsfähigen nachhaltigen, umweltschonenden, tiergerechten und multifunktionalen Landwirtschaft, insbesondere zur Stabilisierung und Verbesserung der landwirtschaftlichen Einkommen sowie zur Verbesserung der Lebens-, Arbeits- und Produktionsbedingungen“ beitragen sollen, ist der Zuwendungszweck zur Förderung nach ZILE die „Verbesserung der Agrarstruktur im Rahmen integrierter ländlicher Entwicklungsansätze“ im Sinne von Artikel 33 der EAGL-VO über die Förderung der ländlichen Entwicklung als Lebens-, Arbeits-, Erholungs- und Naturräume zu sichern und weiterzuentwickeln“.
„Diese Maßnahmen sollen zu einer positiven Entwicklung der Agrarstruktur und einer nachhaltigen Stärkung der Wirtschaftskraft beitragen.“

In ZILE gewährt das Land ergänzend zu den skizzierten Zuwendungen, die im Rahmen der Gemeinschaftsaufgabe „Verbesserung der Agrarstruktur und des Küstenschutzes“ (GAK) nicht gefördert werden dürfen, zum Beispiel:

- die nachhaltige Entwicklung in ländlichen Gebieten

- die Bewahrung und Entwicklung der Dörfer als Wohn-, Sozial- und Kulturraum und zur Stärkung des innerörtlichen Gemeinschaftslebens und
- die Bewahrung und Entwicklung des typischen Landschaftsbildes (!).

Hinweise auf aktuelle gegebene Direktzahlungs- und Förderprogramme der EU, der Bundesregierung und der Länderregierungen belegen die politischen Zielsetzungen und deren Prioritäten. Danach erscheint die existentielle Sicherheit der landwirtschaftlichen Betriebe – in welcher Rechtsform auch immer –, sowohl durch die umfassenden Direktzahlungen als auch durch die eindeutige Präsenz der Landwirtschaft in beiden Förderprogrammen garantiert zu sein.
Keine Priorität haben dagegen offensichtlich der überlieferte „Familienbetrieb“ als sozioökonomische Basis einer ebenfalls historischen Dorfgemeinschaft und die Standortbindung der Hofstellen an eine überlieferte Siedlungsform.
Andererseits erscheint die in der ZILE-Richtlinie zum Ausdruck gebrachte Verknüpfung sozialer, ökonomischer, landschaftsgestalterischer, siedlungsbaulicher und kultureller Ziele als einmalige Chance für die Zukunftsgestaltung der ländlichen Räume, nicht nur um ihre Wirtschaftskraft zu stärken, sondern wesentlich auch ihre Identität, ihre Einmaligkeit und damit ihre gesellschaftliche Bedeutung im bewussten Kontrast zu den Zentren und städtischen Ballungsräumen zu bewahren.

Die Vielfalt und räumliche Erlebnisdichte europäischer Landschaften ist geradezu eine Folge der unabhängig erfolgten Dorf- und Stadtgründungen seit dem Mittelalter.
Dass die landschaftspflegerische Funktion der landwirtschaftlichen Betriebe gegenüber der klassischen Produktionsfunktion gestärkt werden soll, kommt nicht nur in den an die Direktzahlungen gebundenen Verpflichtungen „der Erhaltung landwirtschaftlicher Flächen in einem guten landwirtschaftlichen und ökologischen Zustand“ zum Ausdruck, sondern vor allem auch in den Förderungsgegenständen des AFP. Dazu gehören insbesondere Umweltschutz, Energieeinsparung, Emissionsminderung, ökologischer Landbau, tiergerechte Haltung und Verbraucherschutz.

Zur Stärkung der Wirtschaftskraft werden zusätzliche alternative Einkommensquellen durch Einkommenskombinationen zum Beispiel in den Bereichen gefordert:

- Direktvermarktung landwirtschaftlicher Erzeugnisse
- Urlaub auf dem Bauernhof
- Ökologischer Landbau u. a.

Durch die besonderen Zuwendungsvoraussetzungen des AFP wird der Kreis der förderungswürdigen Betriebe allerdings noch teilweise eingegrenzt, zum Beispiel

- durch die sog. Prosperitätsgrenze, wonach das Einkommen der Betriebsinhaber zurzeit 90.000 Euro/ Jahr nicht überschreiten darf (wird in Niedersachsen bereits reduziert)
- durch den Nachweis eines erfolgreichen Agrarberufsabschlusses des Betriebsinhabers;
- durch die Festlegung des Investitionsvolumens auf zurzeit mindestens 20.000,- Euro pro Jahr und maximal 1,5 Millionen Euro;
- durch die Zweckbindungsfrist getätigter Investitionen (Grundstücke, bauliche Anlagen) innerhalb eines Zeitraums von 12 Jahren und
- durch die umfassenden baulichen Anforderungen an eine besonders tiergerechte Haltung – differenziert für die unterschiedlichen Tierarten und Stallhaltungsformen.

Andererseits ist das Spektrum anerkannter landwirtschaftlicher Unternehmen durch Spezialisierungen aller Art erheblich bereichert worden (Imkerei, Aquakultur, Anbau von Heilpflanzen, Binnenfischerei, Wanderschäferei, Champignonzucht u. a.).
Ob es allerdings gelingen kann, die erweiterten landwirtschaftlichen Produktionsalternativen auch entsprechend den Vorschriften der Gesundheitsämter, der Hygieneverordnung, der getrennten Stoffkreisläufe und Abwasserentsorgung sowie des Verbraucherschutzes und der Dokumentation zu kontrollieren, muss die Zukunft noch zeigen.
Bei einer einigermaßen realistischen Abwägung der Entwicklungschancen für die Landwirtschaft gibt es scheinbar nur noch drei Alternativen für überlebensfähige Höfe:

a) ökologisch-biologische Produktausrichtung;
b) konventionelle Agrarproduktion mit erheblicher Bestandsvergrößerung der Nutzflächen, der Tierzahlen und der Landtechnik;
c) Spezialisierung auf entsprechend vergrößerten Nutzflächen (Spargel, Gemüse, Obst, Heilpflanzen u. a.) mit erhöhtem Personalbedarf, Lagerraumansprüchen und intensiver Landtechnikausstattung.

Sämtlichen Alternativen stehen noch weitere mögliche Zusatzeinnahmen aus der Energieeinsparung, Selbstvermarktung, Gastronomie, touristischen Angeboten u. a. zur Verfügung.

<u>Zu a)</u>
In dem Beitrag „Von der Krise zur Agrarwende“ (Der Spiegel 03/01, Lit. 70) wird von einer Zielvorgabe der Bundesregierung von 10 % landwirtschaftlicher Ökobetriebe bis 2005 berichtet. 2002 betrug die Anzahl der biologisch bewirtschafteten Flächen und Betriebe in der BRD noch jeweils ca. 4 %.
Als Orientierungsland gilt Österreich mit bereits über 10 % erreichtem Betriebsanteil.

Neben dem Idealbild geschlossener Kreisläufe in der ökologischen Landwirtschaft stehen weiterhin offene Systeme in der Produktionsweise konventioneller Großbetriebe.
Beiden Systemen wiederum steht der Kunde als an günstigen, d. h. niedrigen Preisen orientierter Konsument landwirtschaftlicher Produkte gegenüber.
Seine Einkaufsgewohnheiten und -ansprüche werden letztlich über den Erfolg der drei benannten Entwicklungsalternativen entscheiden.

Die baulichen Konsequenzen für die Umnutzung konventioneller Ställe und Anlagen zu anerkannten Ökobetrieben sind nicht unbeträchtlich. Aus dorfplanerischer und siedlungsbaulicher Sicht ist der biologisch-ökologisch produzierende Betrieb neben den konventionellen Nebenerwerbsbetrieben allerdings die optimale, am besten integrierbare Produktionsform, die dem dörflichen Umfeld am ehesten gerecht werden könnte.
Den Beweis für diese These liefern die im Rahmen der Fallstudienanalysen untersuchten Betriebe (z. B. in Haßbergen, Ührde, Elbingerode, Erxleben, Schwiegershausen u. a.).
In Niedersachsen ist inzwischen allerdings die bevorzugte Förderung von ökologisch arbeitenden Betrieben bereits wieder aufgegeben worden.

Zu b)
Die konventionell wirtschaftenden Betriebe nehmen in ihrem Flächenwachstum im gleichen Maße zu wie sie der Anzahl nach abnehmen.
Bereits 1999 bewirtschafteten 5 % der Betriebe über 100 ha, annähernd die achtfache Nutzfläche gegenüber der 12-mal größeren Anzahl von Betrieben unter 10 ha.
Dieser Prozess hat sich auch in den untersuchten niedersächsischen Dorfregionen fortgesetzt. Die geradezu siedlungssprengende Wirkung solcher Betriebsentwicklungen kann besonders in den Dörfern Ostdeutschlands beobachtet werden, obwohl – bedingt durch die überwiegenden Nordost-Randlagen der ehemaligen LPG-Betriebe – relativ geringe Störungen durch Emissionen bei günstigen Erweiterungsmöglichkeiten gegeben sind.
Andere europäische Länder stehen mit einem gegenüber Deutschland (25 %) bedeutend höheren Anteil von 60 – 80 % Kleinbetrieben unter 5 ha, wie Griechenland, Italien, Portugal und Spanien, denen nach 2004 auch die osteuropäischen Staaten hinzugerechnet werden müssen, auch hinsichtlich der Folgen der Betriebsvergrößerungen auf die ländliche Siedlungsentwicklung vor vergleichsweise noch schwierigeren Problemen.

In letzter Konsequenz bleibt unter Berücksichtigung der gegenseitigen verkehrlichen, baulichen und ökologischen Ansprüche nur das frühere Modell von weilerartig organisierten Betriebszweigaussiedlungen in der Feldmark, um die siedlungsräumliche Lebensqualität für die neuen und alten Dorfbewohner zu sichern (siehe auch Abb. 204, „3 Phasen der Dorfentwicklung").

Zu c)
Wie am Beispiel der untersuchten Ortslage Scharringhausen der Samtgemeinde Kirchdorf in der Geest-/Moorregion nachgewiesen werden kann, haben auch Betriebe mit diversifiziertem Angebot an Beeren, Früchten, Obst und Gemüse bei standortintegrierter Verarbeitung, Verköstigung und Vermarktung erhebliche räumliche und – entsprechend der notwendigerweise hohen Anzahl von saisongebundenen Arbeitskräften – auch bauliche Ansprüche an ein überliefertes Bauerndorf.
Die angemessen, überwiegend in umgenutzten Fachwerkhofstellen untergebrachten Gastarbeiter in Scharringhausen für die unterschiedlichen Erntephasen haben zwar statistisch für eine positive Bevölkerungsentwicklung gesorgt; die Aufgabe der nicht mehr von den eigenen Bewohnern nachgefragten benachbarten Versorgungseinrichtungen (Kaufladen, Gaststätte) im Dorfkern konnten sie trotzdem nicht verhindern.

Die Landwirtschaft bleibt, wie die IMA (Information-Medien-Agrar) in ihrem Werbeflyer zu Recht anführt, unverzichtbares Element der ländlichen Räume.
Bei allen strukturellen Entwicklungsaufgaben sollte es jedoch aus Sicht der Dorferneuerung das Ziel sein, zumindest die Wohnstandorte in der Ortslage zu halten. Soweit die Betriebe aufgrund ihrer umweltschonenden Produktion und der sonstigen Angebote an die Besucher und Bewohner (Selbstvermarktung, Bauerncafé, Ferien auf dem Bauernhof, Tage der offenen Tür etc.) in der Ortslage Bleibe- und Entwicklungsmöglichkeiten finden können, sind sie auch in Zukunft ein wichtiger Garant für eine nachhaltige Dorferneuerung.

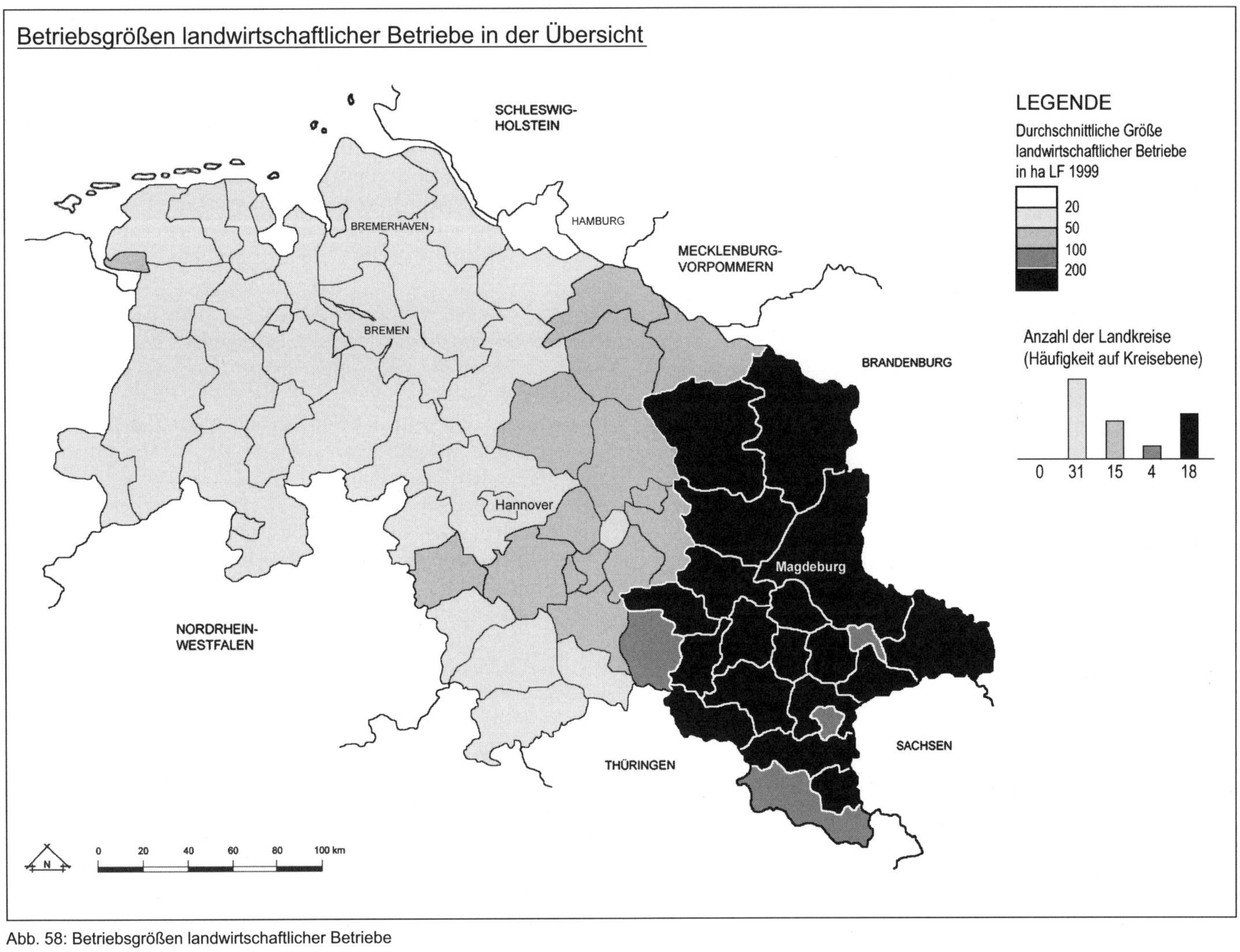

Abb. 58: Betriebsgrößen landwirtschaftlicher Betriebe

7.4 Exkurs: „Die zukünftige Bedeutung der Landwirtschaft“

In der Einschätzung der Bedeutung der Landwirtschaft für die wirtschaftliche Entwicklung Niedersachsens gehen die Meinungen weit auseinander.
Anlässlich einer Sitzung des Ausschusses des Landkreises Nienburg für Raumordnung, Kreisplanung, Bau und Verkehr (15.07.2005), wurde vom Vertreter der Landwirtschaft deren Spitzenposition auch im nationalen Vergleich damit begründet, „dass die gesamte Bergbau- und Kiesabbau-Industrie in Deutschland einen Umsatz von 11 Milliarden Euro, die Textilbranche immerhin 22 Mill. Euro, die landwirtschaftliche Urproduktion jedoch 45 Mill. jährlich erwirtschafte. Unter Hinzurechung der gesamten „Agri-Business“ komme man in Niedersachsen auf 550 Mrd. Euro und liege damit hinter der Automobilindustrie an zweiter Stelle.“
Die Kreisverwaltung sieht jedoch die Spitzenstellung der Landwirtschaft in näherer Zukunft nicht gesichert, da „angesichts der Globalisierung und der EU-Erweiterung und der damit verbundenen weitaus günstigeren Produktionsbedingungen in den neuen Konkurrenzregionen die Spitzenpositionen nicht zu halten seien.“
Aus diesem Grunde plädiert die Verwaltung des Landkreises für eine schwerpunktmäßige Förderung der kleinen und mittleren gewerblichen sowie der Dienstleistungsunternehmen, die schließlich auch prägend für das Mittelzentrum Nienburg seien, in dem schließlich jeder vierte Einwohner des Landkreises ansässig sei.
Das folgende Interview zeigt noch einmal im Detail die täglichen sozioökonomischen Probleme der Landwirtschaft aus der Sicht einer betroffenen Vertreterin des Bauernstandes.

7.5 Experteninterview mit einer Landwirtin

Das Gespräch mit Frau Annegret Hagemann (VE-Betrieb in Vöhrum, Stadt Peine) führte Nikolai Müller.

Welche Probleme kommen heute auf die Landwirtschaft in einem sich weiterentwickelnden, durch Neubauten wachsenden Dorf zu?

Frau Hagemann:
Wenn ein Dorf durch Neubaugebiete wächst, kommt es immer häufiger zu Konflikten zwischen Landwirten und den neu Zugezogenen.
Das Grundproblem beginnt schon bei der Auswahl des Bauplatzes. Immer mehr Städter ziehen aufs Land, wünschen sich dort das „heile Dorf“, in dem es ruhig und beschaulich zugeht, aber auch mit allen Ansprüchen eines städtischen Umfeldes, also Abgeschlossenheit, Schmutzfreiheit und einem gepflegten Straßenbereich. Die Grundstücke der Neubürger grenzen häufig bereits unmittelbar an grüne oder goldgelbe Felder an, die einem zwar Ruhe und Erholung vermitteln, aber den landwirtschaftlichen Produktionsbereich einengen.

Und so zeigen sich bald erste Konfliktpunkte, wenn z. B. die Ernte beginnt und das Feld nebenan von großen Maschinen belegt ist, die trotz modernster Techniken schon mal Staub und Lärm erzeugen. Spätestens dann werden die Landwirte hierfür verantwortlich gemacht und man geht teilweise gerichtlich gegen sie vor, weil die Feldbewirtschaftung und die Viehhaltung nun einmal Emissionen verursachen.
Daher sollte, sobald ein Beschluss für ein neues Baugebiet gefasst ist, seitens der Gemeinde ein Faltblatt an alle Interessenten der neuen Grundstücke verteilt werden, in denen alle Seiten des Wohnens und des dörflichen Umfeldes aufgezeigt werden. Noch besser sind natürlich persönliche Gespräche, Treffen mit den Einheimischen, den Landwirten und den Neubürgern, in denen jeder seinen Standpunkt vertreten kann, um solche Konflikte zu vermeiden. Die Landwirte sind schließlich die Bewohnergruppe, die länger im Dorf ansässig ist.

Vergleichen wir einmal die Nutzung und Zugänglichkeit der Feldfluren mit denen der Privatbaugrundstücke. Während sich die neuen Baugebiete abschotten, sind die Felder frei zugänglich, so scheinen sie öffentlich zu sein und von allen nutzbar. Das ist jedoch eine Fehleinschätzung, denn Felder sind auch private Grundstücke, die von Wegen erschlossen werden, welche seitens der Landwirte z. T. in Eigenleistung, aber auch über Flurbereinigungsmaßnahmen hergestellt sind und gepflegt werden müssen. Eine Ausnahme stellen die für eine Mehrzwecknutzung als Reit-, Wander- oder Fahrradwege freigegebenen erneuerten Feldwege dar.
Der Missbrauch durch private Fahrzeuge oder gar durch Baufahrzeuge führt meist zu Konflikten mit den landwirtschaftlichen Fahrzeugen oder zumindest zur Beeinträchtigung der Beschaffenheit der Wege.
Wenn andererseits die landwirtschaftlichen Fahrzeuge durch die Neubaugebiete fahren, um zu ihren Feldern zu kommen, ergeben sich neue Probleme, da diese Belastungen keiner der Bewohner haben möchte.

Falls ein Betrieb doch mal leer fallen sollte (sei es aus Altersgründen oder wegen erforderlicher Umstrukturierungen), welche Möglichkeiten sehen Sie in der Weiternutzung von den Gebäuden?

Frau Hagemann:
Als wichtigstes Ziel muss es sein, die Gebäude nicht leer stehen zu lassen, denn erstens fallen auch für leere Gebäude Kosten an (Instandhaltung, Regenwassergebühren usw.) und zweitens ist bei den dann meist ausgelassenen Reparaturen der Verfall vorprogrammiert. Als kurzfristige Lösung können z. B. Scheunen vermietet werden zum Unterstellen von Wohnwagen, Maschinen o. a. Als langfristige Lösung könnte z. B. ein Hofcafé eingerichtet werden, welches über die betriebliche Organisation immer noch einen Bezug zur Landwirtschaft hat. Auch eine betriebsgebundene oder freie Wohnnutzung kann realisiert werden, wenn das Geld für den Umbau vorhanden ist.

Welche Produkte werden heute angebaut, sollte man sich spezialisieren oder ist eine breite Anbaupalette besser?

Frau Hagemann:
Es kommt auf die Lage des Betriebes an, also auf die Bodengüten. Eine Spezialisierung ist in jedem Falle gut, denn nicht alles wächst auf jedem Boden. In Niedersachsen sind so viele unterschiedliche Bodenarten zu finden, dass bestimmte Produkte nicht überall gut wachsen können.
So gibt es Betriebe mit ganz bestimmten Anbauprodukten, z. B. reine Erdbeerfelder oder Spargelbetriebe; diese Betriebe sind dann regionsbezogen häufiger zu finden.

Wie groß sollte ein Betrieb heute sein, um wirtschaftlich zu arbeiten?

Frau Hagemann:
Auch hier spielt die Bodengüte eine entscheidende Rolle, denn je schlechter der Boden, umso größer sollte ein Betrieb sein, um das ausgleichen zu können. Im Allgemeinen gilt heute, je größer, desto besser. Dann ist aber auch die Frage, wie der Betrieb geführt werden soll. Ist es ein Familienbetrieb, muss man vorher prüfen, welche Geräte man sich zulegen muss und

ob es leistbar ist, eine große Fläche zu bewirtschaften.
Ab ca. 100 ha ist der Hof gut als Familienvollerwerbsbetrieb zu führen.
Die historischen Flurformen, die teilweise recht klein sind, werden heute unter den Landwirten getauscht, d. h. man versucht Flächen (möglichst gleicher Güte) zusammenzulegen und dadurch größere Äcker zu bekommen, die dann auch effektiver zu bewirtschaften sind (Freiwilliger Landtausch im Rahmen des Flurbereinigungsgesetzes).
In heutiger Zeit bei stetig sinkenden Preisen ist es schwer, seine Produkte erfolgreich anzubauen und dann auch erfolgreich abzusetzen. Das Konsumverhalten der Kunden spielt dabei natürlich eine entscheidende Rolle. Die Waren sollen immer nur billig sein. Diesem Druck sind kleinere Betriebe natürlich kaum noch gewachsen. Sie können dann nur noch als Nebenerwerbs- oder Zuerwerbsbetriebe existieren.

Frau Hagemann, ich danke Ihnen für das Gespräch!

7.6 Experteninterview mit einem Vertreter der Agrarbehörde

Das Gespräch mit Herrn Planert (Landwirtschaftskammer Hannover, Außenstelle Peine am 27.08.2004) führte Nikolai Müller.

Wie ist die momentane Situation der Landwirtschaft zu beurteilen?

Herr Planert:
Die Lage in der Landwirtschaft ist weiter rückläufig. Deutschland setzt auf hohe Standards. Um Zuschüsse seitens des Staates in der Landwirtschaft zu erhalten, müssen bei der Bestellung der Felder gewisse Auflagen erfüllt werden. Ein hohes Maß kommt dabei dem Umweltschutz zu. Der Landwirt muss also hohe Ausgaben tätigen, um diesen Kriterien gerecht zu werden. Dies wirkt sich natürlich auf die Preise für die Produkte aus. Daneben stehen auch die Ausgaben für Maschinen, die Löhne für Angestellte usw.

Durch die Erweiterung der EU nach Osten drängen in naher Zukunft Märkte in unser Land ein, welche mit billigen Erzeugnissen unseren Landwirten die Chance nehmen, ihre Produkte abzusetzen. Diese Produkte können aber nur deshalb so billig verkauft werden, weil in diesen Ländern keine oder nur geringe Auflagen an eine umweltgerechte, gesunde Produktion gestellt werden. Die Löhne sind niedrig und fehlende Exportzölle tun ein Übriges.
Letztendlich bestimmen die Verbraucher die rapide sinkenden Preise. Diese Preise können unsere Landwirte jedoch nur schwer verkraften, der Zusammenbruch droht.
Kommen dann noch durchschnittliche oder geringe Ernten durch schlechte Wetterbedingungen in unseren Regionen dazu (wie z. B. durch das Hochwasser im Jahr 2002), muss mehr importiert werden. Dann sollen es aber nur günstige Produkte sein, die der Verbraucher bezahlen kann und will.
Daneben stellen Länder wie z. B. die USA mit ihren gewaltigen Anbauflächen (und damit einem Überangebot) eine erhebliche Konkurrenz dar. Sie bestimmen dann ebenso die Preise für die Produkte wie die billig produzierenden Länder.

Die Politik stellt den Landwirten immer neue Regelungen und Auflagen vor, so dass es selbst für die behördlichen Seiten schwer ist, alle Punkte genau zu beachten und unter Kontrolle zu halten. Die Prämien und die Quoten für Anbauprodukte sinken, aber Auflagen steigen ständig. Eine Änderung der Bedingungen wird ab dem 01.01.2005 eingeführt.

Wirken sich nicht alle Punkte direkt auf die Betriebe (und damit auch auf unsere Dörfer) aus?

Herr Planert:
Für die noch verbleibenden Betriebe stellt sich die eine Frage: Wie wirtschafte ich weiter?
Um diesem Druck gerecht zu werden, müssen große Flächen den Verlust durch geringe Preise ausgleichen, um dadurch mehr produzieren und mehr Gewinn erzielen zu können.

Da die Flächen aber nicht vermehrbar sind, bleibt also den großen Betrieben nur die Möglichkeit, durch Übernahme der Flächen kleinerer Betriebe zu wachsen?

Herr Planert:
Der Landwirt muss also genau überlegen, welche und wie viel Flächen er erwirbt bzw. pachtet. Natürlich versucht jeder Besitzer, für sein Land die höchstmögliche Pacht zu bekommen. Kleine Betriebe können diesen Anforderungen nicht mehr nachkommen. Die Folge ist eben die Schließung der kleineren Betriebe, denn die Nachfahren sehen bessere Chancen in anderen Berufen und möchten oder können sich diesem Druck nicht mehr stellen.

Auch wenn die Grundaussagen für alle Regionen in Deutschland zutreffen, sollte man regionsspezifische Hinweise besser von den jeweiligen Kammern der Regionen selbst erfragen.
Peine z. B. ist stark auf den Pflanzenbau, also Getreide, Kartoffeln, Spargel im Nordkreis, Rüben im Südkreis ausgerichtet, während z. B. in den Kreisen Nienburg oder Diepholz noch vermehrt Viehzucht neben der Konzentration auf Sonderkulturen (Spargel, Obst, Gemüse) zu finden ist.

Daher ist die bauliche Situation auf den Betrieben ebenfalls unterschiedlich.
In Regionen, in denen die Viehzucht kaum eine Rolle spielt, muss beim Bau bzw. Umbau von Höfen mehr in Scheunen und Unterstellmöglichkeiten für Geräte/Maschinen investiert werden.
In anderen Regionen benötigt man natürlich dementsprechend mehr Ställe, die zwar heute überwiegend im Außenbereich errichtet werden, dennoch auch direkt in der Ortslage liegen könnten.

Damit ist das Problem der Akzeptanz der Landwirtschaft bei der neuen Dorfbevölkerung angesprochen.
Die Betriebe mit überwiegendem Pflanzenanbau erzeugen weniger Emissionen direkt an der Hofstelle im Ortskern. Dort bieten eher die Felder Angriffspunkte, wenn es um das Ernten, Spritzen oder Düngen geht (Lärm, Gerüche, Staub etc.). Tierhaltende Betriebe mit Ställen in unmittelbarer Ortslage hingegen (z. B. in Haßbergen, Wehrbleck oder Häuslingen) sind meistens durch stärkere Geruchsemissionen gekennzeichnet und werden daher vermehrt von den Bewohnern, insbesondere den Neubürgern, „angegriffen".

Darüber hinaus benötigt man insbesondere für größere Flächen größere Maschinen (man denke an die gewaltigen Maschinenhallen und „Arbeitskolonnen" der ehemaligen LPG-Betriebe). Diese können auf kleinen Hofstellen in der Ortslage kaum untergebracht werden. Daher folgt, dass die kleineren Hofstellen in Zukunft verstärkt zum Wohnen genutzt und neue Landtechnik- oder Stallgebäude im Außenbereich errichtet werden müssten.

Vielen Dank für das Gespräch.

8 AUẞERLANDWIRTSCHAFTLICHE ARBEITSPLÄTZE/ HANDWERK UND GEWERBE IM DORF

8.1 Einführung

Neben der Einwohnerzahl ist die Anzahl der Arbeitsplätze in und außerhalb der Gemeinde zur wichtigsten Bestimmungsgröße für die kommunalen und damit dörflichen Entwicklungsmöglichkeiten geworden.
Das niedersächsische Landesraumordnungsprogramm in der geänderten Fassung vom 24.10.2002 fordert „die Sicherung und Schaffung vielseitiger qualifizierter, zukunftsorientierter sowie wohnungs- und siedlungsnaher Arbeitsplatzstrukturen" (LROP, Lit. 93). Auf den Abbau wirtschafts- und standortbedingter Schwächen der Wirtschaft ist – insbesondere in den ländlichen Räumen – hinzuwirken. Wirtschaftsstrukturdefizite sind durch Ansiedlung neuer und ergänzender Betriebe zu mindern, möglichst durch die Bündelung leistungsfähiger, wirtschaftsnaher Infrastruktur der Informations-, Kommunikations-, Transport- und Umwelttechnik. Besonders in den ländlichen Räumen wird darüber hinaus eine Verbesserung der Erwerbsmöglichkeiten für Frauen gefordert.
Die Umsetzung dieser Ziele auf der regionalen und auf der kommunalen Ebene stößt erwartungsgemäß auf unterschiedliche historische, mentale, standortbedingte und strukturelle Hinderungsgründe. Grundlage vergleichender Analysen auf kommunaler Ebene sind die vom Niedersächsischen Landesamt für Statistik bereitgestellten Entwicklungsdaten der „Sozialversicherungspflichtig Beschäftigten seit 1989". Auf örtlicher Ebene sind keine Daten mehr lieferbar, nachdem der kommunale Status durch die Gebietsreform verloren gegangen ist (siehe auch Abschnitt 8.2).

Niedersachsen belegt in der Arbeitslosenstatistik mit 12,1 % (Januar 2005) hinter Schleswig-Holstein (12,7 %) und Bremen (17,9 %) in den westlichen Bundesländern den drittletzten Platz. Besonders negative Kennzeichen sind: die zunehmende Jugendarbeitslosigkeit und der Verlust an „Jobs" im verarbeitenden Gewerbe, im Baugewerbe und im Handel. Alleine in sechs größeren niedersächsischen gewerblichen Unternehmen gingen seit 2004 insgesamt 2.500 Arbeitsstellen verloren.
Von den in der Nachuntersuchung der Fallstudiendörfer betroffenen Landkreisen liegt die Arbeitslosenquote in Osterode, Hameln-Pyrmont, Wolfenbüttel, Helmstedt und Lüchow-Dannenberg mit 12,8 – 19,3 % noch weit über dem Durchschnitt des Landes. Lediglich in Lüneburg, Soltau-Fallingbostel, Diepholz und Nienburg liegen die Werte unter 12,8 %.
Da letztere Landkreise auch eine positive Bevölkerungsentwicklung aufweisen, ist der Nachweis über den bestehenden Zusammenhang der beiden Einflussgrößen erbracht.

Mit der ebenfalls kontinuierlich abnehmenden Zahl von Arbeitsplätzen im „Primärsektor" (Landwirtschaft, Fischerei, Forstwirtschaft und Bergbau) liegen die Hoffnungen für die Entwicklung der ländlichen Räume weniger im „sekundären" (produzierendes Gewerbe) als vielmehr im „tertiären" Bereich (Dienstleistungen).
Die Stichworte heißen dort: Altenbetreuung, Wellness-, Gesundheits- und Touristikangebote, Vermarktung von Ökoprodukten aus der Landwirtschaft, Kulturtourismus, Aus- bzw. Weiterbildungsangebote, Betreuung gesellschaftlich schwacher Gruppen (körperlich und geistig behinderte Menschen) und Verbesserung bzw. Ausbau der Wohnumfeldqualitäten durch Altbausanierungs- und Modernisierungsmaßnahmen, womit auch die wirtschaftliche Bedeutung von Dorferneuerungsmaßnahmen bestätigt wird.
Interessant ist wiederum der Vergleich der Regionalen Raumordnungsprogramme zweier durch die Untersuchung betroffener niedersächsischer Landkreise (Osterode am Harz und Nienburg/Weser), womit nochmals auf die Notwendigkeit der kleinräumigen Betrachtungs- und Handlungsebene hingewiesen werden soll.
Seit 1992 ist die Zahl der Arbeitslosen im Landkreis Osterode von 10 % auf über 16 % gestiegen. Während der Kurort Bad Grund mit über 19,5 % die höchsten Vergleichswerte beisteuert, kann Elbingerode als kleinste Gemeinde des Landkreises mit der geringsten Arbeitslosenzahl auch auf erfolgreich durchgeführten umfassenden Flurbereinigungs- und Dorferneuerungsmaßnahmen als eine der positiven Ursachen verweisen.
Der Beitrag der „Landwirtschaft", der „Rohstoffgewinnung" und der Dienstleistungen (besonders Handel und Verkehr) ist in diesem Landkreis gegenüber dem produzierenden Gewerbe im Landesvergleich gering bzw. unterrepräsentiert.
Ausbaukapazitäten bieten sich zweifellos noch im Tourismussektor sowie im Sozial- und Gesundheitswesen. Allerdings liegt infolge des fehlenden qualifizierten Betten- und Kulturangebots, des Fehlens von „Highlights" im Bereich des Erlebnistourismus und aufgrund der gesunkenen Mobilitätskosten für den Fernverkehr (Billigangebote im Flugreiseverkehr!) der Beitrag des Südharzer Tourismus zur Wertschöpfung im Landkreis noch unter 5 %. Das veränderte Urlaubsverhalten der Besucher hin zur Kurz- und Zweiturlaubsreise mit „Event"-Charakter konnte bisher offensichtlich noch nicht in ausreichendem Maße durch ein entsprechendes Angebot, besonders auch für neue Nachfragegruppen (Singles, Senioren, Gruppen u. a.) aufgefangen werden (siehe auch Kapitel 10).
Einer touristischen Entwicklung stehen darüber hinaus die flächenverbrauchenden, extensiven und gestalterisch unbefriedigenden Gewerbegebiete gegenüber, obwohl deren Angebote vom Standort und von der Flächengröße her als „hochwertig" wie im Falle des 8 ha großen Gewerbegebietes „Gittelder Bahnhof" bezeichnet werden können.
Im produzierenden Gewerbe wird auch im RROP noch ein entsprechendes innovatives „Forschungs- und Entwicklungspotential" (F + E) vermisst.

Vergleichsweise günstiger stellt sich die Arbeitsplatzsituation über das Regionale Raumordnungsprogramm im Landkreis Nienburg dar, obwohl wiederum auf mögliche andere zukünftige Nutzungskonflikte hingewiesen werden muss. Diese könnten sich aus den Folgen eines erheblichen Flächenverbrauchs fruchtbarer Wesermarschböden infolge des geplanten Kiesabbaus ergeben (siehe auch Abschnitt 10.6). Erarbeitete Planungskonzepte (Agrarstrukturelle Entwicklungsplanung und ein Rahmenkonzept für einen Kompensationsflächenpool Wesermarsch) sollen dazu beitragen, mögliche Raumnutzungskonflikte im Nienburger Wesertal zu minimieren (RROP Nienburg, Lit. 3).

Die Beschäftigtenzahl bzw. die Zahl der sozialpflichtig Beschäftigten hat seit 1993 im Landkreis Nienburg um 7,23 % zugenommen, allerdings mit erheblichen Unterschieden in den zugehörigen Samtgemeinden.
Die zum untersuchten Dorferneuerungsvorhaben Haßbergen gehörige Samtgemeinde Heemsen hat beispielsweise 10,6 %

Arbeitsplätze hinzugewonnen, während die Stadt Nienburg – aufgrund von einigen Betriebsaufgaben über 7 % Beschäftigter verloren hat!
Einem Rückgang bzw. einer Stagnation solcher im Handelsregister eingetragener Dienstleistungseinrichtungen wie dem Gastgewerbe, dem Einzelhandel und dem Grundstücks- und Wohnungswesen steht ein Gewinn von alleine 9,4 % neuer Arbeitsplätze im Industriebereich gegenüber.
Als Maßnahmen mit erheblicher Schubwirkung für die Wirtschaftsentwicklung des Landkreises Nienburg werden der in der Ausführung befindliche Neubau des Kreiskrankenhauses auf dem ehemaligen Gelände einer aufgelassenen Kaserne, der seit 1983 geplante Ausbau der B 6, die anschließend geplante Ausweisung neuer Gewerbeflächen mit direktem Anschluss an die B 6 und die Entwicklung eines „Weserlandschaftsparks Nienburg/Weser“ nach dem Abschluss der geplanten Kiesentnahmen eingeschätzt. Von letzteren Zielsetzungen wären auch die Entwicklungsmöglichkeiten der meisten Fallstudiendörfer der Nienburger Wesermarschregion betroffen.

Aus den beiden Regionalen Raumordnungsprogrammen der Landkreise Nienburg/Weser und Osterode/Harz sind darüber hinaus keine weiteren direkten arbeitswirtschaftlichen Perspektiven oder konkrete Maßnahmen für die zugehörigen Gemeinden bzw. Dörfer ableitbar. Fokussiert man die regionalen Probleme und Aufgaben auf die zugehörigen Ortsebenen, nimmt nicht nur der Grad an Komplexität insgesamt zu, sondern es erhöht sich erfahrungsgemäß der Schwierigkeitsgrad für eine Umsetzung der als allgemein sinnvoll erkannten Ziele.

8.2 Fallstudienanalyse

Sowohl die Erfassung der Erwerbstätigen als auch die des Steueraufkommens erwies sich trotz aufwendiger kommunaler Fragebogenaktionen als schwierig.
Ortsteile von Gemeinden, Samtgemeinden oder kreisfreien Städten werden statistisch mit ihren Kenndaten nicht mehr erfasst. Diese gehen in der übergeordneten Erfassungsebene auf. In den beiden kommunalen Fragebogenaktionen wurden neben den Ortskenn- und Strukturdaten, das Steueraufkommen und die Anzahl der Arbeitsplätze in der Gemeinde sowie die Ansiedlungsmöglichkeiten für bestimmte Branchen erfragt.
Allgemein darf gelten, dass die Art und Anzahl der Arbeitgeber vom regionalen Standort, von der Einwohnerzahl und von der übergeordneten Funktion einer Gemeinde (z. B. einem Grundzentrum) abhängig sind. Diese These sollte durch entsprechendes Datenmaterial in den Fallstudien überprüft werden.
Da die Frage nach der Anzahl der Erwerbstätigen und der Arbeitslosen jedoch nur von 15 % der befragten Gemeinden vollständig beantwortet wurde, muss auf eine diesbezügliche Auswertung verzichtet und dafür versucht werden werden, über die Anzahl der Betriebe bzw. Arbeitgeber vor Ort zu gültigeren Aussagen zu kommen. Leider waren jedoch auch keine Angaben über die vor Ort in den Betrieben Beschäftigten in Erfahrung zu bringen, sodass lediglich eine Aussage über den Ausstattungsgrad mit Gewerbebetrieben und Dienstleistungseinrichtungen in Relation zur Einwohnerzahl und zur Ortsfunktion aufgrund eigener Recherchen möglich war.
Demnach sind im Durchschnitt etwa 11,4 gewerbliche und handwerkliche Betriebe auf jedes der Untersuchungsdörfer mit über 500 Einwohnern verteilt.

In der Größenklasse unter 500 Einwohnern finden sich praktisch kaum (noch) Einrichtungen des sog. „sekundären Sektors“.
Nur die größeren untersuchten Orte mit ausgeprägten monostrukturierten Großunternehmen (Gittelde: FUBA-Werk und Mende; Leeseringen: Kunststofffabrik und Glasrecycling; Wagenfeld: Auburg-Quelle, Bettfedernfabrik, Kunststoffbetrieb, Wollgarnspinnerei) sind durch außergewöhnlich hohe Einpendlerquoten gekennzeichnet.

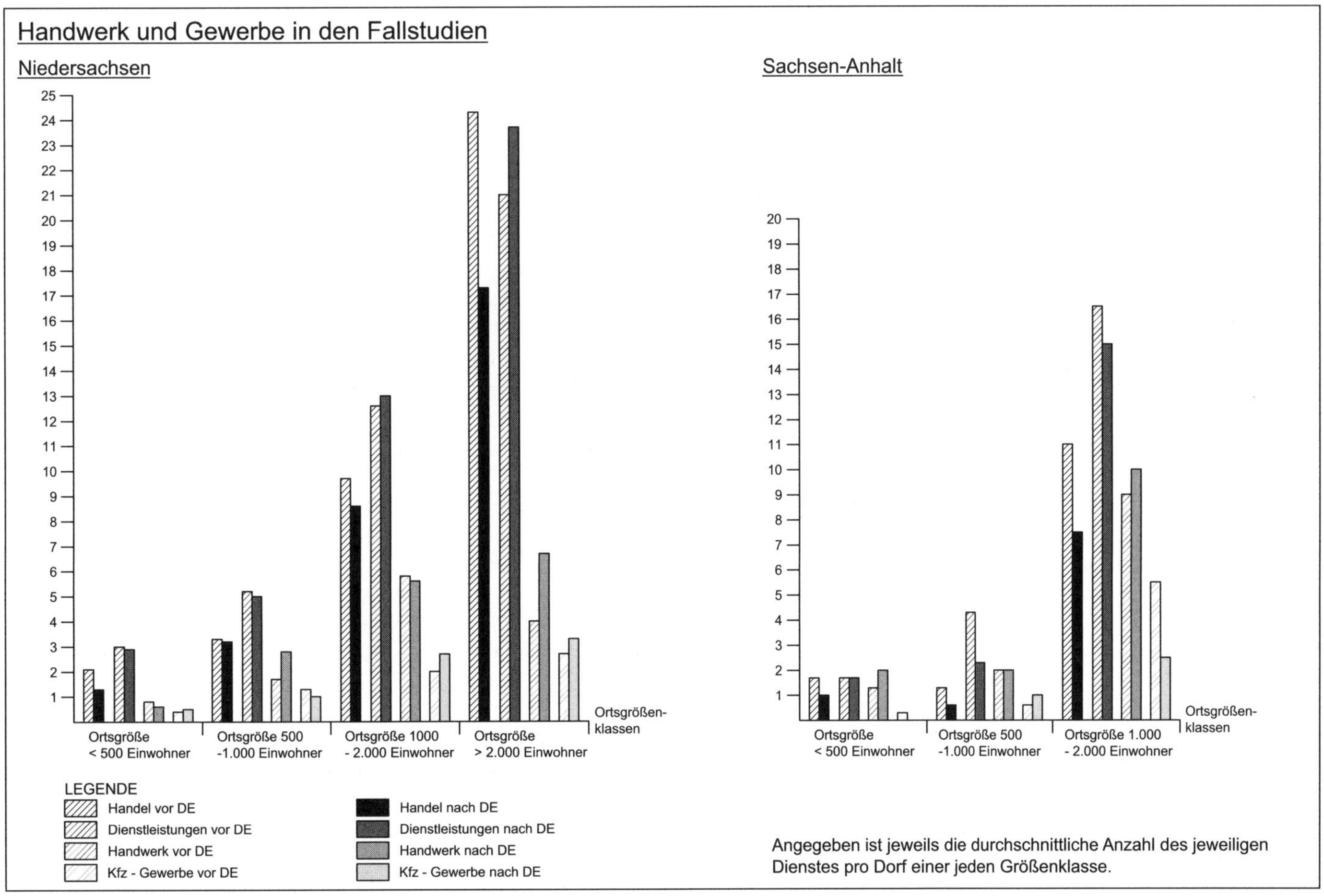

Abb. 59: Handwerk und Gewerbe in den Fallstudien

In Leeseringen werden die negativen Folgen aus der gewerblichen Verarbeitung in Form von Lärm und Staubentwicklung von einzelnen Bürgern bereits beklagt. Außerdem wird befürchtet, dass im Zuge des geplanten Kiesabbaus, dessen Produkte eventuell über einen speziellen Anleger auf der Weser verschifft werden sollen sowie über den zusätzlichen LKW-Durchgangsverkehr im Zuge eines erweiterten Einzugsbereiches für die Glasentsorgung, die Lebensqualität weiterhin verschlechtert wird.

Die Frage nach günstigen Ansiedlungsmöglichkeiten für bestimmte von den Kommunen zu benennende Branchen wurde dagegen bereitwilliger beantwortet (80 % Rücklauf). Innerhalb der Ortslagen (§ 34 BauGB) werden Chancen für nicht störendes Kleingewerbe, für touristische Unternehmen, für Handwerksbetriebe und Dienstleistungseinrichtungen gesehen. Innerhalb der kommunalen Grenzen werden Anlagen des produzierenden Gewerbes, des Handelsgewerbes in Verbindung mit überregionalen Straßenanbindungen, Industriebetriebe und in einem Fall auch Windkraftanlagen für wünschenswert gehalten.

Andererseits planen lediglich 13 % (5) der befragten Fallstudiengemeinden, Gewerbegebiete auszuweisen (Wehrbleck, Dorste, Gittelde, Häuslingen und Reinstedt). Zwischenzeitlich wurde in Reinstedt ein Gewerbegebiet ausgewiesen (siehe auch Abb. 169).

Die befragten, für die Dorferneuerung zuständigen Ämter für Landentwicklung (ehem. Agrarstruktur) beurteilen die nachhaltigen Auswirkungen der Dorferneuerung auf die Standortsicherung bzw. Ansiedlungsbereitschaft von Unternehmen eher zurückhaltend. Lediglich 1/3 sehen „in Teilen positive“ Auswirkungen. 2/3 der Ämter gehen von „keinem bzw. geringem Einfluss“ aus.

Die befragten Bewohner wünschen in einem Drittel aller Fallstudiendörfer (besonders in der Dorfregion Südharz, Aller-Leinetal und Süntel) die Schaffung, zumindest die Sicherung von Arbeitsplätzen.
Die im Kapitel 17 zitierten Wünsche der Bürger nach Gewerbegebietsausweisungen scheinen allerdings kaum geeignet für die Erreichung der formulierten Ziele.

Durch überdurchschnittliche Auspendlerquoten sind die Dörfer der Samtgemeinde Cremlingen (Abbenrode), Uchte (Woltringhausen, Bohnhorst) und Marklohe (Lemke, Oyle, Wohlenhausen/Sudhalenbeck) gekennzeichnet.

8.3 Neue Gewerbegebiete am Dorfrand

Nach der BauNVo sind im F-Plan die Baugebiete zumindest nach der Art ihrer Nutzung kenntlich zu machen.
„Unverträgliche“ benachbarte Nutzungen (wie etwa MD-Gebiet neben WR-Gebieten oder G- bzw. MI-Gebiete neben WR-Gebieten) sollten so vermieden, Windeinzugsbereiche berücksichtigt und Emissionen minimiert oder besser ganz verhindert werden.
Pflanzgebote zwischen unverträglichen Nutzungen sind nur eine bedingte Hilfe zur Konfliktvermeidung, da die Grünpflanzen in den Wintermonaten ihre Wirksamkeit einbüßen.
Entscheidend bleibt immer das Auffinden des optimalen Standortes – unter Berücksichtigung der Kriterien „Umwelt- und Bewohnerverträglichkeit“.
Die flächenintensiven Gewerbe- und Industriegebiete haben mit den Folgebauten und -anlagen in einer Vielzahl von Dorfbeispielen das Weichbild, die Silhouette des zugehörigen Dorfes zerstört, zumindest erheblich beeinträchtigt (Wagenfeld, Erxleben).
Bemühungen um eine gestalterische Integration und zur Bewältigung der Probleme besitzen nur über eine intensive Standort-, Baukörper- und Landschaftsplanung Erfolgsaussichten.
Das abgestimmte Planungsinstrumentarium in der Hand des Ortsplaners könnte eine wichtige Voraussetzung für verträgliche Ergebnisse darstellen. Die Praxis ist jedoch häufig noch weit entfernt von einem solchen Vorgehen. Die Fallstudienbeispiele Wagenfeld, Gittelde und Erxleben zeigen die gestalterischen und siedlungsbaulichen Probleme einer ortsnahen Ausweisung von Gewerbe- und Industriebauten auf.

Das selbst optimal erschlossene und überregional angebundene dörfliche Gewerbegebiete mit ausreichendem Flächenangebot kaum angenommen werden, wenn nicht weitere Standortvorteile dazukommen, beweist das Beispiel „Gewerbepark Lemke“ (Gemeinde Marklohe).

Auch in diesem Dorf ist es trotz eindeutiger Willenserklärung der Mitglieder des Arbeitskreises Dorferneuerung und der Bürger selbst sowie trotz eines entsprechenden Ratsbeschlusses nicht gelungen, einen für die Lebensqualität und für die Ortsentwicklung wichtigen Standortwechsel eines zentral gelegenen Fuhrparks eines Großunternehmers durchzusetzen. Der im Außenbereich bereits mit unübersehbaren Landschaftsstörungen produzierende Betrieb besitzt im Ortskern einen relativ zentral gelegenen Fuhrpark mit stark emittierenden Schwerlastfahrzeugen, die vor allem durch Lärm- und Geruchsemissionen die Wohnqualität des Umfeldes beeinträchtigen und eine geordnete Siedlungsentwicklung behindern. Auch die vorliegenden Messergebnisse des Gewerbeaufsichtsamtes konnten keine Änderung bewirken. Gleichzeitig steht das Gewerbegebiet Lemkes im Süden an der B 6 leer. Die aufwendig mit Gehwegen und Leuchten ausgebauten Straßen sind zurzeit „funktionslos“, müssen aber dennoch gepflegt werden, damit sie nicht überwuchern.

Mit Redaktionsschluss erreicht uns die Nachricht, dass die FUBA, Europas viertgrößter Hersteller von Leiterplatten einen Antrag auf Insolvenz gestellt hat (08.07.2005). Die Planung sieht die Rettung von mehr als 600 von 870 der zurzeit in den Werken in Gittelde und Dresden vorhandenen Arbeitsplätze vor. In Gittelde allein ist der Abbau von 240 Mitarbeitern geplant, denen der Übergang in eine Beschäftigungs- und Qualifizierungsgesellschaft angeboten werden soll. In Gittelde werden Leiterplatten seit 1959 gefertigt, seit 2003 wurden jedoch rote Zahlen geschrieben. Die möglichen Folgen für die Dorfentwicklung Gitteldes können zurzeit nur erahnt werden.

8.4 Zusammenfassung/Folgerungen

Die dramatischen Entwicklungen auf dem Arbeitsmarkt in Verbindung mit den Folgen der EU-Osterweiterung und der demografischen Entwicklung zwingen die Landkreise und Kommunen zum Handeln.
Dabei ist der Versuch über eine verstärkte Ausweisung von Wohnbau- und Gewerbegebieten die wirtschaftlichen und strukturellen Probleme alleine lösen zu wollen, nicht in jedem Falle sinnvoll und förderungswürdig (siehe auch Kapitel 17).
Die Phase wirtschaftlicher Rezession sollte in jedem Fall für eine intensive planerische Grundlagenarbeit auch in den ländlichen Räumen genutzt werden, wie sie durch Integrierte Ländliche Entwicklungskonzepte (ILEK´s)für übergreifende Regionen unter Einbeziehung von Dorferneuerungsplanungen als neue Planungsinstrumente leistbar sind.

Pauschale Handlungsanweisungen und -muster verbieten sich bei den differenzierten historischen, landschaftlichen, kulturellen und strukturellen Hintergründen.
Fest scheint allerdings zu stehen, dass in der Frage der Wirtschaftsentwicklung der Dörfer regional abgestimmte Konzepte Vorteile gegenüber eigenständigem Handeln haben dürften. Der Ausbau des Dienstleistungs-, Forschungs- und Entwicklungssektors bleibt auch im ländlichen Raum im Zeitalter von Mobilität, Wissenserweiterung und -vernetzung eine unverzichtbare Basis.

AUSGEWÄHLTE GEWERBEGEBIETE DER FALLSTUDIEN

Gewerbegebiet Lemke

KARTENGRUNDLAGE:
Internetpräsenz der
Gemeinde Marklohe

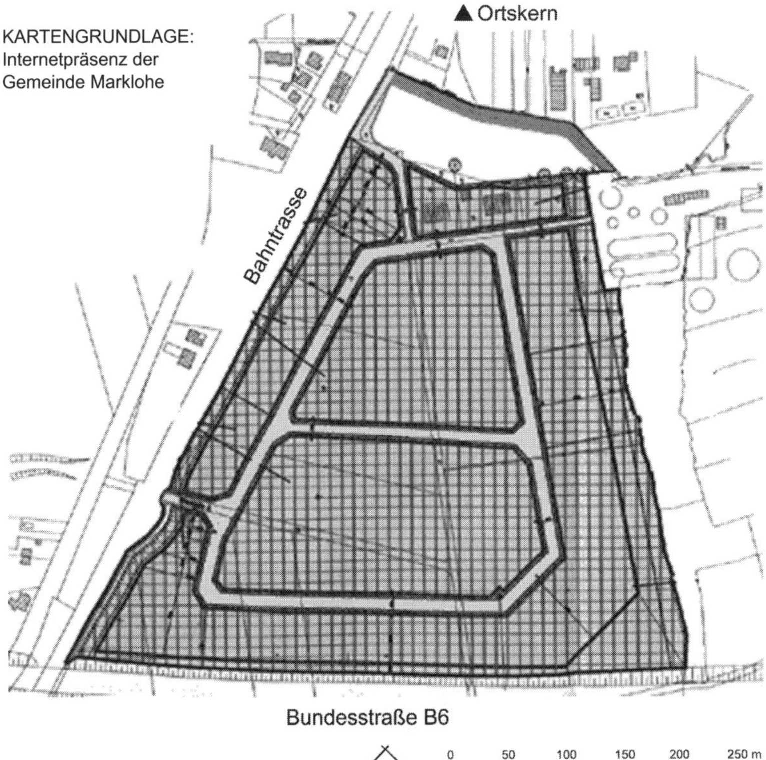

Größe des Gebietes: 180.000 m²

Das Gewerbegebiet Lemke gleicht noch einem Feld mit überdimensionaler Erschließung (Lemke, Sommer 2005)

Trotz der guten Infrastruktur und Anbindung an die Bundesstraße 6 sind die Gewerbegrundstücke noch nicht bebaut.

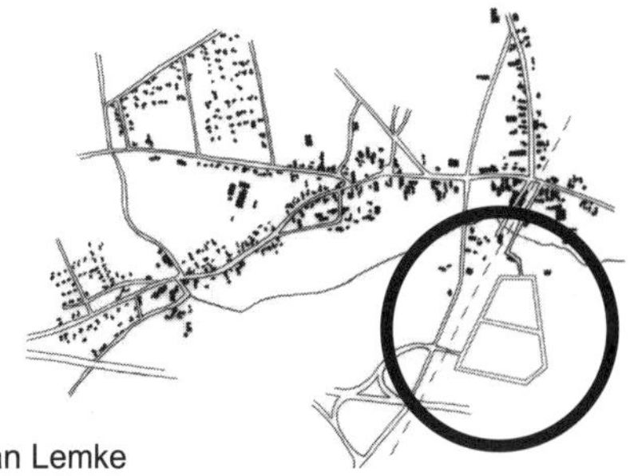

Lageplan Lemke

Abb. 60: Gewerbegebiete im Dorf am Beispiel Lemke

Gewerbegebiet Erxleben

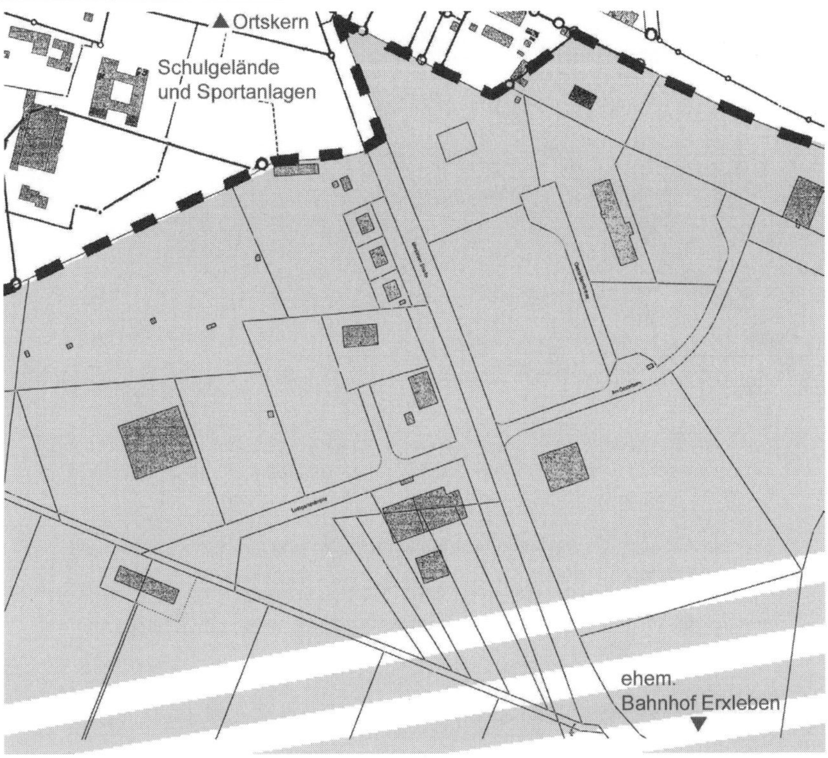

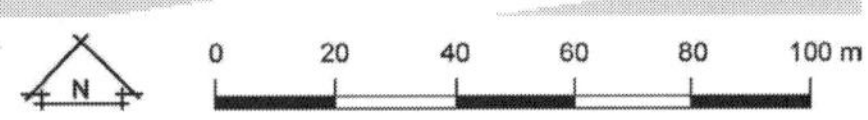

Größe des Gebietes: ca. 202.000 m²

Auch Erxlebens Gewerbegebiet ist trotz der nahen Lage an der BAB 2 noch nicht gefüllt (2004).
Es fehlen Pflanzgebote gegenüber dem angrenzenden Dorfgebiet.

Lageplan Erxleben

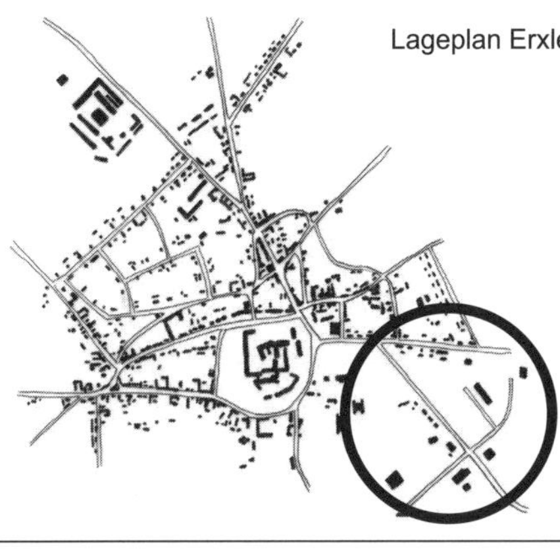

Abb. 61: Gewerbegebiete im Dorf am Beispiel Erxleben

Dörfliche Gewerbegebiete, Beispiel Leeseringen

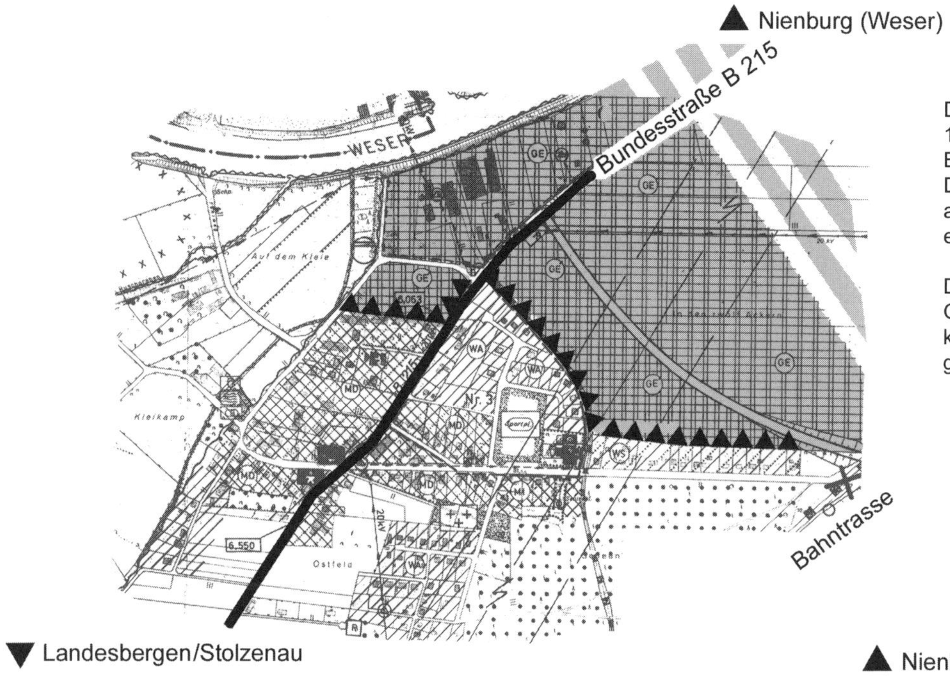

Der Flächennutzungsplan des Jahres 1986 weist ein Gebiet westlich der Bahnlinie bis an das nordöstliche Dorfgebiet komplett als Gewerbegebiet aus. Eine neue Straße soll das Gebiet erschließen.

Die vorhandene Wohnqualität in den Gebieten, die unmittelbar angrenzen, könnte durch die möglichen Emissionen gemindert werden.

Leeseringen 1986

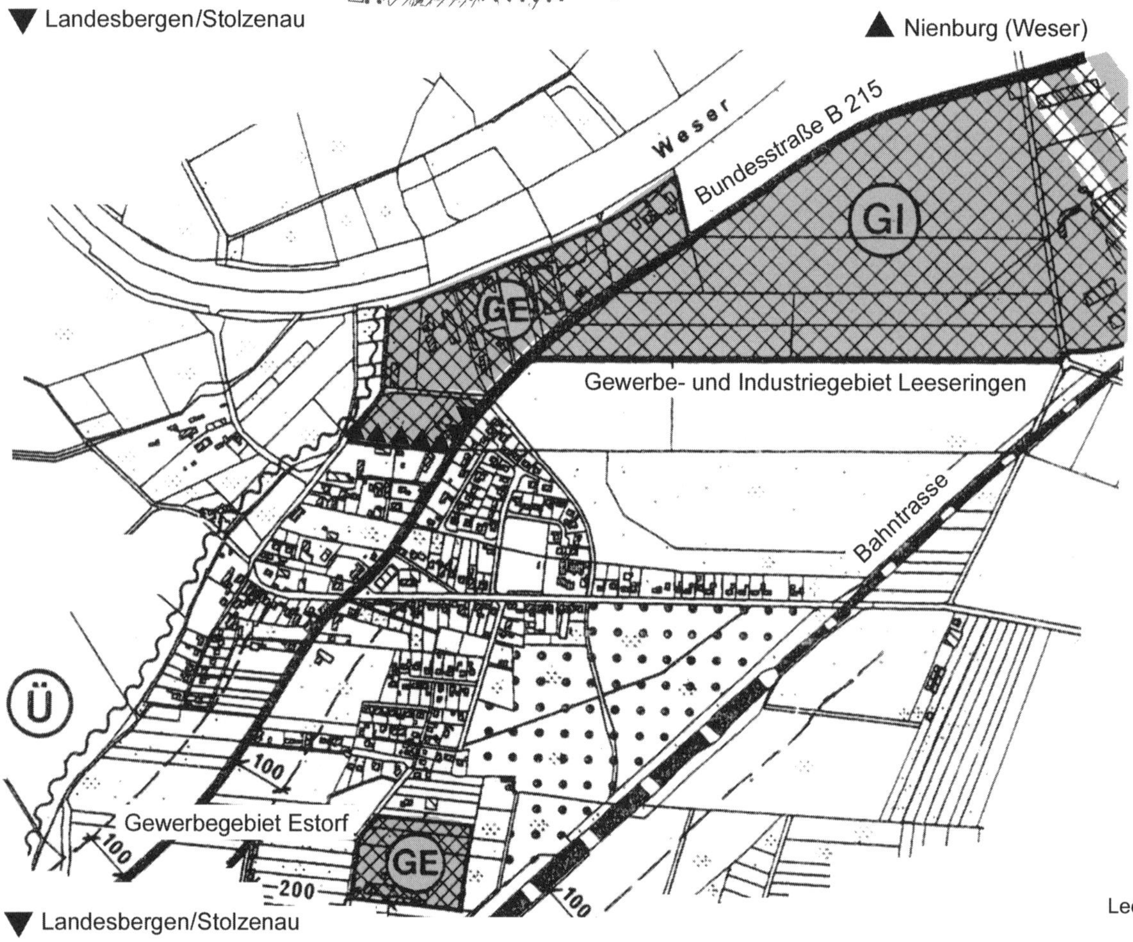

Leeseringen 2004

LEGENDE

- (GE) Gewerbe- bzw. (GI) Industriestandorte mit Schutzbereich
- Wald
- Überschwemmungsgebiet
- Bundesstraße mit Schutzbereich
- Bahntrasse mit Schutzbereich
- möglicher Emissionsbereich

Der Plan des Jahres 2004 weist nun nur noch eine reduzierte nördliche Fläche als Gewerbe- bzw. Industriegebiet aus (Größe des Gebietes ca. 160.000 m²). Mögliche weitere Emissionen könnten so vermieden werden

Die vorhandenen Gewerbebetriebe (Glasrecycling und Landgenossenschaft) genießen Bestandsschutz.
Pflanzmaßnahmen und -gebote im Sinne der Planzeichenverordnung (PlanZV) erscheinen im Süden und Westen des neu ausgewiesenen GI-Gebietes sinnvoll.

KARTENGRUNDLAGE:
Auszug aus dem Flächennutzungsplan der Gemeinde Estorf

N — 0 100 200 300 400 500 m

Abb. 62: Gewerbegebiete im Dorf am Beispiel Leeseringen

9 DORFTOURISMUS

9.1 Einführung

Der Begriff des „Dorftourismus" ist bewusst als Kontrastbegriff zu einem durchgesetzten und im Trend liegenden „Städtetourismus" gewählt worden, auf dessen Merkmale an dieser Stelle jedoch nicht weiter eingegangen werden kann. Verbindend sind beiden Begriffen der Bezug zur bebauten Ortslage und das Ziel der Schaffung neuer Arbeitsplätze. Im Gegensatz zum durchorganisierten, dienstleistungsaufwendigen und mobilitätsabhängigen „Städtetourismus", der mehr dem Typus des „harten Tourismus" zuzurechnen ist, sollen zumindest von der Zielsetzung her die Mehrzahl der Fremdenverkehrsaktivitäten im ländlichen Raum und besonders in den bebauten Dorflagen auf einem „sanften Tourismus" hin ausgerichtet sein.
„Sanfter Tourismus" meint üblicherweise eine sozial- und umweltverträgliche Form des Freizeitangebotes und seiner Nutzung.
Einem so verstandenen „Sanften Tourismus" kommt inzwischen eine gesellschaftspolitische Leitbildfunktion zu. Er ist gleichsam zu einem Orientierungsbegriff bezüglich der Wahl der Ziele, der Einzelprojekte und des angemessenen Mitteleinsatzes zu seiner Verwirklichung geworden. Eine Analyse der im Rahmen der europäischen Initiativen „Leader+" oder „PROLAND" (siehe Kapitel 4) formulierten und überwiegend außerhalb der Dorflagen geplanten Vorhaben im ländlichen Raum bestätigt diesen Ansatz, der eine nachhaltige Nutzung des natürlichen und kulturellen Potentials zum Ziel hat.
Bei aller Hinwendung und Förderung der auf Kreativität, Sinnerfüllung und Gemeinschaftserlebnis hin ausgerichteten Aktivitäten der Gäste und Dorfbewohner, muss es aber auch beim „Sanften Tourismus" schwerpunktmäßig um Schaffung von Arbeitsplätzen und hier insbesondere um eine dauerhafte Verbesserung der Beschäftigungsperspektiven für Jugendliche und Frauen gehen.
Sanfter Tourismus als ergänzender Wirtschaftszweig kann auf dieser Grundlage einen messbaren Beitrag zur Stärkung der Wirtschaftskraft im ländlichen Raum leisten.

Eingebunden in örtliche, kommunale, regionale und überregionale Zielvorgaben, muss sich der sanfte Tourismus in den ländlichen Regionen und zugehörigen Dörfern im Rahmen von Stärken-Schwächen-Profilen einer Reihe von Aufgaben stellen:

- Funktionsoptimierung des vorhandenen kommunalen Freizeitangebotes,
- Schaffung überörtlicher, regionaler Angebotsnetzwerke,
- gezielter Ausbau von bereits formulierten Entwicklungsschwerpunkten,
- Integration der Bewohner und Gäste,
- qualitativer Ausbau von regional- und ortstypischen Gastronomie- und Freizeitangeboten,
- Aufdeckung, Sicherung, Entwicklung verschütteter, bisher ungenutzter Potentiale aus Siedlung und Landschaft,
- Verknüpfung örtlicher Ideen und Projekte innerhalb einer Region zu flächendeckenden Gesamtkonzepten (z. B. Aller-Leinetal),
- gezielte Behebung von „Schwächen" bei gleichzeitiger Sicherung der „Stärken" der zugehörigen Regionen,
- kritische Analyse touristikrelevanter Zielvorgaben (Verkehrsausbau, Windkraft, Gewerbeansiedlungen u. a.),
- Entwicklung geeigneter Vernetzungsstrategien (Flyer, Gästeführung, Internet-Präsenz, Ausstellungen u. a.) und kommunale Einbindung in entsprechende Tourismusorganisationen.

Neben den inhaltlichen Fragen geht es bei der Fremdenverkehrsentwicklung auch wesentlich um organisatorische Aspekte, insbesondere um eindeutige Klärungen von Organisations- bzw. Trägerschaftsformen, um neben den Investitionskosten auch die langfristig wirksamen Folge- bzw. Nebenkosten erfassen und begleichen zu können.

Im gesamten „Tourismusgeschäft" werden von deutschen Urlaubern jährlich etwa 100 Milliarden Euro (Stand 2000) ausgegeben. Beim aktuellen Trend zu Zweit- und Dritturlauben und bei einer durchschnittlichen Gesamtreisedauer von 14 Tagen im Ausland und 11 im Inland, liegen 29 % der Reiseziele in Deutschland. Die Auslandsaufenthalte teilen sich in 33 % Entspannungs-, 30 % Strand-, 19 % Erlebnis-, 18 % Natururlaube und lediglich 3 % Studienreisen auf.
Die hohen Erwartungen an zunehmender Bedeutung des Wellness-Urlaubs und der Sport- und Aktivurlaube haben zwischenzeitlich einen Dämpfer erfahren. „Die Deutschen wollen sich im Urlaub nicht anstrengen" (DIE ZEIT, Nr. 31/05).

Eine Ausnahme scheint lediglich der zunehmende Fahrradtourismus zu sein. Möglicherweise auch im Trend dieses wachsenden Radtourismus in Deutschland hat die Zahl der Übernachtungen in Westdeutschland um 4,6 % und in Ostdeutschland sogar um 10 % in den vergangenen 10 Jahren zugenommen.
Ein Ziel muss es daher sein, durch verbesserte Angebote in den ländlichen Regionen, in denen die Voraussetzungen gegeben und erfüllbar sind, gemeinsam mit dem Radtourismus den „Dorftourismus" zu einem neuen wirtschaftlichen Standbein für die Landwirtschaft und für den örtlichen Dienstleistungssektor auszubauen. Notwendig ist jedoch eine vorausgehende flächendeckende Analyse der touristischen Potentiale der Untersuchungsräume.

Als Muster für eine überregionale, flächendeckende Eignungsanalyse, den sog. „Entwicklungsplanerischen Wert", kann die Untersuchung des Verfassers über den „Sanften Tourismus in Dithmarschen/Holstein" herangezogen werden (Lit. 43).
Hier wurden für die genannte Region anhand der Kriterien „Siedlungsstruktur", „Einzelobjekte des Fremdenverkehrs", „Kulturelle Infrastruktur und Verkehrsinfrastruktur", unter Berücksichtigung sog. „Beschränkungszonen" und des „Landschaftlichen Vielfältigkeitswertes (nach Kiemstedt) über ein Bewertungs- und Gewichtungssystem folgende Schritte realisiert:

1) Der „Entwicklungsplanerische Wert" der Untersuchungsfläche wurde ermittelt;
2) Für Teilregionen des Untersuchungsbereiches wurden touristische „Stärken-Schwächen-Profile" erstellt;
3) Über das demokratische Verfahren einer umfassenden Bürgerbeteiligung wurden die allgemeinen Ziele nach Prioritäten erarbeitet;

4) Mit Unterstützung entsprechender Fachplanungen wurden konkrete Projekte mit Klärung der investiven Kosten und der Trägerschaftsformen entwickelt;
5) Über Kosten-Nutzen-Analysen konnten sowohl die Projektstandorte optimiert als auch die Folgekosten reduziert werden;
6) Eine abschließende Überprüfung der Objektverträglichkeit in siedlungsbaulicher, bauästhetischer, sozioökonomischer, ökologischer und sozialer Hinsicht ging der abschließenden Auftragsstellung voraus;
7) Die Projekte wurden dann teilweise unter Inanspruchnahme der verfügbaren Förderinstrumentarien und unter Beteiligung ehrenamtlicher Kräfte realisiert.

Da sich die Voraussetzung und die Aufgabenstellungen auf der regionalen und der dörflichen Ebene unterscheiden, ist ein vergleichbarer Kriterienkatalog mit entsprechendem Bewertungssystem auch für die Siedlungsebene zu entwickeln.

Im Rahmen der Untersuchung „10 Jahre Dorferneuerung in Niedersachsen 1984 – 1994“ (Lit. 44) wurden solche Voraussetzungen für die Entwicklung zum typischen niedersächsischen „Freizeit- und Feriendorf“ erstmals dezidiert entwickelt.
Dabei wurde von 11 zu erfüllenden Kriterien bzw. Anforderungen ausgegangen, die eine wirtschaftlich auf den Fremdenverkehr hin abgestützte Dorfentwicklung garantieren können. Für diese Nachuntersuchung wurde infolge der vorliegenden Erfahrungen die Anzahl der Eignungskriterien noch um 3 auf 14 erweitert (siehe Abb. 63).

Unter den seinerzeit landesweit einbezogenen Fallstudienorten waren mit Fischerhude, Lübeln und Greetsiel spektakuläre, im Bewusstsein der Bewohner und Besucher durchgesetzte und anerkannte niedersächsische Dörfer, die aufgrund der kontinuierlichen Besucherentwicklung und des hohen Erfüllungsgrades der Besuchererwartungen weiterhin Vorbildcharakter besitzen.
Das im Rahmen dieser Untersuchung einbezogene Rundlingsdorf Lübeln im Wendland (Standort des Wendlandhofes) gehört zweifellos zu den bekannteren Ferien- und Freizeitstandorten in Niedersachsen. Die vom Verfasser seit über 35 Jahren verfolgte und in den 1970er Jahren planerisch begleitete Entwicklung Lübelns zeigt in mancherlei Details auch die Veränderungen der Freizeitgewohnheiten und des Mobilitätsverhaltens der Besucher selbst. So ist das ursprüngliche Dorfgemeinschaftshaus, der sog. „Wendlandhof“, inzwischen mit veränderter Zielsetzung und Trägerschaft zum Touristikzentrum umfunktioniert worden, das nunmehr schwerpunktmäßig den Gästen und weniger den Bewohnern zur Verfügung steht.

Allgemein feststellbar ist insgesamt eine Entwicklung fort vom ursprünglichen Kultur- und Naturtourismus der 1970er und 80er Jahre hin zu einem typischen Event- und Gruppentourismus, der sich verstärkt auch im ländlichen Raum auszubreiten beginnt.
Die gesellschaftlichen Ursachen können an dieser Stelle nicht ausgelotet werden. Feststellbar bleibt jedoch, dass sich mit der zunehmenden Mobilität und der Beliebigkeit bzw. Austauschbarkeit der preiswert erreichbaren nationalen und internationalen Reiseziele offensichtlich auch die Wertevorstellungen verändert haben.
Selbst die beliebte wendländische „Kultour-Woche“ über Pfingsten zeigt bei allen vielfältigen Angeboten doch auch bereits Merkmale eines durch den PKW-Verkehr bedingten Massentourismus mit den bekannten störenden Folgen für Siedlungen und Landschaft.
Daneben bestehen touristische Angebote in einzelnen Dörfern, die bei überschaubarem Einzugsbereich, und bei relativ verkehrlicher Abgeschlossenheit mit spezifischen, ausschließlich aus den Potentialen des Ortes und der Region entwickelten Projekten zu bestimmten Anlässen werben (Scheunenviertel Estorf, Gutsanlage Großjena).

Anlässlich der Jahrestagung des Museumsverbandes für Niedersachsen e. V. im März 2004 in Nienburg wurde ein neu propagierter Wachstumsmarkt „Kulturtourismus“ für ländliche Regionen abhängig gemacht von einer Kombination von Wellness-, Gastronomie- und Kulturangeboten mit hohem Erlebnis- und Inszenierungscharakter der Produkte und gezielter Themenorientierung.
Zu berücksichtigen sei insbesondere, dass Tagestouren und Kurzreisen zunehmen würden und Reiseentscheidungen immer spontaner getroffen werden.
Auch die dörfliche Alltagskultur gehörte neben den üblichen Objekten der Hochkultur und der Kunstszene zu den nachgefragten Angeboten – eine touristische Ressource, die, wie die folgenden Fallstudienanalysen zeigen, bisher nur in wenigen Dörfern genutzt wird.

9.2 Fallstudienanalyse

Im Rahmen der Fragebogenaktionen wurden die Kommunen über das Stichwort „Freizeit/Sanfter Tourismus“ nach den touristischen Aktivitäten vergangener 15 Jahre, nach den drei wichtigsten Freizeitangeboten und nach touristischen Vermarktungsorganisationen für die Gemeinde sowie in einer ergänzenden Befragung nach „Innovativen Einzelprojekten“ befragt.

Die betroffenen Bewohner der Fallstudiendörfer haben sich in gesonderter Fragebogenaktion u. a. auch zu den aus ihrer Sicht ausgelösten Auswirkungen der Dorferneuerung auf die wirtschaftliche und touristische Entwicklung in den Ortslagen geäußert.
Diese Aussagen wurden von je einem orts- und sachkundigen Einzelbürger in einem „Experteninterview“ ergänzt.

9.2.1 Kommunale Befragung (regionsspezifische Ebene)

Insgesamt werden von 41 % der befragten niedersächsischen Kommunen „touristische Aktivitäten“ benannt, wobei die regionalen Unterschiede auffällig sind. Während die Fallstudiendörfer der Regionen „Süntel“, „Braunschweiger Börde“, „Nienburger Wesermarsch“ (je 17 %) und „Geest-/ Moorregion“ (33 %) entweder keine oder nur geringe Aktivitäten aufweisen können, sind solche in den Dörfern des „Wendlandes“ (50 %), der „Südharzregion“ (71 %) und des „Aller-Leinetals“ (100 %) durchaus entwickelt worden.

Zu den am häufigsten realisierten Freizeitprojekten gehören die in den vergangenen 15 Jahren geschaffenen Rad-/Wanderwege (20 Dörfer), ergänzt durch Radlerübernachtungsangebote (Estorf, Lübeln), Reitangebote mit Ausbildungsstätten und Reitpfaden.
Genannt seien auch die Erschließung der Kuppendorfer Heideregion, der Ausbau des stimmungsvollen Bohnhorster Eisenbahngeländes an der Museumsbahnstrecke Uchte – Rahden, die Freilichtmuseen in Lübeln (Wendlandhof) und Estorf (Scheunenviertel), die Bogensportanlage in Wulften, dasBowlingbahncenter in Hattorf, das erste deutsche

Kartoffelhotel in Lübeln, das neue Wanderwegenetz in Schwiegershausen sowie die Mehrzweckhalle in Elbingerode für sportliche und kulturelle Nutzungen der Vereine und Bürger.

Erwartungsgemäß sind für die wichtigsten benannten Freizeitangebote der Fallstudiendörfer immer noch die Vereine zuständig (ca. 60 %).
In der Reihenfolge der Nennungen führen hier die Sportvereine (fast 90 %) vor den Schützen- und Feuerwehrvereinen.
Zu den weiteren mehrfach erwähnten Freizeitangeboten gehören neben Wander-, Radel- und Reitmöglichkeiten, Freibäder (z. B. in Rohrsen, Wagenfeld, Hattorf am Harz), Heimatfestspiele überwiegend mit Aufführungen in plattdeutscher Sprache (Wagenfeld), Wasserwandern auf der Aller (Eilte), Tennis- und Segelflugsport (Hattorf am Harz), Backtage in Aschen (Freilichtmuseum) und in Estorf (Freilichtmuseum „Schünebusch"), plattdeutsche Sprachkurse in Haßbergen und Hattorf, spezifische Seniorenangebote in Estorf, Hattorf, Schwiegershausen, Radbruch, Schnega und Watzum sowie plattdeutsche Theateraufführungen im Saal der Gasthäuser in Holzhausen, Kuppendorf, Estorf und Hattorf.

Die Frage nach dem Vorhandensein regionaler bzw. überregionaler touristischer Organisationen wird für die niedersächsischen Fallstudiendörfer zu 63 % bejaht.
Vollständig in eine überregionale Tourismusorganisation eingebunden sind bereits die Dörfer in den Regionen Nienburger Wesermarsch, Wendland, Aller-Leinetal und Süntel. Einzelne Dörfer der Geest-/Moorregion, die Südharzregion und die Braunschweiger Börde-Dörfer weisen hier noch erhebliche Defizite auf.

Vergleichsweise aufschlussreich ist, dass in den untersuchten Dörfern Sachsen-Anhalts – trotz vorhandener touristischer Aktivitäten (57 %), keines bisher in eine touristische Organisation eingebunden ist.

Im Widerspruch zur Ausweisung Hattorfs am Harz als Grundzentrum mit den Entwicklungsschwerpunkten „Fremdenverkehr" und „Wohnen" im Regionalen Raumordnungsprogramm des Landkreises Osterode am Harz steht das seinerzeitige Desinteresse der Bürger an einer solchen Entwicklung. Entsprechend gering wurden mit 8 % auch die positiven Auswirkungen der Dorferneuerung auf den Fremdenverkehr in Hattorf bewertet.

9.2.2 Bürgerbefragung

Bereits im Rahmen der Planungsphase der Fallstudien wurde eine Fragebogenaktion unter den Dorfbewohnern zum Ausbau eines „sanften Tourismus" in ihrem Dorf durchgeführt. Bereits vor annähernd 15 – 20 Jahren äußerten die Bewohner einiger Dörfer der Südharzregion (Elbingerode mit 53 %, Ührde mit 50 %, Gittelde mit 64 %) sowie der Wendlandregion (Schnega mit 46 %), der Aller-Leinetalregion (Eilte mit 50 % und Häuslingen mit 44 %) sowie die Dörfer Beber (38 %), Radbruch (31 %) und Bohnhorst (25 %) damals ein relatives Interesse am Ausbau eines örtlichen Fremdenverkehrs.

Im Vergleich der untersuchten Regionen und Auswirkungsbereiche der Dorferneuerung steht der „Fremdenverkehr" jedoch vor der „Landwirtschaft" an vorletzter Stelle.
Lediglich 20 % der untersuchten Regionen und befragten Bewohner in Niedersachsen und 27 % in Sachsen-Anhalt sind der Meinung, dass durch die Dorferneuerung ein positiver Schub auf den Tourismus ausgeübt wurde.

Zweifelsfrei ist diese Einschätzung auch ein Beleg für die nicht erfüllten, im Rahmen der bisherigen Fördermöglichkeiten der Dorferneuerung allerdings auch kaum erfüllbaren Erwartungen der Kommunen.

Allerdings ist innerhalb der untersuchten Regionen in den Erwartungshaltungen so manche Differenz auf örtlicher Ebene feststellbar. So vermuten die befragten Bürger u .a. in Jerxheim (35 %), Wagenfeld (44 %), Aschen (47 %), Estorf (67 %), Leeseringen (42 %), Ührde (42 %) und Lübeln (100 %), durchaus positive Auswirkungen, obwohl, wie im Folgenden zu erläutern ist, lediglich drei dieser Dörfer wirklich mehrere „touristische Potentiale" auf sich vereinen.
Zum anderen sind von den zur damaligen Zeit mit relativem Interesse am Dorftourismus bekundeten Fallstudien einige darunter, in denen die jetzigen befragten Bewohner überhaupt keine positiven Auswirkungen der Dorferneuerung bzw. nur gleich bleibende Bedingungen für den Tourismus festgestellt haben (Schnega, Beber, Radbruch, Bohnhorst).

Auffallend ist die absolute Tabuisierung einzelner privater dörflicher Potentiale für den Ausbau eines sanften Tourismus z. B. der Gutsanlagen in Schnega und Watzum. Keiner der befragten Personen oder Institutionen sahen eine Veranlassung, diese teilweise ungenutzten privaten Ressourcen in die Entwicklungspläne einzubeziehen und damit zumindest langfristig für einen dörflichen sanften Tourismus nutzbar zu machen. Gleiches gilt auch für die Gutsanlage in Großjena, die zwar durch eine private Investorin zu neuem Leben erweckt wurde (Konzerte, Lesungen, Kunstangebote etc.), jedoch noch zu wenig im Bewusstsein der Bevölkerung verankert zu sein scheint (siehe auch Abb. 68).

Aber auch in anderen Dörfern, die „etwas zu bieten haben", werden kaum vorhandene Chancen wahrgenommen (Kuppendorf: Heide und Fachwerkhäuser; Häuslingen: Gutshöfe und Kaligeschichte). Vermutlich stehen tradierte schichtenspezifische Verhaltensmuster in Verbindung mit der in dörflichen Sozialräumen hohen Bedeutung von „Privatbesitz als Wert" bei allen kommunalpolitischen Bemühungen um Nutzung dieser Ressourcen noch hinderlich im Wege.

Auf die weiteren Fragen nach touristischen „Innovationen", die entweder durch die Dorferneuerungsplanung ausgelöst oder später realisiert wurden, wurden folgende Beispiele benannt:

- Musikpavillon und Freilichtbühne im Bereich der ehemaligen Auburg in Wagenfeld;
- Hofläden in Scharringhausen, Haßbergen und Varrel;
- Hofcafés in Wehrbleck und Lübeln;
- dörfliche Kulturzentren nach Umnutzungen in Varrel, Estorf, Lübeln, Wulften und Abbenrode (Neubau DGH);
- Hotels für Radler und Dorfbesucher in Estorf und Lübeln;
- ein grüner „Radlertreff" in Leeseringen;
- dörfliche Museen in Elbingerode, Ührde, Estorf und Schnega (Grenzmuseum im OT Göhr);
- Reiterhöfe in Kuppendorf, Wulften, Radbruch, Beber, Rohrsen und Abbenrode;
- Freiluftmuseen in Estorf, Lübeln, Aschen und Haßbergen (Schafstall);
- Biobetriebe mit Selbstvermarktung in Lübeln, Haßbergen und Eilte.

9.3 Voraussetzungen für einen erfolgreichen Dorftourismus

Der bereits im Teil 1 dieses Kapitels angesprochene, erstmals in der Untersuchung über „10 Jahre Dorferneuerung in Niedersachsen“ vorgelegte Bewertungsrahmen für die touristische Eignung von Dörfern wurde von 11 auf 14 Eignungskriterien erweitert und so an den acht niedersächsischen Dorfregionen mit insgesamt 32 Fallstudiendörfern sowie den 8 Fallstudien aus Sachsen-Anhalt getestet.
Jedes der 14 Kriterien wurde dabei über einen 5-stufigen Erfüllungsgrad (2 = vollständig erfüllt; 1,5 = weitgehend erfüllt; 1 = ansatzweise erfüllt; 0,5 = gering erfüllt; 0 = nicht erfüllt) in die Bewertung einbezogen.
Dabei wurden der Einfachheit halber sämtliche Kriterien gleich gewichtet.

Eignungskriterien für einen dorfgemäßen sanften Tourismus

1) Landschaftlich ausgeprägte „Extrem“-Lage (Wasser-, Berg-, Heidenähe) mit hohem „Vielfältigkeitswert“
2) Erlebnisreiche Siedlungsform und gepflegtes Ortsbild mit starkem historischen Ambiente
3) Ausgeprägte denkmalwerte Einzelqualitäten von Siedlungsteilen und Gebäuden
4) Bewusst geschützte Restbestände einer vielseitigen, möglichst biologisch/biodynamisch ausgerichteten Landwirtschaft mit Selbstvermarktung, Reitplatzangebot, Streichelzoo u. a.
5) Vielseitiges Betten-/Übernachtungsangebot, in dem sowohl „Ferien auf dem Bauernhof“ als auch „Ferienappartements“ nicht fehlen dürfen, ebenso Radler- oder Heuhotel
6) Originelle, ortsbezogene Gastronomie; regionsspezifische Speisekarte
7) Attraktives Freizeit- und Aktivitätenangebot (Sport-, Wander-, Reit- und Radwanderangebote), insbesondere für Familien mit Kindern, Senioren und Individualisten
8) Gute Erreichbarkeit mit ÖPNV und über das Straßennetz
9) Vermeidung jeglichen Durchgangsverkehrs, insbesondere von LKW und Bussen (emissionsfreies Umfeld)
10) Umfassendes attraktives Wander-, Fahrrad-, Reitwegenetz; Fahrradverleih
11) Bereitschaft der Bewohner und der Kommune zur Aufnahme von Gästen
12) Angebot an sozialen, kulturellen, orts- und regionstypischen Festen und Feiern (siehe „Veranstaltungen“/Kulturtourismus)
13) Bekanntheitsgrad/Medienpräsenz/Werbematerial und regional organisierte touristische Vermarktungsstruktur
14) Touristische Highlights; besondere DE-Maßnahmen

BEWERTUNG: maximal zu erreichende Punktzahl pro Kriterium: 2 Punkte
2 Punkte = vollständig erfüllt
1,5 Punkte = weitgehend erfüllt
1 Punkt = ansatzweise erfüllt
0,5 Punkte = gering erfüllt
0 Punkte = nicht erfüllt

Abb. 63: Kriterien für sanften Tourismus

Die Auswertung der Zielerfüllungsgrade (siehe auch Abb. 65) zeigt horizontal gelesen das erreichte Ergebnis auf Ortsebene und bietet vertikal gelesen einen Hinweis auf die aktuelle Bedeutung der Kriterien für die touristische Entwicklung auf der Ortsebene.
Bezogen auf die untersuchte Regions- und Dorfebene wurden die geeigneten Dörfer nach vier Eignungsstufen aufgegliedert:

0) unter 50 % erreichter Punkte: keine oder zu geringe Anzahl touristischer Eignungspotentiale
1) 50 – 65 % erreichter Punkte: wichtige touristische Eignungspotentiale
2) 66 – 80 % erreichter Punkte: überdurchschnittliche Eignungspotentiale
3) über 80 % erreichter Punkte: das Dorf hat sich bereits erfolgreich als Fremdenverkehrsstandort durchgesetzt.

Ergebnis der Fallstudienanalyse

1) durchgesetzter Fremdenverkehrsort:	Lübeln	
2) überdurchschnittliche touristische Eignung:	Estorf Elbingerode	Gittelde Ührde
3) touristische Eignung vorhanden und ausbaubar	Kuppendorf Oyle Schnega Abbenrode	Haßbergen Hattorf am Harz Eilte Großjena

Siehe auch Bewertungsschema, Abb. 65

Abb. 64: Ergebnis der touristischen Fallstudienanalyse

Insgesamt weisen 12 oder 37,5 % der Fallstudiendörfer prinzipielle Eignungsmerkmale auf. Während das Rundlingsdorf Lübeln als einziges der Stufe 3 zugerechnet werden kann, gehören vier Dörfer (Estorf, Elbingerode, Gittelde, Ührde) zur Stufe 2 (überdurchschnittliche Eignungspotentiale).
Sieben Dörfer (Kuppendorf, Abbenrode, Haßbergen, Eilte, Oyle, Hattorf am Harz und Schnega) bringen Voraussetzungen mit, die eine zukünftige Höherstufung, d. h. Entwicklung zu „einen ergänzenden wirtschaftlichen Standbein „Fremdenverkehr“ sinnvoll und wünschenswert erscheinen lassen. Voraussetzung für die Sicherung bzw. Entwicklung der erreichten Standards sind Projekte und Maßnahmen im Sinne der vollständigen bzw. weitgehend vollständigen Erfüllung der Eignungskriterien.

Im regionalen Vergleich bieten insbesondere die Dörfer des Südharzes offensichtlich günstige Voraussetzungen für einen Ausbau eines dörflichen „sanften Tourismus“.
Die Überprüfung der erreichten Erfüllungsgrade der Kriterien selbst, verdeutlichen die noch bestehenden Defizite in der dörflichen Südharzregion, besonders im Bettenangebot in der privaten Investitionsbereitschaft sowie in der mentalen Aufnahmebereitschaft gegenüber Gästen.
Weiterhin bedürfen die gestalterische Qualität, die Nutzung der bereits vorhandenen Potentiale (Wasserläufe, Ernst-August-Stollen in Gittelde, landschaftliche Reize u. a.), die Vermarktungsmöglichkeiten der landwirtschaftlichen Produkte und der Ausbau der örtlichen Gastronomie sowie die Schaffung weiterer dorfgemäßer Erlebnisschwerpunkte noch einer Entwicklung und Steigerung gegenüber dem Bestand.

Den „Experten“ vor Ort, die in einem eigenen Interview Entwicklungswünsche äußern konnten, war vor allem am Ausbau der touristischen Potentiale in ihren Dörfern gelegen. Zu den genannten Wünschen gehören Gaststättenerhalt, Schwimm- und Freibäderausbau, Verbesserung von Kultur- und Freizeiteinrichtungen, Ferienwohnungen.

Aus einer vergleichenden Betrachtung der untersuchten Dörfer Sachsen-Anhalts folgt, dass bisher lediglich Großjena (Stadt Naumburg/Saale) die Voraussetzungen der Eignungsstufe 1 erfüllt (wichtige touristische Eignungspotentiale).

Insgesamt wird deutlich, dass eine pauschale politische Aufforderung und Erwartung an die ländlichen Regionen und ihrer Dörfer, den Ausbau eines sanften Tourismus als zusätzliches wirtschaftliches Standbein zu betreiben, so nicht umgesetzt bzw. erfüllt werden kann.
Das vorgestellte, aus langjähriger Praxiserfahrung abgeleitete differenzierte Anforderungsprofil verdeutlicht die praktischen Schwierigkeiten einer Umsetzung unter den aktuellen strukturellen Problemen und Gegebenheiten.
Als ein bescheidener Trost für die Dorflagen in strukturschwachen Regionen mag gelten, dass die Strukturschwäche einer Region der touristischen Entwicklung nicht unbedingt zum Nachteil gereichen muss – eher im Gegenteil (siehe Lübeln).

Touristische Potentiale der Fallstudien

NR.	FALLSTUDIE	1 Vielfältigkeitswert Landschaft	2 Erlebnis Siedlunsgform	3 denkmalwerte Einzelqualität	4 Landwirtschaftliche Potentiale	5 Betten-/Übernachtungsangebot	6 Gastronomie	7 Freizeit- und Aktivitätenangebot	8 ÖPNV-Erreichbarkeit	9 Vermeidung Durchgangsverkehr	10 Wander-, Fahrrad-, Reitwegenetz	11 Aufnahme von Besuchern	12 Orts- und regionstypische Feste	13 Bekanntheitsgrad/ Medienpräsenz	14 Touristische Highlights	GESAMTSUMME FALLSTUDIEN	%-WERT
	Niedersachsen																
1	Holzhausen/Göthen	0	0,5	0	1	0	0	0	0	2	1	0	0,5	0	0	5	17,86
	Kuppendorf/Heerde	2	1	0,5	1	1	1	1	0,5	2	1	0,5	0,5	1,5	1,5	15	53,57
	Scharringhausen	0,5	0,5	0	0,5	0	0	0	0,5	1	1	0	0	0	1	5	17,86
	Varrel	0,5	0,5	0,5	0,5	1	1	1	1	0,5	1,5	1	2	0,5	1,5	13	46,43
	Wehrbleck	0,5	0,5	0	0,5	0,5	2	1	1	0	1	0,5	1	0,5	1	10	35,71
	Aschen	0	0,5	0,5	0,5	0,5	1	1	0	0	1	0	1	0	1	7	25,00
	Wagenfeld	0	0	0	0,5	1,5	2	1	1	0	1	0,5	1,5	1,5	1,5	12	42,86
	Bohnhorst	0,5	0,5	0	1	0	0,5	1	1	0	1	0	1	0	0,5	7	25,00
	Woltringhausen	1	1	0	1	0	0	1	0	1	1	0	1	0	0	7	25,00
	ZWISCHENSUMME 1	5	5	1,5	6,5	4,5	7,5	7	5	6,5	9,5	2,5	8,5	4	8	81	32,14
2	Estorf	1	2	2	1	2	1,5	1	1,5	0,5	1,5	1	2	2	2	21	75,00
	Haßbergen	1	0,5	1	1,5	1	0,5	1,5	1,5	0	1	0,5	2	1,5	1,5	15	53,57
	Leeseringen	0,5	0,5	0	0	0	0	1	1,5	0	1,5	1	1	1	1	9	32,14
	Lemke	0,5	0,5	0	0	0	1	1	1,5	1	1	0,5	0,5	1	0,5	9	32,14
	Oyle	2	1	1	1,5	1	2	1	1,5	0,5	2	0,5	1	1,5	1,5	18	64,29
	Wohlenhausen/Sudhalenbeck	2	0,5	1	1	0	0	0,5	1	2	2	0	0	1	1	12	42,86
	ZWISCHENSUMME 2	7	5	5	5	4	5	6	8,5	4	9	3,5	6,5	8	7,5	84	50,00
3	Dorste	1,5	2	1	1	1	1	1	1	0,5	1	0	0,5	1	0,5	13	46,43
	Elbingerode	1,5	2	1,5	1	1	1,5	1,5	1	2	1,5	1,5	2	2	2	22	78,57
	Gittelde	1,5	2	2	0,5	1	1,5	1	1,5	2	1,5	1,5	0,5	1,5	2	20	71,43
	Hattorf am Harz	1,5	1	1	0,5	1,5	2	2	2	0,5	1	1	1	1	2	18	64,29
	Schwiegershausen	1,5	1,5	1	1	1	1	1	1	1	1	0	1	0,5	0,5	13	46,43
	Ührde	2	2	2	1,5	1	1	1,5	0	2	1,5	2	0,5	0,5	1,5	19	67,86
	Wulften	1	1	0,5	0,5	1	1	1	2	0,5	1,5	0	1,5	1	0,5	13	46,43
	ZWISCHENSUMME 3	10,5	11,5	9	6	7,5	9	9	8,5	8,5	9	6	7	7,5	9	118	60,20
4	Radbruch	0	0	0	0,5	0,5	0,5	1	2	1	1	1	1	1	0,5	10	35,71
5	Lübeln	1,5	2	2	2	2	2	1	1	2	1,5	2	2	2	2	25	89,29
	Schnega	2	1	1	0,5	1	1	1	0,5	2	1,5	0,5	1,5	1,5	2	17	60,71
	ZWISCHENSUMME 5	3,5	3	3	2,5	3	3	2	1,5	4	3	2,5	3,5	3,5	4	42	75,00
6	Eilte	1	1	1	2	0	0,5	1,5	1	0,5	1,5	1,5	1	2	1,5	16	57,14
	Häuslingen	0,5	0,5	0,5	1,5	0,5	0,5	1	1	1	1	1	1	2	1	13	46,43
	ZWISCHENSUMME 6	1,5	1,5	1,5	3,5	0,5	1	2,5	2	1,5	2,5	2,5	2	4	2,5	29	51,79
7	Beber	1,5	0,5	0,5	0,5	0	0	1	0,5	0,5	1,5	1	0,5	0,5	1,5	10	35,71
	Rohrsen	0,5	0,5	0,5	0,5	0	0	0,5	1	0	1	0,5	0	0,5	0,5	6	21,43
	ZWISCHENSUMME 7	2	1	1	1	0	0	1,5	1,5	0,5	2,5	1,5	0,5	1	2	16	28,57
8	Abbenrode	1,5	2	1	0,5	0,5	0,5	1	1,5	1	1,5	1	1,5	1,5	2	17	60,71
	Jerxheim	0,5	2	2	0,5	1,5	1	1	1,5	0,5	1	0	0,5	1	1	14	50,00
	Watzum	0,5	1,5	1,5	0,5	0	0	0,5	0,5	2	0,5	0	1,5	1,5	1,5	12	42,86
	ZWISCHENSUMME 8	2,5	5,5	4,5	1,5	2	1,5	2,5	3,5	3,5	3	1	3,5	4	4,5	43	51,19
	SUMME NIEDERSACHSEN	32	32,5	25,5	26,5	22	27,5	31,5	32,5	29,5	39,5	20,5	32,5	33	38	423	
	%-WERT	50	50,78	39,84	41,41	34,38	42,97	49,22	50,78	46,09	61,72	32,03	50,78	51,56	59,38	47,21	
	Sachsen-Anhalt																
9	Binde	2	1	0,5	0	1,5	1	0,5	0,5	0	0	0,5	1	0	0,5	9	32,14
	Ritzleben	1,5	1,5	0,5	0,5	0	0	0	0,5	1,5	0	0	0	0	0,5	6,5	23,21
	ZWISCHENSUMME 9	3,5	2,5	1	0,5	1,5	1	0,5	1	1,5	0	0,5	1	0	1	15,5	27,68
10	Axien	2	1,5	1	0	0	0	0,5	0,5	1,5	0,5	0,5	1	0	1	10	35,71
	Gehmen	1,5	1,5	1	0	0	0	0	0,5	2,5	0	0,5	1	0	0,5	9	32,14
	ZWISCHENSUMME 10	3,5	3	2	0	0	0	0,5	1	4	0,5	1	2	0	1,5	19	33,93
11	Eimersleben	1	2	1	0,5	0	0	0	0,5	0	0	1	1	0,5	1	8,5	30,36
	Erxleben	1	1	1,5	0,5	1	0,5	0	0,5	0	0	0,5	1	1	1,5	10	35,71
	ZWISCHENSUMME 11	2	3	2,5	1	1	0,5	0	1	0	0	1,5	2	1,5	2,5	18,5	33,04
12	Reinstedt	2	1	1	0	0,5	0,5	1	0,5	1,5	0	0	1	0	1	10	35,71
13	Großjena	2	2	1,5	0	0,5	0,5	1	0,5	1,5	1	1	2	1	2	16,5	58,93
	SUMME SACHSEN-ANHALT	13	11,5	8	1,5	3,5	2,5	3	4	8,5	1,5	4	8	2,5	8	79,5	
	%-WERT	81,25	71,88	50	9,38	21,88	15,63	18,75	25	53,13	9,38	25	50	15,63	50	35,49	
	SUMME KRITERIEN	45	44	33,5	28	25,5	30	34,5	36,5	38	41	24,5	40,5	35,5	46	502,5	
	%-WERT	56,25	55	41,88	35	31,88	37,5	43,13	45,63	47,5	51,25	30,63	50,63	44,38	57,5	44,87	

Abb. 65: Auswertungstabelle der touristischen Potentiale in den Fallstudien

Estorf – Scheunenviertel im Schünebusch

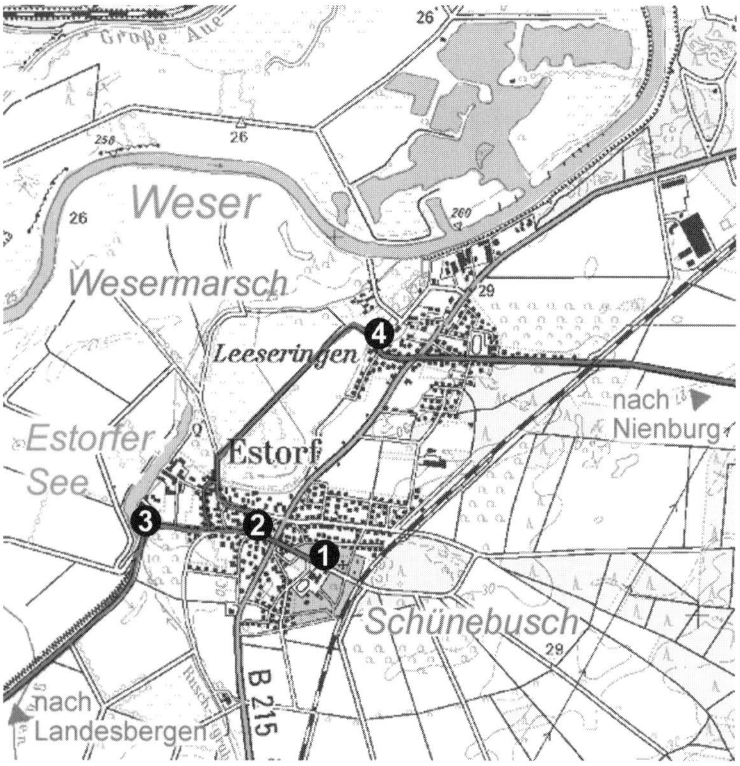

Touristische Angebote in Estorf

1. Scheunenviertel im Schünebusch mit Radlertreff
2. Dorfmitte Estorf mit Dörphus, Kirche und sanierten Gebäuden
3. Radlerpavillon am Estorfer See
4. Radlerpavillon und Spielplatz in Leeseringen (grüne Mitte)

Geplant ist die Aufnahme des Estorfer Scheunenviertels in eine regionale touristische Reiseroute mit dem Thema "Regionale Scheunenviertel in der Aller-Weser-Hunte-Region". Es folgt eine Übersicht über die einbezogenen Scheunenviertel.

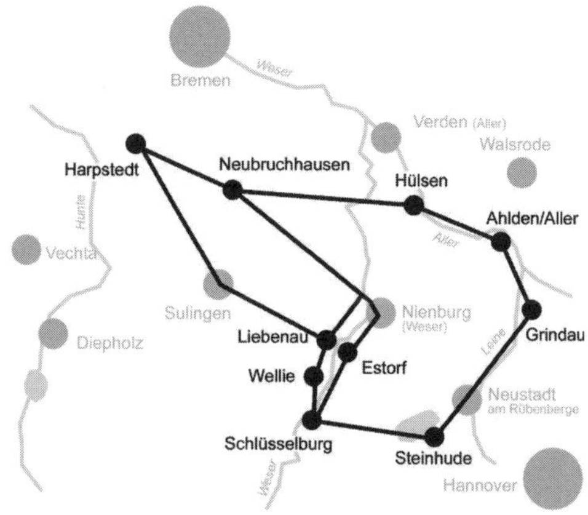

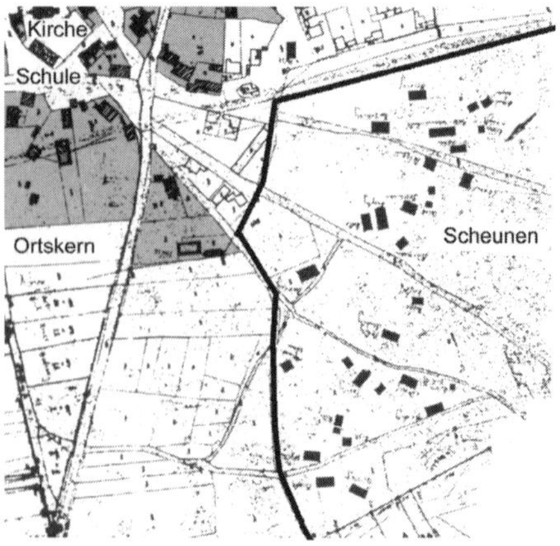

Das historische Scheunenviertel mit ca. 40 Scheunen am Ortsrand

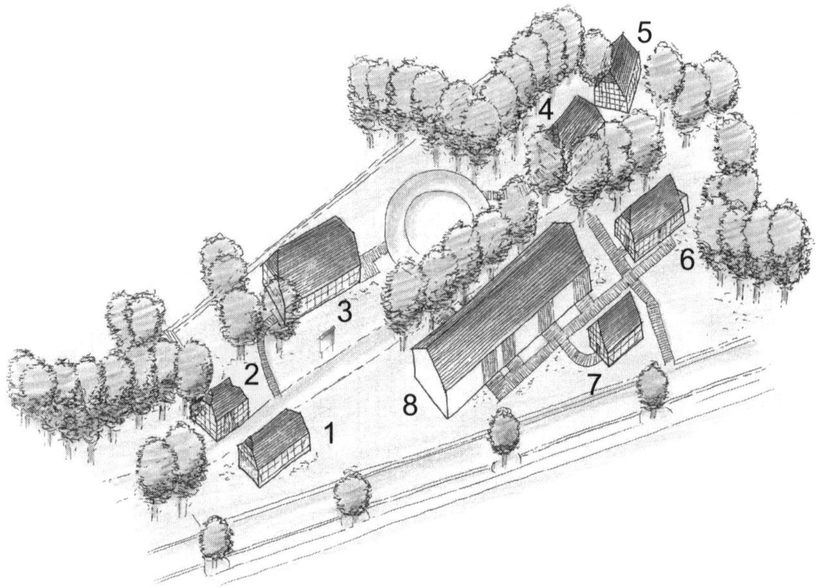

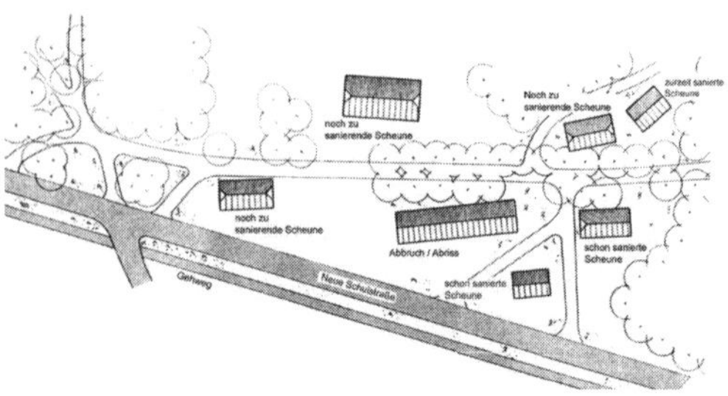

Der Wandel des Scheunenviertels Estorf ca. 1990 (es sind nur noch 7 Scheunen verblieben)

Das Scheunenviertel heute in der Übersicht

SCHEUNEN

1) Bröskingscheune (Saal und Radlerübernachtung)
2) Siemeringscheune (Fahrradabstellraum und Radlertreff)
3) Kesebergscheune (Ausstellung und Mehrzeckraum)
4) Mehrzweckscheune (Kneipe, Klassenzimmer)
5) Handwerkerscheune (Drechsler- und Schusterwerkstatt)
6) Backscheune
7) Speicher "Die gute Stube"
8) Massivscheune (Mehrzweckraum und Ausstellung landwirtschaftlicher Geräte)

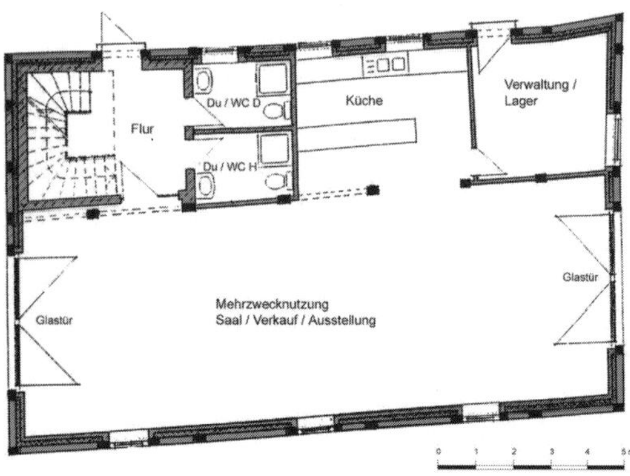

Die Bröskingscheune (1) bietet mit ihrem Saal im Erdgeschoss die Möglichkeit der geselligen Kontakte und mit dem ausgebauten Dachgeschoss 24 Übernachtungsangebote für Radler.

Abb. 66: Touristische Angebote in Estorf

Das Wendlanddorf Lübeln – Touristischer Höhepunkt im Wendland

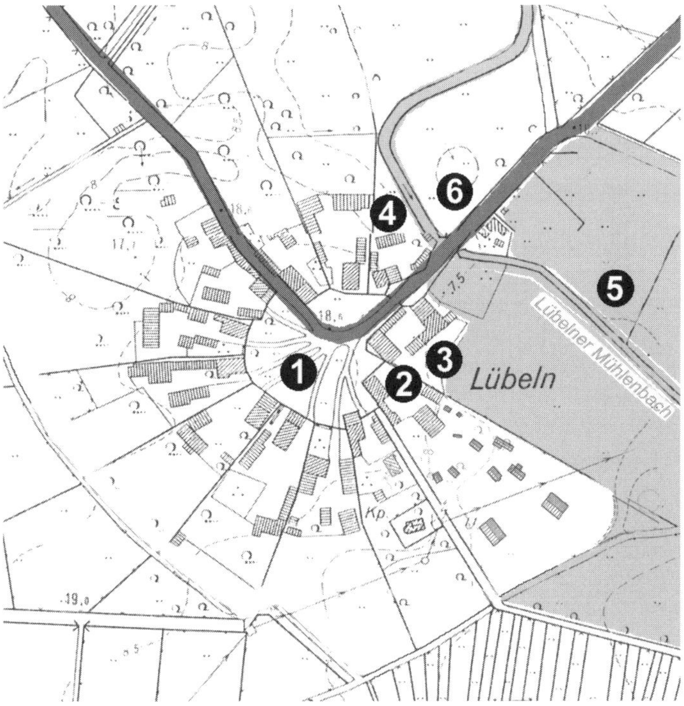

Touristische Angebote im Rundlingsdorf Lübeln

1. Dorfplatz mit sanierten Niederdeutschen Hallenhäusern
2. Freilichtmuseum "Wendlandhof" und Touristik-Service-Center
3. Kartoffelhotel Lübeln, Übernachtungsmöglichkeiten, Ferienwohnungen
4. Cafés und Hofläden in einzelnen Wendlandhäusern
5. Lübelner Mühlenbach-Rundweg mit Teich
6. Zentraler Parkplatz am Ortsrand (auch für Busse)

Der Rundlingsplatz in Lübeln

Eindrücke aus Lübeln

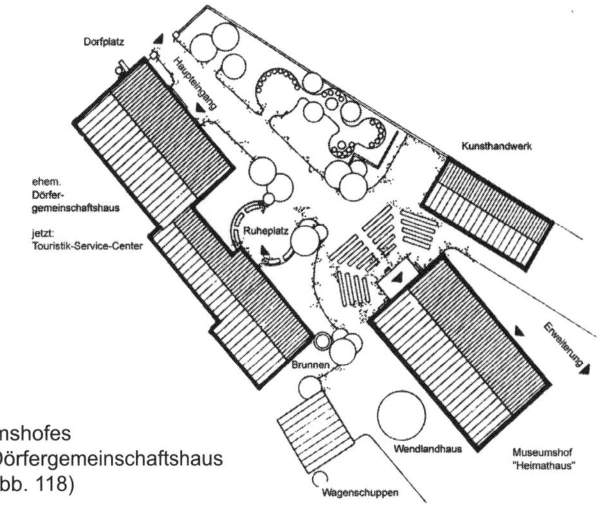

Lageplan des Museumshofes am ehem. Dörfergemeinschaftshaus (vgl. auch Abb. 118)

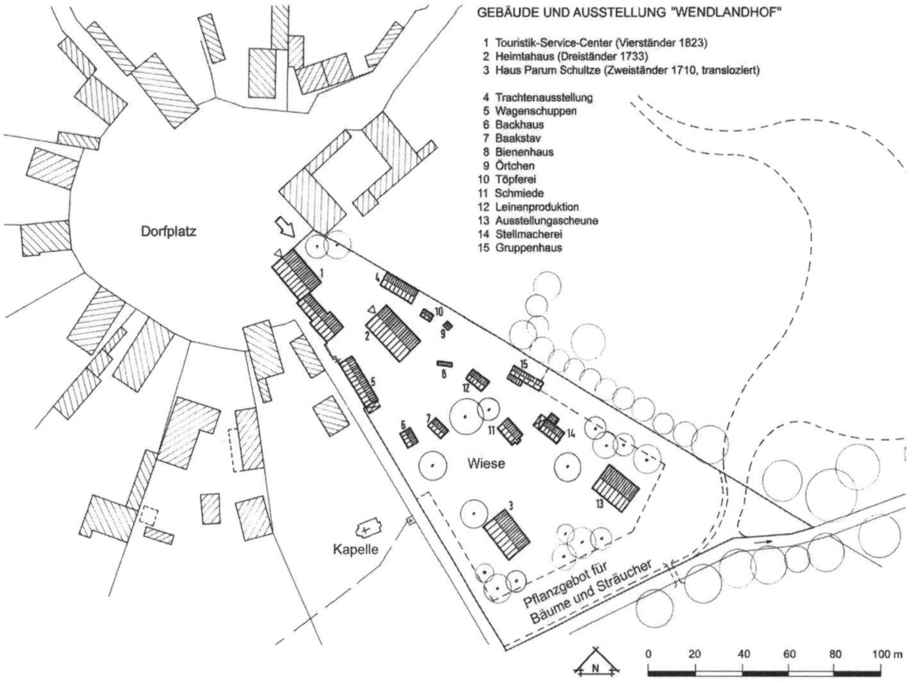

Freilichtmuseum "Wendlandhof" mit Gebäudenutzung

Abb. 67: Touristische Angebote in Lübeln

Großjena – ein "Künstlerdorf" am Zusammenfluss von Unstrut und Saale

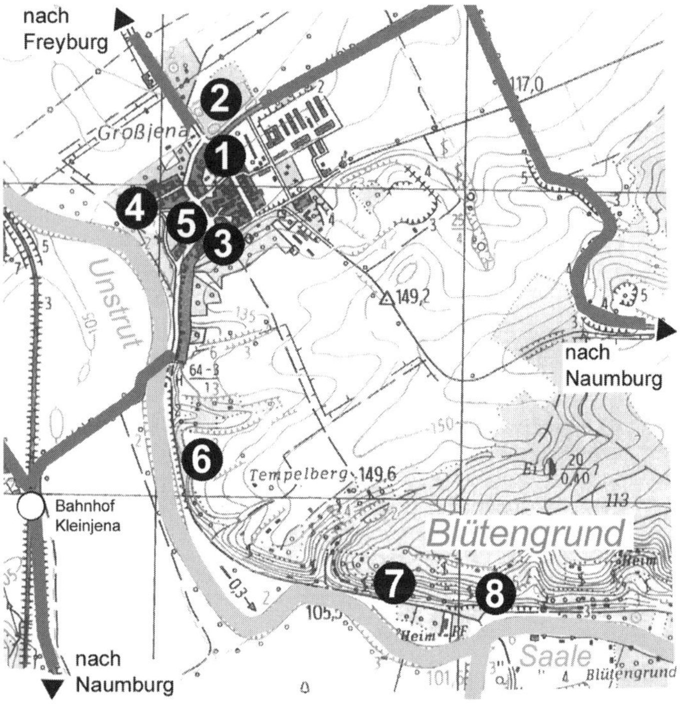

Touristische Angebote in Großjena

1. "Gutshaus Großjena", Kunsttreff und Ferienwohnungen
2. Gutspark und Orangeriegebäude
3. Sanierter Ortskern mit Dorfplatz und Kirche
4. "Reiterhof Großjena", Ferienpension und Reitplatz
5. Gasthof Großjena, Übernachtungsmöglichkeit
6. Atelier Max-Klinger-Gedenkstätte, Ferienwohnungen
7. "Steinauerscher Weinberg" und Felsenrelief
8. Blütengrund mit Fähre nach Naumburg (Personen), Zusammenfluss von Unstrut und Saale

Der Gutshof Großjena

Im Gutshaus Großjena wird den Gästen ein kleines Kulturprogramm geboten (Lesungen, Konzerte, Ausstellungen).

Übernachten können die Besucher in zwei Fereinwohnungen.

Mit zum Ensemble des Gutshofes gehören der Gutspark und ein momentan leer stehendes Orangeriegebäude, für das ein Konzept zur Umnutzung und Sanierung gefunden werden soll.

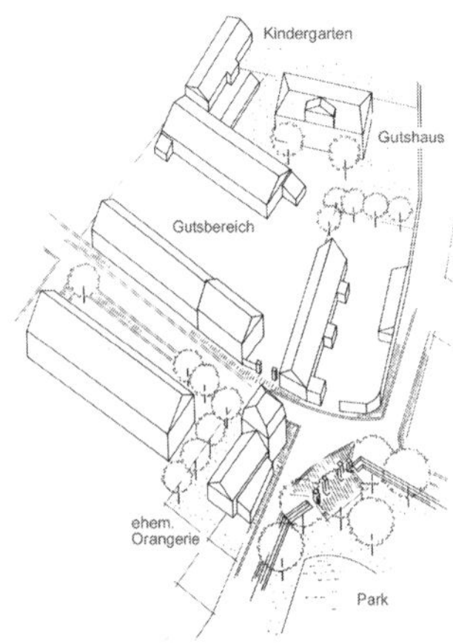

Bestand Gutshof

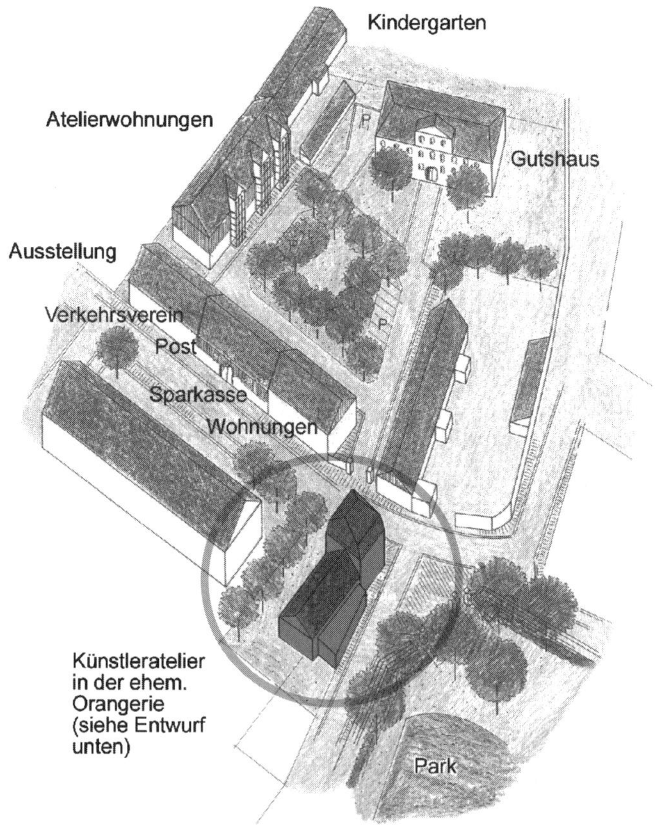

Nutzungskonzept Gutshof

Umbauvorschlag des Orangeriegebäudes

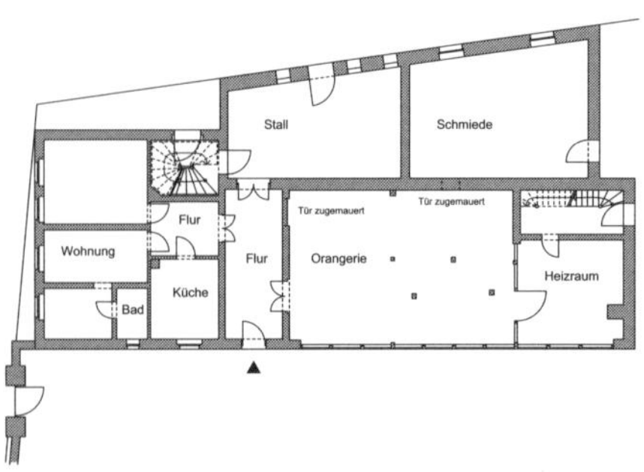

Bestand Grundriss EG

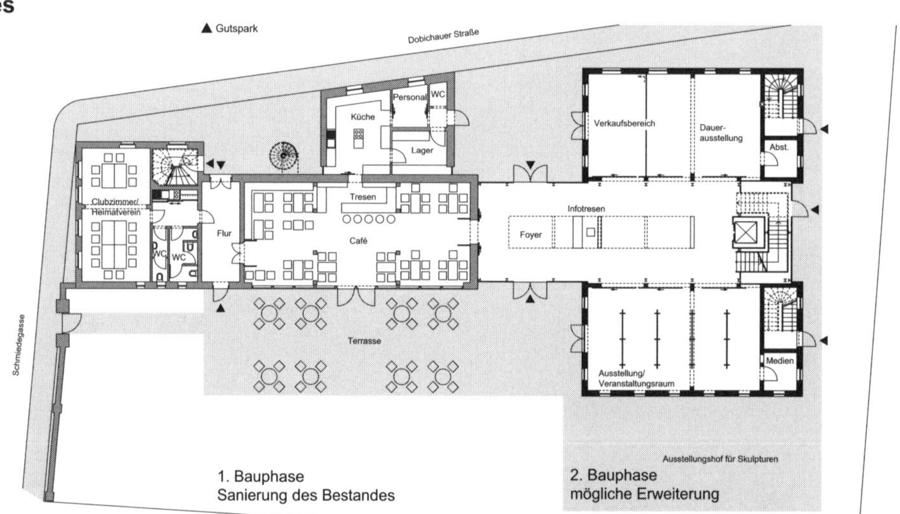

Entwurfskonzept Grundriss EG

Ansicht Glasfassade

Im Rahmen eines Enwurfskonzeptes wurde über die zukünftige Nutzung des leer stehenden Orangeriegebäudes nachgedacht. In einer ersten Bauphase kann das Hauptgebäude mit der historischen Glasfassade zum Café umgenutzt werden.
Eine zweite Bauphase könnte ein Erweiterungsbau sein, welcher die künstlerischen Aktivitäten des Gutshauses ergänzt, mit entsprechenden Ausstellungsräumen sowie Wohnungen für die Künstler im Obergeschoss.

Abb. 68: Touristische Angebote in Großjena

9.4 Zusammenfassung/Folgerungen

Tourismusfachleute des Münchener Institutes für Wirtschaftsforschung im Fremdenverkehr (DIWF) sahen den zu niedrigen Standard vieler Unterkünfte und Hotels als eine der Hauptursachen für die schwindende Attraktivität der Ferienregionen Niedersachsens. Entscheidend sei neben der Qualität der Zimmer ein vielfältiges Angebot rund um die Unterkünfte mit höherer Erlebnisdichte (HAZ, 02.05.05).
Interessanterweise haben auch die befragten Bewohner der Fallstudiendörfer mit nachweislichen touristischen Eignungspotentialen in ihren Wünschen auf dieses Defizit reagiert. So werden verbesserte Bettenangebote und mehr Übernachtungsmöglichkeiten auch als Ferienwohnungen von den Bürgern in Scharringhausen, Haßbergen, Oyle, Gittelde, Eilte und Schnega gewünscht.
Die aus den eigenen Recherchen vor Ort und den über die Fragebogenaktion gefilterten weiteren Hinweise lassen sich in einem umfassenden Katalog von Einzelvorschlägen für die Dörfer und untersuchten Regionen zusammenfassen.
Der Tenor der Empfehlungen lautet: Schwerpunktsetzung, Konzentration des Angebotes – beispielsweise in:

- Bildungstourismus (kulturelle Angebote, Seminare, Kurse für spezifische örtliche oder regionale Themen) (Radbruch, Großjena, Schnega, Erxleben, Watzum, Gittelde, Estorf, Varrel u. a.),
- Kulinarische Wochen – Speisekarten mit regionalen Spezifikas in Verbindung mit Unterhaltungsprogrammen (Haßbergen, Estorf, Lübeln, Scharringhausen, Elbingerode u. a.),
- Sport- und Abenteuerangebote/Kletterhallen u. a. für Hattorf und andere Orte des Südharzes
- Dörfliche „Sonderangebote“ (Ringreiten, Kutschenfahrten, Feste und Feiern im Jahreszeitenrhythmus) (Elbingerode, Schwiegershausen, Estorf, Watzum, Ührde u. a.),
- Freiluftmuseen, Freilufttheater, Freiluftkonzerte (Oyle, Kuppendorf, Schwiegershausen, Erxleben u. a.),
- Draisinenfahrten, Reaktivierung stillgelegter Bahntrassen für Museumsbahnfahrten oder sogar für den Normalverkehr (Binde, Oyle, Lemke, Reinstedt u. a.).

Wieder genutzte Bahnstrecken böten der zunehmenden Anzahl von Radtouristen besondere Möglichkeiten, auch den ländlichen Raum mit seinen Besonderheiten kennenzulernen. Gerade der (West-) Harz mit seinen touristischen Vorzügen ist fast kaum noch per Bahn erreichbar.
Ebenso sind auch die Regionen der Altmark oder der Elbmarschen mit ihren reizvollen Landschaften kaum noch an das Bahnnetz angebunden. So ist der gern besuchte Arendsee nahe Binde seit 2004 nicht mehr mit der Bahn erreichbar.
Zumindest während der Urlaubszeit eingesetzte Zugverbindungen könnten Abhilfe schaffen und eine erhebliche Aufwertung der touristischen Attraktivität bewirken (siehe auch Abschnitt 12.3.2).

Der Katalog ließe sich fortsetzen und kann zweifelsfrei nur in Verbindung mit den bestehenden Fördermodalitäten Erfolg versprechend sein.
Daher sei abschließend auf zwei wesentliche Förderangebote für Niedersachsen hingewiesen:

1) „Förderung der touristischen Entwicklung“
   Gefördert werden – die Modernisierung von Infrastruktureinrichtungen auch in touristischen Schwerpunkten und Vorhaben, die im Hinblick auf eine nachhaltige touristische Entwicklung vorbildlich sind.
2) Im Rahmen der Richtlinie über die Gewährung von Zuwendungen zur integrierten Ländlichen Entwicklung (ZILE) vom 02.05.2005 werden Fremdenverkehrs- und Handwerkstätigkeiten als „ländlicher Tourismus“ und als „ländliches Handwerk“ außerhalb der Fördermöglichkeiten des GAK gezielt gefördert.

Zur ersten Fördergruppe gehören:
- Außenstellen von Informations- und Vermittlungseinrichtungen lokaler und regionaler Tourismusorganisationen,
- Entwicklung insbesondere themenbezogener Rad-, Reit- und Wanderrouten mit ergänzenden Einrichtungen, z. B. Rastplätze, Aussichtsstellen, Beschilderungen, Karten im ländlichen Raum,
- Ergänzende Einrichtungen zur Förderung des Tourismus,
- Modernisierung und ergänzender Ausbau von regionaltypischen Gästezimmern und Ferienwohnungen in traditionell gebauten landwirtschaftlichen Gebäuden oder Gebäudekomplexen,
- Projektbezogene Beratungsleistungen auch im Planungsstadium zur effektiven Maßnahmenrealisierung.

Zur zweiten Fördergruppe gehören:
- Einrichtungen von Börsen zur Vermittlung von alten Baumaterialien und Werkzeugen,
- Sanierung von traditionellen Werkstätten,
- Einrichtung ländlicher Handwerksstätten zur gemeinschaftlichen Nutzung oder als Ausbildungs- und Qualifizierungsstätte, insbesondere für Jugendliche.

Eine Kombination beider Fördergruppen erscheint in einigen Fallstudien durchaus wünschenswert und Erfolg versprechend: Hattorf, Estorf, Gittelde, Schnega u. a.

10 LANDSCHAFTSPLANUNG/DORFÖKOLOGIE/GRÜNFLÄCHEN IM DORF

10.1 Einführung

Die im Rahmen von Dorferneuerungsplanungen zu überprüfenden Flächen bilden einen Ausschnitt aus den globalen Flächennutzungen ab, die in Deutschland zu 53,5 % aus landwirtschaftlichen Flächen, zu 29,5 % aus Waldflächen und zu 17 % aus sonstigen Flächen bestehen.
Innerhalb der sonstigen Flächen sind über ein Drittel (36,2 %) bebaute und unbebaute Grundstücksflächen und 28,7 % Verkehrsflächen, sodass unter Hinzurechung von 4,2 % Industrie- und Gewerbeflächen von etwa 12 % mehr oder weniger bereits versiegelter Fläche ausgegangen werden muss. Der größere Anteil verteilt sich natürlich auf die Ballungsräume sowie die Ober- und Mittelzentren, während ein insgesamt geringerer Anteil baulich besetzter Flächen auf die ländlichen Räume fällt.
Nach den aktualisierten Anforderungen an die planerische Integration von dörflichen Freiflächen im Dorferneuerungsplan gehört neben den Dorfplätzen (siehe Kapitel 15) die gesamte, auch die Neubaugebiete einbeziehende Siedlungsfläche sowie ein Umgebungsstreifen von etwa 1 bis 2 Kilometern Breite der Flurfläche dazu, für die eine Biotopkartierung erwünscht und für die nachhaltige Zielvorstellungen abzuleiten sind.
Somit können neben Acker- und Grünland- auch Wasser-, Gartenanbau- und Waldflächen zum Gegenstand der Untersuchung gehören, wobei der Planungsaufwand bisher allerdings in keiner wirklichen Relation zum Realisierungsgrad, d. h. zur Zahl der nach Planungsabschluss auch nach über 10 Jahren umgesetzten grünordnerischen Maßnahmen steht.

In einer Dokumentation zum Anlass der 10-jährigen Dorferneuerungserfahrungen in Niedersachsen 1994 (Lit. 44) wurden landesweit über 100 Dorferneuerungspläne auch hinsichtlich der abgearbeiteten Planungsthemen „Landschaft" und „öffentliche und private Freiflächen" untersucht, mit dem Ergebnis, dass sowohl die Aspekte „Landschaft" und „private Freiflächen" weniger intensiv, der Aspekt der „öffentlichen Freiflächen im Dorf" dagegen stärker behandelt worden waren. In einem zeitlich parallel durchgeführten Modellvorhaben des Landes Niedersachsen „Dorfökologie" (Lit. 32) wurden dann auch das Fehlen von Arteninventaren sowie die Darstellung von Freiraumstrukturen und von entsprechenden Planungskonzepten in den bisherigen Dorferneuerungsplänen beklagt.
Als relevante Planungsinstrumente wurden in der erwähnten Untersuchung genannt:

- Landschaftspläne zur Vorbereitung von Bauleitplänen,
- Landschaftsrahmenpläne nach den Erfordernissen des Niedersächsischen Naturschutzgesetzes,
- Dorfökologische Pläne, die über die bebaute Ortslage hinausgehen als parallele Fachplanungen zum Dorferneuerungsplan.

Letztere sollten alle ortsprägenden dörflichen Kleinstrukturen wie Ruderalvegetation, Dorfflora und -fauna , Einfriedungen, Böschungen, Ufervegetation, Hecken, private Nutz- und Ziergärten, Baum- und Gehölzarten, versiegelte Flächen, Obstbaumarten und Obstwiesen, Pferdeweiden, Kompostierungsanlagen u. a. enthalten. Darüber hinaus sollen auch Gewerbegebiete, Wohnbaugebiete und sonstige ortsnahe Freiflächen einbezogen werden.
„Dorfökologie wird als flächenübergreifende, querschnittsorientierte Themendarstellung in der Dorferneuerung verstanden, die das Vorsorge- und Vermeidungsprinzip besser verankern und so einen Beitrag zur Entwicklung ressourcen-, umwelt- und flächenschonender Nutzungs- und Siedlungsstrukturen leisten kann" („Dorfökologie", Lit. 32).

Als Einzelziele dorfökologischer Maßnahmen werden stichwortartig genannt:

- Entsiegelung,
- Grundwasserneubildung,
- Gewässerlauffreilegung und -aufwertung,
- Biologische Abwasserklärung,
- Regenwasserversickerung und -nutzung,
- Pflanzenkläranlagen,
- Klär- und Teichanlagen,
- Uferböschungen,
- Mehrzwecknutzung von Regenrückhaltebecken u. a.

10.2 Dorfökologie/Natur- und Landschaftsschutz

Nach Borchard (Lit. 12) umfasst die Dorfökologie sämtliche Wechselwirkungen zwischen menschlicher Bau- und Siedlungstätigkeit mit den Elementen Boden, Wasser, Luft und Klima sowie mit der Tier- und Pflanzenwelt im Dorf und in der Gemarkung.
Im Rahmen der Dorferneuerung geht es um die Bewusstmachung der stofflichen, gestalterischen und energetischen Wechselbeziehungen des Dorfes mit seiner Umgebung, um im Sinne des dargestellten kybernetischen Regelkreislaufmodells Dorf (siehe Kapitel 3) Störungen rechtzeitig zu erkennen und handelnd gegensteuern zu können. Primäre Ziele sind nicht die Förderung von Veränderungsprozessen in der Landschaft, sondern der Schutz, die Pflege und die Erhaltung

- dorftypischer Flora und Fauna,
- des Klimas und emissionsfreier Luft,
- des Bodens und der Gewässer.

Die aktuelle Diskussion (Küster, Lit. 64) um die geläufigen „Schutz"-Begriffe (Umwelt-, Landschafts-, Natur- und Denkmalschutz) verdeutlicht die Schwierigkeit, den unterschiedlichen Aufgaben bei unterschiedlicher Dynamik der Veränderung von Ausgangssituationen gerecht zu werden. Mit Recht weist Küster deshalb darauf hin, dass man zwar Arten und gebaute Denkmale „schützen", eine Landschaft und die Umwelt, die prozesshaften Veränderungen ausgesetzt seien, jedoch nur pflegen oder verändern kann, will man nicht menschliches, planerisches Handeln prinzipiell eingrenzen.
Der „Schutzaspekt" bestimmt im Umgang mit unseren Kulturlandschaften jedoch die politischen Zielformulierungen im Landesraumordnungsprogramm sowie in den Regionalen Raumordnungsprogrammen. Beispielsweise werden im RROP für den Landkreis Nienburg (Lit. 3) Umwelt-/Naturschutz, Bodenschutz, Gewässerschutz und kultureller Sachgüterschutz unterschieden. Letzteren unterliegen auch die durch das Denkmalschutzgesetz definierten Kulturdenkmale, denen auch einzelne Siedlungsformen und Fluren zugezählt werden können. Im Kapitel Bodenschutz wird zwar auf den erheblichen Bodenverlust infolge einer Zunahme der besiedelten Flächen im Landkreis Nienburg (seit 1970 um ca. 20 %) und zugleich auf die gegenwärtigen und geplanten Kiesabbauvorhaben in Höhe von ca. 1.000 ha hingewiesen. Mögliche Alternativen zur Vermeidung solcher Entwicklungen werden jedoch selten andiskutiert oder gar ausformuliert.

Küster (Lit. 64) weist auf die Lage der dörflichen Ansiedlungen in sog. „Ökotropengrenzlagen“ zwischen trockenen und feuchten Landzonen hin, von denen aus durch unterschiedlichste Eingriffe die umgebende Landschaft den Produktionszielen folgend kontinuierlich verändert wurde.
Unsere Vorfahren nutzten danach den durch Erschließungswege verfügbar gemachten Natur- und Landschaftsraum gewissermaßen als existenzielle Basis, sei es durch Waldrodung (Hagenhufendörfer), Moorkultivierung und Melioration (Moorhufendörfer) oder durch Intensivobstanbau in den Flussmarschen (Marschhufendörfer im Elbraum).
Die so entstandene Kulturlandschaft ist demnach immer das produktionsbedingte Ergebnis zeitlich aufeinander folgender Eingriffe und Nutzungsveränderungen bis hin zu neuen, landwirtschaftsfremden industriellen und gewerblichen Überformungen, die wiederum durch zukünftige Eingriffe abgelöst werden können.
Der mit dem Europäischen Denkmalschutzjahr 1975 ausgelöste Bewusstseinswandel für die Werte des überlieferten hoch- und siedlungsbaulichen Kulturgutes blieb zwar nicht ohne Folgen für die Einstellung gegenüber Kultur- und Landschaftsräumen. Nur kam dieser öffentliche Bewusstseinswandel für die Werte der kultur- und landschaftlichen Restbestände mit einer Zeitverzögerung von ca. 20 – 25 Jahren und mit einer nicht annähernd vergleichbaren Wirkung wie für so manches gebaute ländliche Kulturerbe zu spät.
Weder ist es gelungen dem Landschafts- und Bodenverbrauch durch verdichtete Siedlungsentwicklungs- oder durch Straßenrückbaumaßnahmen entgegenzuwirken noch zeigt sich in den neuen Privatgärten der überdimensionierten Einfamilienhausgrundstücke in den Stadt- und Dorfrandsiedlungen ein ökologisches Bau- oder Nutzungsprinzip.
Der mit den Bürgern erarbeitete Dorferneuerungsplan ist auch für die ökologischen Aufgaben in Dorf und Flur trotz aller Unvollkommenheiten ein geeignetes Instrument, um auf der Dorfebene diesen Bewusstseinswandel auszulösen.
Wegen ihrer besonderen Bedeutung für die Entwicklung der ländlichen Räume, sei auf einige Begriffe der Dorfökologie im Folgenden eingegangen: Fauna, Flora, öffentliches und privates Grün, Wasserflächen im Dorf.

10.2.1 Fauna

Seit jeher ist ein Dorf nicht nur Lebensraum für die dort wohnenden Menschen, sondern auch Raum für zahlreiche Tiere. Als so genannte Kulturfolger siedelten sie sich aufgrund der sich verändernden Landschaft und Umwelteinflüsse in der Nähe der Menschen, also damit in unseren Dörfern und Städten an, da die dort vorherrschenden Bedingungen zum Teil für sie leichter und annehmbarer sind. Bestes Beispiel scheinen z. B. die Stadttauben zu sein, die ursprünglich als Felsentauben im Gebirge heimisch waren und schließlich dem Menschen in die einem „künstlichen Gebirge“ gleichenden städtischen Siedlungen folgten und damit quasi eine eigene Art bildeten. Sie passten sich schnell an die Umgebung an und nutzten das Angebot der Siedlungen nicht immer zum Vorteil der Bebauungen aus.

Auch in den Dörfern kann man solche Entwicklungen feststellen. Gerade auf landwirtschaftlichen Hofstellen mit ihren Scheunen und Stallgebäuden findet man neben den üblichen Nutztieren zahlreiche wildlebende Tiere, die von derm Futter- und Nistplatzangebot der Gebäude angezogen werden (z. B. zahlreiche Vogelarten wie Sperlinge und Mauersegler und Eulen, aber auch andere Tiere wie Fledermäuse und Insekten). In früherer Zeit, in denen auf Hofstellen zahlreiche Gebäude noch in ursprünglichem Zustand, d. h. mit vielen Nischen und Ecken oder auch mal einem offenen Dachboden vorhanden waren, hatten viele Tiere, gerade Fledermäuse und Vögel die Möglichkeit, diese Räume als Brutplatz zu nutzen und Schutz zu finden. Auch Schwalben gehörten zum Bild der Höfe und Stallungen, da die Symbiose mit anderen Haustiergattungen problemlos war und sie auf dem Hof die nötigen Nestbaumaterialien fanden (Lehm).

Durch eine teilweise zu perfekte Sanierung oder infolge eines übertriebenen Bedürfnisses an Reinlichkeit auf den Höfen und nach der Aufgabe der (traditionellen) Landwirtschaft sind meist unbemerkt und unbewusst viele der Brutplätze zerstört worden und damit natürlich auch deren „Bewohner“ verschwunden. So drohen unsere Dörfer zusehends ärmer an Arten zu werden, von denen einige teilweise sogar schon vom Aussterben bedroht sind (z. B. Fledermäuse, Eulen).
In einigen Gestaltungsempfehlungen, z. B. im Dorferneuerungsplan Elbingerode, werden konkrete Vorschläge unterbreitet zum Schutz der Lebensräume und zum Erhalt bzw. zur Neuschaffung von Bruthilfen. Die gewünschten Vorsprünge unter dem Dach oder unter Verschalungen sollen offen gehalten werden.
Daneben sollte bei Sanierungen nicht nur an die Erhaltung der baulichen Substanz, sondern auch an die dort möglicherweise lebenden Tiere gedacht werden. Die Bauindustrie bietet heute zahlreiche Nist- und Bruthilfen in Form von Kästen u. a. an, die durch ausgewiesene Fachfirmen fast unscheinbar mit eingebaut werden können. Solche Maßnahmen gehören zum Schutz der Tiere in unseren Dörfern, wenn sie auch in Zukunft ihren Lebensraum dort behalten sollen.

Ein intaktes, naturnahes Dorf ist gerade für den ländlichen Tourismus oder Familien mit Kindern von existentieller Bedeutung und darüber hinaus auch wesentlich interessanter als eine „sterile Siedlung“, in der kaum Naturbeobachtungen mehr möglich sind.

Fragebogen zur Erfassung der dörflichen Tierwelt
(im Rahmen der örtlichen Bestandsaufnahme)

1. BRÜTEN AUF IHREM GRUNDSTÜCK VÖGEL?
ja ☐ nein ☐
Wenn Sie die Namen der Vögel kennen, scheriben Sie sie bitte auf.
Brüten bei Ihnen Schwalben?
in Stallungen ☐ ☐ an Außenwänden
Konnten Sie in letzter Zeit Steinkauz oder Schleiereule beobachten?
(Beobachtungsorte) ....

2. HABEN SIE IN LETZTER ZEIT FLEDERMÄUSE IM DORF GESEHEN?
ja ☐ nein ☐
Kennen Sie die Aufenthaltsorte der Tiere (Dachstuhl, Keller, Höhle, ...)?

3. GIBT ES BEI IHNEN EINFLUGMÖGLICHKEITEN IN WOHNGEBÄUDEN, STALLUNGEN UND SCHEUNEN FÜR VÖGEL UND FLEDERMÄUSE?
ja ☐ nein ☐

4. KENNEN SIE NISTPLÄTZE VON WESPEN, HORNISSEN UND ANDEREN STAATEN BILDENEN INSEKTEN?
ja ☐ nein ☐
Ort: ....

5. WO FINDEN SICH NOCH LURCHE, FRÖSCHE UND EIDECHSEN?

6. WELCHE FREILEBENDEN TIERARTEN HABEN SIE IN LETZTER ZEIT IM DORF BEOBACHTET?
Tierart: Beobachtungsort:

Abb. 69: Fragebogen Fauna

Abb. 70: Bei der Ortsbegehung entdeckt:
Wespennest am alten Bahnhofsgebäude in Reinstedt

Abb. 71: Streuobstwiesen prägen die örtlichen Grünflächen in den hängigen Dörfern von Südharz und Süntel, wie hier in Rohrsen

Abb. 72: Blühende Obstbaumallee bei Eimersleben

10.2.2 Flora

Gerade das Dorf bietet dank seiner eher offenen Struktur und engen Verbindung zur umgebenden Landschaft die Möglichkeit zum Erhalt und der Schaffung vieler nutzbarer, innerörtlicher Grünflächen.
Besonders auffallend sind schon von weitem große Bäume, die ein gewachsenes Dorf umrahmen oder durchziehen. Die ausgewählten Fallstudiendörfer sind in der Regel noch mehr oder weniger dicht mit diesem Großgrün besetzt. Besonders die Dörfer der Geest-/Moorregion und die der Wesermarsch haben ihren prägenden Bestand von Eichen, Linden oder Kastanien weitgehend erhalten können.
In den Streusiedlungen bzw. lockeren Haufendörfern geht die umgebende Landschaft geradezu nahtlos in öffentliche und private Freiflächen über.
In den bergigen Dorfregionen des Südharzes (Hattorf am Harz, Elbingerode) und des Süntels (Beber, Rohrsen) sind dagegen weniger große Grünflächen direkt im Dorf vorhanden, bedingt durch die dichte Bauweise. Es sind dann meist Streuobstwiesen, die neben den alten Obstbäumen auch zahlreiche andere Pflanzen und manchmal Wasserläufe (in Tallagen) binden.
Diese Streuobstwiesen sind nicht nur als wichtige Grünflächen, sondern auch als Lebensraum für Tiere unbedingt schützens- und erhaltenswert.
Darüber hinaus kann das anfallende Obst dieser Wiesen im Ort verkauft oder gemostet werden.

Sind Abgrenzungen von Grundstück und öffentlichem Raum gewünscht oder notwendig, kann man neben der baulichen Abtrennung auch etwas für die „kleineren" Pflanzen tun. Natursteinmauern mit vielen offenen Fugen oder Hecken aus Laubgehölzen bieten eine nicht nur optisch ansprechende Gestaltung der Grundstückseinfassung, sondern gleichzeitig auch Lebensraum für Pflanzen und Tiere.

Sämtliches Pflanzenwachstum im Dorf konzentriert sich auf die vorhandenen öffentlichen und privaten Freiflächen.
Während sich die öffentlichen Grünflächen meist auf Wegränder/Straßenbegleitgrün, dörfliche Plätze und in geringem Umfang auf Parks beschränken, kommt den privaten Gärten eine besondere Bedeutung im Ortsbild zu.

10.2.3 Öffentliches Grün

Waren dörfliche Straßen früher grundsätzlich von Laubbäumen begleitet, sind diese vielfach den verkehrlichen Ansprüchen an Geschwindigkeit und Funktion zum Opfer gefallen (Haßbergen, Binde, Gittelde).
Im Rahmen der Dorferneuerungsförderung konnten in einigen wenigen untersuchten Dörfern (Haßbergen, Gittelde) rückgebaute Straßen wieder durch neue Grünflächen, Baumpflanzungen und gepflasterte Parkstreifen komplettiert werden.

Zentrale dörfliche Grünflächen wie z. b. die Angerbereiche Sachsen-Anhalts waren früher mit Bäumen eingefasst. Auch hier konnten im Rahmen der Dorferneuerung in einzelnen Dörfern damalige Fehler des Abholzens durch neue Baumpflanzungen wieder ausgeglichen werden (Axien).
Freiräume im Dorf sollen neben der Aufenthaltsqualität (siehe auch Kapitel 15 „Dorfmitten") auch ökologische und ästhetische Aufgaben erfüllen.

Vielfach sind besonders in den 1970er Jahren „tote Ecken" und Plätze asphaltiert bzw. versiegelt worden, um den Pflegeaufwand zu minimieren, besonders an Kreuzungspunkten von innerörtlichen Straßen, die dann zur überdimensionierten Verkehrsfläche wurden.
Es ist bekannt, dass die befestigten Flächen das Klima in den Dörfern beeinflussen können. Außerdem wird das anfallende Regenwasser zu rasch abgeführt, und dunkle Asphalt- oder Betonflächen werden zu stark durch die Sonne aufgeheizt. Die entstandene Wärme der aufgeheizten Straßen- und Platzflächen wird an die umgebende Luft abgegeben. Der Effekt ist in den Städten mit viel versiegelter Fläche natürlich wesentlich höher, aber durchaus auch bereits in den Dörfern wegen der zunehmenden Versiegelung der Verkehrsflächen spürbar.

Bei zukünftigen Freiflächengestaltungen im öffentlichen Bereich sollten daher großflächige Versiegelungen vermieden werden. Rasenlochsteine, locker verlegte Natursteine oder wassergebundene Decken für Parkplätze sind bewährte Strategien für die Umsetzung ökologischer Ziele bei gleicher Nutzbarkeit.

10.2.4 Privates Grün

Die früheren Gärten waren meist Grabeland, das mit den für die Eigenversorgung notwendigen Nutzpflanzen bestellt wurde oder in denen auch kleinere Nutztiere gehalten wurden. Diese Gärten waren meist an eine landwirtschaftliche Hofstelle gebunden. Blühende Ziergärten waren die Ausnahme. Doch mit dem Überangebot an Lebensmitteln wurden die Nutzgärten, auch in den neuen Bundesländern mit ihrer früheren typischen Vielfalt an Obstsorten und Gemüsen scheinbar überflüssig. Der Hang zur pflegeleichten Rasenfläche verwandelte so manchen Gemüsegarten in ost- und westdeutschen Dörfern zu einer eher sterilen Grünfläche.
In Neubaugebieten sind reine Nutzgärten nur noch selten zu finden. Dagegen hat der Anteil gepflasterter Flächen zur Bewegung und zum Abstellen von Fahrzeugen stark zugenommen.

Abb. 73: Der bäuerliche Nutzgarten, Hattorf im Sommer 2004

Darüber hinaus wurden in den Neubaugebieten der 1970er und 80er Jahre vermehrt große immergrüne Tannen bzw. Koniferen gepflanzt, die heute das Bild dieser Viertel bestimmen.
Die meisten neuen Baugebiete sind relativ dicht bebaut und kaum mit Großbäumen durchgrünt oder durch Schutzpflanzungen in die umgebende Landschaft eingebunden. Sie stehen daher im Kontrast zum historischen Dorfkern mit seinem häufig noch sehr intensiven Laubbaumbestand.

Abb. 74: Die Weser bei Leeseringen an der ehemaligen Fährstelle

In den Fallstudiendörfern sind im Rahmen der Dorferneuerung einige grünordnerische Maßnahmen von engagierten privaten Bürgern umgesetzt worden, so besondere Blumen- und Nutzgärten in Estorf und Varrel. Diese wurden überwiegend mit der Hilfe von Landschaftsplanern realisiert.
Auch die naturbelassenen dichten Gärten im Ortskern von Abbenrode können als gutes, zuletzt 2005 im Rahmen des Wettbewerbs „Unser Dorf soll schöner werden“ besonders belobigtes Beispiel hier erwähnt werden (Teiche, Obstwiesen, viele blühende Stauden u. a.).

10.2.5 Wasserflächen

Nur wenige Dörfer sind durch „größere“ zusammenhängende Wasserflächen geprägt. Meist sind es eher Dorfbäche, kleine Teiche und Löschwasserbecken, die alle neben ökologischen auch identitätsstiftende und ortsbildprägende Funktionen haben.

Abb. 75: Die Fischteiche in Wohlenhausen liegen mitten im Grünen und sind in ein Netz aus Bächen des Wohlenhauser Mühlengrabens eingebunden.

Größere Flussläufe in direkter Ortslage sind überwiegend in den Harzdörfern zu finden (Hattorf am Harz, Wulften, Reinstedt), aber auch in Großjena und Eilte. Andere Fallstudiendörfer werden am Rand oder in der Gemarkung durch Flüsse berührt. Diese Flüsse sind meist besonders attraktiv für Radfahrer, Wanderer und Touristen, da meist die bekannten Radrouten bzw. Fernwanderwege an ihnen entlangführen (z. B. Weser-, Saale-, Elberadweg usw.). Daher sollten sie als besonderes Potential ausgebaut und entsprechend in die Dörfer gestalterisch integriert werden.

Auch der kleine Dorfbach trägt zur gestalterischen Vielfalt im Dorf bei. Sofern der Dorfbach wegen des notwendigen Hochwasserschutzes verrohrt oder begradigt wurde, droht auch das Verständnis für die historische Ortsentwicklung verloren zu gehen.
Als Beispiel für einen angemessenen Umgang mit dem Thema „Wasser im Dorf“ können die seinerzeit im Rahmen der Dorferneuerung durchgeführten Maßnahmen am Elbingeröder Dorfbach gesehen werden, der zum größten Teil freigelegt wurde und durch Sitzmöglichkeiten eine neue Aufenthaltsqualität bekommen hat.
Infolge der naturnahen Renaturierung der Mühlenbäche in Oyle und Lemke sowie der Verknüpfung von Wasser mit dem neu entwickelten Rad-/ Wanderwegenetz konnte die Erlebnisdichte erheblich vergrößert werden.

Das private Vorhaben des zunächst skeptisch betrachteten Entschlammens des Schnegaer Dorfteiches hatte zur Folge, dass der Teich nun wieder Aufenthaltsqualität hat und der Dorfgemeinschaft im Winter als Eislauffläche dient.
Solche Vorhaben könnten anderen Gemeinden bei vergleichbaren im DE-Plan vorgesehenen Maßnahmen durchaus als Vorbild dienen (z. B. Gutsteich Großjena).

Die in den vorangegangenen Kapiteln genannten Projekte sind in den Farbseiten ab Seite 277 abgebildet.

10.3 Der Fachbeitrag „Landschafts- und Grünordnungsplanung" im Dorferneuerungsplan

Er wird überwiegend von Fachkollegen der Garten- und Landschaftsplanung erstellt und kann auch als Grundlage für die Standortfindung von Art und Umfang einzelner Vermeidungs-, Ersatz oder Ausgleichsmaßnahmen in der Bauleitplanung dienen.
Auf die Probleme einer fehlenden, eindeutigen Zuordnung grünordnerischer Planungsleistungen und auf die Fragen der angemessenen Honorierung dieses Fachbeitrages geht auch der Landschaftsplaner Ackermann (Lit. 1) ein (vgl. auch Kapitel 3).
Die Praxis der Dorferneuerung hat jedoch bestätigt, dass keine noch so detaillierte Erfassung der Fauna-, Floraelemente, der Biotope, der Natur- und Landschaftskulturräume eine Garantie für eine entsprechende Umsetzung der daraus folgerichtig abgeleiteten Pflege-, Schutz- und Entwicklungsmaßnahmen bieten kann.
Da in Zukunft ein ILEK Vorausetzung für die Aufnahme eines Dorfes in das Förderprogramm sein wird, können auch die mit der Dorfbevölkerung und Experten durchgeführten Veranstaltungen in der Vorbereitungs- und Informationsphase Teile des DE-Planes werden. Eine Biotopkartierung müsste daher in Zukunft kein zwingender Bestandteil des DE-Planes mehr sein.

Entscheidender für ein bewusstes ökologisches Handeln sind ein entsprechendes elterliches und schulisches Informationsangebot und das gelebte Vorbild der Erziehenden, ausbildenden Institutionen und Bezugspersonen während der Entwicklungs- bzw. Erziehungsphase.
Auch die engagiertesten Bürgerinitiativen, Organisationen (NABU, BUND, u. a.), medialen Vermittlungen und Informationen können ein offensichtliches Defizit an Bereitschaft für Fragen von Natur und Landschaft vor allem bei jüngeren Menschen nicht immer ausgleichen.

Wie bereits erwähnt (Kapitel 4) war auch der Versuch über die „Lokale Agenda 21 in der Region Braunschweig" (Kegel, Lit. 56), das Interesse der Bürger für Fragen von Energie- und Klimaschutz, Bauen und Wohnen, Natur und Landschaft zu gewinnen, nicht nur von Erfolg gekrönt. Die lokalen Gruppen der Betroffenen reagierten erst, wenn ein individueller Nutzen sichtbar wurde.
Diese Erfahrungen lassen sich natürlich auch mehr oder weniger in der gesamten Dorferneuerungsarbeit – gleichgültig in welcher Phase und von welcher Trägerschaft her (öffentlich oder privat) bestätigen.
Aber gerade diese Erfahrungen bestätigen die Aufforderung an alle Planungsbeteiligten, die Fragen der Landschaftserhaltung und -gestaltung als besondere verantwortliche, erzieherische Aufgabe auch wahrzunehmen.

Grünkonzept am Beispiel einer Fallstudie aus Niedersachsen (Elbingerode)

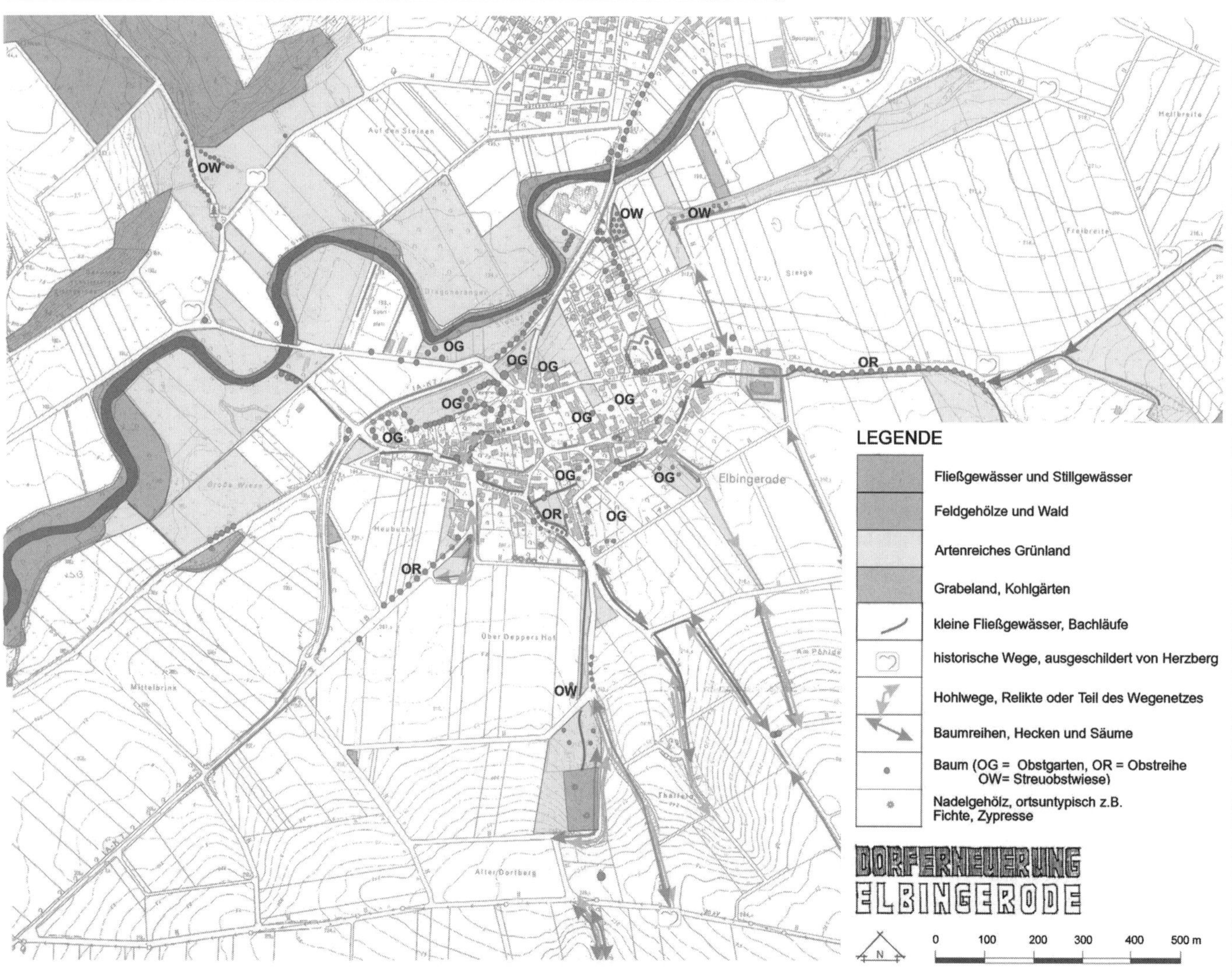

Abb. 76: Beispiel eines Grünkonzeptplans (Elbingerode)

Grünkonzept am Beispiel einer Fallstudie aus Sachsen-Anhalt (Reinstedt)

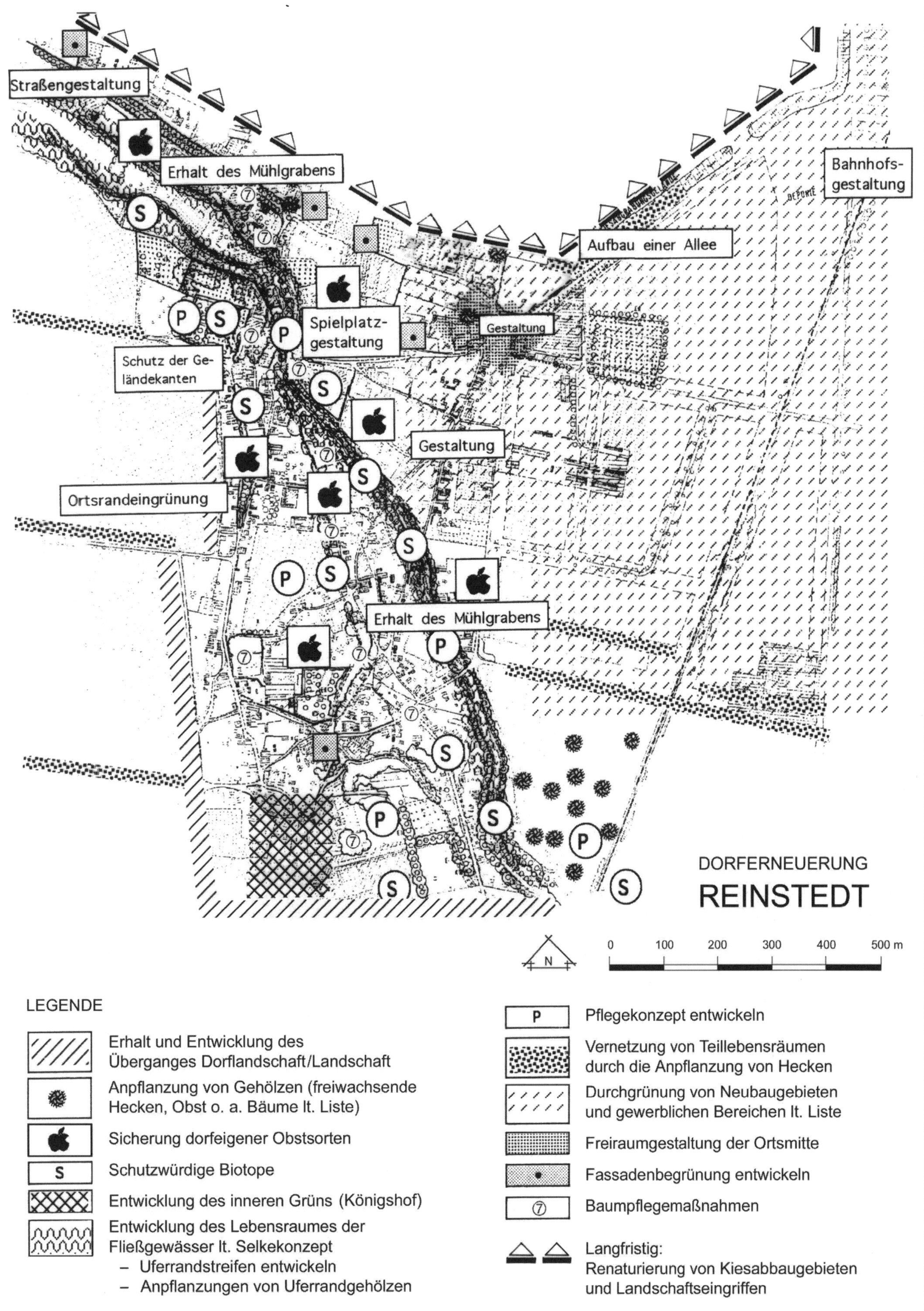

Abb. 77: Beispiel eines Grünkonzeptplans (Reinstedt)

10.4 Fallstudienanalyse

Auch zum komplexen Thema der Dorfökologie und Freiflächenplanungen wurden sämtliche Betroffenen der Dorferneuerung im Rahmen umfassender Fragebogenaktionen und Experteninterviews in die Fallstudienanalysen der Dörfer Niedersachsens und Sachsen-Anhalts einbezogen. So werden die Meinungsbilder und Aussagen der zuständigen Kommunen, der Dorfbewohner und Experten sowie der Behörden jeweils getrennt erfasst und dargestellt, bevor nach einer Situationsanalyse in den Fallstudiendörfern in einer abschließenden Zusammenfassung konkrete Forderungen abgeleitet werden können.

10.4.1 Kommunale Befragung

Die Kommunen wurden in zwei getrennten Fragebogenaktionen

a) nach der aktuellen Bedeutung des Dorferneuerungsplanes für landschaftsplanerische und grünordnerische Entscheidungen,
b) nach dem Umsetzungsgrad von grünordnerischen Maßnahmen entsprechend den Zielen des Dorferneuerungsplanes oder nach den Zielen einer Lokalen Agenda 21-Aktion und
c) nach der Art und dem Umfang von sonstigen Eingriffen in den eigenen Landschaftsraum in den vergangenen 15 Jahren befragt.

Zu a)
Die Bedeutung des Fachbeitrages „Dorfökologie/ Freiflächengestaltung" im Dorferneuerungsplan wird durch die Aussage von zwei Dritteln der befragten niedersächsischen Gemeinden bestätigt, wonach der Plan weiterhin Grundlage für landschaftsplanerische und grünordnerische Entscheidungen sei. In Sachsen-Anhalt sind nur ein Drittel der befragten Kommunen dieser Meinung.

Zu b)
Die Ziele der Agenda 21 sind nach kommunaler Aussage in Niedersachsen bisher zu 69 % „kaum", zu 27 % „etwas" und nur zu 6 % „intensiv" umgesetzt worden.
Dagegen sind die im Dorferneuerungsplan festgelegten Grünordnungsziele und -maßnahmen auch in 55% der Fallstudiendörfer zur Ausführung gekommen. Dabei überwiegen eindeutig öffentliche vor privaten Maßnahmen. Nach ihrer Häufigkeit hatten „Grüne Ortsmitten bzw. -plätze" eindeutig Priorität vor Teich- oder Regenrückhaltebecken, Bachfreilegungen, Wanderwegen im Dorfbereich, Streuobstwiesen, Böschungsgestaltungen, Kinderspielplätzen und Baumalleen.
Im privaten Bereich wurden überwiegend Obst- und Nutzgärten und in einem Beispiel sogar ein bäuerlicher „Klostergarten" angelegt (siehe Abb. 265).

Lediglich eine Angerplatz- und eine neue Dorfmittengestaltung sowie eine Teichsanierung konnten nach Auskunft der Kommunen bisher in den sechs Fallstudiendörfern Sachsen-Anhalts umgesetzt werden. Eigenen Ortsbegehungen zufolge sind jedoch weitere Maßnahmen realisiert worden, so zum Beispiel neue Baumpflanzungen an Straßen in Erxleben und aufwendige Angergestaltungen in Binde und Axien.

Der noch bestehende Maßnahmenbedarf ist jedoch, wie auch in Niedersachsen, immer noch hoch im Vergleich zur Anzahl der bisher durchgeführten Projekte.

Zu c)
Die Frage nach Eingriffen in den Landschaftsraum in den vergangenen 15 Jahren wurde dahingehend beantwortet, dass diese in acht oder 25 % der Fallstudien im Rahmen von Kiesentnahmen, in 11 oder 34 % durch Ausgleichmaßnahmen, in 7 oder 22 % durch andere Arten (z. B. durch Umgehungsstraßen, Flurbereinigungsmaßnahmen, Heckenpflanzungen, private Gipsabbaumaßnahmen u. a.) erfolgten.

Der Umfang der Landschaftseingriffe in den niedersächsischen Fallstudien war bisher am intensivsten in den Dörfern der Nienburger Wesermarsch und am geringsten in den Fallstudiendörfern des Aller-Leinetals, des Wendlandes, des Süntels und der Braunschweiger Börde.

10.4.2 Bürgerbefragung

Die befragten Bewohner der 32 niedersächsischen Fallstudiendörfer beantworteten die Frage nach den Auswirkungen der Dorferneuerung auf die Ökologie und Freiraumgestaltung zu 30 % mit „positiv", zu 31 % mit „unverändert" und zu 7 % mit „negativ". 32 % der befragten Bürger konnten hierzu keine konkrete Aussage machen.

Besonders positive Effekte sahen die Bewohner der Aller-Leinetaldörfer (43 %) und der Wendlanddörfer (41 %). Innerhalb der untersuchten Dorfregionen überraschen die teilweise erheblichen Differenzen, beispielsweise zwischen Hattorf (60 %) und Dorste (5 %) in der Südharzregion oder zwischen Abbenrode (50 %) und Watzum (14 %) in der Braunschweiger Börderegion sowie zwischen Estorf (57 %) und Haßbergen (5 %) in der Nienburger Wesermarschregion. Die Gründe für die positiven Wertungen liegen vermutlich in dem bewusst gewordenen Gesamtumfang und am Bekanntheitsgrad einzelner spektakulärer Grüngestaltungsmaßnahmen, wie zum Beispiel den gepflanzten Baumalleen in Estorf oder den Dorfplatzeingrünungen in Abbenrode oder in Hattorf.

Eine fast gleiche positive Stellungnahme gaben die Bewohner der Fallstudien Sachsen-Anhalts ab. 30 % der Befragten sahen „positive" ökologische Auswirkungen.
Dennoch sind hier die regionsbezogenen Unterschiede weitaus größer.
Die Dörfer der Elbtalauen sowie die Fallstudie Großjena liegen dabei mit über 85 % positiven Stimmen weit über diesem Durchschnitt, während das Dorf Reinstedt laut Bürgeraussage keinerlei, die Dörfer der Altmark und der Magdeburger Börde nur geringe positive Auswirkungen verzeichnen können. Insgesamt haben 57 % der Befragten „keine Auswirkungen" festgestellt.

10.4.3 Ämterbefragung

Aus der Sicht sämtlicher Ämter für Landentwicklung (ehemals Agrarstruktur) werden die nachhaltigen Auswirkungen der Dorferneuerung auf die ökologische und freiraumgestalterische Entwicklung des Ortes als „absolut positiv" beurteilt (100 %). Ein vergleichbar einstimmig positives Urteil wurde nur den Auswirkungen der Dorferneuerung auf das dörfliche Erscheinungsbild zuteil. Detaillierte Begründungen für diese eindeutig positiven Wertungen liegen allerdings nicht vor.

10.4.4 Öffentliche und private Grüngestaltungsmaßnahmen in den Fallstudiendörfern

Zu den besonders erwähnenswerten umgesetzten öffentlichen grüngestalterischen Maßnahmen in den Fallstudien gehören (siehe auch Abb. 248 – 271): cvyxcv – xycv

- Grüne Ortsmitte in Häuslingen (Schulbruchgestaltung)
- der wiederhergestellte, begrünte Angerplatz in Wulften
- Wiedereingrünung der Angerflächen in Axien und Eimersleben
- Baumpflanzungen als Straßenbegleitgrün (Haßbergen und Großjena), Alleen (Estorf und Eilte) oder als Hausbäume (Gittelde)
- Gestaltung eines Kindergartenspielbereiches in Radbruch
- Ortseingrünung und Ruderalgrün in Wehrbleck (auch im Rahmen der Flurbereinigung)
- Renaturierung des Wohlenhauser Mühlenbaches in Lemke (Aufenthaltsplatz und Gedenkstein) und des Oyler Mühlenbaches in Oyle mit Wanderweg
- Weg im Schmiedegrund mit Dorfplatz in Abbenrode
- Biotop mit Teichfläche, Spielplatz und überdachtem grünen Pavillon in Leeseringen
- die Offenhaltung und Gestaltung des Dorfbaches sowie die ökologische Nutzung des Regenrückhaltebeckens in Elbingerode im Rahmen der Flurbereinigung
- Weg am Angerplatz und am Bachgrund mit neuem Spielplatz in Dorste
- Friedhofsmauer mit neuer Bepflanzung an der Elbingeröder Kirche
- Anlage eines neuen Teiches mit Rundwanderweg, Dorfbachgestaltung mit begleitenden Sitzbänken in Lübeln
- Neugestaltung des Kinderspielplatzes und eines offenen Dorfbaches in Beber
- „grüne Ortsmitte“ mit Bushaltesituation in Rohrsen
- Spielplatz in Estorf mit „Kletterhügel“.

Neben der Herstellung und Gestaltung der Grünflächen ist für ihre langfristige Betreuung zu sorgen.
Nicht selten muss die Pflege der Flächen mangels kommunaler Mittel durch die Bewohner oder durch Ehrenamtliche übernommen werden. Einzelne Heimat- bzw. Dorfverschönerungsvereine oder Gemeinden selbst haben sich hier bereits für die Dorfgemeinschaft verdient gemacht: Estorf (Allee), Watzum und Häuslingen (Pflanzaktionen), Schnega (Teichsäuberung).
Nicht gepflegte Flächen verwahrlosen sehr rasch, wie an mancher öffentlichen, dörflichen Grünfläche belegt werden kann.

Auch besondere private Gärten konnten im Rahmen der Dorferneuerung geschaffen werden. Dazu gehören u. a. Bauerngärten in Varrel und Estorf und die bunten „Staudengärten“ in Abbenrode.

BEISPIELE ÖFFENTLICHER GRÜNMAßNAHMEN IN DEN FALLSTUDIEN

Testentwurf für eine "Grüne Mitte", Platzgestaltung "Auf der Loge", Varrel (siehe auch Abb. 253)

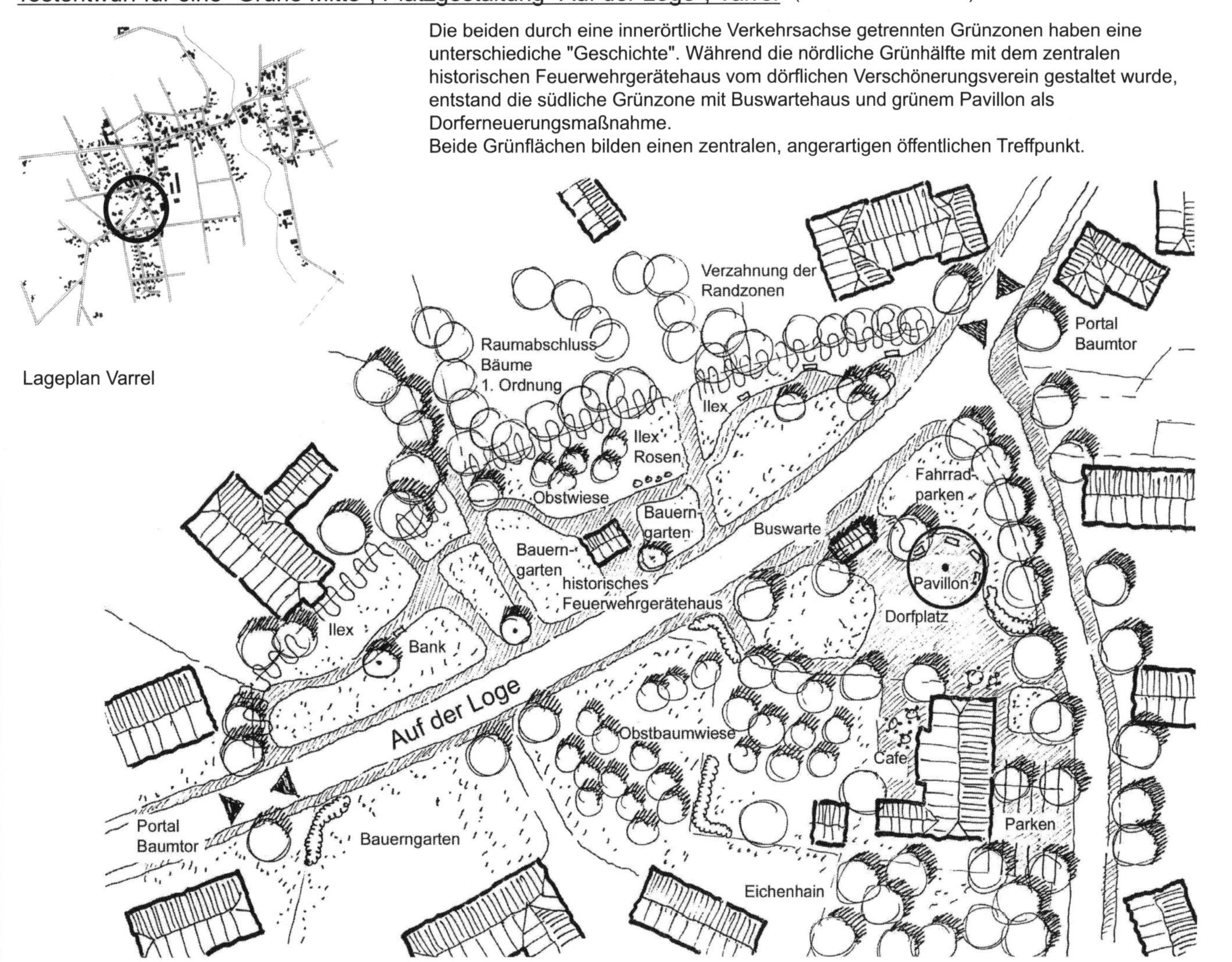

Abb. 78: Platzgestaltung "Auf der Loge", Varrel

Grüne Mitte in Leeseringen (siehe auch Abb. 252)

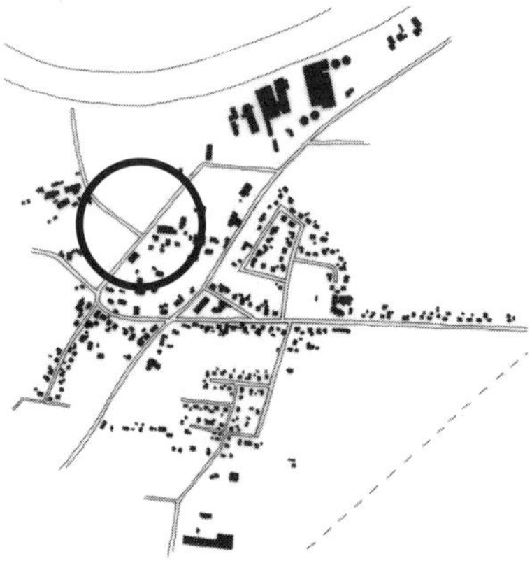

Lageplan Leeseringen

Die zentrale öffentliche Grünfläche zwischen Marsch- und Weserstraße in Leeseringen liegt direkt am stark befahrenen Weser-Radweg. Ein kleiner Weiher mit benachbartem Spielplatz wird durch einen kreisrunden Lindenplatz mit Sitzmöglichkeiten komplettiert, die auch den Radlern als willkommener Ruheplatz dienen kann.
Das Motiv des blättergeschützen Lindenplatzes basiert auf noch erhaltenen historischen Beispielen aus Hessen.

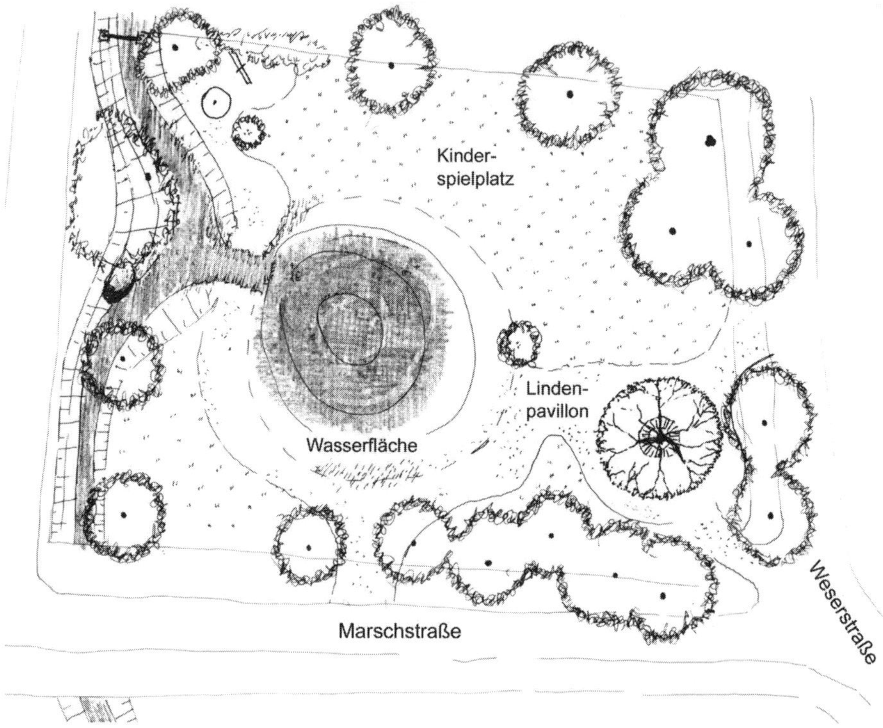

Lindenplatz und Weiher in Leeseringen

Abb. 79: Grüne Mitte in Leeseringen

Angerteich in Axien (siehe auch Abb. 262)

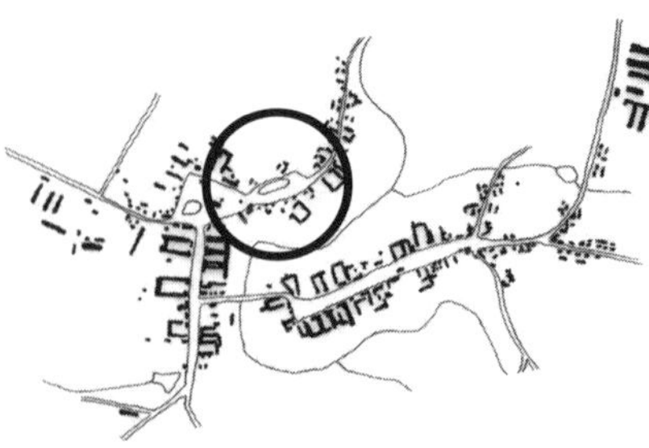

Lageplan Axien

Einer der schönen Angerplätze in Axien besitzt einen zentralen kleinen Weiher, dessen Zugänglichkeit und Erlebbarkeit durch ökologische bauliche Maßnahmen gesichert werden sollten.

Wie Abb. 261 belegt, wurden bisher jedoch nur die Randeinfassung und eine Entschlammung realisiert.

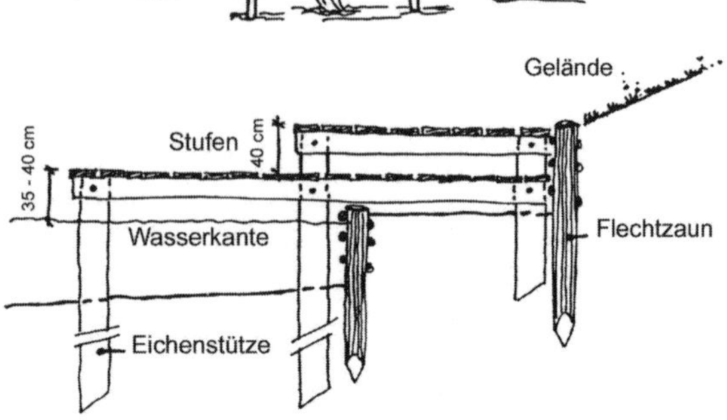

Holzpodeste ermöglichen den Bürgern am steilsten Ufer des Teiches ans Wasser zu gelangen.

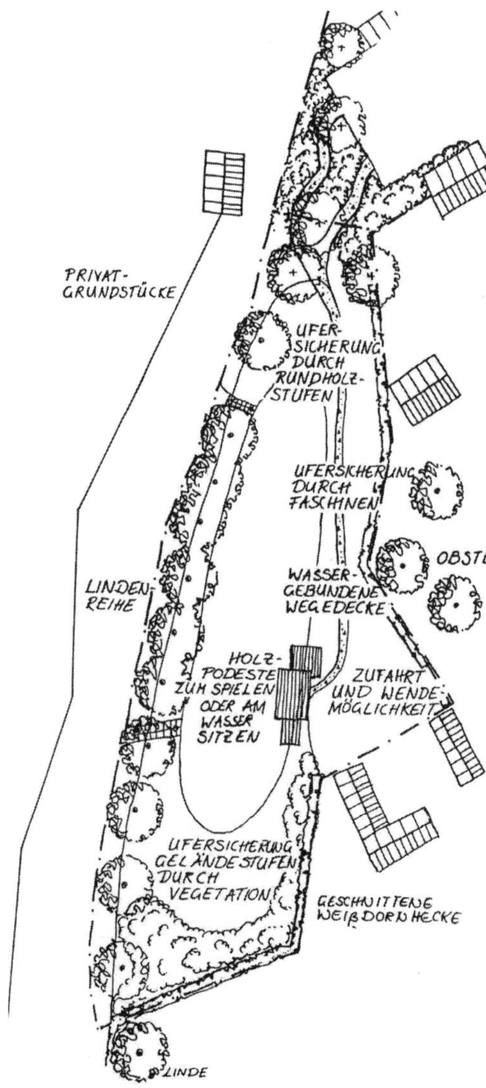

Entwurf Teichgestaltung

Abb. 80: Angerteich in Axien

Bachplatz Elbingerode (siehe auch Abb. 258)

Der Bachplatz aus Natursteinen in Elbingerode bietet an einer Krümmung des hier offen geführten Dorfbaches dem Betrachter die Möglichkeit, die Entstehungsgeschichte des schönen Haufendorfes nachzuempfinden.

Dank der Dorferneuerungsplanung konnte die bereits geplante Verrohrung des ortsbildprägenden Bachlaufes an dieser Stelle verhindert werden.

Lageplan Elbingerode

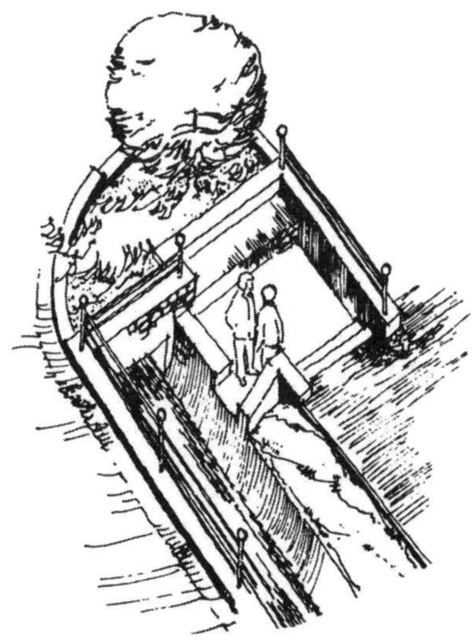

Abb. 81: Bachplatz Elbingerode

Spielplatz in Radbruch (siehe auch Abb. 255)

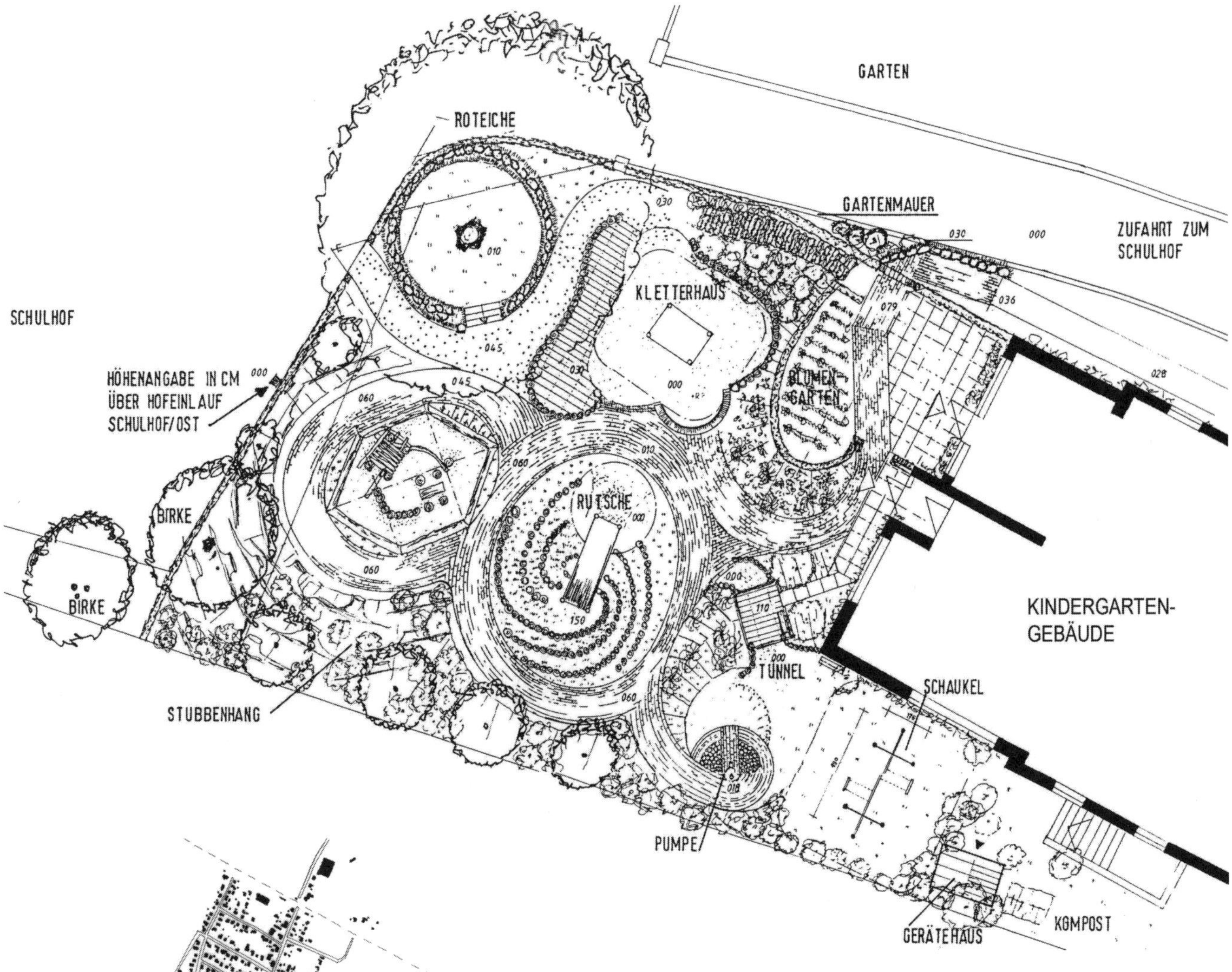

Lageplan Kindergarten-Spielplatz

Lageplan Radbruch

Im Rahmen der Dorferneuerung Radbruch konnte die Fläche zwischen Schule und Kindergarten neu gestaltet werden.

Dabei wurde auf eine besondere Gestaltung wert gelegt, die nicht nur die standardisierten Spielgeräte beinhaltet, sondern eine modellierte umgebende Landschaft als Erlebnisraum mit einbezieht.
Dazu wurden Kletterhügel und -röhren, ein Kletterhaus, aber auch Pflanzflächen angelegt, an denen die Kinder die Natur begreifen und erlernen können.

Abb. 82: Spielplatz in Radbruch

10.5 Zusammenfassung/Folgerungen

Sowohl die betroffenen Gemeinden als auch die zuständigen Fachbehörden der Dörfer belegen mit ihrer Beurteilung der erwarteten positiven Auswirkungen der Dorferneuerung auf die freiflächen- und grünordnerische Entwicklung der Dörfer die große Bedeutung, die sie dabei dem Fachbeitrag „Dorfökologie" und dem bisherigen Umfang verwirklichter Ideen und Planungen beimessen. Andererseits wird in der Auflistung insbesondere der noch nicht umgesetzten privaten Grünordnungsmaßnahmen deutlich, dass in der Prioritätensetzung der privaten Bauherren die mit der Realisierung des eigenen Bauvorhabens verbundenen Ziele immer noch vor freiraumgestalterischen und dorfökologischen Aufgaben stehen.
Deutlich wurde in der Untersuchung auch die wachsende Diskrepanz zwischen den eindeutigen Erhaltungs-, Pflege- und Schutzzielen des Niedersächsischen Landesraumordnungsprogramms (LROP) und der zitierten Regionalen Raumordnungsprogramme (Landkreise Nienburg, Osterode u. a.) und der Realität des weiterhin wachsenden Bodenverlustes sowie der ambivalenten Wirkungen einzelner geforderter Maßnahmen in der Landschaft (Windkraft, Kiesabbau, Siedlungsentwicklung u. a.).
Am Beispiel der Kiesabbauvorhaben in der Dorfregion „Nienburger Wesermarsch" wird die praktische Unlösbarkeit parallel formulierter Ziele deutlich, wenn es in einer Pressenotiz heißt:

„Der Bodenabbau soll unter Berücksichtigung der Belange der Landwirtschaft und des Naturschutzes aktiv genutzt werden, um eine nachhaltige landwirtschaftliche Produktion und eine touristische Aufwertung und somit auch eine Profilierung der Region Mittelweser insgesamt zu erreichen."
(Blickpunkt, 05.05.2005)

Solche Forderungen kommen einer Quadratur des Kreises bereits sehr nahe!

Die Frage wie und mit welchen rechtlichen, organisatorischen, gestalterischen und finanziellen Mitteln wir die Landschaften in den ländlichen Regionen zu schützen und gleichzeitig zu entwickeln gedenken, ist offensichtlich keineswegs – trotz aller politischen Absichtserklärungen – eindeutig geklärt.
Erkannt ist zumindest die Bedeutung von Flora und Fauna, von Wald, Wasserflächen und von landwirtschaftlich genutzten Flächen als Voraussetzung für die Sicherung zukünftiger Lebensqualität. Eine aus dieser Erkenntnis ableitbare Verantwortung der erziehenden und ausbildenden Personen und Institutionen gegenüber der heranwachsenden Generation muss jedoch noch ins allgemeine Bewusstsein gesetzt werden.
Die Dorferneuerungsplanung hat sich nach über 20 Jahren als durchaus geeignetes Instrument für die Bewusstmachung und für die Umsetzung dorfökologischer Ziele bewährt.

Allein in 12 Fallstudiendörfern (30 %) ließen sich die Lebensqualität und die örtlichen Entwicklungsmöglichkeiten durch Nutzung der grünordnerischen Potentiale noch erheblich steigern.

Es handelt sich dabei um öffentliche und private Maßnahmen, die in den Dorferneuerungsplänen bereits mehr oder weniger intensiv durch Testentwürfe bzw. durch Kostenschätzungen erläutert wurden, die jedoch aus den unterschiedlichsten Gründen bisher nicht zur Ausführung kamen, beispielsweise:

1) Baumpflanzungen, insbesondere an innerörtlichen Straßen (Haßbergen)
2) Baumtore an den Ortseingängen (z. B. Estorf, Leeseringen, Lemke, Haßbergen, Jerxheim)
3) Landschaftliche Ortseinbindung, Pflanzungen und Aufforstungsmaßnahmen (Wehrbleck, Beber, Rohrsen)
4) Gestaltung und öffentliche Nutzung von Gutsparkanlagen (Großjena, Watzum, Schnega und Häuslingen)
5) Gestaltung und Bepflanzung von einzelnen Platzbereichen (Holzhausen, Dorste, Hattorf Schwiegershausen, Reinstedt, Axien, Großjena)

Der gegenüber den ersten Dorferneuerungsrichtlinien von 1984 erweiterte Katalog der Fördertatbestände in der neuen Richtlinie über die Gewährung von Zuwendungen zur integrierten ländlichen Entwicklung (ZILE) vom 02.05.2005 wertet die Bedeutung der Landschaftspflege, des Umwelt- und Tierschutzes eindeutig auf. Zu den geförderten sog. „Investiven Maßnahmen" gehören auch die Anlage von Schutzpflanzungen und vergleichbaren landschaftsverträglichen Anlagen im Zusammenhang mit der Land- und Forstwirtschaft (Pkt. 2.1.3.5) Darüber hinaus können Maßnahmen, die der Erhaltung der Kulturlandschaft, der Landschaftspflege und Erholungsfunktion oder dem Tierschutz dienen, aus Landesmitteln gefördert werden.

„Im Rahmen der Förderung soll verstärkt dazu beigetragen werden, eine mit ökologisch wertvollen Landschaftselementen vielfältig ausgestattete Landschaft zu erhalten und zu schaffen, den Erosionsschutz zu sichern und den Tierschutz zu verbessern" (Pkt. 2.1.4.1).

Auch der Katalog der nicht zuwendungsfähigen Maßnahmen (2.1.4.1) unterstreicht indirekt die Bedeutung, die von der EU, vom Bund und vom Land Niedersachsen in Zukunft „dem notwendigen Schutz der erhaltenswerten Landschaftsteile" beigemessen wird.

Besondere Aufmerksamkeit verdienen die förderungsfähigen Maßnahmen in der Flurbereinigung „zur Pflege und Erhaltung der Kultur- und Erholungslandschaft, die im Rahmen des Ordnungsauftrages des FlurbG zur Förderung des Naturschutzes und der Landschaftspflege sowie zur Verbesserung der Erholungseignung, der Landschaft, im Verfahren nach dem FlurbG durchgeführt werden können, außerhalb der Fördermöglichkeiten des GAK" (K 5). Sämtliche unter Pkt. K 5.1 bis K 5.2.5 aufgelisteten zuwendungsfähigen Teilaufgaben dienen auch den Zielen einer ganzheitlichen Dorferneuerung – sodass nur zu wünschen bleibt, dass dieser Katalog der Möglichkeiten in Zukunft noch stärker von den infrage kommenden Zuwendungsempfängern, den Teilnehmergemeinschaften und den Gemeinden in Anspruch genommen wird als bisher.

11 VERKEHRSGESTALTUNG

11.1 Einführung

„Das Dorf – scheu steigt die Mauer der Häuser aus der Erde, zuerst wie Schritt für Schritt langsam in die Länge und dann ein wenig in die Höhe, vorsichtig, als ob sie fürchte im nächsten Augenblick auf etwas zu treffen, das nicht angerührt werden soll. Die Wege liegen da wie weggeworfen, als ob sie nicht mehr gebraucht würden, abgelaufen, wie Schuhe sind sie, um die Ecken verschwindend, wie Reste von einer großen Straße, die nicht mehr da ist."

Die große Straße – nun ganz in Asphalt – ist da, und "Der Welt des Schweigens", die Max Picard in seinem gleichnamigen Buch vor 30 Jahren beschwört, ist inzwischen auch die abgelegenste ländliche Siedlung entwachsen. Zu der optischen und funktionalen ist die akustische Überfremdung getreten.

Der komplexer gewordene Faktor „Verkehr" erfordert auch auf der Dorfebene eine differenzierte Betrachtung.
Zu unterscheiden sind beim Straßenverkehrsnetz für den fließenden Verkehr

- die überregionalen Verkehrserschließungsstraßen
- die innerörtlichen Straßen und Wege, unterschieden nach ihren Funktionen (Sammel-, Anliegerstraßen)
- das zur Flur gehörige Wirtschaftswegenetz sowie
- das Rad-, Wander- und Reitwegenetz.

Zum ruhenden Verkehr gehören sämtliche privaten und öffentlichen Stellflächen sowie die Garagenbauten.
Der öffentliche Personennahverkehr (ÖPNV) wiederum gliedert sich in Bus-, Bahn- und Flugverkehre auf. Von eher marginaler Bedeutung ist dagegen die Schifffahrt.
In den vergangenen 20 Jahren hat mit der wachsenden Zahl neu zugelassener PKW, LKW und Motorräder auch der Ausbau des Straßennetzes erheblich zugenommen. Dessen Vergrößerung ist daher auch eine der Hauptursachen für den zu Lasten landwirtschaftlicher Nutzflächen gehenden Bodenverbrauchs von ca. 120 ha/Tag in Deutschland.

Der unbestrittene und in den Regionalen Raumordnungsplänen betonte Zusammenhang zwischen nachhaltiger Regionalentwicklung und leistungsfähiger Verkehrsinfrastruktur (RROP Landkreis Osterode, Lit. 2) ist offensichtlich nur schwer vereinbar mit der Forderung nach einer sozial- und umweltverträglichen Form der Mobilität – vor allem im Bereich der überregionalen Erschließungsstraßen.

11.2 Überregionale Erschließungsstraßen

Dörfer, die von überregionalen Verkehrsstraßen gequert werden, sind bereits häufig infolge erhöhter Lärm- und Schadstoffemissionen in wirtschaftlicher (Wertverlust der Immobilien beidseits der Durchgangsstraßen), sozialer (trennende Wirkung zwischen sozialen Gruppen bzw. Schichten des Dorfes), gesundheitlicher bzw. ökologischer und nicht zuletzt auch in gestalterischer Hinsicht beeinträchtigt.

Die Statistik der Verkehrsentwicklung weist eine kontinuierliche Zunahme aller Verkehrsgattungen auf.
Der Einfluss des fließenden Verkehrs auf die Lebensqualität der Dörfer hat sich infolge der kontinuierlichen Zunahme des LKW-, Motorrad-, PKW-Verkehrs seit 1945 erheblich verstärkt.

Wie die Abbildung 83 zeigt, hat der KFZ-Bestand in Niedersachsen alleine im Zeitraum von 7 Jahren (1997 – 2004) um über 10 % zugenommen.
Einzelne Landkreise (Lüneburg, Soltau-Fallingbostel, Wolfenbüttel u. a.) liegen noch weit darüber.

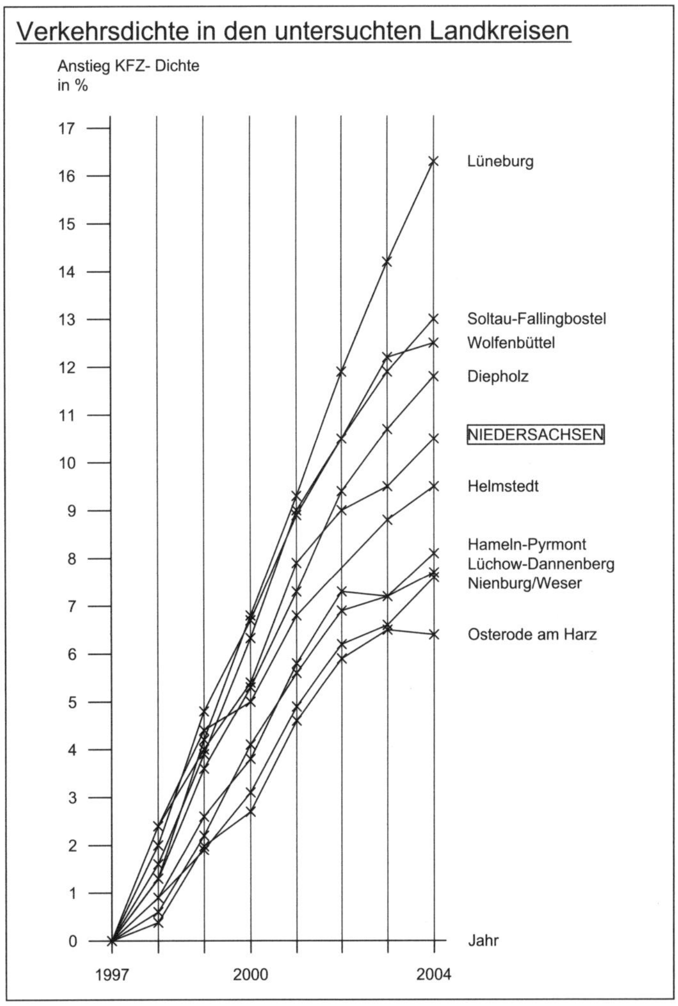

Abb. 83: Verkehrsdichte in den untersuchten Landkreisen

Während der Erfolg der klein- und mittelstädtischen Stadtsanierungen in Niedersachsen (Neustadt am Rübenberge, Wunstorf, Rotenburg (Wümme), Verden (Aller), Soltau, Nienburg (Weser) u. a.) auf neue Entlastungsstrassen in Form von ringartigen Umgehungsstraßen mit einem entsprechenden Angebot von Parkhäusern und -plätzen in der Peripherie basiert, wurden nur in wenigen untersuchten Fallstudiendörfern vergleichbare Lösungen realisiert. Falls Umgehungs- bzw. Entlastungsstraßen gebaut wurden (Elbingerode, Lemke), fand dies im Rahmen umfassender Flurbereinigungs- und Agrarstrukturverbesserungsmaßnahmen statt.

Dagegen muss das Fehlen von Umgehungsstraßen oder Verkehrsberuhigungshilfen in Dörfern, die dem Durchgangsverkehr bis heute ausgesetzt sind, als entscheidendes Hindernis beim Bemühen um eine normale Lebensqualität gesehen werden.
Die maximal zulässigen Tag- und Nachtemissionswerte in Dorfgebieten (von 64 dB bzw. 54 dB) wurden in einigen Dörfern (z. B. an der B 215) im Laufe der Jahre bereits häufig überschritten, mit der Folge von weiteren Negativwirkungen.

Hierzu gehören insbesondere Behinderungen des landwirtschaftlichen Querverkehrs, die Zunahme von Lärm und Abgasen, Gefahren der Straßenquerung insbesondere für Kinder und ältere Menschen, fehlende Parkmöglichkeiten, Unübersichtlichkeit innerörtlicher Straßenanschlüsse (Haufendörfer im Südharz) sowie zunehmende Gefährdungen an Kreuzungspunkten.
In Verbindung mit den üblichen Geschwindigkeitsüberschreitungen, insbesondere jugendlicher Fahrer in den Nachtstunden und am Wochenende, sind die genannten Belastungen bzw. Beeinträchtigungen außer durch Strafen letztlich nur durch wirkungsvolle Maßnahmen der Verkehrsberuhigung oder mittels einer Ortsumgehung vermeidbar.

Als problematisch hat sich auch in diesem Zusammenhang ein zu verkehrsgerechter Ausbau von innerörtlichen Durchgangsstraßen ohne jeglichen Einbau von entsprechenden Verkehrshindernissen und Querungshilfen erwiesen (Eimersleben, Oyle).

Der Schwerlast-Durchgangsverkehr sowie der landwirtschaftliche Querverkehr selbst mit den modernen Großfahrzeugen wie Mähdreschern und Traktoren mit ihren extremen Radabständen sowie Gerätehöhen stellen zusätzliche dorfspezifische Belastungen dar. Abgeschrägte oder bereits zerstörte Gebäudeecken (Wulften) sind in verdichteten Ortslagen der Beleg für den schwierigen, teilweise unlösbaren Begegnungsfall LKW – Traktor bzw. Mähdrescher.
Während die Suchräume für Entlastungsstraßen in den Fallstudiendörfern Oyle (L 351) und Estorf (B 215) vorerst zwar fixiert, aber aus wirtschaftlichen Gründen nicht weiter verfolgt wurden, steht der den Ortsteil Rohrsen (Stadt Bad Münder) tangierende Ausbau der B 442 südlich von Eimbeckhausen vor dem Ausführungsbeginn.

Als besonders gravierendes Beispiel sei das Dorf Wagenfeld angeführt, dessen verkehrliches Rückgrat auf der gesamten Ortslänge des Straßendorfes die Bundesstraße (B 239) bildet, an der zugleich die wichtigsten privaten und öffentlichen Dienstleistungseinrichtungen liegen.
Trotz der Überprüfung mehrerer Umgehungstrassen (Abb. 84) – schon zu Zeiten der DE-Planung und unter Nutzung von vorhandenen ausbaufähigen Wirtschaftswegen – wurden seitens der zuständigen Straßenbehörde bisher keine Chancen für deren Aufnahme in den Bedarfsplan für Bundesfernstraßen der Bundesregierung gesehen. Zurzeit wird jedoch gedanklich eine Ausbaualternative in entgegengesetzter östlicher Richtung verfolgt, die jedoch aufgrund fehlender finanzieller Fördermöglichkeiten zurzeit auch keine Realisierungschance hat.

Wie bereits bei den vor 10 Jahren untersuchten Fallstudien (siehe „10 Jahre Dorferneuerung in Niedersachsen“, Lit. 44), überrascht es daher nicht, dass in Dörfern mit verkehrlich nicht verbesserten Randbedingungen auch kaum private Investitionen im Rahmen der Dorferneuerung ausgelöst wurden.

Die Dörfer und die ländlichen Räume insgesamt haben zweifellos einen extrem hohen Preis für die Zunahme der gesellschaftlichen Mobilität bezahlt, da sie – zusätzlich zu den täglichen Durchgangs- und Berufsverkehren (Auspendler), auch noch die Wochenendausflugsverkehre aus den Ballungsgebieten aufnehmen müssen, die sie allerdings teilweise auch durch entsprechende Freizeitangebote (Hoffeste, Dorfveranstaltungen und Vereinsfeste aller Art, Sportfeste, „Events“ etc.) selbst auslösen.

Innerörtliche Belastung oder Umgehungsstraße? Fallbeispiel Wagenfeld

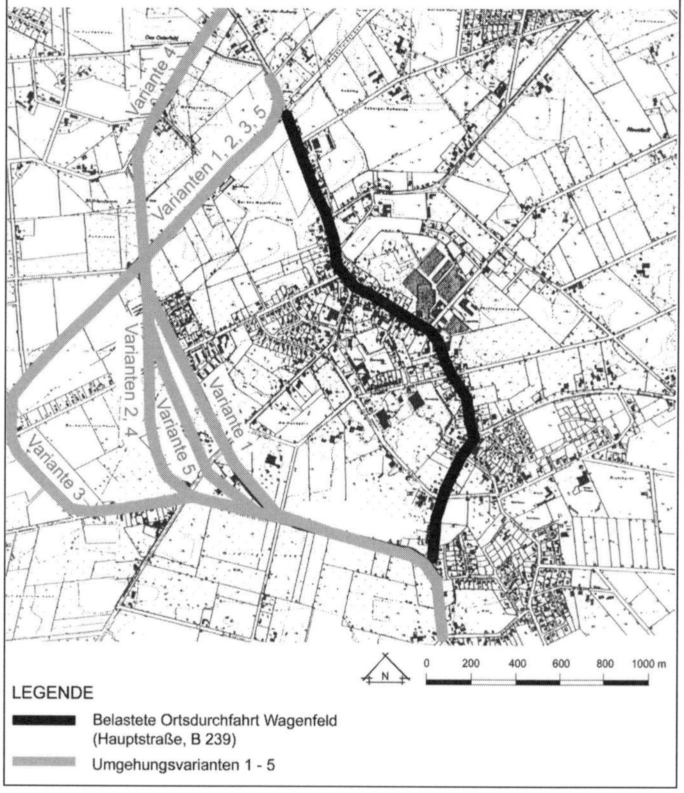

Abb. 84: Varianten der Ortsumgehung Wagenfeld

Abb. 85: Hauptstraße und Durchgangstraße B 239 in Wagenfeld
Eine Überquerung der Straße ist manchmal unmöglich aufgrund des dichten Verkehrs. Nicht nur die verformten Straßenlaternen zeugen von etlichen Unfällen.

Die mit den dargestellten Nutzungen zusammenhängenden Belastungen des fließenden Verkehrs, insbesondere an übergeordneten Kreis-, Landes- und Bundesstraßen sind weitaus gewichtiger als die des zeitbegrenzten ruhenden Verkehrs, für den im Notfall auch schon mal dörfliche Freiflächen oder Wiesen sowie die vorhandenen Straßenränder unter Polizeischutz problemlos verfügbar gemacht werden können.

Borchard (Lit. 11) weist darauf hin, dass bei aller Notwendigkeit des Ausbaus regionaler Verkehrsnetze auf der Landkreisebene durch einen zu perfekten Ausbau der Ortslagen in den 1980er und 90er Jahren die Zahl der Verkehrsunfälle vor allem in den Ortsgrößenklassen unter 5.000 Einwohnern noch erheblich zugenommen habe. 62 % aller Unfälle konzentrierten sich auf Ortsdurchfahrten. Er hält es daher für eine vordringliche Aufgabe der Dorferneuerung durch entsprechende Hinweise auf Möglichkeiten eines verkehrsberuhigenden Ausbaues die Unfallgefahren zu minimieren.

Als Maßnahmen der Verkehrsberuhigung haben sich u. a. bewährt:

- Querungshilfen
- Fahrbahneinengungen
- geschwindigkeitsdämpfende Aufpflasterungen, Farb- und Materialwechsel
- Baumtore
- getrennte Führung der Fuß- und Radwege
- Fahrbahnbegleitende Baumalleen und zwischengeschaltete Längsparkspuren
- Versätze im Straßenverlauf

Aufgrund der Zunahme der Verkehrsdichte in den 40 % der von Durchgangsverkehren betroffenen niedersächsischen Fallstudiendörfer (Wagenfeld, Bohnhorst, Varrel, Estorf, Leeseringen, Oyle, Haßbergen, Dorste, Hattorf am Harz, Schwiegershausen, Wulften, Eilte und Jerxheim) und in 38 % der sachsen-anhaltinischen Fallstudien (Binde, Eimersleben, Erxleben) und der damit wachsenden Unfallgefahren für Kinder sowie älterer und behinderter Bewohner, müssten die Verkehrskonzepte in den Dorferneuerungsplänen der genannten Orte novelliert werden.

Die in den Straßenbaubehörden der Landkreise durchaus unterschiedlichen Reaktionen auf diesbezügliche Änderungs- bzw. Rückbauwünsche erschweren jedoch ein generelles stringentes Vorgehen auf der Dorfebene. Die unterschiedlichen gemessenen Verkehrsbelastungen auf den Bundesstraßen (B 6 = 12.000 – 35.000 KFZ/24 h), Landesstraßen (1.000 – 7.000 KFZ/24 h) und Kreisstraßen (200 – 4.000 KFZ/24 h) im Landkreis Nienburg (1995) lassen nur vermuten, welche finanziellen Forderungen auf die Kommunen zukämen, falls sie die sich daraus ergebenen Umweltbelastungen erfassen und durch entsprechende verkehrsberuhigende Maßnahmen entschärfen wollten.

Möglichkeiten zur Verkehrsberuhigung

Farbgebung auf der Straße

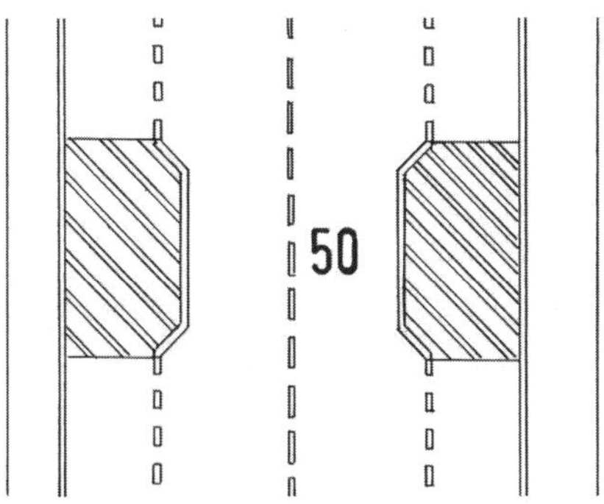

- Herstellen von Sperrflächen und Auftragen von Zahlen 50 bzw. 70 km/h auf die Fahrbahn
- Material: Heißplastikabklebung der Umrisslinie und Sperrflächenmarkierung mit Farbe

Pflasterband, Baumtor

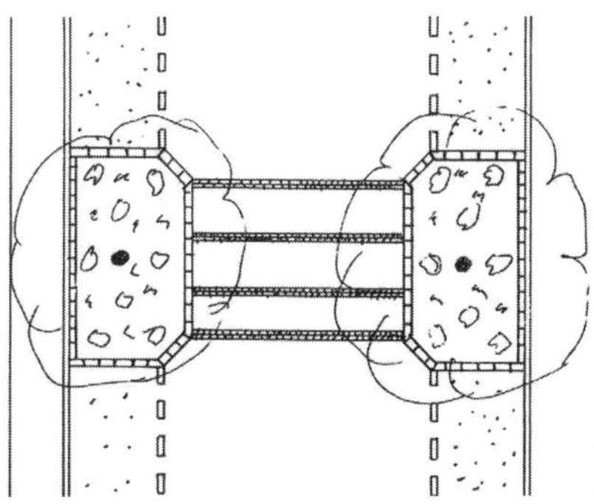

- Die seitlichen Parkstreifen/Einfahrten werden farblich abgesetzt.
- Pflasterstreifen werden in die Straßenfläche eingebaut.
- Herstellen von Straßenraum gliedernden Pflanzbeeten und Anpflanzungen von Baumtoren.

"Pflasterwelle", Baumtor

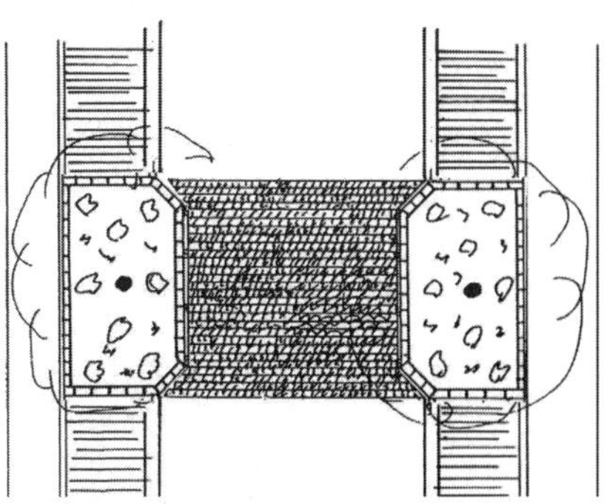

- Verlegen der Gossen und Pflasterung der Parkflächen/Einfahrten
- Herstellen von Schwellen im Straßenraum

Querungshilfen

Aufpflasterung in der Mitte und an den Seiten der Fahrbahn, Beispiel aus Rohrsen
Das gezeigte Beispiel wurde nicht an dieser Stelle ausgeführt, jedoch wurde ca. 200 m davor am Ortseingang eine Verkehrsberuhigung in Form einer Querungshilfe eingebaut (siehe Abb. rechts).

Verkehrsinsel am Ortseingang in Rohrsen

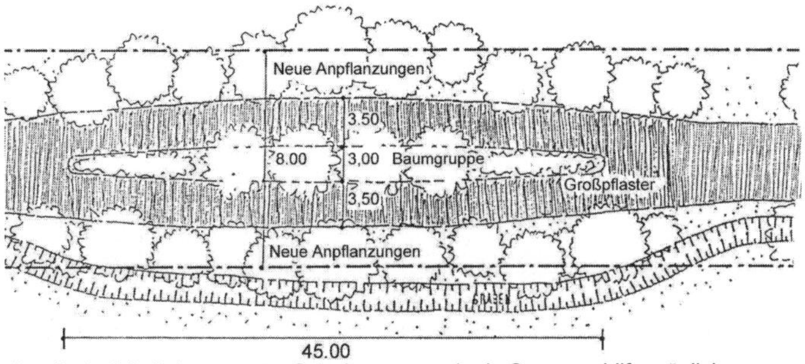

Geschwindigkeitsbremse am Ortseingang; auch als Querungshilfe möglich.

Diese Art der Verkehrsberuhigung ist eher gefährlich und fördert Unfälle: Wulften, Kreuzung Am Blauen Wunder

Abb. 86: Möglichkeiten zur Verkehrsberuhigung

11.3 Öffentlicher Personennahverkehr (ÖPNV)

11.3.1 Ländliche Bahnangebote

Die Entwicklungsgeschichte der Dörfer und ihrer Siedlungsbilder nach der industriellen Revolution ist eng mit der etwa gleichzeitigen Entwicklung der Bahntrassen in den ländlichen Räumen Niedersachsens verbunden.
Mit den Bahnanschlüssen des späten 19. und frühen 20. Jahrhunderts wurden auch in den Fallstudiendörfern nicht nur eine intensive Wohnbautätigkeit, sondern teilweise auch gewerbliche Investitionen ausgelöst.
In Häuslingen entstanden an den neuen Bahntrassen Anlagen der Kali-Chemie, in Hattorf Spinnereifabriken, in Rohrsen eine Genossenschaft und in Wulften neue Gewerbe- und Industrieanlagen.
Die durch Bahnanschlüsse bedingten wirtschaftlichen Entwicklungen kamen teilweise mit der Stilllegung der Strecken zum Erliegen oder es trat der umgekehrte Fall wie in Häuslingen ein, dass die Strecke abgebaut wurde, nachdem die Kalianlagen geschlossen wurden.

Seltener ist die Reaktivierung historischer Bahnanschlüsse. Der im Zuge der nach der Wende wieder eingerichteten Bahntrasse Uelzen – Salzwedel reaktivierte Bahnhof von Schnega, der von den pendelnden Arbeitnehmern der Samtgemeinde bereits intensiv genutzt wird, kann in Zukunft auch zum wichtigen Standortfaktor für neu anzusiedelnde Gewerbebetriebe werden.

Neben einem intakten Straßennetz wird die Erreichbarkeit der benachbarten Grund- und Mittelzentren mit öffentlichen Personen-Nahverkehrsmitteln vor allem für ältere Bewohner zu einem entscheidenden Standortfaktor.
Von den 32 untersuchten niedersächsischen Dörfern besitzen von ehemals 15 noch lediglich drei (!) (Hattorf, Radbruch, Wulften) eine zentrale Bahnhaltestation.
Drei Dörfer liegen in einer Entfernung von ca. 2 – 3 km im Einzugsbereich eines Bahnhaltepunktes, jedoch ohne ausreichenden Buszubringer (Gittelde, Jerxheim, Schnega).
Sowohl die genannten sechs als auch die restlichen niedersächsischen Dörfer sind mit Ausnahme von Ührde (hier ist überhaupt keine ÖPNV-Bedienung mehr vorhanden!) nur mit dem Bus erreichbar.

Die eindeutigen Vorzüge der Bahn gegenüber den Busverkehren (höhere Bequemlichkeit, Schnelligkeit und Sicherheit) werden von den pendelnden Dorfbewohnern alleine oder in Fahrgemeinschaften auch nach Überwindung größerer Entfernungen bei der Anfahrt mit dem PKW oder Bus zum nächsten Bahnhof durchaus geschätzt und entsprechend genutzt.

Bahnangebote im ländlichen Raum

FALLSTUDIE	STRECKE UND HALTEPUNKT FRÜHER VORHANDEN	HALTEPUNKT WEITERHIN FÜR DEN ÖPNV GENUTZT	HALTEPUNKT AUFGEGEBEN, ABER STRECKE NOCH NUTZBAR	STRECKE STILLGELEGT ODER UNBRAUCHBAR	STRECKE ABGEBAUT
Niedersachsen					
Bohnhorst	●	❍			
Eilte	●				●
Estorf	●		●		
Gittelde	●	●			
Häuslingen	●				●
Hattorf am Harz	●	●			
Jerxheim	●	●			
Lemke	●		●		
Oyle	●		●		
Radbruch	●	●			
Rohrsen	●				●
Schnega	●	●			
Varrel	●			●	
Wehrbleck	●		●		
Wulften	●	●			
GESAMT	15	6	4	1	3
% von GESAMT		40	26,7	6,7	20

Sachsen-Anhalt					
Binde	●			●	
Erxleben	●			●	●
Reinstedt	●			●	
GESAMT	3	0	0	3	1
% von GESAMT		0	0	100	33,3

LEGENDE
- ● Kriterium erfüllt
- ❍ eingeschränkte Nutzung (Museumsbahn)

Sanierte Bahnhöfe und Bahnsteige (z. B. in Wulften oder Hattorf) tragen zu mehr Komfort und Bequemlichkeit sowie zur besseren überregionalen Erreichbarkeit bei.
Eine Erhaltung der zugehörigen Strecke ist dringend erwünscht.

Die Bahnhöfe in Gittelde oder Jerxheim scheinen davon weniger zu profitieren. Hier ist eher mit einer Stilllegung der Strecke zu rechnen, welches die Lebensqualität und Erreichbarkeit der Dörfer erheblich reduzieren würde.

Auch in den Dörfern Sachsen-Anhalts ist mit einem weiteren Verlust an Strecken und den damit verbundenen Haltepunkten der Bahn zu rechnen.

Abb. 87: Bahnangebote in den Fallstudien

Abb. 88: Sanierter Bahnhof in Wulften

Abb. 89: Bahnhof in Gittelde

Die Bemühungen einzelner Dörfer um den Erhalt oder um die Neugenehmigung eines Bahnhaltepunktes waren teilweise von Erfolg gekrönt (Eikeloh, Dörverden, Petershagen-Lahde u. a.). Die zum Teil mit öffentlichen Mitteln, auch Dorferneuerungsmitteln geförderten Gestaltungsmaßnahmen an ehemaligen Bahnhöfen, so die an der Trasse Uchte – Rahden liegende Museumseisenbahn, die viermal im Jahr befahren wird, belegen den nostalgischen Bezug der Bewohner zu ihrer Bahn und deren Bedeutung für den Fremdenverkehr.
Im Nachhinein mag so manche Gemeinde den irreversiblen Abbau der Gleise und die Umwidmung zu wenig genutzten Fahrradtrassen (Steyerberg – Uchte und Wulften – Gieboldehausen) bedauern.

Bahnreisen gehören heute neben und vor allem auch in Verbindung mit dem boomenden Fahrradtourismus (Weser-Dümmerland) zu den wichtigsten Freizeit- und Erlebnisangeboten für Einzelreisende, Familien und Gruppen, die sich auf diesem Wege Landschaft und Kultur auf kürzeren 3 – 4 Tagesrouten mehrfach im Jahr und an unterschiedlichen Standorten erfahren und erschließen wollen.

Der Rückzug der Bahn aus der Fläche ist offensichtlich vor allem in den neuen Bundesländern noch nicht zum Abschluss gekommen.
Während die Regionalbahn den Bahnhof der Fallstudie Binde zwischen Salzwedel und Wittenberge, 2 km entfernt und in unwegsamem Gelände gelegen, bis zum Fahrplanwechsel 2004/05, nur noch am Wochenende bediente, ist in Reinstedt eine im Zusammenhang mit einem neu ausgewiesenen Einfamilienhausgebiet am Ortsrand errichtete Bahnhaltestelle an der Strecke Quedlinburg – Frose kurzfristig mit dieser zusammen stillgelegt worden. Auch der Bahnhof Erxleben an der Strecke Haldensleben – Eilsleben ist mit der gesamten Strecke geschlossen worden. Hier wurden die Gleise teilweise bereits an Straßenübergängen demontiert, um einen stärker fließenden Autoverkehr zu ermöglichen!

Die Streckenstilllegungen der Bahn in ländlichen Regionen stehen daher im eklatanten Gegensatz zu den Zielsetzungen der RROP und LROP.
In diesem Zusammenhang ist die Aussage im Regionalen Raumordnungsprogramm für Nienburg von 2003 (Lit. 3) interessant, wonach eine zurzeit stillgelegte Strecke (Nienburg – Sulingen) nicht anderweitig genutzt werden solle, „um langfristig die Option zur Nutzung als Bahntrasse offen zu halten".

11.3.2 Exkurs: „Bahnnetze im ländlichen Raum" oder „Schnega gewinnt, Jerxheim verliert"

Unter den ausgewählten Fallstudien sind zwei mit einer ausgeprägten Bahngeschichte: Schnega und Jerxheim. Bei den beiden ehemals grenznahen Orten hat die damalige Grenzziehung zwischen West und Ost auch entscheidenden Einfluss auf die weitere Entwicklung der Bahntrassen gehabt.

Jerxheim war vor 1945 ein wichtiger Bahnknotenpunkt und zugleich der größte Güterumschlagplatz in Norddeutschland an der Achse Aachen – Berlin. Alleine fünf Verbindungen zweigten vom Ortsteil Jerxheim Bahnhof ab.
Durch die Grenzziehung sind alle Verbindungen nach Osten, Westen und Süden gekappt worden. Lediglich eine Nebenbahn nach Braunschweig und Helmstedt blieb erhalten. Die einstigen Bahnanlagen, die auch für einen großen wirtschaftlichen Aufschwung durch Industrie- und Gewerbeansiedlungen gesorgt hatten, fielen leer und wurden von der Natur zurückerobert.
Mit ihnen verschwand auch die Industrie wieder, zurück blieben teilweise verödete Flächen und Ruinen.
Nach der Grenzöffnung 1990 bestand die Möglichkeit, wenigstens die alte Hauptverkehrverbindung wieder aufzubauen. Jedoch wurden bereits sowohl auf niedersächsischer als auch auf sachsen-anhaltiner Seite sämtliche Gleise demontiert und ein Reststück, welches noch befahrbar war, wurde sofort nach der Wende mangels Rentabilität stillgelegt. Die ursprünglichen Ziele des Landesraumordnungsprogramms Sachsen-Anhalts und der betroffenen Landkreise, diese Verbindung wieder aufzunehmen und damit die Nebenbahnen im ländlichen Raum zu erhalten, sind damit endgültig gescheitert.
Nun droht auch noch der letzten Verbindung Jerxheims über die offensichtlich marode Südelmstrecke mangels finanzieller Mittel für eine Sanierung und zum Ausbau der Strecke zur Regionalstadtbahn das Aus. Pläne des Frühjahrs 2005 haben eine endgültige Stilllegung der Strecke zum Fahrplanwechsel 2005/06 vorgesehen.

Im Gegensatz zu Jerxheim hat Schnega hingegen deutlich von der Grenzöffnung profitiert. Die historische Verbindung zwischen Uelzen und Madgeburg wurde wie viele andere auch durch die Grenze getrennt. Bereits in den 1970er Jahren wurde das Reststück bis zur Grenze stillgelegt und verwahrloste entsprechend.
In den 1990er Jahren konnte nach umfangreichen Sanierungs- und Neubaumaßnahmen nach mehr als 40 Jahren wieder ein Zug die Strecke passieren. Die neue Verbindung ist mittlerweile zur wichtigsten West-Ost-Verbindung im südlichen Wendland und der Altmark geworden, Salzwedel als einst bedeutendes Mittelzentrum der Region ist auf der Achse Uelzen – Stendal – Berlin wieder erreichbar.

Abb. 90: Bahnhof Jerxheim im Jahr 1989, kurz vor der Wende
Die einstigen Bahnanlagen, die großen Aufschwung brachten, liegen brach, die Gleise werden bereits demontiert.

Abb. 91: Bahnhof Jerxheim, 2004
Die Gebäude stehen zum Teil leer, nur noch ein Gleis ist verblieben.

Kleine Gewerbe- und Industriebetriebe nutzten die Möglichkeit zur Ansiedlung entlang der Bahn und tragen somit bereits zu einem bescheidenen Aufschwung der Region bei.

Vom einstigen sehr dichten Bahnnetz im Flächenland Niedersachsens ist nur noch ein bescheidener Rest verblieben. In Sachsen-Anhalt hingegen waren nach der Wende noch fast alle Verbindungen im ländlichen Raum vorhanden.
Als eine vordringliche Maßnahme wird im LROP Sachsen-Anhalts der möglichst vollständige Erhalt der bestehenden Verbindungen angesprochen. Mittlerweile wurden und werden jedoch auch hier die Mehrzahl der Strecken aufgegeben (siehe Erxleben, Binde, Reinstedt und viele weitere Regionen), da sie, auch bedingt durch die erheblichen Verluste an Einwohnern und Arbeitsplätzen, die mangelnden Investitionen in Streckenerhaltungen und durch die zunehmende PKW-Nutzung offensichtlich wirtschaftlich nicht mehr tragbar sind.

Abschließend die Zielsetzung des LROP Niedersachsens:

„Auf den Schienenverkehr und den ÖPNV ist besonderes Gewicht zu legen. Die Verlagerung von Individualverkehr auf den ÖPNV ist durch städtebauliche, verkehrliche und ordnungspolitische Maßnahmen zu unterstützen.
Das Eisenbahnnetz ist in allen Teilen des Landes zu erhalten und auf ein sicheres, leistungsfähiges Niveau zu bringen. Die vorhandenen Radwegenetze sind weiter auszubauen und miteinander zu verknüpfen.“

Abb. 92: Bahnhof Binde-Kaulitz, Sommer 2004
Der letzte Zug in Binde? Kurz nach Redaktionsschluss wurde die Strecke im Dezember 2004 aufgegeben.

Abb. 93: Bahnhof Erxleben, 2005
Hier kann kein Zug mehr fahren. Am benachbarten Bahnübergang sind bereits die Schienen abgebaut.

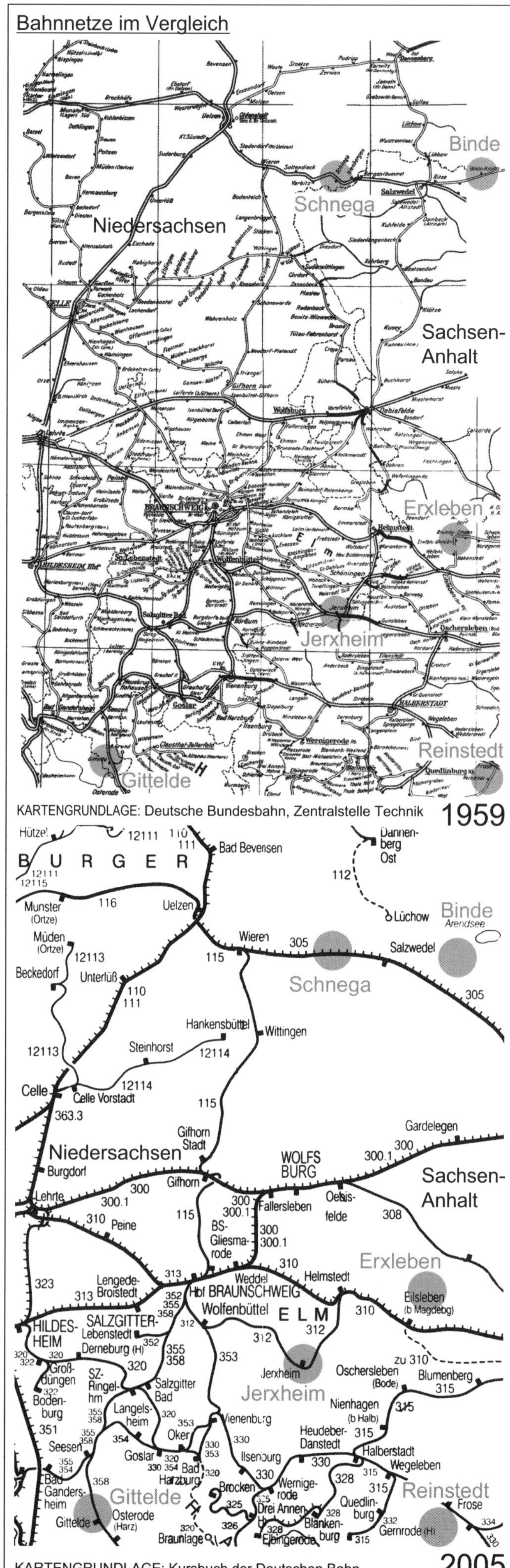

Abb. 94: Bahnnetze im Vergleich

11.3.3 Busverbindungen im ländlichen Raum

Die Busverkehre haben in den untersuchten ländlichen Regionen jetzt eindeutig Priorität im Personentransport – allerdings mit sehr unterschiedlichen Frequenzen.
Die Orte werden im Durchschnitt zwischen 3- bis maximal 10- bis 12-mal werktags angefahren. Die überwiegende Mehrzahl von ihnen sind jedoch am Wochenende und nach 19 Uhr nicht mehr mit dem ÖPNV erreichbar; manche bereits nicht mehr nach 14 Uhr.

Am Beispiel des Landkreises Nienburg, zu dem die Fallstudiendörfer der Wesermarsch-Region (2) gehören, kann der erreichte hohe Versorgungsstandard des ÖPNV durch die Landkreise nachvollzogen werden.
Auf der Basis einer 1987 konstituierten „Verkehrsgemeinschaft Landkreis Nienburg GbR“ wurde 1997 die „Verkehrsgesellschaft Landkreis Nienburg mbH“ (VLN) gegründet. Die Tätigkeit der Gesellschaft umfasst u. a. die Planung des Busliniennetzes, des Fahrplanangebotes, des Gemeinschaftstarifes, die Abstimmung mit benachbarten Verkehrsverbünden (Bahn AG und Landesnahverkehrsgesellschaft) und die Erstellung und Fortführung des Nahverkehrsplanes. 39 Buslinien decken mit ihren Haltestellen fast alle Siedlungsbereiche des Landkreises Nienburg ab, 12 Linien davon landkreisübergreifend.
Die Kreisstadt Nienburg ist mit 16 ÖPNV-Verbindungen wichtigster Ausgangs- und Zielort im Landkreis.
Zusätzlich hat die Stadt Nienburg ein Stadtbussystem mit 4 Linien eingerichtet, die im 1/2 Stundenrhythmus die eingemeindeten Ortsteile bzw. Dörfer mit dem Zentrum verbindet.
7.400 kostenfrei beförderten Schülern der VLN stehen lediglich 1.100 Selbstzahler gegenüber, die Ausbildungs- (30 %), Berufs-, Versorgungs- und Freizeitverkehre durchführen.
Die etwa 1.600 – 1.700 Auspendler des Landkreises und der Stadt in das Oberzentrum Hannover nutzen das gut entwickelte Bahnangebot in Nienburg.

Bushaltestellen

Eine siedlungsbaulich besonders wirksame und im Rahmen der Dorferneuerung förderungsfähige Baumaßnahme im Zusammenhang mit dem ÖPNV stellen die dörflichen Bushaltestellen dar.
Ihre gestalterische und funktionale Entwicklung spiegelt zugleich die Entwicklung der Auffassung von angemessenen Neubauformen im dörflichen Umfeld wider (siehe Abb. 278 – 285).

Während diese Bauaufgabe vor 15 – 20 Jahren in Holz-, Massiv- oder Fachwerkbauart gelöst wurde, hat sich in den letzten Jahren das Prinzip landkreisübergreifender regionaler Typenentwürfe in Stahlrahmenkonstruktion mit Glasfüllungen durchgesetzt, meist in Verbindung mit Fahrradabstellmöglichkeiten.

Als Begründung für eine notwenige Fortschreibung des Haltestellenbedarfs einschließlich Lage, Zustand, Ausstattung und Sicherheit führt das RROP Nienburg an, dass „besonders die für weibliche Fahrgäste wichtigen Aspekte wie Einsehbarkeit, Transparenz und Zugang Berücksichtigung finden sollten“.
Nach Auswertungen des VLN besteht daher bei den zurzeit bedienten 1.400 Haltestellen noch ein erheblicher Handlungsbedarf zur Verbesserung im Sinne des beschriebenen Anforderungsprofils.

Im Rahmen der Dorferneuerung wurden für die 32 untersuchten niedersächsischen Dörfer 46 neue Bushaltestellen geplant, wovon bisher 35 (75 %) ausgeführt wurden.
Teilweise stehen sich – entwicklungsbedingt – in manchen Dörfern ältere und moderne Bushaltestellen an gleichen Haltepunkten gegenüber (Estorf, Lemke, u. a.)

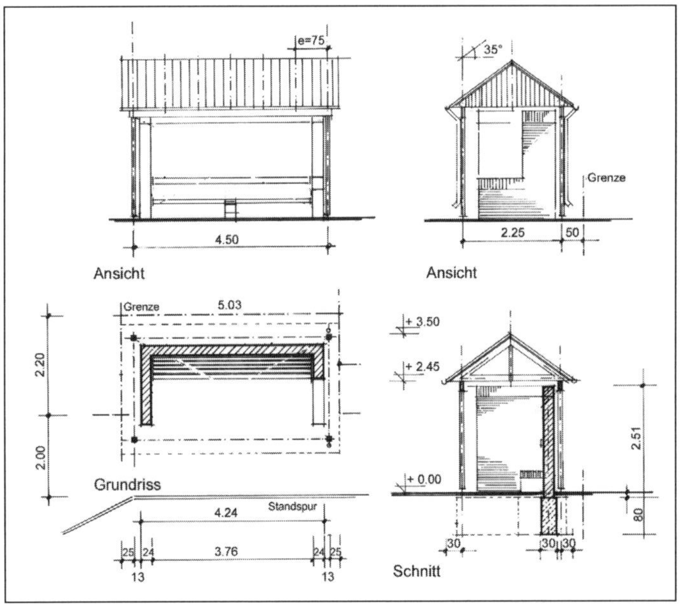

Abb. 95: Buswarte Wagenfeld, Mindener Straße

Buswarte Leeseringen, Kreuzung Bruchstraße/B 215
Bestand war ein typisches Buswartehaus mit Kunststoffwelldach.

Entwurf
Ein ortsbildprägender Trafoturm sollte bei der Ausführung einbezogen werden.
Leider wurde dieser später abgerissen.
Ein ähnlicher Entwurf konnte in Bohnhorst umgesetzt werden, bei dem auch der Trafoturm erhalten werden konnte (siehe Abb. 282).

Abb. 96: Buswarte Leeseringen

11.4 Fußgänger- und Fahrradverkehr

Zu den wichtigsten Aufgaben der räumlichen Entwicklung, der Sicherheit der Verkehrsteilnehmer und des Ausbaus eines sanften Tourismus im ländlichen Raum gehört seit etwa 10 Jahren verstärkt der Ausbau eines zusammenhängenden Fuß- und Radwegenetzes.
Insbesondere die flussbegleitenden Radwanderwegnetze an Weser, Leine und Aller werden verstärkt frequentiert und sollten zusätzlich durch Informationshinweise und Schutzhütten aufgewertet werden, wie das in den Fallstudiendörfern Estorf, Leeseringen, Eilte und Häuslingen bereits erfolgreich umgesetzt werden konnte.
Ein noch fehlendes Verbindungsstück am Weserradweg zwischen Rohrsen und Haßbergen soll im Zuge über ETLR geförderte öffentliche Verkehrsmaßnahmen 2006 der Gemeinde Haßbergen noch geschlossen werden.
Insgesamt konnten erst 30 % der geplanten Rad- und Wanderwegemaßnahmen in den Fallstudiendörfern über die Dorferneuerungsförderung realisiert werden.

11.5 Innerörtliche Straßen und Wege

Im Gegensatz zu den überregionalen Durchgangsstraßen, auf deren Gestaltung die Gemeinden nur außerhalb der Fahrbahntrassen Einfluss nehmen können, liegt die Gestaltung des innerörtlichen Verkehrsnetzes im alleinigen kommunalen Hoheitsbereich.
Das erklärt auch die relativ große Anzahl von Sanierungsmaßnahmen, die im Rahmen der Dorferneuerungsförderung in den vergangenen 15 – 20 Jahren realisiert werden konnten.
Da die Modernisierung des dörflichen Straßen- und Wegenetzes nicht nur dem fließenden und ruhenden Verkehr dienen soll, sondern zugleich wichtigste Voraussetzung für die Bereitschaft der Bauherren für bauliche Maßnahmen (Neubauten in Baulücken, Umbauvorhaben u. a.) im Ortskern darstellt, kann der innerörtliche Straßenausbau einen wesentlichen Beitrag zu der allgemein geforderten Kernverdichtung leisten.

Auf den Zusammenhang von gewünschter Verminderung der Verkehrsmengen und Siedlungsentwicklung weist das RROP Nienburg/Weser hin, wenn dort „die Vermeidung der Entstehung von Streusiedlungen, die Bewahrung kompakter und gemischter Siedlungsstrukturen und die Entwicklung von Siedlungsschwerpunkten" gefördert werden.

Die Sanierungsmaßnahmen in den Fallstudiendörfern Hattorf am Harz und Gittelde belegen die Pilot- bzw. Initialwirkung, die von verkehrsberuhigten und in angemessener Weise ästhetisch gestalteten innerörtlichen Anliegerstraßen auf die Ansiedlungs- und Modernisierungsbereitschaft privater Bauherren ausgehen kann.
Im Falle Gitteldes stellte die Sanierung des Straßennetzes darüber eine wesentliche Vorausetzung für die Erlebbarkeit der außergewöhnlichen siedlungsbaulichen Qualität des geschichtsträchtigen Fleckens am Harzrand dar.
Die der Topografie folgenden, in geschlossener Bauweise mit zweigeschossigen, traufenständigen Fachwerkbauten auf beiden Seiten ausgestalteten Straßenzüge im Ortskern Gitteldes sind durch ein Querprofil gekennzeichnet, das neben der neu gepflasterten Fahrbahn einen einseitigen grünen Seitenraum neben dem Bürgersteig für die ortsbildprägenden Beitritte und für die historisch prägenden Hausbäume aufnimmt. Letztere wurden neu gepflanzt (siehe Abb. 249, 292 + 293).
In der Mehrzahl der in den übrigen Fallstudiendörfern ausgeführten innerörtlichen Verkehrsmaßnahmen wurde das Ziel einer eher unauffälligen, dörflichen Maßstäben und Farb-/ Materialkompositionen entsprechenden kostengünstigen Lösung gesucht.
Prägend sind teilweise rückgebaute Trassenquerschnitte in Betonpflaster, die von ein- oder beidseitig im Material abgesetzten Gossenprofilen (Naturstein oder Ziegelpflasterung) eingefasst sind. Begleitende Rad- und Fußwege wurden in übergeordneten Sammelstraßen überwiegend gepflastert, in Anlieger- und sonstigen Nebenstraßen auch mit kostengünstiger wassergebundener Decke ausgestattet. Begleitende Grünflächen (Rasen, Bodendecker), neu gepflanzte Laubbäume mit Bevorzugung kleinwüchsiger, kugelförmiger und pflegeleichter Arten runden das Bild sanierter innerdörflicher Straßenzüge in den Fallstudiendörfern ab (Watzum, Eilte, Leeseringen, Abbenrode, Haßbergen, Häuslingen).
Sonderlösungen, wie eine doppelreihige Mehlbeeren-baumpflanzung innerhalb der vorhandenen breiten grünen Seitenräume zweier Dorfstraßen in Estorf (siehe Abb. 248), konnte erst nach der bekundeten Bereitschaft der Anlieger zur Laub- und Straßenpflege ausgeführt werden.

Ein weiteres Ziel innerörtlicher Verkehrsaus- beziehungsweise Rückbaumaßnahmen ist es, an allen überregionalen Straßen und an Straßen mit Sammel- bzw. Verteilerfunktion ein zumindest einseitiges Rad- und Gehwegangebot einzubinden, das möglichst über einen neutralen Grünstreifen von der Fahrbahn zu trennen ist.

In nicht weniger als 40 % der Fallstudiendörfer müssen jedoch auch 10 – 15 Jahre nach dem Auslaufen des DE- Förderprogramms noch zahlreiche innerörtliche Wege und Straßen saniert werden – vor allem auch im Hinblick auf die geforderte Verbesserung der Aufenthaltsqualität für Kinder, ältere Bewohner und Behinderte.

Lediglich in 5 Fallstudiendörfern (15 %), in Abbenrode (StBauFG), in Eimersleben, Elbingerode, Estorf und Gittelde konnte bisher ein annähernd vollständiges erneuertes Straßen- und Wegenetz umgesetzt werden. In Gittelde, Estorf und Eimersleben ist es gelungen, sowohl die ursprüngliche Siedlungsform wieder erkennbar zu machen als auch die Anforderungen an einen ordnungsgemäß fließenden und ruhenden Verkehr in der Ortslage zu erfüllen. In anderen Dörfern sind Erneuerungsmaßnahmen im innerörtlichen Straßenraum bisher abschnittsweise nach dem jeweiligen aktuellen Handlungsbedarf und dem verfügbaren kommunalen Finanzspielraum realisiert worden (Axien, Beber, Binde, Eilte, Großjena, Haßbergen, Hattorf am Harz, Rohrsen, Schnega, Wulften).
In ca. 40 – 50 % der Fallstudiendörfer konnten trotz des nachgewiesenen Bedarfs bisher keine verkehrsgestalterischen Maßnahmen durchgeführt werden. Auf die Gründe hierfür wird an anderer Stelle näher eingegangen (siehe Abschnitt 3.4.1).

Der fließende Verkehr mit seinen Anforderungen an Geschwindigkeit, Profilbreite, Krümmungsradien, Eingrenzung der Staub- und Lärmemission, ist die eine Seite der Medaille „Verkehr im Dorf". Die andere bildet der ruhende Verkehr, der über Parkflächen, -plätze, Garagen, Carports und häufig über „wildes Parken" im Dorf befriedigt wird.
Als gestalterisch überwiegend ungelöste, siedlungs- und hochbaulich nur schwer integrierbare, teilweise sogar ortsentstellende Elemente haben sich in ihrer Mehrzahl Einzel- oder Doppelgaragen erwiesen. Nur wenige Lösungen können hier als angemessen bezeichnet werden.

Eigenständige, d. h. getrennt von Verkehrstrassen geführte Fuß-,

Rad- und Reitwege im Dorf bieten in touristisch frequentierten ländlichen Räumen (Wesermarsch, Aller-Leinetal) wichtige und die Sicherheit der Verkehrsteilnehmer erhöhende Angebote im flächendeckenden Wegenetz.
So konnte ein besonders reizvoller, innerörtlicher Rad- und Wanderweg, der zwei durch eine Landesstraße getrennte Ortshälften verbindet, entlang des Oyler Mühlengrabens in Oyle im Rahmen von Flurbereinigungs- und Dorferneuerungsmaßnahmen realisiert werden, womit die landschaftlichen Schönheiten und Besonderheiten dieses Dorfes (Oyler Schweiz, Fischteiche, Straußenfarm, Gutshof) in besonderer Weise mit den übrigen Erlebnisschwerpunkten der benachbarten Weser- und Geestregionen verknüpft wurden.

Als ein Hinderungsgrund für die flächendeckende Modernisierung des innerörtlichen Straßen- und Wegenetzes erweisen sich die kommunal unterschiedlich angewandten Straßenausbaubeitragssätze.
Diese belasten die Anlieger in Abhängigkeit der betroffenen Grundstücksgrößen bzw. -längen in unterschiedlicher Höhe.
Da in den neuen Bundesländern (u. a. Sachsen-Anhalt) die Förderung von innerörtlichen Verkehrsmaßnahmen normalerweise an die gleichzeitige Komplettierung der Versorgungsinfrastruktur (Abwasser, Zuwasser, Energie u. a.) gebunden ist, wurden bisher nur relativ wenige Straßensanierungsmaßnahmen durchgeführt. Während in der Fallstudie Eimersleben im Rahmen einer umfassenden Neugestaltung des Verkehrs und der technischen Infrastruktur auch der Anger mit umlaufender Anliegerstraße erneuert werden konnte, wurde die flächendeckende Modernisierung des Straßennetzes in Axien zum Leidwesen der Bürger ohne einen zeitgleichen Einbau der technischen Infrastruktur realisiert.
Dort, wo Bundesstraßen die Fallstudiendörfer in Sachsen-Anhalt (Eimersleben, Binde, Erxleben) queren, sind die Fahrbahnsanierungen überwiegend mit öffentlichen Mitteln der BRD, die Seitenraumgestaltung mit Dorferneuerungsmitteln neu gestaltet worden.

Als Folge dieser Splitterung der Fördermittel bzw. der unterschiedlichen Finanzierungszuständigkeiten kann der „Bruch“ im Angerdorf Binde erklärt werden, in dem nur der zur Bundesstraße gehörige Straßenabschnitt saniert wurde und die östliche Hälfte hingegen ohne jegliche gestalterische Verbesserung blieb.

Aus den genannten Gründen ist bisher, d. h. auch 12 Jahre nach Beginn der Dorferneuerungsplanung in der Fallstudie Reinstedt, Landkreis Aschersleben-Stassfurt eine Erneuerung des Straßennetzes unterblieben.
Während der mehrjährigen Durchführungsphase der Dorferneuerung gelang es nicht, das marode innerörtliche Straßensystem über Ansätze hinaus zu erneuern – nicht zuletzt wegen der fehlenden Bereitschaft der Bewohner, die Straßenausbaubeitragssätze anzuerkennen und wegen des fehlenden Anschlusses der Gemeinde an die benachbarte zentrale Abwasserkläranlage.

Als jedoch während der Dorferneuerungsphase am Rande des Dorfes eine Neubausiedlung für 60 Wohneinheiten ausgewiesen und umgehend von jungen Familien besetzt wurde, waren überraschenderweise ein Anschluss an die Kanalisation und ein Ausbau des Straßennetzes für das Neubaugebiet möglich. Da die Kanalleitung auf kürzester Strecke durch den historischen Angerbereich geführt wurde, ist kurioserweise die nördliche Straßenseite mit angeschlossen und mit neuen Fußwegen versehen worden. An der gegenüberliegenden Angerseite ist jedoch nichts geschehen.
Die Folgen für die Durchführung der im Dorferneuerungsplan formulierten umfassenden verkehrlichen, funktionalen und gestalterischen Dorferneuerungsziele waren – wie zu erwarten – durch eine weitere Abwanderung und zunehmenden Verfall des Dorfkerns gekennzeichnet.
Das inzwischen aus dem Landesförderungsprogramm herausgenommene Dorf Reinstedt kann somit in naher Zukunft kaum auf ein funktionsfähiges erneuertes Straßennetz hoffen.

Örtliche Verkehrsstruktur (Fallstudie Jerxheim)

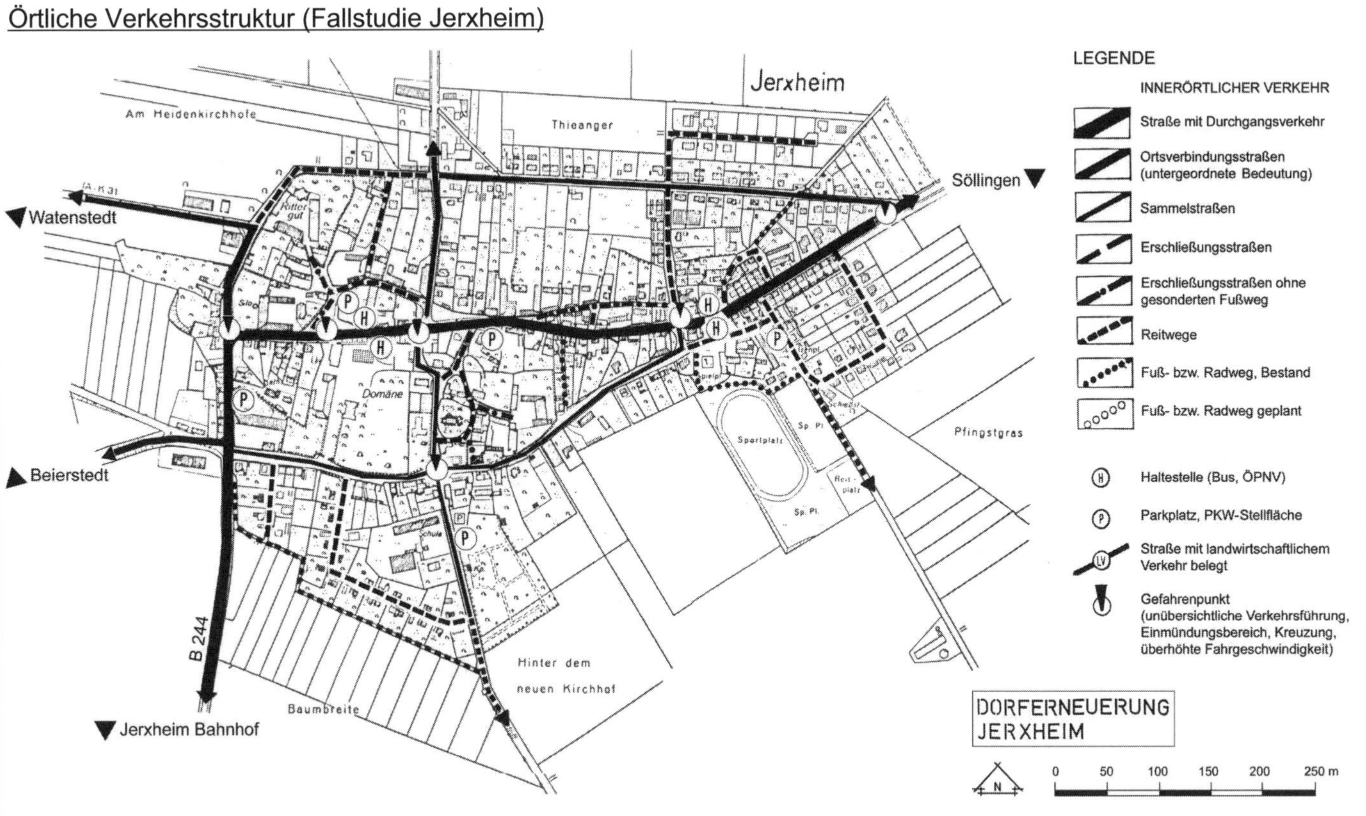

Abb. 97: Verkehrsstruktur am Beispiel Jerxheim

INNERÖRTLICHE STRAßENGESTALTUNG – BEISPIELE AUS DEN FALLSTUDIEN

Beispiel Hattorf am Harz (Jüdenstraße, Ellernstraße)

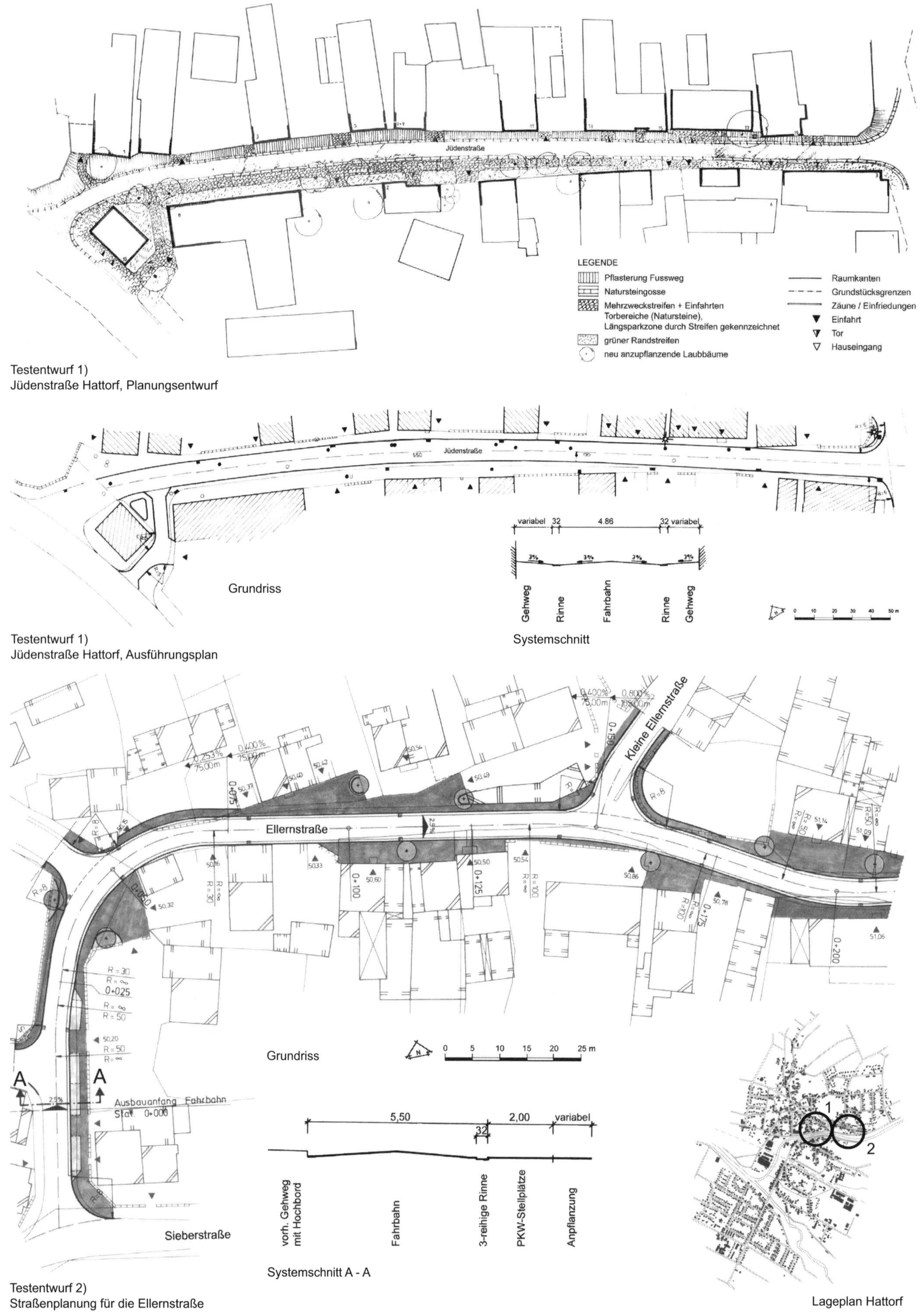

Abb. 98: Testentwürfe innerörtlicher Straßengestaltung, Hattorf am Harz

Beispiel Gittelde (Planstraße, Breite Straße, Lange Straße und Markt)

In Gittelde konnte im Rahmen der Dorferneuerung der komplette innere Straßenring des Fleckens saniert und neu gestaltet werden.

Der Testentwurf zeigt deutlich, wie eng nicht nur die einfache funktionale Straßengestaltung mit einer Aufenthaltsqualität schaffenden Platzgestaltung verbunden ist, z. B am Markt (siehe Isometrie), der vor der Dorferneuerung nur die Funktion einer überasphaltierten Kreuzung hatte und heute mit den angrenzenden Läden wieder einen Mittelpunkt im Dorf bildet. Gleiches gilt auch für den Denkmalplatz im Süden des Ortskerns an der Johanniskirche.

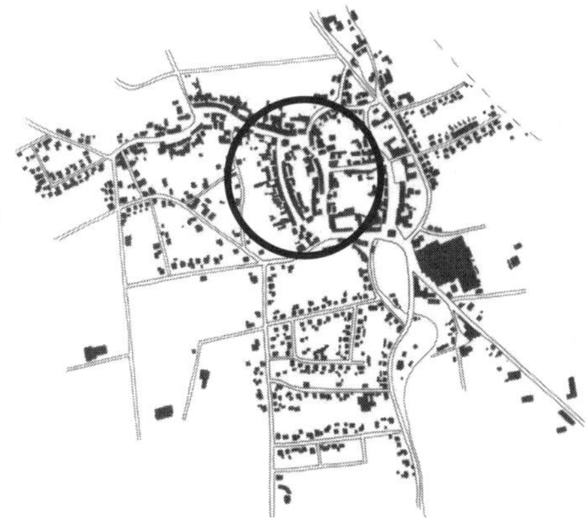

Lageplan Gittelde

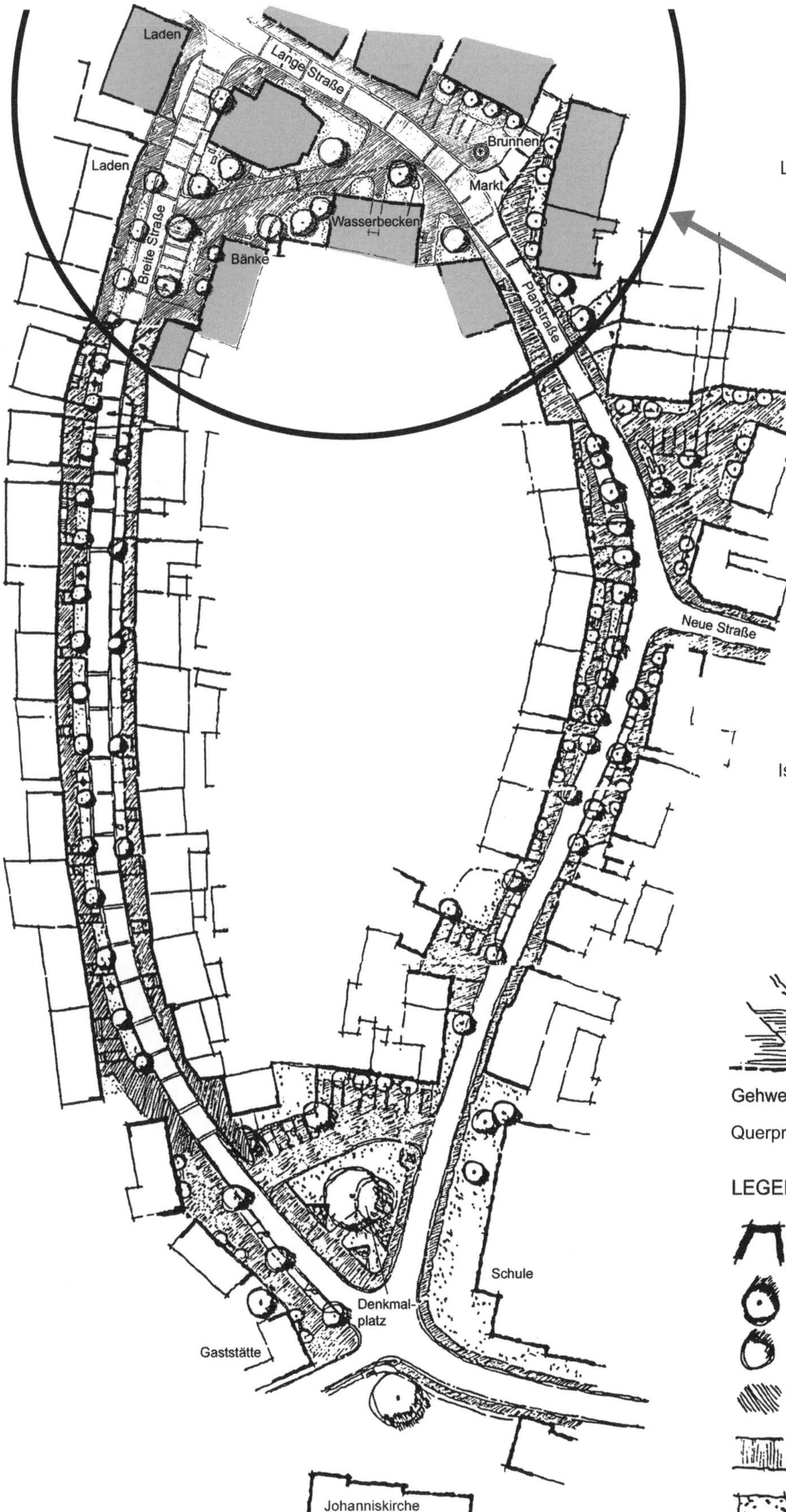

Grundriss Testentwurf

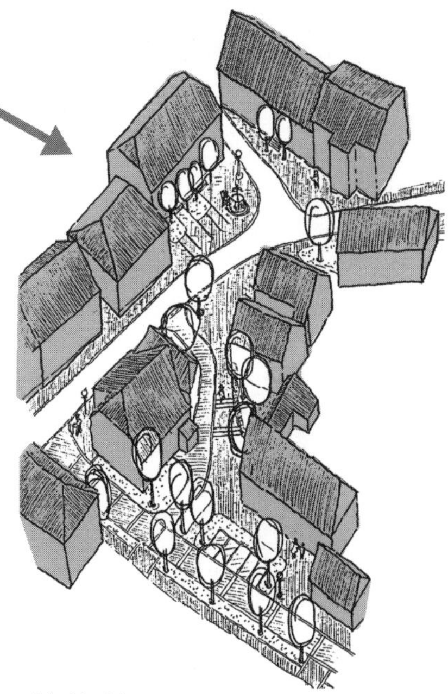

Isometrie Markt

Querprofil einer Straße

LEGENDE

- Gebäudekanten Raumkanten
- Laubbäume anpflanzen
- vorhandene Laubbäume
- Pflasterflächen Plätze/Gehwege
- Pflasterflächen Straße
- Grünflächen

Abb. 99: Testentwürfe innerörtlicher Straßengestaltung, Gittelde

Beispiel Reinstedt (Oberdorf und Tiebereich)

1) Blick von der Schielebrücke in den Tiebereich

2) Platz an der Wassermühle Königshof

Die abgebildeten Testentwürfe stellen eine Auswahl von sechs Testentwürfen für den gesamten innerörtlichen Straßenbereich in Reinstedt dar (Oberdorf/ Königshof/Schielebrücke).

Aus den im Text genannten Gründen konnte bisher keiner dieser Abschnitte umgesetzt werden. Die Fotos stellen den augenblicklichen Zustand dar.

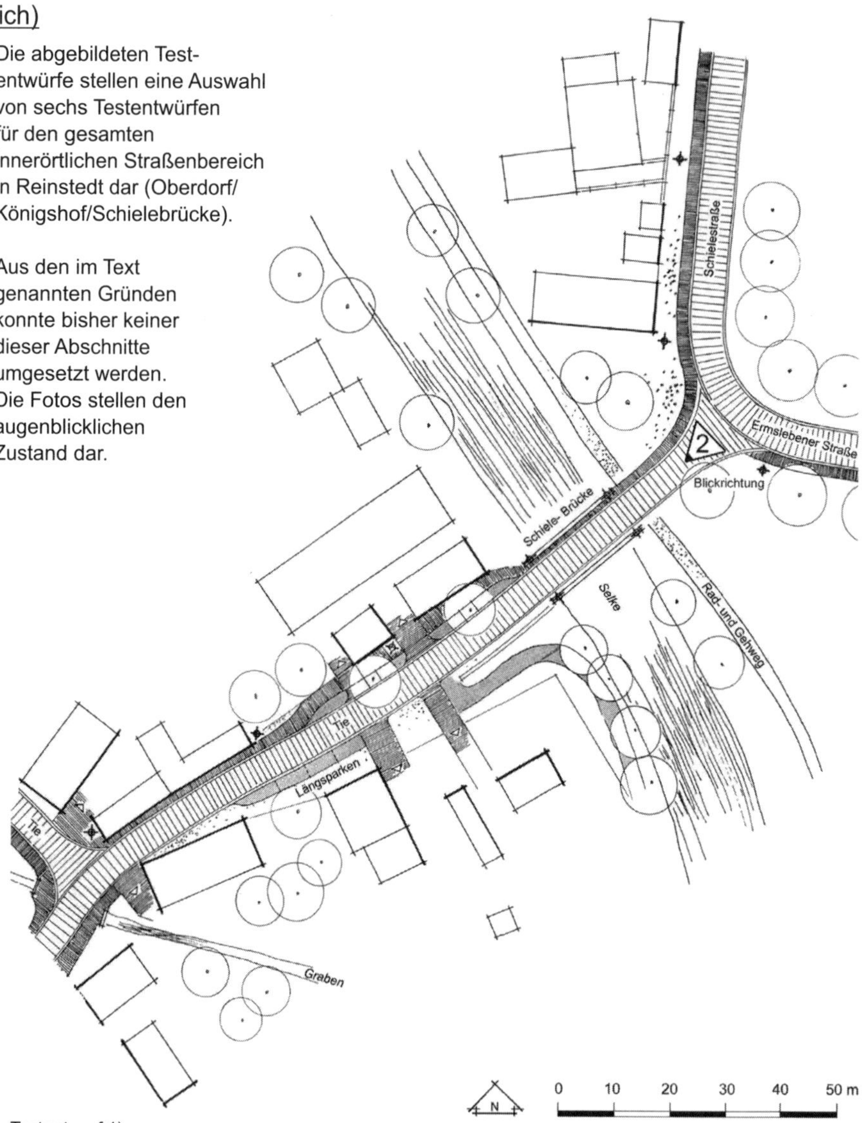

Testentwurf 1)
Tie und Schielebrücke über die Selke, Kreuzungsbereich Ermslebener Straße

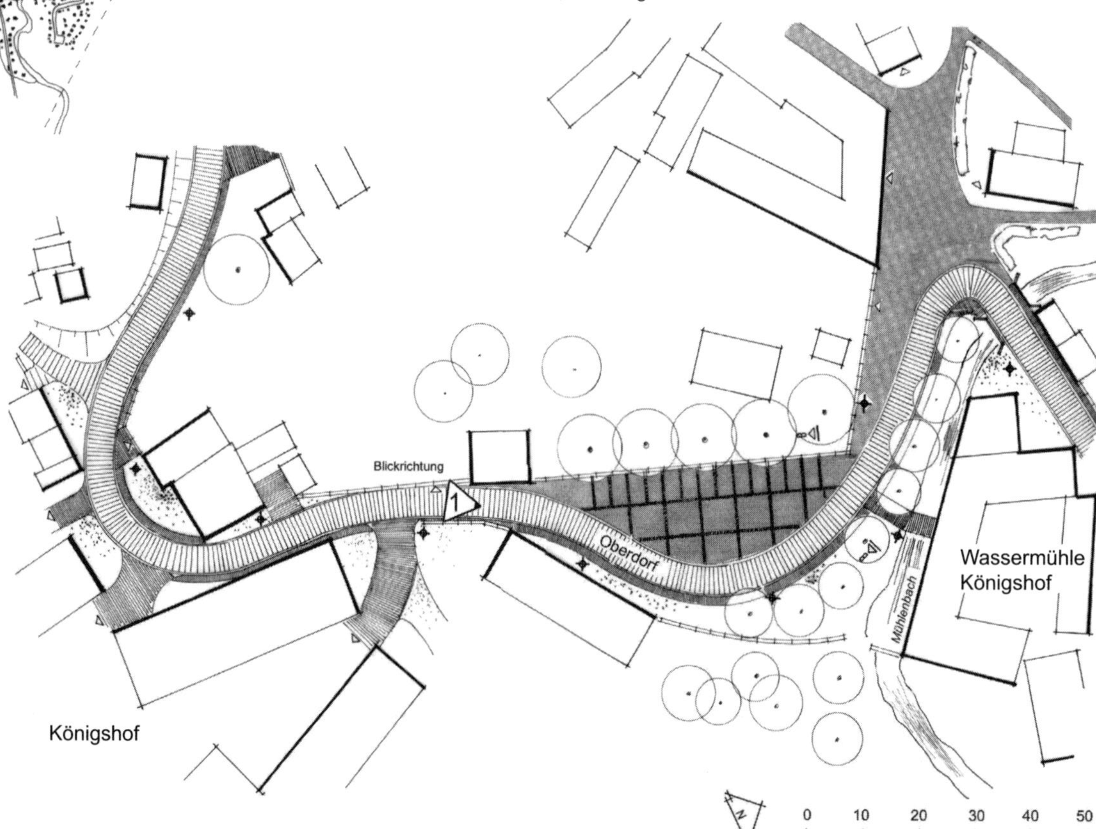

Testentwurf 2)
Platzgestaltung an der Wassermühle Königshof

Abb. 100: Testentwürfe innerörtlicher Straßengestaltung, Reinstedt

11.6 Fallstudienanalyse

Verkehrsausbaumaßnahmen standen wie auch bei den Kommunen zum Beginn der Dorferneuerungsmaßnahmen vor 15 – 20 Jahren auf der Wunschliste der betroffenen Bürger an oberster Stelle.
In 60 %, d. h. 2/3 der in das Landesförderungsprogramm aufgenommenen Fallstudiendörfer wurden Straßenausbau- und Verkehrsberuhigungsmaßnahmen neben Umgehungsstraßen, Fuß- und Radwegeverbindungen von den Bürgern bereits damals die höchste Priorität zugewiesen.
Entsprechend umfangsreich war der Katalog öffentlicher Maßnahmen im abschließenden Maßnahmenplan des Dorferneuerungsplanes.
Die im Laufe der Jahre angewachsene Verkehrsdichte (siehe Abb. 101), die beispielsweise in den an der B 215 liegenden Fallstudiendörfern Estorf, Leeseringen und Haßbergen eine Belastung von bis zu 12.000 KFZ in 24 Stunden beträgt, traf auf ein überfordertes innerörtliches Straßennetz, auf unzureichende Sicherheitsvorkehrungen wie fehlende Querungshilfen für die nicht motorisierten Verkehrsteilnehmer und beeinträchtigte daher auch die Wohnqualität im Einzugsbereich des Straßenumfeldes.

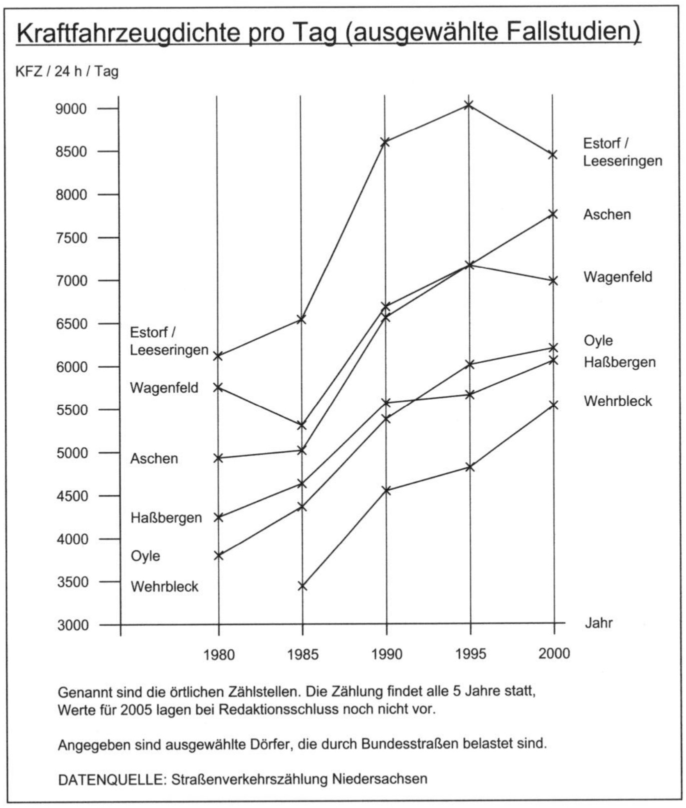

Abb. 101: Kraftfahrzeugdichte in ausgewählten Fallstudien

Im Vergleich aller niedersächsischen Fallstudiendörfer wurden im Bereich der verkehrlichen Maßnahmen etwa 40 % der Dorferneuerungsziele umgesetzt, allerdings mit Unterschieden zwischen den Dörfern und Dorfregionen.
Während in 25 % der Dörfer (Estorf, Leeseringen, Elbingerode, Gittelde, Hattorf am Harz, Eilte, Lübeln und Abbenrode) eine annähernd flächendeckende Verbesserung der innerörtlichen Verkehrsinfrastruktur erreicht werden konnte, wurden in 35 % nur Einzelmaßnahmen und in 40 % der Dörfer bisher kaum verkehrliche Projekte realisiert.
Über die Aus- und Nachwirkungen der Dorferneuerung auf die Verkehrsentwicklung wurden in 3 Fragebogenaktionen die Kommunen, die Bürger und die zuständigen Ämter für Landentwicklung (ehemals Ämter für Agrarstruktur) getrennt befragt.

11.6.1 Kommunale Befragung

Die Kommunen wurden getrennt in zwei Fragebögen

a) nach der aktuellen Bedeutung der Dorferneuerungsplanung für die überörtliche und für die innerörtliche Verkehrsentwicklung sowie
b) nach einzelnen Aspekten der verkehrlichen Entwicklung wie der Belastung infolge Durchgangsverkehrs, innerörtlichen Gefahren befragt.

Während lediglich noch ca. 8 % der Kommunen die Bedeutung des DE-Planes für die zukünftige Gestaltung der überörtlichen Verkehrsentwicklung bestätigen wollen, sind sowohl in Niedersachsen als auch in Sachsen-Anhalt 44 % der Meinung, dass er noch für den innerörtlichen Straßenausbau Bedeutung habe.
Von Interesse für die zukünftigen Verkehrsaufgaben sind auch die Aussagen des 2. Fragebogens:
69 % (!) der niedersächsischen Gemeinden konstatierten auch nach 12 – 15 Jahre noch Belastungen aus dem Durchgangs- und hier besonders aus dem Schwerlastverkehr (100 % in Sachsen-Anhalt!).
34 % der Gemeinden sehen noch innerörtliche Belastungs- und Gefahrenpunkte (43 % in Sachsen-Anhalt), 41 % beklagen das ÖPNV-Angebot (29 % in Sachsen-Anhalt).
Lediglich 25 % bestätigen dagegen Parkprobleme im innerörtlichen Bereich (14 % Sachsen-Anhalt).
Innerhalb der untersuchten Dorfregionen differieren die Unterschiede erheblich.
Unter dem Schwerlastverkehr leiden am stärksten die Bewohner der an Landes- und Bundesstraßen liegenden Fallstudiendörfer der Wesermarsch (83 %), des Südharzes (71 %), der Stadt Bad Münder (100 %), der Braunschweiger Börde (67 %) und der Geest-/Moorregion (56 %).
In 33 % der Fallstudiendörfer wurden die Gefahrenschwerpunkte zusätzlich lokalisiert.

11.6.2 Bürgerbefragung

Die Frage nach positiven Auswirkungen der Dorferneuerung auf die „innerörtliche Verkehrssituation" wird von den angesprochenen Dorfbewohnern mit 36 % für Niedersachsen und 44 % für Sachsen-Anhalt bejaht.
Das günstigste Urteil erteilen die Bewohner der Wesermarsch um Nienburg mit 52 % „positiven Auswirkungen", das ungünstigste die Bürger des Dorfes Radbruch (20 %).

Die Auswertung der zahlreichen aktuellen verkehrsrelevanten Einzelwünsche der Bürger ergab folgendes Ergebnis:
In der Abfolge der Prioritäten steht die Sanierung von Straßen und Plätzen vor Maßnahmen der Verkehrsberuhigung, vor den Wünschen nach einer verbesserten Straßenbeleuchtung, vor dem Ausbau von Fuß- und Fahrradwegen sowie vor dem Auswechseln der Pflasterarten und -materialien.

11.6.3 Ämterbefragung

Die sechs beteiligten niedersächsischen Ämter für Landentwicklung beurteilen die nachhaltigen Auswirkungen der Dorferneuerung auf den innerörtlichen Verkehr zu 66 % mit „absolut positiv" und zu 34 % mit „in Teilen positiv".
Die Ämter in Sachsen-Anhalt gaben hierzu keine Stellungnahmen ab.

Auch wurden keine verkehrsrelevanten Verbesserungsvorschläge von dieser Seite unterbreitet.

11.7 Zusammenfassung/Folgerungen

In einer durch zunehmende Mobilität gekennzeichneten ökonomischen und gesellschaftlichen Entwicklung – belegt durch Zunahme der privaten Verkehrsteilnehmer und Fahrzeuge sowie durch wachsende Freizeitverkehre, gibt es auch für die ländlichen Räume und Regionen mit den zugehörigen Dörfern nur noch eingeschränkte Schutzmöglichkeiten vor den negativen Folgen des Verkehrs.
Im Landesraumordnungsprogramm des Landes Niedersachsen sind entscheidende Aufgaben zur Eindämmung der Verkehrsbelastungen formuliert, wenn es heißt:

„Bei der räumlichen Entwicklung der Regionen ist auf eine Begrenzung des Verkehrswachstums hinzuwirken.
Die Siedlungsentwicklung ist darauf auszurichten, unnötige Verkehre zu vermeiden und damit den Wegeaufwand zu verringern."

In den Begründungen der jeweiligen Regionalen Raumordnungsprogramme (RROP) der niedersächsischen Landkreise werden diese Ziele auch an konkreten regionalen Aufgaben festgemacht und so für eine Umsetzung vorbereitet.
Die Realisierung der verkehrlichen Ausbauziele auf der darunter liegenden kommunalen Ebenen obliegt jedoch den gemeindlichen Entscheidungsträgern alleine, was nicht immer zu einer Deckungsgleichheit mit den regionalraumordnerischen Zielen – insbesondere im Bereich der innerörtlichen Verkehrsausbaumaßnahmen – führen muss.
Aus den zitierten kommunalen und Bürgerbefragungen kann ein fast gleich lautender verbliebener Handlungsbedarf für etwa die Hälfte der aus dem Dorferneuerungsprogramm des Landes bereits ausgeschiedenen Dörfer abgeleitet werden.
Dieser Bedarf bezieht sich besonders dringend auf die Durchführung von Verkehrsberuhigungsmaßnahmen in den Fallstudiendörfern, die durch Bundes- und Landesstraßen gequert werden (Aschen, Wagenfeld, Bohnhorst, Wehrbleck, Estorf, Leeseringen, Haßbergen, Oyle, Dorste, Hattorf am Harz, Schwiegershausen, Wulften, Eilte, Beber, Rohrsen, Jerxheim).
Lediglich in Haßbergen wird zurzeit neben einem umfassenden Ausbau des innerörtlichen Straßennetzes parallel die dezidiert im Dorferneuerungsplan vorbereitete Sanierung der den Ort auf 1,6 km Länge querenden Bundesstraße 215 durchgeführt, auch wenn der Ausbau nicht in allen Details mit den formulierten Zielen deckungsgleich ist.

Weitere Wünsche der Bürger aus der Hälfte der Fallstudiendörfer beziehen sich auf das innerörtliche Straßen- und Wegenetz, das ebenfalls aus den unterschiedlichsten Gründen (fehlende kommunale Finanzmittel, andere Prioritätensetzung bei den öffentlichen Maßnahmen, fehlende Voraussicht zukünftiger Verkehrsbelastungen während der Planungsphase u. a.), bisher nicht oder nur in geringem Umfang mit Dorferneuerungsmitteln saniert werden konnte, obwohl Teilaufgaben der Verkehrssanierung in den Maßnahmenplan der Dorferneuerungspläne aufgenommen und von der Gemeinde verabschiedet wurden.

Ohne Rücksicht auf die überlieferten eher bescheidenen Straßen- und Wegeprofile sind in den Dörfern neue landwirtschaftliche Großgeräte und die moderne Landtechnik zum Einsatz gekommen. Die mit den PS-Zahlen angewachsenen Achsabstände in Verbindung mit erheblich vergrößerten Reifenprofilen und -drucklasten der Traktoren, Mähdrescher und sonstigen Großgeräten sind Fremdkörper im Dorf und können vom historischen Dorfstraßennetz kaum noch aufgenommen werden.
Am Beispiel der durchgeführten und geplanten innerörtlichen Verkehrsausbaumaßnahmen in Eilte und Haßbergen können die mit dem landwirtschaftlichen Querverkehr zusammenhängenden Probleme und Aufgaben verdeutlicht werden.
Während der leicht geschwungene Verlauf der neu gestalteten Straße in Eilte bei den Landwirten im Gegensatz zu den Bewohnern des Dorfes aus den oben genannten Gründen nicht nur auf Zustimmung traf, musste bei der erheblichen Länge des innerörtlichen Straßennetzes in Haßbergen nach Lösungsmöglichkeiten für einen kostensparenden, gestalterisch verträglichen Ausbau gesucht werden, der auch den Anforderungen des landwirtschaftlichen Querverkehrs gerecht wird.
Die Lösung wurde bei den innerörtlichen Straßen im Absenken der Hochborde und der ins Fahrprofil einbezogenen Gossenprofilen bei gleichzeitiger Reduzierung der Fahrbahnbreiten gefunden.

Hauptverursacher verkehrlicher Probleme und der vor allem nach Wochenenden hochschnellenden Unfallzahlen in den Dörfern sind nachweislich die privaten Verkehrsteilnehmer aller Altersgruppen und Bewohnerschichten, die zwar die Freiheiten und Annehmlichkeiten einer sich offensiv in den ländlichen Räumen ausbreitenden Mobilität nutzen, dabei jedoch zu häufig die im Grundgesetz und sonstigen einschlägigen Rechtsvorschriften abverlangte Rücksichtnahme und soziale Verantwortung vermissen lassen.
Dieser abschließende Hinweis verweist zugleich von den begrenzten Einflussmöglichkeiten der kommunalen und staatlichen Behörden und Dienststellen auf die Notwendigkeit, im Rahmen schulischer und elterlicher Erziehung das Verkehrsverhalten von Kindern im Sinne sozialer Verantwortung zu schulen.

Dem Ausbau des ÖPNV und hier insbesondere der Sicherung und Entwicklung des schienengebundenen Verkehrs sollte in Zukunft in den ländlichen Räumen eine vergleichbare Bedeutung wie den geplanten überregionalen Straßenbaumaßnahmen zukommen.

Im Zuge des zunehmenden Radtourismus hat der Aus- und Neubau der Radnetze im ländlichen Raum eine zunehmende Bedeutung erhalten.
Im Rahmen des aktuellen Förderprogramms ZILE werden diese Maßnahmen unter dem Förderschwerpunkt „Fremdenverkehrs- und Handwerkstätigkeiten" besonders gefördert.
Schwerpunkt sind dabei weniger das innerdörfliche Fußwegeangebot, als vielmehr die netzartige Verknüpfung zwischen den Ortsteilen – insbesondere im Bereich stark befahrener Radrouten an den Flussläufen (Weser, Aller, Leine u. a.) und in touristisch frequentierten Landschaften.
So konnten die Dörfer Estorf, Leeseringen und Haßbergen (Planung) an der Weser, Häuslingen und Eilte an der Aller im Rahmen der Dorferneuerung in die übergeordneten Radwegenetze der beiden Flussläufe integriert werden.

12 GRUNDVERSORGUNGS- UND DIENSTLEISTUNGSEINRICHTUNGEN

12.1 Einführung

In den frühen Dörfern der Urproduktion (Landwirtschaft, Weinbau, Bergbau, Waldwirtschaft, Fischerei u. a.) waren frühe Dienstleistungseinrichtungen der Grundversorgung und spätere handwerkliche Einrichtungen eine unverzichtbare Voraussetzung für die Existenz der produzierenden Dorfbevölkerung.
Soziokulturelle Einrichtungen, wie Gasthäuser u. a., folgten teilweise erst sehr viel später den Dorfgründungen mit ihren Hofstellen oder sonstigen Produktionsstätten nach.

Wie im Folgenden zu zeigen ist, haben die Länder und Kommunen seit etwa 1970 ihren ursprünglichen prägenden Einfluss auf den sozialen „Lebensraum Dorf" – nicht zuletzt wegen der wachsenden Eigendynamik von „Markt" und „Kapital" – auch in den ländlichen Räumen eher eingeschränkt. Andererseits ist neben dem Strukturwandel die in den vergangenen 50 Jahren geradezu eruptiv angewachsene Mobilität aller Gesellschaftsschichten einer der Hauptursachen für die zunehmende Standortunabhängigkeit neuer Anbieter von den tradierten Dienstleistungseinrichtungen in ländlichen Räumen geworden.
Wegen der unterschiedlichen Trägerschaften und Nutzergruppen sowie wegen der zunehmenden gesellschaftspolitischen Bedeutung des Dienstleistungssektors allgemein sollen im Folgenden die

- Einrichtungen für die Grundversorgung einschließlich der handwerklichen Dienste und
- die soziokulturellen Einrichtungen

getrennt betrachtet werden.

12.2 Technische Infrastrukturversorgung

Das Vorhandensein einer funktionsfähigen technischen Infrastruktur (Abwasser-, Trinkwasser-, Energieversorgung) ist nicht nur eine unverzichtbare Vorausetzung für die Ansiedlungsbereitschaft von Bauherren und Unternehmen im ländlichen Raum, sondern auch für die Förderwürdigkeit von Kommunen im Rahmen der Dorferneuerung.
Zu den Mindestvoraussetzungen für eine Zuwendung gehört seit dem Erlass der Niedersächsischen Dorferneuerungsrichtlinie von 1984 über die Richtlinie über Gewährung von Zuwendungen typischer Landschaften und der ländlichen Räume (ETLR) von 1991 (geändert 2001) bis zur aktuellen Richtlinie über die Gewährung von Zuwendungen zur integrierten ländlichen Entwicklung (ZILE) vom 02.05.2005 das Vorhandensein zumindest einer Konzeption für die Ver- und Entsorgung.
Während der Startphase der untersuchten niedersächsischen Dorferneuerungsvorhaben waren die Dörfer Estorf, Ührde, Abbenrode, Lübeln und Schwiegershausen entweder noch ohne zentrale Trinkwasserversorgung oder ohne zentrale Abwasserbeseitigung.
Inzwischen sind diese Defizite in den genannten Dörfern parallel zur Dorferneuerung behoben worden.

Neben dem Ausbau der überregionalen und regionalen Verkehrsverbindungen war in den neuen Bundesländern nach der Wende die Neukonzeption und Realisierung der technischen Versorgungsnetze – insbesondere in den ländlichen Räumen, eine der Hauptaufgaben. Bei dem vorgefundenen desolaten Gesamtzustand der Verkehrs- und Versorgungsnetze in und zwischen den Dörfern kann es nicht überraschen, dass auch 15 Jahre nach der Wende weder der Ausbau der innerörtlichen Erschließungs- noch der Ver- und Entsorgungsnetze einschließlich der erforderlichen zentralen Kläranlagen zum Abschluss gekommen ist.
Auch eine wünschenswerte gleichzeitige Realisierung von innerörtlichen Straßenausbau- und von technischen Infrastrukturversorgungsanlagen ließ sich nicht immer realisieren.
So wurden in den Fallstudiendörfern Sachsen-Anhalts Binde und Reinstedt zwar in Teilen Straßenbaumaßnahmen, diese jedoch ohne zentrale Abwasserentsorgungsleitungen durchgeführt. Auch in Ritzleben, Axien und Binde gibt es bis heute keine zentrale Abwasserbeseitigung, was in Axien unter anderem eine dringende Sanierung des örtlichen Freibades verhindert hat. Auf die parallelen Probleme von fehlender verkehrstechnischer und versorgungstechnischer Infrastruktur in Reinstedt wurde bereits im Kapitel 11 hingewiesen.

Die besonderen versorgungstechnischen Probleme ländlicher Entleerungsräume in den neuen Bundesländern spricht F. Vorholz in seinem Beitrag „Grüne Hoffnung, blaues Wunder" in DIE ZEIT (21.10.2004, Lit. 105) an:

„Die hohen Fixkosten kommunaler Ver- und Entsorgungsnetze verteilen sich auf wenige Köpfe, was mancherorts zu einer Verdoppelung der Wohnnebenkosten führen könnte, wie die Forschungsabteilung der Deutschen Bank mutmaßt. Überdimensionale Neubauten nach der Wende, gepaart mit Einwohnerzahlen, die zur Überraschung der Planer schrumpften, haben vielen ostdeutschen Städten die Auslastung der Leitungsnetze auf weniger als 30 Prozent gegenüber der ursprünglichen Auslegung sinken lassen. Nun steigen nicht nur die Kosten; die zu großen Netze erweisen sich obendrein als umweltschädlich.

<u>Beispiel Abwasser:</u> Um üble Gerüche zu bekämpfen, die aus den weniger genutzten Kanälen dringen, mussten die Wasserbetriebe von Frankfurt/Oder ihre Ausgaben binnen zehn Jahren versechsfachen. Die notwendigen Spülwassermengen stiegen allein zwischen 1999 und 2001 von knapp 2.000 auf fast 12.000 Kubikmeter pro Jahr. Folge: Die Bemühungen zur Wassereinsparung werden konterkariert; die erhöhte Korrosion der Leitungen gefährdet obendrein das Grundwasser.

<u>Beispiel Trinkwasser:</u> Verweilt das Lebensmittel Nummer eins mangels Nachfrage länger als bisher üblich im Versorgungsnetz, droht es zu verkeimen; im schlimmsten Fall sogar mit tödlichen Folgen, wie Dirk Schoenen vom Hygiene-Institut der Universität Bonn fürchtet. Manche Stadt, zum Beispiel Erfurt, lässt vorbeugend bereits hin und wider Wasser durch ihre Leitungen rauschen, das ungenutzt die Kläranlage erreicht.

<u>Beispiel Fernwärme:</u> Die hoch gelobte und an sich effiziente Methode der Wärmeversorgung büßt ihre ökologischen Vorteile ein, wenn die Distanz zwischen den einzelnen Wärmeabnehmern wächst. Die Heizkraftwerke erweisen sich dann als zu groß, ihr Wirkungsgrad sinkt, sie stoßen – relativ zum sinkenden Wärmeabsatz – mehr klimaschädliches Kohlendioxid aus".

Die skizzierten Probleme betreffen neben manchen sich entleerenden ostdeutschen Stadtzentren auch die ländlichen Regionen – sowohl in den neuen als auch in den strukturschwachen Räumen der alten Bundesländer – und hier ganz besonders in den untersuchten Landkreisen Niedersachsens.

Auf die Zusammenhänge mit den an anderer Stelle vertieften Problemen der demografischen Entwicklung und dem fehlenden Angebot außerlandwirtschaftlicher Arbeitsplätze sei hier nur hingewiesen (siehe Kapitel 8, 19).

12.3 Grundversorgung und handwerkliche Dienste

Die historische Vielfalt der dorfgebundenen Handwerks- und Versorgungsbetriebe kann am Beispiel des Fleckens Gittelde um 1850 dokumentiert werden, als es nicht weniger als 50 verschiedene Unternehmen und Handwerksbetriebe im Dorf gab.
Darunter nahmen allein 20 Böttcher einen besonderen Platz ein. Die von den Gittelder Böttchern erstellten Holzfässer waren in der gesamten Harzer Region bekannt. Gittelde besaß früher also eine Art Monopol für diese Produkte.
Der Standortvergleich mit den aktuellen Restbeständen von Handwerks- und Dienstleistungsunternehmen in Gittelde macht den Wandel und zugleich den kulturellen Gesamtverlust deutlich, nachdem lediglich 3 Handwerksbetriebe (ohne Bäcker, Fleischer und Friseur), jedoch 38 Dienstleistungseinrichtungen übrig geblieben sind (siehe Abb. 102 + 103).

Während die ursprünglichen durch die landwirtschaftliche Produktion bedingten Handwerksbetriebe wie Schmied, Tischler, Zimmerei seit den 60er Jahren des 20. Jahrhunderts stetig aufgeben mussten, gab es mit dem hessischen (seit 1951) und dem niedersächsischen (seit 1956) „Dorfgemeinschaftshausprogramm“ noch einen letzten Versuch, auch bestimmte handwerkliche Tätigkeiten durch die Förderung entsprechender Anlagen und Baulichkeiten zu sichern, wie Backstuben, Schlachtanlagen, Gefrieranlagen und Waschanlagen.
Diese sollten in den Dörfern der Entlastung der Bauersfrauen dienen.
Als Musterbeispiel eines noch heute intakten DGH´s sei auf das Dorf Reiffenhausen bei Göttingen verwiesen, wo das DGH noch in den ursprünglichen Funktionen erhalten ist. Es bildet jedoch eine absolute Ausnahme, da in kaum einer der als „Dorfgemeinschaftshäuser“ benannten Einrichtungen die ursprünglichen Funktionen heute noch vorzufinden sind.

Mit dem voranschreitenden Strukturwandel in den ländlichen Räumen fand dann auch dieser Erhaltungs- und Sozialhilfeversuch in den späten 1970er Jahren seinen Abschluss.

In den ländlichen Regionen prägen heute etwa 15 unterschiedliche neue und wenige alte Handwerks- und Gewerbebetriebe sowie ca. 25 Arten von Dienstleistungsunternehmen das Versorgungsangebot, wobei die Grenzen zwischen Handwerk (Sekundärsektor) und Dienstleistung (Tertiärsektor) fließend geworden sind.

Während Reparaturleistungen noch dem Handwerk zuzuordnen sind, gehört beispielsweise der Verkauf der neuen oder reparierten Produkte bereits zur Dienstleistung.

Von den überlieferten handwerklichen Traditionsbetrieben sind lediglich Maler-, Tischler-, Zimmerer- und Dachdeckerbetriebe sowie der Fleischer/Schlachter und Bäcker in den Dörfern geblieben – allerdings mit in den vergangenen 20 Jahren erheblich vergrößerten Einzugsbereichen (vgl. auch Abb. 106). Zwar wird in den meisten untersuchten Orten die Ware noch in eigenen Backstuben oder Fleischereien hergestellt. In einigen Dörfern übernehmen jedoch zunehmend Filialen von Konzernen die Versorgung. Diese sind bei der statistischen Überprüfung als Dienstleistungsbetriebe mitgezählt worden.

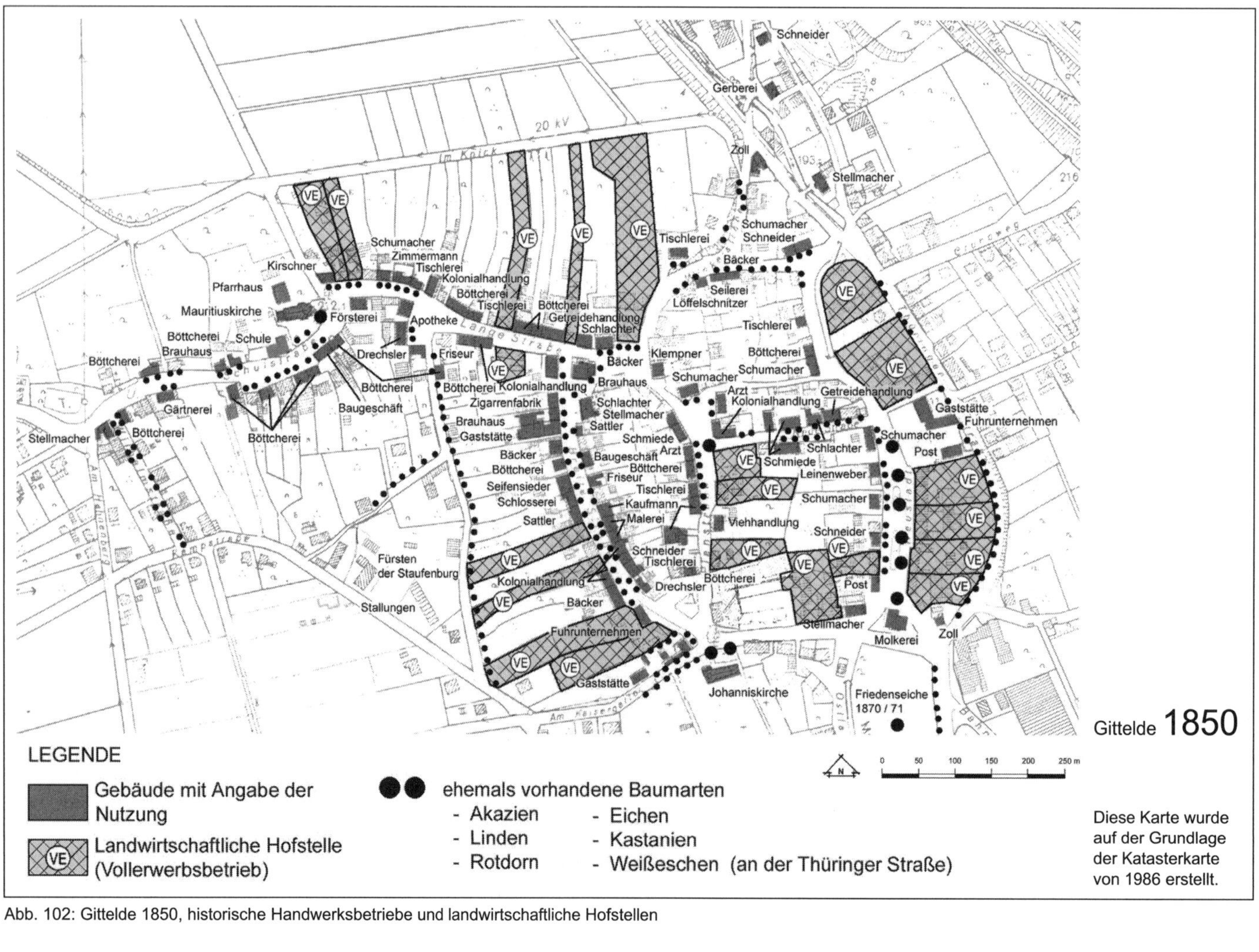

Abb. 102: Gittelde 1850, historische Handwerksbetriebe und landwirtschaftliche Hofstellen

Entwicklung dörflicher Dienste am Beispiel Gittelde

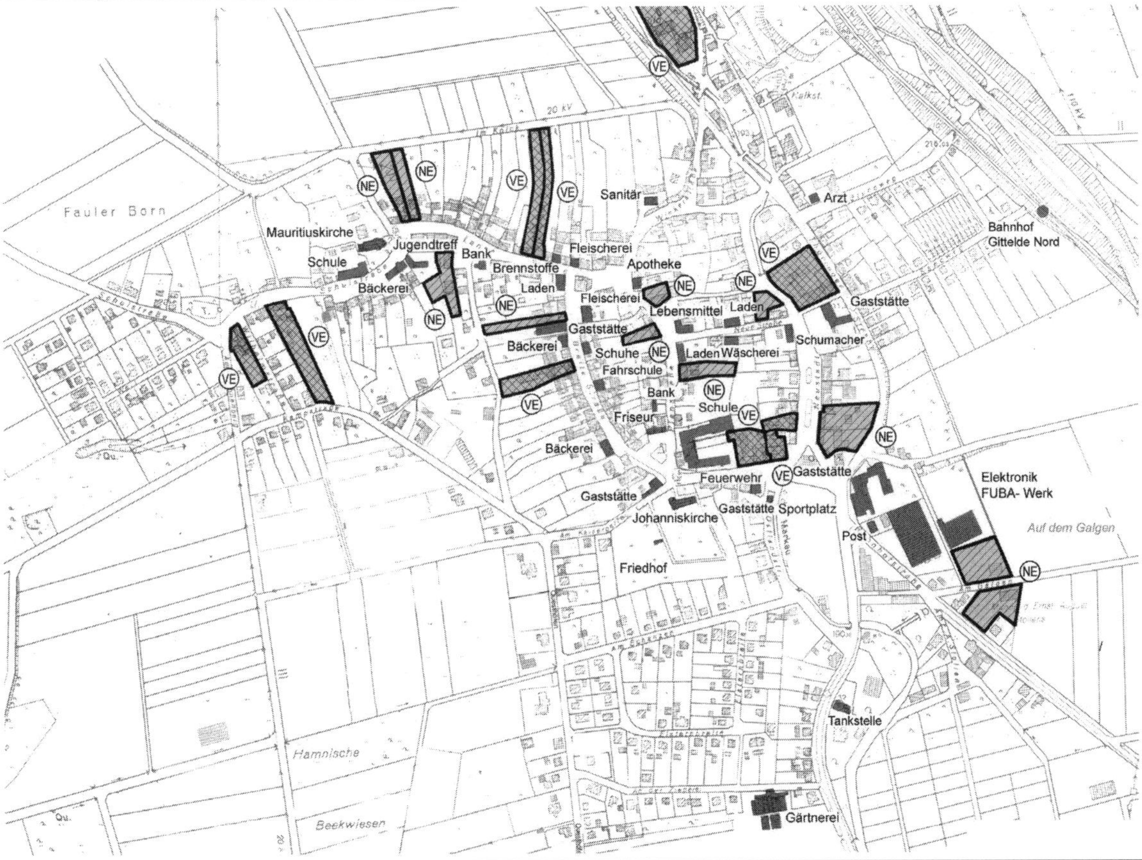

Gittelde 1986

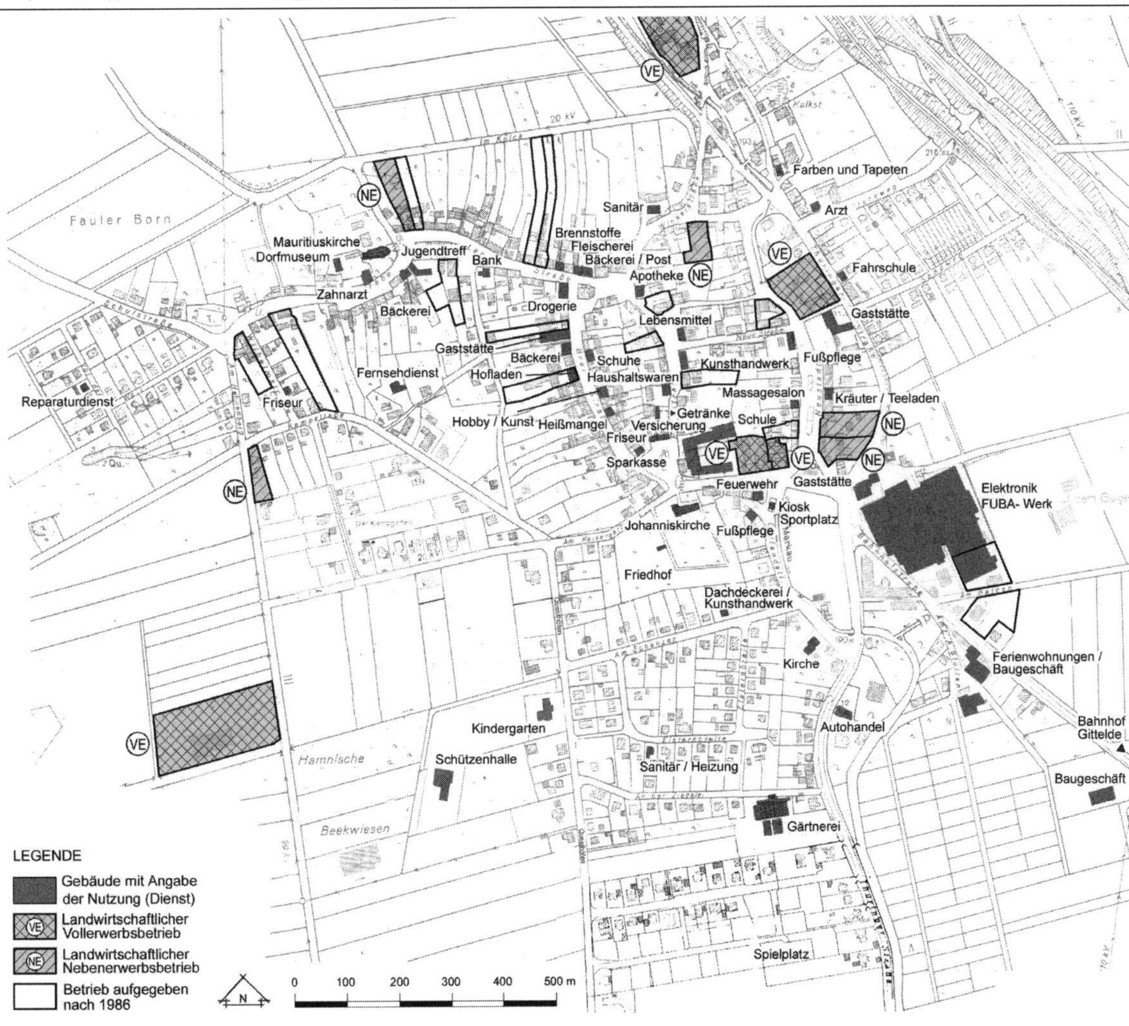

Gittelde 2004

Am Beispiel Gitteldes kann die für viele Dörfer geltende Entwicklung dörflicher Dienste nachvollzogen werden. Bei gleichzeitiger Aufgabe landwirtschaftlicher Hofstellen nahmen auch die hiervon abhängigen Handwerke ab. Grundversorgungseinrichtungen wurden mehr und mehr aufgegeben, trotz der Vergrößerung des Fleckens durch Baugebietsausweisungen. Dafür sind heute viele Dienste vorhanden, die einen eher "gehobenen Bedarf" bedienen.

Abb.103: Gittelde 1986 und 2004 – Entwicklung dörflicher Dienste

Beispiel eines niedersächsischen Grundzentrums (Hattorf am Harz)

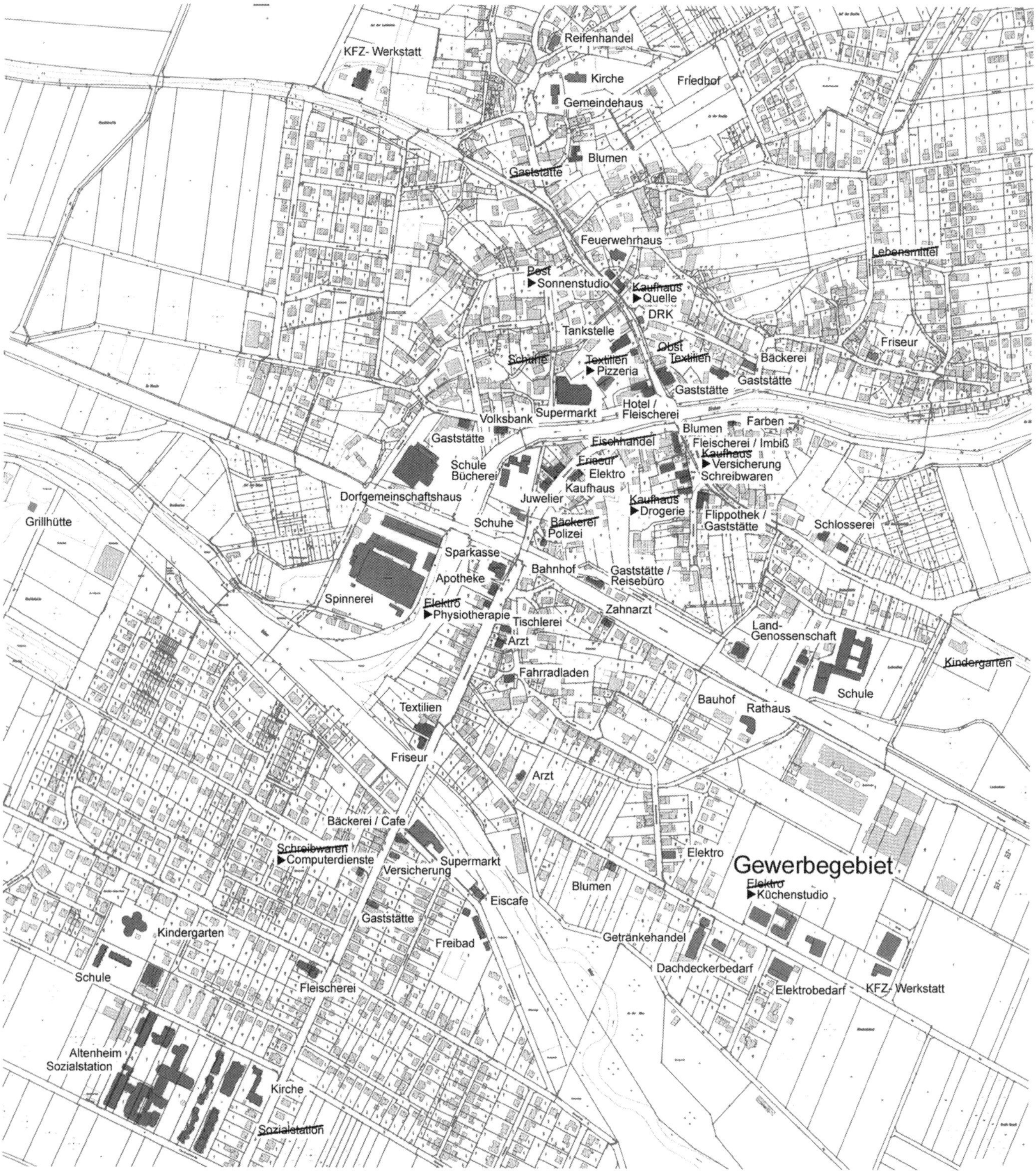

LEGENDE

■ Gebäude mit Angabe der Nutzung (Dienst)

~~Dienst~~ Nutzung zwischen 1990 und 2005 aufgegeben

▶ Nutzungsart geändert

HINWEIS:
Zur besseren Übersicht wurde der Lageplan der größten niedersächsischen Dorfsiedlung auf die Bereiche reduziert, in denen Dienste vorhanden sind.

N

0 50 100 150 200 250 m

Abb. 104: Entwicklung dörflicher Grundausstattung (Beispiel Grundzentrum in Niedersachsen)

Beispiel eines Grundzentrums in Sachsen-Anhalt (Erxleben)

Abb. 105: Entwicklung dörflicher Grundausstattung (Beispiel Grundzentrum in Sachsen-Anhalt)

Während sich die Einzugsbereiche der Maler-, Metallbau-, Tischlerei- und Zimmereibetriebe z. T. erheblich vergrößert haben, d. h. seit etwa 15 – 20 Jahren praktisch nur noch in größeren Dörfern ab 1.500 Einwohnern zu finden sind, konnten lediglich Dachdeckereibetriebe ihren Einzugsbereich senken. Dieser Tatbestand ist nicht zuletzt auf die große Zahl von Dacherneuerungsmaßnahmen zurückzuführen, die in den vergangenen Jahren über die Dorferneuerungsförderung realisiert werden konnten.

Ein erheblicher Wandel ist jedoch bei den privaten Dienstleistungs- und Versorgungsangeboten feststellbar. Während einzelne Angebote (Computerdienste, Großbaustoffmärkte, Elektroinstallateure u. a.) vor 20 Jahren in den Untersuchungsregionen und -dörfern kaum zu finden waren, haben sich solche Anbieter aufgrund der neuen Nachfrage oder der Standortgunst inzwischen auch im ländlichen Raum festigen können, daneben aber auch Fahrradläden/-reparaturwerkstätten, Speditionen, Lohnunternehmen, Landmaschinenhandel, Kunstgewerbeläden, Hofläden, Super- und Drogeriemärkte.

Als ein wichtiger Standortfaktor hat sich die vorhandene Qualität der Internetversorgung erwiesen, deren Fehlen so

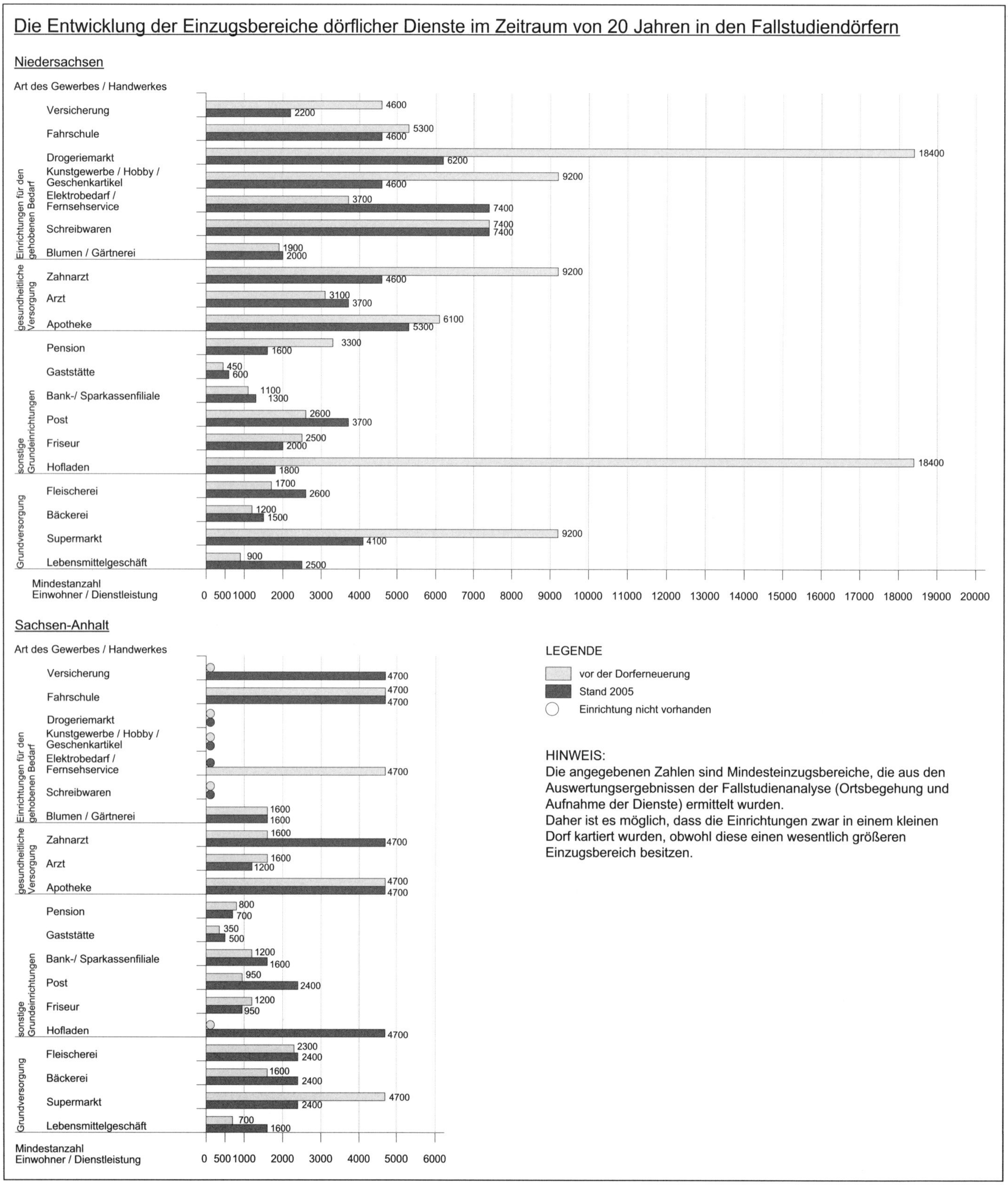

Abb. 106: Entwicklung der Einzugsbereiche dörflicher Dienste

manches Dienstleistungsunternehmen noch von einer Investition im Dorf abgehalten hat. Leistungsfähige DSL-Anschlüsse müssen Dienstleistungsanlagen heute auch und insbesondere in ländlichen Regionen zur Verfügung stehen.
Eine entsprechende Einrichtung kann durch Gemeinschaftsantrag mehrerer Firmen erreicht werden.

Auch die Zahl der Zahnärzte, Versicherungen, Friseure, Pensionen und Fahrschulen hat in den vergangenen 20 Jahren in den ländlichen Räumen prozentual zugenommen, d. h. ihre Einzugsbereiche haben sich nach Anzahl der Personen und Flächengrößen gegenüber 1985 zum Teil erheblich verringert.

Die weitere Entwicklung von Versorgungseinrichtungen ist bei zunehmend ungebremster Wirkung der „Kräfte des freien Marktes“ offen. Die Konzentrationstendenzen sind jedoch unübersehbar. Eindeutig auf dem Rückzug aus den Dörfern befinden sich die historischen „Tante-Emma-Läden“, die noch vor 20 Jahren die Grundversorgung in Gemeinden über 500 Einwohnern garantierten und deren Mindesteinzugsbereich sich auf 2.500 Einwohner fast verdreifacht hat!
Unterhalb der Einwohnerzahl von 500 ist die Versorgung mit Einrichtungen des täglichen Bedarfs extrem rückläufig, was beispielsweise in Elbingerode, Abbenrode, Beber, Eilte, Holzhausen, Lübeln, Rohrsen, Ührde und Watzum zu Überlegungen führte, einen „Nachbarschaftsladen“ in privater Trägerschaft zu installieren und über festgelegte Mindesteinkaufskontingente die Bewohner einzubinden, da die angebotenen fahrbaren Dienste erfahrungsgemäß kaum ein örtliches Angebot ersetzen können.

Das Überleben von „Nachbarschaftsläden“ als Alternative ist – wie die 10 noch aktiven Beispiele in Niedersachsen bzw. aus den Untersuchungsregionen (Bierde im Aller-Leinetal) belegen, von zahlreichen Einflussfaktoren – nicht zuletzt von der Bereitschaft der Dorfbevölkerung, für ein notwendiges finanzielles Opfer abhängig.
Vergleichbar dem ehrenamtlichen Engagement im Bereich soziokultureller dörflicher Einrichtungen müssen also in Zukunft auch hier die Kunden selbst die Trägerschaft übernehmen, wobei das Risiko auf mehrere Schultern verteilt und so minimiert werden kann.

Andererseits besteht auch bei den dörflichen Kunden kaum noch Bereitschaft, auf gewohnte Einkaufsrituale und -standards zu verzichten. Nachbarschaftsläden oder mobile Dienste können erfahrungsgemäß die von den Discountern gewohnte Vielfalt des Angebots und die Anonymität des Kaufvorgangs selbst nicht gewährleisten. Als weitere wesentliche Vorzüge werden von den Kunden der werbemäßig versprochene preisgünstige Einkauf und das Parkplatzangebot geschätzt.
In Elbingerode konnte sich nach dem Ausscheiden des letzten Dorfladens die Dorfbevölkerung nicht für ein solches „Opfer“ entschließen. Die Nähe des nur 3 km entfernten Warenangebotes hat letztlich die Bereitschaft der Bürger für einen neuen „Nachbarschaftsladen“ verhindert.
Der Nachbarschaftsladen bleibt nach den eigenen vorliegenden Erfahrungen als Alternative daher nur noch auf solche Räume beschränkt, in denen kein nahe gelegenes Konkurrenzangebot vorhanden ist (Mindestentfernung 15 – 20 km).

Das Bemühen um Modelle für eine Grundversorgung ländlicher Regionen hat durchaus Tradition. Aufbauend auf dem hierarchischen Modell der zentralen Orte, sind in den regionalen Raumordnungsprogrammen Niedersachsens und Sachsen-Anhalts die ausgewählten Grundzentren als unterste Versorgungszentren für die ländlichen Räume bestimmt worden.

Der Verfasser hat bereits vor Jahren (Lit. 40) auf die Versorgungsprobleme in denjenigen zentrumsfernen, schlecht erschlossenen niedersächsischen Dörfern und Ortsteilen unter 500 Einwohnern in besonders schwach strukturierten Räumen aufmerksam gemacht, deren Grundversorgung bereits damals nicht mehr gesichert war.

Henkel (Lit. 48) geht ebenfalls ausführlich auf die angesprochenen Versorgungsprobleme ein und zitiert einzelne Untersuchungen um abschließend einen Vorschlag für eine funktionsgerechte Ausstattung ländlicher Siedlungen mit öffentlichen und privaten Einrichtungen vorzulegen.
Auch dieses Konzept geht noch von einer Mindestausstattung für Dörfer unter 500 Einwohnern aus, basierend auf dem Wunsch nach sog. „Basiszentren“ für Dörfer von 500 bis 1.500 Einwohnern und „Nachbarschaftszentren“ über 1.500 Einwohnern als Ergänzungen zu den Grundzentren.
Einerseits wird damit ein hierarchischer Versorgungsansatz noch einmal bestätigt, andererseits zeigt sich, dass raumordnerisch und sozialwissenschaftlich begründbare Ansätze durch die „Marktrealitäten“ außer Kraft gesetzt werden können, wenn keine rechtlichen Steuerinstrumente mehr eingesetzt werden, um schädlichen Entwicklungen entgegenzuwirken.
Im Ergebnis der eigenen Nachuntersuchungen sind daher die o. g. Vorschläge bereits wieder durch die Realität überholt. Mit Ausnahme der Gaststätte (Einzugsbereich $\geq$ 800 Einwohner) und der einen oder anderen ehrenamtlich betriebenen soziokulturellen Einrichtung scheint bei fortschreitender marktabhängiger Entwicklung kein ausreichendes Versorgungs- oder Dienstleistungsangebot in Dörfern unterhalb von 1.000 Einwohnern mehr garantierbar bzw. vorhaltbar.

Die von Henkel an anderer Stelle beschriebenen verlustigen Prozesse haben sich beschleunigt.
Während beispielsweise 1980 noch der Abbau von Poststellen für Ortschaften unter 2.000 Einwohnern beklagt wurde, ist 25 Jahre später nicht einmal mehr die Postzustellung unterhalb dieser Größenklasse gesichert. Die Poststellen selbst haben zwischenzeitlich die Grundzentren verlassen und sind zu den Mittelzentren abgewandert. Zurzeit sichern noch Postagenturen in den Märkten oder Läden von Grundzentren die Versorgung. Diese sollen aber auch in Dörfern unter 2.000 EW abgezogen werden oder mit so kleinem Leistungsangebot aufwarten, dass eine angemessene Versorgung fraglich erscheint. Einzelne in der örtlichen Presse kolportierte erfolgreiche Widerstandsaktionen blieben die Ausnahme von der Regel der widerstandslosen Hinnahme solcher Entwicklungen.

Im Vergleich zu den Untersuchungsergebnissen von vor über 25 Jahren (KTBL-Schrift 267, Lit. 40) kann die Zunahme von Geschäften eines eher gehobenen Bedarfs sowohl als ein signifikantes Ergebnis eines neuen Verdrängungswettbewerbs als auch veränderter Bedürfnisse der Dorfbevölkerung (Gittelde u. a.) gedeutet werden.
Vor diesem Hintergrund lassen sich Prognosen insofern nur schwer formulieren, als alle marktabhängigen Entwicklungen vom Werbeeinfluss der Medien und damit einem nicht mehr genau einschätzbaren Konsumentenverhalten abhängen – auch im ländlichen Raum.
Der Einfluss der demografischen Entwicklung auf die Qualität und Quantität sämtlicher Versorgungsbereiche äußert sich bereits an einzelnen Beispielen, so im dichter werdenden ärztlichen Versorgungsnetz und im zunehmenden Angebot an Altenheimen in den ländlichen Regionen. Der Zusammenhang zwischen Ausstattungsangebot, Ortsgröße und Einzugsbereich konnte daher wiederum bestätigt werden.

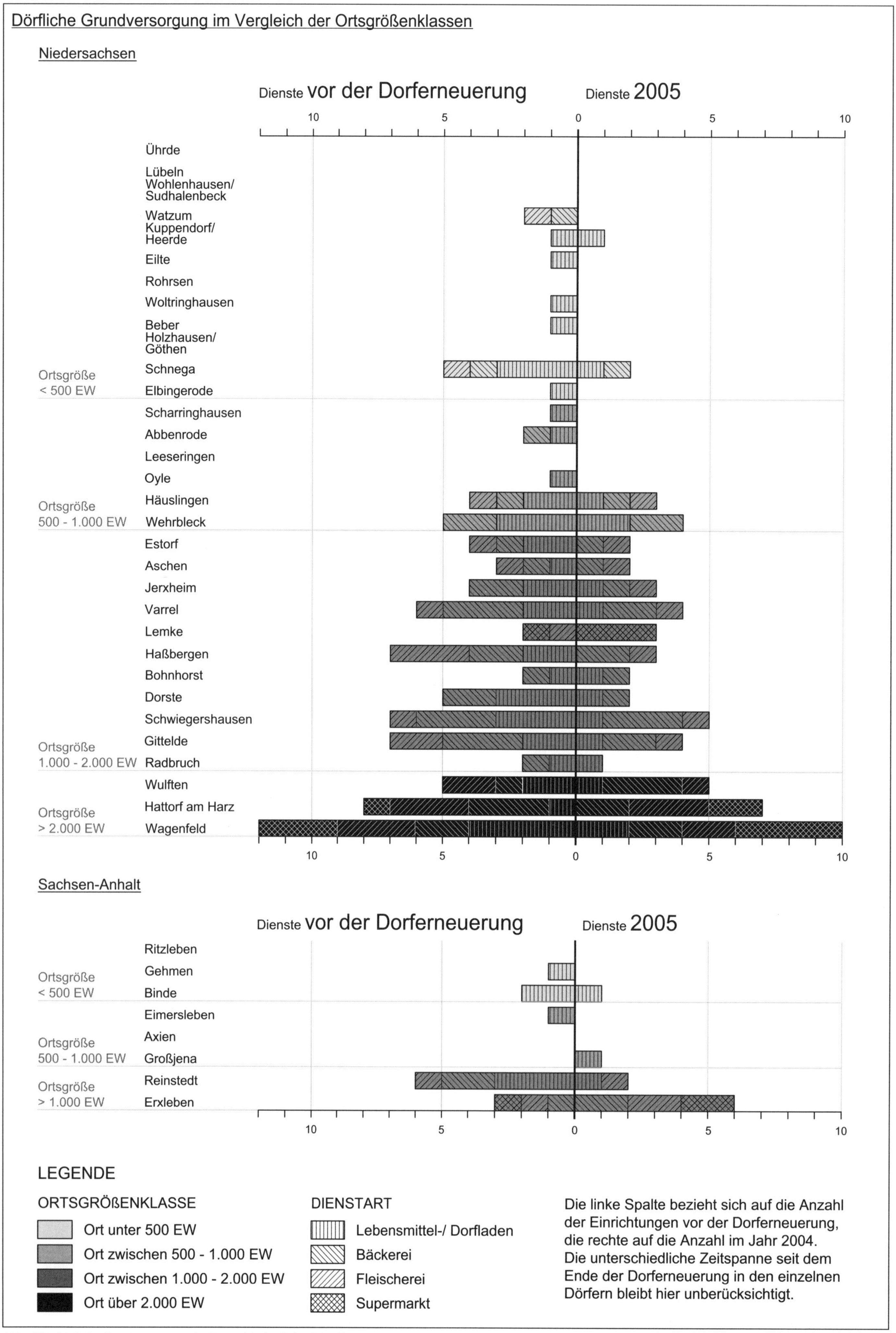

Abb. 107: Dörfliche Grundversorgung im Vergleich der Ortsgrößenklassen

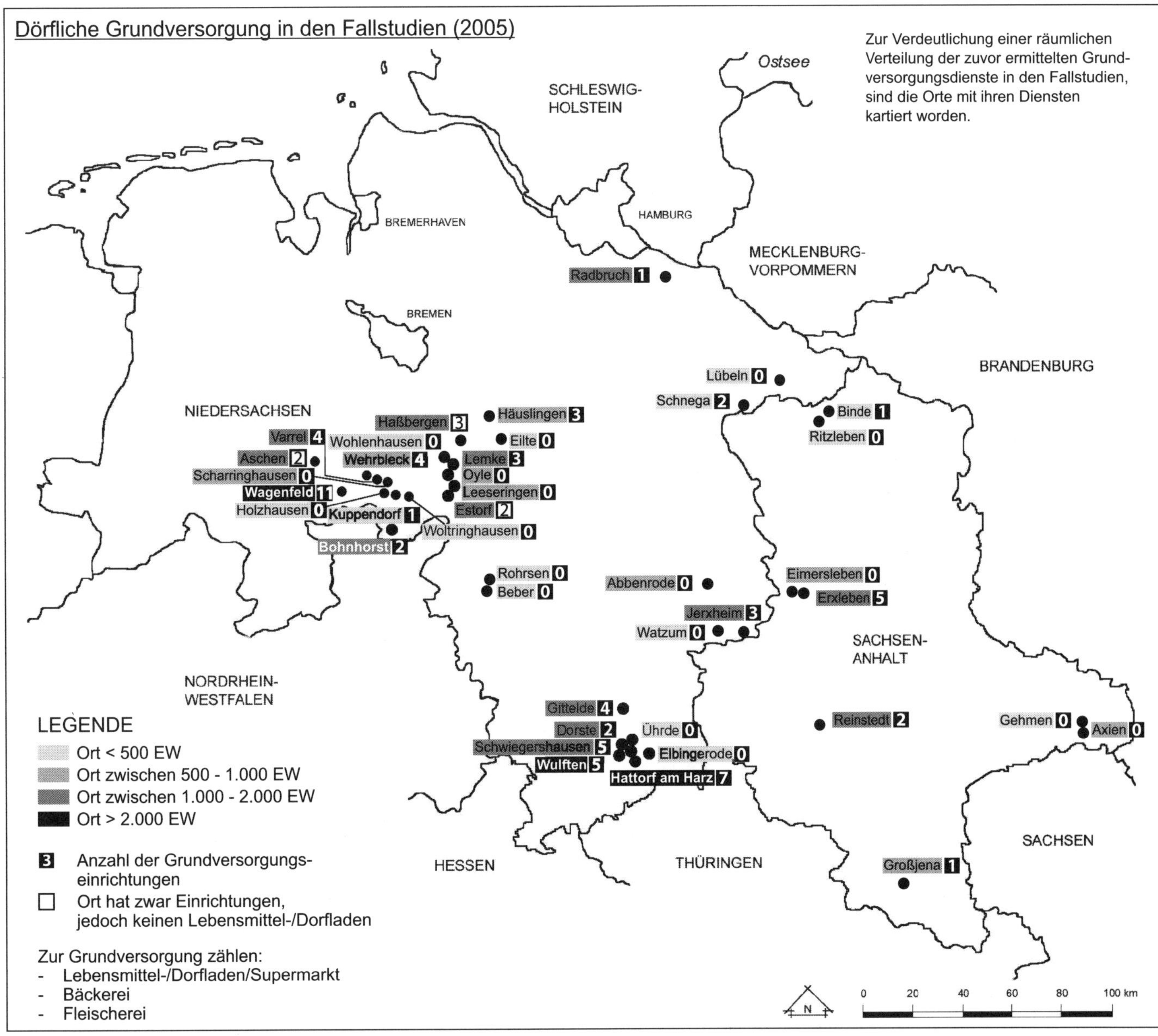

Abb. 108: Dörfliche Grundversorgung in den Fallstudien (2005)

Als Richtwerte für die Grundversorgung kann nach eigenen Untersuchungen zurzeit von folgenden Einzugsbereichen ausgegangen werden:

Lebensmittelladen	≥ 1.500 Einwohner
Gaststätte	≥ 600 Einwohner
Bäcker	≥ 1.500 Einwohner
Bank-/Sparkassenfiliale	≥ 1.300 Einwohner
Fleischer	≥ 2.800 Einwohner
Postzweigstelle	≥ 3.500 Einwohner
Arzt	≥ 3.000 Einwohner
Apotheke	≥ 5.000 Einwohner

Bei diesen Werten handelt es sich um Mindesteinzugsbereiche. Die Werte schließen jedoch Einrichtungen in Orten mit geringerer Einwohnerzahl, sofern sie noch rentabel wirtschaften, natürlich nicht aus. Grundsätzlich sollte jede Einrichtung erhalten bleiben, besonders wenn sie sich in einem kleineren Dorf befindet! Die Sicherung des Bestandes durch die Anstrengungen der Bürger ist geradezu zu einem Gradmesser einer intakten Dorfgemeinschaft geworden.

Der Frage, ob es noch eine Chance für eine stationäre Neukonzeption für die Versorgungsaufgaben im ländlichen Raum geben kann, wird abschließend im Abschnitt 12.7 nachgegangen.

Zuvor sollen im Folgenden noch die Alternativen einer mobilen Versorgung überprüft werden.

12.4 Mobile Versorgung durch rollende Dienste

Da die meisten Dörfer unter 500 EW nicht mehr über eigene Läden und sonstige Grundversorgungsangebote verfügen, werden sie teilweise bereits durch „mobile Dienste", d. h. durch Verkaufswagen so beispielsweise vom Bäcker und Fleischerwagen (Grundversorgung), vom Sparkassenbus, von der rollenden Bücherei oder der fahrbaren Sozialstation angefahren.
Die Versorgung durch „mobile Händler", die mit einem Lebensmittelwagen die Dörfer bereisten, ist heute kaum noch bekannt. Bäcker und Fleischer hingegen bieten teilweise noch diesen mobilen Service an, wobei sie neben den Dörfern manchmal auch die Wochenmärkte der benachbarten Kleinstädte bzw. Mittelzentren bedienen. Dabei können auch einige Lebensmittel im Mischangebot (Getränke, Milch, Butter usw.) enthalten sein. Solche Dienste werden bevorzugt von älteren Bewohnern, die nicht mehr mobil sind, nachgefragt.

Von einer Bäckerei aus Kirchdorf wurde ein Bedienungsradius von ca. 15 km benannt. Diese Bäckerei hat nur Backwaren im Angebot des Verkaufswagens. Die Strecken sind zwar nicht direkt vorgegeben, der Dienst ist jedoch sehr kundenorientiert.

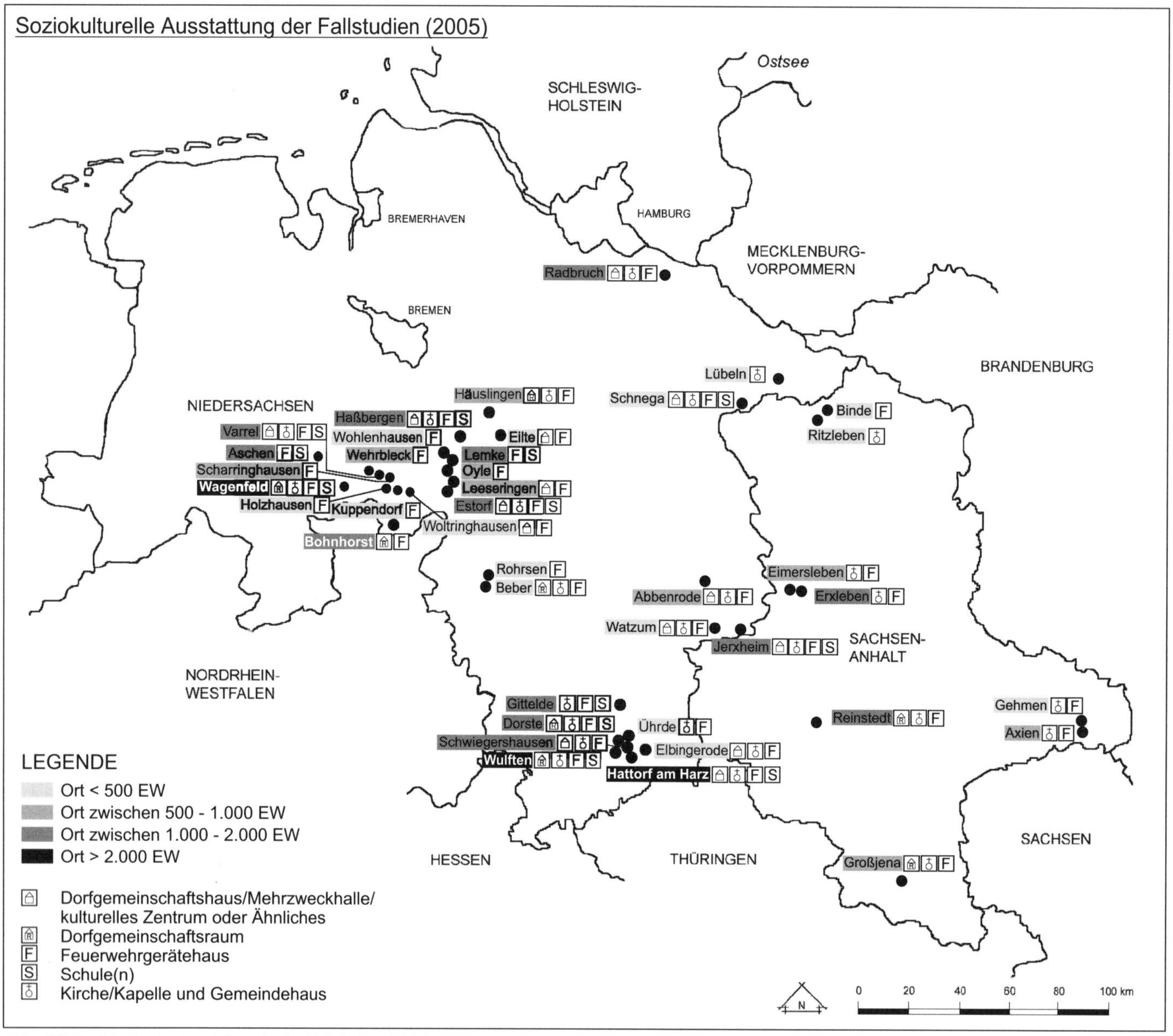

Abb. 109: Soziokulturelle Ausstattung in den Fallstudien (2005)

Bestellungen können vorher per Telefon oder am Wagen abgegeben werden. Die bestellten Waren werden dann beim nächsten Besuch mitgebracht.
Im Allgemeinen werden solche Dienste ca. 1 – 2 mal in der Woche in den Dörfern angeboten, die keinerlei Einkaufsmöglichkeiten oder sonstige Filialen mehr besitzen. Die Nachfrage ist jedoch mehr und mehr rückläufig, da immer weniger ältere Bewohner den Dienst annehmen und die jüngeren Haushalte von ihrem Arbeitsweg aus einem benachbarten Zentrum die Waren mitbringen.
Allerdings wird am Wochenende das mobile Angebot auch von jungen Menschen gerne angenommen.

Wenn eine dörfliche Filiale nicht mehr wirtschaftlich zu betreiben ist, setzt die Sparkasse eine „rollende Filiale ein, da diese offensichtlich kostengünstiger (Personal, Miete) als ein festes Raumangebot vor Ort vorzuhalten ist. Die Wagen mit festem Standplatz im Dorf können an festgelegten Tagen von den Bewohnern aufgesucht werden. Auch „Bücherbusse“ sind in kleineren Dörfern nach Aufgabe der lokalen Bücherei manchmal im Einsatz.
Mobile Sozialstationen haben bereits vor Jahren die Gemeindeschwester und damit die dörflichen Sozialstationen abgelöst. Sie bieten nur noch fahrende Dienste mit Sitz im nächsten Grund- oder Mittelzentrum an (z. B. Nienburg). Häufig übernehmen sie dann auch ärztliche Fahrten oder den Transport notwendiger Medikamente („rollende Apotheke“).

Zusammenfassend bleibt festzustellen, dass mobile Dienste trotz der nachgewiesenen Einsatzmöglichkeiten nur ein schwacher Ersatz für die früheren stationären Einrichtungen sein können, da wesentliche Qualitäten fehlen – die der Kommunikation und des Austausches von Informationen sowie die Möglichkeit einer Identifikation der Bürger mit ihrem baulichen Umfeld.

12.5 Soziokulturelle Dienstleistungen – Vom Dorfgemeinschaftshaus zum dörflichen Kulturzentrum

Kann man vom historischen Dorf als von einem frühen Netzwerk von Erziehungs-, Gesundheits-, Verwaltungs-, Kultureinrichtungen und kirchlichen Gemeindeinrichtungen sprechen? Oder waren auch die soziokulturellen Dienstleistungseinrichtungen vergleichbar zu den zuvor dargestellten Versorgungs- und Handwerksbetrieben Folgeeinrichtungen im Wortsinne?

Erstere Frage kann man verneinen, zweite Frage muss man bejahen.
Der zunehmenden Differenzierung dörflicher Funktionen und gesellschaftlicher Prozesse sowie der allgemeinen Wissensvermehrung folgend, gehörten seit dem Ende des

17. Jahrhunderts auch die schulische Ausbildung zum Erziehungsangebot im Dorf, eine Funktion, die bis zu diesem Zeitpunkt ausschließlich von der Kirche mit ausgeübt wurde. Die Frage nach der dörflichen Ausstattung mit soziokulturellen Einrichtungen vollständig zu beantworten bzw. das Thema umfassend zu recherchieren, würde den Rahmen dieser Untersuchung bei weitem sprengen.
Es kann an dieser Stelle auf das umfangreiche Literaturmaterial und auf diesbezügliche Untersuchungsergebnisse verwiesen werden (Lit. 40, 41, 48, 51, 57, 65). Hier sollen daher aktuelle Trends und innovative Ansätze in der ländlichen Sozial- und Kulturarbeit angesprochen bzw. dargestellt werden.

Während 27 % der Fallstudiendörfer mit „historischen“ „Dorfgemeinschaftshäusern“ des niedersächsischen Landesprogramms oder vergleichbaren Einrichtungen ausgestattet sind (Abbenrode, Eilte, Hattorf am Harz, Jerxheim, Leeseringen, Schnega), die jedoch mit Ausnahme von Abbenrode im Laufe der Zeit mehr oder weniger durch Umnutzung bzw. Erweiterung den veränderten Grundbedürfnissen angepasst wurden, besitzen 73 % der Untersuchungsdörfer keine vergleichbaren Einrichtungen. Lübelns Dorfgemeinschaftshaus, der sog. „Wendlandhof“ ist kürzlich zum Touristikzentrum für die Region Wendland umgewandelt worden und hat im Urteil der Bewohner dabei

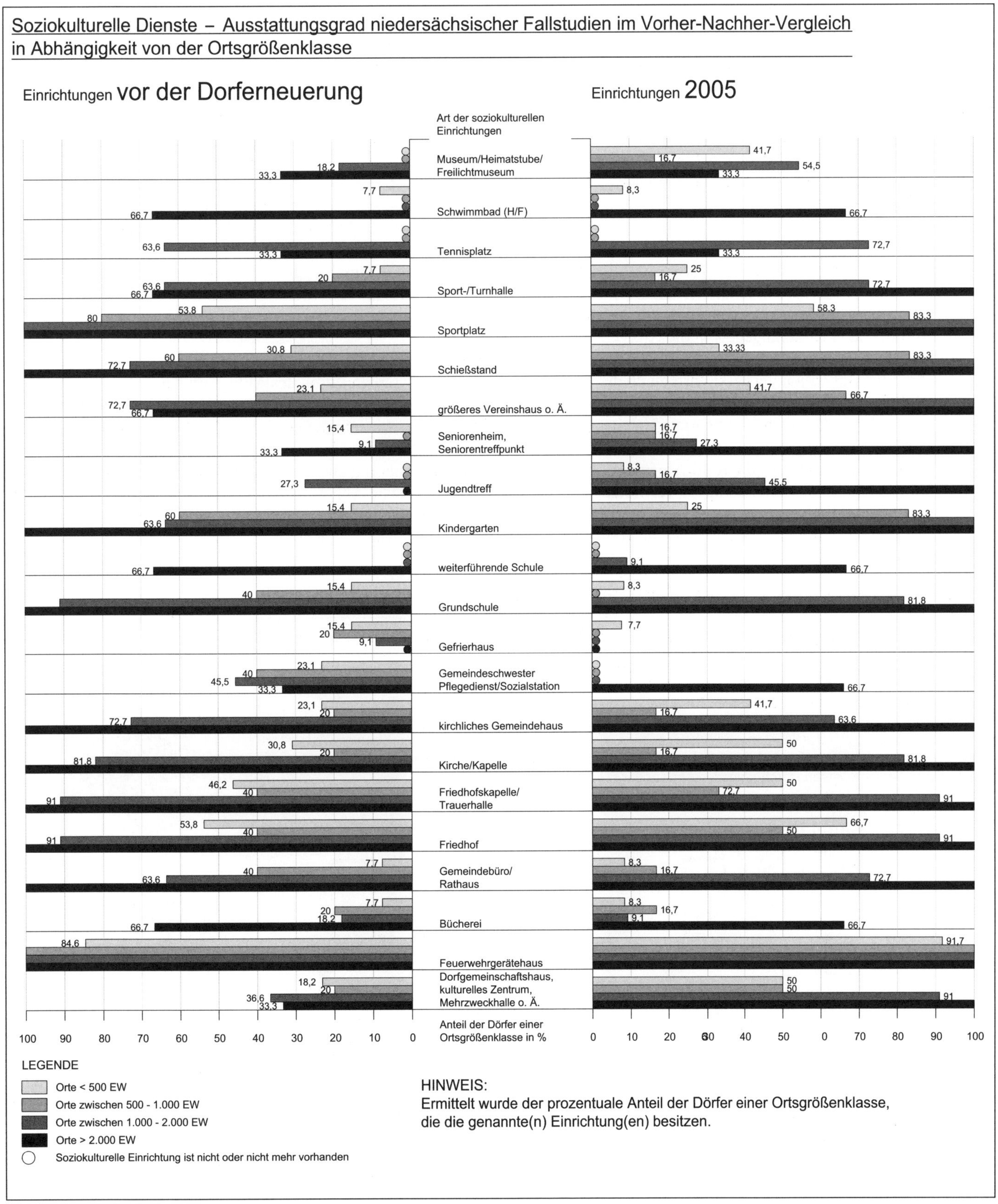

Abb. 109: Soziokulturelle Dienste – Ausstattungsgrad niedersächsischer Dörfer

seine ursprüngliche Funktion zum Nachteil der Dorfgemeinschaft eingebüßt.

Das Raumangebot der Dörfer, die kein funktionsfähiges Dorfgemeinschaftshaus besitzen, beschränkt sich auf Saalbauten der örtlichen Gastronomie sowie auf vereinsgebundene Baulichkeiten (Schützenvereinsheim, Sportvereinsheim, Feuerwehrgerätehaus mit Clubraum etc.).
In den Fallstudiendörfern Estorf, Haßbergen und Varrel sind dagegen neue Modelle einer kulturellen Versorgung entstanden, deren Basis nicht die herkömmliche kommunale Trägerschaft bildet, sondern das ehrenamtliche Engagement von Ortsbewohnern, das im Rahmen einer Vereinssatzung in seinen Zielen festgelegt ist.

Wie auch in einigen weiteren, hier nicht als Fallstudien untersuchten Dörfern (Rodewald, Deblinghausen, Driever) nachweisbar, scheint dieser Alternative einer eigenständigen, organisatorisch mit der Gemeinde abgestimmten Handlungsalternative die Zukunft zu gehören. Die Gründe hierfür sind komplex und von ihrer Bedeutung her unterschiedlich.

Feststellbar bleibt,

- dass Bewohner, die zugleich Vereinsmitglieder eines örtlichen Kulturvereins sind, offensichtlich engagierter als frühere Konsumenten eines fremdbestimmten kommunalen Kulturangebots in die Arbeit eingebunden sind,
- dass die Motivation verstärkt wird durch die Hoheitsgewalt über das Gebäude und die Finanzen sowie durch das eigenverantwortete Veranstaltungsprogramm,
- dass die Haushaltslage die Kommunen in Zukunft zwingen wird, die Spielräume für verwaltungseigene soziokulturelle Angebote eher einzuschränken. „Sponsoring" und „Ehrenamt" sind die verbleibenden Alternativen, mit Chancen für Vielfalt im Programm und stärkerer Identifikation der Bürger und Nutzer.

In der Vielfalt neuer Kulturangebote, in der Art ihrer Vorbereitung und Durchführung kann inzwischen in einigen Einrichtungen dieser Art ein Niveau festgestellt werden, das für den ländlichen Raum bis dato unbekannt war und das zur Folge haben kann, dass der Einzugsbereich der Besucher weit über den Ort hinausgeht, in einigen Beispielen sogar über die Landkreisgrenzen (Hof „dartein" in Driever, Ostfriesland u. a.).

Von besonderem Interesse ist in diesem Zusammenhang auch die niedersächsische Initiative des Sozialministeriums für die Förderung von sog. „Mehrgenerationenhäusern", die das bestehende Defizit an altersspezifischen Aufenthalts- und Aktionsmöglichkeiten im ländlichen Raum ausgleichen sollen. Unter dem Motto „Zusehen, Mitmachen, Selbstmachen" soll das Potential von freiwilligem Engagement und Selbsthilfe gestärkt werden. Geplant sind 50 Mehrgenerationenhäuser, wobei das Land je eine Einrichtung pro Landkreis oder kreisfreier Stadt mit 40.000,- € pro Jahr für eine feste Personalstelle sowie für Honorar- und Sachmittel maximal 5 Jahre lang fördern will. Dabei müssen die Investitions- und Betriebskosten von den Trägern übernommen werden. Auch bei diesen Vorhaben bietet sich die Umnutzung leer gefallener ländlicher Altbausubstanz besonders an, deren Förderung wiederum durch andere Förderprogramme möglich ist (siehe auch Kapitel 14).

Feststellbar ist, dass eine neue „Dorfkultur" zum Bestandteil der zivilisierten Organisation des Alltags im ländlichen Raum geworden ist, die alle Seinsbereiche wie selbstverständlich durchdringt. Auch in der dörflichen Erlebnisgesellschaft existiert heute eine Vielfalt an Lebensstilen nebeneinander, für deren Realisierung eben entsprechende räumliche und organisatorische Angebote erforderlich sind, für deren Bereitstellung und Pflege der Bürger jedoch mehr und mehr selbst Sorge tragen muss.

SOZIOKULTURELLE EINRICHTUNGEN IN DEN FALLSTUDIEN

Neubau eines Dorfgemeinschaftshauses in Abbenrode/Elm (siehe auch Abb. 314 + 315)

Eine Restfläche auf dem direkt an die B 1 angrenzenden Kirchengrundstück in Abbenrode wurde für den Neubau eines Dorfgemeinschaftshauses mit doppelt abtrennbarem Saalbereich, Ortsbücherei, Feuerwehrgerätehaus und doppelläufiger Kegelbahn freigegeben.
Das Haus wird aufgrund seiner multifunktionalen Konzeption bis heute intensiv genutzt.

Die gestaffelten geschlossenen Mauerwände im Süden bieten den erforderlichen Lärmschutz gegenüber dem intensiven Durchgangsverkehr auf der B 1.

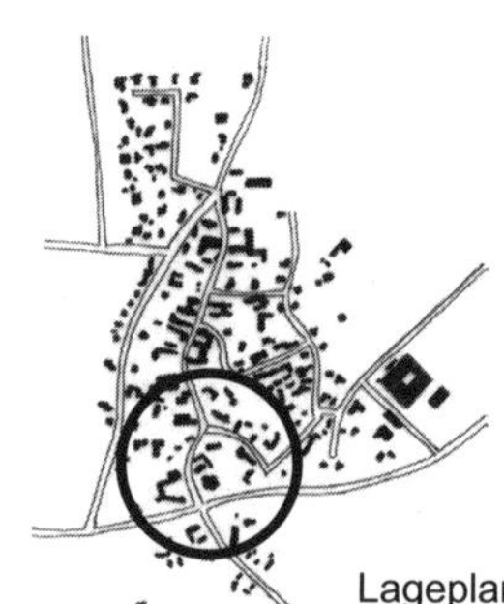

Lageplan Abbenrode

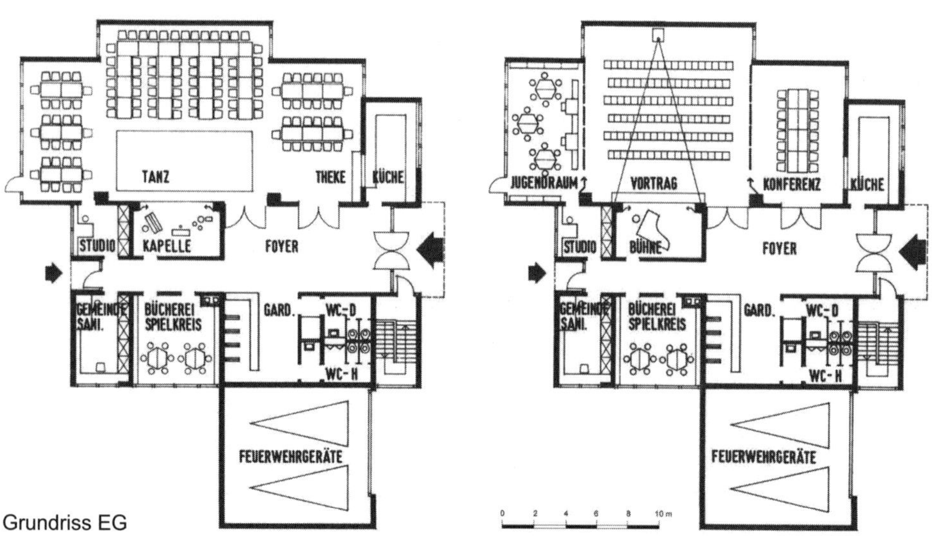

Grundriss EG
Nutzungsvarianten

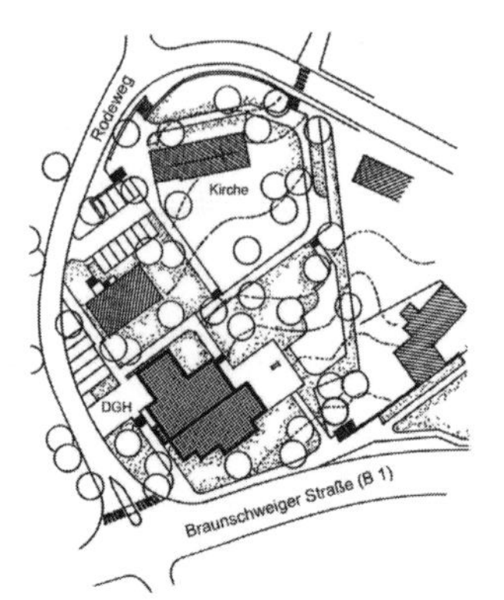

Lageplan des DGH
mit Grundstücksgestaltung

Abb. 111: Dorfgemeinschaftshaus Abbenrode

Neues Feuerwehrgerätehaus und Mehrzweckhalle Elbingerode (siehe auch Abb. 316 – 319)

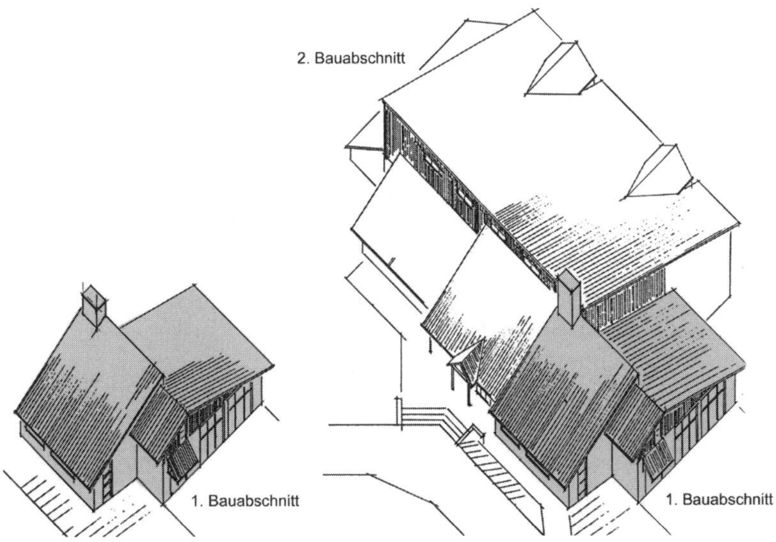

Lageplan Elbingerode

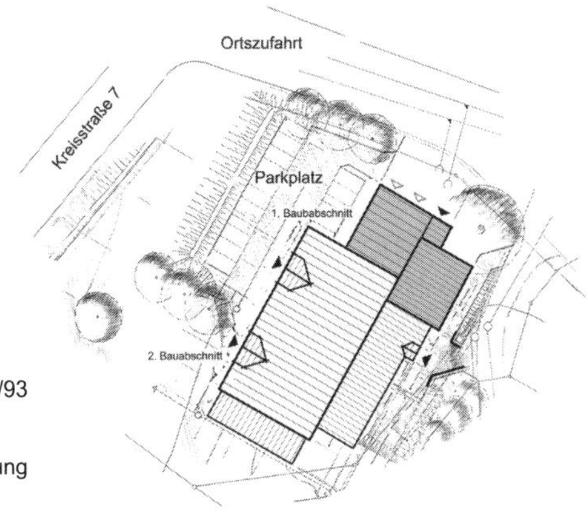

Perspektive
1. Bauabschnitt: Bau des Feuerwehrgerätehauses 1983 2. Bauabschnitt: Anbau einer Sporthalle 1992/93

rechts: Lageplan Mehrzweckhalle und Grundstücksgestaltung

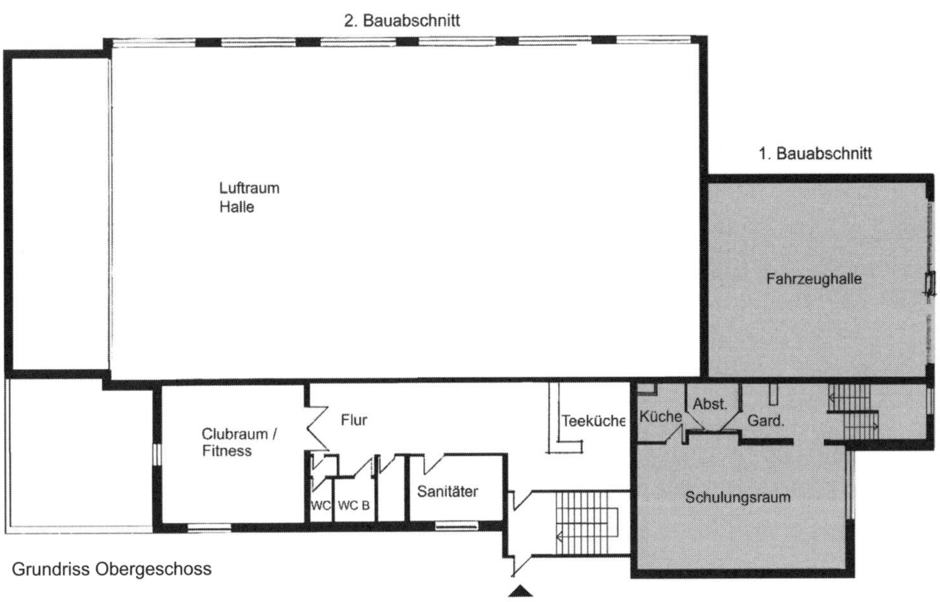

Grundriss Obergeschoss

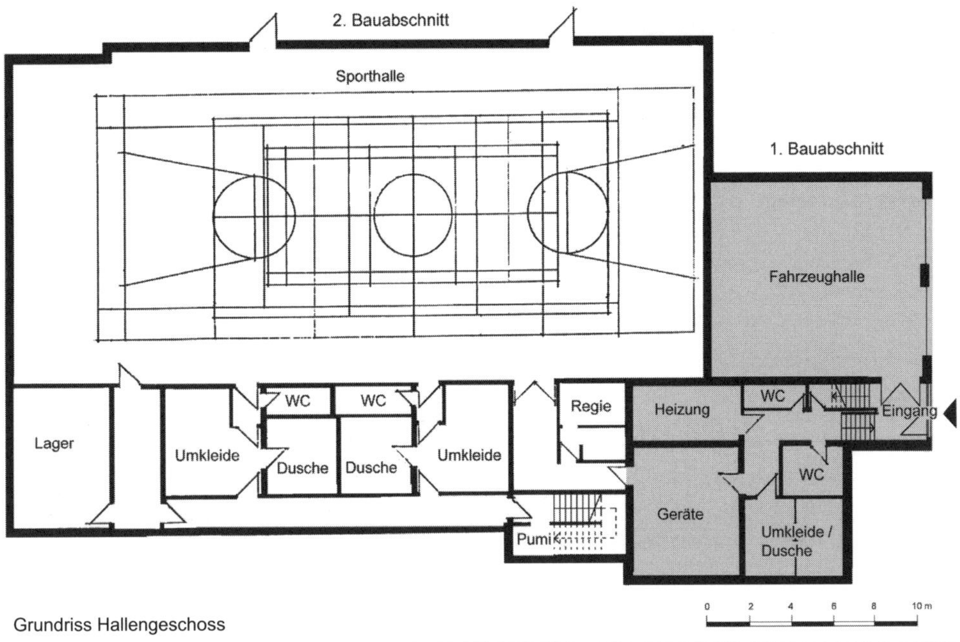

Grundriss Hallengeschoss

Dank der Standortentscheidung der Gemeinde Elbingerode ist es gelungen, mit der 1993 eingeweihten Mehrzweckhalle ein überzeugendes Dorfzentrum mit benachbarter Gaststätte, kirchlichem Gemeindehaus, Kirche.Spielplatz, Kindergarten, Buswartehaus und Dorfmuseum im Ortskern zu entwickeln.

Bereits 1983 konnte das neue Feuerwehrgerätehaus als 1. Bauabschnitt eingeweiht werden, das nach 10 Jahren unter Nutzung des Hanggeländes – getrennt nur durch eine doppelte Brandwand- um eine Mehrzweckhalle mit den Abmessungen 32 x 15 x 5,5 m sowie einem Clubraum erweitert wurde.

Das Haus ist dank seiner Größe neben den sportlichen auch für kulturelle Nutzungen geeignet. Die gewählten Materialien Holz, Verblendmauerwerk und naturrote Dachziegel nehmen wie der Baukörper selbst Gestaltmerkmale des überlieferten Gebäudebestandes in Elbingerode auf.

Die Mehrzweckhalle entspricht den Anforderungen der Sporthallennorm DIN 18032.

Abb. 112: Feuerwehrgerätehaus und Mehrzweckhalle Elbingerode

Neubau eines Feuerwehrgerätehauses in Hattorf am Harz (siehe auch Abb. 320 + 321)

Das Feuerwehrgerätehaus für vier Garagenplätze, Werkstatt und Schulungsraum wurde anstelle des benachbarten historischen Gebäudes (siehe Abb. 113) im Zentrum des verdichteten Haufendorfes zwischen der zentralen Mitteldorfstraße (K 6) und der abzweigenden Rothenstraße auf beengter Grundstücksfläche mit den notwendigen Park- und Übungsplätzen neu errichtet.

Der differenzierte Baukörper nimmt in seiner Lage und in seinen Materialien (dunkel imprägniertes Holz, Verblendmauerwerk und naturrote Ziegeldeckung) die örtlichen Gestaltmerkmale auf.

Lageplan Hattorf am Harz (Ausschnitt Ortskern)

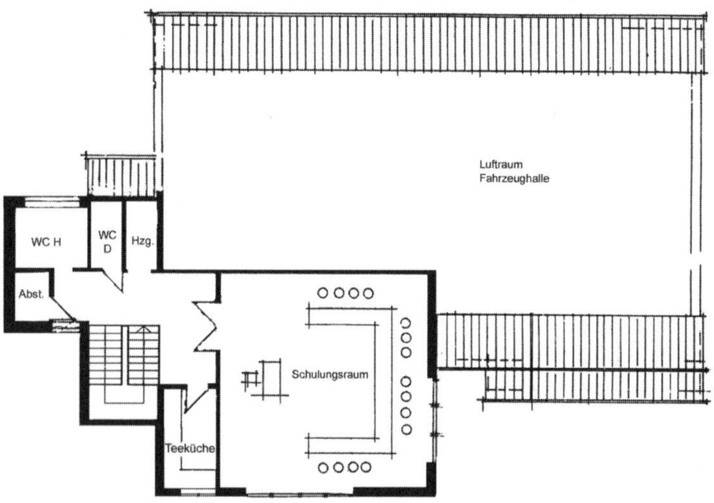

Grundriss Obergeschoss

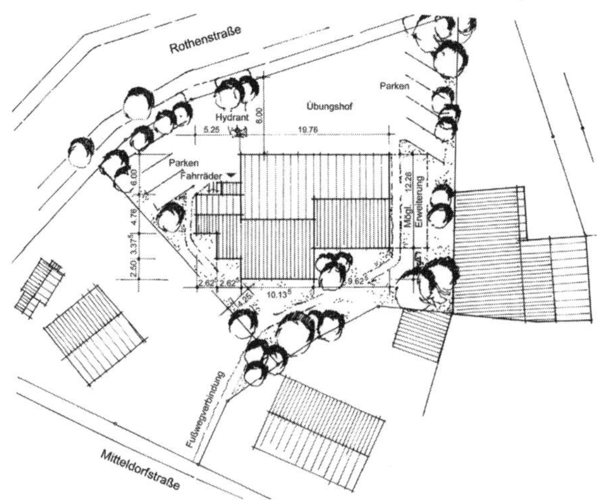

Lageplan Grundstück

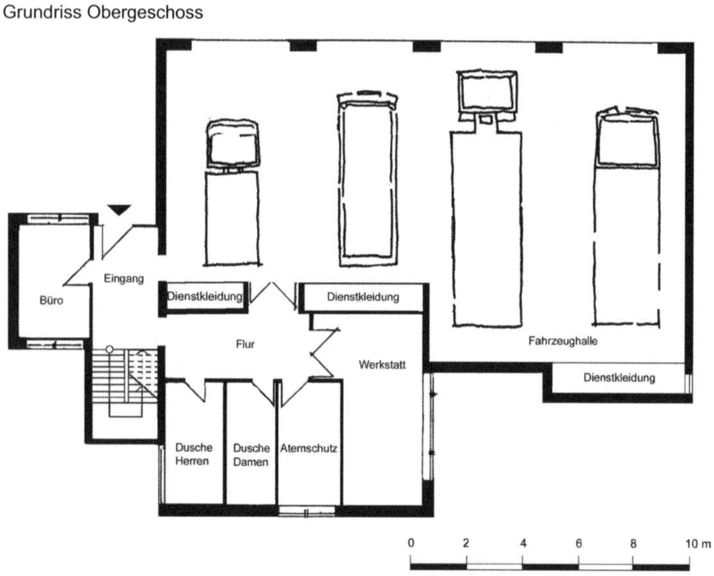

Grundriss Erdgeschoss

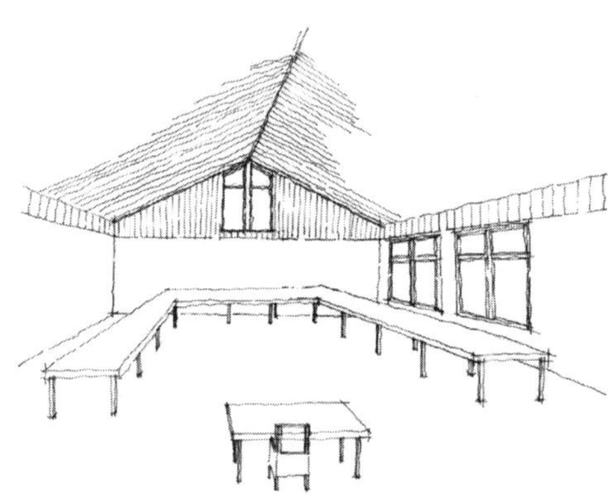

Innenraumperspektive des Schulungsraumes

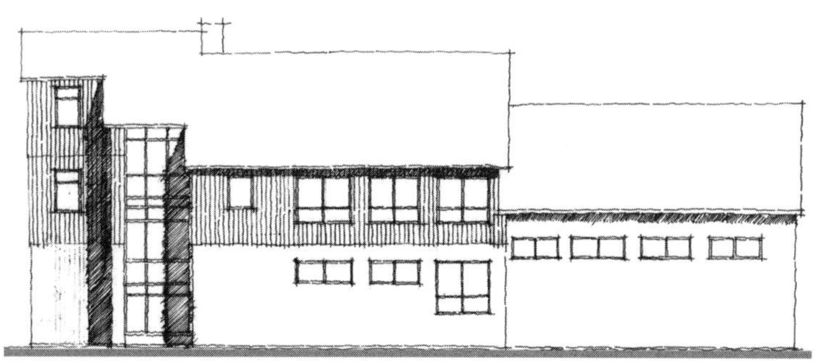

Fassadenansicht Süden

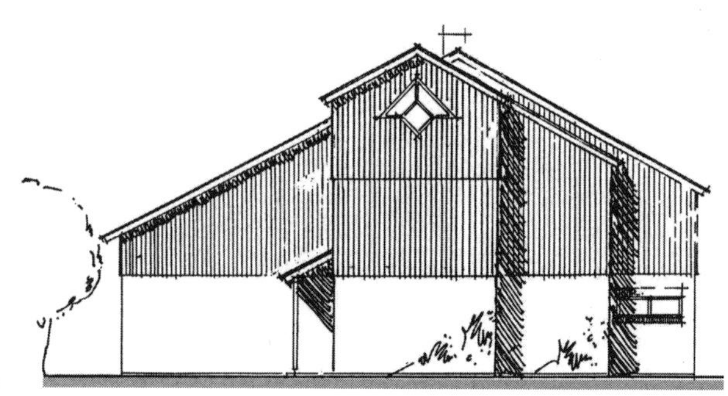

Fassadenansicht Westen

Abb. 113: Neues Feuerwehrgerätehaus in Hattorf am Harz

Umbau des ehemaligen Feuerwehrgerätehauses zur DRK-Station in Hattorf am Harz (siehe auch Abb. 322 + 323)

Das ortsbildprägende, direkt an der Haupterschließungsstraße (K6) im Ortskern von Hattorf liegende Feuerwehrgerätehaus steht mit seinem charkteristischen Schlauchturm unter Denkmalschutz.
Unter Berücksichtigung entsprechend strenger gestalterischer Auflagen konnte es durch Umnutzung zur örtlichen DRK-Station am Standort erhalten werden.

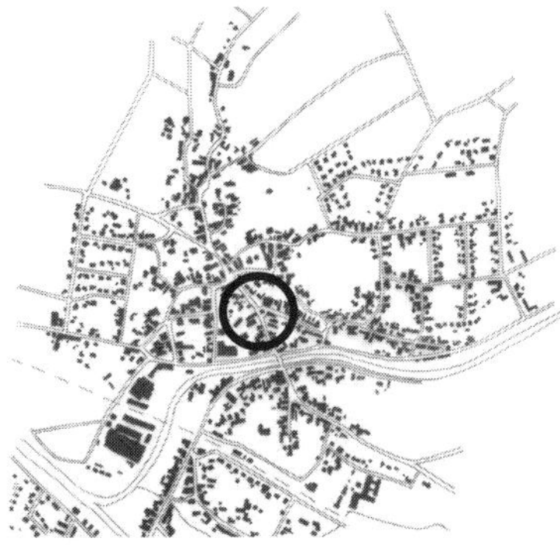

Lageplan Hattorf am Harz (Ausschnitt Ortskern)

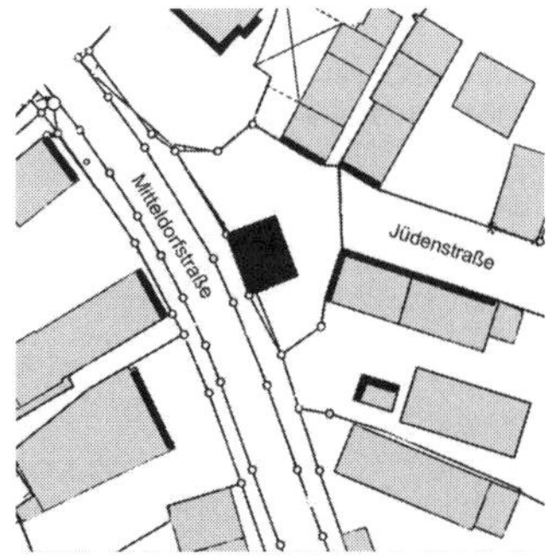

Lageplan des Feuergerätehauses

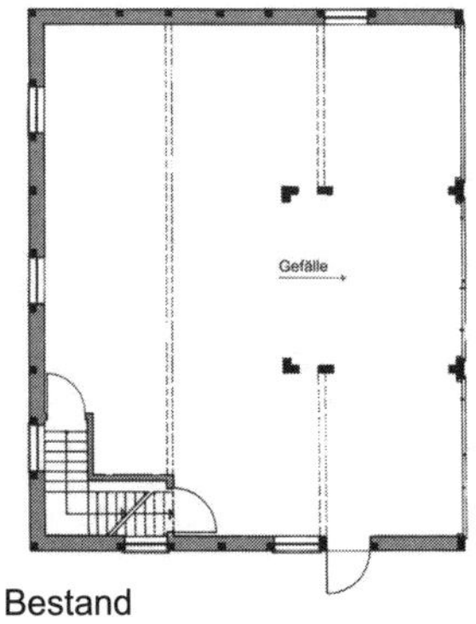

Grundriss Bestand

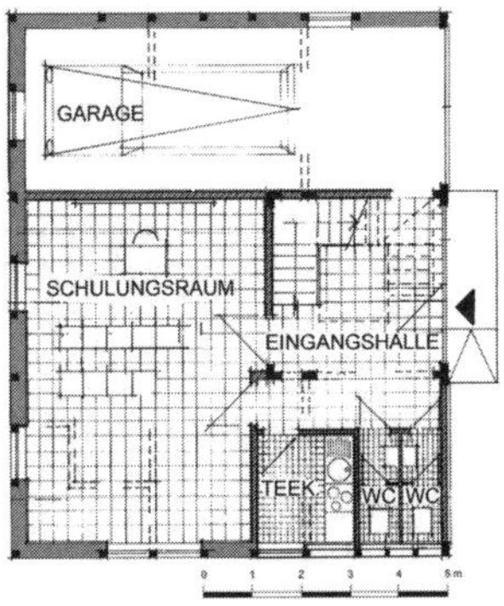

Grundriss Entwurf

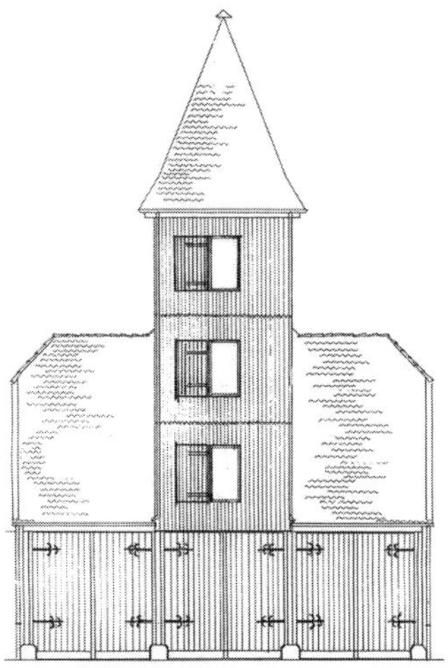

Ansicht Süd-Westen

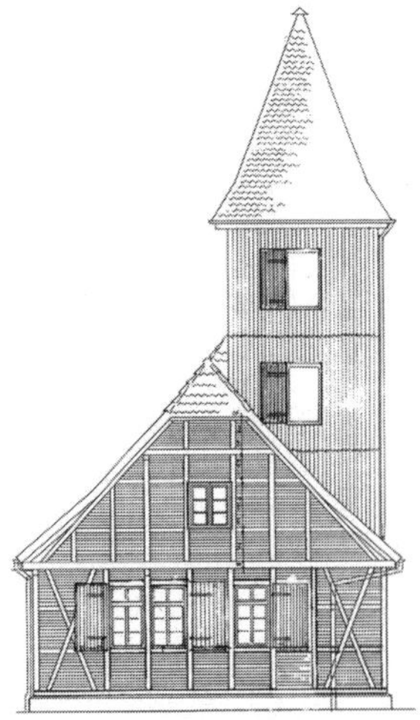

Ansicht Nord-Westen

Abb. 114: Umnutzungsbeispiel, altes Feuerwehrgerätehaus in Hattorf am Harz

Umnutzung der Marienkapelle in Haßbergen zum Kulturzentrum (siehe auch Abb. 328 – 331)

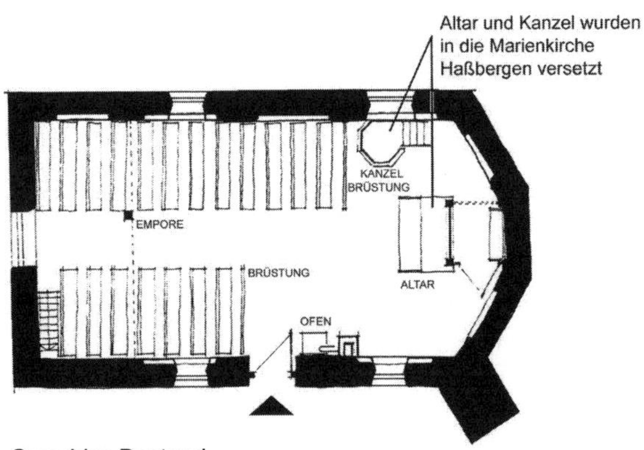

Grundriss Bestand
(Nutzung als Kapelle bis 1960)

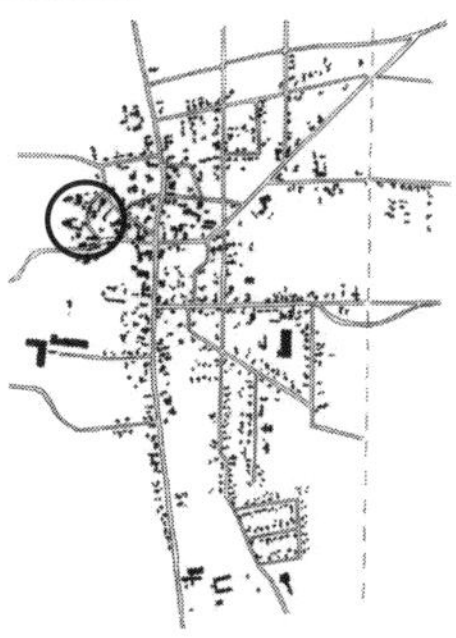

Lageplan Haßbergen

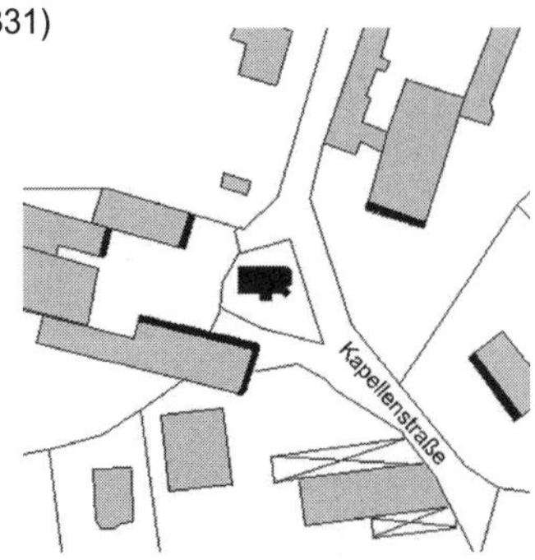

Lageplan Kapelle

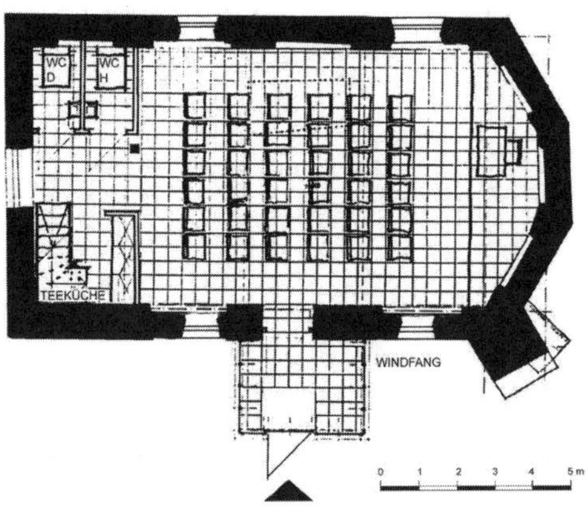

Grundriss Entwurf

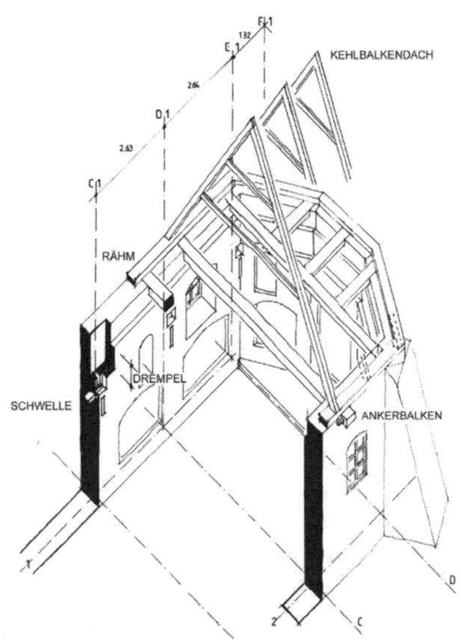

Axonometrie der Bestandskonstruktion

Vor 15 Jahren konnte die seit über 30 Jahren ungenutzte Kapelle aus dem 16. Jh. vor dem drohenden, bereits genehmigten Abriss durch Umbau zu einem kulturellen Mittelpunkt gerettet werden.
Dank des ehrenamtlichen Engagements junger Bewohnergruppen wurde der schöne Innenraum mit der erhaltenswerten Empore zum Zuschauerraum für maximal 65 Personen umfunktioniert.

Das vielseitige, halbjährlich wechselnde Kulturprogramm (Konzerte, Lesungen, Ausstellungen, Kabarett) hat bereits eine in der Region beheimatete Stammkundschaft gefunden. Die Kapelle wird auch für Trauungen angeboten.

Die interessante Entstehungsgeschichte und der Planungsprozess sind in der Schriftenreihe des Nienburger Museums dokumentiert.

Abb. 115: Umnutzungsbeispiel, Marienkapelle Haßbergen

Umnutzung eines ehemaligen Schulhauses zum Kulturzentrum "Küsterhaus Varrel" (siehe auch Abb. 332 – 335)

Das seit einem Jahrzehnt leer stehende ehemalige zweiklassige Schul- und spätere Küsterhaus wurde in zwei Stufen zum Kulturzentrum für den Ort und die nähere Region umgebaut. Träger ist der Verein "Kultur im Küsterhaus Varrel e. V.".

In einer 1. Baustufe wurde das Erdgeschoss als Saalbereich, Bücherei, Verwaltungs- und Bürgermeisterzimmer mit entsprechender Teeküche und Sanitärzone ausgebaut. In einer 2. Baustufe folgte 10 Jahre später der Ausbau des Obergeschosses für Übungsräume der Musikschule Diepholz mit einer Appartementwohnung.

Das unter Denkmalschutz stehende Küsterhaus bildet heute mit der benachbarten Kirche, dem Friedhof und einer Gastätte sowie in Verbindung mit weiteren Dienstleistungseinrichtungen (Bank und Sparkassenzweigstelle) im näheren Umfeld einen soziokulturellen Mittelpunkt im Dorf Varrel.

Lageplan Varrel

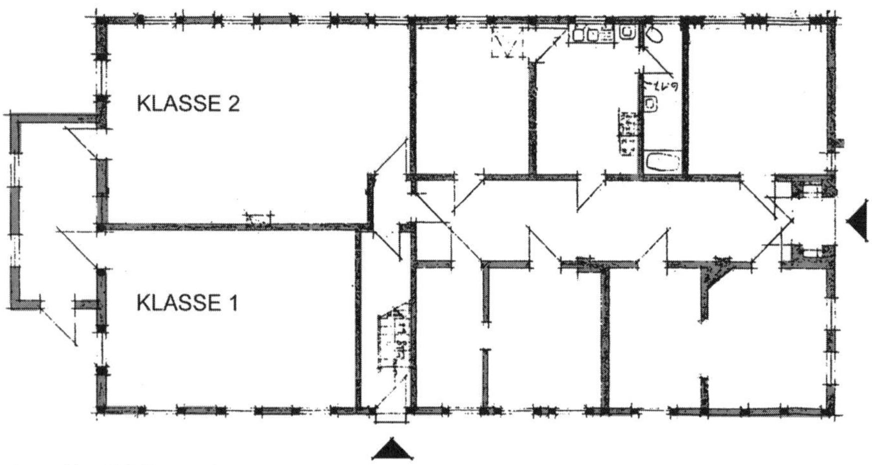

Grundriss EG Bestand

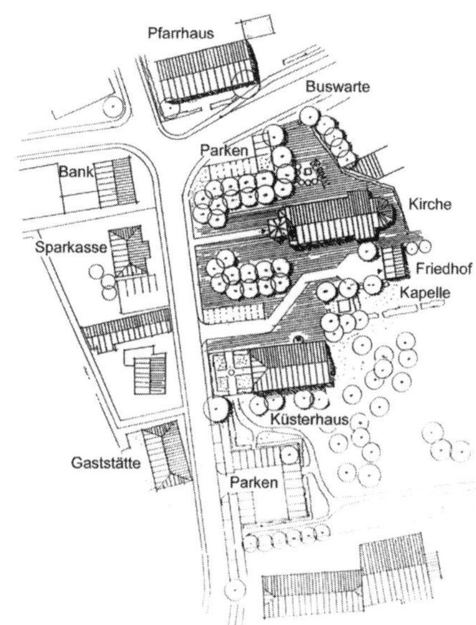

Lageplan Entwurf Grundstück

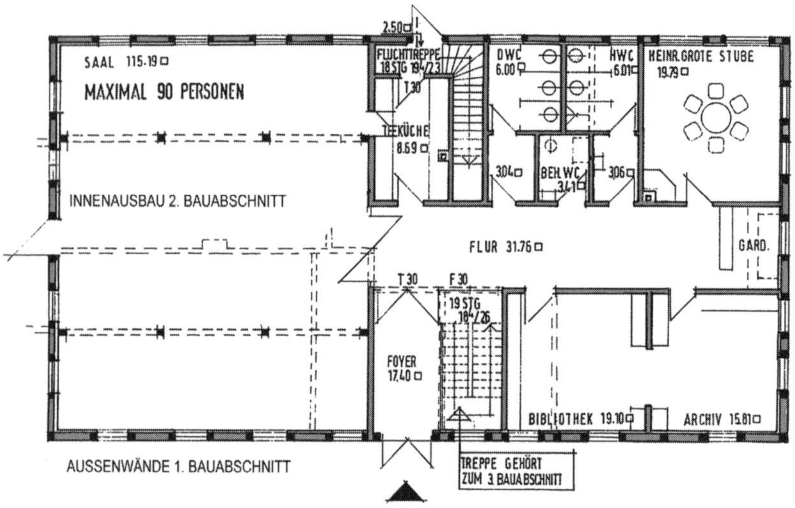

Grundriss EG Entwurf (1. Baustufe)

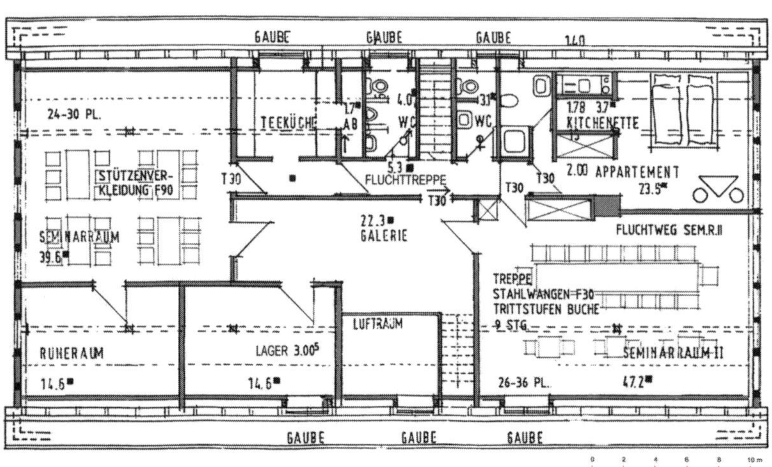

Grundriss OG Entwurf (2. Baustufe)

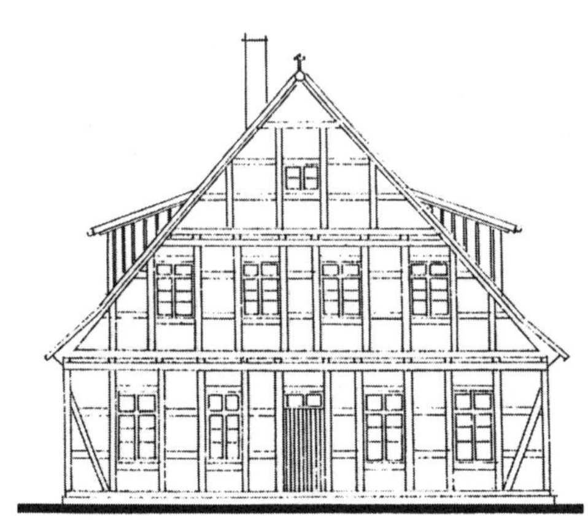

Ansicht Osten

Abb. 116: Umnutzungsbeispiel, Küsterhaus Varrel

Umbau eines Scheunengebäudes zum "Dörphus" in Estorf (siehe auch Abb. 336 – 339)

Im geometrischen Mittelpunkt des Dorfes Estorf konnte durch Rückbau zweier sich kreuzender Straßen ein neuer Ortsmittelpunkt zwischen Laden, Gasthaus und Kichenzentrum gestaltet werden (siehe auch Kapitel 15, Abb. 163).

Die neue Ortsmitte wurde komplettiert durch eine in den Platz hineinragende Fachwerkscheune, die mit einem Grundstücksanteil aus dem benachbarten landwirtschaftlichen Hofgrundstück herausgetrennt und von der Gemeinde erworben werden musste, um 1983 den Umbau zum Dorfgemeinschaftshaus mit einem Saal und zwei Clubräumen zu ermöglichen.

Die spektakuläre Baumaßnahme, in der nur etwa 10 % des historischen Eichenfachwerks erhalten werden konnte, wurde 1987 mit einem Holzbaupreis ausgezeichnet.

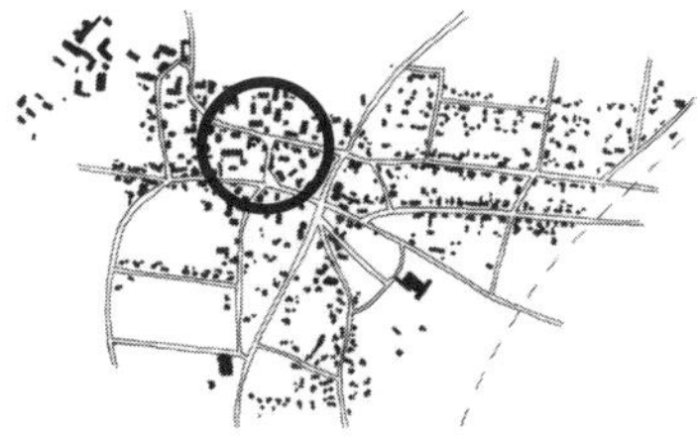

Lageplan Estorf

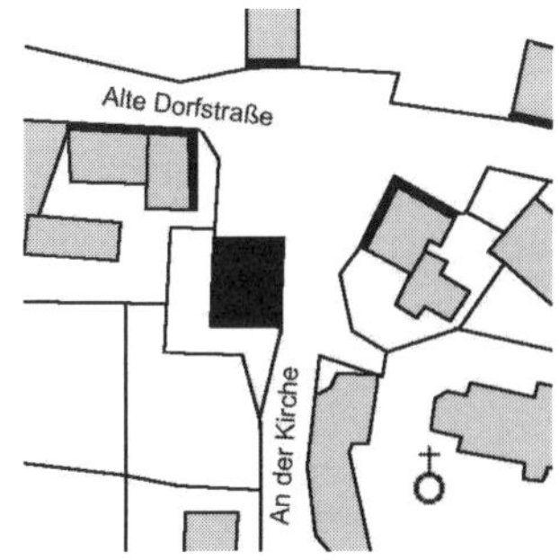

Lageplan "Dörphus"

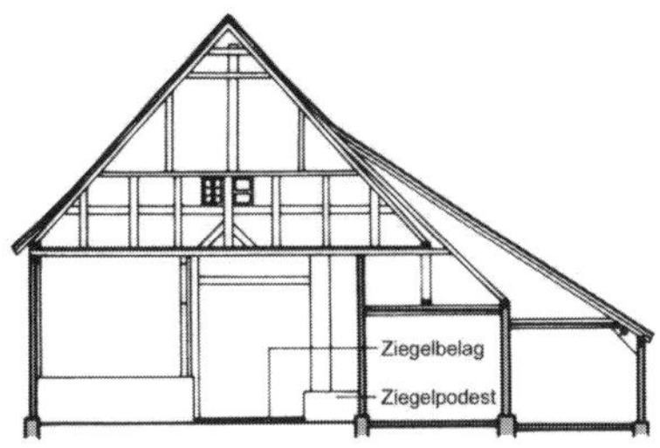

Schnitt Bestand

Ansicht Norden Bestand

Ansicht Norden Entwurf

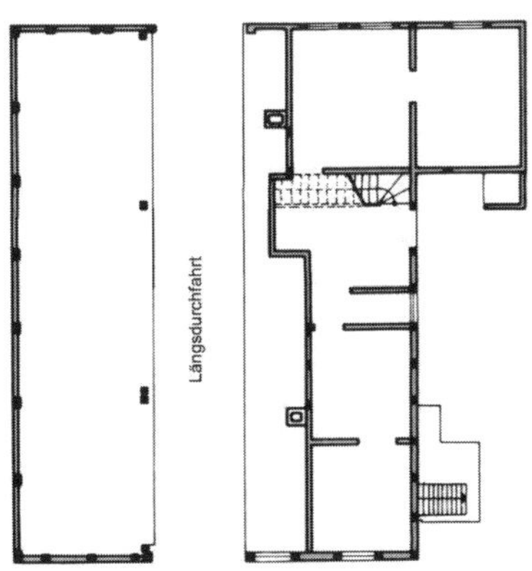

Grundriss Bestand

Perspektive von Nord-Osten

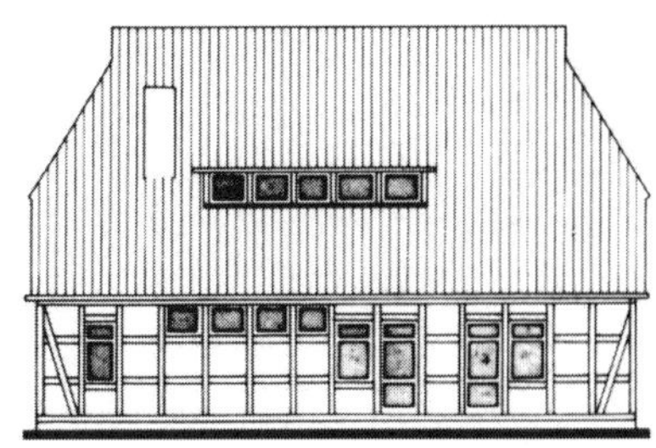

Ansicht Westen

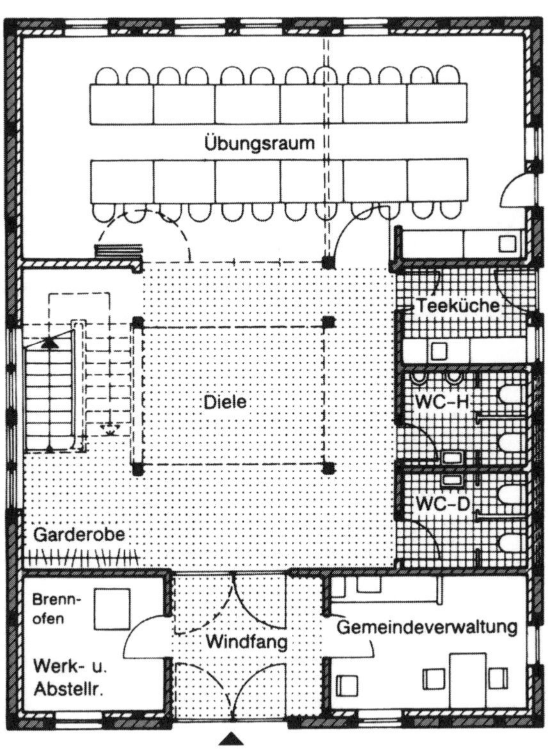

Grundriss EG Entwurf

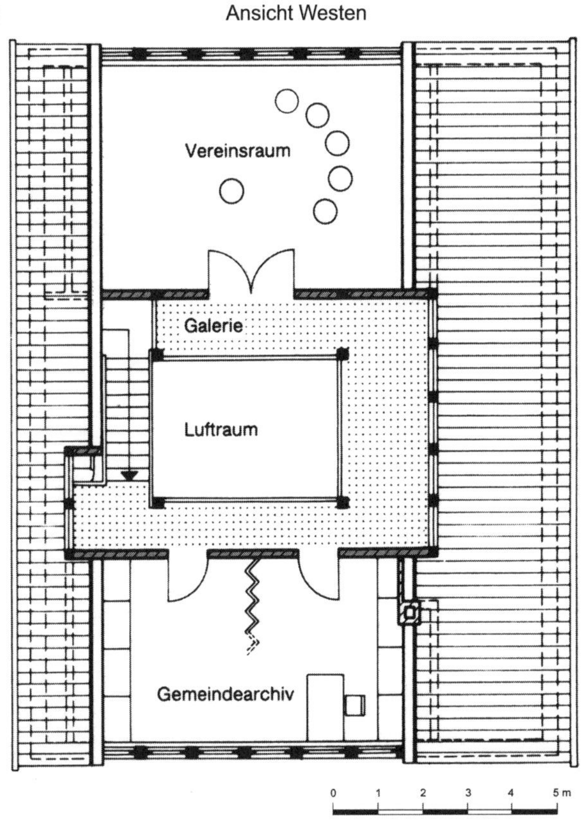

Grundriss OG Entwurf

Abb. 117: Umnutzungsbeispiel, Dörphus Estorf

Umnutzung einer Hofstelle in Lübeln zum sog. "Wendlandhof" (siehe auch Abb. 340 – 343)

Vor 30 Jahren wurde im Rahmen einer der ersten bundesweiten Dorfsanierungen im Rundlingsdorf Lübeln eine leer stehende Hofstelle – bestehend aus einem Vierständer-, einem Dreiständer- und einem Wirtschaftsgebäude in Fachwerkbauart zum Dorfgemeinschaftshaus (Vierständerhaus mit Anbauteil), Dorfmuseum (Dreiständer), Kunsthandwerkeratelier (Wirtschaftsgebäude) umgenutzt.

Das 1978 mit einem DBA-Anerkennungspreis ausgezeichnete Vorhaben hat zwischenzeitlich mehrere Veränderungen erfahren, die zugleich die Entwicklung des rein bäuerlichen Rundlingsdorfes zum regionalen ländlichen Tourismuszentrum widerspiegeln:

1) Die Sauna im Anbau wurde durch ein Café ersetzt.
2) Das Dorfgemeinschaftshaus wurde im Erdgeschoss zum touristischen Informationszentrum umgebaut.
3) Das rückwertige Hofgrundstück (Radialhufe) wurde inzwischen mit über einem Dutzend translozierter, wieder aufgebauter Haupt- und Nebengebäude zu einem bekannten und beliebten Freiluftmuseum entwickelt.

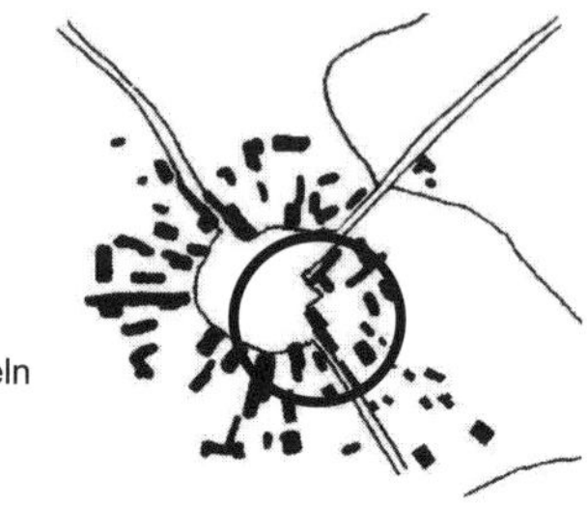

Lageplan Ortskern Lübeln

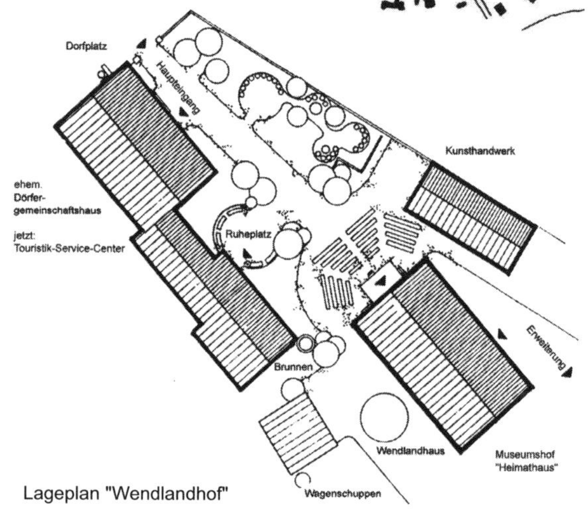

Lageplan "Wendlandhof"

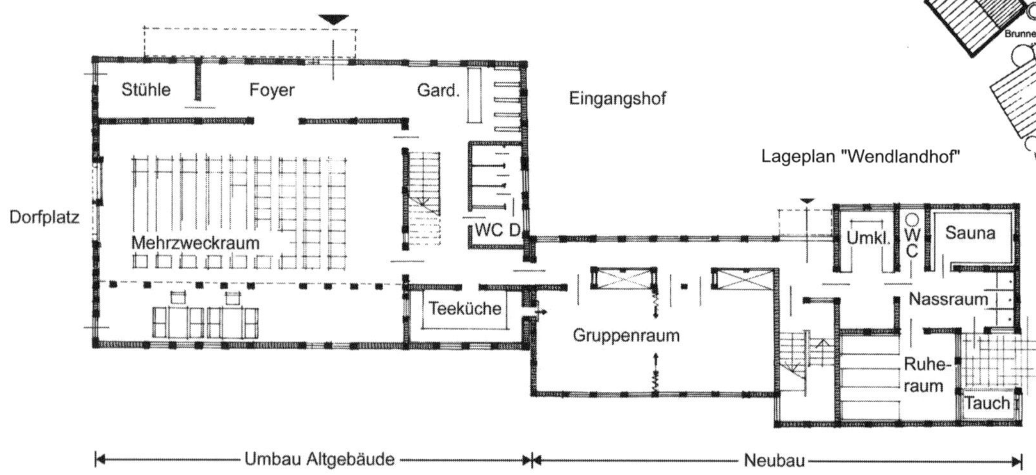

links: Grundriss EG Ursprüngliche Nutzung als Dorfgemeinschaftshaus

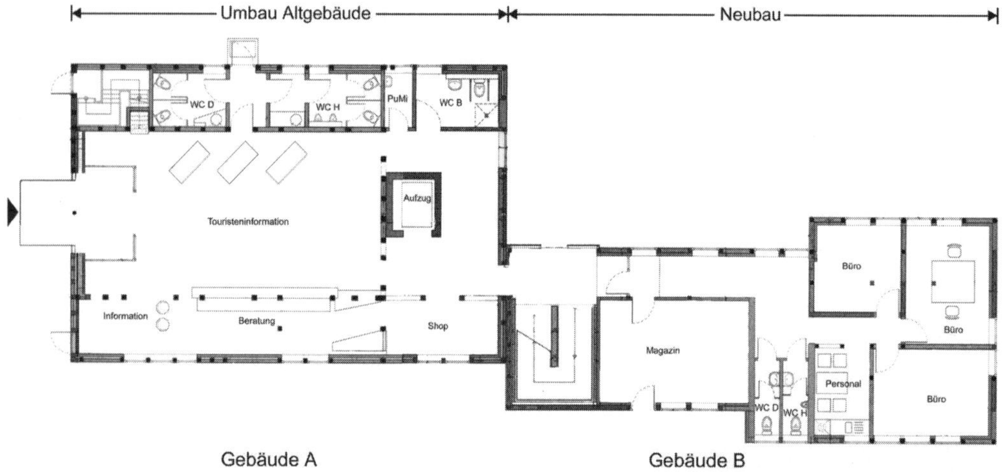

links: Grundriss EG Aktuelle Nutzung als touristisches Infozentrum

Diele des alten Vierständerbaus

Innenraumperspektive des Mehrzweckraumes

Abb. 118: Umnutzungsbeispiel, "Wendlandhof" Lübeln

Umbauplanung einer Mehrseithofanlage zum Kulturzentrum in Reinstedt (siehe auch Abb. 344 – 347)

Die teilzerstörte Mehrseithofanlage in Reinstedt in der Nähe weiterer kultureller Einrichtungen (Kindergarten, kirchliches Gemeindezentrum, Gaststätte u. a.) sollte im Rahmen der Dorferneuerung zu einem vielseitigen kulturellen Mittelpunkt ausgebaut werden (Dofrmuseum, Verwaltung, Bücherei, Dorfgemeinschaftshaus mit weiteren Vereins- und Clubräumen).

Nachdem lediglich 3 Gebäudeteile an der Dorfstraße erhalten und teilgenutzt werden können, muss das Projekt nach dem zwischenzeitlich erfolgten Abbruch der rückwärtigen Gebäudeteile als gescheitert angesehen werden. Damit ist der wichtigste "Baustein" des Dorferneuerungsplanes zur Stabilisierung bzw. Entwicklung der Dorfgemeinschaft ungenutzt geblieben.

Der sog. "Bestehornhof" in Reinstedt ist damit das einzige Beispiel unter den Fallstudien, in denen die von der Kommune im Dorferneuerungsplan beschlossenen kulturellen Ausbauziele ohne Bürgerbeteiligung durch bewilligten Abbruch unterlaufen wurden.

Lageplan Reinstedt

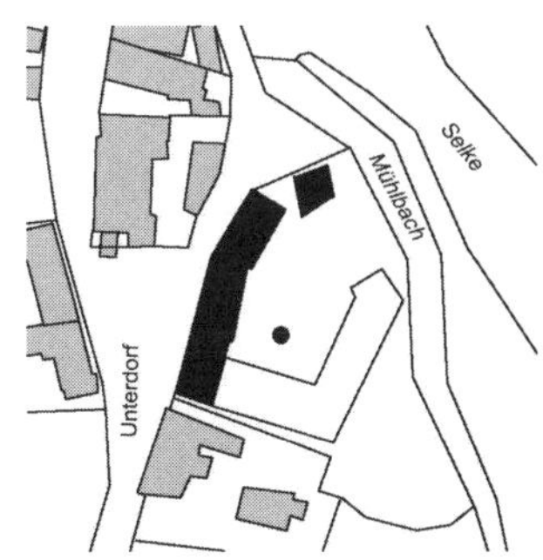

Lageplan Bestehornhof

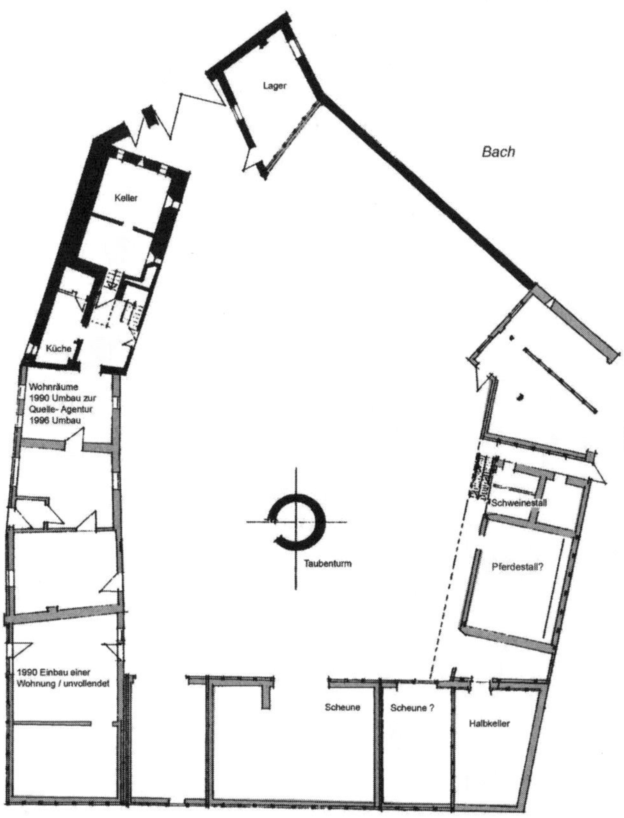

Gundriss EG
historischer Bestand

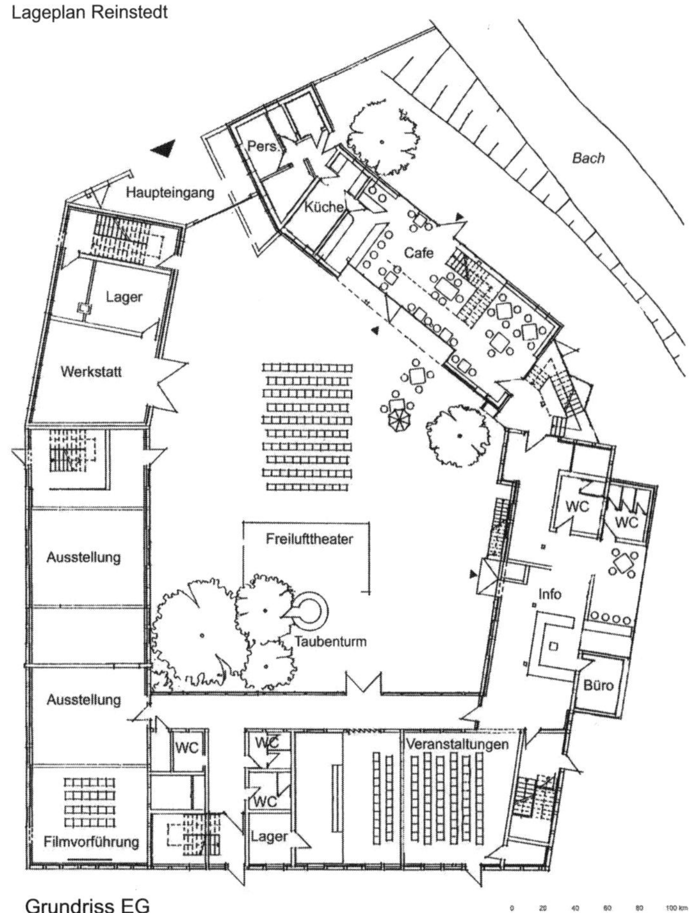

Grundriss EG
Entwurf

Ansicht Nord-Osten (Planung)

Ansicht Innenhof Osten (Planung)

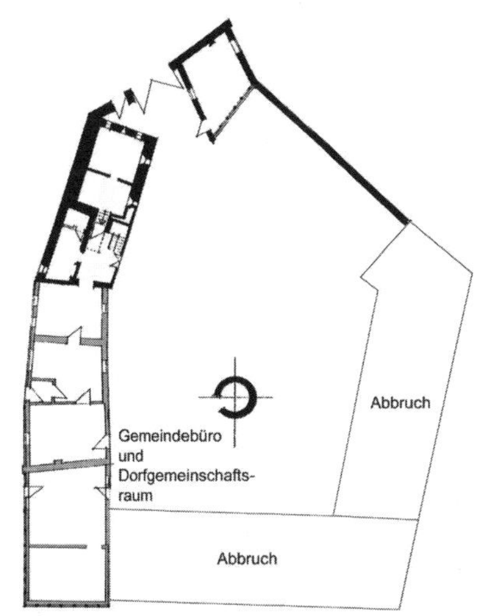

Aktuelle Situation
Abbruch der hinteren Gebäudeteile

Abb. 119: Umnutzungsentwurf, Bestehornhof Reinstedt

12.6 Fallstudienanalyse

Die Auswertungen der aktuellen Fragebogenaktionen und Ortsbegehungen bestätigten die veränderten Trends und Angebotsstrukturen.

Auf kommunaler Ebene wurde
a) nach dem Vorhandensein
b) nach dem weiterem Bedarf und
c) nach der drohenden Schließung einzelner soziokultureller Einrichtungen gefragt.

Die Bewohner konnten sich in zwei getrennten Fragebogenaktionen zu den vermuteten Auswirkungen der Dorferneuerung auf
a) das dörfliche Gemeinschaftsleben,
b) das dörfliche Kultur- und Vereinsleben und auf
c) das Bewusstsein für die Ortsgeschichte äußern. Daneben wurde
d) die eigene Kenntnis von Gemeinschaftseinrichtungen im Dorf und
e) das Wissen um bestehende Angebote für einzelne Altersgruppen erfragt.

Da die an die Dorfbewohner gerichteten Fragen a) – c) im Kapitel „Soziales Umfeld Dorf/Bürgerbeteiligung“ (siehe Kapitel 18) ausgewertet werden, wird hier lediglich auf die beiden letzten Fragenkomplexe eingegangen.

In einem gesonderten Experteninterview wurden zusätzlich ausgewählte Persönlichkeiten nach ihrer Einschätzung der Entwicklungsmöglichkeiten zur soziokulturellen Ausstattung in ihrem Dorf befragt.

12.6.1 Kommunale Befragung

In über der Hälfte (56 %) der niedersächsischen Untersuchungsdörfer wird das Vorhandensein von soziokulturellen Einrichtungen bestätigt, wobei neben den „klassischen“ Gemeinschaftshäusern auch Mehrzweckhallen, teilweise private Saalbauten und Vereinsräume mitgezählt wurden.
Tatsächlich besitzen nur 6 Dörfer ein umgebautes bzw. neu gebautes Dorfgemeinschaftshaus.
5 Dörfer nutzen zu Mehrzweckräumen oder dörflichen Kulturzentren umgebaute landwirtschaftliche oder kirchliche Gebäude.
Ein weiterer Bedarf nach Einrichtungen wird überwiegend verneint (72 %), mit Ausnahme der Dörfer Beber, Rohrsen, Radbruch, Kuppendorf und Häuslingen.
Im Verlauf dieser Nachuntersuchung wurde im Dorf Beber das Begegnungszentrum „Jung und Alt“ eröffnet, somit dürfte hier der Bedarf gedeckt sein.

Mit etwa 20 % ist der Anteil der geäußerten Erwartungen, dass die soziokulturellen Einrichtungen möglicherweise nicht mehr aufrechterhalten werden können, relativ hoch (Wohlenhausen, Dorste, Schwiegershausen, Schnega, Häuslingen, Jerxheim). Betroffen sind dabei insbesondere die zur Stadt Osterode gehörenden Ortsteile.

Die örtliche Überprüfung ergab, dass es insgesamt mehr soziokulturelle Einrichtungen in den befragten Dörfern gibt, als die Gemeinden benannt haben. Der wirkliche Ausstattungsgrad mit mindestens 2 relevanten Einrichtungen beträgt demnach in den niedersächsischen Fallstudien 78 % (25 von 32 Dörfern), in Sachsen-Anhalt jedoch nur 38 % (3 von 8 Dörfern).

12.6.2 Bürgerbefragung

Die Fragebogenaktionen bestätigen die erwartete überwiegend negative Einschätzung der vorhandenen soziokulturellen Angebote für Jugendliche unter 16 Jahre und für ältere Bewohner über 65 Jahren. Besonders negativ ist die Beurteilung in der Geest-/Moorregion (60 % „schlecht“ bis mäßig“ für Jugendliche, 50 % für ältere Bürger) gegenüber dem Südharz (45 % bzw. 25 %). Besonders günstig fallen dagegen die Wertungen der Bürger in den Sünteldörfern mit 81 % bzw. 88 % und in den Braunschweiger Bördedörfern mit 63 % bzw. 89 % positiven Beurteilungen aus.
Es bleibt festzuhalten, dass Einrichtungen für ältere Menschen häufiger vorhanden sind (z. B. Altenheime und -treffs), während Jugendtreffs nur selten realisiert wurden bzw. nach häufigen Zerstörungen durch die Jugendlichen selbst sogar geschlossen werden mussten (Radbruch, Großjena, Erxleben). Trotzdem wird der Wunsch nach solchen Einrichtungen besonders von den jungen Bewohnern weiterhin geäußert!

Nach ihrer Bedeutung haben sich im Bewusstsein der Bürger besonders die Vereinshäuser vor Dorfgaststätten sowie vor Gemeinschaftshäusern und kirchlichen Gemeinschaftseinrichtungen eingeprägt.
Diese Tatsache spiegelt sich deutlich in den in fast allen niedersächsischen Regionen geäußerten Wünschen der Bürger nach Sport- und Freizeiteinrichtungen bzw. deren Verbesserung wider (44 %; nur 12,5 % in Sachsen- Anhalt). Der Wunsch nach der Einrichtung eines „klassischen“ Dorfgemeinschaftshauses/ -raumes wird nur noch von wenigen Befragten geäußert (z. B. in Kuppendorf und Gittelde). Diese Tatsache bestärkt den bereits erwähnten Trend zu mehr Freizeiteinrichtungen und -angeboten.

Im Bereich der neuen Bundesländer wurden nach der Wende zahlreiche der damaligen „Kulturhäuser“ aufgegeben bzw. verwahrlosten mangels fehlender kommunaler Mittel oder aus anderen Gründen. Da die dörflichen Kulturhäuser auch die gängigen Verbreitungsstätten der kommunistischen Ideologie und Propaganda waren, ist nur zu verständlich, dass kein ausgesprochener Bedarf nach ihrer Weiterverwendung als Bürgertreffpunkte nach der Wende bestand.
Unabhängig hiervon besteht jedoch ein großer Bedarf nach neuen und „offenen“ Häusern der Begegnung.

In der Expertenmeinung ist die Zukunft der soziokulturellen Einrichtungen der niedersächsischen Fallstudien mit über 50 %- Urteilen von „ungewiss“ bis „negativ“ eher unsicher. Von dieser Erwartung sind insbesondere die Einrichtungen der Samtgemeinde Kirchdorf betroffen.

Andere Probleme stellen sich im Bereich der Grundversorgung. Trotz der in benachbarten zentralen Orten vorhandenen umfangreichen Angebote sucht man doch auch vor Ort wieder häufiger nach einem Angebot für den täglichen Bedarf. Obwohl sich die Bewohner der mehr oder weniger „versorgungslosen“ Dörfer notwendigerweise in die nahen Grundzentren orientieren, wäre in Zeiten steigender Treibstoffpreise ein Laden im Ort durchaus wieder attraktiv. In 60 % der niedersächsischen Fallstudien wird eine Verbesserung der Grundversorgung aus Sicht der Bürger für erforderlich gehalten, in Sachsen-Anhalt zu fast 90 %. Ob damit der große Supermarkt oder nur der kleine Laden gemeint ist, ließ sich im Rahmen der Befragungen nicht eindeutig klären. In jedem Fall würde aber eine solche Grundausstattung die Lebensqualität in den entsprechenden Dörfern erhöhen und nachhaltig verbessern.
In den Dörfern, die noch Grundversorgungsdienste anbieten, werden diese auch von 66 % der befragten Bürger in

Niedersachsen und 56 % in Sachsen-Anhalt besucht und deren Erhalt, aber auch deren Verbesserung (größeres Angebot etc.) unbedingt gefordert.

Unterschiedlich ist die ärztliche Versorgung in den Dörfern der Untersuchungsregionen. Sofern noch eine ärztliche Versorgung im Dorf vorhanden ist, wird sie auch von über 2/3 der Bewohner in Anspruch genommen (64 % – 93 %).

12.7 Neue Dorfmärkte – Alternativen zum Nachbarschaftsladen

Nach den vorliegenden, durchaus unterschiedlichen Erfahrungen mit Nachbarschaftsläden in Niedersachsen (von ursprünglich 15 Dorfläden sind noch 10 aktiv) sind auch aus anderen Bundesländern (Nordrhein-Westfalen und insbesondere Schleswig-Holstein) neue Alternativen in Form sog. „Markttreffs“ seit etwa fünf Jahren in der Erprobungsphase. Diese Alternativen zeichnen sich durch den Versuch der Konzentration von unterschiedlichen Angeboten aus.
Sie unterscheiden sich jedoch in mehrfacher Hinsicht von den Vorläufermodellen der Nachbarschaftsläden.

Von der Tendenz her handelt es sich um das Bemühen, durch die Bündelung von drei Angebotssäulen die Langfristigkeit und die Akzeptanz der Dorfkunden zu sichern.

Die drei Säulen sind:
1. Das „Kerngeschäft“, d. h. das Güterangebot für den täglichen Bedarf, deren Umfang mindestens 2.000 Artikel auf einer Fläche zwischen 150 und 300 m² umfassen sollte.
Entscheidender ist neben der Vielseitigkeit auch die Qualität des Angebots. Die Frische verzehrbarer Waren (Obst, Gemüse, Fleisch und Fisch) sollte durch Einschaltung örtlicher bzw. regionaler Anbieter gewährleistet sein.

Die 2. Säule ist das öffentliche, halböffentliche oder private sonstige Dienstleistungsangebot, zu dem neben den Verwaltungsdiensten, Sparkassen-, Post-, Energieversorgungs- und Reiseangebote auch die Führerscheinaushändigung, KFZ-Zulassung, Personalausweiserstellungen, Reinigungsannahmen und Beratungsdienste aller Art gehören können.
Die Praxis hat allerdings bisher gezeigt, dass insbesondere Foto-/Lotto-Annahmestellen und Postzweigstellen wegen zu geringer Frequenz zurzeit noch schwer aufrechtzuerhalten sind.

Als 3. Säule wird ein Bürgertreffpunkt mit kleinem Café, Sozialräumen und ein Bürgerbüro als Standort für Kommunikation der Bewohner aller Altersgruppen und -schichten für notwendig erachtet.
In Schleswig-Holstein sind bereits 19 „Markttreffs“ dieser Art errichtet worden, 11 weitere sind in Vorbereitung.

Diese werden – je nach Einwohnerzahl (ab 700 EW bis max. 1.900 EW) nach vier Größenklassen bzw. -typen (S, M, L, XL) unterschieden, von denen die beiden ersten wegen ihrer geringen Gesamtgröße ausschließlich ehrenamtlich geführt werden sollen.

Eine Besonderheit der schleswig-holsteinischen Modelle von „Markttreffs“ im ländlichen Raum ist die Steuerung und Anschubfinanzierung durch das Land, das sich auch am Controlling der Anlagen beteiligt.

Zu den weiteren Voraussetzungen für einen langfristigen Erfolg gehören nach vorliegenden Erfahrungen:

- umfassende Struktur- und Standortanalysen
- zugesicherte Beteiligung der betroffenen Bürger und der Kommunen
- laufende Marktanalysen mit entsprechenden Reaktionen
- Zusammenarbeit mit Discountern bzw. Kaufhausketten, Vermeidung von Konkurrenzsituationen
- Berücksichtigung bzw. Unterstützung von touristischen Entwicklungszielen
- Integration der Vereine als Kundenstamm
- straffe Organisationsstrukturen mit hauptamtlichem „Marktleiter“ und ehrenamtlichem „Geschäftsführer“
- Internetpräsenz und DSL-Anschluss
- eindeutige Trägerschaft unter Beteiligung der Kommunen, die auch als öffentliche Antragsteller bei entsprechenden Förderanträgen gegenüber der EU (ILEK-Projekte o. Ä.) auftreten müssen
- 50-%ige Förderung bei ILEK-Projekten (Leader+ o. Ä.)
- Berücksichtigung folgender baulicher Prämissen: Zentraler Standort mit ausreichendem Parkplatzangebot, Umnutzung leer stehender Altbauten, da Neubauten keine Förderung erfahren, Organisation des Flächenangebots für alle drei „Säulen“ bzw. Funktionsbereiche behindertengerechte Ausstattung auf erdgeschossiger Ebene
- angemessene Rechtsformen (GmbH und GbR)
- Mindestumsatz pro Jahr 500.000 Euro, Gewinnmarge zwischen 5 – 10 %
- Öffnungszeiten entsprechend dem Kundenverhalten (stärker am Wochenende, schwächer an bestimmten Tagen in der Woche u. a.)
- Vereinsstatus entweder durch Anschluss an bestehende Vereine oder durch Neugründung
- Fahrservice für ältere und behinderte Dorfbewohner
- Informationsaustausch/Nutzung von Synergieeffekten
- 10-jährige Mindestbindung des Trägers an das Projekt

Auch die in Niedersachsen (Ottfresen/Kirchlinteln) und Nordrhein-Westfalen (Jühlich/Barme) bekannt gewordenen Projekte gehen in der Startphase von vergleichbaren Vorausetzungen aus – in Niedersachsen allerdings mit einigen wesentlichen Unterschieden im Detail.
So werden über das erfolgreiche Projekt Ottfresen/Kirchlinteln – das unter der Schirmherrschaft des Ministerpräsidenten Wulff steht, der vergleichbare Aktionen für sinnvoll und überlebensfähig hält, weil sie vielseitig aufgebaut sind und weil das Ehrenamt intensiv eingebunden ist – in dreifacher Hinsicht andere Akzente setzt:

a) über vergleichsweise geringere erforderliche Einwohnerzahlen
b) über vergleichsweise geringere Kosten und Umsätze und
c) über die Bindung der Bürger durch finanzielle Eigenbeteiligung.

Im Projekt „Ottfresen“ und den zugehörigen Ortsteilen wird von einem Einzugsbereich von 500 – 750 Personen ausgegangen, allerdings bei Entfernungen bis zu 15 km.
Als Mindestumsatz wird von 300.000 bis 350.000 Euro bei einem Gewinn von 1 – 3 % (max. 10.000 Euro) ausgegangen.

Absolute Grundvorausetzung bleibt bei diesen Projekten die Bürgerbeteiligung, die in der Startphase durch die Bereitschaft zur finanziellen Beteiligung regelrecht „zwangsgetestet" wird. Da das Vorhaben ehrenamtlich von Bürgern für Bürger entwickelt, organisiert und durchgeführt werden soll, wird von einem Mindestkapital von 35.000 – 50.000 Euro ausgegangen, das dann noch durch eingeworbene Förder- und Kommunalmitteln ergänzt werden muss. Das Trägerschaftsmodell, das nach der Zahlungsbereitschaft der späteren Gesellschafter in der Gründerversammlung beschlossen wird, ist praktisch ein Förderverein. Der Mindestanteil beträgt 250 bis 500 Euro pro Einzahler.

Es versteht sich von selbst, dass bei einem solchen ehrenamtlichen, privat finanzierbaren Projekt das Controlling, der Betrieb und die Außenkontakte absolut profihaft geleistet und alle Möglichkeiten der Einsparung der Folgekosten (Miete, Versicherung, Reparaturen, Personal, Energie etc.) laufend überprüft und ausgeschöpft werden müssen. Der spitze Bleistift eines erfahrenen Betriebswirtes ist neben dem Organisationstalent eines Marketingchefs so wichtig wie die richtige inhaltliche, siedlungs- und hochbauliche Konzeption in Zusammenarbeit mit der Gemeinde.

Die Versorgungsprobleme der Dörfer unter 500 Einwohnern wären unter strenger Erfüllung der skizzierten Voraussetzungen also lösbar, wenn ein regionaler Zusammenschluss kleinerer Ortsteile mit einem maximalen Einzugsbereich von 15 – 20 km zwischen den Dörfern möglich wird und die Bürger zu einer Mitfinanzierung des Vorhabens als Gesellschafter bereit sind.

Die Idee der „Bündelung" von Dienstleistungseinrichtungen unter einem Dach ist nachweislich nicht neu. Sowohl im historischen als auch im niedersächsischen Dorfgemeinschafts- und Bürgerhausprogramm ist dieses Prinzip vor annähernd 50 Jahren für die bäuerliche Zusammenfassung geselliger und arbeitserleichternder Einrichtungen für die bäuerliche Hausfrau erfolgreich entwickelt und umgesetzt worden. An die Stelle der arbeitserleichternden Einrichtungen, die mit dem Exodus der Landwirtschaft und dem hohen allgemeinen Ausstattungsgrad in den Privathaushalten entbehrlich geworden sind, treten nun Versorgungseinrichtungen aller Art für die Bedürfnisse der neuen, nicht mehr landwirtschaftlich gebundenen Dorfbewohner unserer Tage.

Inwieweit es gelingen kann, vorhandene und funktionsfähige kommunikative dörfliche Einrichtungen als bereits vorhandene Bausteine in die Konzepte der neuen „Markttreffs" einzubringen, bedarf noch weiterer Überprüfungen. Zweifelsfrei ist die förderungsabhängige Bindung an ein Umbauvorhaben aus siedlungsbaulicher und gestalterischer Sicht nur zu begrüßen.

13 SIEDLUNGS- UND HOCHBAULICHE GESTALTUNGSZIELE

13.1 Einführung

Im Abbild unserer Dörfer spiegeln sich gesellschaftliche Wirklichkeit und Selbstdarstellungswunsch seiner Bewohner gleichermaßen – und das über viele Jahrhunderte. Unterschiedliche regionsgebundene gestalterische Merkmale kennzeichnen sowohl das Siedlungsgefüge in den Restbeständen der überlieferten Siedlungsformen als auch die Baukörper der einzelnen Haus- und Hofanlagen sowie den sonstigen überlieferten Bestand an öffentlichen und privaten Bauten.

Da Dörfer nur im Kontext von besiedeltem Ort und zugehöriger Gemarkung existieren, gehören landschaftliche Elemente zwingend zur gestalterischen Vielfalt dazu.
Da der „Dorfökologie" bereits ein eigener Beitrag gewidmet wurde (Kapitel 11), soll im Folgenden der Focus auf die siedlungs- und hochbaulichen Gestaltungsaspekte gerichtet sein.

In allen Länderförderrichtlinien zur Dorferneuerung wird der Aufgabe der Sicherung und Entwicklung der gestalterischen Vielfalt der Dörfer ein hoher Stellenwert zuerkannt.
So lauten die diesbezüglichen Ziele in der ergänzenden Förderung zur „GAK-Förderung" in der aktuellen Richtlinie ZILE vom 02.05.2005:

„Zweck dieser ergänzenden Förderung (aus Landesmitteln) ist die Bewahrung und Entwicklung der Dörfer als Wohn-, Sozial- und Kulturraum und Stärkung des innerörtlichen Gemeinschaftslebens sowie die Bewahrung und Entwicklung des typischen Landschaftsbildes."

In der Mehrzahl der in Dorferneuerungsplanungen behandelten Gestaltungsbeiträge werden konsequent die siedlungs- und hochbaulichen Gestaltungsziele getrennt dargestellt, da sie unterschiedlichen Ausgangsbedingungen und damit Kriterien folgen – auch wenn sie vom Betrachter als Gesamtheit wahrgenommen werden.

13.1.1 Siedlungsbauliche Gestaltmerkmale

Diese sind als räumliche Qualitäten in den unter ausschließlich produktions- und landschaftsorientierten Bedingungen entstandenen dörflichen Siedlungsformen darstellbar. Ein Rückgriff auf ästhetische Wertungsbegriffe aus der Stadtgestaltung kann daher dörflicher Erscheinungswelt und -wirklichkeit kaum gerecht werden, auch wenn sie zur erhöhten Sensibilität für die Schönheit mancher Dorfbilder beiträgt. Auch wegen dieser Erkenntnis wurde die langjährige Diskussion um die zukünftige Gestaltung dörflicher Siedlungen aus der stadtgestalterischen Perspektive heraus geführt, was immerhin zu einer verstärkten Wahrnehmung ästhetischer Merkmale in den Dörfern und zu einer Reihe bewerkenswerter Veröffentlichungen über ihr Erscheinungsbild führte (siehe Landzettel, Gebhardt u. a.; Lit. 75, 76, 30).

Zeitgleich und parallel dazu gingen wesentliche Einflüsse auf die Stadtgestaltung der 1970er und 80er Jahre von kritischen und klärenden soziologischen Beiträgen aus, in denen an die primären Marktfunktionen der Stadt als Abgrenzung zum Dorf als Produktionsstandort erinnert (Bahrdt, Lit. 80) und in denen eine dem menschlichen Maßstab angemessene moderne Architektur eingeklagt wurden (Mitscherlich, Lit. 76). Entscheidender noch für die Sicherung, Entwicklung und Neugestaltung der überlieferten, teilweise noch durch starke Zerstörungen des 2. Weltkrieges gekennzeichneten siedlungsbaulichen Restbestände der Städte wurde europaweit das „Europäische Denkmalschutzjahr" 1975, das zu einem in der Entwicklungsgeschichte der Städte – und danach auch der Dörfer – bisher nicht bekannten Bewusstseinswandel bei den kommunalen Entscheidungsträgern, Bauherren, Bürgern und Planungsbüros führte.

Folgen dieses Bewusstseinswandels waren eine Aufwertung historischer siedlungsbaulicher Bestände durch verstärkte Hinwendung zu erhaltender Stadtsanierung im Rahmen des seit 1971 bestehenden Städtebauförderungsgesetzes (StBauFG), die Novellierung der Denkmalschutzgesetze der Länder (Niedersachsen 1976) und die Ausschreibung zahlreicher Gestaltungswettbewerbe. Die in den folgenden Jahren kontinuierliche Aufnahme fast sämtlicher bedeutsamer historischer Stadtkerne in das Sanierungsprogramm der Bundesrepublik, war zweifellos eine der größten Kulturleistungen der Nachkriegszeit, bei der sich Bund, Länder und Kommunen die Kosten zu je einem Drittel teilten. Dieses stadtgestalterische Engagement wird seit der politischen Wende 1989/90 in der Mehrzahl der kulturell bedeutenden Altstadtkerne in den neuen Bundesländern mit entsprechend hohem Förderaufwand fortgesetzt.

Die weniger durch Kriegsfolgen als vielmehr durch fehlende Reparaturen oder durch eine im Flurbereinigungsgesetz bis zu seiner Novellierung 1976 geförderte „Dorfauflockerung" ausgelösten Eingriffe und Zerstörungen in den gewachsenen Dorfkernen fanden schließlich mit den Zukunftsinvestitionsprogrammen (ZIP, 1978 – 1982) und den Dorferneuerungsrichtlinien der Länder (1984 – 2005, ZILE seit 02.05.2005) in den alten Bundesländern ein Ende (siehe auch Abschnitt 4.2).

Mit Hilfe des erprobten Vokabulars der siedlungsbaulichen Gestaltanalyse („Torsituation", „Dominantenbildung", „Raum begrenzende Wände", „Visierbruch", „Wichtige Durchblicke" u. a.) wurden für die Dörfer Gestaltungskonzepte erarbeitet, die einer ästhetischen Wertsteigerung im Sinne städtebaulicher Leitbilder dienten. Doch nur im Ausnahmefall (Gittelde) konnten die zu erneuernden Dörfer mit ihren anderen geschichtlichen Vorgaben und Biografien dem hohen Anspruch stadtgestalterischer Leitbilder gerecht werden.

Als wichtigstes Ergebnis der siedlungsbaulichen Gestaltungsziele und der in der Dorferneuerung realisierten öffentlichen Maßnahmen sind die neuen Ortsmitten zu sehen, denen aufgrund ihrer Bedeutung ein eigenes Kapitel gewidmet ist (siehe Kapitel 15).

Bedauerlicherweise haben, wie im Abschnitt 13.3 und Kapitel 16 belegt wird, die überlieferten siedlungsbaulichen Gestaltmerkmale in der Mehrzahl der Fallstudiendörfer keine entsprechende Rückwirkung auf die Gestaltung neuer Baugebiete am Ortsrand gehabt.

SIEDLUNGSBAULICHE GESTALTUNG

In den folgenden Beispielen soll die Darstellungsweise von Gestaltanalyse und Gestaltungskonzept aufgezeigt werden. Gewählt sind sowohl ein Beispiel aus den niedersächsischen Fallstudien, als auch ein Beispiel aus Sachsen-Anhalt. Die Konzepte sind den jeweiligen Dorferneuerungsplänen der Fallstudien entnommen.

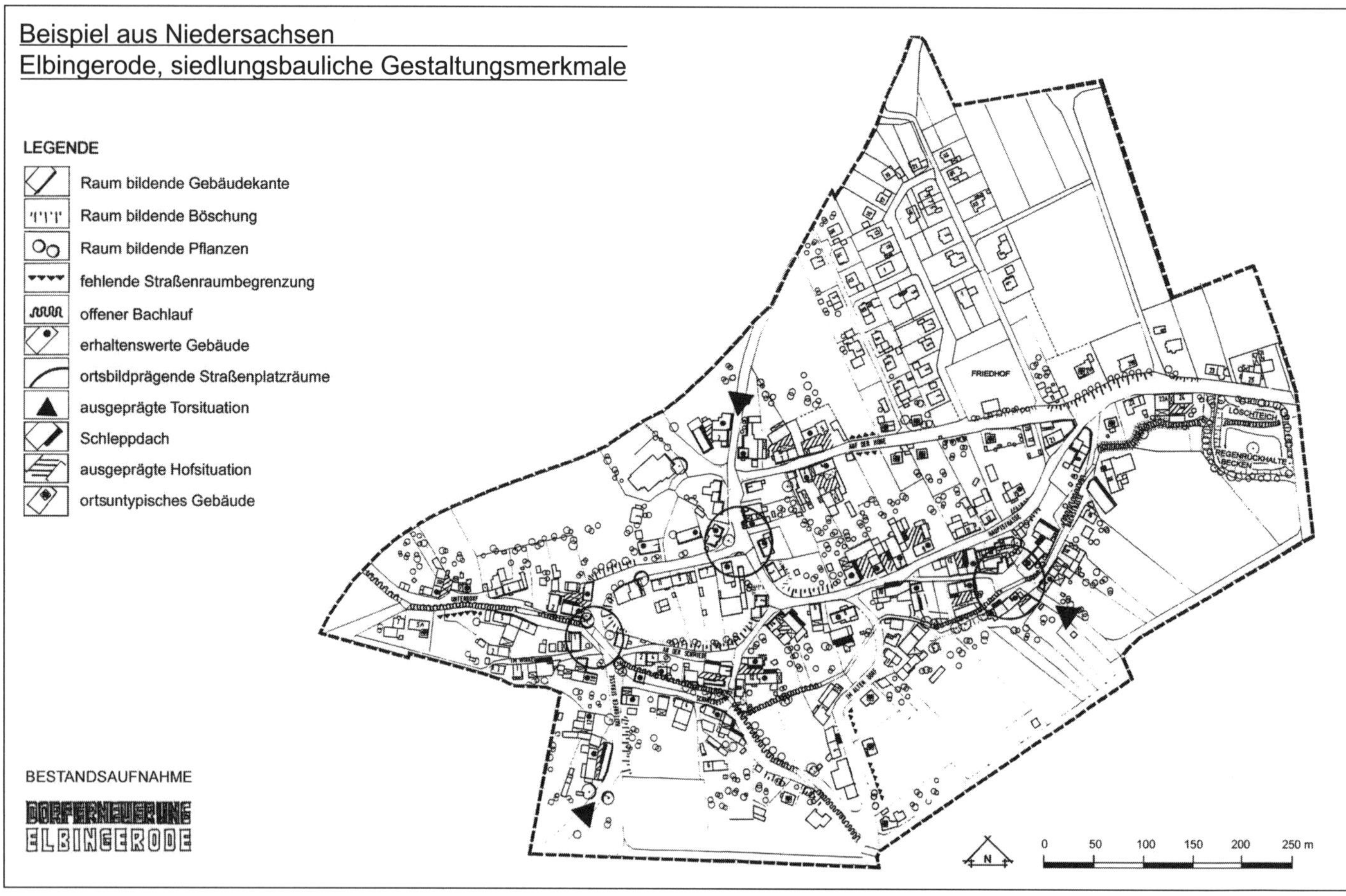

Abb. 120: Gestaltungsmerkmale als Bestandsaufnahme, Elbingerode

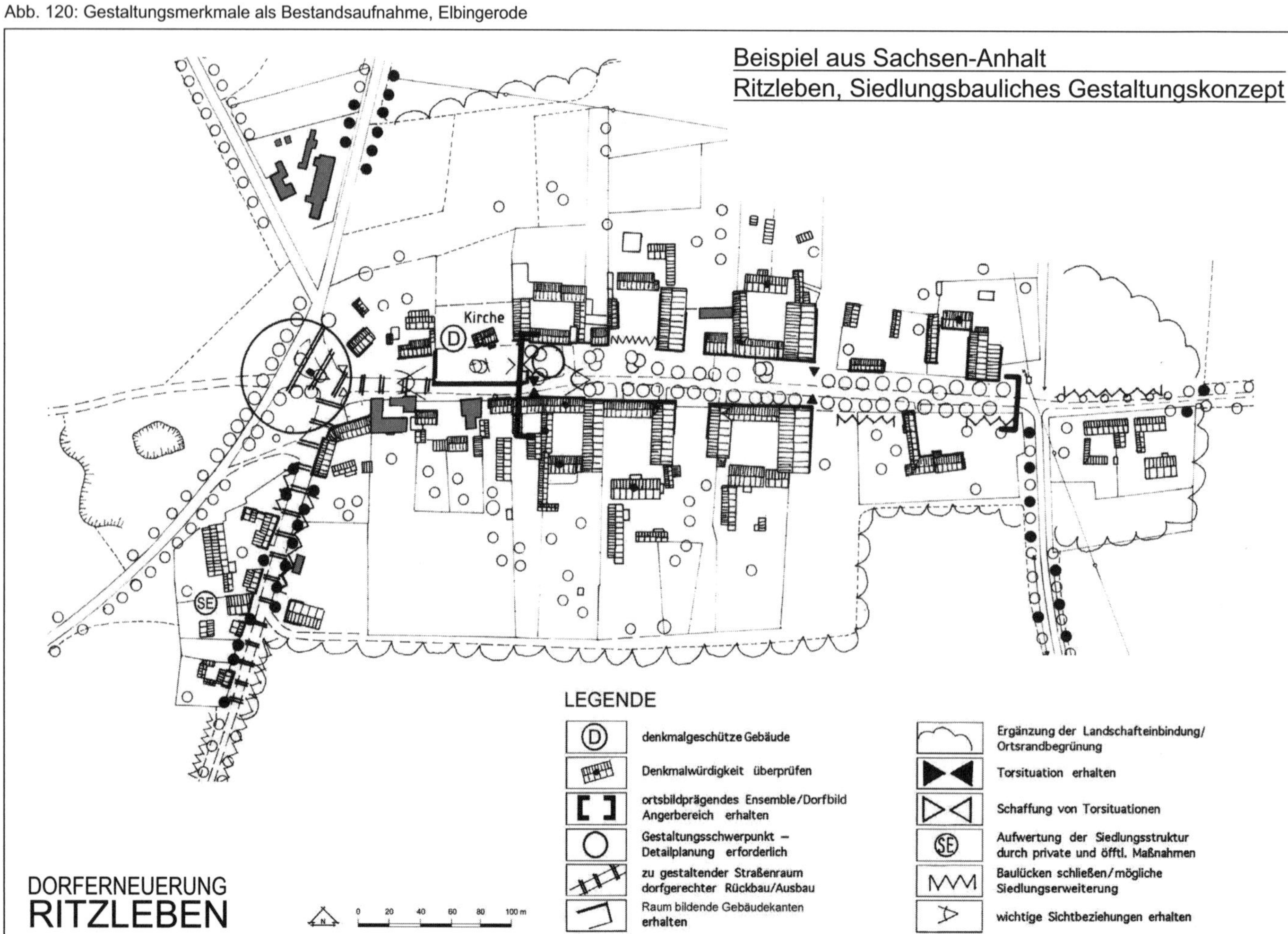

Abb. 121: Gestaltungskonzept Ritzleben

Beispiel Gittelde, Bereich an der Mauritiuskirche

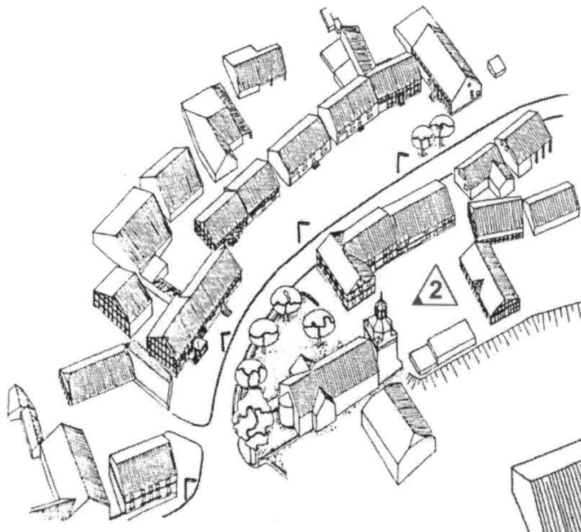

Perspektive Bestand

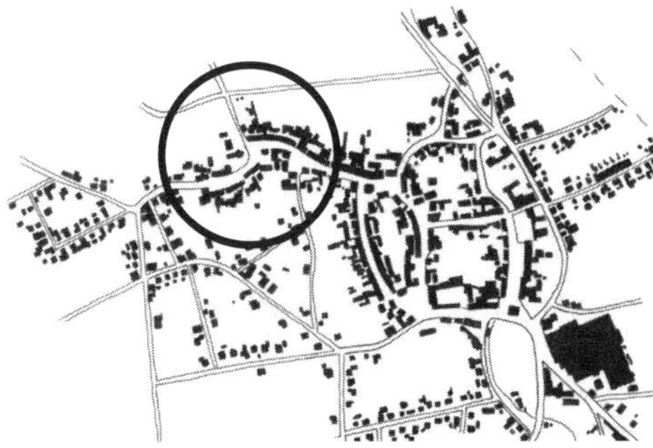

Lageplan Gittelde (Ausschnitt Ortskern)

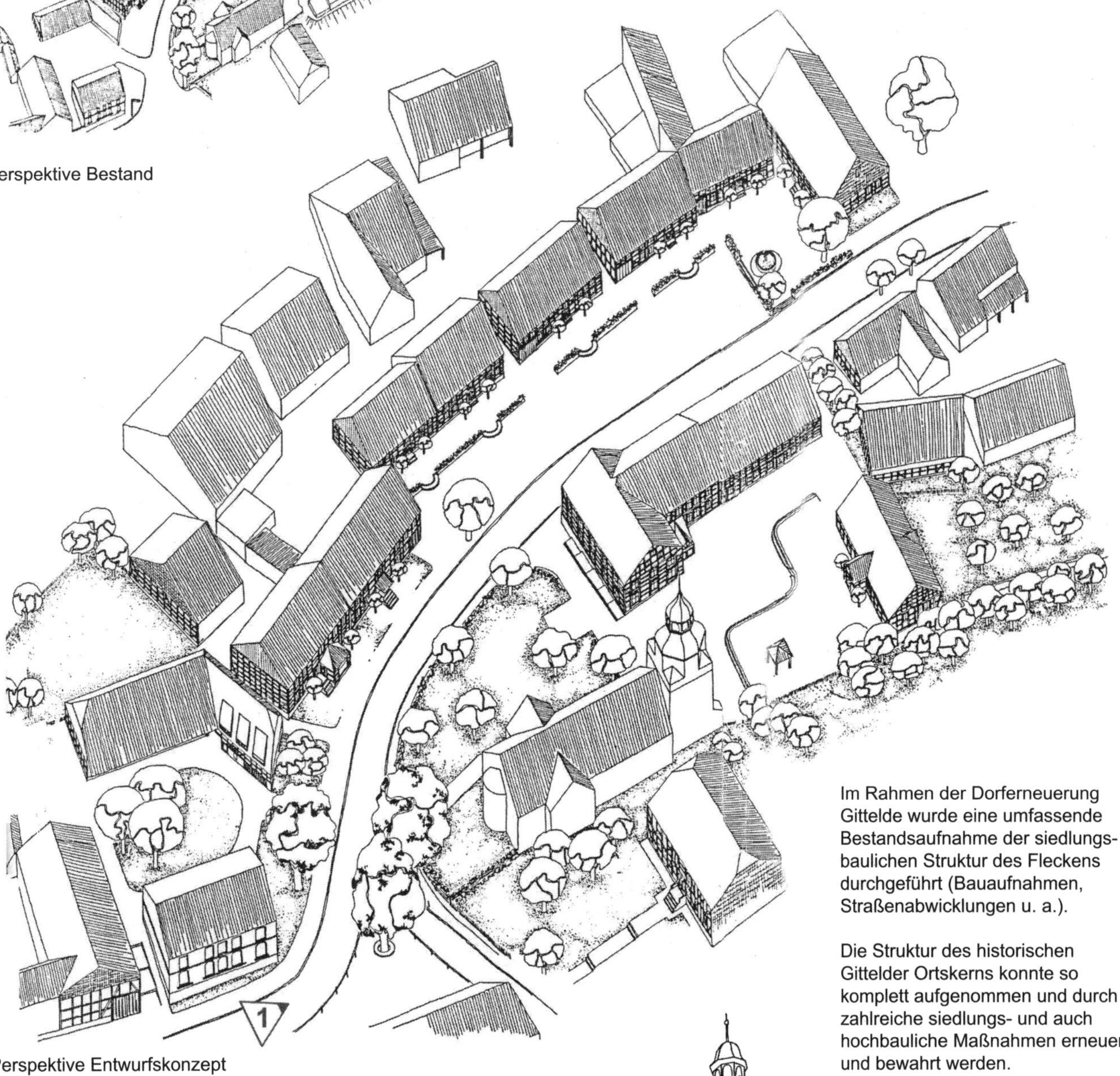

Perspektive Entwurfskonzept

Im Rahmen der Dorferneuerung Gittelde wurde eine umfassende Bestandsaufnahme der siedlungsbaulichen Struktur des Fleckens durchgeführt (Bauaufnahmen, Straßenabwicklungen u. a.).

Die Struktur des historischen Gittelder Ortskerns konnte so komplett aufgenommen und durch zahlreiche siedlungs- und auch hochbauliche Maßnahmen erneuert und bewahrt werden.

Perspektive 1, Lange Straße

Perspektive 2, Schulhof

Abb. 122: Siedlungsbauliche Gestaltung am Beispiel Gittelde

Estorf, Beispiel für einen siedlungsbaulichen Gestaltungskonzeptausschnitt

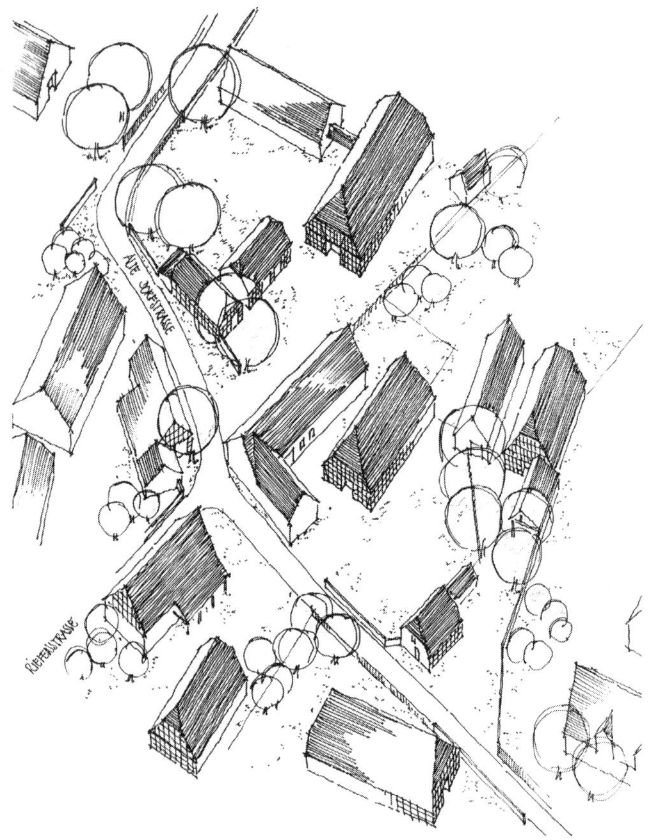

Bestand

Vor Beginn der Dorferneuerungsplanung in Estorf zeigten viele Gebäude einen erheblichen Reparaturstau auf. Hoher Leerstand durch Aufgabe der landwirtschaftlichen Betriebe prägte das Bild des Dorfes in fast allen Straßen.
Dennoch war die gewachsene Siedlungsstruktur der Höfe, hier am Beispiel des Ortskerns im Bereich "Alte Dorfstraße", komplett erhalten geblieben.

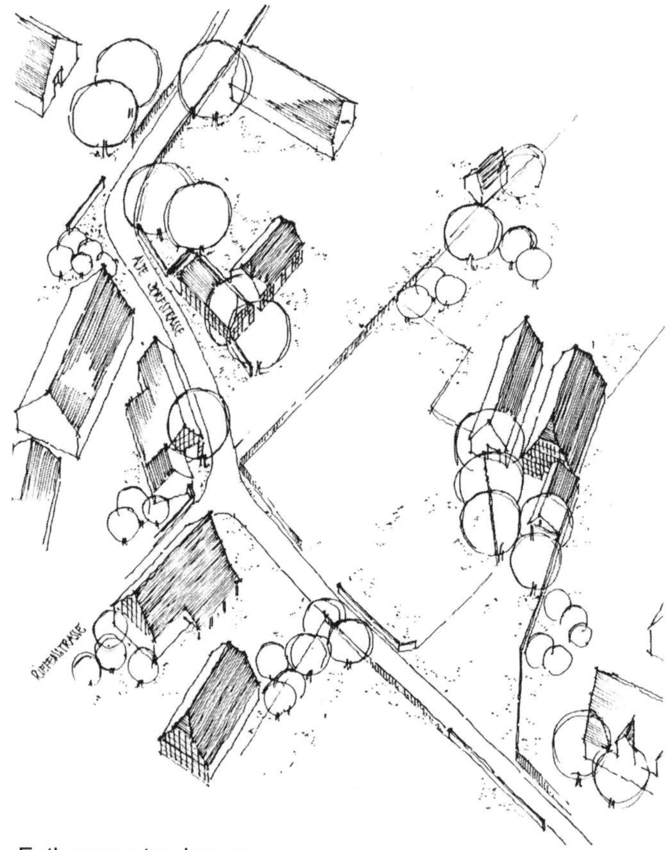

Entleerungstendenzen

Im Falle einer weiteren drohenden Entleerung der Dörfer, verbunden mit einem Abbruch etlicher sanierungsbedürftiger Haupt- und Nebengebäude, würde sich das Bild des Ortes völlig verändern.
Große "leere Räume" würden dann die Folge sein, wobei diese erfahrungsgemäß meistens nicht mehr gefüllt würden.

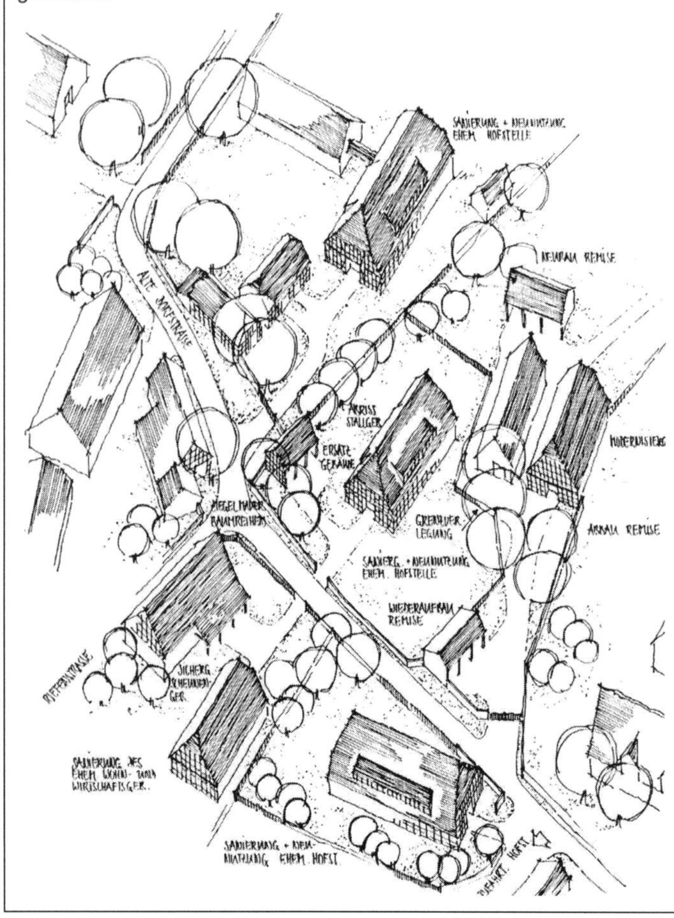

Entwurfskonzept und Ausführung

Das nebenstehende Konzept weist auf die Schutzwürdigkeit der gewachsenen Struktur hin. Während die ortsbildprägenden Gebäude am Standort erhalten und umgenutzt werden sollen, werden ortsbildstörende Bauten beseitigt.

Nach der desolaten Ausgangslage ist Estorf inzwischen zu einem der Vorzeigedörfer in der Weserregion und darüber hinaus für Niedersachsen geworden.
Die Dorferneuerung hat dazu beigetragen, dass sämtliche leer stehenden bzw. reparaturbedürfrtigen Bauten saniert, um- und weiter genutzt werden konnten.
Der positive Eindruck des Dorfes mit blühenden Gärten, sanierten Gebäuden und touristischen Anziehungspunkten prägt heute das gern von Touristen aufgesuchte Ortsbild von Estorf.

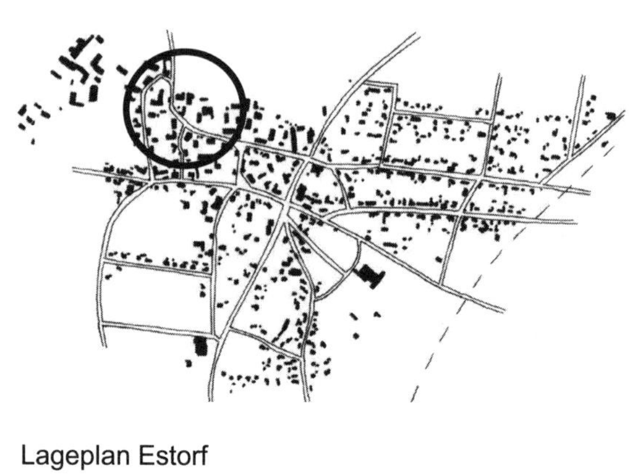

Lageplan Estorf

Abb. 123: Siedlungsbauliche Gestaltung am Beispiel Estorf

13.1.2 Hochbauliche Gestaltmerkmale

Im allgemeinen Verständnis von Baugestaltung haben Ziele und Aufgaben des Neubaus, der Modernisierung und der Umnutzung von Einzelobjekten ein größeres Gewicht als Fragen nach der siedlungsbaulichen Gestaltung.
Die beiden Komplexe bilden jedoch wie die beiden Seiten einer Medaille eine untrennbare Einheit.
Die Außenwände der Häuser umgrenzen einen leeren Platzraum, der von unseren Vorfahren meist als Funktionsbereich unterschiedlich genutzt wurde.
Dabei sind historische Siedlungs- und Hausformen in jeweils charakteristischer Form eine Verbindung eingegangen (Niederdeutsche Hallenhäuser in Streulagen, lockeren Haufen-, Reihen- und Rundlingsdörfern; ostfriesische Gulfhöfe in Warftsiedlungen oder mitteldeutsche Gehöfte in Angerdörfern bzw. in verdichteten Haufendörfern; siehe Kapitel 6).
Bauten sind definiert durch ihre Körperform, ihr Konstruktionsgefüge, ihre Funktion, ihre Bauart, ihre siedlungsbauliche Integration und durch ihre gestalterischen Einzelmerkmale.
Auf letztere konzentriert sich normalerweise das gestalterische Anliegen der Planer, Denkmalpfleger, Behörden und Bauherren, was sich in Begriffen wie Ornamentreichtum, Maßstab, Rhythmus, Symmetrie oder Asymmetrie, Proportion, Textur oder Farbgestaltung ausdrückt.

Doch so wie die Dorfformen entstehungsgeschichtlich primär den landschaftlichen, geografischen und verkehrlichen Rahmenbedingungen verpflichtet waren, sind auch die überlieferten bäuerlichen sowie handwerklichen Haus- und Hofformen nur aus den jeweiligen gesellschaftlichen Schichten und aus den Produktionsbedingungen heraus verständlich.
Ornamentaler Reichtum und gestalterische Vielfalt sind dabei Ausdruck des vom Bauherrn besetzten Platzes in der Hierarchie der Dorfgemeinschaft (u. a. zwischen Gutsbetrieben, Edelhöfen, Meierhöfen, Kossatern oder Brinksitzern).
Wie bereits in der Untersuchung anlässlich des 10-jährigen Bestehens der Dorferneuerungsförderung in Niedersachsen (Lit.44) nachgewiesen, wurde entsprechend der Zielsetzung der Förderrichtlinie der Gestaltungsaspekt meist auch zum Schwerpunkt der Dorferneuerungsziele und umgesetzten Maßnahmen.

Auf der Grundlage von „Gestaltanalysen“ wurden in den Fallstudien die prägenden Gestaltmerkmale der Baukörper und Fassaden sowie des näheren Umfeldes (Dachformen, -aufbauten, -belichtungen und -neigungen, Fassaden, Fassadenöffnungen wie Tore, Fenster, Türen, Geschosshöhen, Baukörperstellungen, Materialien, Farben, Werbeanlagen, Freileitungen und Einfriedungen) nach ihrer qualitativen und quantitativen Bedeutung erfasst und dokumentiert. Sie bilden damit die Basis von Gestaltungssatzungen oder Gestaltungsempfehlungen. Das gestalterische Detail gibt nicht nur Auskunft über den Grad an Sorgfalt, mit der die Planer und Bau-Handwerker zu allen Zeiten die Bauideen umgesetzt haben, sondern auch über regionales Brauchtum, über stilistische Herkunft oder Zugehörigkeit, über gesellschaftliche Vorlieben oder über ausgefallene Bauherrenwünsche und -vorstellungen.
Das Detail ist immer Ausdruck des ganz Individuellen innerhalb des überlieferten Kanons von Baukörper und Tragwerk.
Dem Detail kommt daher als Zeichen für das Unverwechselbare auch eine Bedeutung als Ausdruck der optimalen funktionalen Erfüllung von einzelnen Elementen (Fenster-, Tür-, Dach-, Decken-, Wanddetails etc.) zu.
Details aus historischen Bauten binden uns in besonderer Weise an die Geschichte des Hauses und die seiner Bewohner.

Die Gestaltanalyse

Die Gestaltanalyse umfasst die Aufnahme der ortstypischen Merkmale, Elemente und Baumaterialien.

Aus dem in dieser Form der Bestandsaufnahme erfassten Istzustand werden im Folgenden die Gestaltempfehlungen für die Sanierung und das übergeordnete Gestaltungskonzept abgeleitet.

Eine Förderung über Mittel der Dorferneuerung ist nur bei Einhaltung der für das Dorf typischen Gestaltmerkmale möglich.

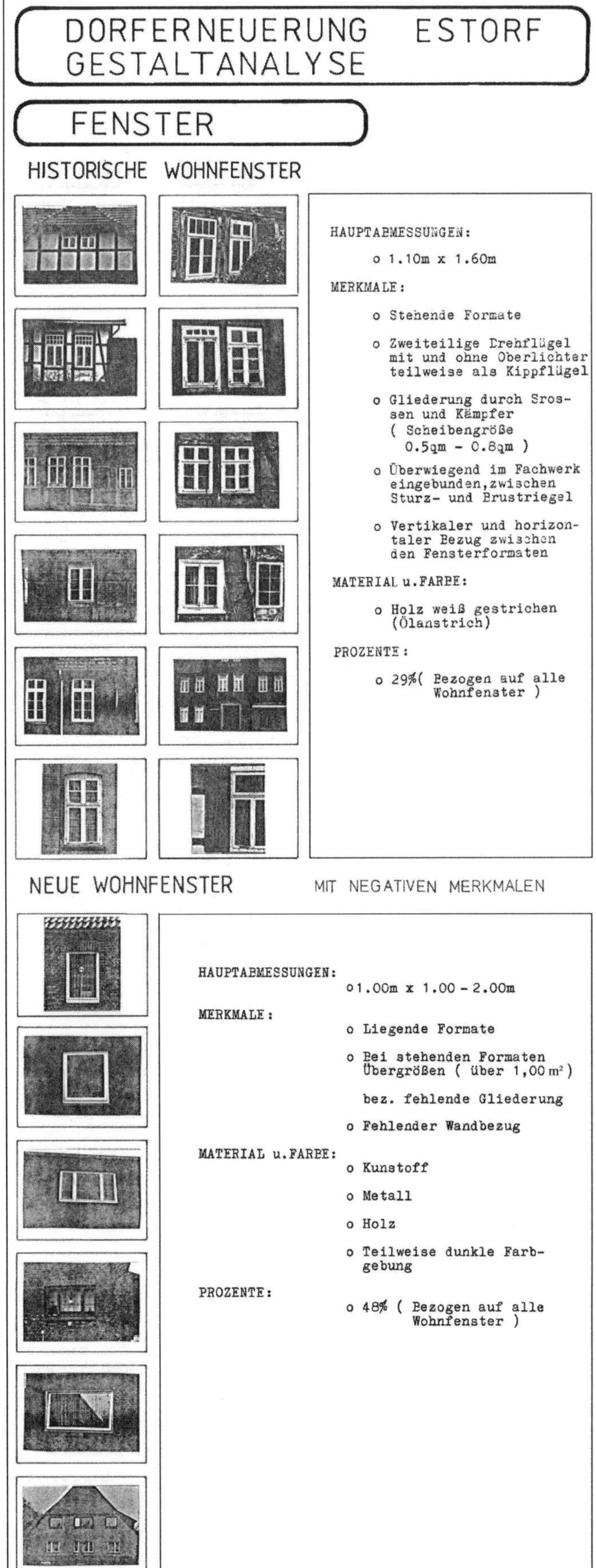

Abb. 124: Gestaltanalyse Estorf (Auszug)

13.2 Gestaltungssatzungen oder -empfehlungen

Während der über 30-jährigen Laufzeit von Stadtsanierungs- und Dorferneuerungsvorhaben, beschäftigt die Frage nach der Durchsetzbarkeit gestalterischer Ziele die betroffenen Ortsplaner, die kommunalen Entscheidungsträger und die zuständigen Fach- und Genehmigungsbehörden.
Bekanntlich wurden bereits im frühen Mittelalter in spektakulären Einzelbeispielen (Sienna, Goslar u. a.) die Ziele der Stadtgestaltung auf dem Wege von Verordnungen durchgesetzt, die – bis heute – in Form immer wieder novellierter Gestaltungssatzungen ihre Wirksamkeit belegen. Die Durchsetzung von Gestaltsatzungen setzten in einer Demokratie jedoch das Einverständnis der betroffenen Bürger und Bauherren voraus. Voraussetzung bleibt damit der allgemeine Wunsch, dass sich die eigene gebaute Umwelt als geordneter und zugleich vielfältiger Spiegel einer strukturierten Stadt- oder Dorfgemeinschaft darstellen möge, was u. a. auch die Unterordnung der eigenen Gestaltungsabsichten unter allgemeingültige Ordnungsmuster der genannten Art zur Folge haben kann.

Dieses Verständnis der betroffenen Bürger für eine Sicherung historischer Siedlungsformen durch ein übergeordnetes Gestaltungskonzept war – wie zahlreiche positive Beispiele aus der Stadtsanierung seit 1971 belegen, auf der Grundlage von Denkmalschutzgesetzen durchaus vermittelbar, aber nur soweit es die historischen Stadtkerne und deren Revitalisierung betraf und sich nicht auf tangierende oder zu integrierende Neubausiedlungen bezog.
Dörfer jedoch genossen sowohl in ihrer einzelbaulichen Substanz als auch in der Qualität ihrer Ensembles vor dem Inkrafttreten des neuen Denkmalschutzgesetzes praktisch keinen Schutz mehr.

Da die gestalterische „Dichte" meist auch in einem direkten Bezug zur baulichen Dichte steht, (Fallstudien: Gittelde, Elbingerode, Abbenrode) lag es nahe, den Einsatz des Instrumentes einer Gestaltungssatzung in Einzelfällen zu prüfen. In der Dorferneuerungspraxis der untersuchten Fallstudien sind jedoch Bemühungen, über Gestaltungssatzungen die ästhetischen Dorferneuerungsziele zu realisieren, bisher gescheitert.
Als Gründe hierfür können genannt werden:

a) Furcht der Genehmigungsbehörden (insbesondere der untere Denkmalschutzbehörden in den Landkreisen) vor Präzedenzfällen eines eventuell stattzugebenden Bürgereinspruchs;
b) eigene Gestaltungsvorstellungen der Bürger selbst;
c) erhöhter Genehmigungsaufwand;
d) Furcht der Bauherren vor höheren Baukosten;
e) ein zu hoher Anspruch der Dorferneuerungsziele, die sowohl von den Mitgliedern der Arbeitskreise „Dorferneuerung" als auch von den kommunalen Entscheidungsträgern meist auf Ablehnung stießen.

Anstelle von Gestaltungssatzungen wurden daher für einige Untersuchungsdörfer detaillierte Gestaltungsempfehlungen in gesonderten Veröffentlichungen erarbeitet (Gittelde, Beber, Rohrsen, Schnega), deren wichtigste Aussagen darüber hinaus in Form eines Flyers an die Haushalte zur Verteilung gebracht wurden (Elbingerode, Reinstedt u. a.).
Die Kenntnis und daraus folgend die Einhaltung der Gestaltungsziele im jeweiligen Förderantrag ist schließlich die Voraussetzung für dessen Genehmigung. Damit ist die in Aussicht gestellte Fördersumme zum wichtigsten Hebel für die Durchsetzung gestalterischer Ziele in der Dorferneuerung geworden.

Die im Dorferneuerungsplan formulierten Gestaltungsziele bilden demnach einen Orientierungsrahmen bei der Bewertung von Förderanträgen in der Betreuungs- und Durchführungsphase. Inhaltlich werden die in der Landesbauordnung des Landes Niedersachsen (NBauO in der Fassung vom 10.03.2003) unter Teil VII, § 53 + § 56 genannten Gestaltungsaufgaben den Gestaltungsempfehlungen zugrunde gelegt, wobei gestalterische Alternativen jeweils vom Bauherren oder vom Ortsplaner in seiner Stellungnahme zu begründen sind.
Gestalterische Empfehlungen der genannten Art ließen sich bisher ausschließlich bei den zu modernisierenden bzw. umzunutzenden Altbauten in der Ortslage umsetzen. Alle Bemühungen um gestalterische Einflussnahmen auf Neubauvorhaben blieben in der Dorferneuerung bisher die Ausnahme (siehe auch Abschnitt 13.3 und Abschnitt 16.3).
Grundsätzlich sind sowohl vom Planungs-, Begründungs-, Genehmigungs-, als auch vom Kostenaufwand her die gestalterischen Anforderungen an zu sanierende Baudenkmale höher einzuschätzen, als Aufwendungen für „nur" ortsbildprägende Bauten oder Details.

Die Anforderungsprofile an gestalterische Eigenarten, Merkmale und Details wurden in den vergangenen 10 Jahren weniger von den Ortsplanern, als vielmehr von den zuständigen Fachbehörden (AfA´s bzw. AfL´s) verschärft.
Dabei wurden durchaus auch Grenzen der Akzeptanz und der Durchsetzbarkeit bei dörflichen Bauherren erreicht, wenn ohne Rücksicht auf die prägende gestalterische Vielfalt von Farb-, Material- und Formvorgaben Ziele absolut durchgesetzt werden sollten. Als eines der spektakulären Praxisbeispiele sei hier der „naturrote" Farbton von Tondachpfannendeckungen erwähnt, der im Falle eines Dorfes, dessen Dächer durch Farbtöne zwischen erdbraun und braunrot geprägt sind, bei einer zu modernisierenden Dachfläche zwischen zwei vorhandenen braunen Dachzonen gefordert wurde. Der Bauherr verzichtete in diesem Beispiel wegen der unverständlichen Auflagen naturroter Ziegeldeckung auf die Fördermittel und finanzierte damit seinen Beitrag zur angemessenen Ortsgestaltung selbst. Nicht nur im Vergleich zur überwiegend unkoordinierten Farb-, Form- und Materialwahl der benachbarten Neubausiedlungen, sondern vor allem auch in Relation zur Vielfalt der überlieferten Gestaltungsmerkmale im Ortskern sind absolute Gestaltungsanforderungen dörflicher Lebenswirklichkeit und ihrer baulichen Erscheinungsbilder fremd. Nicht selten wurden so über Beratungen oder Auflagen dem Bauherrn sehr enge Gestaltungsanforderungen bei „normalen" Bauvorhaben auferlegt, die eher denkmalschützerischen Anforderungen entsprochen hätten.

Welche Ursachen für gestalterische „Absolutheitsforderungen" in einigen Fachbehörden auch immer benannt werden – sei es die Furcht vor dem zu ausgeprägten „Gestaltungswillen" des Planers, sei es der Wunsch nach planerischer, gestalterischer „Vereinheitlichung" – gestalterische Absolutheitsforderungen werden der geschichtlich bedingten Vielfalt unserer Dörfer eben selten gerecht. Damit soll jedoch keineswegs das Chaos der üblich gewordenen Beliebigkeit von Bauvorhaben im Sanierungs- und besonders in Neubaugebieten unterstützt werden – im Gegenteil! Jedes Projekt verlangt eben eine individuelle gestalterische Betreuung – allerdings auf der Grundlage von Gestaltungsprinzipien, die dem „Ganzen" des Dorfbildes mit seinen geschichtlichen und ästhetischen Hintergründen verpflichtet bleiben sollten, was alternative Vorgehensweise und Konzepte mit beinhalten kann.

AUSSCHNITTE AUS DEN GESTALTUNGSEMPFEHLUNGEN

Die Ableitung örtlicher Gestaltungsziele und -empfehlungen ist nur auf der Grundlage der differenzierten Gestaltanalyse leistbar.
Die Siedlungs-, Haus- und Hofstruktur gibt dabei die ortstypischen Merkmale vor.

Während der Dorferneuerung wurden die entwickelten Gestaltungsempfehlungen den Bürgerinnen und Bürgern der Dörfer als Faltblatt ausgehändigt, um Anregung und Vorschläge zur korrekten Sanierung und damit die Möglichkeit, Zuschüsse aus der Dorferneuerungsförderung zu bekommen.

In den folgenden Seiten werden zu einzelnen Themenbereichen Hinweise zur Gestaltung gegeben.
Diese sind den Dorferneuerungsplänen von "Gittelde", "Elbingerode", "Reinstedt", "Beber/Rohrsen" und "Watzum" entlehnt.

Abb. 125: Deckblatt Gestaltungsempfehlungen Gittelde

EINGANGSBEREICH UND SOCKELZONE/ VORDÄCHER UND VORBAUTEN

Die überlieferten Sockelzonen sind häufig aus Bruchsteinmauerwerk erstellt, das erhalten und bautechnisch erneuert werden sollte.
Sofern der Sockel geputzt ist, sollte der Anstrich im Farbton der aufgehenden Außenwand, jedoch merklich dunkler gehalten werden.

Außentreppen sind meist dem Sockel angepasst und sollten zusammen mit diesem erneuert werden.

Zweiläufige Eingangstreppe in Gittelde

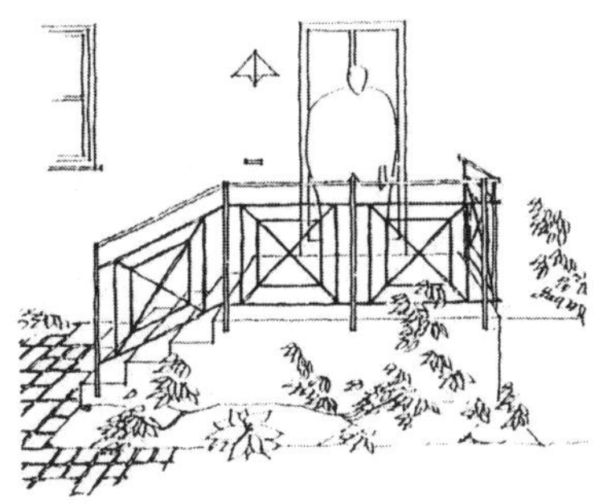

Einläufige Treppe

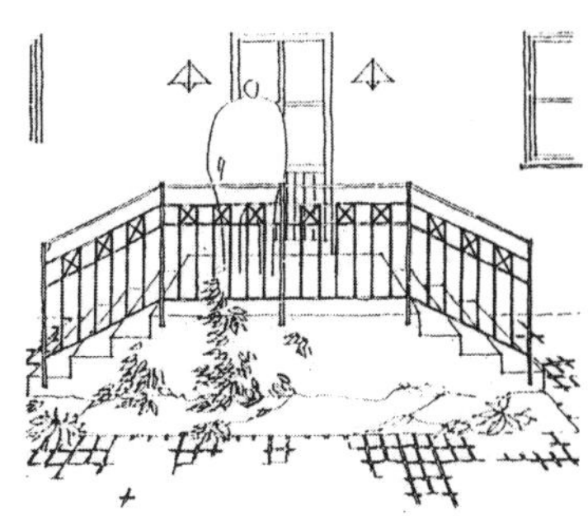

Zweiläufige Treppe

Abb. 126: Eingangstreppen

Der Eingang ist die "Visitenkarte" des Hauses. Vordächer betonen den Zugang als eigenständiges Bauwerk.

Vordach, Hausbäume und Sitzbänke bilden eine Einheit, Beispiel aus Gittelde

Vordach als Pultdach und neu gepflanzte Hausbäume, Beispiel aus Gittelde

Geneigte Vordächer/Vorbauten in Holzkonstruktion und Ziegeldeckung

1) Satteldach auf Stützen

2) Vordach als partiell abgeschlepptes Satteldach

3 + 4) Angesetzte Vordächer als Pultdächer

5) Auch Lauben sind erhaltenswerte Vorbauten (hier: Oberlaube) typischer mitteldeutscher Hofanlagen

1

3

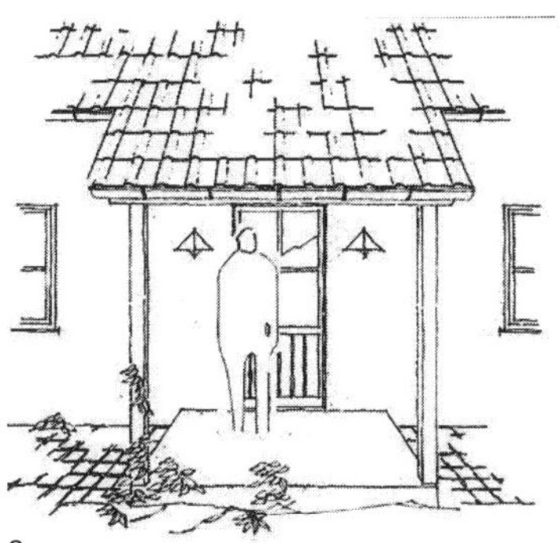

2

4

5

Abb. 127: Vordächer und Vorbauten im Eingangsbereich

FASSADEN

Fassaden sind nicht immer identisch mit der Außenhaut eines Gebäudes. Neben dem reinen Wetterschutz sind sie auch ästhetischer Blickfang und damit besonders gestaltungsbedürftig.

Die Zweigeschossigkeit von Bauten sollte ablesbar sein und ist daher durch Materialwechsel zu gliedern (siehe rechts).

Massive Fassaden

Sie sind überwiegend als Bruchstein-, Verblendmauerwerk- oder als Putzfassade ausgeführt. Die Farbgebung der verputzten Außenwände ist überwiegend im hellen, freundlichen Warmtonbereich gewählt (Farbtöne zwischen gelb, ocker, und rosé mit kräftiger Weißaufhellung).

Fachwerkfassaden

Fachwerkfassaden sind durch dunkel abgesetztes Holzfachwerk und hellen Putz oder Ausmauerung (Farbgebung siehe oben) zu gliedern. Ausfachungen und auch Fenster-, Tor- und Türelemente sind bündig mit der Fachwerkkonstruktion auszuführen.

Notwendige Wärmeschutzmaßnahmen sollten im Falle der im Erscheinungsbild zu erhaltenden Fassade im Rauminneren erfolgen. Dabei sind die bauphysikalischen Anforderungen an Feuchte- und Wärmeschutz zu beachten.

Geeignet für die Bekleidung der Fachwerkfassaden sind hinterlüftete Holzverschalungen, Ziegel- oder in manchen Regionen Schieferbehänge.

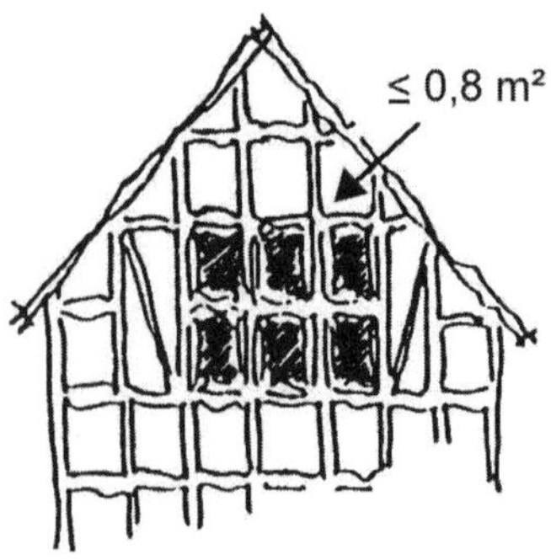

Eine ungegliederte Verglasung der Gefache sollte nur bei einer Größe unter 0,8 m² erfolgen.

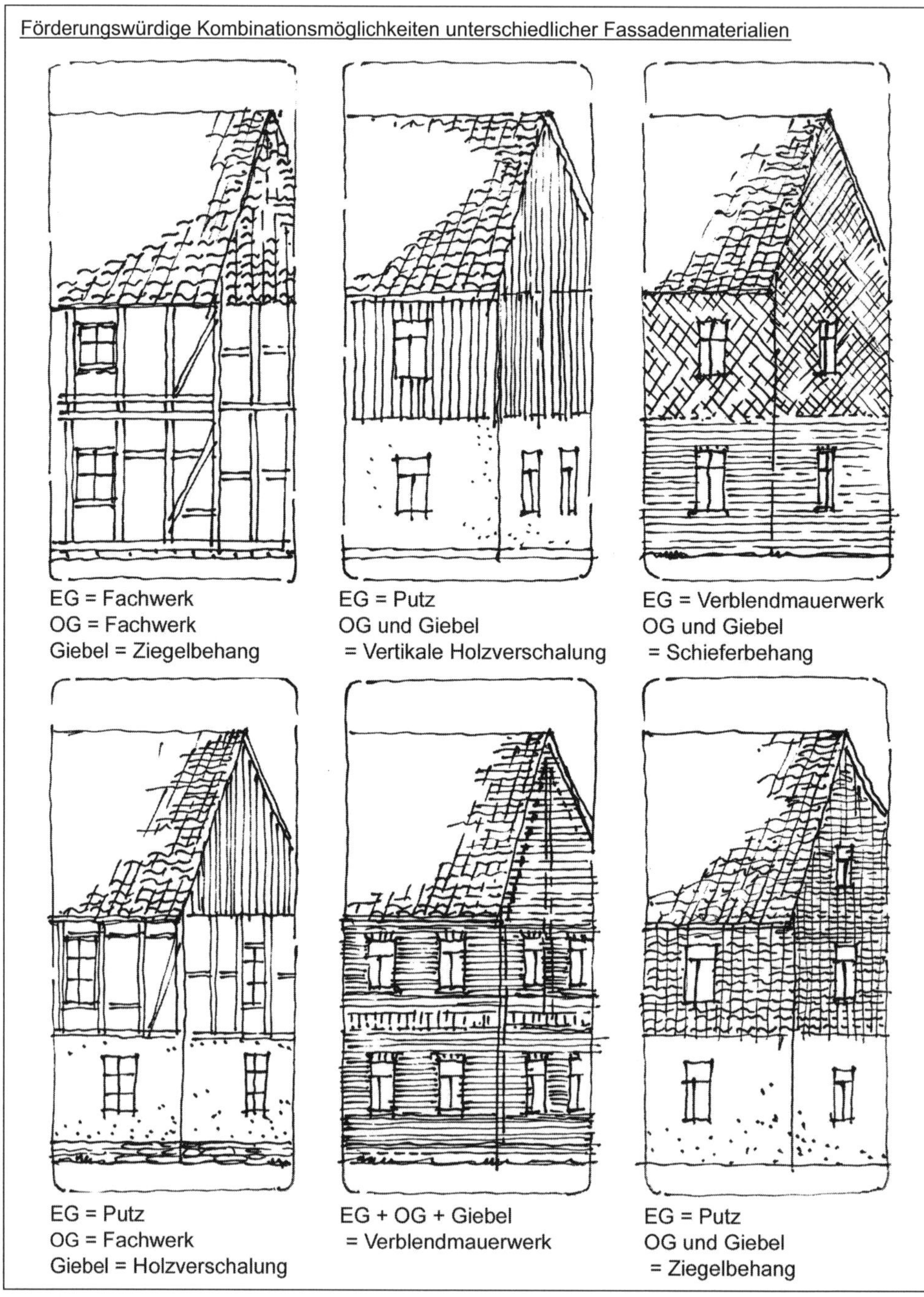

Abb. 128: Förderunsgwürdige Fassadengestaltungen

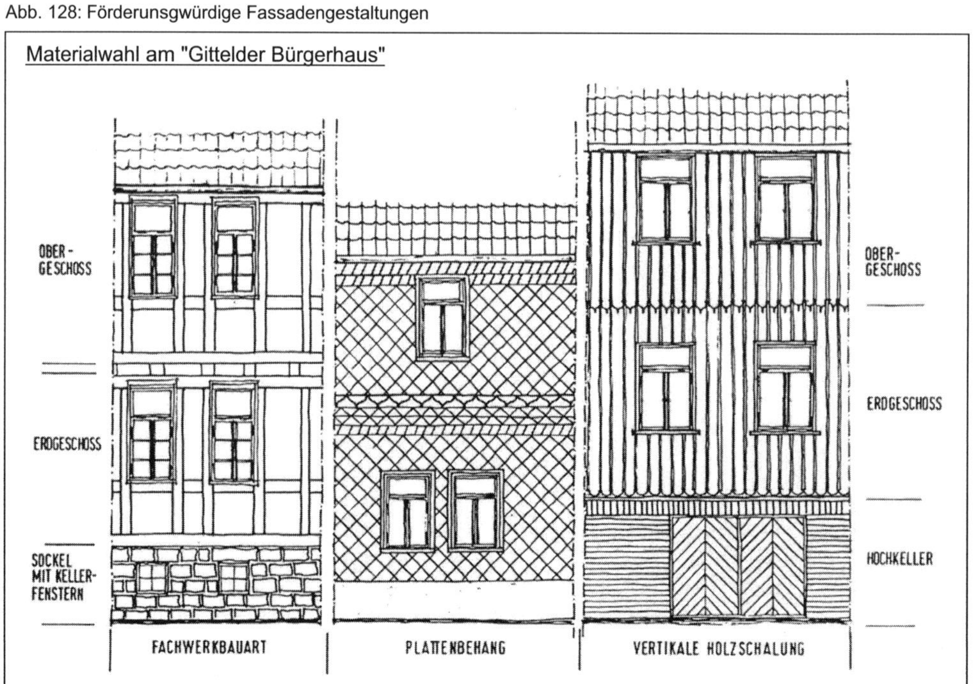

Abb. 129: Vorschläge zur Fassadengestaltung am Beispiel Gittelder Bürgerhäuser

DÄCHER UND DACHAUFBAUTEN

Das Dach als Teil des Baukörpers ist schon von weitem Blickfang im Dorf.
Neu zu errichtende Dachflächen oder zu sanierende Dächer sollten sich der Gestalt des Altgebäudes in Form und Art anpassen. Förderungswürdig sind dabei Pultdächer, Sattel- und Krüppelwalmdächer (siehe rechts), dagegen nicht Flachdächer, neue Walmdächer oder Mansarddächer.

Als Deckungsmaterialien empfehlen sich je nach regionaler Ausprägung naturrote Tonziegel als Rechts- oder Linkskrempziegel, Hohlpfannen, Biberschwänze oder jeweils besondere ortsübliche Materialien (Schiefer, Reet, Holzschindeln).

Prinzipiell sind Dächer mit angemessenem Dachüberstand auszubilden. Traufen und Ortgänge sind durch Formziegel oder durch Holzbohlen abzuschließen. Betondachsteine, Metall- oder Kunststoffdachdeckungen erfüllen nicht die Ziele der Dorferneuerungsplanung.

Dachformen und Dachneigungen

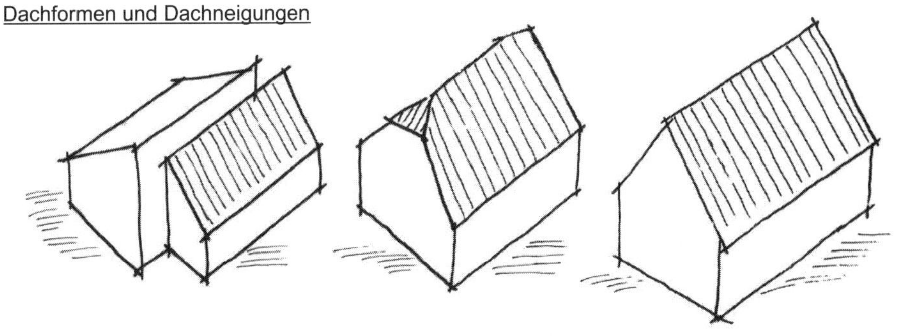

Versetzte Pultdächer (mind. 23° Dachneigung)

Krüppelwalmdach

Satteldach (Dachneigung zwischen 30° und 50°)

Anordnung von Dachgauben

Der Dachraum ist am besten über die Giebelflächen zu belichten. Ist dieses nicht möglich oder ausreichend, sind Dachgauben förderfähig.
Nicht gefördert werden dagegen Dachflächenfenster oder in die Dachfläche eingeschnittene Balkone.

Als gute Möglichkeit erweisen sich die unten dargestellten Dachgauben.
Die Länge der Gaube sollte 1/3 der Gesamtfirstlänge nicht überschreiten.
Empfehlenswert sind Einzel- oder Doppelgauben in rhythmischer Gliederung.

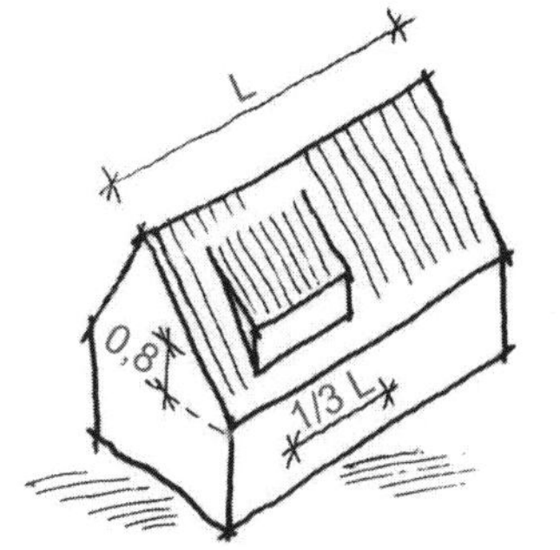

Abb. 130: Dachformen

Giebel- oder Satteldachgauben, Oyle

Schleppgauben, sanierte Hofstelle in Eilte

Dreieck- oder Spitzgaube, Elbingerode

Zwerchhaus und Giebelgauben, Eilte

Dachaufbauten

1) Traditionelle Gaubenform: Satteldachgaube

2) Traditionelle Gaubenform: Schleppgaube

3) Moderne Gaubenform: Spitzgaube

4) Mittelrisalit mit Zwerchhaus am zweigeschossigen Gebäude

Abb. 131: Dachaufbauten

TÜREN UND TORE

Ursprung

1) 2) 3)

Historische Haustore ("Grot Dör") aus Niedersachsen (1 – 3)

Umbauvorschläge

4) 5) 6)

Beispielhafte Torlösungen für den Umbau historischer Hallenhäuser
4) senkrechte Verbretterung und Verglasung im Wechsel
5) Untergliederung mit durchgehenden Sprossen (nicht aufgesetzt oder im Glas eingelassen)
6) Großflächige Verglasung als Möglichkeit der Dielenbelichtung (zwei Öffnungsflügel)

Abb. 132: Die Grot-Dör

Grot-Dör in Eilte

Neue Grot-Dör

1) 2) 3)

Beispiele historischer Türen aus Gittelde

1) Tür des Rokoko (um 1780)
2) Tür des Klassizismus (1750 – 1850)
3) Tür des Historismus (1850 – 1920)

Rahmenfüllungstür

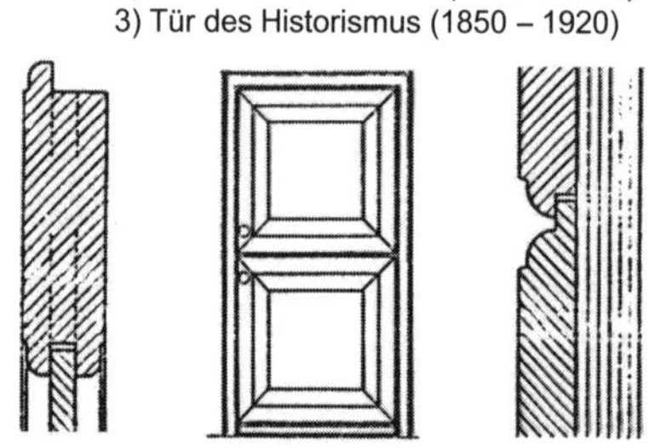

Aufgedoppelte Tür

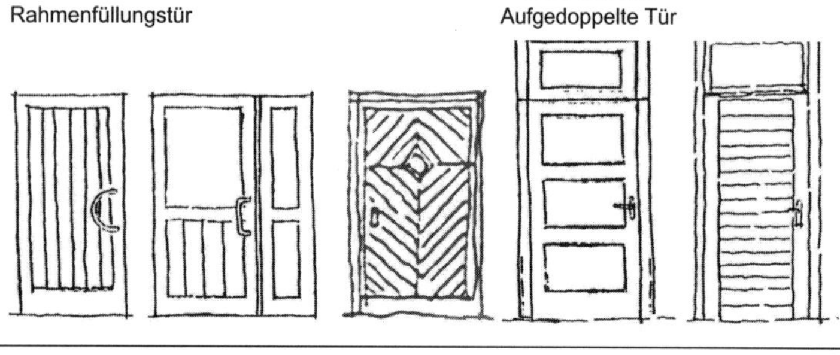

Abb. 133: Haustüren früher und heute

Häufig werden neue förderungsfähige Türen als aufgedoppelte Kassetten- oder Rahmenfüllungstüren in Holzbauweise – meist in Verbindung mit einem festen Oberlicht ausgeführt. Dabei können Rahmen-, Flügel- und Füllelemente in den Helligkeiten des gewählten Farbtons voneinander abgesetzt sein.

Historische Türen sollten erhalten und aufgearbeitet werden.

Mindestens zwei Holzfüllungen werden in einen umlaufenden, durch Riegel gegliederten Rahmen eingesetzt. Dabei können die geschlossenen Türblätter durch Oberlichtbänder oder seitliche Lichtbänder ergänzt werden. Glasflächen sind dabei ohne Ornamentglas oder gewölbte Scheiben auszuführen.

Aufgedoppelte Türen aus einer glatten hinteren Lage und einer vorderen Ziertür aus Rahmen, Kehlleiste oder/und geschnitzten Füllungen bieten ebenfalls angemessene Gestaltungsmöglichkeiten für den Eingangsbereich.

Sanierte Haustür des frühen Klassizismus in Eilte

Neue aufgedoppelte Holzhaustür

FENSTER

Fenster sind die prägenden Gestaltelemente in einer Fassade.
Sie sind aus einheimischen Hölzern anzufertigen und weisen im Allgemeinen ein hochrechteckiges Format auf.

Sofern die Glasanteile über 1 m² betragen, sollten diese durch außen liegende Sprossen gegliedert werden.

Als Beschläge sind die rechts abgebildeten Formen zu wählen, je nach Vorgabe des Bestandes.
Die Farbe ist in der Regel weiß.

Im Rahmen der Modernisierung der Fassaden sollten auch Fensterläden in jedem Falle erhalten und erneuert werden. Die glatten oder zweigeteilten Lamellenfüllungen können im gegensatz zu den warmen, hellen Fassadenfarben in dunkleren, kühlen Blau- oder Blau-Grüntönen gestrichen werden.

Bei Massivbauten sind häufig Fensterbefestigungen aus Bruchstein-/Natursteinmauerwerk vorhanden. Ebenso wie ornamentierte Fenstereinfassungen aus Holz oder Putz sollten diese bei der Fassaden-/Fenstergestaltung wieder hergestellt oder saniert werden.

Beispiel aus Haßbergen

Fensterläden, Reinstedt

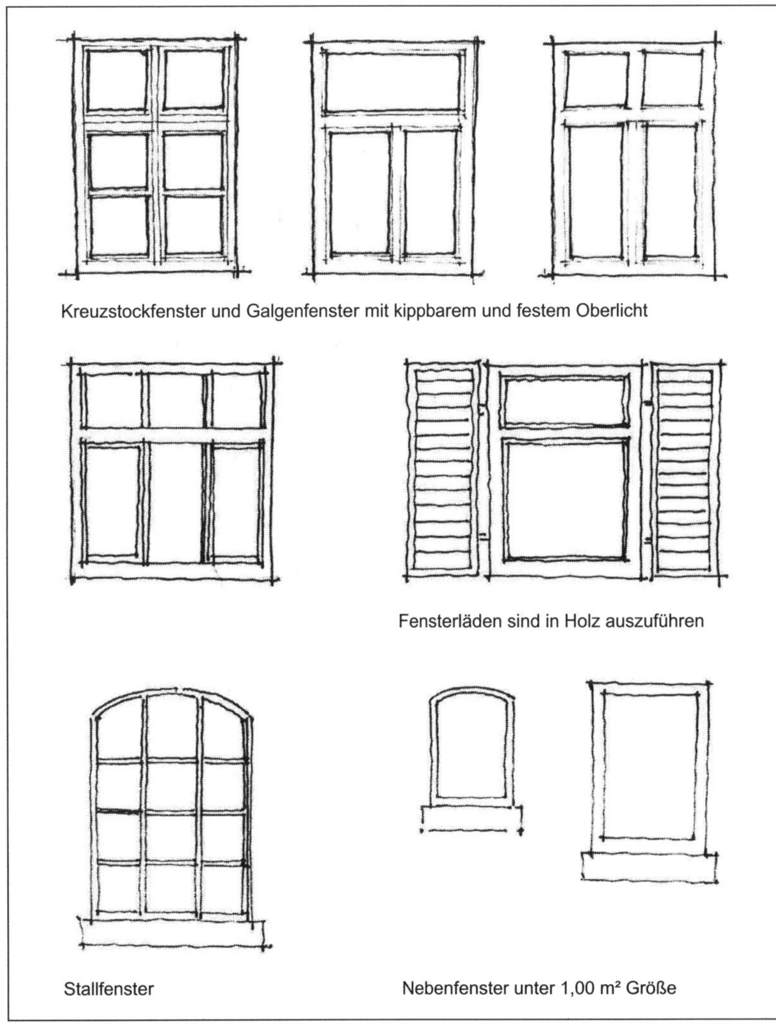

Abb. 134: Fensterformen

HOFEINFAHRTEN

Die Mehrseithöfe der Südharzdörfer und Sachsen-Anhalts, weisen häufig als Grundstücksabgrenzung geschosshohe masive Mauern auf, die durch große Hoftore aus Holz unterbrochen sind.
Diese Art der Einfriedung ist besonders typisch für die Mehrseitanlagen in Sachsen-Anhalt.

Im Fall der Sanierung oder des Neubaus der Einfahrtstore sind zweiflügelige Holztore förderfähig, im Falle eines hängigen Geländes auch Schiebetore.
Schwingtore wie z. B. für Garagen verwendet werden, sind hingegen nicht förderfähig.

Hoftor in Großjena

Tor in Erxleben

GARAGEN UND CARPORTS

Garagen sind zwar nur im Ausnahmefall über die Dorferneuerung förderfähig, für das Ortsild sind sie jedoch bedeutsam.
Garagenbauten sind häufig nur als Nebenbau mit eingeplant – ohne gestalterische Ansprüche.

Dabei sollte die Garage oder der Carport als "Ableger" des Hauses die gleiche Gestaltqualität aufweisen und sich in der Form dem Haupthaus anpassen.
Einzeln stehende Garagen sind durch eine Pergola o. Ä. an das Haupthaus anzubinden.

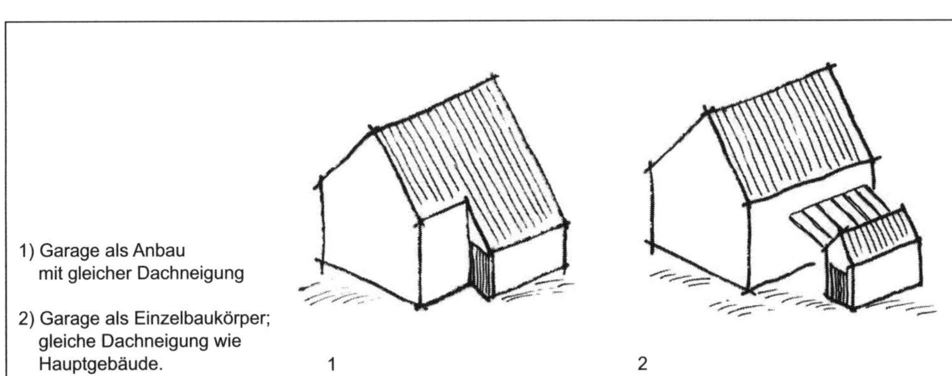

Abb. 135: Anordnung von Garagenbauten

EINFRIEDUNGEN

Einfriedungen sind ein wesentlicher ortsbildprägender Bestandteil der historischen Hofstellen und sonstigen dörflichen Privatgrundstücke. Die folgenden Gestaltungsempfehlungen für alternative Einfriedungen sind mit den regionalen siedlungsbaulichen Besonderheiten abzustimmen.

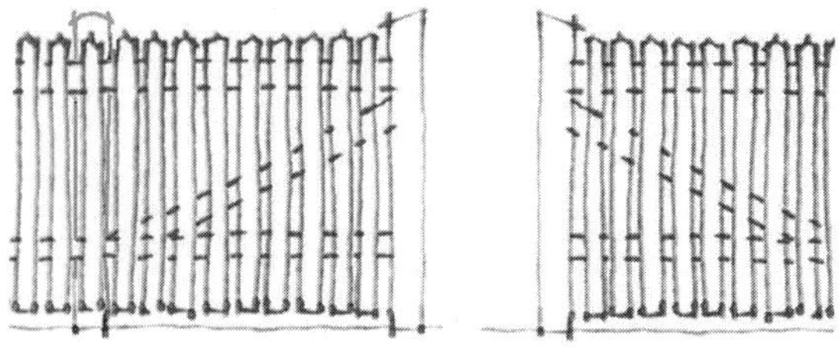

Holzstaketenzaun (Zaunsäulen hinter die Felder legen)

Natursteinmauern

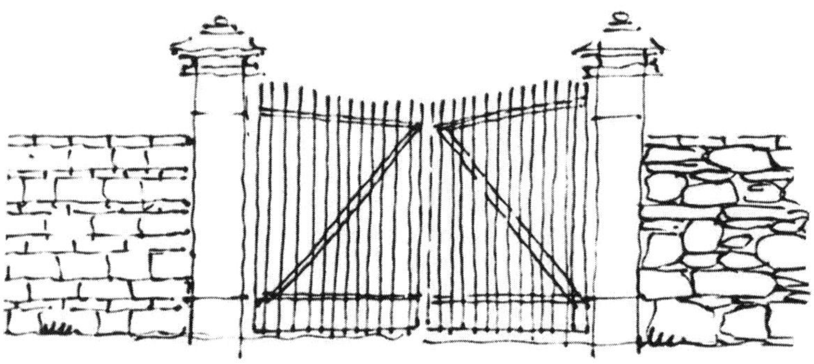

Natursteinmauern mit Säuleneinfassung und Holztor

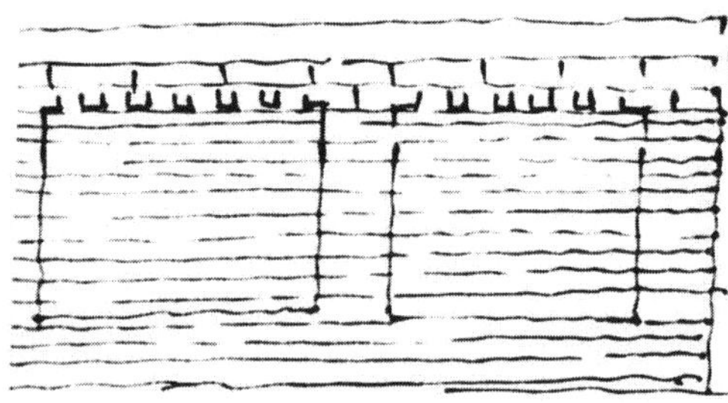

Ziegelmauer mit Ornamenten

Schmiedeeiserner Metallgitterzaun

Lebende Hecke aus Laubgehölzen

Abb. 136: Einfriedungen

Staketenzaun

Bewachsene Natursteinmauer

Schmiedeeisernes Hoftor mit Blumenranken

PFLASTERUNGEN UND HOFBEFESTIGUNG

Beispiel aus Schnega,
Marktplatzpflasterung mit Betonsteinen

Empfehlenswert sind Betonsteine, Natursteine (z. B. Feldlesesteine, Granit oder Basalt) oder Ziegel, wobei letztere wegen der möglichen Filmbildung bei Frost und bei Nässe nur als gliedernde Bänder angeordnet werden sollten.

Darüber hinaus sollten möglichst wenig Flächen versiegelt werden. Eine Befestigung, z. B. von Parkplatzflächen o. Ä. kann auch durch eine wassergebundene Decke oder durch locker verlegte Rasengittersteine erreicht werden, damit das Regenwasser versickern kann.

Abb. 137: Beispiele verschiedener Pflasterungen

PLATZMÖBLIERUNG (TAFELN UND LEUCHTEN)

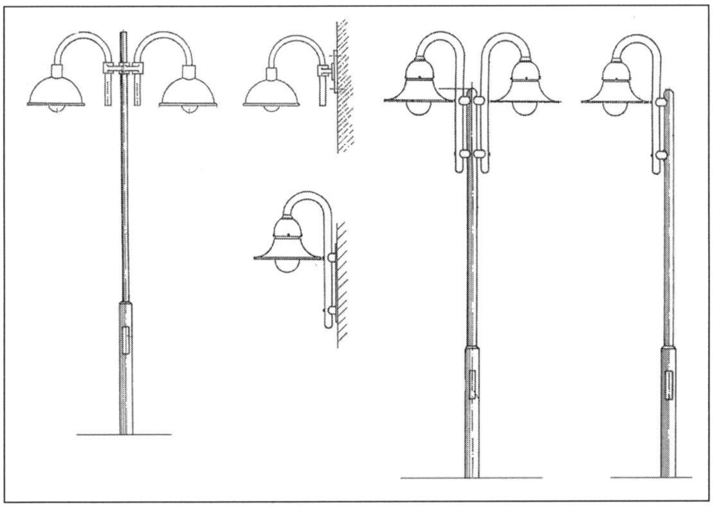

Abb. 138: Dorftypische Leuchten

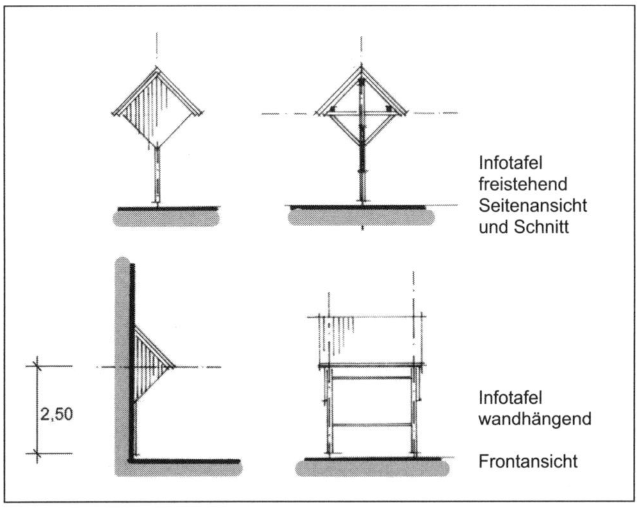

Abb. 139: Infotafel

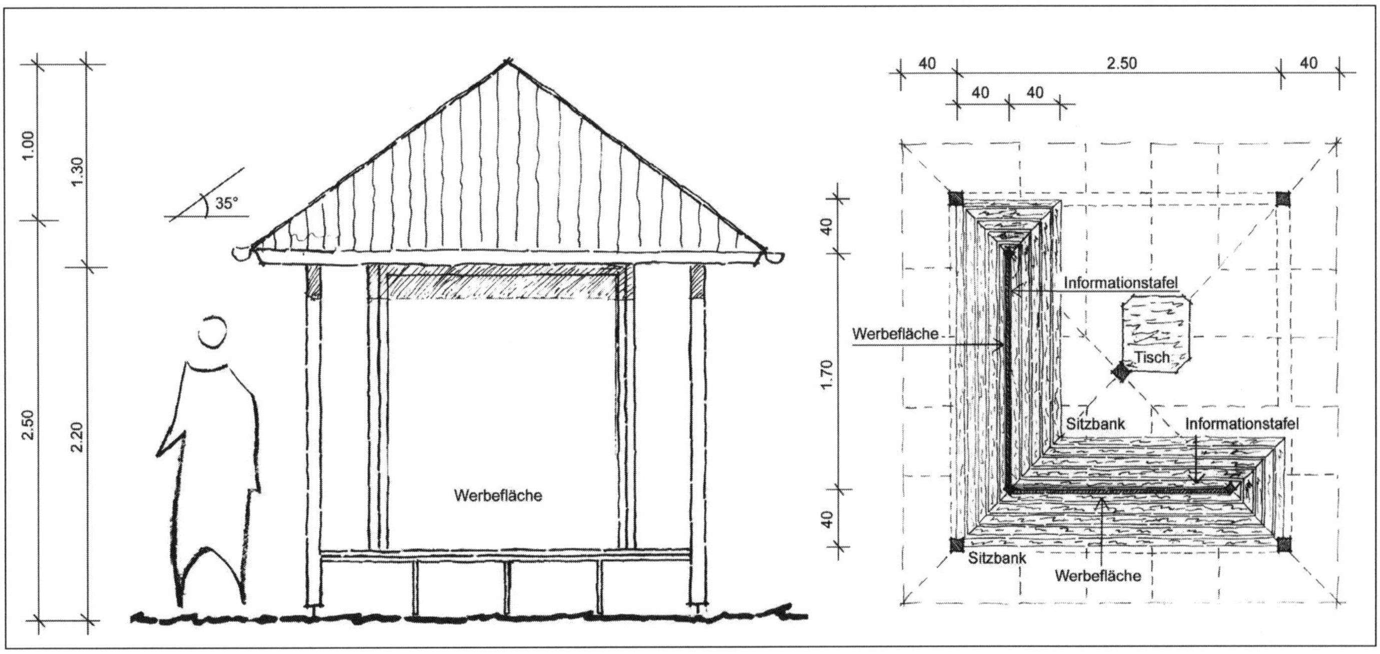

Abb. 140: Infopavillon

Dorftypische Leuchten in Großjena

Infotafel am Häuslinger Schulbruch

Am gleichen Platz steht dieser Holzpavillon.
Er übernimmt nicht nur die Funktionen eines Treffpunktes am Schulbruch, sondern auch die eines Buswartehauses.

Buswarten gehören ebenfalls zu den prägenden gestalterischen Elementen im Dorf. Ihnen wurde bereits ein Abschnitt im Kapitel 11 gewidmet.

GESTALTUNGSBEISPIELE AUS DEN FALLSTUDIEN

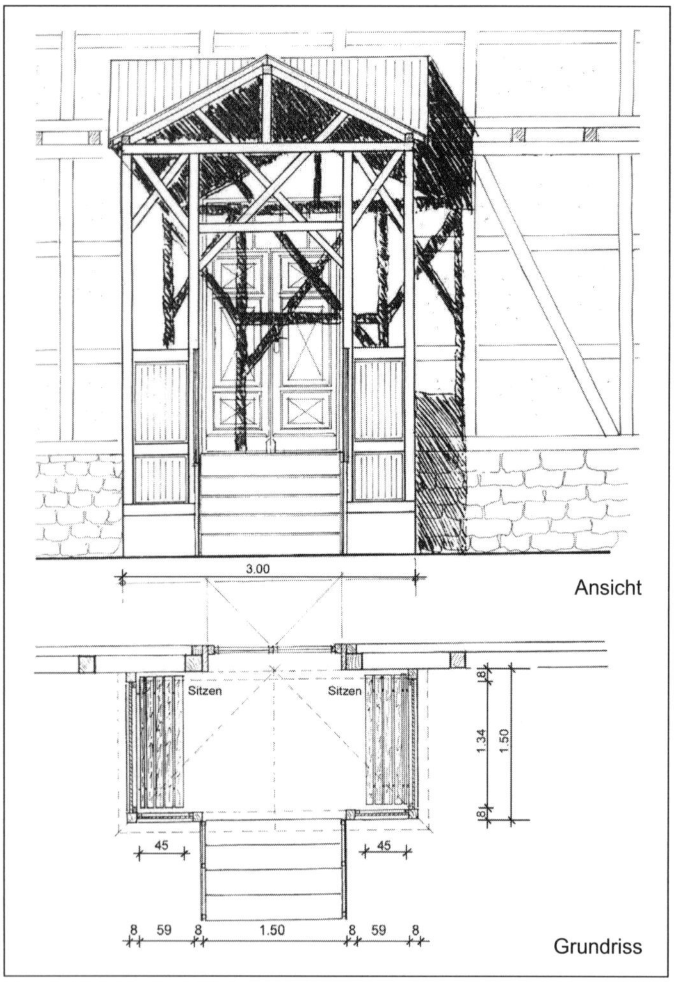

Abb. 141: Eingangsgestaltung, Beispiel Gittelde

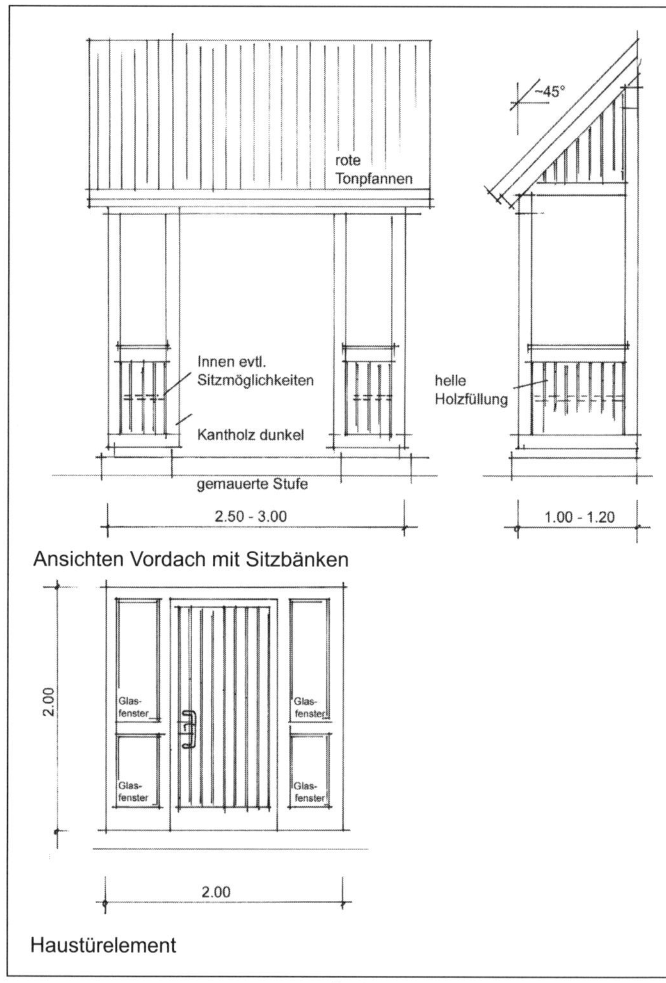

Abb. 142: Eingangsgestaltung, Beispiel Ührde

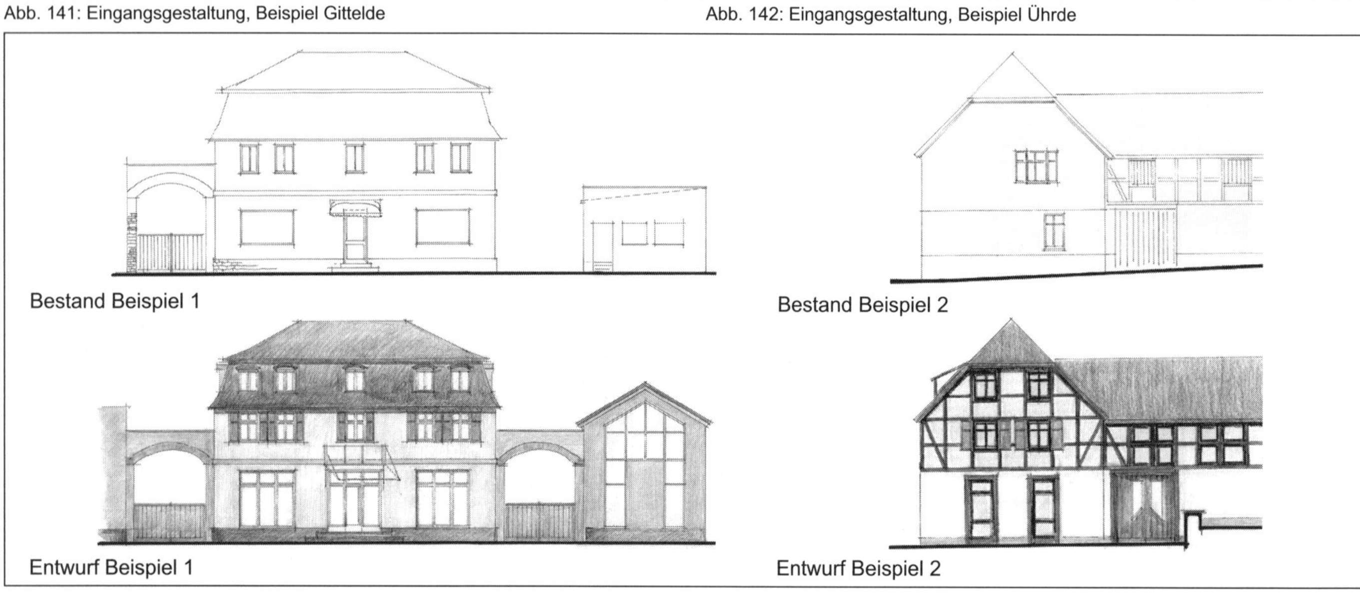

Abb. 143: Fassadengestaltungen am Beispiel Reinstedts

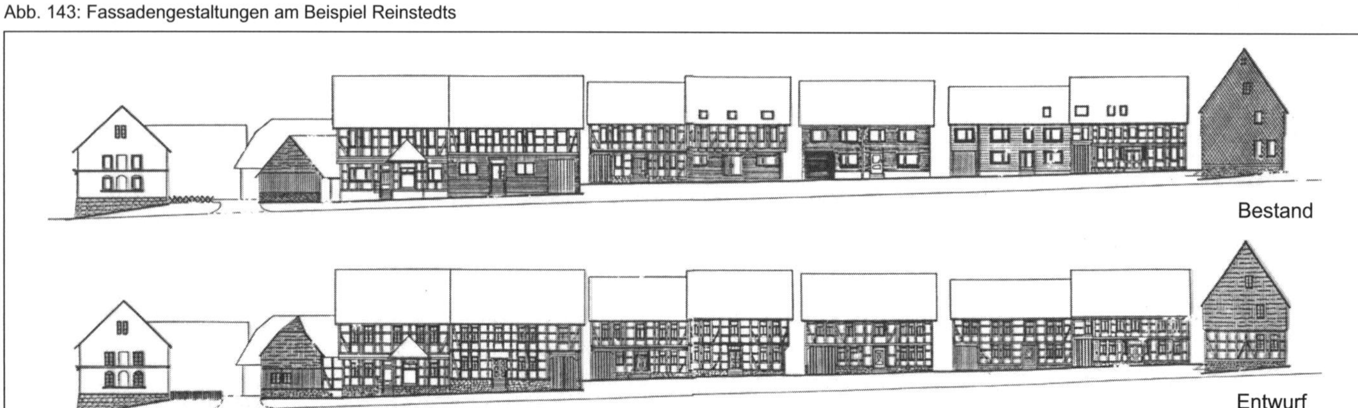

Abb. 144: Fassadenabwicklung der Schulstraße in Gittelde

Schleppdächer in Schwiegershausen/Bestandsaufnahme

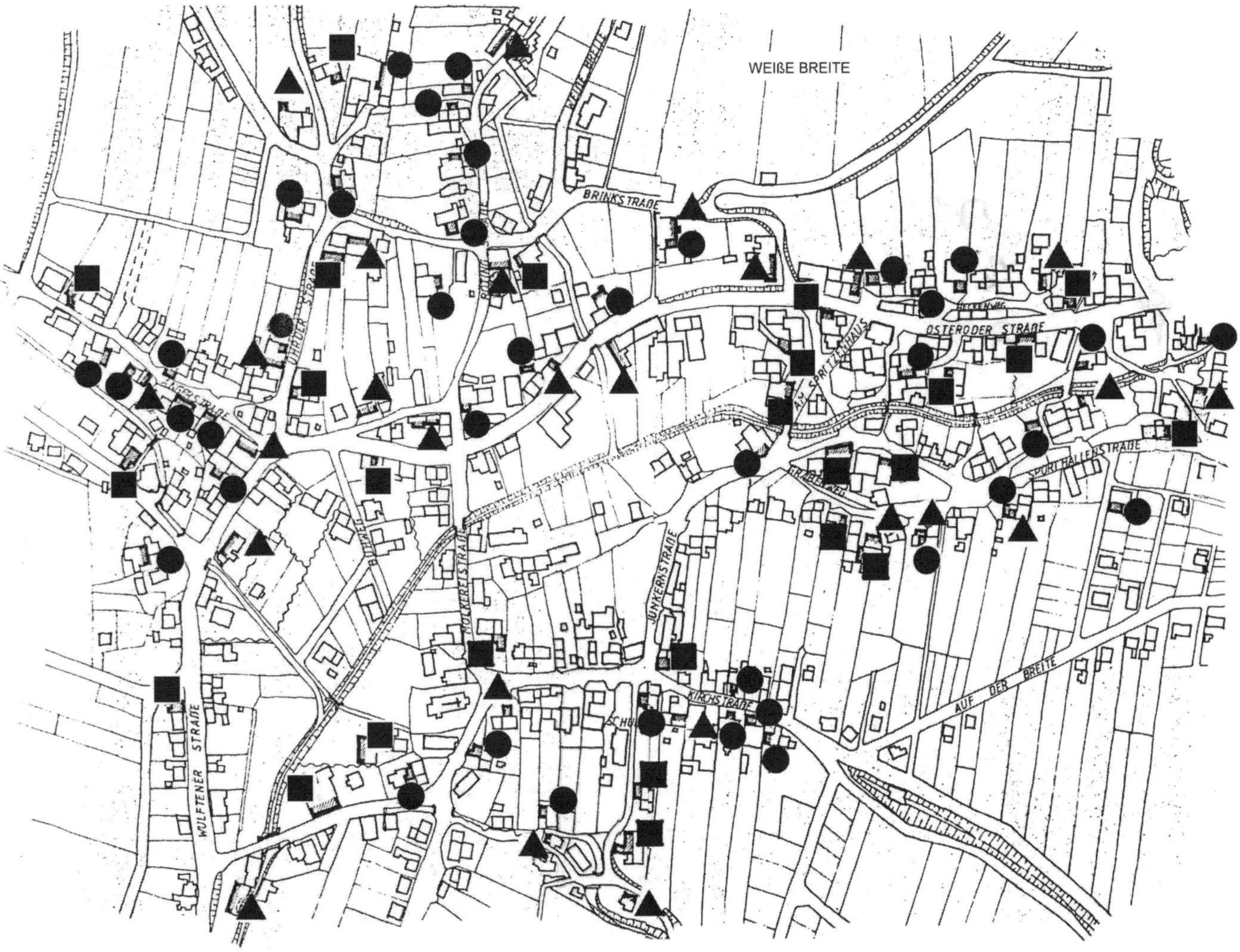

LEGENDE

- ● Schleppdach mit Anbau
- ■ Schleppdach mit Mauer
- ▲ Reines Schleppdach

Dachform	Zustand	
Schleppdach mit Anbau	41 % einwandfrei	59 % sanierungsbedürftig
Schleppdach mit Mauer	33 % einwandfrei	67 % sanierungsbedürftig
Reines Schleppdach	68 % einwandfrei	32 % sanierungsbedürftig

STAND: 1986, Bestandsaufnahme zur Dorferneuerung

Der vorliegende Plan zeigt die Schleppdächer des Südharzdorfes Schwiegershausen.
Die Hofform des Streckhofes, die im Südharz noch häufig vorkommt, besitzt charakteristische, lang heruntergezogene Schleppdächer.
An diesem Beispiel ist die Beziehung zwischen überlieferten hochbaulichen Gestaltungs- und Formprinzipien und der siedlungsbaulichen Gestalt des Ortes deutlich abzulesen. Das gesamte Dorf ist durch verschiedene Formen von Schleppdächern geprägt.

Da in der Zeit vor der Dorferneuerung viele der ortsüblichen Schleppdächer, auch in anderen Dörfern, abgebrochen oder unzureichend umgestaltet wurden, war das Bild der Dörfer erheblich gestört.
Der Bestandsplan ist Grundlage für die Sicherung bzw Sanierung des Restbestandes dieser nur teilweise denkmalgeschützten Dachformen.

Abb. 145: Karte der Schleppdächer Schwiegershausen

Abb. 146: Schleppdach mit Mauer

Abb. 147: Reines Schleppdach mit Stützen

Eingangslösung für einen Laden

Beispiel Wulften

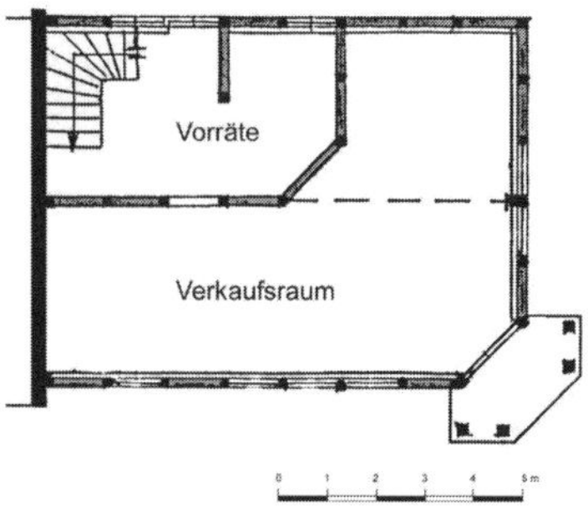

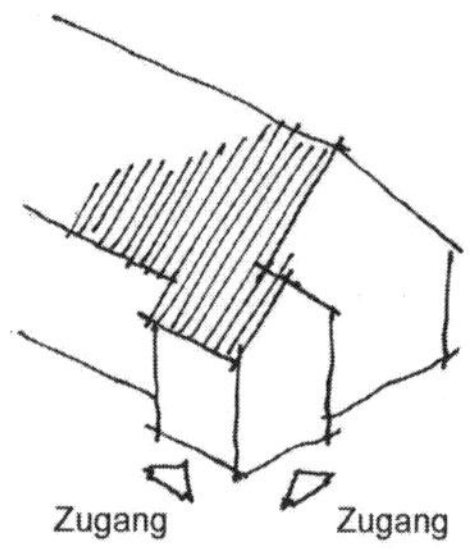

Grundriss Bestand

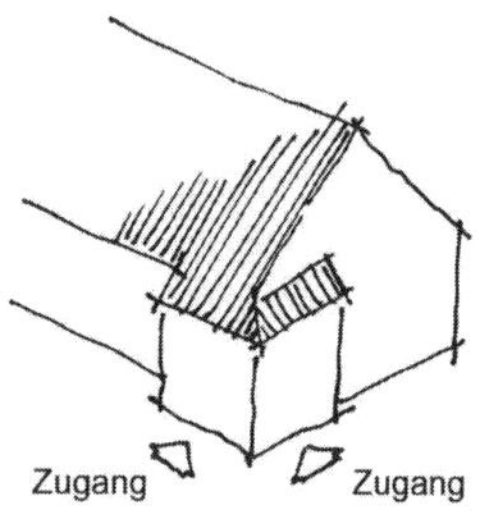

Lösungsvorschläge

Eingangsbereich Bestand

Abb. 148: Eingangslösung für einen Laden

Seitliche Anbauten am Wohngebäude

Beispiel eines Kalisiedlungshauses, Häuslingen

Der vorhandene Windfang ist mit einem Flachdach versehen, der durch ein in Neigung und Material mit dem Hauptgebäude übereinstimmenden Pultdach ersetzt werden soll.

Ebenso soll eine Flachdach-garage durch eine abgeschleppte Variante eingebunden werden.

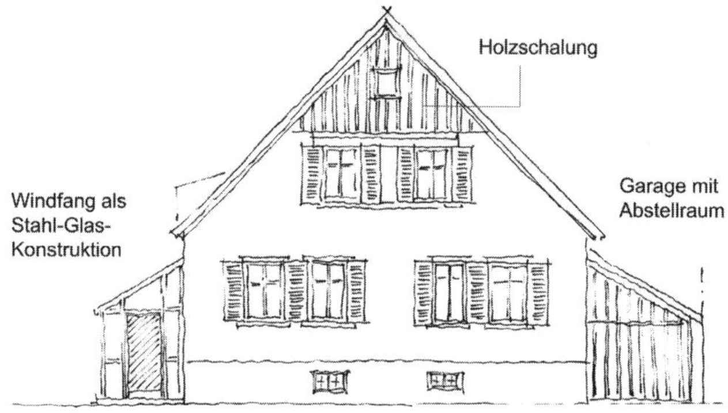

Ansicht Fassadengestaltung und Neugestaltung seitlicher Anbauten

Abb. 149: Seitliche Anbauten am Wohngebäude

Flachdachersatz durch Satteldachaufbau

Beispiel Sparkasse Estorf

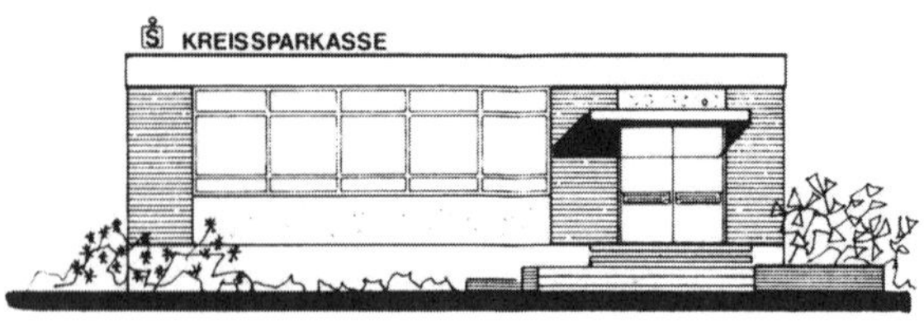

Ansicht Norden, Bestand

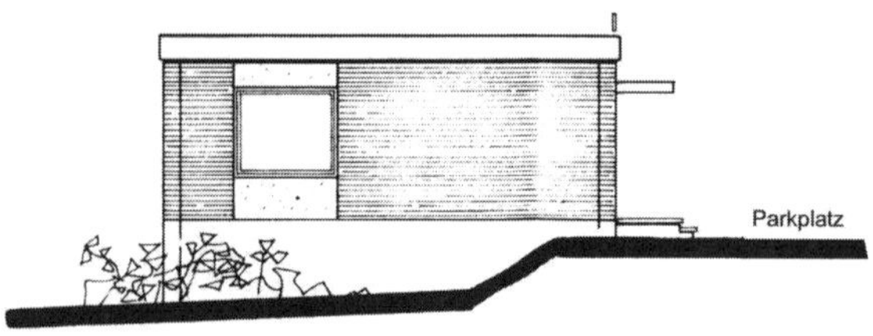

Ansicht Westen, Bestand

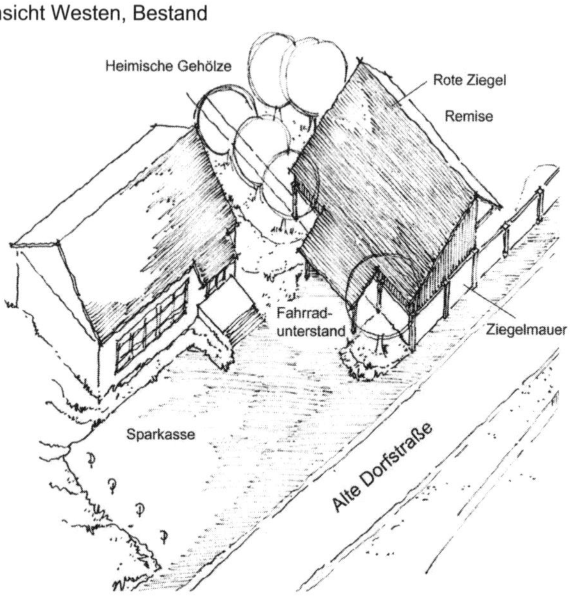

Perspektive des ausgeführten Satteldaches mit Vorplatzgestaltung

Abb. 150: Flachdachersatz durch Satteldachaufbau

Dachübergang zwischen zwei Gebäuden

Beispiel eines landwirtschaftlichen Betriebes in Wulften

Die vorhandene Verbindung zwischen dem Wohnhaus und den Wirtschaftsgebäuden wird durch ein sog. "Schmetterlingsdach" mit zu geringer Durchfahrtshöhe und bauphysikalischen Mängeln gebildet.

Durch eine Satteldachüberbrückung werden die funktionalen, gestalterischen und baupysikalischen Mägel behoben.

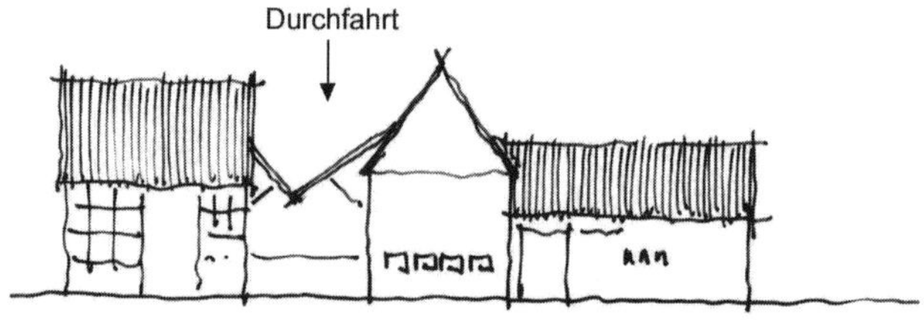

Ansicht Osten, Bestand

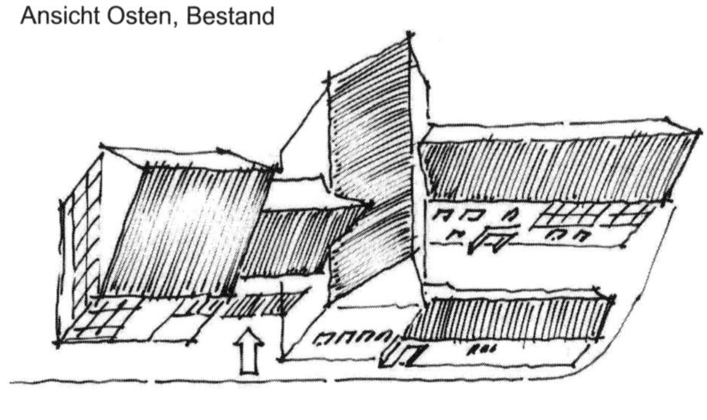

Perspektive Verbesserungsvorschlag

Abb. 151: Dachübergang zwischen zwei Gebäuden

13.3 Exkurs: „Neues Bauen im Dorf"

Die zunehmende ästhetische Diskrepanz zwischen dem teilweise richtungsweisend sanierten Altbaubestand in den Kernen der Dörfer und Kleinstädte und dem in Baulücken bzw. am Ortsrand erstellten Neubauten ist im ländlichen Raum Niedersachsens und Sachsen-Anhalts unübersehbar.

Die den Kommunen obliegende Planungshoheit und damit der kommunale Gestaltungsauftrag werden inzwischen nicht selten an private Bauträgergesellschaften, Fertighaushersteller, Bauunternehmer oder private Gruppen weitergereicht. Das Ergebnis ist häufig ein fehlender Siedlungs-, Landschafts- und Topografiebezug, eine gestalterisch beliebige und austauschbare Ansammlung von „bunten" Einfamilienhäusern als Spiegel eines gesellschaftlichen Konsenses, in dem Konsumorientierung, Selbstdarstellung und -verwirklichung einen höheren Stellenwert als Darstellung von Gemeinschaft und Tradition besitzen, und dies alles im legalen Rahmen.
Bei solchen Rahmenbedingungen wird jedoch das gestalterische Bemühen um ein angemessenes Bauen im Kontext kaum zum Erfolg führen.
Die „Ware Haus aus dem Supermarkt" wird in den Prospekten der Konzerne bereits neben dem wöchentlichen Angebot von Joghurtbechern, Bananen oder Tischdecken als normales Konsumangebot ohne Auflagen und Bindungen wöchentlich neu inseriert (-> Plus-Markt, 2005).

Während der Altbaubestand als Spiegel der historischen gesellschaftlichen Schichtungen und Strukturen zwar immer auch individuelle Unterscheidungsmerkmale in Größe, Ausstattung, Ornamentreichtum und Anzahl der hofgebundenen Bauten aufwies, überwiegen im Erscheinungsbild doch die verbindenden, das Siedlungsbild vereinheitlichenden Elemente, die gesellschaftliche Hierarchien mit dem landschaftsgebundenen Typus der Haus-, Hof- oder Siedlungsform versöhnlich zusammenfassen.
Die bestimmenden Gestaltungsprinzipien hießen eben nicht „Vielfalt" und „Chaos", sondern „Wiederholung" und „Ordnung".

So ist der Typ des ostfriesischen Gulfhauses und des Niedersächsischen Bauernhauses mit vergleichbarem Baukörper, vergleichbarem Grundrissgefüge und vergleichbarem Tragewerk entsprechend dem verfügbaren Kapital und der Schichtenzugehörigkeit in den unterschiedlichsten Größen und in unterschiedlicher Ausstattung in den zugehörigen Regionen immer wieder gebaut worden.
Das Gestaltungselement der Wiederholung, als Ordnungsmuster in Verbindung mit der Vielfalt aus Farbe und Ornament prägte das unverwechselbare Gesicht der dörflichen und kleinstädtischen Siedlung in den Regionen Norddeutschlands. „Gestalt" war also im Ergebnis eine ausgewogene Mischung von Ordnung und Vielfalt, umgesetzt in handwerklicher Tradition.
Der gestalterische Einbruch in die überlieferten über jahrhundertealten Haus- und Siedlungsmuster erfolgte nicht nur als Folge des erweiterten, unkontrollierten und ungeordneten Materialangebotes der Bauindustrie, als Folge der veränderten, d. h. erheblich erhöhten allgemeinen Lebens- und Wohnausstattungsstandards, sondern vor allem auch als Folge der funktionalen Neubestimmung der ländlichen Siedlungen und Regionen selbst.

Bisherige Bemühungen des Autors in Norddeutschlands Baufirmen eine vergleichbare Produktpalette wie in Bayern über die dortige BayWa (Bayerische Warengenossenschaft) mit Produktauszeichnungen über neutrale Gutachter („Werkgut") zu installieren, sind bisher gescheitert.

Das aktuelle Baugeschehen im privaten Bereich konzentriert sich durch den Strukturwandel weniger auf den Neu- oder Umbau landwirtschaftlicher Wirtschafts-, Remisen und Wohnbauten, sondern fast ausschließlich auf den Neubau von Einfamilienhäusern und Garagen für eine Bauherrenschaft, die teilweise als Zuwanderer weder einen Bezug zur Entstehungsgeschichte historischer Strukturen, noch zu den Lebensformen der früheren Landwirte und Handwerker besitzen.
Das Ergebnis ist die bereits zuvor skizzierte Beliebigkeit eines auswechselbaren regions- und ortsunabhängigen, ausschließlich an den persönlichen Vorlieben des Bauherrn orientierten Formenkanons. Das Chaos der Bau- und Dachkörperformen und Materialien, das bezugslos und ohne Ansätze einer Raumbildung mehr oder weniger eingegrünt die Ortsränder belastet, ist das bedauernswerte Ergebnis mit bedrohlicher „Sprengwirkung" für die überlieferten bäuerlichen und dörflichen Restbestände.
Einen nicht unwesentlichen Anteil an der beklagenswerten Situation haben Architekten und baumarktabhängige Unternehmen, wenn sie sich als überregional tätige Erfüllungsgehilfen einer Bauherrenschaft sehen, die den individuellen über den gemeinschaftlichen Darstellungsbeitrag stellen.

Die spätestens nach dem Europäischen Denkmalschutzjahr 1975 ansatzweise schon vorher spürbare Rückbesinnung auf die Qualität der überlieferten Haus- und Siedlungsstrukturen beeinflusst ansatzweise auch das Neue Bauen, das als moderne Architektursprache noch bis dato ganz im Zeichen einer geometrischen Sachlichkeit in der sog. „Nach-Bauhausphase" stand.
Eine neuerliche Hinwendung zu den überlieferten Gestaltelementen, zu gewachsenen Materialien und Formen findet im sog. „Regionalismus" statt, einem regionsbezogenen Bauen, das zwar die Kopie der Vorgaben ablehnt, diese jedoch in einer Art Interpretations- und Umformungsprozess in die moderne Architektursprache einbindet.
Zahlreiche Architekten und Architekturschulen bekannten sich zu diesem Bemühen um Integration, Rücksichtnahme und Maßstab, konnten jedoch den Trend zum individuellen Einfamilienhausbau mit den skizzierten Ergebnissen nicht wesentlich beeinflussen.
In den Fallstudiendörfern Elbingerode, Hattorf am Harz und Estorf wurde versucht, sowohl in Neu- als auch in Umbaumaßnahmen eine regionale Architektursprache zu realisieren, die den skizzierten Ansprüchen wenigstens in Ansätzen gerecht werden kann.
Hierzu gehört auch das Bemühen um einer „siedlungsgenetisch orientierte Bauleitplanung", in der Elemente der überlieferten Baukörperzuordnung und Erschließung in Neubaugebieten aufgenommen werden sollten – bisher jedoch wiederum im Gegensatz zu gelungenen Beispielen aus Süddeutschland in Norddeutschland ohne vorzeigbaren Erfolg (siehe Abschnitt 16.3).

13.4 Fallstudienanalyse

Nach den durch die Dorferneuerung ausgelösten gestalterischen Auswirkungen in den Fallstudiendörfern wurden im Rahmen von Einzelgesprächen und Fragebogenaktionen sämtliche betroffene Gruppen, die Kommunen, die Bürger und die Ämter für Landentwicklung sowie die Ämter für Landwirtschaft und Flurneuordnung zu Gestaltungsthemen befragt.

13.4.1 Kommunale Befragung

Die Frage, ob der Dorferneuerungsplan auch 10 – 15 Jahre nach seiner Genehmigung noch Grundlage für die Gestaltung privater Maßnahmen sei, wurde in Niedersachsen zu über 60 % positiv beantwortet!
Auffallend sind jedoch die regionalen Unterschiede in der Beantwortung zwischen den Dörfern der Geest-/Moorregion (11 %) und der Nienburger Wesermarsch (100 %)! Eine Erklärung hierfür ist bei vergleichbarem Betreuungs- und Planungsaufwand schwierig. Möglicherweise liegt sie in der tatsächlich unterschiedlichen Anzahl ausgeführter Dorferneuerungsmaßnahmen in diesen Regionen oder in der nachweisbaren Diskrepanz zwischen den Gestaltungszielen des Dorferneuerungsplanes und den Vorstellungen einzelner Bauherren.
Die weiteren Fragen bezogen sich auf

- die Absicht der Gemeinde, eine Gestaltungssatzung zu erarbeiten,
- die aktuelle Bedeutung der Gestaltungsempfehlungen und
- auf deren flächendeckende Verteilung nach der Überarbeitung an die Haushalte.

Keine der Gemeinden bzw. Ortsteile beabsichtigt nachträglich eine Gestaltungssatzung zu erlassen. Zwei Drittel der niedersächsischen Gemeinden bestätigen die Aktualität des Dorferneuerungsplanes bezüglich gestalterischer Entscheidungen – allerdings wiederum mit regionalen Unterschieden (Wesermarsch 100 %, Geest-/Moorniederungen 56 %).
Lediglich 34 % der Gemeinden sind für eine flächendeckende Verteilung der Gestaltungsempfehlungen an die Haushalte in der Form eines Flyers.

In Sachsen-Anhalt bestehen noch in zwei Fallstudien die Vorgaben des Dorferneuerungsplanes zur Gestaltung weiter. In Reinstedt sollten sowohl die Gestaltungsempfehlungen den Bürgern als Grundlage dienen als auch der DE-Plan weiterhin Grundlage zukünftiger Modernisierungen sein. Vermutlich sind diese Forderungen ein Grund für die geringe Anzahl bisher umgesetzter Dorferneuerungsmaßnahmen in Reinstedt.

13.4.2 Bürgerbefragung

Im Urteil der befragten Bewohner der 32 niedersächsischen Fallstudiendörfer hatte die Dorferneuerung mit 71 % „positiver" Wertungen die stärkste Auswirkung auf das „Erscheinungsbild der Dörfer" überhaupt.
Die positive Wertung in den Fallstudiendörfern Sachsen-Anhalts beträgt sogar über 80 %!

Zwischen den untersuchten Dorfregionen differieren dabei die positiven Wertungen in geringerem Maße als zwischen den Dörfern innerhalb einer zugehörigen Region (Wesermarsch zwischen 40 und 90 %, Region Südharz zwischen 23 und 100 %!).
Die Gestaltungsauflagen in Verbindung mit der öffentlichen Förderung sind den Bürgern Niedersachsens auch nach 12 – 15 Jahren noch zu 44 % und in Sachsen-Anhalt zu 64 % bekannt.

13.4.3 Ämterbefragung

Sämtliche zuständigen Ämter für Landentwicklung beurteilen die nachhaltigen Auswirkungen der Dorferneuerung auf das dörfliche Erscheinungsbild als „absolut positiv".

Bezüglich des Gestaltungsaspektes werden als Wünsche für die Zukunft geäußert:

- keine planerischen Standardlösungen und
- Festschreibung einer verstärkten Planerbetreuung in der Durchführungsphase.

Die Sachsen-anhaltinischen Ämter haben (außer Halberstadt) keine Stellungnahme abgegeben.

13.5 Zusammenfassung/Folgerungen

Es ist deutlich geworden, dass dem Gestaltungsaspekt in der Dorferneuerung sowohl von der planerischen Zielsetzung und Umsetzung als auch von der Akzeptanz der Bewohner her ein hoher Stellenwert zuerkannt wurde, soweit sich die Ziele auf den historischen Ortskern beziehen.
Baugestaltung als gesellschaftliche Aufgabe wird aber im ländlichen Raum zukünftig unverzichtbar sein, sollen Grundbedürfnisse der Dorfbewohner nach Identifikation, nach geschichtlicher Orientierung, nach Symbolen des Gemeinschaftlichen und nach räumlichem Wohlbefinden erfüllbar bleiben.

Auch wenn die für neue Zwecke umgenutzte bauliche Hülle nicht mehr als authentisch bezeichnet werden kann, so weist sie doch auf ihre kulturgeschichtliche Herkunft hin und bietet dem Bewohner die Möglichkeiten einer persönlichen Standortbestimmung im geschichtlichen Raum seiner alten oder seiner neuen Heimat. Das bisherige umfassende Instrumentarium für die Bestandserfassung (Objektkartei, Karten „Bauart" und „Baualter") und für siedlungs- und hochbauliche Gestaltanalysen als Grundlage für die Herausarbeitung der prägenden Gestaltmerkmale hat sich in der Praxis der Beratungs- und Betreuungsarbeit in den Ortskernen durchaus bewährt.

Die abgeleiteten Gestaltungsempfehlungen sollten jedoch nicht nur als variantenloser Forderungskatalog für absolut verbindliche historische Details von Seiten der genehmigenden Behörden interpretiert und so dem Bauherren abverlangt werden.
Geschichtlicher dörflicher Realität entspricht ein variabler Anforderungskatalog, der sich neben den Prinzipien der „Bescheidenheit" und „Angemessenheit" auch einer gewissen Formenvielfalt verpflichtet weiß, in der auch eine regionsbezogene moderne Architektursprache ihre Berechtigung finden kann und soll.

Schließlich soll nicht ein authentisches Freiluftmuseum das Ergebnis einer durchgeführten Dorferneuerung sein, sondern lebendige, gelebte Räume, die Geschichte als Prozess vermitteln können, ohne dass die Ausgangssituation der Dorfentstehung verschüttet oder zerstört wird.
Die Vielfalt der aus den unterschiedlichen Produktionsanforderungen handwerklichen Traditionen, dorfgesellschaftlichen Hierarchien und landschaftlichen Besonderheiten entstanden siedlungs- und hochbaulichen Gestaltungsmerkmale in den Dörfern Niedersachsens, gehört zum besonders schützenswerten kulturellen Erbe des Landes. Maßstabslose, formal unausgereifte Neubauten an den Ortsrändern und in Baulücken sind kaum geeignet, dörfliche Herkunft angemessen mit seiner Gegenwart und Zukunft zu verbinden.
Von den untersuchten Fallstudiendörfern ist es einigen wenigen, u. a. Estorf, Lübeln, Abbenrode, Elbingerode, Ührde, Gittelde und ansatzweise Eilte und Schnega gelungen, dieses kulturelle

Gestalterbe sichtbar zu machen, aufzuwerten und damit auch für die Zukunft zu sichern und zu entwickeln.
In der abschließenden Evaluation wird allerdings auch sichtbar, dass neben der gestalterischen Gesamtqualität noch weitere Aspekte bedeutsam sind, um den „Lebensraum Dorf“ nachhaltig zu bewahren.

Erler (Lit. 104) spricht in diesem Zusammenhang von dörflicher Kultur als einem *„Ausdruck bäuerlicher Bedürfnislosigkeiten, zäh und sparsam abgerungen einer ländlichen Armut, die jahrhundertealt geworden war“*, also von einer *„ Ästhetik des Verzichts“.*

Es wäre zweifellos ein Gewinn für die Gestaltqualität unserer Dörfer, wenn von diesem Geist einer bewussten Selbstbescheidung etwas in die Um- und Neubauvorhaben einfließen könnte.

Wettbewerbsausschreibungen, insbesondere auch für Baulückenschließungen, Symposien und Informationsveranstaltungen zur „Dorfgestaltung“ in Verbindung mit einer erhöhten Medienpräsenz des Themas, sind neben einer frühzeitigen Heranführung von Jugendlichen an die angesprochenen Probleme die geeigneten Mittel, sowohl zur Bewusstmachung als auch zu einer positiven Entwicklung.
Eine Überprüfung und Überarbeitung des Angebots an Produktpaletten norddeutscher Baufirmen auf „Angemessenheit“ und „gestalterische Qualität“ durch Produktauszeichnungen wäre ein weiterer „Hebel“ für eine Erhöhung der Gestaltqualität in den Dorfkernen und Neubaugebieten.

Auf die besonderen gestalterischen Ausgangslagen, Rahmenbedingungen und Entwicklungen der Fallstudiendörfer in Sachsen-Anhalt kann an dieser Stelle nur hingewiesen werden.
Eine detaillierte diesbezügliche Darstellung findet sich in der Studie des Verfassers „Alternative Siedlungsentwicklung – Dorferneuerung in Sachsen-Anhalt“ (Lit. 37).
Anhand der ortsbildprägenden Bauformen der Mehrseithofanlagen wird dort auf die besonderen funktionalen, räumlichen und gestalterischen Probleme an zahlreichen Praxisbeispielen eingegangen.

14.1 Einführung

Mit dem offensichtlich unaufhaltsamen Ausscheiden von 2,5 – 3 % landwirtschaftlicher Voll- und Nebenerwerbsbetriebe pro Jahr aus dem Produktionsprozess ist die Sicherung leer fallender Hofstellen durch Modernisierungs- oder Umbaumaßnahmen zu einem Kernproblem der Dorferneuerung geworden.
Wegen der großen kulturerhaltenden und siedlungsgestalterischen Wirkung von Altbausanierungsmaßnahmen im ländlichen Raum und wegen der Komplexität der Aufgabe, bedürfen folgende Aspekte und Rahmenbedingungen einer näheren Betrachtung:

- Standorte von ländlichen Altbauten nach dem BauGB (Innen- und Außenbereichslagen)
- Altgebäudearten im dörflichen Umfeld
- Wertermittlungsverfahren / Restwertbestimmung
- Fördertatbestände und Finanzierung
- Gestalterische, funktionale und konstruktive Anforderungen an Umbauvorhaben
- Aspekte der Denkmalpflege und des Denkmalschutzes
- Versicherungsrechtliche und bautechnische Fragen

14.2 Standorte von Altbauten nach dem Baugesetzbuch (BauGB)

In baurechtlicher Hinsicht werden drei mögliche Standorte von landwirtschaftlichen Haupt- und Nebengebäuden sowie sonstigen dörflichen Altbauten unterschieden:

a) § 30 Baugesetzbuch (BauGB): Geltungsbereich eines Bebauungsplanes
b) § 34 BauGB: Zusammenhang bebauter Ortsteile, sog. „Innenbereich“ – gesichert durch entsprechende Festsetzungen im Flächennutzungsplan
c) § 35 BauGB: „Außenbereichslagen“

Zu a) Landwirtschaftliche Betriebe im Geltungsbereich eines eigenen Bebauungsplanes „Ortskern“ sind nicht die Regel, es sei denn, der Betrieb liegt innerhalb eines nach dem Städtebauförderungsgesetz zu sanierenden Dorfkerns wie in den Fallstudiendörfern Abbenrode und Lübeln.

Zu b) Landwirtschaftliche Betriebe oder sonstige dörfliche Altbauten im Innenbereich können beliebige Nutzungsänderungen erfahren, soweit die Umbaumaßnahmen dem Gebietscharakter des Umfeldes und dem Rücksichtnahmegebot entsprechen. Die überwiegende Mehrzahl der im Rahmen von Dorferneuerungsmaßnahmen durchgeführten Umbauvorhaben liegen in den untersuchten Dorfregionen im Innenbereich, d. h. innerhalb der historischen Dorfkerne. Gemeinden können durch eine Satzung einzelne Außenbereichsflächen einbeziehen, wenn die einbezogenen Flächen durch die bauliche Nutzung des angrenzenden Bereichs entsprechend geprägt sind. Einen besonderen Streitfall stellen allerdings die Versuche der Umnutzung leer gefallener dörflicher Altbausubstanz im Innenbereich zu „Vergnügungsstätten“ (Spielhallen, Diskotheken) dar. Sie wurden wegen des in der Baunutzungsverordnung (BauNVO) gewährten Spielraumes in der Interpretation möglicher Nutzungsarten in einigen Dörfern tatsächlich genehmigt (Wulften).

Zu c) Über die besonderen Probleme der Umnutzung landwirtschaftlicher Hofstellen im Außenbereich haben die Autoren Damm/Grahlmann (Lit. 22) ausführlich aus der besonderen Betroffenheit der ländlichen Räume Nordrhein-Westfalens mit einem dort großen Anteil von Streu- und Einzelhoflagen berichtet. Die Autoren setzen sich insbesondere für eine weniger restriktive Genehmigungspraxis ein, da außenbereichsverträgliche Nutzungsänderungen den Freiraum- und Umweltschutzzielen dienen.
„Durch Vermeidung eines entsprechenden Neubaus werden Freiraumverbrauch, Versiegelung und Baustoffverschwendung verhindert. Außerdem kann der Verfall kulturlandschaftsprägender Gebäude vermieden werden.“ Ihr besonderes Plädoyer dient der Förderung von Umbauvorhaben im Außenbereich, insbesondere für handwerkliche und kleingewerbliche Nutzungen.

Von besonderem Interesse für außenbereichsverträgliche Umnutzungsvorhaben sind einige nach der Novellierung des BauGB benannten Voraussetzungen:

a) das Vorhaben dient einer zweckmäßigen Verwendung erhaltenswerter Bausubstanz,
b) die äußere Gestalt bleibt im Wesentlichen gewahrt,
c) die Aufgabe der bisherigen Nutzung liegt nicht länger als sieben Jahre zurück,
d) das Gebäude ist vor dem 27. August 1996 zulässigerweise errichtet worden,
e) im Falle der „Änderung zu Wohnzwecken entstehen neben den bisher zulässigen Wohnungen höchstens drei Wohnungen je Hofstelle!

14.3 Altgebäudearten im dörflichen Umfeld

Wie bereits im Kapitel 6 vorgestellt, besteht das baukulturelle Erbe aus den regionsspezifischen Haus-, und Hofformen (Gulfhöfe, niederdeutsche Hallenhäuser und mitteldeutsche Gehöfte) mit ihren Nebengebäuden (Remisen, Speichern, Scheunen, Backhäusern u. a.) sowie aus den historischen Dienstleistungseinrichtungen und Produktionsanlagen (kirchliche Gemeindebauten, Kirchen, Kapellen, Wasser- und Windmühlen, Feuerwehrgerätehäuser, Dorfschulen, Dorfrathäuser, Waagen, Hirtenhäuser u. a.).

Aus denkmalpflegerischer Sicht ist das zugehörige landschaftliche Umfeld (Teichanlagen, Parkanlagen, Friedhöfe, Wasserläufe u. a.) untrennbarer Bestandteil der genannten Anlagen, soweit sie als Denkmale kartiert sind. Die Kenntnis der jeweiligen hauskundlichen Merkmale ist die unverzichtbare Vorausetzung für eine erfolgreiche Modernisierung, Umnutzung oder Rekonstruktion.

14.4 Wertermittlungsverfahren/Restwertbestimmung

Als Immobilien besitzen Altgebäude mit den zugehörigen Grundstücken und der Betriebsaustattung einen materiellen Restwert, dessen Bestimmung im Allgemeinen die Vorausetzung für das Zustandekommen eines Besitzerwechsels und für Gesamtkostenermittlung einer geplanten Umbaumaßnahme darstellt.

Die Ermittlung des Verkehrwertes erfolgt auf der Grundlage der im Baugesetzbuch (Stand 01.08.2001) aufgenommenen

„Wertermittlungsverordnung“ (WertV) und der „Wertermittlungsrichtlinie 1991“ (WertR 91).

Auf der Basis entsprechender Planunterlagen, z. B. vollständiger Gebäudeaufmaße bieten sich in der Praxis prinzipiell drei Wertermittlungsverfahren an:

a) Beim Vergleichsverfahren sind Kaufpreise solcher Grundstücke heranzuziehen, die in ihren Merkmalen mit dem zu veräußernden Projekt „hinreichend übereinstimmen“, was bei landwirtschaftlichen Hofstellen kaum der Fall ist, da sie mit Ausnahme der Aussiedlerhöfe nach 1950 im Allgemeinen nicht typisiert sind.
b) Das Ertragswertverfahren wird herangezogen, wenn ein Reinertrag aus der Gebäudevermietung oder Verpachtung erzielt wird. Der Reinertrag ergibt sich aus dem Rohertrag abzüglich der Bewirtschaftungskosten, der Reparaturkosten und des sog. „Reparaturstaus“, d. h. der durch unterlassene Instandhaltung entstandenen Kosten.
c) Für leerstehende Hofanlagen und sonstige dörfliche Produktions- und Dienstleistungsgebäude kommt, sofern keine vergleichbaren Anlagen vorhanden sind oder kein Reinertrag durch Vermietung oder Pacht erzielt wird, nur das Sachwertverfahren in Frage, wobei der Herstellungswert der Gebäude, der Außenanlagen und der Betriebseinrichtungen einschließlich der Baunebenkosten unter Berücksichtigung der technischen Wertminderung, inkl. des o. g. Reparaturstaus und sonstige wertbeeinflussende Umstände zugrunde gelegt werden.
   In der Berechnung werden dabei der letzte Preisindex für Gebäude berücksichtigt, die technische Lebensdauer von baulichen Anlagen und Bauteilen sowie sonstige wertmindernde oder werterhöhende Faktoren.
   Im Normalfall wird bei der abschließenden Bestimmung des Verkehrswertes durch Zu- und Abschläge die aktuelle Lage auf dem Grundstücksmarkt berücksichtigt.
   Da sowohl die Restnutzungsdauer von Gebäudehülle und technischer Ausstattung zum Beispiel bei Stallgebäuden als auch die Investitionskosten erheblich differieren können, ist eine angemessene Mischung bei der Nutzungsdauer zu vereinbaren.

   Wegen der regionsspezifischen und hauskundlichen Besonderheiten kann bei der Verkehrsermittlung leer gefallener dörflicher Altbauten an dieser Stelle nur auf die rechtzeitige Kontaktaufnahme mit den entsprechenden Beratern der zuständigen Landwirtschaftskammern verwiesen werden.

14.5 Fördertatbestände und Finanzierung

Die Finanzierung einer Umbaumaßnahme hat im Normalfall also die Erwerbskosten des bebauten Grundstückes einschließlich Gebäuden, Betriebseinrichtungen und Nebenkosten zu berücksichtigen. Der wünschenswerte Zeitpunkt für die Ermittlung der weiteren Umbaukosten liegt für den umbauwilligen Bauherrn verständlicherweise bereits vor dem Zeitpunkt des Erwerbs der Altbausubstanz!
Um das gegenüber einer vergleichbaren Neubaumaßnahme höhere Risiko wegen der möglicherweise verborgenen Schäden einigermaßen aufzufangen und mindern zu können, ist es erforderlich, auf der Grundlage von Bauaufnahmen und eines ersten Vorentwurfs eine verhältnismäßig genaue Kostenermittlung frühzeitig durchzuführen.
Dank der in der Fachliteratur bereitgestellten und jährlich fortgeschriebenen Kostenrichtwerte nach der sog. „Bauteilmethode“ ist es möglich, eine gewerksspezifische Kostenermittlung auf der Basis von Vorentwürfen zu leisten, die gegenüber einer Ausschreibung eine Ungenauigkeit von lediglich 10 – 15 % besitzt.

Über die neue Richtlinie ZILE (02.05.2005) wurde der Fördertatbestand der Umnutzung unter dem investiven Maßnahmenpaket der Dorferneuerung und -entwicklung besonders aufgewertet. Im Rahmen der GAK sind investive Maßnahmen land- und fortwirtschaftlicher Betriebe zur Umnutzung ihrer Bausubstanz für unterschiedliche Zwecke zuwendungsfähig, „sofern sie dazu dienen, Arbeitsplätze zu sichern, neue Arbeitsplätze zu schaffen oder Zusatzeinkommen zu erschließen“.
Außerhalb der Fördermöglichkeiten der GAK sind nach der ZILE-RL (siehe Anhang) u. a. der Neu-, Aus- oder Umbau von Gemeinschaftsanlagen und historischen Produktionsanlagen (0.4.4), die Erhaltung und Gestaltung ortsbildprägender dörflicher Bausubstanz (0.4.5), die Umnutzung ganz oder teilweise leer stehender ortsbildprägender Gebäude inklusive deren Umsetzung (0.4.6), der Ersatz nicht sanierungsfähiger ortsbildprägender Bausubstanz durch sich maßstäblich in das Umfeld einfügende Neubauten (0.4.7) sowie der Neu-, Aus- oder Umbau dörflicher Dienstleistungseinrichtungen und Gemeinschaftsanlagen förderungsfähig.

14.6 Gestalterische, funktionale und konstruktive Anforderungen

Prinzipiell sind im Zusammenhang mit Modernisierungs- oder Umbaumaßnahmen zwei Anforderungsprofile im gestalterischen Umgang mit dörflicher Altbausubstanz zu unterscheiden:
a) Anforderungen an Baudenkmale und
b) Anforderungen an sonstige erhaltens- bzw. schützenswerte Altbauten.

Nach Auswertung von 13 untersuchten Dorfregionen sind lediglich ca. 3 – 5 % der Altgebäude eingetragene Baudenkmale – allerdings mit erheblichen Differenzen zwischen den einzelnen Ortslagen: von 0 % (Woltringhausen) bis zu 23 % (Lübeln)!
So unterschiedlich die Ausstattungsgrade der Dörfer mit Baudenkmalen einerseits und die Anforderungen an neue Nutzungen in Altgebäuden andererseits auch sein mögen, so sind als Voraussetzung für einen behutsamen und nachhaltigen Eingriff die folgenden Anforderungen von grundsätzlicher Bedeutung für alle Gebäudekategorien:

- das überlieferte Konstruktionsgefüge bzw. Tragwerk ist soweit als möglich zu erhalten;
- das ursprüngliche Innenraumgefüge (Deele im Zwei-, Drei- und Vierständerhaus, „Gulfe“ im „ostfriesischen Bauernhaus“ u. a.) ist freizulegen, ggf. zu rekonstruieren und als bestimmendes Merkmal der Innenraumkonzeption zu sichern und ggf. inhaltlich neu zu bestimmen;
- die überlieferten Ordnungs- und Gestaltungsmotive der ursprünglichen Außenwände mit Fenstern, Türen, Toren, Materialien, Strukturen, Texturen und Farben sind zu beachten und zur Grundlage der Gestaltung zu machen, was angemessene moderne Interpretationen nicht ausschließen muss (siehe auch Kapitel 13).

Der Anteil der durch Modernisierungs- und Umbaumaßnahmen gesicherter Altbauten in den Fallstudiendörfern ist sehr unterschiedlich. Neben den teilweise über 20 Jahren planerisch betreuten und mit umfassendem Sanierungsansatz erneuerten Dörfern Lübeln, Abbenrode, Elbingerode, Estorf, Gittelde oder Ührde mit entsprechend hohem Anteil durchgeführter Maßnahmen, stehen Dörfer, in denen trotz vergleichbarem planerischen Einsatz bisher kaum private Umbaumaßnahmen realisiert werden konnten (Wagenfeld, Lemke, Aschen, Wehrbleck, Watzum u. a.).
Neben den unterschiedlichsten privaten Gründen bleibt die fehlende Finanzkraft der privaten Bauherren natürlich die entscheidende Ursache.
Die Bewohner der ausgeführten Umbaubeispiele belegen, dass die gesicherte historische Raumqualität, die nachvollziehbare Hausgeschichte und die erhaltenen bzw. sanierten historischen Tragwerke eine höhere Lebens- und Erlebnisqualität zu vermitteln vermögen, als die Mehrzahl der am Ortsrand errichteten Neubauten.

Die Identifikation des Bauherrn mit der von ihm selbst genutzten Umbausubstanz ist meist auch Grundlage für eine liebevolle, nachhaltige Pflege und adäquate Hausnutzung. Das durch die Umbautätigkeiten bestätigte Interesse des Bauherrn an seinem Objekt kann später möglicherweise für die Dorfpflege abgerufen werden. So überrascht es nicht, dass in einigen Dörfern gerade die durch eine Altbausanierung eingebundenen Neubewohner zu den aktiven Trägern einer nachhaltigen Entwicklung ihres Dorfes geworden sind.

14.7 Aspekte von Denkmalschutz und Denkmalpflege

Der konkrete, maßnahmenbezogene Einfluss der Denkmalpflege auf das Erscheinungsbild der untersuchten Dörfer ist eher gering geblieben. In der novellierten Fassung des Niedersächsischen Denkmalschutzgesetzes vom 01.01.2005 sind die Konsequenzen aus dem Fortfall der Bezirksregierungen und damit dem Verlust der oberen Denkmalschutzbehörden in der neuen Hierarchie von unteren (Gemeinden, Landkreise) und obersten Denkmalschutzbehörden (Fachministerium) mit der eingebundenen Instanz des Landesamtes für Denkmalpflege gezogen worden. Bedingt durch erhebliche personelle Einsparungen bei keineswegs verringertem Aufgabenstand erscheint es bei der Fülle der Probleme eher ungewiss, ob diese vor allem in den ländlichen Regionen in Zukunft vergleichsweise effektiv bewältigt werden können.

Die Anzahl ausgewiesener Denkmale im dörflichen Untersuchungsbereich ist, wie bereits erwähnt, mit 3 – 5 % aller Haupt- und Nebengebäude eher gering. Die Zusammenarbeit mit den Denkmalschutz- bzw. -fachbehörden ist jedoch – bedingt durch die Aufnahme der kartierten Objekte im Dorferneuerungsplan und durch eine frühzeitige Beteiligung der Träger öffentlicher Belange (TÖB´s) – bereits in der Planungsphase erfahrungsgemäß sehr eng.
Die Umsetzung der vergleichsweise erhöhten handwerklichen Anforderungen im Rahmen der Sanierung von Denkmalen im dörflichen Raum, setzt den einsichtigen, gestaltungswilligen und relativ finanzstarken Bauherrn voraus. Einen Ausgleich der erfahrungsgemäß höheren Kostenaufwendungen gegenüber einer „normalen" Umbau- oder Modernisierungsmaßnahme alleine aus den bereitgestellten Fördermitteln der Dorferneuerung ist selten möglich.
Umso erfreulicher ist die trotzdem hohe Anzahl durchgeführter Denkmalsanierungen, deren Qualität Ansporn und Vorbild für benachbarte Maßnahmen in manchen Dörfern werden konnte (Gittelde, Ührde, Lübeln u. a.).

Denkmale in den Fallstudien

NR.	FALLSTUDIE	Anzahl der Denkmale	überschlägige Gebäudeanzahl	Verhältnis in %
Niedersachsen				
1	Holzhausen / Göthen	2	170	1,18
	Kuppendorf / Heerde	2	260	0,77
	Scharringhausen	2	260	0,77
	Varrel	3	625	0,48
	Wehrbleck	4	550	0,73
	Aschen	22	300	7,33
	Wagenfeld	10	600	1,67
	Bohnhorst	2	370	0,54
	Woltringhausen	0	320	0,00
	ZWISCHENSUMME 1	47	3.455	1,36
2	Estorf	18	490	3,67
	Haßbergen	2	480	0,42
	Leeseringen	4	350	1,14
	Lemke	1	600	0,17
	Oyle	11	310	3,55
	Wohlenhausen / Sudhalenbeck	3	84	3,57
	ZWISCHENSUMME 2	39	2.314	1,69
3	Dorste	12	500	2,40
	Elbingerode	5	240	2,08
	Gittelde	39	530	7,36
	Hattorf am Harz	13	960	1,35
	Schwiegershausen	6	540	1,11
	Ührde	6	64	9,38
	Wulften	4	870	0,46
	ZWISCHENSUMME 3	85	3.704	2,29
4	Radbruch	5	420	1,19
5	Lübeln	17	73	23,29
	Schnega	12	280	4,29
	ZWISCHENSUMME 5	29	353	8,22
6	Eilte 32		210	15,24
	Häuslingen	34	370	9,19
	ZWISCHENSUMME 6	66	580	11,38
7	Beber	10	130	7,69
	Rohrsen	5	130	3,85
	ZWISCHENSUMME 7	15	260	5,77
8	Abbenrode	10	225	4,44
	Jerxheim	28	420	6,67
	Watzum	23	170	13,53
	ZWISCHENSUMME 8	61	815	7,48
	SUMME NIEDERSACHSEN	347	11.901	2,92
Sachsen- Anhalt				
9	Binde	2	190	1,05
	Ritzleben	1	90	1,11
	ZWISCHENSUMME 9	3	280	1,07
10	Axien	22	250	8,80
	Gehmen	5	110	4,55
	ZWISCHENSUMME 10	27	360	7,50
11	Eimersleben	13	340	3,82
	Erxleben	14	110	12,73
	ZWISCHENSUMME 11	27	450	6,00
12	Reinstedt	0	630	0,00
13	Großjena	35	300	11,67
	SUMME SACHSEN- ANHALT	92	2.020	4,55

Die Auflistung umfasst Einzeldenkmale und auch solche in Ensembles und Denkmalbereichen.

Abb. 152: Denkmalliste der Fallstudiendörfer

Denkmale in den untersuchten Landkreisen

Niedersachsen

Landkreis	Anzahl Einzeldenkmale	Anzahl Denkmale in Gruppen	Gesamtzahl
Diepholz	539	496	1.035
Hameln-Bad Pyrmont	761	776	1.537
Helmstedt	421	965	1.386
Lüchow-Dannenberg	1.187	2.311	3.498
Lüneburg	588	772	1.360
Nienburg (Weser)	487	396	883
Osterode am Harz	362	830	1.192
Soltau-Fallingbostel	960	1.459	2.419
Wolfenbüttel	495	1.029	1.524
Niedersachsen	35.501	55.251	90.752

HINWEIS: Die Anzahl der Denkmale in Gruppen bezieht sich auf jedes einzelne Denkmal, welches in einer Gruppe zusammengefasst ist, also nicht Ensemble!

Sachsen-Anhalt

Landkreis	Anzahl Einzeldenkmale	Denkmalbereiche	Gesamtzahl
Altmarkkreis Salzwedel	946	53	999
Aschersleben-Stassfurt	1.416	98	1.514
Burgenlandkreis	3.089	347	3.436
Wittenberg	1.182	62	1.244
Ohrekreis	961	116	1.077
Sachsen-Anhalt	....	....	32.264

Abb. 153: Denkmalliste der untersuchten Landkreise

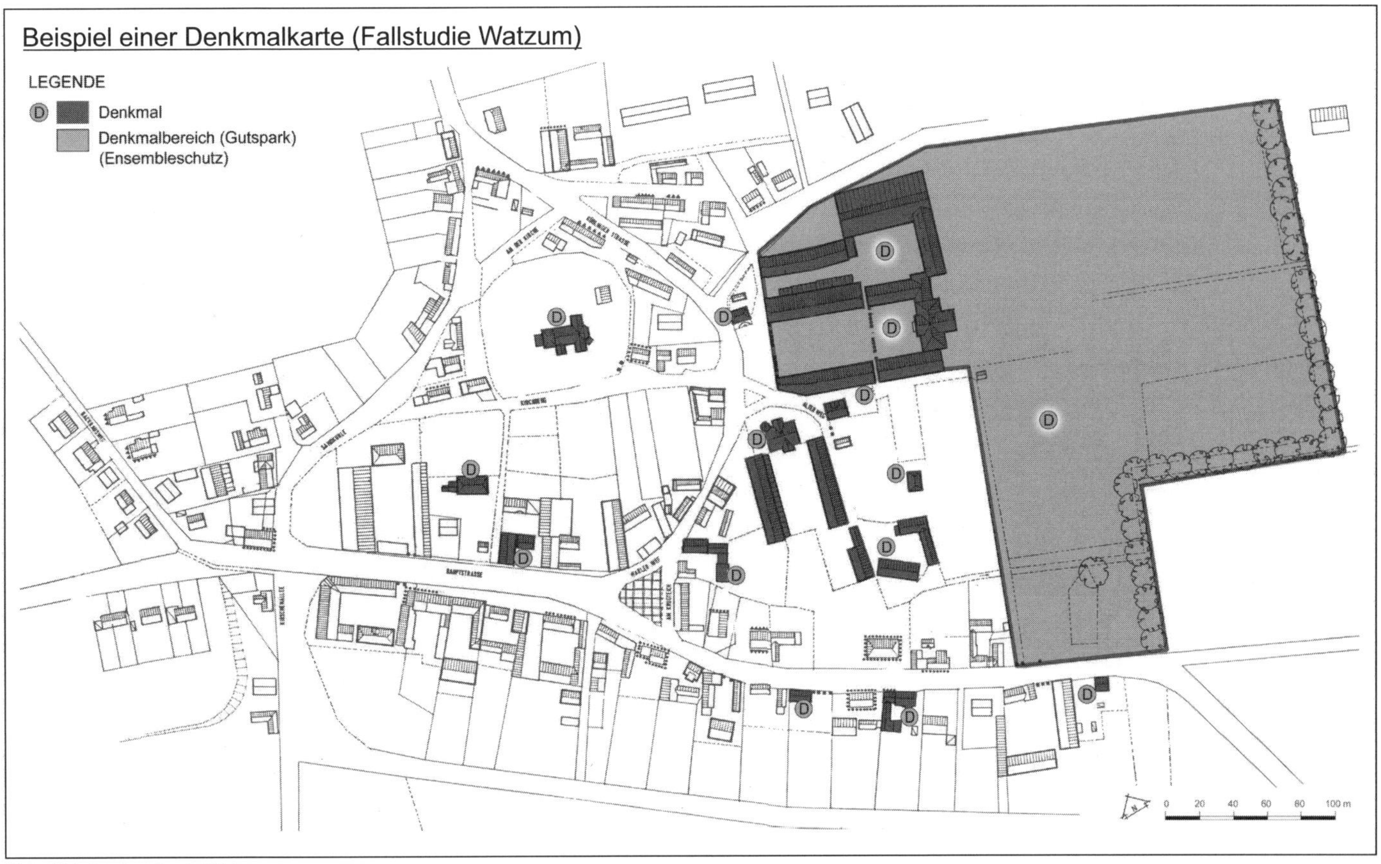

Abb. 154: Denkmalkarte Watzum

Einen wesentlichen Anteil an der Bewusstmachung denkmalpflegerischer Probleme in den ländlichen Regionen Niedersachsens hat zweifellos die „Rote Mappe“ des niedersächsischen Heimatbundes (Lit. 90), in der dringende bau- und siedlungskulturelle Aufgaben in jedem Jahr neu zusammengestellt und der Landesregierung zur Stellungnahme vorgelegt werden.
Punkt für Punkt bezieht die Landesregierung in der „Weißen Mappe“ am jährlichen „Tag der Niedersachsen“ an wechselnden Standorten im Land zu den vorgetragenen Problemen Stellung.

14.8 Versicherungsrechtliche und bautechnische Fragen

Damm, Grahlmann (Lit. 22) weisen auf die mit jeder Umnutzung zu klärenden Fragen versicherungs-, steuer- und erbrechtlicher Art hin, die eine rechtzeitige fachliche Beratung dringend notwendig erscheinen lassen und auf die an dieser Stelle nicht näher eingegangen werden kann. Ein umgenutzter Hof gehört nicht mehr in die sog. „Höferolle“ mit erheblichen steuerlichen Konsequenzen, die sich auch dann ergeben, wenn Hofvermögen in Privatvermögen überführt wird. Die Einhaltung der „Regeln der Bautechnik“ bezieht sich dagegen insbesondere auf Anforderungen an

a) den Wärmeschutz (DIN 4108),
b) den Schallschutz (DIN 4109) und
c) den Brandschutz (DIN 4102).

Die diesbezüglichen Anforderungen unterscheiden sich nicht von denen eines Neubauvorhabens, nur ist ihre Erfüllung im Rahmen einer Umbaumaßnahme vergleichsweise schwieriger und damit häufig auch kostenintensiver.

Zu a) Mit der am 1. Februar 2002 in Kraft getretenen Energieeinsparverordnung (EnEV) werden an den Wärmeschutz von Gebäuden und an die Anlagentechnik gleichermaßen neue Anforderungen gestellt. Daraus können sich in Altbauten Nachrüstungsverpflichtungen ergeben, die wiederum bauliche oder haustechnische Konsequenzen nachsichziehen.
Bei den gestalterisch und konstruktiv im Altbau normalerweise vorgegebenen Außenwänden können bauphysikalische Probleme einer richtigen Schichtenfolge für einzubauende Dämmmaterialien entstehen (Fachwerkbauten). Hier ist die fachliche Beratung und Betreuung des Ortsplaners oder eines Architekten unerlässlich.

Zu b) Die in landwirtschaftlichen Altbauten überwiegenden Holzbalkendecken bedürfen bei Um- oder Ausbaumaßnahmen zu Wohnzwecken im Ober- bzw. Dachgeschoss wegen des erforderlichen Tritt- und Luftschallschutzes besonderer Aufmerksamkeit. Nach Überprüfung der Tragfähigkeit der bestehenden Konstruktion durch einen Statiker ist auch eine Überprüfung zusätzlicher Nutzlasten notwendig. Hierzu gehören u. a. Möbel und Wandteile sowie zusätzliche Lasten aus Deckengewichten, die andererseits zur Verbesserung des Luftschallschutzes beitragen können.

Zu c) Nicht nur bei der Umnutzung landwirtschaftlicher Einzelgebäude zu öffentlichen, zu Verwaltungs- oder gewerblichen Zwecken, sondern auch bei der Umnutzung zu Wohnzwecken (Trennwände zwischen mehreren Wohnparteien) sind die Auflagen des Brandschutzes zu beachten. Insbesondere in öffentlichen Bauten, die dem gleichzeitigen Aufenthalt mehrerer Personen dienen (Dorfgemeinschaftshäuser, Saalbauten u. a.) sind bei mehrgeschossigem Ausbau- bzw. Umbauvorhaben die Anforderungen an Fluchtwege, Fluchttreppen und Brandwände zu beachten, die nicht selten auch erheblichen Einfluss auf die Gestaltung haben können, wie ein nachträglicher Einbau von außen liegenden, auf direktem Wege von innen nach außen erreichbaren Fluchttreppen in Stahl- oder Stahlbetonkonstruktionen z. B. an Fachwerkbauten.

Aus der dargestellten Komplexität dörflicher Umbauvorhaben wird die dringende Empfehlung zu einer rechtzeitigen Zusammenarbeit mit den entsprechenden Sach- und Fachexperten für die einzelnen behandelten Teilziele abgeleitet.

Der konstruktive Schnitt – Vorschläge für die Sanierung alter Gebäude

Ausschnitt aus den Gestaltungsempfehlungen für "Gittelde"

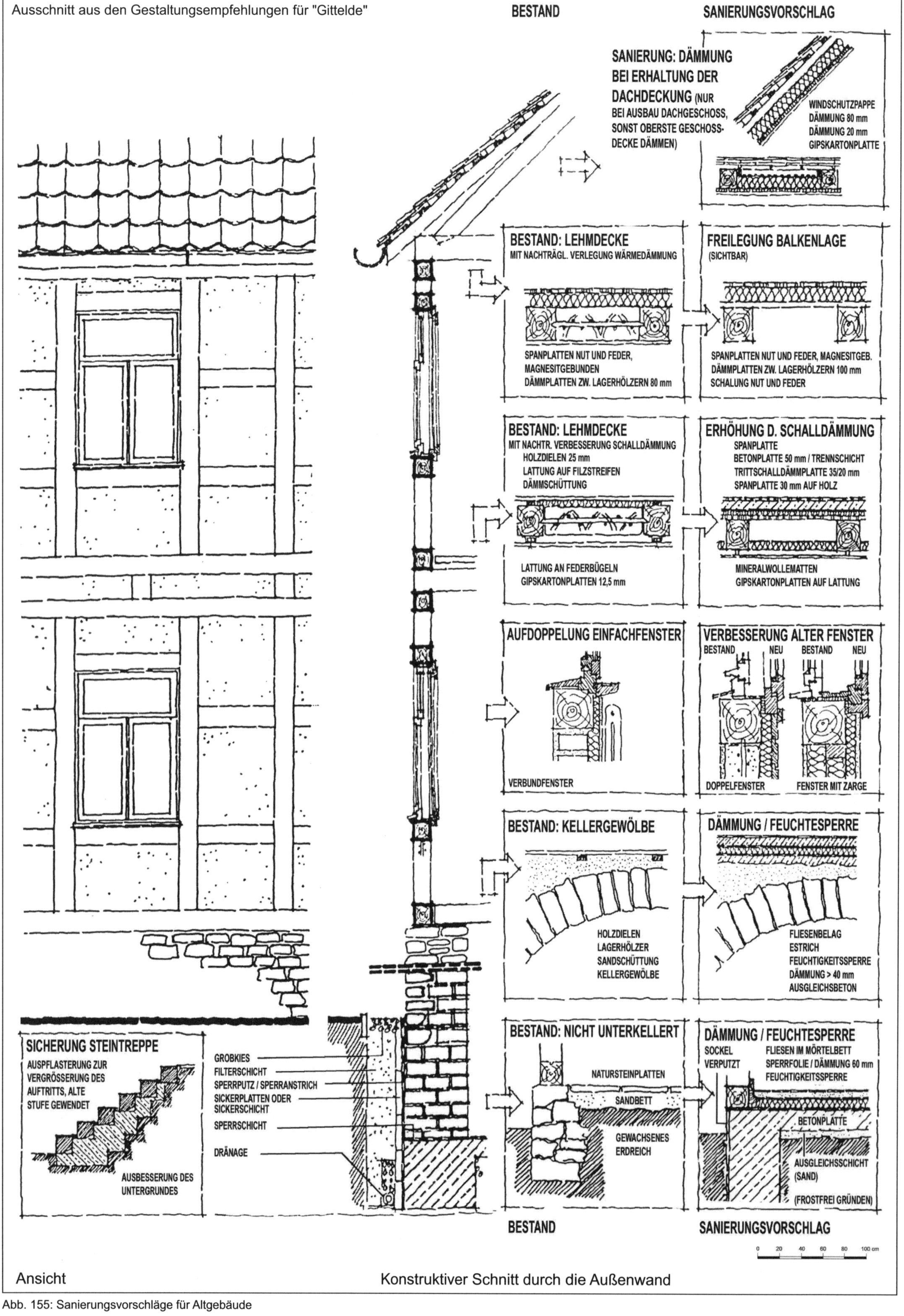

Abb. 155: Sanierungsvorschläge für Altgebäude

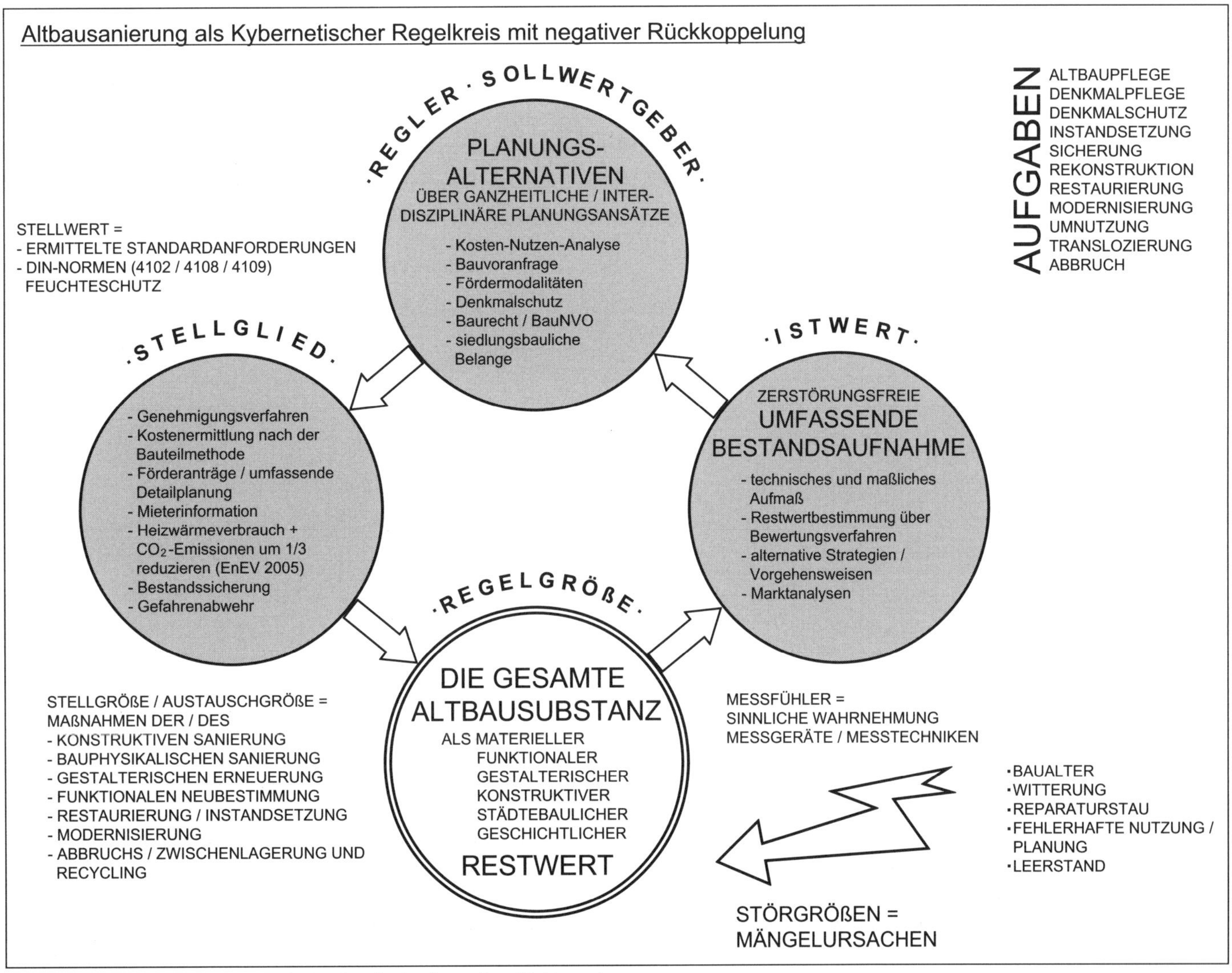

Abb. 156: Altbausanierung als Kybernetischer Regelkreis mit negativer Rückkoppelung
Der bereits für die Dorferneuerung verwendete Kybernetische Regelkreis (vgl. Abb. 4) findet wegen vergleichbarer Problemstellungen auch bei der Altbausanierung Verwendung

14.9 Fallstudienanalysen

In den untersuchten niedersächsischen Dorfregionen mit 32 Orten wurden im Rahmen der Dorferneuerung ca. 180 – 200 landwirtschaftliche Gebäude umgenutzt, davon etwa zwei Drittel in den intensiv sanierten fünf Dörfern Estorf, Elbingerode, Lübeln, Abbenrode und Ührde. Modernisierungsmaßnahmen wurden dagegen an etwa 1.000 bis 1.200 Bauvorhaben durchgeführt.
Das bereits wegen des Strukturwandels in der Landwirtschaft und wegen der vorhersehbaren Probleme der Bevölkerungsentwicklung vor 20 Jahren mit dem offiziellen Beginn der Dorferneuerung aufgegriffene und mehr oder weniger intensiv behandelte Thema der Umnutzung traf jedoch in den ersten Fassungen der DE-Richtlinie von 1984 noch auf keinen vergleichbaren Fördertatbestand. Das war insofern bedauerlich, als die intensive Bereitschaft und das Interesse vor allem jüngerer Familien zu Umbauinvestitionen vor 20 Jahren groß und die Altbausubstanz zu der Zeit auch noch weniger abgeschrieben war.

Zwei Fallstudiendörfer (Abbenrode/Lübeln) konnten nach den Förderrichtlinien des StBauFG fast flächendeckend saniert werden. Hier wurde fast jedes Gebäude für private oder öffentliche Zwecke umgenutzt. Die Förderkontingente waren vergleichsweise höher als bei der Dorferneuerung.
Dazu kommt als weiterer vergleichsweiser Vorteil noch die Fördermöglichkeit für sanitäre und wärmetechnische Maßnahmen im Gebäudeinneren.
In der Befragung Abbenrodes wurde von den Bauherren aber auch auf den hohen Anteil von Eigenleistungen bei allen hochbaulichen Sanierungsarbeiten hingewiesen.
Die beiden über die Dorferneuerung intensiv geförderten und mit zahlreichen Modernisierungs- und Umbauvorhaben komplettierten Vorhaben Elbingerode und Estorf hatten, unabhängig voneinander seinerzeit Modellcharakter für vergleichbare Maßnahmen in der Startphase des Dorferneuerungsprogramms und zwar sowohl in der Planungs- als auch in der Durchführungsphase (1981 und 1983). Gemeinsam mit Lübeln konnten die Dörfer Estorf und Elbingerode bereits als erfolgreicher Beitrag Niedersachsens zur DE auf der Grünen Woche 1983 in einem eigenen Länderstand präsentiert werden. Zahlreichen Besuchergruppen dienten sie seitdem als Anschauungsbeispiele für Altbausanierung. Für ihre Verdienste und Leistungen in der Dorferneuerung konnte die Gemeinde Estorf 1987 einen 2. Preis im Europäischen Dorferneuerungswettbewerb entgegennehmen.

Bei der weiterhin zu erwartenden Freistellung landwirtschaftlicher Hofanlagen wird der prognostizierte Leerstand eher noch zunehmen. Betroffen hiervon sind weitere 35 – 40 % der Fallstudiendörfer, sodass etwa die Hälfte der untersuchten Orte noch vor umfangreichen Umbau- bzw. Sanierungsaufgaben stehen.

Die getrennte Befragung der Kommunen, Bewohner und Ämter für Landentwicklung ergab folgende Teilergebnisse:
Etwas mehr als die Hälfte (56 %) der Kommunen bestätigen, dass der Dorferneuerungsplan immer noch die Grundlage für gestalterische Privatmaßnahmen sei. Auf die Frage, ob die Gemeinden mit weiterem dörflichen Leerstand aus landwirtschaftlicher Bausubstanz rechnen, antwortet in Niedersachsen etwa die Hälfte (47 %) mit „ja", 53 % mit „nein", in Sachsen-Anhalt dagegen 71 % mit „ja" und nur 14 % mit „nein".
Extrem hoch (89 %) sind diesbezügliche Erwartungen in der Dorfregion Geest-/Moorregion und in der Aller-Leinetal-Region (100 %), am geringsten in der Nienburger Wesermarschregion (17 %), in der Dorfregion Süntel und in den Dörfern der Braunschweiger Börderegion (0 %), was allerdings nicht unbedingt eigenen Beobachtungen entspricht.
Lediglich eine Gemeinde (Varrel) unterstützte bisher mit einem eigenen Förderprogramm private Umnutzungs- bzw. Modernisierungsmaßnahmen.
Probleme im Genehmigungsverfahren geplanter Umbaumaßnahmen gab es immerhin in 7 oder 22 % der befragten niedersächsischen Gemeinden (in den Dörfern der Geest-/ Moorregion 44 %). Das Interesse der Bürger an kostenlosen Bauberatungen wird von den Gemeinden wie folgt eingeschätzt: Niedersachsen: 66 % „möglich", 28 % „wünschenswert" und 6 % „nein"; Sachsen-Anhalt: 71 % „möglich", jeweils 14 % „wünschenswert" und „nein".

Andererseits sprechen sich insgesamt 53 % der befragten Bürger Niedersachsens und 56 % in Sachsen-Anhalt für eine Wiederaufnahme ihrer Dörfer in ein Förderprogramm aus, weil es „noch zahlreiche private Bauaufgaben gibt".
Erwartungsgemäß – und bezogen auf die übrigen Befragungsergebnisse konsequent – ist das Interesse an einer Wiederaufnahme in ein Förderprogramm in der Geest-/Moorregion (68 %), im Aller-Leinetal (60 %) sowie in den Dörfern des Südharzes (58 %) am ausgeprägtesten.
44 % der befragten Bürger in den niedersächsischen Fallstudiendörfern befürworten „einen Wiederaufnahmeantrag" in das Dorferneuerungsprogramm, weil es „noch zahlreiche öffentliche Bauaufgaben gibt", in Sachsen-Anhalt sind es 69 %.

Im Urteil der Ämter für Landentwicklung (ehemals Agrarstruktur) werden die Auswirkungen der Dorferneuerung auf die siedlungsbauliche und hochbauliche Entwicklung (Baulückenfüllung, Umnutzung, Neubautätigkeit) zu 33 % „absolut positiv", zu 50 % „in Teilen positiv" und nur zu 17 % „gering bzw. ohne Einfluss" gesehen.

14.10 Zusammenfassung/Folgerungen

Nach der weitgehenden Erfüllung von Anforderungen an den Ausbau der technischen und verkehrlichen Infrastruktureinrichtungen und -anlagen in den 1980er und 90er Jahren, ist die Sicherung der siedlungs- und hochbaulichen Restwerte landwirtschaftlicher Haupt- und Nebengebäude zum wichtigsten Aufgabenbereich der Dorferneuerung geworden. Aufgrund von über 1.000 leer gefallenen, teilweise kulturhistorisch bedeutsamen Hofstellen im Artland sollen dort ebenfalls vier Dörfer erneut ins niedersächsische Dorferneuerungsprogramm aufgenommen werden.
Auch die Gemeinde Elbingerode wurde mit einem Wiederaufnahmeantrag berücksichtigt, da sich infolge des Strukturwandels die Zahl leer gefallener Hofstellen gegenüber der ersten Dorferneuerungsphase vervielfacht hatte.
Vor diesem Hintergrund bleibt die in einem Arbeitspapier der Bund-Länder-Arbeitsgemeinschaft (Arge Landentwicklung) formulierte Forderung einer „Förderung von Abriss, Entsiegelung und Renaturierung aufgegebener landwirtschaftlicher Betriebe und Anlagen" wegen des möglichen Risikos von Altlasten zumindest irritierend, nachdem zuvor in der gleichen Veröffentlichung eine „umfassende Förderung zur Umnutzung ländlicher dörflicher Bausubstanz" gefordert wird (Lit. 5, 6).

Einem Antrag auf Abbruch von landwirtschaftlichen Altgebäuden könnte durchaus zugestimmt werden, wenn die aufgelassenen ehemaligen LPG-Anlagen in den neuen Bundesländern gemeint wären, deren Gebäude und näheres Umfeld noch nachweisbare Spuren riskanter Altlasten enthalten. Die ehemaligen LPG-Anlagen wurden jedoch als preiswerte Gebäudehülle weitergenutzt. Die besonderen Probleme der Nachnutzung dieser Objekte sind in der Untersuchung „Alternative Siedlungsentwicklung in Sachsen-Anhalt" des Autors (Lit. 34) eingehend dargelegt und auch mit Umbauvorschlägen komplettiert worden.
Danach besteht in den Dörfern der neuen Bundesländer – bezogen auf die Notwendigkeit der Altbausanierung vergleichsweise eine sehr viel höhere Problemdichte, da zu den modernisierungsbedürftigen LPG-/VEG-Bauten die gesamte, einem Reparaturstau von 45 Jahren ausgesetzte dörfliche Altbausubstanz kommt. Die acht in die Untersuchung einbezogenen Fallstudiendörfer in Sachsen-Anhalt aus den Dorfregionen Altmark, Nordharz, Magdeburger Börde, Saale-Unstruttal und östliche Elbtalauen belegen dann auch einen über die Dorferneuerungsförderung alleine nicht zu befriedigenden Finanzierungsbedarf. Allerdings müssen zuvor noch tragfähige Zukunftsperspektiven entwickelt sowie Motivationen und gesicherte Arbeitsbedingungen geschaffen werden.

Auf die komplexen Probleme des „Dorfumbaus in Ostdeutschland" im weiteren Sinne geht auch A. Willisch in seinem Beitrag „Die Zukunft der Dörf(l)er" im DAB 08/05 ein (Lit. 100).
Für den zukünftigen Umgang mit der überlieferten Altbausubstanz lassen sich unabhängig von arbeitspolitischen und sonstigen strukturellen Randbedingungen jedoch folgende Forderungen ableiten:

- die Umnutzung leer gefallener Hofanlagen, Nebengebäude und sonstiger historischer dörflicher Gebäude bleibt eine der wichtigsten Aufgaben zur Erhaltung des ländlichen Kulturerbes;
- wegen der skizzierten, komplexen Anforderungskatalogs in der Genehmigungs- und Ausführungsphase sollte keine Umbaumaßnahme ohne rechtzeitige Inanspruchnahme der erforderlichen Sach- und Fachberatung begonnen bzw. durchgeführt werden;
- die Kenntnis der hauskundlichen Gestalt-, Konstruktions- und Raummerkmale historischer Hofanlagen ist eine wichtige Voraussetzung für die erfolgreiche Durchführung einer Umbaumaßnahme;
- das Mittel des Planungswettbewerbs sollte auch für den Aufgabenbereich der Altbausanierung, insbesondere bei Aufgaben baulicher Erweiterung oder Baulückenfüllung im ländlichen Raum genutzt werden;
- die neuen Fördertatbestände der neuen ETLR-Förderrichtlinien decken in mehrfacher Hinsicht den Aufgabenbereich der Umnutzung in den ländlichen Regionen bzw. Dörfern ab. Notwendig sind jedoch auch Anreize finanzieller Art für die Orte, die noch nicht in einem der o. g. Förderprogramme aufgenommen sind;

- nicht Altbaubörsen sind eine wünschenswerte Hilfe für eine qualitätvolle Sanierung, sondern Materialbörsen für historische Baustoffe;
- die bisher noch restriktive Genehmigungspraxis bei Umbaumaßnahmen im Außenbereich sollte vor allem bei Projekten für handwerkliche und nicht emittierende gewerbliche Nutzungen aufgegeben werden;
- Umnutzungsmaßnahmen sichern siedlungsbauliche Identifikationspunkte, tragen zur Schonung von Bauland bei und können damit endogene Potentiale aufwerten.

Wie die Praxis und die folgenden Beispiele (Abb. 157 – 160; 385 – 400) belegen, ist im Rahmen der Umnutzung eine Fülle von inhaltlichen Neubestimmungen möglich (Handwerkerhöfe, Verwaltungsbauten, Altenheime, Selbstvermarktungshallen, Cafés und Gaststätten, Wohnungen, Kulturbauten, Festräume, Dorfgemeinschaftshäuser, Dorfmuseen, Dorfläden, Geschäfte, Ferienwohnungen u. a.).
Nur über die Gestaltung der umgenutzten Altgebäude gewinnt auch der dörfliche Freiraum als vertrauter Erlebnis- und Kommunikationsraum Akzeptanz bei den Bewohnern und Besuchern.

Auf diesbezügliche „Hinterlassenschaften aktiver Arbeitsmarktpolitik“ in Form von Arbeitsförderungsgesellschaften, ABM-Brigaden oder neuerdings „Ein-Euro-Jobs“ verweist Willisch in seinem Beitrag, wenn er die so mit öffentlichen Mitteln finanzierten entstandenen Umbaumaßnahmen in ostdeutschen Dörfern, wie Lehm-Museen, Ziegelei-Museen oder Jugendclubs erwähnt.
Neu sei jedoch die Besetzung der leer stehenden Altbauten durch „Raumpioniere“, junge Großstädter, die als „in der Regel gut ausgebildete Neudörfler mit ihren Vorstellungen von Familie, Ökologie und Wirtschaft die alteingesessene Bevölkerung vor große Probleme stellt“ (Lit. 100).

Das Ende der aktiven Landwirtschaft auf einer Hofstelle bedeutet auch in Niedersachsen nicht automatisch das komplette Leerfallen derselben, da die Eigentümer das Wohnhaus meistens weiterhin bewohnen, wenn auch häufig mit weniger Personen, da die Kinder fortgezogen sind. Es stehen dann Ställe und Scheunen leer, die wiederum als eigene oder vermietete Abstellräume weiter in Gebrauch bleiben können.

Eine Umnutzung dieser Gebäude scheitert nicht so sehr am Willen der Bewohner, sondern häufig am fehlenden Geld. Häufig aber auch wünschen die Besitzer, sofern sie selber auf dem Hof wohnen, keine weiteren Familien auf dem Gelände. Für wen also sollte eine große Investition getätigt werden, wenn keine konkrete Verwendung gesehen wird? Mit der Aufgabe einer provisorischen Nutzung werden meistens auch weitere Investitionen der Bauerhaltung ausgesetzt – der sog. Reparaturstau setzt ein. Erhaltungskosten für leere Gebäude erscheinen dann nicht mehr notwendig.
Eine sowohl dem Dorf als auch der Bausubstanz dienliche Alternative stellt die landwirtschaftliche Nach- oder Weiternutzung durch junge ausgebildete Landwirte dar, die jedoch zuvor erst einen leer gefallenen Hof erwerben müssen (siehe Kapitel 7).

Neben den landwirtschaftlichen Gebäuden befinden sich in einzelnen Fallstudien häufig bedeutende private oder öffentliche leer gefallene Gebäude wie z. B. ehemalige Läden, Gutsanlagen (Schnega, Häuslingen, Watzum) und Schlösser (Erxleben), die ein ganzes Dorfbild prägen und ein bisher ungenutztes baukulturelles und touristisches Potential darstellen.
Auch handwerkliche und technische Bauten (Wasser- und Windmühlen wie in Oyle, Schnega oder Haßbergen) gehören zu dieser Gruppe ortsbildprägender Substanz, die bereits in der Mehrzahl Baudenkmale sind.
Für die erstgenannten Gebäudegruppen ist eine Umnutzung nicht nur wegen der vorhandenen überdimensionalen Raumgrößen und Flächenangeboten, sondern auch wegen der Notwendigkeit für entsprechende Nachnutzungen neue Träger zu finden, erheblich schwieriger, als bei den kleineren, üblich überschaubaren, für Wohnzwecke zu nutzenden Einzelvorhaben (z. B. ehem. Gutsbetriebe in Eilte und Großjena).
Wenn es auch in Zukunft um eine nachhaltige Sicherung der überlieferten Altbausubstanz in der Dorferneuerung geht, gibt es zur angemessenen Umnutzung keine Alternative.

Auch mentale und aus den jeweiligen Erbsitten, Familien- und Ortschroniken ableitbare Gründe können eine wesentliche Ursachse für eine Verweigerung gegenüber planerischen „Fremdeingriffen“ über die Dorferneuerung sein.
Andererseits belegt eine Vielzahl sanierter und nachgenutzter vergleichbarer Kulturbauten in der gesamten Bundesrepublik die vielfältigen Chancen für eine sowohl ökonomische als auch kulturerhaltende Nachnutzung (siehe auch Kapitel 12).

UMNUTZUNG ALTER BAUSUBSTANZ ZU WOHNZWECKEN (BEISPIELE)

Umnutzung einer Fachwerkscheune zum Zweifamilienhaus in Estorf (siehe auch Abb. 386 – 389)

Nachdem die vollständig entkernte ehemalige Fachwerkscheune an der Kirchstraße in Estorf um ca. 3,00 m aus dem Straßenbegrenzungsraum verschoben war, konnte sie als Doppelwohnhaus umgenutzt werden.

An einer mittleren Brandwand liegen zwei abgeschlossene Wohnungen.

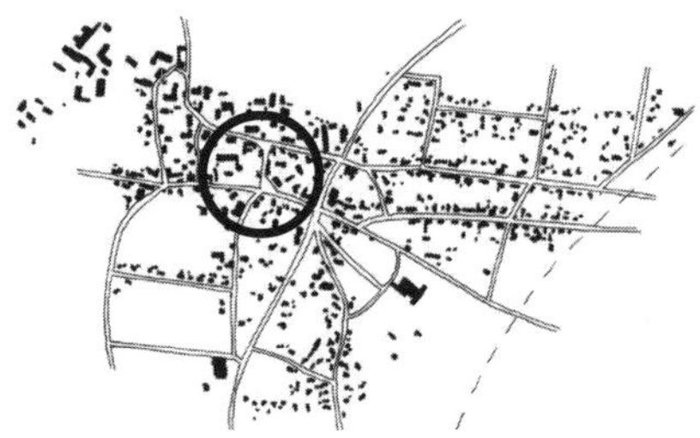

Lageplan Estorf

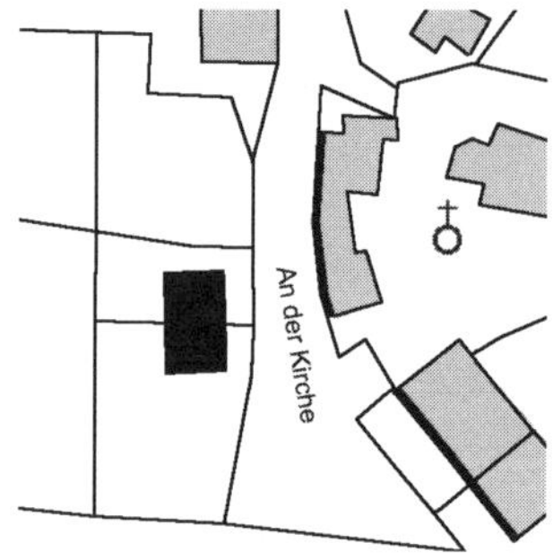

Lageplan Grundstück

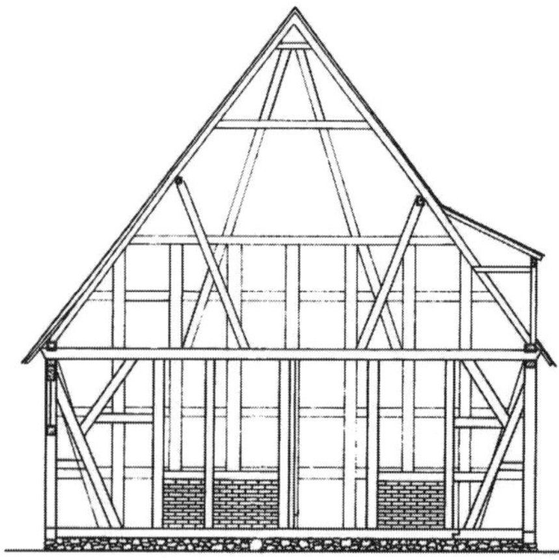

Schnitt Bestand

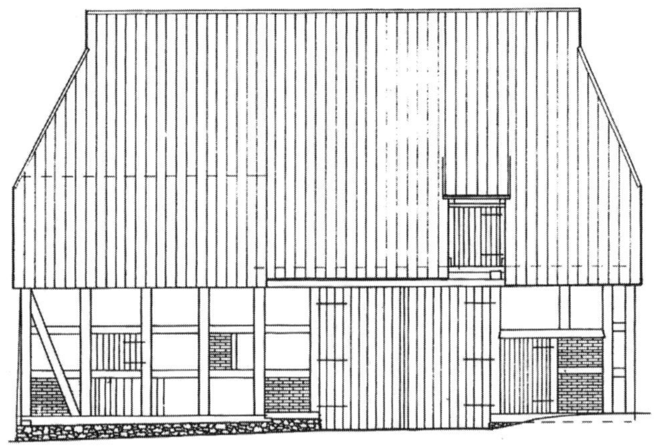

Ansicht Osten Bestand

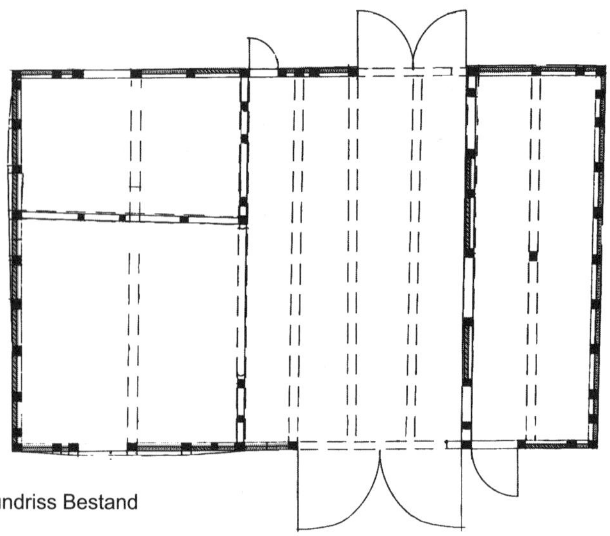

Grundriss Bestand

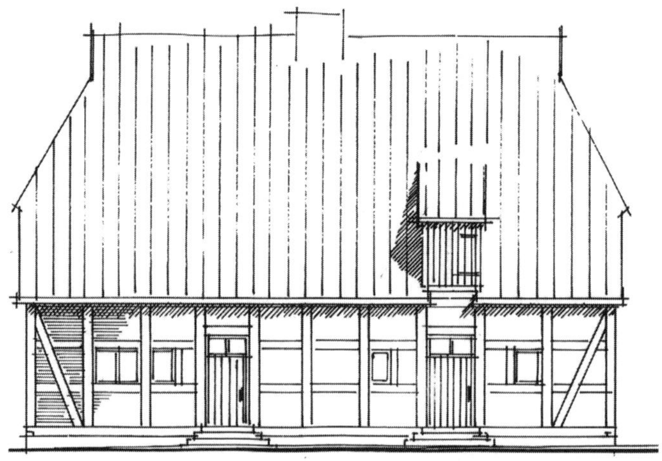

Ansicht Osten nach dem Umbau

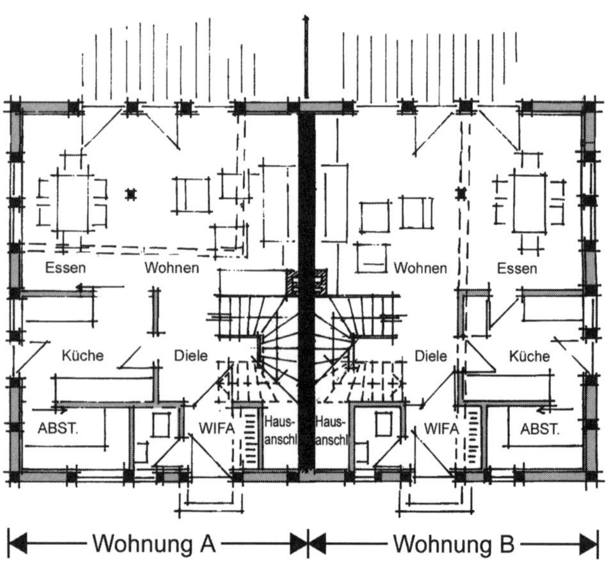

Grundriss EG nach dem Umbau

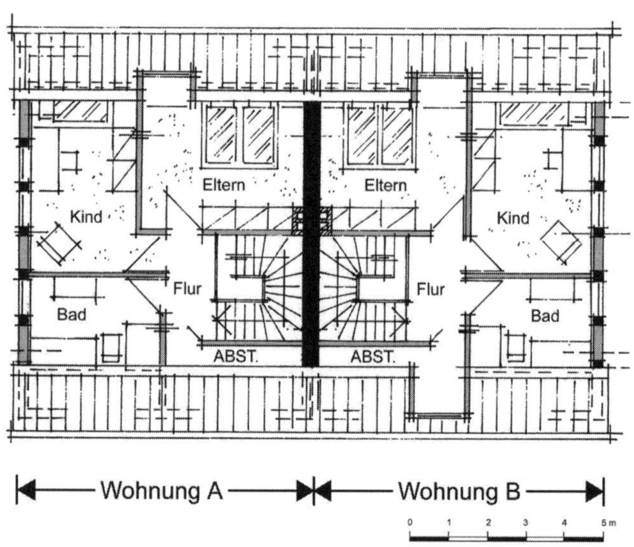

Grundriss OG nach dem Umbau

Abb. 157: Umnutzung eines Fachwerkgebäudes in Estorf

Umnutzung eines Vierständerhauses (Vollmeierhof) zum Wohnhaus in Estorf (siehe auch Abb. 390, 391)

Die Hofstelle an der Alten Dorfstraße in Estorf gehört mit dem großen Vierständerhaus, dem massiven Stallanbau und den kleineren Fachwerkscheunen zu den großen Vollmeierhöfen Estorfs.
In meheren Bauabschnitten konnten sämtliche Haupt- und Nebengebäude umgenutzt oder gesichert werden.

Das Vierständerhaus mit einer Nutzfläche im Erdgeschoss von über 400 m², darunter einer annähernd 100 m² großen Diele, ist entsprechend seinem Konstruktions- und Raumgefüge zu Wohnzwecken umgenutzt worden.

Besonderes Merkmal ist das gegenüber der Diele höher liegende Kammerfach, das mit einer vorgelagerten erhöhten Terrasse zu einem Erlebnisbereich ausgebaut wurde.

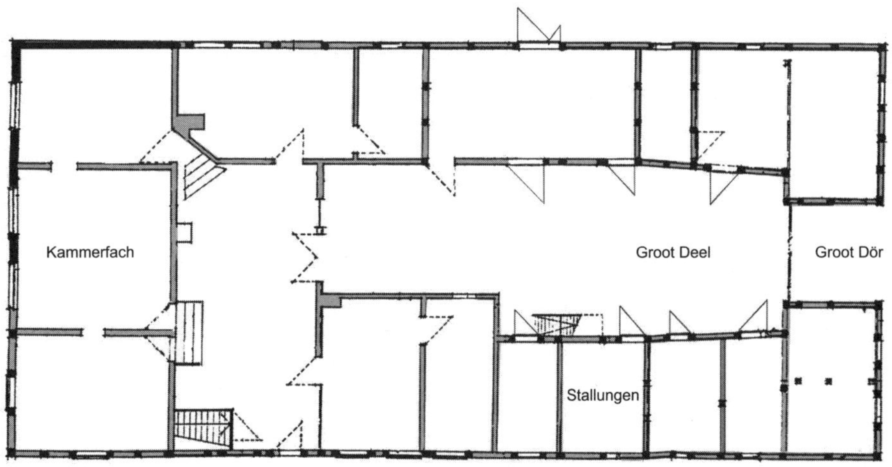

Grundriss Bestand

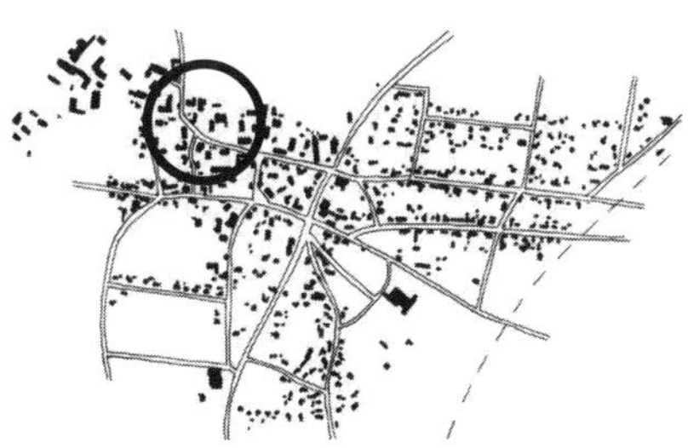

Lageplan Estorf

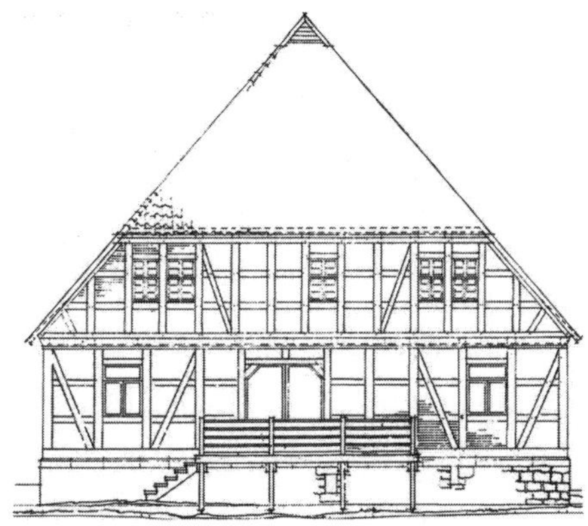

Ansicht Norden nach dem Umbau

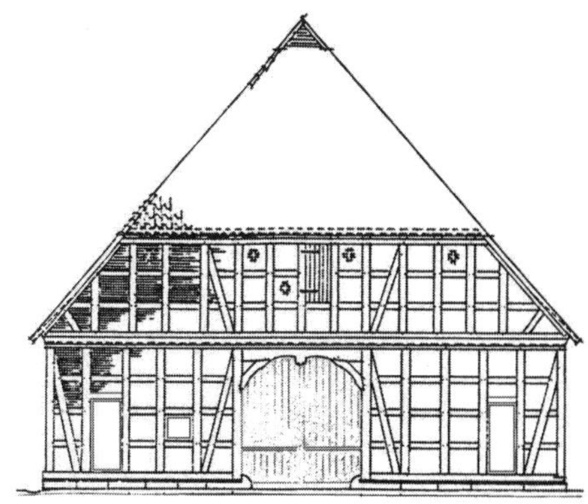

Ansicht Süden nach dem Umbau

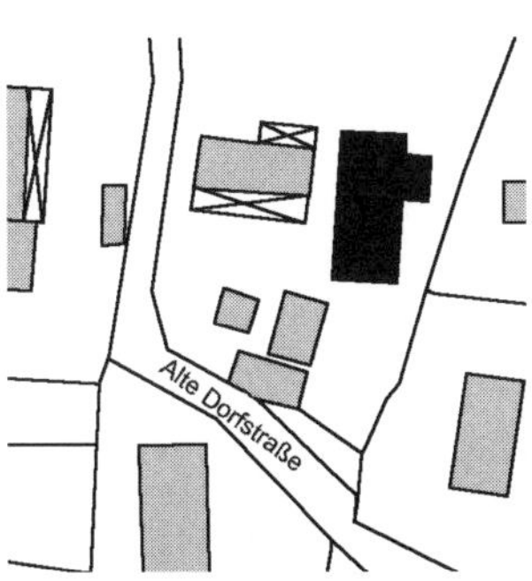

Lageplan Grundstück

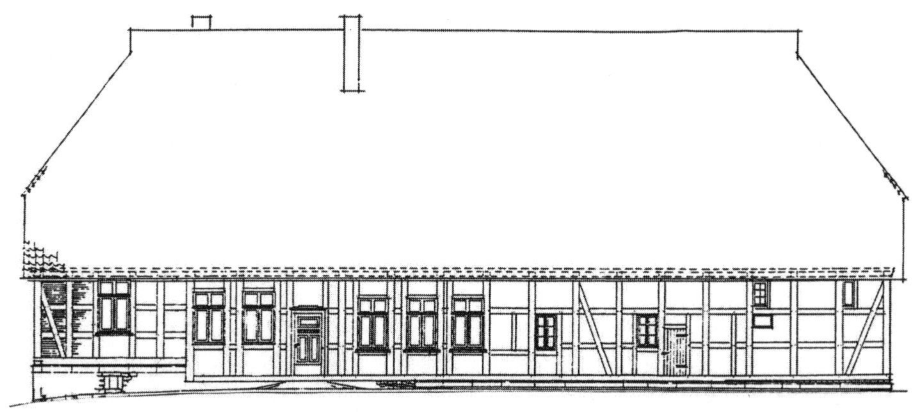

Ansicht Westen nach dem Umbau

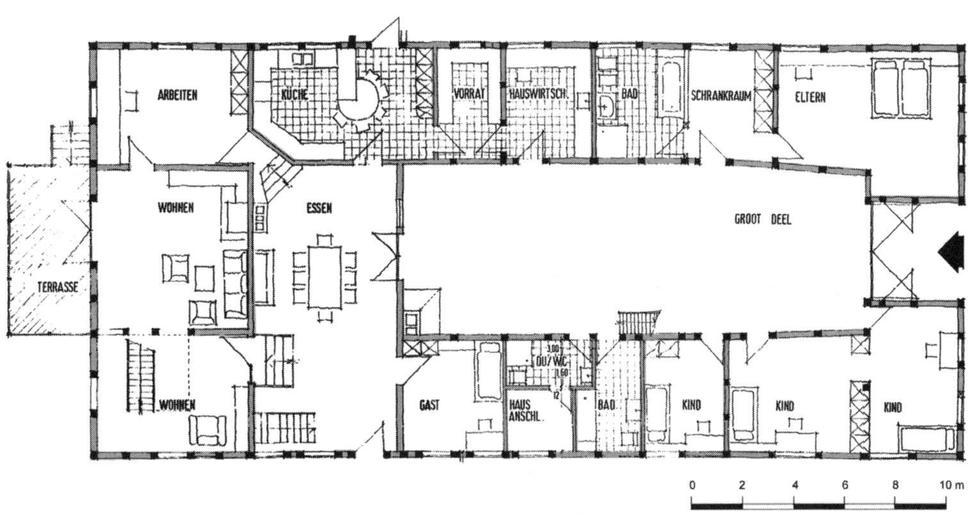

Grundriss EG nach dem Umbau

Abb. 158: Umnutzung eines Vierständerhauses in Estorf

Umbau einer historischen Wassermühle zu Wohnzwecken in Oyle (siehe auch Abb. 396 – 399)

Die am Nordrand von Oyle in der Nähe der Fischteiche und unterhalb der hier auf 40 Meter ansteigenden Geestkante der "Oyler Schweiz" liegende ehemalige Wassermühle mit oberschlächtigem Wasserrad wurde zu Wohnzwecken umgenutzt. Dabei war es erforderlich, die entstellenden massiven Anbauten zu entfernen und den bereits beeinträchtigten Fachwerkkern wieder freizulegen.

Unter vollständiger Wahrung des Konstruktions- und Raumgefüges mit einbezogener oberer "Bühne" über der Achse des Wasserrades ist ein faszinierendes Innenraumkontinuum entstanden, mit massivem Kaminblock als räumlichem und statischem Festpunkt.
Anstelle der abgebrochenen Anbauten wurde ein beeindruckender Bauerngarten angelegt.
Die Wasserenergie konnte jedoch wegen der hohen Investitionskosten bisher noch nicht genutzt werden.

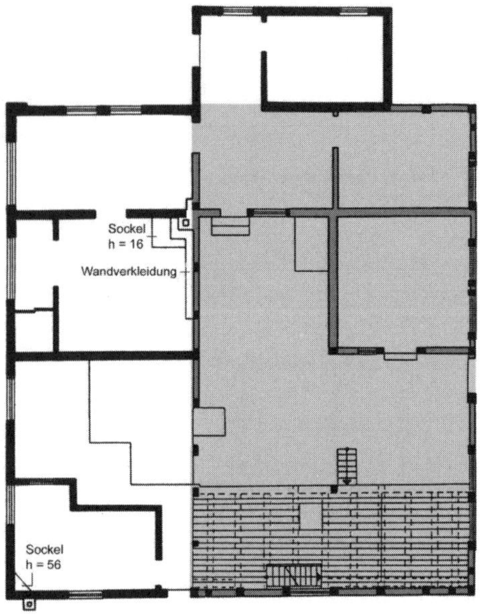

Grundriss EG Bestand

LEGENDE

- historischer erhaltener Fachwerkhauskern
- (im Entwurf beseitigte) massive Anbauten

Lageplan Oyle

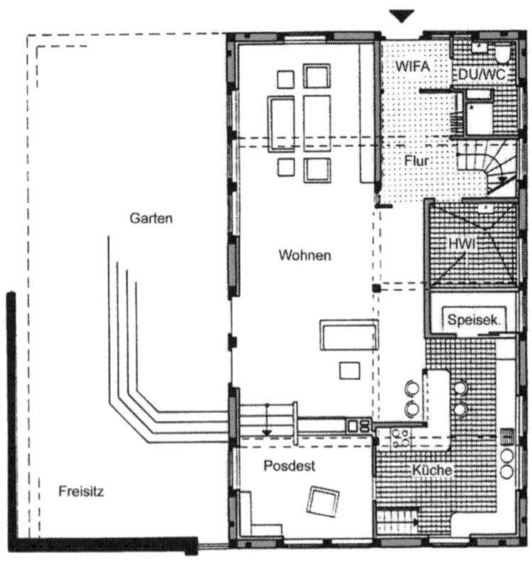

Grundriss EG nach dem Umbau

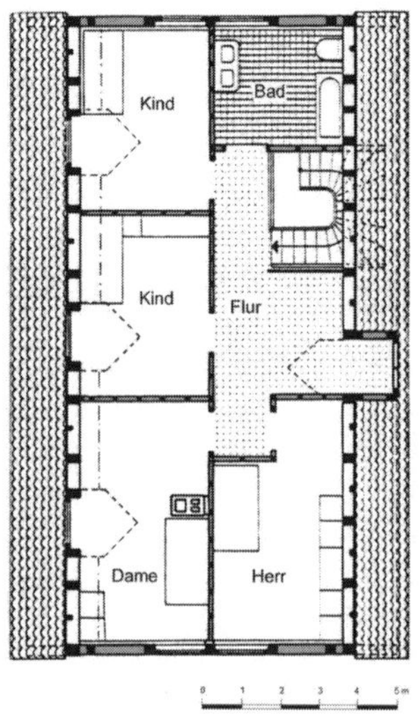

Grundriss Dachgeschoss

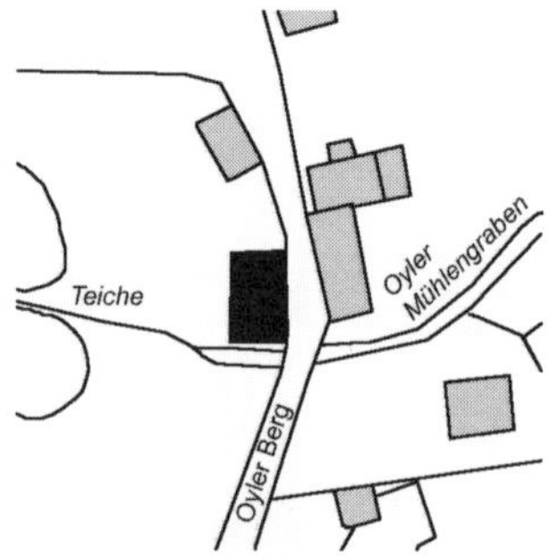

Lageplan Wassermühle

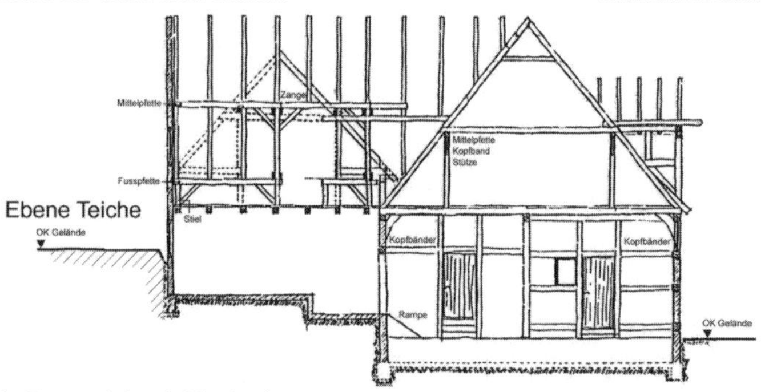

Schnitt Bestand (nach Norden)

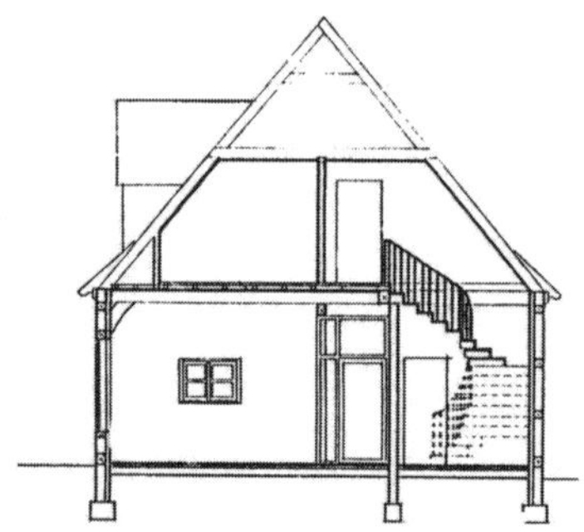

Schnitt Planung (nach Norden)

Ansicht Süden Bestand

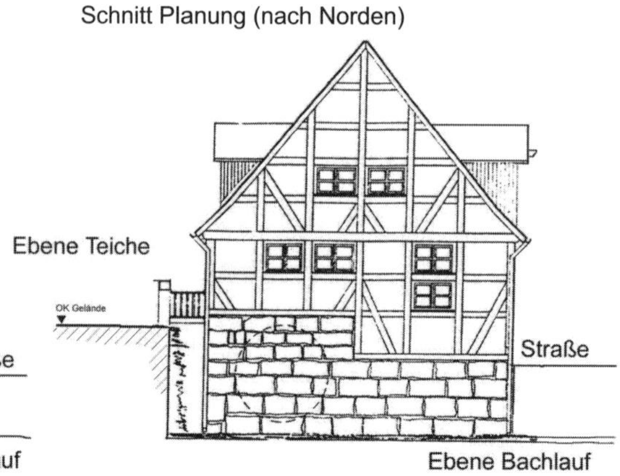

Ansicht Süden Planung (noch vor Einbau des Wasserrades)

Abb. 159: Umnutzung einer Wassermühle in Oyle

Umnutzungsentwurf für ein Scheunengebäude in Elbingerode

Das den Hofraum der Mehrseithofanlage begrenzende giebelständige Wirtschaftsgebäude ist durch seine Lage an einem Westgrundstück besonders gut für die Umnutzung zu Wohnzwecken geeignet.

Der Vorschlag enthält eine Hauptwohnung mit Wintergarten im Erdgeschoss und eine unabhängig davon über eine Außentreppe erschlossene Einliegerwohnung im Obergeschoss.

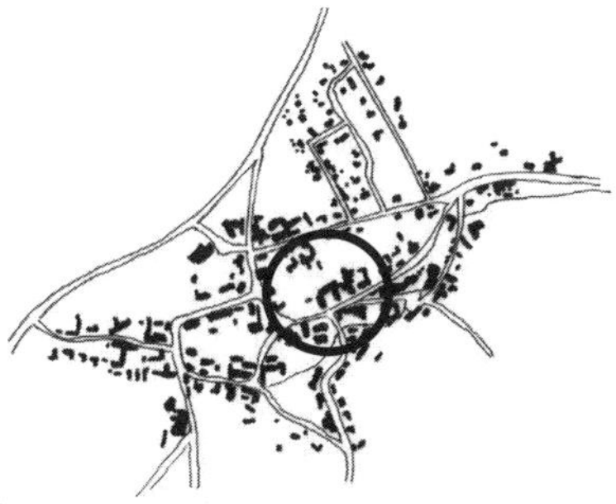

Lageplan Elbingerode

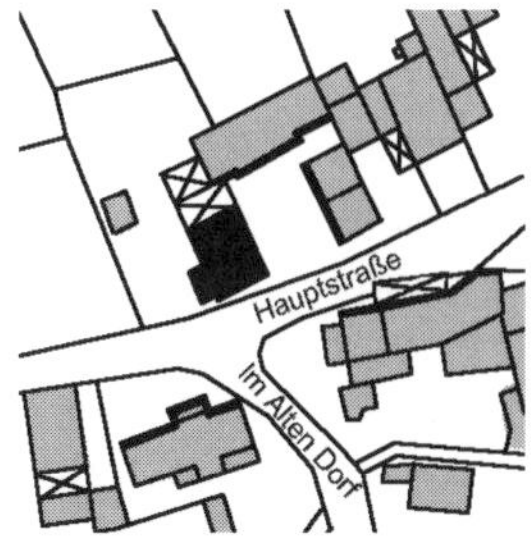

Lageplan Grundstück

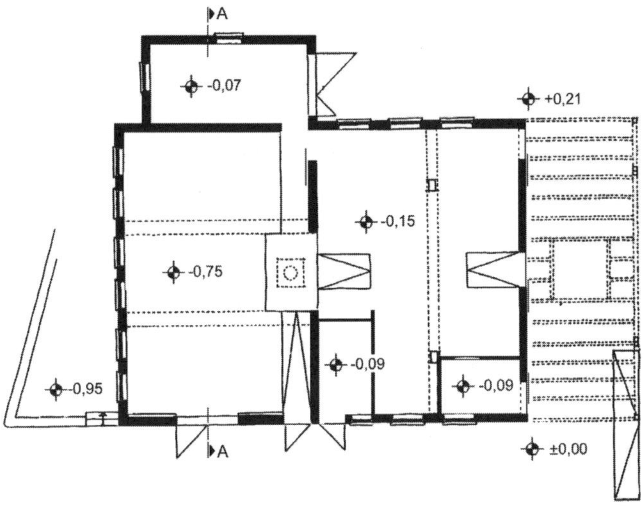

Grundriss EG Bestand

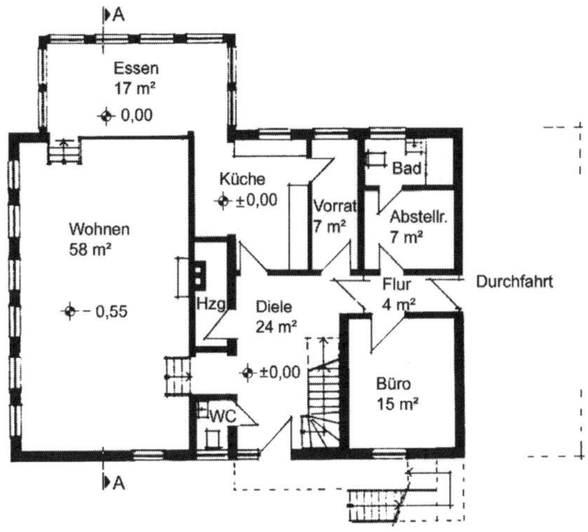

Grundriss EG Entwurf

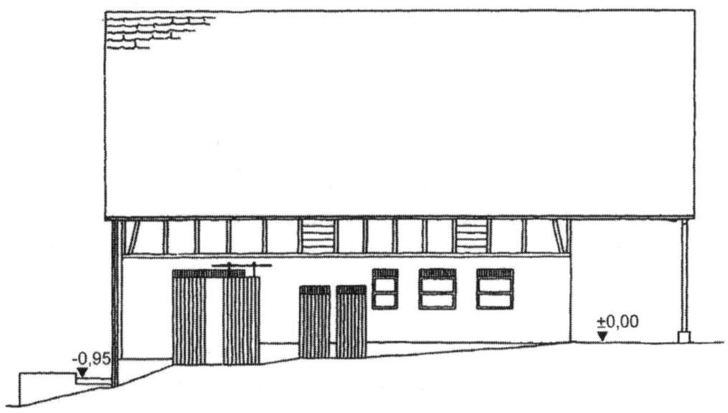

Ansicht Hofseite Bestand

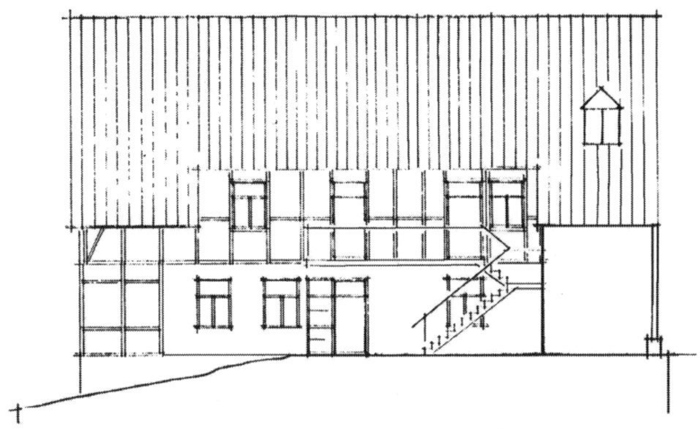

Ansicht Hofseite Entwurf

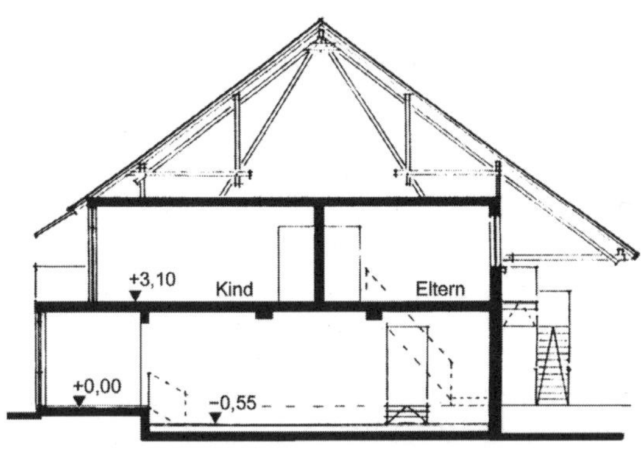

Querschnitt A-A Entwurf

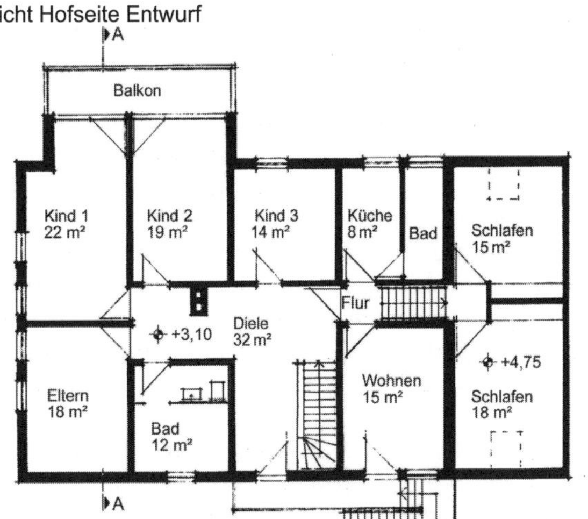

Grundriss OG Entwurf

Abb. 160: Umnutzungsentwurf für ein Scheunengebäude in Elbingerode

15 DORFMITTEN UND -PLÄTZE

15.1 Einführung

Dörfer wurden als reine Produktionsstandorte entwickelt und besaßen daher zumindest in Norddeutschland nur selten einen Markt als Ortsmitte (Ausnahmen: Gittelde, Schnega).
Eine produktionsbedingte Ortsmitte als Viehsammelplatz findet man in den Rundlingsdörfern des Wendlandes (Lübeln) und den Angerdörfern Sachsen-Anhalts.
Neben ihrer Funktion als Sammelplätze für das auszutreibende Vieh (Schweine, Rinder, Federvieh), dienten die Freiflächen auch als Standorte früherer Gemeinschaftseinrichtungen (Löschteich, Hirtenhaus, Armenhaus, Feuerwehrgerätehaus, Kirche, Backhaus, Brunnen u. a.).

Da im Rahmen von geförderten Dorferneuerungsmaßnahmen nicht nur in den Dörfern Niedersachsens und Sachsen-Anhalts zahlreiche Dorfmitten und -plätze neu ausgewiesen und gestaltet wurden, stellt sich die Frage nach deren aktueller und zukünftiger Funktion, nachdem sie ihre historischen Aufgaben (Waage-, Reinigungs-, Viehsammelplatz) im Zuge des landwirtschaftlichen Strukturwandels verloren haben.

Wenn der städtische öffentliche Platz definiert werden kann als ein Ort, an dem sich „Markt" und „Demokratie" entfalten können, in dem eher eine unverbindliche Kommunikation gepflegt wird und kaum eine soziale Kontrolle stattfindet – welche dorfspezifische Funktionsbestimmung trifft dann auf eine moderne Ortsmitte im historischen Dorf zu?

- Für einen „Markt" als Ort des Warenaustausches ist auch der Dorfplatz im Allgemeinen zu klein, auch wird er kaum für solche Zwecke benötigt; es sei denn als Selbstvermarktungsstandort.
- Als vor Witterung ungeschützter Ort für Geselligkeiten ist er meist zu ungastlich.
- Als Ort des Erinnerns an historische dörfliche Funktionen (Verlesen der Weistümer, Ortsgerichtsstätte, Tanz unter der Dorflinde, Ort der Volksfeste, etc.) wird er kaum mehr nachgefragt – vor allem, weil historische Anknüpfungspunkte meistens fehlen.

Bleibt dann für die neue Dorfmitte nur noch die Funktion einer repräsentativen „guten Stube" als einem eher privaten, offenen Informations- und Ruheplatz, genutzt von durchradelnden Touristen und Besuchergruppen, dagegen seltener angenommen von der eigenen Dorfbevölkerung?

Der Versuch einer Transformation des städtischen Agora- oder „Marktplatz"-Prinzips auf die Dorfebene musste – trotz zahlreicher ästhetisch ansprechender Einzellösungen letztendlich scheitern, weil häufig nicht einmal private Dienstleister wie Dorfgastwirte das Angebot zu nutzen wissen (Wehrbleck), oder weil dafür vorgesehene offene dörfliche Veranstaltungen keine aktiven Nutzergruppen finden (Varrel) oder weil benachbarte Kultureinrichtungen (Dorfgemeinschaftshäuser u. a.) das neue Platzangebot nicht nutzen wollen oder können.
Intensiv genutzte Plätze im Dorf beschränken sich daher häufig nur auf Sport- und Spielflächen, die als funktionsbezogene, praktisch monoorientierte Nutzflächen dem dörflichen Verständnis von Öffentlichkeit entsprechen – als überschaubare und kontrollierbare, gepflegte Orte des Wettkampfes und eben nicht des Müßiggangs.

Die im Rahmen der Dorferneuerung geplanten und realisierten Dorfplätze und Ortsmitten werden jedoch eher als verkehrsgestalterischer und -beruhigender Beitrag zur Reduzierung verkehrlicher Gefahren an ursprünglich überasphaltierten Kreuzungspunkten, als Metapher für eine demokratische, offene Dorfgemeinschaft oder als Identifikationspunkt für die Dorfbewohner und Neubewohner sowie als Treffpunkt für die Dorfjugend begründet, die bis dahin Buswartehäuschen o. Ä. als Ersatzorte bevorzugt genutzt hatte, sofern keine Dorfgemeinschaftshäuser oder vergleichbare Kultureinrichtungen vorhanden waren.

In einigen Beispielen (Dorfplätze Varrel und Leeseringen) ging es um eine Art Rekonstruktion öffentlicher Außenräume, wie sie aus der mittel- und süddeutschen Dorfgeschichte überliefert und in wenigen Exemplaren als Lindenplatz, Tanzplätze, Gerichtslinden etc. dort noch erhalten sind (KTBL-Schrift, Lit. 40).
Hauptanliegen in der Dorferneuerung war jedoch zweifellos ein städtebauliches, nämlich den amorphen Haufendörfern oder den linearen Reihendörfern nach dem landwirtschaftlichen Strukturwandel einen neuen Freiraum zu geben, der Aufenthaltsqualitäten besitzt für alle Altersgruppen und -schichten und der dem neuen Typus einer ländlichen Gemeinde im Übergang vom Bauerndorf zur Wohngemeinde angemessen ist.

Diesem Bemühen waren als politisches Anliegen seit 1951 in Hessen und 1956 in Niedersachsen die Programme zur Förderung von Dorfgemeinschafts- und Bürgerhäusern vorausgegangen, deren Ziel vor allem die Schaffung von arbeitserleichternden Einrichtungen für die Landfrauen und der Bau kultureller Einrichtungen für die Bewohner war (siehe auch Kapitel 12).
Die Einheit von Dorfplatz und Gemeinschaftshaus war also der ursprüngliche Bezugsrahmen für eine „neue" Dorfmitte, wovon letztlich, d. h. nach dem Auslaufen der Förderprogramme für Gemeinschaftshäuser 1975, als Aufgabe nur noch die Dorfplätze übrig blieben.

Die untersuchten Fallbeispiele belegen die unterschiedlichen Ausgangssituationen, Formen und Funktionen offener Dorfmitten:
In Elbingerode, Estorf, Abbenrode, Hattorf am Harz, Großjena und Wehrbleck wurden zu große und daher zu gefährliche, asphaltierte Kreuzungspunkte durch Rückbau entschärft und der daraus gewonnene Flächengewinn für die Platzgestaltung genutzt in der Hoffnung und mit der Absicht, mittels Pflastermaterial, Pflanzungen und Möblierungselementen eine neue Aufenthaltsqualität zu erreichen.
In 8 weiteren Dörfern wurden entweder bedeutsame historische Orte (ein Kirchenvorplatz, ein Denkmalsplatz und ein Brunnenplatz in Gittelde) oder bestehende „grüne" Mittelpunkte (Angerplätze in Wulften und Varrel, Markt in Schnega, Rundlingsplatz in Lübeln, kirchliche Gemeindevorplätze in Haßbergen und Großjena und ein ehemaliger Schulgarten in Häuslingen) für die Neugestaltung von Ortsmitten in Anspruch genommen. Auch die Angerflächen der Dörfer Eimersleben und Axien sowie der Marktplatz in Erxleben sind durch die gestalterische Sanierung zu nutzbaren Plätzen aufgewertet worden (siehe Abb. 402 – 417).
In etwa 40 % der Fallstudiendörfer konnten so über die Dorferneuerung neue Ortsmittelpunkte geschaffen werden.

Nach den über 15-jährigen Nutzungserfahrungen ist die Akzeptanz der neuen Ortsmitten recht unterschiedlich.
Die Spannweite reicht von intensiver, fast täglicher Inanspruchnahme des Lindenplatzes in Hattorf als Standort benachbarter Dienstleistungen, des Rundlingsplatzes in Lübeln als einem touristischen Anlaufpunkt für Besucher des Wendlandes, über funktionsbestimmte Nutzungen im Jahresrhythmus für unterschiedliche Märkte in Schnega bis zur gelegentlichen Nutzung für Dorffeste in den übrigen Fallstudiendörfern.

Ein Sonderfall stellt zweifellos der Marktplatz von Schnega dar, ein Platz-Straßenraum, der aus der engen Verbindung zur benachbarten Gutsanlage mit ihren Wohngebäuden, Dienstleistungseinrichtungen und Wirtschaftsgebäuden hervorgegangen ist (siehe Abb. 162).
Die Folgen des landwirtschaftlichen Strukturwandels sind jedoch auch an diesem Ort nicht vorbeigegangen.
Nachdem der zugehörige landwirtschaftliche Gutsbetrieb mit seinen Ställen, Remisen und Landarbeiterhäusern nicht mehr von Schnega aus betrieben, sondern nur noch von außen bewirtschaftet und verwaltet wird, stehen einzelne zum Markt gehörige Wohnhäuser leer.

Der Versuch, einen überregionalen Markt in der mit DE-Mitteln sanierten Fläche zu installieren, ist bedingt geglückt.
Zurzeit finden 3- bis 4-mal pro Jahr unterschiedliche, funktional- bzw. jahreszeitlich bestimmte Märkte statt.

Wie bereits angemerkt, schränken auch die nachweislich veränderten Witterungsbedingungen den Nutzwert nicht überdachter Freiräume ein. In einigen wenigen Fallbeispielen konnten die Nutzungserwartungen auf die neuen Dorfplätze als möblierte Außenräume vor Gaststätten nicht erfüllt werden, da der Gaststättenbetrieb nach der Durchführung der Platzgestaltung entweder aufgegeben hatte (Wehrbleck) oder anders genutzt wurde (Estorf).

Die Zukunft der freien, mit öffentlichen Mitteln gestalteten Dorfplätze scheint nunmehr in der Wahrnehmung bzw. Funktion von dorfspezifischen Nischenangeboten wie den „Tagen des offenen Hofes“, Dorffesten aller Art, Flohmärkten bis hin zu kleinen Theater-/Musikaufführungen sowie als Ausgangspunkt von Schützenplatzumzügen zu liegen.
Als Identifikationspunkte besitzen sie über ihren Nutzwert hinaus für alle Bewohnergruppen jedoch eine bleibende Rechtfertigung.

DORFPLÄTZE IN DEN FALLSTUDIEN

Der Thieplatz in Elbingerode

Thieplatz in Elbingerode, Bestand

Gestaltungsvorschlag

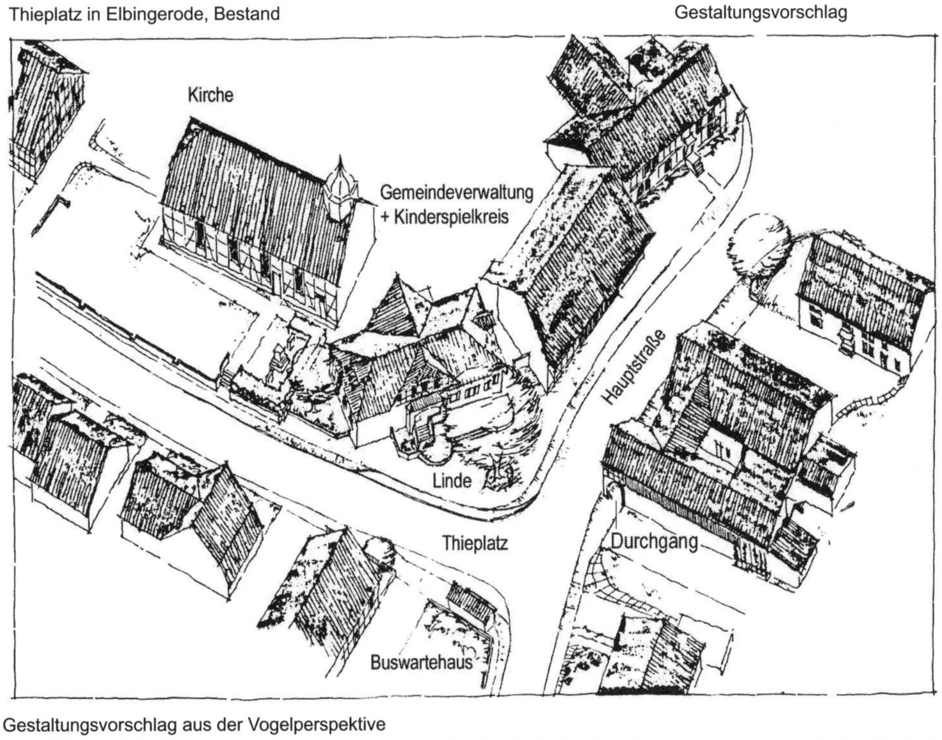

Gestaltungsvorschlag aus der Vogelperspektive

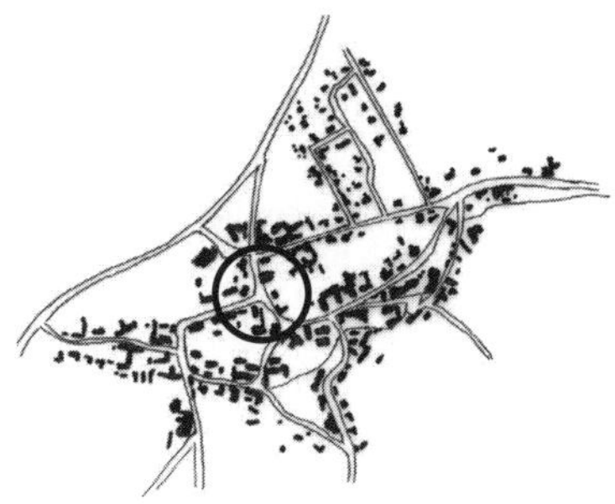

Lageplan Elbingerode

Bereits während der 1. Phase der Dorferneuerung Elbingerode konnte der damals überasphaltierte Thieplatz an der gefällten Dorflinde neu gestaltet werden. Damit ist er einer der ersten Plätze, die in den Fallstudien durch Dorferneuerungsmittel gefördert wurden.

Die charakteristische Dorflinde wurde wieder neu gepflanzt, der Platz vor dem Kindergarten gepflastert und damit verkehrsberuhigt.
Außerdem konnten eine neue Buswarte (siehe auch Abb. 280) sowie ein besonderer öffentlicher Durchgang durch ein privates Nebengebäude realisiert werden.

Abb. 161: Thieplatz in Elbingerode

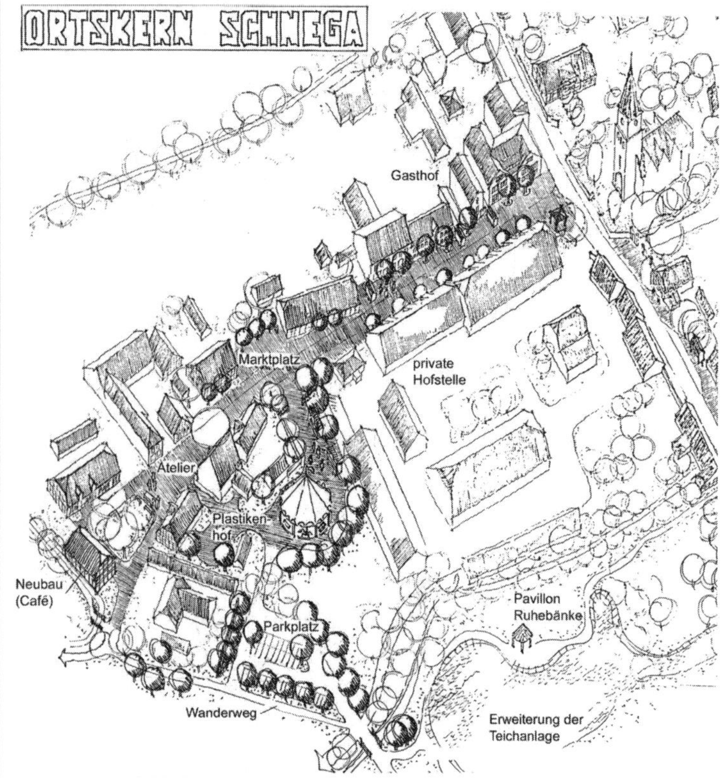

Marktplatz in Schnega (siehe auch Abb. 237, 408 + 409)

Der mit Dorferneuerungsmitteln neu gestaltete Marktplatz von Schnega stellte bereits in der Vergangenheit durch das Nebeneinander von Gutsanlage, Landwirtschaftsbetrieb und Marktfläche ein Kuriosum in der näheren Siedlungslandschaft dar.

Die notwendige Umnutzung einzelner begrenzender Haus- und Hofstellen ist noch nicht abgeschlossen. Auch die öffentliche Erschließung und Sanierung des sog."Körtzinger-ateliers" am Markt bleibt ein wichtiges regionales Anliegen.

Der Markt wird mehrfach im Jahr für unterschiedliche Angebote genutzt.

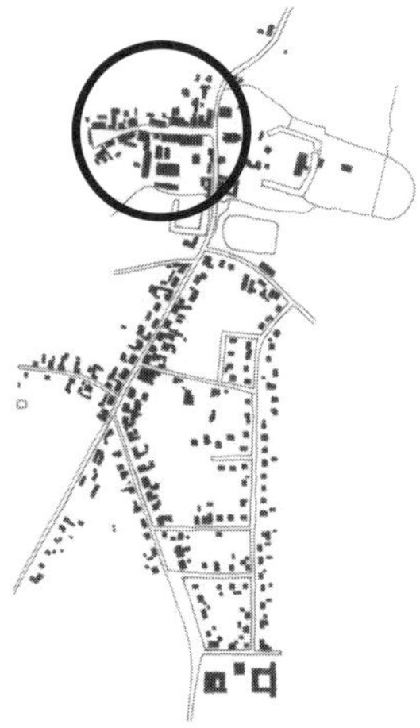

Perspektive mit Marktplatz und Garten des Ateliers Körtzinger sowie angrenzendem Mühlenteich

Lageplan Schnega

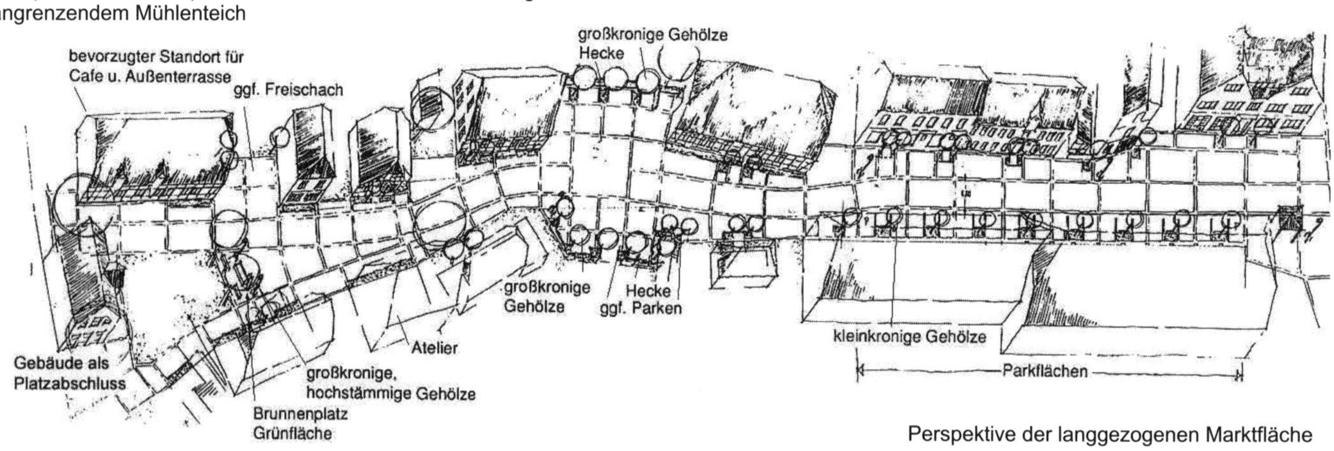

Perspektive der langgezogenen Marktfläche

Abb. 162: Marktplatz in Schnega

Der Estorfer Dorfplatz
(siehe auch Abb. 402 + 403)

Der versiegelte Knotenpunkt zweier Dorfstraßen in Estorf konnte ebenfalls erst durch Rückbaumaßnahmen zum Dorfmittelpunkt am "Dörphus" gestaltet werden.

In der Vogelperspektive werden die so gewonnenen räumlichen und funktionalen Qualitäten sichtbar.

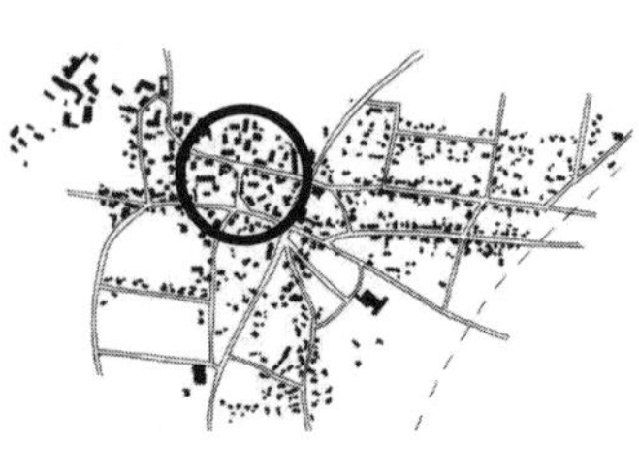

Lageplan Estorf

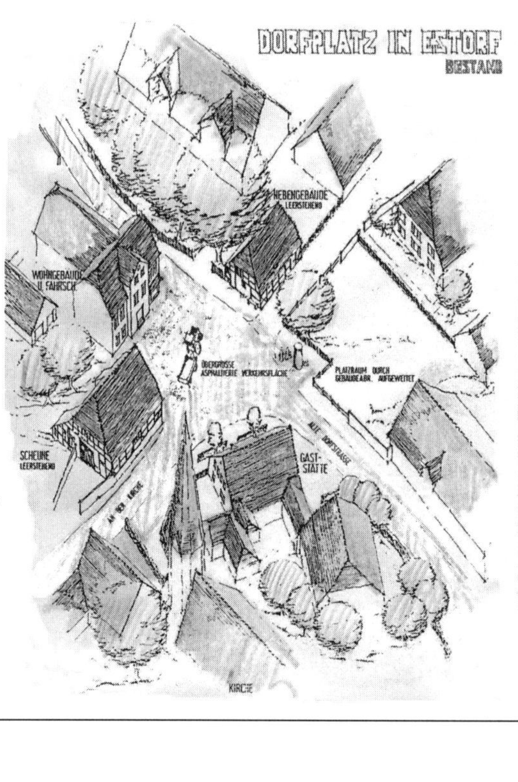

Abb. 163: Dorfplatz in Estorf

Angerplatz Wulften (siehe auch Abb. 404 + 405)

Der Dorfplatz in Wulften konnte anlässlich der 1.200-Jahrfeier 1989 wieder als begrünter Angerplatz eingeweiht werden, nachdem er Jahrzehnte als versiegelter Verkehrsraum funktionsentfremdet war.

Nach den Rückbaumaßnahmen ist er wieder ein von gepflanzten Bäumen eingefasster grüner Mittelpunkt – umgeben von Dienstleistungseinrichtungen (ehem. Feuerwehrgerätehaus mit Heimatstube, Rathaus, Gaststätte, zwei Läden u. a.), Parkangeboten und einem Gedenkstein.

Lageplan Wulften

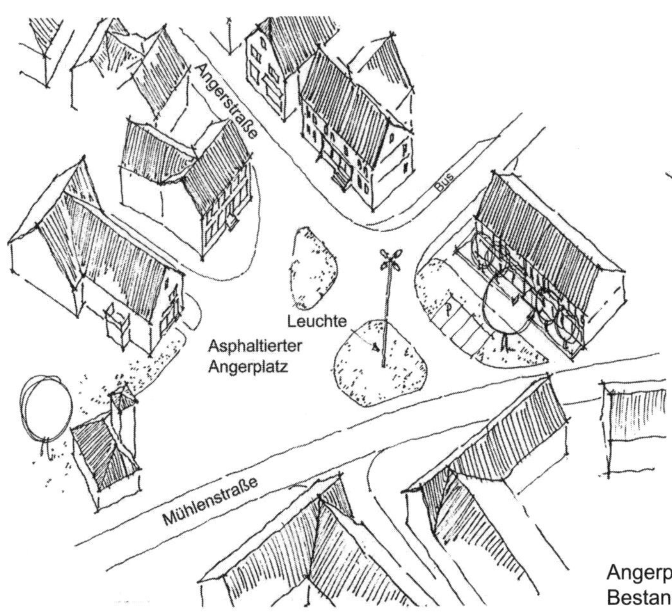

Angerplatz Bestand

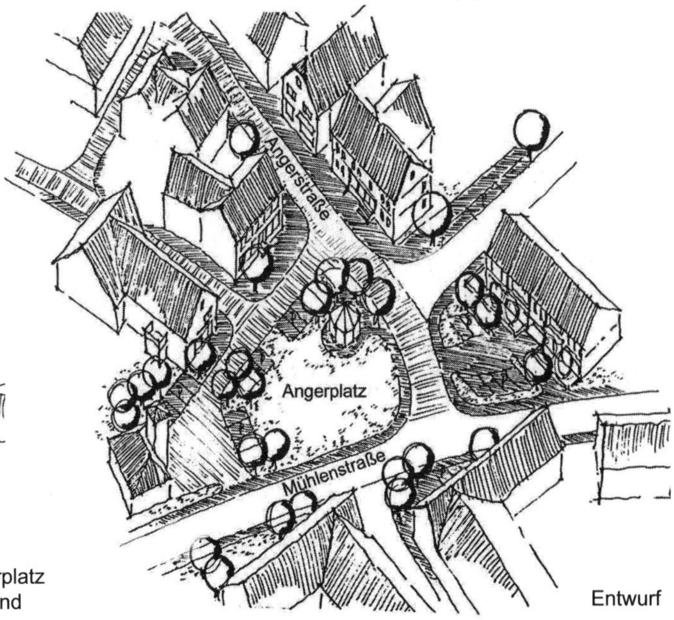

Entwurf

Abb. 164: Angerplatz in Wulften

Dorfplatz in Wehrbleck (siehe auch Abb. 406 + 407)

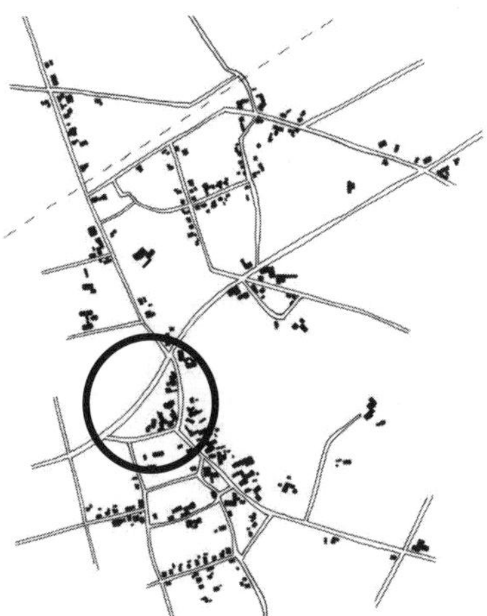

Lageplan Wehrbleck

Der vollständig asphaltierte Kreuzungspunkt zweier Äste der Dorfstraße in Wehrbleck vor der historischen Dorfgaststätte hatte sich zu einem gefährlichen Verkehrsknotenpunkt entwickelt.

Im Rahmen einer umfassenden Rückbaumaßnahme wurde ein ovaler bis halbkreisförmiger, durch Poller gesicherter Dorfplatz geschaffen, der durch ockerfarbiges Pflaster und abgesetze Bänder, die auf einen geplanten (jedoch nicht ausgeführten) Brunnen zulaufen, gegliedert ist. Zwei Hausbäume betonen den Haupteingang zur Gaststätte.

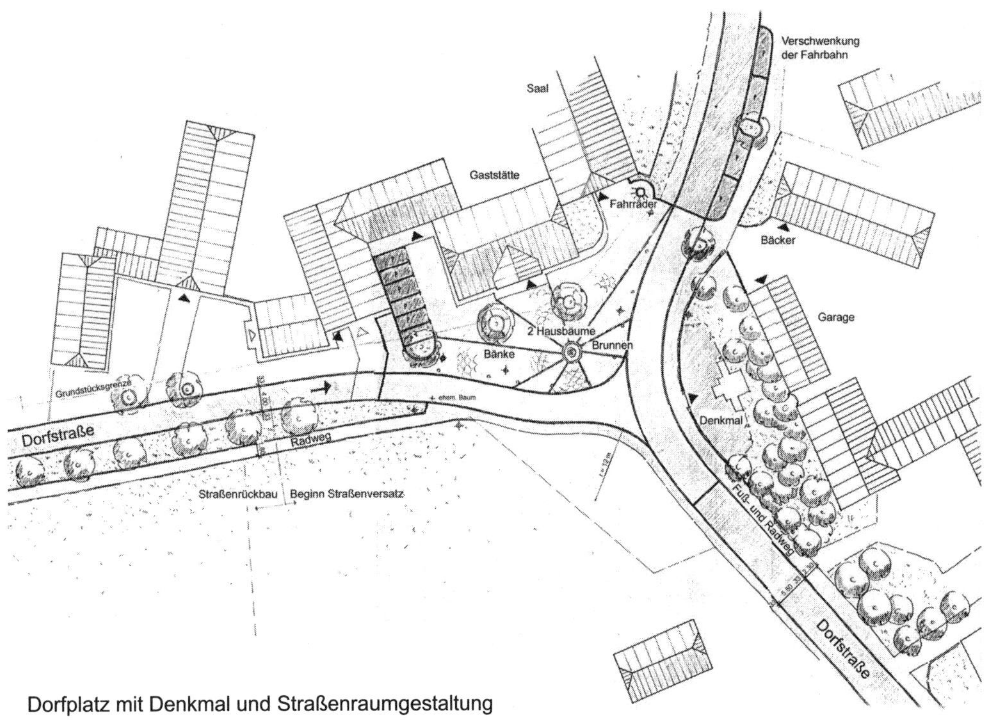

Dorfplatz mit Denkmal und Straßenraumgestaltung

Abb. 165: Dorfplatz in Wehrbleck

Der Dorfplatz in Großjena – Aufenthaltsplatz unter der Kastanie (siehe auch Abb. 414 + 415)

Im Kreuzungspunkt zweier Arme der Dorfstraße in Großjena lag isoliert und vom Asphalt eingefasst, eine ortsbildprägende Kastanie. Vor dem Treppenaufgang zur Dorfkirche fehlte ein entsprechender "Stauraum" für die Besucher.

Im Rahmen einer Dorferneuerungsmaßnahme konnten so mehrere Ziele zugleich verwirklicht werden:

- Gestaltung einer neuen Ortsmitte
- Entschärfung des bestehenden Verkehrsknotens durch Straßenrückbau
- Schaffung eines repräsentativen Kirchenzugangs und
- Sicherung der Kastanie als markantem Orientierungspunkt auf dem Platz.

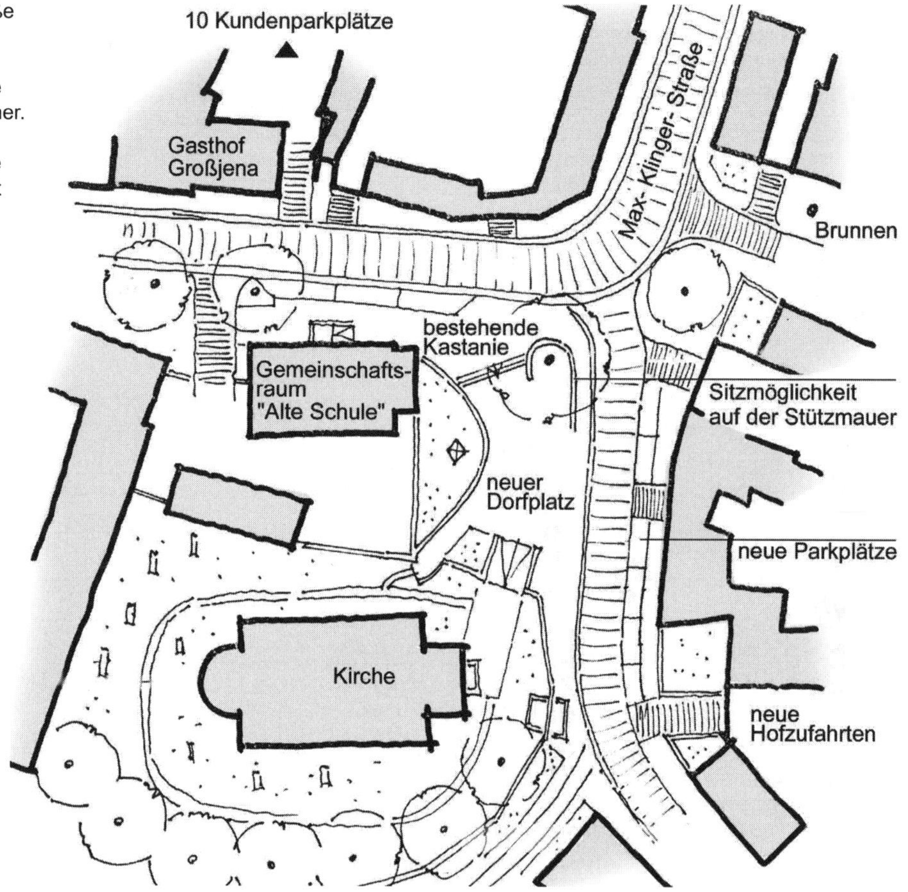

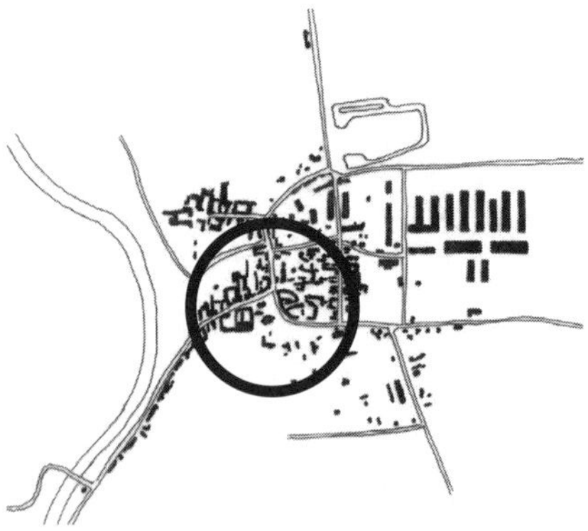

Lageplan Großjena

Abb. 166: Dorfplatz in Großjena

15.2 Fallstudienanalyse

Die Kommunen wurden zur Bedeutung, zur Akzeptanz und Nutzungsintensität und zu den Folgekosten von öffentlichen Plätzen befragt.
In annähernd der Hälfte der niedersächsischen Fallstudiendörfer (47 %), welche durch eine Aufwertung dörflicher Plätze im Rahmen der Dorferneuerung profitieren konnten, werden die Dorfplätze „sehr intensiv“, in 34 % der Dörfer „mittelmäßig“ und in 19 % „gering/kaum“ angenommen.
In 50 % dieser Dörfer hat nach Ansicht der Gemeinden die neue Ortsmitte zur Stärkung des Gemeinschaftsbewusstseins beigetragen, in 50 % dagegen kaum.

In Sachsen-Anhalt sind in vier Fallstudiendörfern Aufenthaltsplätze geschaffen worden (Großjena, Eimersleben, Erxleben, Binde), die jedoch nur in einem Fall „intensiv“ und in zweien „mäßig“ angenommen werden und dort zu einer eher geringen Verbesserung des Gemeinschaftslebens beitragen.

Für die Folgekosten und die Pflege der geschaffenen Dorfplätze sind überwiegend die Gemeinden zuständig. Private Trägerschaften wie vergleichsweise bei der Mehrzahl der neueren dörflichen Kultureinrichtungen wurden bisher kaum entwickelt, es sei denn, dass der Dorfverschönerungsverein, dessen Mitglieder sich für Garten- und Platzpflege verantwortlich fühlen, auf Dauer die Trägerschaft und damit die Verantwortung übernommen hat.

An Vorschlägen von kommunaler Seite für eine noch intensivere Akzeptanz der Dorfplätze werden stichwortartig unterbreitet:

– mehr Veranstaltungen wie Märkte, jahreszeitliche Feste und Angebote für Jugendliche,
– Anlage von Grillplätzen,
– bessere Beschilderung der zuführenden Radwege,
– gestalterische Überarbeitung,
– Ankauf von Gebäuden bzw. Nutzung leer stehender Gebäude
– Schaukästen für Informationen.

In etwa einem Drittel der untersuchten Fallstudiendörfer wird auch nach der Dorferneuerungsphase von den Bewohnern das Fehlen eines Dorfplatzes, einer dörflichen Mitte beklagt – insbesondere auch in den beiden untersuchten Grundzentren Wagenfeld (Landkreis Diepholz) und Hattorf am Harz (Landkreis Osterode am Harz). Häufig stehen entweder die Siedlungsformen selbst (z. B. Straßendorf), die fehlende Verfügbarkeit geeigneter öffentlicher Flächen oder deren anderweitige Nutzung der Realisierung eines solchen Wunsches entgegen.

Besonders auffällig war der Wunsch der Bürger nach Ortsmitten und Treffpunkten für die Dorfgemeinschaft in den Dörfern, die von ihrer Form her eher aufgelockert oder zersplittert sind, wie in den untersuchten Haufendörfern und Streulagen (z. B. Aschen, Bohnhorst, Häuslingen, Holzhausen/Göthen, in gewissem Sinn auch in Kuppendorf/Heerde, Lemke, Oyle, Radbruch und Wagenfeld). Beim weiteren Fehlen geeigneter, geschlossener öffentlicher Räume (Gemeinschafts-, Saalbauten o. Ä.) verstärken sich diese Wünsche noch. Demnach sind die nordniedersächsischen Orte stärker vom Fehlen einer dörflichen, „gemeinschaftsfördernden Mitte“ betroffen, als die Südharzdörfer, deren Siedlungsform bereits ausbaufähige Platz- und Raumfolgen beinhaltet.

15.3 Zusammenfassung/Folgerungen

In früheren Kulturepochen wurde das Recht des Fußgängers auf den öffentlichen Platz, den Core, sorgsam bewahrt als ein unabdingbares Menschenrecht, das im Wortsinn heute nicht nur im städtischen Umfeld, sondern auch in den Dörfern durch Verkehrsmittel und Geräte aller Art „überfahren" zu werden droht.

Dorfplätze sind also nicht nur Identifikationsorte für die Bewohner mit ihrer eigenen Geschichte, sondern darüber hinaus auch funktionsbestimmte Standorte für überlieferte Dorffeste und -feiern. Weiterhin sind sie Orte der Kommunikation sowie des Schutzes vor den Gefahren eines auch den dörflichen Lebensraum mehr und mehr vereinnahmenden ruhenden und fließenden Verkehrs.

Einer reinen Alibiaktion kommen dagegen Platzgestaltungsmaßnahmen gleich, die als reine Verschönerungsmaßnahmen ohne Gesamtkonzept ausgeführt wurden.
Die Erneuerung einer dörflichen Mitte zum Treffpunkt wirkt auch dann deplaziert, wenn die den Platz begleitende Bebauung nur noch aus leer stehenden, verwahrlosten Gebäuden besteht. Andererseits darf der „Wert des Faktischen" als motivationsauslösender Anreiz für private oder öffentliche Bauinvestitionen am Platzrand nicht unterschätzt werden. Auch muss nicht jede fertig gestellte Umbau- oder Sanierungsmaßnahme sofort den angemessenen Nutzer finden. Aber ohne Sicherungsmaßnahmen wäre nur der Verfall die einzige Alternative.
Daraus folgt, dass den Gemeinden über die Dorferneuerungsförderung auch ein gewisser Rücklagebetrag für Pflege- und Sicherungsmaßnahmen an ortsbildprägenden Bauten und Anlagen in der Dorfmitte verfügbar sein sollte, auch wenn noch keine konkreten öffentlichen oder privaten Nutzer vorhanden sind.

Es sollte weiterhin verhindert werden, dass Dorfplätze in Neubaugebieten entwickelt und so durch „Imitationsgestaltung" im Bewusstsein der Neubewohner zum „eigentlichen Dorf" werden.
Sonst droht die Gefahr, dass die in neu erstellten Baugebieten „neuen Dorfmitten" den historischen Ortsmittelpunkt überflüssig machen.
Auch falsch verstandene oder interpretierte Dorferneuerungsziele können so dem Dorf die eigene Identitätsbasis, d. h. die gewachsene, historische Substanz des Ortes entziehen.
Im Extremfall kann durch eine falsch terminierte Baulandausweisung das gesamte Dorferneuerungskonzept unterlaufen werden (Bsp. Reinstedt).

Nach den vorliegenden Erfahrungen kann man davon ausgehen, dass die neu geschaffenen Ortsmitten „nur dann zu wirklichen Orten der Begegnung werden können, wenn sie Spuren der Ortsgeschichte, Gestaltelemente der Vergangenheit in sich tragen und so die Kontinuität von Gemeinschaft belegen" (Grube, Lit. 34).

Jede Gemeinde, die eine Dorferneuerung mit der Neugestaltung einer Ortsmitte verbinden möchte, muss sich rechtzeitig, d. h. in der Planungsphase, Antworten auf folgende Fragen geben:

- Wo sollte die neue Ortsmitte entstehen?
- Gibt es geschichtliche, räumliche oder funktionale Anknüpfungspunkte an überlieferte Plätze oder Freiräume?
- Muss oder kann der verfügbare Platzraum mit soziokulturellen Einrichtungen räumlich eingefasst werden?
- Welche Nutzungen sollen realisiert werden?
- Für welche Nutzergruppen wird das Platzangebot unterbreitet?
- Welche Möglichkeiten bestehen, um die Akzeptanz der Bewohner und Besucher zu erhöhen?
- Welche Chancen für eine verkehrsberuhigte und emissionsfreie Umsetzung bestehen?
- Welche Möblierungselemente sind im dörflichen Umfeld angemessen und geeignet, um das Wohlbefinden der Nutzer zu erhöhen?
- Wer soll die Trägerschaft und damit auch die Pflege des Platzes übernehmen?

16 NEUE WOHNBAUGEBIETE IM DORF

16.1 Einführung

Aus der streng formalen Sicht der Siedlungsgeografie (Born u. a., Lit. 9) setzte der Auflösungs- bzw. Zerstörungsprozess der historischen Dorfsiedlungen bereits mit der Erschließung neuer Baugebiete an den Ortsrändern vor ca. 120 Jahren auch als Folge veränderter Arbeitsbedingungen (1. Industrielle Revolution) und der flächendeckenden Bahnerschließung ein. Fehlende siedlungsbauliche Leitbilder, fehlende Rücksichtnahme auf Topografie, Siedlungsform und ökologische Randbedingungen führten in fast allen Dörfern zu mehr oder weniger unangemessenen ortsbildstörenden Eingriffen.
Nach dem wirtschaftlichen Rückgang der durch Bahnanschlüsse möglich gewordenen dörflichen Gewerbebetriebe, waren die Neuansiedler als Pendler zu „halbintegrierten Teilbewohnern" ihrer Dörfer geworden.
Das durch Flüchtlingszustrom bedingte Wachstum der Dörfer in den 1950er Jahren führte ebenfalls zu einem erheblichen Siedlungsdruck, der häufig durch eine großzügige Ausweisung von Baugebieten aufgefangen wurde. Topografische, geologische oder sonstige natürliche, einschränkende Bedingungen (Bachläufe, Bahntrassen) für den Siedlungsausbau fanden genauso selten eine Beachtung wie siedlungsgenetische und gestalterische Prinzipien. Innerhalb der untersuchten Dorfregionen können jedoch erhebliche Unterschiede in der dörflichen Siedlungspolitik nachgewiesen werden.

Die Prognosen für die Veränderung der Bevölkerungsdichte in dünn besiedelten Regionen Deutschlands bis 2020 (DIE ZEIT 44/04, Lit. 105) gehen von einem leichten Zuwachs in den untersuchten Dorfregionen der Landkreise Nienburg und Diepholz, von einer geringen Abnahme im Landkreis Lüchow-Dannenberg sowie von einem extremen Rückgang im Landkreis Osterode aus. Der im gleichen ZEIT-Beitrag zitierte Raumplaner Holzapfel/Kassel spricht von einer „eindeutigen Tendenz der Leute in der Stadt mit dem Wunsch in Vierteln zu wohnen, in denen auch die Arbeitsstätten, Einkaufsmöglichkeiten und Kneipen nahe beieinander liegen".
Nach seiner Meinung fördern demnach die Pendlerpauschale und die Eigenheimzulage in den Dörfern einen „Trend von gestern", der jedoch in den untersuchten ländlichen Regionen solange als Mittel der Bindung vor allem junger Familien aufrecht erhalten bleiben wird, bis neue politische Rahmenbedingungen neue Tendenzen im Wohnverhalten auslösen.
Die mit sinkender Bevölkerungsdichte in ländlichen Regionen verbundenen Probleme der Kostenübernahme für die Aufrechterhaltung technischer, verkehrlicher und soziokultureller Infrastrukturausrüstungen sind ein weiteres Argument gegen Baulandausweisungen im ländlichen Raum (siehe auch Kapitel 19).

Der Einfluss der zukünftig geringeren Haushaltsgrößen auf den Wohnbaulandverbrauch der nächsten Jahre kann nur erahnt werden. Zurzeit leben bereits 36 % aller Männer und Frauen in Einzelhaushalten. Ihnen stehen nur noch 17,6 % Familien mit 1, 2 oder mehr Kindern gegenüber.
Doch in den ländlichen Regionen bestehen offensichtlich noch immer genügend Gründe gegen eine wünschenswerte Verdichtung von Bauflächen:

- das günstige Baulandangebot infolge des Rückgangs landwirtschaftlicher Nutzflächen
- die immer noch expansive Ansiedlungspolitik der Gemeinden
- das eigene Haus als Statussymbol und Mittel zur Selbstverwirklichung
- die „Kapitalflucht in Immobilien"
- die genannten Vergünstigungen des Staates in Form von Eigenheimzulagen und Pendlerpauschalen.

Auch die niedersächsische Landestreuhandstelle (LTS) unterscheidet in ihrer Wohnbauland-Umfrage von 2004 (Lit. 92) nur noch zwischen „Geschosswohnungsbau" und „Familienheimbau" ohne auf Reihen-, Ketten- oder zumindest Doppelhäuser als Alternativen für ein verdichtetes Wohnen einzugehen. Selbst für die ausgewiesenen Neubaugebiete an den Rändern der ländlichen Mittelzentren (Nienburg/Weser) wird trotz überzeugender Beispiele für verdichtetes Wohnen aus den 1960er und 70er Jahren ausschließlich für Einfamilien- und nur wenige Doppelhäuser umfangreiches Bauland zur Verfügung gestellt. Annähernd 75 % aller Wohngebäude im Landkreis Nienburg sind bereits Einfamilienhäuser.
In den untersuchten Dorfregionen ist der Wettbewerb um stabile bzw. wachsende Einwohnerzahlen durch teilweise unbegründete Baulandausweisungen unübersehbar.

Diese Entwicklung steht im Widerspruch zu den politischen Zielen, wie sie beispielsweise im RROP des Landkreises Nienburg (Lit. 3) formuliert sind:

„Durch eine nachhaltige Siedlungsentwicklung im Landkreis Nienburg/Weser soll eine Zersiedelung der Landschaft vermieden werden. Daher soll der Flächenverbrauch für die Schaffung neuer Siedlungsflächen minimiert werden. Die Nachnutzung von Konversionsflächen und anderen Siedlungsbrachen soll aus diesem Grund Vorrang vor der Erschließung neuer Bauflächen haben.
Ein sparsamer Flächenverbrauch soll auch durch die gemeindliche Bauleitplanung, durch die Anwendung verdichteter Bauformen im Bereich der zentralen Orte sowie die Festlegung maßvoller Grundstücksgrößen in den ländlich strukturierten Siedlungen gewährleistet werden."
und
„Bei der Siedlungsentwicklung sollen gewachsene Orts- und Landschaftsstrukturen die das Landschaftsbild prägen, erhalten bleiben."

In der Begründung wird auf die Tatsache hingewiesen, dass im Landkreis Nienburg die vorbereiteten Bauleitpläne im Durchschnitt über 20 Jahre alt seien und „daher für eine regional abgestimmte Siedlungsentwicklung häufig die Planungsgrundlagen fehlen würden".
Die Neuaufstellung der Flächennutzungspläne erscheint vor allem vor dem Hintergrund der langfristigen Bevölkerungsprognosen dringend erforderlich.
Auf den Zusammenhang von möglicher Siedlungsentwicklung und vorhandener Ausstattung mit soziokultureller Infrastruktur, Versorgungseinrichtungen, Arbeitsplätzen und einer guten ÖPNV-Erreichbarkeit wird im gleichen RROP eingegangen. Danach wird den untersuchten Dörfern Haßbergen, Estorf, Bohnhorst und Leeseringen über ein Punkt- und Bewertungssystem eine Rangfolge für eine mögliche „ergänzende Siedlungsentwicklung" zugewiesen.
Entscheidendes Kriterium für die Siedlungsentwicklung bleibt jedoch die Einwohnerzahl, über die auch die Tragfähigkeit von Dienstleistungseinrichtungen bestimmbar ist.

Neben den entsprechenden quantitativen bleiben die qualitativen Aspekte, die über Art und Maß der Nutzung sowie über mögliche gestalterische Festsetzungen in den Bauleitplänen gesichert werden können, von entscheidender Bedeutung für die zukünftige Dorfentwicklung.
„Dorfgebiete“ bleiben nach der BauNVO auch in Zukunft die einzigen Gebiete, in denen landwirtschaftliche Nutzungen möglich sind. Benachbarte „Reine Wohngebiete“ schränken nicht nur die betrieblichen Entwicklungsmöglichkeiten ein, sondern tragen mit geringen Dichtewerten auch zur Zersiedelung bei. Der Sicherung der landwirtschaftlichen Betriebe durch eine entsprechende Ausweisung von Dorfgebieten kommt daher auch in Zukunft selbst dann eine hohe Bedeutung zu, wenn einige der Betriebe zurzeit „ruhen“ sollten.

Vor dem Hintergrund stagnierender bzw. rückläufiger Bevölkerungszahlen in strukturschwachen ländlichen Regionen Niedersachsens müssen auch die üblichen kommunalen Instrumente zur Sicherung der Siedlungsentwicklung wie Bauleitplanung, Schaffung von Baulandreserven und wohnbauliche Nutzung leer fallender Areale (Konversionsflächen, Industriebrachen, leer fallende Ortskerne) in ihrer zukünftigen Bedeutung überprüft werden.
Die niedersächsische Wohnbauland-Umfrage 2004 (Lit. 92) ergab folgende Teilergebnisse:

- trotz erheblicher regionaler Unterschiede ist die Wohnungsnachfrage in Niedersachsen eindeutig rückläufig,
- neue Baugebiete werden seit 2001 in 40 % geringerem Umfang ausgewiesen,
- Baulücken in gewachsenen Ortskernen (Gebiete nach § 34 BauGB) machen nur etwa 1/4 der Bauflächenreserve aus,
- der Geschosswohnungsbau ist gegenüber dem ortsüblichen, bereits in den Mittelzentren (Nienburg) durchgesetzten Einfamilienhausbau praktisch bedeutlungslos geworden (unter 8 – 9 %),
- trotz geringer Einsparquoten bei Wohnbaulandnutzungen beträgt der durchschnittliche Baulandverbrauch 800 m² pro WE.

Ausgewiesene Neubaugebiete am Dorfrand waren Ziel und Inhalt kommunaler Siedlungsentwicklung. Sie waren zugleich Orientierungsmaßstab für dörfliches Wachstum und für wirtschaftliche Leistungsfähigkeit. Landkreise mit Bevölkerungswachstum wie Diepholz, Soltau-Fallingbostel, Region Hannover sowie die Oberzentren Hannover und Braunschweig betrieben weiterhin dem Druck folgend eine Politik der Baulandausweisung, teilweise unter Rückgriff auf vorhandene Baulandreserven. Diese reichen wegen fehlender Nachfrage im Landkreis Osterode noch annähernd 100 Jahre, in Diepholz und Nienburg allerdings nur etwa 2,5 Jahre, im Landkreis Lüneburg sogar nur 1,5 Jahre aus.

16.2 Fallstudienanalyse

Befragt wurden die Kommunen in zwei Fragebogenaktionen über die Stichworte Ortstypologie, F-Plananalysen, neue Bebauungspläne, siedlungsgenetische Bauleitplanung, geplante Baulandausweisungen, Frequentierung des vorhandenen Bebauungsangebotes u. a.
Die Bürger wurden nach erwünschten Baulandausweisungen und die beteiligten Ämter für Landentwicklung nach dem Einfluss der DE-Planung auf die kommunalen Entscheidungsträger in jeweils eigenen Aktionen befragt.
Abschließend wird vergleichend auf die bauleitplanerische Entwicklung in zwei der Fallstudiendörfer näher eingegangen, die beide ausnahmsweise nochmals in das Dorferneuerungsprogramm Niedersachsen aufgenommen wurden.

16.2.1 Kommunale Befragung

Lediglich 1/4 der befragten niedersächsischen Kommunen sind der Meinung, dass der Dorferneuerungsplan nach 12 – 15 Jahren noch zur Klärung der zukünftigen vorbereitenden Bauleitplanung beitragen könne.
Nur in den zur Dorfregion „Geest-/Moorregion“ (56 %, überwiegend Samtgemeinde Kirchdorf (80 %)) und den zur Stadt Bad Münder gehörenden Dörfern (100 %) wird eine größere Wirkung des Dorferneuerungsplanes auf die Bauleitplanung eingeräumt.
Als überholt wird der Flächennutzungsplan dagegen in 38 % der niedersächsischen Fallstudiengemeinden eingestuft. Besonderer Handlungsbedarf in Form einer Überarbeitung des F-Planes wird wiederum in der Samtgemeinde Kirchdorf (60 %), in den Dörfern der Nienburger Wesermarsch (67 %) und in den Dörfern der Stadt Bad Münder (100 %) gesehen.
Insgesamt erscheint aus kommunaler Sicht eine Überarbeitung des F-Planes in 38 % der Dorfregionen Niedersachsens und in 36 % der untersuchten Dörfer Sachsen-Anhalts als erforderlich.

41 % der befragten niedersächsischen Dörfer, jedoch lediglich nur eine der sachsen-anhaltinischen Fallstudien beabsichtigen, neue Baugebiete auszuweisen. Eine Begründung erscheint nur über den vermuteten unterschiedlichen Bedarf möglich.
In einigen niedersächsischen Dörfern sind zwischenzeitlich bereits die angekündigten Baulandausweisungen vorgenommen worden (Aschen, Varrel, Wehrbleck, Haßbergen, Jerxheim). Zusätzlich wurden noch in Wagenfeld weitere Gebiete bebaut sowie in Kuppendorf und Scharringhausen Bedarfsflächen bereitgestellt.

Ernüchternd ist das Ergebnis der kommunalen Einschätzung von Chancen für eine qualitätvolle, am historischen Siedlungsgefüge orientierte, siedlungsgenetische Bauleitplanung.
Lediglich 13 % der untersuchten Gemeinden sehen dafür „gute“, 46 % „geringe“ und 36 % „keine“ Chancen. Hinter dieser Beurteilung wird zweifellos eine realistische Einschätzung der aktuellen Bauherrenwünsche sichtbar, für die offensichtlich das selbst gestaltbare, umgehbare, abgeschottete, individuelle Einfamilienhaus zum nicht mehr in Frage zu stellenden Gewohnheitsrecht geworden ist, seit die Kommunen im Allgemeinen mit der Bauleitplanung keinen eigenverantwortlichen Gestaltungsauftrag gegenüber der eigenen Siedlungsgeschichte und dem Grund und Boden mehr verbinden (siehe auch Kapitel 14).

Addiert man zu den noch unbebauten Grundstücken aus bereits bestehenden Neubauwohngebieten die zurzeit in der Planungs- bzw. Genehmigungsphase befindlichen Grundstücke sowie die noch vorhandenen Baulücken in den Ortskernlagen, erhält man die in den untersuchten Ortslagen noch freien Ausbaukapazitäten.
Unter Zugrundelegung einer Belegungsdichte von 3 Einwohnern/Haushalt und Grundstück ergibt sich für die niedersächsischen Fallstudien eine durchschnittliche Ausbaukapazität von ca. 6 % der vorhandenen Einwohnerzahlen.

Von einer Ausbaumöglichkeit sind lediglich 8 (25 %) der untersuchten niedersächsischen Dörfer ausgenommen, die

zurzeit weder über bebaubare Grundstücke aus Gebietsausweisungen noch aus unbebauten Baulücken verfügen. Bezieht man das Potential umzunutzender, leer gefallener Altbausubstanz in die Berechnung mit ein, kann man von durchschnittlichen Ausbaukapazitäten für ca. 10 % der vorhandenen Einwohnerzahlen ausgehen.
Innerhalb der untersuchten Dorfregionen sind die Differenzen allerdings erheblich. Über dem Durchschnitt liegen die Ausbaukapazitäten in den Orten Aschen, Elbingerode, Hattorf am Harz, Ührde, Lübeln, Estorf, Eilte, Häuslingen, Beber und Rohrsen etwa (30 %). Interessanterweise sind es mit Ausnahme des Grundzentrums Hattorf überwiegend kleinere Ortsteile bzw. Gemeinden, die aufgrund der geringen Nachfrage eine nachhaltige Bevorratungspolitik betreiben können.
Der Anteil der unbebauten Baulücken am Gesamtangebot des verfügbaren Baulandes beträgt 18 % – ein Wert, der unterhalb des landesweit ermittelten Wertes von 25 % liegt.
In der Mehrzahl der Fallstudiendörfer ist das bereits vor über 12 Jahren vorhandene Angebot an Baulücken aus der Dorferneuerungsphase unverändert erhalten geblieben.

In Sachsen-Anhalt stehen noch etwa 4 % Ausbaukapazität aus bebaubaren Grundstücken in 20 % der einbezogenen Fallstudien zur Verfügung. Durch den sehr hohen Anteil leer stehender Gebäudesubstanz ist jedoch eine Gesamtausbaukapazität von mindestens 15 % zu erwarten, wobei zum Teil sehr ortsabhängige Unterschiede, zum einen durch hohen Leerstand und wenige freie Bauplätze oder infolge vieler freier Baulücken und weniger Leerstand, auftreten.

Am Beispiel der Gemeinde Wehrbleck, Samtgemeinde Kirchdorf, die nach über 15 Jahren zum zweiten Mal 2001 in das Dorferneuerungsförderprogramm des Landes aufgenommen wurde, ist die Begründung für die Ausweisung von Neubaugrundstücken aufschlussreich und zugleich typisch für vergleichbare Verfahren.

Der Einwohnerzuwachs des zugehörigen Landkreises Diepholz betrug von 1990 – 2000 ca. 11 %. Aus der Annahme eines weiteren Wachstums in der Gemeinde und im Landkreis ließ sich, übertragen auf Wehrbleck, ein Zuwachs von 7 Wohneinheiten (WE) bis 2016 und gleichzeitig – ausgehend von einer kontinuierlich abnehmenden Haushaltsgröße von 0,3 Personen pro Haushalt – ein weiterer Eigenbedarf von 30 WE herleiten. Aus dem sog. „Wohnungsnachholbedarf" folgten weitere 10 WE, sodass insgesamt ein theoretischer Bedarf von 45 – 50 WE in der Begründung nachgewiesen werden konnte, was bei einem für ländliche Räume üblichen Flächenbedarf von 1.000 m² / WE zu einem Gesamtgrundstücksbedarf von 4,5 – 5 ha führen würde!
Bei 10 vorhandenen Baulücken und 10 freien Bauplätzen aus bereits erschlossenen Baugebieten ergäbe sich rechnerisch ein Restbedarf von 25 – 30 Wohneinheiten in neu auszuweisenden Wohnbaugebieten am Nord- und Südrand des historischen Ortskerns.

Mit Argumenten wie „zu teuer", „periphere Lagen", „niedriges Mietniveau", „Nähe landwirtschaftlicher Betriebe" und „fehlende Umbaubereitschaft der Landwirte" wird die Alternative einer Umnutzung leer gefallener landwirtschaftlicher Altbauten im neuen Dorferneuerungsplan für Wehrbleck jedoch praktisch ausgeschlossen, obwohl sämtliche nördlich der B 214 ausgewiesenen neuen Gewerbe- und Wohnbaugebiete erst durch Lärmwälle oder vergleichbare Schutzmaßnahmen gegen die erheblichen Lärmemissionen geschützt werden müssten.
Tatsächlich ist nach entsprechender Ausweisung zweier Wohngebiete die Einwohnerzahl Wehrblecks nach fast 15-jähriger Stagnation ab 2000 erstmals wieder angestiegen. Wehrbleck weist gegenüber 850 Einwohnern im Jahr 1999 mit 898 EW im Jahr 2004 einen Zuwachs von ca. 6 % innerhalb von nur fünf Jahren auf. Zum Vergleich wuchs die Einwohnerzahl des Landkreises im gleichen Zeitraum nur um die Hälfte (3,1 %).

Trotz des zahlenmäßigen Erfolges dieser Maßnahme werden über den neuen Wehrblecker Dorferneuerungsplan die bereits bestehenden Probleme von Schall- und Geruchsemissionen durch die Ausweisung von sog. „Gemengenutzungslagen" (Nebeneinander von „Dorfgebieten", „Allgemeinen Wohngebieten", „Gewerbegebieten" und „Dienstleistungseinrichtungen") eher festgeschrieben. Die Probleme von Splittersiedlungen der im Außenbereich (§ 35 BauGB) liegenden benachbarten Streulagen (Ortsteile Strange u. a.) bleiben dagegen ebenfalls ungelöst.
Das skizzierte Beispiel belegt, dass der Neuaufnahmeantrag von Dörfern und Ortsteilen in das DE-Programm des Landes einer ausdrücklichen Begründung im Sinne einer angestrebten Verbesserung der Lebensqualität bedarf. Über das einseitige Ziel einer Vergrößerung der Einwohnerzahl ist diese Lebensqualität noch nicht erreichbar.

16.2.2 Bürger- und Ämterbefragung

Parallel zur kommunalen Befragung wurden die Bürger befragt, welche der drei folgenden Arten von Baulandausweisungen sie selbst für sinnvoll halten: Wohnbau-, Gewerbe- oder Freizeit-/ bzw. Sonderbaugebietsflächen.
Für Wohnbaugebiete entschieden sich 46 %, für Gewerbegebiete 28 % und für Freizeit- und Sondergebiete immerhin noch 22 % der Befragten in Niedersachsen.

Ganz anders in Sachsen-Anhalt. Der Bedarf an Wohnbauflächen wird hier auf lediglich 4 % geschätzt. Dieses Ergebnis ist angesichts der vielen Gebäudeleerstände und der teilweise zurückgehenden Bevölkerungsdichte nachvollziehbar. 7 % der Befragten wünschen weitere Gewerbegebiete und 16 % Freizeitflächen.

Das größte Interesse an Wohnbaugebietsausweisungen besteht danach offensichtlich bei den Bewohnern der Gemeinde Radbruch (80 %), der Geest-/Moorregion (60 %), der Braunschweiger Börderegion (57 %) und der Süntelregion (50 %).
Allerdings muss festgestellt werden, dass die geäußerten Wünsche nur selten der realen Bedarfssituation entsprechen. Eher scheint es sich – mit Ausnahme des wachstumsorientierten Dorfes Radbruch, um eine Kompensationsreaktion gegenüber fehlender Nachfrage zu handeln.
Aufschlussreich ist in diesem Zusammenhang das Beispiel Wulften, in dem die Bürger weder zurzeit der Dorferneuerungsplanung, noch heute das Ausweisen neuer Wohnbaugebiete gewünscht haben (0 %), wo aber dennoch 50 Privatgrundstücke im Rahmen einer Bauleitplanung durch einen privaten Bauträger ausgewiesen und erschlossen wurden.

Im umgekehrten Verhältnis zur realen Bedarfssituation stehen die geäußerten Wünsche der Bürger nach Ausweisung von Gewerbeflächen.
Ausgerechnet in den Dörfern mit den höchsten Wunschquoten (Süntel mit 43 %, Geest-/Moorregion mit 33 %) sind – mit Ausnahme der bereits zitierten Gemeinde Wehrbleck – die geringsten Chancen bzw. Voraussetzungen für vergleichbare Ausweisungen erkennbar!

Es verwundert daher kaum, dass auch der Wunsch nach Freizeit- und Sondergebietsausweisungen in den bereits zitierten Dorfregionen ausgeprägter als in den anderen untersuchten Dorfregionen geäußert wird, obwohl Dispositionen für eine touristische Entwicklung ebenfalls kaum erkennbar sind.

Im Vergleich zu den pragmatischen Antworten der Gemeinden auf die Frage nach geplanten Neubaugebietsausweisungen, scheint bei manchen Bürgern noch die Vermutung vorherrschend zu sein, dass sich die sozioökonomischen Probleme in ihrem Dorf und den ländlichen Räumen allgemein auch in Zukunft nur durch das Angebot weiterer Baugebietsausweisungen lösen lassen.

Andererseits ist in einigen Dörfern (Dorste, Gittelde, Wulften, Haßbergen, Erxleben) ein den kommunalen Ausbauzielen entgegengesetztes Verhalten feststellbar. Dort werden die von den Gemeinden beabsichtigten Baulandausweisungen von der Mehrzahl der befragten Bürger abgelehnt. Nur in 25 % der niedersächsischen Fallstudien stimmen die diesbezüglichen kommunalen und bürgerlichen Intentionen überein.

Interessant ist das Ergebnis der Befragung der zuständigen Ämter für Landentwicklung zur erwarteten Nachhaltigkeit der Auswirkungen der Dorferneuerung auf die siedlungsbauliche Gesamtentwicklung (Baulücken-, Umbau- und Neubautätigkeit). 33 % gehen von einem „absolut positiven", 50 % von einem „in Teilen positiven" und 17 % von einem „eher geringen Einfluss" aus.

BEBAUUNGSGEBIETE IN DEN FALLSTUDIEN

Fallstudie Hattorf am Harz – das größte Dorf Niedersachsens

Die Entwicklung des Dorfes Hattorf am Harz wird im Folgenden näher betrachtet.

Hattorf 1785, Kurhannoversche Landesaufnahme

Hattorf 1876, Königlich-preußische Landesaufnahme

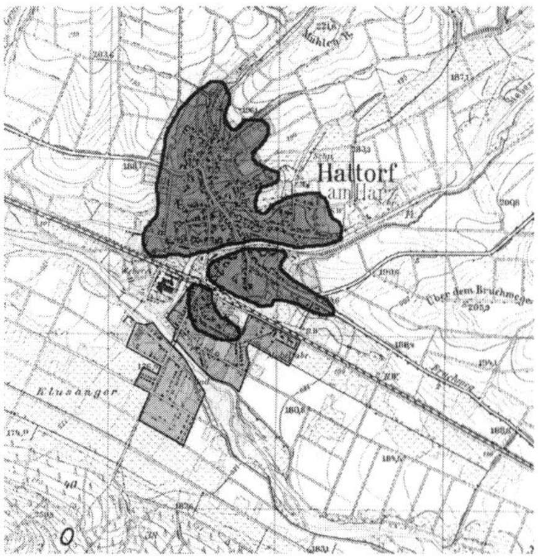

Hattorf 1957

Die Ortslage Hattorfs liegt eingegrenzt zwischen den Ausläufern des Harzes im Norden, den Flüssen Sieber und Oder und den Rothenbergen im Süden. Schon früh hatte das Dorf eine beachtliche Größe (grauer Bereich des historischen Ortskerns).
Zunächst war die Sieber eine natürliche Barriere, die in der Lokation beachtet wurde. Jedoch schon in der Karte von 1785 ist diese Grenze überschritten, ein zweiter Ortskern ist südlich der Sieber entstanden. Neue "Grenze" des Ortes scheint die Oder zu werden.

Durch den Bau der Bahntrasse Northeim – Halle wurde ein Teil des Dorfes "abgetrennt", eine weitere "natürliche" Grenze zur Siedlungserweiterung schien geschaffen.
Erste Industrien siedelten sich im Laufe der Zeit im Süden Hattorfs an.

Bereits in der Karte von 1957 zu sehen, war der "Sprung über die Oder" geschafft, das Siedlungsgebiet dehnt sich weit nach Süden über Bahn und Fluss hinweg aus.

Heute ist Hattorf auf mehr als das Doppelte seiner ursprüglichen Größe angewachsen.
Mit seiner Größe und der Einwohnerzahl von ca. 4.500 ist Hattorf immer noch das größte zusammenhängende Dorf Niedersachsens.

Eine erneute Siedlungsentwicklung nach Westen ist bereits in Planung und würde den gesamten Ort nochmals um etwa ein Viertel vergrößern.

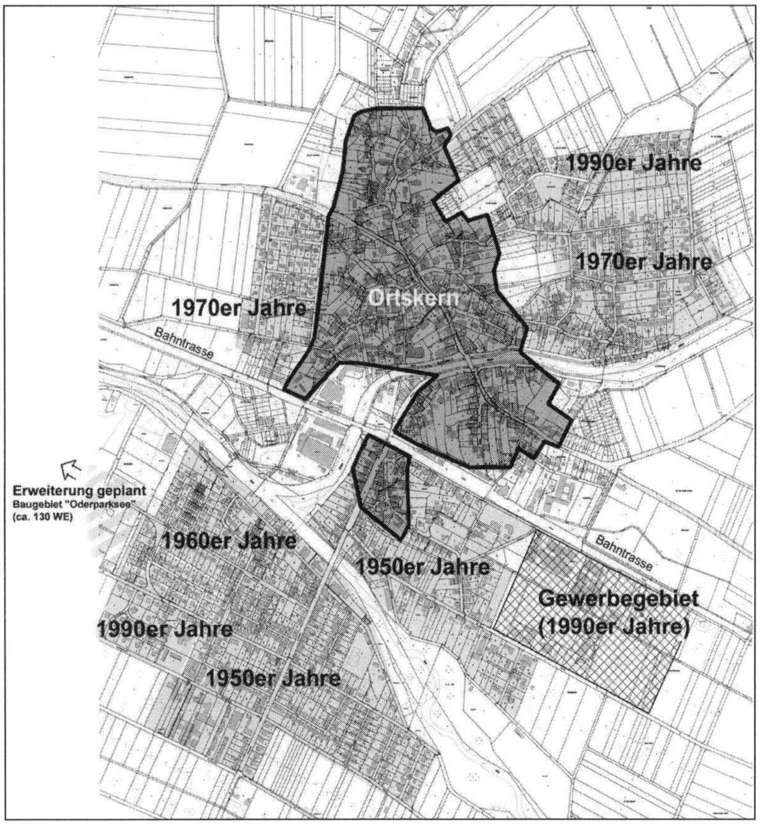

Übersicht der Hattorfer Baugebiete 2005

Abb. 167: Bauliche Entwicklung eines Dorfes am Beispiel Hattorf am Harz

Beispiel Estorf

Das Dorf Estorf lag ursprünglich direkt an der Weser (heute Estorfer See).
Zwei große Gutshöfe begründeten und prägten das Dorf. Wie die Karte von 1872 zeigt, waren die meisten Hofstellen auf der östlichen Seite der Straße von Nienburg gebaut worden.
Das Scheunenviertel ist weit außerhalb des Dorfes im Schünebusch zu finden (siehe links; vgl. auch Abb. 66). Zusätzlich sind die wichtigsten Handwerksbetriebe und Dienste eingetragen.

Bis etwa 1900 blieb Estorf in diesen Grenzen bestehen, bis sich der Ort nach dem Bau der Bahntrasse Nienburg – Minden auch östlich der Straße ausbreitete.

Im Rahmen der Dorferneuerung wurde auch ein Konzept zur Abrundung des Ortskerns aufgestellt.

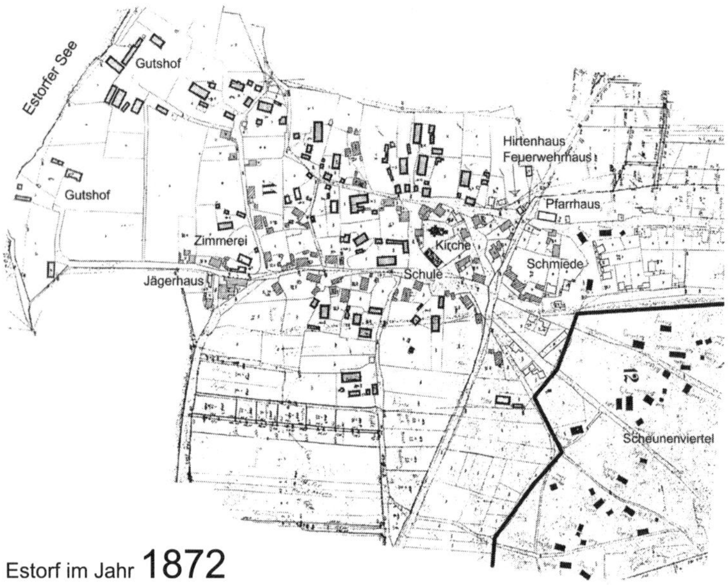

Siedlungsentwicklung seit 2003

Ausgewählt wurde das Gebiet süd-westlich des Ortskerns (Schraffur) mit dem Ziel zwischen der Häuserzeile der 1970er Jahre eine Abrundung und Verdichtung als Wohnbaugebiet zu erreichen.
Doppelhäuser mit großen Nutzgärten und intensiver Durchgrünung sollten dieses Gebiet prägen (siehe Testentwurf links).

Tatsächlich wurde jedoch das neue Baugebiet im Süden mit ca. 36 Grundstücken ausgewiesen.
Dieses neue Gebiet rundet den Ortsbereich zwar nicht direkt ab, bindet jedoch eine bisherige Splittersiedlung ein.

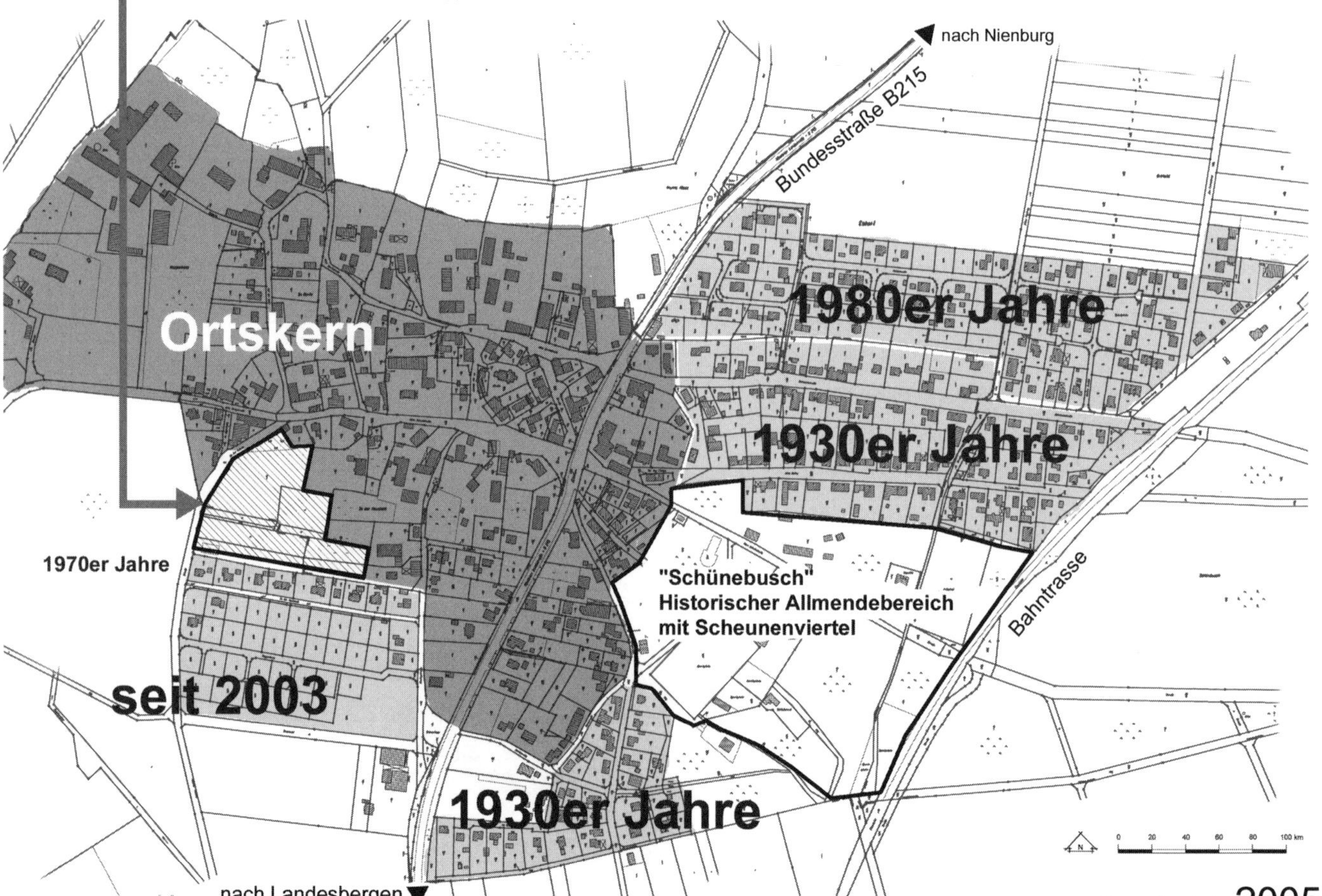

Abb. 168: Baugebiete in Estorf

Fallstudienbeispiel aus Sachsen-Anhalt – Reinstedt am Nordharzrand

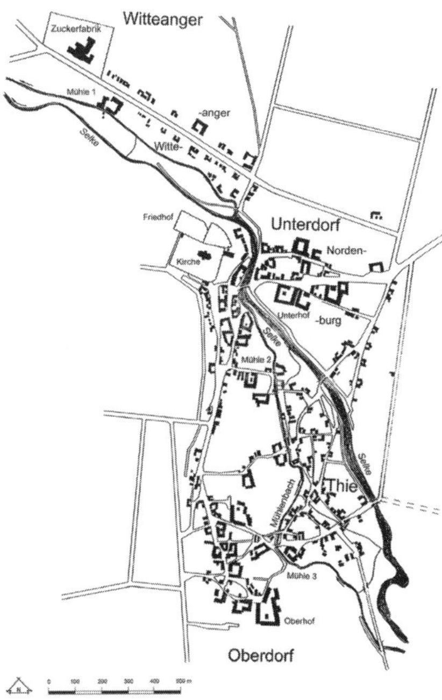

Reinstedt um 1870

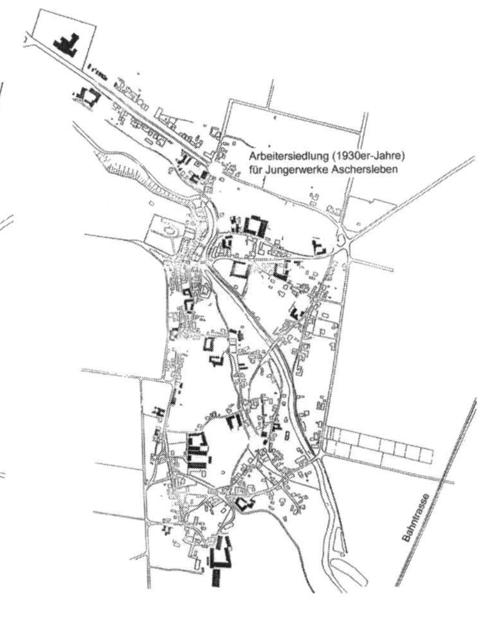

Reinstedt 1946 (vor der Bodenreform)

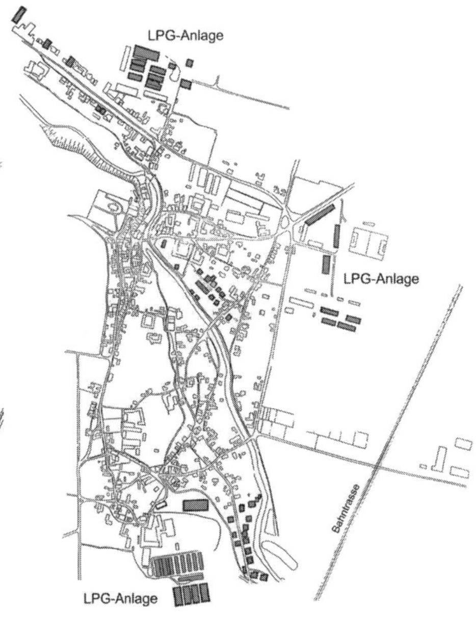

Reinstedt in den 1970er Jahren (Zeit der industriemäßigen Produktion)

Reinstedt bestand noch im Jahre 1870 aus mehreren Ortsteilen (Unterdorf, Witteanger, Oberdorf, Thie).
Diese Ortsbereiche sind bis heute nahezu unverändert erhalten geblieben. Die kleine Arbeiterkolonie der 1930er Jahre brachte dem Ort keine räumliche Ausdehung. Selbst in den Jahren der industriellen Agrarproduktion durch LPG- und VEG-Betriebe und den dazugehörigen Dienstleistungen veränderte sich Reinstedt von der siedlungsbaulichen Größe kaum. Lediglich die LPG-Bauten wurden im Ortsrand- bzw. im Außenbereich errichtet sowie einige innerörtliche Baulücken mit Wohngebäuden besetzt (graue Gebäude).
So ist das siedlungsbauliche Umfeld bis in die Mitte der 1990er Jahre nicht weiterentwickelt worden.

Während der Dorferneuerung wurde "kontraproduktiv" zu den Zielen der Ortskernsanierung ein Wohngebiet ausgewiesen, das von Bauwilligen in Kürze bebaut wurde.

Um die Ortslage Reinstedt im Norden wird seit etlichen Jahren Kies abgebaut. Diese Abgrabungsflächen sind heute zum einen durch große Industrie-/Gewerbegebiete ergänzt worden, wobei die bereits ausgekiesten Gebiete zu einer Kartbahn ausgebaut wurden. Das in diesem Plan nur in Teilen angedeutete Industriegebiet im Nord-Osten reicht heute bis an die in der Nähe vorbeiführende B6 und ist dort auch schon z. T. mit großen Hallen bebaut. Die Anbindung an die Bundesstraße ist inzwischen durch den Bau der neuen B6 ("Harzautobahn") im Norden noch verstärkt worden. Die das Gebiet querende Bahnlinie wird nicht mehr genutzt.

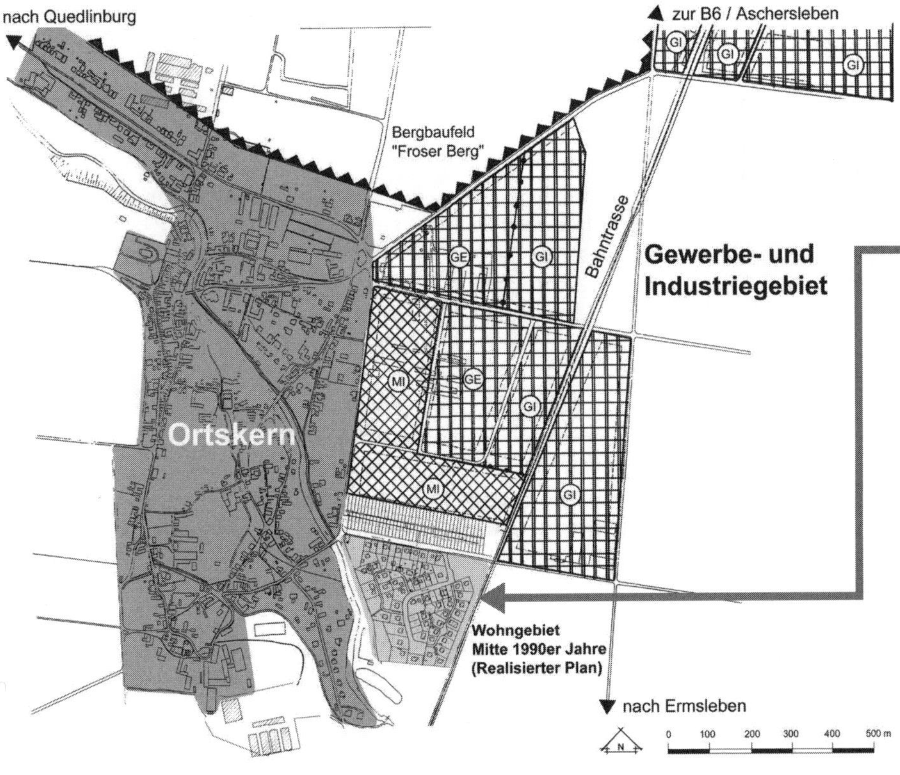

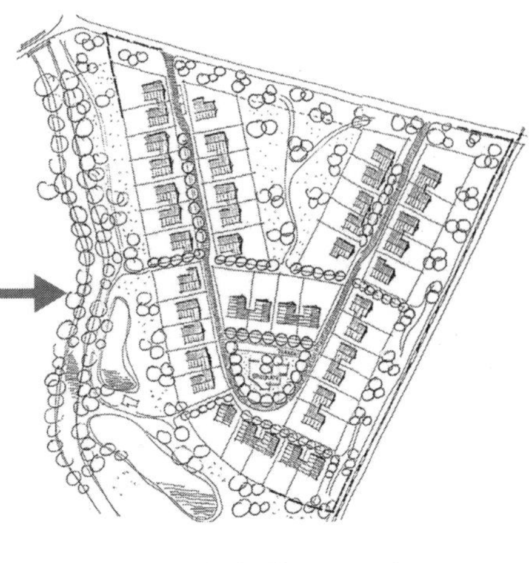

Das Neubaugebiet im Testentwurf zum DE-Plan unterscheidet sich erheblich von der Ausführung.

Der Testentwurf sah eine zeilenartige Bebauung an einer Ringstraße vor.
Im südlichen Bereich ist ein Gemeinschaftsplatz als Kinderspielfläche vorgesehen.
Dem Bestand des Altdorfes angepasst, ist der neue Ortsteil intensiv durchgrünt, eine Wegeverbindung führt an die den Ort prägende Selke.

Übersicht der Reinstedter Baugebiete 2004

Abb. 169: Bauliche Entwicklung eines Dorfes in Sachsen-Anhalt (Beispiel Reinstedt)

16.2.3 Allgemeine Beobachtungen

Die neuen Baugebiete der Fallstudien, in denen überwiegend junge Familien wohnen, bewirken eine deutliche Veränderung der bestehenden dörflichen Strukturen. Der Altersdurchschnitt des Dorfes wird zwar geringfügig verbessert, ein wirklich positiver Einfluss auf die dörfliche Gemeinschaft geht von diesen Siedlungen jedoch bisher selten aus. Nur wenige der neuen Bewohner integrieren sich in das dörfliche Leben, stattdessen wird eher der Rückzug ins eigene Heim praktiziert. Auch arbeitet man auswärts, kauft außerhalb des Dorfes ein und fährt lediglich nur zum Schlafen in den Ort zurück.
Das Ausweisen neuer Baugebiete ist daher nicht immer ein Garant für das Überleben von Angeboten in den Ortskernen (Beispiel Hattorf am Harz, Aschen, Wulften). Dank der Tatsache, dass es häufig preiswerter und unkomplizierter ist, ein neues Fertighaus auf der Wiese zu errichten statt ein altes Gebäude zu sanieren, werden wohl noch zahlreiche Gebäude in den Ortskernen leer bleiben und damit langfristig verfallen.

Aber es sind auch Trendwenden zu beobachten:
Während sich in manchen Orten der Abfluss der Jugendlichen aus dem Dorf in die Städte fortsetzt, vor allem während der Berufsausbildung und während des Studiums, kann in anderen bereits wieder ein Rückzug in das Dorf festgestellt werden. Ehemalige jüngere Bewohner, die Kinder und Enkel der Alteingesessenen, kehren zurück und wohnen entweder in Mehrgenerationenhaushalten (Kuppendorf, Holzhausen), oder sie errichten in freien Baulücken neue Wohngebäude. Anders als in zahlreichen Kreisstädten und Samtgemeinden, in denen Alten- und Pflegeheime geradezu „aus dem Boden schießen“ (z. B. Hattorf, Jerxheim, Kirchdorf), ist im Allgemeinen in den kleinen Dörfern kein oder kaum Bedarf nach solchen Einrichtungen vorhanden. Nach Aussage der befragten Bürger wohnen Eltern, Großeltern/Urgroßeltern und Kinder noch häufig zusammen. Erklärlich ist ein solches Wohnverhalten zum einen durch das große Gebäudeflächenangebot, zum anderen durch Traditionen gegenseitiger Hilfe und Unterstützung zwischen Familien sowie unter Nachbarn und Bekannten.

Seltener erwerben die aus der Stadt „heimkehrenden“ Familienmitglieder allerdings alte Gebäude um diese für ihre besonderen Bedürfnisse umzunutzen.

Aus den Befragungen konnten folgende „Umzugsrichtungen“ festgestellt werden:
Vom Dorf in die Stadt:
- im Bereich der Harzdörfer und des Dorfes Jerxheim.

Von der Stadt ins Dorf (Neubürger):
- in den Dörfern Watzum und Abbenrode.

Von der Stadt ins Dorf (ehem. Bewohner):
- in der Samtgemeinde Kirchdorf (außer Scharringhausen).

16.3 Zusammenfassung/Folgerungen

Am Beispiel des Instrumentes „Bauleitplanung“ als bewährtem Mittel zur Umsetzung kommunaler Entwicklungsziele in ländlichen Regionen wird die Schwierigkeit des Ausgleichs zwischen unterschiedlichsten gesellschaftlichen Interessen besonders deutlich:
- Aus kommunaler Sicht sind Baulandbevorratung und -ausweisung Mittel zur Verhinderung der Abwanderung vor allem jüngerer Bevölkerungsgruppen und zur Bindung von Zuwanderern, um sowohl Steuerkraft zu sichern als auch Infrastrukturen auszulasten;
- die Bauwilligen verfolgen im Allgemeinen persönliche Ziele wie preiswertes Bauland, ausreichende Grundstücksgrößen, freie Umgehbarkeit ihres Einfamilienhauses und eine uneingeschränkte Realisierbarkeit ihrer individuellen Gestaltungsvorstellungen;
- die Grundstücksbesitzer, überwiegend ehemalige Landwirte, sind an der extrem gewinnbringenden Umwidmung von ehemals landwirtschaftlichen Nutzflächen zu bebaubarem Wohn- oder Gewerbebauland interessiert und
- verantwortungsvolle Politiker, Ökologen, Städteplaner und Landschaftsplaner warnen vor dem weiteren rasanten Ausverkauf des Produktionsfaktors „Boden“ und verweisen auf die verfügbaren flächensparenden Ressourcen „Baulücken“ und „Altbaubestand“. Darüber hinaus bemühen sie sich um eine angemessene Ortsgestaltung.

Die Wirkung von allgemeinen Appellen auf einen wenn schon nicht ästhetischen, so doch flächensparenden Umgang mit dem Boden in Regionalen Raumordnungsprogrammen, im Niedersächsischen Landesraumordnungsprogramm, in Fachbeiträgen und auf Symposien ist bisher eher gering geblieben.

Wie die Ergebnisse der Fallstudienanalysen bestätigen, waren bisher nur wenige der Kommunen bereit, quantitative und qualitative Abstriche von der bisher geübten Praxis der Baulandausweisung zu machen. Da unter veränderten demografischen Voraussetzungen auch die Mehrzahl der Dorferneuerungsplanungen ihre diesbezügliche Aktualität eingebüßt haben und schon aus diesem Grund überarbeitet werden müssten, fehlen außer dem meist ebenfalls überholten Flächennutzungsplan ein verbindlicher Orientierungsrahmen für sinnvolle und planerische Perspektiven.
Die skizzierten Ergebnisse der Bürgerbefragung zur Thematik sind aus den genannten Gründen ebenfalls kaum überraschend. Es mehren sich allerdings die Hinweise auf eine veränderte Bewusstseinslage bei den Entscheidungsträgern im politischen Raum. In der zitierten Wohnbauland-Umfrage 2004 der niedersächsischen Landestreuhandstelle (Lit. 92) wird festgestellt, dass die Neuausweisungen von Bauland gegenüber der letzten Umfrage um rund ein Drittel zurückgegangen seien. Trotz eines ebenfalls nachweisbaren Rückgangs der Flächenreserven entsprechen diese in Niedersachsen immer noch dem Zwei- bis Dreifachen der jährlichen Neuausweisungen, wobei sich das Hauptangebot im Geltungsbereich von Bebauungsplänen befindet.
Bedenklich für den Flächenverbrauch ist allerdings die Tatsache, dass seit 1992 die Dichte-Option von 19 auf mittlerweile 15 Wohneinheiten je Hektar gefallen ist. Der zugenommene Anteil von Brachflächen sei jedoch nur bedingt, d. h. zu etwa 6 % als Bauland-Reserve geeignet.
Nur noch 10 % der niedersächsischen Kommunen erwarten eine starke Nachfrage nach Bauland für Wohnungen. Allerdings sei eine sehr uneinheitliche Reaktion der Kommunen auf die nachlassende Nachfrage feststellbar.
Dieses Ergebnis kann durch die Fallstudienanalyse nur bestätigt werden. Der LTS-Bericht schließt mit dem Hinweis, dass „in jedem Fall die quantitative und qualitative Nachfrage-Entwicklung die Kommunen vor erhebliche Herausforderungen stellen werde“.

Ausgehend von eindeutiger Prioritätensetzung für Naturerhaltung und Ressourceneinsparung, formuliert der Naturschutzbund Deutschland e. V. in seiner Schrift

„Living 2010 – Handeln für eine nachhaltige Siedlungspolitik“ (Lit. 82) konkrete Forderungen an die zukünftige Siedlungspolitik der Kommunen, die zumindest vom Prinzip her nur unterstützt werden können:

- Bis zum Januar 2010 soll der Landschaftsverbrauch von zurzeit 15 m² pro Sekunde (!) in Deutschland durch intelligente Flächennutzung auf 0 reduziert werden.
- In kompakten Siedlungen sollen Wohnen, Arbeiten, Freizeit und Versorgung mit hoher Lebensqualität vereint werden.
- Bestehende Siedlungen sollen durch Nachverdichtung und Umnutzung leer gefallener Altbausubstanz sinnvoll weiterentwickelt werden.
- In Bebauungsplänen sind daher „Reine“ und „Allgemeine“ Wohngebiete ersatzlos zu streichen und durch „Mischgebiete“, „Dorfgebiete“ oder „besondere Wohngebiete“ zu ersetzen.
- Besonders in dörflichen Gebieten sind unter intensiver Beteiligung der Bürger die Ortskerne behutsam anstelle von Baulandausweisungen nachzuverdichten.
- Der Beitrag der Bahn zur Verbesserung des ÖPNV soll durch Reaktivierung stillgelegter Strecken und durch Ausbau der bestehenden Bahnhöfe verstärkt werden.
- Durch eine Neuorientierung in der Steuer- und Förderpolitik kann der Flächenverbrauch ebenfalls eingeschränkt werden. „So kann die Reform der Grund- und Grunderwerbssteuer das Bauen und die Inanspruchnahme von Flächen innerhalb bestehender Siedlungen begünstigen“.
- Die bisherige Grunderwerbssteuer sollte durch eine Umsatzsteuer auf Baugrundstücke und Neubauten außerhalb der gewachsenen Siedlungsgrenzen ersetzt werden.
- Auch die schrittweise Abschaffung der Entfernungspauschale würde der drohenden weiteren Abwanderung und damit der Entwicklung von Schlafdörfern entgegenwirken.
  Prinzipiell sollten staatliche Vergünstigungen als direkte Finanzhilfen und Zulagen an die Innenentwicklung der Siedlungen gekoppelt werden.
  „Auch eine modifizierte Eingriffs-Ausgleichsbilanzierung ist zentrales Instrument der Landespolitik, um eine nachhaltige Siedlungsplanung zu ermöglichen. Hier gilt es, einheitliche Bewertungsmethoden, Mindestinhalte und Arbeitsschritte zu entwickeln.“
  „Anerkannt ist“, so Walter Louis in seinem Beitrag zur „Eingriffsregelung in der Bauleitplanung“, „dass Bebauungspläne keinen Eingriff nach § 7 des niedersächsischen Naturschutzgesetzes darstellen, da sie keine unmittelbare Änderung herbeiführen, sondern die Festsetzungen erst durch die nachträgliche Baugenehmigung realisiert werden. Wird ein Bebauungsplan hingegen unmittelbar verwirklicht, z. B. bei der Festsetzung einer Straße, stellt er selbst den Eingriff dar, so dass nach Abwägung der Zulässigkeit des Vorhabens gem. § 11 – NNatG Vermeidungs-, Ausgleichs- und Ersatzmaßnahmen im Plan festzusetzen sind. Durch den Bebauungsplan dürfen Interessenkonflikte nicht unbewältigt bleiben.“

Der für eine angemessene siedlungsbauliche Entwicklung in den Dorfbereichen und inzwischen auch in kleinstädtischen Zonen (Nienburg/Weser) erkennbare Konflikt geht wesentlich von den Wunschvorstellungen und Anforderungen der Bauherren selbst aus. Diese wirken bisher noch allen Vorschlägen für eine siedlungsgenetische, raumbildende, regionsbezogene planerische Variante im Sinne von Nachhaltigkeit und Angemessenheit entgegen.
Solange keine erzieherischen Hinweise in Schule und Elternhaus auf die Bedeutung von „Wohnen“ und „Siedeln“ für das Gemeinschaftsbewusstsein an Kinder und Jugendliche vermittelt werden, wird sich auch am Bild unserer Dorferweiterungen kaum etwas ändern.

Pauschal muss festgestellt werden, dass Bebauungspläne für das „Wohnen im ländlichen Raum“ zu Rechtsinstrumenten entwickelt wurden, die weniger den siedlungsbaulichen Zielen nach angemessener Ortsabrundung, Gestaltung und Flächeneinsparung, als vielmehr dem Wusch der Bauherren nach individueller Darstellung und Verwirklichung der ureigensten Vorstellungen und Wohnwünschen und dem wirtschaftlichen Interesse der veräußernden Landbesitzer entgegenkommen.

Innerhalb der additiv zugeordneten, meist rechteckigen Parzellen zwischen 600 und 1.000 m² sind, selbst in Baugebieten mit gestalterischen Mindestanforderungen, kaum mehr Rücksichtnahme auf die Kernsiedlung oder auf den Nachbarn erkennbar und erforderlich.
Bauen als Mittel der uneingeschränkten Selbstverwirklichung und -darstellung ist besonders in Norddeutschlands ländlichen Regionen quasi zum durchgesetzten und legalisierten Prinzip geworden.
Schaden genommen haben nicht nur das gewachsene Siedlungsbild und die Silhouetten vieler Neubausiedlungen, sondern auch siedlungsräumliche Restqualitäten der Ortskerne und das Bemühen um Wiederbelebung von Dorfgemeinschaft und Nachbarschaftshilfe.
Das Gestaltungsprinzip der „Wiederholung“, das für die historische Stadt und für das historische Dorf so prägend war und Stadtgesellschaft bzw. Dorfgemeinschaft widerspiegelte, ist endgültig mit der festen Absicht, die eigene Unverwechselbarkeit zu demonstrieren, aufgegeben worden (siehe auch Kapitel 13).

Dieser Prozess ist offensichtlich irreversibel, wird weder von der Allgemeinheit, noch von der Architektenschaft kritisch genug begleitet und bräuchte daher nicht beklagt zu werden, wenn nicht durch die negativen Ergebnisse dieser Siedlungspolitik die Diskrepanz zwischen den mit Steuergeldern durchgeführten Sanierungs- und Modernisierungsmaßnahmen in den Ortskernen und den funktional sowie gestalterisch nicht integrierbaren Neubausiedlungen so auffällig wäre.

Mit Ausnahme von Elbingerode (siehe Abb. 170), wo mit erheblichem planerischen Aufwand zumindest der Versuch einer angemessenen, integrationsfähigen Neubausiedlung unternommen wurde, der allerdings wegen fehlender Planer – Bauherrenbindung nicht vollständig umsetzbar war, gibt es in keinem der Fallstudiendörfer auch nur einen ansatzweisen Beleg für eine siedlungsgenetische Bauleitplanung, in der typische Merkmale und Elemente der gewachsenen Siedlungsform – sei es des Reihen-, des Platz- oder des häufigen Haufendorfes, in der baulichen Erweiterung interpretiert und als Grundlage für eine Raumbildung entwickelt wären. Vergleichbare ausgeführte positive Beiträge aus Süddeutschland (Bayern und Baden-Württemberg) liegen zwar vor, wurden jedoch bisher nicht zur Kenntnis genommen.

Ein Beispiel für gelenkte und einigermaßen disziplinierte Bebauungsplanung stellt das Dorf Abbenrode dar, dessen

Silhouette am Nordhang des Elm gelegen in der 30-jährigen Planungs- und Durchführungsphase entsprechend den früh formulierten Sanierungszielen von störender Einfamilienhausbebauung im Wesentlichen verschont bleiben konnte, obwohl während der Sanierungsphase weitere Wohnbauflächen ausgewiesen wurden.
Da der Siedlungsdruck in den kleineren Dörfern (Wohlenhausen, Ührde, Watzum) im Allgemeinen geringer und der Einfluss der Bewohner auf die Siedlungsentwicklung infolge engerer Kontakte zu den Entscheidungsträgern im Rat verständlicherweise größer ist, haben diese Dörfer ihre ursprüngliche Form und ihre topografischen Merkmale noch nicht einbüßen müssen.

Das Instrument der Bauleitplanung ist für den Ortskern – mit der Ausnahme der über das Städtebauförderungsgesetz sanierten Dörfer Lübeln und Abbenrode bisher noch nicht genutzt worden, um den Bestand zu schützen. Die „Umschnürung" gewachsener Siedlungskerne durch Neubaugebiete hat die Silhouetten mancher Ortskerne bis zur Unkenntlichkeit zerstört. Der Zusammenhang zwischen den Auflösungs- und Zuwanderungsprozessen ist unübersehbar und auch eine Frage der derzeitigen gesellschaftlichen und politischen Wertsetzungen.
Die aus streng wissenschaftlicher Sicht des Siedlungsgeografen (Born, Lit. 9) schon vor Jahrzehnten nachweisbaren „Auflösungs- und Verfallstadien" der Dörfer werden so mit dem Rechtsinstrument der Bauleitplanung noch festgeschrieben.

Die Bemühungen, über den Wettbewerb „Unser Dorf hat Zukunft" den beschriebenen Prozess aufzuhalten bzw. in die Praxis der dörflichen, ländlichen Bauleitplanung einzugreifen, sind wertvoll, jedoch bisher ohne besondere Nachwirkungen auf den ländlichen Raum geblieben. Erfolge des Wettbewerbs im sozialen Bereich und in der Aktivierung des Gemeinschaftsbewusstseins sind andererseits sehr wohl zu belegen – so in Abbenrode, das sich 2004 unter den drei ausgezeichneten Dörfern auf Landesebene und unter den 26 Gewinnern auf Bundesebene befand (Bronzeplakette).
Planungswettbewerbe mit hoch- und siedlungsbaulicher Zielsetzung finden in ländlichen Regionen dagegen praktisch nicht mehr statt. Fehlende Wettbewerbsausschreibungen in Verbindung mit der bestehenden eingeschränkten Einflussnahme sind einer der Gründe für das seit Jahrzehnten beklagte gestalterische Defizit im ländlichen Raum.
Die dargestellten Abhängigkeiten zwischen Landbesitzern (Landwirten), Ratsherren und an der baulichen Entwicklung interessierten Unternehmerlobbies sowie eine Bauherrenschaft, deren vordringliches Interesse auf den preiswerten Erwerb von Bauland und die absolute Gestaltungsfreiheit gerichtet ist, sind darüber hinaus wesentliche weitere Gründe für eine siedlungsbauliche Entwicklung, die sowohl in den alten als auch in den neuen Bundesländern Norddeutschlands zur vorliegenden Situation geführt haben.

Erst ein allgemeiner gesellschaftlicher Bewusstseinswandel mit neuer Gewichtung der aufgezeigten Alternativen kann mittel- und langfristig durchgreifende Änderungen bewirken.
Aufschlussreich im thematischen Zusammenhang ist die Reaktion der Landesregierung Niedersachsen im Rahmen der Beantwortung einer in der sog. „Roten Mappe" des Niedersächsischen Heimatbundes (NHB) im Jahr 2004 gestellten Frage in der sog. „Weißen Mappe" der Landesregierung.
Unter der Nr. 106/04 und dem Stichwort „Zersiedelung im Umfeld der Dörfer" werden vom NHB die negativen Begleiterscheinungen, die mit dem Auszug der Höfe aus den Dörfern verbunden sind, kritisch hinterfragt.
Insbesondere werden auf die Folgen der Zersiedelung durch Neubautätigkeiten in stadtnahen Dörfern und durch die Aussiedlung von agroindustriellen Großanlagen (Stall- und Landtechnikgebäude) in die Landschaft hingewiesen und Fragen nach Aufklärungs- und Bewusstseinsbildungsinitiativen durch die Landesregierung gestellt.
Wegen der Bedeutung des Beitrages für die Dorferneuerung, was noch durch Hinweis auf die neuen Förderrichtlinien (ZILE) unterstrichen werden kann, folgt die Antwort der Landesregierung in ungekürzter Form.

Antwort der Landesregierung auf das Problem der „Zersiedelung im Umfeld der Dörfer":

„Das in dem Beitrag angesprochene Problem ist der Landesregierung bekannt: Ursachen sind der Strukturwandel in der Landwirtschaft einerseits und der Drang der Städter ins Dorf mit seiner vermeintlichen Idylle andererseits.

Es bleibt aber auch festzustellen, dass das beklagte Phänomen mit der Entfernung zu den Ballungszentren abnimmt. In vielen ländlichen Regionen wie z. B. im Regierungsbezirk Weser-Ems ist die Landwirtschaft nach wie vor ein prägender Faktor für das Leben und Arbeiten in den Dörfern. Dieser Ist-Zustand wird dort regelmäßig in den Dorferneuerungsplanungen abgebildet. Die nachgeordneten staatlichen Behörden können mit den bereits vorhandenen Instrumenten diese prognostizierten Entwicklungen allenfalls „abfedern", nicht aber aufhalten oder umsteuern:

- *Die Dorferneuerungsplanung ist z. B. geeignet aufzuzeigen, welche Entwicklungschancen die noch vorhandenen landwirtschaftlichen Betriebe in den Dörfern unter welchen Voraussetzungen haben. Sie kann darüber hinaus auch die Grenzen des örtlichen Siedlungswachstums bzw. seine Richtung aufzeigen.*
- *Die Flurbereinigung kann ggf. Aussiedlungsvorhaben lenken und helfen, die Lage der neuen Baulichkeiten „raumschonend" zu wählen.*
- *Mit dem Förderprogramm ETLR („Entwicklung typischer Landschaften und ländlicher Räume") kann der anstehende Funktionswandel der Dörfer unterstützt und seine Folgen abgemildert werden.*

Die in der Roten Mappe dargestellte Entwicklung im ländlichen Raum beschränkt sich nicht nur auf Niedersachsen, sondern trifft bundesweit zu. Aus diesem Grunde wurde im Rahmen der Überarbeitung des Rahmenplanes 2004 – 2007 zur Gemeinschaftsaufgabe „Verbesserung der Agrarstruktur und des Küstenschutzes" (GAK) das Instrument der integrierten ländlichen Entwicklungskonzepte (ILEK) eingeführt, um unter Einbeziehung der ländlichen Bevölkerung die Konfliktpotentiale zu benennen, zu diskutieren und Lösungsvorschläge integriert zu erarbeiten.

Dieses wird zukünftig ein weiteres, maßgebliches Instrument zur Steuerung von Entwicklungen im ländlichen Raum durch die Landesregierung sein. Gleichwohl wird parallel dazu ein Strukturwandel aufgrund des freien Marktes stattfinden."

Der Strukturwandel über den freien Markt wird demnach offensichtlich eher fatalistisch hingenommen.
Offen bleibt allerdings auch, welche Steuerungsinstrumente außerhalb der Dorferneuerungspraxis den Gemeinden bleiben, die zurzeit nicht in das Dorferneuerungsprogramm des Landes aufgenommen sind – und das ist bekanntlich die Mehrzahl.

DORFENTWICKLUNG NACH SIEDLUNGSGENETISCHEN GESICHTSPUNKTEN

Siedlungsgenetische Dorfentwicklung: Beispiel eines Haufendorfes – Elbingerode im Südharz

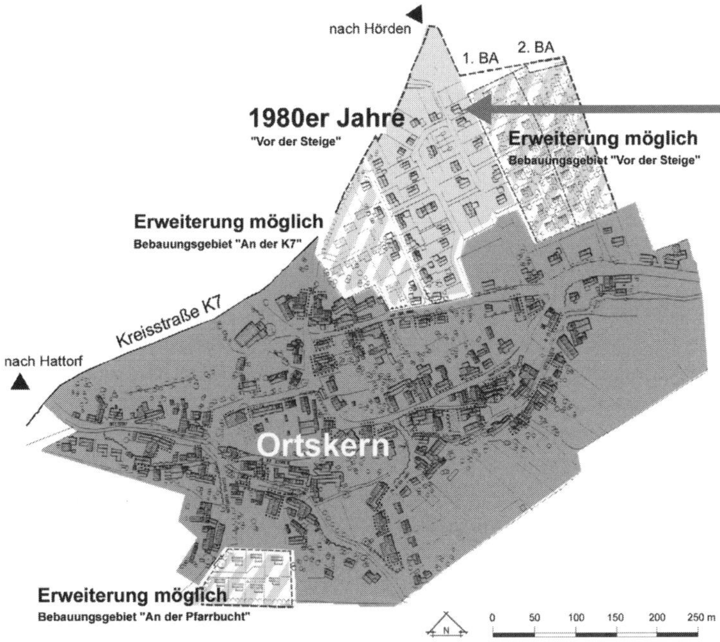

Übersicht der Elbingeroder Baugebiete

Als Beispiel des Versuchs einer siedlungsgenetischen Bauleitplanung wird das kleine Haufendorf Elbingerode im Südharz vorgestellt.

Vorausetzung für eine dorfgerechte Bauleitplanung ist jedoch, dass sowohl Baugebietsplanung als auch die Planung der Gebäude (Grundrisse, Materialvorgaben etc.) in einer Planerhand verbleiben.

Das Baugebiet "Vor der Steige" wurde bereits in der 1. Phase der Dorferneuerung Elbingerode ausgewiesen.
Leider konnten die gezeigten Planungen nicht im Detail in dieser Form umgesetzt werden.
Dennoch wurden einige ortsangemessene Neubauten, auch in Baulücken, erstellt (siehe Abb. 420 – 422).

Die in der überarbeiteten Fassung des DE-Planes von 2003 vorgenommenen Baugebietsplanungen an drei Standorten dienen lediglich einer behutsamen Ortsabrundung.

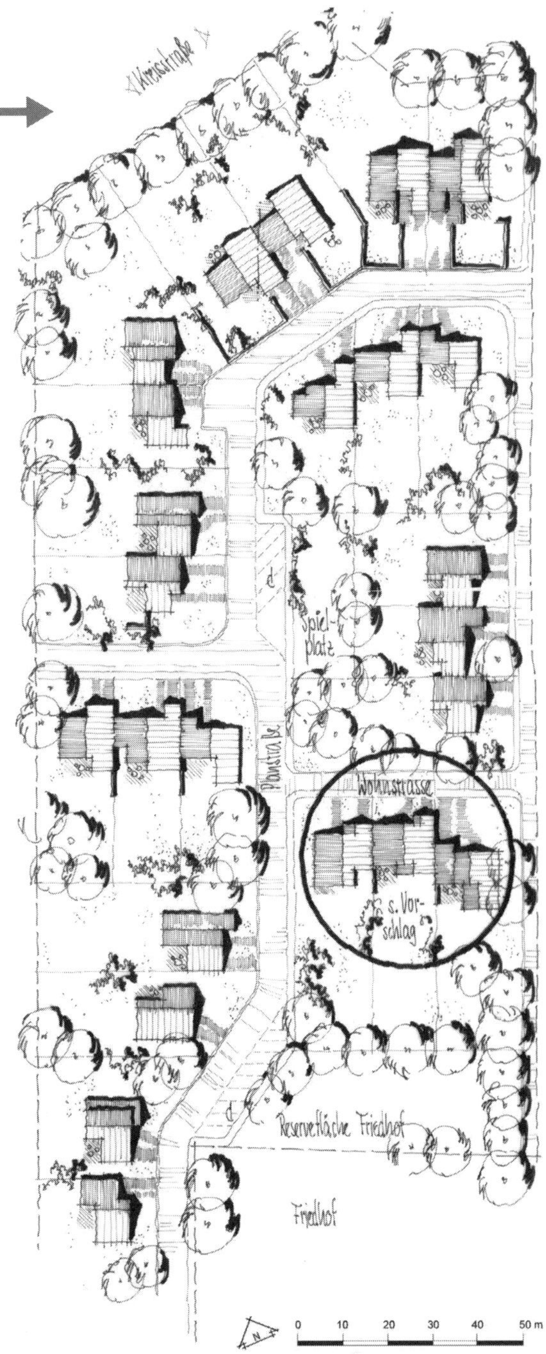

Lageplan, Bebauungsentwurf "Vor der Steige" (1980er Jahre)

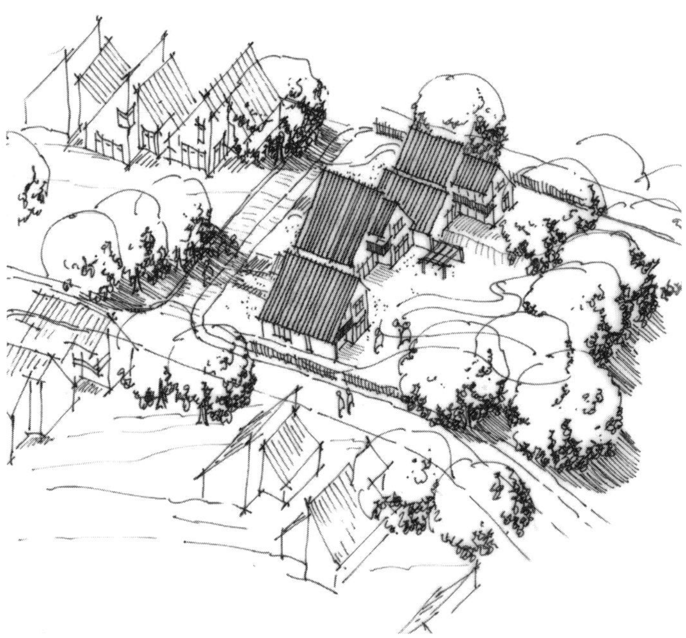

Perspektivische Ansicht, Bebauungsentwurf Hausgruppe

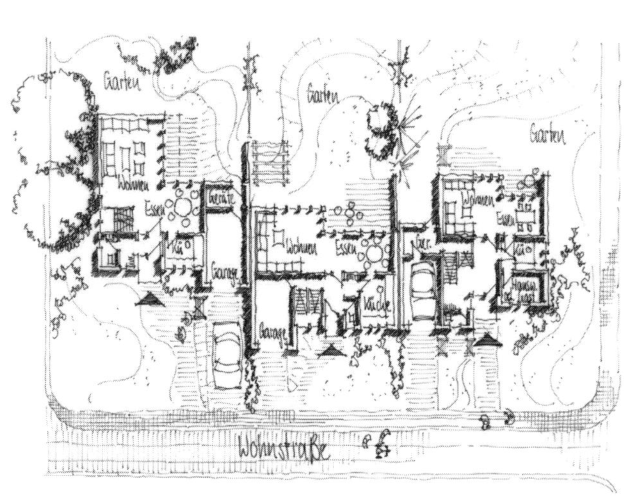

Erdgeschossgrundriss der Hausgruppe

Abb. 170: Siedlungsgenetische Dorfentwicklung am Beispiel eines Haufendorfes

Beispiel siedlungsgenetischer Dorfentwicklung: Angerdorf

Die Angerdörfer in Sachsen-Anhalt sind durch zentrale Straßenraumplätze mit annähernd geschlossener Bauweise der Raum begrenzenden Mehrseithofanlagen gekennzeichnet.
Im Lauf der Zeit sind durch den langjährigen Reparaturstau und einem folgenden Abbruch einiger Gebäude Baulücken entstanden, die nicht wieder gefüllt wurden. Die gezeigten Entwürfe zeigen sowohl die Füllung dieser Lücken, als auch Erweiterungsvorschläge für Angerdörfer.

Der Vorschlag einer siedlungsgenetischen Erweiterung stellt den Versuch dar, die Hofform unter Vermeidung der Nachteile der historischen Grenzbebauungen wieder in lockerer Form aufzunehmen.

Als Beispiel eines Angerdorfes wird hier Binde gezeigt, in dem sich die genannten Möglichkeiten von Erweiterung und Baulückenfüllung anbieten.

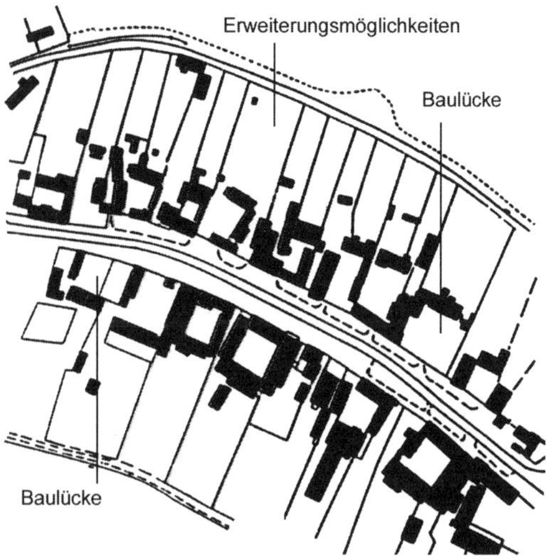

Lageplanausschnitt Binde

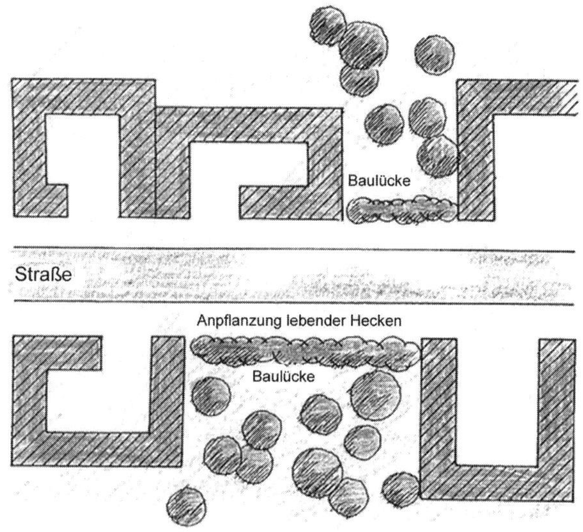

Baulückenfüllung durch Freiflächengestaltung

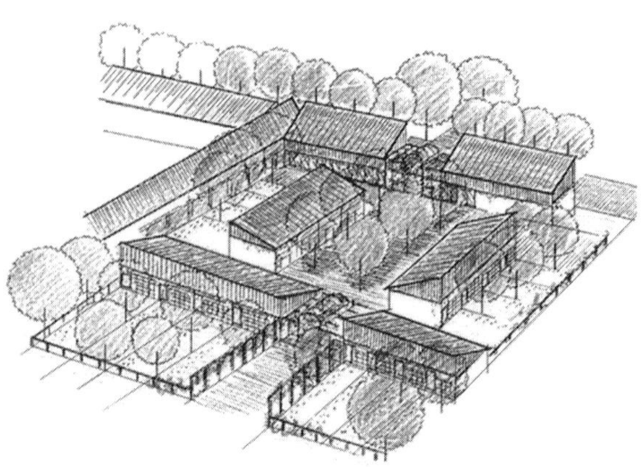

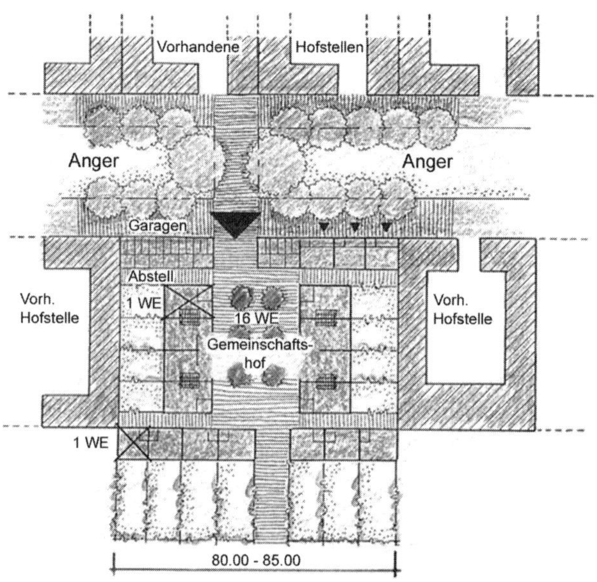

Baulückenfüllung durch die historischen Formen aufnehmende Bebauung

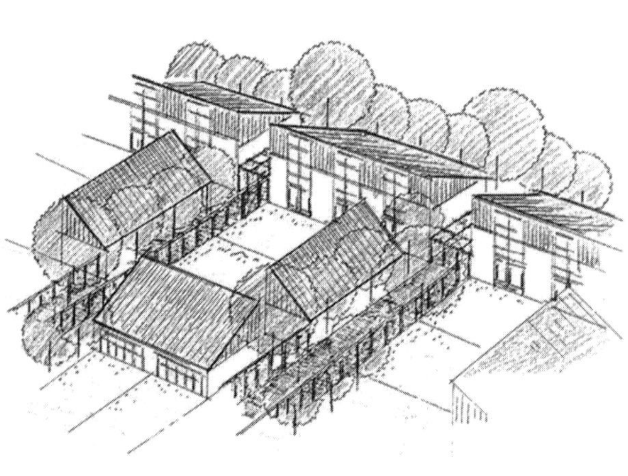

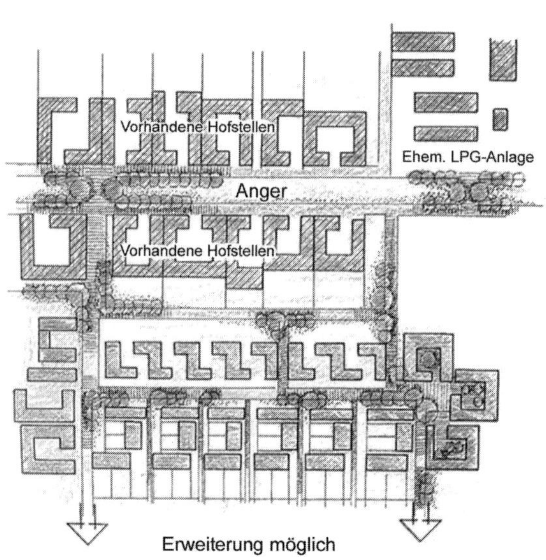

Erweiterungsmöglichkeiten im Angerdorf

Abb. 171: Siedlungsgenetische Dorfentwicklung am Beispiel eines Angerdorfes

Beispiel siedlungsgenetischer Dorfentwicklung: Rundlingsdorf

Siedlungsbestand Klein- und Groß-Trebel

Siedlungsentwicklung Klein- und Groß-Trebel

Die sehr zersplittert liegenden weilerartigen Rundlingsplätze des Ortes Trebel bei Lüchow sind durch die siedlungsbaulichen Entwicklungen kaum noch zu erkennen.

Der siedlungsgenetische Entwurf sieht die Erweiterung nach historischem Vorbild in einer Gruppierung neuer Gebäude um die Plätze vor. Die Einbindung der Neubauten durch ortstypische Gehölze sollte mit eingeplant sein.

Gleiches gilt auch für die "klassischen" Rundlingsdörfer mit den zentralen Dorfplätzen. Diese sollten durch Vorschläge für eine Randbedauung wiederhergestellt werden.

LEGENDE

- Raum bildende bestehende Gebäude
- Raum bildende neue Gebäude
- Bestehende Gebäude ohne Siedlungs- und Raumbezug
- von Gebäuden gefasster Platz-/ Strassenraum
- Raum bildende Pflanzungen

QUELLE: Erich Kulke, Wendlanddörfer - Erhaltenswerte Siedlungsstrukturen in Niedersachsen (Lit. 66)

Abb. 172: Siedlungsgenetische Dorfentwicklung im Rundlingsdorf

17 ALTERSSPEZIFISCHE WOHNFORMEN IM DORF

17.1 Einführung

Als Folge der demografischen Entwicklung, insbesondere in den strukturschwachen ländlichen Regionen Niedersachsens mit einer Zunahme des Anteils der über 60-Jährigen bis 2030 auf über 35 % und der Single-Haushalte auf etwa 1/3 aller Haushalte, stellen sich zwingende Fragen nach den zukünftigen Wohn- und Lebensformen älterer Menschen im dörflichen Umfeld.
Wichtige Hinweise werden bereits in der Veröffentlichung „Handreichung seniorenfreundliche Dorfentwicklung – Modelldörfer und Praxisbeispiele“ aus dem Jahr 1997 (Lit. 85) geboten.
Als Ergebnisse eines 2-jährigen Modellprojektes von 1995 – 1997 in drei niedersächsischen Modelldörfern wurde festgestellt, dass vor 10 Jahren noch 97 % der über 60-Jährigen in Privathaushalten lebten, davon etwa 1/3 in 1-Personen-Haushalten. Die Bedeutung der Wohnungsausstattung und -qualität in dieser Altersgruppe wird nachvollziehbar, wenn man berücksichtigt, dass die Aufenthaltsdauer in der Wohnung 80 % des Tages ausmacht.
Sie bietet nicht nur Sicherheit und Schutz, sondern garantiert Beständigkeit, Vertrautheit und Privatheit. Zugleich ist sie Kommunikations- und Repräsentationsraum und damit Ort der Selbstbestimmung und Eigenbestimmung in der Lebensführung und -gestaltung.
Veränderungen sind daher verständlicherweise eher unerwünscht.
Als geeignete und praxiserprobte Wohnformen werden genannt:

- barrierefreies Wohnen (nach DIN 18025)
- betreutes Wohnen (am alten Standort mit Pflegeleistungen auf Abruf)
- Tagespflegezentrum (außerhalb „Pflege“, daheim „Wohnen“)
- Pflegefamilien (Ein-, Mehrbettzimmer, Appartements)
- Wohnen im landwirtschaftlichen Betrieb / Familie.

In den Dörfern des „Aller-Leinetal-Projektes“ mit den Fallstudien Häuslingen und Eilte werden in der Samtgemeinde Schwarmstedt bereits zahlreiche Aktivitäten für Senioren unterbreitet, so Handarbeitskreis, VHS, Sozialstation, DRK-Station, Johanniter- Unfallhilfe, Kulturarbeitskreis, Schulmuseum, Heimatarchiv, Bücherei, Chorarbeit, Seniorentreff. In den 12 begleitenden Dorferneuerungsvorhaben des „Aller-Leinetal-Projektes“ werden eine „seniorengerechte Dorfentwicklungsplanung“ sowie der Bau und Betrieb eines Servicezentrums für Senioren mit Tages- und Kurzzeitpflegemöglichkeiten, mit einer Begegnungsstätte und vermietbaren seniorengerechten Wohnungen angeboten.
Aus den Erfahrungen mit ausgewählten seniorenfreundlichen Modellvorhaben im Rahmen der begleitenden Dorferneuerungen (Altenesch, Bardowick, Lemwerder) werden folgende planungs- und baurelevanten Forderungen abgeleitet:

- Schaffung von Dorfplätzen als Treffpunkt mit entsprechender Aufenthaltsqualität Schaffung von Querungshilfen bei Durchgangsstraßen
- Schaffung von Rad-, Wanderwegenetzen
- Schaffung von speziellen seniorenbezogenen Infrastrukturangeboten wie Sozialstationen oder mobilen sozialen Diensten, Altenbetreuungseinrichtungen spezieller Träger (Kirche, DRK u. a.)
- seniorenfreundliche Gestaltung von Haltestellen des ÖPNV sowie Anrufsammeltaxis
- Sicherung und Ausbau der vorhandenen soziokulturellen Dienstleistungseinrichtungen für die ehrenamtliche Aktivitäten und offene Seniorentreffs
- Förderung und Ausbau aller Formen von Nachbarschafts- und Familienhilfen im ländlichen Raum
- Förderung von Nachbarschaftsläden mit besonderen Angeboten für Seniorentreffs.

In den einzelnen Kapiteln dieser Nachuntersuchung wird dezidiert auf die angesprochenen Teilziele eingegangen.
Der Aufgabenkatalog beinhaltet darüber hinaus mögliche Synergieeffekte für andere Nutzergruppen, z. B. Behinderte, Kinder und Jugendliche.
Auch im Förderangebot der neuen Förderrichtlinien (ZILE, 02.05.2005) für ländliche Räume sind einzelne relevante Fördertatbestände enthalten (Nachbarschaftsladen, Telekommunikationsläden, ländliche Dienstleistungsagenturen).
Inwieweit die Teilforderungen umgesetzt werden können, ist abhängig von den Gründungsideen und der Leistungsbereitschaft der privaten Träger.

17.2 Fallstudienanalyse

Die Frage nach altersspezifischen Wohnformen im ländlichen Raum lassen sich nur vor dem Hintergrund der aktuellen Daten zur Bevölkerungsentwicklung und zum Altersaufbau beantworten, auf die im Kapitel 19 näher eingegangen wird.

Etwa die Hälfte (47 %) der untersuchten Fallstudiendörfer weisen bereits Bevölkerungsverluste seit Beginn der Dorferneuerung in unterschiedlicher Intensität und regionaler Zuordnung auf. Die Werte liegen zwischen –1 % (Aschen) und –21,59 % (Eilte).
Besonders betroffen sind die Dorfregionen Aller-Leinetal (–10,47 %), Brauschweiger Börde (–7,67 %), Süntel (–2,18 %) und die Geest-/ Moorregion (–0,71 %).
Die letztgenannte Region weist mit 20,54 % über 65-Jähriger den höchsten Anteil von Senioren auf, gemeinsam mit den Untersuchungsdörfern des Wendlandes (20,50 %).
Die günstigste Altersstruktur besitzen zurzeit die Nienburger Wesermarschdörfer mit 13,19 % über 65-Jähriger, eine Folge der überdurchschnittlich hohen Zuwanderquoten jüngerer ausländischer Haushalte.
Ein Handlungsbedarf im Sinne des im Teil 1 dieses Kapitels formulierten Anforderungskataloges scheint in allen untersuchten Dörfern gegeben, in denen mehr als 20 % über 65-Jähriger leben. Über dem niedersächsischen Landesdurchschnitt von 18,25 % liegen die durch die Untersuchung betroffenen Landkreise Osterode am Harz (23,39 %), Lüchow-Dannenberg (22,47 %) und Hameln-Pyrmont (21,77 %).

9 (28 %) der untersuchten Dörfer Niedersachsens, darunter besonders Jerxheim und Schnega mit Anteilen der über 65-Jährigen von je 23 % sowie Woltringhausen (23,43 %), Kuppendorf (25 %), Scharringhausen und Wehrbleck (je 22 %) gehören zu den Orten, deren demografische Gesamtbilanz (Bevölkerungsentwicklung und Altersstruktur) bereits negativ ist.

Seniorengerechte Wohnangebote in den Fallstudiendörfern						
	Jerxheim	**Haßbergen**	**Hattorf am Harz**	**Wagenfeld**		**Woltringhausen**
Name der Einrichtung	Haus am Heeseberg	Alten-, Pflege- und Seniorenheim am Osterfeld	Stiemerling Seniorenresidenz	Meritus Seniorenzentrum	Haus Wiesengrund	Alten- und Pflegeheim Landhaus
Anzahl der Pflegeplätze	106	24	221	54	24	26
Herkunft der Bewohner	Jerxheim und nähere Umgebung	vorwiegend Haßbergen, nähere Umgebung	Hattorf, Umgebung (und überregional)	Wagenfeld und nähere Umgebung	nähere Umgebung	überregional (H, HB)
Trägerschaft	private GmbH	privat	eingetragener Verein	privat	privat	privat
Art des betreuten Wohnens	—	Erweiterung im Bereich der Selbstversorgung vorgesehen	64 Wohnungen (Selbstversorgung)	18 Wohnungen (Selbstversorgung)	—	—
Öffentliche Veranstaltungen	z. B. Feste	z. B. Andachten der Kirche	öffentl. Café, Seniorentreffpunkt	z. B. Feste	—	z. B. Feste
Sondereinrichtungen	—	—	Bäderabteilung (verpachtet), Krankengymnastik, Musikschule	—	—	Betreuung alkoholkranker Personen
Ärztliche und pflegerische Betreuung	Die Betreuung erfolgt durch die Fachkräfte des Hauses. Die ärztliche Versorgung wird durch selbst gewählte Ärzte des Ortes/der näheren Umgebung übernommen.					

Abb. 173: Seniorengerechte Wohnangebote in den Fallstudiendörfern

Abb. 174: Seniorenheim in Hattorf am Harz

Abb. 175: Seniorenheim in Haßbergen

Die Frage nach dem Vorhandensein von Wohnangeboten für Senioren wurde lediglich von 23 % der befragten Gemeinden bejaht. In der von den negativen Folgen der demografischen Entwicklung besonders betroffenen Dorfregion Geest-/Moorregion hat bereits in 44 % der Dörfer eine Reaktion durch entsprechende Ausweisungen von Altenheimen und/oder Seniorentreffpunkten stattgefunden (Wagenfeld, Wehrbleck, Varrel und Woltringhausen).
Die Frage nach der Integration von Senioren und älteren Bürgern in das örtliche Vereinswesen wird aus kommunaler Sicht in Niedersachsen mit nur 8 % als „stark“, mit 10 % als „gering“ und dem Rest als „normal“ bezeichnet.

Eine vergleichbare Situation in den untersuchten Dörfern Sachsen-Anhalts wird durch die Befragung bestätigt: lediglich in einem Dorf (Großjena) wird eine „starke Integration“ festgestellt.

Die Bewohner der niedersächsischen Untersuchungsdörfer beurteilen das dörfliche Angebot an Einrichtungen für ältere Menschen (über 65 Jahre) mit: 60 % als „gut und ausreichend“, 25 % als „mäßig“ und 9 % als „schlecht“.

Besonders zufrieden zeigten sich die Bewohner des Dorfes Beber (91 %), in dem das neue Begegnungszentrum

„Jung und Alt" die wichtigste Kommunikationsstätte ist sowie in den Dörfern der Braunschweiger Börderegion (89 %). Am Negativsten fiel die Beurteilung in den Wendlanddörfern mit 46 % „mäßig bis schlecht" aus, was nicht zuletzt auch als Folge des Schließens des Dorfgemeinschaftshauses in Lübeln gewertet werden darf.

Auch ausgewählte „Experten" als Kenner ihrer Dörfer äußerten sich zu der Frage, ob sie Probleme für ihr Dorf als Folge einer negativen Bevölkerungsentwicklung, einer hohen Altersstruktur oder der verstärkten Zuwanderung sehen würden. Neben ca. 42 % der Befragten, die keinerlei Probleme erkannten, sahen ein Drittel „spezifische" oder in einem Fall sogar „extreme" Probleme aufgrund folgender Gründe (Stichworte):

- fehlende Arbeitsplätze
- Vereinen fehlt Nachwuchs
- fehlende Gewerbeansiedlungen
- Integrationsprobleme
- Leerstand
- fehlende Einkaufsmöglichkeiten u. a.
- (geplanter Windpark, und dadurch vermutete weitere Bevölkerungsabwanderung).

17.3) Folgerungen/Konsequenzen

Nachdem das über Jahrhunderte bewährte Modell des Drei- oder Mehrgenerationenwohnens in den Dörfern aufgrund des Strukturwandels in der Landwirtschaft und des allgemeinen Bewusstseinswandels auch in der dörflichen Gemeinschaft erheblich an Bedeutung eingebüßt hat, müssen sich nun die Dorfsenioren unter den vorgestellten Alternativen für ihre ganz persönliche Zukunftsgestaltung entscheiden.

Als beispielhaft können einige Dörfer der Kirchdorfer Geest-/ Moorregion gelten, in denen sich – durch die Befragung bestätigt – noch zahlreiche Mehrgenerationenhaushalte mit 5-6 Personen befinden.
Ein in den 1980er Jahren gestarteter Versuch des damaligen Bundesgesundheits- und -sozialministeriums der Regierung Helmut Kohl unter den Ministern Norbert Blühm und Rita Süßmuth, sowohl über einen bundesweiten Wettbewerb als auch über angekündigte Fördermittel in Höhe von 25.000 € für jede von einer jungen Bauherrenfamilie zusätzlich realisierte Altenteilerwohnung, die Integration von Senioren (Eltern, Schwiegereltern, Großeltern) zu fördern bzw. zu initiieren, ist seinerzeit gescheitert. Der Autor kann sich noch sehr wohl an die Reaktionen seiner Architekturstudenten bei Ankündigung der Wettbewerbsausschreibung erinnern. Die Ablehnung zur Teilnahme und damit der Möglichkeit über eine interessante Semesterübung die Anerkennung im Studienfach „Siedlungssoziologie" zu erwirken, erfolgte seinerzeit mehr emotional als rational. Die Studierenden waren nach eigener Aussage glücklich, „den Familienbanden mit Eltern, Großeltern und Verwandten zumindest während der Studienzeit entkommen" zu sein und konnten bzw. wollten es sich nicht vorstellen, bei späterer Familien- und Hausgründung die eigenen Eltern als Großeltern ihrer Kinder in der Nachbarschaft ihres neuen Heimes einzubinden. Etwa die Hälfte der 30 Studierenden kam damals aus ländlichen Regionen!

Tatsächlich böte aber gerade das Modell einer neuen Form des Mehrgenerationenwohnens gerade im ländlichen Raum die Chance, siedlungs- und hochbauliche, funktionale, soziale und wirtschaftliche Aspekte und Anforderungen miteinander zu verbinden:

- Die siedlungsbaulich integrierten, aber in angemessenem Abstand eigenständig wohnenden Senioren könnten kleinere Aufgaben im Haus- und Gartenbereich, in der Betreuung der Enkel und in sonstigen Formen der Nachbarschaftshilfe übernehmen.
- Die funktionale und baukörperliche Einbindung der flächen- und raummäßig kleineren Wohneinheiten der Senioren böte Möglichkeiten der gestalterischen Differenzierung der Neubaugebiete und der Freiflächen.
- Insbesondere die leer stehenden, großvolumigen dörflichen Altbauten scheinen für den Ausbau von Haupt- und Nebenwohnungen im Rahmen einer Umnutzung geeignet.
- Mit dem Prinzip des Mehrgenerationenwohnens würde eine Nachfolgeregelung der historischen Hofgemeinschaft in moderner Form wieder eingeführt und stützte damit die besonderen dörflichen Lebensformen und Traditionen.
- Nicht zuletzt böte die Nähe zwischen der Groß- und der Seniorenfamilie die Möglichkeiten zu gegenseitiger Pflege- und Hilfsleistung.
- Eine Betreuung der benachbarten Eltern und Großeltern könnte durch ein oder mehrere Mitglieder der Hauptfamilie und umgekehrt wahrgenommen werden.
  Damit würde ein volkswirtschaftlicher Nutzen mit dem Vorteil der gesicherten Standortbindung für die älteren Dorfbewohner verbunden werden können.
- Die zunehmende Bindungslosigkeit zwischen den Generationen, die wachsende Versingelung der Gesellschaft und die damit zusammenhängenden zahlreichen psychosomatischen Störungen bis hin zur Zunahme von Depressionen könnten vermutlich mit einem Modell des Mehrgenerationenwohnens wirksam bekämpft werden.
  So gesehen könnte über das skizzierte Integrationsmodell auch die Qualität von „Dorfgemeinschaft" und „Nachbarschaft" neu definiert, vielleicht auch wieder neu belebt werden.

Die übrigen zitierten „praxisnahen" Anforderungen und Formen eines altersgerechten Wohnens behalten als Alternativen zwar ihre Berechtigung.
Im Vergleich zu dem skizzierten Modell eines neuen Mehrgenerationenwohnens erscheinen sie jedoch eher als ein Symptome kurierender, denn als Ursachen heilender Ansatz.

18 SOZIALES UMFELD DORF – BÜRGERBETEILIGUNG/VEREINSWESEN/ KOMMUNIKATIONSFORMEN/NACHBARSCHAFTSHILFE/INTEGRATION

18.1 Einführung

Bei allen Tendenzen einer Angleichung städtischer und dörflicher Lebensformen, bleiben die das soziale Umfeld prägenden unterschiedlichen Entstehungsursachen auch weiterhin spürbar. Die Stadt ist immer noch als „Markt" ein Ort der unverbindlichen Kommunikation und des Informationsaustausches. Das Dorf dagegen als Standort der Urproduktion und des ländlichen Handwerks wird bei überschaubarer Größe weiterhin geprägt durch mehr verbindliche Kontakte zwischen den Bewohnern bis hin zur „sozialen Kontrolle", die dem einzelnen Dorfbewohner wiederum ein gewisses Sicherheitsgefühl durch die Einbindung in die Dorfgemeinschaft vermitteln kann.

Dabei ist das soziale Umfeld des Dorfes natürlich bereits überformt durch die bekannten Merkmale einer pluralistischen Wertegesellschaft, bis hin zur Gefahr einer gewissen Ghettobildung zugewanderter Bevölkerungsgruppen.
Im Rahmen der Nachuntersuchung von Dorferneuerungsvorhaben aus Niedersachsen und Sachsen-Anhalt sollte daher auch das Dorf als Lebensraum mit allen seinen Ausdrucksformen und Facetten des Zusammenlebens der Dorfbewohner einbezogen werden.
Die von den Kommunen, Bürgern und Ämtern für Landentwicklung (ehemals Agrarstruktur) im Rahmen der Fragebogenaktionen behandelten Stichworte beziehen sich u. a. auf die Mitgliedschaft im „Arbeitskreis Dorferneuerung", auf ehrenamtliche Aktivitäten, auf die Integration von Zuwanderern, auf Formen des Gemeinschaftslebens, auf das Wohlbefinden am jeweiligen Standort, auf die Beteiligung am kommunalen Geschehen, auf Formen der Nachbarschaftshilfe, auf Vereinsaktivitäten und Mitgliedschaften sowie auf überörtliche regionale Partnerschaften.

Darüber hinaus wird das „Soziale Umfeld Dorf" immer noch durch die Art und Anzahl der Feste und Feiern im Jahresrhythmus und kulturellen Veranstaltungen sowie durch Kontakte innerhalb und zwischen den Altersgruppen sowie zwischen den Alteingesessenen und den Hinzugezogenen bestimmt.
Einen Eindruck von den durchaus unterschiedlichen Mentalitäten und Formen ausgeübter Gastfreundschaft selbst in benachbarten Dörfern erhielten die Studierenden und Mitarbeiter bereits während der durchgeführten Fragebogenaktionen. So war die unterschiedliche Bereitschaft zur Fragenbeantwortung häufig lokalisierbar. In den Neubaugebieten wurde den Befragern – sowohl von älteren als auch von jüngeren Bewohnern häufiger – eine Absage erteilt als in den Kernzonen der Dörfer, da deren Gestaltung nun einmal eine der Hauptaufgaben der Dorferneuerung ist.

18.1.1 Neue Soziale Gruppen

Auffallend waren dabei die neuen sich entwickelnden Formen einer schichtenspezifischen Ghettobildung in den Neubaugebieten. So trafen die Mitarbeiter sowohl auf jeweils abgeschlossene, durch repräsentative Haus- und Parkanlagen gekennzeichnete Dorfrandgebiete mit Beamten-, Lehrer- oder Angestelltenhaushalten, auf typische ehemalige Landarbeiterwohnbaugebiete sowie auf Neubauviertel mit zugewanderten deutsch-russischen Familien. Während die das historische Dorf ehemals prägenden sozialen Unterschiede von Meierhöfen, Kossaterhofstellen und Brinksitzern sich im Zuge der kontinuierlichen Hofaufgaben praktisch auflösen, haben sich neue Sozial- und Schichtenstrukturen aus den Gruppen der zugezogenen nichtlandwirtschaftlichen Familien gebildet.
Zu den neuen Sozialgruppen im Dorf gehören nach den Erfahrungen der Ortsbegehungen und -befragungen:

1) Sowohl ältere Menschen aus dem Dorf, die aus dem Arbeitsprozess ausgeschieden sind, als auch aus den Ballungsgebieten zugewanderte Pensionäre und Rentner, die ihren Lebensabend in dörflichem Ambiente verbringen wollen. Letztere wohnen vorzugsweise in Altenwohnheimen (Haßbergen, Hattorf am Harz, Wagenfeld, Eilte usw.). Während deren bauliche Integration in neu- oder umgebauten ehemaligen landwirtschaftlichen Hofanlagen im Ortskern realisiert werden konnte, bereitet die soziale Integration der älteren Zuwanderer nicht selten Probleme.
2) Die zweite neue Sozialgruppe sind zugewanderte jüngere Familien aus dem städtischen Umfeld, die wegen des erhofften kindgerechten Umfeldes, wegen der relativ günstigen Erwerbsmöglichkeiten von Grundstücken oder Immobilien und wegen der überschaubaren dörflichen Sozialstrukturen das Dorf als Lebensraum gewählt haben. Signifikante Beispiele sind die Dörfer Haßbergen, Abbenrode, Hattorf, Reinstedt, Oyle, Radbruch und Gittelde.
   Die soziale Integration findet jedoch nur selten im Ortskern, sondern häufiger intern in den ausgewiesenen Neubaugebieten statt.
3) Die zugewanderten Asylanten- und Ausländerfamilien stellen das dritte Kontingent neuer Sozialgruppen dar, die allerdings in den Untersuchungsdörfern unterschiedlich verteilt sind. Eine Integration findet dabei praktisch nur innerhalb der neu ausgewiesenen Baugebiete statt, die zurzeit insbesondere von osteuropäischen bzw. deutschstämmigen und aus dem Kasachstan stammenden Neubürgern mit hohem Eigenleistungsanteil erbaut werden. Die noch zu beobachtende gesellschaftliche Abkoppelung dieser Neueinwohnergruppen wird – mit Ausnahme der aktiven Teilnahme am Vereinsleben – vor allem in den Bau- und Kommunikationsformen sowie den eigenständigen Festen und Feiern sichtbar.

18.1.2 Bürgerbeteiligung in der Dorferneuerung

Die im Rahmen der Dorferneuerungsplanung angebotene Möglichkeit zur Mitarbeit im „Arbeitskreis Dorferneuerung" ist zu einer der wichtigsten ritualisierten Form der Beteiligung der Bürger an örtlichen Entwicklungsprozessen überhaupt geworden.
Alle Vorzüge einer überschaubaren Dorfgemeinschaft können hier voll zur Geltung kommen:
ein gleichgewichtiger, kontinuierlicher Informationsfluss, Austausch von Kommunikationserfahrungen über intensive Bindungen der Dorfbewohner an Vereine und über Teilnahme vor allem der im Ortskern wohnenden Bürger an dörflichen, Ereignissen und Veranstaltungen, was einen zunehmenden Bedarf nach ehrenamtlicher Mitarbeit fast zwangsweise zur Folge hat.

Der in der Dorferneuerungsrichtlinie Niedersachsens geforderte „Arbeitskreis Dorferneuerung", in dem möglichst alle Alters-, Berufs- und Trägergruppen sowie beide Geschlechter in ausgewogenen Anteilen vertreten sein sollen, hat sich in den untersuchten Fallstudiendörfern, wenn auch mit unterschiedlicher Effizienz, aber prinzipiell bewährt.
Die Frage nach der Häufigkeit der Zusammenkünfte sowohl in der Planungs- als auch in der Durchführungsphase kann nicht pauschal, sondern nur nach der Art und Anzahl der Aufgaben, nach der Zusammensetzung des jeweiligen Arbeitskreises und nach den Erfolgschancen in der Umsetzungsphase beantwortet werden.
Im Durchschnitt fanden 10 – 12 Arbeitskreissitzungen pro DE-Projekt statt. Wie das Beispiel Estorf zeigt, können bei hohen Problemdichten in der Planungs- und Durchführungsphase aber auch 60 und mehr Sitzungen die Folge sein.
Neue Formen von ehrenamtlichen Arbeitsbeteiligungen durch die Bürger sind in den letzten Jahren insbesondere bei der Erfüllung soziokultureller Aufgaben in großer Zahl erprobt worden (vgl. Abschnitt 12.5).

Die zweite und zahlenmäßig größte Gruppe der ehrenamtlich tätigen Bürger sind im Dorf in Vereinen gebunden, die seit jeher ziel- und erfolgsorientiert arbeiten und so zum Selbstbewusstsein und zur Identifikation der Bewohner den größten Beitrag leisten. Die Bindekraft der Vereine ist insbesondere für junge Teilnehmer sehr stark und für die Integration in das dörfliche Gemeinschaftsleben von größter Bedeutung.

Als Beispiel für eine kontinuierliche und daher auch erfolgreiche Bürgerbeteiligung in der Dorferneuerung kann das Dorf Elbingerode am Harz gelten, das nicht zuletzt aufgrund dieser ausgeprägten Dorfgemeinschaft die Arbeit an der Gestaltung ihres Dorfes auch nach über 25 Jahren wieder aufgenommen hat.
Die Bürgerbeteiligung in der Dorferneuerung kann nunmehr auf den gleichen Zeitraum zurückblicken.
Seit dem Zukunftsinvestitionsprogramm (1978 – 1981), dem niedersächsischen Modellvorhaben (1981 – 1984) und seit dem Erlass der niedersächsischen Dorferneuerungsrichtlinie (1984) sind bis heute zahlreiche Interpretationen, Abhandlungen und Erfahrungsberichte über Aufgaben und Bedeutung der Bürgerbeteiligung veröffentlich worden.

Interessant sind in diesem Zusammenhang die Ergebnisse einer im Rahmen der Untersuchung „10 Jahre Dorferneuerung in Niedersachsen" (Lit. 44) durchgeführten Befragung von 1.600 Haushalten in 20 Fallstudiendörfern. Damals hieß es:

„Im Durchschnitt beurteilten die Dorfbewohner die Bürgernähe seitens der Behörden und Planer mit über 70 % (Spitzenwerte bis zu 90 %) positiv. Lediglich 19 % verspürten „wenig Bürgernähe".
Über 2/3 der Befragten (68 %) sahen positive Auswirkungen auf die Dorfgemeinschaft, insbesondere auf das Bewusstsein für Ortsgeschichte (44 %, Spitzenwerte bis zu 85 %), auf Vereinsaktivitäten (29 %) sowie auf Feiern und Feste (23 %). Während mit jeweils 11 % der Nennungen auch die erweiterten Außenkontakte und die Nachbarschaftshilfe genannt wurden, glauben 32 % der Bürger, keine positiven Auswirkungen auf die Dorfgemeinschaft erkennen zu können.
Die „Arbeitskreise Dorferneuerung" der untersuchten Fallbeispiele erfreuten sich offensichtlich einer besonderen Wertschätzung.
Auf die Frage nach geeigneten Wegen zur Sicherung der Ziele einer umfassenden Dorferneuerung wurde der Fortbestand des Arbeitskreises mit 54 % (Spitzenwerte 90 %), vor der Teilnahme am Wettbewerb „Unser Dorf soll schöner werden" (44 %), vor Fassaden- und Gartenwettbewerben (18 %), vor der Mitgliedschaft in einem örtlichen Heimatverein (10 %) und vor der Verabschiedung einer Ortsgestaltungssatzung (6 %) eindeutig favorisiert.
Auch die Einschätzung der Dorferneuerungserfolge durch die Bürger war insgesamt positiv.
Für 80 % der Befragten stellte sich die Situation nach Ablauf der Dorferneuerung „in einzelnen Bereichen" (49 %) und in erheblichem Umfang" (31 %) als verbessert gegenüber der Ausgangslage dar."

Interessant ist die Gegenüberstellung dieser Ergebnisse mit den Antworten auf teilweise gleich lautende Fragen der aktuellen Befragungen der vorliegenden Untersuchung.
Als Ursachen für die unterschiedliche Arbeitsintensität in den jeweiligen „Arbeitskreisen Dorferneuerung" sowie bei anderen Formen der Bürgerbeteiligung und des ehrenamtlichen Engagements in den Dörfern können nach den vorliegenden Ergebnisauswertungen und Erfahrungen benannt werden:

- Art um Umfang der örtlichen Problemlagen
- Mentalität, Bildungs- und Informationsstand sowie Altersstruktur der beteiligten Bürger
- Kommunaler Status (nach der Gebietsreform)
- Innerkommunale politische Kräfteverhältnisse und Interessenlagen
- Kommunale Hauhaltslage
- Überörtliche-, regionale Einflussfaktoren
- Intensität des örtlichen Vereinswesens und
- Transparenz kommunaler Entscheidungsprozesse.

Von einem Selbstverständnis bürgerlichen Engagements und von einer bereitwilligen Übernahme ehrenamtlicher Aufgaben im Rahmen einer neu definierten „Bürger- oder Verantwortungsgesellschaft" auszugehen, dürfte jedoch auch in Zukunft kaum einer realistischen Einschätzung der sozialen dörflichen Situation entsprechen.

Auch im Ergebnisbericht „Dorfökologie" (Lit. 32) berichten die Verfasser von den Problemen bei der Umsetzung dorfökologischer Ziele in der Dorferneuerung:

„Obwohl kaum eine Planung eine ähnliche Tradition und ähnliche Erfolge durch Öffentlichkeitsarbeit wie die Dorferneuerungsplanung aufweisen kann, ist zu konstatieren, dass ihre bisherige Form kaum geeignet ist, Verhaltensänderungen im Sinne der Dorfökologie herbeizuführen. Wir gehen vielmehr davon aus, dass sich Öffentlichkeitsarbeit in der Dorferneuerung mit der Standardpalette „Arbeitskreissitzung/ Bürgerbeteiligung" zu sehr auf ausgetretenen Pfaden bewegt, um Öffentlichkeit als Potential für ökologische Verbesserungen im Dorf wirksam zu nutzen und deren Akzeptanz zu erhöhen. Planer und auftraggebende Gemeinde sind hier gefordert, Formen der Zusammenarbeit mit den Bürgern zu erproben, die die bisherige Bürgerbeteiligung ergänzen."

An anderer Stelle heißt es:
„Vorbehalte gegen die Dorfökologie bestehen in vielerlei Hinsicht. Bei der Gartengestaltung sind es z.B. die Neubürger, die erst vor relativ kurzer Zeit ihre Privatgärten meist nach konventionellen Gestaltungsmustern (mit entsprechendem Koniferenanteil) angelegt haben. Sie sind schwer zu bewegen, grundlegende Umgestaltungen ins Auge zu fassen und erwarten ihrerseits besonders von den Landwirten, mehr für die Dorfökologie im Dorf zu tun."

Als Konsequenz aus den vorliegenden Erfahrungen wird eine Verlagerung von der theoretischen Grundlagenarbeit zum praktischen Vorgehen empfohlen, was bereits auch in einigen der Fallstudiendörfer (Häuslingen u. a.) erfolgreich getestet wurde.

„In diesem Zusammenhang haben sich so genannte Gemeinschaftspflanzaktionen bewährt.
Sie fördern einerseits Bewusstseinsweckung und zum anderen dörfliche Solidarität, das Gemeinwesen.“

Solche eher kritischen Anmerkungen zum fehlenden Problembewusstsein, zur gravierenden Unkenntnis der dörflichen Problemlagen und zum Durchsetzungswunsch ausschließlich egoistischer wirtschaftlicher Interessen einzelner Bürger gelten nicht nur für den dorfökologischen Aufgabenbereich. Die daraus abgeleiteten Empfehlungen zur Steigerung der Motivation, zur Sensibilisierung und zur Mitwirkungsbereitschaft sind richtungsweisend für die Umsetzung der übrigen Aspekte und Aufgaben in der Dorferneuerung:

- Einsatz der Informationsmedien,
- Durchführung von Ortsbegehungen und Besuch exemplarischer Projekte, Vortrags- und Veranstaltungsangebote,
- Durchführung von Erfahrungsaustauschen, Ausstellungen,
- Intensivierung der Beratungs- und Betreuungsleistungen,
- Hauswurfsendungen, Entwicklung von Logos bzw. Leitsymbolen.

Auf aktuelle Erfahrungen der Bürgerbeteiligung mit neuen kommunikativen Netzwerken und neuen Erfahrungen des Informationsaustausches anhand überregionaler Projekte wurde im Kapitel 5 bereits hingewiesen.

18.2 Fallstudienanalyse

Die im Folgenden vorgestellten Ergebnisse einer mehrteiligen Befragung unter den Kommunen, Bürgern und den zuständigen Fachbehörden könnte auch einen Einblick in die Komplexität des „SOZIALEN UMFELDES DORF“ vermitteln, bevor dann abschließend die erforderlichen Konsequenzen für eine auch in Zukunft erfolgreiche Dorferneuerung gemeinsam mit den Bürgern gezogen werden können.

18.2.1 Kommunale Befragung

Gefragt wurde nach dem ehrenamtlichen Engagement der Bürger, nach eventuellen Integrationsproblemen von einzelnen Gruppen, insbesondere Zugewanderten und Ausländern, Jugendlichen, älteren Bürgern oder Randgruppen und nach der Einbindung der genannten Gruppen in das Vereinsleben.
Eine zweite Fragengruppe bezog sich auf spezifische Formen der Bürgerbeteiligung nach dem Abschluss der Dorferneuerungsphasen.

Nach Ansicht der niedersächsischen Kommunen ist das ehrenamtliche Engagement der Bürger für das dörfliche Gemeinschaftsleben zu 75 % „normal“ und lediglich zu 19 % „stark“. Im Vergleich der untersuchten Regionen in Niedersachsen fällt das angegebene starke Engagement der Dorfbewohner der Geest-/Moorregion mit 44 % aus dem Rahmen, während mit 43 % der Nennungen ein zu „geringer“ Einsatz der Bewohner der untersuchten Dörfer in Sachsen-Anhalt von den Kommunen beklagt wird.
Die Frage nach der Akzeptanz kultureller Angebote in niedersächsischen Dörfern durch die Bewohner und durch Gastbesucher ergab ein mit 28 % (gegenüber 13 %) doppelt so starkes Interesse der Gastbesucher. Allerdings besteht die gleiche prozentuale Verteilung bei einer „geringen Akzeptanz“. In Sachsen-Anhalt besteht ein doppelt so großes Interesse der Bewohner (29 %) gegenüber Gästen an dörflichen Einrichtungen.
Aufschlussreich ist allerdings das vergleichsweise starke Interesse der Gäste an kulturellen Angeboten in den Dörfern der Nienburger Wesermarschregion (50 %), was der traditionell hohen Angebotsdichte in der Region mit zahlreichen aktiven plattdeutschen Theatergruppen, zwei Freiluftbühnen und neueren ehrenamtlich betriebenen kulturellen Einrichtungen vollständig entspricht.

Entsprechend dem hohen Seniorenanteil in den Dörfern der Südharzregion ist hier mit 29 % eine stärkere Einbindung dieser Gruppe in die örtlichen Vereine feststellbar als vergleichsweise in den übrigen niedersächsischen Fallstudiendörfern.
Dagegen ist hier der Anteil der nur in geringem Umfang vereinsgebundenen Ausländer mit 22 % höher als in den übrigen Gruppen. Auffallend ist die geringe Bindung der Neuansiedler zu Vereinen, besonders in den Dörfern der Geest-/Moorregion sowie in der Nienburger Wesermarsch. Auch bei den Jugendlichen und sonstigen Randgruppen konstatierten die Gemeinden keine intensiven Vereinsbindungen.

Lediglich in sechs niedersächsischen Dörfern (19 %) besteht auch noch nach der Dorferneuerung ein „Arbeitskreis Dorferneuerung“. Allerdings befinden sich noch zwei der untersuchten Fallstudien in der Durchführungsphase. Von den fünf untersuchten Dörfern, die beabsichtigen einen solchen Arbeitskreis neu zu beleben, befinden sich alleine vier in der Geest-/Moorregion.
Die Hälfte der untersuchten Dörfer in Sachsen-Anhalt beabsichtigt ebenfalls die Wiederbelebung ihrer Arbeitskreise. In 14 der niedersächsischen Fallstudien bestehen ehrenamtlich tätige Gremien, die sich um die örtliche Kulturarbeit bemühen (44 %), in 21 Dörfern arbeiten solche Gremien an Ortschroniken (66 %) und in 11 Dörfern wird die örtliche Sozialbetreuung ehrenamtlich unterstützt (34 %).

Auffallend ist das vergleichsweise hohe Engagement der Bewohner in den Dörfern der Südharzregion, die intensiv in die Arbeit an der Ortsgeschichte und in die Kultur- und Sozialarbeit integriert sind. Auch in diesem Aufgabenbereich ist das Engagement einzelner Elbingeröder Bürger überdurchschnittlich hoch.

18.2.2 Bürgerbefragung und Befragung der Ämter für Landentwicklung

Von großem Interesse ist die Einschätzung der befragten niedersächsischen Dorfbewohner zu ihrem jeweiligen sozialen Umfeld.
Auf einen Vergleich zur Ausgangssituation muss verzichtetet werden, da bedauerlicherweise Hinweise auf die soziale Situation in den Fallstudiendörfern vor Beginn der Dorferneuerung fehlen.

Um so viele relevante, gültige und zuverlässige Aussagen als möglich zu erhalten, wurden in zwei Fragebogenaktionen diverse Stichworte abgefragt, die zur Klärung der sozialen Situation und Befindlichkeit nach Abschluss der Dorferneuerungsphasen beizutragen vermögen.

Die Stichworte beziehen sich auf:

- die Auswirkungen der Dorferneuerung auf das dörfliche Gemeinschaftsleben und
- das Kultur- und Vereinsleben,
- auf das Wohlbefinden im näheren Umfeld,
- auf die Beteiligung an öffentlichen Entscheidungen,
- auf bestehende Formen der Nachbarschaftshilfe,
- auf die Mitarbeit in örtlichen Vereinen,
- auf die angebotenen Aktivitäten und Veranstaltungen
- auf die Beteiligung an überörtlichen Kontakten und Partnerschaften
- auf die Integration von Zuwanderern und mögliche Konflikte zwischen den gesellschaftlichen Gruppen im Dorf.

Zur Aussagenabrundung wurden auch die Ämter für Landentwicklung (AfL) nach ihrer Einschätzung der nachhaltigen Auswirkungen der Dorferneuerung auf das dörfliche Gemeinschaftsleben befragt.

Gemeinschaftsleben
Jeweils 46 % der insgesamt 557 befragten Dorfbewohner (1. Bürgerbefragung) der 32 niedersächsischen Fallstudiendörfer sind davon überzeugt, dass die Dorferneuerung positive Auswirkungen auf das dörfliche Gemeinschafts-, Kultur- und Vereinsleben hatte. Die stärksten Auswirkungen auf das Gemeinschaftsleben sind in der Aller-Leinetal-Region (77 %) und in den Braunschweiger Bördedörfern (74 %) feststellbar, zwei Regionen, in denen das dörfliche Gemeinschaftsleben traditionell einen hohen Stellenwert hat.
Ein vergleichbar positives Urteil geben die zuständigen Ämter für Landentwicklung mit 34 % „absolut positiven" und 66 % „in Teilen positiven" Auswirkungen der Dorferneuerung auf das Gemeinschaftsleben ab.
„Keinerlei" bzw. „sehr geringe" Auswirkungen wurden lediglich im Dorf Radbruch registriert.

Wohlbefinden
Im Rahmen einer „soziologischen Strukturanalyse" (2. Bürgerbefragung) wurde erwartungsgemäß die Frage nach dem persönlichen Wohlbefinden im dörflichen Umfeld überwiegend positiv beurteilt. 81 % fühlen sich „sehr wohl", 17 % „zufrieden stellend" und lediglich 3 % „weniger zufrieden".
Besonders ausgeprägt ist das Wohlbefinden in den Dörfern der Regionen Wendland/Swinmark (96 %); Süntel (Bad Münder), Südharz, Braunschweiger Börde, Radbruch, Aller-Leinetal mit jeweils ca. 85 % sich „sehr wohl" fühlender Bürger.
Allerdings weichen die Urteile in den Dörfern der Region Geest-/Moor mit 24 % „zufrieden stellend" und 3 % „geringem Wohlbefinden" sowie des Aller-Leinetals mit 8 % „geringem Wohlbefinden" etwas vom positiven Gesamturteil ab.

Beteiligung an politischen Entscheidungsprozessen
In der sich auf sechs Dorfregionen Niedersachsens beschränkenden Befragung nach der politischen Beteiligung war das letztlich überraschende Ergebnis, dass sich 30 % der Befragten „gar nicht", 37 % „manchmal" und lediglich 21 % „intensiv und regelmäßig" an politischen Entscheidungsprozessen beteiligt fühlten! Die besonders negative Bewertung von Bürgern der Geest-/Moorregion (lediglich 9 % „intensiv und regelmäßig") dürfte allerdings nicht unerheblich von der kontrovers geführten aktuellen Diskussion um Windkraftanlagen in der Region beeinflusst sein.
Eine extrem negative Bewertung wurde auch von den Bürgern der Gemeinde Reinstedt in Sachsen-Anhalt (mit 72 % „gefühlter Nichtbeteiligung") abgegeben, was keinen Besucher dieses zwar landschaftlich reizvollen, aber strukturell benachteiligten Dorfes am Nordharzrand trotz einzelner durchgeführter privater und öffentlicher Dorferneuerungsmaßnahmen überraschen dürfte.

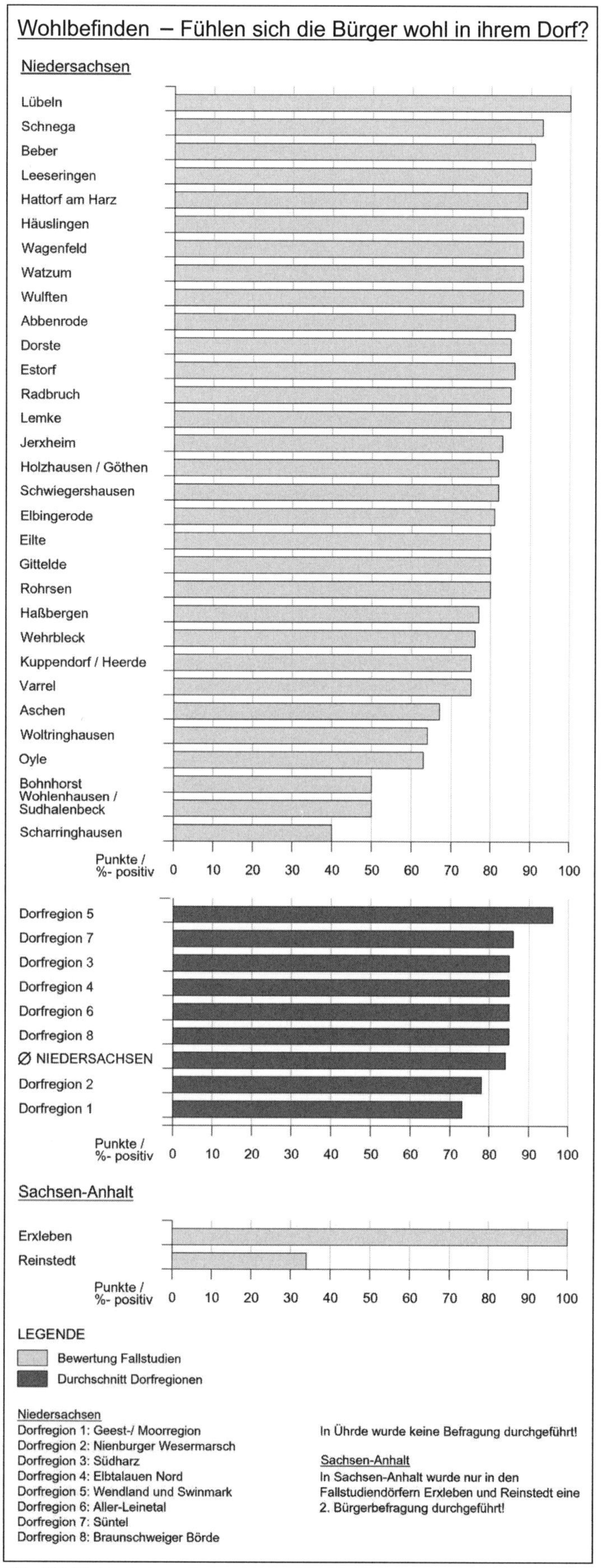

Abb. 176: Wohlbefinden

Nachbarschaftshilfe
Die das historische Bauerndorf mit seinen Produktionsbedingungen von Aussaat, Ernte, Selbstvermarktung und Selbstversorgung prägenden Formen von Nachbarschaftshilfe, die zugleich auch die Nachbarschaftskontrolle gezwungenermaßen einschlossen, sind mit dem landwirtschaftlichen Strukturwandel praktisch hinfällig geworden.
Die Frage unter den Bewohnern von acht niedersächsischen Dorfregionen sollte Aufschluss über Art und Umfang neuer Formen von Nachbarschaftshilfe im „sozialen Umfeld Dorf" geben.
Insgesamt kannten 83 % der befragten Dorfbewohner noch Formen von Nachbarschaftshilfe. Dieser Wert wurde in den Dorfregionen Nienburger Wesermarsch (mit 90 %), Wendland/ Swinmark (mit 92 %), Braunschweiger Börde (mit 93 %) und Süntel (mit 95 %) noch erheblich überschritten.
Die ausgewählten Formen sind nach der Häufigkeit ihrer Nennung in der Abb. 177 zusammengestellt.
Von „allgemeinen Formen gegenseitiger Hilfe" wurden 20 Formen aktueller Nachbarschaftshilfe in den Dörfern von der „Hilfe bei Bau- und Gartenarbeiten", über „Fahrdienste" bis hin zu „Umzugshilfen" benannt.

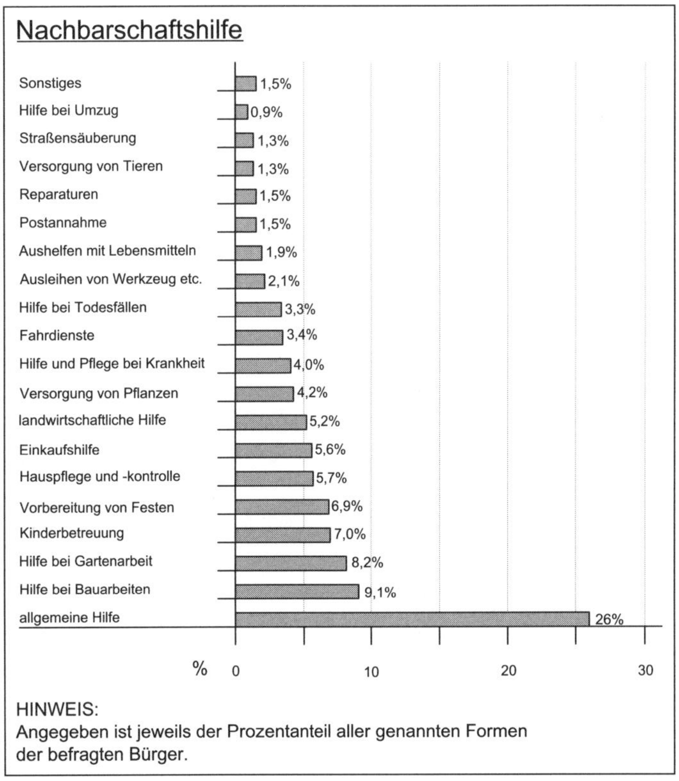

Abb. 177: Formen der Nachbarschaftshilfe

Integration zugewanderter Bevölkerungsgruppen
Die Frage wurde unterteilt nach

a) der Einbindung zugezogener deutscher Bürger und
b) nach der Integration zugewanderter Ausländer und Asylsuchenden.

Insgesamt bewerten 51 % der befragten die Einbindung deutscher Bürger als „optimal", 36 % als „teilweise gelungen" und 3 % als „gar nicht gelungen" mit der möglichen Folge einer Ghettobildung. Die Unterschiede in der Beantwortung dieser Frage zu den einzelnen Dorfregionen sind gering und können daher vernachlässigt werden.

Die Integration zugewanderter Ausländer wird dagegen lediglich von 27 % der Befragten als „optimal", dagegen von 32 % als „teilweise" und von 11 % als „gar nicht gelungen" bewertet.
Allerdings lässt die Tatsache, dass nur der geringere Anteil der angesprochenen Bürger diese Frage beantwortet hat, den Schluss zu, dass entweder kaum Ausländer im Untersuchungsdorf anzutreffen waren oder dass nicht festgestellt werden konnte, ob sie integriert sind.
Konkrete Integrationsprobleme neuer Bewohnergruppen werden von zwei der Fallstudiendörfer (Häuslingen und Scharringhausen) benannt.
Als schwierig hat sich offensichtlich die Integration von Ausländern in einigen Dörfern der Geest-/Moorregion erwiesen: Etwa die Hälfte der Bürger bewerten die bisherige Integration als „nur teilweise" (36 %) bzw. „gar nicht" (17 %) gelungen.
Allerdings gibt es unter den Dörfern wiederum extrem unterschiedliche Wertungen von (0 % bis 80 %) für eine befürchtete Ghettobildung, insbesondere von ausländischen Gastarbeitern, die in relativer Stärke während der Erntemonate einzelne Dörfer, insbesondere Scharringhausen als Wohn- und Arbeitsstandort nutzen.

Rivalitäten/Konflikte/Soziale Kontrolle
Rivalitäten bzw. Konflikte zwischen einzelnen Bewohnergruppen werden mit 11 % in den untersuchten Dörfern als eher gering gesehen. Verstärkt treten sie lediglich in einzelnen Dörfern des Aller-Leinetals und der Geest-/Moorregion mit 23 % bzw. 17 % der Nennungen in Erscheinung, was im Einzugsbereich der Samtgemeinde Kirchdorf vermutlich neben den ermittelten Integrationsschwierigkeiten ausländischer Zuwanderer mit dem sozialen Status der Bewohner des zur Samtgemeinde gehörenden Resozialisierungsstandortes Freistatt im Zusammenhang stehen könnte. Der ehemals von Bodelschwingh gegründete Außenposten der Betheler Anstalten Freistatt in der Samtgemeinde Kirchdorf beinhaltet neben Resozialisierungsanlagen die Wohnungen suchtkranker Bürger, die in ihrer Freizeit gerne einmal die benachbarten Untersuchungsdörfer aufsuchen.

Der Begriff der „sozialen Kontrolle" ist – wie bereist ausgeführt durchaus doppeldeutig: Zur Beobachtung gehört auch die Chance einer Hilfestellung im überschaubaren Lebensraum Dorf.
Die Frage nach einer „sozialen Kontrolle" wurde lediglich testweise in 7 Dörfern, darunter denen der Region Nienburger Wesermarsch und des Aller-Leinetals gestellt. 75 % der befragten Bewohner fühlen sich „nicht belastend", 29 % als „teilweise" und lediglich 6 % als „sehr stark" kontrolliert.

Vereinsgebundene und ehrenamtliche Aktivitäten
Nachdem die Bedeutung der Vereine für die Funktionen des sozialen Systems Dorf bereits angesprochen und auch die wichtigsten Vereine nach der Häufigkeit ihres Vorkommens im Dorf vorgestellt wurden, sollen nunmehr die Bindungswirkung an die Bewohner durch deren aktive oder passive Mitgliedschaften angesprochen werden.
Die Vereinszugehörigkeit ist in zwei getrennten Fragebogenaktionen im Zeitabstand von 1/2 Jahr mit insgesamt über 1.200 befragten Bewohnern abgerufen worden.
Die durchschnittlichen Zahlen der Vereine pro Besucher bzw. Bewohner sind mit 1,74 und 1,59 in den untersuchten Dorfregionen beider Bundesländer annähernd gleich hoch.

Von 592 im Rahmen der „Soziologischen Strukturanalyse" befragten Dorfbewohnern der untersuchten Dorfregionen Niedersachsens waren lediglich 28 % in keinem Verein, 71 % dagegen in einem oder mehreren Vereinen Mitglied.
Im Durchschnitt ist jeder Bewohner Mitglied in 1,7 Vereinen.

Dabei sind 57 % der Mitglieder den Vereinen aktiv und 19 % passiv verbunden.
Auch die Frage nach den für die Dorfgemeinschaft besonders wichtigen Aktivitäten bestätigte die Bedeutung der Vereine als Ausgestalter von Feiern, Festen, Wettkämpfen aller Art für alle Altersgruppen und sozialen Schichten mit 82 % der Nennungen an erster Stelle.

Kirchliche Veranstaltungen werden von etwa 51 % der Bürger für wertvoll und wichtig gehalten, wobei die Wertungen von Dorfregion zu Dorfregion stark differieren (von 13 % im Wendland bis 79 % im Südharz).
„Sonstige" kulturelle Veranstaltungen sind für ca. 12 %, „sonstige" Freizeitangebote für 13 % der Befragten von besonderem Wert für die Dorfgemeinschaft.

36 % der Dorfbewohner arbeiten ehrenamtlich an dörflichen Aufgaben mit.
Besonders ausgeprägt ist die Bereitschaft zum privaten Engagement in den Dörfern Leeseringen (80 %), Watzum (75 %), Beber (64 %), Elbingerode (62 %) und Rohrsen (60 %). Vergleichweise gering ist sie dagegen in Radbruch (20 %), Wehrbleck (19 %), Bohnhorst (17 %) und Jerxheim (17 %).

Regionale Kontakte/Patenschaften
Gefragt wurde nach dem Bekanntheitsgrad von überörtlichen Kontakten und Partnerschaften des Dorfes. Es handelt sich dabei um eine Entwicklung, die in den vergangenen 20 – 25 Jahren parallel zu Städtepartnerschaften auch in den ländlichen Räumen stark zugenommen hat.

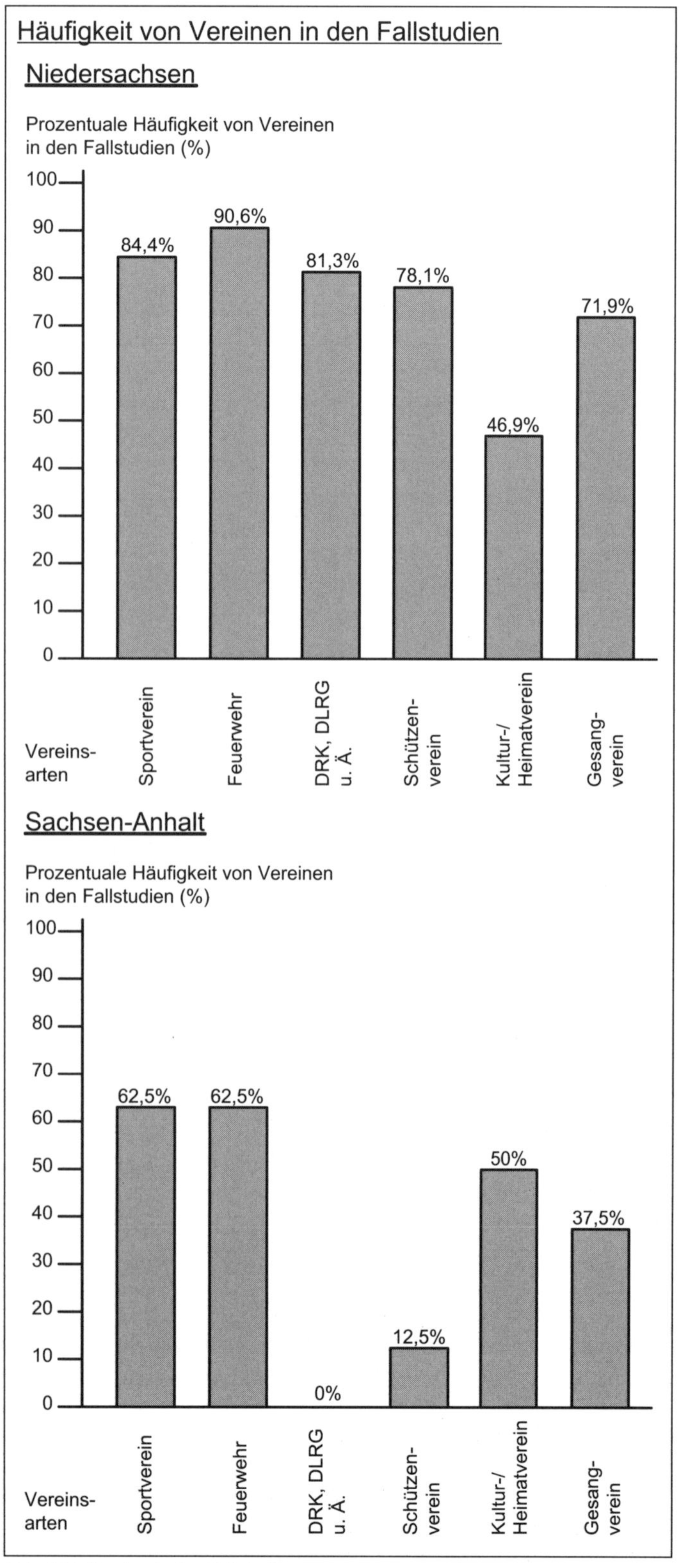

Abb. 178: Vereine in den Fallstudien

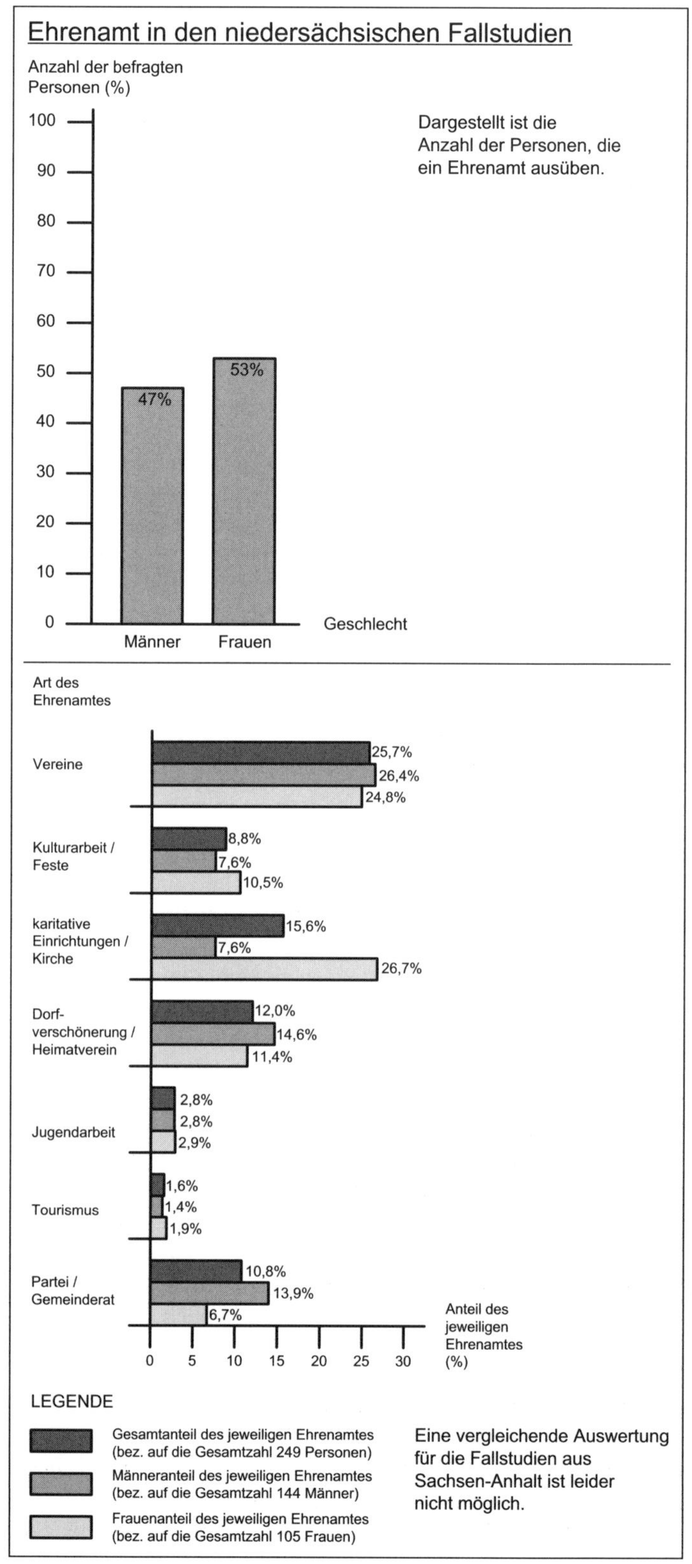

Abb. 179: Ehrenamt in den niedersächsischen Fallstudien

Durch die Integration Ostdeutschlands und nicht zuletzt bedingt durch die EU-Anbindung osteuropäischer Länder, dürften Kontakte der genannten Art auch in Zukunft noch anwachsen. Interessanterweise waren den Bewohnern der drei größten untersuchten Dorfregionen „Geest-/Moorregion", „Nienburger Wesermarsch" und „Südharz" mehr Kontakte und Patenschaften im Ausland als im eigenen Landkreis, im Land Niedersachsen oder in Deutschland bekannt.
Andererseits bestätigen die statistischen Aussagen das Vorhandensein von Verbindungen der Dorfvereine oder der Kommunen zu Dörfern in westeuropäischen Ländern (bevorzugt Frankreich, Benelux-Staaten).
Die anschließende Frage nach der Art der persönlichen Pflege solcher Kontakte wurde regionsweise sehr unterschiedlich beantwortet. Für die Mehrzahl der Vereinskontakte ist jedoch prägend, dass sie zu gleichen oder gleichartigen Vereinen in anderen Dörfern (z. B. Feuerwehr- oder Sportvereine) geknüpft werden.

Während „Außenkontakte" und Bereitschaft zu Besucheraufnahme in der Dorfregion „Aller-Leinetal" nur sehr gering ausgeprägt sind (5 % bzw. 2 %), bestätigen mit 21 % „Reisebeteiligung" und 15 % „Aufnahmebereitschaft von Besuchern" die Dorfbewohner der Südharzregion ihre vergleichsweise überdurchschnittliche Gastfreundschaft und Kontaktbereitschaft. Ein Sonderfall stellt die durch die gemeinsame Darstellung auf der Grünen Woche in Berlin 1983 ausgelöste Patenschaft zwischen den Gemeinden Estorf und Elbingerode dar, die seit über 20 Jahren intensiv gegenseitig gepflegt wird.

Andererseits bleibt zu vermuten, dass die geringe Anzahl abgegebener Antworten auf diese Frage auch darauf zurückzuführen ist, dass Kontakte noch nicht bestehen und erst aufgebaut werden müssten.

18.3 Zusammenfassung/Folgerungen

Das „Soziale Umfeld Dorf" hat sich als ein so komplexes System von Kontakten, Aktivitäten, Abhängigkeiten und gegenseitigen Einflussnahmen seiner Bewohner und der dörflichen Organisationen erwiesen, dass eine vollständige Beschreibung im Rahmen dieser Nachuntersuchung nicht geleistet werden kann.
So fehlt auch eine Darstellung der Formen und Intensitäten von direkten und indirekten Einflussnahmen der politischen Parteien und deren Mandatsträger auf die Dorfentwicklung.
Es gehört andererseits zu den positivsten Erfahrungen des Ortsplaners, dass in der Mehrzahl der Projekte während der so wichtigen Phase der Erstellung des Dorferneuerungsplanes das überparteilich zusammengesetzte, demokratisch gewählte Gremium der Mitglieder des „Arbeitskreises Dorferneuerung" seine verpflichtende und zeitaufwendige Arbeit frei von politischen Einflussnahmen bis zum Abschluss durchführen konnte.

In den wenigen persönlich erlebten Fällen parteipolitischer Einflussnahmen auf die im Arbeitskreis entwickelten Zielformulierungen, waren die Auswirkungen sowohl in der Planungs- als auch in der Durchführungsphase dann auch erwartungsgemäß eher negativ.
Die Transparenz kommunaler Ziele bleibt auch in Zukunft die wichtigste Voraussetzung für eine effektive Bürgerbeteiligung und eine erfolgreiche Durchführung und Akzeptanz der Maßnahmen!
In diesem Sinne sollten auch die zitierten Fragebogenergebnisse zur unzureichenden Beteiligung der Bürger an politischen Entscheidungsprozessen (nicht an Entscheidungen selbst; diese bleiben auch in Zukunft den gewählten Ratsmitgliedern vorbehalten) ernst genommen werden.
Bei zunehmender Abhängigkeit von der Bürgerbereitschaft zur Übernahme nicht mehr finanzierbarer, kommunaler Aufgaben – vor allem im soziokulturellen und im pädagogischen Bereich muss der Informationsstand zwischen politischen und ehrenamtlichen Trägern ausgeglichen sein!
Alle vereinsgebundenen Aktivitäten soweit sie von gesellschaftlicher Relevanz sind, benötigen auch in Zukunft die ideelle und finanzielle Unterstützung der Kommunen.
Die Bindewirkungen an die Bürger haben in den vergangenen 20 Jahren eher zu- als abgenommen.
Neue Wege der Integration zugewanderter, vor allem ausländischer Gruppen sind zu erproben und bei Erfolg zu fördern, um das labiler gewordene soziale Gleichgewicht von Ur- und Neubevölkerung mittel- und langfristig zu stabilisieren.

Weiterhin spürbar und konkret im Rahmen der umgesetzten bzw. nicht umgesetzten Dorferneuerungsziele nachweisbar sind die Folgen der Gebietsreform auf die Motivation der Dorfbewohner. Zu unterscheiden sind dabei allerdings die Auswirkungen einer Eingemeindung in eine benachbarte Kreisstadt oder in eine ländliche Gemeinde/Samtgemeinde.
In den untersuchten stadteingemeindeten Dörfern sind vergleichsweise wenige oder keine privaten und öffentlichen Maßnahmen umgesetzt worden (Dorste, Schwiegershausen).
Von politischem Interesse dürften auch die zahlreichen durch die Befragung aufgedeckten Formen von Nachbarschaftshilfe sein, die in allen Dörfern – wenn auch in unterschiedlicher Intensität noch gepflegt werden.
Auch die vielen, teilweise bescheidenen Hilfestellungen von der Garten- und Blumenpflege über das Schneefegen, die Kinderbetreuung, Einkaufshilfen für ältere Menschen bis zur Altenbetreuung sind unverzichtbare Bestandteile eines funktionsfähigen sozialen dörflichen Gemeinwesens – besonders in Zeiten demografischer und ökonomischer Veränderungen.

Interessant sind in diesem Zusammenhang einzelne Aussagen von Wissenschaftlern eines Symposiums über „Dörfliche Lebensstile" in Paderborn, wo u. a. K. Brill ausführte:
„Der zunehmende, in zahlreichen neuen `Dorfmuseen und Dorfchroniken zum Ausdruck kommende Kult mit der Geschichte´ bietet auch Schutz `gegen die Schrecken der Globalisierung´. Der `Dorfmensch´, der typische `dörfliche Lebensstile´ vertrete, hemme die Entwicklung keineswegs – bestenfalls die einer hemmungslosen Globalisierung und Gleichmacherei."

Die neuerlichen Hinwendungen zur eigenen Geschichte dient natürlich auch der Aufarbeitung der jüngsten Vergangenheit, so dem Einfluss gleich zweier aufeinander folgender Diktaturen seit 1933 in den neuen Bundesländern (siehe auch Abschnitt 6.4), die Spuren im Zusammenleben der Bürger hinterlassen haben.
Die sozialen Bindungen an das eigene Dorf gehen jedoch erfahrungsgemäß nicht nur von den ritualisierten Kommunikationsformen, von den Aktivitäten der Vereine und von gelebten Formen der Nachbarschaftshilfe aus. Sie werden erfahrungsgemäß durch ein entsprechendes räumliches Angebot in Form soziokultureller dörflicher Einrichtungen und Anlagen verstärkt, häufig teilweise sogar dadurch ausgelöst, die in der Mehrzahl der Fallstudien erst durch die Dorferneuerungsförderung möglich wurden.
Auf die Zusammenhänge zwischen sozialen Aktivitäten und sozialen Anlagen wurde bereits in Kapitel 12 näher eingegangen.

19 BEVÖLKERUNGSENTWICKLUNG

19.1 Einführung

Sämtliche neueren Informationen über die zu erwartenden Folgen der Bevölkerungsentwicklung basieren auf der statistisch unwiderlegbaren Feststellung:
„Wir werden weniger, und wir werden älter!"
Das bis zur Ortsgröße mit mehr als 5.000 Einwohnern verfügbare Datenmaterial über Geburten-, Sterberaten, Zu-, Binnen- und Abwanderungen bestätigt in seiner Fortschreibung den Trend eines erheblichen Bevölkerungsverlustes in Deutschland von 82 Millionen auf möglicherweise 60 Millionen Einwohner im Jahr 2050. Allerdings wird dieser bevölkerungsmäßige Einbruch nicht gleichmäßig auf die Bundesländer verteilt und nicht sofort, sondern erst in 10 bis 15 Jahren erfolgen, was unter anderem auch mit der um 2,5 – 3 % pro Jahrzehnt zunehmenden Lebenserwartung zusammenhängt, wodurch dieser Prozess hinausgezögert wird.
Aus dem internationalen Vergleich zwischen den europäischen industrialisierten und den unterentwickelten außereuropäischen Ländern lässt sich ableiten, dass einerseits „demografische und wirtschaftliche Entwicklungen und andererseits Kinderzahl und Lebenserwartung im umgekehrten Verhältnis zueinander stehen" (Birg, Lit. 7).
Die sich aus dem wachsenden Geburtendefizit, der zunehmenden Lebenserwartung und der abnehmenden Haushaltsgröße ergebenden Probleme in der Bundesrepublik sollen in ihren wichtigsten Auswirkungen am Beispiel Niedersachsens dargestellt werden, bevor sie von der Ebene der untersuchten Landkreise auf die der Fallstudiengemeinden und -dörfer transponiert werden.
Grundlage für die niedersächsische Datenbasis und -auswertung ist eine Veröffentlichung des Institutes für Entwicklungsplanung und Strukturforschung an der Universität Hannover (im Auftrag der Landestreuhandstelle, Lit. 91 + 92), in deren Prognosen auch die Folgen der EU-Osterweiterung gesondert erfasst wurden. Da positive Entwicklungsprognosen ausschließlich auf der Zuwanderung beruhen, kommt dem Wanderungsgewinn aus den neuen EU-Ländern eine erhebliche Bedeutung zu.
Der erwartete gesamte Zuwanderungsgewinn für Niedersachsen beträgt danach bis 2015 30.000 und bis 2040 90.000 Einwohner. Der maßgebliche Zuwandererschub wird nach Erteilung der Freizügigkeit ab 2011 erwartet.

Trotz der vorhergesagten Wanderungsgewinne aus Osteuropa wird die Bevölkerung jedoch ab 2015 abnehmen – bis 2050 um ca. 600.000 oder 7 % der Landesbevölkerung. Bereits bis 2015 soll danach der Anteil der 30- bis 45-Jährigen um etwa ein Viertel ab- und der Anteil der 46- bis 60-Jährigen um etwa 30 % zugenommen haben. Aufgrund der sich weiterhin verringernden Haushaltsgröße (1991 = 2,30 Einwohner/Haushalt; 2003 = 2,15 Einwohner/Haushalt) nimmt die Anzahl der Haushalte pro Jahr um ca. 20.000 zu. Die sich nach dem Lebensalter verändernde Haushaltsgröße stabilisiert sich erst mit dem 65. Lebensjahr.
Die Folgen der unter anderem von der Bevölkerungsentwicklung abhängigen Anzahl der jährlich bis 2015 erwarteten Zunahme der Haushalte um 12 % sind jedoch für die Siedlungsentwicklung von erheblicher Bedeutung. So wird in Niedersachsen pro Jahr mit einer Zunahme neu zu bauender Wohnungen um 1 % oder ca. 33.000 WE gerechnet mit der Folge, dass bis 2015 400.000 neue Wohnungseinheiten zu erstellen wären (2005 – 2015). Erst fünf Jahre nach der Freizügigkeitsregelung wird mit abnehmender Zuwanderung aus den osteuropäischen EU-Ländern und damit einer nachlassenden Wohnungsnachfrage gerechnet.

Die prognostizierten Entwicklungen werden jedoch in den einzelnen Landkreisen bzw. kreisfreien Städten und innerhalb der Landkreise in den zugehörigen Kommunen durchaus unterschiedlich verlaufen. Dargestellt werden in der IST-Wohnungsprognose für die Jahre 2010 und 2015 unter besonderer Berücksichtigung der EU-Osterweiterung die Bevölkerungsentwicklung, die Haushaltsentwicklung und die jährlichen Nachfragepotentiale nach zusätzlichen Wohnungen von 2002 bis 2010 und 2015. Von den neun durch die Fallstudienanalyse betroffenen Landkreisen in Niedersachsen weisen im Landesvergleich vier (44 %) eine negative (extrem: Osterode am Harz) und zwei eine positive Bevölkerungsentwicklung (extrem: Lüneburg) auf.
Die positiven wie negativen Tendenzen im Jahr 2010 verstärken sich jeweils bis 2015.

Während die aktuelle Größe (Stand 2003) der Haushalte weitgehend dem Landesvergleich mit 2,15 Mitgliedern pro Haushalt entspricht (Ausnahme Nienburg mit 2,36 EW/H), verläuft die bis 2015 prognostizierte Entwicklung nur noch für den Landkreis Lüneburg positiv.
Die sich aus der Bevölkerungsentwicklung und aus den veränderten Haushaltsgrößen ergebenden Nachfragepotentiale für ca. 435.000 neue Wohneinheiten bis 2015 verteilen sich entsprechend unterschiedlich auf die genannten Landkreise zwischen 0 WE in Osterode bis 17.800 WE in Lüneburg.
Die Verteilung der Siedlungsgebiete unter den Kommunen soll im Grundsatz dem Prinzip der Stärkung der zentralen Orte sowie der Orte mit „zentralörtlichen Ergänzungsfunktionen" (z. B. in den untersuchten Dörfern Bohnhorst, Estorf, Haßbergen und Leeseringen im Landkreis Nienburg) folgen.
In der Begründung des RROP Nienburg (Lit. 3) wird im Beitrag „Entwicklung zur Siedlungsfläche" auf die Tatsache hingewiesen, dass zwischen 1997 und 2000 86 % aller Neubauten Einfamilienhäuser seien, dass die Wohnfläche bei laufender Verringerung der Haushaltsgrößen um rund 15 % zugenommen habe, dass aber nur verdichtete Bauformen (z. B. Reihenhäuser u. a.), die Nachnutzung von Siedlungsbrachen und Konversionsflächen (ehemalige Kasernenanlagen) sowie Grundstücksgrößen unter 1.000 m² einen Beitrag zur nachhaltigen Siedlungsentwicklung leisten könnten!
Wenn jedoch in den sieben Neubaugebieten des Mittelzentrums Nienburg (Weser) kein einziges Beispiel für nachhaltige, Energie und Flächen sparende verdichtete Bauweisen realisiert wurde, kann in den benachbarten Untersuchungsdörfern kaum eine Umsetzung der empfohlenen Entwicklungsziele erwartet werden (siehe auch Kapitel 16).

Wie auch im Heft 2/2005 des Neuen Archivs für Niedersachsen (Lit. 108) bestätigt wird, gehören Bevölkerungs-, Siedlungs- und Wirtschaftsentwicklung als mehrdimensionale Strukturaufgaben und -probleme in den ländlichen Räumen untrennbar zusammen, auch wenn sie hier getrennt zur Darstellung gebracht werden.
Auf die Tatsache weist auch Lindemann hin (Lit. 84), wenn er Überalterung, geringes Bevölkerungswachstum, hohe Auspendlerbilanz, Lage in strukturschwachen Regionen, geringe Beschäftigungszahlen, geringe Haushaltsgrößen und Integrationsprobleme mit beschäftigungslosen Zuwanderern als typische Kennzeichen strukturschwacher Dörfer zusammenfasst.
Link (Lit. 84) hält eine verstärkte Zuwanderung vor allem in die ländlichen Räume als Mittel zur Lösung der demografischen Probleme für ungeeignet. Eher wird vermutet, dass durch die nachweisbare Gefahr u. a. von Ghettobildungen – selbst im

dörflichen Umfeld – Probleme verursacht werden könnten, „die bisher nur geahnt wurden".
Insgesamt hat die Einwohnerzahl Niedersachsens seit Beginn der Dorferneuerung vor 20 Jahren erheblich und zwar um fast 11 % von 7,216 auf 7,945 Millionen Einwohner zugenommen. Diese Zunahme erfolgte und wird auch in Zukunft fast ausschließlich als Wanderungsgewinn mit deutlichem Gewicht der Außen- gegenüber der Binnenzuwanderung erfolgen.
Bis 2010 wird für Niedersachsen ein Zuwachs auf 8,106 Millionen und bis 2015 auf 8,160 Millionen Einwohner prognostiziert. Nach 2020 wird allerdings von einer defizitären Bevölkerungsentwicklung ausgegangen, die auch durch eine zu erwartende weitere Zuwanderung bis 2050 nicht mehr ausgeglichen werden kann.

Wie die Fallstudienanalysen belegen, werden Konzentrationsschwachpunkte neben Entleerungsräumen zu Ungleichgewichtungen in der Fläche führen. Mit einer Bevölkerungsdichte von 168 Einwohnern pro km² ist das Land Niedersachsen in seiner Gesamtheit nicht weit vom OECD-Kriterium für die Definition von „Ländlichen Räumen" entfernt, die mit 150 EW/km² gegenüber Verstädterungs- bzw. Stadtrandzonen abgegrenzt werden. Wie das Beispiel des Landkreises Nienburg belegt, können sich die Dichtewerte, ausgehend von der Kreisstadt mit über 500 EW/km² bis zur dünnst besiedelten Gemeinde (41 EW/km²) stark unterscheiden.

Selbst auf der regionalen Ebene verbieten sich aufgrund der erheblichen Strukturunterschiede daher pauschale Aussagen, obwohl überregionale Handlungsprinzipien unerlässlich erscheinen. Abschließend muss festgestellt werden, dass die intensiver geführte Diskussion um die beängstigenden Prognosen zur europäischen Bevölkerungsentwicklung nur selten von der Frage nach den eigentlichen Ursachen begleitet wird und dass die bisher eher unkritisch akzeptierten Symptome zum Ausgangspunkt für direkte Handlungskonsequenzen zu werden drohen.
Trotzdem seien einige vermutete Ursachen benannt, ohne dass eine Vertiefung an dieser Stelle möglich ist:

- Fehlende staatliche Unterstützung der Frauen und Mütter bei der Wahrnehmung der Doppelfunktionen „Berufstätigkeit" und „Kinderziehung",
- „Pillenknick" und wachsende Inanspruchnahme der Antibabypille,
- zunehmende Mobilität, Freizeit- und „Außenbereichsorientierung",
- steigende Erwartungen Einzelner an den Staat, die Gesellschaft, den Arbeitgeber, den Partner etc.,
- ausgelebter Selbstverwirklichungsdrang,
- Werteverlust als Folge der „Entkirchlichung",
- entsinnlichte Arbeitswelt zwischen technologischen Geräten und Strukturen aller Art und daraus folgender „Naturverlust".

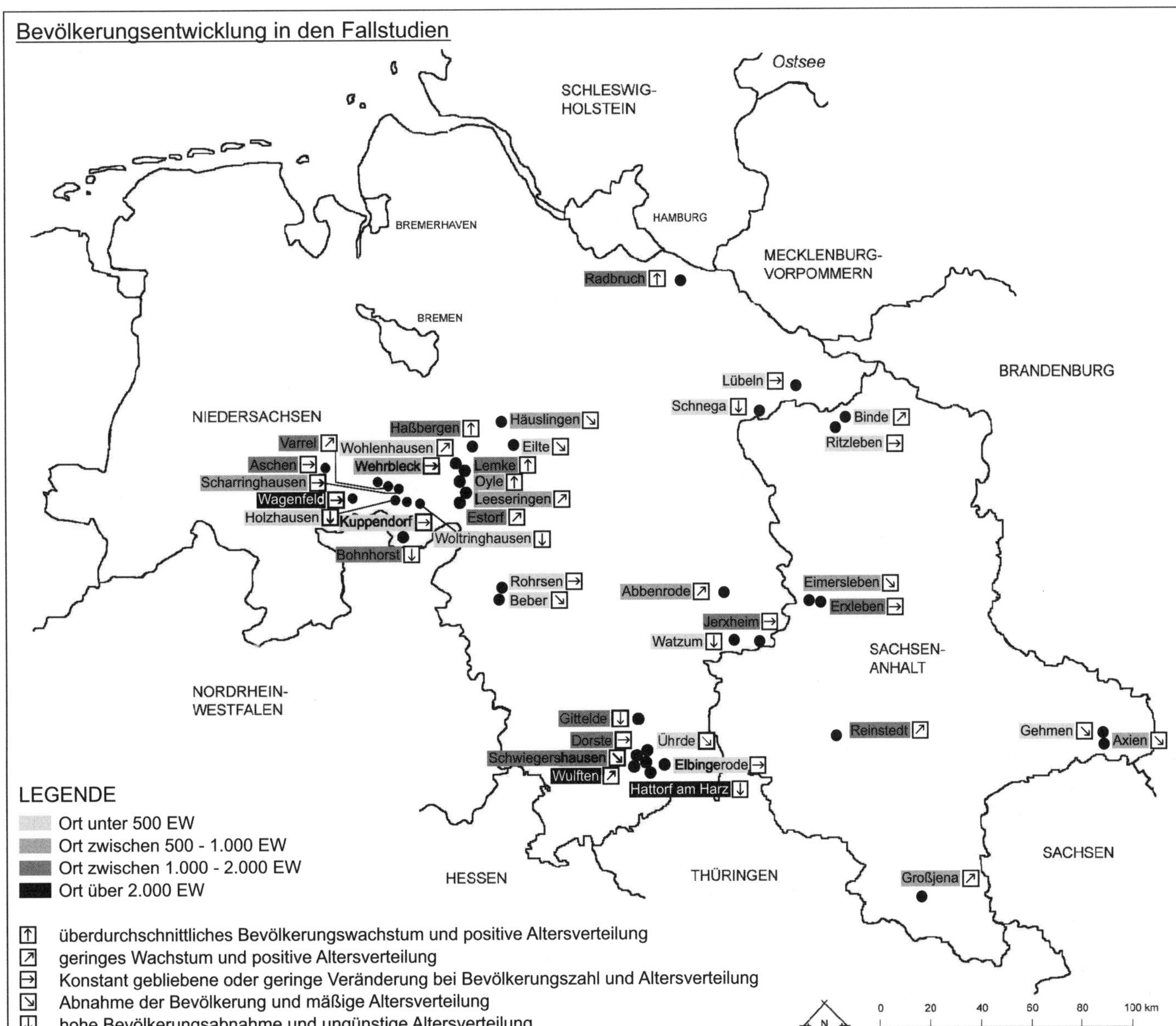

Abb. 180: Bevölkerungsentwicklung in den Fallstudien

19.2 Fallstudienanalyse Niedersachsen

Ein Vergleich der Bevölkerungsentwicklungen unter besonderer Beachtung der Zu- und Abwanderungen, des Altersaufbaus und der Haushaltsgrößen der untersuchten Dorfregionen mit den Daten der niedersächsischen Landkreise bestätigt die Notwendigkeit mikroanalytischer Untersuchungsansätze im ländlichen Raum.
Sowohl innerhalb der Dorfregionen selbst als auch unter den betroffenen Landkreisen sind die Differenzen erheblich, wie die folgenden Auswertungen belegen.

19.2.1 Bevölkerungsentwicklung

Erst eine vergleichende Betrachtung der Einwohnerzahlen der Dörfer über zwei Zeitphasen, der Entwicklung bis 1980 und der Entwicklung von 1980 bis heute, vermittelt einen hinreichend vollständigen Einblick in die Situation und erlaubt damit auch Prognosen für die folgenden Jahre.

Während 1980 57 % der untersuchten 32 niedersächsischen Dörfer eine negative Bevölkerungsentwicklung aufwiesen, waren es 2003 noch 50 % – allerdings mit erheblichen Unterschieden zwischen den Dorfregionen.
So konnte in den Dörfern der Nienburger Wesermarschregion ein Bevölkerungsrückgang in ursprünglich zwei Dritteln der Orte vollständig aufgefangen und auf 0 abgebaut werden!
Während sich der Rückgang in den Dörfern der Geest-/ Moorregion lediglich von 86 % auf 56 % reduzieren ließ, verschlechterte sich die Situation in den Dörfern des Südharzes von ursprünglich 25 % auf aktuell 57 %. Damit spiegeln die Dörfer die negative Situation des Landkreises und der Kreisstadt Osterode wider.

Mit Ausnahme von Radbruch (Gemeinde des Landkreises Lüneburg), Lübeln (Ortsteil der Gemeinde Küsten, Landkreis Lüchow-Dannenberg) und Abbenrode (Ortsteil der Gemeinde Cremlingen, Landkreis Wolfenbüttel) weisen die Orte der Dorfregionen Wendland (Schnega), des Aller-Leinetals (Eilte und Häuslingen), des Süntels (Beber und Rohrsen) sowie der Braunschweiger Börde (Watzum, Jerxheim) bereits eine negative Bevölkerungsentwicklung auf.
Die positive Bevölkerungsentwicklung in den Dörfern Lübeln und Abbenrode darf eindeutig als eine Folge der Auswirkungen der Dorfsanierung nach dem Städtebauförderungsgesetz gesehen werden, wodurch in Lübeln besonders das touristische Potential und in Abbenrode besonders die Wohn- und Lebensqualität erheblich gesteigert werden konnten – in Lübeln mittlerweile nur noch durch das Neubaugebiet, während der Kern nicht mehr so attraktiv als Wohnstandort für neue Bewohner zu sein scheint. Nach Aussage der befragten Bürger Lübelns seien die historischen Fachwerkgebäude für die kleinen Familien zu groß und daher nicht mehr wirtschaftlich nutzbar. Auch in den Gemeinden Estorf (Landkreis Nienburg) und Elbingerode (Landkreis Osterode), kann die positive Bevölkerungsentwicklung als eine Folge umfassender Dorferneuerungsvorhaben gewertet werden. In den übrigen Dörfern der Nienburger Wesermarschregion waren dagegen offensichtlich Standortvorteile im Einzugsbereich des wachstumsorientierten Mittelzentrums Nienburg und eine aktive Baulandpolitik die ausschlaggebenden Gründe für wachsende Einwohnerzahlen.
Ein abschließender Vergleich mit der Bevölkerungsentwicklung in den zugehörigen Landkreisen spiegelt also die positive Situation des Landes Niedersachsen mit einer Bevölkerungszunahme von fast 11 % in den vergangenen 20 Jahren, die ohne Ausnahme durch Zuwanderung ausgelöst wurde, wider.

Während lediglich zwei oder 22 % der Landkreise 1984 eine leicht steigende Tendenz aufwiesen (Diepholz und Lüneburg) waren 2004 mit Ausnahme des Landkreises Osterode (–6,21 %) sämtliche Landkreise an einer positiven Entwicklung beteiligt, zum Teil mit weit über dem Landesdurchschnitt liegenden Spitzenwerten von 30,25 % (!) in Lüneburg; 17,16 % in Diepholz; 13,08 % in Soltau-Fallingbostel und 12,42 % im Landkreis Nienburg.
Während also die Entwicklungswerte der zugehörigen Dorfregionen, der genannten Landkreise mit denen der Kreisstädte weitgehend sowohl im positiven als auch im negativen Sinne übereinstimmen, weisen andere Dorfregionen vergleichsweise mehr oder weniger starke Bevölkerungsverluste im Vergleich zu den Werten der zugehörigen Landkreise auf, insbesondere in Soltau-Fallingbostel, Diepholz und Hameln-Pyrmont.

Auffällig ist, dass 54 % der weniger als 500 Einwohner zählenden Fallstudienorte durch eine negative Bevölkerungsentwicklung gekennzeichnet sind, während der Durchschnittswert bei 27,5 % liegt. Damit ist auch ein eindeutiger Zusammenhang zwischen der Ortsgröße und der Bevölkerungsentwicklung im Untersuchungsbereich bestätigt worden.
Offensichtlich sind jedoch für die Bevölkerungsentwicklung neben der Ortsgröße auch andere Ursachen, wie Standortvorteile im Einzugsbereich benachbarter Grund- oder Mittelzentren, die Infrastrukturausstattung sowie eine aktive Baulandpolitik von Bedeutung.

Bevölkerungsentwicklung in den von der Untersuchung betroffenen niedersächsischen Landkreisen

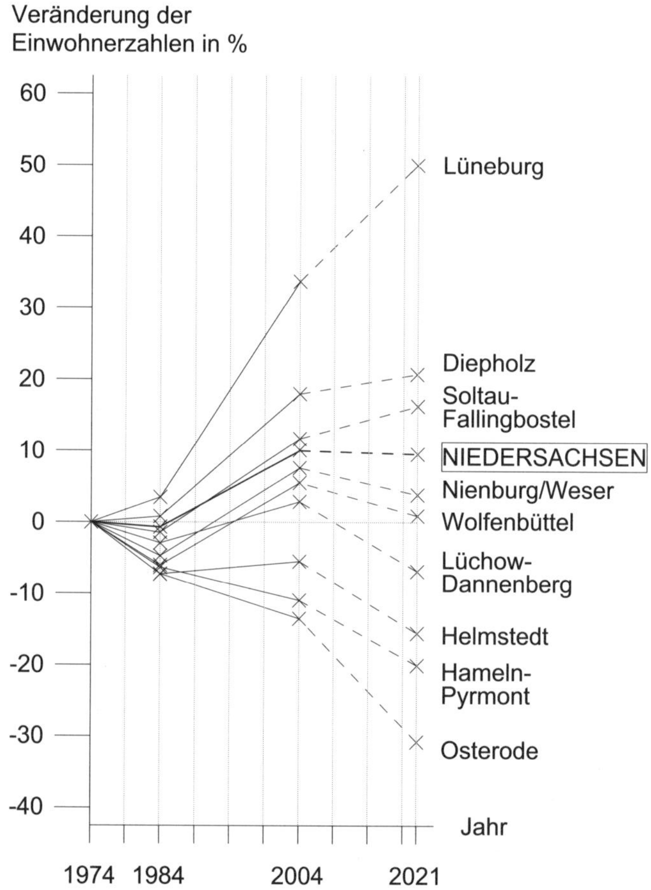

Im Vergleich ausgewählter Jahrgänge werden in einigen Landkreisen starke Rückgänge verzeichnet, während die Bevölkerung in anderen Kreisen im gleichen Verhältnis steigt.
Die Zahl für 2021 ist eine Prognose des Jahres 2004.
Demnach werden viele zurzeit noch "starke" Landkreise auch durch Bevölkerungsschwund betroffen sein.

Abb. 181: Bevölkerungsentwicklung in den betroffenen Landkreisen

19.2.2 Altersaufbau und -entwicklung

In die vergleichende Analyse der Altersstrukturen für den Zeitraum von 1974 – 2003 wurden neben den Dorfregionen mit ihren Ortsteilen auch die zugehörigen Landkreise und das Land einbezogen.
An den vier Altersgruppen der unter 21-Jährigen, der 21- bis 45-Jährigen, der 46- bis 65-Jährigen und der über 65-Jährigen lässt sich für das Land Niedersachsen der Strukturwandel im Altersaufbau sichtbar machen. Danach ist die für die Zukunftsgestaltung so wichtige Altersgruppe der unter 21-Jährigen in 30 Jahren von 30,50 % auf 22,72 % gefallen, während die Altersgruppe der über 65-Jährigen im gleichen Zeitraum von 14,80 % auf 18,25 % angestiegen ist.

Die bestehende Relation zwischen allgemeiner Strukturschwäche, geringem Bevölkerungswachstum und relativer Überalterung kann insbesondere im Vergleich der Landkreise Diepholz und Lüneburg mit jeweils nur 17,95 % bzw. 16,59 % Anteilen der Altersgruppe der über 65-Jährigen gegenüber den strukturschwächeren Landkreisen Lüchow-Dannenberg und Osterode am Harz mit 22,47 % bzw. 23,39 % bestätigt werden. Auch die Werte der betroffenen Landkreise Hameln-Pyrmont (21,77 %) und Helmstedt (20,38 %) übersteigen den Landesdurchschnitt bereits erheblich.
Von größtem Interesse ist der Datenvergleich zwischen den Orten innerhalb der untersuchten Dorfregionen und zu den zugehörigen Landkreisen.

Während sich seit der Dorferneuerungsphase vor 12 – 15 Jahren auch in den Dörfern der Anteil der unter 21-Jährigen von 23,54 % auf 21,59 % verringert hat und damit gering unter dem Landesdurchschnitt liegt, ist der Anteil der über 65-Jährigen mit 16,87 % doch eindeutig unter dem Landesdurchschnitt geblieben (18,25 %).
Die mit Abstand günstigsten Altersstrukturen weisen wiederum mit nur 11,33 % und 13,19 % über 65-Jähriger die bereits durch eine positive Bevölkerungsentwicklung gekennzeichneten Dörfer in den strukturstarken Regionen Lüneburg (Elbtalauen Nord, Radbruch) und der Nienburger Wesermarsch auf.

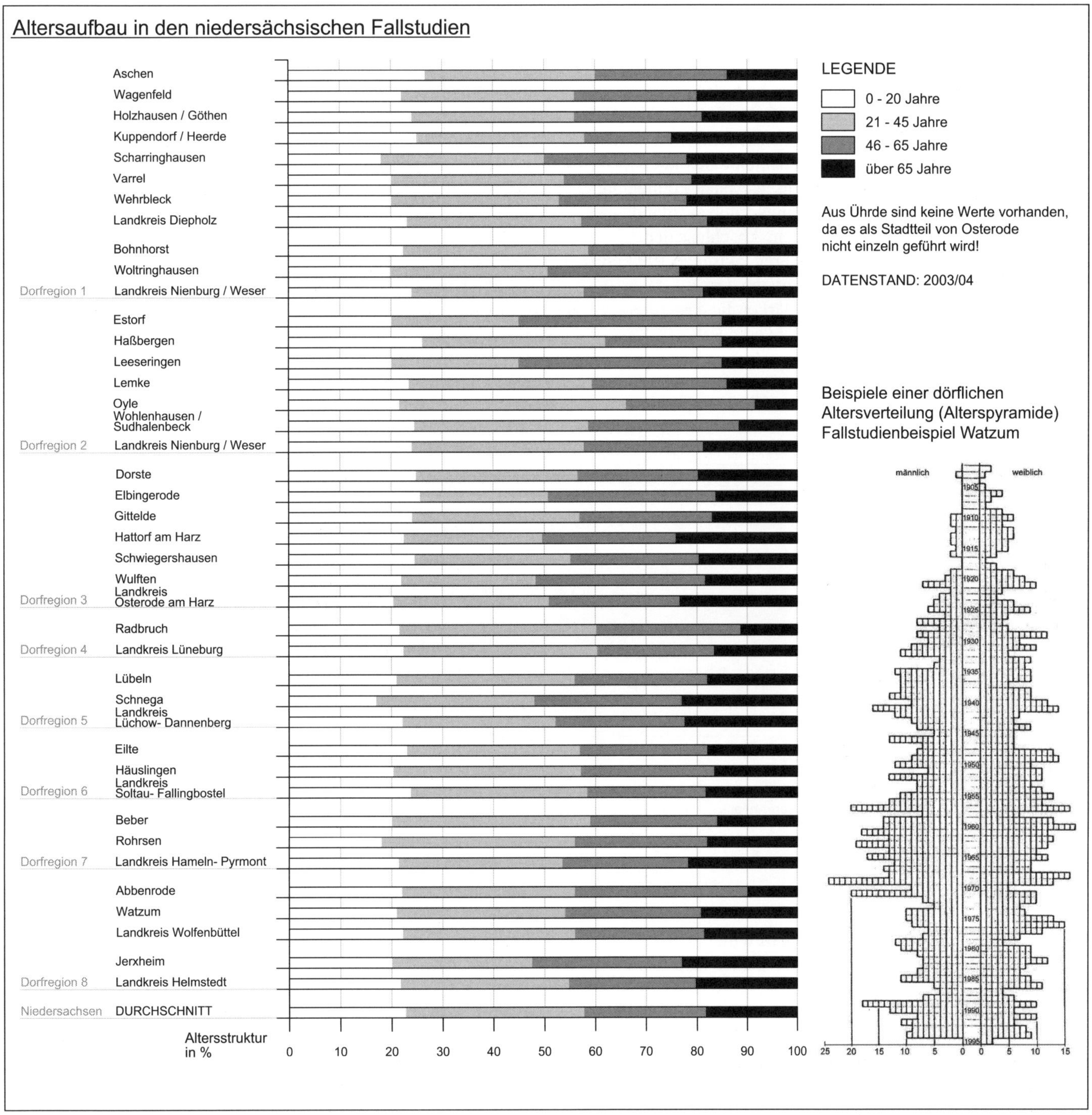

Abb. 182: Altersaufbau in den niedersächischen Fallstudien

Lediglich die Dörfer der Region Wendland und der Geest-/ Moorregion, deren Strukturschwäche aus anderen Analysen bestätigt werden kann, überschreiten mit 20,54 % bzw. 20,50 % der über 65-Jährigen den Landesdurchschnitt erheblich. Interessanterweise besitzen die Dörfer der Region Südharz trotz der Strukturschwäche des Landkreises Osterode mit einem Anteil von 23,51 % unter 21-Jähriger die günstigste diesbezügliche Entwicklungsvoraussetzung!
Mit nur 19 % in dieser Altersgruppe unterschreiten dagegen die beiden Untersuchungsdörfer der Wendlandregion den Landesdurchschnitt erheblich.
Es muss jedoch an dieser Stelle nochmals betont werden, dass die ausgewiesene, aktuell günstige Altersstruktur in einzelnen Dorfregionen (Nienburger Wesermarsch, Radbruch, Südharz) ausschließlich auf den relativen Kinderreichtum der zugewanderten Ausländerfamilien zurückzuführen ist.
Infolge der zu geringen Geburtenraten, der nachlassenden Zuwanderungen und der zunehmenden Überalterung werden sich ab 2010/15 die derzeit günstigen Werte umkehren, falls nicht ein vollständiger Bewusstseinswandel in der Gesellschaft und in der jüngeren Generation hin zu einer langfristigen Stabilisierung der Bevölkerungsentwicklung und des Altersaufbaus erfolgt.

19.3 Fallstudienanalyse Sachsen-Anhalt

Über einen Vergleich der Bevölkerungsentwicklung und des Altersaufbaus mit den parallel untersuchten Fallstudiendörfern und zugehörigen Landkreisen in Sachsen-Anhalt können die Strukturprobleme ländlicher Räume in Norddeutschland ebenfalls verdeutlicht werden. Seit dem Abschluss der Dorferneuerungsplanungen in den Jahren zwischen 1992 und 1995 haben sich weniger die Strukturdaten der Bevölkerungsentwicklung, sondern stärker die des Altersaufbaus und der Haushaltsgröße verändert.

Der Einbruch der Einwohnerzahlen in den untersuchten Dörfern erfolgte bereits unmittelbar nach der Wende – bedingt durch eine intensive Abwanderung jüngerer Familien in die westlichen Bundesländer, woraus wiederum erhebliche Veränderungen im Altersaufbau folgten.
Die Hälfte der untersuchten acht Fallstudiendörfer (Binde, Erxleben, Reinstedt und Großjena) konnte inzwischen bedingt durch Wohn- und Gewerbelandausweisungen (Erxleben, Reinstedt), durch Standortvorteile touristischer Art (Großjena), durch die Nähe zu attraktiven Mittelzentren (Binde, Großjena) oder durch den Ausbau zum Grundzentrum (Erxleben) in geringem Umfang den negativen Trend umkehren und ihre Bevölkerungsentwicklung etwas stabilisieren. Die Entwicklung der Altersgruppen nahm einen gegenüber Niedersachsen zwar vergleichbar dramatischen, aber im Gesamtergebnis leicht abgeschwächten Verlauf.

Obwohl der Anteil der unter 21-Jährigen sich in relativ kurzer Zeit von 28,60 % auf 22,73 % verringerte, liegt er doch noch höher als vergleichsweise in den untersuchten niedersächsischen Dörfern (21,59 %) und bedeutend höher als im Schnitt des Landes Sachsen-Anhalt (17,88 %).
Besonders auffallend ist auch der gegenüber der Wende annähernd gleich hoch gebliebene Anteil in der Altersgruppe der über 65-Jährigen mit 14,77 % (Dorfregionen Niedersachsen 16,87 %), der auch erheblich unter dem vergleichbaren Landesdurchschnitt von Sachsen-Anhalt mit 19,75 % liegt (Land Niedersachsen 18,25 %).
Offensichtlich treten vergleichbare Strukturprobleme in den ländlichen Räumen Sachsen-Anhalts noch nicht mit der gleichen Schärfe wie in den Mittel- und Oberzentren des neuen Bundeslandes zu Tage.
Weitere Hinweise zu den Strukturproblemen der ländlichen Regionen sind der Veröffentlichung „Alternative Siedlungs-entwicklung“ (Lit. 37) zu entnehmen.

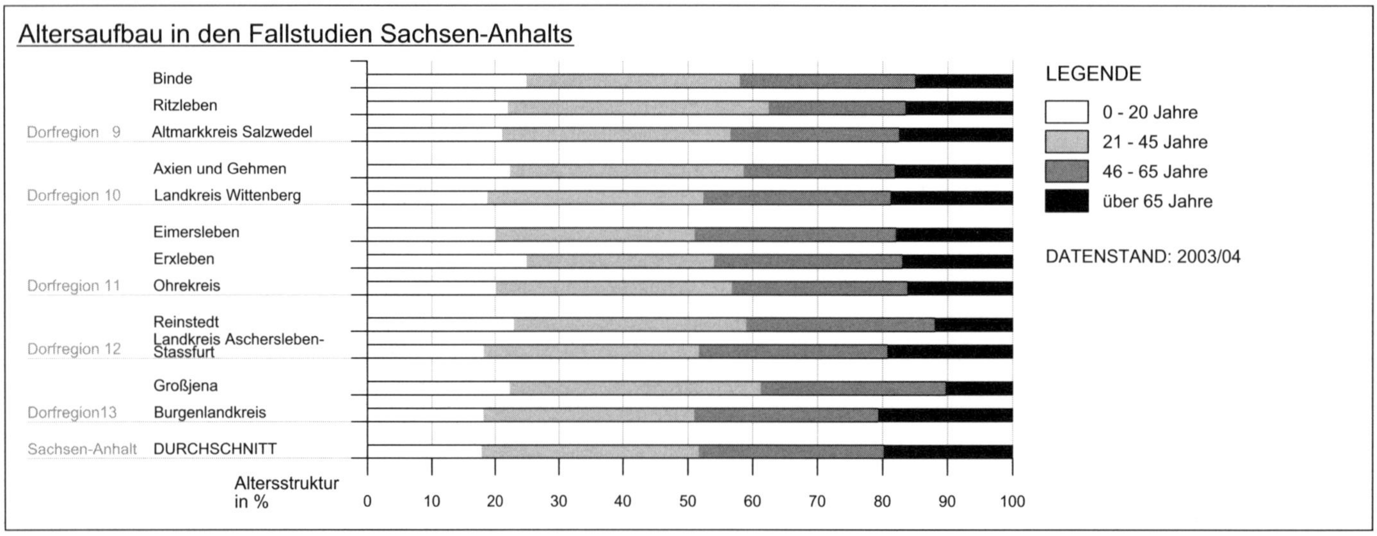

Abb. 183: Altersaufbau in den Fallstudien Sachsen-Anhalts

19.4 Haushaltsgrößen

In der Haushaltsgröße einer Gesellschaft wird deren Strukturstärke oder -schwäche gewissermaßen „auf den Punkt“ gebracht.

In der Anzahl der Mitglieder eines familiären oder parafamiliären „Haushalts als kleinster gesellschaftlicher Zelle“ spiegeln sich Fertilität, Egoismen und Auflösungstendenzen ihrer Mitglieder gleichermaßen wider.

Einer durchschnittlichen Kinderzahl von 1,4 Kindern pro Haushalt entspricht inzwischen eine durchschnittliche Haushaltsgröße von nur noch 2,16 Personen pro Haushalt in Niedersachsen.

Im Vergleich der untersuchten Landkreise wird dieser Wert wesentlich nur dort überschritten, wo sich – bedingt durch eine überdurchschnittliche Zuwanderungs- und Baulandpolitik eine positive Bevölkerungsentwicklung ergeben hat (Diepholz 2,41 EW/H und Nienburg 2,36 EW/H).

Einwohner- und Haushaltsentwicklung am Beispiel Elbingerode

Zahl der Haushalte: ca. 140
Zahl der Bewohner / Haushalt: 3,3

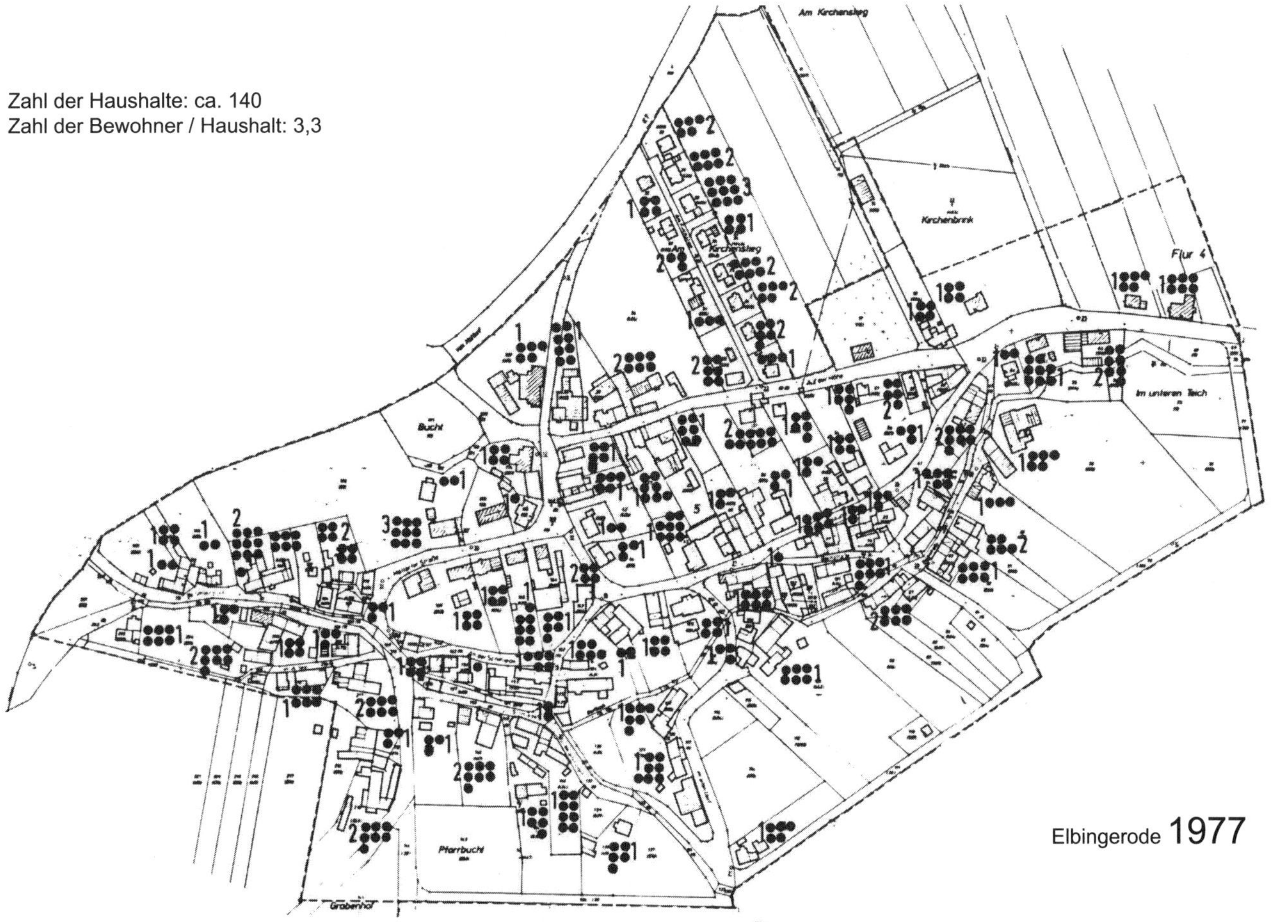

Im Verlauf von fast 30 Jahren hat sich die Einwohnerzahl von Elbingerode zwar insgesamt etwas erhöht von 475 auf 485, jedoch nur durch das Neubaugebiet "Vor der Steige". Denn gleichzeitig ist die Zahl der Bewohner pro Haushalt im Kerndorf erheblich gesunken. Viele 1- und 2-Personenhaushalte deuten auch in Elbingerode auf immer kleinere Haushaltsgrößen hin. Die Anzahl der Haushalte ist also bei annähernd gleich gebliebener Einwohnerzahl erheblich gestiegen.

Zahl der Haushalte: ca. 250
Zahl der Bewohner/Haushalt: 1,93

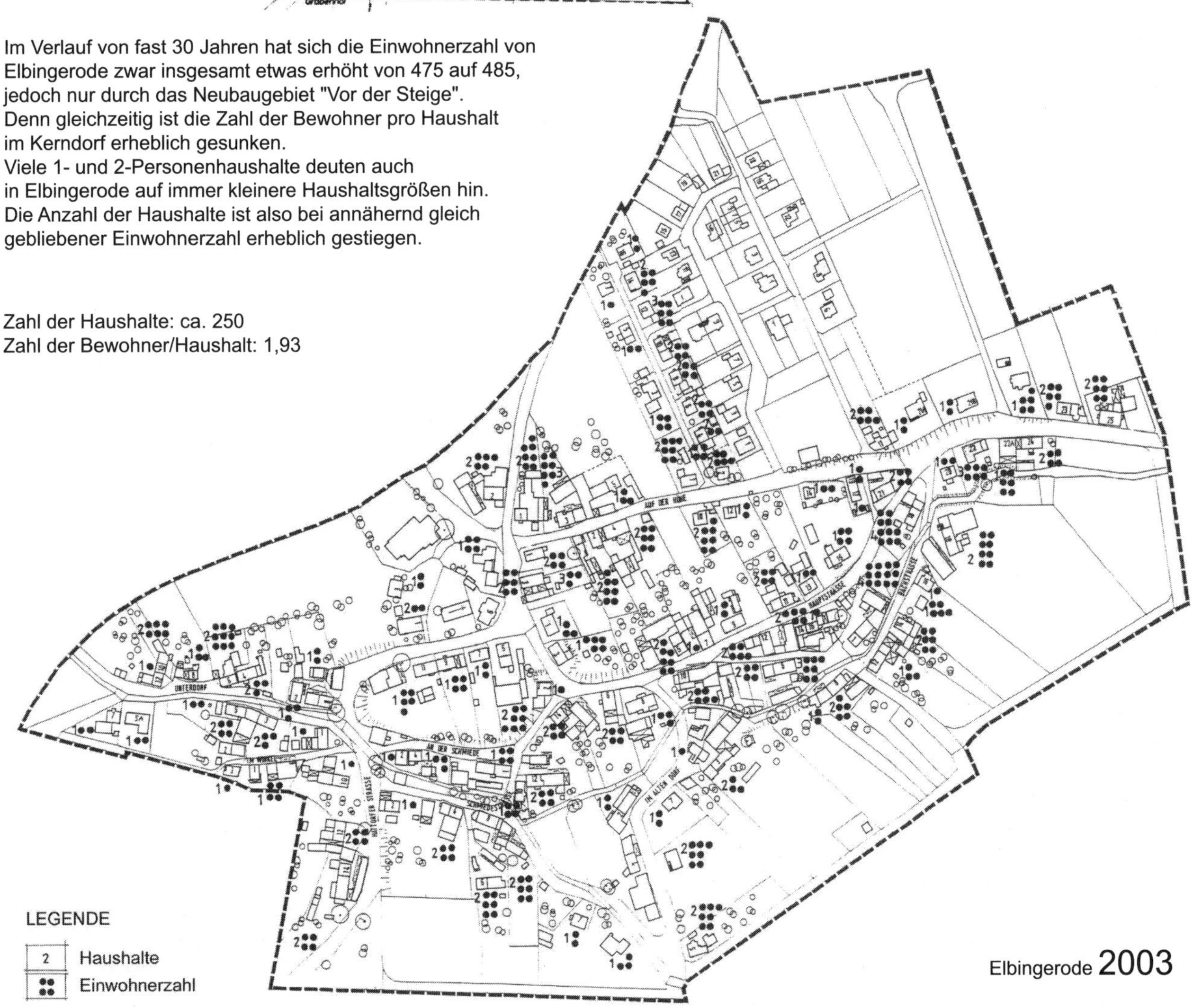

Abb. 184: Einwohner- und Haushaltsentwicklung (Elbingerode)

Während im Vergleich der niedersächsischen Dorfregionen der Landesschnitt bereits in 12 oder 38 % der untersuchten Dörfer unterschritten wird, liegt der Durchschnittswert der untersuchten Dörfer noch mit 2,42 Einwohnern pro Haushalt über diesem.

Als relativ stabil können bezüglich ihrer Haushaltsgröße gerade die Dorfregionen gelten, die im Übrigen durch mehrfache Strukturschwächen gekennzeichnet sind (Geest-/Moorregion mit 3,09 EW/H und Wendlanddörfer mit 3,10 EW/H).

Bedenklich unterschritten wird dagegen die Haushaltsgröße bereits in einigen Dörfern der Nienburger Wesermarschregion (Lemke, Oyle, Wohlenhausen) der Südharzregion (Elbingerode, Gittelde, Hattorf, Wulften), der Süntelregion (Beber, Rohrsen) und der Braunschweiger Börde (Watzum).
Der 2-Personen-Haushalt ist im Übrigen kennzeichnend für die Altersgruppe der über 65-Jährigen und damit nicht nur Indiz für die zunehmende „Versingelung“, sondern auch der zunehmenden Überalterung.

19.5 Sonstige Fallstudienergebnisse

Auf die Frage nach den vermuteten Auswirkungen der Dorferneuerung auf die Bevölkerungsentwicklung, insbesondere auf die Zu- und Abwanderungen sowie auf die Altersstruktur, antworten 50 % der zuständigen Ämter für Landentwicklung mit „geringem bzw. keinem Einfluss“, 33 % mit „teilweisem Einfluss“ und 17 % mit „absolut positivem Einfluss“.
Ausgewählte Experten, d. h. besonders mit ihrem Dorf verbundene Bewohner wurden nach möglichen Problemen für ihr Dorf als Folge einer negativen Bevölkerungsentwicklung, Altersstruktur oder verstärkten Zuwanderung befragt. 50 % der Befragten sahen „spezifische Probleme“ der Bevölkerungsentwicklung (Abwanderung junger Altersgruppen, Überalterung), 6 % sahen sogar „extreme Probleme“.

19.6 Zusammenfassung/Folgerungen

Wie die Fallstudienanalysen belegen, ist auch der ländliche Raum Niedersachsens mit seinen Dörfern nur noch bedingt – gewissermaßen auf „Restinseln normaler Zustände“ eine Bastion gegen den Einbruch globaler europäischer Probleme wie Geburtendefizite, abnehmender Haushaltsgröße und Vergreisung.
Dabei könnten gerade die historischen Mehrgenerationenhaushalte als das Modell schlechthin für eine zukünftige Form eines sozialverträglichen Miteinanders der Altersgruppen gelten (siehe auch Kapitel 17).
Die als Argumente gegen eine Familiengründung und gegen „Nachwuchsproduktion“ von der jüngeren Generation gerne ins Feld geführte fehlende Kinderbetreuung während der Arbeitszeit der Mutter, könnte entweder durch ein erhöhtes Angebot an Kindertagesstätten mit entsprechender Anzahl von Kinderkrippenplätzen oder durch eine Reaktivierung des dorftypischen Mehrgenerationenwohnens aufgefangen werden.
Nach allen Erfahrungen steht die älter werdende Rentner- und Großelterngeneration durchaus zur Verfügung für die gestellten Betreuungsaufgaben.
Bei Fortsetzung des Trends abnehmender Haushaltsgrößen und ohne Familienanschlüsse der herkömmlichen Art hat das „Familienhaus“ jedoch praktisch seine Bedeutung verloren.
Die in der historischen Dorfgemeinschaft mehr oder weniger tradierte Form der „Altenteiler-Wohnung“, die als Voraussetzung für die Hofübernahme vom Hoferben zur Verfügung gestellt werden musste, diente durch ihre Nähe und damit verbundene Verfügbarkeit von Arbeitskraft allen Mitgliedern der Mehrgenerationenfamilie. Die Großeltern fanden sinnvolle Tätigkeitsfelder in der Kinderaufsicht und Hofarbeit, den Kindern war die für ihre Entwicklung so wichtige Kontaktnahme mit den Großeltern zugesichert und die mittlere Generation profitierte sowohl von den Erfahrungen als auch von der Hilfestellung ihrer eigenen Eltern.
Auf die Chancen einer Reaktivierung des Mehrgenerationenmodells wurde bereits im Kapitel 16 hingewiesen.

Angesichts der sich verschärfenden arbeits- und bevölkerungspolitischen Randbedingungen – mit der Folge wachsender Pendlerentfernungen zu Wohn- und Freizeitstandorten macht es vermehrt Sinn, über eine aktuelle Form des Mehrgenerationenwohnens nachzudenken und entsprechende Alternativen zu entwickeln.

Nochmals sei darauf hingewiesen, dass sich gewissermaßen als Nebeneffekt auch die aus der „Vereinzelung“ und Vereinsamung der im dörflichen Umfeld allein lebenden Menschen ergebenden psychologischen und psychosomatischen Belastungen und Erkrankungen reduzieren ließen.
Für die Siedlungsentwicklung, Bauleitplanung und Dorferneuerungsplanung folgt als konsequente Aufgabenstellung die Entwicklung neuer gemeinschaftlicher Wohn- und Lebensformen – möglichst unter Nutzung der überlieferten, leer gefallenen historischen Haus- und Hofformen.
Voraussetzung für den skizzierten Siedlungs- und hochbaulichen Erneuerungsansatz ist jedoch ein Bewusstseinswandel, sowohl bei der älteren als auch bei der jüngeren Generation, die unter möglichem Verzicht auf so manche Vorteile einer bisher intensiv ausgelebten Freiheit und Güterinanspruchnahme neue Prioritäten in der Betonung des „WIR“ gegenüber dem „ICH“ setzen müsste.
Dieser zugegebenermaßen relativ radikale gedankliche Ansatz wird bewusst der in der Tages- und Kommunalpolitik üblichen Praxis des reinen „Kurierens von Symptomen“ gegenübergestellt.
In den untersuchten Fallstudiendörfern wird die Abschätzung der zukünftigen Bevölkerungszahlen erschwert durch die Tatsache, dass die Verteilung der prognostizierten Zuwanderungen in den Landkreisen keineswegs gleichmäßig erfolgen wird.
Entsprechend der Zielsetzungen des LROP (Lit. 93) und der RRO-Pläne gehört der Ausbau der zentralen Orte (Grundzentren im ländlichen Raum) auch in Zukunft zu den wichtigsten Zielen und Instrumenten der Landes- und Regionalpolitik (RROP Osterode, Lit. 2). Andererseits wird festgestellt, dass im privatwirtschaftlichen Bereich, insbesondere in der dispersen Siedlungsentwicklung, die Einflüsse des Konzeptes der „zentralen Orte bisher relativ unwirksam geblieben sind“ (Beispiel Osterode).

Unter der Annahme einer weitergehenden Fortschreibung der bisherigen Bevölkerungsentwicklung in den Untersuchungsdörfern wird die Einwohnerzahl in etwa der Hälfte von ihnen weiterhin abnehmen. In 20 % der Dörfer könnte danach eine kritische Grenze für die Aufrechterhaltung noch vorhandener verkehrlicher, technischer, sozialer und der Versorgung dienender Infrastruktureinrichtungen erreicht werden.
Besonders betroffen sind einzelne Orte der Dorfregionen Geest-/Moorregion, des Aller-Leinetals und der Braunschweiger Börderegion.

Erwartungsgemäß dramatischer stellt sich die Situation in den untersuchten Dörfern aus Sachsen-Anhalt dar, wo zwei Drittel von zum Teil erheblichem Bevölkerungsrückgang gekennzeichnet sind, vor allem in den Untersuchungsregionen „Elbtalauen Ost“ und „Altmark“.

Da bisher keine stabilisierenden Zuwanderungen ausländischer Bürger sondern lediglich Binnenwanderungen in den ländlichen Räumen Sachsen-Anhalts zu verzeichnen sind, stehen wegen der gleichzeitigen erheblichen Geburtsdefizite bei fortgesetzter Abwanderung jüngerer Dorfbewohner manche Ortsteile bereits heute vor den Problemen einer nachhaltigen demografischen Zukunftssicherung.

Die Garantie der politisch geforderten und bis heute für sämtliche ländlichen Räume der Bundesrepublik zugesagten „gleichwertigen Lebensbedingungen" erscheint unter dem gegebenen Prinzip der Fortschreibung des „status quo" nicht mehr aufrecht haltbar zu sein.
Wenn das „Kurieren an Symptomen" der aufgezeigten Entwicklung (Reduzierung von Dienstleistungen, ÖPNV Personalabbau, Abbau von Fördermitteln, Stagnation von Baulandausweisungen u. a.) letztendlich nur zu einer Beschleunigung der aufgezeigten bedrohlichen Entleerungstendenzen in den Dörfern führen kann, bedarf es einer neuen Strategie im Umgang mit den skizzierten Problemen.
Nach einer schonungslosen Aufklärung unter allen Bevölkerungsgruppen sind die Lasten und Pflichten für eine Sicherung der ländlichen Räume neu unter sozialen Gesichtspunkten zu definieren und zu verteilen.
Neben einem vermehrten Angebot an dorfspezifischen, d. h. handwerklichen und landwirtschaftlichen Arbeitsplätzen vermag letztlich wohl nur ein neues Verantwortungsbewusstsein für die Familie als kleinster, unverzichtbarer Zelle in der Gesellschaft und damit für Kinder als Garanten der Zukunft langfristig eine Lösung der Probleme zu bieten.

In seinem Beitrag „Land ohne Kinder" weist die illustrierte Zeitschrift „Der Stern" (Stern 27/05, Lit. 97) darüber hinaus auf eine aus seiner Sicht fehlerhafte Förderpolitik und auf eine demotivierende Grundeinstellung der Bevölkerung gegenüber den angemessenen Formen der Kinderbetreuung während der Arbeitszeit der Mütter hin. Danach haben die deutsche Gesellschaft und die politischen Entscheidungsträger mittels der bisherigen Gesetztes- und Förderungspolitik keinen gangbaren Weg gefunden, ein Nebeneinander von Arbeits- und Kinderbetreuungstätigkeit durch die Mütter zu unterstützen. Zum Vergleich werden Frankreich, die Niederlande und die skandinavischen Länder mit bedeutend höheren Fertilitäts- und gleichzeitig Beschäftigtenraten der Frauen herangezogen.
Zum anderen sei die allgemeine Erwartungshaltung der Deutschen gegenüber den Formen der Mütterbetreuung antiquiert und tragen keineswegs der veränderten beruflichen und gesellschaftlichen Position der Frauen Rechnung.

Als dritter Grund wird die bisherige Gleichgültigkeit deutscher Spitzenpolitiker der rot-grünen Regierung vor 2006 gegenüber dem Thema „Familie" angeführt. Diese Hinweise verdeutlichen zumindest, dass die Ursachen der demografischen Entwicklung kaum im unzureichenden Siedlungs- oder Wohnungsstandard liegen, sondern vielmehr gesellschaftspolitischer Art sind. Damit betreffen die Probleme sowohl die Ländlichen Räume – wenn auch noch in abgeschwächter Form – und die Verdichtungsräume gleichermaßen.

Die Beiträge zum „Demografischen Wandel in Niedersachsen" des Neuen Archivs für Niedersachsen Heft 2 / 2005 (Lit. 108) sind vor allem auch der „alternden und schrumpfenden" Region Südniedersachsen gewidmet. Die besonders durch Erwerbs-, Erziehungs- und Betreuungsaufgaben mehrfach belastete (deutsche) Altersgruppe der „Jüngeren Erwachsenen" zuwischen 30 und 45 Jahren wird auch in dieser Region bereits bis 2020 um über 8 % abnehmen, während bei fortgesetzter Zuwanderung gerade der Ausländeranteil in dieser Altersgruppe stark anwachsen wird

Es stellt sich daher die Frage, ob die angekündigten Investitionen in „generationenübergreifende Infrastruktur-netzwerke" eine Problemlösung bewirken können – vor allem wenn sie nur auf Grund- und Mittelzentren der Region ausgerichtet sind.
Deutlich wird auch, dass der Wettbewerb unter den ländlichen und städtischen Wohnstandorten um Einwohner in der Region stärker geworden ist. Einerseits wird festgestellt, dass die Heimatverbundenheit der älteren Stadtbewohner Rückkehrwünsche in ländliche Regionen zur Folge habe, andererseits werden Urbanisierungstrends vor allem der jüngeren Bevölkerungsgruppen festgestellt, die abwechslungsreiche, soziokulturelle Angebotsvielfalt und die Nähe von Wohn- und Arbeitsstätte im urbanen Standort suchen und daher das Dorf verlassen.
In letzter Konsequenz würde eine solche Entwicklung jedoch zum Dorf als „Altenheim-Standort" führen, was weder aus sozioökonomischen, noch aus demografischen Gründen erwünscht sein kann.

20 ALTERNATIVE ENERGIEN

20.1 Einführung

Nach der allgemeinen Erkenntnis der Begrenztheit der fossilen Energieformen Kohle, Erdgas und -öl und nach der politischen Grundsatzentscheidung gegen den weiteren Ausbau von Atomkraftwerken ist die Frage nach alternativen Energieformen und -lieferanten in den vergangenen 10 Jahren in den Mittelpunkt der Bundes-, Länder- und Kommunalpolitik gerückt. Aufgrund der Notwendigkeit, für eine solche Entwicklung die entsprechenden Flächen verfügbar zu machen, findet die Zukunft der alternativen Energien fast ausschließlich in den ländlichen Regionen statt.
Direkt betroffen von den Chancen, als auch von den Auswirkungen dieser Entwicklung sind jetzt auch die Dörfer, deren Standorteignung für die eine oder andere Energiealternative bereits mehr oder weniger intensiv genutzt wird.

Wie Henkel (Lit. 48) feststellt, war bereits „bis zum Beginn der Industrialisierung der ländliche Raum nicht nur Energieselbstversorger, sondern darüber hinaus der dominante Energiespeicher und -produzent“ mittels Wasser- und Windmühlen, deren Bedeutung durch den Wechsel zu den oben genannten fossilen Brennstoffen stark zurückging.
Vor allem das frühindustrielle Gewerbe und der Bergbau profitierten vom intelligenten Einsatz der Wasserkraft.
Der Einsatz regenerativer, umweltfreundlicher und dezentraler Energien gehört seit ca. 10 Jahren zum politischen Programm in Deutschland und stärker noch in einigen europäischen Ländern (Skandinavien, Österreich, Portugal).

Die Energieversorgungsziele in den Regionalen Raumordnungsprogrammen der Landkreise Osterode (1998) und Nienburg/Weser (2003) basieren auf übergreifenden Zielen des Landesraumordnungsprogramms (LROP), in dem jedoch keine Wertung der Energiealternativen vorgenommen wird:

„Maßnahmen der Energieeinsparung und rationellen Energieverwendung haben Vorrang vor dem Ausbau der Erzeugungskapazitäten. Möglichkeiten der Energieeinsparung sollen bereits in der Bauleitplanung berücksichtigt werden. Notwendige neue Erzeugungskapazitäten sollen möglichst in Kraft-Wärme-Kopplung und auf der Basis erneuerbarer Energien wie Wind, nachwachsende Rohstoffe, Klärgas, Biogas und Sonnenenergie geschaffen werden. Die Möglichkeiten des Einsatzes von Windenergie sind dabei unter Berücksichtigung des Erhalts attraktiver Orts- und Landschaftsbilder voll auszuschöpfen“ (LROP, Lit. 93).

Auf die Notwendigkeit einer verdichteten Bebauung als einer wichtigen Voraussetzung zur Energieeinsparung wird im LROP und in den genannten RROP ebenfalls hingewiesen (siehe Kap. 16).
Wegen des aktuellen funktionalen Bezugs zur Dorferneuerung und -entwicklung wird im Folgenden auf die Windenergie-, Sonnenenergie- und Biogasnutzung näher eingegangen, die vor ca. 15 – 20 Jahren noch eine untergeordnete Rolle in Niedersachsen spielten und daher auch nur selten Gegenstand von Dorferneuerungsplanungen waren.
In den vor ca. 10 Jahren abgeschlossenen Dorferneuerungsplanungen der Fallstudiendörfer Sachsen-Anhalts kommt die vergleichbar geringe Bedeutung regenerativer Energieanwendungen gegenüber den ungelösten Problemen der technischen Infrastrukturausstattung (Abwasser, Straßen u. a.) ebenfalls zum Ausdruck.

20.1.1 Windenenergienutzung

Die Folgewirkungen der Windenergienutzung auf das Dorf- und Landschaftsbild einerseits und infolge der Geräuschemissionen auf die Lebensqualität der Dorfbewohner andererseits haben in den letzten Jahren so an Gewicht zugenommen, dass sie die skizzierten Vorteile dieser regenerativen Energienutzung im Bewusstsein der Betroffenen zu überdecken drohen. Der aus dem Bundesemissionsschutzgesetz abgeleitete Mindestabstand zur Wohnbebauung von 500 Metern wird in der Praxis eher unter- als überschritten und berücksichtigt die landschaftlichen oder topografischen Besonderheiten dörflicher Standorte selten.
Alleine über 20 % der untersuchten Fallstudiendörfer in Niedersachsen sind bereits oder werden zurzeit von Windkraftanlagen in der Gemarkung eingefasst oder tangiert (Lemke, Oyle, Wohlenhausen, Kuppendorf, Holzhausen, Elbingerode, Eimersleben, Reinstedt, Scharringhausen, Schnega).

Vor dem Hintergrund der sich verstärkenden emotionalen Reaktionen der Bewohner ist es verständlich, wenn im RROP des Landkreises Nienburg der Katalog der Ausschlusskriterien für derartige Anlagen sehr viel umfangreicher als der der Eignungskriterien ist. Irritierend kommt hinzu, dass zu den letzteren ein „bereits beeinträchtigtes Landschaftsbild durch vorhandene technische Anlagen sowie ein im Landschaftsrahmenplan (LRP) ausgewiesener Bereich mit „geringer Vielfalt, Eigenart und Schönheit“ gehören.
Gerade die Abgrenzungsversuche zwischen niedersächsischen Kulturlandschaften verdeutlichen die Schwierigkeit, auf methodischem Wege zu einer Standortklärung zu kommen. Schließlich erfreuen sich auch Landschaften mit geringer Gliederung und Vielfalt, wie die ostfriesischen Geest- oder Marschenregionen der Beliebtheit vieler Menschen.
Offensichtlich kann, wie im Einzelnen noch nachzuweisen sein wird, das aktuelle (Rest-) Programm großer Windkraftanlagen nur noch durch entsprechende Dispense oder durch Nichteinhaltung der Ausschlusskriterien realisiert werden.

In Deutschland sind dank der vorhandenen Förderung und Strompreisgarantien mit über 50 % aller Anlagen mehr Windräder aufgestellt worden, als in allen anderen Ländern der Welt.
Seit 1990 ist die Anzahl der installierten Anlagen von 548 auf 16.543 vervielfacht worden!
Die installierte Leistung hat dadurch von 68 Megawatt auf 16.629 Megawatt zugenommen.
Diesen Erfolgen wurden von wirtschaftspolitischer Seite die überdurchschnittliche Höhe der Einspeisevergütung, die steigenden Stahlpreise und die steigenden Kosten für den Netzausbau entgegengehalten.
Außerdem ist das angestrebte Ziel von 15 % Stromgewinn aus Windkraft (inklusive der vorgesehenen Offshore-Anlagen im Meer) mit dem aktuellen Gewinn von 6 % nicht annähernd erreicht worden.

Die Entwicklung von über 180 Meter hohen Anlagen ist erst durch die baurechtliche Privilegierung lt. BauGB § 35, Abs. 1, Nr. 6 in Verbindung mit dem Gesetz zur Neuregelung des Rechts der erneuerbaren Energien im Strombereich vom 21.07.2004 (EEG) möglich geworden. Besondere Vorteile durch die Rechtslage haben die Betreiber der Anlagen und die meist landwirtschaftlichen Grundeigentümer der Bauflächen.

In seiner kritischen Betrachtung „Windenergie – eine wirkliche Alternative?“ hat Rakow (Lit. 97) auf einige grundsätzliche Probleme hingewiesen, die hier nur stichwortartig wiedergegeben werden sollen:

- *Die Netzbetreiber sind lt. Gesetz (EEG vom 21.07.2004) nur dann zur Vergütung von Strom aus Windkraftanlagen verpflichtet, wenn diese nachweislich am geplanten Standort mindestens 60 % des „Referenzertrages“ erzielen können, d. h. die Strommenge erbringen, die rechnerisch in fünf Betriebsjahren erbracht werden kann. Dieser Nachweis muss bis zum 21.07.2005, d. h. innerhalb eines Jahres nach Verkündigung des Gesetzes, erbracht werden!*
- *Die Witterungsabhängigkeit kann zu Netzproblemen, d. h. zu Stromabschaltungen führen, wodurch konventionelle Kraftwerke in gleicher Größenordnung wie Windkraftanlagen einsatzbereit sein müssen, um bei jeder Witterung Strom zur Verfügung zu stellen.*
- *Die Subventionen der Windkraftanlagen erfolgt indirekt über erhöhte Stromkosten, die dem Verbraucher aufgebürdet werden.*
- *Die geschaffenen Arbeitsplätze sind in erheblichem Umfang (5,2 Milliarden Euro) staatlich gefördert.*
- *Die restriktiven Standortbegrenzungen der RROP haben in der Praxis kaum Bedeutung. Windkraftanlagen werden und wurden auch an Landschafts- und Naturschutzgebieten errichtet (Bsp. Schnega).*
- *„Drehbewegung der Flügel, rotierende Schatten, hörbarer Lärm sowie unhörbare Frequenzen im Infraschallbereich können erhebliche physische und psychische Krankheitssymptome auslösen“.*
- *Der Vogelschlag hat mit etwa 50 erschlagenen Vögeln pro Jahr im Küstenbereich eine erhebliche Größenordnung angenommen.*
- *Der Werteverlust von Baugrundstücken in der Nähe von Windkraftanlagen kann nachweisbar bis zu 50 % betragen.*

Alle betroffenen niedersächsischen Landkreise haben ihre Gebiete anhand von Kriterien flächendeckend und unter besonderer Berücksichtigung von Mindestabständen von 5 km der Vorrangstandorte als sog. „Suchräume“ untersucht und festgelegt. Diese Vorrangstandorte beziehen sich nur auf „raumbedeutsame Windenergieanlagen“ (WEA) in Gruppen von mehr als fünf Anlagen und Einzelanlagen von mehr als 100 Metern Höhe, für die ein baurechtliches Verfahren nach dem BauGB erforderlich ist.
„Außerhalb der Vorrangstandorte sei eine Zulässigkeit raumbedeutsamer WEA nicht gegeben, weil ihr öffentliche Belange gem. § 35, Abs. 3 BauGB entgegenstehen“ (LROP Niedersachsen).
Ein weiteres Problem stellen aus der Sicht der Energiekonzerne die unzureichenden Stromnetze mit einem Ausbaubedarf von 1.000 km Hochspannungstrassen bis 2015 dar.

20.1.2 Biogas-, Biomasseanlagen

Neben der Wasserkraft zählen zu den besonders dorfrelevanten Energiealternativen Biogas, Sonnenenergie und Holz(pellets). An dieser Stelle kann jedoch nur auf den aktuellen Entwicklungsstand von Biogasanlagen und Sonnenkollektoren eingegangen werden.

Alternativ zur auslaufenden Installation von WEA hat sich Niedersachsen als offensichtlich geeigneter Standort für die Bereitstellung dieser Energie mit bisher 280 Anlagen und 30 % der installierten Stromleistung der BRD erwiesen. Bis 2005/06 sollen bereits ca. 500 Anlagen errichtet sein.
Biogas entsteht bei der Zersetzung organischer Stoffe unter Luftabschluss. Über verschiedene Stufen werden organische Stoffe durch Bakterien abgebaut, wobei ein Gasgemisch freigesetzt wird, das in Zukunft auch geruchsfrei sein soll.
Mit der Novellierung des Erneuerbare-Energie-Gesetzes (EEG) von 2004 wird auch der Strom aus Biomasse mit einer Garantie für 20 Jahre höher vergütet. Daraus folgt für die Landwirte neben der Planungssicherheit eine interessante zusätzliche, verlässliche Einnahmequelle.
Eine Vorreiter- und zugleich Testrolle hat aus eigener Initiative das Dorf Jühnde bei Göttingen übernommen, das als erstes Dorf in der Bundesrepublik seinen Strom komplett aus Biomasse gewinnen will. In dem von der Bundesrepublik geförderten Pilotprojekt soll über ein Nahwärmenetz und ein Holzhackschnitzelwerk die Energieeinspeisung bewirkt werden. Die Bürger des 750-Einwohnerdorfes sind zugleich die Gründungsmitglieder der neu gegründeten Bioenergie-Genossenschaft, die sich über erworbene Geschäftsanteile mit eigenem Kapital an der Realisierung beteiligt haben. Zweifellos wird das Projekt bei erfolgreicher Verlaufsphase die Dorfentwicklung in Niedersachsen intensiv beeinflussen.

20.1.3 Solar- und Photovoltaikanlagen

Die zunehmende Integration von Solar- und Photovoltaik-modulen an dörflichen Haupt- und Nebengebäuden belegt, dass neben der Windkraft- und der Biogasnutzung auch die Sonnenstrahlung als unerschöpfliche Energiequelle in den vergangenen 10 Jahren erkannt und verstärkt genutzt wurde.
Voraussetzung für eine Verstetigung dieser Energiealternative werden allerdings – wie bereits bei den zuvor vorgestellten Alternativen die garantierte Einspeisevergütung über das EEG in das öffentliche Stromnetz und ggf. weitere Fördermaßnahmen in Form vergünstigter Darlehen sein.
Die Sonnenenergie kann thermisch (Solaranlage) und elektrisch (Photovoltaik) in Alt- oder Neugebäuden genutzt werden.
Das Vorhandensein relativ großer Scheunen-, Remisen- oder Stalldächer in den niedersächsischen Dörfern ist neben der Sonne die zweite gewissermaßen kostengünstige Ressource, die in Anspruch genommen werden kann – ohne die für die Windkraft so restriktiven Ausschlusskriterien. Die auf oder in der Dachfläche bündig eingepassten Module bewirken trotz mehr oder weniger intensiver, textureller und farbiger Abweichungen von der Dachhaut nicht annähernd so störende Effekte, wie sie von den neuen großen Windkraftanlagen in der Dorfgemarkung ausgehen.
Der gern als Gegenargument eingebrachte Hinweis auf die Unverträglichkeit mit den sensiblen Gestaltmerkmalen von Baudenkmalen ist im Dorf bei den im Durchschnitt nur 3 – 5 % vorhandenen Objekten weniger bedeutsam, als zu befürchten wäre.
Im Übrigen unterliegt zumindest jede Photovoltaikmaßnahme an einem bestehenden Baukörper der Genehmigungspflicht, womit die untere Denkmalschutzbehörde automatisch in das Genehmigungsverfahren einbezogen wird.

Hullmann/Willkomm (Lit. 49) weisen auf die Multifunktionalität von Voltaikanlagen hin, zum Beispiel in der Funktion

- als Witterungsschutz wie eine wasser- und winddichte Außenhaut,
- als Wärmeschutzwand in hinterlüfteten Konstruktionen oder in transparenten Wärmedämmscheiben,

- als Verschattungselemente bei Vor- oder Terrassendächern,
- als Sicherheitsgläser,
- als Schallschutzwände bei mehrschichtigem Aufbau,
- als elektromagnetische Schirmdämpfung dank der elektrisch leitfähigen Unterkonstruktion und
- als Wärmespeicher.

Die besonderen gestalterischen Integrationsmöglichkeiten von Solar- und Photovoltaikanlagen an dörflichen Haupt- und Nebengebäuden wurden bereits in einem ersten vom niedersächsischen Heimatbund ausgeschriebenen studentischen Ideenwettbewerb erprobt. Das Ergebnis legt die Ausschreibung weiterer Ideen- und Realisierungswettbewerbe unter Architekten und Ingenieuren nahe.
Bautechnische, physikalische und gestalterische Anforderungen sind dabei nicht getrennt, sondern als untrennbares Bezugssystem zu sehen. Selbstverständlich kommt dabei auch der Einhaltung der „Regeln der Bautechnik“ höchste Priorität zu. Solarpaneele oder Voltaikmodule sollten als eigenständige Gestaltelemente mit neuen Möglichkeiten zur Wand- und Dachgestaltung verwendet werden, was in einigen gelungenen Beispielen auch bereits nachgewiesen werden kann.

20.2 Fallstudienanalyse

20.2.1 Kommunale Befragung

An die Gemeinden der untersuchten Fallstudiendörfer wurde auch die Frage nach umgesetzten Beispielen für den Einsatz alternativer Energien gerichtet.

Danach sind bis 2003 in neun oder 23 % der untersuchten Dörfer Niedersachsens Windkraftanlagen und in 10 oder 26 % Solar- bzw. Voltaikanlagen realisiert worden.
Mit 57 % ist der Anteil der Windkraftanlagen in den Dörfern des Südharzes und mit 100 %, 50 % und 33 % der Anteil der Solar-/Voltaikanlagen in den Dörfern des Aller-Leinetals, der Nienburger Wesermarsch und der Geest-/Moorregion überdurchschnittlich hoch.

In der Zwischenzeit wurden erste Solar-/Voltaikzellen auch in den bisher kaum mit solchen Anlagen ausgestatteten Dörfern der Region „Süntel“, des „Südharzes“ und weiteren Dorfregionen realisiert.

Insbesondere in Häuslingen wurden dank der Aufnahme in das Leader+-Programm des Landkreises Soltau-Fallingbostel bereits mehrere Voltaikanalagen auf öffentlichen und privaten Gebäuden errichtet, u. a. auf dem Dach des neuen Kindergartens. Anlässlich einer „Solarmesse“ am 22. Mai 2005 wurden von der Aller-Leinetal-Projektgruppe „Regenerative Energien“ in Schwarmstedt zahlreiche weitere Belege für die Bedeutung alternativer Energien im ALT-Projekt vorgestellt, so u. a. Bürgersolaranlagen, Biogas-Anlagen, Holzverbrennungsanlagen, Bürgerwindräder, Wasserkraftanlagen, Wassermühlen und -räder.
Inzwischen ist Häuslingen in der neuen „Solarbundesliga“ (www.solarbundesliga.de) von 753 beteiligten Kommunen auf Platz 120, in Niedersachsen sogar auf Platz 1 vorgerückt.
In Zusammenarbeit mit der Baustoffbörse des Aller-Leinetal-Projektes wird zurzeit in Häuslingen die Ausschreibung eines Wettbewerbes „Voltaikanlagen auf alten Dächern und an alten Gebäuden“ vorbereitet.

Vergleichsweise höher ist mit 57 % bzw. 71% der Anteil realisierter regenerativer Energien (überwiegend Windkraft- und Solaranlagen) in den untersuchten Dörfern Sachsen-Anhalts.

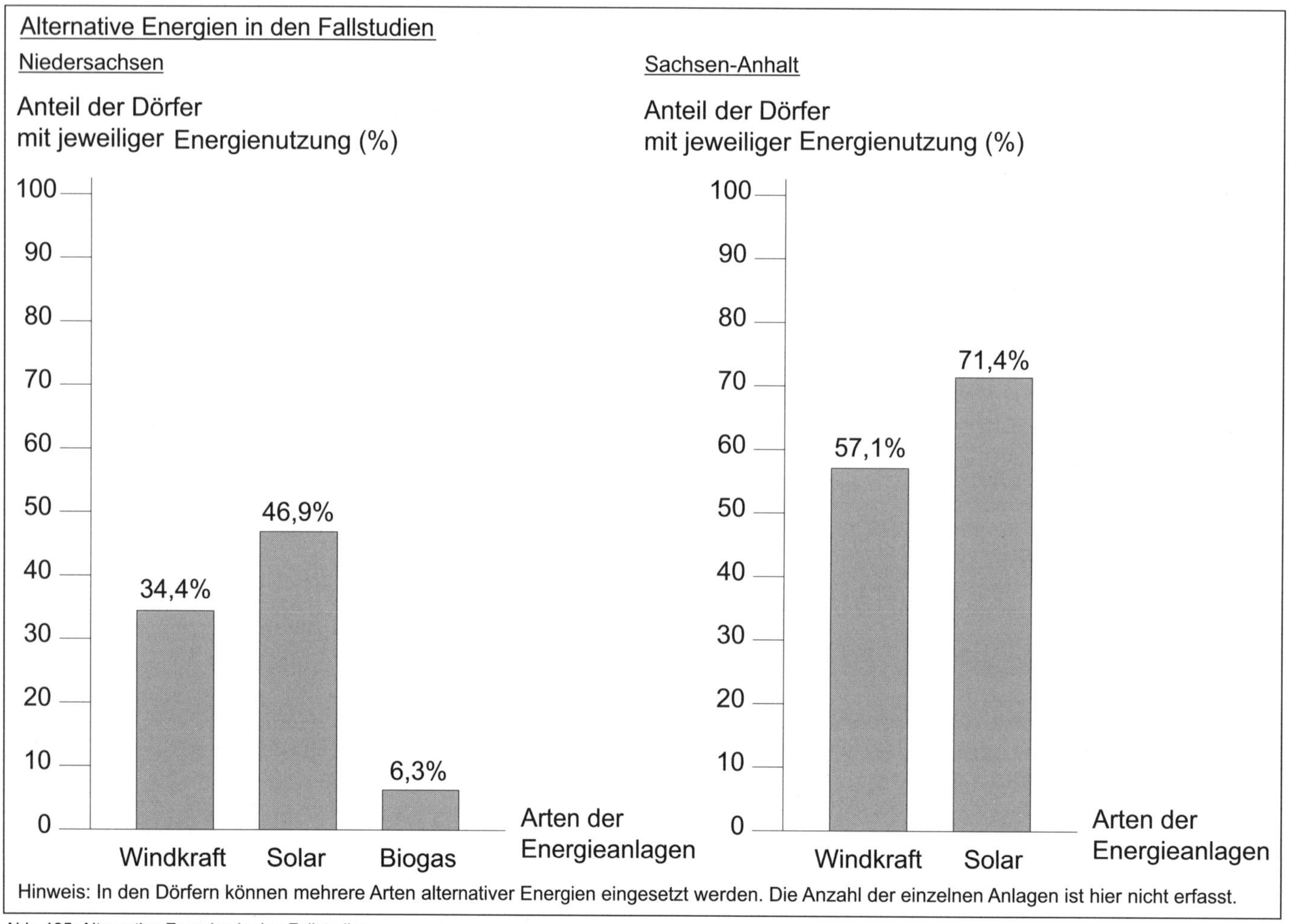

Abb. 185: Alternative Energien in den Fallstudien

20.2.2 Bürger- und Expertenbefragung

Den Antworten der Kommunalvertreter werden die eher subjektiven Aussagen der Bürger und der sog. „Experten", d. h. ausgewählten Bürgervertretern gegenübergestellt. Eindeutig kritische Hinweise zum geplanten Bau von Windparks kommen von den Bewohnern der Dörfer Holzhausen/Göthen (Samtgemeinde Kirchdorf), wo zurzeit der Befragung noch über den Bau von Windkraftanlagen diskutiert wurde. Mittlerweile sind dort 15 Windkraftanlagen realisiert worden. In Scharringhausen wird bereits ein einzelnes Windrad eines Privatbetreibers als störend empfunden.
Gegen den Widerstand der gesamten Dorfbevölkerung wurde ein Windkraftpark am Rande des Landschaftsschutzgebietes in Wohlenhausen/Sudhalenbeck (Gemeinde Marklohe) bereits 2003/2004 durchgesetzt. Eine optische Belastung des beliebten Wanderzieles am Westrand der Nienburger Marsch ergibt sich durch die Anlage von 15 Windrädern auf den Hochflächen der Geest am Rand zur Wesermarsch.

An zwei weiteren aktuellen, zurzeit in der Entscheidungsphase befindlichen Vorhaben lässt sich die Brisanz und Doppelbödigkeit des Themas und der Diskussion um die Zukunft der Windkraft in Niedersachsen geradezu plakativ darstellen: an den geplanten Vorhaben in Steyerberg – Liebenau und in der Fallstudie Schnega.

Fall 1) Steyerberg – Liebenau (Landkreis Nienburg/Weser)
Inmitten eines vollständig bewaldeten, ehemaligen Militärproduktionsgeländes der NSDAP, das heute von der Interessenverwaltungsgesellschaft (IVG) Steyerberg verwaltet wird, sollte ein Windpark mit 11 Windrädern von je 167 (!) Metern Höhe entstehen, um Ansprüchen an die wirtschaftliche Leistungsfähigkeit gerecht werden zu können.
Während die Gemeinde gemeinsam mit der Betreibergesellschaft das Projekt verteidigten, obwohl es außerhalb der im Regionalen Raumordnungsprogramm festgelegten Vorranggebiete für die Windenergienutzung liegt, war die Mehrzahl der betroffenen Bürger der umliegenden Gemeinden und der BUND eindeutig dagegen.
Der BUND befürchtete, dass nach einer Genehmigung außerhalb der Vorranggebiete auch andere Waldgebiete als Standorte freigegeben werden könnten. Außerdem verwies der BUND auf die Tatsache, dass alleine die im Landkreis Nienburg installierte Leistung der Windenergieanlagen die gesamten vergleichbaren Investitionen in Baden-Württemberg oder in Bayern übertreffen würde.
Die Ablehnung eines Großteils der anliegenden Bewohner gründete sich auf mehrere Argumente, so u. a.: „Zum einen gäbe es bei WEA von über 120 Metern Höhe kaum Möglichkeiten diese im Brandfall zu löschen und die Anlagen würden den Zielen des Tourismusausbaus zuwiderlaufen. Darüber hinaus würde der Vogelzug der Kraniche und Gänse beeinträchtigt".
Inzwischen wurde nach weiteren Einsprüchen aus der Bevölkerung sowohl für das geplante Projekt als auch für weitere geplante Maßnahmen eine Absage durch den Landkreis erteilt. Das letzte Wort sprechen auch in dieser Angelegenheit die Juristen.

Fall 2) Schnega (Landkreis Lüchow-Dannenberg)
Gegen die 2004 geplante Errichtung und den Betrieb von 16 Windenergieanlagen in Schnega-Oldendorf und 6 Anlagen in Leisten-Thune im Landkreis Lüchow-Dannenberg wurden von den betroffenen Bürgern diverse Einwendungen aus Sicht der Raumordung und Landesplanung, des Naturschutzes, des Vogelschutzes, des Verwaltungsverfahrensrechtes, des Bauplanungsrechtes, des Immobilienschutzes, der Emission und

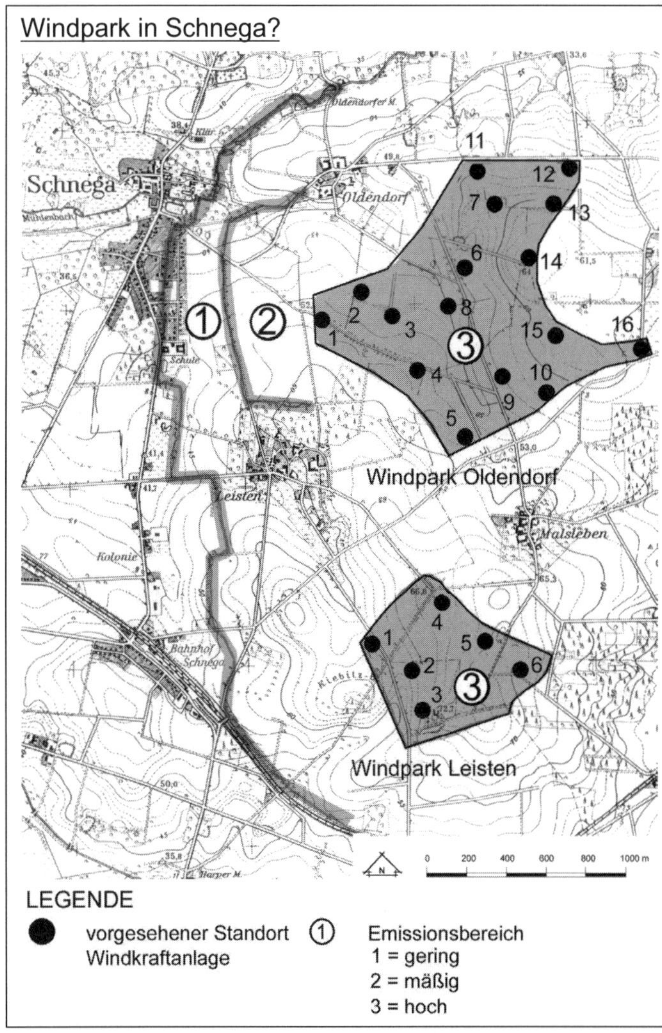

Abb. 186: Windpark in Schnega?

Immission und der Umweltverträglichkeit entgegengebracht. Zum Zeitpunkt der redaktionellen Arbeit dieser Veröffentlichung war das Verfahren schwebend.
Eine Bürgerinitiative gegen Windkraft wurde bereits gebildet.

20.3 Zusammenfassung/Folgerungen

Der Einsatz regenerativer Energien ist nicht nur ein politisches Gebot der Stunde, sondern auch möglicherweise die nachhaltigste Chance für die Entwicklung der Landwirtschaft und der ländlichen Räume für die Zukunft. Die dörflichen Gemarkungen stellen schließlich die erforderlichen Flächenressourcen für Wind- und Wasserenergie, für Biogas- und Biomasseanlagen sowie für Solar- und Photovoltaikanlagen zur Verfügung. Eine Abwägung der Vor- und Nachteile der genannten Alternativen über einen Erfahrungszeitraum von annähernd 10 Jahren lässt den Schluss zu, dass insbesondere den Biogas- und Biomasseanlagen, den Stroh- und Holzverbrennungsanlagen sowie den Solaranlagen die Zukunft gehören dürfte.
Nachdem die in den Regionalen Raumordnungsprogrammen der Landkreise (Beispiele RROP Nienburg und Osterode) formulierten Ziele und Anforderungen bei der Standortbindung und Höhenbegrenzung von Windkraftanlagen in der praktischen Umsetzung offensichtlich an ihre Grenzen gestoßen sind, bzw. diese bereits in den zitierten Beispielen überschritten wurden, ist davon auszugehen, dass die Standortalternativen im ländlichen Raum unter Berücksichtigung des Erhalts attraktiver Orts- und Landschaftsbilder weitgehend ausgeschöpft sind.
In den neuen ZILE-Förderrichtlinien sind konsequenterweise Fördermöglichkeiten für Windkraftanlagen im Gegensatz zu Solaranlagen ausgeschlossen.

Letztere werden über neu gegründete private Trägergesellschaften aus der Bürgerschaft vermehrt auch auf öffentlichen und privaten Dorferneuerungsvorhaben installiert, wie für Häuslingen und andere Siedlungen der Aller-Leinetal-Region nachgewiesen.

Die offensichtlichen Vorzüge der kostenlosen Sonnenenergie, der bereits vorhandenen großen, entsprechend den Anforderungen an die Installation geneigten Dachflächen von landwirtschaftlichen Haupt- und Nebengebäuden und die Emissionsfreiheit von Solaranlagen, prädestinieren die dörflichen Siedlungsstrukturen sowohl im Innen- als auch im Außenbereich (§ 34 + § 35 BauGB) geradezu für diese Art der Energienutzung.
Bei weiterer Bestätigung der bisherigen überwiegend positiven Erfahrungen, insbesondere nach Auswertung der Pilotanlagen im beschriebenen „Biodorf“ Jühnde im Landkreis Göttingen, ist in Niedersachsen auch mit einer verstärkten Nutzung der Biogas- und Biomassenpotentiale zu rechnen.
Die energetische Verwertung der Abfallprodukte (Gülle, Reststroh, Schwachholz), deren Zwischenlagerung in den Dörfern bisher nicht immer unproblematisch war, ist dann besonders sinnvoll, wenn es gelingt, geeignete Standorte und eine emissionsfreie Anwendung ohne Schaden für das Orts- und Landschaftsbild mit der Errichtung von Biogasanlagen zu verbinden.
Eine Auswertung aktueller Leader+-Projekte der Region Wendland/Elbetal ergab allein sechs in der Planung befindliche Biogasprojekte als Einzel- oder Gemeinschaftsanlagen. Die damit verbundenen Möglichkeiten zur Schaffung neuer Arbeitsplätze haben in der Diskussion ein besonderes Gewicht.

Weitere regenerative Energiealternativen für den ländlichen Raum sind in der Erprobung (Blockheizkraftwerk, Erdwärme, Hackschnitzelfeuerungsanlagen u. a.).
Die Autoren der Untersuchung „Dorfökologie“ (Lit. 32) schlagen vor, die Energiepotentiale der Dörfer zu ermitteln und hieraus Maßnahmenempfehlungen abzuleiten. Außerdem sollte auf eine weitere technische Ausreifung regenerativer Energiealternativen hingewirkt werden.

Ein Experteninterview mit einem Vertreter des Energiekonzerns „E.ON – AVACON AG“ im Landkreis Nienburg ergab folgende aufschlussreiche Hinweise:

- *Windkraftanlagen seien „ausgereizt“, besonders im Kreis Nienburg. Der Konzern müsse den Strom privater Anlagenbetreiber auch nachts abnehmen, wenn kaum private Verbraucher für den Strom vorhanden wären mit der Folge eines Überangebotes, was theoretisch zur Abschaltung des konventionellen Kraftwerkes führen müsste, aber aus organisatorischen, technischen und wirtschaftlichen Gründen nicht machbar sei. Eine Speicherung des Stroms in speziellen „Akkus“ sei „zu teuer“ und würde daher von den Betreibern nicht verwirklicht. Um eine wirtschaftliche Auslastung zu erreichen, könnten die Windkraftanlagen nicht hoch genug sein, da die Windgeschwindigkeit mit den höheren Luftschichten wachse. Eine solche Entwicklung sei aber – wenn überhaupt – nur noch im Meer mit den sog. „Offshore-Windparks“ realisierbar.*
- *Den Biogasanlagen sagt der Vertreter des Energiekonzerns dagegen eine gute, wirtschaftliche Zukunft voraus, da nachwachsende Rohstoffe vorhanden sind und deren Reststoffe auf diesem Wege umweltfreundlich entsorgt werden könnte. Nachteilig seien noch die raumwirksamen Speicher- und Lagerbehälter und die relativ hohen Herstellungskosten eines Kraftwerkes.*

Die möglichen Auswirkungen vorgestellter einzelner Energiealternativen auf die zukünftige Funktion, die Lebensqualität und das Erscheinungsbild der Dörfer können anhand der relativ geringen Anzahl bisher realisierter Maßnahmen bisher noch nicht abschließend bewertet werden. Der landschafts- und siedlungsbezogene Einfluss der zahlreichen Windparks im ländlichen Raum und in den Fallstudiendörfern kann allerdings bereits nachvollzogen und erfahren werden.
Eindeutig stehen zurzeit neben den Herstellungskosten, den technischen sowie organisatorischen Fragen und Einsatzmöglichkeiten der Energiealternativen deren Akzeptanz bei der betroffenen Bevölkerung bezüglich der gestalterischen, funktionalen und ökologischen Verträglichkeit der Anlagen im Mittelpunkt der Diskussion und des Interesses. Während Kommunen und Betreiber an Fragen des Planungsrechts, der Förderkontingente und der Rendite interessiert sind, geht es den Bürgern verständlicherweise um die Sicherung ihrer Lebensqualität.
Fragen zur Zukunft der Energieversorgung könnten somit auch zum Gradmesser für die wirklich vorhandene Solidarität zwischen den Interessengruppen, den Entscheidungsgremien, den Betreibern und den Betroffenen im ländlichen Raum werden.

Abschließend sei auf eine Studie zur „Bioenergieentwicklung im Landkreis Osterode/Harz (Lit. 50) hingewiesen, in der die zuvor geforderte Ermittlung der regionalen alternativen Energiepotentiale aus der Land- und Forstwirtschaft, dem kommunalen Bereich und der Bereiche Gewerbe und Industrie durchgeführt wurde.
Ermittelt wurde auch die Anzahl der landwirtschaftlichen Betriebe, die Interesse an einer Nutzung von Bioenergie (Biogas-, Hackschnitzelnutzung) und an der ggf. auch leihweisen Bereitstellung von Dachflächen für die Installation von Photovoltaikanlagen ggf. durch Investoren haben.
Insbesondere die Ressource „Wald“ (über 55 % der Fläche des Landkreises) bietet in Verbindung mit den formulierten Nutzungsalternativen, neben dem Ausbau der touristischen Potentiale in der strukturschwachen Region der untersuchten Fallstudiendörfer des Südharzes, eine hoffnungsvolle Entwicklungsperspektive für die Kommunen und den Landkreis.

Wenn die Landwirte der Zukunft zu „Energiewirten“ werden, lassen sich vielleicht auch die Energieziele eines EU-Szenarios für 2050 verwirklichen:

- 40 % Sonnenenergie
- 30 % Biomasseenergie
- 15 % Energie aus Windkraftanlagen (außerhalb der besiedelten Zonen)
- 10 % Energie aus Wasserkraft und 5 % Restenergie ais Erdöl und Erdgas!

21 ERFOLGSKONTROLLE DORFERNEUERUNG – ZIELERFÜLLUNG

21.1 Einführung

Im Hinblick auf die begrenzten öffentlichen Haushalte ist ein sachgerechter und effizienter Einsatz von öffentlichen Mitteln zwingend erforderlich. Daher weisen vermehrt Politiker, Planer und Wissenschaftler auch auf die Notwendigkeit von umfassenden, möglichst standardisierten Erfolgskontrollen von Stadtsanierungs- sowie Dorferneuerungsmaßnahmen hin.
A. Schulte und R. Bokermann (Lit.10) gehen davon aus, dass sich aus der Wohlfahrtstheorie die selbstverständliche Forderung nach einer Kosten-Nutzen-Wertung öffentlich geförderter Projekte ergibt. Auch die Bundeshaushaltsordnung schreibt in Deutschland seit mehreren Jahrzehnten Untersuchungen zur Wirtschaftlichkeit vor.
Auf eine konsequente Anwendung von Nutzen-Kosten-Bewertungen wirken auch die Leitlinien der EU für die Gemeinschaftsinitiative Leader+ hin. Diese sehen seit 2000 eine verbindliche Bewertung regionaler Projekte vor.
Zu den PROLAND-Vorgaben (siehe Abschnitt 4.4) gehört lt. der Verordnung 1260/99 die Forderung nach umfangreichen Evaluierungen.

Als Beispiel für eine Bewertungsmethode zur Projektauswahl in Leader+-Verfahren mag ein Projektbewertungsbogen aus dem Projekt „Naturraum Diepholzer Moorniederung (Lit. 77) dienen. Das jeweils geplante Projekt wird dort über 6 Haupt- und 24 Unterkriterien in einer Bewertungsstufe A über 6 Erfüllungsgrade (von „nicht erfüllt“ bis „sehr gut erfüllt“) getestet, gefolgt (bei Projekten über 250.000 Euro Gesamtkosten) von einer weiteren Bewertungsstufe B mit 4 Haupt- und 12 Unterkriterien, bevor in der entscheidenden Bewertungsstufe C eine Förderungsempfehlung gegeben werden kann oder eine Absage erteilt werden muss.
Querschnittsevaluierungen für einzelne Bundesländer und Gesamtevaluierungen für Ländergruppen werden seit wenigen Jahren am Institut für Ländliche Räume der Forschungsanstalt Landwirtschaft (FAL) in Braunschweig-Völkenrode durchgeführt.

Als komplexes Bewertungsschema für eine Erfolgskontrolle ganzheitlicher Dorferneuerungsverfahren ist dem Autor lediglich die grundlegende Untersuchung von K. Borchard „Effizienz der Dorferneuerung – Anwendungsfälle“ (Lit. 12) bekannt geworden. Ansatzweise ist das dort entwickelte Bewertungsverfahren in der Nachuntersuchung „10 Jahre Dorferneuerung in Niedersachsen“ (Lit. 44) 1994 bereits zum Einsatz gekommen.
Eine Projektbewertung mit der Methode der Nutzwertanalyse haben A. Schulte und R. Bokermann (Lit. 10) ex post für einen Nachbarschaftsladen vorgelegt.

Wesentliches Merkmal einer solchen Nutzwertanalyse ist es, die gemessenen erwarteten Auswirkungen in einer Punkteskala darzustellen und diese zu einem nach Punkten beurteilten Gesamtergebnis zu addieren.

Borchard weist nun darauf hin, dass *„die Beurteilung von Wirkungen, Nebenwirkungen Erfolgen oder Misserfolgen öffentlich bezuschusster Maßnahmen sich indessen als umso problematischer erweist, je komplexer die zu beurteilenden Maßnahmen und je vielfältiger die Wirkungsverflechtungen sind. Lassen sich die Effekte sektoraler Maßnahmen noch relativ leicht erkennen und quantifizieren, so ist dies bei einem ganzheitlichen Planungsansatz nur noch schwer realisierbar, zumal qualitative Effekte dabei zu immer größerer Bedeutung gelangen“.*

Während sich die oben skizzierte „Kosten-Nutzen-Analyse“ oder die „Nutzwertanalyse“ besonders für die Einschätzung des zu erwartenden Nutzens von Projekten oder Maßnahmen oder auch für die Optimierung von mehreren zu bewertenden Varianten (z. B. Standorte, Wettbewerbsbeiträge o. Ä.) eignet, bietet eine Evaluierung die Möglichkeit – in Form einer Erfolgskontrolle – die Effektivität und Effizienz bereits durchgeführter Maßnahmen nachträglich zu ermitteln.

Im Rahmen der vorliegenden Nachuntersuchung wird nun gefragt, ob die vom Bund, von der EU und vom Land Niedersachsen geförderten Dorferneuerungsmaßnahmen in den untersuchten Fallstudiendörfern einen wirkungsvollen Beitrag zur gewünschten Entwicklung in den untersuchten Dorfregionen erbracht haben und ob die öffentlichen Fördermittel damit effizient eingesetzt wurden.
Darüber hinaus muss aber auch nach der Angemessenheit des Aufwandes für die Evaluierung selbst gefragt werden.

Insbesondere der anspruchsvolle und damit arbeitsaufwendige Ansatz von Borchard (Lit.12), in dem eine umfassende Zielhierarchie aus Ober-, Teil- und Unterzielen mit Bewertungskriterien für jedes Teilziel sowie mit entsprechenden Erfolgsindikatoren entwickelt wurde, „um das Wirkungsspektrum der integralen Dorferneuerung im Hinblick auf eine Verbesserung der dörflichen Lebensqualität hinreichend genau erfassen zu können“, lässt die Vermutung zu, dass bei der großen Anzahl (geschätzt 14 bis 15.000) von in der Bundesrepublik inzwischen durchgeführten Dorferneuerungs-vorhaben Evaluierungen eher selten zur Anwendung kommen werden.

Trotz der eingeschränkten personellen, zeitlichen und finanziellen Mittel wird in der vorliegenden Nachuntersuchung der Versuch unternommen, dem Anspruch einer methodisch nachvollziehbaren „Zielerreichungskontrolle“ bzw. „Wirkungsanalyse“ über einen Katalog von zugeordneten Unter- und Teilzielen gerecht zu werden.
Allerdings lässt sich bei insgesamt 40 Fallstudiendörfern (32 in Niedersachsen, 8 in Sachsen-Anhalt) keine vergleichbar dezidierte Einzeldarstellung und -analyse der Dörfer ableisten, wie sie beispielsweise von Borchard geboten wird.
Dafür werden durch Einbeziehung benachbarter Dörfer in einer geografisch zugeordneten „Dorfregion“ auch Erfolgsvergleiche auf der ortsübergreifenden Ebene möglich.

Unter Verwendung der drei Erfolgsbegriffe, dem“ normativen Erfolg“ als Soll-Ist-Vergleich, dem „tatsächlichen Erfolg“ als Vorher-Nachher-Vergleich und dem „maßnahmebedingten Erfolg“, wurde in der Untersuchung der Grad der nach der Dorferneuerung abgebauten Problemdichte als Erfolgsbeleg gewählt.

Die vorgetragenen „Interpretationsmöglichkeiten des Erfolgsbegriffes“ verdeutlichen, dass es hierfür keine einheitliche allgemeingültige oder gar absolute Messskala geben kann. Die Definition des „Erfolges“ und die Festlegung der Bezugsebenen für dessen Quantifizierung müssen daher *„einzelfallspezifisch und anwendungsorientiert erfolgen“* (Borchard, Lit. 12).

21.2 Erfolgskontrolle der Fallstudiendörfer

Nach Überprüfung der vorliegenden Erfahrungen mit der Evaluierung von Dorferneuerungsvorhaben aus der Literatur und aus der eigenen Praxis, fiel die Entscheidung also für folgendes differenziertes und stufenweises Vorgehen durch die Ermittlung von Problemdichten in einem siedlungs-, hochbaulichen und ökologischen Problemdichtevergleich:

1) Ausgangslage vor der Dorferneuerung
2) Situation nach Abschluss der Dorferneuerungsphase und der Ermittlung des Erfolges der Dorferneuerung aus dem Vergleich mit der Ausgangslage
3) Situation der Dörfer 2005 und Ermittlung eines Gesamterfolges aus den drei Stufen

Es wurden 22 förderungsfähige Maßnahmenbereiche (siehe Abb. 188) aus der Dorferneuerungspraxis ausgewählt, die den Fördergegenständen der Dorferneuerungsrichtlinie in den beiden Bundesländern weitgehend entsprechen.

Dabei wurden 4 Problemlagen unterschieden und eine Bewertung von 0 – 3 Punkten eingeführt: „keine bzw. geringe“ (0), „mittlere“ (1), „hohe“ (2), „extreme“ (3) Problemlage.

Die Kriterien wurden bezüglich ihres Erfüllungsgrades bzw. des Abbaugrades der Problemdichte vor und direkt nach dem Abschluss der Durchführungsphase miteinander verglichen. Aus diesem Vergleich der erreichten Punktzahlen ergeben sich die prozentualen Erfolge in den einzelnen Fallstudien, womit der Zielerreichungsgrad ermittelt wäre.

Gewichtung
Da sich jedoch die einzelnen Maßnahmen in ihrer Bedeutung für die Dorferneuerung bzw. -entwicklung unterscheiden, wurden sie entsprechend gewichtet über Vervielfachungsfaktoren von 1 bis 4 („normale“ (1), „bedeutsame“ (2), „hoch bedeutsame“ (3) und „extrem bedeutsame“ (4) Gewichtung), um die erreichte Effektivität der DE-Vorhaben vergleichen zu können.
Die Multiplikation der Gewichtungen mit denen des Zielerreichungsgrades ergibt demnach dann die eigentliche Effektivität der mit Fördermitteln realisierten Dorferneuerungsmaßnahmen.

Dieser Effektivitätsvergleich bezieht sich also nur auf die untersuchten Dorflagen und Dorfregionen, jedoch nicht auf die Kriterien selbst. Gewichtete Kriterien sind eben nur im jeweiligen Ortsbezug und nicht untereinander sinnfällig vergleichbar.

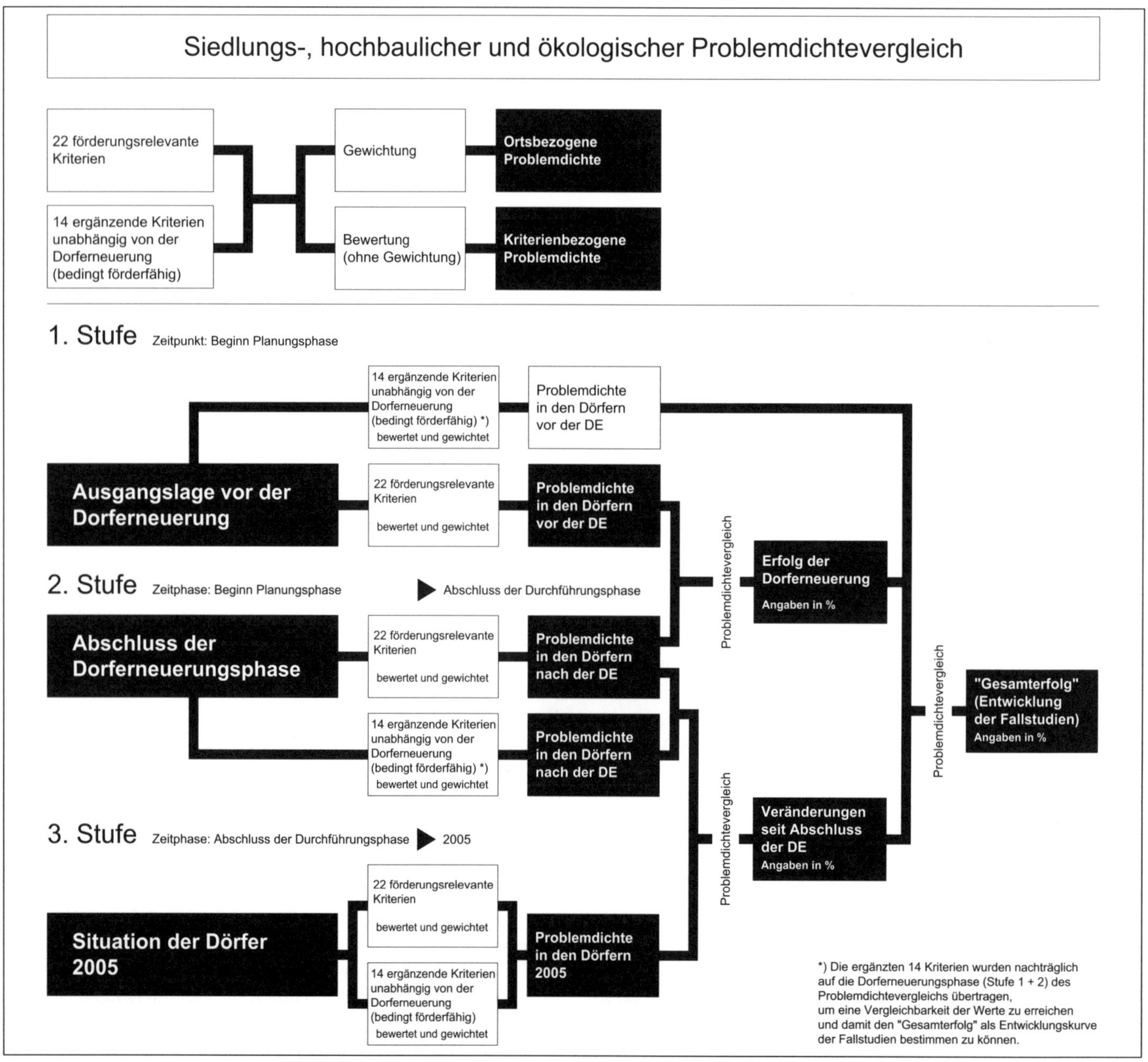

Abb. 187: Gesamtübersicht Untersuchungsablauf der Erfolgskontrolle: Siedlungs-, hochbaulicher und ökologischer Problemdichtevergleich (1. bis 3. Stufe)

Siedlungs-, hochbaulicher und ökologischer Problemdichtevergleich

22 FÖRDERUNGSRELEVANTE KRITERIEN

NR.	KRITERIUM	MAX. PUNKTZAHL	GEWICHTUNG	GESAMT-PUNKTE
1	Siedlungs- und hochbauliche Entwicklung und Gestaltung			
	1.1) Ortseingang / Ortsausgang / Torsituation	3	2	6
	1.2) Ortsmitte(n) / Ortsmittengestaltung / Schaffung einer Ortsmitte	3	3	9
	1.3) Ortsgestaltung / Raumbildung	3	1	3
	1.4) Baulückenproblematik / neues Bauen im Ortskern (Störungen / Fremdkörper) *)	3	2	6
	1.5) Leerstand / Umnutzung leer gefallener Substanz	3	3	9
	1.6) Modernisierungsbedarf	3	4	12
2	Landwirtschaft			
	2.1) Entwicklungsmöglichkeiten der Hoflage im Dorf / auf dem hofeigenen Grundstück	3	3	9
	2.2) betriebliche Konflikte / Emissionen / fehlende Gemeinschafts-anlagen	3	2	6
	2.3) betriebliche Verkehrsprobleme (Zu-/ Ausfahrt, Kreuzungspunkte) / Hofgestaltung	3	2	6
3	Verkehr (außerhalb Durchgangsstraßen)			
	3.1) Verkehrsberuhigung durch bauliche Maßnahmen an innerörtlichen Straßen, Plätzen und Wegen	3	3	9
	3.2) ruhender Verkehr/ Parkplätze im Ort	3	1	3
	3.3) innerörtliches Fuß- und Radwegenetz	3	2	6
	3.4) gefährliche Kreuzungspunkte	3	1	3
	3.5) Buswarteplätze	3	1	3
4	Infrastruktur und Dienste			
	4.1) kulturelle Dienste / Anlagen / Bauten (Gemeinschaftshaus, Ortsmuseum, Bücherei,...)	3	2	6
	4.2) soziale Dienste / Anlagen / Bauten *) (KIGA, Schule, Kirche, Sozialstation, Dorfhelfer, Altenwohnheime,...)	3	2	6
5	Freiflächen/ ökologische Potentiale			
	5.1) Landschaftliche Ortseinbindung	3	2	6
	5.2) private Grünflächen (Nutz- und Obstgärten)	3	1	3
	5.3) öffentliche Grünflächen, Parkanlagen, Spielplätze / Ruderalflächen, Straßenrandgrün	3	2	6
	5.4) Wasserläufe / Wasserflächen im Ort	3	2	6
	5.5) Pflanzungen (Laubbäume, Sträucher,...)	3	1	3
	5.6) Einfriedungen (Qualität + Intensität)	3	1	3
ZWISCHENSUMME				129

*) Erst nach der Novellierung der DE-Förderrichtlinien förderungsfähig!

BEWERTUNG: maximal zu erreichende Punktzahl pro Kriterium: 3 Punkte
0 Punkte = keine – geringe Problemlage / kein – geringer Handlungsbedarf
1 Punkt = mittlere Problemlage / mittlerer Handlungsbedarf
2 Punkte = hohe Problemlage / hoher Handlungsbedarf
3 Punkte = extrem hohe Problemlage / extrem hoher Handlungsbedarf

Abb. 188: Kriterienliste des Problemdichtevergleichs (22 förderungsrelevante Kriterien)

21.2.1 1. Stufe: Die Problemdichte vor der Dorferneuerung

(siehe linke Spalte Abb. 189 + 190)

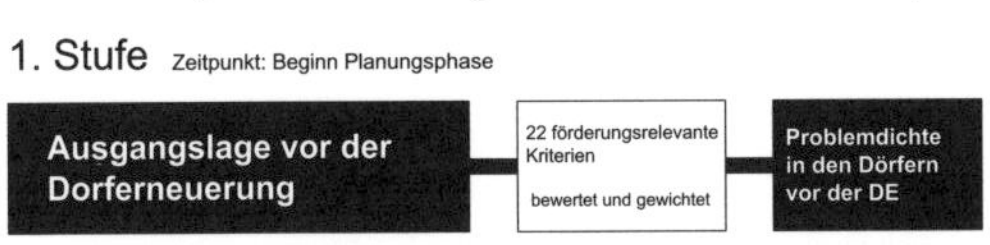

Der Vergleich der vorgefundenen Problemlage vor Beginn der Dorferneuerung wurde sowohl orts- und dorfregionsspezifisch als auch kriterienspezifisch vorgenommen.

a) Ortsspezifische Ausgangslage

Von den maximal möglichen 129 gewichteten Problempunkten, die einer Problemdichte von 100 % entsprechen, vereinigten in Niedersachsen einzelne Dörfer (Wagenfeld, Estorf, Haßbergen, Gittelde) sogar über 70 % auf sich, die Mehrzahl der Dörfer (22 Fallstudien) kamen auf über 50 % möglicher Probleme!

Im Vergleich der Dorfregionen überschritten diesen Wert mit Ausnahme der Region „Wendland" sämtliche Dorfregionen. Im Durchschnitt der untersuchten niedersächsischen Fallstudien beträgt die Problemdichte vor der Dorferneuerung 55 %. Mit 65 % liegt dieser Wert im Durchschnitt in den untersuchten Fallstudien Sachsen-Anhalts noch erheblich höher. Hier sind es vor allem die Dörfer Reinstedt (88 %) und Großjena (75 %), die eine überdurchschnittlich hohe Gesamtproblemdichte vor der Dorferneuerung aufwiesen.

b) Kriterienspezifische Ausgangslage

Welches waren nun die siedlungs- und hochbaulichen Einzelprobleme, deren Lösung bzw. Reduzierung für die Ortsentwicklung so wichtig war? In Niedersachsens Untersuchungsdörfern beziehen sich die hier noch ungewichteten, rein zahlenmäßigen dörflichen Defizite (Problemdichte) vor der Dorferneuerung vor allem auf das Fehlen kultureller Dienstleistungen (73 %), auf einen hohen Modernisierungsbedarf (72 %), auf fehlende oder desolate Bushalteplätze (68 %), auf fehlende bzw. ungestaltete Ortsmitten (675 %), auf gefährliche Kreuzungspunkte (65 %), auf ungepflegte oder fehlende öffentliche Grünflächen (63 %), auf mangelhafte innerörtliche Straßen und Plätze (62 %), auf fehlende oder ungestaltete Parkplätze (61 %), auf fehlende Fuß- und Radwegenetze (59 %), auf Defizite innerörtlicher landwirtschaftlicher Hofstellen (57 %), auf gestalterische Mängel an Ortszugängen (56 %), auf Leerstände (55 %), auf fehlende Pflege privater Grünflächen (52 %) und auf fehlende bzw. mangelhafte Einfriedungen (50 %). Zu den weiteren Einzelproblemen der Dörfer gehörten auch Mängel der sozialen Versorgungsdienste mit ca. 45 % in den Fallstudiendörfern.
Die Baulückenproblematik stand mit 20 % am Ende der Problemskala.

Eine gegenüber Niedersachsen stark erhöhte Problemdichte vor der Dorferneuerung war kennzeichnend für die untersuchten acht Fallstudiendörfer in Sachsen-Anhalt. Fast alle Fallstudiendörfer wiesen mit über 90 % einen hohen Modernisierungsbedarf auf, gefolgt von fehlenden Buswarteplätzen, Mängeln an innerörtlichen Straßen und Wegen sowie hohem Leerstand (jeweils 85 %).
Am Ende der Problemskala standen weniger funktionale als ästhetische Defizite durch unbesetzte, störende Baulücken und ungestaltete Wasserflächen sowie durch Nutzungsdefizite in der Landwirtschaft.

21.2.2 2. Stufe: „Soll-Ist-Vergleich", Erfolge der Dorferneuerung nach Abschluss der Förderphase

(siehe Abb. 189 + 190)

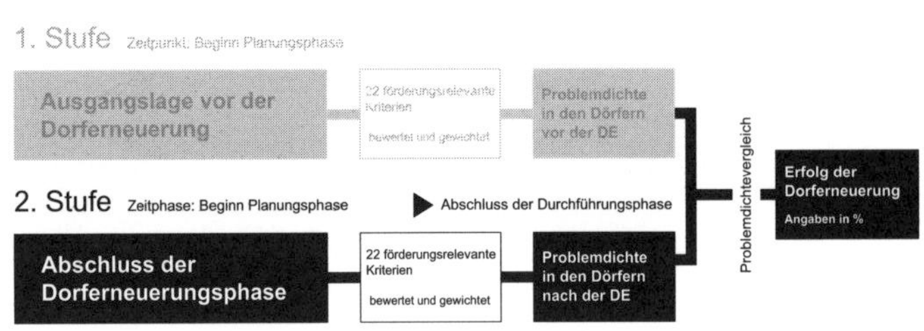

Im Verlauf der weiteren Bewertungen wurden in einer 2. Stufe die in der ersten Stufe ermittelten Problemdichten (Punkte bei Orten, % bei Kriterien) den nach Abschluss der Dorferneuerung verbliebenen Problemdichten gegenübergestellt. Der Erfolg der Dorferneuerung ergibt sich konsequenterweise aus der Differenz der verbliebenen Problemdichten gegenüber der Ausgangslage.

Während die ermittelte Erfolgsquote im Durchschnitt sämtlicher niedersächsischen und sachsen-anhaltinischen Fallstudien bei 38 % bzw. 29 % liegt, differieren die Werte zwischen den Dorfregionen und den einzelnen untersuchten Dörfern erheblich. So liegen die ermittelten Erfolgsquoten zwischen den drei größeren niedersächsischen Dorfregionen „Geest-Moorregion", „Südharz" und „Nienburger Wesermarsch" im Verhältnis von 4 (24 %) zu 6 (38 %) zu 8 (47 %) auseinander (siehe Abb. 189).

Besonders aufschlussreich ist der Erfolgsvergleich zwischen den Dörfern innerhalb der jeweiligen Dorfregionen.
Eindeutigen Gewinnern des Dorferneuerungsprozesses mit einer ermittelten Erfolgsquote von über 60 % (Estorf, Elbingerode) sowie „gut" platzierten Dörfern zwischen 40 und 55 % (Haßbergen, Hattorf, Gittelde, Rohrsen, Varrel) stehen weniger erfolgreiche Orte mit weniger als 15 % (Dorste, Wagenfeld, Schwiegershausen) gegenüber.
Auf die Gründe für eine unterschiedliche Umsetzungsintensität privater und öffentlicher Maßnahmen in den Fallstudien wird an anderer Stelle eingegangen (siehe Abschnitt 3.3.1 und 21.2.2).

Der Effektivitätsvergleich zwischen den untersuchten Dörfern Sachsen-Anhalts zeigt weniger spektakuläre Ergebnisse.
Die vergleichsweise geringen Erfolgsquoten gegenüber Niedersachsen hängen nicht zuletzt auch mit der kurzen Dauer der Durchführungsphasen zusammen, die durchschnittlich nicht mehr als 3 Jahre beträgt.
Das Verhältnis der erreichten Erfolgsquoten reicht von Großjena (43 %) über die „Magdeburger Börde (38 %) bis zur „Altmark" (25 %).
Andererseits sind die überdurchschnittlichen Dorferneuerungserfolge in einigen Dörfern Sachsen-Anhalts (Großjena, Eimersleben) in relativ kurzen Zeiträumen möglich geworden.

Interessant ist die Frage nach den durch die Förderung und die Investitionen ausgelösten „Erfolgen" unter den geförderten Maßnahmen selbst.
Hier wird deutlich, dass die Einzelprobleme nur in sehr unterschiedlicher Intensität abgebaut werden konnten.
Während in Niedersachsen die größten Erfolge bzw. Zielerreichungsgrade über die Maßnahmen „Ortsmittenausbau" (66 %), „Wasserflächensanierung" (57 %), „Fuß- und Radwegeausbau" (49 %), „Ausbau des ruhenden Verkehrs" (48 %) und „innerörtlicher Straßen und Plätze" (46 %) sowie „Schaffung kultureller Anlagen und Bauten" (45 %), erreicht werden konnten, waren es in Sachsen-Anhalt „Ausbau von Buswarten" (60 %), gefolgt von „Ortsgestaltung" und „Ortsmittenausbau" (je 57 %), „innerörtlichem Straßenausbau" und „landwirtschaftlichem Verkehrswegebau" (je 50 %), „ruhendem Verkehr" (47 %) und „Pflanzungen" (46 %).

Während die Umnutzung leer gefallener landwirtschaftlicher und sonstiger dörflicher Bauten in Niedersachsen dank erweiterter Förderbedingungen vermehrt in den Maßnahmenbereich Eingang gefunden hat, konnte diese Aufgabe in Sachsen-Anhalt – nicht zuletzt wegen fehlender Nachfrage und ungünstiger struktureller Rahmenbedingungen, bisher nur selten umgesetzt werden.

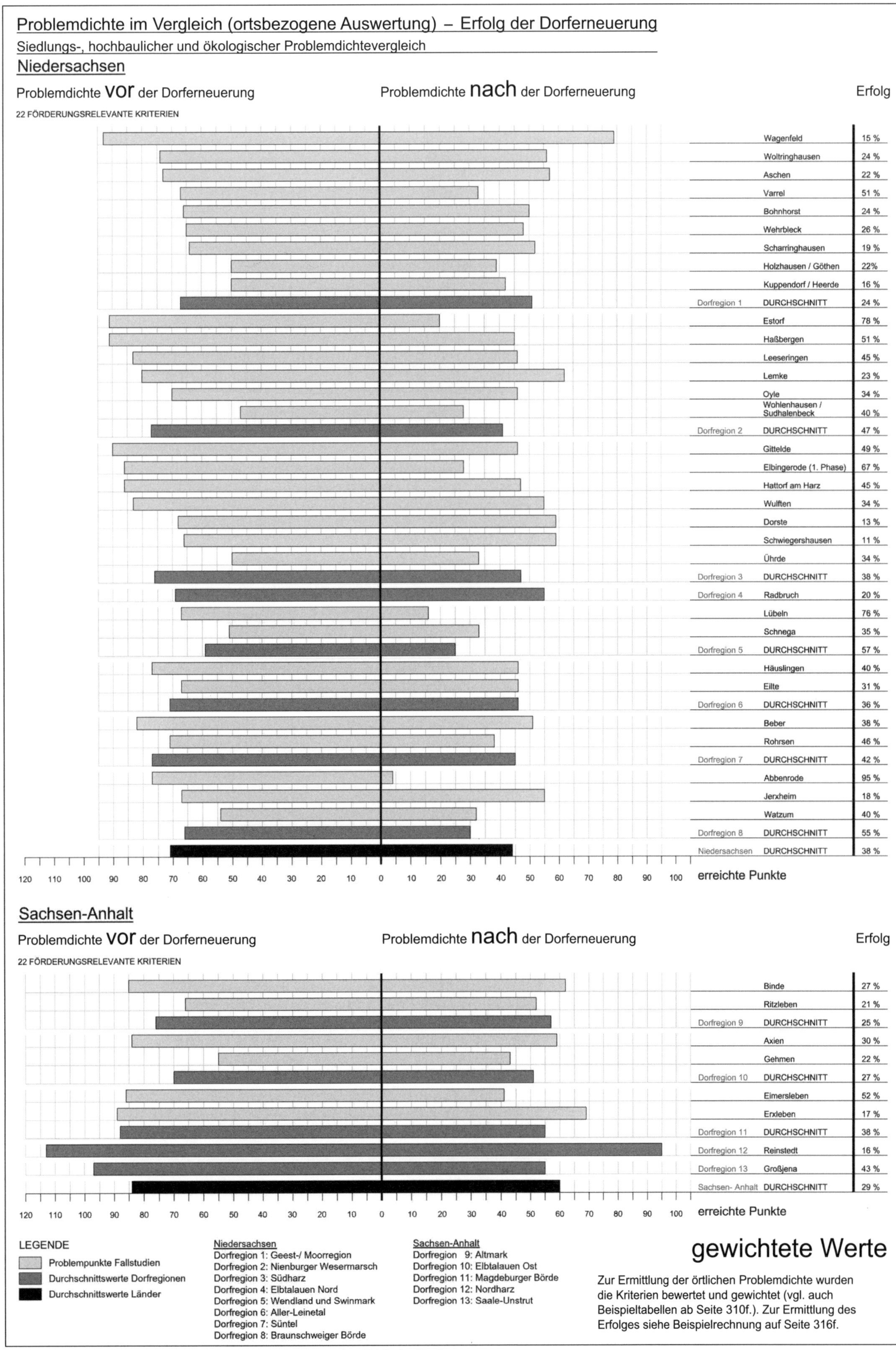

Abb. 189: Problemdichte im Vergleich (ortsbezogene Auswertung) – Erfolg der Dorferneuerung

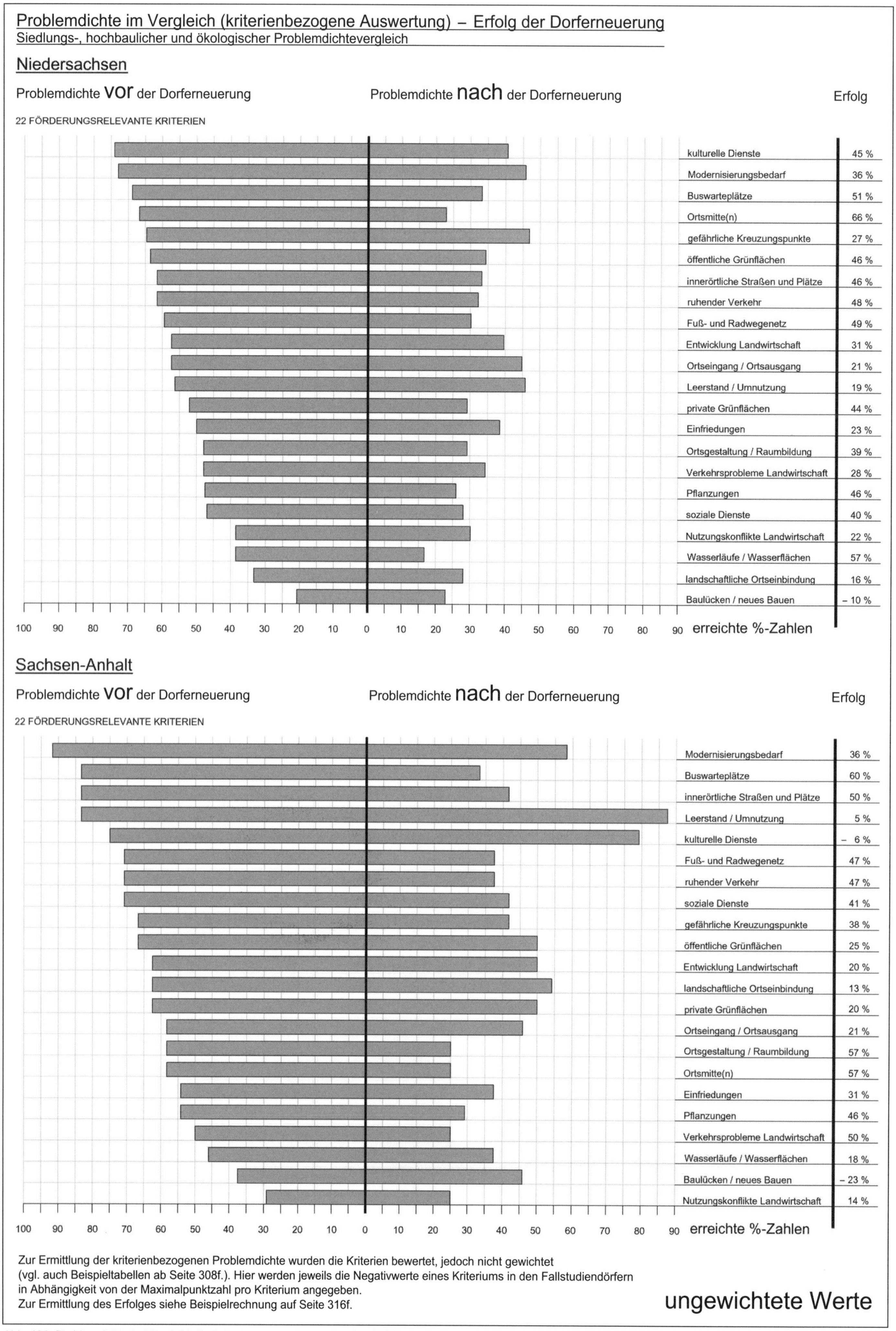

Abb. 190: Problemdichte im Vergleich (kriterienbezogene Auswertung) – Erfolg der Dorferneuerung

21.2.3 3. Stufe: „Dorfentwicklung“ seit Abschluss der Dorferneuerungsphase bis 2005

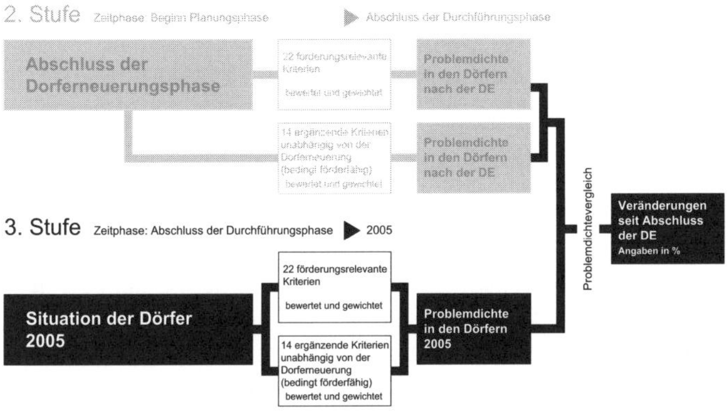

In den vorgestellten Ergebnissen der zweiten Evaluierungsstufe wurden ausschließlich die Zielerreichungsgrade und die Effektivität der durch die Dorferneuerungsförderung beeinflussbaren Teilleistungen miteinander verglichen. Nachdem die niedersächsischen Fallstudiendörfer und zugehörigen Dorfregionen seit etwa 15 und die des Landes Sachsen-Anhalt seit etwa 6 – 10 Jahren aus der Dorferneuerungsförderung ausgeschieden sind, stellt sich im Rahmen dieser Nachuntersuchung die Frage, welche Nachwirkungen in materieller, ökonomischer und soziokultureller Hinsicht aus der Dorferneuerung noch nachweisbar sind und welche Entwicklungen die Dörfer insgesamt genommen haben.
In diesem Untersuchungsschritt soll daher auch der Frage nachgegangen werden, ob die Fördertatbestände der Dorferneuerungsrichtlinien allein die Problemlage und -dichte der Dörfer vollständig abdecken können.

Bevor diese Frage beantwortet werden kann, sei nochmals auf die im Laufe der Jahre novellierten und ergänzten Zuwendungszwecke in der niedersächsischen Dorferneuerung hingewiesen (siehe Abschnitt 4.3). Während in der Erstfassung der DE-Richtlinie vom 28.09.1984 noch dezidiert auf Einzelziele einer umfassenden Verbesserung der Agrarstruktur (Standortsicherung, Wirtschaftserleichterungen, Beseitigung negativer Umwelteinflüsse) eingegangen wurde und „Anstöße für eine langfristige sinnvolle Dorfentwicklung“ gefördert wurden, wurde in der novellierten Fassung von 2001 festgestellt, dass zumindest mit GA-Mitteln „eine umfassende Bewahrung und Entwicklung der Dörfer als Wohn-, Sozial- und Kulturraum“, in dem auch „das innerörtliche Gemeinschaftsleben gestärkt werden soll“, nicht gefördert werden können, weshalb „das Land zur Erfüllung dieser Ziele Zuwendungen für ergänzende Maßnahmen gewährt“. Diese Trennung von sog. GA-Mitteln gegenüber Landesmitteln für unterschiedliche Fördertatbestände ist in der neuen ZILE-Richtlinie vom 02.05.2005 (siehe Anhang) beibehalten worden.
Seit 1989 wurden über Strukturhilfemaßnahmen, seit 1991 über die Förderung von Ziel-5b1 und 5b2-Gebieten, durch ETLR-Förderung neben zusätzlichen Landesmitteln neue und umfassende Fördertatbestände geschaffen.

Damit und mit der Novellierung der DE-Richtlinie sind die Förderungsmöglichkeiten im Sinne einer „ganzheitlichen Dorferneuerung“ um wichtige Teilziele erweitert worden. Hierzu gehören die bereits mit der Untersuchung „10 Jahre Dorferneuerung in Niedersachsen (Lit. 44) erhobenen Forderungen, so zum Beispiel für Verkehrsrückbau und -beruhigungsmaßnahmen, für ökologische Gestaltungsmaßnahmen, für die Umnutzung leer stehender ortsbildprägender Gebäude, für maßstäblich sich einbindende Neubauten sowie für den Neu-, Aus- und Umbau von Dienstleistungseinrichtungen. Die genannten ergänzenden Fördertatbestände sind zweifelsfrei geeignet, den Gemeinden und den Dörfern weitere wichtige Erneuerungs- und Entwicklungsimpulse zu vermitteln – die möglichen Einflussfaktoren auf die ländlichen Lebensräume werden jedoch auch mit dem so ergänzten Förderkatalog noch nicht abgedeckt.

Aus diesem Grunde wurde dieser in der 3. Stufe um weitere 14 Teilziele bzw. -aspekte ergänzt, zu denen u. a. Wohn- und Gewerbegebietsausweisungen, Landwirtschaft im Außenbereich, ÖPNV, Einflüsse aus dem Durchgangsverkehr, Fremdenverkehrsangebote und Sonderflächen (Windkraftparks, Mülldeponien) gehören.
Wegen der erforderlichen Vergleichbarkeit wurden die bisherigen Bewertungen zur Erfassung der Problemdichte und die Gewichtungen zur Bestimmung der Effektivitäten beibehalten.

Siedlungs-, hochbaulicher und ökologischer Problemdichtevergleich

14 ERGÄNZENDE KRITERIEN UNABHÄNGIG VON DER DORFERNEUERUNG (BEDINGT FÖRDERFÄHIG)

NR	KRITERIUM	MAX. PUNKTZAHL	GEWICHTUNG	GESAMT-PUNKTE
6	Bauleitplanung / Siedlungsentwicklung / Verhinderung Zersiedlung			
	6.1) Zustand Bauleitplanung (F- Plan, B-Plan), Überarbeitungsbedarf F- Plan Wohnbau (Größe + Qualität + Angemessenheit) / Neubausiedlungen	3	4	12
	6.2) Gewerbeansiedlungen (Integration + Größe + Angemessenheit, Störungen)	3	2	6
7	Denkmalschutz und Ensembleschutz erforderlich	3	1	3
8	Landwirtschaft im Außenbereich / kritische Außenbereichslagen, § 35 / Aussiedlungsbedarf	3	1	3
9	Handwerk und Gewerbe			
	9.1) Vorhandensein und Betriebssicherung Entwicklungsmöglichkeiten des Betriebes im Dorf (Lage + Größe) garantiert / Arbeitsplätze	3	2	6
	9.2) betriebliche Nutzungskonflikte / Emissionen	3	1	3
	9.3) betriebliche, interne Verkehrsprobleme (Zu-/ Ausfahrt, Parken)	3	1	3
10	Verkehr (überörtlich)			
	10.1) ÖPNV / Schiene und Bus (überregionale Anbindung, Qualität und Frequenz des Angebotes)	3	2	6
	10.2) Verkehrsberuhigung durch bauliche Maßnahmen an Durchgangsstraße(n) / Verkehrsinseln	3	4	12
11	Infrastruktur			
	11.1) technische Infrastrukturausstattung (Abwasser / Zuwasser, Gas, Elektro,...)	3	1	3
	11.2) private Dienste / Versorgungseinrichtungen (Läden, Bank-/ Poststelle, Hotel, Gastronomie,...)	3	3	9
	11.3) Sport- und Freizeitangebote (Anlagen, Spielflächen, Umkleiden,...)	3	2	6
	11.4) Fremdenverkehrsangebote (Attraktionen, Bettenangebot,....)	3	2	6
12	Sonderflächen / Gestaltungsbedarf (Deponien, Windkraftanlagen, Kiesabbau, Steinbrüche, Bergbau, Bahnanlagen, LPG- Anlagen, ...)	3	1	3
GESAMTPUNKTZAHL ALLER 36 KRITERIEN				210

BEWERTUNG: maximal zu erreichende Punktzahl pro Kriterium: 3 Punkte
0 Punkte = keine – geringe Problemlage / kein – geringer Handlungsbedarf
1 Punkt = mittlere Problemlage / mittlerer Handlungsbedarf
2 Punkte = hohe Problemlage / hoher Handlungsbedarf
3 Punkte = extrem hohe Problemlage / extrem hoher Handlungsbedarf

Abb. 191: Kriterienliste des Problemdichtevergleichs (14 bedingt förderfähige Kriterien)

Die gesamtstrukturellen Veränderungen in der Landwirtschaft, im Gewerbe oder in den Dienstleitungsbereichen, die nun nach dem Abschluss der Dorferneuerungsphase kaum durch Förderprogramme mehr beeinflussbar waren, sind natürlich nicht ohne Einfluss auf die Gesamtentwicklung der Dörfer geblieben.
In einigen Dörfern hat daher nach Abschluss der Dorferneuerungsphase aufgrund von Standortnachteilen, fehlender Entwicklungsanreize oder -alternativen oder wegen fehlender Investitionsbereitschaft die Problemdichte wieder so zugenommen, dass sie der Ausgangsphase der Dorferneuerung nahe kommt.

Der Entwicklungsvergleich der untersuchten Dörfer über die befragten Teilziele auf der Zeitschiene von 1984 bis 2004/05 verdeutlicht das Ausmaß der aktuellen Problemlagen und weist auf die Notwendigkeit der Fortschreibung der DE-Planungen oder gar der Wiederaufnahme des einen oder anderen Dorfes in das gleiche oder in ein vergleichbares Förderprogramm für ländliche Räume hin.
Insbesondere Strukturveränderungen in den Bereichen ÖPNV-Versorgung, demografische Entwicklung, Grundversorgungsangebote und zunehmender Leerfall landwirtschaftlicher und handwerklicher Betriebe wirkten sich auf die Ortsentwicklung aus. Diese und weitere Kriterien wurden daher in die Kriterienliste aufgenommen (siehe Abb. 189).

Unter Einbeziehung von 14 weiteren Teilzielen (unter den 7 Oberzielen Bauleitplanung, Denkmalschutz, Landwirtschaft im Außenbereich, Handwerk und Gewerbe, überörtlicher Verkehr, Infrastruktur und Sonderflächen) wurden somit insgesamt 36 (14 + 22) Teilziele auf ihre Problemdichte im Zeitraum nach Abschluss der Dorferneuerungsförderung bis heute überprüft.

Aus dem Abbaugrad der ermittelten verglichenen Problemdichten ergibt sich wiederum die Erfolgsquote, wie in der 2. Stufe als ungewichtete, „Zielerreichung" (Einzelkriterien) und als gewichtete ortsbezogene „Effektivität".
Um eine Vergleichbarkeit zu ermöglichen, wurden diese vollständigen, über die Fördertatbestände der 2. Stufe hinausgehenden Kriterien ebenfalls über die beiden Zeiträume zwischen der Startphase der Dorferneuerung und dem aktuellen Zustand von 2005 verglichen.

21.2.4 Gesamtergebnisauswertung

(siehe Abb. 192 – 194)

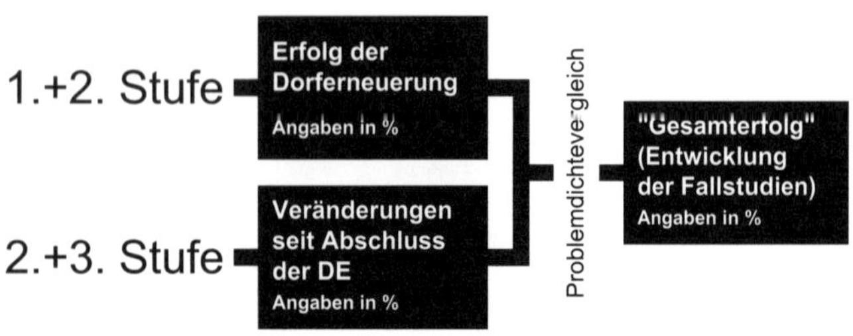

Das Ergebnis des Vergleichs sämtlicher 36 Teilziele (Kriterien) und ihrer Erfüllungsgrade in den beiden Zeitphasen während und nach der Dorferneuerungsphase belegt, dass die Mehrzahl der Fallstudiendörfer und der zugehörigen Dorfregionen sich insgesamt positiv entwickelt, d. h. den Motivations- und Investitionsschub aus der Dorferneuerung wirkungsvoll für die dorf- bzw. gemeindeeigene Entwicklung genutzt haben.
Diese Feststellung gilt vollständig für die Phase des Dorferneuerungsprozesses (2. Stufe).

Auch unter den erschwerten Testbedingungen des erweiterten Kriterienkataloges weisen sämtliche untersuchten Fallstudien noch Erfolgswerte auf, mit einer Gesamteffektivität zwischen 7 % (Schwiegershausen) und 65 % (Estorf).
Im Vergleich der drei großen Dorfregionen sind wieder die durchgehend positiven Werte der Region Nienburger Wesermarsch und des Südharzes auffallend. Vergleichsweise geringer sind hingegen die erreichten Erfolgsquoten der Dörfer der „Geest-/Moorregion", wobei sich damit auch die Strukturschwäche der Region selbst abbildet.

Allerdings konnten in keinem der Fallstudiendörfer in der zweiten, förderfreien Phase nach Abschluss der Dorferneuerung bis heute (3. Stufe) weder durch öffentliche, noch durch private Investitionen vergleichbare Effekte erzielt werden.

Im Gegenteil: die in der Folgephase erzielten Erfolgsquoten liegen teilweise, d. h. bei 11 (35 %) der niedersächsischen Fallstudiendörfer unter 0 im negativen Bereich. Das bedeutet, dass sich die Erfüllungsgrade der gewichteten Teilziele in der Summe gegenüber dem Abschluss der Dorferneuerung erheblich verringert haben. Hierdurch wird indirekt nochmals die Motivation auslösende Wirkung der Dorferneuerung bestätigt.

Da sich die bis heute erzielten Erfolge der Dorferneuerung folgerichtig aus der Addition der „Teilerfolge" aus den beiden Zeitphasen ergeben (Stufe 2 + 3), verbleibt mit Ausnahme von zwei Dörfern (Scharringhausen, Schwiegershausen) eine dorfbezogene „Gesamterfolgsquote" zwischen 5 % (Wagenfeld) und 76 % (Estorf). Auch für die erstgenannten Dörfer bedeuten die Aussagen nicht, dass es in der Dorferneuerungsphase keine Erfolge gab, sondern nur, dass diese im Laufe der Zeit u. a. durch den verlängerten Reparaturstau wieder „aufgezehrt" wurden.
In der Rangfolge der erreichten „Wirkungen" führen die Dörfer der Dorfregion Nienburger Wesermarsch mit einer Quote von 41 % vor den Dörfern der Südharzregion (30 %) und denen der Geest-Moorregion (19 %).
Mit Ausnahme der Dorferneuerungsmaßnahme Schnega (39 %) liegen die „Gesamterfolgsquoten" der übrigen niedersächsischen Dörfer und Dorfregionen zwischen 10 % und 29 %.

In Sachsen-Anhalt sind besondere „Erfolge" mit 43 % und 29 % in den beiden Dörfern Eimersleben und Erxleben der Magdeburger Börde sowie mit 37 % in Großjena feststellbar. Ohne die materiellen und immateriellen Anschübe aus der Dorferneuerungsförderung und aus den Bürgeraktivitäten wäre die Entwicklung weitaus negativer verlaufen, als es in der Mehrzahl der untersuchten niedersächsischen Dörfer ohne Förderung der Fall gewesen wäre. Diese These wird vor allem auch durch die Dörfer belegt, die bereits während der Dorferneuerungsphase nur geringen Anteil am Erfolg haben konnten – aus welchen Gründen auch immer. Deren Entwicklung hat sich, wegen des negativen Einflusses der wirtschaftlichen und der demografischen Faktoren trotz einzelner durchgeführter Maßnahmen wesentlich verschlechtert (Reinstedt, Binde, Axien).

Ob die Erfolge aus geförderten und nicht geförderten Investitionen in den Dörfern zwingend mit deren Lebensqualität identisch sein müssen, wird im Kapitel 23 näher untersucht.

Zusammenfassend sei nochmals auf die Unterschiede in den beiden Bewertungsstufen bzw. -verfahren hingewiesen.
Im Vergleich der Stufen 1 + 2 wurde als „Soll-Ist-Vergleich" nur der Zielerreichungsgrad der Kriterien gemessen, die zugleich Fördertatbestände der jeweiligen Dorferneuerungsverfahren in Niedersachsen und Sachsen-Anhalt waren.
Sämtliche Dörfer haben demnach – wenn auch in sehr unterschiedlicher Intensität, von der Dorferneuerung profitiert.
Da einerseits die Fördertatbestände im Rahmen mehrerer Novellierungen der Dorferneuerungsrichtlinien erweitert worden waren, andererseits sich auch die Umsetzungsgrade einzelner Teilziele in der Phase nach Abschluss der Dorferneuerung geändert hatten, mussten sich auch die Zielerreichungs- und Effektivitätsgrade nochmals ändern.

Aus der Addition der Erfolgsquoten aller gewichteten 36 Kriterien aus beiden Zeitphasen ergibt sich der abschließende aktuelle „Erfolg", d. h. eine Momentaufnahme der Effektivität – gemessen vom Ausgangspunkt vor der Dorferneuerung bis 2005 (siehe Abb. 192 – 194).

Gesamterfolg in den untersuchten Fallstudien bis 2005

Siedlungs-, hochbaulicher und ökologischer Problemdichtevergleich

Niedersachsen

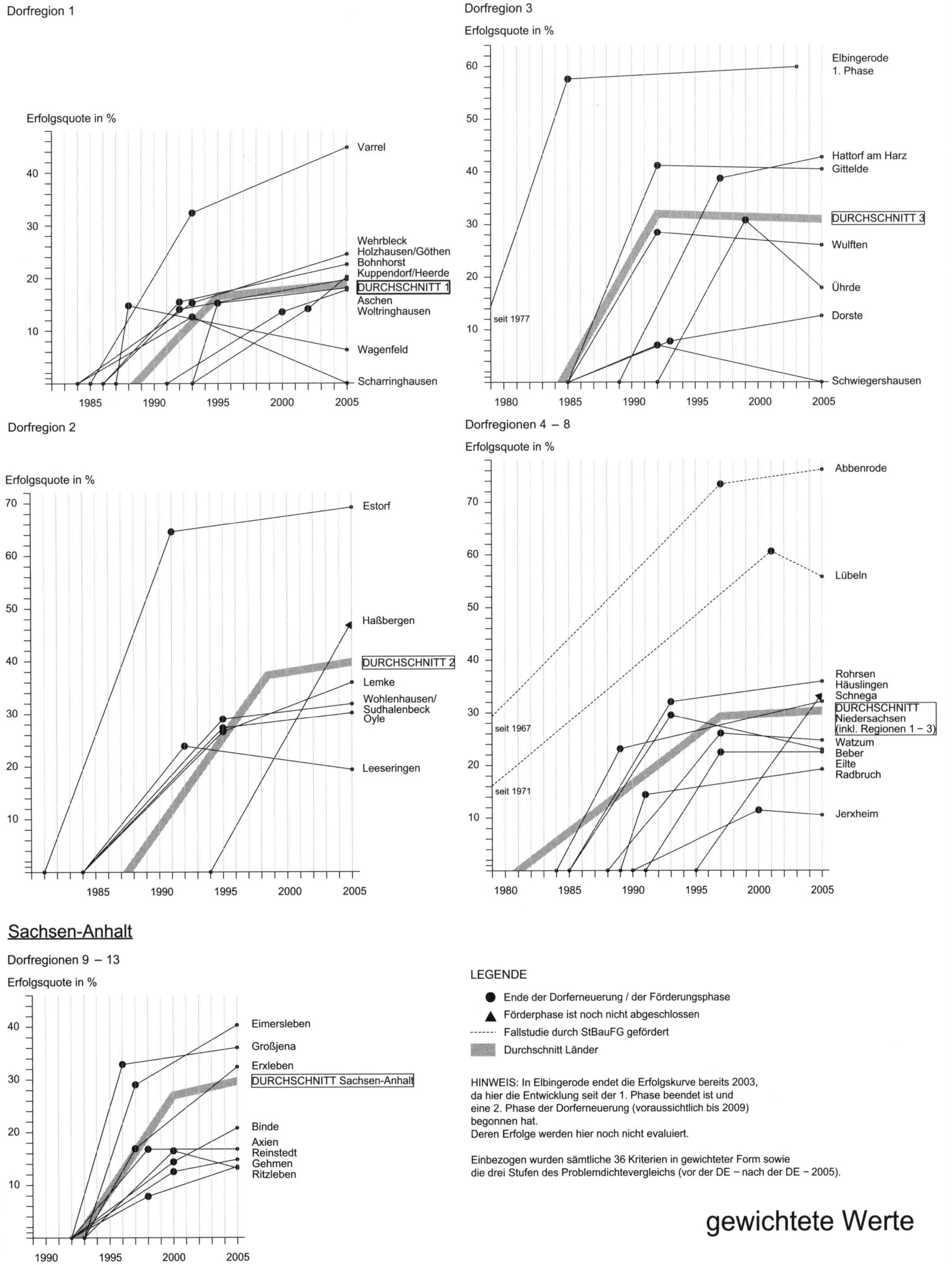

Der ortsbezogene Gesamterfolg wird hier in Relation zur Ausführungszeit dargestellt. Der Punkt an der Knickstelle gibt dabei das Ende der Förderungsphase an (auf ein volles Jahr gerundet). Deutlich weist die Grafik in einigen Orten einen sehr schnellen Erfolg der Dorferneuerung aus (z. B.Gittelde oder Großjena), jedoch auch die Dörfer, die durch die Entwicklung nach der Dorferneuerung bis heute einen Teil ihrer Punkte verloren haben (z. B. Schwiegershausen). Zur Ermittlung des Gesamterfolges siehe Beispielrechnung auf Seite 317.

Abb. 192: Gesamterfolg in den untersuchten Fallstudien

Problemdichte im Vergleich (kriterienbezogene Auswertung) – Gesamterfolg in Niedersachsen

Siedlungs-, hochbaulicher und ökologischer Problemdichtevergleich

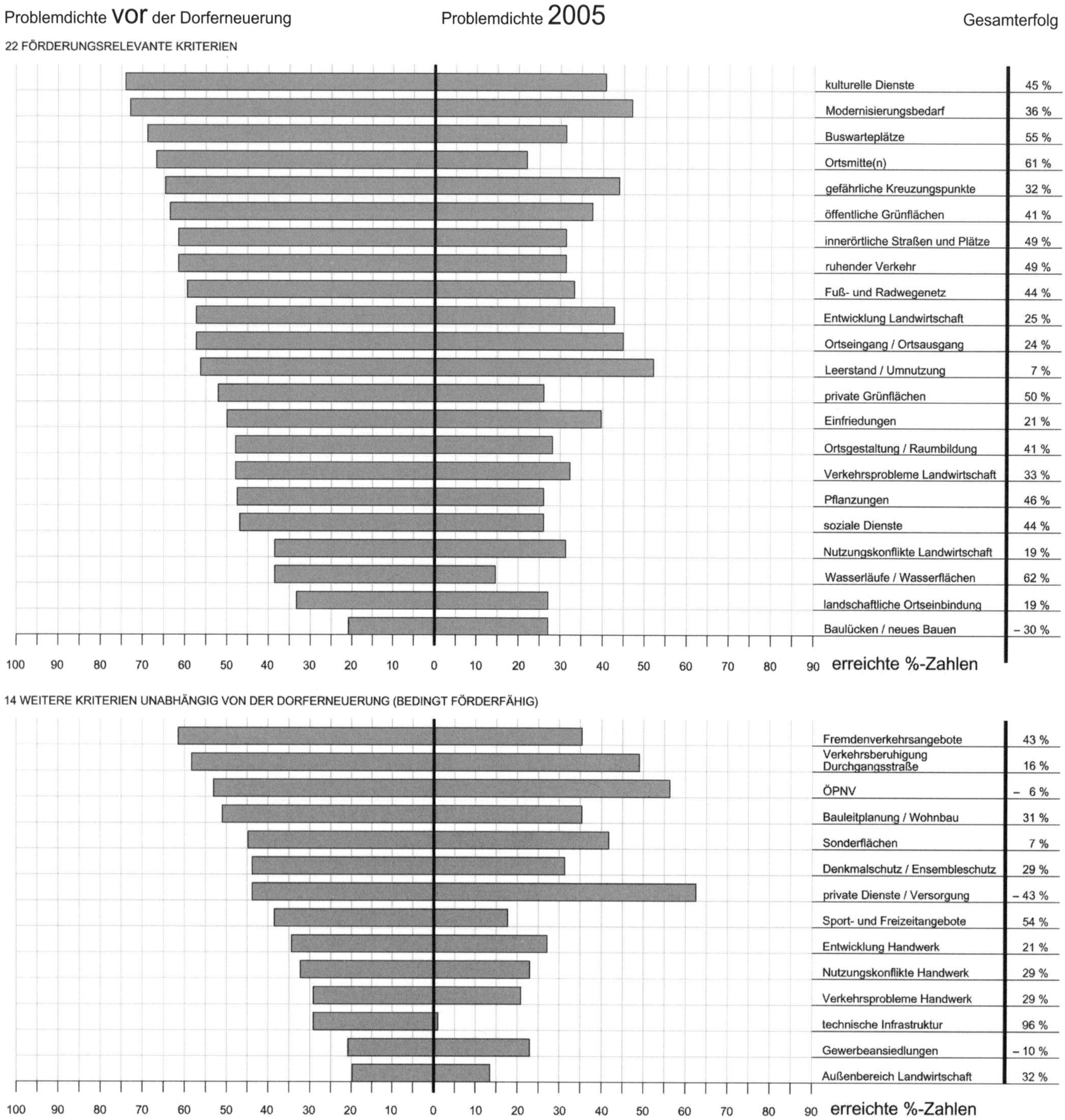

Da eine grafische Darstellung der "Veränderungen seit Abschluss der Dorferneuerung" der vorangegangenen Erfolgsermittlung aus den Stufen 1 + 2, lediglich mit der erweiterten Kriterienliste, entspricht, wird hier darauf verzichtet. Diese Tabelle zeigt die gesamte Zeitspanne der Evaluierung und damit den kriterienbezogenen Gesamterfolg, der bis 2005 erreicht wurde.
Zur Ermittlung des Gesamterfolges siehe Beispielrechnung auf Seite 317.

ungewichtete Werte

Abb. 193: Problemdichte im Vergleich (kriterienbezogene Auswertung) – Gesamterfolg in Niedersachsen

Problemdichte im Vergleich (kriterienbezogene Auswertung) – Gesamterfolg in Sachsen-Anhalt

Siedlungs-, hochbaulicher und ökologischer Problemdichtevergleich

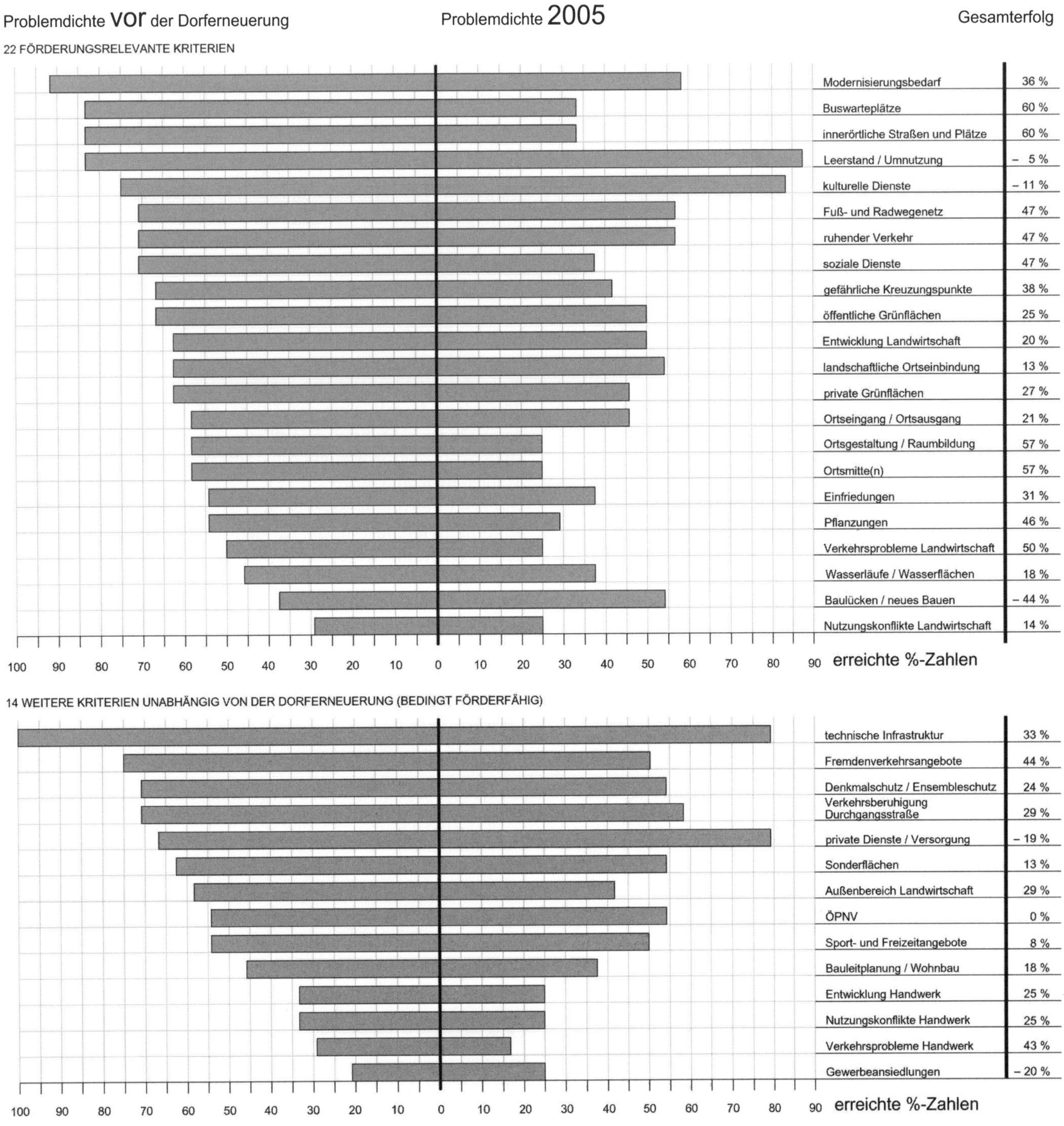

Wie in Niedersachsen, wird auch für Sachsen-Anhalt ein kriterienbezogener Gesamterfolg ermittelt, der sich aus den 3 Evaluierungsstufen bis 2005 ergibt.
Zur Ermittlung des Gesamterfolges siehe Beispielrechnung auf Seite 317.

ungewichtete Werte

Abb. 194: Problemdichte im Vergleich (kriterienbezogene Auswertung) – Gesamterfolg in Sachsen-Anhalt

21.2.5 Quantitativer Maßnahmenvergleich in der Dorferneuerungsphase

Der abschließende, zusätzliche Versuch eines rein quantitativen Vergleichs von im Dorferneuerungsplan geplanten zu tatsächlich ausgeführten Maßnahmen konnte nach einem Zeitraum von 10 – 20 Jahren annähernd vollständig nur für die öffentlichen Aufgabenstellungen erfüllt werden.
Hierzu wurden sämtliche im Dorferneuerungsplan aufgestellten Maßnahmen ausgezählt und den tatsächlich ausgeführten, vor Ort kartierten Maßnahmen gegenübergestellt.
Danach sind in den niedersächsischen ca. 43 % und in den sachsen-anhaltinischen Fallstudien ca. 40 % der geplanten öffentlichen Maßnahmen umgesetzt worden.

Der höchste Umsetzungsgrad wurde in Niedersachsen mit ca. 73 % in der Dorfregion „Nienburger Wesermarsch" (mit Spitzenwerten in der Gemeinde Estorf mit 94 % und Leeseringen mit 80 %) und in den beiden Dörfern des Aller-Leinetals mit ca. 73 % (Eilte 55 %, Häuslingen 90 %) erzielt. Den geringsten Anteil realisierter öffentlicher Maßnahmen weist die Dorfregion „Geest-Moorregion" mit ca. 29 % auf.

Extrem unterschiedlich sind die Werte in den Dörfern der Dorfregion „Südharz". Sie liegen zwischen 10 % (Schwiegershausen) und 85 % (Elbingerode), was auch mit dem jeweils unterschiedlichen kommunalen Status der Dörfer erklärt werden kann.

Sowohl im Soll-Ist-Vergleich als auch im reinen „Maßnahmenvergleich" werden die erzielten Ergebnisse der in die Untersuchung einbezogenen Dorfsanierungsvorhaben „Abbenrode" und „Lübeln" getrennt betrachtet.
Die außergewöhnlichen Erfolgsquoten sowohl im vorherigen „Soll-Ist-Vergleich" mit 87 % bzw. 67 % als auch im Maßnahmenvergleich mit 91 % bzw. 100 % (!) sind auf die besonderen Fördermöglichkeiten des Städtebauförderungsgesetzes (StBauFG) zurückzuführen, auf die beide Dörfer über 30 (!) bzw. 25 Jahre während des Sanierungsprozesses zurückgreifen konnten.
Der Vollständigkeit halber sei aber auch an dieser Stelle auf die Tatsache hingewiesen, dass die am Erfolg von Städtebauförderungsmaßnahmen beteiligten Dorfbewohner zum Abschluss des Verfahrens durch gesetzlich vorgeschriebene Abzüge der erwirkten Wertsteigerung am „Erfolg" durch finanzielle Leistungen beteiligt werden, während es sich sowohl bei den realisierten öffentlichen als auch den privaten Maßnahmeförderungen in der Dorferneuerung um „Geschenke" des Staates an die Dorfbewohner und -gemeinden ohne Rückzahlungs- bzw. Ausgleichspflichten handelt. Entsprechend geringer sind daher verständlicherweise auch die Förderbeträge in der Dorferneuerung, als vergleichsweise in der Städtebauförderung.

Nach der Art der realisierten öffentlichen Fördermaßnahmen sind Straßenerneuerungen bzw. -ausbaumaßnahmen vor Platzgestaltungen, Pflanzungen und dem Bau von Buswartehäusern führend.

Bei der Umsetzungsquote von im Dorferneuerungsplan geplanten zu anschließend realisierten Projekten liegen Parkplatz-, Schulhof-, Spielplatz- und Friedhofsgestaltungsmaßnahmen (jeweils 45 – 50 %) hinter Straßenbeleuchtungen, dem Bau von Fahrradständern, Pavillons, Sitzbänken, Ortsbeschilderungen, der Sanierung von Ehrenmalen und dem Umbau teilweise translozierter Gebäude zu öffentlichen Zwecken mit 70 bis zu 100 % (Straßenbeleuchtung).

Während die ermittelten Verhältniswerte der im Dorferneuerungsplan geplanten zu den umgesetzten öffentlichen Maßnahmen, sowohl auf der Orts- als auch auf der Maßnahmenebene, den Dorferneuerungsprozess im „Soll-Ist-Vergleich" einigermaßen realistisch widerspiegeln, kann das von den privaten Maßnahmen nicht gesagt werden.
Diese ließen sich während des Planungsprozesses nach ihrer Anzahl und Art nur sehr schwer ermitteln. Trotz intensiver Bestandserfassungen vor Ort, die sich allerdings nur auf die äußere Erscheinung des Objektes konzentrieren konnten und trotz der Ergebnisse aus den ersten Fragebogenaktionen, die prinzipiell auch die privaten Bau- und Erneuerungswünsche erfassten, entsprachen die abschließend im Dorferneuerungsplan kartierten und summierten Maßnahmen nur selten der Anzahl tatsächlich umgesetzter Projekte. Auf die von den Bewohnern genannten Gründe für oder gegen Investitionen wird an anderer Stelle näher eingegangen (siehe Abschnitt 23.4).

Tatsächlich ist bei allen Investitionen der Bürger auch eine dörflicher Mentalität entsprechende Abwartehaltung gegenüber den ersten ausgeführten öffentlichen oder privaten Vorhaben anderer Bauherren als ein Grund für später eingeleitete Maßnahmen zu nennen.
Das erfolgreich umgesetzte und geförderte Projekt des Nachbarn wirkt motivierender als die Kartierung der Erneuerungsbedürftigkeit im Dorferneuerungsplan, der außer den Mitgliedern des Arbeitskreises sowieso nur wenigen Bewohnern bekannt ist. Es ist daher auch nicht verwunderlich, dass die Mehrzahl der privaten Vorhaben erst nach der Genehmigung des Dorferneuerungsplanes und nach erfolgreicher Durchführung öffentlicher Maßnahmen zeitversetzt um 3 – 5 Jahre später zur Ausführung gelangten. Eine gezielte und umfassende Informationspolitik ist während des gesamten Dorferneuerungsprozesses aufgezeigt.

Nach den Ergebnissen der Gemeindelisten, Fragebogenauswertungen oder Zuwendungsbescheide und nach den Ortsbegehungen kann von einem Umsetzungsgrad geplanter zu ausgeführter privater Maßnahmen von etwa 50 % in den überprüfbaren Fallstudien ausgegangen werden. Die Differenz zwischen den Dorfregionen und unter den Fallstudiendörfern ist wiederum erheblich. Sie reicht unter den niedersächsischen Dörfern von 2 % bis 104 %.
In nicht wenigen Dörfern ist aufgrund der skizzierten Rahmenbedingungen am Ende sogar eine größere Anzahl von Maßnahmen als geplant in der Dorferneuerung gefördert worden, was jedoch nicht im Widerspruch zu Beschlüssen der Entscheidungsgremien über den genehmigten Förderrahmen für öffentliche und private Maßnahmen steht.

Die extremsten Unterschiede weisen wiederum die Dörfer der Dorfregion „Südharz" auf – mit hohen Umsetzungsgraden privater Maßnahmen von 65 %, 77 % und 100 % in den Orten Elbingerode, Gittelde und Ührde gegenüber extrem geringen Werten von 2 %, 10 % und 11 % in den Dörfern Dorste, Schwiegershausen und Wulften.
Mit jeweils 40 % bzw. 44 % entsprechen die privaten Umsetzungsquoten in den Dörfern der Dorfregionen „Geest-Moorregion" und „Nienburger Wesermarsch" jedoch wiederum denen der Dorfregion „Südharz" mit ebenfalls 44 %.

Eine exakte Aufschlüsselung nach Art der realisierten Vorhaben ließ sich nach einem zurückliegenden Zeitraum von bis zu 15 Jahren nach Abschluss der Durchführungsphase nicht mehr leisten. Lediglich aus den verfügbaren eigenen Unterlagen und nach Auswertung der 1. Bürgerbefragung lässt sich eine grobe Zuordnung der realisierten Maßnahmearten ableiten.

Demnach wurden Dachsanierungen mit 27 %, Fassadenerneuerungen bzw. -gestaltungen mit 23 % und Fenster-, Tür- und Torerneuerungen mit 16,6 % am häufigsten ausgeführt. Sie besetzen bereits 2/3 sämtlicher privater Maßnahmen, gefolgt von Hofbefestigungen, Farbanstrichen, Einfriedungen, Teilmodernisierungen und Umnutzungen.

Für die Fallstudien aus Sachsen-Anhalt liegen nur für die Orte Großjena und Reinstedt verwertbare Angaben vor, was jedoch für eine länderbezogene repräsentative Aussage nicht ausreicht. Für die beiden genannten Fallstudien lassen sich jedoch Gemeinsamkeiten mit Niedersachsen ableiten. So wurden auch hier etwa zu je einem Drittel Dach- und Fassadensanierungen vorgenommen sowie Fenster und Türen erneuert.

Ausgeführte Maßnahmen in Estorf

Grundlage zur Ermittlung der Umsetzungsquote ist die geplante Anzahl öffentlicher und privater Maßnahmen (siehe Dorferneuerungsplan Estorf, Abb. 209, Seite 270). Demnach wurden von 48 öffentlichen Teilmaßnahmen (entspricht 5 Maßnahmenkomplexen im DE-Plan) 45 umgesetzt. Von den 16 privaten Umnutzungs- und Komplettsanierungsmaßnahmen wurden nahezu alle umgesetzt. Daraus ergibt sich eine Umsetzungsquote von 94 % im öffentlichen und etwa 100 % im privaten Bereich.

Abb. 195: Evaluierung – Ausgeführte Maßnahmen am Fallstudienbeispiel Estorf

Maßnahmenvergleich Gittelde

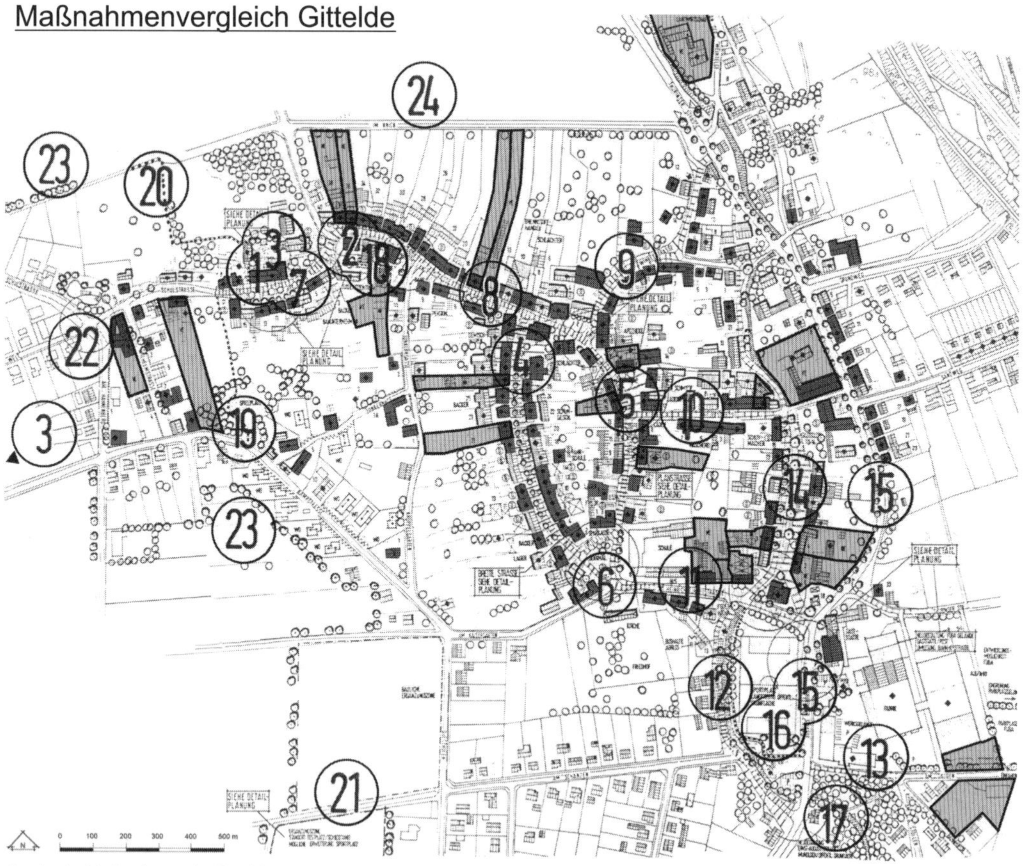

Geplante Maßnahmen in Gittelde

GEPLANTE MAßNAHMEN

ÖFFENTLICHE MAßNAHMEN

Gebäudemaßnahmen

5 Gebäudemaßnahmen, darunter Sanierung der Schule, der alten Försterei und des Jugendzentrums sowie der Neubau einer Mehrzweckhalle.

Straßen und Plätze

Insgesamt waren
11 Straßengestaltungsmaßnahmen und
2 Platzgestaltungen
geplant.

Grünmaßnahmen

3 Pflanzmaßnahmen zur Ortseingrünung,
1 Alleepflanzung und Schaffung eines Sportplatzes.

PRIVATE MAßNAHMEN

154 private Maßnahmen

Insgesamt wurden folgende 301 private Teilmaßnahmen geplant:
142 x / 47,2 % Fassaden-
53 x / 17,6 % Fenster-, Tür-, Tor-
46 x / 15,3 % Dachsanierung
25 x / 8,3 % Einfriedung
11 x / 3,6 % Hofbefestigung
9 x / 3,0 % Komplettsanierung
9 x / 3,0 % Sockel
5 x / 1,7 % Freiflächengestaltung

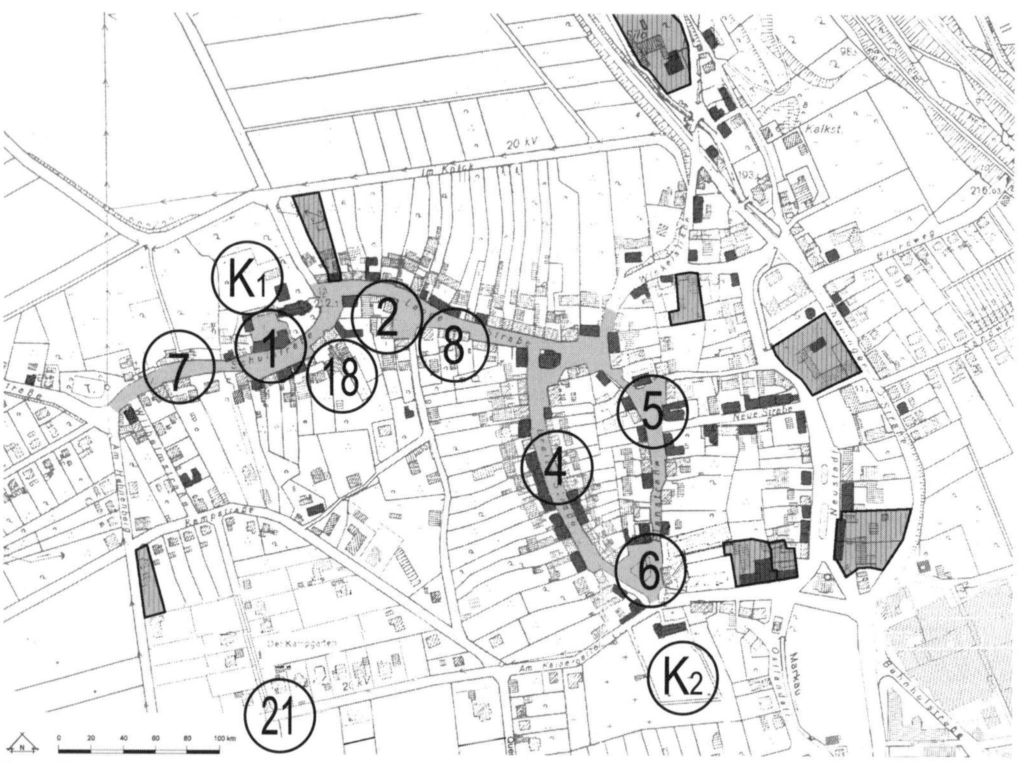

Ausgeführte Maßnahmen in Gittelde

AUSGEFÜHRTE MAßNAHMEN

ÖFFENTLICHE MAßNAHMEN

Gebäudemaßnahmen

1 Umbau der alten Schule
2 Sanierung "Alte Försterei"
18 Sanierung Jugendzentrum
21 Neubau Mehrzweckhalle (als Schützenhaus)
K1 Sanierung St. Mauritiuskirche
K2 Sanierung St. Johanneskirche

Sanierte Straßen und Plätze

4 Breite Straße
5 Planstraße
6 Denkmalplatz
7 Schulstraße
8 Lange Straße

PRIVATE MAßNAHMEN

79 private Maßnahmen

Insgesamt wurden 172 private Teilmaßnahmen ausgeführt:
47 x / 27,3 % Dach
36 x / 20,9 % Fassade
35 x / 20,3 % Fenster, Tür, Tor
23 x / 13,4 % Farbgestaltung
9 x / 5,2 % kleinere Sanierung
6 x / 3,5 % Sockel
5 x / 2,9 % Wärmedämmung und techn. Ausbau
4 x / 2,3 % Hofbefestigung
2 x / 1,2 % Außentreppe
2 x / 1,2 % Vordach
1 x / 0,6 % Einfriedung
1 x / 0,6 % Gebäudeneubau

LEGENDE

(14) öffentliche Maßnahme
sanierter Straßenraum
private Maßnahme
landwirtschaftliche Hofstelle

AUSWERTUNG DER MAßNAHMEN

Für Gittelde wurde eine Zahl von 24 öffentlichen und 301 privaten Teilmaßnahmen im Dorferneuerungsplan festgelegt. Umgesetzt wurden davon im öffentlichen Bereich 11 Maßnahmen und im privaten Bereich 172 Maßnahmen.

Dieses entspricht einer Umsetzungsquote von **45,8 %** im öffentlichen und **57,1 %** im privaten Bereich.

HINWEIS
Zur Ermittlung der Erfüllungs-/ Umsetzungsquote wurde lediglich eine quantitative Auswertung vorgenommen, d. h. die geplante Anzahl der Maßnahmen wurde der Anzahl der umgesetzten gegenübergestellt. Dabei konnte jedoch die exakt korrekte Umsetzung der ursprünglich geplanten Maßnahme nicht ermittelt werden. Zusätzlich ausgeführte Maßnahmen wurden hinzugezählt.

Abb. 196: Evaluierung – Maßnahmenvergleich am Fallstudienbeispiel Gittelde

21.2.6 Befragungsaktionen und Ergebnisvergleich

Bürgerbefragung

In mehreren Befragungsaktionen wurden auch die Bürger zu verschiedenen Auswirkungen der ausgeführten Dorferneuerungsmaßnahmen auf das Dorf befragt.

In der Gesamtbewertung liegen die Meinungen der befragten Dorfbewohner Niedersachsens und Sachsen-Anhalts etwas auseinander.
38 % bzw. 26 % halten die umgesetzten Maßnahmen für „sinnvoll und umfassend“, 31 bzw. 55 % für „sinnvoll, jedoch unvollständig“, 15 bzw. 6 % für „nur teilweise sinnvoll“, und lediglich 6 bzw. 1 % für „überwiegend bedeutungslos“.
Der hohe Stellenwert der Dorferneuerung auch in den neuen Bundesländern wird damit im Urteil der Bürger aus den Fallstudien Sachsen-Anhalts bestätigt.

Der Versuch einer Gegenüberstellung von Aussagen der Bürger über die „Auswirkungen der Dorferneuerung“ zu den Bewertungsergebnissen des Problemdichtevergleichs erbrachte Parallelen, aber auch Unterschiede in der Bewertung der Auswirkungen (siehe Abb. 198).
Während die Wertungen der Bürger mit den Ergebnissen der Erfolgskontrolle zu den Themenkomplexen „Freiraumgestaltung“ und „Verkehr“ etwa gleich ausfallen, zeigen sich Wahrnehmungsunterschiede in den Bereichen „Landwirtschaft“, „Tourismus“ und „Erscheinungsbild der Dörfer“.

In beiden Bundesländern wurden von den Bürgern die erreichten Erfolge der Dorferneuerung für die Landwirtschaft geringer und für das Erscheinungsbild stärker als durch die eigenen Messungen bestätigt, wahrgenommen. Das ist auch Ausdruck für den unterschiedlichen Grad an Betroffenheit. Demnach kann im Umkehrschluss gesagt werden, dass die gewählten und durchgeführten Maßnahmen in der Akzeptanz der Bewohner angenommen wurden.
Gegenbeispiel scheint die landwirtschaftliche Situation zu sein. Auch hier weist die ermittelte Erfolgsquote 28 % bzw. 29 % aus, während die Bürger eine Veränderung kaum sehen – eine Bestätigung der eher geringen Erfahrungen der Bürger über die Entwicklung der Landwirtschaft.

Befragung der Ämter

Die niedersächsischen Ämter für Landentwicklung (AfL) und die Ämter für Landwirtschaft und Flurneuordnung (ALF) in Sachsen-Anhalt wurden um ihr Urteil zum tatsächlichen Erfolg auf der Basis eines Vorher-Nachher-Vergleichs gebeten und zwar getrennt für die in der Untersuchung einbezogenen Fallstudiendörfer und pauschal für alle im jeweiligen Amt betreuten Dorferneuerungsvorhaben ohne oder im Zusammenhang mit einem Flurbereinigungsvorhaben. Mit Ausnahme des ALF Halberstadt fanden sich die Ämter aus Sachsen-Anhalt nicht zu einer Beurteilung bereit.

Von den beteiligten Ämtern in Niedersachsen wurde fallstudienbezogen 4-mal das Urteil „optimal“, jeweils 12-mal „hoch“ und „normal“ und 2-mal „eher gering“ (AfL Göttingen) abgegeben. Die Bewertungen der Ämter sind weitgehend deckungsgleich mit den eigenen Einschätzungen des Erfolges einzelner Verfahren.
Als „optimal“ wurden die Vorhaben Estorf, Elbingerode, Gittelde und Ührde und als „hoch“ Bohnhorst, Scharringhausen, Varrel, Haßbergen, die Flurbereinigungsdörfer Lemke, Oyle, Wohlenhausen/Sudhalenbeck sowie Hattorf, Eilte, Häuslingen, Jerxheim und Watzum eingestuft.
Die beiden erst- und die beiden letztgenannten mit „hoch“ bewerteten Dörfer erscheinen jedoch als überbewertet. Übereinstimmend ist dagegen wieder die eher negative Bewertung der Vorhaben „Dorste“ und „Schwiegershausen (AfL Göttingen).
Im Vergleich der Dorfregionen haben die Dörfer der Nienburger Wesermarschregion die günstigste Beurteilung durch die zuständige Fachbehörde erfahren.

Die ebenfalls erbetene pauschale Erfolgsbewertung sämtlicher in den Ämtern durchgeführter Dorferneuerungsvorhaben fällt etwas ungünstiger im Vergleich zur Fallstudienbeurteilung aus. Ob mit oder ohne Flurbereinigung werden die durchgeführten Vorhaben zu 65 % als „normal“ eingestuft.
In ihrer eher kritischen Einschätzung unterschieden sich das AfL Göttingen („normal“) vom AfL Verden („optimal“), wobei letztere Behörde den Dorferneuerungsvorhaben, die im Rahmen von Flurbereinigungsverfahren ausgeführt wurden, allerdings nur die Bewertung „normal“ zuerkannt hat.

Die hohen Synergieeffekte der im Rahmen von Flurbereinigungsverfahren durchgeführten Dorferneuerungen können insbesondere am Beispiel der Fallstudien Elbingerode und Oyle bestätigt werden.

Erfolg der Dorferneuerung – Einschätzung der Ämter für Landentwicklung

Fragebogen 5, Frage 6: Wie beurteilen Sie den tatsächlichen Erfolg der Dorferneuerung auf der Basis eines "Vorher-Nachher-Vergleichs"?

NR.	REGIONALE ZUORDNUNG DER FALLSTUDIEN	optimal	hoch	normal	eher gering
Niedersachsen					
1	Holzhausen / Göthen			X	
	Kuppendorf / Heerde			X	
	Scharringhausen		X		
	Varrel		X		
	Wehrbleck			X	
	Aschen			X	
	Wagenfeld				
	Bohnhorst		X	X	
	Woltringhausen			X	
	ZWISCHENSUMME 1	0	3	6	0
2	Estorf	X			
	Haßbergen		X		
	Leeseringen			X	
	Lemke		X		
	Oyle		X		
	Wohlenhausen / Sudhalenbeck		X		
	ZWISCHENSUMME 2	1	4	1	0
3	Dorste				X
	Elbingerode	X			
	Gittelde	X			
	Hattorf am Harz		X		
	Schwiegershausen				X
	Ührde	X			
	Wulften			X	
	ZWISCHENSUMME 3	3	1	1	2
4	Radbruch			X	
5	Lübeln	entfällt wegen Städtebauförderungsgesetz			
	Schnega			X	
	ZWISCHENSUMME 5	0	0	1	0
6	Eilte		X		
	Häuslingen		X		
	ZWISCHENSUMME 6	0	2	0	0
7	Beber			X	
	Rohrsen			X	
	ZWISCHENSUMME 7	0	0	2	0
8	Abbenrode	entfällt wegen Städtebauförderungsgesetz			
	Jerxheim		X		
	Watzum		X		
	ZWISCHENSUMME 8	0	2	0	0
	SUMME NIEDERSACHSEN	4	12	12	2

Die Ämter für Landwirtschaft und Flurneuordnung in Sachsen-Anhalt haben, außer Halberstadt, keine Stellungnahme abgegeben.
Bewertung Reinstedt: "normal"

Abb. 197: Erfolg der Dorferneuerung – Einschätzung der Ämter für Landentwicklung

Ergebnisse der Fragebogenaktion im Vergleich zu den Ergebnissen der Evaluierung

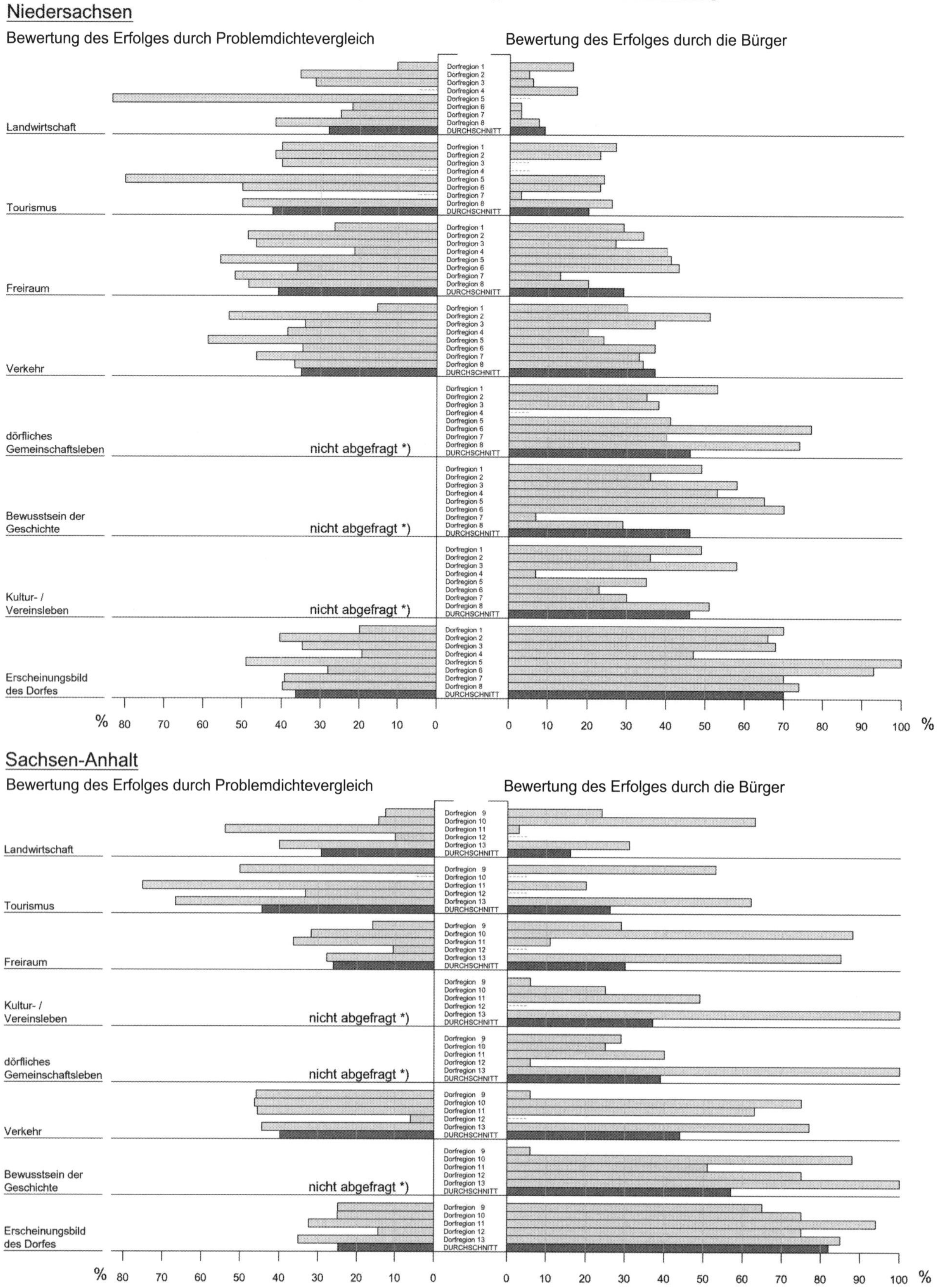

LEGENDE
- Erfolg aller Fallstudien einer Dorfregion
- Durchschnittswerte der Dorfregionen

HINWEIS:
*) Die hier nich aufgenommenen Kriterien wurden erst im später folgenden Ranking (Kap. 22) berücksichtigt.

Niedersachsen
Dorfregion 1: Geest-/ Moorregion
Dorfregion 2: Nienburger Wesermarsch
Dorfregion 3: Südharz
Dorfregion 4: Elbtalauen Nord
Dorfregion 5: Wendland und Swinmark
Dorfregion 6: Aller-Leinetal
Dorfregion 7: Süntel
Dorfregion 8: Braunschweiger Börde

Sachsen-Anhalt
Dorfregion 9: Altmark
Dorfregion 10: Elbtalauen Ost
Dorfregion 11: Magdeburger Börde
Dorfregion 12: Nordharz
Dorfregion 13: Saale-Unstrut

Im Rahmen der Fragebogenaktion 3, "1. Bürgerbefragung zur Dorferneuerung" wurden die Bürger nach den aus ihrer Sicht geleisteten Auswirkungen / Verbesserungen zur Dorferneuerung befragt. Diese Ergebnisse in der Rangfolge sind den über den Problemdichtevergleich ermittelten Werten gegenübergestellt worden. Nicht vorhandene Balken bedeutet: "keine positiven Auswirkungen festgestellt".

Abb. 198: Vergleich der Auswirkungen der Dorferneuerung

22 „RANKING“ – LEBENSQUALITÄTEN IN DEN FALLSTUDIENDÖRFERN ODER DER VERSUCH DER EINSTUFUNG VON DÖRFLICHEN LEBENSQUALITÄTEN

22.1 Die Ermittlung der Lebensqualität

Während im Rahmen der Evaluierung (siehe Kapitel 21) die „Zielerreichungsgrade“ und die „Effektivität“ über die beiden Zeitstufen vom Beginn bis zum Abschluss der Dorferneuerung und vom Abschluss der Durchführungsphase bis heute an 22 bzw. 36 Teilzielen vergleichend gemessen wurden, fragt das „Ranking“ nach der aktuellen Lebensqualität in den untersuchten Dörfern.

Vergleichbare Untersuchungen für Deutschlands Städte sind bereits mehrfach durchgeführt worden. In diesem Falle geht es jedoch nicht so sehr um die „Positionierung von Dörfern“ im gegenseitigen Wettbewerb als besten Wohn-, Arbeits- und Freizeitstandorten.
Der im Folgenden näher erläuterte methodische Beitrag eines „Rankings“ wurde vielmehr gewählt, um zu überprüfen, welchen Einfluss die Dorferneuerung auf die aktuelle Lebensqualität in den Untersuchungsdörfern hatte.

Nach welchen Kriterien lässt sich nun nach allen vorliegenden Erfahrungen die Lebensqualität in den Dörfern bestimmen? Da zweifellos die bisher gewichteten quantitativen materiellen, harten Faktoren hierfür alleine nicht ausreichen, müssen weitere qualitative, immaterielle weiche Faktoren wie z. B. „bürgerliches Engagement“ und „soziale Integration“ mit herangezogen werden. Aber auch bisher nicht berücksichtigte Teilaspekte, wie „regionale verkehrliche, wirtschaftliche und demografische Rahmenbedingungen“, ökologische Ausrichtung der Landwirtschaft, Arbeitsplatzangebote, demografische Entwicklungsstrukturen im Dorf, Störfaktoren oder die Entwicklung alternativer Energien spielen bei der Ansiedlungsbereitschaft neben der Verfügbarkeit und den Kosten von Bauplätzen zweifelsfrei eine bedeutende Rolle.

Die ambivalente Wirkung einzelner Teilaspekte, z. B. von Windkraftanlagen im Rahmen „Alternativer Energie-Konzepte“ wird im Bewertungsrahmen durch entsprechende Korrekturglieder aufgefangen. Während „Windkraftanlagen“ als Beitrag zur Energieeinsparung unter dem Oberziel „alternative Energien“ positiv gewichtet werden, kann ein entsprechender Abzug über das Bewertungskriterium „optische Störungen“ unter dem Oberziel „Vermeidung von Störungen und Emissionen“ erfolgen.

Sämtliche 31 eingesetzten Kriterien wurden sowohl mit einer erreichbaren Punktzahl zwischen 0 und 2 als auch Gewichtungsfaktoren von 0,5 bis 3 gewichtet und gemessen, wobei die „weichen“ Faktoren eine entsprechend starke Berücksichtigung fanden.
Die maximal erreichbare Gesamtpunktzahl aus der Multiplikation der Bewertungsziffern mit den Gewichtungen beträgt 100 Punkte pro Dorf.

Im Ergebnis ergibt sich innerhalb der niedersächsischen Fallstudien eine Spannweite zwischen 72 (Estorf) und 31 (Woltringhausen) und innerhalb der 8 Fallstudien aus Sachsen-Anhalt eine Spannweite zwischen 59 (Großjena) und 34 (Gehmen) Punkten.

Lebensqualität im ländlichen Raum
Dörfer als Wohn-/ Arbeits- und Freizeitstandorte im Ranking

NR.	KRITERIUM	MAX. PUNKTZAHL	GEWICHTUNG	RANKING-PUNKTE
1	Regionale Randbedingungen / Lage im Raum Erreichbarkeit benachbarter Grund- und Mittelzentren / Regionale Wirtschaftskraft / Bevölkerungsentwicklung / Arbeitsplätze in der Region / strukturelle Bedeutung der Region	2	3	6
2	Landschaft und Freiraum / Dorfökologie 2.1) Landschaftliche Vielfalt / Ökologische Funktionen / Ausflugsziele / Erlebnisangebote	2	2	4
	2.2) Straßen und Plätze, sonstige öffentliche dörfliche Freiflächen mit besonderer Aufenthaltsqualität	2	2	4
	2.3) Qualität privater Freiräume im Dorf (Gärten und Parks)	2	1	2
3	Erschließung des Ortes (ÖPNV, Bahn / Bus)	2	2	4
4	Abwasser-/ Trinkwasser-/ Energieversorgung, Intensität Informationstechnologie („Datenautobahn“)	2	2	4
5	Alternative Energien (private Anlagen) 5.1) Solar-/ Voltaikanlagen	2	1	2
	5.2) Windkraft	2	1	2
	5.3) Biogas und nachwachsende Rohstoffe	2	1	2
6	Örtliche Ausstattung und Versorgungs- und Dienstleistungseinrichtungen 6.1) Läden für den täglichen Bedarf, Sparkasse, Poststelle u. a.	2	2	4
	6.2) Soziokulturelle Einrichtungen, KIGA, Grundschule, kirchliche und soziale Dienste, Alten- und Jugendeinrichtungen, Gemeinschafts- und dörfliche Kulturbauten / -anlagen u. Ä.	2	2	4
7	Kommune 7.1) kommunale Haushaltslage, „Freie Spitze“ / Investitionsbereitschaft	2	1	2
	7.2) kommunale Eigenständigkeit der Fallstudiendörfer	2	2	4
8	Sozioökonomische Bedeutung und Funktion landwirtschaftlicher Betriebe in der Ortslage als Arbeitgeber / Arbeitsplätze 8.1) in der konventionellen Urproduktion (Ackerbau + Viehhaltung)	2	1	2
	8.2) in der Nischenproduktion (ökologische Produktion und Vermarktung von Bioprodukten)	2	2	4
	8.3) für zusätzliche Dienstleistungen in Freizeit und ländlichem Tourismus (Bauerncafé, Ferien auf dem Bauernhof, Streichelzoo / Ausstellung + Produktverkauf u. a.) / Landschaftspflege	2	1	2
9	In der Gemeinde vorhandene Arbeitsplätze in Handwerk, Gewerbe und Dienstleistungen	2	2	4
10	Vermeidung von Störungen und Emissionen durch 10.1) Landwirtschaft (Geruchsemission)	2	1	2
	10.2) Durchgangsverkehr (Lärm, Abgase)	2	2	4
	10.3) örtliche Gewerbe- /Industriebetriebe (Schadstoffe, Lärm, Gerüche u. a.)	2	0,5	1
	10.4) optische Störungen durch Anlagen, Betriebsgelände, Windkraftanlagen, Halden, Sonderflächen u. a.	2	0,5	1
11	Demografischer Faktor Bevölkerungsentwicklung und Altersstruktur im Ort	2	3	6
12	Soziale Integration von Zugezogenen, Zuwanderern / Ausländern	2	1	2
13	Bürgerliches Engagement / Vereinsaktivitäten / Nachbarschaftshilfe / dörfliches Gemeinschaftsleben	2	3	6
14	Angemessene Baulandpolitik 14.1) Intensität, Angemessenheit und Qualität von Baugebietsausweisungen	2	1,5	3
	14.2) Intensität von Baulückenbebauung und Umnutzung	2	1,5	3
15	Ortsgestaltung / siedlungs- und hochbauliches Erscheinungsbild 15.1) siedlungsbauliche Qualitäten / mögliche Störungen	2	2	4
	15.2) hochbauliche Qualitäten / Neubauten denkmalpflegerische Maßnahmen	2	2	4
16	Umsetzungsgrad von Dorferneuerungsmaßnahmen / angemessene Umsetzung der Ziele des DE- Planes 16.1) private Investitionsbereitschaft (Zukunft)	2	1	2
	16.2) Umsetzung im öffentlichen Bereich	2	2	4
	16.3) Umsetzung im privaten Bereich	2	2	4
GESAMTPUNKTZAHL				100

BEWERTUNG: maximal zu erreichende Punktzahl pro Kriterium: 2 Punkte
0 Punkte = extrem hohe Problemlage / Kriterium nicht erfüllt
0,5 Punkte = hohe Problemlage
1 Punkt = normale Problemlage
1,5 Punkte = geringe Problemlage
2 Punkte = optimaler Zustand / keine Problemlage

Abb. 199: Kriterienliste Ranking

Während also zwischen den niedersächsischen Dörfern erhebliche Unterschiede zwischen den Dorfgruppen oberhalb von erreichten 70 Punkten (Estorf, Abbenrode und Haßbergen), von 61 – 70 Punkten (Elbingerode, Gittelde, Varrel und Hattorf am Harz), von 56 – 60 Punkten (Wehrbleck, Wohlenhausen, Oyle, Lübeln, Wulften, Schnega und Radbruch), von 46 – 55 Punkten (Schwiegershausen, Ührde, Lemke, Häuslingen, Jerxheim und Eilte), von 40 – 45 Punkte (Dorste, Watzum, Kuppendorf/Heerde, Aschen, Beber, Rohrsen, Leeseringen und Wagenfeld) sowie von 30 – 39 Punkten (Woltringhausen, Bohnhorst, Holzhausen/Göthen und Scharringhausen) feststellbar sind, gleichen sich die Werte sowohl unter den untersuchten Dorfregionen als auch zwischen den Ortsgrößenklassen wieder aus.

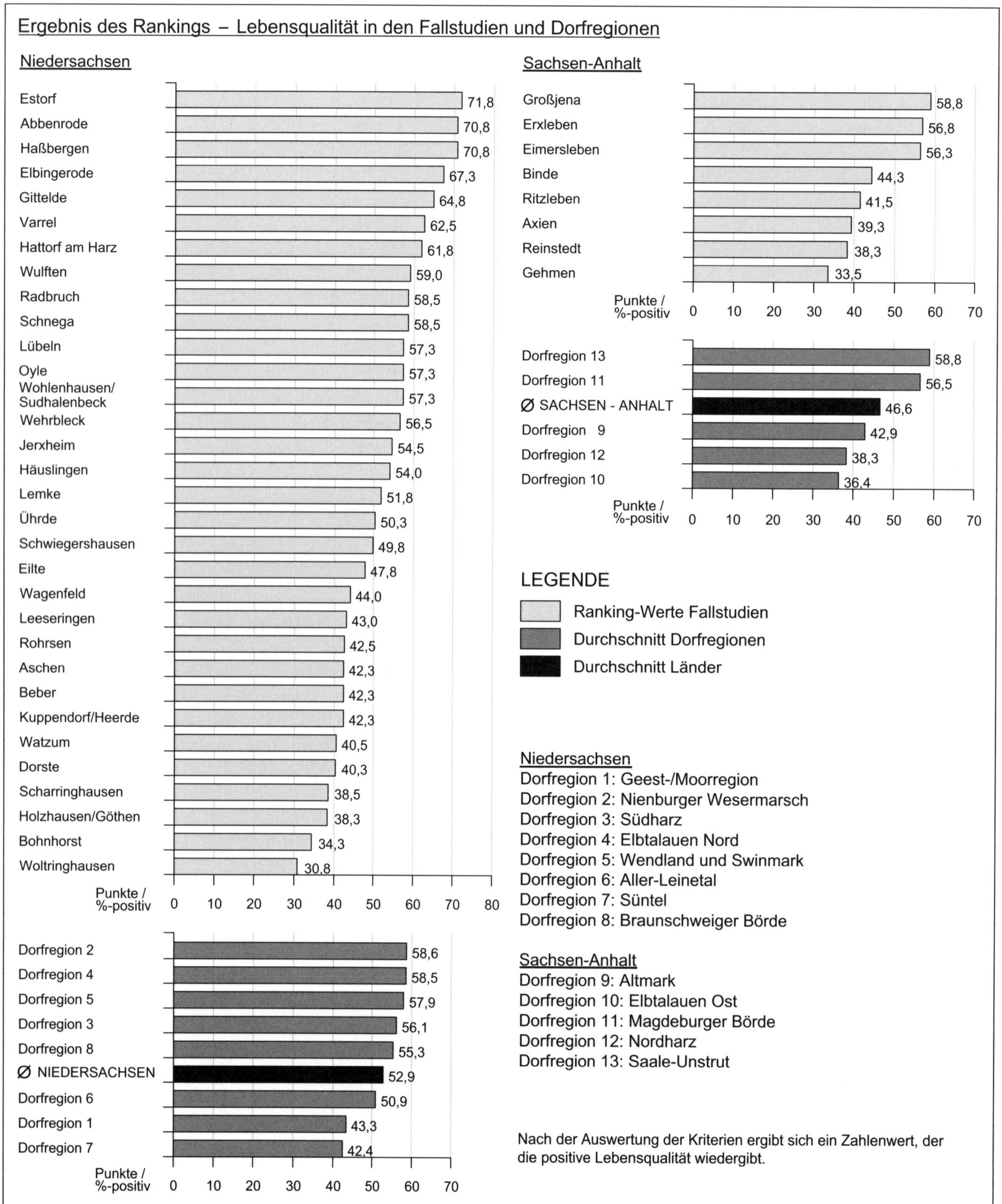

Abb. 200: Ergebnis des Rankings – Lebensqualität in den Fallstudien und Dorfregionen

Interessant ist, dass lediglich die Dörfer der Größenklasse unter 500 Einwohnern, mit Ausnahme Elbingerodes (67) und Schnegas (58), mit ca. 46 erreichten durchschnittlichen Punkten unter den Durchschnitten der übrigen Ortsgrößenklassen zwischen 53 und 56 Punkten bleiben. Die in anderem Zusammenhang (siehe Hinweise in den Kapiteln 13; 20) bereits als kritische Größenklasse ermittelte Einwohnerzahl wird auch im Ranking bestätigt, wenn man von den zugehörigen 9 Dörfern die beiden benannten, erfolgreich dorferneuerten Orte herausnimmt (Elbingerode, Schnega).
Der verbleibende Wert von 41 Punkten verdeutlicht den offensichtlichen Zusammenhang von Problemdichte und Lebensqualität mit der Ortsgrößenklasse.

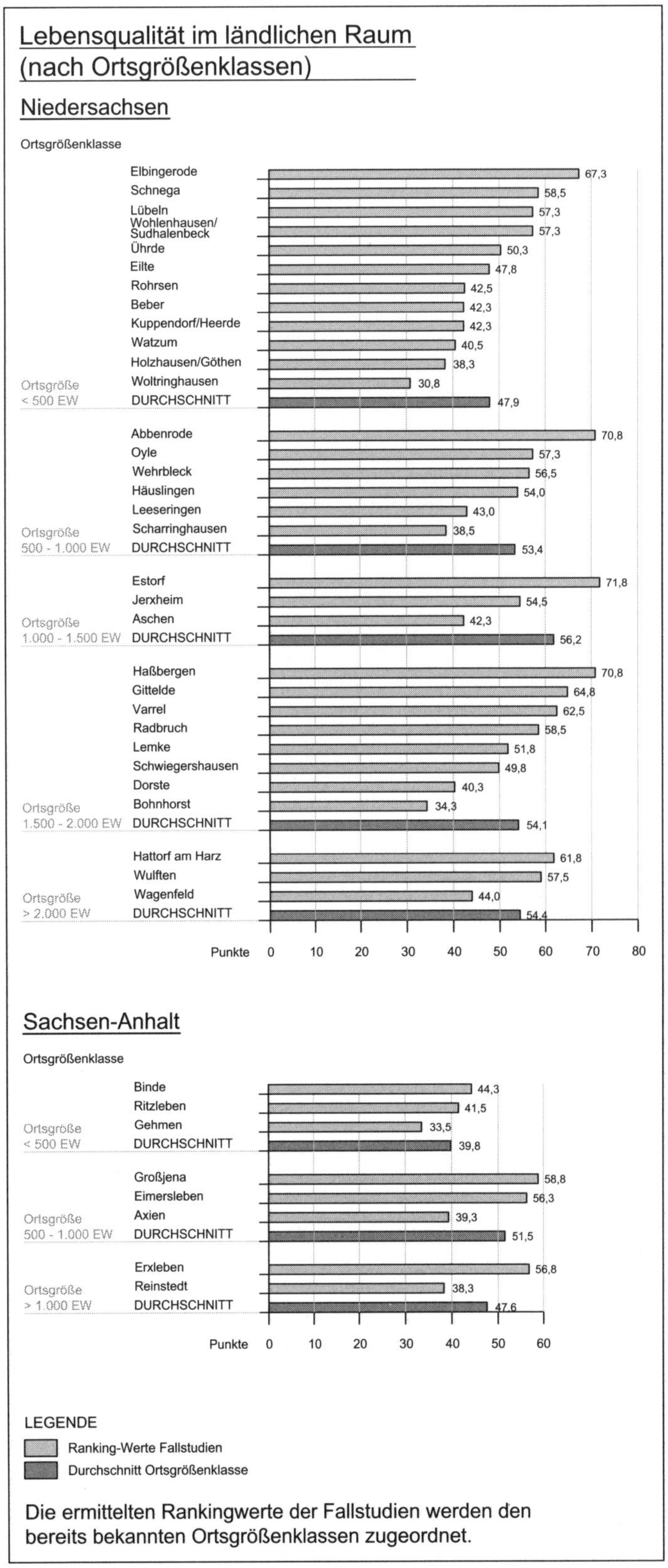

Abb. 201: Lebensqualität im ländlichen Raum (nach Ortsgrößenklassen)

Von besonderem Interesse ist weiterhin die Beantwortung der eingangs gestellten Frage nach einem eventuellen Zusammenhang zwischen den erreichten Erfolgen der Evaluierung mit der gemessenen Lebensqualität.
In der Tat ist aufgrund der unterschiedlichen Kriterien und Gewichtungen ein Vergleich – wenn überhaupt nur bedingt möglich.
Im Übrigen konnte die Lebensqualität vor Beginn der Dorferneuerung nicht nachträglich ermittelt werden, um das Ergebnis von 2004 zu unterfüttern. Trotzdem sind gewisse Übereinstimmungen mit den Evaluierungsergebnissen feststellbar.

In der Gegenüberstellung des Rankings mit den Zielerreichungsgraden und der erreichten Effektivität während und nach der Dorferneuerungsphase sind sowohl hier wie dort gleiche „Erfolgsdörfer“ (Estorf, Elbingerode) in den Spitzenpositionen, aber auch erhebliche Unterschiede auszumachen. So finden sich weitere „Spitzendörfer“ des Rankings wie Haßbergen, Gittelde, Varrel und Hattorf am Harz zwar auch mit 40 – 48 % unter den erfolgreich erneuerten bzw. entwickelten Orten, jedoch mit erheblichem Abstand zu den beiden oben genannten Dörfern. Besonders auffallend ist die Diskrepanz der im Ranking „erfolgreichen“ Dörfer Radbruch und Wulften zum Ergebnis der Evaluierung, wo nur ein Erfolg von 19 bzw. 26 % erreicht werden konnte.
Dagegen stimmen die Dörfer Bohnhorst und Woltringhausen, die eine Erfolgsquote um jeweils 20 % in der Evaluierung erzielt haben, mit den erreichten unteren Positionen im Ranking wiederum überein.

In der Zusammenfassung bleibt festzustellen, dass die Dorferneuerungsphase sehr unterschiedliche Motivations- und Entwicklungsschübe in den untersuchten Dörfern und Dorfregionen ausgelöst hat, die wiederum sehr unterschiedlich von den Dörfern und zugehörigen Dorfregionen für eine Stabilisierung des Erreichten bzw. zur Weiterentwicklung genutzt wurden. Nur wenigen Orten kann zugestanden werden, dass sie ihr relativ erfolgreiches Abschneiden im Ranking nicht wesentlich der Dorferneuerungsförderung verdanken (Wagenfeld, Radbruch). Die letztgenannten Orte verdanken ihre relativ hohe Positionierung im Ranking anderen Einflussgrößen: einerseits der überdurchschnittlichen Infrastrukturausstattung im Grundzentrum Wagenfeld, andererseits der optimalen Verkehrsanbindung und der Lage in wirtschaftsstarker Region in Radbruch.

Die besetzten unteren Positionen einzelner Dörfer im Ranking sind dagegen im Wesentlichen begründet durch das Zusammentreffen von zwei negativen Einflüssen: der Lage in einem strukturschwachen Raum und der zu geringen Anzahl umgesetzter Dorferneuerungsmaßnahmen.

22.2 Vergleichende Zukunftsbewertungen

Neben der bereits beantworteten Frage nach dem „persönlichen Wohlbefinden“ der Bürger im Dorf (siehe Abschnitt 19.2), wurden im Rahmen der Fragebogenaktionen sowohl die kommunalen Vertreter als auch die Bürger abschließend nach der „Zukunft ihres Dorfes“ befragt.
Hier gilt es nun, nach Gemeinsamkeiten und Unterschieden zwischen gefühlter Lebensqualität (der Bürger) und ermittelter Lebensqualität (Ranking) sowie zwischen den genannten Zukunftsaussichten zu suchen.

In der Regel decken sich die Aussagen zur Zukunftsbewertung durch die Gemeinden mit denen der Bürger.

Allerdings gibt es Ausnahmen von dieser Regel.
Besonders auffallend sind die teilweise gegensätzlichen Bewertungen der Bewohner und der Gemeindevertreter in den Dörfern Jerxheim, Schnega und Hattorf. Während die Gemeindevertreter von einer negativen Entwicklung ausgehen, besitzen diese Orte im Ranking einen wesentlich höheren Stellenwert. Dieses liegt vermutlich auch daran, dass das Ranking nur die momentane Gesamtsituation beschreibt, während die kommunalen Vertreter besonders die desolate finanzielle Haushaltslage sehen und ihr Urteil darauf gründen. Auch die Sicht der Bürger deckt sich in den genannten Orten mehr mit der Gemeindeaussage, als mit dem Ergebnis des Rankings.
Die sich ankündigenden Probleme werden aber häufig eher „ausgebremst“. So bemühen sich die Gemeinden, die negative demografische Situation durch große Baulandausweisungen auszugleichen oder die verschwindenden Dienstleistungen durch größere Angebotszentren zu ersetzen. Es ist jedoch davon auszugehen, dass in Zukunft so manches kommunale Angebot, dass das Dorf heute noch „lebenswert“ macht (Freibäder, Büchereien, DGH´s, sanierte bzw. gestaltete Plätze und Straßen u. a.) aus Kostengründen wohl eher eingeschränkt oder sogar aufgegeben werden muss.
Eine deutliche Diskrepanz in den Aussagen der beteiligten Personen und Institutionen bzw. der Kommune besteht in Wagenfeld. Dieser heterogene Ort, der sich kaum als soziale Einheit, sondern vielmehr als Zusammenschluss mehrerer Einzelorte (Dorfkern Wagenfeld – Ortsteile) darstellt, vermittelt auch konsequenterweise ein uneinheitliches Meinungsbild, wenn es um die Einschätzung der Ortsentwicklung geht (Bürger des Ortskerns „eher negativ“, Bürger der Orteile „eher positiv“, Kommune „eher positiv“).

Relativ einstimmig sind dagegen die Bewertungen in den Orten Watzum, Wehrbleck und Wohlenhausen, in denen sowohl jeweils die Hälfte der befragten Bürger als auch die Kommunen von einer eher „ungewissen“ Zukunftsperspektive ausgehen.
Sowohl die „Spitzenreiter“ als auch die „weniger erfolgreichen“ Orte im Ranking werden von den befragten Kommunen und Bürgern etwa gleich in ihren Entwicklungsmöglichkeiten eingeschätzt.

Unabhängig hiervon wird jedoch die subjektive Lebensqualität, „das Wohlgefühl im Dorf“ beurteilt. Da hier primär das eigene Umfeld, also die unmittelbare Umgebung von Haus und Grundstück sowie die persönliche familiäre Situation und weniger das ganze Dorf im Mittelpunkt des Interesses stehen, sind die Beurteilungen verständlicherweise sehr stark subjektiv gefärbt.
Sind die Beziehungen zum persönlichen Umfeld „im Lot“, ist auch ein ausgeglichenes Verhältnis zum sozialen Gesamtumfeld des Dorfes wahrscheinlich – anders ausgedrückt: ist das nachbarschaftliche Verhältnis gut, wird auch die Lebensqualität und das Miteinander im Dorf als „angenehm“ bewertet, unabhängig von seinen materiellen Ausstattungen und sonstigen Angeboten.
Vielleicht lässt sich damit auch die Diskrepanz zwischen den „ungewissen“ bis „negativen“ Bewertungen der Zukunftsaussichten für Bohnhorst und Woltringhausen durch die Bürger (71 % bzw. 93 %) und die Samtgemeinde Uchte (jeweils „negativ“), im Gegensatz zum durchaus noch vorhandenen Wohlgefühl in diesen Orten erklären (50 % bzw. 64 %).

Im Dorfregionsvergleich wird deutlich, dass das „allgemeine Wohlbefinden“ der Bewohner sämtlicher untersuchten Regionen „sehr gut“ ist. Es fällt mit Ausnahme Scharringhausens in keinem Ort unter die 50-%-„Positiv“-Marke. Keine Region liegt unter 70 % „positiver“ Beurteilungen. Der ermittelte Durchschnitt des „Wohlbefindens“ in Niedersachsen liegt bei erfreulichen 81 %!

In den untersuchten Dörfern Sachsen-Anhalts zeigen sich zwar nur wenige, dafür aber besondere Auffälligkeiten im Vergleich der Ergebnisse von abgefragter und von im Ranking ermittelter Lebensqualität.
Großjena wird dabei knapp in einer „Spitzenposition“ bestätigt. Auch die Urteile der Kommunen und Bürger zu den im Ranking „schlechter bewerteten“ Orten stimmen in ihren Aussagen weitgehend überein.
Besonders Reinstedt zeigt auf allen Bewertungsebenen leider negative Gemeinsamkeiten. Sowohl die Kommune als auch befragte Bürger sehen die Zukunft „eher unsicher bis negativ“ (63 %). Vergleichbar sind die Werte zur ermittelten Lebensqualität im Ranking (38 %) und dem erfragten Wohlbefinden (34 %).

Noch auffälliger sind jedoch die unterschiedlichen Beurteilungen von Kommunalvertretern und Bürgern im Bördedorf Erxleben. Von den befragten Bürgern wird hier mit 100 % der höchste Erreichungsgrad für das Wohlbefinden von allen Dörfern dieser Untersuchung neben Lübeln genannt und eine Zukunftsbewertung mit immerhin noch 64 % „positiver“ Bewertung vorgenommen, während die Gemeinde die Zukunft „negativ“ sieht. Dieses negative Urteil dürfte eindeutig auf die mittlerweile durchgeführte kommunale Zusammenlegung mit Flechtingen und dem damit verbundenen Verlust an Eigenständigkeit zurückzuführen sein. Für den Bürger ist diese Veränderung zunächst weniger von Bedeutung. Solange sich nichts an den gewohnten Dienstleistungen der Verwaltung für ihn ändert (z. B. durch Schließen oder Verlagerungen) wird seine allgemeine Zufriedenheit nicht beeinträchtigt. Ein ähnlicher Zusammenhang trifft auch für die benachbarte Gemeinde Eimersleben zu.

Bewertete und gefühlte Lebensqualität in Niedersachsen im Vergleich

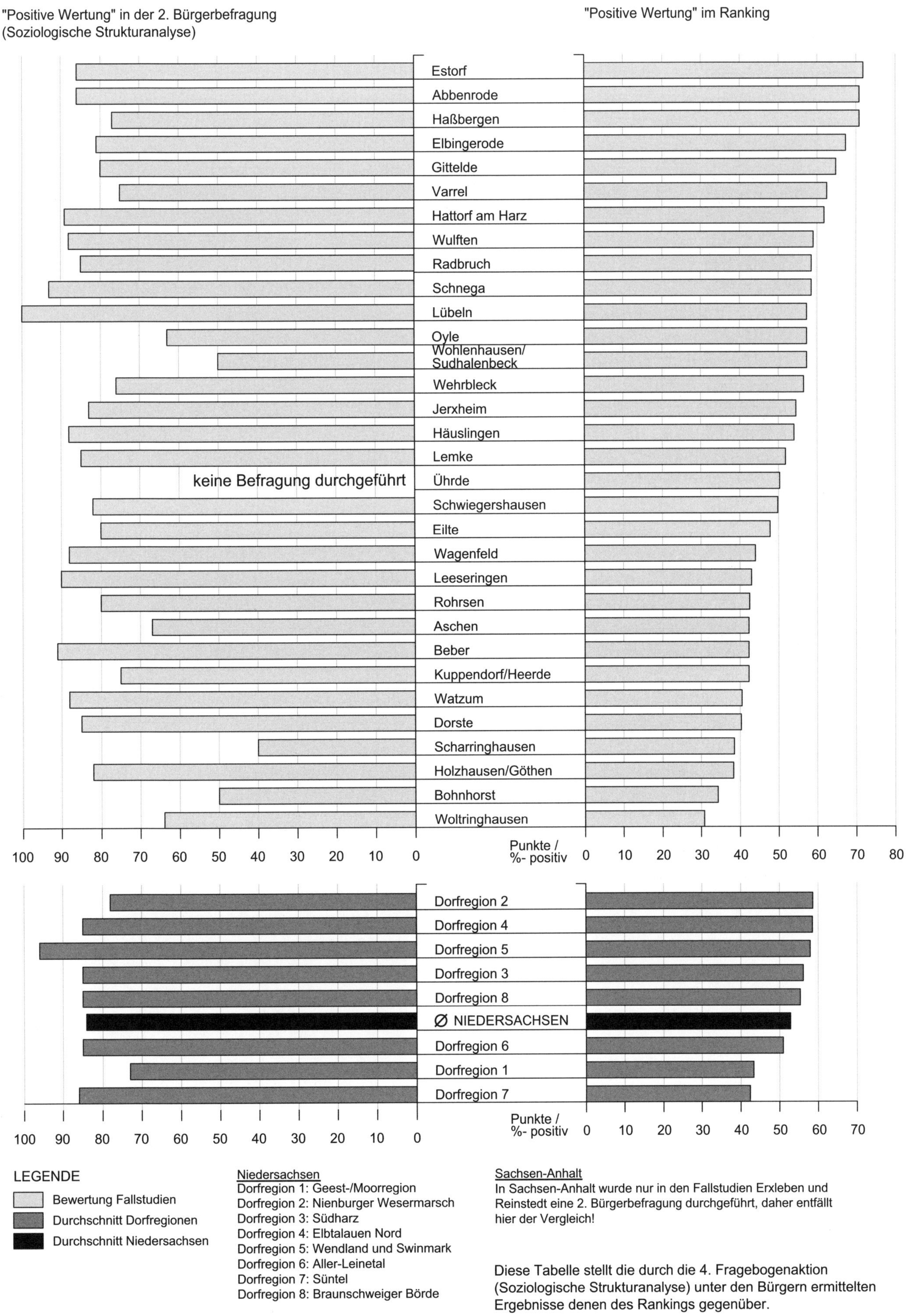

Abb. 202: Bewertete und gefühlte Lebensqualität in Niedersachsen

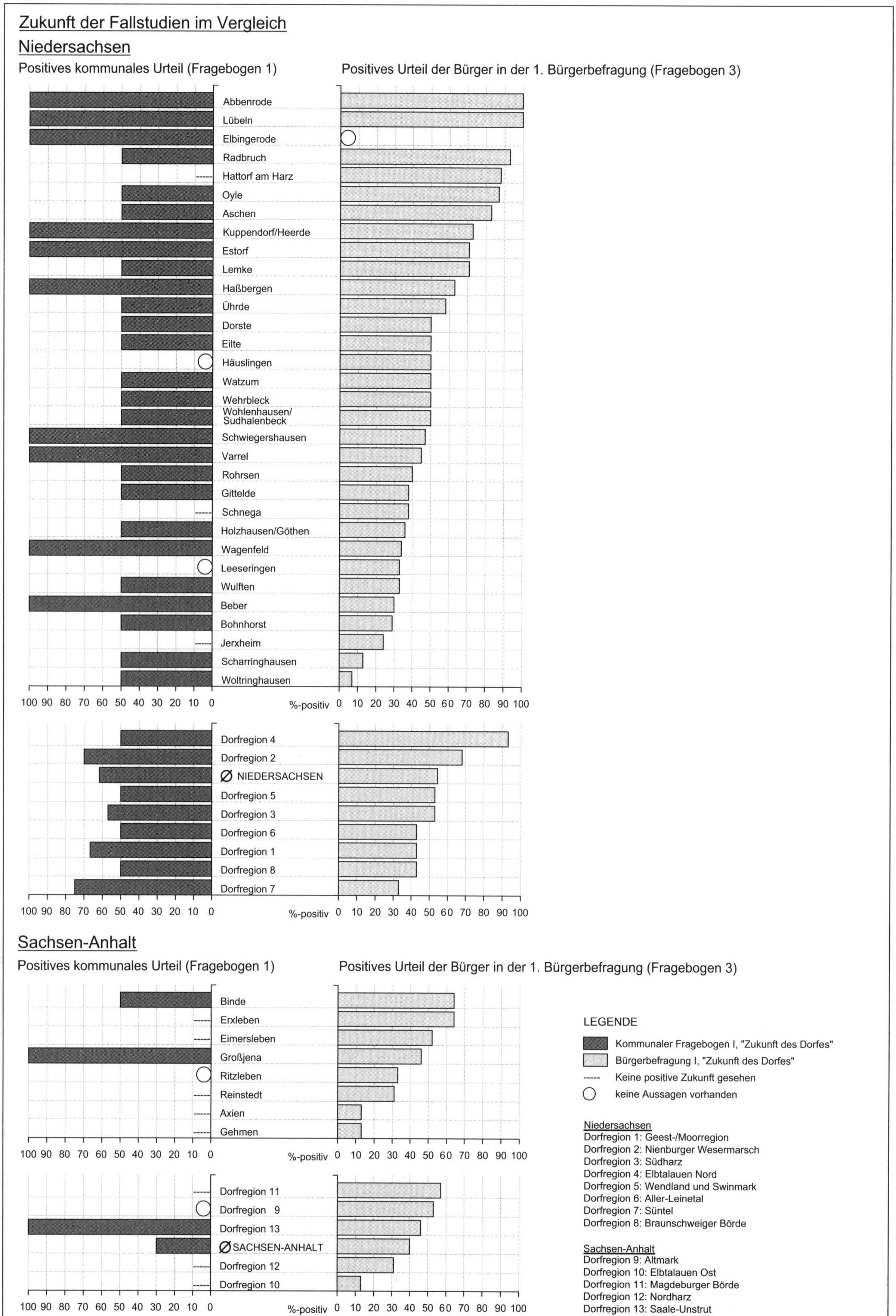

Abb. 203: Zukunft der Fallstudien im Vergleich

23 ZUSAMMENFASSUNG/FOLGERUNGEN/KONSEQUENZEN

23.1 Einführung

Der historische Standort Dorf ist nun endgültig zur „Ländlichen Siedlung“ mit hohem Zuwanderer- und Pendleranteil geworden, in dem auch so mancher Traum von einer „my home is my castle“-Ideologie ungehindert realisiert und ausgelebt wird. Der Wechsel von einer ehemals sesshaften Produktions- zu einer nomadisierenden Konsumgesellschaft brachte auch den alten und den neuen Dorfbewohnern eine Freiheitserfahrung, die natürlich nicht ohne Folgen für die Dörfer selbst bleiben konnte.

Aber auch 20 Jahre Dorferneuerung haben in den ländlichen Regionen Spuren hinterlassen – sowohl im baulichen Umfeld des Dorfes als auch im Bewusstsein seiner Alt- und Neubewohner. Von den geschätzten 4.200 dörflichen Siedlungen in Niedersachsen sind bereits 1.900, also annähernd die Hälfte erneuert worden, zumindest in den „Genuss“ einer ganzheitlichen Planung und Betreuung gekommen.

Die sektorale Betrachtung der Teilziele, mit ihrer jeweils unterschiedlichen Bedeutung im Wirkungsgefüge der Gesamtstruktur eines Dorfes bot die Möglichkeit, wie in einem Puzzle die Teile einzeln zu überprüfen, bevor sie zum aktuellen Bild der dörflichen Situation und Befindlichkeit wieder zusammengefügt werden könnten.
Bei der sichtbar gewordenen hohen Komplexität dörflicher Lebenswirklichkeiten, die in den vergangenen 20 Jahren – seit Beginn der Dorferneuerung – weiterhin dem Einfluss regionaler und überregionaler Kräfte und Rahmenbedingungen ausgesetzt waren, ist es durchaus möglich, dass der gewählte Untersuchungsausschnitt auch nur eine „Teilwirklichkeit“ widerspiegelt. Der Focus der Betrachtung war besonders auf einzelne strukturschwache Räume gerichtet, woraus folgt, dass nicht alle erforderlichen Mosaiksteine – um im Bild des Puzzles zu bleiben, verfügbar waren, um sie an der richtigen Stelle eines Gesamtbildes vom Lebensraum Dorf montieren zu können. Der „Mut zur Lücke“ war jedoch weniger im „Mut“ denn in Zwangslagen begründet. Die Untersuchung litt – trotz des umfangreichen Materials der Fallstudien aus dem eigenen Büro an zwei prinzipiellen Mängeln:
a) der fehlenden finanziellen Unterstützung für weitere Personalkräfte in der annähernd dreijährigen Vorbereitungs-, Bearbeitungs-, Erhebungs- und Auswertungsphase und – infolge der teilweise über ein Jahrzehnt zurückliegenden DE-Phase
b) an der fehlenden Verfügbarkeit von Förder- und Finanzierungsdaten der Kommunen und Fachbehörden.

Trotzdem bleibt die Hoffnung, dass der beschwerliche Weg zurück zu den Ausgangs- und Entwicklungsstationen der Dorferneuerung und weiter bis hin zur aktuellen Situation in den gleichen Dörfern nicht umsonst begangen sein möge. Die Ergebnisse sollten bei allen Entscheidungsträgern, Behörden und Kommunen das Bewusstsein für die Unverzichtbarkeit von Dorferneuerungsmaßnahmen verdeutlichen, bei den Bürgern und Bewohnern auch in Zukunft Einsatz und Engagement für die Sicherung eines attraktiven Lebensraumes Dorf auslösen und bei den betreuenden Planungsbüros die Motivation für eine lohnende komplexe Aufgabe stärken.

23.2 Folgerungen und Konsequenzen

Folgerungen für die zukünftige Erneuerungs- und Entwicklungsarbeit, sowohl für die Fallstudien selbst als auch allgemein für Dörfer in strukturschwachen Zonen Niedersachsens lassen sich nach Auswertung verschiedener Quellen ziehen:

1) aus den kapitelweise vorgestellten Ergebnissen der Fragebogenuntersuchung:
Die von den unterschiedlichen befragten Personengruppen und Institutionen geäußerten Wünsche, Vorschläge und Hinweise bilden in Verbindung mit den Ergebnissen aus den untersuchten Teilaspekten eine Basis für die Formulierung von Zielen und Aufgaben in den Fallstudiendörfern und zugehörigen Regionen.

2) aus der Ergebnisauswertung der beiden Erfolgskontrollen:
Die im Rahmen der Evaluierung und der Erfolgskontrollen gewonnenen Ergebnisse enthalten über die Formulierung zukünftiger Einzelkonzepte und -maßnahmen hinaus grundsätzliche Anregungen für die zukünftigen Aufgaben in den Dörfern und zugehörigen Regionen.

Auch über das Ranking mit dem Versuch einer Bewertung der momentanen Lebensqualität lassen sich wichtige allgemeine Hinweise auf die Zukunftschancen des Lebensraumes Dorf ableiten.

Die aus der Untersuchung abgeleiteten konkreten Zukunfts-aufgaben für die Fallstudiendörfer sind in einer abschließenden Matrix in Form eines Kataloges von Maßnahmen zusammengestellt (siehe Abschnitt 23.7).

23.3 Ergebnisauswertung der Fragebogenuntersuchung

a) Das soziale Umfeld
Das soziale Umfeld Dorf ist infolge der strukturellen Gesamtveränderungen in den vergangenen 20 Jahren keineswegs übersichtlicher geworden.
Das durch die Befragung bestätigte Wohlbefinden der Bürger ist jedoch mit 81 % erstaunlich hoch – vor allem vor dem Hintergrund der untersuchten strukturschwachen Dorfregionen und Orte! Beklagt wird dagegen von den Bürgern (mit über 70 %) eine fehlende Beteiligung an kommunalpolitischen Entscheidungen – und zwar gleichermaßen in den untersuchten Dörfern Niedersachsens und Sachsen-Anhalts. Dabei werden von den Bürgern bereits unterschiedlichste Formen der ehrenamtlichen Mitarbeit und der Nachbarschaftshilfe mit über 80 % beteiligter Bürger intensiver als vor der Dorferneuerung wahrgenommen.

Ein für die nahe Zukunft erkennbares Problem – vor allem in einzelnen Dorfregionen der untersuchten niedersächsischen Dörfer (Geest-/Moorregion) – stellt die Integration der Hinzugezogenen, insbesondere ausländischer Zuwanderer, dar.

Auch bleibt die Art und Intensität der Aufarbeitung der Einflüsse der 12-jährigen Herrschaft der NSDAP von 1933 – 1945 sowie der SED-Phase von 1945 – 1989/90 in den Dörfern Sachsen-Anhalts nicht ohne Einfluss auf die aktuelle Dorfgemeinschaft (siehe auch Abschnitt 6.4).
Die immer noch vorhandenen Formen „sozialer Kontrolle“ als einem typischen Relikt des historischen Dorflebens werden dagegen kaum als Belastung empfunden – eher im Gegenteil, da sog. „Kontrollen“ doch auch wiederum Bestandteil funktionsfähiger Nachbarschaften sein können. Beklagt wird von einzelnen Gemeindeverwaltungen ein zu geringes privates Engagement einzelner Bewohner.

Auch die Fortsetzung der „Arbeitskreise Dorferneuerung“ wird in über 30 der untersuchten 40 Orte gewünscht.
Interessant sind die erkennbaren – durch Bildung und Mentalität bedingten unterschiedlichen ehrenamtlichen Tätigkeitsschwerpunkte in den Dorfregionen.
Während in den Dörfern der Nienburger Wesermarschregion besonders Kulturarbeit in vielerlei Formen geleistet wird, bilden in den Dörfern der Südharzregion soziale Beiträge den Schwerpunkt bei der Wahrnehmung ehrenamtlicher Aufgaben.
Auch unterschiedliche, scheinbar widersprüchliche Reaktionen der Bürger gehören zur aktuellen „Wirklichkeit“ der Dörfer. So bescheinigen sich die Radbrucher Bewohner zwar ein eher geringes und bescheidenes Gemeinschaftsleben, schätzen dagegen die Entwicklungsperspektiven für ihr Dorf sehr hoch ein. Die soziale und die ökonomische Wirklichkeit bilden eben im Bewusstsein der Dorfbewohner keine selbstverständliche Einheit mehr.

Zusammenfassend bleibt zweierlei festzustellen:

1) Die Vereine üben weiterhin die stärksten Bindewirkungen auf das soziale Umfeld des Dorfes aus und bedürfen daher auch in Zukunft einer entsprechenden kommunalen Stützung und
2) die soziologischen und sozialen Probleme sind aufgrund der noch keineswegs aufgearbeiteten politischen Vergangenheit sowie der eingetretenen demografischen und arbeitswirtschaftlichen Veränderungen in den Dörfern der neuen Bundesländer erheblich größer als in den westlichen Dorfregionen.

Ein besonderer Einfluss auf das „Soziale Umfeld Dorf“ ist auch in Zukunft der soziokulturellen Ausstattung mit Anlagen und Einrichtungen beizumessen.
Erst das Vorhandensein von entsprechenden Freiflächen und Räumen bietet die Voraussetzungen für die Vorbereitung und Durchführung sozialer und kultureller Aktivitäten.
Die Mehrzahl der untersuchten Dörfer Niedersachsens (ca. 80 %) ist mit entsprechenden soziokulturellen Baulichkeiten bereits ausgestattet, die sich entweder in kommunaler oder – vermehrt seit etwa 20 Jahren – in privater Trägerschaft eines Vereins oder sogar von Privatpersonen befinden.

Während in den Fallstudien Niedersachsens noch in etwa 20 % der Dörfer (Geest-/Moorregion) ein Bedarf nach Gemeinschaftsräumen – besonders für die Altersgruppe der unter 16-Jährigen und der über 65-Jährigen Senioren von den Bürgern geäußert wird, ist der Anteil der bedürftigen Dörfer für solche Einrichtungen in Sachsen-Anhalt etwa dreimal so hoch – und das, obwohl angemessene soziokulturelle Räume aus der Vergangenheit der ehemaligen DDR vorhanden wären, die jedoch aus den unterschiedlichsten Gründen meist ungenutzt bleiben (Axien, Eimersleben, Großjena, Binde u. a.).
Umso unverständlicher ist es dann, wenn eine mit hohem Planungs- und Fördermittelaufwand eingeleitete Umbaumaßnahme einer Mehrseithofanlage zum dörflichen Kulturzentrum (Bestehornhof in Reinstedt) durch Abriss der halben Hofanlage abrupt und ohne Angabe von Gründen durch die Gemeinde beendet wird.
Das Schließen zahlreicher dörflicher Gaststätten in den vergangenen 5 – 8 Jahren hat das Defizit an Treffpunkten und sozialen Einrichtungen in Sachsen-Anhalt noch verstärkt. Andererseits tragen die sinkenden Bevölkerungszahlen selbst als Hauptursache zur beklagten Entwicklung bei.

Bezieht man die Einrichtungen der sog. Grundversorgung in die Überlegungen ein, muss festgestellt werden, dass die unterste Versorgungsgrenze inzwischen bei ca. 500 Einwohnern liegt, womit der großen Zahl der dieser Größenklasse angehörenden dörflichen Siedlungen (40 %) in Zukunft eine dramatische Unterversorgung droht.
Die Untersuchung hat bestätigt, dass der gerne als Alternative in die Diskussion eingebrachte Nachbarschaftsladen nur in peripheren Räumen mit Entfernungen von über 15 – 20 km zum nächsten Supermarkt eine Start- und Überlebenschance besitzt. Bei Entfernungen unter 5 km überwiegen die Optionen für den konzentrierten Einkauf im Kaufhaus des benachbarten Grundzentrums (Beispiel Elbingerode – Hattorf).

Zusammenfassend bleibt festzuhalten, dass die durch die Dorferneuerungsplanung und -förderung ausgelösten baulichen, betrieblichen und personellen Aktivitäten unverzichtbare Voraussetzung für die Sicherung und Entwicklung des sozialen Umfeldes Dorf waren.

b) Bevölkerungsentwicklung

Die Bevölkerungsentwicklung wird jedoch in Zukunft über die abnehmende Geburtenrate und über wachsende Zu- bzw. Abwanderungen sowie über die veränderten Altersstrukturen und reduzierten Haushaltsgrößen einen zunehmenden Einfluss auf die Ortsentwicklung, auf das „soziale Umfeld Dorf“ und damit auf das Wohlbefinden der Dorfbewohner ausüben.
In etwa 50 % der Fallstudiendörfer ist die Bevölkerungsentwicklung bereits negativ. Zwischen den Dorfregionen bestehen entsprechend den Strukturbedingungen der zugehörigen Landkreise jedoch erhebliche Unterschiede.
Während die Dörfer der Dorfregion „Südharz“ durch eine extrem negative Bevölkerungsentwicklung bei allerdings noch günstiger Alterstruktur gekennzeichnet sind, weisen sämtliche Dörfer der Nienburger Wesermarschregion infolge überdurchschnittlicher Zuwanderungsquoten ausländischer Neubewohner noch eine positive Gesamtentwicklung bei ausgewogener Altersstruktur auf.

Auffallend ist, dass in fast allen untersuchten Fallstudiendörfern der Anteil der über 65-Jährigen noch unter dem Landesdurchschnitt von Niedersachsen liegt, was auf eine relativ starke Überalterung in den Stadtrand- und Kernzonen der Ballungsgebiete hinzuweisen scheint. Überraschend waren auch die relativ günstigen Durchschnittswerte in den beiden Altersgruppen der Jugendlichen und der Senioren in den untersuchten Dörfern Sachsen-Anhalts.
Trotz abnehmender Haushaltsgrößen, auch in den ländlichen Räumen, sind die Dörfer auch heute noch der Hort der größeren Familienhaushalte, das zumindest belegen die Untersuchungswerte. Während die durchschnittliche Haushaltsgröße in Niedersachsen 2,16 Personen pro Haushalt beträgt, liegt der Durchschnittswert in den Fallstudiendörfern mit 2,42 P/HH noch weit darüber. Dabei weisen gerade die besonders strukturschwachen Regionen (Geest-/Moorregion) besonders günstige Werte auf!
Unübersehbar sind jedoch bereits vereinzelte „Einbrüche“ in bestimmten Dörfern mit Werten unterhalb der gefundenen Durchschnittswerte (Nienburger Wesermarsch, Süntelregion, Südharzdörfer, Braunschweiger Börderegion).
Nach Ansicht der zuständigen Ämter für Landentwicklung hat die Dorferneuerung auch kaum Einfluss auf die Bevölkerungsentwicklung gehabt, was allerdings so nur für die Fallstudiendörfer bestätigt werden kann, deren Umsetzung von Dorferneuerungsmaßnahmen unterdurchschnittlich war.

Für etwa 20 % – 25 % der niedersächsischen Fallstudiendörfer kündigen sich Probleme der Aufrechterhaltung der technischen und soziokulturellen Infrastrukturversorgung an. Vergleichbar ist die Anzahl gefährdeter Fallstudien in Sachsen-Anhalt.

Hier liegt ein besonderes Problem der Bevölkerungsentwicklung in der Tatsache, dass die seit 1994/95 extrem abnehmende Geburtenrate bisher nicht durch Zuwanderung (z. B. ausländischer Familien), sondern nur durch Binnenwanderung ausgeglichen wird. Sofern diese dann stattfand, konzentrierte sie sich erfahrungsgemäß jedoch nicht auf die Baulücken und leer gefallenen Altbauten in den historischen Dorfkernen, sondern auf die in großer Zahl ausgewiesenen Neubaugebiete (Reinstedt) oder auf die aufwendig sanierten benachbarten Mittel-, Ober- und Ballungszentren.

Die mit den Folgen der Bevölkerungsentwicklung verbundenen Probleme in den Dörfern können mittel- und langfristig nicht durch Zuwanderung gelöst werden. Nur eine wieder zunehmende Geburtenrate in Verbindung mit dem in Jahrhunderten erfolgreich in den Dörfern gelebten Formen des Mehrgenerationenwohnens – angepasst an die unterschiedlichen Lebensziele unserer Zeit und mit den erforderlichen Freiräumen für den Einzelnen, können zu einer sozialen Stabilisierung und letztlich auch nachhaltigen Auslastung der investierten Ausstattungsstandards im öffentlichen Bereich führen.
Hier bietet sich den zukünftigen Planungs- und Förderaktivitäten in den ländlichen Regionen eine Chance, über spezifische Anforderungsprofile solchen Zielen Rechnung zu tragen, die der Bindung neuer, jüngerer Altersgruppen an leer gefallene dörfliche Altbausubstanz dienen.

c) Das wirtschaftliche Umfeld/Landwirtschaft
Der ursprüngliche, ausschließlich prägende sozioökonomische Faktor im Dorf, die Landwirtschaft, hat nach der Aufgabe von 80 % der Familienbetriebe seit 1949 in Westdeutschland infolge des Preisverfalls landwirtschaftlicher Produkte und der vollständigen Abhängigkeit der Marktbedingungen durch die Preisvorgaben der EU, sowohl in ihrer sozialen als auch in ihrer wirtschaftlichen Bedeutung im Dorf stark eingebüßt. Dieser Prozess vollzog sich kontinuierlich und ohne wesentliche Widerstände in der Dorfbevölkerung und Gesellschaft insgesamt. So ist es nicht überraschend, dass für die Mehrzahl der in Niedersachsen (87 %) und Sachsen-Anhalt (80 %) befragten Untersuchungsgemeinden der Rückzug der landwirtschaftlichen Betriebe scheinbar keinen oder nur geringen Einfluss auf das soziokulturelle Leben im Dorf hatte. Trotz einiger noch im Ortskern befindlicher emittierender Betriebe wird daher auch kein kommunales Erfordernis für Betriebszweigaussiedlungen gesehen. In einigen Dörfern (Wehrbleck und Haßbergen) wurde durch die Bürgerbefragung jedoch deutlich, dass einzelne Bürger, besonders aus den Neubaugebieten, wegen einzelner emittierender Betriebe im Ortskern schon einmal die gesamte Landwirtschaft im Dorf ablehnen.
50 % der Kommunen in Niedersachsen und 57 % in Sachsen-Anhalt gehen von einer weiteren Verschlechterung der landwirtschaftlichen Situation aus. Sie wollen daher die wirtschaftenden Betriebe bei der Ausfüllung von Produktionsalternativen und Vermarktungsnischen (Hof-, und Marktverkauf, ökologische Produktion u. a.) unterstützen.
Die befragten Fallstudiengemeinden Niedersachsens sehen jedoch für eine biologisch-ökologisch ausgerichtete Landwirtschaft in der Ortslage nur zu 25 %, im Außenbereich zu 38 % eine Chance.
Sowohl die befragten Bürger (9 %) als auch die Kommunen (15 %) können nur geringe positive Auswirkungen der Dorferneuerung auf die Stabilisierung der Betriebe erkennen. Günstiger ist die Einschätzung der befragten Dorfexperten und besonders der Ämter für Landentwicklung mit 20 % „positiven“ bzw. 88 % „teilweise positiven Auswirkungen“. Allerdings liegen für letztere Einschätzungen keine Begründungen vor.

Die konkrete alternative Angebotspalette der befragten landwirtschaftlichen Betriebe in den Untersuchungsdörfern ist da eher noch bescheiden, obwohl landesweit in der Zwischenzeit zahlreiche alternative Aktionen durchgeführt wurden.
In den Untersuchungsdörfern sind in einen „Landtourismus“ bisher sechs Betriebe (Übernachtungsangebot, Hofcafés und Katzenhotel) intensiv eingebunden und biologisch produzierende Betriebe dreifach vertreten.
Darüber hinaus füllen in Teilen sechs bis acht Großbetriebe, darunter ein Großbetrieb in der SG Kirchdorf, einzelne Produktionsnischen aus, so über Selbstvermarktung, Spargel-, Gemüse-, Obstanbau, eine Straußenfarm, eine Heidschnuckenfarm, ein Landschaftspflegeunternehmen sowie einige Hofläden.

Wie bereits ausführlich dargelegt (siehe Kapitel 7), sind die neuen europäischen Förderprogramme für die Landwirtschaft in zwei Säulen aufgegliedert, wobei die 1. Säule der Landwirtschaft und ihren Betrieben und die 2. Säule den Ländlichen Räumen und damit auch der Dorferneuerung zugewiesen ist.

„Die Kunst einer erfolgreichen Regional- und Strukturpolitik für die Fläche wird darin bestehen, die verschiedenen strukturwirksamen Fachpolitikbereiche aus Wirtschaft, Arbeitsmarkt, Verkehr, Bildung, Wissenschaft, Soziales, Landwirtschaft, Umwelt, Tourismus bis zur Kultur so gut wie möglich für den Erfolg der jeweiligen Region zusammen zu binden und aufeinander abzustimmen.

Die Landentwicklung beinhaltet bereits heute einen integrierenden Entwicklungsansatz, da die ländlichen Räume mit der Land- und Forstwirtschaft nicht mehr isoliert betrachtet werden können, sondern ein Teil eines gesellschaftlichen Ganzen mit erheblichen Wechselbezügen sind“
(Binnewies, Lit. 87).

Die drei prinzipiellen Entwicklungsalternativen für landwirtschaftliche Betriebe:
- Spezialisierung
- Betriebsaufstockung
- ökologische Produktionsausrichtung

sind jedoch offensichtlich nicht mehr an den Standort Dorf gekoppelt.
Keines der neuen Förderprogramme verfolgt eine gezielte Standortsicherung der Betriebe im Dorfkern noch eine besondere Sicherung der Familienbetriebe überhaupt.
In der vorliegenden Fallstudienanalyse konnten dank der zusätzlichen Einbindung ostdeutscher Beispiele fast alle aktuellen Facetten landwirtschaftlicher Produktionsformen und -standorte überprüft werden.

Unter Berücksichtigung der allgemeinen Tendenzen und neuen Förderangebote spricht einiges für die zukünftige Entwicklung neuer Weilerstandorte am Ortsrand oder im Außenbereich. Neben den Produktions-, Lager- und Verarbeitungsgebäuden können dort auch sämtliche alternativen Energieerzeugungsanlagen zu neuen industriell organisierten Komplexen zusammengefasst werden. Dieses Modell orientiert sich teilweise bereits am Standortprinzip und an der Organisationsstruktur der LPG-Nachfolgeeinrichtungen in den neuen Bundesländern (siehe Abb. 206).

In der Untersuchung des Autors „Alternative Siedlungsentwicklung in Sachsen-Anhalt“ (Lit. 37) wurden bereits Standortmodelle für neue landwirtschaftliche Produktionseinheiten in Weilerform außerhalb der Ortslagen entwickelt, um die Unverträglichkeit der vorhandenen kleinteiligen Dorfstrukturen und der Ansprüche der neuen Bewohnergruppen mit einer sich industriell weiterentwickelnden, wachstumsorientierten Landwirtschaft in Sachsen-Anhalt zu verdeutlichen. Dieser Modellansatz wurde in der Darstellung „3 Phasen der Dorfentwicklung von 1985 bzw. 1990 bis heute" aufgenommen (siehe Abb. 204 + 205), wobei den landwirtschaftlichen Wirtschaftsgebäuden sowohl in Niedersachsen als auch in Sachsen-Anhalt weilerartige Standorte außerhalb oder am Rand der Ortslagen zugewiesen werden.

Die siedlungssprengende Wirkung industriell organisierter Großagrarunternehmen in historischen Dorflagen kann bereits an der Fallstudie Scharringhausen demonstriert werden. Unter diesen Entwicklungsperspektiven für vergleichbare Agroindustrien käme langfristig den noch verbleibenden Familienbetrieben innerhalb der Ortslagen nur noch eine touristisch vermarktbare Demonstrationsfunktion für die ursprüngliche Einheit von Betrieb, Flur und Dorf zu, sofern sie nicht langfristig als „Zulieferer"-Betriebe in die Produktionsbedingungen des wirtschaftlich dominierenden Agrohauptunternehmens integriert werden und so eine neue existentielle Sicherung erfahren können.

Die Erfassung der außerlandwirtschaftlichen Arbeitsplätze in den untersuchten Ortslagen erwies sich praktisch als nicht durchführbar. Ermittelt werden konnten lediglich Art und Anzahl der gewerblichen und handwerklichen Anbieter. Danach wurden in den untersuchten Ortsgrößenklassen über 500 Einwohner in Niedersachsen 122 und in Sachsen-Anhalt 33 gewerbliche Unternehmen gezählt, was einer durchschnittlichen Ausstattung von etwa vier Unternehmen pro Dorf entspräche. Diese sind jedoch sehr unterschiedlich auf die Dorfregionen und die zugehörigen Ortslagen verteilt.

Während in 90 % der untersuchten Dörfer die Auspendleranteile überwiegen, weisen lediglich 10 % Einpendlerüberschüsse auf (Gittelde, Leeseringen, Wagenfeld, Erxleben). In den Ortslagen mit weniger als 500 Einwohnern sind praktisch keine gewerblichen und handwerklichen Arbeitgeber mehr vorhanden. Eine Ausnahme bilden einzelne Dachdecker-, Installateur- und Tischlereiunternehmen, die sich überwiegend über Dorferneuerungsarbeiten stabilisieren konnten.
Die in der Bauleitplanung ausgewiesenen „Gewerbe- und Industrieflächen" werden in zunehmendem Maße durch Dienstleistungsunternehmen auch im ländlichen Raum besetzt (Speditions-, Fuhr- und Busunternehmen in Lemke, Leeseringen, Varrel, Radbruch, Gittelde, Jerxheim u. a.)
Neben der Ur- oder Primärproduktion ist auch das verarbeitende Gewerbe als Sekundärproduktionsstufe eindeutig auf dem betriebs- und flächenmäßigen Rückzug.
Umso wichtiger erscheint die Bereitstellung vorhandener, aus der Nutzung gefallener landwirtschaftlicher und gewerblicher Wirtschaftsgebäude im Innen- und im Außenbereich für neue orts- und umweltverträgliche gewerbliche oder handwerkliche Unternehmen im Rahmen von Umbaumaßnahmen. Ein entsprechender Fördertatbestand in den Förderrichtlinien wäre einer solchen Entwicklung zweifellos dienlich.

d) Sanfter Tourismus
Zu den sozioökonomischen „Hoffnungsträgern" in den ländlichen Regionen gehört seit Jahren auch ein sozial- und umweltverträglicher „Sanfter Dorftourismus". Voraussetzungen für positive soziale und ökonomische Auswirkungen durch die sog. „weiße Industrie" sind eine vorherige genaue Analyse des Nutzerverhaltens und eine detaillierte Überprüfung der örtlichen Potentiale mittels erprobter Eignungskriterien.

Im Sinne der Anforderunsgprofile der PROLAND-Förderkonzepte wird mit dieser Untersuchung ein Kriterienraster mit 14 Einzelkriterien vorgelegt, anhand dessen die untersuchten Fallstudien einem Eignungstest unterzogen werden sollten. Ohne eine solche umfassende Potentialanalyse besteht durchaus die Gefahr von Fehlinvestitionen im öffentlichen und privaten Bereich.
Das Testergebnis in den Fallstudiendörfern ergab über ein Drittel (37,5 %) mehr oder weniger geeigneter Dörfer, von denen ein Ort als bereits durchgesetzter touristischer Anbieter (Lübeln), vier Dörfer als „überdurchschnittlich geeignet" (Estorf, Elbingerode, Gittelde, Ührde) und acht Dörfer als „durchaus geeignet" (Hattorf, Kuppendorf, Haßbergen, Oyle, Abbenrode, Eilte, Schnega, Großjena) bewertet werden konnten.
Auch wenn die befragten Bürger und Kommunen kaum positive Auswirkungen der Dorferneuerung auf den dörflichen Tourismus erkennen können (21 %), kann festgestellt werden, dass die in den oberen Eignungskategorien befindlichen Orte ohne öffentliche Fördermittel diese Stufe nicht erreicht hätten und dass eine positive Entwicklung eben wesentlich von der Angebotspalette und -bereitschaft der Bürger selbst abhängt.

Die Regionalen Raumordnungsprogramme (Beispiele RROP Nienburg, Osterode u. a.) haben bisher kaum in der erforderlichen Differenziertheit auf diese touristischen Entwicklungsmöglichkeiten in den Dörfern durch entsprechende Aufnahme in entsprechende Sonderprogramme oder -entwicklungen reagieren können.
Einige der als touristisch „durchaus" oder sogar „besonders geeigneten" Dörfer haben inzwischen auch auf das veränderte Nutzerverhalten mit entsprechenden Angeboten selbst reagiert. Dieses veränderte Verhalten äußert sich in mehreren, aber kürzeren Urlauben pro Jahr, in der Zunahme des Radtourismus und in der Vorliebe für Erlebnisurlaube mit eingebauten kulturellen oder sonstigen „Events".
Gerade die Dörfer des Südharzes am Rande einer traditionellen Urlaubsregion müssen in Zukunft besonders ihr Bettenangebot sowie ihre Investitionsbereitschaft in eine entsprechende Werbung und ihre mentale Aufnahmebereitschaft Gästen gegenüber verstärken.
Hierzu gehört auch die bewusste Einbindung in vorhandene regionale Tourismusorganisationen, wie sie für einzelne Dorfregionen („Geest-/Moorregion, Südharz und Braunschweiger Börde) bereits bestehen.
Im Falle eines ausbaufähigen Dorftourismus erscheinen sowohl betriebliche als auch bauliche Fördertatbestände als unverzichtbar.

e) Das energetische Umfeld
Bei aller nachgewiesenen Problematik einzelner alternativer Energieangebote wie der von Windkraftanlagen, gehören auch die alternativen Energieangebote zu den hoffnungsvollen Entwicklungsperspektiven für die ländlichen Regionen.
In 21 % der untersuchten niedersächsischen Gemeinden wurden bisher Windkraftanlagen und in über 35 % Solar- bzw. Voltaikanlagen realisiert. Seltener bisher ausgeführt wurden dagegen Biogasanlagen (Wagenfeld, Scharringhausen), Stroh- und Hackschnitzelverbrennungsanlagen sowie Anlagen zur Nutzung der Erdwärme.
Sämtliche Alternativen entsprechen den Zielen der Landes- und Regionalen Raumordnungsprogramme und bieten gerade im ländlichen Raum auch Chancen für die Schaffung neuer entsprechender Arbeitsplätze.
Die Suche nach angemessenen Standorten bleibt dabei ein primäres Problem, dessen Lösung nur unter intensiver Bürgerbeteiligung und unter Einsatz angemessener Methoden der Standortanalyse (Nutzwertanalyse) Erfolge verspricht.

Entsprechende Fördertatbestände sollten erweitert oder neu geschaffen werden.

f) Das bauliche Umfeld

Der Erhaltung, Erneuerung und Entwicklung des baulichen Umfeldes der Dörfer dienten in allen Bundesländern bisher die Dorferneuerungsziele und bereitgestellten Fördermittel in besonderem Maße. Die damit verbundenen Aufgaben der Ortsgestaltung beziehen sich einerseits auf die siedlungsbaulichen Strukturen mit den überlieferten Ortskernen und Siedlungsformen einschließlich der neuen Baugebiete, andererseits auf die hochbaulichen Elemente mit Neubauten und modernisierten oder umgebauten Altgebäuden.
Sowohl die befragten Kommunen, die Dorfbewohner als auch die zuständigen Fachbehörden sind sich einig in der Bewertung überwiegend positiver Auswirkungen von geförderten Dorferneuerungsmaßnahmen auf die Gestaltung des baulichen Umfeldes der historischen Ortskerne. Allerdings traten im Rahmen der Nachuntersuchung auch noch die nicht aufgearbeiteten diesbezüglichen Defizite in einigen Dorfregionen deutlich zutage (Geest-/Moorregion u. a.).

Die Frage an die Kommunen, ob das siedlungs- und hochbauliche Erbe unserer Dörfer zukünftig mittels Gestaltungssatzungen oder über im Dorferneuerungsplan formulierten Gestaltungsempfehlungen zu erhalten und zu entwickeln sei, wurde mit einem eindeutigen Votum für Empfehlungen und gegen Satzungen beantwortet.
Damit wird die Beratungs- und Betreuungsfunktion des Ortsplaners während der Durchführungsphase in besonderem Maße aufgewertet. Gemeinsam mit der Gemeinde und der Bewilligungsbehörde im Amt für Landentwicklung trägt er die Verantwortung für die Umsetzung der mit Bürgervertretern im Arbeitskreis Dorferneuerung formulierten Gestaltungsziele.
Es ist daher nur konsequent, dass die unterbreiteten Vorschläge und Wünsche der Ämter auf die Vermeidung von gestalterischen Standardlösungen und auf die konsequente ortsplanerische Betreuung nicht nur auf die Durchführungsphase, sondern auch auf einen Folgezeitraum vom 3 – 5 Jahren ausgerichtet sind.

Da nur etwa 3 – 4 % der historischen Dorfgebäude über das Denkmalschutzgesetz einer besonderen Obhut unterliegen, bleibt der überwiegendere Anteil erhaltenswerter Altbausubstanz der Überzeugungskraft und dem Engagement der Planer, der Verantwortung und Finanzkraft der Bauherren sowie der Förderbereitschaft der zuständigen Behörden (GLL, AfL) überlassen.
Auch wenn die befragten Kommunen keinen besonderen Anlass für die Herausgabe entsprechender Hinweise und Veröffentlichungen in Form von Flyern, Broschüren u. a. an die Bürger sehen, ist es nach eigenen Erfahrungen unerlässlich, den komplexen Gestaltungsauftrag in knapper, lesbarer Form an die Bauherren weiterzugeben.
Ohne Erfolg blieb bisher der Versuch des Autors, das in Bayern erfolgreiche Prinzip der Auszeichnung besonders qualitätvoller Baumarktprodukte („Werkgut"-Palette der BayWa) nach Norddeutschland zu übertragen.
Eine öffentliche Förderung solcher Bemühungen über Wettbewerbsausschreibungen in der Dorferneuerungsphase erscheint erforderlich.

g) Ortsmittengestaltung

Dem Bemühen um neue Ortsmitten als unverwechselbaren Orten der Orientierung und Identifikation war im Rahmen der Dorferneuerung ein ungewöhnlicher Erfolg beschieden.
Aber obwohl annähernd die Hälfte der untersuchten niedersächsischen Dörfer (46 %) nach Abschluss der Durchführungsphase neue Ortsmittelpunkte einweihen konnte, war noch keineswegs überall deren Pflege und Annahme durch Besucher und Bewohner gesichert.
Verkehrsberuhigende Auswirkungen lösen noch keine Akzeptanz und Verantwortung für die Pflege aus! Alternative Nutzungsangebote für die Dorfplätze und ein attraktives bauliches Umfeld sind weitere Voraussetzungen, um deren intensivere Nutzung der durch Besuchergruppen und die Dorfbevölkerung zu sichern.
Besonders in den Dorfregionen mit lockeren, kleineren Haufendörfern bis hin zu Streusiedlungen (Geest-/Moorregion) wird das Fehlen von gemeinsam zu nutzenden freien Plätzen als Defizit empfunden.

In dem aus mehreren, unterschiedlichen Siedlungsteilen bestehenden Dorf Häuslingen wurde die grüne Mitte zwischen den Siedlungselementen (Schulbruch) zum verbindenden Ortsmittelpunkt mit bescheidenen baulichen Maßnahmen und finanziellen Mitteln (Pavillon, Bushalte, Denkmalplatz, gestalteter Grünbereich) entwickelt und auch so als eigenständiger Ortsmittelpunkt von den Bürgern akzeptiert, nachdem mit dem Bau des neuen Kindergartens zusätzlich ein witterungsunabhängiger Aufenthaltsraum geschaffen werden konnte – ebenfalls über die Dorferneuerungsförderung.

h) Bauleitplanung

Die siedlungsbauliche Entwicklung im ländlichen Raum wird außer durch die Ortskernsanierungsmaßnahmen wesentlich durch die Bauleitplanung beeinflusst.
Nach Aussagen der Kommunen sind in den niedersächsischen Fallstudiengemeinden 38 % und in denen Sachsen-Anhalts 33 % der vorbereitenden Flächennutzungspläne überholt. Überarbeitungsbedürftig sind jedoch auch die Dorferneuerungspläne (ca. 50 %), u. a. nicht zuletzt, weil sie mit den bauleitplanerischen Zielen nicht mehr deckungsgleich sind.

Die bis vor 10 Jahren intensive Ausweisung von Wohnbau- und Gewerbegebieten in den Ländlichen Gemeinden Niedersachsens ist zwar in diesem Zeitraum um etwa ein Drittel zurückgegangen. Der Landverbrauch hat jedoch bei gleichzeitiger Abnahme der baulichen Dichte von 15 auf 10 Wohneinheiten (WE) pro Hektar (ha) eher zugenommen.
Die Anforderungen in den Regionalen Raumordnungsprogrammen (Beispiele RROP Nienburg, Osterode am Harz) nach höherer Verdichtung, nach Baulückenbebauung und Intensivierung von Umbauvorhaben in den Ortskernen bzw. „Innenbereichen", finden in der Praxis der verbindlichen kommunalen Bauleitplanung und der realisierten Bauherrenwünsche bisher kaum Widerhall.
Selbst die auch von Behörden und Dienststellen kritisch beurteilte Ausweisung von „Reinen Wohngebieten" (WR) in der Nähe von „Dorfgebieten" (MD), die als einzige Nutzungsart den innerörtlichen landwirtschaftlichen Betrieben noch Rechts- und damit Standortsicherung garantieren, konnten nicht immer verhindert werden. Obwohl in den untersuchten Dorfregionen noch Ausbaukapazitäten von 10 % und mehr an Bauplätzen gegenüber dem Bestand – unter Einbeziehung der vorhandenen Baulücken und Leerstände – vorhanden sind, beabsichtigen 41 % der niedersächsischen Gemeinden die Ausweisung weiterer Wohnbaugebiete.
Unterstützung finden sie bei den Dorfbewohnern in Niedersachsen, von denen sich in der Umfrage 46 % für die Ausweisung neuer Wohn- und 28 % neuer Gewerbegebiete aussprachen (in Sachsen-Anhalt lediglich 4 % bzw. 7 %)!

Interessanterweise wird ein besonderer Bedarf von den Bürgern auch in solchen Dorfregionen gesehen, die in besonders strukturschwachen Landesteilen mit eher abnehmender Bevölkerungsentwicklung und überdurchschnittlicher Überalterung liegen (Geest-/Moorregion, Braunschweiger Börderegion). Auch in anderen Dörfern klaffen offensichtlich Wunsch und Wirklichkeit auseinander, so in der Gemeinde Wulften / Harz, wo in der Umkehrung die Ablehnung der Bürger gegenüber geplanten Neubaugebietsausweisungen auf eine entgegen gesetzte kommunale Entscheidung traf.

Als Bedarfsnachweise für Gebietsausweisungen werden üblicherweise die durch Zuwanderung ausgelöste positive Bevölkerungsentwicklung und die – allerdings nur für einheimische Bauherren zutreffende – allgemein abnehmende Haushaltsgröße angeführt.
Bei dem normalerweise geringen Interesse der Mehrzahl der Bauherren an Umnutzungen und Baulückenbebauungen ist für die Kommunen die Ausweisung großzügiger Neubaugebiete ohne gestalterische Auflagen zurzeit noch die offensichtlich einzige Alternative.
So überrascht es auch nicht, dass die befragten Kommunen, die ihren mit der Bauleitplanung pflichtigen Gestaltungsauftrag teilweise bereits an private Unternehmer delegiert haben, im Rahmen der Befragung einem „siedlungsgenetischen Bauen", das sich an den Gestaltmerkmalen der Siedlungsstrukturen orientieren soll, zurzeit „keine oder nur sehr geringe Chancen" einräumen (83 %).
Es steht außer Zweifel, dass bei den vorhersehbaren demografischen Entwicklungen in einzelnen Dörfern (Bevölkerungsverluste, zunehmende Überalterung), und den wachsenden wirtschaftlichen Problemen, bei weiteren Einsparungszwängen in der technischen Infrastrukturversorgung und den drohenden sozialen Desintegrationsprozessen zwischen Altersgruppen und sozialen Schichten, auch in den ländlichen Räumen neue Wohnformen und Modelle für das Zusammenleben entwickelt werden müssen.

In jedem Fall kann dem Forderungskatalog des Naturschutzbundes der Bundesrepublik nach

- Reduktion des Landschaftsverbrauches in der Baulandausweisung;
- Zusammenführung der Funktionen Wohnen, Arbeiten und Freizeit an konzentrierten Punkten auch in ländlichen Regionen;
- Nachverdichtung durch Baulückenfüllung und Umnutzung;
- Einschränkung weiterer Wohngebietsausweisungen;
- entsprechender Änderung der Steuer- und Forderungspolitik;
- Ausbau und Reaktivierung der Bahnnetze;
- neuen Formen der Schulerziehung und
- verstärkter Forderung der Innenentwicklung

nur uneingeschränkt zugestimmt werden (Lit. 82).
Dieser Förderkatalog sollte in die Förderrichtlinien für die Dorferneuerung aufgenommen werden.

<u>i) Umnutzung</u>
Abschließend wird nochmals auf die auch in den aktuellen Förderrichtlinien (ZILE) zum Ausdruck kommende Bedeutung der <u>Umnutzung</u> für die zukünftige bauliche Entwicklung in den untersuchten Fallstudien hingewiesen.
Nach Aussage der befragten Kommunen und nach eigenen Erhebungen stehen davon etwa 40 % der Dörfer in Niedersachsen und mehr als die Hälfte in Sachsen-Anhalt vor erheblichen Umbauaufgaben. Neben modellhaft umgesetzten Sanierungsmaßnahmen in 15 % der Dörfer (Estorf, Elbingerode, Abbenrode, Lübeln) haben einzelne Dorfregionen (Geest-/Moorregion, Aller-Leinetal, Braunschweiger Börde und Südharz) diese Aufgaben noch vor sich.
Auch die befragten Bewohner Niedersachsens und Sachsen-Anhalts haben das Problem erkannt und wünschen zu über 50 % die Wiederaufnahme ihres Dorfes in das Dorferneuerungsprogramm wegen der zunehmenden Zahl privater Bauaufgaben.
Fördermittel sind allerdings nicht die einzige Garantie für eine erfolgreiche Durchführung von Umbaumaßnahmen.

Der Erfolg in der Realisierungsphase der Dorferneuerung ist zusätzlich abhängig von einigen weiteren unverzichtbaren Voraussetzungen:

- einer kontinuierlichen fachlichen Beratung von der Vorbereitung über die Planungsphase bis zur Fertigstellung;
- der frühzeitigen Einbindung des Denkmalschutzes bei relevanten Aufgaben und
- der Berücksichtigung der spezifischen bautechnischen und energetischen Fragen in der Umbauphase (Wärme-, Schall-, Brandschutz, Einsatz alternativer Energieträger).

Das Ortsbild ist jedoch noch mehr als die Summe der durch die Umnutzung erhaltenen Einzelbauten sowie das Ganze einer Sache mehr als die Summe der Teile ist.
Hinzu kommen die Leerräume zwischen den Gebäuden, die Straßen, Wege, Plätze, Gärten und öffentlichen Grünflächen, deren Erhaltung und Gestaltung ein kulturelles Anliegen nicht nur der Dorfbewohner, sondern aller Bürger sein sollte.

<u>j) Das verkehrliche Umfeld</u>
Gemeinsam mit den umgebenden landwirtschaftlichen Fluren und Nutzflächen bilden die Verkehrs- sowie die öffentlichen und privaten Grünflächen die gebäudefreien Lebensräume für Flora, Fauna und Bewohner.
Die im näheren Umfeld der Dörfer (Einzugsbereich bis 2 km) liegenden Freiräume wirken sich jedoch in ihren Funktionen und Auswirkungen häufig bereits negativ auf die dörfliche Lebensqualität aus.
Während die umgebenen Fluren, privaten und öffentlichen Grünräume sowohl als Ausgleichsflächen für den wachsenden Flächenverbrauch, als auch gegen den berufs- oder mobilitätsbedingten Stress dienen, wirken die wachsenden Belastungen ausgesetzten Verkehrsräume eher Stress auslösend und damit einschränkend auf die Lebensqualität.

Die Untersuchung hat nun bestätigt, dass infolge der allgemeinen Zunahme des KFZ-Bestandes und der Verkehrsdichte – vor allem auf den überregionalen Ortsdurchgangsstraßen (Bundes-, Landes- oder Kreisstraßen) in 70 % der befragten Gemeinden in Niedersachsen (100 % in Sachsen-Anhalt) entsprechende verkehrliche Belastungen die Folge sind.
34 % der niedersächsischen Gemeinden (43 % Sachsen-Anhalt) beklagen darüber hinaus die Zunahme von gefährlichen innerörtlichen Kreuzungspunkten, 41 % (29 %) Defizite im ÖPNV-Angebot. Aufgrund der eingetretenen Folgen in Form verstärkter Lärm- und Staubemissionen sind in über 40 % der untersuchten Dörfer dringende Verkehrsberuhigungsmaßnahmen erforderlich, die ohne neuerliche Bereitstellung von Fördermitteln nicht durchführbar sind.

Voraussetzung hierfür ist eine Überarbeitung der Verkehrskonzepte in den Dorferneuerungsplänen mit entsprechenden Testentwürfen (Wagenfeld, Leeseringen, Estorf, Dorste, Hattorf am Harz, Wulften, Eilte, Beber, Rohrsen, Jerxheim, Binde, Eimersleben, Erxleben u. a.). Trotz der bereits im Rahmen der Dorferneuerung oder Stadtsanierung realisierten umfangreichen verkehrlichen Projekte in einzelnen Dörfern (Elbingerode, Estorf, Gittelde, Abbenrode, Haßbergen (in Ausführung)), verbleibt ein Nachholbedarf an Maßnahmen verkehrsberuhigender und gestalterischer Art im innerörtlichen Bereich, der insgesamt 60 % der Fallstudiendörfer betrifft.

Für die befragten Bürger besitzen Mobilität und funktionsfähige Straßen von allen Wunschkategorien die höchste Priorität. Wie bereits für die Bauleitplanung deutlich gemacht, klaffen die offiziellen Zielvorgaben der Regionalen Raumordnungsprogramme (RROP Nienburg, Osterode am Harz) und der Dorferneuerungsplanungen auch mit den Bürgerwünschen nach ungehemmter Mobilität in zunehmenden Maße auseinander. Lediglich die gegenüber den Grundstücksbesitzern von den Kommunen eingeforderten Ausbaubeitragssätze bei Straßenausbaumaßnahmen wirken noch retardierend auf die Umsetzung. Diese Feststellung gilt gleichermaßen für die Gestaltung von Verkehrsberuhigungs- und Rückbaumaßnahmen in manchen Dörfern.

Besonders in den untersuchten Gemeinden Sachsen-Anhalts haben, bedingt durch die Koppelung von Straßenausbau an technische Infrastrukturversorgungsmaßnahmen, die erhöhten Ausbaubeitragssätze in manchen Orten (Axien, Reinstedt, Ritzleben) eine Verkehrsgestaltung trotz erhöhter Förderanteile durch die Dorferneuerung bisher verhindert. In Axien wurde der Anger zum Leidwesen der Bewohner ausgebaut, ohne dass zeitgleich eine Abwasserbeseitigungsanlage in die Maßnahme eingebunden wurde.
Weitere verkehrliche Aufgabenbereiche von nicht zu unterschätzender Wirkung auf die Lebensqualität sind der Ausbau der Rad- und Fußwegenetze (vor allem an wichtigen touristischen Achsen), der Bushaltestellen und der Standorte für den ruhenden Verkehr.

Der irreversible Rückbau von Bahntrassen in ländlichen Räumen könnte möglicherweise einmal von zukünftigen Generationen als besonders kurzsichtige kommunale Entscheidung – vor allem angesichts zunehmender Beliebtheit der Bahn für die touristische Erschließung landschaftlicher Schönheiten – gewertet werden.
Entsprechende Fördertatbestände sind bisher jedoch nicht vorgesehen, obwohl der geförderte Radwegeausbau und der Fahrradtransport durch die Bahn inzwischen eine untrennbare Einheit bilden!

<u>k) Das ökologische Umfeld</u>
Das landschaftliche und damit das ökologische Potential der dörflichen außerverkehrlichen Freiflächen im Innen- und Außenbereich der Dörfer ist zugleich auch existentielle Basis für ein Leben in den Ballungsgebieten sowie den Mittel- und Oberzentren. Wasserschutzgebiete, Wälder, Flussläufe und Binnenseen sind neben den landwirtschaftlichen Produktionsflächen Bestandteile von geschützten Landschafts- und Naturräumen, die bei aller erwünschten Kontinuität doch laufender Veränderung durch die Naturkräfte selbst oder durch menschliche Einwirkungen unterliegen.

Der Bedeutung der innerörtlichen privaten und öffentlichen Grünflächen, der Bäche und Teiche, der Ruderalflächen wie der historischen Baumgruppen und -alleen, der Obst- und Nutzgärten wie der seltenen Parkflächen von Gutsanlagen oder Herrenhäusern (Watzum, Erxleben, Schnega, Großjena) ist durch verschärfte Anforderungen an die Planungsqualität in den Dorferneuerungsplänen in den vergangenen 10 Jahren konsequent Rechung getragen worden.

Der erreichte Umsetzungsgrad steht allerdings in keinem Verhältnis zum formulierten Anliegen in der Dorferneuerung. Die Gründe sind unterschiedlich. Ängste vor Pflegemaßnahmen und -kosten, übertriebener Ordnungssinn und fehlendes ökologisches Bewusstsein gehören dazu.
Die in den Lokalen Agenden 21 und in den Dorferneuerungsplänen formulierten ökologischen, grünordnerischen und freiraumgestalterischen Ziele sind in etwa zu einem Drittel des Umfangs umgesetzt worden.
Das übergreifende, im LROP und in allen in die Untersuchung eingebundenen RROP´s formulierten Ziele der Einschränkung des Landschaftsverbrauchs wird durch die gleichzeitige Flächenfreigabe für Windparks, Kiesabbau- oder Bebauungsgebiete immer noch regelrecht „unterlaufen“.

Ein erheblicher Nachholbedarf an angemessenen, ökologisch wirksamen grüngestalterischen Maßnahmen der genannten Art bis hin zu Ortseingrünungen, Windschutzmaßnahmen und Sicherung historischer Heckenpflanzungen bezieht sich mehr oder weniger auf alle untersuchten Dorfregionen, besonders jedoch auf einzelne Dörfer (Haßbergen, Binde, Gittelde, Axien, Jerxheim)
Wenn es um die Pflege und Kontinuität in der Naturarbeit geht, ist im Grundsatz ein neues, intensiveres, verantwortungsvolleres Verständnis der Besitzer selbst für die Natur gefordert, – eine Forderung, die letztlich nur jungen Menschen in den einzelnen Ausbildungsphasen in der Schule und im Elternhaus vermittelt werden kann.
Auch die Verantwortung und die Einflussmöglichkeiten der Medien sind diesbezüglich keineswegs ausgeschöpft.

23.4 Methodische und finanzielle Hilfen in der Planungs- und Durchführungsphase der Dorferneuerung

Während der gesamten Laufzeit der Dorferneuerung und – wie diese Untersuchung bestätigen kann auch danach sind methodische Hilfestellungen erforderlich und leistbar. Dass sich finanzielle Fördermöglichkeiten immer eines großen Interesses der Kommunen und Bürger erfreuen, bedarf keiner weiteren Erläuterungen.
Mit einem für die Auswahl der geeigneten Dörfer oder Dorfregionen formulierten Kriterienkatalog, über den mit vergleichbarer Methodik gefundenen Ortsplaner, beginnt die Vorbereitungsphase, um mit der in dieser Arbeit vorgestellten Erfolgskontrolle zu enden. Dazwischen bieten zahlreiche, im Verlauf dieser Nachuntersuchung vorgestellte methodische Wege eine Hilfe in der Planungs- und Durchführungsphase (Kosten-Nutzen-Vergleiche, Nutzwertanalysen, Simulationsmodelle für siedlungsbauliche Entwicklungen, Interviews und Fragebogenaktionen, Biotopkartierungen, soziale und sozioökonomische Strukturanalysen etc.).
Die Einsatzmöglichkeiten und -erfolge methodischer Hilfen hängen bisher vom Kenntnisstand des Ortsplaners und weiterer Fachplaner, von der Aufgeschlossenheit der Kommunen und der Mitarbeitsbereitschaft der Bürger sowie von der Unterstützung durch das zuständige Amt für Landentwicklung ab.

So sind denn auch planerische und finanzielle Hilfen in den 40 untersuchten Dörfern während der Dorferneuerungsphasen in unterschiedlicher Intensität und Wirkung eingesetzt worden.
Der Dorferneuerungsplan als Konzentrat der Recherchen, Ziele und Wünsche der Bürger hat erfahrungsgemäß eine normale Lebensdauer von 8 – 10 Jahren.
Seine Existenz ist allerdings nur 68 % der Bürger bekannt.

Trotzdem hat er auch nach annähernd 20 Jahren in mehr als einem Drittel der untersuchten Dörfer seine Gültigkeit bewahren können. In 54 % der Gemeinden wird jedoch aufgrund der skizzierten veränderten Rahmenbedingungen dringender Fortschreibungsbedarf gesehen.

Zwar konnte keiner der Maßnahmenpläne in der Durchführungsphase zu 100 % realisiert werden.
Die wesentlichen Maßnahmen sind jedoch mit Ausnahme der eingemeindeten Stadtdörfer der Stadt Osterode am Harz (Dorste, Schwiegershausen) umgesetzt worden.
Als Gründe für nicht realisierte öffentliche Ziele wurden von den Gemeinden genannt: fehlende Haushaltsmittel, ungeklärte Eigentumsfragen, zu geringe Laufzeit der Dorferneuerungsförderphase, fehlende Infrastrukturausstattungen (Sachsen-Anhalt), politische Gründe, fehlende oder zu geringe Fördermittel, gestalterische Auflagen.
Als Gründe für insgesamt 60 % bisher nicht realisierter privater Maßnahmen wurden von den Kommunen in der Reihenfolge der Nennungen angegeben: fehlende Eigenmittel, zu geringe Laufzeit der Dorferneuerung, ungeklärte Besitzverhältnisse fehlende Beratung und gestalterische Auflagen.
Insgesamt wird die Dorferneuerung von den betroffenen Bürgern in beiden Bundesländern mit annähernd 70 % als eher positiv bewertet. 38 % (Niedersachsen) bzw. 26 % (Sachsen-Anhalt) fanden die durchgeführten Maßnahmen sogar „sinnvoll und umfassend“, 31 % (Niedersachsen) bzw. 55 % (Sachsen-Anhalt) fanden sie „sinnvoll, aber unvollständig“.

23.5 Evaluierung und Ranking

Die abschließende Evaluierung als „Erfolgskontrolle“ und „Zielerreichungsgrad“, gemessen an der abgebauten Problemdichte, erstreckt sich über drei Stufen der Dorfentwicklung. Stufe 1 gibt den Zustand vor der Dorferneuerung wieder. Während Stufe 2 die Laufzeit der Dorferneuerung vom Planungsbeginn bis zum Abschluss der Durchführungsphase beinhaltet, wurde in Stufe 3 anhand eines erweiterten Kriterienkataloges der Erfolgsweg der Dörfer nach Abschluss der Dorferneuerungsphase bis heute untersucht.
Dabei war es notwendig, den bisherigen Kriterienkatalog über die Dorferneuerungsfördertatbestände der Planungsaufgabe hinaus auf andere Einflussfaktoren hin zu erweitern. Um eine „Gesamtentwicklung“ der Fallstudien zu ermitteln, wurde dieser erweiterte Kriterienkatalog abschließend auch auf die Stufe 1 der Nachuntersuchung bezogen, um so eine Vergleichbarkeit über die Addition der „Erfolgswerte“ aus beiden Phasen zu garantieren.
Die gemessenen Erfolgsquoten lagen im Durchschnitt der niedersächsischen Dörfer bei 31 %, in Sachsen-Anhalt bei 24 %.
Innerhalb der Dörfer differierten die Unterschiede zwischen Spitzenwerten über 70 % bis zu Zielerreichungsgraden von weniger als 10 %.
Zwischen den untersuchten niedersächsischen Dorfregionen waren die Unterschiede geringer, als zwischen den Dörfern selbst (Nienburger Wesermarsch = 41 %, Südharzregion = 30 %, Geest-/Moorregion = 18 %).

Die fehlenden Fördermittel aus der ausgelaufenen Dorferneuerung waren nicht der einzige Grund für die merklich abgeflachte Erfolgskurve für die Zeitphase nach der Dorferneuerung bis heute. Wesentlichen Einfluss übten die allgemeine Konzentration der Versorgungsleistungen für den täglichen Bedarf auf größere Einzugsbereiche, die zunehmende geringere Anzahl von Arbeitsplätzen und die kontinuierliche Abnahme der landwirtschaftlichen Betriebe im Ort mit der Folge des Gebäudeleerstandes aus.

Trotzdem hat die Mehrzahl der untersuchten Dörfer so von den Erfolgen der Dorferneuerung profitieren können, dass der „Vorschuss“ nicht gänzlich aufgezehrt, teilweise sogar für neue „Anschübe“ genutzt werden konnte.

Die Ergebnisse von zeitgleich parallel durchgeführten einzelnen und länderübergreifenden Evaluierungen von Dorferneuerungsvorhaben durch das Institut für ländliche Räume der Bundesforschungsanstalt Landwirtschaft (FAL) in Braunschweig Völkenrode können so weitgehend durch die vorliegende Untersuchung bestätigt werden.
Zusammenfassend wurden dort folgende Wirkungen der Maßnahme Dorferneuerung ermittelt:

- *stößt private Investitionen an, die das Ortsbild verbessern und Wohnraum schaffen; ohne Förderung wären diese Investitionen gar nicht, nur zum Teil, in anderer Ausführung oder erst viel später getätigt worden*
- *stößt öffentliche Investitionen an, die das Ortsbild, die Verkehrssicherheit, die Dorfökologie u. a. – also die Aufenthaltsqualität im Allgemeinen – verbessern; ohne Förderung wären diese Investitionen aufgrund der kommunalen Haushaltslage nicht, erst später oder nur in Teilen getätigt worden*
- *verbessert besonders durch gestalterische Maßnahmen die Standortattraktivität der Dörfer, so dass sich die Dorfbewohner wieder wohler in ihrem Dorf fühlen und mehr Gäste in die Dörfer kommen*
- *stabilisiert vielfach die Bevölkerungszahlen als Folge verbesserter Standortattraktivität; mancherorts entwickeln sich durch den Zuzug von Neudörflern die Bevölkerungszahlen sogar wieder aufwärts; ohne Veränderungen im Dorf wären Wegzüge nicht auszuschließen gewesen*
- *stabilisiert indirekt den Kundenkreis lokaler Betriebe*
- *fördert regionaltypische Bauweisen und erhält dadurch den typischen Charakter der Regionen*
- *stärkt die touristische Funktion der Dörfer, vorhandene Einrichtungen können besser ausgelastet werden, Freizeiteinrichtungen und Gastronomiebetriebe werden verbessert oder sogar neu eröffnet und Übernachtungszahlen steigen*
- *führt häufig zu Vereinfachungen für den landwirtschaftlichen Verkehr*
- *stärkt nachhaltig Gemeinschaftssinn und Zusammengehörigkeitsgefühl der Dorfgemeinschaft durch Eigenverantwortung und Eigenarbeit zur Umsetzung von Projekten für die Dorfgemeinschaft*
- *greift eng mit dem Bundeswettbewerb „Unser Dorf soll schöner werden – Unser Dorf hat Zukunft“ ineinander, was wiederum ergänzende ungeförderte Dorferneuerungsmaßnahmen hervorbringt, die sich wiederum positiv auf das Ortsbild auswirken*
- *hat konjunkturelle Beschäftigungseffekte, besonders für das lokale und regionale Handwerk, den Hoch- u. Tiefbau sowie das beratende Ingenieurwesen (Architekten, Planer u. Ä.)*
- *schafft in kleinem Umfang strukturelle Arbeitsplätze für Frauen und sichert strukturelle Arbeitsplätze für Männer*
- *positive Umweltwirkungen durch Bewusstseinsbildung und Sensibilisierung für Umweltbelange durch den Dorfplaner und andere Experten.*

(Quelle: FAL Braunschweig, Halbzeitbewertung vom PROLAND NIEDERSACHSEN-Programm zur Entwicklung der Landwirtschaft und des ländlichen Raumes, 2005)

Das abschließende Ranking über die Erfassung der aktuellen Lebensqualität in den Untersuchungsdörfern bezieht neben den materiellen Werten auch die sozialen Qualitäten des Zusammenlebens, der Nachbarschaftshilfe und des Bürgerengagements ein.
Die Ergebnisse unterscheiden sich in interessanten Einzelaspekten von den Wertungen der Erfolgskontrolle, bestätigen diese aber im Wesentlichen.
Von 100 erreichbaren Punkten konnten maximal 72 (Estorf) und minimal 31 (Woltringhausen) Punkte vergeben werden.
Die Ergebnisse sind anhand der Kriterien, der vergebenen Gewichtungen und der Erfüllungsgrade gut nachvollziehbar und sollen den untersuchten und den noch nicht in ein Förderprogramm aufgenommenen Dörfern Anregungen für vergleichbare Vorgehensweisen und für die Durchführung zukünftiger Maßnahmen bieten.

23.6 Fördermittel

Im Durchschnitt der untersuchten niedersächsischen Dörfer wurden etwa 370.000 € an Fördermitteln pro Dorf gewährt, wovon etwa 40 % in öffentliche und 60 % in private Maßnahmen investiert wurden.
Das Verhältnis von Fördermitteln zu Investitionen der Bauherren betrug, wie bereits vor 10 Jahren ermittelt, wiederum bei einer durchschnittlichen Summe der Gesamtinvestitionen von 1 Million Euro pro Dorf 3 : 1.
Aufgrund der höheren Förderanteile in den neuen Bundesländern beträgt das Verhältnis in den untersuchten Dörfern Sachsen-Anhalts dagegen nur 1 : 1. Die Höhe der Gesamtinvestitionen und der Fördermittel stand dabei in beiden Bundesländern in einer gewissen Abhängigkeit von der Ortsgrößenklasse.
Das Verhältnis privater zu öffentlicher Fördermittel und Gesamtinvestitionen war verständlicherweise in kaum einem Dorf oder einer Dorfregion aufgrund der unterschiedlichen Problemstellungen ausgeglichen.

Die abschließende Frage nach den Entwicklungsperspektiven der Untersuchungsdörfer in den nächsten 10 Jahren kann, trotz der vorliegenden Fakten, Indizien und Eckdaten und trotz gewisser Trends und erkennbarer Entwicklungsschwerpunkte, nicht umfassend beantwortet werden.

Aus dem umfangreichen vorgelegten Material und aus den formulierten unterschiedlichen Anregungen wird der Leser seine eigenen Schlüsse gezogen haben.
Unübersehbar sind jedoch die aktuellen und zukünftigen Probleme der Ortsgrößenklasse unter 500 Einwohnern.
Für den Erhalt dieser Dorfgrößen müssen neue Wege zur existentiellen Absicherung der Bewohner, Bauten und Siedlungen sowie zur Aufrechterhaltung des Versorgungsniveaus entwickelt werden.

Aus dem unterbreiteten Vorschlägen und Anregungen können hoffentlich einige konkrete Hilfestellungen bzw. Konzepte abgeleitet werden.

Die zukünftigen Aufgaben der Dorferneuerung und -entwicklung werden die aktuellen sein:

- Erhaltung, Sicherung und Nutzungswandel des zur Dorfkultur gehörenden Erbes an Siedlungen, Höfen und Flurformen,
- Förderung der vorhandenen nachbarschaftlichen und ehrenamtlichen Aktivitäten unter den Dorfbürgern,
- Sicherung der existentiell notwendigen Dienstleistungen im Ort,
- Sicherung und Entwicklung verkehrsberuhigter überregionaler Erschließungsstraßen oder deren Rückbau,
- Reaktivierung ehemaliger Bahnanschlüsse und -strecken,
- angemessene Siedlungsentwicklung auf der Grundlage genetischer Bauleitplanung,
- die Schaffung von baulichen Voraussetzungen für angemessene, der Region und dem ländlichen Raum dienenden Arbeitsplätzen,
- eine umfassende Baugestaltung auf der Grundlage von Gestaltungsanalysen und -empfehlungen, in der ein modernes „Regionales Bauen“ eine Chance erhält.

Die Auswirkungen der „Globalisierung“ und „Rationalisierung“ sind auch für das heutige Dorf keine fremden Entwicklungsvorgaben mehr. Der ländliche Raum wird jedoch auch in Zukunft von seiner Herkunft und Geschichte her ein durch regionale Merkmale geprägter Lebens- und Produktionsraum bleiben müssen. Wenn man ihm seine Identität und die bestehenden Produktionsbindungen durch weitere Überfremdungen nimmt, wird eine Kulturregion aufhören zu existieren, die letztlich erst durch ihre Leistungen die Existenz der Stadt als Ort des Austausches von Waren, Kapital und Informationen möglich gemacht hat. Dorf und Stadt sind Lebensformen im Ergänzungszusammenhang.

Dorferneuerung soll auch in Zukunft von ihrem Grundverständnis her eben nicht als eine Dauerförderquelle für private und öffentliche Investitionen missverstanden werden, sondern als Hilfe zur Selbsthilfe. In einzelnen der Fallstudien ist diese Botschaft verstanden und nach Auslaufen der klassischen Dorferneuerungsförderung auch von den Gemeinden und Bürgern so umgesetzt worden (Häuslingen, Haßbergen, Elbingerode u. a.). Die zweifellos auch schmerzlichen Erfahrungen zwangsweise reduzierter Ansprüche und die Notwendigkeit zur verstärkten Pflege der regionalen und überregionalen Kontakte und Nachbarschaftskontakte sowie eine intensive ehrenamtliche Mitarbeit stehen vielen Dorfbewohnern allerdings noch bevor.

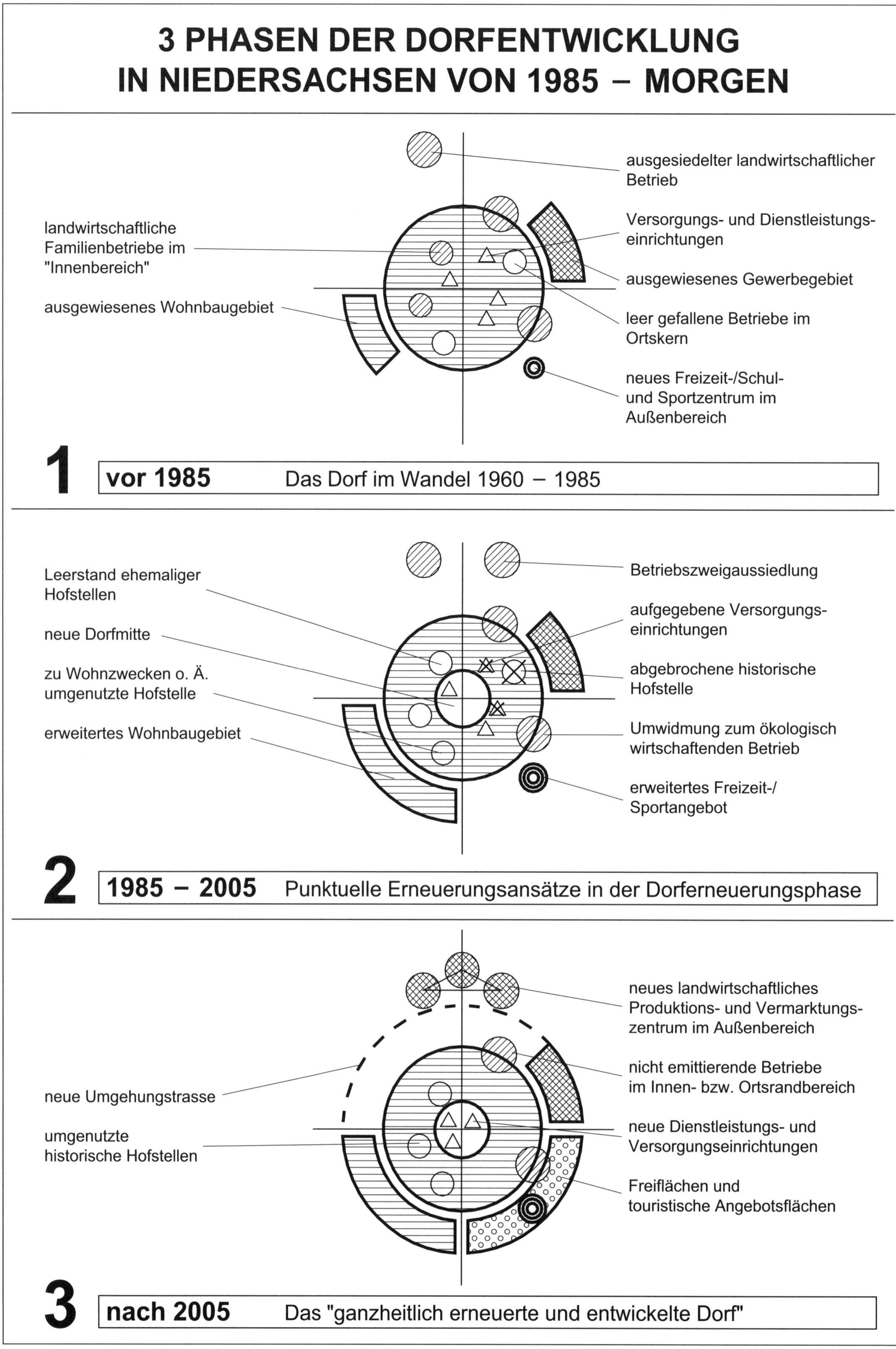

Abb. 204: Dorfentwicklung in Niedersachsen

3 PHASEN DER DORFENTWICKLUNG IN SACHSEN-ANHALT VON 1990 – MORGEN

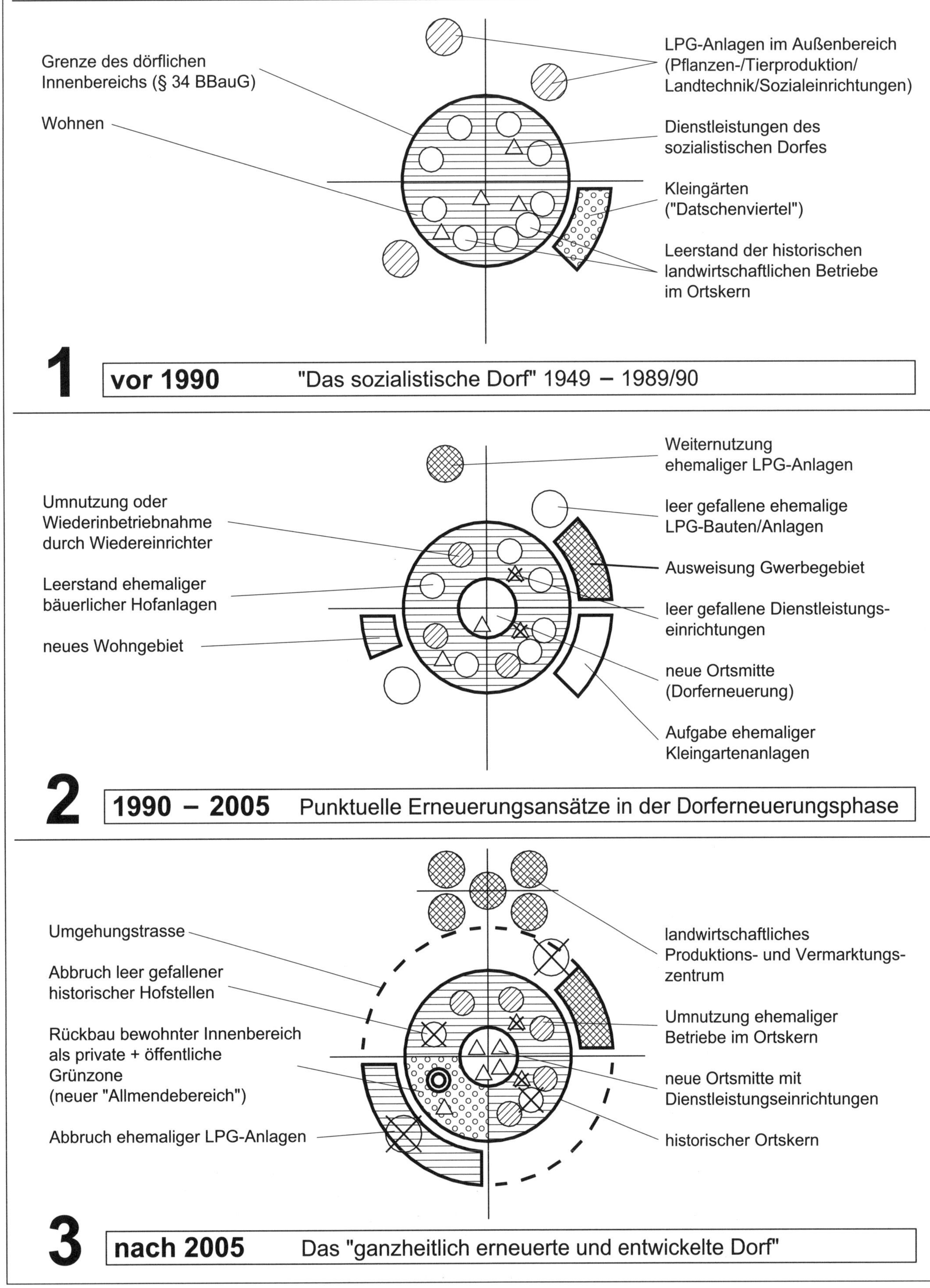

Abb. 205: Dorfentwicklung in Sachsen-Anhalt

23.7 Zukünftige Dorfentwicklungsphasen

Mit utopischen Zukunftsentwürfen für die ländlichen Regionen kann bei der allgemeinen welt- und gesellschaftspolitischen Unsicherheit nicht mehr gedient werden.

Trotzdem wird der Versuch einer abschließenden Darstellung der Entwicklungsphasen von 1985 bis etwa zum Jahre 2010 getrennt für Niedersachsens und Sachsen-Anhalts Dörfer in Form eines Szenarios unternommen. Wenn als Ergebnis ein ganzheitlich erneuertes und entwickeltes Dorf als politische Zielvorgabe für mehr Lebensqualität und Geschichtsbezug angestrebt wird, geht es in Niedersachsen und in Sachsen-Anhalt gleichermaßen um eine prinzipielle Klärung der zukünftigen Standorte von Landwirtschaft, Wohnen, Verkehr und Kultur- sowie Freizeitangeboten im einzelnen Dorf und den Regionen. Bei den kleinteiligen divergierenden Raum- und Funktionsansprüchen der Dorfkerne als eigentlichem Lebensraum der Bewohner und den Produktionsbedingungen einer mehr und mehr industrialisierten Großlandwirtschaft, dürfte es keine Alternative zu weilerartigen Neuausweisungen von Betriebzweigen in die Flur geben. Ausgenommen von einem außerdörflichen Standort sind in diesem Modell lediglich die Betriebe, die nach biologisch-ökologischen Prinzipien produzieren und zugleich ihre Produkte hofnah vermarkten.
Soweit in Sachsen-Anhalt infolge Bevölkerungsabnahme und fortgeschrittenem siedlungsbaulichem Verfall sogar Rückbaumaßnahmen an der gewachsenen Siedlungsstruktur erforderlich werden, bietet sich die Chance, öffentliche und private „grüne" allmendeartige Freiflächen für die verbleibenden Bewohner durch Rückbaumaßnahmen zu entwickeln.
Die Standorte der ehemaligen LPG-Anlagen, die sich auch nach 15 Jahren als zukünftige Produktionsstandorte mehr oder weniger im Windschatten verfestigt haben, sind als Siedlungsansatz für die weilerartige Entwicklung von Produktions- und Landtechnikgebäuden durchaus ausbaubar. Die notwendige Dekontaminierung der Gebäude (Asbestaltlasten) und des nahen gülleverseuchten Umfeldes wären hierfür allerdings eine unverzichtbare Voraussetzung in Verbindung mit weiteren Gestaltungs- und Eingrünungsmaßnahmen.
Ziel der Entwicklung muss es sein, sowohl die Ansprüche an Wohnqualität als auch an landwirtschaftliche Produktion im Außenbereich zu befrieden.

Die Darstellung möglicher Dorfentwicklungen (siehe Abb. 204 + 205) werden in drei Zeitphasen aufgrund der unterschiedlichen Ausgangssituationen getrennt unterbreitet. Es handelt sich um Szenarien, die zu einer grundsätzlichen und vertiefenden Diskussion über die Zukunft der ländlichen Regionen und ihrer Dörfer einladen wollen.

Zum Abschluss der Untersuchung werden die konkreten öffentlichen und privaten Maßnahmen orts- und themenbezogen aufgelistet, die weder im Rahmen der Dorferneuerungsphase noch danach bisher zur Ausführung kommen konnten.

23.8 Ortsbezogene öffentliche und private Einzelmaßnahmen, die bisher nicht umgesetzt werden konnten

Niedersachsen
Dorfregion 1: Geest-/Moorregion

Holzhausen	Schaffung einer neuen Ortsmitte; Errichtung eines Nachbarschaftsladens
Kuppendorf	Sicherung div. auf Halde liegender Fachwerkbauten; Aufbau Freiluftmuseum; Sicherung bzw. Entwicklung der Versorgungseinrichtungen; Ausbau des Dorftourismus
Scharringhausen	ehem. Gaststätte modernisieren; Nachbarschaftsladen reaktivieren, Verkehrsausbau
Varrel	ehem. Gasthaus an der Kirche gestalterisch modernisieren; Reaktivierung der Gaststätte auf der Loge
Wehrbleck	Saal der Gaststätte modernisieren und Gaststätte reaktivieren; Lärmschutzmaßnahmen
Aschen	Sicherung und Umnutzung historischer Windmühle im Außenbereich; Sicherung und Umnutzung eines privaten Fachwerkspeichers; Ortsmitte als grüner Anger gestalten; Neugestaltung Reiterzentrum
Wagenfeld	ehem. Rathaus, ehem. Schule und ehem. Gewerbe-/Industrieanlage umnutzen; Umgehungsstraße bauen/verkehrsberuhigende Maßnahmen auf der Hauptstraße durchführen; Ortsmitte gestalten
Bohnhorst	ehem. Schule umnutzen, innerörtliche Gestaltungsaufgaben; Straßenbaumaßnahmen; Grün- und Freiflächengestaltung
Woltringhausen	Sicherung und Umnutzung leer stehender Gebäude; Ausbau und Gestaltung innerörtlicher Straßen

Dorfregion 2: Nienburger Wesermarsch

Estorf	begonnene Umnutzung am ehem. Genossenschafsgebäude komplettieren; Gestaltung Neubaugebiete; Scheunenviertel beleben
Haßbergen	ehem. Windmühle mit zugehöriger Hofstelle und Gebäudekomplex der ehem. Ziegelei sichern/ umnutzen; Umnutzung des ehem. Kindergartens an der B 215; Ausbau des Weserradweges
Leeseringen	Umnutzung eines privaten Fachwerkspeichers; „Grüne Ortsmitte" für Fahrradtouristen erschließen; private Umbaumaßnahmen
Lemke	Schaffung einer identitätsprägenden Ortsmitte
Oyle	leer stehende Hofanlage am östlichen Ortsausgang umnutzen; Brandruinen abreißen; Neugestaltung Sport- und Spielflächen; Verkehrsberuhigung auf der Hauptstraße
Wohlenhausen	Fachwerkspeicher im Ortskern sichern

Dorfregion 3: Südharz

Dorste	Durchführung von diversen Verkehrsberuhigungs- und Gestaltungsmaßnahmen
Elbingerode	kirchliches Gemeindehaus und Friedhofskapelle modernisieren; Rückbau von Platz- und Straßenräumen; Nutzung der Betriebszweigaussiedlungen und Einbindung in ökologisches Umnutzungs- und Vermarktungskonzept; private Umbaumaßnahmen
Gittelde	Museumskomplex an ehem. Schule und Freiflächen neu gestalten; Sicherung der Bahnstrecke für ÖPNV und ggf. Ostbahnhof wieder öffnen; private Umbaumaßnahmen

Hattorf am Harz	leer stehende Fabrikanlagen sichern/umnutzen; private Umbaumaßnahmen; Umgestaltung einer Eisenbahnbrücke; Seitenraumgestaltung Sieber und Oder; Schaffung attraktiver Freizeiteinrichtungen
Schwiegershausen	Gestaltung Mehrzweckhalle und innerörtlicher Freiflächen; diverse Straßenausbau- und Platzgestaltungen; Ortsmittengestaltung
Ührde	leer stehende Gutsscheune umnutzen; Dorfmuseum gestalten
Wulften	Wassermühle umnutzen; Umgestaltung einer ungenutzten Eisenbahnbrücke zur Weiterführung des Radweges, diverse Modernisierungsmaßnahmen an Privatgebäuden; innerörtliche Straßenbaumaßnahmen
Dorfregion 4: Nördliche Elbtalaue	
Radbruch	ehem. Försterei umnutzen zum Gemeinschaftshaus, Ortsmittengestaltung; Neugestaltung des Gewerbe- und Bahnhofsbereiches; Eingrünungsmaßnahmen
Dorfregion 5: Wendland und Swinmark	
Lübeln	Schaffung eines neuen Dorfgemeinschaftsraumes; möglicher Umbau der großen Hallenhäuser für kleinere Familiengrößen
Schnega	Umnutzung von Herrenhaus und Zwinger der historischen Gutsanlage; Sicherung Atelier Körtzinger am Markt und Ausbau zum Museum
Dorfregion 6: Aller-Leinetal	
Eilte	Umnutzung Gut und weiterer leer stehender Hofstellen; Schaffung eines Nachbarschaftsladens
Häuslingen	Wirtschaftskomplex des Gutes Klein Häuslingen sichern und touristisch nutzen; Entwicklung eines Kali-Museums; diverse Straßengestaltungs- und private Umbaumaßnahmen
Dorfregion 7: Süntel	
Beber	Umnutzung zweier ehemaliger leer stehender Fabrikgebäude; Gestaltung des Parks und Umbau einzelner leer gefallener Hofanlagen
Rohrsen	Umnutzung Fabrikgebäude; Sicherung und Gestaltung Freibadanlage; Verkehrsberuhigungsmaßnahmen
Dorfregion 8: Braunschweiger Börde	
Abbenrode	Schaffung von Einkaufsmöglichkeiten für den täglichen Bedarf; Umnutzung einer leer stehenden Hofstelle im Ortskern
Jerxheim	Umnutzung Bahnhofsgebäude und -gelände; Sanierung der Schützenhalle; Sicherung der Bahnstrecke für ÖPNV
Watzum	Gestaltung und Sicherung des gesamten Ensembles der Gutsanlage und des zugehörigen Parks einschließlich öffentlicher Zugänglichkeit; Schaffung eines Nachbarschaftsladens
<u>Sachsen-Anhalt</u>	
Dorfregion 9: Altmark	
Binde	Kirche restaurieren, Modernisierung des Saales der ehem. Gaststätte als Gemeinschaftsraum; private Modernisierungs- und Umbaumaßnahmen; Eingründungsmaßnahmen; Erhalt und Ausbau der Bahntrasse und Wiederaufnahme für ÖPNV; Schaffung eines Nachbarschaftsladens
Ritzleben	Erhalt ortsbildprägender, leer stehender Bausubstanz; Abwasserkanalisation schaffen
Dorfregion 10: Östliche Elbtalaue	
Axien	Ausbau eines Gemeinschaftshauses, Sanierung der Taubenhäuser, des Freibades und der Sportanlagen; Umbau diverser leer stehender Haupt- und Nebengebäude
Gehmen	Verkehrsberuhigende Maßnahmen an Ortseingängen, Sicherung historischer Bausubstanz
Dorfregion 11: Magdeburger Börde	
Eimersleben	Restaurierung der Kirche, Umbau und Modernisierung von privaten Projekten; Gestaltung der ehemaligen LPG-Anlage am Ortsrand
Erxleben	Umnutzung der alten Schäferei I; Sicherung und Umnutzung der Schlossgebäude bzw. des gesamten Schlosskomplexes
Dorfregion 12: Nordharz	
Reinstedt	Sicherung und Umnutzung der „Rübenhöfe“, des Bestehornhofes und der drei Wassermühlen; Durchführung diverser Umbau- und Modernisierungsmaßnahmen; Straßen- /Platzgestaltungen; Ausbau der Kanalisation
Dorfregion 13: Saale-Unstrut	
Großjena	Sicherung und Umnutzung der Orangerie, Sicherung und Umnutzung des sog. „Kellers“ sowie Sicherung des Felsreliefs; Neugestaltung des Gutsparks; Modernisierungs- bzw. Umbaumaßnahmen an der ehemaligen LPG-Anlage.

23.9 Empfohlener sachbezogener Maßnahmenkatalog für die untersuchten Fallstudien aus Niedersachsen und Sachsen-Anhalt

1) Überarbeitung, Aktualisierung und Neuformulierung örtlicher Stärken-/Schwächenprofile (20)
2) Überarbeitung einzelner Dorferneuerungspläne/ Maßnahmenpläne (20)
3) Überarbeitung ausgewählter Flächennutzungspläne und Bebauungspläne (24)
4) Kritische Überprüfung neuer Baugebietsausweisungen (2)
5) Empfehlungen für eine siedlungsgenetische Bauleitplanung als Modellvorhaben (3)
6) Planung und Durchführung verkehrsberuhigender Maßnahmen an Durchgangsstraßen (16)
7) Verbesserung des ÖPNV-Angebotes/Bahnanschluss reaktivieren (3)
8) Innerörtliche Straßen/Wege ausbauen/Dorfplätze gestalten (8)
9) Entwicklung neuer Formen von Altersruhesitzen und -tätigkeitsangeboten/Mehrgenerationenwohnanlagen
10) Schließung von Baulücken
11) Sicherung und Umnutzung leer stehender Altbausubstanz (40)
12) Durchführung geplanter grünordnerischer/ landschaftsplanerischer Maßnahmen (9)
13) Ausbau von DSL- und Internetanschlüssen (3)
14) Freilegung und Entwicklung von Bachläufen (2)
15) Verbesserung der Grundversorgung und Ausbau von Nachbarschaftsläden (6)
16) Ausbau soziokultureller Einrichtungen (3)
17) Schaffung von Einrichtungen und Angeboten für Jugendliche
18) Unterstützung der ortsgebundenen Handwerks- und Gewerbebetriebe
19) Ansiedlung von nicht störenden Handwerksbetrieben in der Ortslage oder ortsnahen Gewerbe-/Industrieflächen
20) Entwicklung neuer Marktnischen für die Landwirtschaft
    a) Eigenvermarktung/ökologische Landwirtschaft
    b) touristische Angebote (Heuhotel u. a.)
    c) Streichelzoo/„Grünes Schulzimmer" für jugendliche Besucher
21) Örtliche Berücksichtigung neuer Trends in der Gesundheits-, Sport- und Freizeitgestaltung (4)
22) Ausbau weiterer ortsverträglicher Angebote für einen sanften Tourismus/Rad- und Wanderwegeausbau (4)
23) Museale Aktivitäten verstärken mit entsprechenden Ausstellungsräumen/-angeboten (5)
24) Entwicklung oder Verbesserung von gastronomischen und Übernachtungsangeboten (3)
25) Stärkung der alternativen Energien (Solar-/Voltaikanlagen, Realisierung und Planung auf Dächern der Wirtschaftsgebäude) (40)
26) Kommunikations- und Öffentlichkeitsangebote/ Aktivierung der Bürgerbeteiligung
27) Evaluierung der Förderungsmittelvergabe und der Förderpraxis
28) Angemessene Einbindung der Ortskerne in regionale Entwicklungsprogramme
29) Vernetzung der regionalen DE-Konzepte und
30) Überprüfung der Eignung und Bedürftigkeit für eine Wiederaufnahme in das DE-Programm
31) Klärung geeigneter Entsorgungs-/Deponiestandorte
32) Gestaltungs- und Modernisierungsmaßnahmen (12).

(…) Anzahl der Dörfer, in denen die benannten Maßnahmen realisiert werden sollen.

Aus der maßnahmenbezogenen Darstellung der aktuellen Bedarfssituation in den untersuchten Dörfern wird deutlich, dass selbst in Orten mit einem optimalen Umsetzungsgrad noch Aufgaben verblieben sind, die teilweise sogar eine Ergänzung bzw. Fortschreibung des Maßnahmen- und Dorferneuerungsplanes nahe legen.

Auffallend ist die stark gewachsene Zahl am bestehenden Altbaubestand in Form von Modernisierungs- oder Umbaumaßnahmen.
Keines der untersuchten Dörfer ist frei von einer diesbezüglichen privaten oder öffentlichen Aufgabenstellung.
In der Bedeutung folgten auf Aufgaben der Umnutzung und der Ausschöpfung erneuerbaren Energien (Biogas, Erdwärme, Solar) die Notwendigkeit planerischer Nachbearbeitungen (F- und DE-Pläne u. a.).
Während sich die Erfolge der Dorferneuerung im relativ geringen Bedarf an weiteren Dorfplatz- und Straßengestaltungsmaßnahmen spiegeln, verweist die relative Sättigung mit Einrichtungen der Grundversorgung auf das gestiegene Angebot von Einkaufszentren in der Region. Die diesbezüglichen Probleme für spezifische Bewohnergruppen und Ortsgrößenklassen (< 500 Einwohner) haben sich im Laufe der Jahre jedoch eher vergrößert.

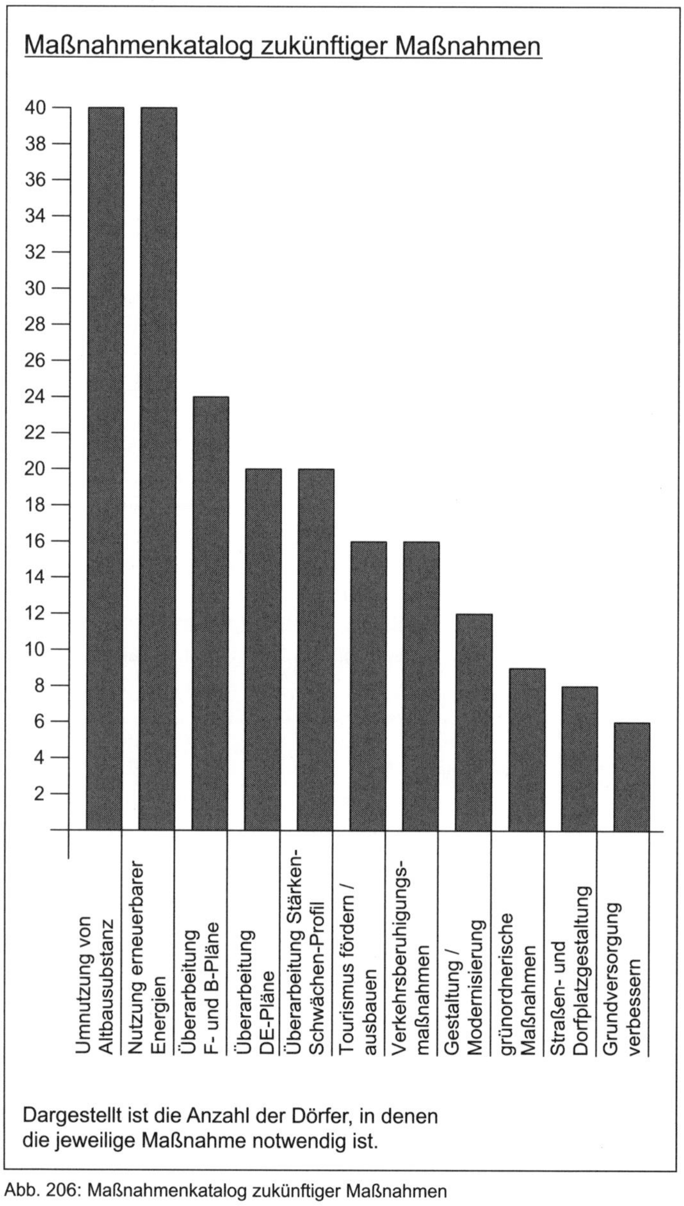

Abb. 206: Maßnahmenkatalog zukünftiger Maßnahmen

24.1 Einleitung

Wozu braucht man „Dorferneuerung“? Die Situation wird bestimmt durch den unregelmäßigen, aber auch unaufhaltsamen Wandel nahezu aller Lebensumstände. Was vor wenigen Jahren noch als gesicherte Erkenntnis galt, ist heute oft schon unwiederbringliche Vergangenheit; und der Blick in die Zukunft hat meist unscharfe Konturen.

Der Übergang von der Agrar- zur Industriegesellschaft und deren weitere Entwicklung in eine Konsum- und Dienstleistungsgesellschaft brachten jenen hohen Lebensstandard, über den wir heute verfügen. Die mobile Gesellschaft der Gegenwart ist ständig auf der Suche nach neuen Chancen, um diese zu nutzen. Allerdings verlor auch das traditionelle Beziehungsgefüge zwischen Stadt und Land an Kraft. In den alten Bundesländern drohte diese Entwicklung zu einer zunehmenden Entfremdung von Individuum, Gesellschaft, Zeit und Raum zu führen. Dorf und Stadt gerieten in Gefahr, ihr jeweiliges Gesicht zu verlieren. Auch die Bewohner sahen ihre Identität in Frage gestellt. Überall begann man über den Sinn des sogenannten „Fortschritts“ nachzudenken. Die Dorferneuerung wurde deshalb seit Ende der 1970er Jahre ein wichtiges Planungsinstrument im Rahmen der ländlichen Neuordnung, die mit dem „Zukunftsinvestitionsprogramm“ erstmalig modellhaft erprobt wurde.

Auch in der ehemaligen DDR war bereits vor 1990 versucht worden, die Lebensqualität für die Menschen in den Dörfern durch Maßnahmen der Ortgestaltung zu verbessern. Die Agrarproduktion in den großen Genossenschaftsbauten außerhalb oder am Rande der Dörfer beließ das „alte Dorf“ in seiner tradierten Gestalt. Zwar standen nur geringe Baukapazitäten zur Pflege und Erhaltung der Dorfsubstanz zur Verfügung, aber es setzte auch keine umfassende Veränderung durch zügellose Modernisierung der Straßen, dörflichen Freiflächen und alten Hofanlagen oder durch rigorose Ortserweiterungen ein. Insofern verfügten viele Dörfer Sachsen-Anhalts noch über ein hohes Maß an architektonisch-städtebaulicher Qualität, die zwar der behutsamen Renovierung und Verbesserung bedarf, aber als Substanz noch in wesentlichen Teilen reparaturfähig erscheint.

Dorferneuerung bot so gesehen nach der politischen Wende 1989/90 die einmalige Chance, in Sachsen-Anhalt der Entwurzelung, der Heimatlosigkeit und der städtischen Überfremdung entgegenzuwirken durch eine Kultur des menschlichen Maßstabes in den Dingen und Bezügen.
Der Rahmen dazu war in den Dörfern und kleinen Städten vorhanden. Es bedurfte jedoch vieler Arbeitsplätze, der Mitwirkung der Dorfbevölkerung, hoher Investitionen und des Wissens vom Wert des Vorhandenen.

Daher war Dorferneuerung – besonders in Sachsen-Anhalt – auch als ein geistig-ideeller Entwicklungsprozess für die Menschen auf der Suche nach einem neuen dörflichen Leitbild mit Maßstäben, die sich wieder an historischen Vorbildern und natürlichen Gegebenheiten orientieren, so notwendig. Es galt, das in den alten Bundesländern bereits über 10 Jahre erprobte und anerkannte Instrumentarium der Dorferneuerung auf die in den Dörfern Sachsen-Anhalts vorhandenen Rahmenbedingungen auszurichten, neue Methoden der Dorfentwicklungsplanung zu erarbeiten und eine Förderkulisse aufzubauen, die diesen Bedingungen entsprach.

24.2 Ausgangssituation

Die erste Landesregierung Sachsen-Anhalt vertrat im Herbst 1990/Frühjahr 1991 den Standpunkt, dass funktionsfähige ländliche Siedlungsräume mit intakter Natur und Landschaft ohne Land- und Forstwirtschaft nicht denkbar seien. Landbewirtschaftung in einer modernen Industriegesellschaft sei mehr als nur die Erzeugung von Nahrungsmitteln. Eine vielfältige, bäuerlich strukturierte Landwirtschaft könne am ehesten die verschiedenen Anforderungen der Bevölkerung an die Landwirtschaft erfüllen. Die Dörfer seien die Standorte für die landwirtschaftlichen Betriebe. Ihre Erneuerung sei daher in Sachsen-Anhalt eine vordringliche gesellschaftspolitische Angelegenheit – auch unter dem Gesichtspunkt einer neben der Produktion durch die Landwirte zu leistenden Landschaftspflege.

In den rund 2.000 Dörfern mit weniger als 2.000 Einwohnern in Sachsen-Anhalt lebt etwa ein Viertel der Gesamtbevölkerung. Ein großer Teil dieser Dörfer war mit den ehemaligen überdimensionierten LPG- und VEG-Betrieben eng verknüpft, die das politische, wirtschaftliche, soziale und kulturelle Leben in den Dörfern prägten. Die Zukunft der Landwirtschaft in Sachsen-Anhalt hänge, so die damalige Landesregierung, von Betriebsformen ab, die vielfältig strukturiert in unterschiedlichen Rechtsformen ihre Produktion den natürlichen Standortbedingungen anpassen und sich von unproduktiver Beschäftigung lösen. Dazu gehörten die Ausgliederung oder Aufgabe des sogenannten Vorleistungsbereiches und der soziokulturellen Einrichtungen wie Betriebskindergärten, Betriebsgaststätten, Kulturhäuser, Betriebswohnungen sowie die Einstellung finanzieller Hilfen und Arbeitsleistungen für die Kommunen im Rahmen von Kommunalverträgen zwischen den LPG/VEG und den Räten der Kommunen. Aus einer solchen Strategie und Verfahrensweise folgte die Freisetzung von Arbeitskräften, besonders in den dünn besiedelten nahezu ausschließlich von der Landwirtschaft geprägten Regionen des Landes. Die Arbeitslosenquote stieg dadurch in einigen Regionen auf bis zu 40 %, ja sogar 50 % (Reinstedt) an.

Eine fehlende oder unzureichende technische Infrastruktur sowie städtebauliche Mängel und Missstände waren Kennzeichen nahezu aller Dörfer. Hinzu kamen die ehemaligen Bautätigkeiten der LPG-/VEG-Betriebe, die sich nicht an den historischen Siedlungsformen orientiert hatten und ihre neuen Betriebsanlagen in einheitlicher Bauweise an den Ortsrändern, teilweise auch auf den Freiräumen im historischen Dorfkern oder in der Feldmark errichteten. Diese Betriebs- und Standortentscheidungen hatten u. a. dazu geführt, dass im großen Umfang denkmalwerte Gebäude und Grundrissstrukturen erhalten blieben. Der relativ hohe Anteil des noch oder wieder selbstgenutzten Privateigentums mit geklärten Grundstücksverhältnissen und stärkerer Bindung der Bewohner an ihren Ort war jedoch eine günstige Rahmenbedingung für den Start in eine neue Phase der Erneuerung der Dörfer.

24.3 Modellvorhaben „Dorferneuerung in der DDR“

Die als „politische Wende“ bezeichneten Ereignisse in der ehemaligen DDR vom Herbst 1989 und Frühjahr 1990 führten in einem sehr kurzen Zeitraum zu völlig veränderten wirtschaftlichen und sozialen Bedingungen in den Dörfern. Diese Umgestaltung aller Lebensbereiche wurde durch den

„Vertrag über die Schaffung einer Währungs-, Wirtschafts- und Sozialunion“ zwischen der Bundesrepublik Deutschland und der Deutschen Demokratischen Republik vom 18. Mai 1990, der am 01. Juli 1990 in Kraft trat, eingeleitet. Kurz darauf folgte der „Einigungsvertrag“ vom 31. August 1990, mit dem die DDR der Bundesrepublik zum 03. Oktober 1990 beitrat.

Geschichte zeitigt aber auch Geschichten. Da trafen sich bereits im Herbst 1989 einige Persönlichkeiten aus der Nachbarschaft der Altmark, der Swinmark und des Isenhagener Landes, also von diesseits und jenseits der noch real existenten Grenze zwischen den beiden Teilen Deutschlands, um die sich abzeichnende Entwicklung zu besprechen. Sie entschieden sich, für eine ausgewählte Gemeinde in der Altmark (Diesdorf) modellhaft eine partnerschaftliche Aktion in Form einer Dorferneuerungsplanung durchzuführen, die von Niedersachsen aus betreut und finanziert werden sollte. Über das Amt für Agrarstruktur in Braunschweig gelangte diese Idee zum damaligen niedersächsischen Ministerpräsidenten Dr. Albrecht und an das Bundesministerium für Ernährung, Landwirtschaft und Forsten in Bonn. Dort wurde die niedersächsische Initiative mit der Dorferneuerung Diesdorf aufgegriffen und mit dem Ministerium für Ernährung, Landwirtschaft und Forsten der DDR in Berlin erörtert. Hiervon ausgehend wurde das Modellvorhaben „Dorferneuerung in der DDR“ entwickelt, an dem insgesamt 32 Dörfer aus allen 14 Bezirken teilnehmen sollten.

Gleich zu Beginn der Zusammenarbeit wurde die Frage geprüft, welche Möglichkeiten bestanden, Maßnahmen zur Verbesserung der Lebens- und Arbeitsverhältnisse in den ländlichen Räumen der DDR zu fördern. Es stellte sich heraus, dass eine Förderung von Maßnahmen zur Erhaltung, Weiterentwicklung und Erneuerung der Dörfer am ehesten einen unmittelbaren Erfolg versprachen. So konnten die in der Bundesrepublik Deutschland in den 1980er Jahren gesammelten Erfahrungen mit der Dorferneuerung genutzt und mit den planerischen, technischen und organisatorischen Voraussetzungen in der DDR verbunden werden. Für die Formulierung und den Erfolg des Programms waren in jedem Fall neben der kurzfristigen Beschaffung von Finanzierungsmitteln, die jedoch immer unzureichend sein mussten, geeignete und sofort umsetzbare Vorhaben der Dorferneuerung auszuwählen. Mit der Festlegung im Programm, flächendeckend in allen Teilen der DDR ausgewählte Dörfer einzubeziehen, wurde das Ziel verfolgt, das Bewusstsein der Bevölkerung für die Dorferneuerung zu wecken und die Besonderheiten der einzelnen ländlichen Regionen zur Geltung zu bringen. Durch Zusammenwirken der westdeutschen Bundesländer mit den Bezirksverwaltungsbehörden der DDR sollte im Gegenstromprinzip ein möglichst breiter Informationsfluss von West nach Ost und umgekehrt eingeleitet werden, dessen Ausgang allerdings vollkommen offen war.

Den Initiatoren des Programms war von Anfang an klar, dass unabhängig von dem Wert jeder einzelnen Maßnahme für die betroffenen Dorfbewohner dem sofortigen Beginn eine grundsätzliche Bedeutung beigemessen werden musste. Die mit dem Programm gesammelten Erfahrungen erlaubten nämlich einen fliegenden Start in eine solide Dorferneuerungsförderung, wie sie in den alten Bundesländern seit über 10 Jahren mit wachsendem Erfolg praktiziert wurde. Die Förderbedingungen bildeten so eine unverzichtbare Grundlage zur Lösung der agrar-, umwelt- und sozialpolitischen Aufgaben der Dorferneuerung. Die Finanzierungsmöglichkeiten über den sogenannten Gegenwertfonds der DDR und das Tempo des Zusammenwachsens beider deutscher Staaten erforderte schnelle und unbürokratische Entscheidungen der beteiligten Behörden in West und Ost.

In den 32 Dörfern des Modellvorhabens, davon 6 aus Sachsen-Anhalt, nämlich

Dahlen, Kreis Stendal, Bezirk Magdeburg
Diesdorf, Kreis Salzwedel, Bezirk Magdeburg
Hundisburg, Kreis Haldensleben, Bezirk Magdeburg
Micheln, Kreis Köthen, Bezirk Halle
Quetzdölsdorf, Kreis Bitterfeld, Bezirk Halle
Wallhausen, Kreis Sangerhausen, Bezirk Halle

wurden mit unterschiedlichsten Ansätzen und mit planerischer und organisatorischer Hilfestellung aus dem Westen erste Erfolge mit realisierten Dorferneuerungsmaßnahmen erzielt. Frühere Bemühungen um die Dorfgestaltung (vor 1989/90) hatten allerdings mit den Methoden der westdeutschen Dorferneuerung wenig gemein. Die Konzeptionen wurden von den SED-Räten der Kreise entwickelt und daraufhin auch die finanziellen Mittel zur Verfügung gestellt. Die viel beschworene Eigeninitiative und Mitwirkung der Bürger war nur in Ansätzen erkennbar. Die LPG-Führung griff steuernd und dirigistisch in die Entwicklung der Dörfer ein und nahm Einfluss auf alle Lebensbereiche des Dorfes – von der baulichen Entwicklung über die Arbeitsplatzzuordnung bis hin zur Freizeitgestaltung. Entwicklungsziel war das sozialistische Dorf geprägt von einer industriellen Landwirtschaft auf der Basis von überdimensionierten und spezialisierten Großbetrieben.

In den vorbenannten sachsen-anhaltinischen Dörfern wurden im Jahre 1990 im Rahmen des Modellvorhabens insgesamt 2,69 Mio. M der DDR und 6,98 Mio. DM für die Durchführung der Maßnahmen der Dorferneuerung eingesetzt. Dabei sind beispielhafte Ergebnisse erzielt worden.

Die mit dem Modellvorhaben noch vor der Wende begonnenen Vorhaben der Dorferneuerung in 6 Dörfern des Landes wurden vom Institut für das ländliche Bau- und Siedlungswesen der Universität Hannover unter Leitung von Herrn Professor Landzettel untersucht und ausgewertet. Im Rahmen einer Faltblattserie wurden die einzelnen Planungen der Dorferneuerung erläutert und besondere Aspekte der Dorferneuerung am Beispiel dieser Dörfer dargestellt. Durch diese wissenschaftliche Begleitung wurde das Bewusstsein der Menschen auf dem Lande an eine ganzheitliche alle Lebensbereiche umfassende Dorferneuerung in Sachsen-Anhalt geschärft.

24.4 Dorferneuerungsprogramm Sachsen-Anhalt

Unter den dargestellten Rahmenbedingungen vollzog sich auf dem Lande eine Entwicklung, die als „revolutionär“ bezeichnet werden kann. Mit dem Inkrafttreten des Landwirtschaftsanpassungsgesetzes vom 29. Juni 1990 zum 20. Juli 1990 wurden die LPG-Strukturen zum 31. Dezember 1991 aufgelöst. Die Betriebe wandelten sich in verschiedene Rechtsformen des bürgerlichen Rechts um, zu einem großen Teil wurden Flächen von sogenannten Wiedereinrichtern übernommen. Mit diesem Umwandlungsprozess gingen ein starker Abbau von Arbeitsplätzen in der Landwirtschaft und die Aufgabe von Nebenbetrieben sowie sozialen und kulturellen Einrichtungen im Dorf einher.

Auf der Grundlage des Gesetzes vom 6. Juli 1990 über die Förderung der agrarsozialen Anpassung der Landwirtschaft der DDR an die soziale Marktwirtschaft (Fördergesetz) wurde die Anordnung über die Förderung der Dorferneuerung am 18. Juli

1990 erlassen. Diese Anordnung bildete die Grundlage für die Förderung von Dorferneuerungsmaßnahmen nach den in den westlichen Bundesländern gemachten Erfahrungen und Grundsätzen in den Jahren 1990 und 1991. Es versteht sich von selbst, dass aufgrund der völlig anderen Rahmenbedingungen und Voraussetzungen die Dorferneuerungsplanung und die Maßnahmenförderung mit anderen Methoden und Wertigkeiten durchgeführt werden musste. Diese Erkenntnis musste ich machen, als ich im Besitz einer über 10-jährigen praktischen Erfahrung mit Dorferneuerungsmaßnahmen in Niedersachsen im Juli 1991 ministerielle Verantwortung für die Dorferneuerung in Sachsen-Anhalt übernahm.

Die Förderung der Dorferneuerung bestand damals und auch noch heute nicht nur in der Bereitstellung möglichst hoher Zuwendungen. Seit Frühjahr 1991 beginnend hat sich vor allem die direkte Hilfe und Anleitung durch Fachleute aus Niedersachsen bewährt, zu denen u. a. auch der Autor dieser Nachuntersuchung, Dr. Joachim Grube, gehört. Diese Hilfen erreichten vorrangig die Verwaltungen und die Bürgermeister der Modelldörfer, die bereits 1990 mit der Umsetzung von Vorhaben der Dorferneuerung beginnen konnten. Seminare, Schulungen der Mitarbeiter in den Ämtern für Landwirtschaft und Flurneuordnung, gezielte Öffentlichkeitsarbeit und vielfältige Unterstützungen durch die niedersächsischen Ämter für Agrarstruktur und verschiedene Planungsbüros haben ihren Anteil daran, dass der Prozess der Dorferneuerung in Sachsen-Anhalt schnell und fachlich kompetent in Gang gekommen ist.

Auf der Grundlage der Gemeinschaftsaufgabe „Verbesserung der Agrarstruktur und des Küstenschutzes“ wurden am 02. Dezember 1991 neue Richtlinien zur Förderung der Dorferneuerung erlassen, die fortan als Bewilligungsgrundlage dienten. Die Förderung erfolgte im Rahmen eines Dorferneuerungsprogramms, das jährlich fortgeschrieben wurde. Seit 1996 wurden aufgrund eines Mehrjahresprogramms jährlich rund 200 Dörfer neu in das Programm aufgenommen. Gleichzeitig schied eine etwa gleich hohe Anzahl von Dörfern wieder aus dem Programm aus bzw. ging in eine mehrjährige Förderpause. Dieses Rotationsverfahren hat sich bestens bewährt. Es hat zur Planungssicherheit in den Kommunen beigetragen und die finanziellen Ressourcen besser gesteuert. Im Zeitraum von 1992 bis 2002 sind insgesamt 2.183 Dörfer im Rahmen der Dorferneuerung gefördert worden. Mit der Fortschreibung des Programms zum 01.01.2003 konnten die restlichen 70 Dörfer in das Dorferneuerungsprogramm aufgenommen werden, so dass inzwischen alle Dörfer unter 2.000 Einwohnern in Sachsen-Anhalt, die einen entsprechenden Aufnahmeantrag gestellt hatten, in das Dorferneuerungsprogramm aufgenommen wurden. Damit ist Sachsen-Anhalt das einzige Bundesland, in dem alle Dörfer unter 2.000 Einwohner von Maßnahmen der Dorferneuerung erfasst wurden. Davon sind immerhin rund 850.000 Menschen oder ein Viertel der Gesamtbevölkerung des Landes betroffen.

Eine besondere Problematik für die Dorferneuerungsplanung stellten die Großbauten der LPG/VEG in oder am Dorfrand dar. Hier galt es, entsprechende Methoden und Verfahrensweisen zu entwickeln. Im Rahmen einer wissenschaftlichen Studie am Beispiel von 5 Dörfern des Landes in den unterschiedlichsten Regionen sollten dafür Lösungsansätze erarbeitet werden. Diese Aufgabe hat Herr Professor Dr. Grube, Fachhochschule Hannover, Fachbereich Architektur in Nienburg/Weser in Zusammenarbeit mit der landwirtschaftlich-betriebswirtschaftlichen Fakultät der Martin-Luther-Universität Halle-Wittenberg (Professor Dr. Rost) übernommen.
Die Ergebnisse dieser wissenschaftlichen Studie wurden veröffentlicht und haben in vielen Dörfern mit den genannten Problemlagen zum Nachdenken angeregt und zu Lösungen beigetragen (Lit. 37).

Das Dorferneuerungsprogramm hat in den zurückliegenden Jahren seit 1992 durch die Fördermaßnahmen einen wesentlichen Beitrag zur Verbesserung der agrarstrukturellen Verhältnisse in den Dörfern geleistet, aber auch beschäftigungspolitische Effekte ausgelöst. Mit der Orientierung auf regional typische Bauweisen erfolgte nicht nur eine Stärkung der regionalen Identität und des ländlichen Kulturerbes, sondern es eröffnete den örtlichen und kleinregional ansässigen Betrieben zusätzliche Marktchancen. Durch die Verzahnung mit Maßnahmen der Arbeitsförderung über die Vergabe von ABM und Strukturanpassungsmaßnahmen nach dem Sozialgesetzbuch III wurden zusätzliche Mittel der Arbeitsverwaltung des Bundes nach Maßgabe der Haushaltsgesetze des Landes in die Finanzierung von Maßnahmen der Dorferneuerung eingesetzt. In den Jahren 1997 bis 2001 sind so insgesamt 113,61 Mio. DM an Fördermitteln der Bundesanstalt für Arbeit verzahnt mit Fördermitteln des Landes verausgabt worden.

Besondere Probleme bereiteten die peripheren, struktur- und einkommensschwachen ländlichen Räume Sachsen-Anhalts. Nach einer entsprechenden Ergänzung des Gesetzes über die Gemeinschaftsaufgabe „Verbesserung der Agrarstruktur und des Küstenschutzes“ im Jahre 1997 konnten erstmals seit 1998 auch Maßnahmen land- und forstwirtschaftlicher Betriebe zur Umnutzung ihrer Bausubstanz gefördert werden. Diese Maßnahmen zur Umnutzung der Bausubstanz, insbesondere für Wohn-, Handels-, Gewerbe-, Dienstleistungs-, kulturelle, öffentliche und gemeinnützige Zwecke sollten und haben in einer nicht unerheblichen Anzahl land- und forstwirtschaftlichen Betrieben zusätzliche Einkommen erschlossen.

Rund 1/5 aller Fördermittel der Dorferneuerung wurden zur Erhaltung und Gestaltung land- und forstwirtschaftlicher sowie ortsbildprägender Gebäude eingesetzt. Damit ist es gelungen, die historisch gewachsene bauliche Gestalt der Dörfer zu erhalten und zu festigen. In absoluten Zahlen ausgedrückt: jährlich wurden rund 30 Mio. DM Fördermittel der Dorferneuerung in denkmalgeschützte Gebäude investiert. Darunter befinden sich 675 Maßnahmen an Kirchen und kirchlichen Gebäuden; in der Zeit von 1992 bis 2002 sind Zuwendungen in Höhe von insgesamt rund 27,4 Mio. DM zum Erhalt dieser Gebäude aufgewendet worden. Damit hat die Dorferneuerung einen wesentlichen Beitrag zum Erhalt von Kulturdenkmalen im ländlichen Raum geleistet. Ohne den Einsatz dieser Mittel der Dorferneuerung wären viele denkmalgeschützte Gebäude, insbesondere Kirchen und Kapellen, dem weiteren Verfall preisgegeben gewesen.

Einen besonderen Aspekt der Dorferneuerung stellte die Förderung des Projektes „Gemeindeassistentinnen“ dar. Zunächst wurde in je einem Dorf aus allen neuen Bundesländern das Pilotvorhaben „Dorfberatung“ unter der Leitung des Förderwerkes Land- und Forstwirtschaft durchgeführt. Im Rahmen einer Regie-ABM wurden ausschließlich arbeitslose Frauen vom Förderwerk für diese Aufgabe eingesetzt. Sie sollten die Gemeinde bei der Planung und Umsetzung von Dorferneuerungsmaßnahmen unterstützen und Ansprechpartner für alle Bürger sein. Das Vorhaben war auf ein Jahr befristet und hat in dem Ort Frose, Kreis Aschersleben sehr gute Ergebnisse erzielt. Auf dieser Erfahrung aufbauend wurden in den nächsten 2 Jahren in weiteren 43 Dörfern flächendeckend im Land unter gleicher Aufgabenstellung und gleichen

Bedingungen (Regie-ABM) wiederum arbeitslose Frauen als Dorfberaterinnen eingesetzt. Die Ergebnisse dieser Arbeit waren so vielfältig, dass daraus das Folgeprojekt „Gemeindeassistentin" entwickelt werden konnte. Sie hatten wiederum die Aufgabe, Kommunen und Planer bei der Umsetzung von Dorferneuerungsvorhaben zu unterstützen, kulturelle und soziale Aktivitäten im Dorf anzuregen und zu begleiten. Das Ziel der Anregung und Begleitung von Aktivitäten im kulturellen und sozialen Bereich wurde ergänzend durch spezielle Frauenprojekte unterstützt, die vom Ministerium für Arbeit und Soziales gefördert wurden. Insgesamt wurden im Rahmen des Projektes „Gemeindeassistentinnen" 156 fast ausschließlich arbeitslose Frauen aus dem ländlichen Raum in den Kommunen eingesetzt, jedoch nicht mehr als Regie-ABM durch das Förderwerk, sondern als Strukturanpassungsmaßnahme des Sozialgesetzbuches III von den Kommunen auf die Dauer von drei bis vier Jahren. Diese Aktion wurde mit rund 3,5 Mio. DM aus Mitteln der Dorferneuerung gefördert und hat zur Entschärfung des Arbeitsmarktes beigetragen. In vielen Fällen konnten so ältere arbeitslose Frauen einer Sinn gebenden Beschäftigung nachgehen und einen geordneten Übergang in die Altersrente erreichen.

Das Ergebnis der Förderung der Dorferneuerung in Sachsen-Anhalt in den Jahren 1991 bis 2002 lässt sich durch folgende Zahlen belegen:

- Aufgenommene Orte im Dorferneuerungsprogramm: 2.253
- Einwohner der aufgenommenen Orte: 848.400
- Eingesetzte Fördermittel GAK in DM: 675.000.000,-
- Eingesetzte Fördermittel EAGFL in DM: 850.000.000,-
- Eingesetzte Fördermittel Bundesanstalt für Arbeit in DM: 120.000.000,-
- Gesamt – Eingesetzte Fördermittel insgesamt in DM: 1.645.000.000,-
- Gesamt – Investitionsvolumen in DM: 3.325.000.000,-
- Gesamt – Anzahl Vorhaben/Maßnahmen in DM: 58.500,-

Nachdem alle Dörfer in Sachsen-Anhalt unter 2.500 Einwohnern in das Dorferneuerungsprogramm aufgenommen und grundlegende bauliche und infrastrukturelle Maßnahmen gefördert worden sind, erfolgte ab 2004 die Förderung der Dorferneuerung auf andere Art und Weise. Hierzu wurden die entsprechenden strategischen Ziele erarbeitet.

24.5 Dorfentwicklungsmaßnahmen

Die Abwanderung junger, qualifizierter Menschen, der Wegfall von Versorgungseinrichtungen wie Gasthäusern, Dorfläden, Post usw. und die nach wie vor hohen Arbeitslosenzahlen auf dem Lande sind ein alarmierendes Signal. Neben der Infrastruktur-Entwicklung erlangen damit Maßnahmen, die der wirtschaftlichen, sozialen und kulturellen Entwicklung der Dörfer Entwicklungsimpulse geben können, zunehmende Bedeutung. Diese Probleme können jedoch allein mit den Maßnahmen der Dorferneuerung nach den Fördergrundsätzen der Gemeinschaftsaufgabe „Verbesserung der Agrarstruktur und des Küstenschutzes" nicht gelöst werden. Daher wurden ab dem Jahr 2000 Maßnahmen der Dorfentwicklung mit Fördermitteln des Landes und der Europäischen Union gefördert.

Hierfür wurden in den Jahren 2000 bis 2002 jährlich neben 3,85 Mio. DM Landesmitteln rund 12,4 Mio. DM EU-Mittel eingesetzt.

Dieses Förderinstrument ergänzte die Fördertatbestände der Dorferneuerung nach der Gemeinschaftsaufgabe und griff die Entwicklungsziele auf, die in Artikel 33 der EAGFL-Verordnung 1257/99 verankert waren. Gegenstand der Förderung waren hier weniger die Basisinfrastruktur, dafür mehr wirtschaftliche, soziale, kulturelle und ökologische Aspekte einer ländlichen Entwicklung. Public-Private-Partnership hatte hier eine höhere Bedeutung als Einzelmaßnahmen. Auch ging der Betrachtungsraum über den einzelnen Ort hinaus. Mehrere Dörfer, ggf. einer Verwaltungsgemeinschaft, sollten ein gemeinsames integriertes Entwicklungskonzept aufstellen und sich auf gemeinsame Entwicklungsziele und Maßnahmen verständigen. Interkommunale Zusammenarbeit sollte so die Lebensqualität auf dem Lande erhöhen und dabei die finanziellen Ressourcen der Gemeinden bündeln. Damit wurde eine nachhaltig tragfähige Entwicklung im Sinne eines Agenda-21-Prozesses eingeleitet.

Wie waren solche integrierten Entwicklungskonzepte aufgebaut?
Nach der Beschreibung des Ist-Zustandes mit einer Stärken/ Schwächen-Analyse des Untersuchungsgebietes wurde der Soll-Zustand mit dem Leitbild der künftigen gewollten Entwicklung formuliert und daraus die Strategie zur Erreichung des Entwicklungszieles beschrieben. Dies geschah in einem zweckdienlichen Prozess unter Einbindung aller relevanten gesellschaftlichen Gruppen, mit Bürgerbeteiligung und Abhaltung von Workshops. Im Ergebnis entstand durch eine solche Vorgehensweise ein Gesamtkonzept für eine Verwaltungsgemeinschaft, wodurch unkoordinierte Einzelmaßnahmen vermieden, aufeinander abgestimmte Maßnahmenbündel formuliert, Grenzen überwunden, unterschiedliche Interessenlagen abgewogen und berücksichtigt, die Kräfte gebündelt und neue Partnerschaften gegründet werden konnten.

Die Dorfentwicklungsmaßnahmen standen ebenso wie die Dorferneuerungsmaßnahmen ab dem Jahr 2004 auf dem Prüfstand einer Neuausrichtung der gesamten Förderstrategie für den ländlichen Raum, möglicherweise auch als Ergebnis der Halbzeitbewertung des Operationellen Programms 2000 bis 2006 zum Dezember 2003.

24.6 Landesinitiative LOCALE

Die Landesregierung hat im Mai 1999 die Durchführung von Landesinitiativen im Rahmen des Einsatzes der EU-Strukturfondsmittel der Förderperiode 2000 bis 2006 beschlossen, um der Forderung aus der Verordnung 1257/99 EWG nach einem integrierten Einsatz der Fondsmittel nachzukommen. Im Rahmen der Strukturfondsförderung sollen 20 % der gesamten EU-Mittel dafür vorgesehen werden.
Die Landesinitiative LOCALE zielte dabei als eine von fünf Initiativen (LOCALE, LIST, PAKTE, REGIO, URBAN 21) auf eine verzahnte Förderung ländlicher Räume ab und sollte bewirken, dass die verschiedenen Fördermaßnahmen aus allen Förderschwerpunkten des Operationellen Programms aufeinander bezogen und abgestimmt zum Einsatz kommen und so eine höhere Effizienz entfalten konnten.

Mit der LOCALE-Initiative sollten folgende Förderziele unterstützt werden:

- Verbesserung der Beschäftigungssituation, Stärkung der wirtschaftlichen Leistungsfähigkeit und Erhöhung des Wohlstandes in den ländlichen Gebieten
- Verbesserung der Lebensqualität durch die Sicherung eines Mindestmaßes an infrastruktureller Ausstattung
- Verbesserung der Umweltsituation und Steigerung des Umweltbewusstseins
- Verbesserung der sozialen Integration und Beschäftigungsfähigkeit von benachteiligten Bevölkerungsgruppen
- Aufbau und Stärkung von lokalen Partnerschaften zur Verbesserung der regionalen Identität und des Gemeinschaftslebens.

Bis zum 30.06.2000 wurden von insgesamt 156 Antragstellern LOCALE-Konzepte als integrierte Entwicklungskonzepte nach den Methoden erarbeitet, die im vorstehenden Abschnitt beschrieben wurden. Nach einem von der Fa. B.A.U.M.-Consult in München entwickeltem EDV-gestütztem Prüfverfahren wurden letztlich 45 Konzepte ausgewählt, die in besonderer Weise den integrierten Ansatz erkennen ließen. Diese 45 Konzepte enthielten insgesamt 924 Einzelmaßnahmen, die mit 168,288 Mio. DM EU-Strukturfondsmittel gefördert werden sollten (106,175 Mio. DM EAGFL-A, 50,076 Mio. DM EFRE, 12,037 Mio. DM ESF).

Die Umsetzung der Förderstrategie LOCALE hat in der Praxis zu nicht unerheblichen Schwierigkeiten geführt. Gerade die für eine nachhaltige Entwicklung des ländlichen Raumes so wichtigen und daher unverzichtbaren EFRE- und ESF-gestützten Projekte konnten nicht in dem Maße gefördert werden, wie im Operationellen Programm vorgesehen. Damit ist die Erreichung des im Operationellen Programm formulierten integrativen Entwicklungs- und Förderansatzes zumindest fragwürdig. Auch hier sollte die Halbzeitbewertung zum 31.12.2003 Antworten geben, ob und ggf. unter welchen neuen Zielsetzungen die Strategien aller Landesinitiativen weitergeführt werden können.

24.7 Eigenständige Regionalentwicklung

Das Ziel einer eigenständigen nachhaltigen Regionalentwicklung ist das Ergebnis der Weltumweltkonferenz von Rio de Janeiro im Jahre 1992 und ist auch in Sachsen-Anhalt in den gesellschaftspolitischen Dialog verstärkt einbezogen worden. Im Jahre 1996 wurde eine entsprechende Förderrichtlinie erlassen und von der EU-Kommission 1998 notifiziert. Mit Hilfe dieser Förderrichtlinie sollen insbesondere Projekte aus den Regionalen Aktionsprogrammen der 5 Planungsregionen des Landes gefördert werden. Neben einer nachhaltigen Entwicklung sollen Querschnittsziele der EU-Strukturpolitik wie Innovation und Gender Mainstreaming erreicht werden. Folgende Förderschwerpunkte sollten verfolgt werden:

- Erhaltung und Verbesserung der Grundversorgung und Lebensqualität im ländlichen Raum
- Aufbau von Strukturen zur Vermarktung von Produkten regionaler Herkunft mit besonderer Qualität
- Aufbau und Stabilisierung eines ökologisch verträglichen regionaltypischen Tourismus
- Aufbau soziokultureller Initiativen zur sozialen Selbsthilfe und zur Kulturarbeit auf dem Lande
- Verbesserung der Umweltqualität und/oder Steigerung der Ressourceneffizienz durch Anwendung innovativer technologischer Verfahren mit regionalem Bezug
- Aufbau von Einrichtungen für Kommunikationsvermittlung und Wissenstransfer im ländlichen Raum.

Insgesamt wurden im Zeitraum von 1998 bis 2002 rund 150 Vorhaben gefördert. Dafür standen jährlich rund 3,0 Mio. DM aus Landesmitteln zur Verfügung. Der Versuch, eine Kofinanzierung aus EU-Mitteln des EAGFL-A zu erreichen, ist im Rahmen der Genehmigung des Operationellen Programms 2000 bis 2006 gescheitert. Es ist daher fraglich, ob diese so wichtigen Maßnahmen ab dem Jahr 2004 aus reinen Landesmitteln aufgrund der bekannten Haushaltslage des Landes weitergeführt werden können.

24.8 EU-Gemeinschaftsinitiative LEADER+

Erstmals wurden lokale Akteure in Sachsen-Anhalt mit der EU-Gemeinschaftsinitiative LEADER II von 1994 bis 1999 konfrontiert. Diese Initiative sollte im ländlichen Raum neue Denkansätze und Ideen entwickeln helfen. Es wurden insgesamt 12 Lokale Aktionsgruppen und 1 Aktionsträger zugelassen, die insbesondere in den peripheren Räumen des Landes 90 Einzelvorhaben umgesetzt haben. Hierfür wurden insgesamt 56,57 Mio. DM EU-Mittel eingesetzt (32,272 Mio. DM EAGFL-A, 9,889 Mio. DM EFRE, 14,409 Mio. DM ESF).

Aus diesen Erfahrungen heraus ist die EU-Gemeinschaftsinitiative LEADER+ nicht nur eine Fortsetzung bisheriger Aktivitäten im Programmzeitraum 2000 bis 2006, sondern es sollen bewusst inhaltliche und programmatische Methoden der Förderung der Entwicklung des ländlichen Raumes weiterbearbeitet werden. LEADER+ sollte die Mainstream-Programme ergänzen und flankieren und den wirtschaftlichen und sozialen Zusammenhalt im Aktionsgebiet fördern. Sie ist dabei jedoch kein zusätzliches Investitions- und Infrastruktur-Förderprogramm. Nur in Ausnahmefällen könnten solche Aktionen bis zu einem Höchstbetrag von 300.000 € gefördert werden.

Nach dem im Dezember 2001 von der EU-Kommission genehmigten Programm stehen dem Land Sachsen-Anhalt im Förderzeitraum 2000 bis 2006 insgesamt 23,60 Mio. € EU-Mittel zur Verfügung. Die nationale Kofinanzierung erfolgt grundsätzlich und ausschließlich aus kommunalen Mitteln.

Nach Abschluss eines Wettbewerbes und einem rigorosen und offenen Auswahlverfahren unter Beteiligung des Regionalen Begleitausschusses wurden 10 Aktionsgruppen ausgewählt, die nunmehr ihre Projekte im Rahmen der von ihnen erarbeiteten Regionalen Entwicklungskonzepte in weitestgehender Anwendung des bottom-up-Prinzips umsetzen.

24.9 Fazit und Perspektive

Die Förderung der Entwicklung des ländlichen Raumes in Sachsen-Anhalt hat sich seit 1991 ständig den sich ändernden Rahmenbedingungen angepasst und ist weiter entwickelt worden. Dabei waren die unterschiedlichen Grundpositionen der verschiedenen Landesregierungen nicht unerheblich. Der Schwerpunkt der Förderung lag anfangs in der Förderung der Dorferneuerung in den über 2.000 Dörfern. Insgesamt wurden im Zeitraum von 1991 bis 2002 rund 58.500 Einzelmaßnahmen der Dorferneuerung mit einem Investitionsvolumen von rund 3.325 Mio. DM mit Fördermitteln in Höhe von 1.645 Mio. DM gefördert. Diese massive Förderung hat wesentlich zur Verbesserung der Lebensqualität auf dem Lande beigetragen. Dabei war die Art und Weise, wie Dorferneuerungsplanung und Maßnahmenförderung aufeinander abgestimmt wurden, beispielhaft. Dabei wurden neue Ideen und Vorstellungen in die Förderpraxis eingebracht und damit die Fördergrundsätze der Gemeinschaftsaufgabe weiter ausgelegt. Es wurden zusätzliche Finanzierungsquellen in die Dorferneuerungsförderung mit einbezogen. Dorferneuerung war nicht nur ein separates Förderprogramm des Agrarressorts, sondern es wurden Politikvorstellungen des Arbeitsressorts und des Kulturressorts mit einbezogen. In enger Abstimmung mit dem Bauressort wurde eine einvernehmliche Abgrenzung zur Städtebauförderung im ländlichen Raum erreicht und praktiziert.

Mit Beginn der EU-Strukturfondsphase 1994 bis 1999 wurden auf der Grundlage eines Operationellen Programms erheblich erweiterte Fördermöglichkeiten der Europäischen Union erschlossen. Durch Erweiterung der Fördertatbestände der Gemeinschaftsaufgabe „Verbesserung der Agrarstruktur und des Küstenschutzes" wurden erstmals 1998 Maßnahmen land- und forstwirtschaftlicher Betriebe zur Umnutzung ihrer Bausubstanz möglich. Auf der Grundlage der Beschlüsse der Staats- und Regierungschefs der Europäischen Union in Berlin 1999 zur Neuausrichtung der EU-Strukturpolitik (Agenda 2000) wurde die sogenannte 2. Säule der Agrarpolitik erheblich ausgeweitet. Die neue EAGFL-Verordnung hat in Artikel 33 erweiterte Fördermöglichkeiten angeboten, die von Sachsen-Anhalt im Rahmen des Operationellen Programms voll genutzt wurden. Zum integrativen Einsatz der Fördermittel der EU-Strukturfonds wurde die Förderstrategie der Landesinitiativen entwickelt.

Eine nachhaltige ländliche Entwicklungspolitik, die ökonomische Effizienz, ökologische Integrität und soziale Gerechtigkeit im Sinne der Agenda 21 verbindet, ist die große Herausforderung aller Akteure im ländlichen Raum in der Zukunft. Die Halbzeitbewertung des Operationellen Programms im Dezember 2003 hat erste Antworten auf die künftige Förderstrategie gegeben. Des Weiteren waren Überlegungen des BMVEL in Bezug auf eine Neuausrichtung der Agrarstrukturpolitik von entscheidender Bedeutung. Hier sind auch die Erfahrungen und Ergebnisse aus dem laufenden Wettbewerb „Regionen aktiv – Land gestaltet Zukunft" in diese Neuausrichtung mit eingeflossen.
Von wesentlicher Bedeutung für eine künftige Förderpolitik werden auch Entscheidungen der Europäischen Union zur Strukturförderung nach Ablauf des noch laufenden Förderzeitraumes ab dem Jahr 2007 sein. Vieles ist noch im Unklaren; eines ist aber sicher: die Strukturpolitik für den ländlichen Raum wird nach dem Beitritt der osteuropäischen Staaten zur Europäischen Union in wesentlichen Bereichen anders aussehen (müssen).

Abb. 207: Das Dorf Dorste am Rande des Südharzes (Aquarell, Joachim Grube)

Abb. 208: Das Dorf Schwiegershausen am Harzrand (Aquarell, Joachim Grube)

Dorferneuerungsplan Estorf

LEGENDE

GESTALTUNG

- Baukörper mit geneigter Dachfläche
- Baukörper mit Flachdach
- geplanter Neubau mit Firstrichtung
- realisierter Neubau nach 1981
- Ortsbildprägendes Gebäude
  A = Baudenkmal
  B = schützenswert
  O = Gesamtanlage
- Gebäudeabbau/Wiederaufbau
- Gebäudeabbruch
- Mauer vorhanden/wünschenswert
- Gestaltungsmaßnahme wünschenswert
- ② geplante Maßnahme

VERKEHR

- Straße mit überregionaler Bedeutung
- Erschließungsstraße mit Sammelfunktion (Breite 4,50 m)
- reine Erschließungsstraße (Breite 4,00 m)
- landwirtschaftlicher Weg
- Gehweg/gestalteter Platzbereich
- Parkplätze

FREIFLÄCHEN/GRÜNORDNUNG

- Vorhandene Dominante/geplante Bäume
- Vorhandene Dominante/geplante Hecken, Sträucher
- öffentliche Grünfläche
- private Grün- und Hoffläche
- Acker, Wiese, Anbaufläche
- gestalteter Platzbereich

NUTZUNG

- öffentliche Einrichtung, Laden, Dienstleistung Gewerbe, Nutzungsart
- überwiegend Wohnen
- Landwirtschaftlicher Betrieb
  VE = Vollerwerb
  NE = Nebenerwerb
- Gebäude leer stehend/teilgenutzt Sicherung/Neunutzung durchgeführt
  WO = Wohnen
- vorgeschlagene Grundstücksregulierung
- Wasserzapfstelle

Beispiel eines synoptischen Dorferneuerungsplans, der die wichtigen verkehrlichen, grünordnerischen, funktionalen und gestalterischen Dorferneuerungsziele aufzeigt und der in seinen Grundzügen seit über 20 Jahren Grundlage für die Umsetzung privater und öffentlicher Maßnahmen ist.

Abb. 209: Dorferneuerungsplan Estorf

Dorferneuerungsplan Eimersleben

Das bewährte Prinzip einer umfassenden Darstellung der Dorferneuerungsziele und -maßnahmen in einem synoptischen Plan wurde auch in den jüngeren Dorferneuerungsvorhaben Sachsen-Anhalts beibehalten.

Abb. 210: Dorferneuerungsplan Eimersleben

Abb. 211	Abb. 212
Abb. 213	Abb. 214
Abb. 215	Abb. 216
Abb. 217	Abb. 218

Abb. 211: Vollerwerbsbetrieb auf historischer Hofstelle in Gittelde
Abb. 212: Selbstvermarktung an der Hauptstraße von Haßbergen
Abb. 213: Ökologisch wirtschaftender Betrieb mit Hofladen in Eilte
Abb. 214: Landwirtschaftlicher Großbetrieb mit überregionaler Vermarktung in Scharringhausen
Abb. 215: Viehhaltung in Haßbergens Ortslage
Abb. 216: Neu errichteter Rinderstall eines Vollerwerbsbetriebs in Kuppendorf
Abb. 217: Ältere Betriebszweigaussiedlung am Ortsrand von Haßbergen
Abb. 218: Neuer Aussiedlungsbetrieb am Kuppendorfer Ortsrand

Abb. 219	Abb. 220
Abb. 221	Abb. 222
Abb. 223	
Abb. 224	

Abb. 219: Wiedereinrichter als Vollerwerbsbetrieb in Ritzleben
Abb. 220: Ökologisch wirtschaftender Betrieb mit Vermarktung in Erxleben
Abb. 221: Vollerwerbsbetrieb mit angeschlossenem Hofcafé auf der ehem. Saatzucht-LPG-Zentrale in Eimersleben.
Abb. 222: Auch dieser Milchviehstall der ehem. LPG Binde wurde durch einen Privatbetrieb übernommen.
Abb. 223: Der Königshof in Reinstedt ist heute Reiterhof
Abb. 224: Nachfolgebetrieb der ehemaligen LPG "Neuseeland" in Reinstedt

AUßERLANDWIRTSCHAFTLICHE ARBEITSPLÄTZE (HANDWERK UND GEWERBE IM DORF)

Abb. 225	Abb. 226
Abb. 227	Abb. 228
Abb. 229	Abb. 230
Abb. 231	Abb. 232

Abb. 225: Elektro- und Videoladen sowie Poststelle in Leeseringen (1985). Mittlerweile sind beide aufgegeben worden.
Abb. 226: Nur wenige landwirtschaftliche Genossenschaften sind in den Dörfern geblieben, wie hier in Rohrsen.
Abb. 227: Baubetrieb und -handel in Haßbergen
Abb. 228: Sägewerk in Wulften
Abb. 229: Landmaschinenwerkstatt in Elbingerode
Abb. 230: Wagenfeld besitzt einige Gewerbe- und Industriebetriebe, die viele Arbeitsplätze bieten, wie die Bettfedernfabrik.
Abb. 231: Glasberge in der Glasrecyclinganlage Leeseringen
Abb. 232: In Erxleben wurde diese ehemalige LPG-Anlage als Schrottplatz umgenutzt.

SANFTER TOURISMUS IM DÖRFLICHEN UMFELD

Abb. 233 | Abb. 234
Abb. 235 | Abb. 235

Abb. 233: Das Freilichtmuseum in Aschen zeigt historische Gebäude sowie bäuerliches und handwerkliches Arbeitsgerät.
Abb. 234: Die wieder eröffnete Gaststätte "Oyler Hof" in Oyle bietet den Gästen neben regionalen Gerichten auch Feiermöglichkeiten und Brunchtermine.
Abb. 235: Eisenbahnromantik mit Schienenbus auf der Museumsbahnstrecke Rahden – Uchte, hier am neuen Bahnhaltepunkt Bohnhorst
Abb. 236: Reges Treiben auf dem Rundlingsplatz in Lübeln. Radler und zahlreiche Tagestouristen besuchen das Freilichtmuseum und die Cafés.

Abb. 237 | Abb. 238 | Abb. 239

Abb. 237: Ein traditioneller Schnegaer Markt findet auf dem wiederhergestellten Dorfplatz vier- bis fünfmal im Jahr statt.
Abb. 238: Das Gutshaus Großjena bietet ein vielseitiges Kulturprogramm aus Lesungen, Ausstellungen u. a. Für eine Übernachtung ist in zwei Ferienappartements gesorgt.
Abb. 239: Gemütliches Hofcafé auf einem landwirtschaftlichen VE-Betrieb am Anger von Eimersleben

DAS ESTORFER SCHEUNENVIERTEL

Abb. 240	Abb. 241
Abb. 242	Abb. 243
Abb. 244	Abb. 245
Abb. 246	Abb. 247

Abb. 240: Vor der Sanierung präsentiert sich das Scheunenviertel eher verlassen und wenig beachtet (Bröskingscheune).

Abb. 241: Nach der Umnutzung bietet diese Scheune neben Veranstaltungs- auch günstige Übernachtungsmöglichkeit für Radler...

Abb. 242: ... sowie im Erdgeschoss einen Saal mit Teeküche

Abb. 243: Dreschen wie vor 60 Jahren. Vorführung der alten Gerätschaften, anlässlich einer der vielen "Tage der offenen Tür"

Abb. 244 + 245: Anlässlich der 900-Jahrfeier im Jahr 1996 hielt der damalige niedersächsische Ministerpräsident Gerhard Schröder die Festansprache in der sog. "Massivscheune"

Abb. 246: In der Backscheune wird leckerer Butterkuchen gebacken

Abb. 247: Die Handwerker-, Kneipen-, und Backscheune im Winter

ÖFFENTLICHES GRÜN – PFLANZUNGEN, FREIFLÄCHEN UND SPIELPLÄTZE IM DORF

Abb. 248	Abb. 249
Abb. 250	Abb. 251
Abb. 252	Abb. 253
Abb. 254	Abb. 255

Abb. 248: Diese doppelreihige Mehlbeerallee in Estorf konnte mit Unterstützung der Bürger angepflanzt werden.
Abb. 249: Vorrangiges Ziel der Dorferneuerung war in Gittelde die Neuanpflanzung ortstypischer Hausbäume.
Abb. 250: Pflanzung und Natursteinmauer an der Selke in Reinstedt
Abb. 251: Der Schulbruch in Häuslingen bildet eine neue grüne Dorfmitte.
Abb. 252: Das grüne Blätterdach einer Linde in Leeseringen bildet eine Sitzlaube am Weserradweg für Gäste und Dorfbewohner.
Abb. 253: Der Platz "Auf der Loge" in Varrel ist nicht nur grüne Mitte, sondern auch Treffpunkt im Dorf.
Abb. 254: Der neue Spielplatz in Estorf variiert das Wasser- und Schiffsmotiv.
Abb. 255: Der Spielplatz des Kindergartens in Radbruch

Abb. 256	Abb. 257
Abb. 258	Abb. 259
Abb. 260	Abb. 261
Abb. 262	Abb. 263

Abb. 256: Der Mühlenteich in Schnega wurde entschlammt und gestaltet.
Abb. 257: Das Regenrückhaltebecken in Elbingerode ist zusammen mit der Sanierung des Bachlaufs als Biotop entwickelt worden.
Abb. 258: Sitzmulde am neu gestalteten Dorfbach in Elbingerode
Abb. 259: "Das Blaue Wunder", ein kleiner Bachlauf in Wulften, konnte dank der Dorferneuerung vor einer Kanalisierung bewahrt werden.
Abb. 260: Der neu gestaltete Wasserplatz in Freistatt, Landkreis Diepholz, gehört zur Dorfregion Kirchdorf.
Abb. 261: Der renaturierte Wohlenhauser Mühlenbach in Lemke ist durch eine neue Brücke, einen Gedenkstein und einen kleinen Platz aufgewertet worden.
Abb. 262: Die Teiche auf dem Anger in Axien sind entschlammt worden.
Abb. 263: Der neue Rundweg am Bassin vor dem Schloss Erxleben

PRIVATE GÄRTEN UND GRÜNFLÄCHEN

Abb. 264	Abb. 265
Abb. 266	Abb. 267
Abb. 268	Abb. 269
Abb. 270	Abb. 271

Abb. 264: Im Rahmen der Dorferneuerung gestalteter Garten in Estorf
Abb. 265: Ein privater "Klostergarten" mit vielen Stauden im Varreler Ortskern
Abb. 266: Mit der Sanierung des Zweiständerhauses wurde auch der Garten im Estorfer Ortskern gestaltet.
Abb. 267: Privater Park in Varrel-Bahnhof mit Pergola, Skulpturen und vielen Teichen
Abb. 268: Neu gestalteter Nutzgarten in Estorf
Abb. 269: Der Garten der alten Molkerei Schnega ist heute gestalteter Park und Ausstellungsfläche eines Antiquitätenhandels.
Abb. 270: Ein Garten in Elbingerode vor der Erneuerung (1986)
Abb. 271: Der gleiche Vorgarten im Jahr 2004

ALTE BAHNHÖFE IM DORF – UND WAS DARAUS GEWORDEN IST

Abb. 272	Abb. 273
Abb. 274	Abb. 275
Abb. 276	Abb. 277
Abb. 278	Abb. 279

Abb. 272: Der Bahnhof und das Schienennetz von Eimbeckhausen in der Gemarkung Rohrsen 1984
Abb. 273: 20 Jahre später sind keine Schienen mehr vorhanden, der Bahnhof wurde zum Wohnhaus und das Gleisbett zum Garten.
Abb. 274: Die aufgegebene Schienenstrecke in Eilte...
Abb. 275: ...wurde Teil des Aller-Radweges mit neuem Pavillon.
Abb. 276: Mit Volldampf nach Duderstadt auf der Strecke von Wulften (1980er)
Abb. 277: Heute ist auch hier nur noch ein Radweg zu finden (2005)
Abb. 278: Der alte Bahnhof in Reinstedt steht bereits seit Jahren leer
Abb. 279: Dieser neue Bahnsteig mit Warteplatz wurde an anderer Stelle in Reinstedt im Rahmen einer neuen Wohngebietsausweisung errichtet. Mittlerweile wird auch er, wie die gesamte Strecke, nicht mehr genutzt!

BUSWARTEN IM DORF

Abb. 280	Abb. 281
Abb. 282	Abb. 283
Abb. 284	Abb. 285
Abb. 286	Abb. 287

Abb. 280: Eine der ersten neuen Buswarten am Thieplatz in Elbingerode
Abb. 281: In eine Natursteinmauer integrierte Buswarte in Beber
Abb. 282: Integration eines Trafoturms als Blickfang einer neuen Buswarte in Bohnhorst
Abb. 283: Diese Buswarte ist gleichzeitig Aufenthaltspavillon auf dem neu gestalteten Dorfplatz in Rohrsen.
Abb. 284: Neue dorftypische Buswarte auf dem Platz "Auf der Loge", Varrel
Abb. 285: Moderne Stahl-Glas-Konstruktion und gemauerte Version einer Buswarte stehen sich in Estorf gegenüber
Abb. 286: Buswarte an einer Hofmauer in Eimersleben
Abb. 287: Die Buswarte in Ritzleben am neuen Wendeplatz dient auch als Aufenthaltspunkt für Radler

Abb. 288	Abb. 289
Abb. 290	Abb. 291
Abb. 292	Abb. 293
Abb. 294	Abb. 295

Abb. 288: Jüdenstraße in Hattorf am Harz vor der Erneuerung
Abb. 289: Die Gestaltung dieser Straße löste auch die Bereitschaft der Anlieger zur Durchführung privater Maßnahmen aus.
Abb. 290: Ellernstraße in Hattorf vor der Sanierung...
Abb. 291: ...und nach der Dorferneuerung. Die versiegelte Fläche wurde durch Baumpflanzungen und farbiges Betonpflaster aufgewertet.
Abb. 292: Die stark versiegelte Breite Straße in Gittelde vor der Dorferneuerung
Abb. 293: Im Rahmen der Dorferneuerung wurden nicht nur die Straße gepflastert sondern auch die charakteristischen Hausbäume wieder angepflanzt.
Abb. 294: Die Hauptstraße in Oyle vor der Sanierung (1986)
Abb. 295: Im Rahmen der Dorferneuerungsmaßnahmen wurde die Landesstraße durch Pflasterung, Baumpflanzungen und neue Buswarten gestaltet.

Abb. 296	Abb. 297
Abb. 298	Abb. 299
Abb. 300	Abb. 301
Abb. 302	Abb. 303

Abb. 296: Die Max-Klinger-Straße in Großjena ist vor der Sanierung kaum befahrbar

Abb. 297: Pflanzungen, neue Parkbuchten, Fußwege und mehr Grün, aber auch sanierte Hausfassaden prägen jetzt das Bild der Dorfstraße.

Abb. 298: Der Anger in Binde wird von einer Bundesstraße begleitet.

Abb. 299: Die Seitenräume konnten im Rahmen der DE gestaltet werden.

Abb. 300: Die Bundesstraße 1 in Erxleben im Jahr 1995 vor der Dorferneuerung

Abb. 301: Komplette Neugestaltung der den Ort querenden B1 in Erxleben, 2004

Abb. 302: Eimersleben. Die Schulstraße war bis 1989 nur eine unbefestigte Schotterfläche.

Abb. 303: Durch die Dorferneuerung wurden die Seitenflächen begrünt sowie ein Fußweg und befestigte Fahrbahnen und Zufahrten angelegt.

GRUNDVERSORGUNG IM DORF ODER VOM DORFLADEN ZUM DISCOUNTER

Abb. 304	Abb. 305
Abb. 306	Abb. 307
Abb. 308	Abb. 309
Abb. 310	Abb. 311

Abb. 304: Der "klassische" Dorfladen in der Ortsmitte von Häuslingen
Abb. 305: Auch in Kuppendorf existiert noch ein funktionsfähiger "Tante-Emma-Laden".
Abb. 306: Eine kleine leistungsfähige Fleischerei in Häuslingen
Abb. 307: Die Bäckerei in Schnega
Abb. 308: In Woltringhausen steht der ehemalige Laden seit langem leer.
Abb. 309: Leer stehender Laden auch in Axien. Nach Aufgabe des Konsums ist in vielen ostdeutschen Dörfern die Grundversorgung nicht mehr gesichert.
Abb. 310: In Wagenfeld hingegen übernehmen Supermarktketten die Versorgung.
Abb. 311: Im Grundzentrum Erxleben sind ebenfalls neue Einkaufsmöglichkeiten direkt in der Ortsmitte entstanden.

Abb. 312	Abb. 313
Abb. 314	Abb. 315
Abb. 316	Abb. 317
Abb. 318	Abb. 319

Abb. 312: Das 1968 eingeweihte Dörfergemeinschaftshaus in Schnega wurde noch im Rahmen des Gemeinschaftshausprogrammes mit einigen arbeitserleichternden Einrichtungen ausgestattet.
Abb. 313: Dorfgemeinschaftshaus in Leeseringen
Abb. 314 + 315: Das Gemeinschaftshaus Abbenrode wurde 1977 im Rahmen der Dorfsanierung errichtet und eingeweiht.

Abb. 316: Im 1. Bauabschnitt wurde 1985 das Feuerwehrgerätehaus in Elbingerode eingeweiht.
Abb. 317: Die Mehrzweckhalle folgte als 2. Bauabschnitt 10 Jahre später.
Abb. 318: Mehrzweckhalle und Feuerwehrgerätehaus in Elbingerode
Abb. 319: Neben Sportveranstaltungen finden auch kulturelle und soziale Veranstaltungen statt.

Abb. 320	Abb. 321
Abb. 322	Abb. 323
Abb. 324	Abb. 325
Abb. 326	Abb. 327

Abb. 320: Im Rahmen der Dorferneuerung konnte in Hattorf am Harz ein neues Feuerwehrgerätehaus gefördert werden.
Abb. 321: Vier Garagen befinden sich im Nord-Osten.
Abb. 322 – 323: Im Zusammenhang mit dem Neubau des Feuerwehrgerätehauses in Hattorf konnte das alte Gerätehaus zur DRK-Station umgenutzt werden (vorher, 1990 – nachher, 2004).
Abb. 324: Das erweiterte Feuerwehrgerätehaus Wohlenhausen ist mit einer Garage das kleinste seiner Art im Landkreis Nienburg.
Abb. 325: Das umgenutzte Zweiständerhaus in Eilte ist heute DGH.
Abb. 326 + 327: In Häuslingen konnten der Neubau eines Kindergartens inklusive der Solarzellen sowie die neue Friedhofskapelle aus Mitteln der Dorferneuerung gefördert werden.

Abb. 328	Abb. 329
Abb. 330	Abb. 331
Abb. 332	Abb. 333
Abb. 334	Abb. 335

Abb. 328 – 331: Viel ehrenamtlicher Einsatz war neben einem detaillierten Sanierungskonzept die Basis der erfolgreichen Umnutzung der Kapelle Haßbergen zum Kulturzentrum (Außenansicht, Innenraum und Detail des Windfangs).

Abb. 332: Das leer stehende Küsterhaus in Varrel vor der Sanierung

Abb. 333: Heute ist das Kulturzentrum "Küsterhaus Varrel" mit seinem vielfältigen Kulturprogramm weit über die Region Diepholz hinaus bekannt.

Abb. 334: Innenraumansicht mit den ehemaligen zum Saal umgebauten Klassenzimmern mit eingebauter historischer Eingangstür

Abb. 335: Das "Bürgermeisterzimmer" im Küsterhaus

Abb. 336	Abb. 337
Abb. 338	Abb. 339
Abb. 340	Abb. 341
Abb. 342	Abb. 343

Abb. 336: Die Längsdurchfahrscheune von 1750 vor der Sanierung, Estorf
Abb. 337: Umbau 1983 zum "Dörphus"
Abb. 338: Innenansichten des Saales...
Abb. 339: ...und der Eingangshalle mit Galerie und Treppe. (Holzbaupreis 1984)

Abb. 340: Der Wendlandhof in Lübeln vor der Sanierung und Umnutzung (1965)
Abb. 341: Noch im Jahr 2003 steht das Zweiständerhaus als Dorfgemeinschaftshaus für die Lübelner Bürger zur Verfügung (BDA-Preis 1978).
Abb. 342: 2004 stehen erneut Umbaumaßnahmen an, bei denen die großzügige Gliederung des verglasten Giebels aufgegeben wurde.
Abb. 343: Das Zweiständerhaus ist heute ein überörtliches Touristik-Service-Center.

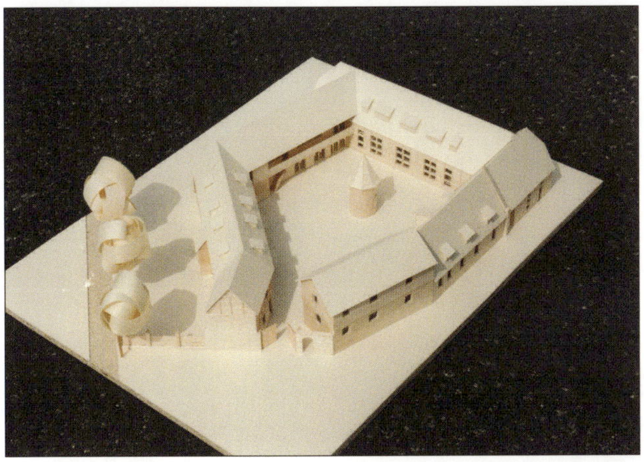

Abb. 344	Abb. 345		
Abb. 346	Abb. 347		
Abb. 348	Abb. 349	Abb. 350	Abb. 351
Abb. 352	Abb. 353	Abb. 354	Abb. 355

Abb. 344 – 347: Der Bestehornhof in Reinstedt war durch den langjährigen Reparaturstau bereits stark geschädigt. Er sollte im Rahmen der Dorferneuerung saniert und zu einem kulturellen Zentrum ausgebaut werden (Bestand 1995 und 2005 sowie Modellfotos). Mittlerweile ist der komplette hintere Teil des Gebäudes abgebrochen.

Abb. 348 – 355: Patronatskirche in Watzum, Kirche in Estorf, St. Petrikirche Elbingerode, Mauritiuskirche Gittelde, Kirche in Gehmen, Kirche in Reinstedt, Kirche in Binde, Marienkirche in Haßbergen

ORTSBILDPRÄGENDE GESTALTELEMENTE AUS DEN UNTERSUCHUNGSDÖRFERN

Abb. 356	Abb. 357	Abb. 358	Abb. 359
Abb. 360	Abb. 361		
Abb. 362	Abb. 363		
Abb. 364	Abb. 365	Abb. 366	Abb. 367

Abb. 356 – 359: Fenster aus Haßbergen (Nebenrundbogenfenster), Eimersleben (mit Steineinfassung), Reinstedt (Fensterläden), Haßbergen (Kreuzstockfenster mit Segmentbogen)
Abb. 360 – 361: Einfriedungen aus Haßbergen (Staketenzaun, Ziegelmauer mit Bogen- und Pilasterornamentik)
Abb. 362 – 363: Die Grot-Dör im Hallenhaus Eilte (nach außen zu öffnen) und Haßbergen (nach innen zu öffnen)
Abb. 364 – 367: Wohnungseingangstüren des 17. – 19. Jahrhunderts aus Haßbergen, Eilte, Häuslingen und Reinstedt

Abb. 368: Bauerngarten in Haßbergen (Aquarell, Joachim Grube)

Abb. 369: Wintertag mit Dorfstraße in Haßbergen (Aquarell, Joachim Grube)

Abb. 370	Abb. 371
Abb. 372	Abb. 373
Abb. 374	Abb. 375
Abb. 376	Abb. 377

Abb. 370: Fassade mit ortsfremden Materialien in Ührde
Abb. 371: Die Grot-Dör...und was aus ihr in Haßbergen geworden ist.
Abb. 372: Leer stehende Hofstelle in Eilte
Abb. 373: Auch in Scharringhausen stehen einige ehemals landwirtschaftlich genutzte Fachwerkbauten leer.
Abb. 374: Das Gasthaus in Leeseringen wird ebenfalls nicht mehr genutzt.
Abb. 375: Der "Keller", ein ehemaliges kulturelles Zentrum in Großjena, steht seit längerem leer.
Abb. 376: Leer stehendes Stallgebäude mit beeindruckender Oberlaube in Axien
Abb. 377: Die großen "Rübenhöfe" Reinstedts im Renaissancestil bilden, trotz des Leerstandes, eine beeindruckende Kulisse.

Abb. 378	Abb. 379
Abb. 380	Abb. 381
Abb. 382	Abb. 383
Abb. 384	Abb. 385

Abb. 378: Die Sparkassenfiliale Gittelde mit einem ortsuntypischen Flachdach vor...

Abb. 379: ...und nach der Dorferneuerung.

Abb. 380: Eines der typischen zweigeschossigen Fachwerkgebäude in Gittelde vor...

Abb. 381: ...und nach der Sanierung.

Abb. 382: Eine Hofstelle in Ührde vor der Erneuerung und Umnutzung

Abb. 383: Im Rahmen der Dorferneuerung konnten nicht nur die Bauten, sondern auch der Freiraum gestaltet werden.

Abb. 384: Gauben und Fassadengestaltung am sanierten Teil des Bestehornhofs in Reinstedt (vgl. Abb. 344 + 345)

Abb. 385: Gelungene Fassadengestaltung in Dorste

Abb. 386	Abb. 387
Abb. 388	Abb. 389
Abb. 390	Abb. 391
Abb. 392	Abb. 393

Abb. 386: Der Werdegang einer Sanierung – die leer stehende Querscheune in Estorf vor der Sanierung

Abb. 387: ...während des Umbaus wurde das Gebäude um 3,00 m aus der Straßenachse versetzt...

Abb. 388: ... kurz nach der Fertigstellung...

Abb. 389: Im Jahre 2005 bietet das idyllische Gebäude zwei Familien Platz.

Abb. 390: Auch dieser große ehemalige Vollmeierhof mit zahlreichen Nebengebäuden stand zu Beginn der Dorferneuerung in Estorf leer.

Abb. 391: Das Haupthaus wurde zum Wohnhaus umgebaut.

Abb. 392: Das Genossenschaftsgebäude in Estorf stand 1981 leer.

Abb. 393: Dieses Gebäude wurde im Rahmen der Dorferneuerung zu Wohnzwecken umgenutzt.

Abb. 394	Abb. 395
Abb. 396	Abb. 397
Abb. 398	Abb. 399
Abb. 400	Abb. 401

Abb. 394: Leerstand eines am Hang gelegenen ehemals landwirtschaftlich genutzten Gebäudes in Elbingerode.
Abb. 395: Das Gebäude wurde erweitert und zu Wohnzwecken umgenutzt.
Abb. 396: Die leer stehende Oyler Wassermühle liegt an den Fischteichen
Abb. 397: Nach dem Abbruch einiger Teile, konnte das Hauptgebäude durch Gauben aufgewertet und zu Wohnzwecken umgebaut werden.
Abb. 398: Die historische Straßenansicht der Oyler Wassermühle vor der Sanierung
Abb. 399: Auch die angrenzende Straße an der Mühle konnte saniert werden.
Abb. 400: Totaler Leerstand fast aller Hofstellen kennzeichnete Abbenrode vor Beginn der Sanierung vor 30 Jahren.
Abb. 401: Nach 30 Jahren hat sich das Dorf zu einem lebenswerten Ort gewandelt (...die Hofstelle 2004).

Abb. 402	Abb. 403
Abb. 404	Abb. 405
Abb. 406	Abb. 407
Abb. 408	Abb. 409

Abb. 402: Vom überdimensionierten Asphaltplatz im Jahr 1981...
Abb. 403: ...zum gestalteten Mittelpunkt des Dorfes Estorf mit der zum Dörphus umgenutzten Scheune und neu gepflanzter Linde.
Abb. 404: Aus dem versiegelten Parkplatz des Jahres 1986...
Abb. 405: ...wurde ein grüner Anger mit Aufenthaltsqualitäten in Wulften (2004).
Abb. 406: Eine vollständig asphaltierte Straßenkreuzung in Wehrbleck (1986) wurde im Rahmen der Dorferneuerung zum attraktiven Dorfplatz umgestaltet.
Abb. 407: Die am Platz liegende Gaststätte wurde zwischenzeitlich aufgegeben.
Abb. 408: Der Marktplatz in Schnega, vor der Dorferneuerung (1985)...
Abb. 409: ...und nach der Dorferneuerung im Jahre 2004
Drei- bis fünfmal im Jahr findet hier ein Markt statt (vgl. Abb. 236).

NEUE DORFMITTEN IN DEN UNTERSUCHUNGSDÖRFERN SACHSEN-ANHALTS

Abb. 410	Abb. 411
Abb. 412	Abb. 413
Abb. 414	Abb. 415
Abb. 416	Abb. 417

Abb. 410: Vor der Dorferneuerung diente der Marktplatz in Erxleben als Parkplatz mit Tankstelle.
Abb. 411: 10 Jahre später kann hier wieder Markt abgehalten werden.
Abb. 412: Großjenas Marktplatz gleicht mehr einer Straßenkreuzung.
Abb. 413: Nach der Sanierung ist der Platz durch Grün und neue Pflasterung aufgewertet worden.
Abb. 414: Im Kreuzungspunkt zweier Dorfstraßen in Großjena lag eine Bauminsel.
Abb. 415: Im Rahmen der Dorferneuerung wurde der Verkehrsraum zurückgebaut und die Kastanie zum Mittelpunkt eines neuen Dorfplatzes.
Abb. 416: Der verwahrloste Anger in Eimersleben vor der Dorferneuerung (1994)
Abb. 417: Im Rahmen der Dorferneuerung wurde er komplett neu gestaltet.

Abb. 418	Abb. 419
Abb. 420	Abb. 421
Abb. 422	Abb. 423
Abb. 424	Abb. 425

Abb. 418: Mehrteiliger Neubau mit Arztpraxis und Wohnbereich in Lemke
Abb. 419: Holzverschalter Neubau im Ortskern von Oyle
Abb. 420 + 421: Neues Wohnen in Elbingerode, Baugebiet "Vor der Steige"

Abb. 422: Im Ortskern von Elbingerode steht dieser Holzbau, der die alten Formen der Schleppdächer aufnimmt.
Abb. 423: Auch in Schwiegershausen entstand ein Neubau mit Holzfassade.
Abb. 424: Neubau eines Holzhauses in Varrel
Abb. 425: Im Bereich öffentlicher Bauten wurde im Ortsteil Lemke das neue Rathaus von Marklohe errichtet.

DORFFESTE, FEIERN UND VERANSTALTUNGEN

Abb. 426	Abb. 427
Abb. 428	Abb. 429
Abb. 430	Abb. 431
Abb. 432	Abb. 433

Abb. 426: Ortsbegehung mit Besuchern und Bürgern in Estorf
Abb. 427: Einweihung des Dorfplatzes in Varrel mit Musikgruppen und vielen Besuchern (1987)
Abb. 428: Einweihung der neuen Dorfmitte in Großjena (1998)
Abb. 429: Dorffest auf dem sanierten Thieplatz in Elbingerode
Abb. 430: Dorffest und Tag der offenen Tür in der Kapelle in Haßbergen
Abb. 431: Die Treckerfreunde stellen in Haßbergen Oldtimer der Landtechnik aus.
Abb. 432: Töpferwarenausstellung im Dörphus Estorf
Abb. 433: Zünftige Begrüßung am Bauernmarkt in Haßbergen

ALTERNATIVE ENERGIEFORMEN IM DORF

Abb. 434	Abb. 435
Abb. 436	Abb. 437
Abb. 438	Abb. 439
Abb. 440	Abb. 441

Abb. 434: Häuslingen steht an zweiter Stelle der "Solarbundesliga" in Niedersachsen. Photovoltaikzellen auf einem Scheunendach.
Abb. 435: Kuppendorf. Komplette Dachflächen wurden mit Photovoltaik-modulen ausgestattet.
Abb. 436: Photovoltaik auf der ehemaligen Gaststätte in Rohrsen
Abb. 437: Solarzellenfeld auf dem Dach einer Hofstelle in Binde

Abb. 438: Biogasnutzung auf dem Gelände einer landwirtschaftlichen Hofstelle in Wagenfeld-Neustadt
Abb. 439: Auch ein Großbetrieb in Scharringhausen nutzt Windkraft und Biomasse.
Abb. 440: Windpark in Wohlenhausen. Leider stört er erheblich die Silhouette eines beliebten Wanderausflugszieles auf der Geestkante.
Abb. 441: Intensive Nutzung der Windkraft in Reinstedt

ANHANG I

Textbezug

Fragebögen der Untersuchung

Fragebogen 1) I. Kommunaler Fragebogen
Befragung der Gemeindevertreter von 40 Fallstudienkommunen

Fragebogen 2) II. Kommunaler Fragebogen
Befragung der Gemeindevertreter von 40 Fallstudienkommunen

Fragebogen 3) 1. Bürgerbefragung – "Befragung zur Dorferneuerung"
Befragung von 646 Bürgerinnen und Bürgern (davon 346 Männer und 211 Frauen in Niedersachsen, 57 Männer und 32 Frauen in Sachsen-Anhalt)

Fragebogen 4) 2. Bürgerbefragung – "Soziologische Strukturanalyse"
Befragung von 649 Bürgerinnen und Bürgern (davon 280 Männer und 312 Frauen in Niedersachsen, 25 Männer und 32 Frauen in Sachsen-Anhalt)

Fragebogen 5) Befragung der Ämter für Landentwicklung bzw. Ämter für Landwirtschaft und Flurneuordnung
Befragung der Ämter in Niedersachsen (Braunschweig, Göttingen, Hannover, Lüneburg, Sulingen, Verden)
in Sachsen-Anhalt (Dessau, Halberstadt, Magdeburg, Salzwedel, Weißenfels)

Fragebogen 6) Befragung der Außenstellen der Landwirtschaftskammer Hannover
Außenstellen in Northeim, Nienburg, Sulingen

Fragebogen 7) Expertenbefragung I "Innovative Maßnahmen"
Befragung von ausgewählten Vertretern aus 32 niedersächsischen und 2 sachsen-anhaltischen Gemeinden

Fragebogen 8) Experteninterview II
Befragung von ausgewählten Gemeindemitgliedern in 29 Fallstudien Niedersachsens und 2 Fallstudien in Sachsen-Anhalt

Im Folgenden werden die acht Fragebögen vorgestellt.

I. KOMMUNALER FRAGEBOGEN — Fragebogen 1

FRAGEBOGEN zur DORFERNEUERUNG — Rückgabe bis spätestens:

I. ALLGEMEIN
Bez. Reg.:
Landkreis:
Samtgemeinde:
Gemeinde:
Ortsteil:
Dorferneuerungsprojekt:
Zuständiges Amt für Agrarstruktur oder Amt für Landwirtschaft und Flurneuordnung:

II. DORFERNEUERUNG
Laufzeit der Dorferneuerungsplanung (Jahre von – bis):
Laufzeit der Durchführungsphase (Jahre von – bis):
Laufzeit der Betreuungsphase (Jahre von – bis):

In Anspruch genommene Fördermittel: €
Ausgelöste Gesamtinvestition: €
davon öffentliche Maßnahmen: €
private Maßnahmen: €

II.1 realisierte öffentliche Maßnahmen: Art / Standort — realisierte private Maßnahmen: Art / Anzahl

II.2. Umsetzungsquoten (realisierte, zu geplanten Maßnahmen) Absolut %
öffentliche Maßnahmen:
private Maßnahmen:

II.3 Gründe für nicht realisierte öffentliche Maßnahmen: — Gründe für nicht realisierte private Maßnahmen:

II.4 Aktualität des Dorferneuerungsplanes – der Plan ist (x)
unverändert Grundlage flächenbezogener Planungen ☐
ist noch in wesentlichen Teilen Grundlage der Planungen ☐
ist in Teilen noch Grundlage, müsste aber aktualisiert / fortgeschrieben werden ☐
ist bedeutungslos geworden / Aktualisierung nicht erforderlich. ☐

II.5 Bedeutung der Dorferneuerungsplanung „Gestern und Heute" – der Plan ist Grundlage
zur Klärung der zukünftigen Flächennutzungspläne (F-/B-Plan) ☐
für die innerörtliche Verkehrsentwicklung des Dorfes ☐
für die überörtliche Verkehrsentwicklung des Dorfes ☐
für landschaftsplanerische / grünordnerische Entscheidungen ☐
für gestalterische Entscheidungen bei privaten BV. (San./Mod./Denkmalpflege) ☐
zur Klärung der Ortsgeschichte / Erarbeitung der Ortschronik ☐
für die Sicherung und Entwicklung der landwirtschaftlichen Betriebe im Ort. ☐

III. ORTSKENNDATEN
Einwohner 2003/2004: Einwohner
Haushalte: Anzahl
Durchschnittliche Haushaltsgröße: Personen

Altersstruktur der Bewohner: 0-20 Jahre % 46-65 Jahre %
21-45 Jahre % 65 Jahre %
Tätigkeit: erwerbstätig % arbeitslos %
Von den Erwerbstätigen pendeln täglich:
Berufsgruppen: Arbeiter % Selbständige %
Angestellte % ABM-Kräfte %
Beamte % Hausfrauen %
Schüler/Studenten % Rentner/Pensionäre %

Ausländer / Asylbewerber / Aussiedler in % %
Anzahl der Zuwanderungen von 1970-2000 Anzahl
Anzahl der Abwanderungen von 1970-2000 Anzahl
Haus- / Grundstückseigentümer in % %
Haus- / Grundstücksmieter in % %
Anzahl der Arbeitgeber / Betriebe im Ort Anzahl
Anzahl der hier Beschäftigten Personen

IV. STEUERAUFKOMMEN
Einkommensteueranteile € — Netto-Steueraufkommen im Jahr
Gewerbesteuer nach Abzug der Umlagen € — 1970 €
Zweitwohnsitzsteuer € — 1980 €
„Freie Spitze"/ finanzieller Handlungsspielraum € — 1990 €
2000/01 €

V. ORTSENTWICKLUNGSZIELE (x)
Geplante Überarbeitung des F-Planes ☐
Geplante Aktualisierung des Dorferneuerungsplanes ☐

Geplante Bauleitplanungen — Art (BauNVO) — Anzahl — Zahl der Bauplätze

Sonstige geplante öffentliche Maßnahmen (Verkehr/Dienstleistungen/Gewerbegebiete etc.)
Art — Anzahl

Der Ort hat sich schwerpunktmäßig entwickelt zu einem (x) Bauern-/Wohnort ☐
Arbeiterwohnort ☐ Fremdenverkehrsort ☐
Industrie-/ Gewerbeort ☐ Sonstiges ☐

VI. GESAMTBEWERTUNG
Die sozioökonomische Entwicklung wird zusammenfassend beurteilt als (x)
Eher negativ ☐
Gleich bleibend ☐
Eher positiv ☐

Abb. 442: Fragebogen 1

2. KOMMUNALER FRAGEBOGEN

Fragebogen 2

FRAGEBOGEN zur DORFERNEUERUNG   Rückgabe bis spätestens:

I. ALLGEMEIN

Bez. Reg.: Landkreis: Samtgemeinde: Gemeinde: Ortsteil:	Dorferneuerungsprojekt: Zuständiges Amt für Agrarstruktur oder Amt für Landwirtschaft und Flurneuordnung

II. VERKEHR

2.1 Gibt es noch einen belastenden Durchgangs-/Schwerlastverkehr in der Ortslage? ja ☐ / nein ☐

2.2 Bestehen noch innerörtliche Belastungs-/Gefahrenschwerpunkte? ja ☐ / nein ☐
Falls ja, an welchen Stellen? ____

2.3 Wird das ÖPNV-Angebot von den Bürgern als leistungsfähig empfunden? ja ☐ / nein ☐

2.4 Gibt es Parkprobleme im innerörtlichen Straßen-/Platzbereich? ja ☐ / nein ☐
Falls ja, an welchen Stellen? ____

III. LANDWIRTSCHAFT

3.1 Hat der Rückzug der landwirtschaftlichen Betriebe Konsequenzen für das soziokulturelle Leben im Dorf ausgelöst? ja ☐ / nein ☐
Falls ja, welcher Art? ____

3.2 Sieht die Gemeinde die Notwendigkeit/Dringlichkeit der Aussiedlung von landwirtschaftlichen Betriebszweigen? ja ☐ / nein ☐

3.3 Empfiehlt die Gemeinde den landwirtschaftlichen Betrieben die Vermarktung ihrer Produkte a) im Ort ☐ b) im benachbarten Stadtmarkt? ☐

3.4 Wie schätzt die Gemeinde die Entwicklungsmöglichkeiten der landwirtschaftlichen Betriebe in den nächsten 5 Jahren ein?
Eher besser ☐ gleich bleibend ☐ schlechter ☐

3.5 Wie schätzt die Gemeinde die Chancen einer biologisch ausgerichteten Landwirtschaft a) in der eigenen Ortslage b) grundsätzlich ein?
a) schlecht ☐ mäßig ☐ gut ☐
b) schlecht ☐ mäßig ☐ gut ☐

IV. ARBEITSPLÄTZE

4.1 Wie viele Arbeitsplätze werden noch in der Gemeinde angeboten?
a) im öffentlichen Bereich ____
b) im privaten Bereich ____

4.2 Für welche Branchen sieht die Gemeinde günstige Ansiedlungsmöglichkeiten in
a) der Ortslage ____
b) innerhalb der Gemeinde? ____

V. GRÜN- UND FREIFLÄCHEN

5.1 Inwieweit wurden Ziele der Agenda 21 bereits in der örtlichen Gestaltung umgesetzt? kaum ☐ etwas ☐ intensiv ☐

5.2 Welche Grünordnungs-, Freiflächengestaltungsmaßnahmen wurden im Sinne der DE-Ziele bereits realisiert? ____

5.3 Gab es in den letzten 15 Jahren darüber hinausgehende Eingriffe in den Landschaftsraum?
a) Kiesentnahmen ☐
b) Ausgleichsmaßnahmen ☐
c) Aufforstungsmaßnahmen ☐
d) anderes ____

VI. ORTSMITTENGESTALTUNG

6.1 Wurde im Rahmen der DE eine neue Ortsmitte als Platzraum geschaffen?
Falls ja, wie intensiv wird diese neue Mitte angenommen?
a) gering/kaum ☐
b) mittelmäßig ☐
c) sehr intensiv ☐

6.2 Wer ist für die Folgekosten (Reparaturen, Pflege etc.) zuständig? ____

6.3 Hat nach Ihrer Meinung die neue Ortsmitte zur Bildung eines Gemeinschaftsbewusstseins beigetragen? ja ☐ / nein ☐

6.4 Welche Empfehlungen haben Sie/ hat die Gemeinde für eine noch intensivere Akzeptanz der Ortsmitte durch die Besucher /Bevölkerung? ____

VII. SOZIOKULTURELLE INFRASTRUKTUR

7.1 Gibt es eine soziokulturelle Einrichtung im Dorf? ja ☐ / nein ☐
Falls ja, Bezeichnung/Art: ____

7.2 Gibt es noch einen Bedarf an soziokulturellen Einrichtungen in der Ortslage? ja ☐ / nein ☐
Falls ja, für welche Einrichtung/Anlage ____

7.3 Wie intensiv ist das ehrenamtliche Engagement der Bürger für das dörfliche Gemeinschaftsleben? gering ☐ /normal ☐ /sehr stark ☐

7.4 Wer ist der Träger der bestehenden soziokulturellen Aktivitäten? ____

7.5 Wie ist die Akzeptanz kultureller Angebote im Dorf?
a) der Bürger
gering ☐ normal ☐ stark ☐
b) von Gästen und Besuchern
gering ☐ normal ☐ stark ☐

7.6 Gehen Sie, geht die Gemeinde davon aus, dass einzelne Einrichtungen/Angebote in näherer Zukunft nicht mehr aufrechterhalten werden können? ja ☐ /nein ☐
Wenn ja, welche ____

VIII. BAULEITPLANUNG

8.1 Beabsichtigt die Gemeinde in naher Zukunft weitere Baulandausweisungen für
a) Wohngebiete ☐
b) Gewerbegebiete ☐
c) Sonstiges (Gemeinbedarf o. Ä.) vorzunehmen? ☐
Falls ja, an welchem Standort ____

8.2 Sind die bisher ausgewiesenen Baugebiete bereits gefüllt?
a) Wohngebiete ja ☐ /nein ☐
b) Gewerbegebiete ja ☐ /nein ☐

8.3 Welche Chancen sieht die Gemeinde für die Realisierung einer qualitätsvollen, am Siedlungskern orientierten Bauleitplanung (siedlungsgenetischen Bauleitplanung)?
keine ☐ geringe ☐ gute ☐

8.4 Besteht seitens der Gemeinde die Absicht den Flächennutzungsplan zu ändern?
a) der F-Plan ist überholt ☐
b) wegen neuer Bebauungspläne ☐
c) Anordnung der Bez. Reg. o. Ä. ☐

IX. ALTBAUSANIERUNG/UMNUTZUNG LEERGEFALLENER BAUSUBSTANZ

9.1 Rechnet die Gemeinde mit dem Leerstand weiterer, aus der Nutzung gefallener landwirtschaftlicher oder/ und gewerblicher Bauten/ Anlagen? ja ☐ /nein ☐

9.2 Unterstützt die Gemeinde die Umnutzung oder Modernisierung von Altbauten mit einem eigenem Programm? ja ☐ /nein ☐

9.3 Gab es bisher Probleme im Genehmigungsverfahren von geplanten Umbaumaßnahmen? ja ☐ /nein ☐

9.4 Sind Bauherren in Ihrer Gemeinde an (kostenlosen) Beratungen von Umbau- oder Energieeinsparmaßnahmen interessiert? nein ☐ /möglich ☐ / ja ☐

X. GESTALTUNG

10.1 Beabsichtigt die Gemeinde für den Ortskern eine „Gestaltungssatzung“ aufzustellen? nein ☐ /event. ☐ / ja ☐

10.2 Besitzen die Gemeindeempfehlungen des DE-Planes auch heute noch Aussagekraft? ja ☐ /nein ☐

10.3 Sollten die Gestaltungsempfehlungen des DE-Planes (ggf. in überarbeiteter Form) den Haushalten durch Wurfsendung o. Ä. zugänglich gemacht werden? ja ☐ /nein ☐

XI. FREIZEIT / SANFTER TOURISMUS

11.1 Sind im Laufe der vergangenen 15 Jahre touristische Aktivitäten in Ihrem Dorf ausgelöst bzw. realisiert worden? ja ☐ /nein ☐
Falls ja, welche: ____

11.2 Welches sind die drei wichtigsten Freizeitangebote in Ihrer Gemeinde?
a) ____
b) ____
c) ____

11.3 Gibt es bereits eine a) örtliche b) regionale c) überregionale Organisation/Institution, die sich um eine touristische Entwicklung bzw. Vermarktung Ihres Ortes bemüht? ja ☐ /nein ☐
Falls ja, welche ____

XII. INTEGRATION SOZIALER EINZELGRUPPEN (AUSLÄNDER/ALTE MENSCHEN/ARBEITSLOSE/JUGENDLICHE)

12.1 Gibt es Wohnangebote
a) für Senioren, ältere Bürger ☐
b) für Ausländer, Asylanten o. Ä. ☐
c) für Jugendliche / Arbeitslose ☐
d) für andere Randgruppen ☐
in Ihrem Dorf?

12.2 Gibt es Integrationsprobleme einer der genannten Gruppe in die dörfliche Gemeinschaft?
Nein ☐ / ja ☐, Gruppe ____

12.3 Inwieweit sind die genannten Gruppen in örtlichen Vereinen aktiv eingebunden?
Gering: a) ☐ b) ☐ c) ☐ d) ☐
Normal: a) ☐ b) ☐ c) ☐ d) ☐
Stark: a) ☐ b) ☐ c) ☐ d) ☐

12.4 Beabsichtigt die Gemeinde, für die genannten Gruppen eigene Einrichtungen für die Freizeitbeschäftigung vorzuhalten? ja ☐ /nein ☐

XIII. BÜRGERBETEILGUNG

13.1 Besteht noch der AK „Dorferneuerung“ oder ein vergleichbar um die Ortsentwicklung bemühtes ehrenamtlich Gremium im Dorf? ja ☐ /nein ☐
Falls nein, besteht die Absicht einen solchen Arbeitskreis wieder ins Leben zu rufen? ja ☐ /nein ☐

13.2 Besteht ein ehrenamtlich arbeitendes Gremium, dass sich
a) um örtliche Kulturarbeit ☐
b) um Ortsgeschichte/-chronik ☐
c) um örtliche Sozialbetreuung ☐
bemüht?

XIV. ALTERNATIVE ENERGIEN

14.1 Gibt es bereits einzelne umgesetzte Beispiele für den Einsatz alternativer Energien in Ihrem Dorf, zum Beispiel:
a) Windkraftanlagen ja ☐ /nein ☐
b) Solar-/ Voltaikanlagen ja ☐ /nein ☐

Abb. 443: Fragebogen 2

1. BÜRGERBEFRAGUNG

Fragebogen 3

FRAGEBOGEN

NACHUNTERSUCHUNG VON EHEMALIGEN DORFERNEUERUNGSPROJEKTEN IN NIEDERSACHSEN UND SACHSEN-ANHALT

Befrager/ Begeher: Datum:

1) Ort: ______ (vom Befrager auszufüllen)
2) Straße/ Hausnummer: ______ (vom Befrager auszufüllen)
3) männlich ☐ weiblich ☐
4) Familienstand: ledig ☐ verheiratet/ Partnerschaft ☐ Sonstiges ☐
5) Alter: unter 21 ☐ 21 - 45 ☐ 46 - 65 ☐ über 65 ☐
6) Nationalität: ______
7) Beruf: ______
8) Zum Hausstand gehören: ______ Personen, davon ______ Kinder/ Enkel

9) Mir ist bekannt, dass vor einigen Jahren eine Dorferneuerung durchgeführt wurde: ja ☐ nein ☐
10) Ich war aktiv im „Arbeitskreis Dorferneuerung" beteiligt: ja ☐ nein ☐
11) Mir ist der Dorferneuerungsplan bekannt: ja ☐ nein ☐ nur vom Hörensagen ☐
12) Die Gestaltungsauflagen in Verbindung mit der öffentlichen Förderung sind mir bekannt: ja ☐ nein ☐
13) An meinem Grundstück/ Haus wurden seinerzeit Dorferneuerungsmaßnahmen durchgeführt: ja ☐ nein ☐
14) Wenn ja, welche ______ in welchem Jahr ______
15) Die Gesamtkosten beliefen sich auf ca. ______ DM/ €
der bewilligte Förderrahmen betrug ca. ______ DM/ €
16) Die Zusammenarbeit mit der Gemeinde und dem betreuenden Ortsplaner, sowie die Information durch die Gemeinde waren:
16.1) vollauf zufrieden stellend ☐
16.2) mehr oder weniger zufrieden stellend ☐
16.3) mangelhaft ☐

Sind die damaligen Maßnahmen der Dorferneuerung (Frage 9) nicht bekannt, so stehen die folgenden Fragen unter 17 für die momentane Beurteilung der Situation durch den Befragten/ die Befragte.

17) Die Dorferneuerung hatte Auswirkungen auf:

	Positiv	Negativ	Unverändert/ Neutral
17.1) Das dörfliche Gemeinschaftsleben	☐	☐	☐
17.2) Das Erscheinungsbild des Dorfes	☐	☐	☐
17.3) Die innerörtliche Verkehrssituation (z. B. Straßen, ÖPNV usw.)	☐	☐	☐
17.4) Die Ökologie und Freiraumgestaltung	☐	☐	☐
17.5) Die Sicherung der landwirtschaftlichen Betriebe			
a) in der Ortslage	☐	☐	☐
b) im Außenbereich	☐	☐	☐
17.6) Die wirtschaftliche Entwicklung des Ortes (Tourismus)	☐	☐	☐
17.7) Das dörfliche Kultur- und Vereinsleben	☐	☐	☐
17.8) Das Bewusstsein für die Ortsgeschichte	☐	☐	☐
17.9) Sonstiges: ______	☐	☐	☐

18) Das Dorf sollte nochmals in das Förderprogramm des Landes aufgenommen werden,
18.1) weil es zahlreiche private Bauaufgaben gibt ☐
18.2) weil es zahlreiche öffentliche Bauaufgaben gibt. ☐
19) Die wichtigsten Aufgaben im Falle einer Neuaufnahme und damit einer Förderung sind meines Erachtens: ______
20) Folgende Bauland- Ausweisungen halte ich für sinnvoll:
20.1) Wohnbaugebiete ☐
20.2) Gewerbegebiete ☐
20.3) Freizeit- oder Sondergebiete für: ______ ☐
21) Ich wäre interessiert, in einem neuen Arbeitskreis oder Ausschuss mitzuwirken: ja ☐ nein ☐ eventuell ☐
22) Ich selbst bin aktives Mitglied in folgenden Vereinen: ______
23) Hätten Sie Interesse, im Falle einer neuen Dorferneuerung einen Beratungstermin wahrzunehmen? ja ☐ nein ☐
24) Falls das Dorf nochmals in das Förderprogramm aufgenommen würde, würde ich an meinem Grundstück/ Haus folgende Maßnahme(n) durchführen: ______
25) Die bisher umgesetzten Dorferneuerungsmaßnahmen waren:
25.1) sinnvoll und umfassend ☐
25.2) sinnvoll, jedoch unvollständig ☐
25.3) nur teilweise sinnvoll ☐
25.4) überwiegend bedeutungslos ☐
26) Folgende Vorschläge zur Erneuerung/ Entwicklung unseres Dorfes unterbreite ich: ______
27) Die Zukunftschancen des Dorfes als Wohnstandort bewerte ich mit:
27.1) sicher und positiv ☐
27.2) ungewiss ☐
27.3) unsicher/ negativ ☐
28) Sonstiges: ______

Abb. 444: Fragebogen 3

2. BÜRGERBEFRAGUNG

Fragebogen 4

FRAGEBOGEN

SOZIOLOGISCHE STRUKTURANALYSE

NACHUNTERSUCHUNG VON EHEMALIGEN DORFERNEUERUNGSPROJEKTEN IN NIEDERSACHSEN UND SACHSEN-ANHALT

Befrager/Begeher: ______ Datum: ______

1) Ort: ______ Straße/Hausnummer: ______
2) Wohnform: EFH ☐ RH ☐ MFH ☐
3) Befragter männlich ☐ Befragte weiblich ☐
4) Familienstand: ledig ☐ verheiratet/Partnerschaft ☐ Sonstiges ☐
5) Alter: unter 21 ☐ 21 - 45 ☐ 46 - 65 ☐ über 65 ☐
6.1) Beruf: ______
6.2) Nationalität: ______
6.3) Konfession: ______
7) Eigentümer: ☐ Mieter: ☐
8) Zum Hausstand gehören: ______ Personen, davon ______ Kinder/Enkel

9) Seit wann wohnen Sie im Ort? Seit ______ Jahren
10) Fühlen Sie sich wohl in Ihrem näheren Umfeld? ja, sehr ☐ zufrieden stellend ☐ weniger angenehm ☐
11) Wie fühlen Sie sich als Bürger an politischen Entscheidungen beteiligt? sehr intensiv/ regelmäßig ☐ manchmal ☐ gar nicht ☐
12) Kennen Sie noch ausgeübte Formen der Nachbarschaftshilfe in Ihrem Dorf? ja ☐ nein ☐
Falls ja, in welcher Form wird diese praktiziert? ______

13) Wo kaufen Sie die Dinge des täglichen Bedarfs ein?
☐ im Einkaufsmarkt im Dorf/Dorfladen
☐ im Markt in: ______
14) Wo kaufen Sie für den gehobenen Bedarf ein?
in: ______
15) Im Krankheitsfalle suche ich meinen Arzt
☐ hier im Dorf
☐ in: ______ auf?

16) Wie empfinden Sie persönlich die Einbindung von zugewanderten Personen aus Deutschland in Ihrem Dorf?
schlecht/ Ghettobildung ☐ teilweise langsame Integration ☐ optimal, d. h. vollständige Integration ☐
17) Wie empfinden Sie persönlich die Einbindung von Ausländern / Asylanten in Ihrem Dorf?
schlecht/ Ghettobildung ☐ teilweise langsame Integration ☐ optimal, d. h. vollständige Integration ☐

18) Wie beurteilen Sie die Angebote für unterschiedliche Altersgruppen in der dörflichen Gemeinschaft?
18 a) für jüngere Bewohner (unter 15 Jahre):
schlecht ☐ mäßig ☐ gut und ausreichend ☐
18 b) für ältere Bewohner (über 65 Jahre):
schlecht ☐ mäßig ☐ gut und ausreichend ☐
19) Gibt es Rivalitäten oder Konflikte zwischen einzelnen Bewohnergruppen im Dorf (z. B. zwischen Alt- und Neueinwohnern)?
☐ nein
☐ ja
wenn ja, welcher Art und wo (Straßenbereich)? ______

20) Sind sie als Mitglied in einem/mehreren Verein(en) eingebunden?
☐ aktives Mitglied: ______
☐ passives Mitglied: ______
☐ ich bin in keinem Verein
21) Arbeiten Sie ehrenamtlich an dörflichen Aufgaben mit?
☐ ja, in der : ______
☐ nein
22) Viele Institutionen führen in Ihrem Dorf das Jahr über diverse Veranstaltungen durch.
Welche dieser Aktivitäten sind nach Ihrer Meinung für die Dorfgemeinschaft von besonderem Wert?
☐ Aktivitäten der Vereine
☐ kirchliche Veranstaltungen
☐ sonstige kulturelle und soziale Veranstaltungen, z. B. : ______
☐ sonstige Freizeitangebote o. Ä., z. B.: ______
23) Kennen Sie in Ihrem Dorf Gemeinschaftseinrichtungen?
☐ Dorfgemeinschaftshaus ☐ Kirchliches Gemeindehaus
☐ Jugendhaus ☐ Kulturelles Zentrum
☐ Alten-/Seniorentreffpunkt ☐ Dorfgasthaus/-kneipe
☐ Vereinshaus
☐ Sonstiges: ______
☐ nein, keine

24) Sind Ihnen überörtliche/regionale Kontakte bzw. Partnerschaften zu anderen Gemeinden bekannt?
im Landkreis ☐ im Land Niedersachsen ☐ in Deutschland ☐
im (europäischen) Ausland ☐ nein, keine ☐
25) Wenn ja, beteiligen Sie sich persönlich bei der Pflege der Kontakte?
☐ ja, in Form von Reisen in die Partnergemeinde
☐ ich nehme Besucher bei mir zu Hause auf
☐ nein, keine Beteiligung

26) Folgendes stört mich an meinem Dorf: ______
27) Folgendes würde ich verbessern:
☐ mehr Feste und Feiern, kulturelle Veranstaltungen
☐ mehr Kontakt mit der Gemeinde/mehr Bürgerbeteiligung
☐ bauliche Maßnahmen (Dorfgemeinschaftshaus etc.)
☐ Sonstiges: ______

Abb. 445: Fragebogen 4

Fragebogen 5

FRAGEBOGEN

ÄMTER FÜR AGRARSTRUKTUR / ÄMTER FÜR LANDWIRTSCHAFT UND FLURNEUORDNUNG

AMT FÜR AGRARSTRUKTUR: ____________________
AMT FÜR LANDWIRTSCHAFT UND FLURNEUORDNUNG: ____________________

1) Wie viele Dörfer/DE- Vorhaben wurden insgesamt seit 1984 im Ihrem Amt betreut?
   a) Vorhaben ohne Flurbereinigung: ______________
   b) Vorhaben im Rahmen einer Flurbereinigung: ______________

2) Wie viele Vorhaben wurden bereits abgeschlossen?
   a) Vorhaben ohne Flurbereinigung: ______________
   b) Vorhaben im Rahmen einer Flurbereinigung: ______________

3) Wie viele Vorhaben befinden sich zz. noch in der Planungs- oder in der Durchführungsphase?
   a) Vorhaben ohne Flurbereinigung: ______________
   b) Vorhaben im Rahmen einer Flurbereinigung: ______________

4) Wie hoch schätzen Sie die Anzahl neuerer DE- Aufnahmeanträge in den nächsten 10 Jahren ein?
   a) Vorhaben ohne Flurbereinigung: ______________
   b) Vorhaben im Rahmen einer Flurbereinigung: ______________

5) Wie hoch war der durchschnittliche Förderrahmen pro DE- Vorhaben in den vergangenen 20 Jahren?
   a) Vorhaben ohne Flurbereinigung: ______________
   b) Vorhaben im Rahmen einer Flurbereinigung: ______________

6) Wie beurteilen Sie den tatsächlichen Erfolg der Dorferneuerung auf der Basis eines „Vorher- Nachher- Vergleichs"?
   a) in den in die Untersuchung einbezogenen Fallstudiendörfern:
   pro einbezogene Fallstudie ist eine Bewertung abzugeben
   optimal ☐ hoch ☐ normal ☐ eher gering ☐
   b) pauschal in den von Ihnen insgesamt betreuten Dorferneuerungsvorhaben:
   a) ohne Flurbereinigung:
   optimal ☐ hoch ☐ normal ☐ eher gering ☐
   b) Vorhaben im Rahmen einer Flurbereinigung:
   optimal ☐ hoch ☐ normal ☐ eher gering ☐

7) Wie beurteilen Sie – pauschal – die Zusammenarbeit mit
   7.1) Kommunen: optimal ☐ gut bis zufrieden stellend ☐ eher unbefriedigend ☐
   7.2) Planerbüros: optimal ☐ gut bis zufrieden stellend ☐ eher unbefriedigend ☐
   7.3) Bezirksregierungen: optimal ☐ gut bis zufrieden stellend ☐ eher unbefriedigend ☐
   7.4) Sonstige Fachplaner: optimal ☐ gut bis zufrieden stellend ☐ eher unbefriedigend ☐

8) Welche prinzipiellen Verbesserungsvorschläge in der Planungs-, Durchführungs-, Betreuungs- und Realisierungsphase der Dorferneuerung unterbreiten Sie?
   8.1) Vorbereitungs-, Auswahlphase der Dörfer und der Planungsbüros: ____________
   8.2) Planungsphase/Erstellungszeitraum „DE- Bericht" (Dauer, Inhalte / Umfang, Kontrollinstanzen, Bürgerbeteiligung): ____________
   8.3) Umsetzungs-, Betreuungs-, Förderphase (Antragsformulare, Zeitrahmen, Förderrahmen, Planerbetreuung, etc…): ____________
   8.4) Bauliche Realisierungsphase / Abrechnungs- und Kontrollphase: ____________

9) Welche nachhaltigen Auswirkungen der Dorferneuerung erwarten Sie nach Abschluss der Dorferneuerung(in Stichworten)?
   9.1) auf den Strukturwandel in der Landwirtschaft?
   absolut positiv ☐ in Teilen positiv ☐ geringen bzw. keinen Einfluss ☐
   Sonstiges: ____________
   9.2) auf die Bevölkerungsentwicklung, spezifisch Zu- und Abwanderungen sowie auf die Altersstruktur?
   absolut positiv ☐ in Teilen positiv ☐ geringen bzw. keinen Einfluss ☐
   Sonstiges: ____________
   9.3) auf die Sicherung/Entwicklung der privaten Dienstleistungseinrichtungen?
   absolut positiv ☐ in Teilen positiv ☐ geringen bzw. keinen Einfluss ☐
   Sonstiges: ____________
   9.4) auf die Sicherung/Entwicklung der soziokulturellen Versorgungseinrichtungen?
   absolut positiv ☐ in Teilen positiv ☐ geringen bzw. keinen Einfluss ☐
   Sonstiges: ____________
   9.5) auf die siedlungsbauliche Entwicklung (Baulückenfüllung, Umnutzung, Neubautätigkeit)?
   absolut positiv ☐ in Teilen positiv ☐ geringen bzw. keinen Einfluss ☐
   Sonstiges: ____________
   9.6) auf das dörfliche Gemeinschaftsleben und auf Formen der Nachbarschaftshilfe?
   absolut positiv ☐ in Teilen positiv ☐ geringen bzw. keinen Einfluss ☐
   Sonstiges: ____________
   9.7) auf die Standortsicherung bzw. Ansiedlungsbereitschaft von Wirtschaftsunternehmen?
   absolut positiv ☐ in Teilen positiv ☐ geringen bzw. keinen Einfluss ☐
   Sonstiges: ____________
   9.8) auf die verkehrliche innerörtliche Situation?
   absolut positiv ☐ in Teilen positiv ☐ geringen bzw. keinen Einfluss ☐
   Sonstiges: ____________
   9.9) auf das dörfliche Erscheinungsbild?
   absolut positiv ☐ in Teilen positiv ☐ geringen bzw. keinen Einfluss ☐
   Sonstiges: ____________
   9.10) auf die ökologische und freiraumgestalterische Entwicklung des Ortes?
   absolut positiv ☐ in Teilen positiv ☐ geringen bzw. keinen Einfluss ☐
   Sonstiges: ____________

Abb. 446: Fragebogen 5

Fragebogen 6

LANDWIRTSCHAFT

NACHUNTERSUCHUNG VON EHEMALIGEN DORFERNEUERUNGSPROJEKTEN IN NIEDERSACHSEN UND SACHSEN-ANHALT

Ort:____________ Gemeinde/Stadt:____________ Landkreis: ____________

1) Anzahl der Betriebe VE: ________ NE: ________ sonstige Betriebsform: ________

2) Davon emittierende Betriebe in der Ortslage: ________
   außerhalb der Ortslage: ________

3) Arbeitsplätze in der Landwirtschaft: ____________

Hier jeweils Anzahl der Betriebe

4) Zukunftsträchtige Erwerbszweige:
   4.1) Direktvermarktung (Straßenverkauf, Hofläden, Wochenmarkt, Selbstpflückaktionen, Verkaufswagen, Lieferservice u. a.) ________
   4.2) Urlaub auf dem Bauernhof (Anzahl der Betten ________)/ ________
   Zusätzliche Angebote ____________
   4.3) Landschaftspflegemaßnahmen ____________ ________
   4.4) Ökolandwirtschaft ________
   4.5) Nischenproduktion ________
   Tierhaltung ____________ ________
   Pflanzliche Erzeugnisse (z. B. Beerenobst o. a.) ____________ ________
   4.6) Nachwachsende Rohstoffe ____________ ________
   4.7) Erneuerbare Energien
   ________ Windkraft ________ Solar-/Voltaikanlagen
   ________ Biogas ________ Holzheizkraftwerk
   ________ Sonstiges ____________

5) Hofnachfolge gesichert in ________ Betrieben
   unsicher in ________ Betrieben
   nicht gesichert in ________ Betrieben

6) Zukunftsbewertung: ____________

Abb. 447: Fragebogen 6

INNOVATIVE PROJEKTE IN DER DORFERNEUERUNG: (Fallstudie) Fragebogen 7

Neue innovative Maßnahmen im Dorf (seit 1990)		Startjahr der Realisierung	Träger-schaft	Zahl der Arbeits-plätze	Zahl der ehrenamt-lichen Mitarbeiter	Jährliche Folge-kosten	Sonstige Bemerkungen
Gewerbe/ Industrie/ Landwirt-schaft / Versor-gung	historisches Handwerk wiederbelebt						
	Ausbildungsforen/Workshops (Art?)						
	Gewerbepark/-zentrum						
	Messen/Ausstellungen (Art?)						
	Technologietransfer						
	Biolandwirtschaft						
	Selbstvermarktung/Hofladen						
	Neue Agrarunternehmen						
	Hofcafé/Antiquitäten						
	Gastronomieangebote						
	Bettenangebote als Um- oder Neubau						
	Heuhotel/Radlerhotel o. Ä.						
	Dorfladen (Nachbarschaftsladen)						
	Reiterhöfe						
	Therapiezentrum						
Freizeit-/ Kultur-bereich	Örtliches Kulturzentrum						
	Freilichtmuseum/allg. Museum						
	Heimatstube						
	Ortschronik						
	Künstleratelier						
	Land-Art-Projekte/Naturkunst						
	Umnutzungen (privat)						
	Umnutzungen (öffentlich)						
	Dorfbibliotheken						
	Anzahl der Vereine im Dorf						
Wohn-/ Sozial-bereich	Altenwohnheim						
	Jugend-/Kinderheim						
	Jugendtreff im Dorf						
	Heilpädagogische Projekte						
	Siedlungsgenetische Bauleitplanung						
	Kommunale Grundstücksbevorratung						
	Dorfhelferin						
	Patenschaften						
Energie-einsparung	Windkraftanlagen						
	Solaranlagen (privat)						
	Voltaikanlagen (privat)						
	Solar-/Voltaikanlagen (öffentlich)						
	Biogasanlagen						
	Niedrigenergiehäuser						
Sonstiges							

Abb. 448: Fragebogen 7

Fragebogen 8

EXPERTENINTERVIEW

NACHUNTERSUCHUNG VON EHEMALIGEN DORFERNEUERUNGSPROJEKTEN IN NIEDERSACHSEN UND SACHSEN- ANHALT

Fallstudie: ____________________

Gesprächspartner: ____________________ Alter: __________

Meine ehrenamtlichen / kommunalen / regionalen Funktionen: ____________________

1) Sie haben sich seit vielen (____) Jahren für die Entwicklung ihres Ortes offiziell und ehrenamtlich eingesetzt. Wie beurteilen Sie die ERFOLGE bzw. DEFIZITE der DORFERNEUERUNG in Ihrem Dorf?

1.1) Planungskonzept optimal und immer noch aktuell ☐
1.2) Planungskonzept seinerzeit optimal aber überholungsbedürftig ☐
1.3) Planungskonzept mangelhaft und längst überholungsbedürftig ☐
1.4) Durchführungsphase umfassend / optimal ☐
1.5) Durchführungsphase diente nur punktuellen Maßnahmen ☐
1.6) Durchführungsphase hatte weder bedeutende öffentliche, noch private Maßnahmen ausgelöst ☐
1.7) Besondere Erfolge waren: ____________________
1.8) Besondere Defizite waren: ____________________

2) Sind Sie der Meinung, dass Ihr Dorf nochmals in das DE- Programm Ihres Landes aufgenommen werden sollte?

2.1) Ja, zwingend erforderlich ☐
2.2) wäre wünschenswert, wenn private und kommunale Investitionsbereitschaft vorhanden wäre ☐
2.3) ist nicht mehr erforderlich ☐

3) Welche sonstigen Fördertatbestände halten Sie für die Erneuerung / Entwicklung Ihrer Region und Ihres Dorfes für geeignet bzw. erforderlich?

Leader + ☐ Umnutzungsrichtlinie ☐ ETLR ☐ Regionen aktiv ☐

4) Wie beurteilen Sie die allgemeinen ENTWICKLUNGSMÖGLICHKEITEN Ihres Dorfes?

4.1) optimal, keine Einschränkungen ☐
4.2) ungewiss, wegen mehrerer Einflussfaktoren: ____________________ ☐
4.3) negativ, aus folgenden Gründen: ____________________ ☐

5) Die Lage der verbliebenen LANDWIRTSCHAFTLICHEN BETRIEBE beurteile ich

5.1) als optimal und stabil ☐
5.2) als ungewiss aufgrund folgender Erwartungen / Einflüsse: __________ ☐
5.3) als negativ aufgrund folgender Einflussfaktoren: __________ ☐

6) Die Entwicklung der SOZIOKULTURELLEN INFRASTRUKTUR (soziale und kulturelle Dienste, Angebote des täglichen Bedarfs) beurteile ich als

6.1) optimal und stabil ☐
6.2) ungewiss aufgrund folgender Erwartungen / Einflüsse: __________ ☐
6.3) negativ aufgrund folgender Einflussfaktoren: __________ ☐

7) Sehen Sie Probleme für Ihr Dorf als Folge einer NEGATIVEN BEVÖLKERUNGSENTWICKLUNG, ALTERSSTRUKTUR, ZUWANDERUNG o. ä.

7.1) keinerlei Probleme, optimale Bevölkerungs- und Altersstruktur ☐
7.2) spezifische Probleme in der Bevölkerungsentwicklung, z. B. : ☐
7.3) extreme Problemlage für das Dorf, aufgrund folgender Fakten / Gründe: ☐

8) Wie beurteilen Sie zusammenfassend die LEBENSQUALITÄT in Ihrem Dorf?

8.1) optimal, kann und soll so bleiben ☐
8.2) eingeschränkt durch folgende Faktoren: __________ ☐
8.3) negativ aus folgenden Gründen: __________ ☐

9) Bitte benennen Sie nach der Dringlichkeit (Priorität) diejenigen personellen, sozioökonomischen, gestalterischen, ökologischen und siedlungsbaulichen Aufgaben, die nach Ihrer Meinung erforderlich wären, um die Lebensqualität (Wohnen, Arbeiten, Freizeit) in Ihrem Dorf zu steigern: __________

Abb. 449: Fragebogen 8

Anforderderungsprofil zur Stellungnahme des Planers/Betreuers im Rahmen der Dorferneuerung

aufgestellt vom AfA Verden 26.03.2003

Bei einer Stellungnahme zu einem Antrag im Rahmen der Dorferneuerung ist zunächst zwischen einer allgemeinen Stellungnahme zum Antrag und einer Stellungnahme zu einem Antrag auf einen vorzeitigen Investitionsbeginn zu unterscheiden:

Allgemeine Stellungnahme

Beschreibung des Anwesens und der Einbindung in die Umgebung:

Sofern eine Qbjektkartei erstellt worden ist, die diese Angaben enthält, reicht ein Auszug (eventuell mit Ergänzungen).

- Bewertung der städtebaulichen Situation/ Bedeutung für das Ortsbild.
- Welche Gebäude befinden sich auf dem Grundstück?
- Handelt es sich um ein Haupt- oder Nebengebäude?
- Wann ist das Gebäude errichtet worden, welchem Baustil entspricht es und welche Veränderungen wurden eventuell vorgenommen?
- Wie ist das Gebäude in die Umgebung eingebunden (Baulücken, Charakter des Gebietes: dörfliches Mischgebiet, Ortskern, Neubaugebiet etc.)?
- Ist das Gebäude ortsbildprägend?
- Welche Bedeutung hat das Objekt für den Ort? (z. B. ehemalige Dorfschule etc.)
- Wie wird das Gebäude derzeit genutzt?
- Handelt es sich um ein landwirtschaftliches oder ehemalig landwirtschaftlich genutztes Anwesen?

Erläuterung des Antragsgegenstandes/Maßnahme, Stellungnahme und Bewertung des Vorhabens:

- Welche Maßnahmen sollen ausgeführt werden?
- Welche Ziele der DE werden erreicht (in gestalterischer, inhaltlicher und funktionaler Hinsicht)?
- Sind die gewählten Materialien ortstypisch? (ggf. wie wird eine ortstypische Ausführung erreicht?)
- Anhand von Gestaltungsskizzen ist darzulegen, wie die Ausführung aussehen sollte.
- Empfehlung aussprechen, welche Priorität (1, 2, 3) die geplante Maßnahme für die Ziele der Dorferneuerung hat.
- Sind ergänzende gestalterische Maßnahmen (z. B. Grüngestaltung: Pflanzung von Bäumen, Sträuchern, Fassadenbegrünung) notwendig/sinnvoll?
- Liegen die Kosten in einem regional üblichen Rahmen?

Stellungnahme zu einem Antrag auf einen vorzeitigen Investitionsbeginn

Bei einem Antrag auf einen vorzeitigen Investitionsbeginn sind zusätzlich noch folgende Fragen zu beantworten:

Bauteilbezogene Beurteilung der sachlichen Dringlichkeit:

- Welche Bauteile sind von welchen Schäden betroffen und in welchem Umfang? (Angaben Bauteilbezug in %)

Beurteilung des zeitlichen Handlungsbedarfs:

- Wann und warum und in welchem Umfang ist Handlungsbedarf gegeben?
  - Begründung (Witterung, Einsturzgefahr, unzumutbare Folgeschäden etc.)
  - Benennung des Zeitraumes
- Ist es möglich, mit der Durchführung der Maßnahme noch bis zu einer möglichen Bewilligung (Frühjahr/Herbst des laufenden oder des nächsten Jahres) zu warten?

Anforderungsprofil zur Darstellung der Landwirtschaft im Dorferneuerungsplan

aufgestellt durch die Bezirksregierung Lüneburg 28.07.2000

In letzter Zeit ist festzustellen, dass in verschiedenen Dorferneuerungsplänen die Darstellung der landwirtschaftlichen Situation sowie ihre Entwicklung nur noch in sehr verkürzter Form dargestellt wird, obwohl gerade dieser Wirtschaftszweig die regionale Identität und kulturelle Eigenart des Dorfes in maßgeblicher Art und Weise mit geprägt hat und hoffentlich auch noch künftig prägen wird. Die Dorferneuerung soll dieses maßgeblich unterstützen. Es ist daher unbedingt erforderlich, die Landwirtschaft entsprechend ihrer Bedeutung für das Dorf im Dorferneuerungsplan darzustellen und für sie Handlungsperspektiven aufzuzeigen.

Ich bitte daher darauf zu achten, dass im Dorferneuerungsplan unter Einhaltung der datenschutzrechtlichen Bestimmungen mindestens zu folgenden Gliederungspunkten Aussagen gemacht werden:

- Standortbedingungen (Lehm, Moor…)
- Flächennutzung (A/Gr)
- Betriebsstruktur (Betriebsentwicklung, Betriebsgrößenstruktur)
- Sozioökonomie (HE, ZE, NE)
- Eigentumsverhältnisse (Eigentum/Pacht, Entwicklung)
- Viehhaltung (Rinder, Schweine, Stall-/Weidehaltung)
- Tierhaltungsintensität (GV)
- Arbeitskräfteeinsatz
- Investitionen der letzten Jahre
- Entwicklungstendenzen: Betriebsentwicklung aus Betriebsleitersicht, kurz- und mittelfristige Flächenbilanz, Veränderungen in der Viehhaltung, Gebäudesituation derzeit und zukünftig und Hofstellensituation, personelle Verhältnisse, Interesse der Betriebsleiter an Einkommensalternativen, Förderabsichten über die Dorferneuerung und sonstige Vorschläge
- Emissionskreise
- Auswirkungen auf Hofstellen (Baulückenbebauung/ Neuausweisung von Siedlungsgebieten, Straßen- und Wegenetzsituation).

Bewertungsbögen
Siedlungs-, hochbaulicher und ökologischer Problemdichtevergleich

1. Stufe: Ausgangslage vor der Dorferneuerung (ungewichtete Werte)

NR.	KRITERIEN/MAßNAHMEN ORTE/ REGIONALE ZUORDNUNG DER FALLSTUDIEN	22 FÖRDERUNGSRELEVANTE KRITERIEN Entwicklung und Gestaltung Ortseingang / Ortsausgang	Ortsmitte(n)	Ortsgestaltung / Raumbildung	Baulücken / neues Bauen	Leerstand / Umnutzung	Modernisierungs-bedarf	Landwirtschaft Entwicklungs-möglichkeiten	betriebliche Konflikte	betriebliche Verkehrsprobleme	Verkehr innerörtliche Straßen und Plätze	ruhender Verkehr	Fuß- und Radwegenetz	gefährliche Kreuzungspunkte	Buswarteplätze	Dienste kulturelle Dienste	soziale Dienste
	Niedersachsen																
1	Holzhausen/Göthen	0	2	0	1	1	2	1	0	1	1	1	1	1	2	3	3
	Kuppendorf/Heerde	1	1	1	0	1	2	1	0	1	1	1	1	1	2	3	3
	Scharringhausen	1	2	2	1	2	3	1	1	1	2	1	1	2	1	3	1
	Varrel	1	2	2	0	2	2	2	1	2	1	2	2	2	2	3	0
	Wehrbleck	2	2	2	1	1	2	2	1	1	1	1	1	2	2	3	1
	Aschen	2	2	1	1	1	2	1	1	2	2	2	2	2	2	2	3
	Wagenfeld	3	3	3	2	1	2	1	2	2	3	3	2	3	3	3	0
	Bohnhorst	1	2	2	1	1	1	1	1	1	2	2	2	2	3	2	2
	Woltringhausen	3	2	2	2	1	2	1	1	1	2	1	2	2	3	3	2
	ZWISCHENSUMME 1	14	18	15	9	11	18	11	8	12	15	14	14	17	20	25	15
2	Estorf	2	3	1	1	3	3	3	1	2	3	2	2	2	3	3	1
	Haßbergen	3	2	2	1	2	2	2	3	2	2	3	3	3	3	2	2
	Leeseringen	3	2	3	1	1	2	2	2	2	2	2	2	2	3	0	2
	Lemke	2	3	2	0	2	1	2	1	2	2	2	2	3	2	3	2
	Oyle	2	2	0	1	1	2	2	1	1	2	2	2	3	2	3	2
	Wohlenhausen/Sudhalenbeck	1	1	0	0	1	2	1	0	0	2	0	1	1	2	3	3
	ZWISCHENSUMME 2	13	13	8	4	10	12	12	8	9	13	11	12	14	15	14	12
3	Dorste	2	2	0	0	1	3	2	1	2	2	2	2	2	2	1	1
	Elbingerode (1. Phase)	2	2	1	1	2	3	2	2	2	3	1	2	2	2	3	0
	Gittelde	2	2	2	0	3	3	2	2	2	3	3	2	2	2	2	1
	Hattorf am Harz	2	3	2	0	2	3	3	2	2	2	3	2	3	3	0	1
	Schwiegershausen	2	2	2	1	1	2	2	1	2	2	2	2	2	2	1	0
	Ührde	1	1	1	1	1	2	1	0	2	2	1	1	1	0	3	1
	Wulften	2	2	2	0	2	3	2	2	2	2	2	2	3	2	3	0
	ZWISCHENSUMME 3	13	14	10	3	12	19	14	10	14	16	14	13	15	13	13	4
4	Radbruch	1	3	2	1	1	2	1	1	1	2	2	2	2	3	3	0
5	Lübeln	3	0	1	0	3	3	2	1	0	1	3	1	1	0	3	3
	Schnega	1	2	1	0	2	2	1	1	1	1	2	1	1	1	0	0
	ZWISCHENSUMME 5	4	2	2	0	5	5	3	2	1	2	5	2	2	1	3	3
6	Eilte	1	1	1	1	3	2	2	1	1	2	2	2	2	2	0	1
	Häuslingen	2	3	2	1	2	2	1	1	1	1	2	2	2	2	3	3
	ZWISCHENSUMME 6	3	4	3	2	5	4	3	2	2	3	4	4	4	4	3	4
7	Beber	2	2	2	0	2	2	2	2	3	2	2	2	2	3	2	1
	Rohrsen	2	2	2	1	1	1	2	1	2	1	2	2	2	3	2	2
	ZWISCHENSUMME 7	4	4	4	1	3	3	4	3	5	3	4	4	4	6	4	3
8	Abbenrode	1	3	1	0	3	3	3	1	0	2	1	2	1	0	3	0
	Jerxheim	1	2	1	0	2	2	2	1	1	2	3	2	2	2	2	1
	Watzum	1	1	0	0	2	2	2	1	1	1	1	2	1	2	1	3
	ZWISCHENSUMME 8	3	6	2	0	7	7	7	3	2	5	5	6	4	4	6	4
	SUMME NIEDERSACHSEN	55	64	46	20	54	70	55	37	46	59	59	57	62	66	71	45
	Sachsen-Anhalt																
9	Binde	2	2	2	1	3	3	2	1	1	2	2	2	2	3	3	2
	Ritzleben	1	1	0	2	3	3	2	0	0	2	1	1	1	2	3	3
	ZWISCHENSUMME 9	3	3	2	3	6	6	4	1	1	4	3	3	3	5	6	5
10	Axien	2	2	2	1	3	2	1	0	2	3	2	2	1	3	2	3
	Gehmen	1	1	1	0	1	2	1	0	1	2	1	1	1	2	3	3
	ZWISCHENSUMME 10	3	3	3	1	4	4	2	0	3	5	3	3	2	5	5	6
11	Eimersleben	2	2	2	1	3	3	2	1	1	3	2	3	2	3	1	1
	Erxleben	2	2	2	2	2	3	2	1	2	2	3	2	3	3	1	1
	ZWISCHENSUMME 11	4	4	4	3	5	6	4	2	3	5	5	5	5	6	2	2
12	Reinstedt	2	2	3	2	3	3	3	2	2	3	3	3	3	2	3	3
13	Großjena	2	2	2	0	2	3	2	2	3	3	3	3	3	2	2	1
	SUMME SACHSEN-ANHALT	14	14	14	9	20	22	15	7	12	20	17	17	16	20	18	17
	SUMME KRITERIEN	69	78	60	29	74	92	70	44	58	79	76	74	78	86	89	62

BEWERTUNG:

maximal zu erreichende Punktzahl pro Kriterium: 3 Punkte
0 Punkte = keine - geringe Problemlage / kein - geringer Handlungsbedarf
1 Punkt = mittlere Poblemlage / mittlerer Handlungsbedarf
2 Punkte = hohe Problemlage / hoher Handlungsbedarf
3 Punkte = extreme - absolute Problemlage / dringend bereinigen / mangelhafte Ausgangssituation

Maximal zu erreichende Punktzahl:

Orte (förderungsrelevante Kriterien): 66 Punkte
Orte (bedingt förderfähige Kriterien): 42 Punkte
Kriterien: 120 Punkte

Abb. 450: Bewertungstabelle des Problemdichtevergleichs (1. Stufe: Ausgangslage vor der Dorferneuerung, ungewichtete Werte)

							14 KRITERIEN UNABHÄNGIG VON DER DORFERNEUERUNG (BEDINGT FÖRDERFÄHIG)															
Freiflächen / Ökologie							Entwicklung				Handwerk, Gewerbe			Verkehr		Infrastruktur / Dienste						
landschaftliche Ortseinbindung	private Grünflächen	öffentliche Grünflächen	Wasserläufe / Wasserflächen	Pflanzungen	Einfriedungen	ZWISCHENSUMME ORTE	Bauleitplanung / Wohnbau	Gewerbeansiedlungen	Denkmalschutz / Ensembleschutz	Außenbereich Landwirtschaft; § 35	Entwicklungsmöglichkeiten	betriebliche Nutzungskonflikte	betriebliche Verkehrsprobleme	ÖPNV	Verkehrsberuhigung Durchgangsstraße	technische Infrastruktur	private Dienste / Versorgungseinr.	Sport- und Freizeitangebote	Fremdenverkehrsangebote	Sonderflächen	ZWISCHENSUMME ORTE	GESAMTSUMME ORTE
0	1	1	0	1	1	24	1	0	0	0	0	0	0	2	0	1	3	1	0	1	9	33
0	1	1	1	1	1	25	0	0	1	1	0	0	0	2	1	0	1	1	2	2	11	36
1	1	1	0	1	1	30	2	0	1	0	0	1	0	2	1	2	1	2	2	0	14	44
1	2	2	1	1	1	34	2	1	1	1	1	1	1	2	2	2	1	1	1	1	18	52
1	2	3	0	1	1	33	2	0	0	1	1	1	1	2	2	0	1	1	1	1	14	47
1	2	2	1	2	2	38	2	0	1	0	1	0	0	2	2	0	1	1	1	2	13	51
3	2	3	1	2	3	50	3	2	0	2	3	3	3	2	3	0	0	0	0	3	24	74
1	2	3	1	2	1	36	1	1	0	1	1	1	1	2	1	1	2	1	2	1	16	52
1	2	2	1	1	1	38	1	0	0	2	0	0	0	2	1	0	1	1	1	1	10	48
9	15	18	6	12	12	34	14	4	4	8	7	7	6	18	13	6	11	9	10	12	14,33	48,56
1	3	1	0	2	2	44	2	0	2	0	1	0	1	1	3	2	1	0	3	1	17	61
2	2	2	1	2	2	48	3	1	1	1	2	2	1	1	3	0	1	0	2	2	20	68
3	2	2	2	2	2	44	2	3	0	1	3	3	2	1	2	0	2	1	2	3	25	69
1	2	2	2	2	2	42	2	1	1	1	3	3	2	2	3	0	2	0	1	1	22	64
0	1	1	2	1	2	35	1	0	1	1	1	1	1	2	3	0	1	1	2	1	16	51
0	1	1	0	1	1	22	0	0	2	1	0	0	0	2	0	2	3	1	2	0	13	35
7	11	9	7	10	11	39	10	5	7	5	10	9	7	9	14	4	10	3	12	8	18,83	58
1	1	2	1	1	1	32	2	0	2	0	0	0	0	2	3	0	1	1	2	0	13	45
1	1	2	3	2	2	41	2	0	2	2	1	0	0	2	3	2	1	3	2	1	21	62
2	2	3	1	2	1	44	2	3	3	0	3	2	2	1	2	0	1	1	3	3	26	70
1	2	2	2	2	1	43	2	1	2	0	2	2	2	0	3	0	0	0	2	2	18	61
1	1	2	1	1	1	33	1	0	2	0	0	0	1	2	3	2	1	1	2	0	15	48
0	1	1	0	1	2	24	0	0	3	0	0	0	0	2	0	2	3	2	2	2	16	40
1	2	2	2	2	2	42	2	1	2	1	1	1	1	0	3	0	1	1	2	2	18	60
7	10	14	10	11	10	37	11	5	16	3	7	5	6	9	17	6	8	9	15	10	18,14	55,14
1	2	2	1	1	2	36	2	1	0	1	2	1	2	0	2	0	1	1	1	2	16	52
0	2	2	1	1	1	32	2	0	3	0	0	0	0	2	0	3	3	2	3	0	18	50
1	1	1	2	1	2	25	1	0	3	0	0	0	0	2	1	0	1	2	2	1	13	38
1	3	3	3	2	3	29	3	0	6	0	0	0	0	4	1	3	4	4	5	1	15,5	44
1	1	2	2	1	2	33	1	0	0	0	0	0	1	2	2	0	1	2	3	1	13	46
1	2	2	1	2	2	40	2	1	1	2	1	3	1	2	1	0	1	2	3	2	22	62
2	3	4	3	3	4	37	3	1	1	2	1	3	2	4	3	0	2	4	6	3	17,5	54
2	2	2	2	1	2	42	1	2	1	0	3	3	2	2	2	0	1	1	1	1	20	62
2	1	2	2	2	1	38	1	0	0	0	1	1	1	1	2	0	2	1	3	2	15	53
4	3	4	4	3	3	40	2	2	1	0	4	4	3	3	4	0	3	2	4	3	17,5	57,5
0	1	3	2	2	2	34	1	1	3	0	1	1	1	1	0	3	1	3	2	1	19	53
1	1	2	1	1	1	33	2	1	2	0	1	1	1	1	2	0	1	1	2	3	18	51
0	1	2	0	1	0	25	1	0	2	0	0	0	0	2	0	0	1	1	2	0	9	34
1	3	7	3	4	3	31	4	2	7	0	2	2	2	4	2	3	3	5	6	4	23	69
32	50	61	37	46	48	36	49	20	42	19	33	31	28	51	56	22	42	37	59	43	17	52
2	2	2	0	2	1	42	1	0	1	2	1	1	0	1	3	3	1	2	2	2	20	62
1	1	1	0	1	0	29	0	0	2	0	0	0	0	2	0	3	3	2	2	1	15	44
3	3	3	0	3	1	36	1	0	3	2	1	1	0	3	3	6	4	4	4	3	17,5	53
2	2	2	2	2	1	42	1	0	2	2	0	0	0	2	2	3	2	1	2	2	19	61
1	1	2	0	1	1	27	1	0	2	0	0	0	0	2	2	3	2	1	2	1	16	43
3	3	4	2	3	2	35	2	0	4	2	0	0	0	4	4	6	4	2	4	3	17,5	52
2	2	2	0	2	3	43	1	0	3	2	1	1	1	2	3	3	1	1	2	2	23	66
2	2	2	3	2	2	46	2	1	2	2	2	1	2	1	3	3	2	1	2	3	27	73
4	4	4	3	4	5	45	3	1	5	4	3	2	3	3	6	6	3	2	4	5	25	69,5
3	3	2	3	1	3	57	3	2	2	3	2	2	2	1	2	3	2	3	3	2	32	89
2	2	3	3	2	2	49	2	2	3	3	2	3	2	2	2	3	3	2	3	2	34	83
15	15	16	11	13	13	42	11	5	17	14	8	8	7	13	17	24	16	13	18	15	23	65
47	65	77	48	59	61	37	60	25	59	33	41	39	35	64	73	46	58	50	77	58	18	55

Diese Tabelle listet nur die Kriterien auf, unabhängig von deren Gewichtung für die Dorferneuerung und für die Lebensqualität der Dörfer!
Die ungewichteten Werte werden für die Ermittlung der kriterienbezogenen Problemdichte herangezogen (siehe hierzu Abb. 189).

Problemdichtevergleich

ungewichtete Werte vor DE

1. Stufe: Ausgangszustand vor der Dorferneuerung (gewichtete Werte)

NR.	KRITERIEN/MAßNAHMEN ORTE/ REGIONALE ZUORDNUNG DER FALLSTUDIEN	22 FÖRDERUNGERELEVANTE KRITERIEN Entwicklung und Gestaltung Ortseingang / Ortsausgang	Ortsmitte(n)	Ortsgestaltung / Raumbildung	Baulücken / neues Bauen	Leerstand / Umnutzung	Modernisierungs-bedarf	Landwirtschaft Entwicklungs-möglichkeiten	betriebliche Konflikte	betriebliche Verkehrsprobleme	Verkehr innerörtliche Straßen und Plätze	ruhender Verkehr	Fuß- und Radwegenetz	gefährliche Kreuzungspunkte	Buswarteplätze	Dienste kulturelle Dienste	soziale Dienste
	Niedersachsen																
1	Holzhausen/Göthen	0	6	0	2	3	8	3	0	2	3	1	2	1	2	6	6
	Kuppendorf/Heerde	2	3	1	0	3	8	3	0	2	3	1	2	1	2	6	6
	Scharringhausen	2	6	2	2	6	12	3	2	2	6	1	2	2	1	6	2
	Varrel	2	6	2	0	6	8	6	2	4	3	2	4	2	2	6	0
	Wehrbleck	4	6	2	2	3	8	6	2	2	3	1	2	2	2	6	2
	Aschen	4	6	1	2	3	8	3	2	4	6	2	4	2	2	4	6
	Wagenfeld	6	9	3	4	3	8	3	4	4	9	3	4	3	3	6	0
	Bohnhorst	2	6	2	2	3	4	3	2	2	6	2	4	2	3	4	4
	Woltringhausen	6	6	2	4	3	8	3	2	2	6	1	4	2	3	6	4
	ZWISCHENSUMME 1	28	54	15	18	33	72	33	16	24	45	14	28	17	20	50	30
2	Estorf	4	9	1	2	9	12	9	2	4	9	2	4	2	3	6	2
	Haßbergen	6	6	2	2	6	8	6	6	4	6	3	6	3	3	4	4
	Leeseringen	6	6	3	2	3	8	6	4	4	6	2	4	2	3	0	4
	Lemke	4	9	2	0	6	4	6	2	4	6	2	4	3	2	6	4
	Oyle	4	6	0	2	3	8	6	2	2	6	2	4	3	2	6	4
	Wohlenhausen/Sudhalenbeck	2	3	0	0	3	8	3	0	0	6	0	2	1	2	6	6
	ZWISCHENSUMME 2	26	39	8	8	30	48	36	16	18	39	11	24	14	15	28	24
3	Dorste	4	6	0	0	3	12	6	2	4	6	2	4	2	2	2	2
	Elbingerode (1. Phase)	4	6	1	2	6	12	6	4	4	9	1	4	2	2	6	0
	Gittelde	4	6	2	0	9	12	6	4	4	9	3	4	2	2	4	2
	Hattorf am Harz	4	9	2	0	6	12	9	4	4	6	3	4	3	3	0	2
	Schwiegershausen	4	6	2	2	3	8	6	2	4	6	2	4	2	2	2	0
	Ührde	2	3	1	2	3	8	3	0	4	6	1	2	1	0	6	2
	Wulften	4	6	2	0	6	12	6	4	4	6	2	4	3	2	6	0
	ZWISCHENSUMME 3	26	42	10	6	36	76	42	20	28	48	14	26	15	13	26	8
4	Radbruch	2	9	2	2	3	8	3	2	2	6	2	4	2	3	6	0
5	Lübeln	6	0	1	0	9	12	6	2	0	3	3	2	1	0	6	6
	Schnega	2	6	1	0	6	8	3	2	2	3	2	2	1	1	0	0
	ZWISCHENSUMME 5	8	6	2	0	15	20	9	4	2	6	5	4	2	1	6	6
6	Eilte	2	3	1	2	9	8	6	2	2	6	2	4	2	2	0	2
	Häuslingen	4	9	2	2	6	8	3	2	2	3	2	4	2	2	6	6
	ZWISCHENSUMME 6	6	12	3	4	15	16	9	4	4	9	4	8	4	4	6	8
7	Beber	4	6	2	0	6	8	6	4	6	6	2	4	2	3	4	2
	Rohrsen	4	6	2	2	3	4	6	2	4	3	2	4	2	3	4	4
	ZWISCHENSUMME 7	8	12	4	2	9	12	12	6	10	9	4	8	4	6	8	6
8	Abbenrode	2	9	1	0	9	12	9	2	0	6	1	4	1	0	6	0
	Jerxheim	2	6	1	0	6	8	6	2	2	6	3	4	2	2	4	2
	Watzum	2	3	0	0	6	8	6	2	2	3	1	4	1	2	2	6
	ZWISCHENSUMME 8	6	18	2	0	21	28	21	6	4	15	5	12	4	4	12	8
	SUMME NIEDERSACHSEN	110	192	46	40	162	280	165	74	92	177	59	114	62	66	142	90
	Sachsen-Anhalt																
9	Binde	4	6	2	2	9	12	6	2	2	6	2	4	2	3	6	4
	Ritzleben	2	3	0	4	9	12	6	0	0	6	1	2	1	2	6	6
	ZWISCHENSUMME 9	6	9	2	6	18	24	12	2	2	12	3	6	3	5	12	10
10	Axien	4	6	2	2	9	8	3	0	4	9	2	4	1	3	4	6
	Gehmen	2	3	1	0	3	8	3	0	2	6	1	2	1	2	6	6
	ZWISCHENSUMME 10	6	9	3	2	12	16	6	0	6	15	3	6	2	5	10	12
11	Eimersleben	4	6	2	2	9	12	6	2	2	9	2	6	2	3	2	2
	Erxleben	4	6	2	4	6	12	6	2	4	6	3	4	3	3	2	2
	ZWISCHENSUMME 11	8	12	4	6	15	24	12	4	6	15	5	10	5	6	4	4
12	Reinstedt	4	6	3	4	9	12	9	4	4	9	3	6	3	2	6	6
13	Großjena	4	6	2	0	6	12	6	4	6	9	3	6	3	2	4	2
	SUMME SACHSEN-ANHALT	28	42	14	18	60	88	45	14	24	60	17	34	16	20	36	34
	SUMME KRITERIEN	138	234	60	58	222	368	210	88	116	237	76	148	78	86	178	124

Maximal zu erreichende Punktzahl: Orte (förderungsrelevante Kriterien): 129 Punkte
Orte (bedingt förderfähige Kriterien): 81 Punkte

Abb. 451: Bewertungstabelle des Problemdichtevergleichs (1. Stufe: Ausgangslage vor der Dorferneuerung, gewichtete Werte)

Freiflächen / Ökologie							14 KRITERIEN UNABHÄNGIG VON DER DORFERNEUERUNG (BEDINGT FÖRDERFÄHIG)															
							Entwicklung				Handwerk, Gewerbe			Verkehr		Infrastruktur / Dienste						
landschaftliche Ortseinbindung	private Grünflächen	öffentliche Grünflächen	Wasserläufe / Wasserflächen	Pflanzungen	Einfriedungen	ZWISCHENSUMME ORTE	Bauleitplanung / Wohnbau	Gewerbe-ansiedlungen	Denkmalschutz / Ensembleschutz	Außenbereich Landwirtschaft, § 35	Entwicklungs-möglichkeiten	betriebliche Nutzungskonflikte	betriebliche Verkehrsprobleme	ÖPNV	Verkehrsberuhigung Durchgangsstraße	technische Infrastruktur	private Dienste / Versorgungseinr.	Sport- und Freizeitangebote	Fremdenverkehrs-angebote	Sonderflächen	ZWISCHENSUMME ORTE	GESAMTSUMME ORTE
0	1	2	0	1	1	50	4	0	0	0	0	0	0	4	0	1	9	2	0	1	21	71
0	1	2	2	1	1	50	0	0	1	1	0	0	0	4	4	0	3	2	4	2	21	71
2	1	2	0	1	1	64	8	0	1	0	0	1	0	4	4	2	3	4	4	0	31	95
2	2	4	2	1	1	67	8	2	1	1	2	1	1	4	8	2	3	2	2	1	38	105
2	2	6	0	1	1	65	8	0	0	1	2	1	1	4	8	0	3	2	2	1	33	98
2	2	4	2	2	2	73	8	0	1	0	2	0	0	4	8	0	3	2	2	2	32	105
6	2	6	2	2	3	93	12	4	0	2	6	3	3	4	12	0	0	0	0	3	49	142
2	2	6	2	2	1	66	4	2	0	1	2	1	1	4	4	1	6	2	4	1	33	99
2	2	4	2	1	1	74	4	0	0	2	0	0	0	4	4	0	3	2	2	1	22	96
18	15	36	12	12	12	67	56	8	4	8	14	7	6	36	52	6	33	18	20	12	31	98
2	3	2	0	2	2	91	8	0	2	0	2	0	1	2	12	2	3	0	6	1	39	130
4	2	4	2	2	2	91	12	2	1	1	4	2	1	2	12	0	3	0	4	2	46	137
6	2	4	4	2	2	83	8	6	0	1	6	3	2	2	8	0	6	2	4	3	51	134
2	2	4	4	2	2	80	8	2	1	1	6	3	2	4	12	0	6	0	2	1	48	128
0	1	2	4	1	2	70	4	0	1	1	2	1	1	4	12	0	3	2	4	1	36	106
0	1	2	0	1	1	47	0	0	2	1	0	0	0	4	0	2	9	2	4	0	24	71
14	11	18	14	10	11	77	40	10	7	5	20	9	7	18	56	4	30	6	24	8	41	118
2	1	4	2	1	1	68	8	0	2	0	0	0	0	4	12	0	3	2	4	0	35	103
2	1	4	6	2	2	86	8	0	2	2	2	0	0	4	12	2	3	6	4	1	46	132
4	2	6	2	2	1	90	8	6	3	0	6	2	2	2	8	0	3	2	6	3	51	141
2	2	4	4	2	1	86	8	2	2	0	4	2	2	0	12	0	0	0	4	2	38	124
2	1	4	2	1	1	66	4	0	2	0	0	0	1	4	12	2	3	2	4	0	34	100
0	1	2	0	1	2	50	0	0	3	0	0	0	0	4	0	2	9	4	4	2	28	78
2	2	4	4	2	2	83	8	2	2	1	2	1	1	0	12	0	3	2	4	2	40	123
14	10	28	20	11	10	76	44	10	16	3	14	5	6	18	68	6	24	18	30	10	39	114
2	2	4	2	1	2	69	8	2	0	1	4	1	2	0	8	0	3	2	2	2	35	104
0	2	4	2	1	1	67	8	0	3	0	0	0	0	4	0	3	9	4	6	0	37	104
2	1	2	4	1	2	51	4	0	3	0	0	0	0	4	4	0	3	4	4	1	27	78
2	3	6	6	2	3	59	12	0	6	0	0	0	0	8	4	3	12	8	10	1	32	91
2	1	4	4	1	2	67	4	0	0	0	0	0	1	4	8	0	3	4	6	1	31	98
2	2	4	2	2	2	77	8	2	1	2	2	3	1	4	4	0	3	4	6	2	42	119
4	3	8	6	3	4	72	12	2	1	2	2	3	2	8	12	0	6	8	12	3	37	109
4	2	4	4	1	2	82	4	4	1	0	6	3	2	4	8	0	3	2	2	1	40	122
4	1	4	4	2	1	71	4	0	0	0	2	1	1	2	8	0	6	2	6	2	34	105
8	3	8	8	3	3	77	8	4	1	0	8	4	3	6	16	0	9	4	8	3	37	114
0	1	6	4	2	2	77	4	2	3	0	2	1	1	2	0	3	3	6	4	1	32	109
2	1	4	2	1	1	67	8	2	2	0	2	1	1	2	8	0	3	2	4	3	38	105
0	1	4	0	1	0	54	4	0	2	0	0	0	0	4	0	0	3	2	4	0	19	73
2	3	14	6	4	3	66	16	4	7	0	4	2	2	8	8	3	9	10	12	4	45	96
64	50	122	74	46	48	71	196	40	42	19	66	31	28	102	224	22	126	74	118	43	35	106
4	2	4	0	2	1	85	4	0	1	2	2	1	0	2	12	3	3	4	4	2	40	125
2	1	2	0	1	0	66	0	0	2	0	0	0	0	4	0	3	9	4	4	1	27	93
6	3	6	0	3	1	76	4	0	3	2	2	1	0	6	12	6	12	8	8	3	34	109
4	2	4	4	2	1	84	4	0	2	2	0	0	0	4	8	3	6	2	4	2	37	121
2	1	4	0	1	1	55	4	0	2	0	0	0	0	4	8	3	6	2	4	1	34	89
6	3	8	4	3	2	70	8	0	4	2	0	0	0	8	16	6	12	4	8	3	36	70
4	2	4	0	2	3	86	4	0	3	2	2	1	1	4	12	3	3	2	4	2	43	129
4	2	4	6	2	2	89	8	2	2	2	4	1	2	2	12	3	6	2	4	3	53	142
8	4	8	6	4	5	88	12	2	5	4	6	2	3	6	24	6	9	4	8	5	48	136
6	3	4	6	1	3	113	12	4	2	3	4	2	2	2	8	3	6	6	6	2	62	175
4	2	6	6	2	2	97	8	4	3	3	4	3	2	4	8	3	9	4	6	2	63	160
30	15	32	22	13	13	84	44	10	17	14	16	8	7	26	68	24	48	26	36	15	45	129
94	65	154	96	59	61	74	240	50	59	33	82	39	35	128	292	46	174	100	154	58	37	111

In dieser Tabelle werden die zuvor ermittelten Problempunkte gewichtet. Die sich daraus ergebenden Werte werden für die Ermittlung der ortsbezogenen Problemdichte verwendet (siehe hierzu Abb. 189).

Problemdichtevergleich

gewichtete Werte vor DE

2. Stufe: Problemdichte direkt nach Abschluss der Dorferneuerungsphase (ungewichtete Werte)

NR.	KRITERIEN/MAßNAHMEN / ORTE/ REGIONALE ZUORDNUNG DER FALLSTUDIEN	22 FÖRDERUNGSRELEVANTE KRITERIEN: Entwicklung und Gestaltung						Landwirtschaft			Verkehr					Dienste	
		Ortseingang / Ortsausgang	Ortsmitte(n)	Ortsgestaltung / Raumbildung	Baulücken / neues Bauen	Leerstand / Umnutzung	Modernisierungs-bedarf	Entwicklungs-möglichkeiten	betriebliche Konflikte	betriebliche Verkehrsprobleme	innerörtliche Straßen und Plätze	ruhender Verkehr	Fuß- und Radwegenetz	gefährliche Kreuzungspunkte	Buswarteplätze	kulturelle Dienste	soziale Dienste
	Niedersachsen																
1	Holzhausen/Göthen	0	1	0	1	1	1	0	0	1	1	1	1	1	2	3	3
	Kuppendorf/Heerde	1	1	0	0	1	1	1	0	1	1	1	1	1	1	3	3
	Scharringhausen	2	1	1	1	1	2	1	2	1	2	1	1	2	1	1	1
	Varrel	1	0	0	0	1	2	1	1	2	1	1	1	1	0	0	0
	Wehrbleck	2	0	2	1	1	1	2	1	1	1	1	1	1	1	3	1
	Aschen	2	1	1	2	1	2	1	1	1	1	2	2	2	2	1	0
	Wagenfeld	3	3	3	2	1	2	1	1	2	3	2	2	3	0	1	0
	Bohnhorst	1	1	2	1	1	1	1	1	1	1	1	1	2	2	2	1
	Woltringhausen	2	1	2	1	1	2	1	1	1	2	1	1	2	3	1	2
	ZWISCHENSUMME 1	14	9	11	9	9	14	9	8	11	13	11	11	15	12	15	11
2	Estorf	1	0	0	0	1	1	1	0	0	0	1	0	1	1	0	1
	Haßbergen *)	1	0	1	1	2	1	2	3	1	1	1	1	2	0	0	0
	Leeseringen	3	1	2	1	1	1	1	0	1	1	1	1	2	0	0	0
	Lemke	1	2	1	1	2	2	2	1	1	1	1	1	2	1	3	0
	Oyle	1	1	1	1	1	1	2	1	1	1	1	0	2	1	3	2
	Wohlenhausen/Sudhalenbeck	1	0	0	0	1	1	0	1	0	1	0	0	1	2	2	1
	ZWISCHENSUMME 2	8	4	5	4	8	7	8	6	4	5	5	3	10	5	8	4
3	Dorste	2	2	0	0	2	2	1	1	2	2	2	2	2	2	1	1
	Elbingerode (1. Phase)	0	1	0	1	2	1	1	1	1	0	0	1	1	0	0	0
	Gittelde	2	0	0	1	2	1	2	1	1	0	1	1	1	1	2	1
	Hattorf am Harz	2	1	1	0	2	1	2	2	1	1	1	1	2	1	0	0
	Schwiegershausen	2	1	1	1	1	2	2	1	1	2	2	1	2	2	1	0
	Ührde	1	0	0	1	1	0	1	0	1	1	1	1	0	0	3	3
	Wulften	2	0	1	0	1	2	2	1	2	2	1	1	2	1	2	0
	ZWISCHENSUMME 3	11	5	3	4	11	9	11	7	9	8	8	8	10	7	9	5
4	Radbruch	1	2	2	1	1	2	1	1	1	1	1	2	2	1	2	0
5	Lübeln	1	0	0	0	1	1	0	0	0	0	0	0	0	0	0	2
	Schnega	1	0	0	0	2	2	2	0	0	0	0	0	1	1	0	0
	ZWISCHENSUMME 5	2	0	0	0	3	3	2	0	0	0	0	0	1	1	0	2
6	Eilte	1	0	1	1	3	1	1	1	1	0	1	1	1	2	0	1
	Häuslingen *)	2	0	2	1	2	2	1	1	1	1	1	1	1	1	2	0
	ZWISCHENSUMME 6	3	0	3	2	5	3	2	2	2	1	2	2	2	3	2	1
7	Beber	1	1	1	0	2	2	2	2	2	1	1	1	2	0	0	1
	Rohrsen	1	0	2	0	1	1	1	1	2	1	1	0	1	0	2	1
	ZWISCHENSUMME 7	2	1	3	0	3	3	3	3	4	2	2	1	3	0	2	2
8	Abbenrode	0	0	0	0	0	0	0	1	0	0	0	0	0	0	0	0
	Jerxheim	1	1	1	2	2	2	1	1	1	2	1	1	1	1	1	1
	Watzum	1	0	0	0	2	1	1	0	1	0	1	1	1	2	0	1
	ZWISCHENSUMME 8	2	1	1	2	4	3	2	2	2	2	2	2	2	3	1	2
	SUMME NIEDERSACHSEN	43	22	28	22	44	44	38	29	33	32	31	29	45	32	39	27
	Sachsen-Anhalt																
9	Binde	2	1	1	2	3	2	2	0	0	1	1	1	1	1	2	2
	Ritzleben	1	1	0	1	3	2	2	0	0	1	1	1	0	0	3	2
	ZWISCHENSUMME 9	3	2	1	3	6	4	4	0	0	2	2	2	1	1	5	4
10	Axien	1	1	1	1	3	2	1	1	1	0	1	1	1	3	3	1
	Gehmen	1	1	1	0	2	2	1	0	0	1	0	1	1	0	3	2
	ZWISCHENSUMME 10	2	2	2	1	5	4	2	1	1	1	1	2	2	3	6	3
11	Eimersleben	1	0	0	2	2	1	1	0	0	1	1	1	1	0	3	1
	Erxleben	3	0	1	2	3	2	1	1	1	2	1	1	2	1	2	1
	ZWISCHENSUMME 11	4	0	1	4	5	3	2	1	1	3	2	2	3	1	5	2
12	Reinstedt	2	2	2	2	3	2	3	2	2	3	3	2	2	2	2	0
13	Großjena	0	0	0	1	2	1	1	2	2	1	1	1	2	1	1	1
	SUMME SACHSEN-ANHALT	11	6	6	11	21	14	12	6	6	10	9	9	10	8	19	10
	SUMME KRITERIEN	54	28	34	33	65	58	50	35	39	42	40	38	55	40	58	37

BEWERTUNG:

0 Punkte = keine - geringe Problemlage / kein - geringer Handlungsbedarf
1 Punkt = mittlere Poblemlage / mittlerer Handlungsbedarf
2 Punkte = hohe Problemlage / hoher Handlungsbedarf
3 Punkte = extrem hohe Problemlage / extrem hoher Handlungsbedarf

Maximal zu erreichende Punktzahl:

Orte (förderungsrelevante Kriterien): 66 Punkte
Orte (bedingt förderfähige Kriterien): 42 Punkte
Kriterien: 120 Punkte

Abb. 452: Bewertungstabelle des Problemdichtevergleichs (2. Stufe: Problemdichte direkt nach Abschluss der Dorferneuerungsphase, ungewichtete Werte)

Freiflächen / Ökologie							14 KRITERIEN UNABHÄNGIG VON DER DORFERNEUERUNG (BEDINGT FÖRDERFÄHIG)															
							Entwicklung				Handwerk, Gewerbe			Verkehr		Infrastruktur / Dienste						
landschaftliche Ortseinbindung	private Grünflächen	öffentliche Grünflächen	Wasserläufe / Wasserflächen	Pflanzungen	Einfriedungen	SUMME ORTE	Bauleitplanung / Wohnbau	Gewerbe-ansiedlungen	Denkmalschutz / Ensembleschutz	Außenbereich Landwirtschaft; § 35	Entwicklungs-möglichkeiten	betriebliche Nutzungskonflikte	betriebliche Verkehrsprobleme	ÖPNV	Verkehrberuhigung Durchgangsstraße	technische Infrastruktur	private Dienste / Versorgungseinr.	Sport- und Freizeitangebote	Fremdenverkehrs-angebote	Sonderflächen	ZWISCHENSUMME ORTE	GESAMTSUMME ORTE
0	1	1	0	0	1	20	1	0	0	0	0	0	0	2	0	1	3	1	0	1	9	29
0	0	1	1	0	1	20	0	0	1	1	0	0	0	1	1	0	1	1	2	2	10	30
1	1	1	0	0	1	25	2	0	1	0	0	1	0	2	1	2	1	2	2	0	14	39
1	1	0	0	0	1	15	2	1	1	1	1	1	1	2	2	0	1	1	2	1	17	32
1	1	1	0	1	1	25	2	0	0	1	1	1	1	2	2	0	1	1	2	1	15	40
1	2	1	1	2	2	31	1	1	0	0	1	0	0	2	2	0	2	1	1	2	13	44
3	1	2	1	2	2	40	2	2	0	2	3	2	3	1	3	0	0	0	0	3	21	61
1	1	2	1	1	1	27	1	1	0	1	1	1	1	1	2	1	2	1	2	1	16	43
1	1	1	0	1	1	29	1	0	0	1	0	0	0	2	1	0	3	0	2	1	11	40
9	9	10	4	7	11	26	12	5	3	7	7	6	6	15	14	4	14	8	13	12	14	40
1	0	0	0	0	1	10	2	0	1	0	1	0	1	0	2	2	1	0	0	1	11	21
1	1	1	0	1	2	23	1	1	1	1	1	1	1	1	1	0	2	0	1	1	13	36
2	2	1	1	1	2	25	2	3	1	0	3	3	2	0	3	0	3	1	2	3	26	51
2	1	2	0	1	2	30	2	2	0	0	1	2	3	1	1	0	0	0	2	3	17	47
0	1	1	0	0	1	23	1	0	1	0	1	1	1	2	2	0	1	1	2	1	14	37
0	1	1	0	1	1	15	0	0	1	1	0	0	0	2	0	2	3	1	2	0	12	27
6	6	6	1	4	9	21	8	6	5	2	7	7	8	6	9	4	10	3	9	9	16	37
1	0	1	0	1	1	28	2	0	2	0	0	1	0	2	3	0	1	1	2	0	14	42
0	0	1	0	1	0	12	2	0	1	1	1	0	0	1	0	0	3	1	1	1	12	24
1	1	1	1	1	1	23	2	3	2	0	1	2	2	1	1	0	1	1	1	2	19	42
1	0	1	1	1	1	23	2	0	1	0	2	1	1	0	2	0	0	1	1	2	13	36
1	1	2	1	1	2	30	1	0	2	0	0	0	1	2	3	2	1	1	2	0	15	45
0	1	0	0	1	1	17	0	0	2	0	0	0	0	2	0	2	2	2	1	1	12	29
1	1	2	1	1	1	27	2	1	1	1	1	1	0	0	2	0	1	1	2	1	14	41
5	4	8	4	7	7	23	11	4	11	2	5	5	4	8	11	4	9	8	10	7	14	37
1	1	1	1	1	2	28	2	1	0	1	2	1	1	0	2	0	1	1	1	2	15	43
0	1	1	0	0	0	7	1	0	2	0	0	0	0	2	0	2	3	2	0	0	12	19
0	1	1	2	1	1	15	1	0	2	0	0	0	0	2	1	0	2	2	1	1	12	27
0	2	2	2	1	1	11	2	0	4	0	0	0	0	4	1	2	5	4	1	1	12	23
1	1	2	2	1	1	24	1	0	0	0	0	0	1	2	2	0	2	2	1	1	12	36
1	1	0	0	0	2	23	1	1	1	1	1	1	2	2	1	0	1	2	2	1	17	40
2	2	2	2	1	3	24	2	1	1	1	1	1	3	4	3	0	3	4	3	2	15	38
1	1	1	0	1	1	24	1	2	1	0	3	1	1	1	2	0	1	1	1	1	16	40
2	1	0	0	1	1	20	1	0	0	0	1	1	1	0	2	0	2	1	3	2	14	34
3	2	1	0	2	2	22	2	2	1	0	4	2	2	1	4	0	3	2	4	3	15	37
0	0	0	1	0	0	2	1	1	2	1	1	1	0	1	0	0	2	2	0	1	13	15
1	1	1	1	1	1	26	2	1	2	0	2	1	1	1	2	0	1	1	1	3	18	44
0	1	2	0	1	1	17	1	0	2	0	0	0	0	2	0	0	2	1	2	0	10	27
1	2	3	2	2	2	15	4	2	6	1	3	2	1	4	2	0	5	4	3	4	21	43
27	28	33	16	25	37	22	43	21	31	14	29	24	25	42	46	14	50	34	44	40	14	36
2	2	1	0	2	1	30	1	0	1	2	1	1	0	1	3	3	2	2	2	2	21	51
1	1	1	0	1	0	22	0	0	1	0	0	0	0	1	0	3	3	2	2	1	13	35
3	3	2	0	3	1	26	1	0	2	2	1	1	0	2	3	6	5	4	4	3	17	43
2	2	1	1	1	1	30	1	0	2	2	0	0	0	2	2	3	3	1	2	2	20	50
0	1	1	0	0	1	19	1	0	2	0	0	0	0	1	2	3	3	3	2	1	18	37
2	3	2	1	1	2	25	2	0	4	2	0	0	0	3	4	6	6	4	4	3	19	44
1	1	1	0	0	2	20	1	0	2	2	1	2	1	1	3	3	3	1	2	2	24	44
2	2	2	2	1	1	34	2	2	1	2	1	1	2	1	3	3	1	1	2	3	25	59
3	3	3	2	1	3	27	3	2	3	4	2	3	3	2	6	6	4	2	4	5	25	52
3	2	2	3	1	2	47	3	2	2	3	2	1	1	1	2	3	2	3	2	2	29	76
2	1	3	3	1	1	28	1	2	2	1	2	2	1	2	2	3	2	2	1	2	25	53
13	12	12	9	7	9	29	10	6	13	12	7	7	5	10	17	24	19	15	15	15	22	51
40	40	45	25	32	46	23	53	27	44	26	36	31	30	52	63	38	69	49	59	55	16	39

Diese Tabelle listet nur die Kriterien auf, unabhängig von deren Gewichtung für die Dorferneuerung und für die Lebensqualität der Dörfer!
Die ungewichteten Werte werden für die Ermittlung der kriterienbezogenen Problemdichte herangezogen (siehe hierzu Abb. 190).

*) In diesen Orten läuft die Dorferneuerungsförderung noch bis Ende 2006, daher kann nur eine Bewertung der zum Stand der Drucklegung erreichten Erfolge durchgeführt werden.

Problemdichtevergleich

ungewichtete Werte nach DE

2. Stufe: Problemdichte direkt nach Abschluss der Dorferneuerungsphase (gewichtete Werte)

NR.	KRITERIEN/MAßNAHMEN	22 FÖRDERUNGSRELEVANTE KRITERIEN															
		Entwicklung und Gestaltung						Landwirtschaft			Verkehr					Dienste	
NR.	ORTE/ REGIONALE ZUORDNUNG DER FALLSTUDIEN	Ortseingang / Ortsausgang	Ortsmitte(n)	Ortsgestaltung / Raumbildung	Baulücken / neues Bauen	Leerstand / Umnutzung	Modernisierungs- bedarf	Entwicklungs- möglichkeiten	betriebliche Konflikte	Verkehrsprobleme	innerörtliche Straßen und Plätze	ruhender Verkehr	Fuß- und Radwegenetz	gefährliche Kreuzungspunkte	Buswarteplätze	kulturelle Dienste	soziale Dienste
	Niedersachsen																
1	Holzhausen/Göthen	0	3	0	2	3	4	0	0	2	3	1	2	1	2	6	6
	Kuppendorf/Heerde	2	3	0	0	3	4	3	0	2	3	1	2	1	1	6	6
	Scharringhausen	4	3	1	2	3	8	3	4	2	6	1	2	2	1	2	2
	Varrel	2	0	0	0	3	8	3	2	4	3	1	2	1	0	0	0
	Wehrbleck	4	0	2	2	3	4	6	2	2	3	1	2	1	1	6	2
	Aschen	4	3	1	4	3	8	3	2	2	3	2	4	2	2	2	0
	Wagenfeld	6	9	3	4	3	8	3	2	4	9	2	4	3	0	2	0
	Bohnhorst	2	3	2	2	3	4	3	2	2	3	1	2	2	2	4	2
	Woltringhausen	4	3	2	2	3	8	3	2	2	6	1	2	2	3	2	4
	ZWISCHENSUMME 1	28	27	11	18	27	56	27	16	22	39	11	22	15	12	30	22
2	Estorf	2	0	0	0	3	4	3	0	0	0	1	0	1	1	0	2
	Haßbergen *)	2	0	1	2	6	4	6	6	2	3	1	2	2	0	0	0
	Leeseringen	6	3	2	2	3	4	3	0	2	3	1	2	2	0	0	0
	Lemke	2	6	1	2	6	8	6	2	2	3	1	2	2	1	6	0
	Oyle	2	3	1	2	3	4	6	2	2	3	1	0	2	1	6	4
	Wohlenhausen/Sudhalenbeck	2	0	0	0	3	4	0	2	0	3	0	0	1	2	4	2
	ZWISCHENSUMME 2	16	12	5	8	24	28	24	12	8	15	5	6	10	5	16	8
3	Dorste	4	6	0	0	6	8	3	2	4	6	2	4	2	2	2	2
	Elbingerode (1. Phase)	0	3	0	2	6	4	3	2	2	0	0	2	1	0	0	0
	Gittelde	4	0	0	2	6	4	6	2	2	0	1	2	1	1	4	2
	Hattorf am Harz	4	3	1	0	6	4	6	4	2	3	1	2	2	1	0	0
	Schwiegershausen	4	3	1	2	3	8	6	2	2	6	2	2	2	2	2	0
	Ührde	2	0	0	2	3	0	3	0	2	3	1	2	0	0	6	6
	Wulften	4	0	1	0	3	8	6	2	4	6	1	2	2	1	4	0
	ZWISCHENSUMME 3	22	15	3	8	33	36	33	14	18	24	8	16	10	7	18	10
4	Radbruch	2	6	2	2	3	8	3	2	2	3	1	4	2	1	4	0
5	Lübeln	2	0	0	0	3	4	0	0	0	0	0	0	0	0	0	4
	Schnega	2	0	0	0	6	8	6	0	0	0	0	0	1	1	0	0
	ZWISCHENSUMME 5	4	0	0	0	9	12	6	0	0	0	0	0	1	1	0	4
6	Eilte	2	0	1	2	9	4	3	2	2	0	1	2	1	2	0	2
	Häuslingen *)	4	0	2	2	6	8	3	2	2	3	1	2	1	1	4	0
	ZWISCHENSUMME 6	6	0	3	4	15	12	6	4	4	3	2	4	2	3	4	2
7	Beber	2	3	1	0	6	8	6	4	4	3	1	2	2	0	0	2
	Rohrsen	2	0	2	0	3	4	3	2	4	3	1	0	1	0	4	2
	ZWISCHENSUMME 7	4	3	3	0	9	12	9	6	8	6	2	2	3	0	4	4
8	Abbenrode	0	0	0	0	0	0	0	2	0	0	0	0	0	0	0	0
	Jerxheim	2	3	1	4	6	8	3	2	2	6	1	2	1	1	2	2
	Watzum	2	0	0	0	6	4	3	0	2	0	1	2	1	2	0	2
	ZWISCHENSUMME 8	4	3	1	4	12	12	6	4	4	6	2	4	2	3	2	4
	SUMME NIEDERSACHSEN	86	66	28	44	132	176	114	58	66	96	31	58	45	32	78	54
	Sachsen-Anhalt																
9	Binde	4	3	1	4	9	8	6	0	0	3	1	2	1	1	4	4
	Ritzleben	2	3	0	2	9	8	6	0	0	3	1	2	0	0	6	4
	ZWISCHENSUMME 9	6	6	1	6	18	16	12	0	0	6	2	4	1	1	10	8
10	Axien	2	3	1	2	9	8	3	2	2	0	1	2	1	3	6	2
	Gehmen	2	3	1	0	6	8	3	0	0	3	0	2	1	0	6	4
	ZWISCHENSUMME 10	4	6	2	2	15	16	6	2	2	3	1	4	2	3	12	6
11	Eimersleben	2	0	0	4	6	4	3	0	0	3	1	2	1	0	6	2
	Erxleben	6	0	1	4	9	8	3	2	2	6	1	2	2	1	4	2
	ZWISCHENSUMME 11	8	0	1	8	15	12	6	2	2	9	2	4	3	1	10	4
12	Reinstedt	4	6	2	4	9	8	9	4	4	9	3	4	2	2	4	0
13	Großjena	0	0	0	2	6	4	3	4	4	3	1	2	2	1	2	2
	SUMME SACHSEN-ANHALT	22	18	6	22	63	56	36	12	12	30	9	18	10	8	38	20
	SUMME KRITERIEN	108	84	34	66	195	232	150	70	78	126	40	76	55	40	116	74

max. zu erreichende Punktzahl: Orte (förderungsrelevante Kriterien): 129 Punkte
Orte (bedingt förderfähige Kriterien): 81 Punkte

Abb. 453: Bewertungstabelle des Problemdichtevergleichs (2. Stufe: Problemdichte direkt nach Abschluss der Dorferneuerungsphase, gewichtete Werte)

Freiflächen / Ökologie							14 KRITERIEN UNABHÄNGIG VON DER DORFERNEUERUNG (BEDINGT FÖRDERFÄHIG)															
							Entwicklung				Handwerk, Gewerbe			Verkehr		Infrastruktur / Dienste						
landschaftliche Ortseinbindung	private Grünflächen	öffentliche Grünflächen	Wasserläufe / Wasserflächen	Pflanzungen	Einfriedungen	SUMME ORTE	Bauleitplanung / Wohnbau	Gewerbe-ansiedlungen	Denkmalschutz / Ensembleschutz	Außenbereich Landwirtschaft; § 35	Entwicklungs-möglichkeiten	betriebliche Nutzungskonflikte	betriebliche Verkehrsprobleme	ÖPNV	Durchgangsstraße / Emissionen	technische Infrastruktur	private Dienste / Versorgungseinr.	Sport- und Freizeitangebote	Fremdenverkehrs-angebote	Sonderflächen	ZWISCHENSUMME ORTE	GESAMTSUMME ORTE
0	1	2	0	0	1	39	4	0	0	0	0	0	0	4	0	1	9	2	0	1	21	60
0	0	2	2	0	1	42	0	0	1	1	0	0	0	2	4	0	3	2	4	2	19	61
2	1	2	0	0	1	52	8	0	1	0	0	1	0	4	4	2	3	4	4	0	31	83
2	1	0	0	0	1	33	8	2	1	1	2	1	1	4	8	0	3	2	4	1	38	71
2	1	2	0	1	1	48	8	0	0	1	2	1	1	4	8	0	3	2	4	1	35	83
2	2	2	2	2	2	57	4	2	0	0	2	0	0	4	8	0	6	2	2	2	32	89
6	1	4	2	2	2	79	8	4	0	2	6	2	3	2	12	0	0	0	0	3	42	121
2	1	4	2	1	1	50	4	2	0	1	2	1	1	2	8	1	6	2	4	1	35	85
2	1	2	0	1	1	56	4	0	0	1	0	0	0	4	4	0	9	0	4	1	27	83
18	9	20	8	7	11	51	48	10	3	7	14	6	6	30	56	4	42	16	26	12	31	82
2	0	0	0	0	1	20	8	0	1	0	2	0	1	0	8	2	3	0	0	1	26	46
2	1	2	0	1	2	45	4	2	1	1	2	1	1	2	4	0	6	0	2	1	27	72
4	2	2	2	1	2	46	8	6	1	0	6	3	2	0	12	0	9	2	4	3	56	102
4	1	4	0	1	2	62	8	4	0	0	2	2	3	2	4	0	0	0	4	3	32	94
0	1	2	0	0	1	46	4	0	1	0	2	1	1	4	8	0	3	2	4	1	31	77
0	1	2	0	1	1	28	0	0	1	1	0	0	0	4	0	2	9	2	4	0	23	51
12	6	12	2	4	9	41	32	12	5	2	14	7	8	12	36	4	30	6	18	9	33	74
2	0	2	0	1	1	59	8	0	2	0	0	1	0	4	12	0	3	2	4	0	36	95
0	0	2	0	1	0	28	8	0	1	1	2	0	0	2	0	0	9	2	2	1	28	56
2	1	2	2	1	1	46	8	6	2	0	2	2	2	2	4	0	3	2	2	2	37	83
2	0	2	2	1	1	47	8	0	1	0	4	1	1	0	8	0	0	2	2	2	29	76
2	1	4	2	1	2	59	4	0	2	0	0	0	1	4	12	2	3	2	4	0	34	93
0	1	0	0	1	1	33	0	0	2	0	0	0	0	4	0	2	6	4	2	1	21	54
2	1	4	2	1	1	55	8	2	1	1	2	1	0	0	8	0	3	2	4	1	33	88
10	4	16	8	7	7	47	44	8	11	2	10	5	4	16	44	4	27	16	20	7	31	78
2	1	2	2	1	2	55	8	2	0	1	4	1	1	0	8	0	3	2	2	2	34	89
0	1	2	0	0	0	16	4	0	2	0	0	0	0	4	0	2	9	4	0	0	25	41
0	1	2	4	1	1	33	4	0	2	0	0	0	0	4	4	0	6	4	2	1	27	60
0	2	4	4	1	1	25	8	0	4	0	0	0	0	8	4	2	15	8	2	1	26	51
2	1	4	4	1	1	46	4	0	0	0	0	0	1	4	8	0	6	4	2	1	30	76
2	1	0	0	0	2	46	4	2	1	1	2	1	2	4	4	0	3	4	4	1	33	79
4	2	4	4	1	3	46	8	2	1	1	2	1	3	8	12	0	9	8	6	2	32	78
2	1	2	0	1	1	51	4	4	1	0	6	1	1	2	8	0	3	2	2	1	35	86
4	1	0	0	1	1	38	4	0	0	0	2	1	1	0	8	0	6	2	6	2	32	70
6	2	2	0	2	2	45	8	4	1	0	8	2	2	2	16	0	9	4	8	3	34	78
0	0	0	2	0	0	4	4	2	2	1	2	1	0	2	0	0	6	4	0	1	25	29
2	1	2	2	1	1	55	8	2	2	0	4	1	1	2	8	0	3	2	2	3	38	93
0	1	4	0	1	1	32	4	0	2	0	0	0	0	4	0	0	6	2	4	0	22	54
2	2	6	4	2	2	30	16	4	6	1	6	2	1	8	8	0	15	8	6	4	43	88
54	28	66	32	25	37	44	172	42	31	14	58	24	25	84	184	14	150	68	88	40	31	75
4	2	2	0	2	1	62	4	0	1	2	2	1	0	2	12	3	6	4	4	2	43	105
2	1	2	0	1	0	52	0	0	1	0	0	0	0	2	0	3	9	4	4	1	24	76
6	3	4	0	3	1	57	4	0	2	2	2	1	0	4	12	6	15	8	8	3	33,5	91
4	2	2	2	1	1	59	4	0	2	2	0	0	0	4	8	3	9	2	4	2	40	99
0	1	2	0	0	1	43	4	0	2	0	0	0	0	2	8	3	9	6	4	1	39	82
4	3	4	2	1	2	51	8	0	4	2	0	0	0	6	16	6	18	8	8	3	39,5	91
2	1	2	0	0	2	41	4	0	2	2	2	2	1	2	12	3	9	2	4	2	47	88
4	2	4	4	1	1	69	8	4	1	2	2	1	2	2	12	3	3	2	4	3	49	118
6	3	6	4	1	3	55	12	4	3	4	4	3	3	4	24	6	12	4	8	5	48	103
6	2	4	6	1	2	95	12	4	2	3	4	1	1	2	8	3	6	6	4	2	58	153
4	1	6	6	1	1	55	4	4	2	1	4	2	1	4	8	3	6	4	2	2	47	102
26	12	24	18	7	9	60	40	12	13	12	14	7	5	20	68	24	57	30	30	15	43	103
80	40	90	50	32	46	47	212	54	44	26	72	31	30	104	252	38	207	98	118	55	34	81

In dieser Tabelle werden die zuvor ermittelten Problempunkte gewichtet. Die sich daraus ergebenden Werte werden für die Ermittlung der ortsbezogenen Problemdichte verwendet (siehe hierzu Abb. 189).

*) In diesen Orten läuft die Dorferneuerungsförderung noch bis 2006, daher kann nur eine Bewertung der zum Stand der Drucklegung erreichten Erfolge durchgeführt werden.

Problemdichtevergleich

gewichtete Werte nach DE

Beispielrechnung zur Ermittlung des Erfolges der Dorferneuerung Siedlungs-, hochbaulicher und ökologischer Problemdichtevergleich

Verwendete Tabellen: Bewertungstabellen des Problemdichtevergleichs (jeweils gewichtete und ungewichtete Werte), siehe Abb. 450 – 453.

<u>1. Stufe: Die Ermittlung des Ausgangszustandes</u>
Bewertung und Gewichtung der Problemdichte der ausgewählten <u>22 förderungsrelevanten Kriterien</u>

Beispiel: Im Dorf Estorf ist vor der Dorferneuerung eine große Zahl leer stehender/ungenutzter Bausubstanz angetroffen worden.
Demnach kommt dem Kriterium „Leerstand/Umnutzung“ ein hoher Stellenwert zu, wird also mit 3 Punkten (= extreme Problemlage) belegt.
Die Dringlichkeit des genannten Kriteriums in Estorf wird durch die Gewichtung 3 bestätigt, demnach erhält Estorf als Ausgangslage 9 Punkte im Bereich des „Leerstandes“.

Sämtliche Kriterien werden nach gleichem Muster für alle Orte abgearbeitet.
Die Addition aller Punkte in horizontaler Richtung ergibt dann die Problemdichte des jeweiligen Ortes.

Beispiel: Estorf hat nach der Ermittlung sämtlicher Problempunkte eine Gesamtpunktzahl von 91 erreicht, (d. h. 70 % von maximal 129 erreichbaren Punkten).

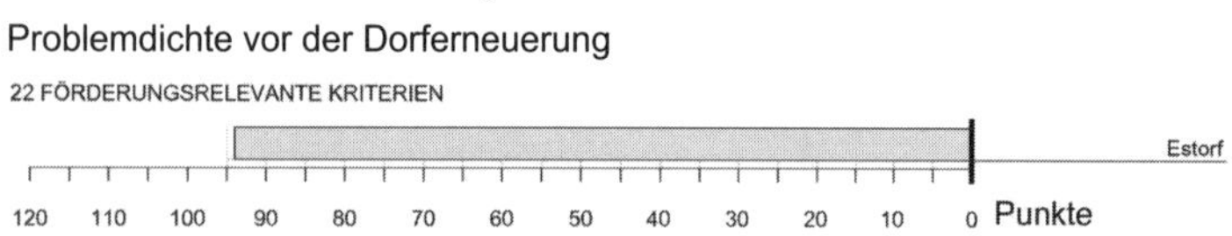

Ausschnitt aus Abb. 189

In vertikaler Richtung wird die Problemdichte eines jeden Kriteriums abgelesen. Da jedoch auf der Kriterienebene der „reine“ Vergleich der Problemdichte vorgenommen wird, unabhängig von der Gewichtung und damit der Wichtigkeit eines Kriteriums für ein Dorf, wird bei der Gesamtpunktzahl der Kriterien die <u>ungewichtete Zahl</u> verwendet.

Beispiel: In Niedersachsen wurden für das Kriterium „Leerstand/Umnutzung“ insgesamt 54 Punkte ermittelt.

Diese Punkte werden der tatsächlich möglichen Punktzahl eines jeden Kriteriums gegenübergestellt.

Beispiel: Das Kriterium „Leerstand/Umnutzung“ kann maximal mit 96 Punkten belegt werden (maximal 3 Punkte pro Dorf und 32 Dörfer wurden in Niedersachsen untersucht).
Demnach wurden in Niedersachsen 56 % der möglichen Punkte erreicht, d. h. 56 % Problemdichte ist im Bereich des Leerstandes ermittelt worden.

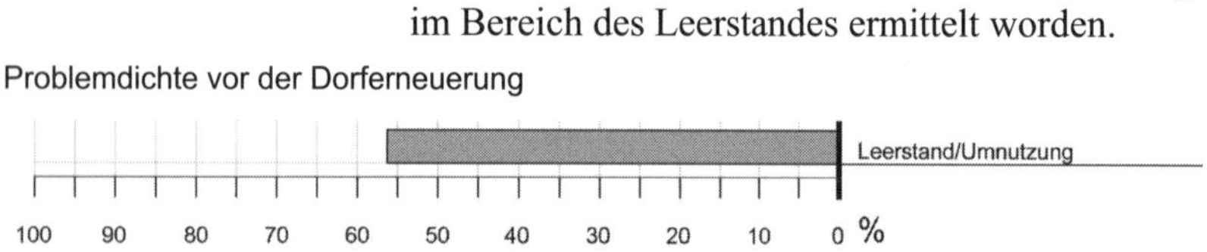

Ausschnitt aus Abb. 190

<u>2. Stufe: Die Problemlage direkt nach Abschluss der Dorferneuerungsphase – Die Ermittlung des Erfolges der Dorferneuerung</u>
Es erfolgt eine Bewertung und Gewichtung des Zustandes direkt nach der Dorferneuerung nach gleichem o. g. Schema.

Beispiel: In Estorf bewirkte die Dorferneuerung die Umnutzung und Sanierung leer stehender Bausubstanz – und damit eine Einstufung mit der Punktzahl 1, d. h. dass zwar etliche Gebäude umgenutzt wurden, jedoch noch ein Restbedarf besteht. Nach der Gewichtung mit der Dringlichkeit 3 weist Estorf nun nach der Dorferneuerung nur noch eine Problemdichte von 3 im Bereich des Kriteriums „Leerstand/Umnutzung“ auf.
Demnach sind nach Addition aller Punkte für Estorf noch 20 Punkte übrig geblieben, (das entspricht dann 16 % der möglichen Problempunkte).

Der daraus resultierende Erfolg auf Ortsebene wird dann folgend aus den <u>gewichteten Werten</u> ermittelt.

Beispiel: Estorf hatte zu Beginn der Dorferneuerung eine Problemdichte von 91 Punkten, nach der Dorferneuerung noch 20 Punkte. Demnach ergibt sich ein Erfolg von 78 %.

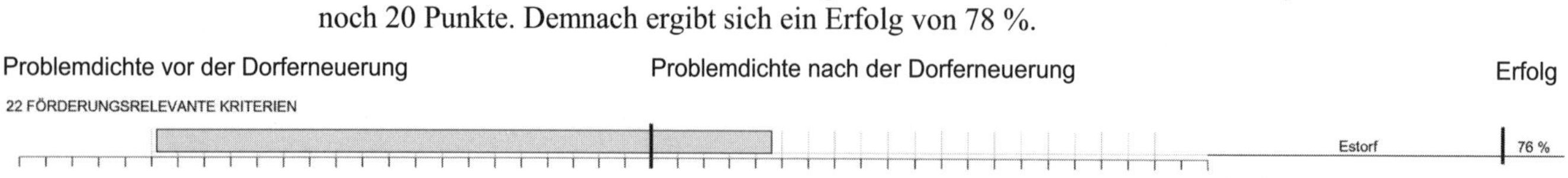

Ausschnitt aus Abb. 189

Auch für die Kriterien ergibt sich ein Erfolg, der aus den <u>ungewichteten Werten</u> ermittelt werden kann.

Beispiel: Das Kriterium „Leerstand/Umnutzung“ hatte vor der Dorferneuerung eine Punktzahl von 54 Punkten, nach der Dorferneuerung konnten noch 44 Punkte verzeichnet werden, demnach also ein Erfolg von 19 %.

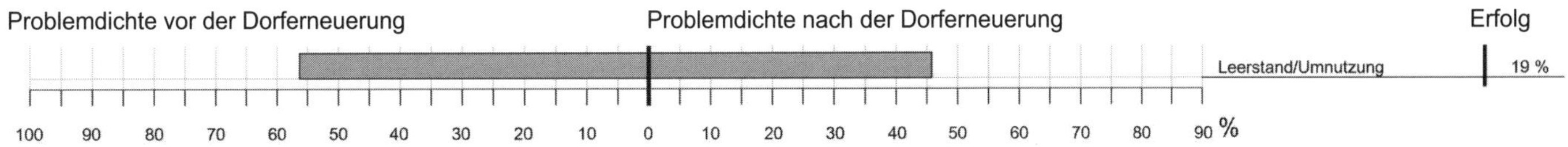

Ausschnitt aus Abb. 189

<u>3. Stufe: Situation der Dörfer 2005 – Ermittlung des Gesamterfolges</u>

Wie bereits im Text beschrieben, ist seit der Dorferneuerung in einigen Dörfern etliche Zeit vergangen, in der die Dörfer die erzielten Erfolge weiter ausbauten bzw. sich auf neue Gegebenheiten einstellen mussten.

Eine 3. Bewertungsstufe bezieht sich daher auf die Zeit im Jahr 2005 (Redaktionsschluss dieser Veröffentlichung), d. h. der genannte Problemdichtevergleich wird nun ein drittes Mal ausgeführt, um die aktuelle Situation festzustellen (diese Tabellen sind jedoch im Anhang nicht abgedruckt worden). Der sich daraus ergebene „Gesamterfolg“, also aus Dorferneuerung und weiterer Entwicklungszeit ist in Abb. 192 – 194 dargestellt.

Beispiel: Das bereits gewählte Kriterium „Leerstand/Umnutzung“ wurde zu Beginn der Dorferneuerung mit 54 Punkten belegt, nach der Dorferneuerung sind noch 44 Punkte vorhanden, 2005 dann 50 Punkte.

Dieses Beispiel zeigt sofort auf, dass die Dorferneuerung einen Teilerfolg von 19 % ausgelöst hat, jedoch sich bis zur Situation im Jahr 2005 wieder neue Problemlagen ergeben haben, d. h. weitere Gebäude leer gefallen sind („Verschlechterung“ um 11 %), womit ein weiterer Umnutzungsbedarf für die Folgezeit vorliegt.

Dennoch sind in diesem Kriterium noch 8 % Gesamterfolg zu verzeichnen.

Um auch ein positives Beispiel aufzuzeigen, sei hier das Kriterium der „innerörtlichen Straßen und Plätze“ gewählt.

Vor der Dorferneuerung ergab die Problemdichte einen Wert von 59 Punkten, nach der Dorferneuerung 32 Punkte und heute 30 Punkte. Also können Teilerfolge von sowohl 46 % als auch von 3 % verzeichnet werden, woraus sich ein addierter Gesamterfolg von 49 % (vgl. Abb. 193) ergibt.

Natürlich ist dieser Gesamterfolg auch auf der Ortsebene abzulesen.

Da jedoch der erweiterte Kriterienkatalog (vgl. Seite 233) noch nicht in den bis hierher vorgestellten Berechnungen einbezogen werden musste, wurde auf Ortsebene der Gesamterfolg mit <u>allen 36 Kriterien</u> ermittelt.

Beispiel: Für Estorf ergibt sich demnach: 130 Punkte vor der Dorferneuerung, 46 nach der Dorferneuerung und 40 Punkte im Jahr 2005. Daraus können Teilerfolge von 65 % und 5 % oder ein Gesamterfolg von 70 % ermittelt werden (vgl. Abb. 192).

Wichtiger HINWEIS in eigener Sache:

Die genannten und ermittelten Zahlen können nicht den „wahren Erfolg“ einer Dorferneuerung für das jeweilige Dorf wiedergeben. Das heißt, dieser rein maßnahmenbezogene Vergleich stellt den Versuch einer <u>quantitativen Erfolgsermittlung</u> dar, in Form des „Abarbeitungsgrades“ der einzelnen geplanten Maßnahmen.

Jedoch sind die tatsächliche <u>qualitative Umsetzung</u> und die damit verbundenen Aus- und Folgewirkungen auf das Dorf sowie die Wirkung für den Betrachter eher eine subjektive Wahrnehmung des Erfolges und hier nicht unbedingt Ziel des aufgestellten Problemdichtevergleichs.

Daher sind auch für Dörfer, die scheinbar „weniger gut“ im Vergleich abgeschnitten haben, durchaus wichtige Erfolge für ihre Entwicklung und Gestaltung feststellbar, die zwar rein quantitativ „wenig“ beitragen, die aber positive quantitative Auswirkungen auf die soziale und bauliche Dorfstruktur haben können.

Bewertungsbogen
Ranking – Lebensqualitäten in den Fallstudiendörfern

Lebensqualität im ländlichen Raum, Dörfer als Wohn-/Arbeits- und Freizeitstandorte – die Gewichtung

NR.	KRITERIEN / ORTE/ REGIONALE ZUORDNUNG DER FALLSTUDIEN	1	2.1	2.2	2.3	3	4	5.1	5.2	5.3	6.1	6.1	7.1	7.2	8.1	8.2	8.3
			Landschaft					Alternative Energien			Versorgung		Kommune		Landwirtschaft		
		Regionale Randbedingungen	Ökologische Funktionen	Straßen / Plätze mit Aufenthaltsqualität	private Freiräume	Erschließung (ÖPNV)	Wasser / Energie / "Datenautobahn"	private Solar-/ Voltaikanlagen	Windkraft	Erdwärme / Biogas / nachw. Rohstoffe	täglicher Bedarf u. a.	Soziokulturelle Dienste	Haushalt / Investitionsbereitschaft	Eigenständigkeit der Fallstudien	konventionelle Urproduktion	Nischenproduktion	zusätzliche Dienstleistungen
	Niedersachsen																
1	Holzhausen/Göthen	1,5	2	1	1,5	1	1	0	2	0	0	1	0,5	0	1,5	1	1
	Kuppendorf/Heerde	3	4	2	1	1	1	2	1	0	1	2	0,5	0	1,5	1	1
	Scharringhausen	3	3	1	1	1	1	0	0,5	0	1	1	0,5	0	1,5	4	2
	Varrel	4,5	2	4	1	2	2	0,5	0	0	4	3	1	4	1,5	2	1
	Wehrbleck	4,5	2	3	1,5	2	2	1	1	1	3	2	1,5	4	1,5	0	1,5
	Aschen	4,5	1	2	0,5	0	4	0	0	0	1	2	0,5	0	2	0	0,5
	Wagenfeld	3	1	0	1	3	4	0	0	0	4	4	0	4	1,5	1	0,5
	Bohnhorst	1,5	1	2	1	1	1	0	0	0	1	2	0	0	2	1	0,5
	Woltringhausen	1,5	1	1	1	1	1	0	0	0	0	2	0	0	2	0	0
	ZWISCHENSUMME 1	27	17	16	9,5	12	17	3,5	4,5	1	15	19	4,5	12	15	10	8
2	Estorf	4,5	4	3	2	3	4	0,5	0	0	1	3	1	4	0,5	2	1,5
	Haßbergen	4,5	3	2	1	3	4	0,5	0,5	0	4	4	2	4	2	4	2
	Leeseringen	4,5	2	2	0,5	3	4	0	0	0	0	2	1	0	0	0	0
	Lemke	4,5	2	2	1	3	4	0,5	2	0	4	2	0,5	0	0,5	0	0,5
	Oyle	4,5	4	2	2	2	4	0,5	0	0	1	1	0,5	0	0,5	2	1
	Wohlenhausen/Sudhalenbeck	3	4	3	2	1	4	0,5	2	0	0	1	0,5	0	1	3	0
	ZWISCHENSUMME 2	25,5	19	14	8,5	15	24	2,5	4,5	0	10	13	5,5	8	4,5	11	5
3	Dorste	1,5	3	2	1	2	4	0	0	0	2	3	0	0	0,5	0	1
	Elbingerode	1,5	4	3	1,5	2	4	2	2	0	0	2	0,5	4	0,5	3	0,5
	Gittelde	3	4	4	1	4	4	0	0	0	4	3	0	4	1	0	1
	Hattorf am Harz	3	4	2	1,5	4	4	0	1	0	4	4	0,5	4	0,5	0	0
	Schwiegershausen	1,5	4	2	2	3	4	0	0	0	4	3	0	0	1	1	0
	Ührde	0	4	3	2	0	2	0	0	0	0	1	0	0	2	1	2
	Wulften	3	3	2	1,5	4	4	1	0	0	4	3	0,5	4	1	0	1
	ZWISCHENSUMME 3	13,5	26	18	10,5	19	26	3	3	0	18	19	1,5	16	6,5	5	5,5
4	Radbruch	6	0	1	1	4	4	1	0	0	2	3	1	4	2	2	0,5
5	Lübeln	0	3	4	2	1	2	0	0	0	0	1	0	0	1,5	4	2
	Schnega	0	4	3	1,5	3	4	0,5	2	0	3	3	0	4	0	1	0,5
	ZWISCHENSUMME 5	0	7	7	3,5	4	6	0,5	2	0	3	4	0	4	1,5	5	2,5
6	Eilte	3	3	3	0,5	1	2	0,5	0	0	0	1	0,5	0	1	4	1,5
	Häuslingen	3	3	3	1	2	2	2	0	0	2	3	1	4	1,5	1	1,5
	ZWISCHENSUMME 6	6	6	6	1,5	3	4	2,5	0	0	2	4	1,5	4	2,5	5	3
7	Beber	1,5	3	3	1	2	2	0	0	0	0	3	0	0	1	1	0,5
	Rohrsen	3	2	2	1	2	2	0,5	0	0	0	1	0	0	1	1	0,5
	ZWISCHENSUMME 7	4,5	5	5	2	4	4	0,5	0	0	0	4	0	0	2	2	1
8	Abbenrode	4,5	3	4	2	2	4	2	0	2	0	2	1	4	1	0	0,5
	Jerxheim	3	2	2	1,5	3	4	0	0	0	4	4	0,5	4	1	1	0
	Watzum	1,5	1	2	1	1	2	0	0	0	0	2	0,5	0	1	1	0
	ZWISCHENSUMME 8	9	6	8	4,5	6	10	2	0	2	4	8	2	8	3	2	0,5
	SUMME NIEDERSACHSEN	91,5	86	75	41	67	95	15,5	14	3	54	74	16	56	37	42	26
	Sachsen-Anhalt																
9	Binde	1,5	2	3	1	2	1	0	0	0	1	1	0	4	0,5	0	0
	Ritzleben	1,5	2	3	1	2	1	0	0	0	0	1	0	0	0,5	0	1,5
	ZWISCHENSUMME 9	3	4	6	2	4	2	0	0	0	1	2	0	4	1	0	1,5
10	Axien	0	2	3	1	1	0	0	1	0	0	2	0	4	1	0	0
	Gehmen	0	2	2	1	1	0	0	0	0	0	1	0	0	0,5	0	0
	ZWISCHENSUMME 10	0	4	5	2	2	0	0	1	0	0	3	0	4	1,5	0	0
11	Eimersleben	3	1	4	1	2	4	0	2	0	0	2	1	4	1	0	2
	Erxleben	3	1	3	1	2	4	0	0	0	4	4	1	4	0,5	2	1,5
	ZWISCHENSUMME 11	6	2	7	2	4	8	0	2	0	4	6	2	8	1,5	2	3,5
12	Reinstedt	0	3	1	1,5	1	0	0	2	0	2	2	0	0	1	1	0
13	Großjena	4,5	4	4	1,5	2	4	0	0	0	1	2	0,5	0	0,5	0	0
	SUMME SACHSEN-ANHALT	13,5	17	23	9	13	14	0	5	0	8	15	2,5	16	5,5	3	5
	GESAMTSUMME KRITERIEN	105	103	98	50	80	109	15,5	19	3	62	89	18,5	72	42,5	45	31

Abb. 454: Bewertungstabelle des Rankings (gewichtete Werte)

9	10.1	10.2	10.3	10.4	11	12	13	14.1	14.2	15.1	15.2	16.1	16.2	16.3	
	Emissionen durch							Bauland		Gestaltung		Dorferneuerung			
Arbeitsplätze Handwerk, Dienstleistung	Landwirtschaft	Durchgangsverkehr	örtliches Gewerbe	Anlagen, Windkraft, Halden u. a.	Demografischer Faktor	Soziale Integration	Engagement / Vereine	Baugebiets-ausweisung	Baulückenbebauung / Umnutzungen	siedlungsbauliche Qualitäten	hochbauliche Qualitäten	private Investitions-bereitschaft	Umsetzungsgrad öffentlich	Umsetzungsgrad privat	GESAMTSUMME ORTE
0	1	3	1	0	3	1	4,5	2,25	1,5	2	1	1	1	1	38,3
1	0,5	3	1	0,5	0	1	3	2,25	1,5	2	2	0,5	1	1	42,3
0	0,5	1	0,25	0,5	3	0,5	3	1,5	0,75	2	1	1	1	2	38,5
2	1	2	0,5	1	4,5	1	6	1,5	1,5	2	1	0	3	3	62,5
1	1	1	0,75	0,5	3	2	6	0,75	1,5	2	1	0,5	2	2	56,5
2	1,5	2	1	1	1,5	1,5	3	3	0,75	2	2	1	2	0	42,3
4	1	0	0	0,75	3	0,5	4,5	0,75	1,5	0	0	0	1	0	44,0
2	1	1	1	1	0	1	3	2,25	1,5	2	1	0,5	2	1	34,3
0	1	3	1	1	0	0,5	4,5	3	0,75	1	1	1,5	1	1	30,8
12	8,5	16	6,5	6,25	18	9	37,5	17,25	11,25	15	10	6	14	11	43,3
1	2	0	1	1	4,5	1,5	6	1,5	2,25	4	4	1	4	4	71,8
4	0	1	0,75	0,75	6	1	6	0,75	1,5	2	1	0,5	3	2	70,8
4	2	0	0	0	4,5	1,5	3	1,5	1,5	1	1	0	3	1	43,0
3	2	1	0,25	0,25	6	1,5	3	1,5	0,75	1	2	0	2	1	51,8
2	2	2	1	0,75	6	1	3	2,25	2,25	3	2	0	3	2	57,3
0	2	4	1	0	4,5	1	3	3	2,25	3	3	0,5	3	2	57,3
14	10	8	4	2,75	31,5	7,5	24	10,5	10,5	14	13	2	18	12	58,6
2	1	0	0,75	1	3	1,5	3	1,5	1,5	3	2	0	0	0	40,3
1	2	4	1	0,25	3	1	4,5	2,25	0,75	4	4	2	4	3	67,3
4	1,5	2	0,25	1	0	0,5	3	1,5	1,5	4	4	1,5	4	3	64,8
4	1,5	1	0,5	0,5	4,5	1,5	4,5	0,75	1,5	2	2	0	3	2	61,8
2	1	1	0,75	1	1,5	2	4,5	2,25	0,75	3	2	1,5	0	1	49,8
0	1,5	4	1	1	1,5	1,5	3	3	2,25	4	3	1,5	3	3	50,3
2	1,5	2	0,5	0,75	4,5	2	4,5	0,75	1,5	2	1	1	2	1	59,0
15	10	14	4,75	5,5	18	10	27	12	9,75	22	18	7,5	16	13	56,1
2	1	1	1	0,75	6	1,5	4,5	1,5	2,25	1	1	0,5	1	2	58,5
2	2	4	1	1	3	1,5	1,5	2,25	3	3	4	0,5	4	4	57,3
1	2	3	1	0	0	1,5	4,5	2,25	2,25	3	3	0,5	3	2	58,5
3	4	7	2	1	3	3	6	4,5	5,25	6	7	1	7	6	57,9
0	1	1	1	1	1,5	1,5	4,5	1,5	0,75	4	2	2	3	2	47,8
2	0,5	2	0,5	0,25	1,5	1	4,5	1,5	0,75	3	1	0,5	3	2	54,0
2	1,5	3	1,5	1,25	3	2,5	9	3	1,5	7	3	2,5	6	4	50,9
0	1	2	1	0,75	1,5	0,5	3	2,25	0,75	3	2	0,5	3	3	42,3
1	1,5	2	1	0,75	3	1,5	3	2,25	1,5	1	2	1	3	2	42,5
1	2,5	4	2	1,5	4,5	2	6	4,5	2,25	4	4	1,5	6	5	42,4
2	1	3	1	1	4,5	1	3	2,25	3	4	4	1	4	4	70,8
2	1	1	1	0,5	3	1	3	1,5	1,5	3	2	1	1	2	54,5
0	1	3	1	1	0	1,5	3	3	1,5	4	3	1,5	2	2	40,5
4	3	7	3	2,5	7,5	3,5	9	6,75	6	11	9	3,5	7	8	55,3
53	40,5	60	24,75	21,5	91,5	39	123	60	48,75	80	65	24,5	75	61	52,9
1	1,5	1	1	1	4,5	2	1,5	3	0,75	2	2	1	3	2	44,3
0	1,5	3	1	1	4,5	2	1,5	3	1,5	3	2	0	2	2	41,5
1	3	4	2	2	9	4	3	6	2,25	5	4	1	5	4	42,9
0	1	2	1	0,5	1,5	2	1,5	3	0,75	3	1	2	3	2	39,3
0	1,5	2	1	1	1,5	2	1,5	3	1,5	4	2	1	2	2	33,5
0	2,5	4	2	1,5	3	4	3	6	2,25	7	3	3	5	4	36,4
0	1	0	1	0	1,5	2	3	3	2,25	4	3	1,5	4	3	56,3
3	1,5	0	0,5	0,25	3	1,5	3	1,5	1,5	2	2	1	3	2	56,8
3	2,5	0	1,5	0,25	4,5	3,5	6	4,5	3,75	6	5	2,5	7	5	56,5
2	1	2	0,5	0	4,5	2	3	0,75	0	3	1	1	1	2	38,3
0	1	2	1	1	4,5	2	3	3	2,25	4	3	1	4	3	58,8
6	10	12	7	4,75	25,5	15,5	18	20,25	10,5	25	16	8,5	22	18	46,6
59	50,5	72	31,75	26,25	117	54,5	141	80,25	59,25	105	81	33	97	79	49,7

Ranking

gewichtete Werte

ANHANG II

Allgemeines

Literaturliste

	Autor/Herausgeber	Titel	Verlag	Jahr
1	Ackermann, Andreas	Grünplanung in der Dorferneuerung	Manuskript Architektenkammer Niedersachsen	2001
2	Amt für Regionalplanung und Kreisentwicklung, Landkreis Osterode am Harz	Regionales Raumordnungsprogramm (RROP) Osterode am Harz	Landkreis Osterode am Harz	1998
3	Amt für Regionalplanung und Wirtschaftsförderung, Landkreis Nienburg	Regionales Raumordnungsprogramm (RROP) Nienburg / Weser	Landkreis Nienburg/Weser	2003
4	ARGE für Niedersächsische Dorf- und Landesentwicklung Uni Hannover	Das Profil – Untersuchung ländlicher Gemeinden in Niedersachsen	Universität Hannover	1989
5	ARGE Landentwicklung (Hrsg.) Bund-Länder-Arbeitsgemeinschaft Landentwicklung	Landentwicklung – Antworten der Landentwicklung auf aktuelle und künftige Herausforderungen im ländlichen Raum	Geschäftsstelle der Arge Landentwicklung Mainz	2003
6	ARGE Landentwicklung (Hrsg.) in der Schriftenreihe des BMELF	Leitlinien Landentwicklung (Heft 18 der ARGE Landentwicklung)	Landwirtschaftsverlag GmbH, Münster-Hiltrup	2000
7	Birg, Herwig	Bevölkerungsentwicklung	Informationen zur politischen Bildung, München, Heft 282	2004
8	Böse-Fischer, Carola	Windmühlen bläst der Sturm ins Gesicht	Hannoversche Allgemeine Zeitung vom 11.02.2005	2005
9	Born, M.	Geographie der ländlichen Siedlungen	Teubner, Stuttgart	1977
10	Bokermann, Ralf/ Schulte, Andreas	Projektbewertung mit einem Ansatz der Nutzwertanalyse	ECOVAST-Schriftenreihe Heft 3, Universität Kassel	2002
11	Bokermann, Ralf u. a.	Dorf und Region in der ländlichen Entwicklung	ECOVAST- Schriftenreihe Heft 5, Universität Kassel	2004
12	Borchard, Klaus	Effizienz der Dorferneuerung, Anwendungsfälle (Heft 77 der Schriftenreihe des BMELF, Bonn)	Landwirtschaftsverlag GmbH, Münster-Hiltrup	1990
13	Brockmann, D. (Hrsg.)/ Chotjewitz, P. O./ Funk, A. u. a. Autoren	Landleben	rororo-Sachbuch Rowohlt-Verlag, Reinbek	1977
14	Bundesministerium für Ernährung, Landwirtschaft und Forsten (BMELF) (Hrsg.)	Dorferneuerung (Sonderheft)	BMELF, Bonn	1979
15	Bundesministerium für Ernährung, Landwirtschaft und Forsten (BMELF) (Hrsg.)	Dorf 2000 – Beispiele nachhaltiger Landentwicklung	BMELF, Bonn	2000
16	Bundesministerium für Verbraucherschutz, Ernährung und Landwirtschaft (Hrsg.)	Ländliche Entwicklung – aktiv gestalten	Referat Ländliche Entwicklung, Bonn	2005
17	Bundesministerium für Verbraucherschutz, Ernährung und Landwirtschaft (Hrsg.)	Meilensteine der Agrarpolitik	BMVEL, Berlin	2005
18	Bundesministerium für Verbraucherschutz, Ernährung und Landwirtschaft (Hrsg.)	Regionen aktiv – Land gestaltet Zukunft	RMP Rautenberg, Multipress-Verlag KG ,Troisdorf	2001
19	Bundesministerium für Verbraucherschutz, Ernährung und Landwirtschaft (Hrsg.)	Zukunft der ländlichen Entwicklung in Deutschland – Bausteine des erfolgreichen Wandels	Manuskript der Konferenz des BMVEL im Juni 2004, Berlin	2004
20	Bund Heimat und Umwelt (BHV)	Bauen im ländlichen Raum	Bonner Universitätsdruckerei	2000
21	Busse, Tanja	Start-up im Stall	DIE ZEIT, Nr. 10/05	2005
22	Damm, T./ Grahlmann, G.	Altgebäude als Einkommensquelle	Landwirtschaftsverlag Münster-Hiltrup/ Verlagsunion Agrar	1996
23	Deking, Günther	Estorf – Ein Dorf an der Mittelweser im Spiegel seiner 900-jährigen Geschichte	Gemeinde Estorf Weserdruckerei Stolzenau	1996
24	Denkmalakademie e. V., Schloss Romrod (Hrsg.)	Bürgerschaftliches Engagement für die Zukunft der ländlichen Regionen und Dörfer Hessens	Dokumentation der Tagung 01.06.2005	2005
25	Denkmalakademie e. V., Schloss Romrod (Hrsg.)	Sterben unsere Dörfer	Tagungsbericht 11/2004	2004
26	Desczyk, Joachim	Die Dorferneuerungsplanung der letzten 15 Jahre	Manuskript Architektenkammer Niedersachsen	2001

	Autor/Herausgeber	Titel	Verlag	Jahr
27	Durth, Werner/ Nerdinger, Winfried	Architektur und Städtebau der 30er/40er Jahre/ Schriftenreihe Band 48	Deutsches Nationalkomitee für Denkmalschutz	1993
28	Eichhorn, Lothar/ Huter, Jessica	Strukturberichterstattung 2004 für Niedersachsens Regionen	Neues Archiv für Niedersachsen, Hannover	2004
29	Ellenberg, Heinz	Bauernhaus und Landschaft	Eugen Ulmer Verlag, Stuttgart	1990
30	Gebhard, H./ Biesterfeld, H./ Brennecke, M.	Umweltgestaltung im ländlichen Raum/KTBL-Schrift 180	Landwirtschaftsverlag GmbH, Münster-Hiltrup	1974
31	Gesellschaft für Landeskultur Bremen (GFL)/ KORIS Hannover	Regionales Entwicklungskonzept Nienburger Wesertal	GFL Bremen/ KORIS Hannover	2001
32	Gesellschaft für Landeskultur Bremen (GFL)/ Amt für Agrarstruktur Verden (Bearb.)	Dorferneuerung in Niedersachsen – Dorfökologie	AfL Verden/ GFL Bremen	1996
33	Grube, Joachim	Der ländliche Ortsplaner	Deutsches Architektenblatt (DAB), Heft 9/1984	1984
34	Grube, Joachim	Der öffentliche Platz	Deutsche Bauzeitung (DBZ), Nr. 5/1993	1993
35	Grube, Joachim	Dörfer des Südharzes – Erhaltenswerte ländliche Siedlungsstrukturen in Niedersachsen	Niedersächsisches Sozialministerium, Hannover	1990
36	Grube, Joachim	Dorferneuerung in Niedersachsen – Elbingerode/Harz	Verlag A. Lax, Hildesheim	1990
37	Grube, Joachim/ Rost, Diethard	Dorferneuerung in Sachsen-Anhalt – Alternative Siedlungsentwicklung	Schlüter-Verlag GmbH, Schönebeck	1995
38	Grube, Joachim	Dorferneuerung „Praxis und Theorie"	Deutsche Bauzeitung (DBZ), 07/91	1991
39	Grube, Joachim/ Johannsen, Carl-Ingwer	Eine Zukunft für das Bauen auf dem Lande – Festschrift Erich Kulke/ KTBL Schrift 228	Landwirtschaftsverlag GmbH, Münster-Hiltrup	1977
40	Grube, Joachim	Einrichtungen für die dörfliche Gemeinschaft/ KTBL-Schrift 267	Landwirtschaftsverlag GmbH, Münster-Hiltrup	1983
41	Grube, Joachim/ Pabst, Siegfried	Gemeinschaftshäuser und Mehrzweckhallen in Niedersachsen	Schriftenreihe des Niedersächsischen Sozialministeriums, Band 3	1974
42	Grube, Joachim	„Gemeinschaftlich" Dorferneuerung in Niedersachsen und Sachsen-Anhalt im Vergleich	Bausubstanz, Heft 5/96	1996
43	Grube, Joachim	Sanfter Tourismus in Dithmarschen	Manuskript des Abschlussberichtes, Nienburg	1991
44	Grube, Joachim	10 Jahre Dorferneuerung in Niedersachsen	Manuskript, Forschungsvorhaben des Nds. MELF, Hannover	1993
45	Guldager, Reinhardt	Erneuerung und Entwicklung im ländlichen Raum	Technische Universität Braunschweig	1982
46	Hauptmeyer, Carl	Holtensen – Dorfgeschichte als Beitrag zur Dorferneuerung	Niedersächsischer Heimatbund, Hannover	1982
47	Henckel, Heinar/ Knieling, Jörg/ Sinning, Heidi u. a.	Aktivierende Bürgerbeteiligung und ökologische Dorferneuerung	Schriftenreihe des ALR Heft 8, Hannover	1992
48	Henkel, Gerhard	Der ländliche Raum	Gebrüder Bornträger Verlagsbuchhandlung, Berlin/ Stuttgart	2004
49	Hullmann, Heinz/ Willkomm, Wolfgang	Gebäudeintegrierte Photovoltaik im historischen Gebäudebestand	Studiengemeinschaft für Fertigbau e. V., Wiesbaden	2005
50	Ingenieurgemeinschaft für Landwirtschaft und Umwelt (IGLU)	Bioenergieentwicklung im Landkreis Osterode am Harz	Im Rahmen des AEP-Projektes: Osterode – Südharz durch LWK Hannover	2004
51	Institut für ökologische Wirtschaftsförderung (IÖW)	Versorgung mit Waren des täglichen Bedarfs im ländlichen Raum	Verbraucherzentrale Bundesverband e. V	2005
52	Interessengemeinschaft Bauernhaus (IGB)	Der Holznagel	Mitteilungsblatt der IGB, Lilienthal	alle 2 Monate
53	Kaemling, Werner	Atlas zur Geschichte Niedersachsen	G. J. Holtzmeyer, Braunschweig	1987
54	Karweik, Klaus-Dieter	Dorferneuerung in Niedersachsen – Gebäudeumnutzungsfibel	Niedersächsisches Ministerium für Ernährung, Landwirtschaft und Forsten, Hannover	1993
55	Karweik, Klaus-Dieter	Integrierte Vorbereitungs- und Informationsphase in der Dorferneuerungsplanung	Manuskript Architektenkammer Niedersachsen	2001

	Autor/Herausgeber	Titel	Verlag	Jahr
56	Kegel, Ulrich	Lokale Agenda 21 in der Region – Perspektiven und Probleme	Ringvorlesung der TU Braunschweig im Wintersemester 2000/01	2001
57	Klausing, Helmuth	Dörfer verlieren Geschäfte	Hannoversche Allgemeine Zeitung vom 30.04.2005	2005
58	Knauer, Norbert	Landschaft und Landwirtschaft	IMA e. V., Hannover	1997
59	Kommunalverband Großraum Hannover (Hrsg.)/ KORIS Hannover	Nachhaltige Dorfentwicklung im Großraum Hannover, Heft Nr. 64	Kommunalverband Hannover	1998
60	Kommunalverband Großraum Hannover (Hrsg.)	Kulturlandschaften in Europa/ Dokumentation einer Tagung März 2003 / Heft Nr. 92	Kommunalverband Hannover	2003
61	Konieczny, Günter/ Rolli, E.	Organisation der Dorfentwicklung/ KTBL-Schrift 282	Landwirtschaftsverlag GmbH, Münster-Hiltrup	1982
62	Kraft, Julius H. W.	Was wie machen? Instandsetzen und Erhalten alter Bausubstanz	Interessengemeinschaft Bauernhaus e. V. (IGB)	1982
63	Kruschke, Per	Ökologische Bauen	Umweltbundesamt, Berlin	1982
64	Küster, Hansjörg	Geschichte der Landschaft in Mitteleuropa	Verlag C. H. Beck, München	1999
65	Kuhlicke, Christian u. a./ Institut für ökologische Wirtschaftsforschung (IÖW)	Versorgung mit Waren des täglichen Bedarfs im ländlichen Raum	IÖW, Berlin	2005
66	Kulke, Erich	Wendlanddörfer – Erhaltenswerte Siedlungsstrukturen in Niedersachsen	Der niedersächsische Sozialminister, Hannover	1984
67	Kulke, Erich/ Grube, Joachim	Abbenrode – Die Erneuerung einer Landgemeinde	Sonderheft Mitteilungen des Deutschen Heimatbundes	1974
68	Kuratorium für Wirtschaftsberatung e. V. im Kreis Diepholz (Hrsg.)	Landwirtschaft im Kreis Diepholz	Diepholz	2003
69	Kuratorium für Wirtschafts-förderung im Landkreis Nienburg e. V. (Hrsg.)	Landwirtschaft im Landkreis Nienburg	Nienburg/Weser	2004
70	Laabs, Dirk u. a. Autoren	Von der Krise zur Agrarwende	DER SPIEGEL, Heft 3/01	2001
71	Lamprecht, Günter	Ortskernsanierung Abbenrode/Abschlussbericht	Gemeinde Cremlingen	2000
72	Landwirtschaftskammer (LWK) Hannover (Hrsg.)	Dorferneuerung	Universität Hannover	1979
73	Landwirtschaftskammer (LWK) Hannover (Hrsg.)	Zahlen der Landwirtschaft 2003	LWK Hannover	2003
74	Landzettel, Wilhelm	Dorferneuerung in Niedersachsen	Niedersächsisches Ministerium für Ernährung, Landwirtschaft und Forsten, Hannover	1985
75	Landzettel, Wilhelm	Ländliche Siedlungen in Niedersachsen	Der niedersächsische Sozialminister, Hannover	1981
76	Lichtnau, Bernfried	Städtische und ländliche Siedlungsarchitektur	Steinbecker Verlag Rose, Greifswald	1999
77	Lokale Aktionsgruppe (LAG) (Hrsg.)	Diepholzer Moorniederung (Regionales Entwicklungskonzept)	Eigenverlag Diepholz	2001
78	Miegel, Meinhard	Die deformierte Gesellschaft	Ullstein-Verlag	2002
79	Miegel, Meinhard	Vor uns: 30 magere Jahre	DIE ZEIT, Nr. 31	2002
80	Mitscherlich, Alexander	Die Unwirtlichkeit unserer Städte	Suhrkampverlag, Frankfurt a. M.	1965
81	Museumsverband für Niedersachsen und Bremen	Museum und Tourismus	Manuskripte der Jahrestagung des Museumsverbandes Nienburg/Weser	2004
82	NABU, Naturschutzbund Deutschland	Bauen in Deutschland	NABU, Bonn	2002
83	Niedersächsische Akademie Ländlicher Raum (ALR) (Hrsg.)	Ausgleichsmaßnahmen in der Bauleitplanung/Heft 6	Geschäftsstelle der ALR, Hannover	1992
84	Niedersächsische Akademie Ländlicher Raum (ALR) (Hrsg.)	Demografische Entwicklung in Niedersachsen, Sommerbericht Teil 1/Heft 31	Geschäftsstelle der ALR, Hannover	2004
85	Niedersächsische Akademie Ländlicher Raum (ALR) (Hrsg.)	Handreichung Seniorenfreundliche Dorferneuerung – Modelldörfer, Praxisbeispiele/Heft 21	Geschäftsstelle der ALR, Hannover	1997
86	Niedersächsische Akademie Ländlicher Raum (ALR) (Hrsg.)	Historische Kulturlandschaften/ Spurensuche in Niedersachsen/ Heft 26	Geschäftsstelle der ALR, Hannover	2001
87	Niedersächsische Akademie Ländlicher Raum (ALR) (Hrsg.)	Initiativen zur Stärkung der Ländlichen Räume/Heft 34	Geschäftsstelle der ALR, Hannover	2005
88	Niedersächsische Akademie Ländlicher Raum (ALR) (Hrsg.)	Kultur im ländlichen Raum – Entwicklungsimpulse und Lebensqualität/Heft 16	Geschäftsstelle der ALR, Hannover	1995

	Autor/Herausgeber	Titel	Verlag	Jahr
89	Niedersächsische Akademie Ländlicher Raum (ALR) (Hrsg.)	Ländliche Regionen mit Zukunft – Perspektiven der ländlichen Regionalentwicklung in Niedersachsen/Heft 23	Geschäftsstelle der ALR, Hannover	1999
90	Niedersächsischer Heimatbund (NHB), Niedersächsische Staatskanzlei (Hrsg.)	Rote Mappe/Weiße Mappe	NHB, Hannover	jährlich
91	Niedersächsische Landes-treuhandstelle (LTS) (Hrsg.)	Wohnungsmärkte regional prognostiziert – Wohnungsprognose 2010/15	Universität Hannover, Institut für Entwicklungsplanung und Strukturforschung GmbH	2004
92	Niedersächsische Landes-treuhandstelle (LTS) (Hrsg.)	Wohnbaulandpotenziale regional erfasst/Bauland-Umfrage 2004	Universität Hannover, Institut für Entwicklungsplanung und Strukturforschung GmbH	2004
93	Niedersächsisches Ministerium für den ländlichen Raum, Ernährung, Landwirtschaft und Verbraucherschutz	Landesraumordnungsprogramm Niedersachsen 2004	Niedersächsisches Ministerium, Hannover	2004
94	Paulsen, Manfred	Dorferneuerung in Schleswig-Holstein	Dissertation am Institut für das ländliche Siedlungswesen, Universität Hannnover	1991
95	Pacyna, Hasso	„Agrilexikon“	IMA, Hannover	1996
96	Rakow, Horst W.	Windenergie – eine wirkliche Alternative? Eine kritische Betrachtung	Manuskript Min. Rat. a. D. Horst Rakow, Schnega	2004
97	Rosenkranz, Stefanie/ Schönhaiting, Anne	Land ohne Kinder	„Der Stern“, Heft 27/2005	2005
98	Schäfer, Paul	Deutschlands Mitte im Kartenbild – Ostniedersachsen	Niedersächsische Landeszentrale für politische Bildung, Hannover	1991
99	Schirrmacher, Frank	Das Methusalemkomplott	Karl Blessing Verlag, München	2004
100	Schmid, Klaus-Peter	Bauernland in Wessihand	DIE ZEIT, Nr. 14/1997	1997
101	Schönfeld, Gero von	Die SLR und der ländliche Raum	Bauwelt, Heft 10	1977
102	Schulze, Günter	725 Jahre Radbruch	UBB Verlag Westphal, Lüneburg	1994
103	Siebel, Walter	Zukunftsfähigkeit europäischer Urbanität	Neues Archiv für Niedersachsen, Hannover	2004
104	Universität Hannover/ Landkreis Soltau-Fallingbostel	Landkreis Soltau-Fallingbostel – Einblicke/Ausblicke	Beiträge zum ländlichen Siedlungswesen, Band 36	1994
105	Vorholz, Fritz	Grüne Hoffnung – blaues Wunder	DIE ZEIT, Nr. 44/2004	2004
106	Wiegand, Christian	Spurensuche in Niedersachsen	Schlütersche Verlag GmbH	2002
107	Willisch, Andreas	Die Zukunft der Dörf(l)er	Deutsches Architektenblatt (DAB), Heft 8/2005	2005
108	Wissenschaftliche Gesellschaft zum Studium Niedersachsen e. V.	Demografischer Wandel in Niedersachsen, Heft 2/2005	Neues Archiv für Niedersachsen	2005
109	Zweckverband Großraum Hannover (Hrsg.)	Funktionsbestimmung ländlicher Ortslagen im Großraum Hannover, Beiträge zur Regionalentwicklung/ Heft 14	Zweckverband Großraum Hannover	1985

Stichwortregister

A

ABM-Maßnahme 180
Abwanderung 127,198,214,216,218,220,250
Abwasser
    -beseitigung 55,133,255
    -kläranlage 127
    -klärung 108
Achsen 1 – 3 der Landwirtschaft 89
AEP (Agrarstrukturelle Entwicklungsplanung) 53
Agrar
    -investitionsförderung 76,89
    -produktion 90
    -struktur 56
    -verwaltung 59
Aktionsgruppen, lokale 56
Aller-Leinetal-Konzept 51,57,58,204
Altbau 160,206,254
    -arten 174
    -bestand 171,196
    -sanierung 13,176,179,180
    -substanz 175,197
Alter(s)
    -aufbau 216,218
    -entwicklung 217
    -gruppen 153,186,212,217,218,220,250
    -strukturen 206,208,217,218,220,250
Alten-
    -betreuung 204,213
    -heim 152,181,207
    -teilerwohnung 206,220
Altlasten 180
Amt
    Domänen- 59
    - für Agrarstruktur 10,59
    - für Landentwicklung 13,14,36,60,79,96,114,131,171,172,180,193,198,207,210,220,241,253,255
    - für Landwirtschaft und Flurneuordnung 10,13,171,239,241
Anerbenrecht 65
Anforderung(s)
    bauliche 89
    -katalog 172,180
    -profil 125,160,175
Angebote, altersspezifisch 13
Anger 71,115,127,252
Ansiedlung(s)
    -bereitschaft 58,133,243
    -möglichkeiten 96
Apotheke 141
Arbeit(s) 58
    -bedingungen 184
    -geber 250
    -losigkeit 94
    -verhältnisse 53
Arbeitsplatz 10,13,57,79,95,124,175,192,206,219,226,252,256,257
    -angebot 11,15,241
    -sicherung 96
    -struktur 94
Architekt 12,171,177
Architektenkammer Niedersachsen (AKN) 52
ArGe Landentwicklung 180
Arteninventar 108
Arzt 143
    Zahn- 139
Auenorientierung 64
Aufenthalt(s)
    -dauer 204
    -ort 111
    -qualität 110,111,126
Auflösungsprozess 200
Ausbaukapazität 191,253
Ausbildungsqualität 52,204
Ausführungsphase 180
Ausgleichsmaßnahme 57,112,199,303
Ausstellung 209
Außenbereich 174,236,251,252,255

B

Bachfreilegung 114
Bäcker 134,142
Bahn
    -angebot 125
    -anschluss 192,257
    -hof 122,123
    -netz 254
    -trasse 122,123,255
Ballungsgebiet 11,12,120,200,207,218,250,254
Bankfiliale 141
Bau
    -aufnahme 175
    -formen 159,192,214
    -gebiete 191,207,253
    -gesetzbuch (BauGB) 74
    -herr 160,176,232
    -industrie 171
    -körperform 171,181
    -land 13,192
    -landausweisung 191,193,194,198,199,221,246,254
    -landpolitik 216
    -landreserven 193
    -leitplan 45,192
    -leitplanung 10,11,13,39,45,171,192,193,198,220,237,252,253,254,255
    -lücken 193,194,229,251,253,254
    -maßnahme 125
    -nebenkosten 175
    -nutzungsverordnung (BauNVO) 174
    -planungsrecht 225
    -substanz 174,180,181
    -teilmethode 175
    -trägergesellschaft 171
    -unternehmen 171
    -weise 126
Baum
    -allee 111,114,121,255
    -arten 108
    -bestand 111
    Haus- 126
    Obst- 108,110
    -pflanzungen 110
    -tor 121
Bayrische Warengenossenschaft (BayWa) 171,253
Bebauungsplan 174,193,199
Bedarfssituation 194
Begegnungszentrum 205
Behinderte 204
Beratung(s) 68,172
    -leistung 49
    -phase 36,48
Bergbau 222
Beruf(s)
    -erfahrung 10
    -tätigkeit 215
Beschäftigten
    -rate 221
    -zahl 94
Bestands
    -aufnahme 10
    -erfassung 172,238
Besucheraufnahme 213
Betreuung(s) 68,172,249,253
    Alten- 94
    -aufwand 172
    -leistung 50,209
    -phase 36,48,160
    -vertrag 48
Betriebs
    -aufstockung 249
    -einkommen 10
    -zweigaussiedlungen 47,91
Bevölkerung(s) 10
    -dichte 190,215
    -entwicklung 10,46,91,94,179,204,206,214,215,216,220,250,251,254
    -gruppen 74,207,211,221

-prognosen 192
-rückgang 216
-verlust 214,254
-wachstum 193,214,217
-zahl 216,220,250,256
-zunahme 216
Bewertung(s)
-kriterien 227
-schema 227
-verfahren 227,236
Bewusstseinswandel 109,155,204
Bezirksregierung 48,50,59
Bildung(s)
-einrichtung 57
-stand 208
Bindungslosigkeit 206
Bioenergie-Genossenschaft 223
Biogas
-anlagen 223,224,225,226,252
-nutzung 222
Biotop 112
-kartierung 45,108,115,255
Boden 58,108
-güte 92
-schutz 108
-verbrauch 109,119
-verhältnisse 64
-verlust 108,118
Böttcher 134
Brinksitzer 207
Brunnen 71
Brut
-hilfen 109
-platz 109
Bürger 58,171
-befragung 5,15,131,132,198,209,241,251
-beteiligung 13,45,51,53,55,112,152,153,207,208,209,213,252
-engagement 243,257
-initiative 225
-gesellschaft 55
-treffpunkt 153
-versammlung 51
-vertreter 45,57,253
Bundes-
-baugesetz (BauGB) 55
-emissionsschutzgesetz 222
Bus
-haltestelle 115,125,229,255
-wartehäuschen 184,229,232

C
Café 181
Carport 126
Computerdienst 138

D
Dach
-decker 134
-erneuerung 138,232
-form 171
Deele 175
Denkmal 175,181
Krieger- 74
-pflege(r) 52,58,174,176
-schutz 108,174,176,235,254
-schutzbehörde 49,160,221
-schutzgesetz 56,108,155,253
Dichte, bauliche 160
Dienstleistung(s) 94,95,134,141,214,246,257
-angebot 138,139,153
-betrieb 10,134
-einrichtung 11,56,68,71,120,133,174,175,187,192,204
-gebäude 175
mobile 141,142
private 45
(sozio)kulturelle 142,229
-unternehmen 91,134,139,250
Direktvermarktung 90
Diversifizierung 89
Einkommens- 54

Dorf 36,50,54,58,64,74,131,249,250,251,252,256,257
Anger- 65,71,72,159
-auflockerung 55,155
-bach 111
-bevölkerung 14,74,133,139,186,225,251,253
-bild 114,160
-chronik 213
-entwicklung 12,13,15,54,58,74,89,.175,192,213,222,228,233,260
Esch- 65
-feste 11,78,187,207,208,211
Forta- 66
-gebiete 193,251
-gemeinschaft 13,14,89,111,144,186,190,199,206,207,208,212,220
-gemeinschaftshaus 55,134,144,152,177,181,186,206
-geschichte 58,184
Hagenhufen- 65,109
Haufen- 65,71,74,110,159,186,199,253
-kern 14,127,155,251
-laden 138,181
Lebensraum 249
-markt 153
Marschhufen- 66
-mitte 114,115,186
Moorhufen- 64,109
-ökologie 46,53,108,114,118,155,208,226
Platz- 65,199
-platz 71,108,114,186,187,204,253
-randgebiete 207
-ranking 17,227,241,243
-rathaus 174
Reihen- 159,186,199
Rundlings- 65,71,74,159,186
-region 10,11,58,60,63,74,131,174,181,192,211,213,218,227,228,229,230,233,234,235,238,241,244,245,246,247,249,250,252,253,255,256,257
-sanierung(smaßnahme) 56,238
-schule 68,71,174
-straße 71,132
Straßen- 65,71,72
-struktur 249
-teich 111,174
-wachstum 192
Warft- 66
Wurt- 66
Dorferneuerung(s) 11,12,14,53,54,55,56,57,58,59,60,64,65,72,108,114,120,127,132,155,171,172,174,175,176,179,180,181,186,190,200,204,207,215,222,227,228,229,234,238,243,251,252,253,254,255,256
Arbeitskreis 49,51,160,207,208,209,213,238,250,253
Auswirkungen der 12,13,79,96,114,131,172,180,198,209,216,220,251,252,253
-erfahrung 108
-förderung 45,50,52,57,76,110,126,180,191,234,245,253,256,257
-konzepte 15,191
-maßnahmen 11,13,14,15,37,55,94,127,131,174,186,227,228,234,241,245,249,250,253,256
-mittel 123,127,132
-phase(n) 13,53,127,180,209,217,228,232,234,235,245,253,255,256
-plan 13,36,44,48,50,109,118,121,131,160,171,172,180,193,213,238,253,254,255
-planung 15,45,46,51,52,57,108,118,127,131,155,200,218,220,255
-programm 11,37,53,56,126,132,180,196,205,254
-richtlinie 36,53,56,118,133,155,179,209,210,228,231,234,236
-vorhaben 11,13,36,44,133,204,207,227,228,241
-wettbewerb 208
-ziele 127,160,213,253

dörfliche(r,s)
- Alltagsstruktur 100
- Erscheinungsbild 64,114,160,172,241
- Gebiete 199
- Lebensraum 13,15,191,207
- Siedlung 249
- Umfeld 91,174
- Veranstaltungen 186

Drogerie 138
Drubbel 65
Durchführungsphase (der Dorferneuerung) 36,48,49,50,51,127,160,172,176 179,200,208,213,228,230 238,243,253,255,256

E

EEG (Erneuerbare-Energien-Gesetz) 223
Effektivität 228,230,233,234,235, 243,245
Ehrenamt 13,14,15,207,208,209,211
Eigenheim 74,192
Eigenleistungen 179
Ein-Euro-Job 181
Einfamilienhaus 109,171,192,193,200,214
Einfriedung 108,229,232
Eingemeindung 213
Einkauf(s)
- -hilfe 213
- -möglichkeiten 141,204

Einspeisevergütung 222,223
Einwohner
- -zahl 153,192,216,218,220,245
- -zuwachs 194

Einzugsbereich 134,138,141,154
Elektroinstallateur 138
Emission(s) 17,79,91,225
- -belastung 46
- Geräusch- 222
- Geruchs- 194
- Lärm- 192,119,126,254
- -minderung 89
- Schadstoff- 119
- Schall- 194
- Staub- 254
- -werte 119

Energie 54,57
- -alternativen 222,223,243,252
- -einsparung 58,89,90,222
- -einsparverordnung 177
- erneuerbare 13,57,79,80,222
- -erzeugungsanlage 251
- -formen 222
- -politik 12
- -schutz 112
- -selbstversorger 222
- Sonnen- 222,223,226
- -speicher 222
- -versorgung 133,226
- Wasser- 225
- Wind- 222,225

Entscheidungsprozess, politischer 210
Entsiegelung 108
Entwicklung(s)
- -alternative 251
- demografische 10,11,13,204,220,234,243,254
- -geschichte 55,155
- -konzept 53
- -möglichkeit 13,118,193,246
- -perspektive 250,252,257
- -potential 54
- -prognosen 214
- -station 247
- -voraussetzung 218
- -ziel 13,53,198,214

Erb-
- -gesundheitsnachweis 74
- -recht 64,65
- -teilung 71

Erfolgs-
- -begriff 227
- -bewertung 14
- -kontrolle 10,11,15,44,63,227,228,239, 249,255,256,257
- -quote 229,230,238,243,256

Erholungsfunktion 118
Ertrag(s)
- Referenz- 223
- Rein- 175
- Roh- 175
- -wertverfahren 175

Erwerb(s)
- -situation 45
- -tätige 95
- -zweige 15

Erziehungseinrichtungen 142
ETLR (Entwicklung typischer Landschaften und ländlicher Räume) 46,53,133,200
EU (Europäische Union)
- -Förderprogramm 56
- -Mittel 60
- -Osterweiterung 214
- -Richtlinien 56

Europäisches Denkmalschutzjahr 55,109,155,171
Evaluierung 11,15,49,57,172,227,228,233, 243,245,249,256
Existenzsicherung 133

F

Fachhochschule Hannover 11,13
Fachplaner 49,50
Fachwerk 68,72,126,177
Fahrbahn-
- -breite 132
- -einengung 121
- -sanierung 127

Fahrgemeinschaft 122
Fahrrad
- -abstellmöglichkeiten 125
- -laden 138

Fahrschule 139
Fahrservice 153
Familie(n)
- Ausländer- 207
- -betrieb 251,252
- Groß- 206
- -gründung 218
- Haupt- 206
- Senioren- 206

Fauna 108,109,112,118,254
Fehnkolonie 66
Ferienwohnung 180
Fertighaushersteller 171
Fertilitätsrate 220
Feuerwehrgerätehaus 144,174
finanzielle Hilfen 255
Finanzierung 60,174,175,255
Fläche(n)
- Acker- 64
- Ausgleichs- 254
- Dach- 223,226
- Frei- 11,13,45,64,65,108,110,114, 186,206,250,255
- -freigabe 253
- Grün- 13,108,110,126,229,254,255
- Konversions- 192,193,214
- -nutzungsplan 174,192,198,253
- -nutzung 46,108
- Ruderal- 255
- -sanierungsmaßnahmen 55
- Spiel- 186
- Sport- 186
- -verbrauch 192,198,254
- -versiegelung 110
- Wasser- 64,111,118,229

Flecken 66,134
Fleischer 134,142
Flora 108,109,110,112,118,254
Fluchtweg 177
Flüchtlingszustrom 192
Flur
- Block- 65
- Esch- 65
- Gewann- 65
- Hufen- 65
- Streifen- 65

Flurbereinigung(s) 50,53,54,55,56,57,58,59,92,118, 200,241
-gesetz 53,55,56,155
-maßnahmen 46,55,114,119,127
-verfahren 54,58
Fluss 111
-marsch 109
Förder-
-angebot 204
-antrag 160
-ausgaben 60
-bestimmungen 118
-gebiete 57
-gegenstände 228
-instrumente 10,53,58
-maßnahmen 53,55,223,238
-mittel 10,14,15,50,53,54,58,60,62,80, 160,176,220,227,228,250,252, 253,254,256,257
-programm 16,50,51,53,54,56,57,144,180, 186,200,233,234,251,257
-quellen 60
-rahmenbedingung 12
-richtlinien 54,155,204
-summe 54,60,155
-tatbestand 54,56,59,174,175,179,252
Forstwirtschaft 118
Fragebogenaktion 10,13,14,15,60,171,193,238, 246,255
Freiluftbühne 209
Freiraum 252
-gestaltung 114,241
-struktur 108
-verbrauch 174
Freizeit-
-angebote 101,120,123,152,212
-raum 54
Freizügigkeitsregelung 214
Fremdenverkehr 45,101,123,233
Friedhof 174
Friseur 139
Fuß-
-gänger 191
-weg 126,127,131,255
Futterangebot 109

G

GAK (Gemeinschaftsaufgabe Küstenschutz) 51,53,54,60,89,155,175,200
Garage 119,126
Garten 108,112,114
-gestaltung 208
Nutz- 255
Obst- 255
Gast
-arbeiter 211
-freundschaft 207,213
-stätte 68,139,142,152,181,187,250
Gastronomie 90
Gebiets-
-ausweisung 254
-reform 213
Geburtenrate 214
Geest 64
Gehöft, mitteldeutsches 68,158,174
Gemeindeeinrichtungen 142
Gemeinschaft(s) 171
-anlage 175
-bewusstsein 190,200
-einrichtungen 152,186
-leben 54,152,207,209,233,250
-pflanzaktionen 209
-raum 250
Gemengenutzungslagen 194
Genehmigung(s) 181
-aufwand 160
-behörde 49,160
-phase 180,193
-planung 49
-verfahren 180,223
Generation 12
Gesamtkostenermittlung 174
Geschosswohnungsbau 192,193
Gestaltung(s) 13,53,126
-analyse 159,172,257
-anforderungen 160,175
-auflagen 50,160,172,254,256
-auftrag 171,253,254
-beitrag 155
Böschungs- 114
-element 74,171
-empfehlungen 10,109,159,160,172,253,257
Farb- 159
-festsetzungen 193
hochbauliche 159
-konzept 159
-merkmale 159,172
-motive 175
Platz- 186
-prinzip 171,199
-satzung 159,160,172,253
Seitenraum- 127
siedlungsbauliche 155,156
-verordnung 74
-vorstellung 160
-wettbewerb 155
-ziele 155,160,172,253
Gesundheitseinrichtungen 142
Gewässer
-lauffreilegung 108
-schutz 108
Gewerbe 56,94
-ansiedlung 123,206
Bau- 94
-betriebe 58,192,124,125,
-fläche 108,252
Gast- 95
-gebiet 94,95,96,108,194,233,253
Handels- 95
Klein- 96
produzierendes 94,96
-unternehmen 252
Ghettobildung 194,209,213,216
Grünordnungsziel 114
Grundwasserneubildung 108
Grundzentrum 122,139,141,152,250

H

Handel(s) 94
Einzel- 95
-weg 64
Handwerk(s) 10,11,14,53,56,96,132,171, 207,234
-betrieb 58,133,174
-hof 180
ländliches 107
-unternehmen 10
Haus
Back- 68,71,174
Doppel- 192
-form 64,72,159,171,174
Gulf- 159,171,174,175
Guts- 181
Hallen-, Niederdeutsches 68,159,174
Herren- 253
Hirten- 174
Reihen- 192
-tiere 110
Zwei-, Drei-, Vierständer- 175
Haushalt(s) 16,55,204
Beamten 207
-entwicklung 214
Familien- 250
-größen 192,194,214,216,218,250,254
-kenndaten 15
-lage 208,246,256
-mittel 222,256
Mehrgenerationen- 220
Single- 204
Heimatschutz 74
Heimatverein 58,208,220
Herkunftsnachweis 74
HOAI (Honorarordnung für Architekten und Ingenieure) 36
Hochwasserschutz 110
Hof 58
-anlagen 174,175,180,207,250
Aussiedler- 175

-café 79,92,249
Einzel- 64
-entwicklung 74
Erb- 74
-fest 120
-form(en) 64,72,159,171,174,252
-gemeinschaft 206
-laden 138,251
Mehrseit- 68,71,72
Meier- 207
-nachfolge 13,77,79,80
-stellen, landwirtschaftliche 65,71,74,75,76,109,111,120,174,175,180,181,229
Streck- 68
Holzbalkendecke 177

I
Identifikation 14,172,176,181,189,208,253
ILEK (Integriertes ländliches Entwicklungskonzept) 44,51,53,54,57,96,112,153,200
Immission 225
Immobilienschutz 225
Industrialisierung 58
Industrie
-ansiedlung 123
-betriebe 96,124
-fläche 108,250
Information(s) 126
-veranstaltung 173
Infrastruktur 94,119,234
-ausstattung 222,245,256
-einrichtungen 180
landwirtschaftliche 54
-maßnahmen 54
technische 36,44,55,127,133,250,254
soziokulturelle 14,54,133,192,250
Innenbereich 174,253,255
Innenraumgefüge 175
Institut für Entwicklungsplanung und Strukturforschung (IST) 214
Integration 13,14,16,159,206,207,209,211,213,214,243,249
Intensivobstanbau 109
Investition(s) 78,120,122,124,139,191,234,238,256,257
-bereitschaft 235,252
Gesamt- 50,60
-kosten 175,222
-summen 60,62
-volumen 60,89
IVG Steyerberg (Interessenverwaltungsgesellschaft) 225

J
Jugend 204,209
-treff 152

K
Kanalisation 127
Kapelle 68,174
Kapital 58,133,171
Kerngeschäft 153
Kfz-Bestand 119
Kiesabbau 108,118,255
Kinder 204
-betreuung 206,213,220,221
-erziehung 215
-spielplatz 114,115
-zahl 218
Kirche 68,71,174
kirchliche Veranstaltungen 212
Kläranlagen 108,133
Kleinbetrieb 65,91
Klimaschutz 53,57,112
Kommunikation(s) 57,153,186,191
-formen 207,213
Kompostierungsanlage 108
Konflikte 13,14,210,211
Konstruktionsgefüge 68,158,175
Konsum
-angebot 171
-gesellschaft 247
Kontakte, überregionale 15,213
Kontrolle, soziale 13,189,207,211,249
Kossaterhofstelle 207
Kosten
-analyse 63
-aufwendungen 176
Bewirtschaftungs- 175
Erhaltungs- 181
-ermittlung 175
Erwerbs- 175
Reparatur- 175
-schätzung 118
Kosten-Nutzen-Vergleich 227,255
Kreuzungspunkte 229
Kriterien
-katalog 255
-liste 102,229,233,243
Krümmungsradius 126
Kultur 53,57,152,251
-aktivitäten 248
-angebote 94,144,209
-arbeit 14,143,209,250
-bauten 181
-denkmale 108,181
Dorf- 144,257
-ebene 11
-einrichtungen 142,186,190,209,230
-erbe 55,57,109,180,251
-folger 109
-haus 152
ländliche 10
-landschaft 108,109,118,222
-region 257
-raum 54,155,233
Sozio- 213,250
-veranstaltungen 207,212
-zentrum 250
Kunstgewerbeladen 138
kybernetisches Kreislaufmodell 38,39,108,179

L
Längsparkspur 121
Lagergebäude 251
Landentwicklung 251
Landes
-bauordnung 160
-förderungsprogramm 127
-mittel 60,155
-planung 225
-regierung 200
-treuhandstelle 192,198
-wettbewerb 53
Landmaschinenhandel 138
Landschaft(s) 108,111,123,132
-bezug 11,171
-bild 53,54,155,222,226
-elemente 222
-form 64
-ökologie 46
-pflege 57,65,75,79,89,118
-planer 111,222
-planung 38,46,53,112
-potential 252
-rahmenplan 108,222
-raum 109,252
-region 11
-schutz(gebiet) 53,108,223,225,
-struktur 58,192
-verbrauch 10,109,199,251,253

Landwirtschaft(s) 10,12,13,14,36,44,47,52,58,74,75,77,79,109,171,179,181,206,229,233,234,241,251,252
Bedeutung der 76,91
-betriebe 54,75,77,78,79,193,226,254
Bio- 79,90
-entwicklung 76,78,80,90,225
-flächen 92,93,108,118
-förderung 76
-kammer 59,79,175
multifunktionale 77
Nischen- 79
ökologische 90,241
-produktion 10,75,89,91,92,118
-sicherung 10
-spezialisierung 90,92
-unternehmen 10,89
-zuschüsse 92

LEADER+ (Vorhaben/Projekte) 16,46,51,53,54,57,58,224, 226,227
Lebens-
-bedingungen 221
-dauer 175
-erwartung 214
-form 11,204,205,207
-mittelladen 141
-qualität 12,13,15,55,118,119,152,176, 199,216,222,227,234,243,245, 246,249,254
-raum 14,74,109,172,211,255,257
-standard 58,171
-verhältnisse 53
Leerstand 179,206,229,256
Leistungen
Grund- 38
Besondere 38
Linde(n)
-platz 186
Gerichts- 186
Lkw 119
Lohnunternehmen 138
Lokale Agenda 21 54,57,58,112,114,255
Löschwasserbecken 111
LPG (landwirtschaftliche Produktionsgenossenschaft) 76,180,251

M
Maler 138
Markt 133,186,207
-flecken 65
-treff 153
Management
Land- 89
Regional- 54
Umwelt- 89
Maßnahmen 10,58,65,131,155,172, 213,238,253
Ausgleichs- 53,112,114,119
-bereich 228
Ersatz- 112
Grünordnungs- 111,118
investive 53,54
öffentliche 50,51,60,118,213,238
private 50,51,60,118,213,238
Rückbau- 126,255
Sanierungs- 174,176
Umbau- 171,174,176,177,180
-vergleich 232
Vermeidungs- 112
Medien 57,58
Mehrgenerationen
-modell 144,220
-wohnen 206,251
Mehrgeschossigkeit 71
Mehrzweckhalle 152
Mittelzentrum 108,122,123,139,142,192, 193,216,218,251
Mobilität 10,11,119,120,132,133,215,255
Modernisierung 126,127,158,174,229,238
Moor 64
-kultivierung 109
-verwaltung Weser-Ems 59
Mühlen
Wasser- 68,174,181,222,224
Wind- 68,222

N
Nachbarschaft(s) 206
-hilfe 15,78,197,204,205,207,249,257
-laden 153,227
-zentrum 139
Nachfragepotentiale 138,214
Nachhaltigkeit 10,195,199
Nachuntersuchung 10,13,55,139,207,213,227 234,253,255
Nachverdichtung 199
Natur 57,112
-erbe 57
-raum 64,252
-region 11
-schutz(gebiet) 53,108,223,225
-verlust 215
Naturschutzbund Deutschland e.V. 199
Nebenerwerbsbetrieb (NE-Betrieb) 47,65,75,76,79,80,147,174
Nebengebäude 68
Neuansiedler 192
Neuaufnahmeantrag 194
Neubau 171,172,174,175,177,250
-gebiete 11,14,108,111,127,192,206, 207,214,251,253
Neues Bauen 171
Niedersächsische(r,s)
Ministerium für den Ländlichen Raum, Ernährung, Landwirtschaft und Verbraucherschutz 54
Heimatbund (NHB) 200,224
Nistplatzangebot 109
Norddeutschland 12,199
Nutz-
-flächen, landwirtschaftliche 75,192,198,254
-lasten 177
-pflanzen 111
-tiere 111
Nutzung(s)
-änderung 109,174
-art 251
-dauer 175
Gebäude- 45
gewerbliche 181
handwerkliche 181
- landwirtschaftliche 193
-wandel 254
Nutzwertanalyse 11,16,227,252,255

O
Oberzentrum 108,125,193,218,251
Objektkartei 13
Öffentlichkeitsarbeit 53,57,208
Ökotropengrenzlagen 109
ÖPNV (öffentlicher Personennahverkehr) 119,122,125,131,132,233 235,254
Ornament 159,171
Ort(s)
-begehung 207,209
-chronik 74,180,209
-durchfahrt 120
-entwicklung 111,235,250
-geschichte 152,191,208,209
-gestaltung 208,253
-größe 214,216
-größenklasse 60,62,120,244,245,252,257
-grün 45
-kern 11,14,126,172,193,194,199, 207,251,253
-lage 64
-mitte 13,114,115,155,186,191, 229,253
-planer 11,45,48,49,50,51,52,58,159, 177,213,253,255
-platz 114
-rand 171,251
-regulierung 55
-struktur 192
-typologie 193

P
Park
-anlage 174,252
-haus 119
-platz(-angebot) 119,126,229,238
-probleme 131
Parteien, politische 57
Partnerschaften 13,207,210,213
Patenschaften 213
Pendler- 120,125,249
Aus- 252
Berufs- 14
Ein- 252
-pauschale 192
-quoten 96
Pension 138
Pflanzenanbau 93
Pflasterung 121
Pflegefamilie 204
Photovoltaikanlagen 223,225,226,252
Pkw 119,122

Planerprofil 45
Planung(s) 74,249
  -aufgabe 68,253
  -aufwand 172
  Baukörper- 96
  -grundlagen 192
  -instrumente 58,108
  -konzept 52,53,108
  Landschafts- 96
  -leistungen 112
  -phase 36,50,53,132,179,193,200,208, 213,254,255
  -qualität 255
  Standort- 96
  -wettbewerbe 200
  -ziele 52,58
Poststelle 138,141,153
Preisindex 175
Problem
  -dichte 228,229,233,234,241,256
  Einzel- 229
  -lage 228,229,233,234
  -punkte 229
Produktion(s)
  -anforderung 172
  -anlage 174,175
  -ausrichtung 249
  -bedingungen 13,64,158,211,252
  -einheit 251
  -flächen 255
  -form 14
  -funktion 89
  -gebäude 175,251
  -gesellschaft 249
  -nischen 251
  -pflicht 74
  Primär- 55,252
  -prozess 174
  -standort 155,186
  -struktur 56
  -raum 55,257
  Ur- 75,91,94,13,207,222
  -ziel 109
Profilbreite 126
Projektbewertung 227
Proland(-Maßnahme) 46,53,56,57
Proportion 159
Prosperitätsgrenze 89

Q
Querungshilfe 121,131,204

R
Radwege 57,100,107,111,119,126, 127,131,190,204,229,230,252
Rahmenbedingungen 11,56,94,120,174,192,230, 249
Raumbildung 68,171
Raumordnungsprogramm
  Landes- (LROP) 94,108,118,123,124,132, 222,252
  Regionales (RROP) 94,108,118,119,123,125,126, 138,220,222,225,252,253
Realisierungsphase 252
Realteilung 65,71
Regenrückhaltebecken 108,114,115
Regenwasser
  -nutzung 108
  -versickerung 108
Region
  ländliche 12,63,125,192,198,199
  Urlaubs- 252
Regionalismus 171
Regionen aktiv 58
Reichs-
  -erbhofgesetz 74
  -heimstätten 74
  -umlegungsverordnung 55
Reisebeteiligung 213
Reiterhof 79
Reitweg 100,107,119,127
Rekonstruktion 174
Remise 68,72,174
Renaturierung 115
Reparaturstau 180
Restwertbestimmung 14,174,180
Ruderalvegetation 108
Rücksichtnahmegebot 174

S
Sach-
  -güterschutz 108
  -wertverfahren 175
Sanierung(s) 72,109,131,176,181
  Dorf- 11
  -gebiet 160
  -maßnahmen 39,94,123,126,127,191,199,254
  -programm 155
  Stadt- 119,155,227
  -ziel 200
sanitäre Ausstattung 55
Scheune 68,174,181
Schifffahrt 119
Schloss 181
Schmied 133
Schutz
  Brand- 177,254
  -pflanzungen 54,111,118
  Schall- 177,254
  Wärme- 177,254
Selbst-
  -darstellung 155,171
  -verwirklichung 171,199
Senioren
  -anteil 209
  -treffpunkt 204,205
Siedlung(s) 11,74,199
  Bergmann- 65
  -bezug 171
  -bild 81,122,199
  -druck 192,200
  -ebene 11
  -elemente 12,253
  -entwicklung 10,45,91,109,118,126,132,180, 192,193,214,218,220
  -flächen 192
  -form (historisch) 11,64,71,74,108,126,155, 159,171,192,253
  -gefüge 155
  -genetisch 199,201,203,254
  -geschichte 194
  -kern 191,199
  Klein- 74
  ländliche 11,249
  -muster 171
  -planung 199
  -politik 192,199
  -raum 54
  Reihen- 64
  -soziologie 13,206
  Streu- 110,126,253
  -struktur 55,58,126,171,226,254
  -wachstum 64,200
  Warft- 159
  -wesen, ländliches 11
Solaranlagen 57,223,224,225,252
Sozial
  -arbeit 12,143,209
  -betreuung 209
  -gruppe 207
  -stationen 141,204
  -struktur 207
Sparkasse 141,154
Spedition 138
Speicher 68,174
Spielplatz 232
Städtebauförderungsgesetz 13,56,179,200,216,238
Stall 72,181
Standort 123,249,251,252,255
  Altbau- 174
  -attraktivität 256
  -alternativen 225
  -begrenzung 223
  -bestimmung 172
  -bindung 206
  -faktor 122
  -findung 11,112
  -modell 251
  Resozialisierungs- 211
  -sicherung 76,233,251

-unabhängigkeit 133
-vergleich 134
-vorteile 217,218
Stellflächen 119
Sterberate 214
Straße(n) 55,126,254,255
Anlieger- 119,127
-ausbau 126,131,254
-begleitgrün 115
-behörde 120
-beleuchtung 55,131
Durchgangs- 126,204,254
-erneuerung 232
Erschließungs- 109,119,257
-netz 71,122,126,127,132
-rückbau 111
Sammel- 119
Umgehungs- 119,131
Streckenstilllegung 123
Streuobstwiese 110
Stromversorgung 55
Struktur
-analyse 14,210,211,255
-(anpassungs-)maßnahme 59
-bedingung 250
-daten 13
-probleme 218
-schwäche 217,218,220,234
-wandel 10,11,47,75,79,134,171,179, 180,200,206
Subvention 223
Supermarkt 138
Symmetrie 159

T

Tagespflegezentrum 204
Taubenturm 72,73
Testentwürfe 46,118
Theatergruppe 209
Tierschutz 89,118
Tischler 134,138
Topographie 126,171
Tourismus 53,56,57,239
-angebote 90,94,99
Bildungs- 107
Dorf- 99,252
-förderung 56,107
Gruppen- 100
Kultur- 54,100
ländlicher 55
-organisationen 101,107,252
Rad- 79,99,123,132,252
sanfter 13,58,99,101,102,126,252
Wassersport- 58
Touristikzentrum 143
touristische(s)
Aktivitäten 79,100
Aufwertung 118
Eignung 11,102,107
Entwicklung 94,252
Erschließung 255
Potential 180,226
Unternehmen 96
Tor 72
Tradition 171,172
Träger öffentlicher Belange (TÖB) 53
Tragwerk 171
TU Braunschweig (Technische Universität) 11

U

Überalterung 217,218,220,250,254
Umfeld
bauliches 253
energetisches 252
kindgerechtes 207
ökologisches 255
soziales 46,207,209,211,213,249,250
verkehrliches 254
wirtschaftliches 251
Umnutzung 53,54,57,72,158,174,206, 230,233,233,254
Umsetzungsintensität 230,238
Umwelt 57
-belastung 121
-einflüsse 109
-schutz 89,92,108,118
-verbände 57
-verträglichkeit 225
Universität Hannover 11

V

Verein(s) 13,152,206,208,250
-aktivitäten 120,206,208,211,213
-haus 144,152
-kontakte 213
-leben 207,209
-mitglieder 144
-wesen 207,208
-zugehörigkeit 211
Vergleichsverfahren 175
Vergnügungsstätten 174
Verhaltensformen 11
Verkaufswagen 141
Verkehr(s) 13,36,45,53,119,234,241
Bahn- 119
-belastung 44,132,254
-beruhigung 131,132,233,254
Bus- 119,125
-dichte 121,131,254
Durchgangs- 44,119,131,234
-entwicklung 131,132
-ermittlung 175
Fahrrad- 126
-fläche 11,108,254
Flug- 119
Fußgänger- 126
-knotenpunkt 186
-konzept 254
-maßnahmen 131,132,238
-menge 126
-netz 119,120,126,133
-politik 12
Quer-, landwirtschaftlicher 120,132
-raum 55,254
Schwerlast- 131
-teilnehmer 126,127,132
-unfall 120
-verbindung 133
-wachstum 132
-wert 174,175
Wochenend- 120
Vermarktung(s)
-nischen 251
-strategien 57,58
Vermessungsbehörde 59
Versicherung 139
Versiegelung 174
Versorgung(s) 127,234
ärztliche 153
-angebot 134,138,139
-betrieb 133
Eigen- 111
-einrichtungen 11,139,229
-grenze 250
Grund- 133,134,139,142,153,234,250
Infrastruktur- 250,254
-netz 133
-probleme 139,154
Selbst- 211
-standard 125
Trinkwasser- 133
Unter- 250
Wärme- 133
Verwaltung(s)
-bauten 181
-dienst 153
-einrichtungen 142
-verfahrensrecht 225
VGH Niedersachsen (Versicherungsgesellschaft Hannover) 10
Vieh
-sammelplatz 71,186
-zucht 93
Vogel
-schlag 223
-schutz 225
Vollerwerbsbetrieb (VE-Betrieb) 47,75,79,80,174

Vorbereitungsphase 255
Vorentwurf 175
Vorgaben
Farb- 160
Form- 160
Material- 160

W
Waage 174
Wachstum(s) 58
-modell 58
Wahl
Farb- 160
Form- 160
Material- 160
Wald 226,118
-fläche 64,108
-rodung 109
Wanderwege 100,111,107,119,126,204
Wasserschutzgebiet 255
Wehrbauern 74
Weiler 58,249
Weltklimakonferenz 53
Wert
-ermittlungsrichtlinie 175
-ermittlungsverfahren 174
-ermittlungsverordnung 175
Herstellungs- 175
-minderung 175
-schöpfungskette 58
-steigerung 155
Wettbewerbsfähigkeit 89
Wiederaufnahmeantrag 180
Windkraftanlagen 57,58,79,96,118,210,222, 223,225,226,233,243,252
Wirtschaft(s)
-entwicklung 10,95,97,214
-flächen 64
-kraft 89,90
-raum 54
-wegenetz 119
Witterungsabhängigkeit 223
Wohlbefinden 210,246,249,250
Wohn-
-angebot 205
-(bau)gebiet 96,108,192,194,207,251,253
-bauland 193
-baulandverbrauch 192
-bautätigkeit 122
-einheit 194,208,214,251
-fläche 214
-formen, altersspezifisch 204
-gebäude 68
-gebiet 251
-nutzung 92
-qualität 96,131,216,260
-standort 12,91
-verhalten 13,192,216
-zweck 174,177
Wohnen
barrierefreies 204
betreutes 204
Wohnungsnachfrage 194,214

Z
Zersiedlung 10,192
Ziel
-erreichungsgrad 228,230,233,234,243,245,256
-formulierung 213
siedlungsbauliches 199
ZILE(-Förderprogramm) (Zuwendung zur integrierten ländlichen Entwicklung) 44,51,53,54,55,56,57,89,118, 132,133,155,175,254
ZILE-Richtlinie 44,51,341
Zimmerer 134
Zukunftsinvestitionsprogramm 56,155,208
Zuwanderung 71,171,206,214,216,218, 220,221,250,251,254
Zuwendungsbescheid 238
Zweigeschossigkeit 71

Ortsregister

A
Aachen 123
Abbenrode 11,**31**,45,55,81,**85**,95,101,102,114,115,126,133,143,**144**,160,172,174,176,179,186,200,207,216,238,244,252,254,261,**285**
Aller-Leinetal **28**,57,63,95,99,100,101,114,127,139,180,204,210,216,220,224,238,250,253,261
Altmark **31**,**32**,71,72,107,114,180,220,230,261
Aschen **21**,62,79,81,101,132,176,190,193,204,244,260,**275**
Aschersleben-Staßfurt (Ldkr.) 87,127
Axien **33**,63,71,**88**,110,114,115,**116**,126,133,234,255,261,**284**,**292**

B
Bad Grund 94
Bad Münder 120,131,193,210
Bardowick 77
Beber **29**,**38**,**39**,110,115,126,132,152,160,193,**202**,205,212,216,220,244,254,261,**281**
Berlin 123
Bierde 139
Binde **32**,71,72,107,110,114,123,**124**,126,133,218,234,254,255,261,**273**,**283**,**289**,**300**
Bohnhorst **20**,60,95,101,121,132,190,212,214,241,244,245,246,260,**275**,**281**
Braunschweig 11,57,112,123,193
Braunschweiger Börde **30**,65,81,100,114,131,152,180,194,204,210,216,220,250,252,253,261
Bremerhaven 65
Bruchhausen-Vilsen 57

C
Calenberger Börde 65
Cloppenburg 74
Cremlingen (Gemeinde) 95,216
Cuxhaven 65

D
Deblinghausen 144
Dedelsdorf 57
Diepholz (Ldkr.) 16,79,80,81,94,190,192,193,194,216,218
Dorste **24**,60,**61**,62,114,115,121,132,152,213,238,241,244,254,260,**269**,**293**
Dörverden 123
Dresden 96
Driever 144

E
Eicklingen 44
Eikeloh 123
Eilsleben 123
Eilte **30**,78,101,102,107,111,121,126,131,132,143,**163**,**164**,172,193,204,216,238,239,241,252,254,261,**272**,**286**,**290**,**292**
Eimersleben **36**,71,72,78,79,**110**,115,120,229,127,120,127,**165**,222,230,234,246,254,261,**271**,**273**,**275** **281**,**283**,**290**,**297**
Elbingerode 10,**26**,45,**46**,**47**,55,63,65,79,80,81,90,101,102,107,110,**112**,115,**117**,119,126,131,**145**,**156**,160,**163**,171,172,176,179,**185**,186,**187**,193,199,**201**,208,212,216,**219**,220,222,230,235,241,244,245,250,252,253,254,261,**272**,,**276**,**277**,**279**,**283**,**287**,**293**,**296**,**297**
Elbtalauen (nördliche) **26**,71,78,114,180,217,261
Elbtalauen (östliche) **33**,261
Erxleben **34**,**38**,71,72,78,96,**97**,107,114,**124**,124,127,**137**,152,181,218,234,246,252,255,261,**273**,**274**,**278**,**283**,**284**,**297**
Estorf 10,**22**,**41**,46,**49**,55,63,74,78,79,80,81,**83**,90,100,101,102,**104**,107,114,115,120,121,126,131,132,144,**149**,**158**,**159**,**170**,171,172,176,179,**182**,**183**,186,187,**188**,193,**196**,214,216,230,238,**239**,241,243,252,253,254,256,**270**,**276**,**277**,**279**,**281**,**288**,**289**,**294**,**296**,**299**
Eystrup 57

F
Fischerhude 100
Frankfurt/Oder 133
Freistatt 211,**278**
Frose 123

G
Geest-Moorregion 13,**19**,46,63,79,91,100,110,131,152,171,180,194,204,206,209,210,213,216,218,220,224,229,234,238,249,250,252,253,255,260
Gehmen **33**,**62**,71,72,261,**289**
Gieboldehausen 123
Gittelde **24**,**38**,**49**,**61**,65,**66**,79,94,95,96,101,102,107,110,115,**122**,126,**129**,131,**134**,134,**135**,152,**157**,160,**161**,**162**,**168**,172,176,186,207,220,230,**235**,238,241,244,245,252,254,255,260,**272**,**277**,**282**,**289**,**293**
Goslar 160
Göttingen 223,226
Greetsiel 100
Großjena **35**,**38**,**62**,72,**87**,100,102,**106**,111,115,118,126,152,**165**,**167**,181,186,**190**,205,218,230,234,238,246,252,255,261,**275**,**283**,**292**,**297**,**299**

H
Halberstadt 171
Haldensleben 123
Hamburg 77
Hameln-Pyrmont (Ldkr.) 81,94,204,216
Hankensbüttel 57
Hannover 11,15,193
Haßbergen **23**,61,79,**84**,**85**,90,93,94,101,102,107,110,115,121,126,131,132,144,**147**,**165**,181,186,**205**,207,214,230,241,244,249,252,254,255,**272**,**274**,**287**,**289**,**290**,**291**,**292**,**299**
Hattorf am Harz 14,**25**,60,62,63,65,79,100,101,102,107,110,111,**111**,114,121,122,126,**128**,131,132,**136**,143,**146**,171,186,187,190,193,**195**,**205**,207,220,230,241,244,245,246,252,254,261,**282**,**286**
Häuslingen **28**,**61**,62,78,93,101,115,122,126,152,**167**,**170**,186,190,193,204,209,211,216,224,238,241,244,253,261,**277**,**284**,**286**,**300**
Heemsen 57,94
Helmstedt 68,94,217
Hildesheim 68
Hildesheimer Börde 65
Holzhausen/Göthen **19**,**40**,101,190,222,225,242,260
Hoya 57

J
Jerxheim **30**,101,118,121,122,**123**,123,**127**,132,144,152,204,212,216,239,241,242,244,252,253,261
Jühnde 223,226

K
Kirchdorf 57,91,152,193,211,225
Kuppendorf/Heerde **21**,101,102,107,152,190,204,222,242,250,260,**272**,**284**,**300**
Küsten (Gemeinde) 216

L
Leeseringen **22**,63,81,95,**98**,101,**111**,115,**116**,121,**125**,126,131,132,143,212,214,238,244,254,260,**274**,**277**,**285**,**292**
Lemke **23**,46,51,61,62,63,81,95,96,**97**,107,115,118,119,125,176,190,220,222,241,244,260,**298**
Liebenau 225
Lüchow-Dannenberg (Ldkr.) 77,81,94,204,216,217,225
Lübeln **27**,55,65,**66**,81,100,101,102,**105**,107,115,133,143,**150**,172,174,175,176,179,186,193,200,205,216,238,244,252,253,261,**275**,**288**
Lüneburg (Ldkr.) 77,94,119,193,214,216

M
Magdeburger Börde **34**,78,114,180,230,234,261
Marklohe 95
Münsterland 68

N
Naumburg/Saale 102
Neustadt am Rübenberge 58,119
Niedersachsen 11,14,15,46,56,57,60,64,75,79,81,92,94,100,101,102,114,119,120,122,124,131,133,139,152,179,193,204,207,209,211,213,214,215,217,218,222,223,224,227,231,238,241,243,246,249,250,251,252,254,255,260
Nienburg/Weser 11,13,57,79,91,94,119,131,192,193,199,222,250,251,252
Nienburg (Ldkr.) 79,80,81,91,118,121,192,193,214,216,222,225,226
Nienburger Wesermarsch 13,**22**,46,63,78,79,80,81,100,110,114,118,127,131,152,171,180,193,204,209,213,216,217,218,220,222,224,231,234,238,241,250,255,261
Nordharz **35**,78,180,261
Northeim 13,57

O
Ohrekreis 87
Oldenburg 74
Osterode am Harz 78,79,81,101,152,216,218,220,252,253,254
Osterode am Harz (Ldkr.) 57,81,94,118,190,192,193,204,214,216,217,222,226
Oyle **23**,46,63,79,95,102,107,111,115,120,121,127,132,**163**,181,**184**,190,207,220,222,241,244,252,260,**275**,**282**,**295**

P
Peine 91,92
Petershagen-Lahde 123
Pöhlde 65
Prezelle 77

Q
Quedlinburg 123

R
Radbruch 14,**26**,61,74,101,107,115,**117**,122,131,152,190,194,207,210,211,212,216,217,218,244,245,250,261,**277**
Rahden 100
Reinstedt **35**,**38**,63,78,79,107,**110**,111,**113**,114,124,127,**130**,133,**151**,160,**165**,**168**,191,**197**,207,218,222,231,234,238,246,248,254,261,**273**,**280**,**289**,**290**,**292**,**293**,**300**
Rethem 52,58
Ritzleben **32**,63,71,72,79,133,**156**,254,261,**273**,**281**
Rodewald 144
Rohrsen **29**,101,**110**,115,120,122,126,132,152,160,193,212,216,220,230,241,244,254,**274**,**280**,**281**,**300**
Rotenburg (Wümme) 119

S
Saale-Unstrut **37**,261
Sachsen-Anhalt 11,14,15,46,52,61,62,63,71,72,76,78,87,101,114,123,127,131,133,139,152,171,173,180,186,193,205,207,209,218,220,221,222,224,227,230,233,239,238,241,243,246,249,240,251,252,253,254,255,261
Salzwedel 87,122
Scharringhausen **21**,79,91,101,107,204,211,222,225,234,241,243,244,246,251,260,**272**,**292**,**300**
Schnega **27**,78,81,101,102,107,111,115,122,123,126,143,152,160,**166**,172,181,186,187,**188**,204,216,222,223,**225**,234,244,245,246,252,255,261,**275**,**278**,**279**,**284**,**285**,**296**
Schwarmstedt 52,58,204
Schwiegershausen **25**,51,60,63,65,79,90,100,107,121,132,152,**169**,213,231,234,238,241,244,260,**269**,**298**
Sienna 160
Soltau 119
Soltau-Fallingbostel (Ldkr.) 94,119,193,216,224
Steimbke 57
Stendal 123
Steyerberg 123,225
Stolzenau 46
Südharz 11,13,14,15,**24**,**63**,63,74,79,80,81,94,95,101,107,114,120,131,152,171,180,190,209,210,211,212,213,216,218,220,226,231,234,238,241,250,252,254,260
Sulingen 15
Süntel **29**,**63**,95,100,110,114,180,195,204,210,216,220,241,250,261
Swinmark **29**,210

T
Thedinghausen 57

U
Uchte 95,100,123,246
Uelzen 122,123
Ührde **25**,78,79,81,**81**,90,100,101,102,107,133,**168**,172,176,179,193,200,238,241,243,244,252,261,**292**,**293**

V
Varrel 15,**21**,79,**82**,**83**,101,107,**115**,121,144,**148**,180,186,229,241,244,245,260,**277**,**281**,**287**,**298**
Vechta 74
Verden (Aller) 46,51,57,58,119
Vöhrum 91

W
Wagenfeld 15,**19**,95,96,101,120,**120**,121,**125**,132,176,190,230,234,244,245,246,252,260,**274**,**284**,**300**
Watzum **30**,**42**,60,**61**,62,101,107,114,115,118,176,**177**,181,200,212,216,220,241,243,244,246,255,261,**289**
Wehrbleck **21**,52,79,93,101,115,132,176,186,187,**189**,194,195,204,212,244,246,251,260,**296**,
Wendland **27**,81,100,101,114,186,204,210,212,216,218,226,229,261
Weser-Dümmerland 123
Wittenberg 71,72,87,123
Wohlenhausen/Sudhalenbeck **23**,95,**111**,152,200,220,222,241,243,244,246,260,**286**,**300**
Wolfenbüttel (Ldkr.) 81,94,119,216
Wolfsburg 57
Woltringhausen **20**,95,175,204,243,244,245,246,255,260,**284**
Wulften 14,**25**,65,79,80,**86**,100,101,111,115,120,121,**122**,123,126,132,**170**,174,186,**189**,194,220,238,244,245,253,254,261,**274**,**280**,**296**
Wunstorf 119

Abbildungsverzeichnis

Textteil

Abb. 1 Ablaufphasen der Untersuchung
Abb. 2 Ausgewählte Fallstudien und Dorfregionen in Niedersachsen
Abb. 3 Ausgewählte Fallstudien und Dorfregionen in Sachsen-Anhalt
Abb. 4 Der kybernetische Regelkreis der Dorferneuerung mit negativer Rückkoppelung
Abb. 5 Siedlungsbauliche Bestandsaufnahme Großjena
Abb. 6 Impressionen aus Reinstedt in Skizzenform
Abb. 7 Objektskizze einer Hofstelle, Fallstudie Beber
Abb. 8 Ortsbegehung in Gittelde während der Planungsphase
Abb. 9 Polaritätsprofil für Fallstudie Beber (Niedersachsen)
Abb. 10 Polaritätsprofil für Fallstudie Erxleben (Sachsen-Anhalt)
Abb. 11 Vorder- und Rückseite einer Objektkartei (Auszug Objektkartei Holzhausen, Hofstelle)
Abb. 12 Nutzwertanalyse am Beispiel (Kindergarten Estorf-Leeseringen)
Abb. 13 Maßnahmenplan Watzum
Abb. 14 Dorferneuerungspläne der 40 Fallstudiendörfer
Abb. 15 Dorferneuerungsplananalyse der 40 Fallstudiendörfer
Abb. 16 DE-Plan Elbingerode 1.Phase
Abb. 17 DE-Plan Elbingerode 2.Phase
Abb. 18 Laufzeiten der Dorferneuerung im Vergleich
Abb. 19 Ausführungsarbeiten an der Breiten Straße in Gittelde
Abb. 20 Richtfest des umgenutzten Dörphuses in Estorf
Abb. 21 Stellungnahme Dach- und Fassadensanierung
Abb. 22 Stellungnahme für eine Fenstererneuerung in Erxleben
Abb. 23 Durchschnittliche Kosten in den Fallstudien Niedersachsens
Abb. 24 Verhältnis der Fördermittel (Niedersachsen, nach Ortsgrößenklassen)
Abb. 25 Private und öffentliche Kostenverteilung (Fallbeispiele Niedersachsen)
Abb. 26 Durchschnittliche Kosten in den Fallstudien Sachsen-Anhalts
Abb. 27 Private und öffentliche Kostenverteilung (Fallbeispiele Sachsen-Anhalt)
Abb. 28 Verteilung der Fördermittel (Sachsen-Anhalt, nach Ortsgrößenklassen)
Abb. 29 Kostenverteilung in den Dorfregionen
Abb. 30 Naturräumliche Gliederung in Niedersachsen
Abb. 31 Dorfformen in Niedersachsen
Abb. 32 Dörfliche Siedlungsformen in der Übersicht
Abb. 33 Gittelde, ein Flecken am Südharzrand
Abb. 34 Das Rundlingsdorf Lübeln aus der Luft
Abb. 35 Einordnung der niedersächsischen Fallstudien
Abb. 36 Hausformen (Teil 1, Niederdeutsches Hallenhaus)
Abb. 37 Hausformen (Teil 2, Mitteldeutsches Gehöft)
Abb. 38 Hausformen (Teil 3, Nebengebäude/Traufenständiges Bürgerhaus)
Abb. 39 Naturräumliche Gliederung in Sachsen-Anhalt
Abb. 40 Dorfformen in Sachsen-Anhalt
Abb. 41 Einordnung der Fallstudien Sachsen-Anhalts
Abb. 42 Hausformen (Teil 4, Mehrseithöfe)
Abb. 43 Hausformen (Teil 5, Mehrseithöfe)
Abb. 44 Potentielle Rückzugsgebiete der Landwirtschaft
Abb. 45 Entwicklung der landwirtschaftlichen Betriebe in den niedersächsischen Fallstudien
Abb. 46 Abnahme landwirtschaftlicher Betriebe in den untersuchten Landkreisen
Abb. 47 Betriebsentwicklung in Ührde
Abb. 48 Betriebsentwicklung in Varrel (Teil 1)
Abb. 49 Betriebsentwicklung in Varrel (Teil 2)
Abb. 50 Betriebsentwicklung in Estorf
Abb. 51 Landwirtschaftliche Bestandsaufnahme, Haßbergen 1995
Abb. 52 Landwirtschaftliche Bestandsaufnahme, Haßbergen 2005
Abb. 53 Aussiedlungsbetriebe Abbenrode
Abb. 54 Beispiel einer landwirtschaftlichen Betriebserweiterung
Abb. 55 Landwirtschaftliche Betriebe in den Fallstudien Sachsen-Anhalts
Abb. 56 Betriebsentwicklung in Großjena
Abb. 57 Landwirtschaftlicher Großbetrieb in Axien
Abb. 58 Betriebsgrößen landwirtschaftlicher Betriebe
Abb. 59 Handwerk und Gewerbe in den Fallstudien
Abb. 60 Gewerbegebiete im Dorf am Beispiel Lemke
Abb. 61 Gewerbegebiete im Dorf am Beispiel Erxleben
Abb. 62 Gewerbegebiete im Dorf am Beispiel Leeseringen
Abb. 63 Kriterien für einen sanften Tourismus
Abb. 64 Ergebnis der touristischen Fallstudienanalyse
Abb. 65 Auswertungstabelle der touristischen Potentiale in den Fallstudien
Abb. 66 Touristische Angebote in Estorf
Abb. 67 Touristische Angebote in Lübeln
Abb. 68 Touristische Angebote in Großjena
Abb. 69 Fragebogen Fauna
Abb. 70 Wespennest am alten Bahnhofsgebäude in Reinstedt
Abb. 71 Streuobstwiesen in Rohrsen
Abb. 72 Blühende Obstbaumalle bei Eimersleben
Abb. 73 Der bäuerliche Nutzgarten, Hattorf
Abb. 74 Die Weser bei Leeseringen
Abb. 75 Die Fischteiche in Wohlenhausen
Abb. 76 Beispiel eines Grünkonzeptplanes (Elbingerode)
Abb. 77 Beispiel eines Grünkonzeptplanes (Reinstedt)
Abb. 78 Platzgestaltung „Auf der Loge“, Varrel
Abb. 79 Grüne Mitte in Leeseringen
Abb. 80 Angerteich in Axien
Abb. 81 Bachplatz Elbingerode
Abb. 82 Spielplatz in Radbruch
Abb. 83 Verkehrsdichte in den untersuchten Landkreisen
Abb. 84 Varianten der Ortsumgehung Wagenfeld
Abb. 85 Hauptstraße und Durchgangsstraße B239, Wagenfeld

Abb. 86 Möglichkeiten zur Verkehrsberuhigung
Abb. 87 Bahnangebote in den Fallstudien
Abb. 88 Sanierter Bahnhof in Wulften
Abb. 89 Bahnhof in Gittelde
Abb. 90 Bahnhof Jerxheim, 1989
Abb. 91 Bahnhof Jerxheim, 2004
Abb. 92 Bahnhof Binde-Kaulitz, Sommer 2004
Abb. 93 Bahnhof Erxleben, 2005
Abb. 94 Bahnnetze im Vergleich
Abb. 95 Buswarte Wagenfeld, Mindener Straße
Abb. 96 Buswarte Leeseringen
Abb. 97 Verkehrsstruktur am Beispiel Jerxheim
Abb. 98 Testentwürfe innerörtlicher Straßengestaltung, Hattorf am Harz
Abb. 99 Testentwürfe innerörtlicher Straßengestaltung, Gittelde
Abb. 100 Testentwürfe innerörtlicher Straßengestaltung, Reinstedt
Abb. 101 Kraftfahrzeugdichte in ausgewählten Fallstudien
Abb. 102 Gittelde 1850 – historische Gebäudenutzung
Abb. 103 Gittelde 1986 und 2004 – Entwicklung dörflicher Dienste
Abb. 104 Entwicklung dörflicher Grundausstattung (Beispiel Grundzentrum in Niedersachsen)
Abb. 105 Entwicklung dörflicher Grundausstattung (Beispiel Grundzentrum in Sachsen-Anhalt)
Abb. 106 Entwicklung der Einzugsbereiche dörflicher Dienste
Abb. 107 Dörfliche Grundversorgung im Vergleich der Ortsgrößenklassen
Abb. 108 Dörfliche Grundversorgung in den Fallstudien (2005)
Abb. 109 Soziokulturelle Ausstattung in den Fallstudien (2005)
Abb. 110 Soziokulturelle Dienste – Ausstattungsgrad niedersächsischer Dörfer
Abb. 111 Dorfgemeinschaftshaus Abbenrode
Abb. 112 Feuerwehrgerätehaus und Mehrzweckhalle Elbingerode
Abb. 113 Neues Feuerwehrgerätehaus Hattorf
Abb. 114 Umnutzungsbeispiel, altes Feuerwehrgerätehaus Hattorf
Abb. 115 Umnutzungsbeispiel, Marienkapelle Haßbergen
Abb. 116 Umnutzungsbeispiel, Küsterhaus Varrel
Abb. 117 Umnutzungsbeispiel, Dörphus Estorf
Abb. 118 Umnutzungsbeispiel, „Wendlandhof" Lübeln
Abb. 119 Umnutzungsentwurf, Bestehornhof Reinstedt
Abb. 120 Gestaltungsmerkmale als Bestandsaufnahme (Elbingerode)
Abb. 121 Gestaltungskonzept Ritzleben
Abb. 122 Siedlungsbauliche Gestaltung in Gittelde
Abb. 123 Siedlungsbauliche Gestaltung am Beispiel Estorf
Abb. 124 Gestaltanalyse Estorf (Auszug)
Abb. 125 Deckblatt Gestaltungsempfehlungen Gittelde
Abb. 126 Eingangstreppen
Abb. 127 Vordächer und Vorbauten im Eingangsbereich
Abb. 128 Förderungswürdige Fassadengestaltungen
Abb. 129 Vorschläge zur Fassadengestaltung am Beispiel Gittelder Bürgerhäuser
Abb. 130 Dachformen
Abb. 131 Dachaufbauten
Abb. 132 Die Grot-Dör
Abb. 133 Haustüren früher und heute
Abb. 134 Fensterformen
Abb. 135 Anordnung von Garagenbauten
Abb. 136 Einfriedungen
Abb. 137 Beispiele verschiedener Pflasterungen
Abb. 138 Dorftypische Leuchten
Abb. 139 Infotafel
Abb. 140 Infopavillon
Abb. 141 Eingangsgestaltung, Beispiel Gittelde
Abb. 142 Eingangsgestaltung, Beispiel Ührde
Abb. 143 Fassadengestaltungen am Beispiel Reinstedts
Abb. 144 Fassadenabwicklung der Schulstraße in Gittelde
Abb. 145 Karte der Schleppdächer Schwiegershausen
Abb. 146 Schleppdach mit Mauer
Abb. 147 Reines Schleppdach mit Stützen
Abb. 148 Eingangslösung für einen Laden
Abb. 149 Seitliche Anbauten am Wohngebäude
Abb. 150 Flachdachersatz durch Satteldachaufbau
Abb. 151 Dachübergang zwischen zwei Gebäuden
Abb. 152 Denkmalliste der Fallstudiendörfer
Abb. 153 Denkmalliste der untersuchten Landkreise
Abb. 154 Denkmalkarte Watzum
Abb. 155 Sanierungsvorschläge für Altgebäude
Abb. 156 Altbausanierung als Kybernetischer Regelkreis mit negativer Rückkoppelung
Abb. 157 Umnutzung eines Fachwerkgebäudes in Estorf
Abb. 158 Umnutzung eines Vierständerhauses in Estorf
Abb. 159 Umnutzung einer Wassermühle in Oyle
Abb. 160 Umnutzungsentwurf für ein Scheunengebäude in Elbingerode
Abb. 161 Thieplatz in Elbingerode
Abb. 162 Marktplatz in Schnega
Abb. 163 Dorfplatz in Estorf
Abb. 164 Angerplatz in Wulften
Abb. 165 Dorfplatz in Wehrbleck
Abb. 166 Dorfplatz in Großjena
Abb. 167 Bauliche Entwicklung eines Dorfes am Beispiel Hattorf am Harz
Abb. 168 Baugebiete in Estorf
Abb. 169 Bauliche Entwicklung eines Dorfes in Sachsen-Anhalt (Beispiel Reinstedt)
Abb. 170 Siedlungsgenetische Dorfentwicklung am Beispiel eines Haufendorfes
Abb. 171 Siedlungsgenetische Dorfentwicklung am Beispiel eines Angerdorfes
Abb. 172 Sieldungsgenetische Dorfentwicklung im Rundlingsdorf
Abb. 173 Seniorengerechte Wohnangebote in den Fallstudiendörfern
Abb. 174 Seniorenheim in Hattorf am Harz
Abb. 175 Seniorenheim in Haßbergen
Abb. 176 Wohlbefinden
Abb. 177 Formen der Nachbarschaftshilfe
Abb. 178 Vereine in den Fallstudien

Abb. 179	Ehrenamt in den niedersächsischen Fallstudien
Abb. 180	Bevölkerungsentwicklung in den Fallstudien
Abb. 181	Bevölkerungsentwicklung in den betroffenen Landkreisen
Abb. 182	Altersaufbau in den niedersächsischen Fallstudien
Abb. 183	Altersaufbau in den Fallstudien Sachsen-Anhalts
Abb. 184	Einwohner- und Haushaltsentwicklung (Elbingerode)
Abb. 185	Alternative Energien in den Fallstudien
Abb. 186	Windpark in Schnega?
Abb. 187	Gesamtübersicht Untersuchungsablauf der Erfolgskontrolle (1. bis 3. Stufe)
Abb. 188	Kriterienliste des Problemdichtevergleichs (22 förderungsrelevante Kriterien)
Abb. 189	Problemdichte im Vergleich (ortsbezogene Auswertung) – Erfolg der Dorferneuerung
Abb. 190	Problemdichte im Vergleich (kriterienbezogene Auswertung) – Erfolg der Dorferneuerung
Abb. 191	Kriterienliste des Problemdichtevergleichs (14 bedingt förderfähige Kriterien)
Abb. 192	Gesamterfolg in den untersuchten Fallstudien
Abb. 193	Problemdichte im Vergleich (kriterienbezogene Auswertung) – Gesamterfolg in Niedersachsen
Abb. 194	Problemdichte im Vergleich (kriterienbezogene Auswertung) – Gesamterfolg in Sachsen-Anhalt
Abb. 195	Evaluierung – Ausgeführte Maßnahmen am Fallstudienbeispiel Estorf
Abb. 196	Evaluierung – Maßnahmenvergleich am Fallstudienbeispiel Gittelde
Abb. 197	Erfolg der Dorferneuerung – Einschätzung der Ämter für Landentwicklung
Abb. 198	Vergleich der Auswirkungen der Dorferneuerung
Abb. 199	Kriterienliste Ranking
Abb. 200	Ergebnis des Rankings – Lebensqualität in den Fallstudien
Abb. 201	Lebensqualität im ländlichen Raum (nach Ortsgrößenklassen)
Abb. 202	Bewertete und gefühlte Lebensqualität in Niedersachsen
Abb. 203	Zukunft der Fallstudien im Vergleich
Abb. 204	Dorfentwicklung in Niedersachsen
Abb. 205	Dorfentwicklung in Sachsen-Anhalt
Abb. 206	Maßnahmenkatalog zukünftiger Maßnahmen

Farbbildseiten

Abb. 207 – 208	Aquarelle Dorste und Haßbergen
Abb. 209	Dorferneuerungsplan Estorf
Abb. 210	Dorferneuerungsplan Eimersleben
Abb. 211 – 218	Landwirtschaftliche Betriebe in Niedersachsen
Abb. 219 – 224	Landwirtschaftliche Betriebe in Sachsen-Anhalt
Abb. 225 – 232	Außerlandwirtschaftliche Arbeitsplätze
Abb. 233 – 239	Sanfter Tourismus im dörflichen Umfeld
Abb. 240 – 247	Das Estorfer Scheunenviertel
Abb. 248 – 255	Öffentliches Grün – Pflanzungen, Freiflächen und Spielplätze im Dorf
Abb. 256 – 263	Öffentliches Grün – Wasserläufe und Wasserflächen im Dorf
Abb. 264 – 271	Private Gärten und Grünflächen
Abb. 272 – 279	Alte Bahnhöfe im Dorf – und was daraus geworden ist
Abb. 280 – 287	Buswarten im Dorf
Abb. 288 – 295	Gestaltung innerörtlicher Straßen in Niedersachsen
Abb. 296 – 303	Gestaltung innerörtlicher Straßen in Sachsen-Anhalt
Abb. 304 – 311	Grundversorgung im Dorf oder vom Dorfladen zum Discounter
Abb. 312 – 319	Soziokulturelle Einrichtungen (Beispiele von Neu- und Anbauten)
Abb. 320 – 327	Soziokulturelle Einrichtungen (Neu- und Umbaubeispiele)
Abb. 328 – 335	Soziokulturelle Einrichtungen (Umbaubeispiele)
Abb. 336 – 343	Soziokulturelle Einrichtungen (Umbaubeispiele)
Abb. 344 – 355	Soziokulturelle Einrichtungen (Umbauentwurf)/ Dorfkirchen
Abb. 356 – 367	Ortsbildprägende Gestaltelemente aus den Untersuchungsdörfern
Abb. 368 – 369	Aquarelle Haßbergen
Abb. 370 – 377	Baumängel und leer stehende Bausubstanz – als Potential von Morgen
Abb. 378 – 385	Gestaltungs- und Modernisierungsmaßnahmen während der Dorferneuerung
Abb. 386 – 393	Umnutzung historischer Bausubstanz
Abb. 394 – 401	Umnutzung historischer Bausubstanz
Abb. 402 – 409	Neue Dorfmitten in den niedersächsischen Untersuchungsdörfern
Abb. 410 – 417	Neue Dorfmitten in den Untersuchungsdörfern Sachsen-Anhalts
Abb. 418 – 425	Neues Bauen im Dorf
Abb. 426 – 433	Dorffeste-, -feiern und Veranstaltungen
Abb. 434 – 441	Alternative Energieformen im Dorf

Anhang

Abb. 442	Fragebogen 1
Abb. 443	Fragebogen 2
Abb. 444	Fragebogen 3
Abb. 445	Fragebogen 4
Abb. 446	Fragebogen 5
Abb. 447	Fragebogen 6
Abb. 448	Fragebogen 7
Abb. 449	Fragebogen 8
Abb. 450	Bewertungstabelle des Problemdichtevergleichs (1. Stufe Ausgangslage vor der Dorferneuerung, ungewichtete Werte)
Abb. 451	Bewertungstabelle des Problemdichtevergleichs (1. Stufe Ausgangslage vor der Dorferneuerung, gewichtete Werte)
Abb. 452	Bewertungstabelle des Problemdichtevergleichs (2. Stufe Problemdichte direkt nach Abschluss der Dorferneuerungsphase, ungewichtete Werte)
Abb. 453	Bewertungstabelle des Problemdichtevergleichs (2. Stufe Problemdichte direkt nach Abschluss der Dorferneuerungsphase, gewichtete Werte)
Abb. 454	Bewertungstabelle des Rankings (gewichtete Werte)

Mitarbeiterliste

1) Büro- und Projektpartner

- Dipl.-Ing. Martin Burek
- Dipl.-Ing. Ralf-Michael Grossmann
- Dipl.-Geogr. Bruno Günkel
- Dipl.-Ing. Reinhard Herich
- Dipl.-Ing. Wolfgang Heuer-Wischoff
- Dipl.-Ing. Jörg Knaak
- Prof. Dr. Erich Kulke (✝)
- Dipl.-Ing. Wolf Thürnau

2) Fachbeiträge Landwirtschaft und Ökologie

- Dipl.-Geogr. Elke Toepsch, Nienburg
- Dr. Arneke, Landwirtschaftskammer Northeim
- Helmut Bartsch, Landwirtschaftskammer Northeim
- Dipl.-Agrar. Detlef Möller, Gießen
- Dipl.-Ing. Helmut Schwarz, Landwirtschaftskammer Northeim
- D. Wamhoff, Landwirtschaftskammer Nienburg

3) Büro Mitarbeiter

- Benjamin v. Ahlen, Dipl.-Ing. Arch.
- Frank Baum, Dipl.-Geogr.
- Walter Bettauer, Dipl.-Ing. Arch.
- Olav Brokate, Dipl.-Ing. Arch.
- Cord Buck, Dipl.-Ing. Arch.
- Claudio Cock, Dipl.-Ing. Arch.
- Ulf Dallmann, Dipl.-Ing. Arch.
- Jennifer Emmrich, Dipl.-Geogr.
- Britta Fleig, Dipl.-Ing. Arch.
- Christian Glanz
- Christine Heidemeier, Dipl.-Ing. Arch.
- Heidrun Heuer
- Rita Hoheisel
- Brigitta Hüttmann, Dipl.-Geogr.
- Gina Konjer-Witt
- Peter Koop, Dipl.-Ing. Arch.
- Rainer Landefeld, Dipl.-Ing. Arch.
- Ines Lenz
- Peter Link
- Bettina Maiwald
- Andrea Mennecke
- Hiltraut Meyer, Dipl.-Ing. Arch.
- Martina Meyer, Dipl.-Ing. Arch.
- Nikolai Müller, Dipl.-Ing. Arch.
- Carolin Ottensmeyer
- Marlies Richarz
- Ralf Rieke
- Ulrike W. Ritter
- Engelbert Rother, Dipl.-Ing. Arch.
- Markus Ruhe
- Silvia Sandmann, Dipl.-Ing. Arch.
- Sigrun Scharf
- Janine Schlemermeyer, Dipl.-Ing. Arch.
- Susann Schneidereit
- Hagen M. Schulz, Dipl.-Ing. Arch.
- Rainer Spelzhaus
- Günter Stenzel
- Martin Turley, Dipl.-Ing. Arch.
- Toralf Wanschura, Dipl.-Ing. Arch

ZILE-Richtlinie

Richtlinie über die Gewährung von Zuwendungen zur integrierten ländlichen Entwicklung (ZILE)
RdErl. d. ML v. 02.05.2005. – 306 – 60119/3-01
- VORIS 78350 -

Bezug:
a.) RdErl. v. 12.3.1993 (Nds. MBl. S. 1345)
- VORIS 78350 00 00 00 037 -
b.) RdErl. v. 1.12.1999 (Nds. MBl. S. 2000/345), geändert durch RdErl. v. 12.12.2001 (Nds. MBl. 2002 S. 700)
- VORIS 78350 00 00 00 059 -
c.) RdErl. v. 20.06.1995 (Nds. MBl. S. 856), zuletzt geändert durch RdErl. v. 18.12.2001 (Nds. MBl. 2002 S. 700)
- VORIS 78370 00 00 00 010 -
d.) RdErl. v. 1.6.1999 (Nds. MBl. S. 348), geändert durch RdErl. v. 18.12.2001 (Nds. MBl. 2002 S. 701)
- VORIS 78370 00 00 00 011 -
e.) RdErl. v. 17.11.1999 (Nds. MBl. S. 2000 S. 114), geändert durch RdErl. v. 12.12.2001 (Nds. MBl. 2002 S. 699)
- VORIS 78350 00 00 00 058 -

Diese Richtlinie führt die bisher in der Gemeinschaftsaufgabe "Verbesserung der Agrarstruktur und des Küstenschutzes" (GAK) einzeln veranschlagten raumbezogenen Maßnahmen Flurbereinigung, Dorferneuerung und ländlicher Wegebau mit ergänzenden Maßnahmen der 2. Säule der Gemeinsamen Agrarpolitik nach Artikel 33 der Verordnung (EG) Nr. 1783/2003 zur Änderung der Verordnung (EG) Nr. 1257/99 (EAGFL-VO) zusammen.
Durch integrierte ländliche Entwicklungskonzepte sollen die Einzelmaßnahmen besser aufeinander abgestimmt und gezielt zur Entwicklung ländlicher Räume eingesetzt werden.
Durch das Regionalmanagement wird die zielgerichtete Umsetzung dieser in den Regionen erarbeiteten Strategien unterstützt.

1. Zuwendungszweck, Rechtsgrundlage
1.1
Das Land gewährt unter Beteiligung der EU und des Bundes auf der Grundlage der EAGFL-VO, und der vom Planungsausschuss für Agrarstruktur und Küstenschutz beschlossenen Fördergrundsätze der GAK nach Maßgabe dieser Richtlinien und der VV/VV-Gk zu § 44 LHO Zuwendungen für die integrierte ländliche Entwicklung. Zweck der Förderung ist es, zur Verbesserung der Agrarstruktur im Rahmen integrierter ländlicher Entwicklungsansätze unter Berücksichtigung der Ziele und Erfordernisse der Raumordnung und Landesplanung, der Belange des Natur- und Umweltschutzes sowie der Grundsätze der AGENDA 21 die ländlichen Räume im Sinne von Artikel 33 EAGFLVO über die Förderung der ländlichen Entwicklung als Lebens-, Arbeits-, Erholungs- und Naturräume zu sichern und weiter zu entwickeln.
Die Maßnahmen sollen zu einer positiven Entwicklung der Agrarstruktur und einer nachhaltigen Stärkung der Wirtschaftskraft beitragen.

1.2
Das Land gewährt ergänzend zu Nr. 1.1 unter Beteiligung der EU auf der Grundlage der EAGFL-VO nach Maßgabe dieser Richtlinien und der VV/VV-Gk zu § 44 LHO Zuwendungen für Maßnahmen der ländlichen Entwicklung, die zur Erreichung der Ziele nach Artikel 33 EAGFL-VO erforderlich sind, aber im Rahmen der GAK nicht gefördert werden dürfen.
Zweck dieser ergänzenden Förderung ist
- die nachhaltige Entwicklung von ländlichen Gebieten,
- die Bewahrung und Entwicklung der Dörfer als Wohn-, Sozial- und Kulturraum und Stärkung des innerörtlichen Gemeinschaftslebens,
- die Bewahrung und Entwicklung des typischen Landschaftsbildes.

1.3
Ein Rechtsanspruch des Antragstellers auf Gewährung einer Zuwendung besteht nicht.
Über Anträge entscheidet die Bewilligungsbehörde aufgrund pflichtgemäßen Ermessens im Rahmen der verfügbaren Haushaltsmittel.

2. Gegenstand der Förderung
2.1
Gefördert werden nach Nr. 1.1 und den Förderungsgrundsätzen GAK folgende Maßnahmen:

2.1.1
Die **Erarbeitung integrierter ländlicher Entwicklungskonzepte** als Vorplanung i.S.d. § 1 Abs. 2 des GAKGesetzes (GAKG) zur Einbindung einer nachhaltigen Land- und Forstwirtschaft in den Prozess zur Stärkung der regionalen Wirtschaft, die auf der Basis einer Analyse der regionalen Stärken und Schwächen
- die Entwicklungsziele der Region definieren,
- Handlungsfelder festlegen,
- die Strategie zur Realisierung der Entwicklungsziele darstellen und
- prioritäre Entwicklungsprojekte beschreiben.

2.1.2
Ein **Regionalmanagement** zur Initiierung, Organisation und Umsetzungsbegleitung der ländlichen Entwicklungsprozesse durch
- Information, Beratung und Aktivierung der Bevölkerung,
- Identifizierung und Erschließung regionaler Entwicklungspotenziale,
- Identifizierung und Beförderung zielgerichteter Projekte.

2.1.3
Investive Maßnahmen (Anlage) sowie deren Vorbereitung und Begleitung im Zusammenhang mit land- und forstwirtschaftlichen Tätigkeiten und deren Umstellung sowie mit Tätigkeiten im ländlichen Raum in den folgenden Bereichen:

2.1.3.1
Neuordnung ländlichen Grundbesitzes und die Gestaltung des ländlichen Raums zur Verbesserung der Agrarstruktur in Verfahren nach dem Flurbereinigungsgesetz (FlurbG) einschließlich Maßnahmen zur Sicherung eines nachhaltig leistungsfähigen Naturhaushalts sowie der Vorhaben des freiwilligen Nutzungstauschs.
Die zuwendungsfähigen Ausgaben sind in der Anlage Abschnitte k.1 bis k.4 aufgeführt.

2.1.3.2
Dorferneuerung und -entwicklung ländlich geprägter Orte i. S. des § 1 Abs.1 Nr. 1d) GAKG zur Erhaltung und Gestaltung des dörflichen Charakters einschließlich der Sicherung und Weiterentwicklung dorfgemäßer Gemeinschaftseinrichtungen zur Verbesserung der Lebensverhältnisse der dörflichen Bevölkerung sowie der dazu erforderlichen Dorfentwicklungsplanungen/-konzepte.
Die zuwendungsfähigen Ausgaben sind in der Anlage Abschnitte n.1, o.1 und o.2 aufgeführt.

2.1.3.3
Kooperation von Land- und Forstwirten mit anderen Partnern im ländlichen Raum zur Einkommensdiversifizierung oder Schaffung zusätzlicher Beschäftigungsmöglichkeiten und Maßnahmen land- und forstwirtschaftlicher Betriebe zur **Umnutzung** ihrer Bausubstanz.
Die zuwendungsfähigen Ausgaben sind in der Anlage Abschnitte o.3 und s.1 aufgeführt.

2.1.3.4
Dem ländlichen Charakter angepasste **Infrastrukturmaßnahmen**, insbesondere zur Erschließung der landwirtschaftlichen oder touristischen Entwicklungspotenziale im Rahmen der Einkommensdiversifizierung land- oder forstwirtschaftlicher Betriebe.
Die zuwendungsfähigen Ausgaben sind in der Anlage Abschnitt r.1 aufgeführt.

2.1.3.5
Anlage von **Schutzpflanzungen** und vergleichbaren landschaftsverträglichen Anlagen im Zusammenhang mit der Land- und Forstwirtschaft.
Die zuwendungsfähigen Ausgaben sind in der Anlage Abschnitt t.1 aufgeführt.

2.1.4
Bei einer Förderung aus Mitteln der GAK sind die nachfolgenden Regelungen der Förderungsgrundsätze zu beachten:

2.1.4.1
Es besteht Einigkeit zwischen Bund und Ländern darüber, dass Aufgaben, die nicht überwiegend der Agrarstrukturverbesserung, sondern der Erhaltung der Kulturlandschaft, der Landschaftspflege und Erholungsfunktion der Landschaft oder dem Tierschutz dienen, nicht als Gemeinschaftsaufgabe anzusehen sind und daher allein aus Landesmitteln finanziert werden können.
Unabhängig von der unterschiedlichen Zuordnung müssen bei der Durchführung agrarstruktureller Maßnahmen im Rahmen der Gemeinschaftsaufgabe die Erfordernisse der Raumordnung, Landesplanung sowie des Umweltschutzes und des Tierschutzes beachtet werden, um die strukturellen sowie ökologischen Rahmenbedingungen des ländlichen Raumes zu verbessern.
Im Rahmen der Förderung soll verstärkt dazu beigetragen werden, eine mit ökologisch wertvollen Landschaftselementen vielfältig ausgestattete Landschaft zu erhalten und zu schaffen, den Erosionsschutz zu sichern und den Tierschutz zu verbessern.
Maßnahmen mit der Folge der Umwandlung oder einer sonstigen wesentlichen Beeinträchtigung seltener oder ökologisch wertvoller Biotope gemäß § 30 des Bundesnaturschutzgesetzes sowie §§ 28 a und 28 b NNatG dürfen nicht gefördert werden. Andere wertvolle Landschaftsbestandteile sollen nicht beeinträchtigt werden.
Als solche kommen vor allem in Betracht:

- Feuchtgebiete,
- Trockenbiotope,
- für die Biotopvernetzung bedeutsame Landschaftsbestandteile,
- natur- und kulturhistorisch bedeutsame Landschaftsbestandteile.

Bund und Länder weisen auf den notwendigen Schutz der im Interesse des Naturschutzes und der Landschaftspflege erhaltenswerten Landschaftsbestandteile hin. Die Erhaltung der Landschaftsbestandteile ist mit anderen Interessen und Belangen abzuwägen.

2.1.4.2
Nicht zuwendungsfähig sind:

- Bau und Erschließungsmaßnahmen in Neubau-, Gewerbe- und Industriegebieten,
- Landankauf mit Ausnahme des Landzwischenerwerbs in Verfahren nach dem FlurbG und dem Landwirtschaftsanpassungsgesetz und von bebauten Grundstücken durch Gemeinden und Gemeindeverbände,
- Kauf von Lebendinventar,
- Planungsarbeiten, die gesetzlich vorgeschrieben sind,
- Beratungs- und Betreuungsleistungen der öffentlichen Verwaltung,
- Maßnahmen nach Nr. 2.1.3 in Orten mit mehr als 10 000 Einwohnern,
- Betriebskosten bei Maßnahmen nach Nr. 2.1.3,
- Maßnahmen gemäß 2.1.3.4 für natürliche und juristische Personen des privaten Rechts mit Ausnahme von Infrastruktureinrichtungen, die uneingeschränkt der Öffentlichkeit zur Verfügung stehen und – im Falle von Wegebau – die dem Schluss von Lücken in Wegenetzen dienen,
- Investitionen in Gemeinschaftseinrichtungen bei Maßnahmen nach Nr. 2.1.3.2 (Anlage Abschnitte n.1, o.1 und o.2) für natürliche Personen und Personengesellschaften sowie juristische Personen des privaten Rechts,
- Maßnahmen nach Nr. 2.1.3.3 (Anlage Abschnitt o.3 und s.1), wenn eine Förderung im Rahmen der Gemeinschaftsaufgabe „Verbesserung der regionalen Wirtschaftsstruktur“ oder anderer Förderprogramme möglich ist.

2.1.4.3
Bei den Ausgaben nach Nr. 2.1.3.1 (Anlage Abschnitte k.1 bis k.4) sind von der Förderung ausgeschlossen

- Entwässerung von Ackerland, Grünland oder Ödland,
- Umwandlung von Grünland und Ödland in Ackerland,
- Beschleunigung des Wasserabflusses,
- Bodenmelioration und
- Beseitigung von Landschaftselementen wie Tümpel, Hecken, Gehölzgruppen oder Wegraine.

Die Wirkungen des Flurbereinigungsverfahrens auf Natur und Landschaft sind zu dokumentieren.
Der Förderausschluss gilt im Einzelfall nicht, wenn die o. g. Maßnahmen im Einvernehmen mit der zuständigen Naturschutzbehörde durchgeführt werden.

2.1.4.4
Bei den Ausgaben nach Nr. 2.1.3.2 und 2.1.3.3 (Anlage Abschnitte n.1, o.1 bis o.4, s.1) werden Maßnahmen, die der Erzeugung, Verarbeitung und Vermarktung von in Anhang I des EG-Vertrags genannten Produkten dienen, nach dem Agrarinvestitionsförderungsprogramm (AFP) und nicht nach diesen Richtlinien gefördert.

2.1.5
Bei einer Förderung aus Mitteln der GAK gelten nach den Angaben, die BMVEL im Rahmen der Notifizierung gegenüber der EU-Kommission gemacht hat, zusätzlich folgende Einschränkungen:

2.1.5.1
Regionalmanagement und regionale Entwicklungskonzepte, die aus anderen Programmen, beispielsweise LEADER oder REGION AKTIV gefördert werden, können nicht zusätzlich nach Nr. 2.1.1 bzw. 2.1.2 dieser Richtlinie gefördert werden (Kumulationsverbot).

2.1.5.2
Bei den in der Anlage Abschnitt n.1 aufgeführten Maßnahmen beschränkt sich die Förderung auf die Einrichtung und Bereitstellung der Infrastruktur (z. B. Gewerberaum) durch öffentliche Träger. Aufwendungen für Einrichtung und Betrieb von Gemeinschaftseinrichtungen sind durch den Zuwendungsempfänger oder durch Dritte zu tätigen und nicht Gegenstand der Förderung.

2.1.5.3
Die in der Anlage unter t.1 aufgeführten Maßnahmen sollen als nicht produktive Maßnahmen nach Nr. 4.1.2.2 des Agrar-Gemeinschaftsrahmens gefördert werden.
Nicht förderfähig sind Pflanzungen, die im Rahmen gesetzlicher Verpflichtungen z. B. als Ausgleichsmaßnahme erfolgen. Die Pflege und Unterhaltung solcher Pflanzungen ist nicht Gegenstand dieser Richtlinien.

2.2
Gefördert werden nach Nr. 1.2 und dem Plan des Landes Niedersachsen zur Entwicklung des ländlichen Raumes gemäß der EAGFL-VO, ergänzende Maßnahmen (Anlage) zur GAK in den Bereichen

- Flurbereinigung
- Dienstleistungseinrichtungen
- Dorferneuerung
- Landwirtschaftliche Infrastruktur
- Ländlicher Tourismus und ländliches Handwerk

Die zuwendungsfähigen Ausgaben sind in der Anlage Abschnitt k.5, n.2. o.4 – o.6, r.2, s.2 und s.3 aufgeführt und mit dem Hinweis „außerhalb der Fördermöglichkeiten der GAK“ überschrieben.

3. Zuwendungsempfänger
3.1
Für Maßnahmen nach Nr. 2.1.1 und 2.1.2
- Gemeinden und Gemeindeverbände
- Zusammenschlüsse von verschiedenen Akteuren nach Nr. 7.2.3 mit eigener Rechtspersönlichkeit unter Einschluss von Gemeinden oder Gemeindeverbänden.

3.2
Für Maßnahmen nach Nr. 2.1.3 und 2.2 sind die Zuwendungsempfänger in der Anlage bei den jeweiligen Fördertatbeständen aufgeführt.

4. Zuwendungsvoraussetzungen
4.1
Die in der Anlage Abschnitte n.2, o.5, o.6, r.2, s.2 und s.3 aufgeführten Maßnahmen dürfen grundsätzlich nur in Gemeinden oder Ortsteilen mit ländlicher Siedlungsstruktur gefördert werden.
Ländliche Entwicklungsmaßnahmen, deren Betrieb funktional oder wirtschaftlich in zentralen Orten zweckmäßig ist, können auch in kleineren oder mittleren Städten gefördert werden. Die Förderung von Baudenkmalen setzt eine denkmalschutzrechtliche Genehmigung voraus.
Die Einstufung eines zu fördernden Gebäudes als „landschaftstypische Bausubstanz“ wird in Abstimmung mit der Denkmalschutzbehörde vorgenommen.

4.2
Bei den in der Anlage Abschnitte o.3 und s.1 aufgeführten Maßnahmen ist ein gesonderter Nachweis über die Wirtschaftlichkeit und Finanzierbarkeit der durchzuführenden Maßnahme zu erbringen.

4.3
Eine Förderung nach diesen Richtlinien ist nur zulässig, wenn eine Konzeption für die Ver- und Entsorgung (Wasser, Abwasser, Energie usw.) in den betreffenden Bereichen vorliegt und die Maßnahmen dieser Konzeption nicht widersprechen oder wenn die koordinierte Lösung der Probleme im Rahmen der Ausführung der Einzelmaßnahme bzw. Dorferneuerungsplanung gewährleistet ist. Dies gilt nicht für Maßnahmen die in der Anlage unter k. aufgeführt sind oder wenn bei anderen Maßnahmen die Konzeption für die Ver- und Entsorgung ohne Bedeutung für das Vorhaben ist.

4.4
Maßnahmen zur Förderung der Diversifizierung in landwirtschaftlichen oder landwirtschaftsnahen Bereichen, die nicht die Erzeugung, Verarbeitung und Vermarktung von Erzeugnissen nach Anhang I des EG-Vertrages betreffen, erfolgen unter Beachtung der Grenzen und Bestimmungen der Verordnungen (EG) Nrn. 69/2001 (de-minimis) bzw. 70/2001 (KMU).

5. Art, Umfang und Höhe der Zuwendung
5.1
Die Zuwendung wird als nicht rückzahlbare Zuwendung zur Projektförderung gewährt,
- als Fehlbedarfsfinanzierung bei Teilnehmergemeinschaften
- als Anteilfinanzierung bei anderen öffentlich rechtlichen Zuwendungsempfängern,
- als Festbetragsfinanzierung bei sonstigen Zuwendungsempfängern.

5.2 Bemessungsgrundlagen für die Zuwendung
5.2.1
Die Maßnahmen können, soweit nachstehend nichts Abweichendes geregelt ist
- bei öffentlich-rechtlichen Zuwendungsempfängern bis zu 50 %,
- bei anderen Zuwendungsempfängern bis zu 30 % der zuwendungsfähigen Ausgaben gefördert werden.

Die Höhe der Zuwendung richtet sich nicht nach der wirtschaftlichen Leistungsfähigkeit des Zuwendungsempfängers; sie soll ihm vielmehr einen Anreiz bieten, Maßnahmen im Interesse der Ziele dieser Richtlinie und entsprechend dem Zuwendungszweck (Nr. 1) durchzuführen.
Auf die Feststellung der wirtschaftlichen Leistungsfähigkeit kann deshalb bei der Bemessung der Zuwendung regelmäßig verzichtet werden.

5.2.2
Entsprechend den Zielen eines integrierten Förderungsansatzes ist eine Bündelung mit anderen Förderungsprogrammen der Gemeinden, der Landkreise, des Landes, des Bundes und der Europäischen Gemeinschaft sowie mit privaten Maßnahmen anzustreben. Bei den einzelnen Projekten sind finanzielle Beteiligungen Dritter nach VV Nr. 2.5 zu § 44 LHO/Nr. 2.4 VV-Gk und anderweitige öffentliche Förderungen in vollem Umfang in die Finanzierung einzubringen. Dabei ist im Einzelfall zu prüfen, ob angesichts der Drittmittel eine Förderung nach in diesen Richtlinien in Höhe ausgewiesenen Regelzuschusssätzen notwendig und angemessen ist.

5.2.3
Maßnahmen mit einem Zuwendungsbedarf von weniger als 2.500 €, bei Gebietskörperschaften von weniger als
5.000 € werden nicht gefördert.

5.3 Sonderregelungen für einzelne Förderbereiche
5.3.1
Die Erarbeitung integrierter ländlicher Entwicklungskonzepte nach Nr. 2.1.1 kann mit bis zu 75 % der zuwendungsfähigen Ausgaben gefördert werden. Die Zuwendung nach diesen Richtlinien je Konzept beträgt einmalig bis zu 50.000 €.

5.3.2
Ein Regionalmanagement nach Nr. 2.1.2 kann für einen Zeitraum von höchstens fünf Jahren in Regionen mit mindestens 50.000 Einwohnern mit bis zu 70 % der zuwendungsfähigen Ausgaben, jedoch höchstens mit 75.000 € jährlich gefördert werden. In dünn besiedelten Räumen kann ein Regionalmanagement auch in Regionen mit mindestens 30.000 Einwohnern gefördert werden.

5.3.3
Die in der Anlage Abschnitt k.1 und k.3 aufgeführten Maßnahmen können mit bis zu 80 %, die in Abschnitt k.4 aufgeführten Maßnahmen mit bis zu 75 % der zuwendungsfähigen Ausgaben gefördert werden.

5.3.4
Für die in der Anlage Abschnitt k.2 aufgeführten Maßnahmen richtet sich die von der Teilnehmergemeinschaft zu erbringende Eigenleistung nach deren wirtschaftlicher Leistungsfähigkeit und den Vorteilen aus der Durchführung des Verfahrens. Sie darf 20 % der zuwendungsfähigen Ausgaben nicht unterschreiten.
Die Bewilligungsbehörde kann bei Verfahren mit besonderer ökologischer Zielsetzung und bei Verfahren mit hoher Bedeutung für die Erhaltung der Kulturlandschaft die Eigenleistung auf 10 % begrenzen.

5.3.5
Bei den in der Anlage Abschnitt k.1 bis k.4 aufgeführten Maßnahmen sind, entsprechend den Fördergrundsätzen GAK, finanzielle Beteiligungen Dritter nach VV Nr. 2.5 zu § 44 LHO/Nr. 2.4 VV-Gk und anderweitige öffentliche Förderungen von den zuwendungsfähigen Ausgaben abzusetzen.
Insbesondere sind abzusetzen:
- der Ausführungskostenanteil des Unternehmensträgers nach § 86 Abs. 3 oder § 88 Nr. 8 FlurbG,
- Leistungen Dritter für Arbeiten, die die Teilnehmergemeinschaft im Verfahren für sie ausführt,
- Leistungen öffentlich-rechtlicher Körperschaften für die Durchführung des Verfahrens, wie z. B. der Wasserwirtschaft, des Naturschutzes, der EU oder der kommunalen Gebietskörperschaften, für andere, als die in den Fördergrundsätzen genannten Zwecke,
- Erlöse nach § 46 Satz 3 FlurbG, Gewinne aus Landzwischenerwerb,
- Verkaufserlöse aus Materialabgabe, sofern die Anschaffungs- oder Herstellungskosten gefördert worden sind.

Nicht abzusetzen sind Kapitalbeträge nach § 40 FlurbG und Erlöse aus der Verwertung von Restflächen, die aus der mäßigen Erhöhung des Flächenabzugs nach § 47 FlurbG stammen.

5.3.6
Bei den in der Anlage Abschnitt o.1 aufgeführten Maßnahmen kann bei besonders innovativen Vorhaben die Höhe der Zuwendung auf bis zu 100 % angehoben werden. In diesen Fällen ist vorab die Zustimmung des ML einzuholen.

5.3.7
Für die Betreuung nach Abschnitt o.2.2 der Anlage wird die Höhe der Zuwendung je Dorf auf 20.000 € begrenzt.

5.3.8
Bei den in der Anlage Abschnitt o.1 bis o.4 aufgeführten Maßnahmen wird die Höhe der Zuwendungen an private Zuwendungsempfänger auf 20.000 €, bei Umnutzungen nach o.3 und o.4.6 auf 50.000 € begrenzt. Die betragsmäßige Höchstgrenze darf für denselben Zuwendungszweck für jedes Objekt nur einmal ausgeschöpft werden. Objekte in diesem Sinne sind Gebäude und Gebäudeteile mit eigenständiger wirtschaftlicher Funktion sowie andere bauliche oder sonstige nach dieser Richtlinie förderungsfähige Anlagen.
Erfüllt ein Objekt die Zuwendungsvoraussetzungen nach mehreren Nrn. der Anlage, so können hierfür die jeweils zulässigen Höchstbeträge nebeneinander gewährt werden.

5.3.9
Bei den in der Anlage Abschnitt n.1, o.2 und t.1 aufgeführten Maßnahmen können gegenüber Zuwendungsempfängern, die den Status der Gemeinnützigkeit erfüllen, bei der Bemessung der Zuwendung neben den Ausgaben auch eigene Arbeitsleistungen, mit 50 % des Betrages, der sich bei Vergabe der Leistungen an ein Unternehmen (ohne Berechnung der Umsatzsteuer) ergeben würde, berücksichtigt werden. Die Zuwendung wird gleichwohl nur zu den Ausgaben gewährt und darf die Summe der Ausgaben nicht überschreiten.
Für den Fall einer gegenüber dem Antrag und der Bewilligung abweichenden Erbringung von unbaren Eigenleistungen durch den Zuwendungsempfänger ist durch eine Nebenbestimmung im Zuwendungsbescheid, abweichend von den Regeln der Festbetragsfinanzierung, die Möglichkeit zur Neufestsetzung der Zuwendung zu eröffnen.

5.3.10
Ab dem 01.01.2007 werden die Regelfördersätze für Maßnahmen der GAK nach Nr. 2.1.3 um 5 Prozentpunkte gesenkt. Die abgesenkten Fördersätze können für Maßnahmen nach Nr. 2.1.3, die der Umsetzung eines integrierten ländlichen Entwicklungskonzeptes nach Nr. 2.1.1 dienen, wieder um bis zu 5 Prozentpunkte erhöht werden.
Vor dem 01.01.2007 abgeschlossene vergleichbare Planungen und Konzepte werden den integrierten ländlichen Entwicklungskonzepten gleichgestellt.

6. Sonstige Zuwendungsbestimmungen

6.1
Die Zuwendung ist, wenn mit ihrer Hilfe Gegenstände erworben oder hergestellt werden, nach VV Nr. 4.2.4 zu § 44 LHO/Nr. 4.2.3 VV-Gk mit einer Zweckbindungsfrist zu versehen. Die Frist beträgt bei geförderten

- Grundstücken, Bauten und baulichen Anlagen 12 Jahre
- technischen Einrichtungen, Geräten und sonstigen Gegenständen 5 Jahre.

Zur Absicherung ist in dem Zuwendungsbescheid ein Widerrufsvorbehalt für den Fall aufzunehmen, dass das geförderte Objekt innerhalb der Frist veräußert oder nicht zweckentsprechend genutzt wird. Eine dingliche Sicherung der zweckentsprechenden Verwendung ist mit Rücksicht auf den damit verbundenen Verwaltungsaufwand nur in Ausnahmefällen zu fordern.
Bei gemeinschaftlichen Anlagen in Verfahren nach dem FlurbG, deren Zweckbestimmung im Flurbereinigungs- oder Zusammenlegungsplan bestimmt und nach § 58 Abs. 4 FlurbG mit der Wirkung von Gemeindesatzungen geregelt wird, kann regelmäßig auf die Festsetzung einer Zweckbindungsfrist verzichtet werden.

6.2
Die Bewilligungsbehörde darf bei Zuwendungen, die Teilnehmergemeinschaften oder Verbänden der Teilnehmergemeinschaften in Vorjahren aus Verpflichtungsermächtigung bewilligt worden sind, auf deren Antrag den Zuwendungszweck veränderten Planungen anpassen und die Verwendung der Zuwendung für eine andere Maßnahme des Zuwendungsempfängers zulassen, sofern die Zuwendung noch nicht ausgezahlt wurde.

6.3
Abweichend von Nr. 6.1 ANBest-P/Nr. 5.4 ANBest-Gk ist die Verwendung der Zuwendung innerhalb von sechs Monaten nach Erfüllung des Zuwendungszwecks, spätestens jedoch einen Monat nach Ablauf des Haushaltsjahres der Bewilligungsbehörde nachzuweisen. Ist der Zuwendungszweck nicht bis zum Ablauf des Haushaltsjahres erfüllt, so ist spätestens einen Monat nach Ablauf des Haushaltsjahres über die in diesem Jahr erhaltenen Beträge ein Zwischennachweis vorzulegen.

7. Anweisungen zum Verfahren

7.1 Zuwendungsanträge, Bewilligungsbehörde

7.1.1
Für die Bewilligung, Auszahlung und Abrechnung der Zuwendung sowie für den Nachweis und die Prüfung der Verwendung, die ggf. erforderliche Aufhebung des Zuwendungsbescheides und die Rückforderung der gewährten Zuwendung gelten die VV/VV-Gk zu § 44 LHO, soweit nicht in dieser Richtlinie Abweichungen zugelassen worden sind oder in dem unmittelbar im Inland geltenden Gemeinschaftsrecht der EU abweichende Regelungen getroffen sind.

7.1.2
Bewilligungsbehörde ist die jeweils örtlich zuständige Behörde für Geoinformation, Landentwicklung und Liegenschaften.

7.1.3 Der Zuwendungsantrag ist bei der örtlich zuständigen Bewilligungsbehörde einzureichen. Antragsvordrucke können bei der örtlich zuständigen Bewilligungsbehörde oder der Gemeinde angefordert oder im Internet unter www.gll.niedersachsen.de heruntergeladen werden. Bei den in der Anlage Abschnitt n., o., r., s. und t. aufgeführten Maßnahmen werden die Zuwendungsanträge privater Antragsteller über die Gemeinde vorgelegt. Die Gemeinde nimmt u. a. zu der Frage Stellung, ob die Maßnahme zur integrierten ländlichen Entwicklung beiträgt; ihr obliegt auch die Koordinierung der öffentlichen und privaten Maßnahmen.
Die Gemeinde erhält in diesen Fällen eine Abschrift des Zuwendungsbescheides. An der Förderung sonst beteiligte Behörden sind von der Bewilligung zu unterrichten.

7.1.4
Die Bewilligungsbehörde stellt nach Prüfung der Einzelnachweise eine Gesamtabrechnung auf und legt sie dem ML bis zum 20. Februar jeden Jahres vor.

7.2 Integriertes ländliches Entwicklungskonzept und Regionalmanagement

7.2.1
Gefördert werden können Regionen, die eine auf ihre spezielle Situation zugeschnittene Entwicklungsstrategie erarbeiten.
Unter Region ist ein Gebiet mit räumlichem und funktionalem Zusammenhang zu verstehen.
Die Konzepte können sich bei begründetem Bedarf problemorientiert auf räumliche und thematische Schwerpunkte beschränken.

7.2.2
Die integrierten ländlichen Entwicklungskonzepte müssen mindestens folgende Elemente beinhalten:

- Kurzbeschreibung der Region,
- Analyse der regionalen Stärken und Schwächen,
- Auflistung der Entwicklungsziele und geeigneter Prüfindikatoren,
- Darlegung der Entwicklungsstrategie, der Handlungsfelder und Leitprojekte,
- Festlegung von Kriterien zur Auswahl der Förderprojekte,
- Kriterien für die Bewertung der Zielerreichung.

Der Prozess der Erarbeitung des Konzepts ist zu dokumentieren.

7.2.3
In die Erarbeitung des integrierten ländlichen Entwicklungskonzepts sollen die Bevölkerung und die relevanten Akteure der Region in geeigneter Weise einbezogen werden. Dazu gehören in der Regel

- der landwirtschaftliche Berufsstand,
- die Gebietskörperschaften,
- die Einrichtungen der Wirtschaft wie Industrie- und Handelskammer oder Handwerkskammer,
- die Verbraucherverbände,
- die Umweltverbände,
- die Träger öffentlicher Belange.

7.2.4
Die Erarbeitung integrierter ländlicher Entwicklungskonzepte kann auch im Rahmen des Regionalmanagements vorgenommen werden.

7.2.5
Die Zuwendungsempfänger beauftragen Stellen außerhalb der öffentlichen Verwaltung mit der Durchführung des Regionalmanagements.
Diese Stellen müssen eine hinreichende Qualifikation nachweisen.

7.2.6
Die Akteure gemäß Nr. 7.2.3 sind in geeigneter Weise in die Arbeit des Regionalmanagements einzubeziehen.
Die Arbeit des Regionalmanagements und die Einbeziehung der Akteure nach Nr. 7.2.3 sind in jährlichen Tätigkeitsberichten zu dokumentieren.

7.2.7
Das integrierte ländliche Entwicklungskonzept ist im Rahmen seiner Zielsetzung mit bereits vorhandenen oder beabsichtigten Planungen, Konzepten oder Strategien abzustimmen. Der Abstimmungsprozess ist zu dokumentieren. Die Dokumentation ist Bestandteil des integrierten ländlichen Entwicklungskonzepts.

7.2.8
Das Regionalmanagement stimmt sich mit den Stellen in der Region ab, die ähnliche Ziele verfolgen. Der Abstimmungsprozess ist zu dokumentieren.

7.3 Flurbereinigung

7.3.1
Der Zuwendungsbedarf der Teilnehmergemeinschaft und ggf. anderer Zuwendungsempfänger ist für das einzelne Verfahren unter Berücksichtigung der

- von den Teilnehmern zu entrichtenden Beiträge nach § 19 FlurbG,
- sonstigen Eigenleistungen,
- Leistungen Dritter zu ermitteln.

Dabei sind die agrarstrukturellen, landwirtschaftlich-betriebswirtschaftlichen und außerlandwirtschaftlichen Ziele und der daraus zu erwartende Erfolg zugrunde zu legen. Das Ergebnis ist zu dokumentieren.

7.3.2
Der Landwirtschaftskammer ist im Rahmen der Anhörung nach § 5 Abs. 2 FlurbG Gelegenheit zu geben, sich zur Höhe der von den Teilnehmern zu entrichtenden Beiträge zu äußern.

7.3.3
Bei Teilnehmergemeinschaften findet VV Nr. 1.3 zu § 44 LHO keine Anwendung, weil Verpflichtungen und Ausgaben nach 17 FlurbG und §§ 105f. LHO der Kontrolle der Bewilligungsbehörde, in ihrer Funktion als Aufsichtsbehörde unterliegen und die Ausgaben über das Jahresausbauprogramm nach Nr. 1.5 RFlurbBau von der Bewilligungsbehörde gesteuert werden.

7.4 Dorferneuerung

7.4.1
Die Bewilligungsbehörde stellt unter Berücksichtigung des vom ML zugewiesenen Kontingents an Förderungsmitteln für ihren Amtsbezirk ein Förderungsprogramm für die Dorferneuerung auf.
Das Förderungsprogramm wird jährlich zum 1. Juli fortgeschrieben; das ML erhält jeweils Abschriften.

7.4.2
Anträge auf Aufnahme eines Dorfes in das Förderungsprogramm sind von der Gemeinde an die Bewilligungsbehörde zu richten.
Eine bereits vorhandene Dorferneuerungsplanung ist mit dem Antrag vorzulegen.

7.4.3
Die Bewilligungsbehörde entscheidet über die Aufnahme in das Förderungsprogramm. Sie bekundet damit ihre Absicht, ein Dorf nach Maßgabe dieser Richtlinie zu fördern. Die Aufnahme begründet keinen Anspruch bezüglich Art, Höhe und Zeitpunkt der Förderung.
Maßgebend dafür sind neben den sachlichen Voraussetzungen die jeweils verfügbaren Haushaltsmittel und der Inhalt der Zuwendungsbescheide.
Über die Aufnahme in das Förderungsprogramm ist auch der Landkreis zu unterrichten.

7.4.4
Bei den in der Anlage Abschnitte o.2 bis o.4 aufgeführten Maßnahmen muss der Förderung von investiven Maßnahmen eine Dorferneuerungsplanung zugrunde liegen, die in Text und Karte die Entwicklungsziele für den Planungsraum und die zur Verwirklichung erforderlichen Maßnahmen sowie die Abstimmung mit anderen für die Ortsentwicklung bedeutsamen Planungen und Vorhaben auch für die Bürgerinnen und Bürger nachvollziehbar darstellt. Sie soll darüber hinaus auf die räumlich funktionalen und umweltbezogenen Entwicklungsperspektiven der land- und forstwirtschaftlichen Betriebe eingehen.
Wenn es für die Verwirklichung strukturverbessernder Ziele erforderlich ist, können mehrere Dörfer oder Ortsteile zu einem Planungsraum verbunden werden.
Die Dorferneuerungsplanung hat neben den Zielen der Raumordnung, der Landesplanung, des Umweltschutzes sowie des Naturschutzes und der Landschaftspflege insbesondere den Erfordernissen einer geordneten städtebaulichen Entwicklung, der Landwirtschaft, der Denkmalpflege, der Erholung, der Wasserwirtschaft, des öffentlichen Verkehrs und der Gestaltung des Orts und Landschaftsbildes sowie den sozioökonomischen örtlichen Gegebenheiten und der kulturellen Eigenart im Rahmen eines ganzheitlichen und interdisziplinären Betrachtungsansatzes Rechnung zu tragen.
Die Dorferneuerungsplanung muss mit den Ergebnissen der Bauleitplanung in Einklang stehen, soweit sie nicht deren Änderung vorbereiten soll. Integrierte ländliche Entwicklungskonzepte und Konzepte der Landwirtschaftskammer zur Sicherung der Bewirtschaftungs- und Entwicklungsfähigkeit der landwirtschaftlichen Betriebe sind zugrunde zu legen.
Die Dorferneuerungsplanung ist von der Gemeinde aufzustellen.
Die Träger öffentlicher Belange, die Dorfbewohnerinnen und Dorfbewohner sowie andere Antragsberechtigte sind in geeigneter Weise frühzeitig an der Dorferneuerungsplanung zu beteiligen.

7.4.5
Die Bewilligungsbehörde kann ausnahmsweise die Förderung von Maßnahmen bereits vor der Fertigstellung des Dorferneuerungsplans zulassen, wenn sie von beispielgebender Bedeutung sind, wenn andere Planungen es erfordern oder wenn die Maßnahmen zur Substanzerhaltung unaufschiebbar sind und gewährleistet ist, dass die Maßnahmen den späteren Festsetzungen des Dorferneuerungsplans nicht zuwiderlaufen.

7.4.6
Die Bewilligungsbehörde leitet aus der Dorferneuerungsplanung den zeitlichen und finanziellen Rahmen sowie die Prioritäten für die Maßnahmenförderung nach dieser Richtlinie ab und informiert hierüber die Zuwendungsempfänger in geeigneter Weise, z. B. im Rahmen einer Bürgerversammlung. Aus dieser Mitteilung ergibt sich kein Anspruch auf Förderung (vgl. Nr. 1.3).

Sie koordiniert den Einsatz sonstiger den Zielen der Dorferneuerung dienlicher öffentlicher Mittel und setzt ggf. Prioritäten, insbesondere im Hinblick auf eine angemessene Beteiligung privater Maßnahmeträger an der Förderung.

8. Schlussbestimmungen

8.1

Dieser RdErl. tritt mit Wirkung von 01.01.2005 in Kraft.

8.2

Gleichzeitig werden die Bezugserlasse aufgehoben.

8.3

Dieser RdErl. tritt am 31.12.2008 außer Kraft.

An die
Behörden für Geoinformation, Landentwicklung und Liegenschaften
Landkreise und Gemeinden
Landwirtschaftskammern
Teilnehmergemeinschaften und deren Verbände.

HINWEIS: Die zitierten Anlagen der ZILE-Richtlinie werden hier nicht aufgeführt.